나합격
금속재료산업기사
필기 X 실기 X 무료특강

나만의 합격비법
나합격은 다르다!

나합격 독자만을 위한
무료 동영상강의

공부가 어려우신가요?
합격을 위한 모든 동영상 강의를 무료로 시청할 수 있습니다.
지금 바로 나합격 쌤을 만나보세요.

> 오리엔테이션 〉 필기 특강 〉 실기 특강

모든 시험정보가 한곳에!
나합격 수험생지원센터

이제 혼자서 공부하지 마세요.
합격후기, 시험정보, Q&A 등 나합격 독자분들을 위한
다양한 서비스를 네이버 카페를 통해 지원받을 수 있습니다.

> 시험자료 〉 질의응답 〉 합격후기

본서의 정오사항은 상시 업데이트 해드리고 있습니다.
정오표 확인 및 오류문의는 네이버 카페를 이용해 주세요.

나합격 교재인증 & 무료 동영상 수강방법

나합격 카페 가입하기
공부하는 자격증에 해당하는 카페에 가입합니다.

바로가기

https://cafe.naver.com/napass1 search

교재인증페이지에 닉네임 작성
교재 맨 뒤페이지의 교재인증페이지에
가입하신 카페 닉네임을 지워지지 않는 펜으로 작성합니다.

교재인증페이지 촬영하기
교재인증페이지 전체가 나오게 촬영합니다.
중고도서 및 보정의 여지가 보일 경우 등업이 불가합니다.

나합격 카페에 게시물 작성하기
등업게시판에 촬영한 이미지를 업로드합니다.
평일 1일 3회(오전 9시 ~ 오후 6시 사이) 등업을 진행됩니다.

무료 동영상 시청하기
카페 등업이 완료된 후 해당 카페에서 무료 동영상 시청이 가능합니다.

NOTICE

교재인증 및 무료 강의 수강 방법에 대한 자세한 설명을
QR코드를 찍어 영상으로 확인해보세요!

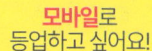
모바일로
등업하고 싶어요!

PC로
등업하고 싶어요!

시험접수부터 자격증발급까지 응시절차

01
시험일정 & 응시자격조건 확인

- 큐넷 **시험일정 안내**에서 응시 종목의 접수기간과 시험일을 확인합니다.
- 큐넷 **자격정보**에서 응시 종목의 자격조건을 확인합니다(기능사 제외).

04
필기시험 합격자 발표

- 인터넷, ARS 또는 접수한 지사에서 공고됩니다.
- CBT의 경우 큐넷 **합격자 발표조회**에서 바로 확인이 가능합니다.

www.Q-net.or.kr 큐넷은 한국산업인력공단에서 운영하는 국가 자격증 포털 사이트입니다.

02 필기시험 원서접수

- 큐넷 **www.Q-net.or.kr**에 로그인합니다.
  (회원가입 시 반명함판 사진 등록 필수)
- 큐넷 **원서접수**에서 신청 순서에 따라 접수하면 됩니다.
- 시험일자 및 장소는 **현재 접수 가능인원**을 반드시 확인 후 선택해야 합니다.
- **결제하기**에서 검정수수료 확인 후 결제를 진행합니다.

03 필기시험 응시 및 유의사항

- **신분증은 반드시 지참**해야 하며, 기타 준비물은 큐넷 **수험자 준비물**에서 확인하시면 됩니다.
- 시험시간 20분 전부터 입실이 가능합니다.
  (시험시간 미준수 시 시험 응시 불가)

05 실기시험 원서접수

- 인터넷 접수 **www.Q-net.or.kr** 만 가능하며, 필기시험 합격자에 한하여 실기접수기간에 접수합니다.
- 최종합격여부는 큐넷 홈페이지를 통해 확인할 수 있습니다.

06 자격증 신청 및 수령

- 큐넷 **자격증 발급 신청**에서 상장형, 수첩형 자격증 선택
- 상장형 - 무료 / 수첩형 수수료 - 6,110원

콕!집어~ 꼭!필요한 금속재료산업기사 오리엔테이션

금속재료산업기사란?

금속재료에 관한 기술기초지식과 상급 숙련기능을 바탕으로 금속과 합금을 유용한 형상을 만들기 위한 재료시험, 결함검사시험, 금속열처리 등의 업무 또는 이와 관련된 지도적 기능 업무를 수행하는데 필수적인 국가기술자격증 입니다.

필기시험 출제비율

제1과목 (금속재료)	금속재료 총론	15%
	금속재료 성질	15%
	철강재료	40%
	비철금속재료	20%
	신소재	10%
제2과목 (금속조직)	결정구조	30%
	상태도	40%
	재결정과 강화	30%
제3과목 (금속열처리)	열처리 개요	15%
	열처리 설비	15%
	특수 열처리	30%
	강·주철 열처리	25%
	비철열처리	15%
	열처리 결함	15%
제4과목 (재료시험)	기계적 시험	35%
	조직검사	35%
	비파괴 시험	25%
	안전관리	5%

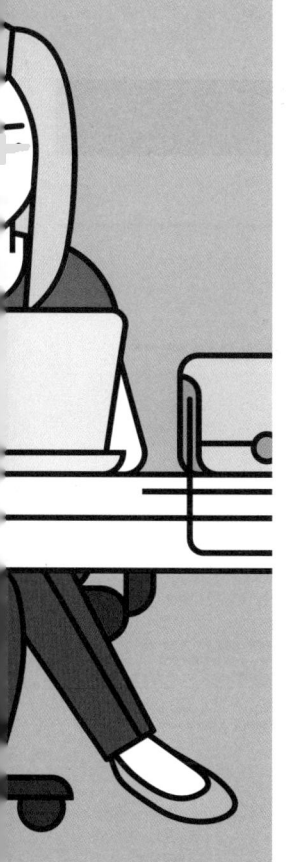

필기시험

- **제1과목**   금속재료(금속재료총론, 성질, 철강재료, 비철재료, 신소재)
- **제2과목**   금속조직(결정구조, 상태도, 철강조직)
- **제3과목**   금속열처리(열처리 방법, 설비, 특수열처리, 결함)
- **제4과목**   재료시험(기계적 시험, 조직검사, 비파괴시험)

이 책은 최근 기출문제를 바탕으로 출제된 내용들을 파트별로 정리하여 본문으로 정리하였으며, 그 중 가장 출제 빈도가 높은 부분을 강조하여 표시하였습니다.
필기는 기출문제를 중심으로 공부하되 문제의 정답이 되는 근거를 본문에서 찾아가며 공부하는 방법으로 기출문제를 모두 독파한다면 단순한 정답 암기가 아닌 전체적인 흐름을 이해할 수 있게 될 것입니다. 이렇게 해야 필답형 공부하는 것이 훨씬 수월해 집니다.

실기시험

- 01   본문의 핵심에 관한 내용을 다시 한번 정리하기
- 02   예상문제 풀어보기
- 03   실전 모의고사 문제 풀어보기
- 04   조직 사진 및 불꽃 동영상 확인하기

실기는 필답형과 작업형으로 나누어 실시하고 있다. 필답형 50점, 작업형 50점으로 하고 있다.
필답형 : 금속재료 및 열처리의 전반적인 내용에 대한 문제를 단답형 및 서술형으로 출제되고 있다. 예상문제와 모의고사를 풀어보고 본문을 다시 한번 정리해야 한다.
작업형 : 불꽃시험 후 강종판별 및 성분 파악하기, 브리넬 경도시험하기, 조직관찰하여 강종 판별하기, 충격 파면 관찰하기의 4가지를 실시한다. 불꽃시험은 동영상 등을 보면서 불꽃의 모양을 익히고 강종별 성분을 외워야 한다. 경도시험은 브리넬 경도값 계산식을 반드시 외워야 한다.
조직관찰은 부록에 제시된 조직사진과 설명을 수시로 보면서 탄화물의 형태 등을 숙지해야 한다.

개념잡는 핵심이론
나합격만의 본문구성

NEW DESIGN
나합격만의 아이덴티티를 강조한
새로운 디자인과 함께 최신 출제 경향을
완벽히 반영한 최신 개정판입니다.

본문의 이론을 유기적인 보충설명을 통해
지루하지 않고 탄탄하게 흡수하도록 구성하였습니다.

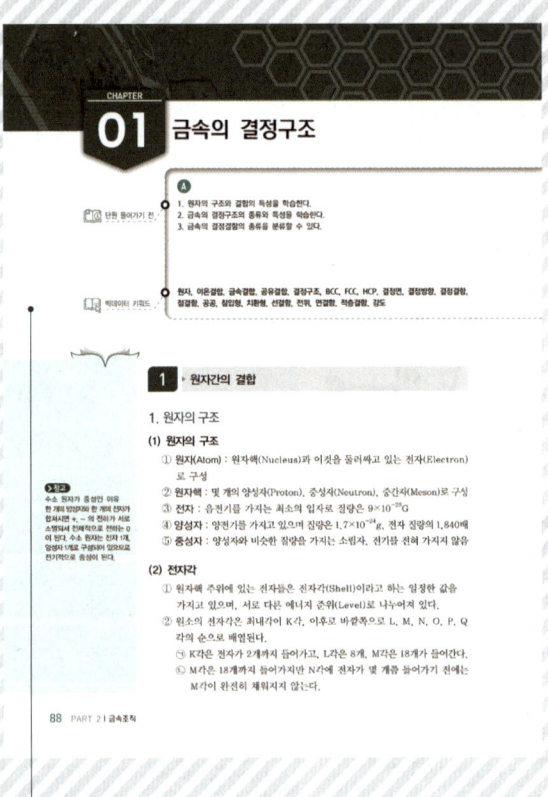

KEYWORD
빅데이터 키워드를 통해
시험에 중요한 키워드를
확인하세요.

본문 날개 구성

독창적인 날개 구성을 통해
이론학습에 도움을 주는
다양한 콘텐츠를 제공합니다.

핵심 KEY

용어정리부터 핵심KEY까지
다양한 보충 설명과 정보로
학습에 도움을 드립니다.

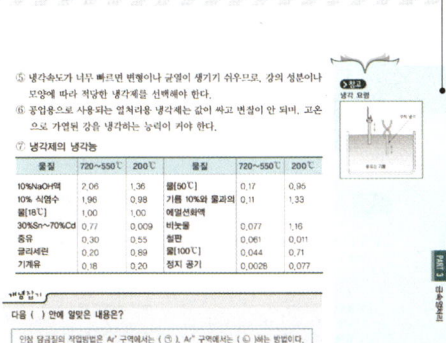

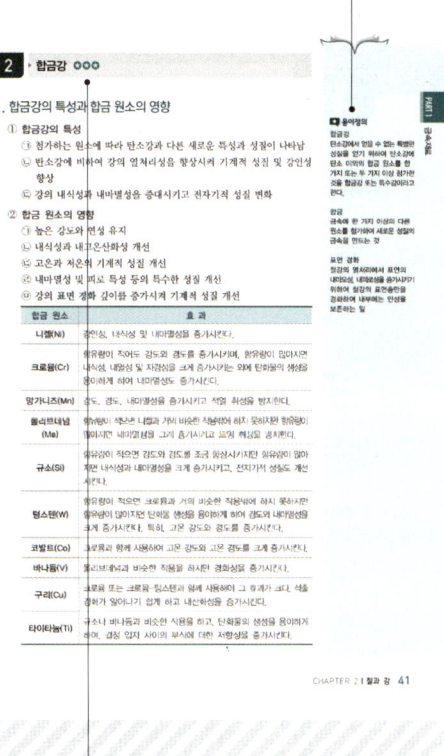

개념잡기

지루한 본문의 흐름을 피하고
문제의 개념잡기를 위해 바로바로
예제를 배치했습니다.

★★★

출제되는 정도에 따라
중요도를 별표로
표기하였습니다.

과년도 기출문제 & CBT기출 복원문제

과년도 기출문제
[2015년 ~ 2020년]

CBT 복원문제
[2021년 ~ 2024년]

PBT[지면 방식 문제풀이]

실제 지면방식으로 출제되었던 기출문제를
연도별로 구성하였습니다.
완벽히 정리된 해설을 통해 해당 이론을 익혀보세요.

CBT[컴퓨터 방식 문제풀이]

2020년 4회부터 CBT 방식이 전면 시행됨에 따라
복원을 토대로 문제를 구성하였습니다.
최신 문제를 풀어보고 최신 경향을 파악해 보세요.

필답형 예상문제 &
최신 복원문제
작업형(부록)
합격도우미

실기 구성인 필답형과 작업형을 구성하여
한 권으로 한 번에 금속재료산업기사
필기&실기를 준비하세요!

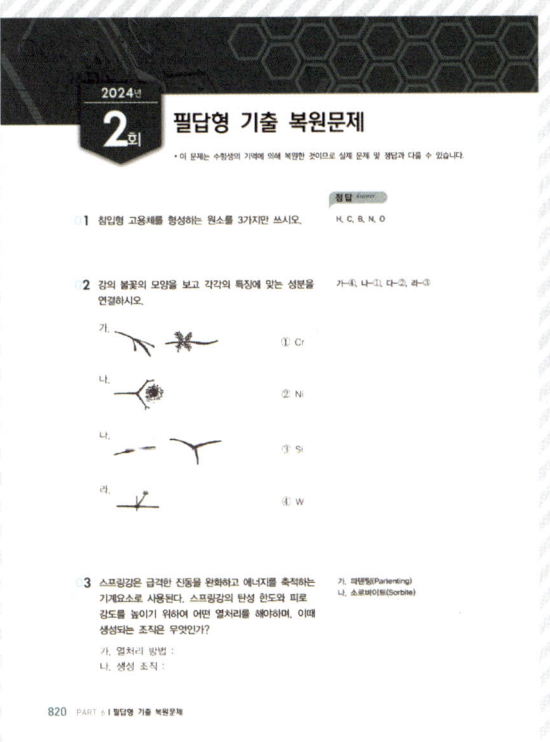

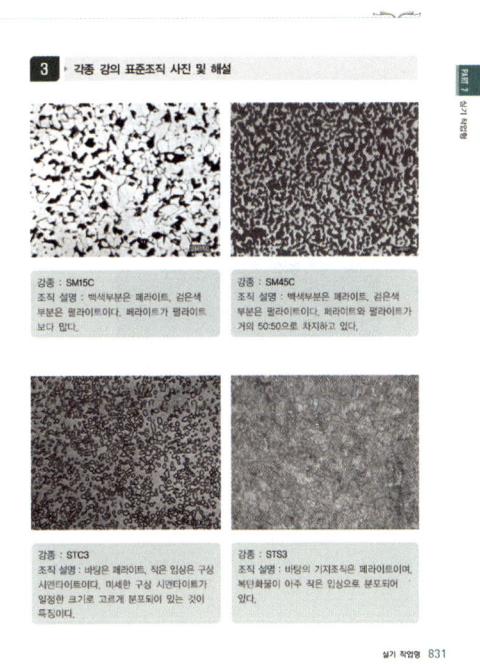

필답형 문제 완벽 정리

필답형 시험에 출제되는 문제를 유형별로 정리하였으며,
최신 복원문제를 통해 실력을 점검하고
출제 경향을 파악할 수 있습니다.

각종 강의 표준조직 사진 및 해설

작업형 시험 중 조직관찰은 부록에 제시된
조직사진과 설명을 수시로 보면서 탄화물의 형태 등을
숙지할 수 있도록 하였습니다.

SELF-STUDY PLANNER

시험 당일까지 공부 일정 및 계획을 짜는 것은 매우 중요합니다.
셀프스터디 합격 플래너를 통해 스스로의 합격을 만들어 보세요.

나의 목표		시험일 /		
			Study Day	Check
PART 01 **금속재료 일반**	01 금속재료 총론	18	/	
	02 철과 강	34	/	
	03 비철 금속재료와 특수 금속재료	61	/	
	04 신소재 및 그 밖의 합금	80	/	

			Study Day	Check
PART 02 **금속조직**	01	금속의 결정구조	88	/
	02	금속의 상변화와 상태도	107	/
	03	재결정과 확산	135	/
	04	철강의 조직	162	/

			Study Day	Check
PART 03 **금속열처리**	01	열처리의 개요	174	/
	02	일반 열처리	186	/
	03	열처리의 응용	225	/
	04	열처리 생산설비	250	/
	05	제품의 검사 및 열처리 안전	266	/

			Study Day	Check
PART 04 **재료시험**	01	기계적시험법	280	/
	02	조직 및 정량검사	309	/
	03	비파괴시험법	325	/
	04	안전관리	347	/

			Study Day	Check
PART 05 과년도 기출문제 & CBT 복원문제	2015년 1, 2, 3회 필기 기출문제	390	/	
	2016년 1, 2, 3회 필기 기출문제	424	/	
	2017년 1, 2, 3회 필기 기출문제	457	/	
	2018년 1, 2, 3회 필기 기출문제	490	/	
	2019년 1, 2회 필기 기출문제	525	/	
	2020년 1, 2, 3회 필기 기출문제	548	/	
	2021년 1, 2, 3회 CBT 복원문제	572	/	
	2022년 1, 2, 3회 CBT 복원문제	610	/	
	2023년 1, 2, 3회 CBT 복원문제	648		
	2024년 1, 2, 3회 CBT 복원문제	686	/	

* 2020년 4회부터 CBT 방식으로 전면 시행됨에 따라 실제 수험생 분들의 복원을 토대로 문제를 구성하였습니다. 최신 문제를 풀어보고 최신 경향을 파악해 보세요.

			Study Day	Check
PART 06 필답형 기출 복원문제	2015년 1회 필답형 기출 복원문제	728	/	
	2015년 2회 필답형 기출 복원문제	732	/	
	2016년 1회 필답형 기출 복원문제	736	/	
	2016년 2회 필답형 기출 복원문제	740	/	
	2017년 1회 필답형 기출 복원문제	744	/	
	2017년 2회 필답형 기출 복원문제	748	/	

				Study Day	Check
PART 06 **필답형** **기출 복원문제**	2018년 1회	필답형 기출 복원문제	752	/	
	2018년 2회	필답형 기출 복원문제	756	/	
	2019년 1회	필답형 기출 복원문제	760	/	
	2019년 2회	필답형 기출 복원문제	764	/	
	2020년 1회	필답형 기출 복원문제	768	/	
	2020년 2회	필답형 기출 복원문제	773	/	
	2021년 1회	필답형 기출 복원문제	777	/	
	2021년 2회	필답형 기출 복원문제	782	/	
	2021년 3회	필답형 기출 복원문제	787	/	
	2022년 1회	필답형 기출 복원문제	792	/	
	2022년 2회	필답형 기출 복원문제	796	/	
	2022년 4회	필답형 기출 복원문제	801	/	
	2023년 1회	필답형 기출 복원문제	806	/	
	2023년 4회	필답형 기출 복원문제	810	/	
	2024년 1회	필답형 기출 복원문제	815	/	
	2024년 4회	필답형 기출 복원문제	820	/	

				Study Day	Check
PART 07 **실기 작업형**	01	불꽃시험	828	/	
	02	브리넬 경도 측정	830	/	
	03	각종 강의 표준조직 사진 및 해설	831	/	
	04	연성, 취성 판별	833	/	

PART 01 금속재료

- CHAPTER 01　금속재료 총론
- CHAPTER 02　철과 강
- CHAPTER 03　비철 금속재료와 특수 금속재료
- CHAPTER 04　신소재 및 그 밖의 합금

CHAPTER 01 금속재료 총론

📖 단원 들어가기 전

A
1. 현대 사회는 과학·기술의 발달로 첨단 산업에서 요구되는 신소재 개발에 주력하여 수많은 공업 재료를 개발하여 우리 사회를 크게 변화시키고 있다.
2. 산업 현장에서 가장 널리 활용하고 있는 금속재료의 성질과 특성 및 재료의 중요성을 알아본다.

🖱 빅데이터 키워드

결정 구조, 변태, 상태도, 기계적 성질, 소성 변형, 가공 일반적 성질, 재료 시험

1 ▶ 금속의 특성과 결정 구조 ★★

1. 금속의 특성

① 일반적 특성
   ㉠ 상온에서 고체상태로 존재(수은(Hg) 제외) → 결정 구조를 형성
   ㉡ 특유의 광택을 띠며, 열과 전기를 잘 전달하는 **도체**
   ㉢ 연성과 전성이 우수
   ㉣ 다른 물질보다 비중이 큼

② 금속이 비금속과 구별되는 중요한 특성 : 고체상태의 결정 구조에 따라 달라지며, 전기와 열의 **양도체**이다.

③ 융점 : 수은 −38.4℃로 가장 낮고, 텅스텐 3,410℃로 가장 높다.

④ 비중
   ㉠ 리튬(Li) 0.53으로 가장 작고, 이리듐(Ir) 22.5로 가장 크다.
   ㉡ 경금속 : 비중이 4.5 이하인 금속 (알루미늄, 마그네슘, 타이타늄 등)
   ㉢ 중금속 : 비중이 4.5 이상인 금속 (구리, 철, 납, 니켈, 주석 등 대부분)

> **참고**
> • 준(아)금속 : 금속의 일반적 특성을 부분적으로 지니고 있는 금속
> • 비금속 : 금속의 특성이 전혀 없는 것

⭐ **용어정의**
양도체
전기나 열이 잘 흐르는 물체. 은, 구리 등이 있다.

⑤ 합금
  ㉠ 한 금속에 다른 금속 또는 비금속 원소를 첨가하여 얻은 금속성 물질이다.
  ㉡ 합금을 하면 용융점이 내려간다.
  ㉢ 합금은 강도 및 경도가 증가한다.

2. 금속의 결정 구조

① 금속의 결정 관련 용어
  ㉠ 결정 : 물질을 구성하는 원자가 입체적으로 규칙적인 배열을 이루는 것
  ㉡ 단위 세포 : 결정 구조를 나타내는 가장 작은 단위체
  ㉢ 결정 격자 : 단위 세포가 모인 것
  ㉣ 결정 입자 : 결정체를 이루고 있는 각각의 결정
  ㉤ 결정립계 : 결정 입자의 경계

결정 입자와 결정립계

② 금속 결정의 형성
  ㉠ 응고 중에 형성
  ㉡ **결정핵**으로부터 성장한 결정체는 어떤 곳에서나 같은 원자 배열을 가짐

용어정의
결정핵
과포화 용액이나 과냉각 용액에서 결정이 만들어질 때, 그 중심이 되는 결정의 씨. 이것이 바탕이 되어 결정이 성장한다.

③ 금속 결정의 종류
  ㉠ 단결정(single crystalline) : 금속의 응고 과정에서 결정핵이 한 개인 결정으로 이루어진 결정체(실리콘 등)
  ㉡ 다결정체(poly crystalline) : 대부분의 금속은 무수히 많은 크고 작은 결정이 모여 무질서한 집합체를 이루는데, 이와 같은 결정의 집합체

3. 공간격자와 단위격자

① 금속은 용융상태에서 응고될 때 고체상태에서 원자는 결정을 이루며 정렬된 형태로 배열
② 금속은 많은 결정 입자의 집합체로 공간격자(space lattice)에 의하여 이루어짐
③ 공간격자는 최소 단위인 **단위격자**(unit cell)로 구성
④ 격자 상수(lattice constant) : 단위격자의 세 개 모서리의 길이 a, b, c
⑤ 축각(axial angle) : 이때 축 간의 각인 α, β, γ

용어정의
단위격자
결정격자의 격자점이 만드는 평행 육면체 가운데 결정격자의 최소 단위로 선택된 것. 크기와 모양은 세 개의 단위 벡터와 각 벡터가 이루는 여섯 개의 상수로 이루어지는 격자 상수에 의하여 규정된다.

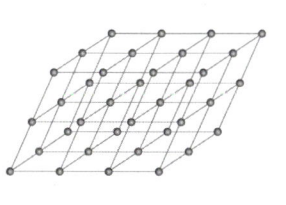
(a) 공간격자

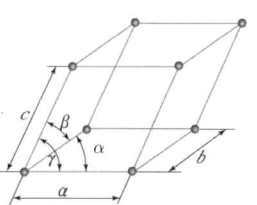
(b) 단위격자

공간격자와 단위격자

4. 결정격자의 종류

① 금속의 대표적인 결정구조
  ㉠ 체심입방격자(body centered cubic lattice, BCC)
  ㉡ 면심입방격자(face centered cubic lattice, FCC)
  ㉢ 조밀육방격자(hexagonal close-packed lattice, HCP)

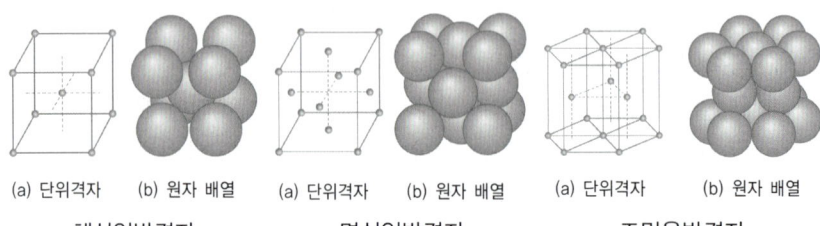

(a) 단위격자 (b) 원자 배열   (a) 단위격자 (b) 원자 배열   (a) 단위격자 (b) 원자 배열
　　　체심입방격자　　　　　　　　면심입방격자　　　　　　　조밀육방격자

> **참고**
>
> 근접 원자 간 거리
> 원자 간에 서로 접촉하고 있는 원자를 최근접 원자, 그 중심 간의 거리

> **용어정의**
>
> 배위수(配位數)
> 한 개의 원자를 중심으로 원자 주위에 있는 최근접 원자의 수. 배위 화합물에서 중심 금속 원자에 결합되는 원자나 원자단의 리간드(ligand) 수 리간드는 착화합물에서 중심 금속 원자에 전자 쌍을 제공하면서 배위 결합을 형성하는 원자나 원자단을 말한다.

> **용어정의**
>
> • α철 : 순철 조성 중 상온~910℃에서 존재, BCC결정 구조이며, 페라이트 조직 (α페라이트)
> • δ철 : 순철 조성 중 1,400~1,539(융점)℃에서 존재, BCC결정 구조이며, 페라이트 조직 (δ페라이트)
> • γ철 : 순철 조성 중 상온 910~1,400℃에서 존재, FCC결정 구조이며, 오스테나이트 조직

② 체심입방격자
  ㉠ 입방체의 각 꼭짓점과 중심에 입자가 위치하는 구조
  ㉡ 단위격자에 있는 원자는 입방체의 8개 꼭짓점에 1/8개×8=1개와 단위격자 중심의 원자 한 개를 합하여 2개
  ㉢ 충진율 : 68%
  ㉣ 배위수(coordination number) : 8
  ㉤ 체심입방격자에 속하는 금속 : 철 (α철, δ철), 리튬(Li), 크로뮴(Cr), 몰리브데넘(Mo) 등

③ 면심입방격자
  ㉠ 면심입방격자를 나타낸 것으로 입방체의 각 꼭짓점과 각 면의 중심에 입자가 위치하는 구조
  ㉡ 단위격자 안에는 네 개의 원자를 가지고 있으며, 각 면의 중심에 1/2개×6면=3개와 입방체 각 8개의 꼭짓점에 1/8개×8=1개 원자를 합하면 4개
  ㉢ 배위수 : 12개
  ㉣ 면심입방격자에 속하는 금속 : 철 (γ철), 알루미늄(Al), 금(Au), 구리(Cu), 니켈(Ni) 등
  ㉤ 충진율 : 74%

④ 조밀육방격자
  ㉠ 정육각형의 각 꼭짓점과 그 면의 중심에 입자가 있는 층이 있고, 그 층의 중심 입자 위에 삼각형의 꼭짓점에 입자를 가진 면을 놓고 다시 정육각형의 층을 그 위에 포개어 놓은 밀집 구조
  ㉡ 단위격자 안에 정육각형의 꼭짓점에 1/6개×12개=2개, 정육각형의 중심에 1/2개×2개=1개, 중심 입자의 삼각형 원자 세 개를 합하면 여섯 개

ⓒ 배위수 : 바닥면의 중심에 있는 원자를 보면 알 수 있듯이 12개
ⓓ 조밀육방격자에 속하는 금속 : 코발트(Co), 마그네슘(Mg), 아연(Zn) 등
ⓔ 충진율 : 74%

⑤ 결정 격자별 특징
　ⓐ 면심입방격자 : 전연성이 크므로 금속을 가공하는 데 좋다.
　ⓑ 체심입방격자 : 면심입방격자보다 전연성은 작지만 강하다.
　ⓒ 조밀육방격자 : 면심입방격자와 체심입방격자에 비하여 취약하며, 전연성이 작다.

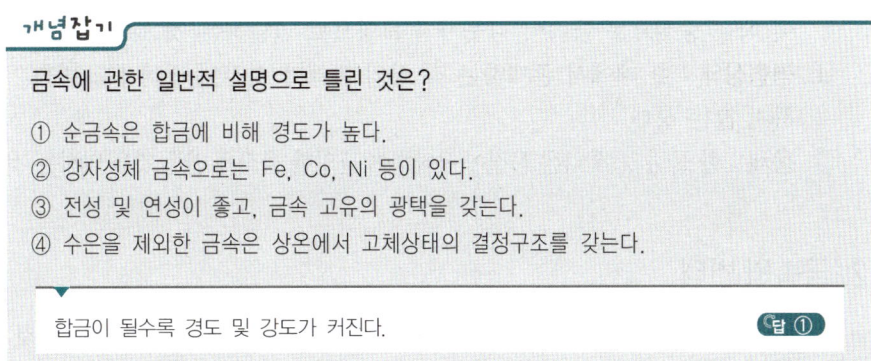

금속에 관한 일반적 설명으로 틀린 것은?

① 순금속은 합금에 비해 경도가 높다.
② 강자성체 금속으로는 Fe, Co, Ni 등이 있다.
③ 전성 및 연성이 좋고, 금속 고유의 광택을 갖는다.
④ 수은을 제외한 금속은 상온에서 고체상태의 결정구조를 갖는다.

합금이 될수록 경도 및 강도가 커진다.　　　　　　　답 ①

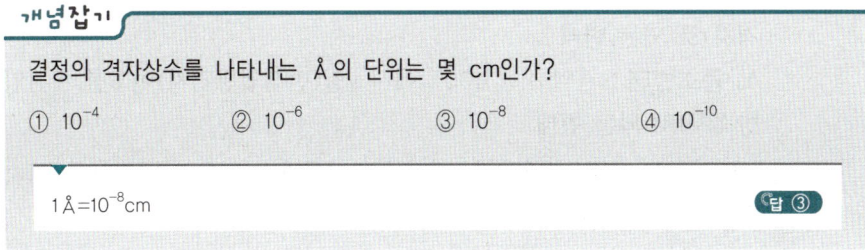

결정의 격자상수를 나타내는 Å의 단위는 몇 cm인가?

① 10^{-4}　　② 10^{-6}　　③ 10^{-8}　　④ 10^{-10}

$1Å = 10^{-8}cm$　　　　　　　답 ③

2. 금속의 변태와 상태도 및 기계적 성질 ★★★

1. 금속의 응고

① 응고 잠열 : 응고할 때 방출하는 것, 숨은 열
② 과냉 : 금속이 액체상태에서 냉각될 때 응고점에 도달하였어도 응고가 시작되지 않고 계속 액체상태로 남아있는 것, 과냉의 정도는 냉각속도가 클수록 커지며 결정립은 미세해짐
③ 수지상정 : 용융 금속이 응고할 때는 먼저 작은 결정을 만드는 핵이 생기고, 이 핵을 중심으로 금속이 나뭇가지 모양으로 발달하는 것
④ 평형상태 : 한 계에서 존재하는 각 상의 관계가 시간이 경과해도 변화하지 않는 상태
⑤ 용체 : 한 물질 중에 다른 물질이 용해하여 균일한 물질을 만든 것을 말하는 것

2. 금속의 변태

① 동소변태 : 고체상태에서 온도에 따라 결정 구조의 변화를 가져오는 것
② 순철의 동소변태
   ㉠ A_3 동소변태 : 가열 시 910℃에서 α철(체심입방격자)이 γ철(면심입방격자)로 되는 변태
   ㉡ A_4 동소변태 : 가열 시 1,400℃에서 γ철(면심입방격자)이 δ철(체심입방격자)로 되는 변태
③ 자기변태 : 원자 배열은 변화하지 않고 **강자성**으로부터 **상자성**으로 자기적 성질만 변화하는 변태
   ㉠ 강자성체 금속을 가열하면 어느 일정한 온도 이상에서 금속의 결정 구조는 변하지 않지만 자성을 잃어 상자성체로 변화
   ㉡ A_2 자기변태 : 순철은 상온에서 강자성체이지만 가열하면 점점 자성을 잃어 768℃ 부근 큐리점(curie point)에서 급격히 상자성체로 변화
④ Fe-C 상태도에서 변태

종류	형태	온도(℃)	비고
A_0변태	자기변태	210	시멘타이트(6.67%)
A_1변태	공석변태	723	공석강(0.8%)
A_2변태	자기변태	768	순철
A_3변태	동소변태	910	순철
A_4변태	동소변태	1,400	순철

★ 꼭집어 어드바이스

자유도
① 어떤 상태를 그대로 유지하면서 자유롭게 변화시킬 수 있는 변수
② **기브스의 상률** : 다성분계에서 평형을 이루고 있는 상의 수와 자유도와의 관계
③ **물의 경우** : F=C+2-P(2중점 F=1, 3중점 F=0)와 얼음, 수증기가 평형을 이루면서 변화할 수 있는 변수는 한 가지도 없다.
④ **금속의 경우** : F=C-P+1, F=0, 1, 2에 따라 불변계, 1변계, 2변계

▶ 참고

강자성체 삼총사 (철니코)
철(Fe), 니켈(Ni), 코발트(Co)는 강자성체를 대표하는 금속이다.

순철의 동소변태

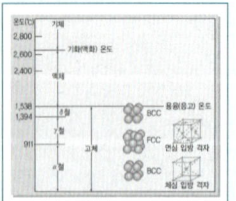

순철의 자기변태

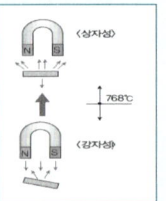

3. 철-탄소계 평형 상태도(Fe-Fe₃C)

① 상태도의 정의
  ㉠ 철-탄소계 평형 상태도 : 가로축을 철과 탄소의 2원 합금 조성(%)으로 하고 세로축을 온도(℃)로 했을 때, 각 조성의 비율에 따라 나타나는 합금의 변태점을 연결하여 만든 선도
  ㉡ 탄소 함유량이 6.67%까지만 표시되어 있는 것은 탄소가 6.67% 이상 함유된 철-탄소의 합금은 너무 취약하여 실제로 사용할 수 없기 때문

4. 철-탄소계 평형 상태도의 상 변태

① 공정반응 (4.3%C, 1,148℃)
  ㉠ 액체 상태에서 두 종류의 결정이 동시에 생기는 반응
  ㉡ 액체 ↔ A결정 + B결정
  ㉢ 용액(L) ↔ 오스테나이트(γ-Fe) + 시멘타이트(Fe₃C)

② 포정반응 (0.18%C, 1,466℃)
  ㉠ 한 고용체가 다른 고용체를 둘러싸면서 일어나는 반응
  ㉡ A고용체 + 용액 ↔ B고용체
  ㉢ 용액(L) + 페라이트(δ-Fe) ↔ 오스테나이트(γ-Fe)

③ 공석반응 (0.8%C, 723℃)
  ㉠ 한 종류의 고체에서 두 종류의 고체가 동시에 생기는 현상
  ㉡ A고용체(고체) ↔ B고용체(고체) + C고용체(고체)
  ㉢ 오스테나이트(γ-Fe) ↔ 페라이트(α Fe) + **시멘타이드(Fe₃C)**

철-탄소계 평형 상태도의 상 변태

> **용어정의**
> 상 변태
> (phase trans formation)
> 한 결정 구조에서 다른 결정 구조로의 고체상태 변화와 액체 상태에서 고체상태로의 변화 또는 상의 개수 변화

> **용어정의**
> 시멘타이트(Fe₃C)
> 고온의 강철 속에 생기는 철과 탄소의 화합물. 강철의 조직 성분으로 그 분포와 형상에 따라 강철의 강도가 다르며, 이것이 많을수록 굳고 강하다.

5. 금속의 기계적 성질

① 강도 : 재료에 외력이 가해질 때, 재료를 파괴하는 힘에 대한 재료 단면에 작용하는 최대 저항력
② 경도 : 재료 표면에 가압하였을 때, 이 외력에 대한 저항의 크기를 재료의 단단한 정도로 나타낸 것
③ 연성 : 재료가 인장, 압축 등의 외력을 받아서 파괴되지 않고 변형되는 정도를 나타내는 변형 한계 능력으로, 길고 가늘게 늘어나는 성질
④ 인성 : 충격, 굽힘, 비틀림 등의 외력이 작용하였을 때에 파괴되지 않고 견디는 성질로서 재료의 질긴 정도
⑤ 취성 : 인성의 반대되는 성질로 잘 부서지고, 잘 깨지는 성질

개념잡기

한 개의 결정핵이 발달하여 나뭇가지 모양으로 성장하는 것은?

① 과냉　　② 단위포　　③ 수지상정　　④ 고스트라인

금속이 응고할 때 결정이 나뭇가지 모양으로 성장하는 것을 수지상정이라고 한다.

답 ③

개념잡기

순철의 냉각 시 결정구조가 FCC→BCC로 격자가 변화하는 동소변태는?

① A_4변태　　② A_3변태　　③ A_2변태　　④ A_1변태

A_3변태 : 순철이 냉각할 때 910℃에서 FCC → BCC로 격자가 변화하는 동소변태

답 ②

개념잡기

금속의 상변태와 관련된 설명 중 틀린 것은?

① 동소변태는 결정구조의 변화이다.
② 순철에서는 약 910℃ 및 1,400℃에서 동소변태가 일어난다.
③ 자기변태에서는 일정한 온도 범위 안에서 급격하고 비연속적인 변화가 일어난다.
④ 온도가 높아짐에 따라 고체가 액체 또는 기체로 변하는 것은 대부분의 금속원소에서 볼 수 있는 상태의 변화이다.

자기변태는 서서히 연속적인 변태이다.

답 ③

개념잡기

Ni의 자기변태 온도는 약 몇 ℃인가?

① 210　　② 368　　③ 768　　④ 1,150

Ni자기변태 : 368℃
Fe자기변태 : 768℃

답 ②

3 ▶ 금속의 소성 변형과 가공

1. 재료의 가공성

① **주조성** : 금속이나 합금을 녹여 주물을 만들 수 있는 성질
② **소성**
  ㉠ 탄성 : 재료가 외력을 받는 정도에 따라 가해진 외력을 제거하면 변형도 없어져서 원상태로 돌아가는 성질
  ㉡ 소성(가소성) : 변형되어 원래의 형상으로 되돌아가지 않는 성질

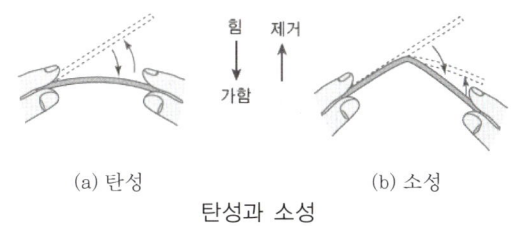

(a) 탄성   (b) 소성
탄성과 소성

③ **피삭성** : 재료가 공구에 의하여 깎이는 정도. 피삭성의 좋고 나쁨은 공구의 수명, 절삭 저항, 절삭면 등에 영향을 줌(절삭성 : 공구가 재료를 깎는 능력)
④ **접합성** : 재료의 용융성을 이용하여 두 부분을 반영구적으로 접합하는 정도를 나타내는 성질, 이 성질을 이용한 가공 방법으로 납땜, 용접 등이 있음

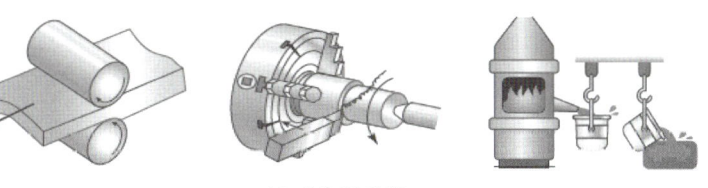

(a) 전연성(압연)   (b) 절삭성(선삭)   (c) 주조성(주조)
금속재료의 가공성

꼭찝어 어드바이스

주조성에 미치는 성질
① 금속의 용융점
② 유동성
③ 수축성
④ 가스의 흡수성

용어정의

유동성
용융금속의 주형 내에 있어서의 유동도로서 점도(끈끈한 정도)가 낮을수록, 즉 용융금속이 잘 흐를수록(묽을수록) 유동성이 좋아 용융 금속이 주형의 구석구석에 침투하여 원하는 모양을 주조할 수 있다. 주조성이 좋다는 것은 유동성이 좋다는 말과 일맥상통한다.

꼭찝어 어드바이스

절삭성의 영향
① 공구의 수명
② 절삭 저항
③ 절삭면

2. 소성가공의 종류

① **단조(forging)** : 해머나 프레스를 이용하여 금속재료를 필요한 형상으로 만드는 가장 오래된 금속 가공법
② **압연(rolling)** : 재료를 회전하는 2개의 롤러(roller) 사이에 끼우고 점차 간격을 좁히면서 통과시켜 늘리거나 얇게 성형하여 여러가지 모양의 판재, 관재 등의 소재를 만드는 소성가공 방법

> **참고**
> 압출과 인발
> 압출에는 압축하중이 작용하며, 인발에는 인장하중이 작용한다. 압출과 인발은 비슷한 형상을 생산할 수 있으나, 재료에 가해지는 하중과 생산 방법에서 차이가 있다.

③ **압출** : 재료를 작은 다이 구멍을 통하여 밀어내어 형재를 생산하는 소성 가공법

④ **인발** : 다이 구멍을 통하여 출구 쪽으로 재료를 잡아 당겨 단면적을 줄이는 가공 방법

3. 열간가공과 냉간가공

① 열간가공
  ㉠ 재결정 온도 이상에서의 가공
  ㉡ 가공도가 크고, 대형 가공이 가능, 거친 가공

② 냉간가공
  ㉠ 재결정 온도 이하에서의 가공
  ㉡ 정밀한 치수 가공이 가능하고 기계적 성질이 양호, 마무리 가공
  ㉢ 강도가 크고, 연신율은 감소

개념잡기

열간가공의 특징으로 틀린 것은?

① 재질이 균일화된다.
② 기공의 생성을 촉진시킨다.
③ 강괴 내부의 미세균열이 압착된다.
④ 방향성이 있는 주조조직이 제거된다.

소성가공을 하면 기공이 없어진다.   **답 ②**

개념잡기

볼트, 기어 등을 대량 생산하는 데 가장 적합한 소성 가공법은?

① 단조   ② 압출   ③ 전조   ④ 프레스

① 단조 : 해머나 프레스를 이용하여 금속재료를 필요한 형상으로 만드는 금속 가공법
② 압출 : 재료를 작은 다이 구멍을 통하여 밀어내어 형재를 생산하는 소성 가공법
③ 전조 : 일정한 모양의 다이에 재료를 회전시켜서, 나사, 볼트, 기어 등을 대량생산하는 소성 가공법
④ 프레스 : 재료를 누르거나 구부려서 모양을 성형하는 소성 가공법

답 ③

4 ▶ 금속재료의 일반적 성질 ★★★

1. 기계적 성질(강도, 경도, 인성, 취성, 연성, 전성)

① 기계를 구성하고 있는 요소는 외력을 받거나 힘을 전달하므로 외력에 의한 파괴나 변형에 대하여 견디는 강도, 인성, 경도 등이 필요하다.

② 원하는 기계 부품의 형상이나 치수로 가공하기 위하여 쉽게 변형할 수 있는 연성 또한 필요하다.

③ 강도
  ㉠ 재료에 작용하는 힘에 대하여 파괴되지 않고 어느 정도 견딜 수 있는 정도
  ㉡ 어떠한 재료에 외력을 가하면 파괴되는데, 이 힘에 대한 재료 단면에 작용하는 최대 저항력
  ㉢ 강도의 종류 : 인장 강도, 압축 강도, 굽힘 강도, 전단 강도, 비틀림 강도 등

④ 경도
  ㉠ 재료의 표면이 외력에 저항하는 성질
  ㉡ 재료 표면에 압력을 가하였을 때, 이 외력에 대한 저항의 크기로 재료의 단단한 정도를 나타내는 수치

⑤ 인성
  ㉠ 기계 부품에 충격, 굽힘, 비틀림 등의 외력이 작용하였을 때 파괴되지 않고 견디는 성질로서 재료의 질긴 성질
  ㉡ 구리와 같은 금속은 외력이 가해져도 잘 파괴되지 않는 질긴 성질을 지닌다.
  ㉢ 인성은 주로 충격시험에 의해 측정되어지며, 인성이 좋을수록 충격에 잘 버틴다.

⑥ 취성
  ㉠ 유리와 같이 잘 부서지고 깨지는 성질(여림, 메짐이라고도 함)
  ㉡ 인성의 반대되는 성질

⑦ 연성
  ㉠ 재료를 잡아당기면 외력에 의하여 파괴되지 않고 가늘게 늘어나는 성질
  ㉡ 연성이 우수한 금속 순서 : Au 〉 Ag 〉 Al 〉 Cu 〉 Pt 〉 Pb 〉 Zn 〉 Li

⑧ 전성
  ㉠ 금속재료를 두드리거나 누르면 넓게 퍼지는 성질
  ㉡ 전성이 우수한 금속 순서 : Au 〉 Ag 〉 Pt 〉 Al 〉 Fe 〉 Ni 〉 Cu 〉 Zn

> ★ 용어정의
> 인장 강도
> 물체가 잡아당기는 힘에 견딜 수 있는 최대한의 응력
>
> 압축 강도
> 물체가 어느 정도 견딜 수 있는지 그 압축력의 한도를 나타내는 수치. 주로 건축 용재에 쓰인다.

> ▶ 참고
> 경도시험
> 경도시험은 주로 압흔 자국에 의해 단단한 정도를 판단하는 방법이 많이 쓰여진다.
> 이 시험에서는 압흔자국이 클수록 무르다는 것이고 이에 압흔 자국이 작을수록 큰 경도값을 나타낸다.

2. 물리적 성질(비중, 용융점, 전기 전도율, 자성)

① 비중
  ㉠ 어떤 물질의 질량과 같은 부피를 가지는 표준 물질에 대한 질량의 비율
  ㉡ 표준 물질 : 고체 및 액체의 경우 보통 1기압(atm)·4℃의 물, 기체의 경우에는 0℃·1기압하에서의 공기
  ㉢ 비중은 기체의 경우 온도와 압력에 따라 달라짐
  ㉣ 물질의 비중이 크다는 것은 무겁다는 것을 의미
  ㉤ 비중은 4℃의 물과 똑같은 부피를 가진 물체와의 무게의 비

$$비중 = \frac{물체의\ 무게}{물체와\ 같은\ 체적의\ 물(4℃)의\ 무게}$$

② 용융점
  ㉠ 물질이 고체에서 액체로 상태가 변화될 때의 온도
     (금속을 가열하면 열적 성질이 변화하여 녹아서 액체가 될 때의 온도)
  ㉡ 단일 금속의 경우 **용융점**, **응고점** 동일

③ 전기 전도율
  ㉠ 전기가 흐르는 정도
  ㉡ 금속 결정은 많은 전자를 가지고 있어 전기가 흐르는 전기적 성질 지닌다.

④ 자성
  ㉠ 물질이 나타내는 자기적 성질
  ㉡ 강자성체 : 금속을 자석에 가까이 하면 자석의 극과 반대의 극이 생겨서 서로 강하게 잡아당기는 물질(**철(Fe), 니켈(Ni), 코발트(Co)**)
  ㉢ 상자성체 : 약간 잡아당기는 것
  ㉣ 반자성체 : 서로 잡아당기지 않는 금속(안티모니(Sb))
  ㉤ 비자성체 : 자석을 접근해도 변화가 없는 것(스테인리스강, 나무, 고무, 비금속)

3. 화학적 성질(부식, 내식성)

① 부식
  ㉠ 금속이 산소, 물, 이산화탄소 등의 주위 환경에 따라 화학적 또는 전기·화학적인 작용에 의하여 비금속성 화합물을 만들어 점차 재료가 소실되는 현상
  ㉡ 습식 : 전기·화학적 부식이며, 이것은 금속 주위의 수분 또는 그 밖의 **전해질**과 작용하여 비금속성의 화합물로 변하는 현상

용어정의

응고점
일정한 압력에서 액체나 기체가 굳을 때의 온도. 보통 액체 응고점은 그 물질의 용융점과 같고, 기체의 응고점은 승화점과 같다.

꼭찝어 어드바이스

오스테나이트계 스테인리스강은 금속이면서 비자성체이다.

용어정의

전해질
물 등의 용매에 녹아서 이온화하여 음양의 이온이 생기는 물질. 전도성을 띠며, 전기 분해가 가능하다.

ⓒ 건식 : 화학적 부식이라고 하며, 이것은 상온 또는 고온에서 금속의 산화, 황화, 질화 등이 해당

② 내식성
　㉠ 내식성은 금속의 부식에 대한 저항력
　㉡ 금속의 조성과 조직, 물이나 산, 알칼리, 염류 등의 종류·농도·온도 및 그밖의 상태에 따라 다르다.
　㉢ 이온화 경향이 큰 금속일수록 화합물이 되기 쉬워 부식이 잘 된다.

> **참고**
>
> 이온화 경향
> K〉Ca〉Na〉Mg〉Al〉Zn〉Cr〉Fe〉Ni〉………〉Ag〉Pt〉Au
>
> 이온화 경향의 주문
> 칼카나마알아철니주납수구수은은백금금

개념잡기

상자성체 금속에 해당되는 것은?

① Fe　　② Ni　　③ Co　　④ Cr

Fe, Ni, Co는 강자성체이다.

답 ④

개념잡기

다음 중 비중(Specific Gravity)이 가장 작은 금속은?

① Mg　　② Cr　　③ Mn　　④ Pb

Mg	Cu	Ag	Cr	Mo	Au	Sn	W	Al	Fe	Mn	Zn	Ni	Co	Pb	Ir
1.74	8.9	10.5	7.19	10.2	19.3	7.28	19.2	2.7	7.86	7.43	7.1	8.9	8.8	11.34	22.5

답 ①

개념잡기

금속의 성실을 설명한 것 중 옳은 것은?

① 결정립이 미세할수록 재료는 변형에 대하여 저항이 증가하므로 강도가 증가하는 경향이 있다.
② 결정립이 조대할수록 재료는 변형에 대하여 저항이 증가하므로 강도가 증가하는 경향이 있다.
③ 결정립이 미세할수록 재료는 변형에 대하여 저항이 감소하므로 강도가 증가하는 경향이 있다.
④ 결정립이 조대할수록 재료는 변형에 대하여 저항이 감소하므로 강도가 증가하는 경향이 있다.

결정립이 변형에 대한 저항으로 작용하므로 미세할수록 변형저항이 커지고 강도가 증가한다.

답 ①

5 금속재료의 시험과 검사

1. 인장시험

① 시편의 양 끝을 시험기에 고정시키고 시편의 축방향으로 천천히 잡아당겨 끊어질 때까지의 변형과 이에 대응하는 하중을 측정하여 금속재료의 여러 가지 기계적 성질을 측정하는 시험 방법

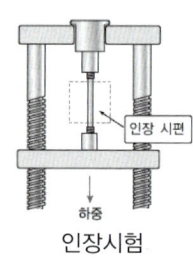

인장시험

② 시험 결과로 알 수 있는 것 : 인장강도, 연신율, 단면 수축률, 항복점, 비례 한도, 탄성 한도, 응력–변형률 곡선 등

③ 응력–변형률 곡선
  ㉠ A(비례한도) : 비례한도 이내에서는 응력을 제거하면 원상태로 돌아간다.
  ㉡ B(탄성한도) : 재료가 탄성을 잃어버리는 최대한의 응력
  ㉢ C(상부 항복점) : 영구변형이 명확하게 나타나기 시작
  ㉣ D(하부 항복점) : 소성변형 – 항복점 이상의 응력을 받는 재료가 영구변형을 일으키는 과정
  ㉤ E(최대응력) : 최대응력을 가지고 인장강도 계산
  ㉥ F(파단점) : 재료에 파괴가 일어나서 절단됨

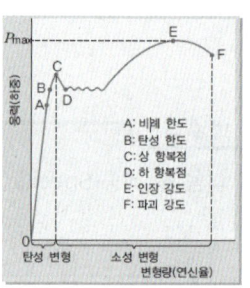

응력–변형률 곡선

④ 인장강도
  ㉠ 인장시험을 하는 도중 시편이 견디는 최대의 하중
  ㉡ 산출 방법

$$\text{최대 인장 강도}(\sigma_{\max}) = \frac{\text{최대 인장 하중}(P_{\max})}{\text{원 단면적}(A_0)} (\text{N/mm}^2)$$

⑤ 연신율(elongation ratio)
  ㉠ **변형량**을 원 표점 거리로 나누어 백분율(%)로 표시한 것
  ㉡ 연성을 나타내는 척도 (대체적으로 연강 50%, 경강 25% 정도)
  ㉢ 산출 방법

$$\text{연신율}(\varepsilon) = \frac{L_1 - L_0}{L_0} \times 100\,(\%)$$

용어정의

네킹(necking)
연성이 있는 재료를 잡아 당길 때 파괴되기 직전에 심하게 국부 수축을 일으키는 현상

용어정의

변형량(L_1-L_0)
인장시험 후 시편이 파괴되기 직전의 표점 거리(L_1)와 시험 전 원표점 거리(L_0)와의 차

2. 압축시험(compression test)

① 재료에 압력을 가하여 파괴에 견디는 힘을 구하는 시험
② 주로 주철이나 콘크리트와 같이 내압에 사용되는 재료의 압축 강도, 비례 한도, 항복점 등과 같은 기계적 성질을 알아보고자 할 때 하는 시험

3. 굽힘시험(bending test)

① 시편에 길이 방향의 직각 방향에서 하중을 가하여 재료의 연성, 전성 및 균열의 발생 유무를 판정하는 시험
② **굽힘균열시험(굽힘시험)** : 심하게 굽힐 때에 균열이 발생하는가의 여부를 조사
③ **굽힘저항시험(항절시험)** : 파단할 때까지 변형시켜서 파단에 필요로 하는 힘을 구할 때 하는 시험
④ **굽힘시험방법** : 눌러 굽히는 방법, 감아 굽히는 방법, V-블록을 사용하여 굽히는 방법

4. 경도시험

① 재료의 단단함과 무른 정도를 나타내는 것, 압입에 대한 저항으로 나타낸다.
② **경도시험의 종류** : 브리넬 경도시험, 로크웰 경도시험, 비커스 경도시험, 쇼어 경도시험 등
③ **시험별 특징**

> **참고**
> 경도시험의 목적
> ① 재료의 경도값을 알고자
> ② 경도값에서 강도를 추정
> ③ 경도 값으로부터 시편의 가공 상태나 열처리 상태를 비교

종류	압입자	기호	하중	계산식	기타
브리넬	10mm 강구	HB	3,000kg	$\dfrac{2P}{\pi D(D-\sqrt{D^2-d^2})} = \dfrac{P}{\pi Dt}$	연강, 주철, 경강, 비철금속의 경도 측정
로크웰	1/16인치 강구	HRB	100kg, 예비 10kg	$130-500h$	연강, 주철, 비철금속 경도 측정
로크웰	120원뿔 다이아몬드	HRC	150kg, 예비 10kg	$100-500h$	경강, 특수강, 표면경화강 경도 측정
비커스	대면각 136도 다이아몬드	HV	1~120kg	$\dfrac{1.8544P}{d^2}$	미세조직의 경도측정가능
쇼어	다이아몬드	HS	반발 높이	$\dfrac{10,000}{64} \times \dfrac{h}{h_0}$	표면에 자국이 남지 않음

> 참고

자기탐상 시험편의 자화방법
① **축 통전법** : 시험편의 축방향의 끝에 전극을 대고 전류를 흘려 원형 자화시키는 방법으로 축방향, 즉 전류에 평행한 결함 검출 방법
② **직각 통전법** : 시험편의 축에 대해 직각인 방향에 직접 전류를 흘려서 전류 주위에 생기는 자장을 원형 자화시키는 방법
③ **관통법** : 시험편의 구멍에 철심을 통해 교류 자속을 흘림으로써 그 주위에 유도 전류를 발생시켜 그 전류가 만드는 자기장에 의해 원형 자화시키는 방법
④ **코일법** : 시험편을 전자석으로 자화하고 시험편에 따라 탐상 코일을 이동시키면서 전자 유도 전류로 검출하는 직선 자화 방법
⑤ **극간법** : 시험편의 전체 또는 일부분을 전자석 또는 영구 자석의 자극 사이에 놓고 직선 자화시키는 방법

5. 충격시험
① 충격력에 대한 재료의 저항력(인성)을 알아보는 시험
② 충격시험은 일반적으로 재료의 인성 또는 취성을 시험
③ 종류 : 샤르피 충격시험, 아이조드 충격시험

6. 비파괴시험
① **자기탐상시험**
　㉠ 누설 자속을 자분 또는 검사 코일을 사용하여 검출하여 결함 존재를 발견하는 검사 방법을 나타낸 것
　㉡ 표면부 및 표면직하의 결함 검출
② **침투탐상시험**
　㉠ 시험편의 표면에 생긴 결함에 침투액을 스며들게 한 다음 현상액으로 결함을 검출하는 시험법
　㉡ 침투액 종류 : 염색침투액, 형광침투액
　㉢ 표면부의 결함 검출
③ **초음파탐상시험**
　㉠ 초음파를 시험편 내부에 투사하여 결함부에서 반사되는 초음파로 결함의 크기와 위치를 알아보는 시험
　㉡ 방법 : 투과법, 반사법, 공진법
　㉢ 내부결함 검출
④ **방사선투과시험**
　㉠ X선이나 γ선은 금속재료를 투과할 때 재료내부의 결함이나 불균일한 조직 등에 의해 투과량에 차이가 생긴다. 이 차이를 사진 필름에 감광시켜 결함을 찾아내는 시험법
　㉡ X-선 투과 검사법 : X-선의 투과선을 사진 건판에 취하여 나타나는 명함도로 검사
　㉢ γ-선 검사법(gamma ray inspection) : Tm-170, Ir-192, Cs-137, Co-60, Ra-226 등과 같은 방사성 동위원소 등에서 방사하는 γ-선 등에 의해 투과 검사

> 참고

X-선과 γ-선의 비교

구 분	X선 장치	γ선 장치
전원	있다	없다
선의 크기	크다	작다
가격	비싸다	싸다
에너지	임의선택	고정
촬영 장소	비교적 넓은 곳	협소한 곳도 가능
촬영 범위	대개 2인치 미만	3~4인치도 가능
고장률	많다	적다

7. 금속 현미경 조직 관찰
① **특징**
　㉠ 금속 조직의 구분 및 결정 입도의 크기
　㉡ 주조, 열처리, 단조 등에 의한 조직의 변화

ⓒ 비금속 개재물의 종류와 형상, 크기 및 편석 부분의 상향
ⓔ 균열의 형상과 성장 상황
ⓜ 파단면 관찰에 의한 파괴 양상의 파악 등에 따른 상세한 검토

② 현미경 조직 검사 순서 : 시료 채취 및 제작 → 연마 → 부식 → 조직 관찰

8. 그 밖의 시험법

① **피로시험**
　ⓐ 재료에 반복 하중이 작용하여도 영구히 파괴되지 않는 최대 응력
　ⓑ S-N 곡선 : 그 응력과 반복 횟수의 관계를 그래프로 그린 것
② **크리프시험** : 재료를 고온에서 내력보다 작은 응력을 장시간 작용하면 시간이 지나면서 변형이 진행되는 현상
③ **마멸시험** : 마찰력에 의해 감소되는 현상을 마멸이라 하며, 마멸에 대한 강도를 내마멸성이라 한다.
④ **불꽃시험**
　ⓐ 강재를 그라인더에 눌러서 나오는 불꽃의 모양, 색, 크기, 개수 등으로 재질을 판별한다.
　ⓑ 뿌리 부분 : C나 Ni 함유량이 미량 나타난다.
　ⓒ 중앙 부분 : 유선의 밝기, 불꽃의 모양에 따라 Ni, Cr, Al, Mn, Si, V 등이 판별된다.
　ⓓ 끝 부분 : 꼬리 불꽃의 변화에 따라 Mn, Mo, W 등의 원소를 판별할 수 있다.
　ⓔ 불꽃의 색깔을 보면 밝을수록 탄소량이 많고, 눌림의 느낌 강도에 따라 특수 원소의 함량을 느낄 수 있다.

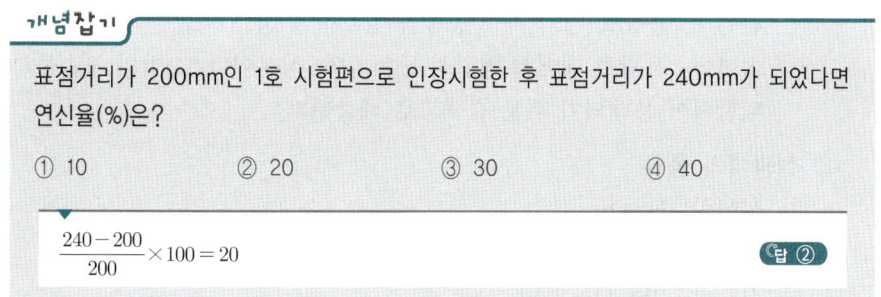

개념잡기

표점거리가 200mm인 1호 시험편으로 인장시험한 후 표점거리가 240mm가 되었다면 연신율(%)은?

① 10　　② 20　　③ 30　　④ 40

$$\frac{240-200}{200} \times 100 = 20$$

답 ②

CHAPTER 02 철과 강

A 우리들의 일상생활과 산업 현장에서 가장 많이 사용되는 공업용 재료가 철강 재료이다. 철기 시대 이후 인간은 철강 재료를 이용하여 다양한 제품들을 제작하고 활용하고 있다. 철강의 분류 방법과 용도를 이해하고, 철강의 용도별 재료의 특성과 제조 방법을 학습함으로써 실생활과 산업 현장에서 철강 재료와 관련이 있는 직무를 수행하는데 필요한 실무능력을 향상시킬 수 있도록 하자.

순철, 탄소강, 합금강, 열처리, 주철, 주강

1 ▶ 순철과 탄소강 ★★★

1. 선철의 제조

① 선철 제조 원료
  ㉠ 철광석 : 철분이 풍부하고 동시에 환원성이 좋아야 하고, 황·인·구리 등의 유해 성분이 적어야 하며, 입도가 적당해야 한다.
  ㉡ 코크스 : 용광로 내에서 철광석을 용해하는 열원인 동시에 철광석의 환원제, 용광로 내의 가스 통풍을 양호하게 하는 역할을 한다.
  ㉢ 석회석 : 용광로 내에서 철광석 중의 암석 성분이나 그 밖의 불순물과 배합되어 용해되기 쉬운 슬래그로 배출된다.

② 철광석의 종류
  ㉠ 적철광 : Fe_2O_3
  ㉡ 자철광 : Fe_3O_4
  ㉢ 갈철광 : $2Fe_2O_3 \cdot 3H_2O$
  ㉣ 능철광 : $FeCO_3$

2. 철과 강의 분류

① 파면에 따라 : 회선철, 반선철, 백선철
② 용도에 따라 : 제강용 선철, 주물용 선철
③ 제조법에 따른 분류
　㉠ 제강방법 : 전로강, 평로강, 전기로강
　㉡ 탈산도 : 림드강, 캡드강, 세미킬드강, 킬드강
　㉢ 가공방법 : 압연강, 단조강, 주강
④ 용도에 따른 분류
　㉠ 구조용 강 : 보통강, 저합금강, 침탄강, 질화강, 스프링강, 쾌삭강
　㉡ 공구용 강 : 탄소 공구강, 특수 공구강, 다이스강, 고속도강, 기타
　㉢ 특수 용도용 강 : 베어링강, 자석강, 내식강, 내열강, 기타
⑤ 탈산에 따른 강괴의 종류
　㉠ 킬드강 : 용강 중에 Fe-Si 또는 Al 분말 등의 강한 탈산제를 첨가하여 완전히 탈산한 것
　㉡ 림드강 : 탈산 및 기타 가스 처리가 불충분한 상태의 용강을 그대로 주형에 주입하여 응고한 것
　㉢ 세미킬드강 : 탈산 정도가 킬드강과 림드강의 중간 정도의 것
　㉣ 캡드강 : 림드강에서 리밍작용을 억제하려고 뚜껑을 띄워 응고한 것

> **꼭집어 어드바이스**
> 철의 탄소 함유량에 따른 분류
> ① 순철 : 0.02%C 이하
> ② 강 : 0.02~2.01%C
> 　㉠ 아공석강
> 　　: 0.02~0.77%C
> 　㉡ 공석강
> 　　: 0.77%C
> 　㉢ 과공석강
> 　　: 0.77~2.01%C
> ③ 주철 : 2.01~6.67%C
> 　㉠ 아공정주철
> 　　: 2.01~4.3%C
> 　㉡ 공정주철
> 　　: 4.3%C
> 　㉢ 과공정주철
> 　　: 4.3~6.67%C

3. 순철의 상태 변화

① 동소변태
　㉠ 동소(격자)변태 : **동소체** 상호 간의 변화에 따라 나타나는 현상
　㉡ 고체상태에서 순철은 온도의 변화에 따라 결정 구조가 다른 α철, γ철, δ철의 세 종류로 존재
　㉢ 순철은 용융 상태에서 냉각시키면 1,538℃에서 응고되기 시작하여 그 후 실온까지 냉각되는 동안에 원자 배열이 변화하여 δ철, γ철, α철의 **동소체**로 존재
　㉣ α철 : 순철 조성 중 상온~910℃에서 존재, BCC결정 구조이며, 페라이트 조직 (α 페라이트)

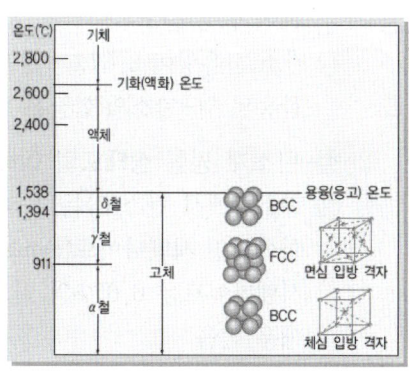

공간격자와 단위격자

> **용어정의**
> **변태(transformation)**
> 특정 온도를 경계로 하여 고체 내에서 원자의 배열이 변화하여 하나의 결정 구조에서 다른 결정 구조로 상태가 변화하는 현상
>
> **동소체(allotropy)**
> 변태에 의하여 서로 다른 상태로 존재하는 같은 원소의 두 고체

ⓜ γ철 : 순철 조성 중 상온 910~1,400℃에서 존재, FCC결정 구조이며, 오스테나이트 조직(γ 오스테나이트)

ⓗ δ철 : 순철 조성 중 1,400~1,539(융점)℃에서 존재, BCC결정 구조이며, 페라이트 조직(δ 페라이트)

ⓢ A_3 동소변태 : 910℃에서 α철이 γ철로 되는 변태

ⓞ A_4 동소변태 : 1,400℃에서 γ철이 δ철로 되어 다시 체심입방격자로 바뀌는 변태

② 자기변태

ⓐ 자기변태 : 원자 배열은 변화하지 않고 강자성으로부터 상자성으로 자기적 성질만 변화하는 변태

ⓑ 철(Fe), 니켈(Ni), 코발트(Co) 등과 같은 강자성체 금속을 가열하면 어느 일정한 온도 이상에서 금속의 결정 구조는 변하지 않지만 자성을 잃어 상자성체로 변화

ⓒ A_2 자기변태 : 순철은 상온에서 강자성체이지만 가열하면 점점 자성을 잃어 768℃ 부근 큐리점(curie point)에서 점진적이고 연속적으로 급격하게 상자성체로 변화

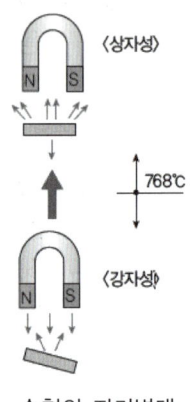

순철의 자기변태

> **참고**
> 강자성체 삼총사 (철니코)
> 철(Fe), 니켈(Ni), 코발트(Co)는 강자성체를 대표하는 금속이다.

4. 탄소강

① 철-탄소계 평형 상태도(Fe-Fe₃C)

ⓐ 가로축을 철과 탄소의 2원 합금 조성(%)으로 하고 세로축을 온도(℃)로 했을 때, 각 조성의 비율에 따라 나타나는 합금의 변태점을 연결하여 만든 선도

ⓑ 탄소 함유량이 6.67%까지만 표시되어 있는 것은 탄소가 6.67% 이상 함유된 철-탄소의 합금은 너무 취약하여 실제로 사용할 수 없기 때문

② 철-탄소계 평형 상태도의 이해

ⓐ 탄소강에서 탄소(C)는 유리된 흑연으로 존재하지 않고, 철(Fe)과의 화합물인 시멘타이트(cementite: Fe₃C) 상태로 존재

ⓑ 시멘타이트는 6.67%의 탄소를 포함하는 금속간 화합물이며 경도가 매우 높음

> **용어정의**
> 시멘타이트(Fe₃C)
> 고온의 강철 속에 생기는 철과 탄소의 화합물. 강철의 조직 성분으로 그 분포와 형상에 따라 강철의 강도가 다르며, 이것이 많을수록 굳고 강하다.

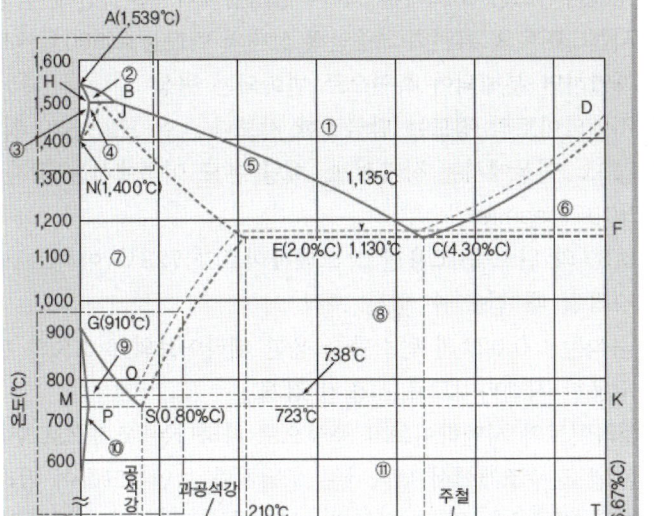

- 실선 : Fe-Fe₃C계
- 점선 : Fe-C의 평형 상태도

Fe-Fe₃C계 평형 상태도

☆ 꼭집어 어드바이스

포정
① 온도 : 1,495℃
② 조성 : 0.09%C
③ 용액+페라이트(δ) ↔ 오스테나이트

공정
① 온도 : 1,148℃
② 조성 : 4.3%C
③ 용액 ↔ 오스테나이트+시멘타이트

공석
① 온도 : 723℃
② 조성 : 0.8%C
③ 오스테나이트 ↔ 페라이트(α)+시멘타이트

③ 탄소강의 표준조직(normal structure)
  ㉠ 표준조직의 특징
    ⓐ 탄소강은 탄소 함유량과 냉각속도 등에 따라 조성된 조직에 의하여 그 성질이 다름
    ⓑ 탄소강의 표준조직 : 강의 종류에 따라 A_3점 또는 A_{cm}보다 30~50℃ 높은 온도로 강을 가열하여 균일한 오스테나이트 조직 상태에서 대기 중에 서서히 냉각하여(노멀라이징) 얻은 상온 조직
    ⓒ 표준조직에 의하여 탄소강의 탄소 함유량을 추정
    ⓓ 탄소강은 탄소 함유량이 많을수록 페라이트(흰색 부분)가 줄어들고 펄라이트(흑색 부분)와 시멘타이트(흰색 경계)가 늘어난다.
  ㉡ 오스테나이트(austenite)
    ⓐ γ철에 탄소를 최대 2.0% 고용한 γ 고용체
    ⓑ A_1 변태점 이상으로 가열했을 때 얻을 수 있는 조직
    ⓒ 결정 구조 : FCC(면심입방격자)
    ⓓ 상자성체, 전기저항과 인성이 크고, 경도가 HB≒155 정도
  ㉢ 시멘타이트(cementite)
    ⓐ 6.67%의 탄소와 철의 화합물(Fe₃C)로 매우 단단하고 부스러지기 쉬운 조직

▶참고

오스테나이트

시멘타이트

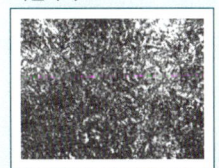

> 참고
> 펄라이트

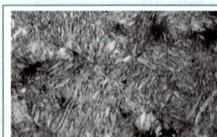

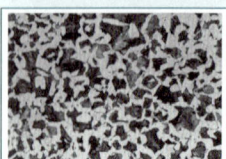

흰부분 : 페라이트
검정 : 펄라이트

ⓑ 시멘타이트는 오스테나이트의 결정립계나 그 벽면에 침상 형성
ⓒ 시멘타이트의 흑연화 : 준안정 상태의 탄화물로 900℃에서 장시간 가열하면 분해되어 흑연으로 변화되는 현상
ⓓ 시멘타이트의 경도는 담금질한 강보다 높은 HB≒820 정도
ⓔ 210℃ 이상에서는 상자성체, 해당 온도 이하에서는 강자성체

ⓒ 펄라이트(pearlite)
　ⓐ 0.8%의 탄소를 고용한 오스테나이트가 723℃ 이하로 서서히 냉각될 때 얻을 수 있는 조직
　ⓑ 공석강 : 0.02%의 탄소를 고용한 페라이트와 6.67%의 탄소를 고용한 시멘타이트로 석출된 강재
　ⓒ 페라이트와 시멘타이트가 층상으로 나타나는 조직으로 현미경으로 보면 진주조개에서 나타나는 무늬처럼 보인다고하여 펄라이트
　ⓓ 경도 HB≒225 정도, 강도가 크고 어느 정도 연성 확보

ⓜ 페라이트(ferrite)
　ⓐ α철에 탄소가 최대 0.02% 고용된 α고용체
　ⓑ 거의 순철에 가까우며, 매우 연한 성질을 지니고 있어 전연성이 크다.
　ⓒ A_2 변태점(자기변태 768℃) 이하에서는 강자성체
　ⓓ 경도 HB≒90 정도

④ 탄소강의 변태
　㉠ 아공석강
　　ⓐ 아공석강 : 0.02~0.8%의 탄소 조성
　　ⓑ 초석 페라이트와 펄라이트의 혼합 조직
　　ⓒ 탄소 함유량이 많아질수록 펄라이트의 양 증가 → 경도와 인장 강도 증가
　㉡ 공석강
　　ⓐ 공석강 : 0.8% 탄소 조성
　　ⓑ 공석 반응 : 723℃ 이하로 냉각 → 오스테나이트가 페라이트와 시멘타이트로 동시에 석출
　　ⓒ 100% 펄라이트 조성으로 인장 강도가 가장 큰 탄소강
　㉢ 과공석강
　　ⓐ 과공석강 : 0.8~2.0%의 탄소 조성
　　ⓑ 초석 시멘타이트와 펄라이트의 혼합 조직
　　ⓒ 탄소 함유량이 증가할수록 경도가 증가
　　ⓓ 그러나 인장 강도 감소하고 메짐 성질이 증가 → 깨지기 쉽다.
　　ⓔ 공업적으로 생산되는 과공석강은 탄소 함유량이 1.2% 이상인 경우 강의 성질이 매우 취약 → 거의 사용하지 않음

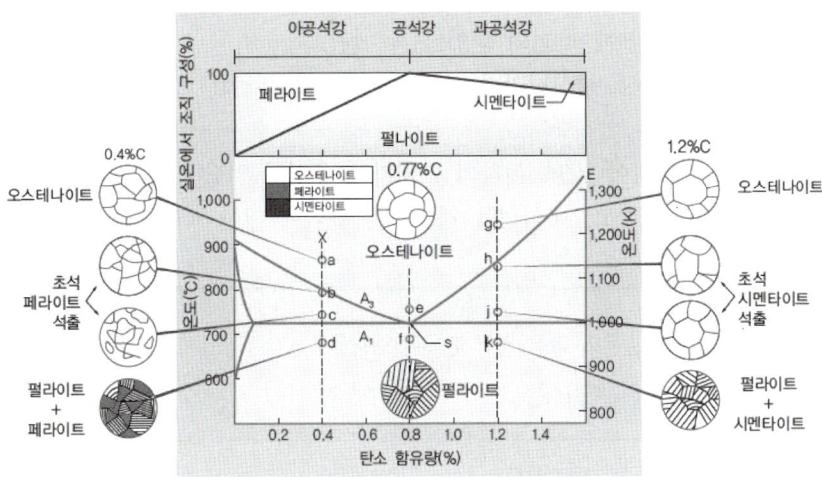

탄소 함유량에 따른 탄소강의 조직 변화

⑤ 탄소강에 함유된 원소의 영향
  ㉠ 망가니즈(Mn)
    ⓐ 망가니즈는 제강 원료로 사용, 선철 중에 0.2~0.8% 함유
    ⓑ 일부는 탄소강에 고용되고, 나머지는 황(S)과 결합하여 **황화 망가니즈(MnS)**를 만들어 탈황효과 및 탈산효과도 있다.
    ⓒ 강도와 고온 가공성을 증가
    ⓓ 연신율의 감소를 억제시켜 주조성과 담금질 효과를 향상
  ㉡ 규소(Si)
    ⓐ 합금 원소 또는 **탈산제**의 잔류 원소로 고용
    ⓑ 0.3% 이상 함유되면 인장 강도, 경도, 탄성 한도는 높아지지만 연신율과 충격값은 감소한다.
    ⓒ 결정 입자의 성상을 크게 하여 단접성과 냉간 가공성 저하
  ㉢ 인(P)
    ⓐ 결정 입자를 크고 거칠게 하여 강도와 경도는 다소 증가, 연신율은 감소
    ⓑ 탄소강에 함유된 인은 철과 화합하여 인화 철(Fe_3P)을 만들어 결정 립계에 **편석** 생성
    ⓒ 충격값을 떨어뜨리고 균열을 일으킴
    ⓓ 충격값을 저하시켜 상온 메짐의 원인이 됨
    ⓔ 절삭 성능을 개선시키는 효과 → **쾌삭강**에 이용
  ㉣ 황(S)
    ⓐ 선철의 불순물로 남아 철과 반응하여 황화 철(FeS) 형성

> **용어정의**
>
> **황화 망가니즈(MnS)**
> 망가니즈 황화물을 통틀어 이르는 말. 분석 시약으로 쓰이며, 일황화 망가니즈, 이황화 망가니즈가 있다.
>
> **탈산제**
> 녹인 금속으로부터 산소를 없애는데 쓰는 약제. 구리나 그 합금에는 인이나 규소가 쓰이고 제강에는 망가니즈나 알루미늄이 쓰인다.
>
> **편석**
> 금속이나 합금이 응고될 때 성분이 고르지 않게 분포화는 현상
>
> **쾌삭강**
> 저탄소강의 하나로 절삭 가공을 쉽게 하기 위하여 황, 납, 인, 망가니즈 등을 미량으로 혼합하여 만든 특수한 강

ⓑ 탄소강에 고용된 황화 철은 용융점이 낮아 고온에서 취약하여 → 가공할 때 파괴의 원인(고온 메짐)
ⓒ 절삭성을 향상시키기 때문에 쾌삭강의 경우 0.08~0.35% 정도 함유

ⓜ 구리(Cu)
ⓐ 탄소강에 0.3% 이하의 구리가 고용되면 인장 강도와 탄성 한도를 높여 주고, 내식성을 개선시켜 부식에 대한 저항 증가

개념잡기

다음의 철광석 중 철분이 가장 많이 함유된 광석은?

① 적철광　　② 자철광　　③ 갈철광　　④ 능철광

자철광 〉 적철광 〉 능철광 〉 갈철광　　　답 ②

개념잡기

탄소강에서 규소(Si)의 영향으로 틀린 것은?

① 강의 인장강도, 탄성한계, 경도를 크게 한다.
② 연신율과 충격값을 증가시킨다.
③ 결정립을 조대화시킨다.
④ 용접성을 저하시킨다.

규소는 강도는 증가하지만 연신율과 충격값이 떨어진다.　　　답 ②

개념잡기

탄화철(Fe_3C)의 금속간 화합물에 있어 탄소(C)의 원자비는?

① 15%　　② 25%　　③ 45%　④ 75%

- 원자비 : 총 원자 개수에 대한 성분 원소의 비
- 총원자 : 4개 (Fe 3개, C 1개)
- 탄소원자 : 1개
- 원자비 : 1/4 × 100 = 25%　　　답 ②

개념잡기

철강재료의 5대 원소에 해당되지 않는 것은?

① P　　② C　　③ Si　　④ Mg

5대 원소 : C, Mn, Si, P, S　　　답 ④

2. 합금강 ★★★

1. 합금강의 특성과 합금 원소의 영향

① 합금강의 특성
  ㉠ 첨가하는 원소에 따라 탄소강과 다른 새로운 특성과 성질이 나타남
  ㉡ 탄소강에 비하여 강의 열처리성을 향상시켜 기계적 성질 및 강인성 향상
  ㉢ 강의 내식성과 내마멸성을 증대시키고 전자기적 성질 변화

② 합금 원소의 영향
  ㉠ 높은 강도와 연성 유지
  ㉡ 내식성과 내고온산화성 개선
  ㉢ 고온과 저온의 기계적 성질 개선
  ㉣ 내마멸성 및 피로 특성 등의 특수한 성질 개선
  ㉤ 강의 **표면 경화** 깊이를 증가시켜 기계적 성질 개선

> **용어정의**
>
> **합금강**
> 탄소강에서 얻을 수 없는 특별한 성질을 얻기 위하여 탄소강에 탄소 이외의 합금 원소를 한 가지 또는 두 가지 이상 첨가한 것을 합금강 또는 특수강이라고 한다.
>
> **합금**
> 금속에 한 가지 이상의 다른 원소를 첨가하여 새로운 성질의 금속을 만드는 것
>
> **표면 경화**
> 철강의 열처리에서 표면의 내마모성, 내피로성을 증가시키기 위하여 철강의 표면층만을 경화하여 내부에는 인성을 보존하는 일

합금 원소	효 과
니켈(Ni)	강인성, 내식성 및 내마멸성을 증가시킨다.
크로뮴(Cr)	함유량이 적어도 강도와 경도를 증가시키며, 함유량이 많아지면 내식성, 내열성 및 자경성을 크게 증가시키는 외에 탄화물의 생성을 용이하게 하여 내마멸성도 증가시킨다.
망가니즈(Mn)	강도, 경도, 내마멸성을 증가시키고 적열 취성을 방지한다.
몰리브데넘(Mo)	함유량이 적으면 니켈과 거의 비슷한 작용밖에 하지 못하지만 함유량이 많아지면 내마멸성을 크게 증가시키고 뜨임 취성을 방지한다.
규소(Si)	함유량이 적으면 강도와 경도를 조금 향상시키지만 함유량이 많아지면 내식성과 내마멸성을 크게 증가시키고, 전자기적 성질도 개선시킨다.
텅스텐(W)	함유량이 적으면 크로뮴과 거의 비슷한 작용밖에 하지 못하지만 함유량이 많아지면 탄화물 생성을 용이하게 하여 경도와 내마멸성을 크게 증가시킨다. 특히, 고온 강도와 경도를 증가시킨다.
코발트(Co)	크로뮴과 함께 사용하여 고온 강도와 고온 경도를 크게 증가시킨다.
바나듐(V)	몰리브데넘과 비슷한 작용을 하지만 경화성을 증가시킨다.
구리(Cu)	크로뮴 또는 크로뮴-텅스텐과 함께 사용해야 그 효과가 크다. 석출 경화가 일어나기 쉽게 하고 내산화성을 증가시킨다.
타이타늄(Ti)	규소나 바나듐과 비슷한 작용을 하고, 탄화물의 생성을 용이하게 하며, 결정 입자 사이의 부식에 대한 저항성을 증가시킨다.

2. 합금강의 종류와 용도

분류	종류	주요 용도
구조용 합금강	강인강 표면 경화용 강 침탄강, 질화강	크랭크축, 기어, 볼트, 너트, 키축 등 기어축, 피스톤 핀, 스플라인축 등
공구용 합금강	합금 공구강 고속도 공구강	절삭 공구, 프레스 금형, 정, 펀치 등 절삭 공구, 금형 등
내식·내열용 합금강	스테인리스강 내열강 내식·내열 초합금	칼, 식기, 취사 용구, 화학 공업 장치 등 내열 기관의 흡기·배기 밸브, 터빈 날개 고온·고압 용기 제트 엔진 부품, 터빈 날개
특수 목적용 합금강	쾌삭강 스프링강 내마멸강 베어링강 자석용 강 규소강(철심재료) 불변강	볼트, 너트, 기어축 등 스프링축 등 크로스 레일, 파쇄기 등 볼 베어링, 전동체(강구, 롤러) 등 전력 기기, 자석 등 변압기, 발전기, 차단기 커버 및 배전판 바이메탈, 계측기 부품, 시계 진자 등

① 구조용 합금강
  ㉠ 목적
    ⓐ 구조용 탄소강보다 큰 강도 및 우수한 기계적 성질이 요구될 때 사용
    ⓑ 조직상으로는 탄소강과 별 차이가 없지만 담금질성 우수
    ⓒ 기계를 구성하는 주요 부품 또는 구조물을 만드는 강재로 사용
  ㉡ 강인강
    ⓐ 강인강은 탄소강에서 얻을 수 없는 강인성을 가지는 재료를 얻기 위하여 탄소강에 니켈, 크롬, 텅스텐, 몰리브데넘, 규소 등을 첨가한 것
    ⓑ 합금한 상태 그대로 사용하기도 하지만, 적당히 담금질, 뜨임 등의 열처리로 그 성질을 개선하여 사용

용어정의

담금질
고온으로 열처리한 금속재료를 물이나 기름 속에 담가 식히는 일

뜨임
담금질한 강철을 A_3변태점 이하의 알맞은 온도로 다시 가열하였다가 물 또는 공기 중에서 식혀 조직을 무르게 하여 내부 응력을 없애는 조작

강 인 강	
종류	주요 특징 및 용도
니켈(Ni)강	• 강인성과 열처리성, 내마멸성, 내식성을 향상시키기 위하여 탄소강에 니켈(Ni)을 첨가시킨 강 • 니켈강을 적절하게 열처리하면 인성이 탄소강의 5~6배로 증가하고 내식성과 마멸성도 개선 • 니켈 자원의 한정으로 고가

크로뮴(Cr)강	• 담금질성과 뜨임 효과를 크게 개선하기 위하여 0.14~0.48%의 탄소를 함유한 탄소강에 0.9~1.2%의 크로뮴(Cr)을 첨가 • 크로뮴은 자원이 풍부하고 값도 저렴하여 경제적인 합금용 원소로 널리 이용 • 크로뮴 함유량 2% 이하의 저탄소 크로뮴강은 침탄용 강으로 사용, 고탄소 크로뮴강은 베어링, 줄, 다이스 등에 이용
망가니즈(Mn)강	• 망가니즈(Mn)는 강도를 증가시키는 가장 경제적인 합금 원소 • 망가니즈는 탄소강에 자경성 부여 • 다량으로 첨가한 망가니즈강은 공기 중에서 냉각하여도 쉽게 마텐자이트 또는 오스테나이트 조직 형성 • 강인강으로서 망가니즈강은 중탄소강의 기본 조성에 1.2~1.65%의 망가니즈를 함유시켜 황에 의한 취성화를 방지 → 담금질성 향상 • 저망가니즈강(듀콜강) : 망가니즈 함유량 2% 이하, 강하고 연신율도 양호하여 조선, 차량, 건축, 교량 등 일반 구조용 강으로 사용 • 고망가니즈강(해드필드강) : 망가니즈 함유량 10~14%, 내마멸성과 내충격성이 우수. 특히 조직이 오스테나이트이므로 인성이 우수하여 각종 광산 기계의 파쇄 장치, 임펠러 플레이트 등이나 기차 레일, 굴착기 등의 재료로 사용
니켈-크로뮴(Ni-Cr)강	• 탄소강에 니켈과 크로뮴을 첨가하여 열처리 효과가 크며, 질량 효과가 적음 • 큰 지름의 단면이더라도 중심부까지 균일하게 담금질 가능 • 내마멸성과 내식성이 우수 • 고온에서 장시간 가열하여도 결정립이 성장하지 않음 → 고온 가공의 작업 온도 범위가 넓음 • 열전도성이 나쁘기 때문에 서서히 가열 • 강도를 필요로 하는 봉재, 관재, 선재 및 기어, 캠, 피스톤 핀 등의 단조용 소재로 널리 사용
니켈-크로뮴·몰리브데넘(Ni-Cr-Mo)강	• 구조용 니켈-크로뮴강에 0.3% 이하의 몰리브데넘(Mo) 첨가 • 강인성을 증가시키고 담금질성을 향상시킬 뿐만 아니라, 템퍼취성(뜨임취성)을 완화 • 몰리브데넘은 고온에서도 점성이 좋아 단조 및 압연이 용이 • 스케일 분리가 잘되어 표면이 수려함 • 고급 내연 기관의 크랭크축, 강력 볼트, 기어 등 중요 기계 부품에 사용
크로뮴-몰리브데넘(Cr-Mo)강	• 니켈-크로뮴강에서 니켈 대신 몰리브데넘을 소량 첨가하여 강인성과 내식성을 향상시킨 저합금강 • 값이 비싼 니켈을 대신하기 위하여 개발 • 용접성이 우수, 경화능이 크고 템퍼취성(뜨임취성)도 적으며, 고온 가공성 우수 • 가공면이 깨끗하여 얇은 강판이나 관의 제조에 많이 사용

용어정의

자경성
담금질 온도에서 대기 속에 방랭(放冷)하는 것만으로도 마텐자이트 조직이 생성되어 단단해지는 성질을 말하며 니켈, 크롬, 망간 등이 함유된 특수강에서 볼 수 있는 현상이다. 기경성(氣硬性)이라고도 한다.

용어정의

질량 효과
금속의 열처리에서 금속의 질량에 따라 얼마나 균일한 조직을 얻을 수 있는지를 보는 척도로, 즉 두께에 따라 중심과 겉 쪽의 조직의 균일한 정도를 말한다. 예를 들면, 합금강의 질량 효과가 작다는 의미는 질량이 커도(두께가 두꺼워도) 중심과 겉 쪽에서 균일한 조직을 얻을 수 있다는 의미

용어정의

경화능
강을 담금질시켜 경화(단단하고 강하게 하는 것)를 쉽게 할 수 있는 정도를 말한다.

용어정의

질화(窒化)
강철을 암모니아 또는 질소로 처리하여 표면을 단단하게 만드는 일 또는 그 방법

ⓒ 표면 경화용 합금강
  ⓐ 강의 표면이 높은 경도를 가지고, 내부가 강인성을 필요로 할 때 사용
  ⓑ 이때 사용하는 강은 경화시키기 위하여 **침탄이나 질화** 효과가 큰 것이 필요
  ⓒ 표면 경화 작업시간이 길어 오래 가열하여도 조직이나 성질이 나빠지지 않아야 함

표면 경화용 합금강	
종류	주요 특징 및 용도
침탄용 합금강	• 담금질성의 개선과 중심부의 강인성 증대 • 가열에 의한 결정립의 크기가 커지는 것을 방지 • 니켈-크로뮴-몰리브데넘(Ni-Cr-Mo)강 → 가혹한 조건에서 사용하는 부품이나 중요한 기계 부품 제작에 사용
질화용 강	• 알루미늄(Al), 크로뮴(Cr), 바나듐(V) 등의 합금 원소를 함유하는 중탄소의 저합금강 • 강의 표면을 질화하여 높은 표면 경도 부여 • 질화하기 전에 담금질과 뜨임, 질화 후에는 열처리하지 않음 • 질화 제품 변형 극히 작음 • 가열도 저온의 영역에서 실시 → 열처리에 따른 변형이나 모재의 결정립 성장 미비 • 질화용 강은 중심부가 양호한 기계적 성질을 가지면서 경화층의 경도를 높일 수 있는 조성
고주파 경화용 강	• 탄소강에 크로뮴, 몰리브데넘 등의 원소를 첨가 • 내부의 인성과 높은 강도가 요구될 때에는 저합금강 사용

② 공구용 합금강
  ㉠ 특성과 구비조건
    ⓐ 칼날, 바이트, 커터, 드릴에는 절삭성, 정이나 펀치 등에는 내충격성, 게이지나 다이스 등에는 내마멸성과 불변형성이 필요
    ⓑ 각각 알맞은 특성을 지닌 재료 필요
    ⓒ 상온 및 고온에서 경도가 크고, 가열에 의한 경도 변화가 적음
    ⓓ 인성과 마멸 저항이 크고, 가공이 쉬우며, 열처리에 의한 변형이 적음
    ⓔ 공구 재료로서 구비해야 할 조건

    > ① 상온과 고온에서 경도가 높아야 한다.
    > ② 내마멸성이 커야 한다.
    > ③ 강인성이 커야 한다.
    > ④ 열처리와 공작이 용이해야 한다.
    > ⑤ 가격이 저렴해야 한다.

ⓒ 합금 공구강
  ⓐ 탄소 공구강 : 고온 경도가 낮고 고속 절삭과 강력 절삭 공구 또는 단조, 주조 등에 부적합
  ⓑ 합금 공구강 : 결점을 보완하기 위하여 탄소 공구강에 특수 원소로서 크로뮴, 텅스텐, 망가니즈, 니켈, 바나듐 등을 한 종 또는 두 종 이상 첨가하여 성능을 개선한 강

> **용어정의**
>
> **탄소 공구강**
> 구조강에 비하여 탄소가 많이 들어 있는 공구를 만드는데 쓰는 강철, 압착 가공을 한 다음 열처리를 한 것으로 굳고 세며 잘 견디는 특성이 있음
>
> **팽창 계수(팽창률)**
> 물체가 온도 1℃ 상승할 때마다 증가하는 길이 또는 체적과 원래 길이 또는 체적의 비

합금 공구강	
종류	주요 특징 및 용도
절삭용 합금 공구강	• 탄소 함유량 높이고 크로뮴, 텅스텐, 바나듐 등 첨가 • 고경도, 절삭성 증가
내충격용 합금 공구강	• 절삭용 공구강에 비하여 탄소 함유량을 낮추고 크로뮴, 텅스텐, 바나듐 등 원소 첨가 • 정이나 펀치, 스냅과 같은 충격을 흡수해야 하는 공구재료 → 인성 부여
게이지용 합금 공구강	• 게이지용 합금 공구강은 정밀 기계·기구, 게이지 등에 사용 • 담금질에 의한 변형, 담금질 균열 없음 • 팽창 계수가 보통 강보다 작음 • 시간이 지남에 따른 치수 변화 없음

ⓒ 고속도 공구강
  ⓐ 18%텅스텐, 4%크로뮴, 1%바나듐이고 탄소를 0.8~1.5% 함유
  ⓑ 절삭 공구강의 일종
  ⓒ 500~600℃까지 가열하여도 뜨임에 의한 연화 없음
  ⓓ 고온에서도 경도 감소 적음

고속도 공구강	
종류	주요 특징 및 용도
텅스텐(W)계 고속도강	• 고속도강의 표준적 조성 • 풀림 처리를 하면 경도가 낮아짐 • 어떤 형상의 공구 제작도 용이 • 담금질한 후 뜨임 처리를 하면 고온 경도, 내마모성 크게 향상 • 기본 조성 : 18%W·4%Cr·1%V
몰리브데넘 고속도강	• 텅스텐(W)의 양을 줄이고 대신에 강에서 석출 경화를 일으키는 몰리브데넘(Mo)과 바나듐을 첨가하여 복합 탄화물의 생성으로 경화된 고속도 공구 • 가격 저렴, 비중 작음, 인성 높음 • 담금질 온도가 낮아 열처리가 용이

ⓔ 경질 공구용 합금

경질 공구용 합금	
종류	주요 특징 및 용도
소결 초경합금 (sintered hard metal)	• 탄화 텅스텐(WC), 탄화 타이타늄(탄화 티탄 : TiC), 탄화 탄탈럼(TaC) 등의 미세한 분말 형태의 금속을 코발트(Co)로 소결한 탄화물 소결 공구
주조 경질 합금 (casted hard metal)	• 스텔라이트(stellite) : 코발트를 주성분으로 하는 코발트-크로뮴-텅스텐-탄소(Co-Cr-W-C)계의 합금 • 금형 주조에 의하여 일정한 형상으로 만들어 연삭하여 사용하는 경질 주조 합금 공구재료 • 상온에서는 담금질한 고속도강보다 다소 연하지만 600℃ 이상에서는 고속도강보다 경도가 높아 절삭 능력이 좋지만 취약하여 충격으로 쉽게 파손

③ 내식·내열용 합금강

㉠ 내식강

ⓐ 금속의 부식 현상을 개선하기 위하여 부식에 강하거나 표면에 보호막을 형성하여 부식이 내부로 진행하지 않도록 내식성을 부여한 강
ⓑ 스테인리스강(stainless steel)
ⓒ 성분에 따라 크로뮴(Cr)계, 크로뮴-니켈(Cr-Ni)계로 구분
ⓓ 금속 조직에 따라 페라이트(ferrite)계, 마텐자이트(martensite)계, 오스테나이트(austenite)계로 분류

스테인리스강	
종류	주요 특징 및 용도
페라이트계 스테인리스강 (고Cr계)	• 크로뮴은 페라이트에 고용되어 내식성 증가 • 일반적으로 크로뮴 13%인 것과 크로뮴 18%인 것을 사용 • 탄소 함유량 0.12% 이하로 담금질 효과가 없는 페라이트 조직 • 페라이트계 스테인리스강 연마 표면 → 공기, 수중기 내식성 우수 • 내산성이 오스테나이트계에 비하여 작고 담금질 상태에서는 내식성 우수
오스테나이트계 스테인리스강 (고Cr, 고Ni계)	• 18-8 스테인리스강 : 표준 조성은 (Cr)18%, (Ni)8% • 고크로뮴계보다도 내식성과 내산화성 더 우수 • 상온에서 오스테나이트 조직으로 변하여 가공성이 좋음 • 18-8 스테인리스강의 입계 부식 : 600~800℃에서 단시간 내에 탄화물이 결정립계에 석출되어 입계 부근의 내식성이 저하되어 점진적으로 부식 • 입계부식 방지 : 고온에서 담금질하여 탄화물을 고용 • 화학 공업, 건축, 자동차, 의료기기, 가구, 식기 등에 사용

용어정의

부식
금속이 가스 또는 수용액에 의하여 녹슬거나 산화물질로 변화하여 금속 표면이 점차적으로 소모되어 들어가는 현상

스테인리스강
크로뮴과 탄소 외에 용도에 따라 니켈, 텅스텐, 바나듐, 구리, 규소 등의 원소를 함유한 내식성 강철. 녹이 슬지 않고 약품에도 부식되지 않는다.

마텐자이트계 스테인리스강 (고Cr, 고C계)	• 이 합금은 12~17%의 크로뮴(Cr)과 충분한 탄소를 함유하여 담금질한 후에 뜨임 처리하여 마텐자이트 조직 형성 • 높은 강도와 경도를 목적으로 하였기 때문에 내식성이 고크로뮴(Cr)계 및 고크로뮴-니켈(Cr-Ni)계에 비하여 나쁘다. • 인장 강도는 열처리에 의하여 어느 정도 조정 가능 • 담금질 온도는 크로뮴(Cr)의 함유량이 많을수록 높으며, 크로뮴 함유량이 높기 때문에 공기 중에서 냉각하여도 마텐자이트를 얻을 수 있고 계속하여 뜨임 가능 • 페라이트계에 비하여 내식성이 좀 떨어지지만 강도가 크므로 일반 구조용과 내식 공구 등에 사용

ⓒ 내열강
  ⓐ 고온에서 산화 또는 가스 침식에 견디며, 사용 중에 조직의 변화를 일으키지 않고 기계적 성질 유지
  ⓑ 크로뮴, 규소, 알루미늄, 니켈 : 내열, 내산화성 개선
  ⓒ 텅스텐, 코발트, 몰리브데넘 : 고온 강도 향상
  ⓓ 조직에 따른 분류 : 페라이트계의 크로뮴강, 오스테나이트계 크로뮴-니켈강
  ⓔ 오스테나이트계는 상당히 높은 온도까지 사용하지만, 페라이트계는 비교적 낮은 온도 범위에서 사용

④ 특수 목적용 합금강
  ㉠ 쾌삭강
    ⓐ 쾌삭강 : 가공재료의 피삭성을 높이고, 절삭 공구의 수명을 길게 하기 위하여 요구되는 성질을 부여한 강재
    ⓑ 절삭 중 절삭되어 나오는 칩(chip) 처리 능률을 높이고, 가공면의 정밀도와 표면 거칠기 등 향상
    ⓒ 강에 황(S), 납(Pb), 흑연을 첨가하여 선삭성 향상
    ⓓ 가공 후 고온에서 확산풀림 열처리 후 사용

쾌삭강	
종류	주요 특징 및 용도
황 쾌삭강	• 탄소강에 황 0.1~0.25% 증가시켜 쾌삭성을 높인 것 • 황은 망가니즈와 화합하여 황화물을 형성하여 절삭성 향상 • 인(P)을 첨가하면 인성은 다소 저하하나 절삭성을 높이는 데 유용 • 경도를 고려하지 않는 정밀 나사의 작은 부품용 사용
납 쾌삭강	• 탄소강 또는 합금강에 납(Pb)을 0.10~0.30% 첨가 • 절삭성을 크게 향상시킨 합금강 • 약간의 납은 기계적 성질에 큰 영향을 끼치지 않으므로 납 쾌삭강은 보통의 강과 같이 열처리를 하여 사용 • 자동차 중요 부품 제작에 대량 생산용으로 널리 사용

ⓛ 스프링강
  ⓐ 탄성 한도와 항복점이 높고 충격이나 반복 응력에 잘 견디는 성질이 요구되는 스프링을 만드는데 사용되는 재료
  ⓑ 탄소를 0.5~1.0% 함유한 고탄소강 사용
  ⓒ 고탄소강의 사용 목적에 맞게 담금질과 뜨임을 하거나 경강선, 피아노선을 냉간 가공하여 경화시켜 탄성 한도를 높임
  ⓓ 판 스프링, 선 스프링 등 고성능이 요구되는 것은 고탄소강 사용
  ⓔ 대부분은 규소-망가니즈강, 규소-크로뮴강, 크로뮴-바나듐강, 망가니즈-크로뮴강 등의 합금강 사용

ⓒ 베어링강
  ⓐ 베어링은 동력을 전달하는 회전축과 접촉하므로 베어링강은 내마멸성과 강성이 요구됨
  ⓑ 고탄소-크로뮴강으로 표준 조성이 1.0% 탄소, 1.5% 크로뮴
  ⓒ 고탄소-크로뮴강은 탄화물의 구상화가 용이하나 베어링으로서의 내마멸성을 향상시키기 위하여 완전 구상화 처리

ⓔ 철심재료
  ⓐ 순철, 규소강, 철-규소-알루미늄 합금 등은 투자율과 전기저항이 크고, 보자력, 이력 현상(hysterisis) 등이 작음
  ⓑ 전동기, 발전기, 변압기 등의 철심재료로 사용
  ⓒ 순도가 높은 순철은 우수한 자성을 띠지만 고유 전기저항과 강도가 작고 제련하기가 어려워 공업용 철심으로 사용하기에는 부적당
  ⓓ 탄소강에 규소를 첨가한 규소강은 규소의 탈산작용으로 자성을 나쁘게 하는 산소를 제거하여 자성이 개선되며, 전기저항도 향상되어 철심재료로 많이 사용
  ⓔ 규소의 함유량에 따라 철심용 재료의 용도

  > • 1.5% 규소 : 발전기 또는 전동기의 철심
  > • 1.5~2.5% 규소 : 발전기의 발전자, 유도 전동기의 회전자
  > • 2.5~3.5% 규소 : 유도 전동기의 고정자용 철심, 변압기 및 발전기의 철심
  > • 3.5~4.5% 규소 : 변압기의 철심, 전화기

ⓜ 영구 자석강
  ⓐ 영구 자석강으로 사용하는 강은 보자력과 잔류 자기가 크고 투자율이 작은 것 필요
  ⓑ 온도 변화, 기계적 진동, 자기장 변화 등의 영향에 의하여 쉽게 자기의 강도를 감소시키지 않고 점성이 강하며 가공이 쉬워야 한다.

★ 용어정의

보자력 [coercive force, 保磁力]
자화된 자성체의 자화도를 0으로 만들기 위해 걸어주는 역자기장의 세기이다. 이 값은 물질에 따라 고유한 값을 가지며, 영구 자석으로 사용할 물질은 이 값이 클 수록 좋다. 항자기력이라고도 한다.

이력 곡선 [Hysteresis Loop, Hysteresis Curve, 履歷曲線]
자계의 세기의 증감에 따라 발생하는 자속밀도의 이력현상을 나타내는 곡선

★ 꼭찝어 어드바이스

경질 자석의 종류
알니코 자석, 페라이트 자석, ND 자석

연질 자석의 종류
센더스트, 규소강판

ⓒ 영구 자석용 재료를 분류하면 담금질 경화형 영구 자석강, 석출 경화형 영구 자석강, 미립자형 영구 자석강 등
ⓑ 전기저항용 합금
  ⓐ 내열성, 전기 비저항이 크고 연성이 풍부하며 고온 강도가 큼
  ⓑ 일반적으로 많이 사용하는 전기저항용 재료 니켈-크로뮴계 합금 및 철-크로뮴계 합금

전기저항용 합금	
종류	주요 특징 및 용도
니켈-크로뮴계 합금	• 니켈-크로뮴계 합금은 전기저항이 크고 내식성 및 내열성 우수 • 1,100℃ 정도의 고온까지 사용 • 니크롬(nichrome)이라고 불림 • 크로뮴 함유량이 증가함에 따라 합금의 전기 비저항이 증가하며, 약 40% 크로뮴에서 최대
철-크로뮴계 합금	• 철-크로뮴계 합금은 값이 비싼 니켈 대신에 철과 알루미늄을 사용한 전열 합금 • 내열성과 전기저항을 높이기 위하여 2~6%의 알루미늄(Al)을 첨가 • 니켈-크로뮴계 합금에 비하여 전기저항이 20~40% 높으며 내식성과 내열성이 우수하고 최고 1,200℃까지 사용

> **용어정의**
> 비저항
> 단면적이 같은 등질의 전기 도체가 갖는 전기저항의 비율. 각각의 물질에 따라 일정한 상수로 나타낸다.

ⓢ 불변강 : 주변의 온도가 변화하더라도 재료가 가지고 있는 열팽창 계수나 탄성 계수 등의 특성이 변하지 않는 강

불변강	
종류	주요 특징 및 용도
인바 (invar)	• 탄소 0.2% 이하, 니켈 35~36%, 망가니즈 0.4% 정도의 조성 • 200℃ 이하의 온도에서 열팽창 계수가 현저하게 작은 것이 특징 • 줄자, 표준자, 시계추 등의 재료
엘린바 (elinvar)	• 약 36%의 니켈, 약 12%의 크로뮴(Cr), 나머지는 철로 조성 • 온도 변화에 따른 탄성률의 변화가 매우 작음 • 지진계 및 정밀기계의 주요 재료에 사용
초인바 (superinvar)	• 약 36%의 니켈, 약 11%의 코발트(Co), 나머지는 철로 조성 • 온도 변화에 따른 탄성률의 변화가 매우 작고, 공기나 물 속에서 부식되지 않음 • 특수용 스프링, 기상 관측용 기구 부품의 재료에 사용
플래티나이트	• 약 46%의 니켈, 나머지는 철로 조성 • 열팽창계수가 백금과 거의 동일 • 전구의 도입선 등에 사용

3. 마레이징강(maraging steel)

① 특징
- ㉠ 탄소 함유량 미비, 일반적인 담금질에 의해서 경화되지 않는다는 점에서 기존의 강과는 다른 초고장력강(ultra high strength steel)
- ㉡ 탄소량이 매우 적은 마텐자이트 기지를 용체화처리와 시효(aging) 처리하여 생긴 금속간 화합물의 석출에 의해 경화
- ㉢ 탄소 : 마레이징강에서는 불순물이므로 가능한 한 양이 적을수록 좋음
- ㉣ 시효 경화하기 전에 필히 상온까지 냉각
- ㉤ 냉각 부족 시 잔류 오스테나이트를 함유하게 되어 예상하는 강도 및 경도 형성 불가
- ㉥ 탄소량은 극히 적기 때문에 형성된 마텐자이트는 비교적 연성이 크며, 재가열해도 뜨임 반응 없다.

② 18[%] Ni 마레이징강
- ㉠ 오스테나이트화 온도로부터 냉각 시에 마텐자이트로 변태
- ㉡ 마텐자이트 형성은 냉각속도와 무관하므로 두께가 큰 부품도 공랭으로써 완전한 마텐자이트 조직 생성
- ㉢ M_s 온도 : 약 155℃, M_f 온도 : 약 98℃

개념잡기

고속도공구강에 대한 설명으로 틀린 것은?

① 우수한 인성을 갖는다.   ② 우수한 고탄성을 갖는다.
③ 우수한 내마모성을 갖는다.   ④ 우수한 고온경도를 갖는다.

고속도공구강은 탄성이 있으면 가공 시 파손이 된다.

답 ②

개념잡기

해드필드(Hadfield)강에 대한 설명으로 옳은 것은?

① 페라이트계 강이다.
② 항복점은 높으나 인장강도는 낮다.
③ 1,050℃ 부근에서 서랭하여 인성을 높인다.
④ 높은 인성을 부여하기 위해 수인법을 이용한다.

해드필드강은 조직이 오스테나이트이므로 수인법으로 강도와 인성을 부여한다.

답 ④

개념잡기

스테인리스강을 조직상으로 분류한 것 중 틀린 것은?

① 페라이트계 ② 마텐자이트계 ③ 시멘타이트계 ④ 오스테나이트계

스테인리스강
페라이트계, 마텐자이트계, 오스테나이트계, 석출경화계

답 ③

개념잡기

오스테나이트계 스테인리스강에서 나타나는 현상이 아닌 것은?

① 공식(Pitting)
② 입계부식(Intergranular Corrosion)
③ 고온취성(Hight Temperature Brittleness)
④ 응력부식균열(Stress Corrosion Cracking)

고온취성은 황에 의해 일어나며 주로 일반강, 합금강의 열처리 시에 일어난다.

답 ③

개념잡기

극저탄소 마텐자이트를 시효석출에 의하여 강인화시킨 강은?

① 두랄루민 ② 마레이징강 ③ 콘스탄탄 ④ 하이드로날륨

마레이징강
탄소를 거의 함유하지 않아 일반적인 담금질에 의해 경화되지 않으므로 마텐자이트+에이징(시효)으로 강인화시킨 강

답 ②

개념잡기

절삭공구로 사용되는 고속도 공구강의 대표적인 것은 18-4-1형이 있다. 이들의 화학 성분으로 옳은 것은?

① Cr – Mn – V   ② Cr – Ni – V   ③ W – Cr – V   ④ Ni – Mn – V

고속도강(SKH) : 18%W-4%Cr-1%V

답 ③

개념잡기

열간가공(성형)용 공구강으로 금형재료에 사용되는 강종은?

① SPS9 ② SKH51 ③ STD61 ④ SNCM435

STD61 : 열간가공용 합금공구강, SPS9 : 스프링강, SKH51 : 고속도강,
SNCM432 : Ni-Cr-Mo 구조용 저합금강

답 ③

3. 강의 열처리

1. 탄소강의 열처리 기초

① **열처리** : 고체 금속을 적당한 온도로 가열한 후에 적당한 속도로 냉각시켜 그 성질을 향상시키고 개선을 꾀하는 조작

② **열처리의 기초적인 요인**
  ㉠ 적당한 가열 온도의 설정 : 변태점, 고용한도
  ㉡ 가열 속도 : 급속한 가열, 서서히 가열
  ㉢ 적당한 온도 범위 : 임계구역, 위험구역
  ㉣ 적당한 냉각속도 : 급랭, 서랭

2. 담금질

① 강의 강도나 경도를 높이기 위하여 강을 오스테나이트 조직으로 될 때까지 $A_1 \sim A_3$변태점보다 30~50℃ 높은 온도로 가열한 후 물이나 기름에 급랭하여 마텐자이트 변태가 생기도록 하는 조직

② **냉각속도에 따라(빠른-느린)**
  : 오스테나이트 〉 마텐자이트 〉 트루스타이트 〉 소르바이트

③ **경도에 따라(강함-약함)**
  : 마텐자이트 〉 트루스타이트 〉 소르바이트 〉 오스테나이트

④ 탄소량이 많거나 냉각속도가 빠를수록 담금질 효과가 큼

3. 뜨임

① 적당한 강인성을 주기 위해서 A_1변태점 이하의 온도에서 재가열하는 열처리

② **목적**
  ㉠ 조직 및 기계적 성질을 안정화시키기 위함
  ㉡ 경도는 조금 낮아지나 인성을 좋게 하기 위함
  ㉢ 잔류 응력을 감소시키거나 제거하고 탄성 한계, 항복강도가 향상시키기 위함

4. 풀림

① **방법** : $A_1 \sim A_3$ 변태점보다 30~50℃ 높은 온도로 가열하여 오스테나이트로 변환시킨 후 노나 재 속에서 서서히 냉각시켜 연화시키는 작업

> **참고**
> **열처리법의 분류**
> ① **일반 열처리** : 불림(노멀라이징), 풀림(어닐링), 담금질(퀜칭), 뜨임(템퍼링)
> ② **항온 열처리** : 오스템퍼링, 마템퍼링, 마퀜칭
> ③ **표면 경화 열처리** : 침탄법, 질화법, 화염 경화법, 고주파 경화법

> **참고**
> **풀림의 종류**
> ① **완전 풀림** : 강을 연하게 하여 기계 가공성을 향상시키기 위한 것
> ② **응력 제거 풀림** : 내부 응력을 제거하기 위한 것
> ③ **구상화 풀림** : 기계적 성질을 개선하기 위한 것

② 풀림 처리하는 목적
  ㉠ 주조, 단조, 기계 가공에서 생긴 내부 응력을 제거하기 위함
  ㉡ 열처리로 말미암아 경화된 재료를 연화시키기 위함
  ㉢ 가공 또는 공장에서 경화된 재료를 연화시키기 위함
  ㉣ 금속 결정 입자의 균일화하고 미세화시키기 위함

5. 불림

① 방법 : A_1~A_{cm}변태점보다 40~60℃ 정도의 높은 온도로 가열하여 균일한 오스테나이트 조직으로 개선한 후에 공기 중에서 냉각시키는 작업
② 목적 : 단조된 재료나 주조된 재료내부에 생긴 내부 응력을 제거하거나 결정 조직을 균일화시키는데 있음

> **참고**
> ① CCT 처리 : 고온에서부터 연속적으로 냉각하는 방법하여 금속 조직을 변화시키는 방법
> ② TTT 처리 : 고온에서 냉각하는 도중에 어떤 임의의 온도에서 일정시간 정지하였다가 다시 냉각하는 방법

6. 심랭처리

① 방법 : 담금질한 강을 실온까지 냉각한 다음 다시 계속하여 실온 이하(영하 50~70℃)의 마텐자이트 변태 종료 온도까지 냉각
② 목적 : 잔류 오스테나이트를 마텐자이트로 변태
③ 후처리 : 심랭처리 후 반드시 뜨임 실시

> **참고**
> 각종 심랭 처리용 냉각제
> ① 소금 24.8% + 얼음 75.2%
> ② 에테르 + 드라이아이스
> ③ 액체 산소
> ④ 액체 질소

7. 강의 열처리에서 냉각속도의 영향

① **질량 효과** : 질량이 무거운 제품을 담금질할 때, 질량이 큰 제품일수록 내부의 열이 많기 때문에 천천히 냉각되고 그 결과 조직과 경도가 변하는 현상
② **형상 효과** : 제품의 생긴 모양이나 위치에 따라 냉각속도기 달리 열치리 효과가 다른 현상
③ **크기 효과** : 제품의 크기에 따라 냉각속도가 변하는 현상
④ **냉각능** : 냉각하는 물질인 물, 공기, 기름이 강을 냉각하는 능력

8. 강의 취성(메짐)

① **청열 취성** : 200~300℃에서 연강은 상온에서보다 연신율은 낮아지고 강도와 경도는 높아진다. 곧, 이 온도 범위에서 강은 부스러지기 쉬운 성질을 가지게 되는 현상으로 인(P)으로 인하여 발생
② **저온 취성** : 온도가 낮아짐에 따라 강도가 급격히 증가하면서 인성이 저하하는 현상

③ **고온 취성(적열 취성)** : 적열상태에서 FeS가 존재할 때 가열로 인하여 용해되어 강의 결정 사이의 응집력을 파괴하여 취성이 발생하는 현상
④ **뜨임 취성** : 500~600℃ 사이에서 담금질 후 뜨임을 하면 충격값이 감소하는 현상

9. 표면 경화 열처리

① **표면 경화 열처리** : 금속의 표면부만 전혀 다른 조성으로 변화시키거나, 조성은 변화시키지 않더라도 성질을 변화시켜 재료의 표면 성질을 개선하는 방법

② **분류**
　㉠ 화학적 방법 : 침탄법, 질화법, 침탄 질화법
　㉡ 물리적 방법 : 화염 경화법, 고주파 경화법, 금속 용사법

③ **표면 경화 열처리의 종류**
　㉠ 침탄법 : 표면에 탄소를 침투시키는 방법
　㉡ 질화법 : 강철을 암모니아가스와 같이 질소를 함유한 물질 속에서 500℃ 정도로 50~100시간 가열하여 질소 화합물을 만들어 표면을 경화하는 방법
　㉢ 청화법(침탄질화법) : NaCN, KCN을 용융시킨 고온의 염욕로에 20~60분간 넣어 침탄과 질화를 동시에 하는 것
　㉣ 화염 경화법 : 산소와 아세틸렌가스 등의 화염으로 일부를 가열한 뒤에 공기 제트나 물로 냉각시키는 방법
　㉤ 고주파 경화법 : 가열물의 표면만을 담금질 온도로 가열하기 위해 고주파 유도 전류를 이용하여 표면층을 가열한 뒤에 급랭하는 방법

10. 금속 침투법

① **금속 침투법** : 제품을 가열하여 표면에 다른 종류의 금속을 피복시키는 동시에, 확산에 의하여 합금 피복층을 얻는 방법

② **종류**

명칭	침투금속	성질
세라다이징	Zn	내식성, 방청성
크로마이징	Cr	내식성, 내열성, 내마모성, 경도 증가
칼로라이징	Al	고온산화방지, 내열성
보로나이징	B	내식성, 경도 증가
실리코나이징	Si	내산성, 내열성

> **참고**
>
> 기타 표면 경화법
> ① **금속 용사법** : 강의 표면에 용융 또는 반용융 상태의 미립자를 고속으로 분사시키는 방법
> ② **하드 페이싱** : 금속 표면에 스텔라이트, 초경합금 등의 금속을 융착시켜 표면 경화층을 만드는 방법
> ③ **숏 피닝** : 금속재료의 표면에 강이나 주철의 작은 입자를 고속으로 분사시켜 표면층을 가공 경화에 의하여 경도를 높이는 방법

4. 주철과 주강 ★★★

1. 주철의 정의

① 주철(cast iron)은 탄소 함유량이 2.0~6.67%인 철 합금으로 규소, 망가니즈, 인, 황 등을 함유하고 있는 합금
② 장점 : 용융점이 낮고 주조성이 우수하여 복잡한 형상도 쉽게 주조, 값이 저렴하여 널리 사용
③ 단점 : 탄소강에 비하여 취성이 크고 소성 변형 어려움
④ 일반적으로 주철은 탄소를 2.5~4.6% 함유
⑤ 주철의 조직은 유리 탄소(free carbon), 흑연(graphite), 화합 탄소(combined carbon)로 구성
⑥ 주철의 탄소 함유량은 보통 흑연과 화합 탄소를 합한 전체의 탄소 함유량으로 나타냄

> **용어정의**
>
> **유리 탄소**
> [遊離炭素, free carbon]
> 주철에 있어서 시멘타이트형의 탄소를 화합 탄소라는 데 대해 흑연으로서 유리하고 있는 탄소를 말한다. 백선 중의 탄소는 화합 탄소이고 회주철 중의 탄소는 대부분 유리 탄소이다.
>
> **흑연**
> 탄소의 동소체 중 하나이다. 천연에서 산출되기도 하고, 인공적으로 제조되기도 한다. 흑연의 영어 이름인 Graphite는 "(글 따위를) 쓰다"라는 뜻을 가진 그리스어 Graphein에서 나왔다.
>
> **화합 탄소**
> 주철의 조직에서 화합 상태의 펄라이트 또는 시멘타이트로 존재하는 결정체

2. 주철의 성질과 조직

① 주철의 성질

성질	내용
물리적 성질	• 화학 조성과 조직에 따라 크게 다르다. • 비중, 용융점 : 규소와 탄소가 많을수록 작다. • 조직에서 흑연의 분포가 클수록 전기 전도도 및 열전도도 나빠진다.
화학적 성질	• 주철은 염산, 질산 등의 산에 약하지만 알칼리에는 강하다. • 내식성이 좋아 상수도용 관으로 많이 사용된다(그러나 물살이 빨라 마찰 저항이 커지는 곳은 쉽게 침식).
기계적 성질	• 주철의 기계적 성질은 흑연의 모양과 분포 등에 의하여 크게 영향을 받는다. • 주철은 경도를 측정하여 그 값에 따라 재질을 판단한다.
고온 성질	• 주철의 성장 : 600℃ 이상의 온도에서 가열과 냉각을 반복하면 부피가 증가하여 파열되는 현상 • 내열성 : 주철은 400℃ 정도까지는 상온에서와 같은 내열성을 가지지만, 400℃를 넘으면 강도가 점차 저하되고 내열성도 나빠진다. • 일반적으로, 주철의 내마멸성은 고온에서도 우수하므로 자동차와 내연기관의 실린더, 실린더 라이너, 피스톤 링 등의 재료로 많이 사용
주조성	• 유동성 : 철을 용해한 후 주형에 주입할 때 주철 쇳물이 흐르는 정도 • 주철은 탄소, 인, 망가니즈 등의 함유량이 많을수록 유동성이 좋아지지만 황은 유동성 저하 • 수축 : 냉각 응고 시에는 부피가 수축되며, 응고 후에도 온도의 강하에 따라 수축

> **꼭집어 어드바이스**
>
> **주철 성장의 원인**
> • 시멘타이트의 흑연화에 의한 팽창
> • 페라이트 중에 고용되어 있는 규소의 산화에 의한 팽창
> • A_1 변태점(723℃) 이상의 온도에서 부피 변화로 인한 팽창
> • 불균일한 가열로 생기는 균열에 의한 팽창, 흡수한 가스에 의한 팽창 등

용어정의

감쇠능
일반적으로 어떠한 물체에 진동을 주면 진동 에너지가 그 물체에 흡수되어 점차 약화되면서 정지한다. 이와 같이 물체가 진동을 흡수하는 능력을 진동의 감쇠능이라고 한다.

감쇠능	• 회주철은 편상 흑연이 있어 진동을 잘 흡수하므로 진동을 많이 받는 방직기의 부품이나 기어, 기어 박스, 기계 몸체 등의 재료로 많이 사용
피삭성	• 흑연의 윤활작용은 절삭 칩을 쉽게 파쇄하는 효과 • 주철의 절삭성은 매우 좋음 • 경도와 강도가 높아지면 절삭성 저하

② 주철의 조직

㉠ 주철의 파단면에 따른 분류

종류	내용
회주철	• 주철의 조직 중에 흑연이 많을 경우 탄소가 전부 흑연으로 변하여 그 파단면의 광택이 회색을 띰 • 일반적으로 주물 두께가 두껍고 규소의 양이 많은 경우, 응고 시 냉각 속도가 느린 경우 회주철 생성
백주철	• 주철의 조직에서 흑연의 양이 적어 대부분의 탄소가 화합 탄소인 시멘타이트로 구성된 것 • 파단면이 흰색을 띤 백주철
반주철	• 주철의 조직에서 시멘타이트와 흑연이 혼합되어 백주철과 회주철의 중간 상태로 존재하여 파단면에 반점이 있는 반주철

㉡ 주철 조직의 상과 특성

종류	내용
흑연	• 연하고 메짐성이 있어 인장 강도 저하 • 흑연의 양과 크기 및 모양, 분포 상태에 따라 주조성, 내마멸성, 절삭성, 인성 등을 좋게 하는 데 영향 • 흑연을 구상화하면 흑연이 철 중에 미세한 알갱이 상태로 존재하여 주철을 탄소강과 유사한 강인한 조직 생성
시멘타이트	• 주철 조직 중 가장 단단하며 경도 HV=1,100 정도 • 시멘타이트의 양이 증가하고 흑연 생성이 없어져 시멘타이트로 조직이 변화되면 백주철이 되어 매우 단단하지만 절삭성이 크게 저하
페라이트	• 페라이트는 철을 고용한 고용체 • 주철에서는 규소의 양이 대부분을 차지, 일부의 망가니즈 및 극히 소량의 탄소를 함유
펄라이트	• 펄라이트는 단단한 시멘타이트와 연한 페라이트가 층상으로 혼합된 조직 • 양자의 중간 정도의 성질, 회주철에는 대체로 펄라이트를 바탕으로 흑연과 조합을 이룸

ⓒ 마우러의 조직도 : 탄소 및 규소의 양, 냉각속도의 관계

영역	조직	주철의 종류
Ⅰ	펄라이트+시멘타이트	백주철(극경주철)
Ⅱ	펄라이트+시멘타이트+흑연	반주철(경질주철)
Ⅱa	펄라이트+흑연	펄라이트주철(강력주철)
Ⅱb	펄라이트+페라이트+흑연	회주철(주철)
Ⅳ	페라이트+흑연	페라이트주철(연질주철)

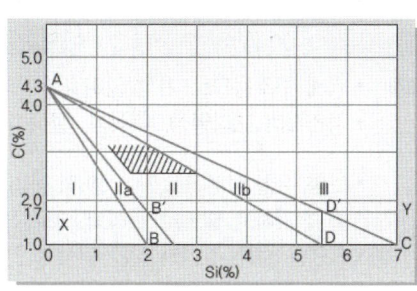

마우러의 조직도

3. 주철의 종류와 용도

① 보통 주철(ordinary cast iron)
  ㉠ 회주철을 대표하는 주철
  ㉡ 조성 : 탄소 3.2~3.8%, 규소 1.4~2.5%, 망가니즈 0.4~1.0%, 인 0.3~0.8%, 황 0.01~0.12% 미만
  ㉢ 인장 강도 : 98~196MPa
  ㉣ 조직 : 주로 편상 흑연과 페라이트, 약간의 펄라이트 함유
  ㉤ 특징 : 기계 가공성이 좋고 경제적이다.
  ㉥ 사용 : 일반 기계 부품, 수도관, 난방기, 공작 기계의 베드(bed), 프레임(frame) 및 기계 구조물의 몸체 등

② 고급 주철(high grade cast iron)
  ㉠ 인장 강도가 245MPa 이상인 주철
  ㉡ 강력하고 내마멸성이 요구되는 곳에 이용
  ㉢ 조직 : 흑연이 미세하고 균일하게 활 모양으로 구부러져 분포되어 있으며, 바탕이 펄라이트 조직(펄라이트 주철이라고도 함)
  ㉣ 미하나이트 주철 : 연성과 인성이 매우 크며 두께의 차에 의한 성질의 변화가 매우 적다.
  ㉤ 사용 : 자동차의 피스톤 링 등에 사용

용어정의

합금 주철
물리적·화학적 성질, 기계적 성질을 좋게 하기 위하여 특별히 합금 원소를 넣어 만든 주철. 니켈·크로뮴·몰리브데넘·구리 등을 넣어 고장력·내마모성·내열성 등의 특성을 가지도록 만듦

구상 흑연 주철
주철의 조직 속에 주로 납작한 모양의 흑연을 둥근 모양으로 변화시켜 더욱 단단하게 만든 주철. 마그네슘 등의 원소를 첨가하여 만드는데 강도와 가소성이 높음

미하나이트 주철
미국의 미한(Meehan, G.E.)이 1922년에 발명한 강인 주철의 하나. 시멘타이트 또는 펄라이트 일부분을 남겨서 적당한 강도와 경도 등을 유지하게 한 것으로 강도를 필요로 하는 기계 부품 등에 쓰인다.

③ 합금 주철(alloy cast iron)
  ㉠ 합금강의 경우와 같이 주철에 특수 원소를 첨가하여 보통 주철보다 기계적 성질을 개선하거나 내식성, 내열성, 내마멸성, 내충격성 등의 특성을 가지도록 한 주철
  ㉡ 고력 합금 주철
    ⓐ 보통 주철에 니켈(Ni)을 0.5~2.0% 첨가하거나 여기에 약간의 크로뮴, 몰리브데넘을 배합(강도 향상)
    ⓑ 일반 공작 기계 및 자동차용 주물로 사용

종류	내용
니켈-크로뮴계 주철	• 기계 구조용으로 가장 많이 사용 • 강인하며 내마멸성, 내식성, 절삭성 우수
침상 주철 (acicular cast iron)	• 보통 주철 성분에 0.7~1.5%의 몰리브데넘, 0.5~4.0%의 니켈을 첨가하고 별도로 구리와 크로뮴을 소량 첨가 • 흑연은 보통 주철과 같은 편상 흑연이나 조직이 베이나이트의 침상 조직으로 인장 강도가 440~640MPa • 경도가 HB=300 정도로 강인하며 내마멸성도 우수 • 크랭크축, 캠축, 실린더 압연용 롤 등의 재료

  ㉢ 내마멸성 합금 주철
    ⓐ 크로뮴, 몰리브데넘, 구리 등의 원소를 하나 또는 둘 이상 소량 첨가한 주철 → 내마멸성 더욱 향상
    ⓑ 탄소 및 규소의 함유량을 낮게 → 유리 시멘타이트나 인화철(Fe_3P)을 균일하게 분산 → 내마멸성 향상(대형 디젤 기관의 실린더 라이너 사용)
  ㉣ 내열 주철
    ⓐ 내산화성, 내성장성, 고온 강도를 향상시킨 주철(보통 주철은 400℃ 정도의 고온까지는 강도가 유지 → 600℃ 이상 고온에서는 주철 성장)
  ㉤ 내식 내열 주철
    ⓐ 조성 : 주철에 규소 5~6%, 크로뮴 1~2%, 알루미늄 7~9%를 첨가 → 내열성, 내식성 향상(단, 여리고 절삭 어려움)
    ⓑ 니켈을 함유시킨 내식-내열 주철은 고가 페라이트계의 주철로 대체
    ⓒ 규소를 13~14.5% 함유한 규소 주철은 내산성이 우수(절삭 가공 불가능 → 그라인더(연삭로 가공한다)
  ㉥ 특수 주철
    ⓐ 보통 주철이나 합금 주철에 비하여 기계적인 성질이 뛰어난 주철을 얻기 위하여 배합 성분이나 주조 처리 및 열처리 등의 특별한 방법으로 제조

용어정의

크랭크축
크랭크에 의하여 회전되는 회전축

캠축
배기 밸브를 개폐하기 위한 캠이 붙어 있는 회전축

종류	내용
가단주철 (malleable cast iron)	• 백주철을 장시간 열처리하여 탄소를 분해시켜 탈탄 또는 흑연화하여 강도와 연성을 향상시킨 주철 • 흑심 가단주철 : 저탄소, 저규소의 백주철을 풀림 상자 속에서 2단계의 열처리 공정을 거쳐 시멘타이트를 분해시켜 흑연을 입상으로 석출시킨 것 • 백심 가단주철 : 표면에서 내부까지 탈탄이 되어 표면이 페라이트로 변하여 연해지고, 내부로 들어갈수록 펄라이트가 많아져 풀림 처리에 의한 흑연과 시멘타이트가 남아 굳은 조직이 되어 가단성을 부여한 것 • 펄라이트 가단주철 : 흑심 가단주철 공정에서 제1단계의 흑연화 처리만 한 다음 500℃ 전후로 서랭하고, 다시 700℃ 부근에서 20~30시간 유지하여 필요한 조직과 성질을 얻는 것
구상 흑연 주철	• 용융 상태의 주철 중에 마그네슘, 세륨 또는 칼슘 등을 첨가하여 편상 흑연을 구상화한 것 → 주철의 강도와 연성 등 개선 • 노듈러 주철(nodular cast iron), 덕타일 주철(ductile cast iron) 등으로 불림 • 강인하고 주조 상태에서 구조용 강이나 주강에 가까운 기계적 성질을 얻을 수 있음 • 열처리에 의하여 조직을 개선할 수 있음 • 편상 흑연에 비해 강도, 내마멸성, 내열성, 내식성 등 우수 • 소형 자동차의 크랭크축을 비롯하여 캠축, 브레이크 드럼 등의 자동차용 주물이나 구조용 재료로 널리 사용
칠드 주철	• 보통 주철보다 규소 함유량을 적게하고 적당량의 망가니즈를 첨가한 쇳물을 주형에 주입 → 경도를 필요로 하는 부분에만 칠 메탈(chill metal)을 사용하여 빨리 냉각 → 단단한 칠 층 형성 (해당 부분 조직만 백선화되어 경화) • 칠 현상에 영향을 미치는 원소는 탄소, 규소, 망가니즈 • 탄소 : 칠 깊이를 감소시키지만 경도를 증가 • 규소 : 칠 깊이에 영향을 주며, 규소 함유량이 많아지면 칠 층 저하 • 망가니즈 : 백선 부분, 회주철 부분 사이 반선 부분을 생성 → 칠 깊이 증가(많으면 수축성이 증가하고 균열이 생기기 쉬우므로 망가니즈 함유량 0.4~1.1% 조정)

 꼭집어 어드바이스

구상흑연주철의 구상화제
Mg, Ce, Ca 등

4. 주강의 특성

① **주강품(steel casting)** : 용융된 탄소강 또는 합금강을 주형에 주입하여 만든 제품

② **주강(cast steel)** : 강주물에 사용한 탄소강이나 합금강

③ 주강은 모양이 크고 복잡하여 단조 가공이 곤란하거나 주철 주물보다 강도가 큰 기계재료에 사용
④ 주철에 비하여 용융 온도가 높기 때문에 주조하기가 어렵고 고비용

개념잡기

주철에 대한 설명으로 틀린 것은?

① 강에 비해 융점이 낮고 유동성이 좋다.
② 탄소함량 약 2.0%를 기준으로 강과 주철을 구분한다.
③ 탄소당량(C, E)은 탄소(C), 망간(Mn)의 %에 의해 산출된다.
④ 주철의 조직에 가장 큰 영향을 미치는 인자는 냉각속도와 화학성분이다.

탄소당량 : C, Si의 관계

답 ③

개념잡기

강철에 비해 주철의 성질 중 가장 부족한 것은?

① 주조성   ② 유동성   ③ 수축성   ④ 인장강도

주철은 강보다 인장강도는 낮지만 압축강도는 크다.

답 ④

개념잡기

구상흑연주철의 바탕조직에 해당되지 않는 형은?

① 페라이트형   ② 펄라이트형   ③ 마텐자이트형   ④ 소르바이트형

구상흑연주철은 열처리가 가능한 주철이므로 기지조직은 페라이트형, 펄라이트형, 마텐자이트형이 있다.

답 ④

개념잡기

주철의 성장 원인으로 틀린 것은?

① 페라이트 조직 중의 Si의 산화
② 펄라이트 조직 중의 Fe_3C 분해에 따른 흑연화
③ 흑연이 미세화되어서 조직이 치밀하여 부피가 팽창
④ A_1변태의 반복과정에서 오는 체적변화에 기인하는 미세한 균열의 발생

조직이 치밀하면 주철의 성장을 억제할 수 있다.

답 ③

CHAPTER 03 비철 금속재료와 특수 금속재료

단원 들어가기 전

비철 금속재료는 철을 소재로 한 재료를 제외한 기타 모든 금속재료를 말하는데, 여러 가지 특수한 성질이 요구되는 기계의 구조 및 부품의 재료로 많이 사용하고 있다. 비철 금속재료에는 항공기나 차량 등의 구조물에 사용되는 알루미늄과 그 합금, 내식성이 요구되는 부품이나 열교환기에 쓰이는 구리와 그 합금 등이 있다. 비철 금속재료의 종류와 특성을 알아보자.

빅데이터 키워드

구리와 그 합금, 알루미늄, 마그네슘, 니켈, 아연, 납, 주석, 저용융점 금속,

1 구리와 그 합금 ✿✿✿

1. 구리와 구리 합금의 개요
① 전기 및 열전도율이 다른 금속에 비하여 높고 전연성이 좋아 가공이 용이
② 구리 합금은 황동과 청동이 많이 사용
③ 냉·난방 기기, 화학 공업용 급수관, 송유관, 가스관, 기계 부품, 건축 재료, 가구 장식, 화폐 등 이용

2. 구리
① 비중 8.96, 용융점 1,083℃
② 가공성, 내식성 합금성 우수
③ 물리적 성질
  ㉠ 구리의 빛깔은 고유한 담적색 → 공기 중 표면 산화되어 암적색
  ㉡ 전기 전도율과 열전도율이 금속 중에서 은 다음으로 높음
  ㉢ 비자성체
  ㉣ 결정격자 : 면심입방격자(변태점이 없음)

ⓜ 전기 전도율 : 감소시키는 원소(타이타늄, 인, 철, 규소, 비소 등), 적게 감소시키는 원소(카드뮴, 아연, 칼슘, 납)

④ 기계적 성질
  ㉠ 연하고 가공성이 풍부하여 냉간 가공으로 적당한 강도 부여 가능
  ㉡ 밴드(band), 관, 선, 주발(bowl), 플랜지(flange) 등 사용
  ㉢ 상온에서 가공할 때 가공도에 따라 인장 강도가 증가하여 가공도 70~80% 부근에서 최대(상온 가공 후 풀림 작업 중요)

⑤ 화학적 성질
  ㉠ 구리는 건조한 공기 중에서는 산화하지 않지만, 이산화탄소 또는 습기가 있으면 염기성 황산구리 [$CuSO_4 \cdot Cu(OH)_2$], 염기성 탄산구리 [$CuCO_3 \cdot Cu(OH)_2$]가 생겨 산화(녹청색이 됨)
  ㉡ 맑은 물에는 거의 침식되지 않지만, 소금물에는 빨리 부식되어 염기성 산화물이 생기고 묽은 황산이나 염산에는 서서히 용해

용어정의

구리 합금
순수한 구리보다 주조성, 가공성, 내식성 등 여러가지 성질을 개선하기 위하여 대표적으로 아연이나 주석을 합금하여 사용

황동
구리와 아연의 합금

청동
구리와 주석의 합금

3. 황동

① 황동의 성질
  ㉠ 황동은 구리와 아연의 2원 합금(놋쇠라고도 함)
  ㉡ 구리에 비하여 주조성, 가공성, 내식성 우수
  ㉢ 가장 많이 사용되는 합금은 30~40%아연
  ㉣ 공업용으로 많이 사용 → 봉, 관, 선 등의 가공재 또는 주물 사용

② 물리적 성질
  ㉠ 비중 : 황동에 함유되어 있는 아연의 함유량이 증가함에 순 구리의 8.9에서 50%아연의 황동은 8.29까지 직선적으로 낮아진다.
  ㉡ 전기 전도율, 열전도율 : 40%아연까지의 α고용체 범위에서는 낮아지다가 그 이상이 되어 β상이 나오면 전기 전도율은 다시 증가한다.
  ㉢ 황동선 냉간가공 시 전기 전도율이 저하되며, 아연 함유량이 많을수록 잘 나타난다.
  ㉣ 7-3황동 1,150℃, 6-4황동 1,100℃가 넘으면 아연이 끓는다(용해 시 주의).

③ 기계적 성질
  ㉠ 연신율 : 30% 아연 부근에서 최대, 40~50%아연에서 급격히 감소
  ㉡ 인장 강도 : 아연의 증가와 함께 커지고, 45%아연일 때 최대
  ㉢ 아연이 더 증가하여 γ상이 나타나면 급격히 감소
  ㉣ 상온 가공 : 7-3황동이 강도가 약하며 전연성 우수

ⓜ 고온 가공
  ⓐ 7-3황동 : 600℃ 이상에서 메짐성 생겨 높은 온도에서 가공 부적합
  ⓑ 6-4황동 : 600℃까지는 연신율이 감소, 그 이상이 되면 연신율 급격히 증가 → 300~500℃ 가공을 피하고, 그 이상의 고온에서 가공

④ 화학적 성질
  ㉠ 탈아연 부식 : 불순한 물질 또는 부식성 물질이 녹아 있는 수용액의 작용에 의하여 황동의 표면 또는 깊은 곳까지 탈아연되는 현상
  ㉡ 자연 균열(season cracking)
    ⓐ 가공재(관, 봉 등)의 잔류 응력에 의하여 균열 생성
    ⓑ 응력 부식 균열 : 잔류 응력에만 국한되지 않고 외부에서의 인장 하중에 의해서도 일어나는 균열
    ⓒ 자연 균열 : 저장 중에 갈라지는 현상으로 공기 중의 암모니아나 염소류에 의해 입계부식 및 상온가공에 의한 내부응력 때문에 생긴 균열
  ㉢ 고온 탈아연 : 높은 온도에서 증발에 의하여 황동 표면으로부터 아연이 탈출하는 현상

⑤ 황동의 종류와 용도

종류	내용
톰백 tombac	• 5~20%아연의 황동 • 5%아연 합금 : 순 구리와 같이 연하고 코이닝(coining)이 쉬워 동전이나 메달 등에 사용 • 10%아연 황동 : 톰백의 대표적인 것으로, 딥 드로잉(deep drawing)용 재료, 건축용, 가구용 등에 사용(색깔이 청동과 비슷 청동 대용) • 15%아연 황동 : 연하고 내식성이 좋아 건축용, 금속 잡화, 소켓 체결구 등에 사용 • 20%아연 황동 : 전연성이 좋고 색깔이 아름다워 장식 용품, 악기 등에 사용 • 납을 첨가한 것은 금박의 대용으로도 사용
7-3황동 cartridge brass	• 70%구리-30%아연 합금으로 가공용 황동의 대표 • 연신율이 크고 인장 강도가 매우 높아 판, 막대, 관, 선 등으로 널리 사용 • 자동차용 방열기 부품, 계기 부품, 전구 소켓, 여러가지 일용품, 장식품, 탄피 등으로 가공하여 이용
6-4황동 muntz metal	• 60%구리-40%아연 합금 ($\alpha+\beta$ 조직) • 상온 중 7-3황동에 비하여 전연성이 낮고 인상 강도 큼 • 황동 중에서 아연 함유량이 많아 값이 싸므로 많이 사용 • 내식성이 다소 낮아 판재, 선재, 볼트, 너트, 열교환기, 파이프, 밸브, 탄피 등에 많이 사용

> **꼭집어 어드바이스**
>
> **탈아연 부식 방지법**
> 0.1~0.5%의 비소나 안티모니, 1% 정도의 주석을 첨가
>
> **자연 균열 방지법**
> 도료, 아연 도금 실시, 가공재를 180~260℃로 응력 제거 풀림하여 내부 변형을 완전히 제거
>
> **고온 탈아연 방지법**
> 표면 산화물 피막 형성

> **참고**
>
> 황동 주물
> ① 적색 황동 주물 : 20% 아연 이하로 붉은빛을 띤 아름다운 합금으로 납땜하기 쉽다 (납땜 황동).
> ② 황색 황동 주물 : 30% 아연 이상을 함유하는 놋쇠 빛깔의 합금으로 강도가 비교적 큼, 주성분 외에 주석, 납 등 배합(일반 황동 주물)

꼭찝어 어드바이스

애드미럴티 황동
7-3황동에 주석을 1% 첨가한 것(70% 구리, 29% 아연, 1% 주석). 전연성이 좋아 관 또는 판을 만들어 증발기, 열교환기 등에 사용

네이벌 황동
6-4황동에 주석을 1% 첨가한 것(62% 구리, 37% 아연, 1% 주석). 판, 봉으로 가공하여 용접봉, 밸브대 등에 사용

알브락(albrac)
22% Zn, 1.5~2% Al, 나머지 구리. 고온 가공으로 관을 만들어 열교환기, 증류기관, 급수 가열기 등에 사용

델타 메탈(delta metal)
6-4황동에 1~2% 철을 넣은 것으로, 강도가 크고 내식성이 좋아 광산 기계, 선박용 기계, 화학 기계 등에 사용

망가니즈 황동
6-4황동에 철, 망가니즈, 알루미늄, 니켈, 주석 등을 넣어, 바닷물이나 광산물 등에 대한 내식성을 좋게 한 황동. 광산용 기계 부품, 밸브, 스크루, 프로펠러, 피스톤 등에 사용

⑥ 특수 황동

종류	내용
납 황동	• 황동에 납을 첨가하여 절삭성을 좋게 한 황동 • 쾌삭 황동 또는 하드 브래스(hard brass)라고도 함 • 스크루(screw), 시계용 기어 등 정밀 가공 필요 부품 사용
주석 황동	• 황동에 소량의 주석을 첨가, 탈아연 부식이 억제 • 0.5% 주석을 첨가하면 탈아연 속도가 1/2 이하로 저하 • 애드미럴티 황동, 네이벌 황동
알루미늄 황동	• 7-3황동에 2%알루미늄을 넣으면 강도, 경도 증가 • 바닷물에 부식이 잘 되지 않음 • 알브락(albrac)
규소 황동	• 10~16%아연의 황동에 4~5%규소를 넣은 것 • 주조성, 내해수성, 강도 우수, 경제적 • 선박 부품 등의 주물에 사용
고강도 황동	• 고강도 황동 : 6-4황동에 철, 망가니즈, 니켈 등을 넣어서 더욱 강력하면서도 내식성, 내해수성을 증가시킨 것 • 철 황동(델타 메탈), 망가니즈 황동
니켈 황동	• 양은, 양백 : 황동에 10~20%니켈을 넣은 것, 색깔이 은과 비슷하여 예부터 장식, 식기, 악기 및 은 대용품으로 사용 • 탄성과 내식성이 좋아 탄성 재료, 화학 기계용 재료에 사용 • 10~20%니켈, 15~30%아연인 것을 많이 사용

4. 청동

① 청동의 성질
  ㉠ 넓은 의미 : 황동이 아닌 구리 합금
  ㉡ 좁은 의미 : Cu-Sn 합금 → 주석 청동(tin bronze)

② 물리적 성질
  ㉠ 비중 : 순 구리 8.89, 20%주석 8.85
  ㉡ 선팽창 계수 : 주석 함유량에 따라 거의 변화 없음
  ㉢ 전기 전도율 : 순 구리의 61m/Ω·mm^{2}에서 약 3%주석까지 급격히 감소, 10%주석에서 순 구리의 1/10 정도
  ㉣ 전기저항, 온도 계수, 열전도율 : 순 구리에 비하여 낮음

③ 기계적 성질
  ㉠ 주석 함유량, 열처리, 냉각속도에 따라 조직과 성질이 다름
  ㉡ 연신율 : 4~5%주석 부근에서 최대, 주석의 함유량에 따라 적어지며, 25%주석 이상에서 메짐성 생성

ⓒ 인장 강도 : 17~18%주석 부근에서 최대
ⓓ 경도 : 30%주석에서 최대
④ 화학적 성질
  ㉠ 대기 중에서 내식성 우수(부식률 : 0.00015~0.002mm/년)
  ㉡ 내해수성 우수(부식률이 낮아 선박용 부품에 사용)
  ㉢ 진한 질산, 염산의 부식률 높고, 5%황산에서 부식률 매우 낮음
⑤ 청동의 종류와 용도
  ㉠ 포금(gun metal)
    ⓐ 8~12%주석에 1~2%아연을 넣은 것
    ⓑ 예전에 포신 재료로 많이 사용 → 포금이라 불림
    ⓒ 강도, 연성, 내식성, 내마멸성 우수
  ㉡ 베어링용 청동
    ⓐ 10~14% 주석을 함유한 것 : 연성은 떨어지지만 경도가 크고 내마멸성 매우 우수 → 베어링, 차축 등의 마멸이 많은 부분에 사용
    ⓑ 특히, 5~15%납을 첨가한 것 : 윤활성 우수 → 철도 차량, 공작 기계, 압연기 등의 고압용 베어링에 적합
  ㉢ 화폐용 청동
    ⓐ 단조성, 내마모성, 내식성 우수 → 화폐, 메달 등에 많이 사용
    ⓑ 주조성을 좋게 하기 위하여 1% 내외의 아연을 첨가
  ㉣ 미술용 청동
    ⓐ 동상이나 실내 장식 또는 건축물 등에 사용
    ⓑ 2~8%주석, 1~12%아연, 1~3%납을 함유한 구리 합금
    ⓒ 유동성을 좋게 하기 위하여 정밀한 주물에 아연 다량 첨가
  ㉤ 특수 청동

종류	내용
인 청동	• 청동에 1% 이하의 인을 첨가한 합금 • 청동 용탕의 유동성이 좋아지고, 합금의 경도와 강도가 증가하며, 내마멸성과 탄성 향상 • 선, 스프링, 펌프 부품, 기어, 선박용 부품, 화학 기계용 부품 등
니켈 청동	• 조성 : 10~15%니켈, 2~3%알루미늄, 나머지는 구리(Cu-Ni-Al계 합금) • 풀림 시효 경화 현상에 의하여 고온 강도가 높고 내마멸성과 내식성도 양호 • 항공기 기관용 부품, 선박용 기관, 주요 기계 부품 등에 사용
알루미늄 청동	• 알루미늄 청동은 12% 이하의 알루미늄을 첨가한 합금 • 주조성, 가공성, 용접성은 나쁘지만 내식성, 내열성, 내마멸성이 황동 또는 다른 청동에 비하여 우수 • 화학 공업용 기계, 선박, 항공기, 차량용 부품 등에 사용

> **꼭찝어 어드바이스**
>
> **애드미럴티 포금**
> 88% 구리, 10% 주석, 2% 아연 합금. 주조성과 내압력성이 좋아 수압과 증기압에 잘 견디므로 선박 등에 널리 사용
>
> **켈밋(kelmet)**
> 28~42% 납, 2% 이하의 니켈 또는 은, 0.8% 이하의 철, 1% 이하의 주석을 함유한 구리 합금 → 고속 회전용 베어링으로 항공기, 자동차 등에 사용

꼭찝어 어드바이스

망가닌(manganin)
대표적 합금, 80~88%구리, 10~15%망가니즈, 2~5%니켈 및 1%철 정도의 화학 조성

베릴륨 청동
구리 합금 중 가장 강도가 크다.

규소 청동	• 4%규소 이하의 구리 합금 • 높은 온도와 낮은 온도에서 내식성이 좋고 용접성이 우수 • 가솔린 저장 탱크, 피스톤 링, 화학 공업용 기구 등 사용
망가니즈 청동	• 5~15%망가니즈를 첨가한 구리 합금 • 기계적 성질이 우수하고 소금물, 광산물 등에 대한 내식성 우수 • 선박용, 증기 터빈 날개, 증기 밸브, 정밀 계기 부품에 많이 사용
베릴륨 청동	• 2~3%베릴륨을 첨가한 구리 합금 • 시효 경화성, 구리 합금 중에서 강도와 경도가 가장 큼 • 베어링, 고급 스프링, 전기 접점, 용접용 전극 등으로 사용

개념잡기

산소나 인, 아연 등의 탈산제를 품지 않고 진공 또는 무산화 분위기에서 정련 주조한 것으로 유리에 대한 봉착성이 좋고 수소취성이 없는 시판 동은?

① 조동　　② 탈산동　　③ 전기동　　④ 무산소동

무산소동은 완전탈산한 동으로 99.999% 이상의 순도를 가지고 있으며, 무산화 분위기에서 제조한다.

답 ④

개념잡기

양은(Nickel silver)의 합금 성분계로 맞는 것은?

① Cu-Ni-Zn　　② Cu-Mn-Ag
③ Al-Ni-Zn　　④ Al-Ni-Ag

양은, 양백 : 황동에 10~20% 니켈을 넣은 것, 색깔이 은과 비슷하여 예부터 장식, 식기, 악기 및 은 대용품으로 사용

답 ①

개념잡기

베어링 합금으로 사용되는 대표적인 Cu-Pb 합금은?

① KM alloy　　② 켈밋(Kelmet)
③ 자마크 2(ZAMAK 2)　　④ 활자금속(Type metal)

켈밋(Kelmet)
28~42% 납, 2% 이하의 니켈 또는 은, 0.8% 이하의 철, 1% 이하의 주석을 함유한 구리 합금 → 고속 회전용 베어링으로 항공기, 자동차 등에 사용

답 ②

2 알루미늄, 마그네슘과 그 합금 ★★★

1. 알루미늄과 알루미늄 합금의 개요
① 알루미늄(Al)은 규소 다음으로 지구상에 많이 존재하는 원소
② 가볍고 내식성이 좋아 다양하게 사용
③ 용융점이 660℃인 은백색의 전연성이 좋은 금속
④ 주조가 쉽고, 다른 금속과 합금이 잘되며, 상온 및 고온 가공이 용이하여 압연품, 주물, 단조품으로 이용

2. 알루미늄
① **알루미늄의 제조** : **보크사이트**(bauxite, $Al_2O_3 \cdot 2H_2O$)를 정제하여 알루미나(Al_2O_3)를 만들고, 그것을 용융염에서 전기 분해하여 제조

② **물리적 성질**
  ㉠ 비중 : 2.7(백색의 **경금속**)
  ㉡ 무게가 철의 1/3 정도이지만 합금을 만들 경우에는 강도 우수
  ㉢ 전기 전도율 : 구리의 65%로 은, 구리, 금 다음으로 좋음

③ **기계적 성질**
  ㉠ 순도가 높을수록 연성이 크며 강도와 경도가 저하
  ㉡ 상온에서 판, 선으로 압연 가공하면 가공 정도에 따라 강도와 경도가 높아지지만 연신율은 저하

④ **화학적 성질**
  ㉠ 보호 피막 : 표면에 산화 알루미늄 얇게 생성되어 대기 중 내식성 향상
  ㉡ 내식성
    ⓐ 저해 원소 : 구리, 은, 니켈, 철 등
    ⓑ 탄산염, 크로뮴산염, 초산염, 황화물 등의 중성 수용액에서는 내식성이 우수 ↔ 염화물 용액 중에서 내식성이 나쁨
  ㉢ 부식 방지법

종류	내용
수산법	• 알루마이트(alumite)법 • 알루미늄 제품을 2%수산 용액에 넣고 직류, 교류 또는 직류에 교류를 동시에 보내면 표면에 단단하고 치밀한 산화막이 형성
황산법	• 알루미라이트(alumilite)법 • 15~20%황산액(H_2SO_4)을 사용하여 피막을 형성하는 방법
크로뮴산법	• 3%의 산화 크로뮴(Cr_2O_3) 수용액 사용 • 전압을 가감하면서 통전 시간을 조정하며, 전해액 기계 교반

> **용어정의**
> **보크사이트**
> 알루미늄의 수산화물을 주성분으로 하는 산화 광물. 덩이 모양 또는 진흙 모양으로 나타나며, 알루미늄의 원광 또는 내화재나 명반의 원료로 쓰인다.

> **참고**
> **경금속**
> 금속재료 중 비중이 4.5 이하인 금속 : Al(2.7), Mg(1.74), Be(1.85), Na(0.97), Li(0.53), Rb(1.53) 등이 있다.

3. 주물용 알루미늄 합금

① 주물용 알루미늄 합금의 특징
  ㉠ 알루미늄-구리 합금, 알루미늄-규소 합금, 알루미늄-마그네슘 합금을 기본으로 하고, 망가니즈와 니켈을 첨가한 다원계 합금
  ㉡ 주물용 알루미늄 합금은 주철 주물보다 경량
  ㉢ 자동차 부품, 광학 기계, 조명 및 통신 기구, 위생 용기 등 널리 사용

② Al-Cu계 합금
  ㉠ 순수한 알루미늄에 구리가 함유된 것
  ㉡ 담금질과 시효에 의하여 강도가 증가
  ㉢ 내열성과 강도, 연신율, 절삭성 등 우수
  ㉣ 단점 : 고온 여림이 크고, 주물의 수축에 의한 균열 발생

③ Al-Si계 합금
  ㉠ 단순히 공정형으로 규소의 용해도가 작아 열처리 효과 미비
  ㉡ 공정점 부근 조직 : 기계적 성질이 우수하고 용융점이 낮아 많이 사용
    실루민(silumin) : 11~14%의 규소 함유
  ㉢ 용융점이 낮고 유동성이 좋아 넓고 복잡한 모래형 주물에 이용

④ Al-Cu-Si계 합금
  ㉠ Al-Cu-Si계 합금은 **라우탈**(lautal)이라 하며, 실루민의 결점인 가공 표면의 거침 제거
  ㉡ 주조 균열이 작고 금형 주조에도 적합 → 자동차 및 선박용 피스톤, 분배관 밸브 등에 사용

⑤ 내열성 알루미늄 합금
  ㉠ 로엑스(Lo-Ex) 합금
    ⓐ 12%규소, 1.0%구리, 1.0%마그네슘, 1.8%니켈 등 함유
    ⓑ 고온 강도가 우수, 팽창률이 낮음
  ㉡ Y 합금
    ⓐ Al-Cu-Ni-Mg계 합금
    ⓑ 시효 경화성이 있어 모래형 또는 금형 및 단조용으로 사용
    ⓒ 내열성 우수 → 자동차, 항공기용 엔진의 공랭 실린더 헤드와 피스톤 등에 많이 사용

⑥ 다이 캐스팅용 알루미늄 합금
  ㉠ 다이 캐스팅용 합금으로 특히 필요한 성질
    ⓐ 유동성이 좋을 것
    ⓑ 열간 메짐성이 적을 것

> **참고**
> 알루미늄 합금
> • 알루미늄은 순금속 상태에서는 경도와 강도가 낮아 구조용 재료로는 적당하지 않음
> • 알루미늄에 구리, 아연, 마그네슘 등의 금속을 첨가하여 강도와 내식성을 향상시켜 항공기, 자동차 부품, 건축 재료 등에서 무게를 감소시키는 경량화에 많이 사용
> • 알루미늄 합금은 주물용 알루미늄 합금과 가공용 알루미늄 합금으로 구분

> **꼭집어 어드바이스**
> 개량처리
> ① 실루민의 기계적 성질 보완
> ② 나트륨, 플루오린화 알칼리, 금속 나트륨, 수산화 나트륨, 알칼리염 등 첨가

> **꼭집어 어드바이스**
> 코비탈륨
> ① Y 합금의 일종
> ② Ti과 Cr를 0.2% 정도씩 첨가한 것
> ③ 피스톤용 합금

> **용어정의**
> 다이 캐스팅(die casting)
> 정밀 가공하여 제작한 금형에 용융 상태의 합금에 압력을 가하여 주입하여 치수가 정밀하고 동일형의 주물을 대량 생산하는 주조 방법

ⓒ 응고·수축에 대한 용탕 보충이 용이할 것
ⓓ 금형에서 잘 떨어질 것
ⓛ 다이 캐스팅용 알루미늄 합금의 종류 : 라우탈, 실루민, 하이드로날륨, Y 합금 등
ⓒ 자동차 부품, 통신 기기 부품, 철도 차량 부품, 가정용 기구 등

4. 가공용 알루미늄 합금

① 고강도 알루미늄 합금

종류	내용
두랄루민	• 주성분이 Al-Cu-Mg이며 4%구리, 0.5%마그네슘, 0.5%망가니즈, 0.5%규소이고 나머지는 알루미늄 • 시효 경화에 의해 강도가 증가 • 가볍고 고강도 → 항공기, 자동차, 운반 기계 등에 사용
초두랄루민	• 두랄루민에서 마그네슘을 다소 증가시킨 4.5%구리, 1.5%마그네슘, 0.6%망가니즈의 Al-Cu-Mg계 합금 • 인장 강도가 490MPa 이상 • 항공기와 같이 가벼운 것의 중요한 부재나 부품의 재료로 사용
초(초)강 두랄루민 (extra super duralumin, ESD)	• 1.5~2.5%구리, 7~9%아연, 1.2~1.8%마그네슘, 0.3~1.5% 망가니즈, 0.1~0.4%크로뮴을 함유한 Al-Zn-Mn-Mg계 합금 • 인장 강도가 530MPa 이상인 고강력 합금 • 주로 항공기의 구조용 재료로 사용

> **참고**
> 알루미늄 분말 소결체
> ① 알루미늄 가루와 알루미나 가루를 압축 성형하고 500~600℃로 소결
> ② 열간에서 압출 가공한 일종의 분산 강화형 합금
> ③ 순수 알루미늄에 비하여 내식성 및 열과 전기 전도율이 떨어지지 않고, 내산화성 고온 강도가 우수
> ④ 500℃ 정도까지 내열 재료 → 피스톤과 추진기의 날개 등에 사용

② 내식성 알루미늄 합금

종류	내용
하이드로날륨 (hydronalium, Al-Mg계 합금)	• 6~10%마그네슘 합금 • 바닷물과 알칼리성에 대한 내식성이 강하고 용접성이 매우 우수 • 선박용, 조리용, 화학 장치용 부품 등 사용
알민 (almin, Al-Mn계 합금)	• 알루미늄에 1~1.5%망가니즈를 함유 • 가공성, 용접성 우수 • 저장 탱크, 기름 탱크 등에 사용
알드리 (aldrey, Al-Mg-Si계 합금)	• 0.5%규소, 0.43%마그네슘을 함유 • 담금질 후에 상온 가공에 의하여 기계적 성질을 개선 • 용접성, 내식성, 인성, 전기 전도율 우수 • 송전선에 많이 사용
알클래드 (alclad)	• 고강도 합금 판재인 두랄루민의 내식성을 향상시키기 위하여 순수 알루미늄 또는 알루미늄 합금을 피복한 것 • 강도와 내식성을 동시에 증가시킬 목적으로 주로 사용

5. 마그네슘과 그 합금

① 비중 1.74로 알루미늄에 비하여 약 35% 정도 가볍고, **마그네슘 합금은 실용하는 합금 중에서 가장 가벼움**
② 비강도가 알루미늄 합금보다 우수하여 항공기나 자동차 부품, 전기 기기, 선박, 광학 기계, 인쇄 제판 등에 이용
③ 구상 흑연 주철의 첨가제로도 많이 사용
④ 마그네슘 합금은 부식되기 쉽고, 탄성 한도와 연신율이 작아 알루미늄, 아연, 망가니즈, 지르코늄 등을 첨가한 합금으로 제조
⑤ 마그네슘 합금의 종류
　㉠ **다우메탈**(Dow Metal) : Mg－Al
　㉡ **엘렉트론**(Elektron) : Mg－Al－Zn

용어정의

마그네슘의 물리적 특징
① 마그네슘은 용해하면 폭발, 발화하므로 주의 요망
② 건조한 공기 중에서는 산화하지 않지만 습한 공기 중에서는 표면이 산화 마그네슘 또는 탄산 마그네슘으로 되어 이것이 내부의 부식 방지
③ 바닷물에 매우 약하여 수소를 방출하면서 용해
④ 내산성이 극히 나쁘지만 내알칼리성은 강하다.

개념잡기

다음 중 알루미늄의 비중과 용융점으로 옳은 것은?

① 약 8.9, 약 1,455℃　　② 약 2.7, 약 660℃
③ 약 7.8, 약 1,083℃　　④ 약 1.74, 약 650℃

비중 2.7, 용융점 660℃의 경금속　　**답 ②**

개념잡기

Al-Si 합금에 대한 설명으로 옳은 것은?

① 개량처리를 하게 되면 조직이 조대화된다.
② γ-실루민은 Al-Si 합금에 Mg을 넣어 시효성을 부여한 합금이다.
③ 포정점 부근의 조성의 것을 실루민이라 하며 실용으로 사용한다.
④ 실루민은 용융점이 높고 유동성이 좋지 않아 복잡한 사형주물에는 사용할 수 없다.

실루민
Al-Si에 Mg으로 개량처리한 것으로, 조직이 미세하고, 용융점이 낮고 유동성이 좋아 주조용으로 많이 사용　　**답 ②**

개념잡기

항공기용 소재에 사용되는 Al-Cu-Mg-Mn 합금은?

① 실루민　② 라우탈　③ 네이벌　④ 두랄루민

두랄루민 : Al-Cu-Mg-Mn계 항공기용 고강도 합금
실루민(Al-Si), 라우탈(Al-Cu-Si), 네이벌(6-4황동+Sn)　　**답 ④**

3. 니켈 금속과 그 합금

1. 니켈과 니켈 합금의 개요

① 물리적 성질
  ㉠ 면심입방격자의 원자 배열
  ㉡ 은백색의 금속으로 비중이 8.9이며, 용융 온도는 1,455℃

② 기계적 성질
  ㉠ 백색의 인성이 풍부한 금속
  ㉡ 열간 및 냉간 가공 가능

③ 화학적 성질
  ㉠ 증류수, 수돗물, 바닷물 등에 내식성이 강하며 내열성 우수
  ㉡ 내식성이 좋아 대기 중에서는 부식되지 않지만, 아황산 가스를 함유한 대기 중에서는 심하게 부식

2. 니켈 합금

① Ni-Cu계 합금

종류	내용
콘스탄탄 (constantan, 55~60%구리)	• 45%의 니켈과 55%의 구리로 이루어진 합금. 전기저항률이 높아 저항기로 쓰거나 철·구리와 짝지어 열전쌍으로 사용
어드밴스 (advamce, 54%구리, 1%망가니즈, 0.5%철)	• 인발 가공이 쉬운 선은 표준 저항성 또는 열전쌍용 선으로 사용
모넬 메탈 (monel metal)	• 60~70%니켈을 함유 • 내식성 및 기계적·화학적 성질이 매우 우수 • R 모넬(0.035%황 함유), KR 모넬(0.28%탄소 함유) 등은 쾌삭성 우수 • H 모넬(3%규소 함유)과 S 모넬(4%규소 함유) 메탈은 경화성 및 강도 우수
MMM합금 (modified monel metal)	• 60~65%니켈, 24~28%구리, 9~11%주석 및 소량의 철, 규소, 망가니즈 등을 함유한 것 • 압력 용기, 밸브 등에 사용

② Ni-Fe계 합금

종류	내용
인바 (invar)	• 36%니켈, 0.1~0.3%코발트, 0.4%망가니즈, 나머지는 철인 합금 • 열팽창 계수(0.97×10^{-7})가 상온 부근에서 매우 작음 → 길이의 변화가 거의 없음 • 길이 측정용 표준 자, 전자 분야의 바이메탈, VTR의 헤드 고정대 등에 널리 이용
슈퍼 인바 (super invar)	• 30~32%니켈, 4~6%코발트, 나머지는 철인 합금 • 20℃의 팽창 계수가 0에 가깝다.
엘린바 (elinvar)	• 36%니켈, 12%크로뮴, 나머지는 철로 된 합금 • 온도에 대한 탄성률의 변화가 거의 없음 • 고급 시계, 지진계, 압력계, 스프링 저울, 다이얼 게이지, 유량계, 계측 기기 등의 부품에 사용
플래티나이트 (platinite)	• 44~47.5%니켈과 철 등을 함유한 합금 • 열팽창 계수(9×10^{-6})가 유리나 백금 등에 가까우므로 전등의 봉입선에 이용 • 두멧(dumet) 선 : 합금선에 구리를 피복하고 다시 표면을 산화 처리 또는 붕사 처리한 제품 • 두멧 선은 전자관 전구 방전 램프 반도체 디바이스 등의 연질 유리에 들어가는 선으로 이용
니칼로이 (nickalloy)	• 50%니켈, 50%철인 합금 • 초투자율 포화 자기 전기저항 큼 • 저출력 변성기, 저주파 변성기 등의 자심으로 널리 사용
퍼멀로이 (permalloy)	• 70~90%니켈, 10~30%철인 합금 • 투자율이 높고 약한 자기장 내에서의 초투자율 높음
퍼민바 (perminvar)	• 20~75%니켈, 5~40%코발트, 나머지는 철인 합금 • 자기장 강도의 어느 범위 내에서 일정한 투자율 유지 • 고주파용 철심이나 오디오 헤드로 사용

③ Ni-Cr계 합금

종류	내용
니크롬	• 15~20%크로뮴의 합금으로 전열선으로 널리 사용 • 철을 첨가한 전열선은 전기저항 및 온도 계수가 증가하지만 고온에서의 내산성 저하 • Ni-Cr선은 1,100℃까지, 그리고 철을 첨가한 Ni-Cr-Fe선은 1,000℃ 이하에서 사용

꼭집어 어드바이스

Fe-Ni계 불변강
① 인바 : Fe+Ni(36%)
② 초인바 : Fe+Ni+Co
③ 엘린바 : Fe+Ni+Cr
④ 플래티나이트 : Fe+Ni(46%)
⑤ 코엘린바 : Fe+Ni+Co+Cr

용어정의

자심(磁心)
자기적인 성질을 이용하거나 전류를 이송시키는 도체와 관련하여 위치하는 자성 물질을 통틀어 이르는 말

열전대선	• 열전대에는 Ni-Cr계 합금과 Ni-Cu계 합금 사용 • 800℃ 이하에는 철과 콘스탄탄(constantan) 사용 • 1,000~1,200℃에는 크로멜-알루멜(chromel-alumel) 사용 • 1,600℃에는 백금-로듐 Pt-Pt.Rh(13% Rh) 열전대 사용
전기저항선	• 목적 : 전기의 저항이 클 것 • 양백 및 Ni-Cr 등과 같은 저항의 온도 계수가 0에 가까운 망가닌(manganin), 콘스탄탄(constantan), 어드밴스(advance) 등 • 전열용, 정밀 측정기 및 표준 저항으로 사용
내열성 및 내식용 니켈계 합금	• 내열용 : 해스텔로이(hastelloy), 인코(inco), 인코넬(inconell), 니모닉(nimonic), 일리움(illium) 등 • 고온에서 산화에 잘 견디고 또한 내식성 우수
바이메탈	• 열팽창이 작은 Fe-Ni계의 인바(invar)와 열팽창 계수가 비교적 큰 황동의 두 종류의 금속을 합판으로 제조 • 항온기(thermostat)의 온도 조절용 변환기 부분에 사용

> **용어정의**
>
> **인코넬**
> 주성분인 니켈에 크로뮴, 철, 탄소 등을 섞은 합금. 열에 견디는 성질과 녹슬지 않는 성질이 강하여 항공기의 배기관, 절연기의 부품, 진공관의 필라멘트 등에 쓰인다.

개념잡기

니켈과 그 합금에 관한 설명으로 틀린 것은?

① 니켈의 비중은 약 8.9이다.
② 니켈은 도금용 소재로 사용된다.
③ 니켈은 인성이 풍부한 금속이다.
④ 36%Ni-Fe 합금은 퍼멀로이(Permalloy)로서 열팽창계수가 크다.

퍼멀로이는 열팽창계수가 아주 작다.   답 ④

개념잡기

니켈, 철 합금으로 바이메탈, 시계진자에 사용하는 불변강은?

① 인바   ② 알니코   ③ 애드미럴티   ④ 마르에이징강

인바 : Fe-Ni계 불변강   답 ①

개념잡기

내열 및 내식용 Ni 합금에 해당되지 않는 것은?

① 크로멜   ② 인코넬   ③ 라우탈   ④ 하스텔로이

라우탈 : Al-Cu계 합금   답 ③

4 아연, 납, 주석, 저용융점 금속과 그 합금

1. 아연과 아연 합금

① 아연과 아연 합금의 개요
  ㉠ 알루미늄, 구리 다음으로 많이 생산하는 비철 금속
  ㉡ 주조성이 좋아 다이 캐스팅(die casting)용 합금으로서 유용
  ㉢ 용융 아연 도금, 건전지, 인쇄판 등 아연판, 황동 및 기타 합금으로 사용

② 물리적 성질
  ㉠ 비중 : 7.14
  ㉡ 용융점 : 419℃
  ㉢ 조밀육방격자, 회백색 금속

③ 기계적 성질
  ㉠ 주조상태에서 조대 결정이 되므로 인장강도나 연신율이 낮고 여려서 상온가공이 어려움
  ㉡ 열간가공하여 결정을 미세화하면 가공이 가능

④ 화학적 성질
  ㉠ 건조한 공기 중에서 얇은 막이 생성(광택 상실) → 내부 보호 산화 방지
  ㉡ 습기와 이산화탄소가 있으면 염기성 탄산아연을 만들어 부식 진행
  ㉢ 철이나 구리와 같은 금속과 접촉하거나 도금을 하면 전기・화학적으로 이들의 부식 방지(음극화 보호)
  ㉣ 용융 아연 도금, 전기 도금, 피복 등으로 철강의 방식에 중요한 금속

⑤ 다이 캐스팅용 아연 합금
  ㉠ 다이 캐스팅용 아연 합금은 용융점이 낮고 유동성 기계적 성질 우수
  ㉡ Zn-Al-Cu계 합금, Zn-Al-Cu-Mg계 합금, Zn-Al계 합금, Zn-Cu계 합금 등

⑥ 가공용 아연 합금
  ㉠ Zn-Cu계 합금, Zn-Cu-Mg계 합금, Zn-Cu-Ti계 합금 등
  ㉡ 아연판 및 아연 동판으로 가장 많이 사용
  ㉢ 하이드로-티-메탈(hydro-T-metal)
    ⓐ Zn-Cu-Ti 합금, 강도, 고온 크리프 특성 우수
    ⓑ 봉재, 선재, 판재, 건축용, 탱크용, 전기 기기 부품, 자동차 부품, 일상용품 등에 널리 사용

> 참고
> 아연 합금
> • 용융점이 낮고 주조성 및 기계적 성질도 우수하여 다이 캐스팅용 아연 합금, 금형용 아연 합금, 베어링용 아연 합금, 가공용 아연 합금 등으로 사용
> • 이들 합금에 첨가하는 원소는 주로 알루미늄, 구리, 마그네슘 등이며 용도에 따라 주석, 안티모니, 납 등
> • 대부분 다이 캐스팅용 합금이며 금형용 합금과 가공용 합금에도 널리 이용

⑦ 베어링용 아연 합금
　㉠ 아연에 3~6%구리, 2~3%알루미늄, 5~6%구리, 10~20%주석, 5%납 함유한 합금
　㉡ 다른 합금에 비하여 비중이 작고 경도, 마찰계수 크다.
　㉢ 내해수성 우수 → 선박의 스턴 튜브(sterntube)의 베어링에 사용
⑧ 금형용 아연 합금
　㉠ 알루미늄과 구리의 양을 증가시켜 강도와 경도 향상
　㉡ 아연에 4%알루미늄, 3%구리에 소량의 마그네슘을 첨가 → 강도, 경도 매우 우수

> **참고**
> 그무다이 합금
> 금형용 아연 합금으로 0.8%니켈, 0.2%타이타늄을 첨가하여 내마멸성 우수

2. 주석과 주석 합금

① 주석과 주석 합금의 개요
　㉠ 주석(Sn)은 은백색의 연한 금속으로 주석석에서 선광하여 용광로에서 환원 정련하여 제조
　㉡ 종류 : 백주석, 회주석
　㉢ 용도 : 주석 도금, 구리 합금, 베어링 메탈, 땜납
② 물리적 성질
　㉠ 비중 7.3, 용융점 231.9℃, 13℃에서 동소변태
　㉡ 13℃ 이하 → 다이아몬드형 구조(회주석), 13℃ 이상 → 주석(백주석)
③ 기계적 성질
　㉠ 납 다음으로 연질 금속, 전연성이 우수(얇은 박 형태 제조 가능)
　㉡ 주석 주조품의 인장 강도 : 30MPa 정도
　㉢ 고온에서 온도가 높아짐에 따라 인장 강도, 경도 및 연신율 모두 저하
④ 화학적 성질
　㉠ 주석은 공기 중에서 기의 번색되지 않음
　㉡ 표면에 생기는 산화물의 얇은 막으로 인해 내식성 우수
　㉢ **연수**에는 잘 견디지만 **경수**에서는 탄산염이 석출하여 부식
　㉣ 독성이 없어 의약품·식품 등의 포장용 튜브, 주석박(foil), 식기, 장식기 등에 사용

> **용어정의**
> 연수
> 칼슘 및 마그네슘 염류가 적은 물
>
> 경수
> 칼슘 이온이나 마그네슘이온 등을 비교적 많이 함유하고 있는 천연수

⑤ 주석 합금

종류	내용
Sn-Pb계 합금	• 연납용으로 사용 • 연납은 용융점이 낮으며, 용도에 따라 주석 25~90%의 범위 안에서 사용하지만 40~50%주석을 가장 많이 사용
Sn-Sb-Cu계 합금	• 백랍 : 4~7%안티모니, 1~3%구리를 함유한 주석 합금 • 경석 : 0.4%구리를 함유한 주석 • 의약품, 그림물감 등의 튜브용 기재로 사용

3. 납과 납 합금

① 납과 납 합금의 개요
  ㉠ 회백색의 금속으로 화학적으로 안정하여 축전지, 수도관, 케이블 피복 및 패킹(packing)재 등에 사용
  ㉡ 활자 합금, 베어링 합금, 쾌삭강 등의 합금용 첨가 원소로 사용

② 물리적 성질
  ㉠ 비중은 11.34로 공업용 금속 중 가장 큼
  ㉡ 용융온도가 325.6℃로 낮음

③ 기계적 성질
  ㉠ 연성이 풍부하여 소성 가공 용이
  ㉡ 주조성, 윤활성, 내식성 등 우수 ↔ 전기 전도율 나쁨

④ 화학적 성질
  ㉠ 방사선 투과도가 낮아 원자로나 X선의 차단 재료로 적합
  ㉡ 불용성 피막이 표면을 형성 → 내식성 우수
  ㉢ 인체에 유해하므로 식기, 장난감 등에는 절대 함유되지 않도록 주의

⑤ 납 합금

종류	내용
Pb-As계 합금	• 강도, 크리프 저항 우수, 케이블 피복용 주로 사용 • 0.12~0.2%비소, 0.8~0.12%주석, 0.05~0.15%비스무트(Bi)
Pb-Ca계 합금	• 케이블 피복재, 기타 크리프 저항이 필요한 관과 판 등에 이용 • 0.023~0.033%칼슘, 0.02~0.1%구리, 0.002~0.02%은
Pb-Sb계 합금	• 경연 : 4~8%안티모니를 함유한 납 합금, 판, 관 등에 사용 • 구리, 텔루륨(Te) 등을 소량 첨가하면 결정 입자가 미세화되어 입계 석출에 의한 피로 강도의 저하를 억제하는 효과
Pb-Sn-Sb계 합금	• 주로 인쇄 공업의 활자 합금으로 사용 • 안티모니를 넣어 응고 시 약 1% 팽창하여 경도를 상승시키고 용융점을 저하, 특히 경도가 필요할 때에는 구리를 첨가

> 참고
> 활자 합금의 조건
> ① 용융점이 낮을 것
> ② 주조성이 좋아 요철이 주조면에 잘 나타날 것
> ③ 적당한 강도와 내마멸성 및 내식성을 가질 것
> ④ 가격이 저렴할 것

개념잡기

비중 7.3 용융점 232℃, 13℃에서 동소변태하는 금속으로 전연성이 우수하며, 의약품, 식품 등의 포장용튜브, 식기, 장식기 등에 사용되는 것은?

① Al　　② Ag　　③ Ti　　④ Sn

주석 Sn, 원자량 118.7g/mol, 녹는점 231.93℃, 끓는점 2,602℃이다. 모든 원소 중 동위원소가 가장 많으며 전성, 연성과 내식성이 크고 쉽게 녹기 때문에 주조성이 좋아 널리 사용되는 전이후 금속이다.

답 ④

5 ▶ 귀금속, 희토류 금속과 그 밖의 금속

1. 금과 금 합금

① 금과 금 합금의 개요
  ㉠ 금(Au)은 황금색의 아름다운 광택을 가진다.
  ㉡ 면심입방격자 금속

② 물리적 성질
  ㉠ 비중 : 19.32
  ㉡ 용융 온도 : 1,063℃

③ 기계적 성질
  ㉠ 전연성이 매우 커서 6~10cm 두께의 박이나 가는 선으로 가공 가능
  ㉡ 다른 귀금속과 비교하면 가공성, 전기 전도율 및 내식성이 우수
  ㉢ 공업적으로 사용되는 순수한 금은 순도가 99.96% 이상

④ 금의 사용
  ㉠ 지름이 7.5~50nm(나노 미터)인 금 세선은 전자 기판에서 칩(chip)과 판 간의 도체 접합에 사용
  ㉡ 치과 등 의료용으로 사용
  ㉢ 금의 순도 : 단위는 **캐럿(carat, K), 순금 24캐럿**으로 24K로 표기

> **참고**
> 금 18K의 금 함유량
> 24K일 때 금이 100%이므로
> 24:100=18:x
> x=100×18/24=75%

⑤ 금 합금

종류	내용
Au-Cu계 합금	• 10%구리가 첨가되면 붉은색 생성 • 금화는 약 10%구리를 가하여 경도 향상 • 반지나 장신구는 9~22K까지의 것을 사용
Au-Ag-Cu계 합금	• 5%은에서 녹색 생성, 그 이상의 은이 들어가면 백색 증가 • 치과용에는 5%은, 3%구리의 합금을 사용 • 금선으로는 15%은, 13%구리를 사용
Au-Ag-Cu-Ni-Zn 계 합금	• 핑크 골드(pink gold) • 14캐럿은 조성이 58.3%금, 3.3%은, 31.0%리, 3.5%니켈, 3.9%아연 등 • 장식용 모조금으로 사용
Au-Ni-Cu-Zn 계 합금	• 화이트 골드(white gold) • 주로 18, 14, 12캐럿으로 제조 • 조성 : 금, 13~27%니켈, 1.6~4.5%구리, 1.3~1.7%아연 • 치과용, 장식용 사용
Au-Pt계 합금	• 화학 공업용으로 20~30%백금은 노즐 재료로 사용

2. 백금과 백금 합금

① 백금과 백금 합금의 개요
  ㉠ 회백색
  ㉡ 면심입방격자 금속

② 물리적 성질
  ㉠ 비중 : 21.46
  ㉡ 용융점 : 1,774℃

③ 기계적 성질
  ㉠ 인장 강도 : 120~150MPa(12~15kg_f/mm^2)
  ㉡ 연신율 : 30~50%
  ㉢ 경도 : HB 150 정도

④ 화학적 성질
  ㉠ 산소 친화력 적음 → 화학 약품에 대하여 안정
  ㉡ 전기·화학에서 전극과 실험 장치, 용해로, 교반기, 광학, 전기 가열 기구, 열전쌍 보호관 제작 등에 널리 사용

⑤ 백금 합금

종류	내용
Pt-Rh계 합금	• 10~13%로듐(Rh) 함유 백금 합금 → 열전쌍 고온계 (1,500~1,600℃) 사용
Pt-Pd계 합금	• 10~75%팔라듐(Pd) 함유 → 장식품에 사용
Pt-Ir계 합금	• 10~20%이리듐(Ir) 함유 : 경도, 내산성 우수 • 15%이리듐 합금 : 표준자 • 20%이리듐 합금 : 표준 중추, 전기 접점, 화학 공업용 도화선 등에 사용

3. 은과 은 합금

① 은과 은 합금의 개요
  ㉠ 보통 사용하는 은의 순도는 99.99% 정도
  ㉡ 은백색 금속으로 비중이 10.497, 용융점이 960.5℃
  ㉢ 전기 전도율이 금속 중 가장 우수
  ㉣ 전연성이 금 다음으로 양호하여 얇은 판, 가느다란 선으로 가공 가능

② 화학적 성질
  ㉠ 대기 중에 방치하거나 가열하여도 녹이 슬지 않음 ↔ 황화 수소(H_2S)에는 검게 변하고 진한 염화 수소(HCl), 황산(H_2SO_4), 질산(HNO_3) 등에 의하여 부식
  ㉡ 오래 전부터 알려진 장식품, 가정용 기구, 화폐 등에 사용

③ 은의 사용
   ㉠ 전자·전기 재료 등으로 사용
   ㉡ 은화용 합금
      ⓐ 화폐 은(sterling silver) : 92.5%은, 7.5%구리
      ⓑ 주화용 은 : 90%은, 10%구리
   ㉢ 전기 접점용 합금 : Ag-Mo계 합금, Ag-W계 합금, Ag-Ni계 합금
④ 은 합금

종류	내용
Ag-Cu 합금	• 화폐용 : 7.5%구리인 은화 → (영국) 스털링 실버(sterling silver), 10%구리 : (구리) 코인 실버(coin silver) • 식기용 : 스털링, 80%은, 20%구리 합금 • 은납 : Ag-Cu 합금에 아연 첨가한 것
Ag-Cd계 합금	• 전기 접점 합금 : Ag-Cd 합금, Ag-Cd-Ni 합금, Ag-Cu-Ni 합금 • 은-15%, 인듐-15%, 카드뮴 합금은 원자로에도 사용
Ag-Au-Zn계 합금	• 은납 : Ag-Au 합금은 72%은에서 공정 조성을 나타내지만 여기에 아연을 첨가하면 응고점이 저하하는 것 • 저용융점을 필요로 할 경우에는 15%카드뮴, 5%주석을 첨가
Ag-Pd계 합금	• 팔라듐 첨가로 전기저항이 뚜렷이 상승, 변형성과 도금성이 감소 • 전기 접점재 : 1~10%팔라듐을 함유한 Ag-Pd 합금 사용 • 치과용 : 25%팔라듐 0~10%구리를 함유한 합금 사용
Ag-Hg-Cu-Sn계 합금	• 치과용 아말감(amalgam) : 33%은, 52%수은, 12.5%주석, 2%구리, 0.5%아연 등을 함유한 합금 사용

개념잡기

22K(22 carat)는 순금의 함유량이 약 몇 %인가?

① 25   ② 58.3   ③ 75   ④ 91.7

24K가 100%이므로, 24 : 100 = 22 : x에서 x = (100 × 22) / 24 = 91.7   답 ④

개념잡기

Au 및 Au 합금에 대한 설명 중 옳은 것은?

① BCC 구조를 갖는다.   ② 전연성이 Ag보다 나쁘다.
③ Au의 비중은 약 19.3 정도이다.   ④ 18K 합금은 Au 함유량이 90%이다.

금(Au) : 비중 19.3, FCC구조이므로 전연성이 우수하다.   답 ③

CHAPTER 04 신소재 및 그 밖의 합금

> **A**
> 1. 신소재 개발은 금속, 세라믹, 고분자 재료 등의 소재를 새로운 제조 기술을 이용하여 특수한 기능과 성질을 지닌 재료로 만들어 내는 것을 말한다. 신소재는 전자, 정보 통신, 에너지, 우주 항공, 의료, 자동차, 컴퓨터 등 첨단 기술 산업에 반드시 필요한 핵심 소재로 여겨지고 있다.
> 2. 금속 기지 복합재료, 형상 기억 합금, 제진 합금, 비정질 합금, 초전도 재료, 자성 재료 및 그 밖의 새로운 금속재료를 알아보자.
>
> 고강도 재료, 기능성 재료

1 ▶ 고강도 재료

1. 고강도 재료의 개요

① 금속재료의 고강도화 기구
  기본적으로 격자결함의 이동성을 방해하는 메커니즘
  ㉠ 고용강화
  ㉡ 입계강화
  ㉢ 석출강화
  ㉣ 가공강화

② 고강도 재료의 구분
  ㉠ **고비강도** 재료
  ㉡ 구조재료용 금속간 화합물
  ㉢ 섬유강화 금속복합재료
  ㉣ 입자분산 복합재료
  ㉤ 극저온용 구조재료

용어정의
비강도
강도를 비중으로 나눈 값으로 단위 중량에 대한 강도를 나타낸 것

2. 고강도 재료의 종류

① **초강력강**
  ㉠ 초강력강은 비중이 큰 불리한 조건을 가진 고비강도화를 꾀하지 않으면서 고강도화를 최대로 추구하여 달성한 재료
  ㉡ 종류 : 마레이징강, 스테인리스강
  ㉢ 조직 : 뜨임 마텐자이트 조직, 2차 경화조직, 금속간화합물 석출경화 조직

② **타이타늄합금**
  ㉠ 비중이 4.54로 가벼우며, 용융점이 1,670℃로 강보다 높음
  ㉡ 고온에서 산소, 질소, 탄소와 반응하기 쉬워 용해 및 주조 어려움
  ㉢ 전기 및 열의 전도성이 철보다 나쁨
  ㉣ 가공 경화성이 크고, 강도가 알루미늄이나 마그네슘보다 큼
  ㉤ 고온 비강도가 뛰어남 → 가스 터빈용, 항공기 구조용, 화학 공업용 내식 재료, 원자로 구조용 재료로 많이 사용
  ㉥ 내식성이 좋으며 바닷물에 대해서는 18-8 스테인리스강보다 우수
  ㉦ 내열성 500℃ 정도에서는 스테인리스강보다 우수
  ㉧ 철 함유량의 증가에 따라 인장 강도와 경도 증가, 연신은 감소
  ㉨ 가공 경화성 큼 → 기계적 성질은 냉간 가공도에 따라 크게 변화
  ㉩ 표면에 안정된 TiO_2의 보호 피막이 생겨 내식성 우수

> **참고**
> **고비강도 재료**
> - 초고층 빌딩이나 원자로 압력 용기, 항공기나 로켓의 고속 비상체 등에 사용
> - 고비강도 재료에는 초강력강, 티타늄합금, 알루미늄 합금이 있다.

개념잡기

Ti 금속의 특징을 설명한 것 중 옳은 것은?

① Ti 및 그 합금은 비강도가 높다.
② 저용융점 금속이며, 열진도율이 높다.
③ 상온에서 면심입방격자(FCC)의 구조를 갖는다.
④ Ti은 화학적으로 반응성이 없어 내식성이 나쁘다.

티타늄은 비중 4.5, 융점 1,800℃
상자성체이며 매우 경도가 높고 여림
강도는 거의 탄소강과 같음
비강도는 비중이 철보다 작으므로 철의 약 2배
열전도와 열팽창률도 작은 편
타이타늄은 전형적인 금속 조밀육방격자(hcp) 구조(α형)를 갖는데, 882℃ 이상에서는 β형 체심입방(bcc) 구조로 변한다.
단점 : 고온에서 쉽게 산화하는 것과 값이 고가인 점
항공기, 우주 개발 등에 사용되는 이외에 고도의 내식재료로서 중용

답 ①

2. 기능성 재료

1. 금속 기지 복합재료

① 섬유 강화금속 복합재료
  ㉠ 금속 모재 중에 휘스커와 같은 대단히 강한 섬유상의 물질을 분산시켜 요구되는 특징을 가지도록 만든 것
  ㉡ 강화 섬유(크게 비금속계와 금속계로 구분)
      ⓐ 비금속계 : C, B, SiC, Al_2O_3, AlN, ZrO_2 등
      ⓑ 금속계 : Be, W, Mo, Fe, Ti 및 그 합금

② 분산 강화금속 복합재료
  ㉠ 금속 합금에 기지 금속과 반응하지 않고 열적·화학적으로 안정한 0.01~0.1nm의 산화물 등의 미세한 입자를 소량으로 균일하게 분포시킨 재료
  ㉡ 분산 강화된 재료는 고온에서도 오랫동안 강도 유지 → 고온 크리프 특성이 우수
  ㉢ 분산 미립자 : 산화 알루미늄(Al_2O_3), 산화 토륨(ThO_2) 등 이용 → 기지 금속 중에서 화학적으로 안정적이며 용융점이 높고, 고용하지 않는 화합물
  ㉣ 기지 금속 : 알루미늄, 니켈, 니켈-크로뮴, 니켈-몰리브데넘, 철-크로뮴 등
  ㉤ 분산 강화 복합재료의 성질 및 종류
      ⓐ SAP(sintered aluminium powder product) : 저온 내열재료
      ⓑ TD Ni(thoria dispersion strengthened nickel) : 고온 내열재료

③ 입자 강화금속 복합재료
  ㉠ 금속이나 합금의 기지 중 1~5nm의 비금속 입자를 분산시켜 만든 재료
  ㉡ 서멧 : 탄화 텅스텐(WC)입자와 코발트(Co)입자를 혼합하고 소결하여 경질 공구 재료에 사용

④ 클래드 재료
  ㉠ 두 종 이상의 금속재료에 높은 압력을 가한 상태에서 압연 공정을 이용하여 금속 결합을 시키는 방법
  ㉡ 단일 금속으로는 가질 수 없는 전기적·물리적 특성을 지닌 재료
  ㉢ 니켈 합금, 스테인리스강 등의 내식성 재료와 저탄소강을 서로 조합한 클래드 재료가 화학 공업의 장치로 사용
  ㉣ 제조 방법 : 폭발 압착법, 압연법, 확산 결합법, 단접법, 압출법

★ 용어정의

휘스커(whisker)
단결정으로 이루어진 섬유로 높은 강도를 가진다.

★ 용어정의

크리프(creep)
물체가 일정한 변형력 아래서 시간의 흐름에 따라 천천히 변형하여 가는 현상
온도가 높고 변형력이 클수록 그 변형은 빠르다. 플라스틱 같은 고분자 물질에서 현저하게 볼 수 있다.

⑤ 다공질 재료
  ㉠ 내부에 15~95%의 체적이 기공으로 이루어진 재료
  ㉡ 기존 치밀한 재료가 갖지 못하는 분리, 저장, 열차단 등의 특성 부여
  ㉢ 제조 방법 : 용융 금속의 발포법, 압분 성형체의 발포법
  ㉣ 충격 흡수성이 우수하고 가공성 우수
  ㉤ 단열성과 흡음성이 우수하며, 앞으로 자동차 등의 경량재료나 충격 흡수재료, 건축재료 등에 사용

2. 형상기억합금

① 형상기억합금의 세 가지 공통 기능
  ㉠ 소성 변형이 일어나도 가열하면 그 변형이 소실되는 기능
  ㉡ 탄성 회복량이 매우 큰 **초탄성**(의탄성) 효과
  ㉢ 진동 흡수능(제진성)
② 고상에서 모상(austenite)의 형상기억합금을 냉각하면 변태가 일어나 결정 구조가 변하고 마텐자이트강이 생성
③ 마텐자이트(maretensite)는 강을 담금질하였을 때 생성되는 마텐자이트와 달리 열탄성형 마텐자이트라고 하는 특수한 마텐자이트
④ **형상기억합금의 활용** : 인공위성 안테나, 휴대전화 안테나, 로봇의 관절부, 전동차선 이상 발열 검출 센서, 창문 자동 개폐 장치, 온도 조절기, 전기 밥솥의 압력 조절기, 브레지어용 와이어에 실용화

3. 제진 합금

① 제진 합금의 개요
  ㉠ 고체음이나 고체 진동이 문제가 되는 경우 음원이나 진동원에 사용하여 진동 에너지를 열에너지로 변화시켜 공진, 진폭, 진동 속도를 감소시키는 재료
  ㉡ 방진재료 : 진동음을 방지해 주는 재료
  ㉢ 흡음재료 : 소음의 대책으로 공기압의 진동을 열에너지로 변환시켜 흡수하는 재료
  ㉣ 차음재료 : 공기압 진동의 전파를 차단시키는 재료
② 제진 합금의 특성 및 종류
  ㉠ 마그네슘-지르코늄, 망가니즈-구리, 타이타늄-니켈, 구리-알루미늄-니켈, 알루미늄-아연, 철-크로뮴-알루미늄 등
  ㉡ 편상 흑연을 가진 회주철은 강에 비하여 소리의 감쇠가 빠름 → 비감쇠능이 커서 공작 기계의 베드(bed)에 사용

꼭찝어 어드바이스

다공질 재료의 종류
① **오일리스 베어링** : 소결체의 다공성을 이용한 함유 베어링은 체적비로 10~30%의 기름을 함유시킨 자기 급유 상태로 사용되는 베어링
② **다공질 금속 필터** : 여과성 좋고, 고온에서 사용할 수 있으며, 수명 우수, 기계적 성질이 양호하여 용접·납땜 등의 접합도 용이하기 때문에 유체를 취급하는 공업 분야에서 실용화
③ **소결 다공성 금속 제품** : 방직기용 소결 링크, 열교환기 전극 촉매 등

꼭찝어 어드바이스

초탄성(superelastic)
① 하중을 제거하면 곧 원래의 모상으로 되돌아가는 현상
② 응력 유기 마텐자이트의 생성에 의하여 나타난다.

꼭찝어 어드바이스

비정질재료 제조법
① 기체 급랭법
- 진공증착법 : 진공용기에서 금속을 가열하여 기체 상태로 만들어 세라믹 기판에 그 기체를 부착시키는 방법
- 스퍼터링법 : 불활성가스 이온을 모합금에 충돌시켜 튀어나오는 원자를 기판에 부착시키는 방법 (희토류금속에 많이 이용)

② 액체 급랭법
- 단롤법 : 고속 회전하는 1개의 롤 표면에 용융 금속을 분출시켜 냉각하는 방법
- 쌍롤법 : 회전하는 2개의 롤 사이에 용융금속을 공급하여 냉각하는 방법
- 원심급랭법 : 회전하는 냉각체 내부에 용융금속을 공급하여 냉각하는 방법
- 분무법 : 고속으로 분출하는 물의 흐름 중에 적당한 용융 금속을 떨어뜨려 미분화하는 방법

용어정의

YBCO
이트륨-바륨-구리 산화물. 초전도체 물질 중의 하나, 임계 온도가 90~93K로 비교적 높아 경제적인 초전도 합금 중의 하나

4. 비정질 합금

① 비정질 합금의 개요
  ㉠ 비정질(amorphous) : 원자의 배열이 불규칙한 상태
  ㉡ 금속을 가열하여 액체 상태로 만든 후 105K/s 이상의 고속으로 급랭 원자가 규칙적인 배열을 하지 못한 무질서한 배열의 금속

② 비정질 합금의 특성 및 활용
  ㉠ 전기저항이 크고 온도 의존성이 적다.
  ㉡ 열에 약하고 고온에서 결정화한다.
  ㉢ 구조적으로 결정의 방향성이 없다.
  ㉣ 경도가 높고 연성이 양호하며 가공경화 현상이 나타나지 않는다.
  ㉤ 용접이 불가능하다.

5. 초전도 재료

① 초전도 재료의 특성 및 종류
  ㉠ 초전도 현상 : 어떤 종류의 금속에서는 일정한 온도에서 갑자기 전기 저항이 0이 되어 전기를 무제한으로 흘려보내는 상태
  ㉡ 초전도체 : 절대 온도 0도(-273℃)로 급속히 냉각시킬 때 전기저항이 없어져 전류를 무제한으로 흘려보내는 도체
  ㉢ 자기장 차폐 효과 : 초전도 덩어리 내부에서는 항상 자기장이 존재하지 않는 성질 → "마이스너 효과(Meissner's effect)"
  ㉣ 조셉슨 효과(Josephson effect) : 두 개의 초전도 물질 사이에 매우 얇은 절연체를 끼워도 한쪽 초전도 물질로부터 다른 쪽 초전도 물질로 전류가 흐른다는 현상
  ㉤ 종류
    ⓐ 순수한 금속 물질로 대표적인 금속으로는 수은(Hg)
    ⓑ 저온 초전도체 : 4K(-269℃) 영역에서 초전도성 발휘(나이오븀-타이타늄 계열의 합금 재료)
    ⓒ 고온 초전도체 : 100K(-180℃) 이하에서 초전도성 발휘(YBCO : 화합물(세라믹) 계열)

② 초전도 재료의 응용
  ㉠ 고압 송전선, 전자석용 선재, 감지기 및 기억 소자
  ㉡ 전력 시스템의 초전도화, 핵융합, MHD발전(magnetohydrodynamic power generation), 자기 부상 열차, 핵자기 공명 단층 영상 장치, 컴퓨터 및 계측기 등의 여러 분야 응용 가능

개념잡기

비정질합금에 대한 설명으로 틀린 것은?

① 가공경화를 일으키지 않는다.
② 불균질한 재료이고, 결정 이방성이 있다.
③ 비정질이란 결정이 되어 있지 않은 상태를 말한다.
④ 금속가승의 증착, 스퍼터링, 화학기상반응을 통해 제조할 수 있다.

> 비정질합금은 결정 이방성이 없다.   **답 ②**

개념잡기

섬유강화금속(FRM)의 특성이 아닌 것은?

① 비강도, 비강성이 높다.
② 섬유축 방향의 강도가 낮다.
③ 고온에서 열적 안정성이 있다.
④ 2차 성형성 및 접합성이 있다.

> FRM은 섬유축 방향의 강도가 수직방향보다 강도가 높다.   **답 ②**

개념잡기

실용되고 있는 형상기억 합금계는?

① Ag-Cu계   ② Co-Al계   ③ Ti-Ni계   ④ Co-Mn계

> 니티놀 : Ni-Ti이 50:50의 합금으로 형상기억효과가 우수하다.   **답 ③**

개념잡기

수소저장합금에 대한 설명으로 틀린 것은?

① 수소저장합금은 수소가스와 반응하여 금속수소화물을 만든다.
② 금속수소화물은 단위부피($1cm^3$) 중에 10^{22}개의 수소원자를 포함한다.
③ 수소저장합금은 수소를 흡수·저장할 때에는 수축하고, 방출할 때에는 팽창한다.
④ 수소가스를 액화시키는 데에는 -253℃ 정도의 저온 저장 용기가 필요하다.

> 수소를 흡수할 때는 팽창하고, 방출할 때는 수축한다.   **답 ③**

개념잡기

방진합금을 방진기구별로 분류한 것 중 이에 해당되지 않는 것은?

① 슬립형 합금   ② 쌍정형 합금   ③ 강자성형 합금   ④ 전위형 합금

> 방진합금 : 쌍정형, 전위형, 강자성형, 복합형   **답 ①**

PART 02 금속조직

- CHAPTER 01 　금속의 결정구조
- CHAPTER 02 　금속의 상변화와 상태도
- CHAPTER 03 　재결정과 확산
- CHAPTER 04 　철강의 조직

CHAPTER 01 금속의 결정구조

 단원 들어가기 전

1. 원자의 구조와 결합의 특성을 학습한다.
2. 금속의 결정구조의 종류와 특성을 학습한다.
3. 금속의 결정결함의 종류를 분류할 수 있다.

 빅데이터 키워드

원자, 이온결합, 금속결합, 공유결합, 결정구조, BCC, FCC, HCP, 결정면, 결정방향, 결정결함, 점결함, 공공, 침입형, 치환형, 선결함, 전위, 면결함, 적층결함, 강도

1 ▶ 원자간의 결합

1. 원자의 구조

(1) 원자의 구조

① 원자(Atom) : 원자핵(Nucleus)과 이것을 둘러싸고 있는 전자(Electron) 로 구성
② 원자핵 : 몇 개의 양성자(Proton), 중성자(Neutron), 중간자(Meson)로 구성
③ 전자 : 음전기를 가지는 최소의 입자로 질량은 9×10^{-28}G
④ 양성자 : 양전기를 가지고 있으며 질량은 1.7×10^{-24}g, 전자 질량의 1,840배
⑤ 중성자 : 양성자와 비슷한 질량을 가지는 소립자, 전기를 전혀 가지지 않음

> **참고**
> 수소 원자가 중성인 이유
> 한 개의 양성자와 한 개의 전자가 합쳐지면 +, − 의 전하가 서로 소멸되서 전체적으로 전하는 0이 된다. 수소 원자는 전자 1개, 양성자 1개로 구성되어 있으므로 전기적으로 중성이 된다.

(2) 전자각

① 원자핵 주위에 있는 전자들은 전자각(Shell)이라고 하는 일정한 값을 가지고 있으며, 서로 다른 에너지 준위(Level)로 나누어져 있다.
② 원소의 전자각은 최내각이 K각, 이후로 바깥쪽으로 L, M, N, O, P, Q 각의 순으로 배열된다.
   ㉠ K각은 전자가 2개까지 들어가고, L각은 8개, M각은 18개가 들어간다.
   ㉡ M각은 18개까지 들어가지만 N각에 전자가 몇 쯤 들어가기 전에는 M각이 완전히 채워지지 않는다.

ⓒ 불활성원소 : 각각의 각이 다 채워지면 대단히 안정되어 있으므로 다른 원소와 반응을 하지 않는 불활성원소(He, Ne)가 된다. M각의 경우는 8개 전자를 갖게 되면 비교적 안정된 상태가 되며 이 원소가 Ar이다.

ⓒ 음이온 : 불소(F), 염소(Cl)와 같이 최외각 전자 7개를 가지고 있으면 다른 전자 1개를 받아들이려는 경향이 있어서, -1가의 전기를 띠는 음이온이 된다. 산소(O)는 -2가인 음이온이 된다.

ⓒ 양이온 : 수소(H), 리튬(Li), 나트륨(Na), 칼륨(K)과 같이 최외각 전자 1개를 가지고 있으면 전자 1개를 다른 데 주고 최외각을 채우려는 경향이 있어서 +1가의 전기를 띠는 양이온이 된다. 칼슘(Ca)의 경우는 +2가 양이온이 된다.

> 참고

F 이온의 구조

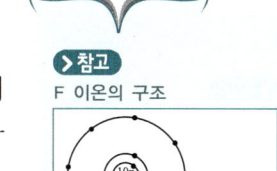

Na 이온의 구조

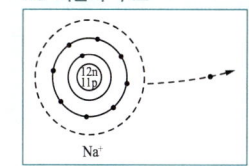

원소	원자번호	K	L	M	N	O	P	Q
H	1	1						
He	2	2						
Li	3	2	1					
Be	4	2	2					
B	5	2	3					
C	6	2	4					
N	7	2	5					
O	8	2	6					
F	9	2	7					
Ne	10	2	8					
Na	11	2	8	1				
Mg	12	2	8	2				
Al	13	2	8	3				
Si	14	2	8	4				
P	15	2	8	5				
S	16	2	8	6				
Cl	17	2	8	7				
Ar	18	2	8	8				
K	19	2	8	8	1			
Ca	20	2	8	8	2			
Sc	21	2	8	9	2			
Ti	22	2	8	10	2			
V	23	2	8	11	2			
Cr	24	2	8	13	1			
Mn	25	2	8	13	2			
Fe	26	2	8	14	2			
Co	27	2	8	15	2			
Ni	28	2	8	16	2			
Cu	29	2	8	17	2			
Zn	30	2	8	18	2			

2. 원자의 결합

(1) 인력과 척력

① 원자를 결합시켜 결정상태를 유지하려는 힘은 자유전자인 가전자의 음(−)전하와 정(+)전하 간의 정전인력이다.

② 외부의 힘에 의해 원자 간의 거리가 가까워지면 반발력이 생기고, 멀리 하려면 인력이 작용한다.

③ 결정 중에서 원자 상호 간에 인력과 척력이 존재하고 외부에서 힘을 가하지 않을 때에는 반드시 힘의 평형상태를 이루고 있다.

(2) 원자 결합의 구분

① 종류
  ㉠ 1차결합 : 이온결합, 공유결합, 금속결합
  ㉡ 2차결합 : 분자결합, Van der Waals 결합, 수소결합

② 이온결합(Kcl, MgO, Lif)
  ㉠ 강한 양전하 원소(금속)와 강한 음전하 원소(비금속)간의 결합
  ㉡ 전자가 이동하여 음이온, 양이온이 되어 두 이온 사이의 인력(쿨롱의 힘)이 작용하여 결합
  ㉢ 필요조건 : 양전기를 띤 입자 수와 음전기를 띤 입자 수가 같아야 함

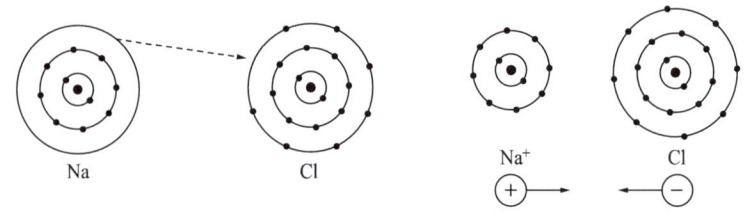

NaCl의 이온 결합
(Na +1가 이온 1개, Cl −1가 이온 1개와 결합)

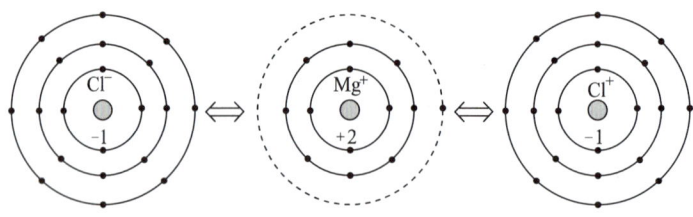

MgCl₂의 이온 결합
(Mg +2가 이온 1개, Cl −1가 이온 2개와 결합)

> **참고**

가전자와 핵 간의 정전인력에 의한 결합의 조건
① 같은 종류의 전하 간의 쿨롱(Coulomb) 척력을 최소로 하기 위해서는 양이온이 될 수 있는 대로 떨어져 있을 것
② 가전자의 경우도 될 수 있는 대로 서로 떨어져 있을 것
③ 이종 전하간의 쿨롱 인력을 최대로 하기 위하여 가전자는 가능한 양이온의 가까운 곳에 있을 것
④ 위의 조건에 의해서 원자간의 포텐셜 에너지(Potential Energy)가 낮아지지만 이 경우 전자의 운동에너지는 될 수 있는 한 증가하지 않는 방법이 필요

꼭집어 어드바이스

1차결합 : 화학결합, 강결합
2차결합 : 물리결합, 약결합

결합력의 종류
쿨롱의 힘
전자쌍의 힘
반데르발스의 힘
정전기적 힘

결합 에너지 크기(강한 순)
① 공유 결합 : 수eV
② 이온 결합 : 1eV
③ 금속 결합 : 0.3~0.5eV
④ 분자 결합 : 0.1eV

③ 공유 결합(Ge, Si, 다이아몬드, GaAs, InSb, SiC)
  ㉠ 최외각 전자가 8개가 되어야 안정하므로 서로 부족한 개수만큼 공유해서 8개를 채우는 결합
  ㉡ 두 원자의 최외각 전자를 공유
  ㉢ 전기음성도의 차이가 약간 있는 원자 간의 결합
  ㉣ 다이아몬드 : 최외각 전자가 4개이므로 인정합 4개의 원자와 전자를 공유하므로 결합강도가 가장 큼

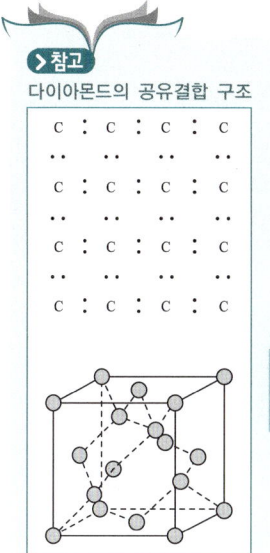

참고
다이아몬드의 공유결합 구조

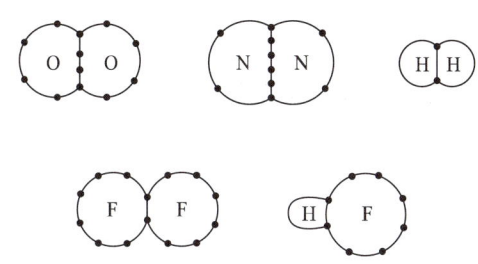

2원자의 공유결합

④ 금속 결합(Cu, Ag, Al)
  ㉠ 외각전자가 소수인 원자들간의 결합
  ㉡ 가전자가 금속전체를 자유롭게 이동 : 전자구름, 자유전자 → 높은 열, 전기전도도
  ㉢ 온도가 높아지면 열 진동이 심해져서 자유전자의 흐름을 방해하여 전기저항이 커짐
  ㉣ 결합력 : 양이온들과 전자구름 사이의 정전기적 인력

금속의 최외각 자유전자의 이동

⑤ 반데르발스 결합(분자 결합)
  ㉠ 안정된 전자배위를 갖는 불활성기체나 공유결합의 분자 사이의 결합
  ㉡ 전자의 전이나 공유는 없지만 이온결합과 비슷하고, 반대 전하 사이의 인력으로 결합
  ㉢ Ar, Kr에서 주로 발생하는 결합
  ㉣ 결합력이 가장 약하기 때문에 결합이 풀어지기 쉽고, 용융점이 낮음

개념잡기

금속에서 전기 및 열이 잘 전달되는 주된 이유는?

① 반데르발스인력에 의해   ② 이온결합에 의해
③ 공유결합에 의해   ④ 자유전자에 의해

자유전자가 원자 사이를 다니면서 열 및 전기를 전달한다.   답 ④

개념잡기

다음의 원자결합 중 가장 약한 결합은?

① 이온결합   ② 금속결합
③ 반데르발스결합   ④ 공유결합

가장 강한 결합 : 공유결합
가장 약한 결합 : 반데르발스결합   답 ③

2 ▶ 금속의 결정구조

1. 금속의 결정 ★★

(1) 결정 격자

① **결정체** : 어떤 물질을 구성하고 있는 원자 혹은 분자가 규칙적으로 배열되어 있는 것
② **결정립 경계** : 결정립과 결정립의 사이(불순물이 이곳에 모인다)
③ **단위포(Unit cell)** : 공간 격자를 구성하는 최소 단위 부분
④ **격자 상수** : 단위포(결정의 최소단위) 모서리의 길이
  [격자 상수의 크기 : 보통 3~5 (10^{-8}cm = 1)]
  ㉠ 단위포의 격자 상수 : 축의 길이 a, b, c 및 축 사이의 각 α, β, γ로 표시한다.
  ㉡ 입방 정계(Cubic system) : a=b=c이고, α=β=γ= 90°일 때

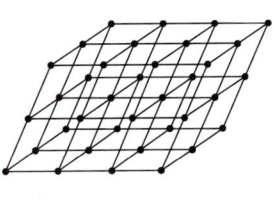 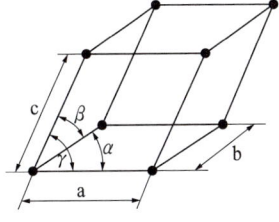

(a) 공간 격자   (b) 단위 격자

공간 격자와 단위 격자

⑤ 7종의 결정계와 14종의 브라베 격자

결정계	축 길이	축 각	최소 대칭요소	브라베 격자
입방 정계 (Cubic)	$a=b=c$	$\alpha=\beta=\gamma=90°$	3회전축 4개	단순, 체심, 면심
정방 정계 (Tetragonal)	$a=b\neq c$	$\alpha=\beta=\gamma=90°$	4회전축 1개	단순, 체심
사방 정계 (Orthorhombic)	$a\neq b\neq c$	$\alpha=\beta=\gamma=90°$	2회전축 3개 (서로 수직)	단순, 체심, 저심, 면심
삼방 정계 또는 사방 육면체적 (Trigonal or Rhombohedral)	$a=b=c$	$\alpha=\beta=\gamma\neq90°$	3회전축 1개	단순
6방 정계 (Hexagonal)	$a=b\neq c$	$\alpha=\beta=90°$, $\gamma=120°$	6회전축 1개	단순
단사 정계 (Monoclinic)	$a\neq b\neq c$	$\alpha=\gamma=90°$, $\beta\neq90°$	2회전축 1개	단순, 저심
삼사 정계 (Triclinic)	$a\neq b\neq c$	$\alpha\neq\beta\neq\gamma\neq90°$	–	단순

(2) 금속 결정의 형성

① 응고 중에 형성
② 원자 또는 분자의 규칙적인 배열이 자연적으로 고유한 형태를 만들면서 결정핵을 중심으로 원자가 차례로 결합하면서 결정체를 이룸
③ 결정핵으로부터 성장한 결정체는 어떤 곳에서나 같은 원자 배열을 가짐
④ 금속 결정의 종류
  ㉠ 단결정(Single crystalline) : 금속의 응고 과정에서 결정핵이 한 개인 결정으로 이루어진 결정체 (실리콘 등)
  ㉡ 다결정체(Poly crystalline) : 대부분의 금속은 무수히 많은 크고 작은 결정이 모여 무질서한 집합체를 이루는데, 이와 같은 결정의 집합체

> 참고
결정핵
과포화 용액이나 과냉각 용액에서 결정이 만들어질 때, 그 중심이 되는 결정의 씨. 이것이 바탕이 되어 결정이 성장함

결정 입자와 결정립계

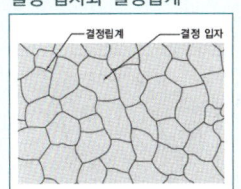

2. 금속의 대표적인 결정격자와 특징 ★★★

(1) 종류
① 체심입방격자(Body Centered Cubic lattice, BCC)
② 면심입방격자(Face Centered Cubic lattice, FCC)
③ 조밀육방격자(Hexagonal Close-Packed lattice, HCP)

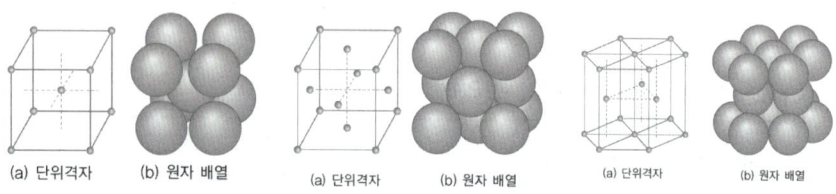

면심입방격자   체심입방격자   조밀육방격자

> **참고**
> 근접 원자간 거리
> 원자 간에 서로 접촉하고 있는 원자를 최근접 원자, 그 중심 간의 거리
>
> 배위수(配位數)
> 한 개의 원자를 중심으로 원자 주위에 있는 최근접 원자의 수. 배위 화합물에서 중심 금속 원자에 결합되는 원자나 원자단의 리간드(ligand) 수
> 리간드는 착화합물에서 중심 금속 원자에 전자쌍을 제공하면서 배위 결합을 형성하는 원자나 원자단을 말함

(2) 체심입방격자(BCC)
① 입방체의 각 꼭짓점과 중심에 입자가 위치하는 구조
② 원자 개수 : 2개
  (격자점에 있는 원자 수 : $\frac{1}{8} \times 8 = 1$) + (체심에 있는 원자 : 1)
③ 근접 원자간 거리 : $\frac{\sqrt{3}}{2}a$ (a : 격자 상수)
④ 배위수(Coordination number) : 8
⑤ 원자 반지름 : $4R = \sqrt{3}a$ 이므로, $R = \frac{\sqrt{3}}{4}a$
⑥ 원자 충진율 : $\frac{\text{총원자 체적}}{\text{단위 체적}} = \frac{2 \times \frac{4}{3}\pi \left(\frac{\sqrt{3}}{4}a\right)^3}{a^3} = \frac{\sqrt{3}}{8}\pi ≒ 68\%$
⑦ BCC 금속은 FCC 금속보다 융점이 높은 것이 많고, 가공에 의한 경화는 별로 없으나 전연성이 떨어진다.
⑧ BCC에 속하는 주요 금속 : Ba, Cr, Be, K, W, Mo, V, Li, Rb, Cs, Nb, Fe

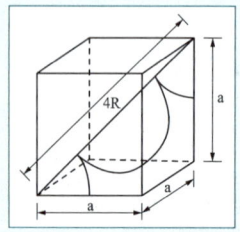

BCC의 원자거리

(3) 면심입방격자(FCC)
① 입방체의 각 꼭짓점과 각 면의 중심에 입자가 위치하는 구조
② 원자개수 : 4개
  (격자점에 있는 원자 수 : $\frac{1}{8} \times 8 = 1$) + (면심에 있는 원자 : $\frac{1}{2} \times 6 = 3$)
③ 근접 원자간 거리 : $\frac{1}{\sqrt{2}}a$ (a : 격자 상수)
④ 배위수 : 12개

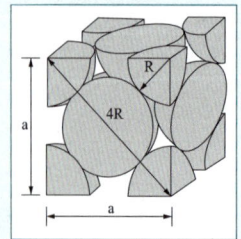

FCC의 원자거리

⑤ 원자 반지름 : $4R = \sqrt{2}\,a$ 이므로, $R = \dfrac{\sqrt{2}}{4}a$

⑥ 원자 충진율 : $\dfrac{\text{총원자 체적}}{\text{단위 체적}} = \dfrac{4 \times \dfrac{4}{3}\pi\left(\dfrac{\sqrt{2}}{4}a\right)^3}{a^3} = \dfrac{\sqrt{2}}{6}\pi \fallingdotseq 74\%$

⑦ 단위 격자 내의 원자 충진율 : 74%

⑧ FCC 금속은 전연성, 가공성이 좋으나 강도가 충분치 못하다.

⑨ FCC의 주요 금속 : Al, Ag, Au, Pt, Ni, Ca, Sr, Ir, Rh, Th, γ-Fe.

(4) 조밀육방격자(HCP)

① 정육각형의 각 꼭짓점과 그 면의 중심에 입자가 있는 층이 있고, 그 층의 중심 입자 위에 삼각형의 꼭짓점에 입자를 가진 면을 놓고 다시 정육각형의 층을 그 위에 포개어 놓은 밀집 구조

② 원자 수 : 단위격자 안에 정육각형의 꼭짓점에 1/6개×12개=2개, 정육각형의 중심에 1/2개×2개=1개, 중심 입자의 삼각형 원자 세 개를 합하면 6개

③ 배위수 : 12

④ a, c 축비 관계 : $\sqrt{a^2 - \left(\dfrac{2}{3} \times \dfrac{\sqrt{3}}{2}a\right)^2} = \sqrt{\dfrac{2}{3}}\,a$

$c = 2 \times \sqrt{\dfrac{2}{3}}\,a = \sqrt{\dfrac{8}{3}}\,a$

$\therefore \dfrac{c}{a} = \sqrt{\dfrac{8}{3}} \fallingdotseq 1.6333$

> **참고**
> HCP의 축비관계
>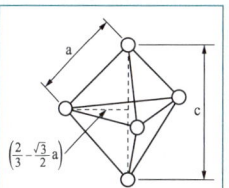

⑤ 단위 격자의 부피 : $a^2 \sin 60° \times c = a^2 \times \dfrac{\sqrt{3}}{2} \times \sqrt{\dfrac{8}{3}}\,a = \sqrt{2}\,a^3$

⑥ 결정 격자의 원자 충진율 : $\dfrac{\dfrac{4}{3}\pi \times \left(\dfrac{a}{2}\right)^3 \times 2}{2 \times \dfrac{1}{2}a^2 \sin 60° \times c} = \dfrac{\dfrac{\pi}{3}}{\sqrt{2}} \fallingdotseq 74\%$

⑦ HCP의 주요 금속 : Mg, Zn, Be, Cd, Ti, Zr, La, Ce, Co

⑧ HCP는 전연성이 떨어지고 접착성도 나쁘다.

3. 결정면과 방향 ★★★

(1) 밀러 지수

① 원자의 위치

㉠ 모서리 원자 : (0,0,0), (1,0,0), (0,1,0), (0,0,1), (1,1,0), (1,0,1), (0,1,1), (1,1,1)

ⓒ 체심 원자 : $(\frac{1}{2}, \frac{1}{2}, \frac{1}{2})$

　　ⓒ 면심점 원자 : $(\frac{1}{2}, \frac{1}{2}, 0)$, $(\frac{1}{2}, 0, \frac{1}{2})$, $(0, \frac{1}{2}, \frac{1}{2})$, $(1, \frac{1}{2}, \frac{1}{2})$,

　　　　　　　　$(\frac{1}{2}, 1, \frac{1}{2})$, $(\frac{1}{2}, \frac{1}{2}, 1)$

② 결정면을 나타내는 지수로서, 어느 결정면이 결정축 3개와 교차된 점의 원점으로부터의 거리와 그 축의 단위길이와의 비의 역수를 정수비로 만들어 취한다.

　ⓒ 결정면 지수 : (h, k, l)

　ⓒ 방향 지수 : $[u, v, w]$

　ⓒ 지수가 음(-)인 경우 숫자 위에 - 부호를 붙임

③ 입방 정계의 경우

　ⓒ X : Y : Z축의 절편 길이 = 3 : 2 : 1

　ⓒ 그의 역수 = $\frac{1}{3} : \frac{1}{2} : \frac{1}{1}$

　ⓒ 최소 정수비 = 2 : 3 : 6

　ⓒ 밀러 지수 = (236)

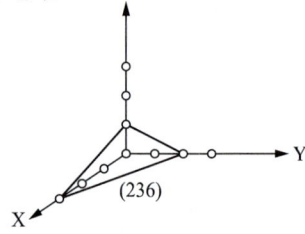

면의 밀러 지수

④ 육방 정계의 경우 : 동일 면에서 서로 120°로 교차하는 a축과 이에 수직한 c축, 즉 a_1, a_2, a_3, c의 4개의 좌표축에 대응하는 4개의 지수가 필요하다.

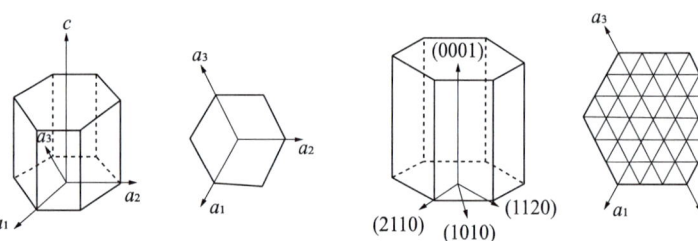

육방 정계의 좌표　　　　　육방 정계의 방향

※ 방향이므로 모두 대괄호 사용 예 : [1010]

(2) X-선 회절 시험

① X-선이 원자의 궤도전자와 상호작용에 의해 산란되어 회절현상이 발생하는 원리에 의하여 결정구조를 해석하는 시험

② 원리

　ⓒ 제1열에서 반사된 X선과 제2열에서 반사된 X선 사이에는 AB+BC의 행로 차가 발생한다.

　ⓒ X선의 입사각을 θ, 면 간 거리를 d, 파장을 λ라 하면
　　$AB + BC = 2d\sin\theta$
　　$n\lambda = 2d\sin\theta$

ⓒ (hkl)면의 면 간 거리 : $d_{hkl} = \dfrac{a}{\sqrt{h^2+k^2+l^2}}$

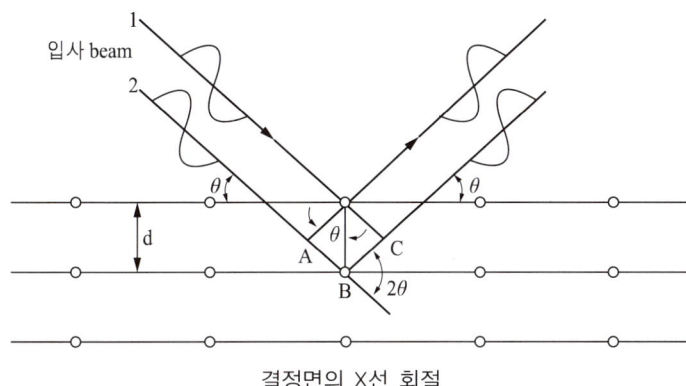

결정면의 X선 회절

개념잡기

결정계 중 육방 정계의 축장과 축각으로 옳은 것은?

① a=b=c, $\alpha = \beta = \gamma = 90°$
② a≠b≠c, $\alpha = \beta = \gamma = 90°$
③ a≠b≠c, $\alpha \neq \beta \neq \gamma = 90°$
④ a=b≠c, $\alpha = \beta = 90°$, $\gamma = 120°$

결정계	축 길이	축 각
입방 정계	a=b=c	$\alpha = \beta = \gamma = 90°$
정방 정계	a=b≠c	$\alpha = \beta = \gamma = 90°$
사방 정계	a≠b≠c	$\alpha = \beta = \gamma = 90°$
삼방 정계	a=b=c	$\alpha = \beta = \gamma \neq 90°$
6방 정계	a=b≠c	$\alpha = \beta = 90°$, $\gamma = 120°$
단사 정계	a≠b≠c	$\alpha = \gamma = 90°$, $\beta \neq 90°$
삼사 정계	a≠b≠c	$\alpha \neq \beta \neq \gamma \neq 90°$

답 ④

개념잡기

다음 중 면심입방격자의 소속 원자 수는?

① 1   ② 2   ③ 3   ④ 4

FCC 4개, BCC 2개

답 ④

CHAPTER 1 | 금속의 결정구조 97

3. 금속의 결정결함

1. 결정격자 결함의 일반적 특징

(1) 의미
① 실제 금속의 원자배열은 완전히 이상적인 상태로 존재하지 않고, 불규칙한 상태로 존재한다.
② 불규칙적인 배열을 하고 있을 때 이것을 격자결함(Lattice defect)이라 한다.

(2) 분류
① 결정격자 결함은 기하학적 형상에 따라 점결함, 선결함, 계면결함, 체적결함으로 분류된다.
② 점결함
　㉠ 결정의 국부적인 결함으로 결정격자 중에는 점상의 결함이 존재
　㉡ 종류 : 원자공공(공격자점), 복공공, 격자간 원자, 치환형 불순물원자, 침입형 불순물원자 등
③ 선결함
　㉠ 선에 따라서 결정 내에 존재하는 결함
　㉡ 선결함에는 전위가 있고 이것은 금속결정의 소성변형과 강도에 밀접한 관계가 있다.
④ 계면결함
　㉠ 어떤 결정의 한 규칙 영역과 다른 규칙 영역 사이의 경계역할을 하는 2차원적인 결함이다.
　㉡ 종류 : 결정입계와 적층결함 등
⑤ 체적결함
　㉠ 고체의 형태 또는 구조의 불균일성을 나타내는 거시적인 결함
　㉡ 기공(기포) 및 수축공(수축관) 등

2. 점결함(Point defect) ✪✪

(1) 점결함의 특징
① 한 개의 원자 또는 몇 개의 원자 범위에 걸친 국부적인 흐트러짐
② 결정격자를 구성하고 있는 최소 단위 즉, 원자의 크기 정도의 결함
③ 다른 격자결함과 상호관계 및 작용에 있어서 중요한 역할을 함

꼭집어 어드바이스

비정질 고체의 결함
① 장범위 규칙이 존재하지 않으므로 점결함, 면결함, 체적결함만이 존재
② 선결함은 결정구조를 갖는 고체구조 내에서만 존재

④ 원자가 이동할 만한 에너지를 얻었을 때나 가공 시에 형성
⑤ 인위적으로 합금을 만들기 위해 첨가된 합금원소에 의해 발생하기도 함

(2) 종류

① 원자공공(Vacancy)
  ㉠ 결정의 격자점에 원자가 들어 있지 않은 것
  ㉡ 한 개의 원자가 비어 있는 것으로서 대단히 작은 결함
  ㉢ 원자의 확산, 열처리, 변형, 석출, 변태 등 금속의 여러 현상에 깊은 관계가 있는 중요한 결함
  ㉣ Schottky defect(쇼트키 결함) : 이온결정에서 나타나며 양이온과 음이온이 pair 형태로 사라짐

② 침입형 원자(격자간 원자, Interstitial atom)
  ㉠ 원자공공의 반대로 결정격자의 격자점 사이에 여분의 원자가 끼어 들어간 상태의 결함
  ㉡ 금속원자보다 대단히 작은 O, N, C, B, H 등에 제한

③ 프렌켈 결함(Frenkel defect)
  ㉠ 결정격자 중 한 개의 원자가 격자 사이로 이동하면서 그 격자 내에 격자간 원자와 원자공공이 한 쌍으로 된 것
  ㉡ 이온결정에서 나타나며 모태이온이 침입형 위치로 이동해서 본래의 위치에 vacancy를 남겨 발생

④ 치환형 불순물 원자(Substiutional atom)
  ㉠ 원자가 있던 자리에 다른 종류의 원자가 들어가는 경우로 이 원자는 서로 다른 원자가 되며, 원자 크기가 비슷한 원자들 사이에서 발생
  ㉡ 금속 중에 다른 종류의 원자가 불순물로 들어가는 경우가 많다.

⑤ 크로디온(Crowdion) : 알칼리 금속에서 가장 조밀한 방위에 한 개 여분의 원자가 들어 있는 일련의 결함

(3) 점결함에 의한 격자변형

① 원자공공, 격자간 원자, 불순물 원자가 존재하게 되면 결정격자가 일그러짐 현상이 발생한다.
② 원자공공이 생기면 격자점으로부터 척력이 없기 때문에 주위의 원자는 공공이 있는 방향으로 일그러진다.
③ 격자간 원자가 존재한 경우에는 반대 방향으로 일그러진다.
④ 불순물 원자의 경우는 치환된 이종원자의 크기에 따라서 방향이 다르게 격자가 일그러진다.

핵심 Key

원자공공
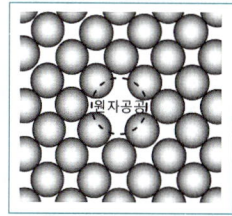

침입형 원자
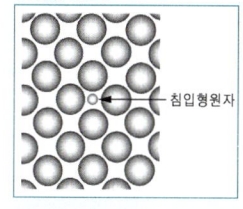

프렌켈 결함
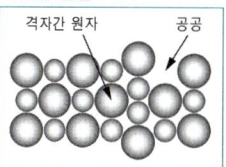

치환형 원자
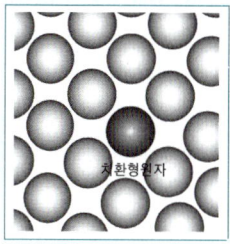

크로디온 결함
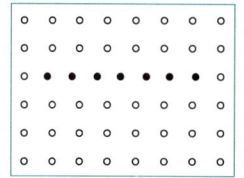

☆ 꼭찝어 어드바이스

격자변형에 의해 전기저항이 증가하는 이유
결정격자에 변형이 생기면 전도전자가 산란되어서 그 이동이 저해되거나 원자면에 따른 슬립이 일어나기 어렵게 되기도 한다. 이 때문에 전기저항이 증가하거나 강도가 증가한다.

핵심 Key
전위 밀도
$1cm^2$당 $10^8 \sim 10^{12}$ 정도

꼭집어 어드바이스
전위선
여분의 원자면의 결정 가운데 결합이 끊어진 ⊥부분은 선상으로 결정 속을 지나고 있는 부분을 말한다.

핵심 Key
칼날전위의 기호(⊥)
① 하나의 원자열이 여분으로 들어간 상태(기호 : ⊥)를 전위라 한다.
② 기호가 위로(⊥) : 잉여반면은 슬립면 위에 있고 이 전위는 양(positive)이다.
③ 기호가 아래로(⊤) : 잉여반면은 슬립면 아래에 있고 이 전위는 음(negative)이다.

⑤ 원자간 결합력과 척력이 대단히 다를 때는 주위의 모결정격자를 일그러지게 한다.
⑥ 모결정과 비슷한 크기의 이종원자에서 격자변형은 거의 생기지 않는다.

3. 선결함(전위 : Dislocation) ✪✪✪

(1) 전위의 정의
① 전위는 선결함 즉, 1차원적인 격자결함으로 결정격자 내에서 선을 중심으로 하여 그 주위에 격자의 뒤틀림을 일으키는 결함이다.
② 슬립면을 경계로 원자의 결합이 끊어지고 결정 중에 원자열이 여분으로 들어 있는 구조를 전위라 한다.
③ 전위는 슬립면상에서 이미 슬립한 부분과 아직 슬립하지 않은 부분과의 경계로 된 선상의 격자결함이다.

(2) 전위의 종류
① 칼날전위(Edge dislocation)
  ㉠ 절단면을 경계로 하여 전위선에 수직한 방향으로 원자가 변위를 일으키면 생기는 결함이다.
  ㉡ 슬립벡터가 전위선에 수직이면 순수 칼날전위이다.
  ㉢ 칼날전위는 항상 전위선이 버거스 벡터에 수직인 전위이고 원자의 잉여반면으로 볼 수 있다.
  ㉣ 슬립운동으로 인하여 슬립면 위의 원자는 슬립면 아래쪽의 원자에 대해 버거스 벡터만큼 변위한다.
  ㉤ 칼날전위는 슬립면 위에서는 수축되고 아래에는 인장되는 응력장을 가진다.

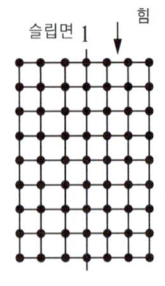 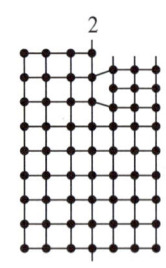 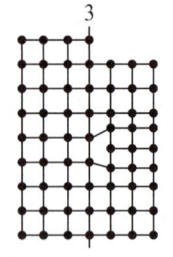 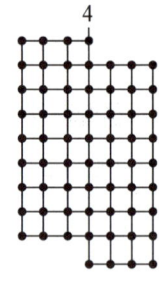

1. 변형이 되지 않은 상태   2. 전위의 형성   3. 슬립면 위에서 전위의 이동   4. 변형된 상태

전단변형에 의한 칼날전위와 원자의 이동

② 나선전위(Screw dislocation)
  ㉠ 원자변위가 전위선에 평행으로 한 원자 간격만큼 이동하여 원자가 나선 혹은 나사모양의 배열한 것을 나선전위라 한다.

　　ⓒ 나선전위의 버거스 벡터는 전위선에 평행하여 전위선과 벡터만으로 슬립면을 정의하지 않는다.
　　ⓓ 원자변위가 전위선에 평행하면 순수 나선전위이며, 잉여반면을 갖지 않는다.
　　ⓔ 나선전위는 슬립운동을 하면 전위선이 슬립방향에 대해 직각으로 움직이므로 전위선의 운동은 응력으로 생긴 슬립에 직각방향을 이룬다.
　　ⓕ 나선전위는 그 부근에 팽창도 없고 전응력이 순수한 전단응력이다.

> **꼭집어 어드바이스**
>
> 나선전위 모양
> ① **오른손 나선전위** : 버거스 벡터가 전위선 음의 방향 (시계반대 방향)으로 향한 전위
> ② **왼손 나선전위** : 버거스 벡터가 전위선 양의 방향 (시계 방향)으로 향한다.

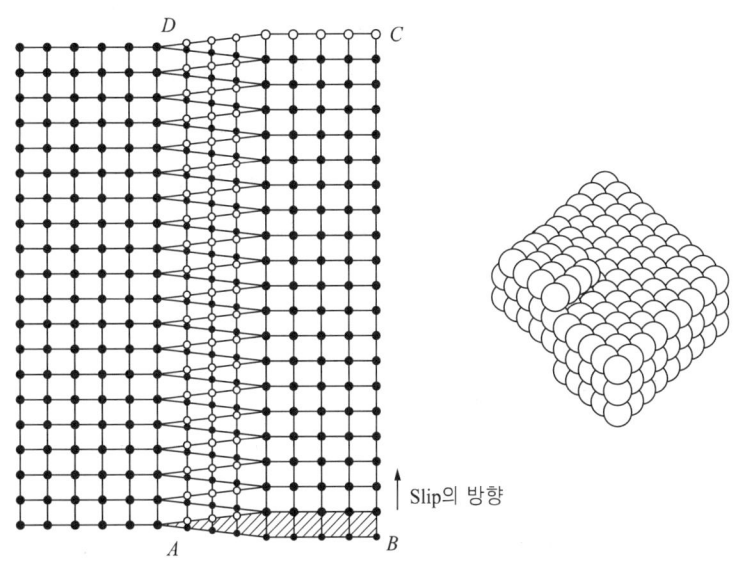

③ 혼합전위(Mixed dislocation)
　　ⓐ 원자변위를 일으키는 방향이 평행도, 수직도 아닌 임의의 각도로 하면서 칼날전위 성분과 나선전위 성분을 갖는 전위이다.
　　ⓑ 각각의 상대적인 양은 슬립벡터와 전위선 사이의 각도에 의존한다.
　　ⓒ 슬립벡터는 어디서나 같기 때문에 전위선의 벡터는 전위선상의 모든 점에서 동일하다.
　　ⓓ 혼합전위는 칼날전위와 나선전위의 특성을 나타내는 칼날성분과 나사 성분으로 분해할 수 있다.
　　ⓔ 혼합전위는 개개의 칼날전위 응력장과 나선전위 응력장의 합인 응력장을 가진다.

(3) 전위와 버거스 벡터(Burgers vector)

① 전위는 슬립의 크기와 방향에 따라 성질이 정해지고 이 슬립 벡터를 버거스 벡터라 한다.
② 버거스 벡터는 전위의 성질을 결정하는 요소로서 매우 중요하며 전위가 결정중을 통과할 때의 크기를 표시하는 것으로 금속의 결정형태에 의해서 정해진다.

③ 버거스 벡터와 전위선과의 관계
  ㉠ 칼날전위에서는 수직이고 나선전위에서는 평행이다.
  ㉡ 혼합전위는 전위선에 대하여 0~90°사이의 각도를 유지한다.

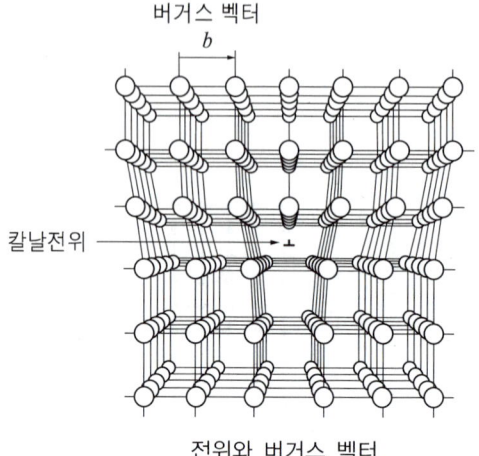

전위와 버거스 벡터

꼭집어 어드바이스

전위선 이동과 버거스 벡터
① 슬립면은 전위선과 슬립벡터에 의해 정의되는 면으로 전위가 슬립벡터 방향으로 이동하면 슬립에 의해 이동한다고 하며 전위선은 슬립면을 따라 이동한다.
② 금속이 소성변형을 할 때 슬립이 일어나는 슬립면은 전위선과 버거스 벡터가 공존하는 원자면이다.

(4) 전위의 이동

① 결정격자에 외력을 가하면 슬립이 발생하는데, 전위의 슬립 : 전위가 슬립면 위를 이동한다.

② 칼날전위의 이동
  ㉠ 칼날전위는 전위선과 버거스 벡터가 서로 수직이므로 양자를 품는 평면 즉, 하나의 슬립면 위를 이동할 수 있을 뿐이다.
  ㉡ 칼날전위는 상승운동을 하기 때문에 온도가 낮으면 상승운동이 일어나기 어렵다.

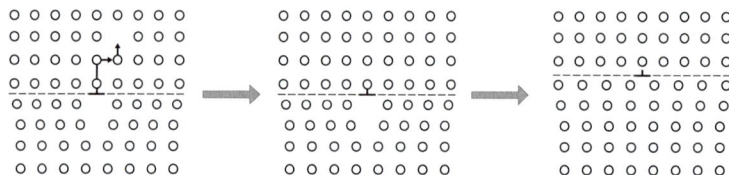

공공의 소실에 의한 칼날전위의 상승작용

꼭집어 어드바이스

칼날전위와 온도의 관계
온도가 올라가면 원자공공의 농도가 증가하여 원자공공의 확산속도가 빨라지므로 전위가 공공을 흡수, 방출하기도 하는 경향이 크게 되어 전위의 상승운동이 쉽게 된다.

③ 나선전위의 이동
  ㉠ 나선전위는 전위선과 버거스 벡터가 평행하므로 전위선을 품은 임의의 평면 위를 이동할 수 있으므로 다른 슬립면 위로 이동하는 것이 가능
  ㉡ 전위의 이동이 칼날전위보다 활발하고 자유롭다.

④ 조그와 킹크(Jog And Kink)
  ㉠ 조그는 전위선을 슬립면 밖으로 하는 단락이다.
  ㉡ 킹크는 슬립면 위에 움직이는 단락이다.

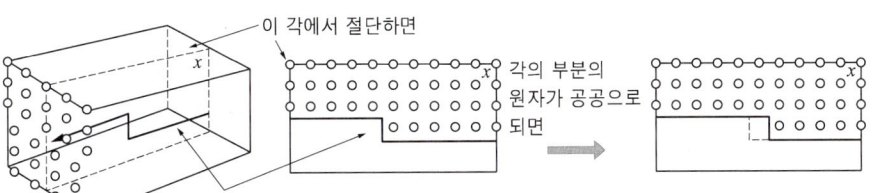

조그가 있는 칼날전위와 조그에 의한 공공의 소실

조그와 킹크

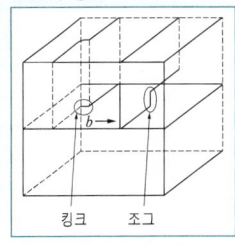

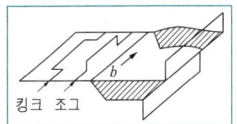

① 조그는 1원자간 거리만큼의 짧은 전위선이다.
② 킹크부분 자체는 나선전위이고 조그부분은 칼날전위인데 조그부분은 새로운 슬립면에 존재한다.

⑤ 전위의 증식 기구
   ㉠ 프랭크 리드 원(Frank-Reed Source) : 슬립면 위에 전위선이 외부의 응력이 증가하면 전위선이 석출물 사이에서 전위가 증식
   ㉡ 전위선이 점 AB에서 움직일 수 없으므로 중간 부분이 활처럼 휘어지면서 확장하여 전위선이 증식

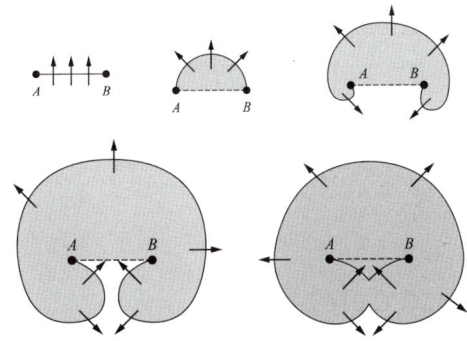

프랭크 리드 기구에 의한 전위의 증식

(5) 전위의 상호작용

① 치환형 고용체와의 상호작용
   ㉠ 금속결정의 소지의 원자보다 큰 용질원자가 치환적으로 고용되어 있을 경우 결정의 용매원자는 내징적인 팽창력을 가지며, 큰 용질원자는 주위에 압축응력장이 생기고 작은 경우에는 인장응력장이 생긴다.

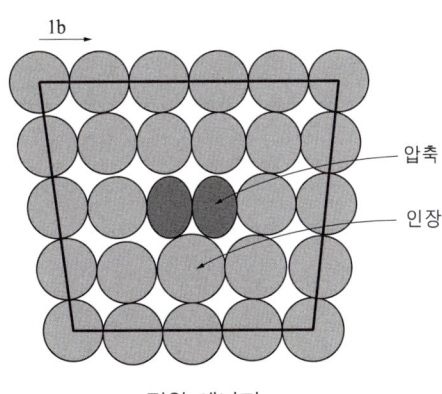

전위 에너지

꼭집어 어드바이스

불순물 원자와 전위 에너지
① 전위 주위는 결정격자가 뒤틀려 있으므로 금속 중에 함유된 불순물 원자와 전위가 서로 큰 영향을 미치는 경우가 있다.
② 전위의 스트레인 에너지는 불순물의 원자에 의한 분위기 때문에 이완되고 안정된 상태로 된다.

ⓒ 칼날전위가 형성되면 그 주위에 압축응력장과 인장응력장이 생기며, 큰 용질원자는 인장응력장에 들어가고 작은 경우는 압축응력장에 들어가 응력을 완화하려는 경향이 있다.

② **침입형 고용체와의 상호작용(코트렐 효과)**
㉠ 용질원자와 칼날전위와의 상호작용하여 칼날전위에 들어가서 전위의 움직임이 방해를 받게 되는 효과
ⓒ 코트렐 효과에 의해 전위 이동이 방해가 되어 합금화에 의한 강화가 이루어진다.

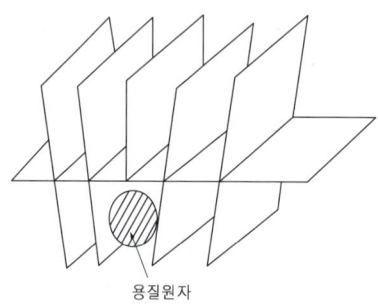

코트렐 효과

4. 면결함(Surface defect)

(1) 면결함의 정의
① 결정의 불완전성은 결정립계와 같은 바깥표면이나 내부의 이차원으로 된 결함이다.
② 종류 : 표면부, 결정립계, 적층결함

(2) 표면부 결함
① 표면에 있는 원자는 결정 내부에 있는 원자와는 배위가 다르다.
② 표면 원자는 외부에 노출되기 때문에 표면 아래에 있는 원자와 견고하지 못한 결합으로 높은 에너지를 가지게 된다.
③ 외부 공기와 결합되어 산화막을 형성하기가 쉽다.

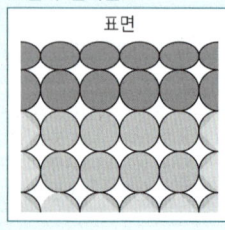

표면의 원자분포

(3) 결정립계
① 결정립계도 면결함에 속한다.
② 결정립은 단위정과 같은 방위와 패턴을 갖는 것이므로 각각의 결정 경계면은 원자의 불균일성이 존재한다.
③ 경계면은 면결함이 존재하여 높은 에너지를 갖고 있으므로 짧은 시간 동안 화학적인 반응을 하여 계면을 형성하므로 현미경으로 관찰할 수 있는 결정경계가 형성된다.

(4) 적층결함(Stacking fault)

① FCC의 (111)면의 경우 A층, B층, C층의 순서로 원자가 적층이 되는데 이 적층의 순서가 바뀌는 것이다.

예 ABCABC……ABC ➡ ABCCABC…ABC
C층 다음에 C층이 한번 더 쌓이는 형태

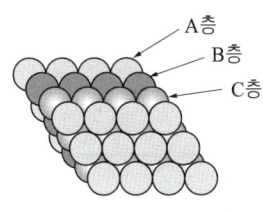
정상 : ABCABC

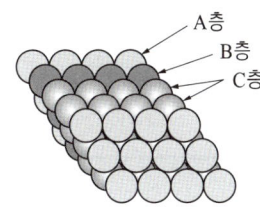
적층결함 : ABCCAB

② HCP의 경우 A층, B층의 순서로 쌓이는데 그 순서가 바뀌는 것이다.

예 ABAB……AB ➡ ABAAB……AB
A층 다음에 B층이 하나 없어져서 쌓이는 형태

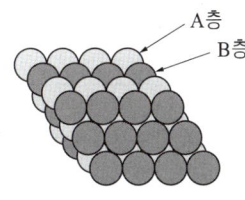
정상 : ABAB

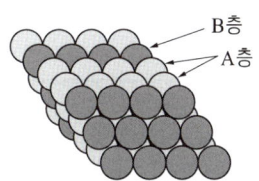
적층결함 : ABAAB

개념잡기

침입형 고용체의 결함으로 공격자점과 격자간원자는 어떤 결함에 해당하는가?

① 면결함　　② 선결함　　③ 점결함　　④ 체적결함

> **점결함**
> 공공(공격자점), 격자간원자(침입형), 치환형, 프렌켈, 크로디온
>
> **답 ③**

개념잡기

수축공 및 기공과 같은 주조결함은 어떤 형태의 결함인가?

① 점결함　　② 선결함　　③ 면결함　　④ 체적결함

> **체적결함**
> 수축공, 기공 등으로 주로 주조품에서 많이 발생
>
> **답 ④**

개념잡기

고용체에서 용질원자와 칼날전위의 상호작용에 대한 효과는?

① 홀 효과 ② 1방향 효과 ③ 프렌켈 효과 ④ 코트렐 효과

코트렐 효과
용질원자와 칼날전위와의 상호작용하여 칼날전위에 들어가서 전위의 움직임이 방해를 받게 되는 효과

답 ④

개념잡기

순수한 에지(Edge) 전위선 근처의 원자에 작용하지 않는 변형은?

① 인장변형 ② 압축변형 ③ 뒤틀림변형 ④ 전단변형

에지 전위 응력장
인장, 압축, 전단 변형응력이 작용

답 ③

개념잡기

가공변형이 전혀 없는 상태 즉, 완전 풀림상태에서 금속결정 내의 전위수는?

① $10^1 \sim 10^2/cm^2$
② $10^3 \sim 10^4/cm^2$
③ $10^6 \sim 10^8/cm^2$
④ $10^{11} \sim 10^{12}/cm^2$

전위수
- 풀림상태 : $10^6 \sim 10^8/cm^2$
- 가공상태 : $10^{11} \sim 10^{12}/cm^2$

답 ③

개념잡기

전위의 운동에 의해 생기는 조그(jog)에 대한 설명으로 틀린 것은?

① 전위선이 상승하거나 서로 교차할 때에 생성된다.
② 두 슬립면의 경계에서 전위선이 계단상으로 된 부분이다.
③ 결정의 변형 부분과 변형되지 않은 부분이 대칭을 이루고 있는 것이다.
④ 전위선의 일부가 어느 슬립면에서 옆의 슬립면 위로 이동할 때 생성된다.

결정의 변형부와 비변형부가 대칭을 이루는 것은 쌍정이다.

답 ③

CHAPTER 02 금속의 상변화와 상태도

📖 단원 들어가기 전

1. 금속의 변태를 동소변태와 자기변태로 구분하고 특성을 알 수 있다.
2. 금속의 상률에 따른 상변화를 알 수 있다.
3. 이원합금 상태도의 종류와 특징을 알 수 있다.
4. 규칙-불규칙 변태를 알 수 있다.

📖 빅데이터 키워드

동소변태, 자기변태, 열분석, 자유도, 상률, 상, 조성, 상태도, 전율고용체, 한율고용체, 레버룰, 공정반응, 포정반응, 편정반응, 공석반응, 규칙격자, 불규칙격자, 규칙도, 금속간화합물, 역위상

1 ▶ 금속의 변태

1. 변태점 측정법

(1) 열분석법(Thermal analysis method)
① 도가니에 금속을 넣고 일정한 속도로 가열하거나 냉각하면서 온도와 시간의 관계로 나타나는 곡선으로 변태점을 측정
② 온도 측정에 사용되는 온도계 : PR(Pt-Pt·Rh)선이나 CA(크로멜-알루멜)선이 주로 사용
③ 열분석 곡선은 온도 정체부(시간에 따라 온도 변화가 없음)가 존재

꼭집어 어드바이스

온도 정체부가 발생하는 이유
① **가열할 때** : 열이 원자의 결합력을 이완하기 위한 에너지로 사용되기 때문에
② **냉각할 때** : 원자가 가지고 있는 운동 에너지를 방출해서 온도가 변화하지 않기 때문에

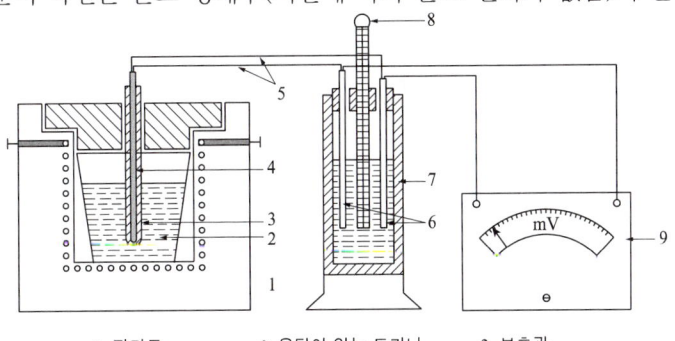

1. 전기로 2. 용탕이 있는 도가니 3. 보호관
4. isolated pipe 5. thermoelement 6. 냉접점
7. 밀폐상자 8. thermometer 9. galvanometer

열분석 장치

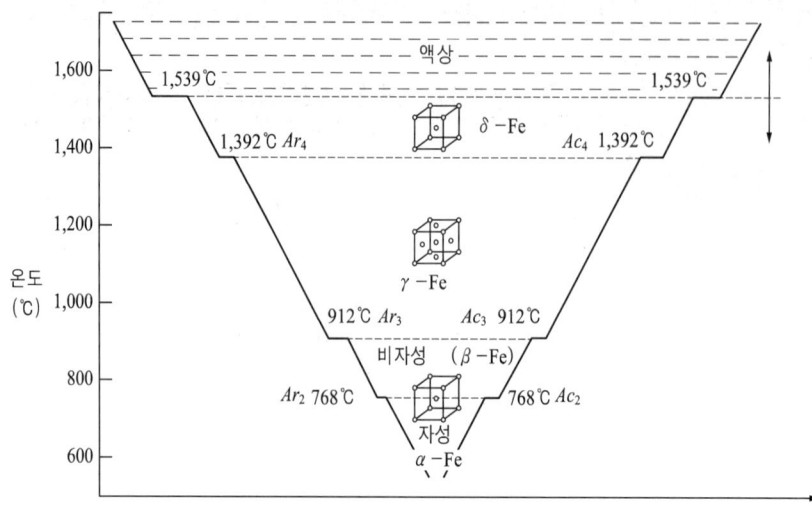

순철의 시간-온도 변화에 따른 열분석 곡선

(2) 시차 열분석법(Differential thermal analysis method)

① 고체의 동소변태나 자기변태와 같은 경우에는 융해와 기화에 비하여 열의 흡수, 방출이 작으므로 열분석 곡선만으로는 분명하게 나타나지 않을 때가 있다.
② 이러한 경우 열변화를 확대하여 측정하는 방법이 시차 열분석법이다.
③ 금속 시편과 변태가 없는 중성체를 전기로에 넣고 균일하게 가열 또는 냉각하여 금속의 온도 θ와 중성체의 온도 θ'와의 온도차 $\theta - \theta'$를 구하여 변태점을 찾아낸다.

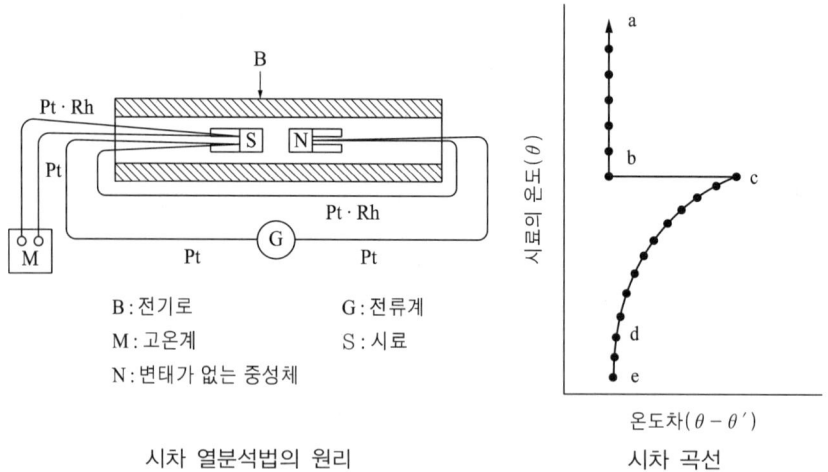

시차 열분석법의 원리   시차 곡선

(3) 전기저항법

① 금속의 변태가 발생되면 원자 배열의 변화가 생겨서 전기비저항이 급격히 달라지게 되는데, 이것을 이용하여 변태점을 찾는 방법이다.
② 고체에서 일어나는 동소변태나 자기변태의 측정이 가장 적당하다.

(4) 열팽창법

① 금속은 온도가 상승하면 팽창하고, 온도가 내려가면 수축하는데, 이 변화가 일정하지 않고 변태점에서는 곡선방향으로 급히 변화하는 상태에서 변태점을 측정한다.
② 이 방법은 체적의 증가분을 측정하는 것이 아니라 선팽창을 측정하는 방법으로써 열분석보다 변화가 뚜렷한 장점이 있다.

> 참고
> **전기비저항의 변화**
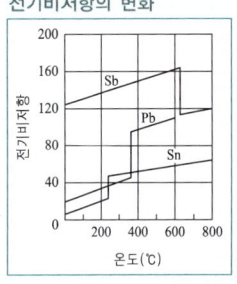

> **열팽창 곡선**
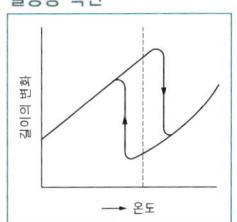

2. 동소변태와 자기변태 ★★

(1) 동소변태(Allotropic transformation)

① 고체상태에서 원자의 배열이 변화하고 결합방법이 변화하는 경우를 동소변태라 한다.
② 순철은 상온에서 BCC 구조이지만 910℃ 이상에서는 FCC 구조로 원자의 배열이 변한다(A_3 변태).
③ 이것을 온도를 1,400℃ 부근으로 올리면 FCC 구조가 다시 BCC 구조로 원자 배열이 변한다(A_4 변태).

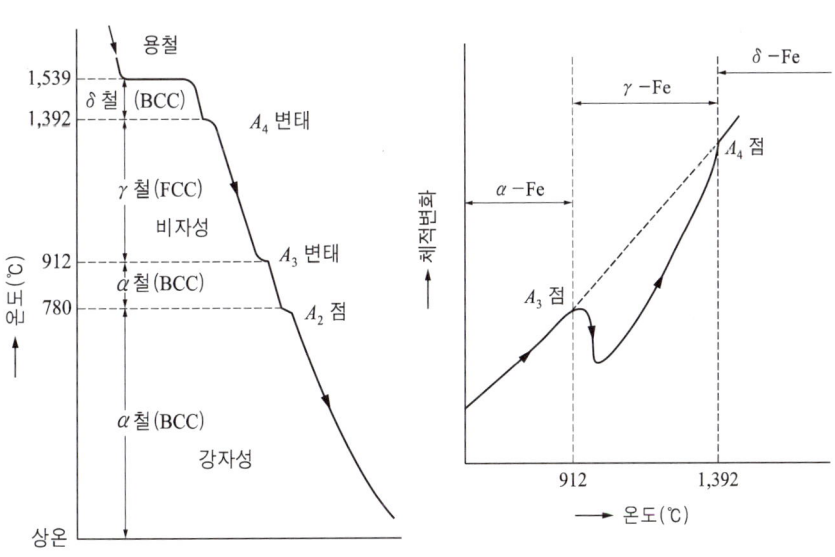

순철의 열분석 곡선과 상변태 　　　 순철의 동소변태에 의한 체적변화

④ 동소변태에서는 냉각할 때보다 가열할 때의 변태온도가 약간 높다.

> ☆꼭집어 어드바이스
> **가열과 냉각 시 동소변태 온도가 다른 이유**
> ① 변태 온도에서 원자의 배열이 변화하는 시간이 필요하기 때문이다.
> ② 변태는 가열 시에 약간 고온쪽으로, 냉각 시에는 저온쪽으로 일어나게 되며, 이력현상에 의한 과열 및 냉각의 현상을 일으키게 된다.

(2) 자기변태(Magnetic transformation)

① 동소변태와 달리 원자의 배열, 격자의 배열 변화없이 자성 변화만을 가져오는 변태이다.
② 순철은 상온에서 강자성체이지만 768℃ 근처에서 급격히 자성을 잃어버리고 상자성체로 된다(A_2 변태).
③ 자기변태점(Curie point) : 강자성을 잃는 온도
④ 자기변태는 강자성체(Fe, Ni, Co 등)에서 일어난다.
⑤ 동소변태는 일시적으로 일어나는 변태지만 자기변태는 연속적으로 일어난다.

개념잡기

금속의 변태점 측정법 중 도가니에 적당량의 금속을 넣어 일정한 속도로 가열하거나 냉각하면서 온도와 시간의 관계로 나타나는 곡선으로 변태점을 측정하는 방법은?

① 열팽창법　　　　　　　② 열분석법
③ 전기저항법　　　　　　④ 자기분석법

> **열분석법**
> 도가니에 금속을 넣고 일정한 속도로 가열하거나 냉각하면서 온도와 시간의 관계로 나타나는 곡선으로 변태점을 측정
>
> **답 ②**

개념잡기

금속재료의 변태점을 알기 위한 방법에 해당되지 않는 것은?

① 화학반응 측정　　　　② 열팽창 측정
③ 자기반응 측정　　　　④ 전기저항 측정

> **변태점 측정법**
> 열분석법, 시차열분석법, 열팽창법, 자기반응법, 전기저항법
>
> **답 ①**

2. 상변화

1. 상

(1) 상(Phase)

① 모든 물질들이 전 영역에 걸쳐 그 내부는 물리적, 화학적으로 균일하게 되어 있는 계의 각 부분이다.
② 고체, 액체, 기체는 각각 하나의 상이다.
③ 금속이 동소변태에 의하여 결정구조가 다를 때는 동일 금속의 단체이지만 다른 상으로 구분한다.

(2) 계(System)

① 집단의 물체를 외부와 차단하여 그 물질 이외의 것은 어떠한 물질적 교섭이 없는 상태이다.
② 균일(Homogeneous) : 1물질계가 1종의 균일한 것으로 되어 있으므로 어느 부분도 동일한 물질일 때
③ 불균일(Heterogeneous) : 다른 종류의 물질이 서로 공존하고 있는 상태

(3) 성분(Component)

① 종류가 다른 원자나 분자(화합물형태로 나타나는 경우)의 가지 수
　Fe-C 합금의 경우 : Fe + C(2성분)
　물(H_2O)의 경우 : 1성분(물분자)
② 상과 성분 : 얼음, 물, 수증기가 공존하면 성분은 1개지만 상은 고상, 액상, 기상의 3상임

> **꼭집어 어드바이스**
>
> 조성(Composition)
> 성분을 구성하는 물질의 양의 비
>
> 농도(Concentration)
> 한쪽의 성분을 기본으로 할 때
>
> 평형 상태(Equilibrium state)
> ① 어떤 물질계에 대해서 외계의 조건을 일정하게 유지하였을 때 계의 상태가 시간과 같이 변화하지 않는 상태
> ② 열역학적 표현 : 계의 자유 에너지가 최소의 상태

2. 상률

(1) 자유도

① 여러 개의 상(Phase)이 평형을 이루고 있는 계의 자유도 수를 정하는 법칙
② 자유도(Degree of freedom) : 평형상태에 있는 물질계에서 상의 수에 변화를 주는 일이 없이 서로가 독립적으로 변화시킬 수 있는 상태변수의 개수
③ Gibb's의 상률 : 평형(Equilibrium)을 깨뜨리지 않고 독립적으로 변할 수 있는 변수의 최대수
　$F = N + 2 - P$　(F : 자유도, N : 성분수, P : 상의 수)

참고

삼중점
① 물의 상태도에서 T점에서 증기, 물, 얼음의 3상이 평형 공존하는 점
② 자유도 : F=1+2-3=0
③ T점 이외의 점에서는 3상이 공존하지 않음
④ T점 : 압력 4.58mmHg, 온도 0.0075℃

(2) 물의 자유도

① 물, 얼음, 수증기의 각 구역
  F = 1 + 2 - 1 = 2
  (1상의 조건 : 온도, 압력을 모두 변화시켜도 존재)

② 물과 수증기, 물과 얼음, 얼음과 수증기
  F = 1 + 2 - 2 = 1
  (2상 공존조건 : 온도, 압력 중 1개만 변형시킬 수 있음)

③ 물, 얼음, 수증기(T점)
  F = 1 + 2 - 3 = 0(불변계로서 완전 고정됨)

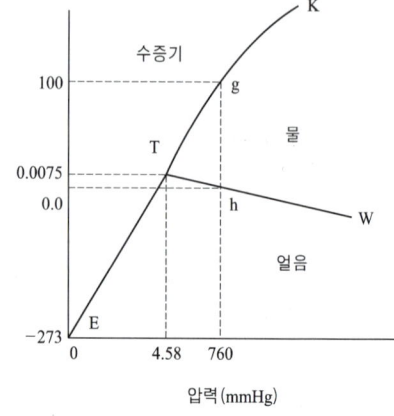

물의 상태도

(3) 금속의 경우 자유도

① 금속은 대기압 상태에서 취급하므로 고체 및 액체의 평형상태에서 압력의 영향을 거의 받지 않으므로 압력의 변수를 제외한다.
  F = N + 1 - P

② 순금속의 경우 성분수는 1이므로 상이 액상 또는 고상 중 한 개의 경우는
  F = 1 + 1 - 1 = 1
  따라서 독립적으로 변화시킬 수 있는 변수는 온도뿐이므로 자유도는 1이 되어 변계가 된다.

③ 액상의 금속과 고상의 금속이 공존할 때는 상이 두 개이므로
  F = 1 + 1 - 2 = 0
  따라서 변화시킬 수 있는 변수가 없으므로 불변계가 되므로 용해 또는 응고는 일정한 온도에서 일어남을 알 수 있다.

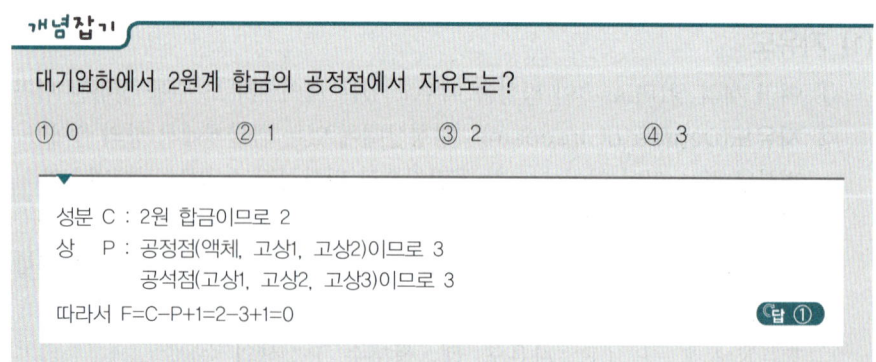

3 ▶ 이원합금의 평형 상태도

1. 분율 표시법

(1) 2성분계의 농도(분율) 표시법

① A, B 2개의 성분을 유한 직선 위에서 생각하면 A성분 분율 x%, B성분 분율 y%하면 x+y=100의 관계가 있다.

② A, B 위에서 P(x, y)를 구하려면 P를 통과하는 45°의 각을 이루는 곡선과 X, Y축과의 교점을 각각 A, B라고 할 때 닮은 삼각형의 관계로부터 $\dfrac{AP}{BP}=\dfrac{y}{x}$가 성립된다.

따라서 A, B를 100%하고 직선 위에 주어진 점 P는 각각 A, B의 성분에 대한 분율 x%, y%를 나타낸다.

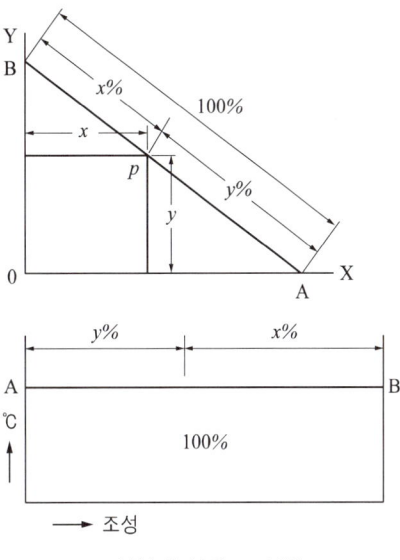

2성분계 분율 표시법

③ 이와 같은 관계를 지렛대 관계(Lever relation)라 한다.
④ 임의점 p가 점 A에 가까워지면 A의 농도는 증가하고, B의 농도는 감소한다.
⑤ 농도(조성)의 표시는 용적%, 중량%, 원자%로 나타내며, 일반적으로 중량%를 많이 사용한다.

(2) 3성분계의 분율 표시법

① 깁스(Gibbs)의 방법
  ㉠ 정삼각형의 높이를 100%로 표시하는 방법이다.
  ㉡ 임의의 성분 p점에서 각 변에 수직선을 그으면 각 변의 길이가 각 성분의 조성 %가 된다.

② 루즈붐(Roozeboom)의 방법
  ㉠ 정삼각형의 한변의 길이를 100%로 나타낸다.
  ㉡ 임의의 성분 p점에서 각 변에 평행하게 직선을 그으면 각 직선의 길이가 각 성분의 조성 %가 된다.

핵심 Key

Gibbs의 방법

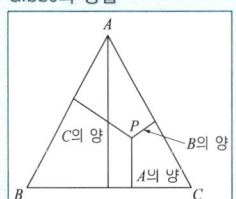

Roozeboom의 방법

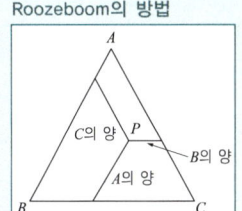

꼭찝어 어드바이스

Fe_3C의 무게비
원자량을 Fe 56, C 12를 기준으로 하면
① Fe의 무게비
$\frac{3\times56}{3\times56+12}\times100=93.3\%$

② C의 무게비
$\frac{12}{3\times56+12}\times100=6.67\%$

Fe_3C의 원자비
① Fe의 원자비
$\frac{3}{3+1}\times100=75\%$

② C의 원자비
$\frac{1}{3+1}\times100=25\%$

▶참고
2원 합금의 상태 3가지의 경우
① 두 종류의 금속이 미세한 결정으로 결합된 상태
② 원자상태로 고용된 고용체 상태
③ 금속간 화합물을 형성하는 상태

(3) 무게비

① 성분 금속의 무게를 %로 나타낸 것이다.
② A금속의 무게 m(g)과 B금속의 무게 n(g)의 합금의 무게비

㉠ A금속의 무게비(%) : $\frac{m}{m+n}\times100$

㉡ B금속의 무게비(%) : $\frac{n}{m+n}\times100$

(4) 원자비

① 성분 금속의 원자비를 %로 나타낸 것이다.
② A금속의 원자수를 p, B금속의 원자수를 q라 하면

㉠ A금속 원자비(%) : $\frac{p}{p+q}\times100$

㉡ B금속 무게비(%) : $\frac{q}{p+q}\times100$

2. 2원 합금 ★★★

(1) 2원 합금의 상태

① 2원 합금은 두 종류의 금속 또는 비금속이 혼합된 것으로 물리적, 기계적 방법으로 금속을 구별하기 어려운 상태를 말한다.
② 합금을 만들 때는 융점이 높은 금속을 먼저 용해하고 낮은 금속을 다음에 용해한 후 응고시킨다.
③ 합금의 형성은 원자간의 인력 즉, 금속의 친화력에 의해서 결정된다.
 ㉠ 친화력이 크면 화합물을 만들고, 약하면 서로 고용되며 더욱 약하면 혼합물을 만든다.
 ㉡ 합금의 조직상에 나타나는 상태는 화합물, 고용체 및 미세 결정의 혼합물 상태로 나타난다.
 ㉢ 한 금속에 다른 금속을 용해하면 그 금속이 용매금속보다 단단하거나 연하거나를 불문하고 용매금속의 경도와 강도를 증가시킨다.
 ㉣ 한 금속에 소량의 다른 금속을 첨가하여도 전기 및 열전도도가 크게 감소된다.

(2) 전율 고용체의 상태도

① 성분 금속 A와 B가 전농도에 걸쳐 액상과 고상에서 어떤 비율로도 고용체를 만드는 것을 전율 고용체(Homogeneous solid solution)라 한다.

② 상태도는 액상선이나 고상선이 연속한 하나의 곡선으로 되어 있다.
③ 액상선(Liquidus line) : 용액에서 초정으로 고용체의 결정이 정출되기 시작하는 변태 개시 온도 곡선($A'-C_1-B'$ 곡선)
④ 고상선(Solidus line) : 용액이 응고를 완료하는 변태 완료 온도 곡선 ($A'-C_3-B'$ 곡선)

★ 꼭집어 어드바이스
전율 고용체 상태도의 3가지 형식
① 가장 일반적인 형

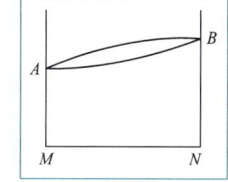

② 곡선이 극대점을 가질 때

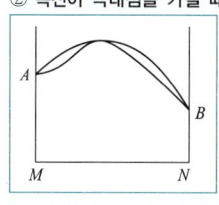

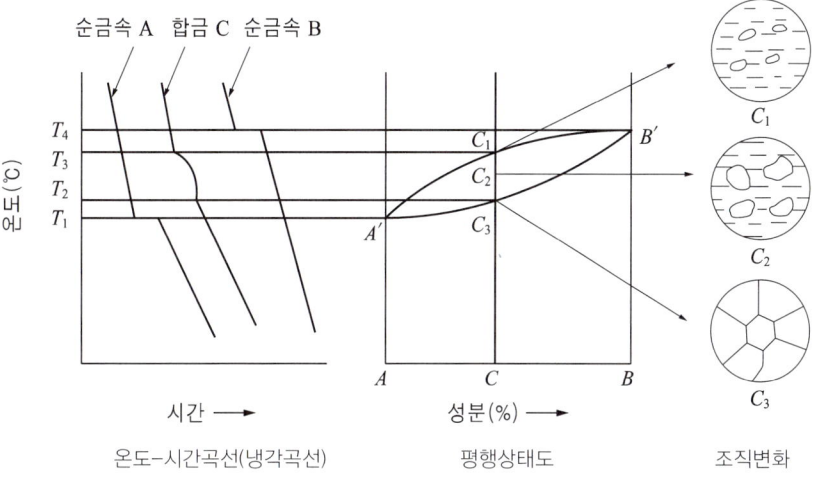

온도-시간곡선(냉각곡선)   평행상태도   조직변화

전율 고용체 상태도에서의 조직변화

③ 곡선이 극소점을 가질 때

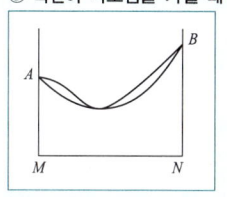

⑤ 고상에서의 냉각속도가 금속원자의 확산속도보다 빠르면 비평형조직으로 나타난다.
⑥ 냉각속도가 성분원자의 확산속도보다 빠르면 고상선은 낮은 온도점으로 이동하고, 고상의 결정립에서 중심부는 입계의 부근보다 농도가 높다.
⑦ 대표 금속 : Ag-Au, Sg-Cu, Bi-Sb, Co-Ni, Cu-Ni, Au-Mg, Pt-Cu, Au-Pb, Cd-Pd, Ti-Zn

▶ 참고
35%Cu-65%Ni 고용체 합금의 조직

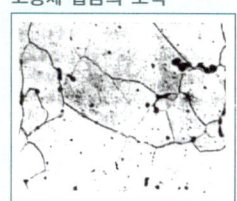

(3) 한율 고용체의 상태도(공정형, Eutectic reaction)

① 2성분이 전율 고용체를 만들지 않고 서로 어느 한도만 용해하여 고용체 α와 β가 공정을 만드는 고용체로 공정점에서 강도, 경도가 최대가 된다.
② 공정점에서의 반응
   ㉠ 냉각할 때 : 용액(L) → α 고용체(S_1) + β 고용체(S_2)
   ㉡ 가열할 때 : α 고용체(S_1) + β 고용체(S_2) → 융체(L)
③ 동일 성분계 금속 중에서 용융점이 가장 낮다.
④ 공정 조직은 미세한 층상이 서로 교차로 있든지 또는 한 성분이 입상으로 되어 다른 성분 중에 산재되어 있기도 한다.
⑤ 주철의 경우에는 탄소가 4.3%일 때 용융점이 1,130℃
⑥ 대표금속 : Ag-Si, Ag-Cu, Au-Ni, Au-Co, Al-Pb, Bi-Sn, Cd-Sn, Pb-Sn, Ci-Ni

🔑 핵심 Key
공정점에서의 자유도
① F=2+1-3=0
② 성분 2(A, B), 상 3(A, B, 액상)
③ 자유도가 0이 되는 것을 불변계라 하고, 이것은 공존하고 있는 3상을 변화시키지 않고 온도 및 농도를 아무것도 변화시킬 수 없다는 것을 의미한다.
④ 공정 반응은 일정온도에서만 일어난다.

꼭집어 어드바이스

주철의 공정 조직
(레데뷰라이트)
① 주철은 탄소가 4.3%일 때 용융점이 1,130℃로 가장 낮다.
② 용액 → Austenite + Cementite의 공정 조직이다.
③ 이 조직을 레데뷰라이트라 한다.

▶참고
Cu-Cu$_2$O 합금의 공정조직

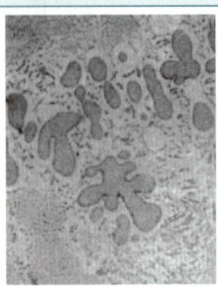

⑦ 상태도의 설명
- A′ : 성분 A의 융점
- B′ : 성분 B의 융점
- E : 공정점
- A′E : α 고용체의 액상선
- B′E : β 고용체의 액상선
- A′C : α 고용체의 고상선
- B′D : β 고용체의 고상선
- CF : α 고용체에 대한 β 고용체의 용해한도 곡선
- DG : β 고용체에 대한 α 고용체의 용해한도 곡선
- I 구역 : 융체
- II 구역 : 융체 + α(초정)
- III구역 : 융체 + β(초정)
- IV구역 : α 고용체
- Va구역 : α+공정(α+β), Vb구역 : β+공정(α+β)
- VI구역 : β 고용체

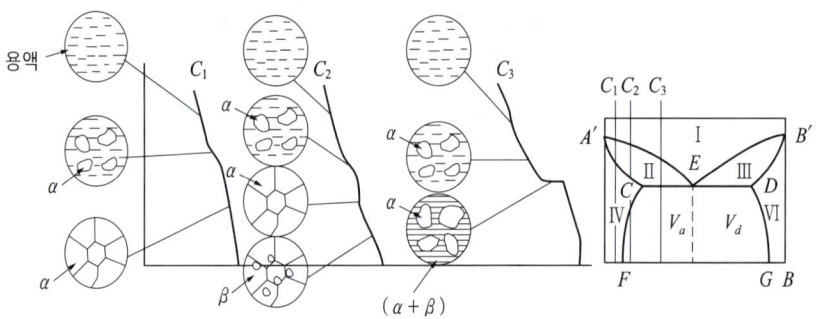

한율 고용체(공정형) 상태도와 조직변화

(4) 포정형 상태도

① 포정반응(Peritectic reaction)은 두 개의 상을 소비하여 하나의 다른 상을 발생하는 것으로 그 거동은 공정반응과 반대 현상이다.
② 어떤 합금의 용액과 다른 성분 합금의 고상이 작용하여 새로운 별종의 고상을 이루는 상태도를 포정반응 상태도라고 한다.
③ 일반적으로 이 종류의 상태도는 상 경계선에 의하여 1상 및 2상 영역으로부터 된다.
④ 반응식 : 용액(L) + α 고용체(S_1) ⇌ β 고용체(S_2)
⑤ 대표 금속 : Ag-Cd, Ag-Pt, Fe-Au, Ag-Sn, Al-Cu

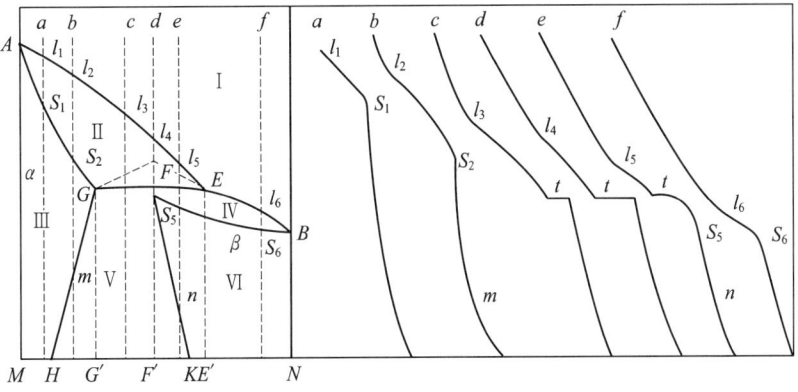

포정형 상태도

(5) 편정형 상태도

① 편정반응(Monotectic reaction)은 일종의 용액에서 고상과 다른 종류의 용액을 동시에 생성하는 반응이다.
② 두 성분을 합금시킬 때 양성분 간에 화합물을 형성하지 않고 용액상태에서 균일한 상이 되지 못하며, 고체에서 용해도가 없는 경우의 상태도이다.
③ 완전 분리형으로 이 형태의 합금은 비교적 적으며, 실용되지 않는다.
④ 반응식 : 액상(L_1) ⇌ 초정(G) + 액상(L_2)

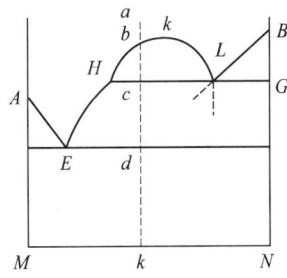

편정형 상태도

> **꼭집어 어드바이스**
>
> Fe-C의 포정 반응
> ① 용액 + δ철 → γ철
> ② 용액 → Austenite + Cementite의 공정 조직이다.
> ③ 이 조직을 레데뷰라이트라 한다.

(6) 공석형 상태도

① 공석반응(Eutectoid reaction)은 하나의 고용체에서 2종의 성분 금속이 일정한 비율로 석출하는 것이다.
② 고상 내에서 일어나는 공정형의 변화이다.
③ 반응식 : β 고용체(S_1) ⇌ α 고용체(S_2) + γ 고용체(S_3)
④ 상태도의 설명
  • l : 액상선
  • s : 고상선
  • Eb : β 고용체에서 α 고용체로의 석출 개시선
  • Ea : β 고용체에서 α 고용체로의 석출 완료선
  • b : 공석점

> **꼭집어 어드바이스**
>
> Fe-C의 공석 조직
> ① 탄소가 0.8%, 723℃에서 공석 반응
> ② 반응식 : γ철 → α철 + Fe_3C
> ③ 조직을 펄라이트라 한다.

- Fb : β 고용체에서 γ 고용체로의 석출 개시선
- Fc : β 고용체에서 γ 고용체로의 석출 완료선

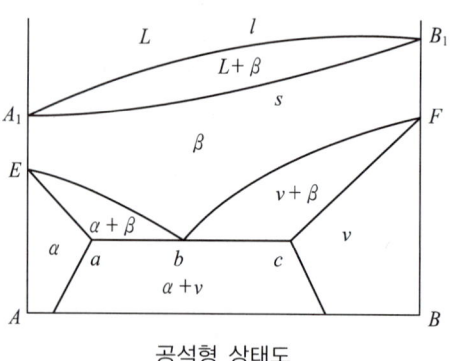

공석형 상태도

(7) 금속간 화합물 상태도

① 금속간 화합물(Intermetallic compound)은 금속과 금속 사이의 친화력이 클 때 2종 이상의 금속원소가 간단한 원자비로 결합하여 성분금속과는 다른 성질을 가진 독립된 화합물이다.

② A금속에 B금속을 원자량의 정수비로 결합하여 형성되는 성분금속과는 전혀 다른 결정구조를 갖는 중간상으로 나타난다.

③ 이 중간상은 $A_m B_n$의 화학식으로 되며 이러한 금속을 금속간 화합물이라 한다.

④ 금속간 화합물이 융점 이하에서 분해한 것은 자기융점이 없는 상태이며 액상선상에 정상점도 생기지 않는다.

> **핵심 Key**
>
> 금속간 화합물의 특징
> ① 구성 성분금속의 특성이 완전히 소멸된다.
> ② 어느 성분 금속보다 경도가 높다.
> ③ 일반적으로 성분금속보다 용융점이 높다.
> ④ 일반화합물에 비하여 결합력이 약하다.
> ⑤ 고온에서 불안정하며 분해하기 쉽다.
> ⑥ 화합물과 성분 상호 간에 많은 화합물이 구성되는 경우는 이들 화합물 상호 간의 용해도를 갖는다.
> ⑦ 대부분 단단하고 취약하며 전성이 거의 없다.

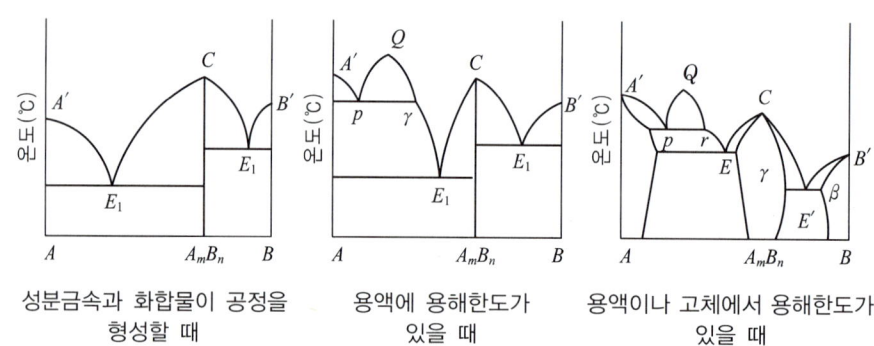

| 성분금속과 화합물이 공정을 형성할 때 | 용액에 용해한도가 있을 때 | 용액이나 고체에서 용해한도가 있을 때 |

(8) 상태도와 합금의 성질

① 전율 고용체의 상태도를 갖는 합금의 경우
  ㉠ 성분이 50:50으로 합금될 때 기계적, 물리적 성질의 변화가 가장 크다.
  ㉡ 성분이 고용체를 이루고 있을 때 경도가 증가하는 것은 용매금속의 공간격자 중에 용질원자를 흡수하기 때문에 뒤틀리고 이것으로 인하여 소성변형에 방해가 된다.
  ㉢ A, B 두 성분의 양이 50%일 때 경도, 강도는 가장 높다.

② 공정형 상태도를 갖는 합금의 경우
  ㉠ 공정은 양 성분금속의 결정에 기계적 혼합물이 나타나므로 성질도 성분금속의 혼합비에 비례한다.
  ㉡ 공정조성의 합금은 미세한 결정립이 되므로 강도나 경도 등의 기계적 성질이 공정점 부근 조성에서 우수한 성질을 갖는다.
  ㉢ 전기저항은 직선적으로 변화한다.
③ 양 성분이 서로 고용한도를 갖는 경우
  ㉠ 고용한도의 범위 내에서는 전율 고용체와 같은 변화가 되고, 고용한도선 사이에서는 공정형의 변화가 된다.
  ㉡ 고용한도 곡선이 온도강하에 따라 감소하는 형태는 적당한 열처리(용체화처리)에 의해 석출경화를 할 수 있다.
  ㉢ 포정형의 경우도 공정형과 비슷하다.

상태도와 합금의 성질변화
① 전율 고용체의 경우

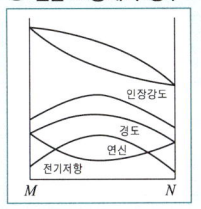

② 공정형의 경우

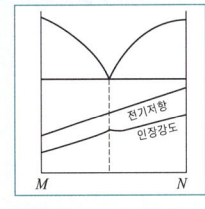

③ 고용한도를 갖는 공정형의 경우

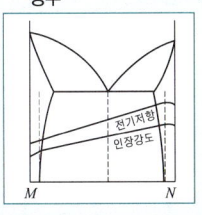

④ 포정형의 경우

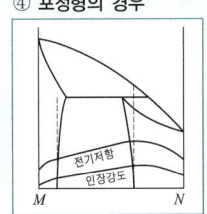

3. 고용체 ★★★

(1) 고용체의 정의
① 고용체(Solid Solution)는 A금속에 B금속이 녹아 들어간다는 것으로 용매인 A금속 결정의 공간격자에 용질인 B금속 원자가 들어가는 상태이다.
② 즉, 2개의 원소 이상으로 된 단일상의 고체에서 1개의 원소의 결정이 다른 원소에 용해된 것이다.
③ **종류** : 치환형, 침입형, 규칙격자형

(2) 치환형 고용체(Substitutional solid solution)
① 용매원자의 결정 격자점에 있는 원자가 용질원자에 의하여 치환된 것이다.
② 치환형 고용체 영역을 형성하는 인자(Hume-Rothery 법칙)
  ㉠ 용질, 용매원자 크기의 차가 15% 이내일 때 이루어진다.
  ㉡ 결정격자형이 동일해야 한다.
  ㉢ 용질원자와 용매원자의 전기저항의 차가 적어야 한다.
  ㉣ 원자가 효과로서 이것은 용질의 원자가가 용매의 것보다 커야 한다.

(3) 침입형 고용체(Interstitial solid solution)
① 용질원자가 용매원자의 결정격자 사이의 공간에 들어간 것이다.
② H, O, N, C 등과 같이 용질원자가 용매원자보다 작은 경우 용매금속의 격자간 사이에 끼어 들어간 상태이며 격자간 위치에 불규칙하게 침입한다.
③ 녹아 들어가는 원자가 모체원자의 공간격자 사이에 들어간 고용체이다.
④ 용매격자의 변형이 치환형의 경우보다 매우 크게 나타난다.
⑤ 고용한도는 작고 침입원자는 비금속으로 음이온이 되기 쉽다.

고용체의 종류

① **침입형 고용체**

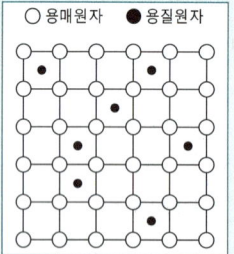

② **치환형 고용체**

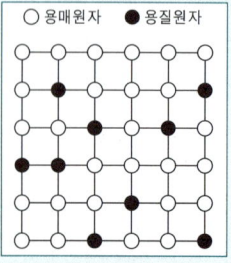

③ **규칙격자형 고용체**

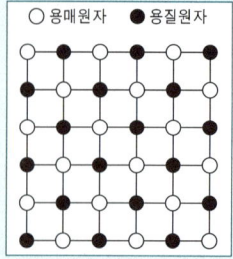

(4) 규칙격자형 고용체

① 고용체 내에서 용질원자의 치환위치가 규칙적인 상태가 어느 영역으로 걸쳐 있는 것이다.
② 전기전도도, 경도, 강도는 커지나 연성은 감소된다.

개념잡기

평형상태도에 영향을 미치지 않는 인자는?

① 온도　　② 압력　　③ 조성　　④ 입도

> 평형상태도는 조성, 온도, 압력의 관계이다.　　**답 ④**

개념잡기

전율 고용체의 상태도를 갖는 합금의 경우 기계적·물리적 성질은 두 성분의 금속원자비가 얼마일 때 가장 변화가 큰가?

① 10 : 90　　② 20 : 80　　③ 40 : 60　　④ 50 : 50

> 전율 고용체는 A원자와 B원자의 비가 50:50일 때 기계적, 물리적 성질의 변화가 가장 커서, 강도·경도도 최대가 된다.　　**답 ④**

개념잡기

다음 2원 합금 상태도의 반응식 중 포정반응인 것은?

① 액상(L_1) ⇌ 고상(A) + 고상(B)
② 액상(L_1) ⇌ 액상(L_2) + 고상(A)
③ 고상(A) + 액상(L_1) ⇌ 고상(B)
④ 고상(A) + 고상(B) ⇌ 고상(C)

> 포정 : 고상(A) + 액상(L_1) ⇌ 고상(B)
> 공정 : 액상(L_1) ⇌ 고상(A) + 고상(B)
> 편정 : 액상(L_1) ⇌ 액상(L_2) + 고상(A)
> 공석 : 고상(A) + 고상(B) ⇌ 고상(C)　　**답 ③**

개념잡기

다음 중 전율 고용체 형태의 합금 상태도가 아닌 것은?

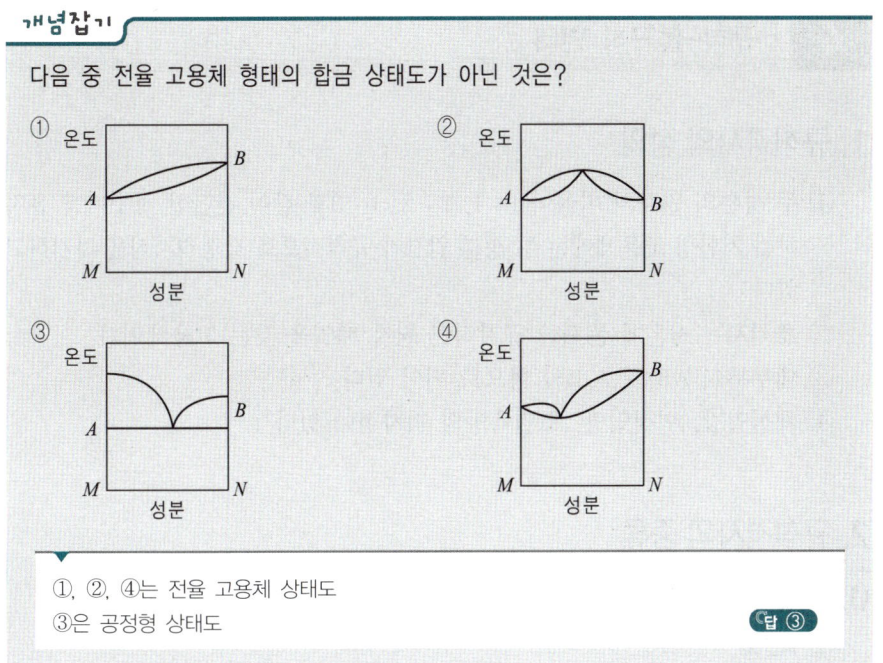

①, ②, ④는 전율 고용체 상태도
③은 공정형 상태도

답 ③

개념잡기

Fe-C계 상태도에서 포정점에 해당되는 것은?

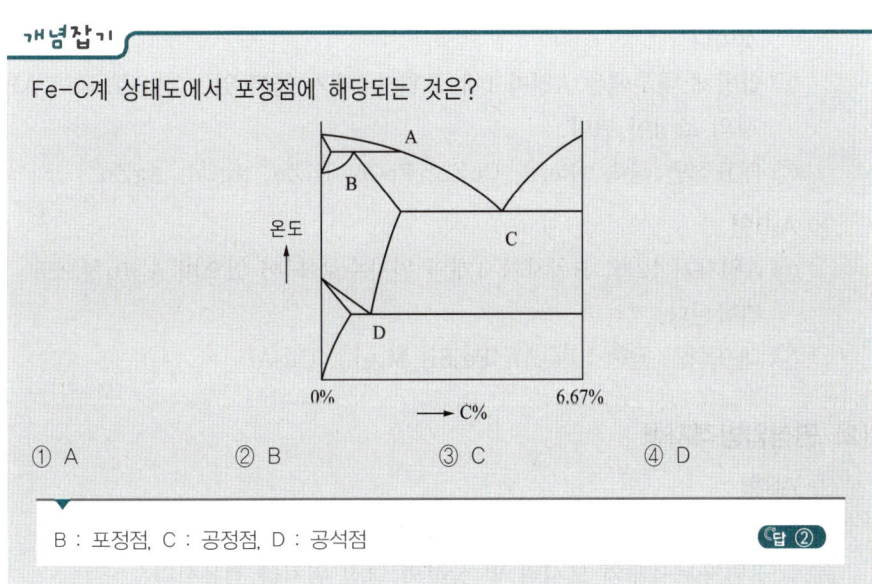

① A   ② B   ③ C   ④ D

B : 포정점, C : 공정점, D : 공석점

답 ②

개념잡기

침입형 고용체를 형성하는 원소가 아닌 것은?

① 탄소(C)   ② 질소(N)   ③ 붕소(B)   ④ 규소(Si)

침입형 고용체를 형성하는 원소
C, N, B, H, O 등의 원자직경이 작은 원소

답 ④

4. 규칙–불규칙 변태

1. 규칙격자의 정의

① 두 성분의 원자의 비율이 1 : 1, 1 : 2, 1 : 3과 같이 간단한 정수비를 유지하는 치환형 고용체에는 두 성분 원자가 규칙적으로 결정격자점을 차지하고 있다.
② 초격자 : 저온에 존재한 규칙적인 원자 배열을 갖는 고용체이다.
③ 대부분이 AB 및 A_3B의 형으로 되어 있다.
④ 체심입방, 면심입방, 조밀육방의 격자형이 있다.

> **꼭집어 어드바이스**
> 전이온도
> (Transition temperature)
> 불규칙한 원자 배열이 일정 온도에서 규칙적인 배열로 변화하는 온도

2. 규칙격자의 종류

(1) 체심입방격자형

① AB형
  ㉠ A원자가 입방체의 8모퉁이를 차지하고 B원자는 체심의 위치를 점유한 것이다.
  ㉡ 입방체 내부에는 A원자 1개, B원자 1개가 들어 있는 것으로 되어 AB형의 조성이 된다.
  ㉢ 대표적인 금속 : FeAl, CuZn, FeCo, NiZn, AgCd, AgZn

② A_3B형
  ㉠ A원자가 12개, B원자가 4개의 원자수로 되어 있으며 $A_{12}B_4$형으로 결합된다.
  ㉡ 대표적인 금속 : Fe_3Al, Fe_3Si, Mg_3Li, Cu_3Al

(2) 면심입방격자형

① AB형
  ㉠ A원자가 면심입방의 위치 중에서 전후, 좌우의 4개소를 점유하고 B원자는 4개의 모서리 및 상하의 면심 위치를 점유한다.
  ㉡ 한 개의 단위격자가 포함하고 있는 수는 A원자 2개, B원자 2개가 된다.
  ㉢ A_2B_2형이므로 결국 AB형으로 결합한다.
  ㉣ 대표적인 금속 : CuAu, MnNi, CoPt, FePt, FePd, NiPt

② A_3B형
  ㉠ A원자가 면심 위치를 점유하고 B원자가 8개의 모서리를 점유한 것이다.
  ㉡ 단위격자 중에 포함되는 원자수는 A원자 3개, B원자 1개로 A_3B형으로 결합한다.

> **참고**
> CuZn형
>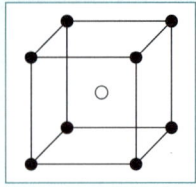
> AuCu형
>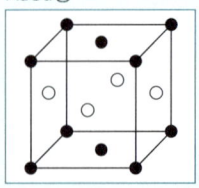
> $AuCu_2$형
>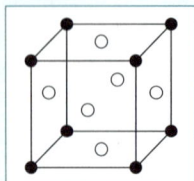

ⓒ 대표적인 금속 : Cu₃Au, Ag₃Pt, Pt₃Ag, Au₃Pt, Cu₃Pt, CuAu₃, CoPt₃

(3) 조밀육방격자형

① AB형
  ㉠ A원자수는 4개, B원자수는 4개로 A와 B의 원자수는 같고 A₄B₄가 AB형으로 된다.
  ㉡ 대표적인 금속 : MgCd

② A₃B형
  ㉠ A원자수는 6개, B원자수는 2개로 A₆B₂가 A₃B형으로 된다.
  ㉡ 대표적인 금속 : Mg₃Cd, Ag₃In, Mn₃Ge, Cd₃Mg, Ni₃Sn

3. 규칙도 ★★

(1) 규칙도의 의미

① 규칙-불규칙변태는 넓은 온도 범위에서 원자의 배열 바꿈이다.
② 특히 저온에서 완전히 규칙적인 배열을 하고 있는 원자가 온도 상승과 함께 점차 배열이 바꿈이 일어나고 Curie point 이상에서 아주 무질서한 배열을 하게 된다.
③ 특히 저온에서 100% 규칙성의 상이 존재하고 특정한 온도 이상에서는 규칙성이 전혀 없는 0%의 상이 존재하며 그 중간 온도에서는 50% 규칙성이 존재한다.
④ 규칙격자의 규칙성의 정도를 규칙도라고 한다.
⑤ 규칙도를 결정할 때는 장범위 규칙도와 단범위 규칙도로 한다.

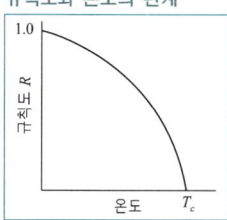
▶참고
규칙도와 온도의 관계

(2) 장범위 규칙도(S)

① 길다란 원자 거리를 통하여 보았을 때의 규칙성을 말한다.
② 규칙도 $S = \dfrac{f_A - x_A}{1 - x_A} = \dfrac{f_B - x_B}{1 - x_B}$

$\begin{bmatrix} x_A : \text{A원자의 농도} & x_B : \text{B원자의 농도} \\ f_A : \alpha\text{격자점을 차지하는 A원자의 확률} & f_B : \beta\text{격자점을 차지하는 B원자의 확률} \end{bmatrix}$

③ 격자변태가 완전히 규칙적이면 격자점을 차지하는 A원자의 확률은 1이고 B원자가 격자점을 차지하는 확률도 1이다.

$S = \dfrac{1 - x_A}{1 - x_A} = \dfrac{1 - x_B}{1 - x_B} = 1$

$[\alpha\text{격자} : \text{A원자가 배열하는 격자} \quad \beta : \text{B원자가 배열하는 격자}]$

  S = 1로서 이것은 완전히 규칙적인 것을 나타낸다.

④ 만일 격자가 불규칙이면 α격자점을 차지하는 A원자의 확률 f_A는 바로 A 원자의 농도 x_A와 같다. 곧 $f_A = x_A$이며, B원자에 대해서도 동일하다.

$$S = \frac{x_A - x_A}{1 - x_A} = \frac{x_B - x_B}{1 - x_B} = 0$$

S = 0으로 되어 완전히 무질서한 것을 의미한다.
이것을 브래그 윌리암(Bragg-william)의 장거리 규칙도라 한다.

(3) 단범위 규칙도(σ)

① 하나의 원자에 착안하였을 때 최인접 원자가 동종 및 이종(異種)인가의 규칙성, 즉 '최인접 원자쌍'의 개념을 표시한 것이다.
② A, B 두 원자는 규칙원자를 만들 때의 단범위 규칙도

$$\sigma = 1 - \frac{f_A}{x_A}$$

 **핵심 Key**

단범위 규칙도의 계산 예
50%의 Ag-Au의 규칙격자에서 한 개의 Au원자는 면심입방이므로 최인접 원자의 총수는 12이다. 이 중에서 Ag는 6.5개, Au는 5.5개라고 할 경우 단범위 규칙도를 구하시오.
$f_{Ag} = \frac{6.5}{12} = 0.54$
$\sigma = 1 - \frac{0.54}{0.5} = -0.08$
단범위 규칙도(σ) = -0.08

4. 역위상과 완화시간

(1) 역위상

① 원자 배열의 상태를 말하며 어느 축을 기준으로 하여 왼쪽과 오른쪽에서는 각각 완전한 규칙 배열로 되어 있으나 축을 경계로 하여 전혀 반대의 배열을 하고 있다. 이 구역을 역위상이라 한다.
② 이 구역을 전체를 통하여 볼 때 규칙도는 0이 되나, 각각의 구역에서는 규칙도가 1이다.
③ 역위상 구역은 결정립이 가열에 의하여 성장하며 마침내는 모상의 결정립과 같은 크기로 되었을 때 정지된다.

> **참고**
> 역위상
>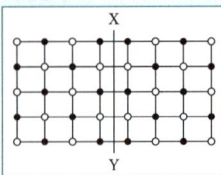

(2) 완화시간

① 어떤 현상이 평형보다 어긋났을 때 이것이 점점 평형에 접근하는 것을 완화현상이라 한다.
② 규칙-불규칙 변태에서도 완화현상(Relaxation)이 일어난다.
③ 완화시간은 고온에서는 비교적 짧은시간이나 저온에서는 긴시간을 요한다.
④ 수중 급랭에 의하여 그 온도에 있는 규칙도를 가져올 수 있다.

5. 규칙-불규칙 변태에 의한 성질의 변화

(1) X-선 회절에 의한 확인

① 장범위 규칙격자에 X-선 회절시험을 행하면 불규칙 합금에 나타나는 회절선 외에 규칙 격자선이라고 부르는 다른 회절선이 혹은 강도의 변화가 나타난다.

② 단범위 규칙성은 산란선 즉, 회절선이 희미해지므로 X-선 회절에서는 잘 모르는 경우가 있으므로 이때는 중성자 회절에 의해서 확인한다.

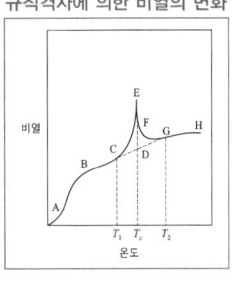

규칙격자에 의한 비열의 변화

(2) 비열

① 큐리점 부근에서 냉각할 때는 발열하고 가열할 때는 흡열현상이 일어나 비열의 값은 큐리점에서 큰 값을 나타낸다.

② 고체의 비열은 이상적으로 듀롱-패티(Dulong-Petit)법칙에 따른다.

③ 규칙-불규칙변태가 일어나면 원자 배열의 위치 교환이 일어나기 때문에 큐리점 부근에서 비열이 크다.

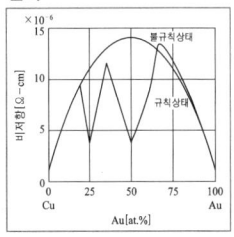

규칙격자에 의한 전기저항의 변화

(3) 전기저항

① 규칙도가 큰 합금은 비저항이 작고 불규칙이 됨에 따라 비저항이 크게 된다.

② 큐리점에서 불연속적이고 큐리점 이상에서는 일반 고용체의 비저항과 온도와의 관계는 연속한다.

③ 급랭에 의하여 불규칙상을 저온까지 가져왔을 때 그 저항치는 불규칙상의 비저항 곡선의 연장상에 있다.

④ 같은 조성의 합금에서는 규칙합금의 전기저항은 불규칙합금의 전기저항보다 작다.

(4) 자성

① Ni_3Mn의 규칙상은 강자성체이나 불규칙상은 상자성체이다.

② 퍼말로이(Permalloy) 합금은 완전 불규칙 상태에서 높은 투자율이 얻어진다.

③ PtCo의 불규칙상을 항온변태에 의하여 규칙화하였을 때 규칙화 진행과 함께 보자력이 발생한다.

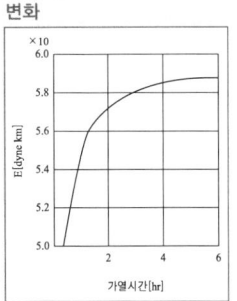

규칙격자에 의한 탄성계수의 변화

(5) 기계적 성질

① 일반적으로 규칙화 진행과 함께 강도와 경도는 증가한다.

② 규칙화 진행과 함께 탄성계수가 크게 된다.

③ 규칙합금을 소성가공하면 규칙도가 감소한다.

④ 불규칙합금을 가공한 후 규칙상의 범위에서 가열하여 규칙화시키면 변태속도는 늦어진다.

개념잡기

장범위 규칙도 $S = \dfrac{f_A - X_A}{1 - X_A} = \dfrac{f_B - X_B}{1 - X_B}$ 에서 f_A의 설명으로 옳은 것은? (단, α격자는 A원자 배열, β격자는 B원자의 배열이다)

① α격자점을 B원자가 차지하는 확률
② β격자점을 A원자가 차지하는 확률
③ α격자점을 A원자가 차지하는 확률
④ β격자점을 A, B원자가 차지하는 확률

f_A : α격자점을 A원자가 차지하는 확률

답 ③

개념잡기

고온도에서 불규칙상태의 고용체를 천천히 냉각하면 어느 온도에서 규칙격자가 형성되기 시작한다. 이때의 온도를 무엇이라 하는가?

① 전이온도
② 재결정온도
③ 냉간가공온도
④ 열간가공온도

전이온도(Transition temperature)
불규칙한 원자 배열이 일정 온도에서 규칙적인 배열로 변화하는 온도

답 ①

개념잡기

다음 규칙-불규칙 변태에서 규칙격자가 생길 때의 성질 변화에 대한 설명으로 옳은 것은?

① 연성이 감소한다.
② 경도가 감소한다.
③ 강도가 감소한다.
④ 전기전도도가 감소한다.

규칙격자에 의한 성질의 변화
강도, 경도, 전기전도도는 증가, 연성은 감소

답 ①

개념잡기

다음 그림에서 X-Y축을 경계로 좌우측의 원자들은 완전한 규칙배열로 되어 있으나 전체로 보면 X-Y축을 경계로 하여 대칭으로 되어 있다. 이러한 원자배열의 구역은?

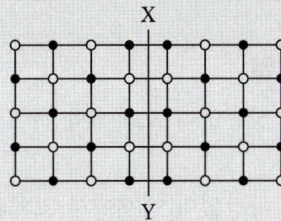

① 완화 구역 ② 전이 구역 ③ 자성 구역 ④ 역위상 구역

▶ 역위상
원자 배열의 상태를 말하며 어느 축을 기준으로 하여 왼쪽과 오른쪽에서는 각각 완전한 규칙 배열로 되어 있으나 축을 경계로 하여 전혀 반대의 배열을 하고 있다.

답 ④

개념잡기

50%Ag-Au가 규칙격자를 만들 때 단범위 규칙도 ( )는? (단, Au는 FCC이며 이 중 6.5개가 Ag이고, 5.5개가 Au이다)

① -0.08 ② -0.5 ③ 0.8 ④ 0.5

▶ Ag원자를 a라 하면
$$\sigma = 1 - \frac{(n_a/N)}{x_a} = 1 - \frac{6.5/12}{0.5} = -0.08$$
n_a(최인접 원자 내의 a(Ag)의 원자수)=6.5
N(최인접 원자의 총 수) = 6.5+5.5 = 12
x_a(a원자의 농도) = 0.5(50%이므로)

답 ①

5. 금속의 응고

1. 금속의 용해와 응고

(1) 용융 잠열과 응고 잠열

① 용융 잠열 : 온도의 상승없이 고체에서 액체로 변화하는 데 필요한 열 에너지
② 응고 잠열 : 온도의 하강없이 액체에서 고체로 변화하는 데 소모되는 열 에너지
③ 응고잠열은 그 양에 있어서 용융잠열의 양과 같음
④ 금속의 용해곡선과 응고곡선을 그리면 그림과 같이 이들은 서로 경면 대칭 관계
⑤ 금속이 용융 또는 응고되는 동안 전체 용융잠열을 흡수하거나, 전체 응고 잠열을 방출할 때까지 온도가 변화하지 않음

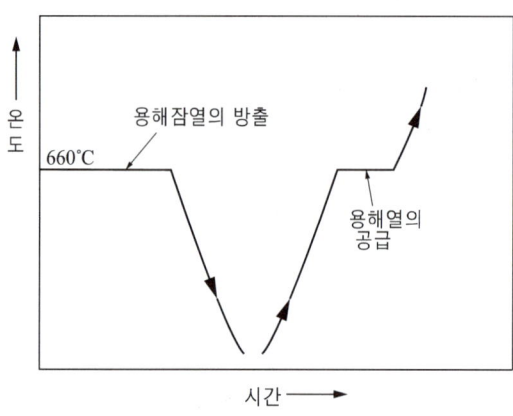

Al의 응고 및 용해곡선

○ **금속에 대한 용해온도와 융해열**

금속	용해온도 TS(K)	원자의 융해열 QS(J/g·원자)	TS/QS
Fe	1,808	15,200	8.4
Co	1,768	15,600	8.9
Zn	693	7,400	10.5
Pb	600	5,000	7.6
Hg	234	2,350	10.0

꼭짚어 어드바이스

현열과 잠열
① **현열** : 금속의 온도를 올리는 데 필요한 열 에너지
② **잠열** : 금속이 상을 바꾸는 데 필요한 열 에너지

▶참고

용융잠열 예시
예를 들면 1kg의 Al을 20°C로부터 660°C로 가열하기 위해서는 670KJ이 필요하며 다시 660°C에서 온도의 상승없이 고체로부터 액체로 변화하는 데에는 g당 396Joule의 용융잠열이 요구된다. Al 원자는 고체-액체의 용융과정에서 상당한 에너지를 얻게 되며 이로 인하여 원자의 운동이 활발해진다. 따라서 원자는 고체 상태에서보다 액체 상태에서 높은 운동에너지를 갖는다. 이와는 반대로 용액의 응고과정을 보면 원자가 낮은 에너지를 갖는 결정 상태로 돌아가기 위해서는 용융점에서 냉각이 진행되는 동안 396Joule/g을 방출해야 한다.

(2) 과냉(Supercooling)

① 순금속의 정상 응고과정
- ㉠ 순금속은 평형상태에서 일정한 온도에서 응고
- ㉡ AB 구간 : 응고점까지는 온도가 서서히 내려가는 구간
- ㉢ BC 구간(고액공존구간) : 용융잠열(Latent heat)을 방출하고 상은 고상과 액상의 2상이 공존하면서 BC와 같은 일정한 온도를 유지하는 구간
- ㉣ CD 구간 : 고액공존구간은 응고구간이 되고 응고가 끝나면 다시 서서히 온도가 내려가는 구간

② 실제의 응고과정
- ㉠ 실제의 용융금속을 냉각시키면 열역학적 평형융점보다 낮은 온도에서 응고가 시작된다.
- ㉡ 응고점에서 고상의 생성이 억제되는 경우인데 이러한 냉각곡선은 그림의 (b)와 같다.
- ㉢ C에서 응고가 개시되면 응고에 의한 발열 때문에 CD와 같이 온도가 상승하고 결국 DE와 같이 응고의 진행구간이 나타난다.
- ㉣ E에 있어서 응고를 완료하면 고체금속은 EF에 따라서 냉각된다.
- ㉤ 이와 같이 평형응고온도 이하까지 액상이 냉각되는 현상을 과냉각(Super cooling, Under cooling)이라 한다.

③ 과냉도와 결정립의 관계
- ㉠ 과냉도는 빨리 냉각할수록 커지며, 일반적으로 과냉도는 응고점보다 0.1 또는 0.3℃ 이하에서 생긴다.
- ㉡ 과냉도가 커질수록 많은 응고핵이 발생하므로 결정립은 미세해진다.

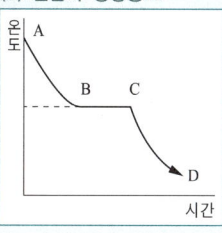

(a) 순금속 정상응고

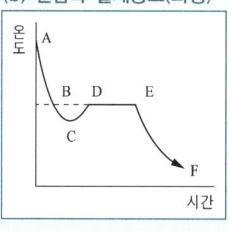

(b) 순금속 실제응고(과냉)

꼭집어 어드바이스

과냉도
① 과냉도가 큰 금속 : Sn, Sb
② 과냉도가 작은 금속 : Al, Cu
③ 과냉 방지법 : 접종, 소량의 고체 금속첨가, 용액을 진동한다.

2. 결정핵 생성 및 결정성장

(1) 응고 시 격자의 형성
① 금속을 가열하면 용융온도 이상에서 원자배열이 결정상태를 잃고 액체가 된다.
② 용액을 응고온도까지 냉각시키면 원자는 규칙적인 결정격자가 된다.

(2) 엠브리오와 결정핵 생성
① 엠브리오(Embryo) : 금속이 응고점 이하에서부터 응고가 시작되면 액체 중에 일부의 원자가 모여서 결정배열과 같은 배열을 형성하는 것
② 엠브리오의 임계반경(Critical radius, rc) : 엠브리오의 반경이 rc보다 클 때에는 결정핵이 될 수 있으나 rc보다 작을 때에는 소멸하여 없어짐

참고
응고 시 원자의 운동

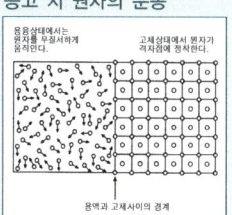

> **참고**
> 엠브리오의 생성과 반경

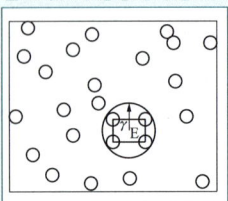

꼭찝어 어드바이스

균질 핵생성
순금속의 융액 중에서 균질핵 생성이 일어나면 고상과 액상의 단위체적당의 자유에너지는 같다.

불균질 핵생성
① 결정핵은 액상온도에서 용해되지 않은 다른 입자의 표면에 접촉하여 생성되는 것이므로 계면에너지의 발생량은 균일핵 생성시보다 훨씬 적다.
② 핵생성에 필요한 과냉도는 매우 작다.

결정형성에 영향을 미치는 요인
① 결정핵수와 결정속도 및 금속의 표면장력
② 결정경계 위에 작용하는 각종 힘 및 점성과 유동성
③ 결정립의 대소는 성장속도에 비례하고 핵발생속도에 반비례한다.

③ 자유에너지의 변화와 임계반경
  ㉠ 임계반경의 반지름의 값을 γ_0라 할 때 γ_0이하는 반지름이 증가함에 따라 자유에너지가 증가하고, 고상은 소멸한다.
  ㉡ γ_0이상은 자유에너지는 감소하고, 고상은 성장하여 크게 되려는 경향을 갖는다.
  ㉢ 이와 같은 관계에 있을 때 γ_0 이상의 크기의 고상을 결정의 핵(Nucleus), γ_0 이하의 고상을 엠브리오라 한다.

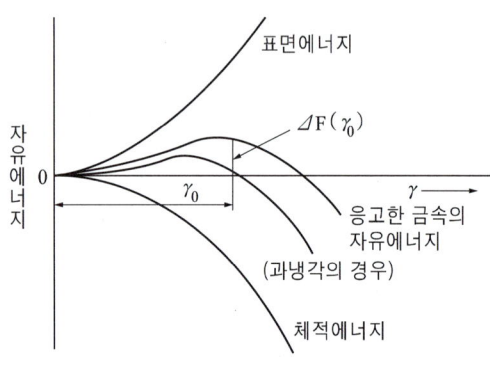

자유에너지의 변화

④ 균질 핵생성(Homogeneous nucleation) : 용융금속에 안정된 핵이 발생할 수 있는 조건이 갖추어지면 융액 내에서 핵생성이 균질하게 일어나는 것
  ㉠ 순금속의 융액 중에서 균질핵 생성이 일어나면 고상과 액상의 단위체적당의 자유에너지는 같다.
⑤ 불균질 핵생성(Heterogeneous nucleation) : 융액 내에 불순물 입자가 존재하거나, 주형벽이 있는 곳에서 결정핵은 이들과 접한 곳에서부터 우선 생성되는 것
⑥ 결정입자의 성장속도(G)와 냉각속도(V)와의 관계
  ㉠ G ≥ V : 주상결정입자, G < V : 입상결정입자
  ㉡ 핵생성속도는 변태온도가 낮을수록 증가
  ㉢ 성장속도는 확산 의존성이므로 변태온도가 낮으면 성장속도가 감소

3. 결정립과 입계의 형성

(1) 결정립의 형성

① 형성과정

㉠ 용융금속이 응고할 때 결정핵이 성장하면서 용해잠열이 방출되고 방출된 열이 외부로 전달되면서 결정핵은 결국 인접한 결정과 부딪칠 때까지 계속 성장한다.

㉡ 인접한 결정립을 형성하던 결정핵은 처음 생성 시부터 다소 다른 조건 하에서 성장된 것으로 이들 두 결정립이 마주치는 결정립계에서 격자의 방향은 일정한 각도로 마주친다.

② 결정립의 크기 S, 핵생성 속도 N, 핵성장 속도 G의 관계

㉠ $S = f\dfrac{G}{N}$

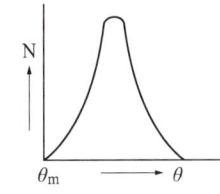 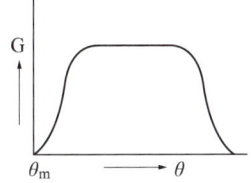 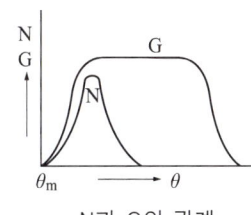

결정핵의 생성과 성장 속도 　　　　N과 G의 관계

㉡ 결정립의 크기는 결정성장속도 G에 비례하고, 핵발생 속도 N에 반비례한다.

㉢ 이 관계는 과냉 정도에 따라 변화하게 되며 대부분의 금속들은 급랭하면 결정립이 미세화하고 서서히 냉각하면 큰 결정립으로 된다.

㉣ G와 N은 용융점에서는 0이지만 과냉함에 따라 G가 N보다 빨리 증대할 경우에 소수의 핵이 성장해서 응고가 끝나기 때문에 결정립이 큰 것을 얻는다.

㉤ N의 증가가 G보다 클 때에는 핵의 수가 많기 때문에 미세한 결정립으로 된다.

㉥ G와 N이 교차하는 경우에는 조대한 결정립과 미세한 결정립의 두 가지 구역으로 구별된다.

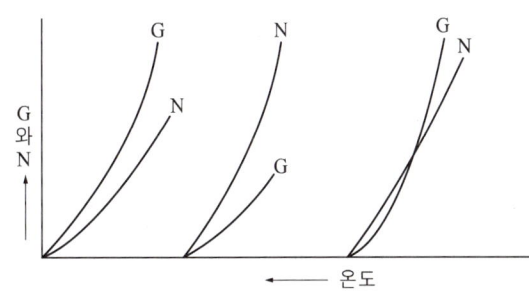

온도와 G, N의 관계

> **참고**
> 결정립 형성 과정

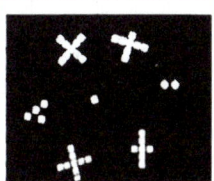
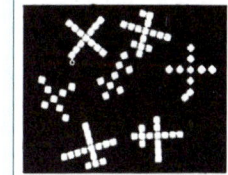

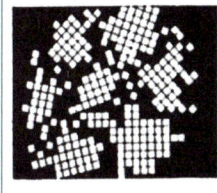

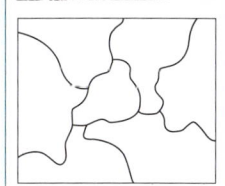

참고

결정입계의 부식성
① 결정입계에서는 불규칙도가 크며 이때의 불규칙도는 응고가 진행됨에 따라 잔류용액에 농축되는 첨가물질원소가 많을수록 더욱 커진다.
② 결정입계가 흔히 내식성이 가장 약한 이유는 바로 이러한 원자의 불규칙배열 때문이다.

부식된 결정입계

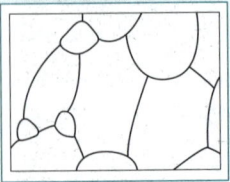

입계의 원자배열

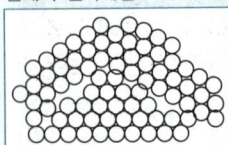

(2) 결정입계

① 금속을 연마한 후 부식(Etching)하면 결정입계가 부식되고, 더 강한 부식에 의해 결정조직형태가 나타난다.
② 결정입계 자체가 한 쪽 결정의 원자배열과 옆의 결정의 원자배열을 연결하는 부분이므로 원자배열이 질서정연하지 못하고 무질서한 상태이다.
③ 결정입계는 결정성을 상실한 비정질상태라고 볼 수 있으며 이 부분을 전이층(Transition layer)이라고도 한다.
④ 성장한 결정립이 커져서 서로 부딪친 곳에서 경계가 생기며 최후에 응고하게 되고, 이곳에 불순물 등이 결정입계에 모이게 된다.
⑤ 결정립이 미세할수록 결정입계의 면적이 넓어져 난잡한 원자배열이 많아지는 결과를 초래하므로 변형에 대한 저항이 증가되어 강도가 증가한다.

4. 금속의 응고 조직

(1) 주괴의 응고 조직

※ 순금속 또는 단일상 합금의 주괴 조직은 칠층, 주상정, 등축정 등의 3개의 영역으로 구분된다.

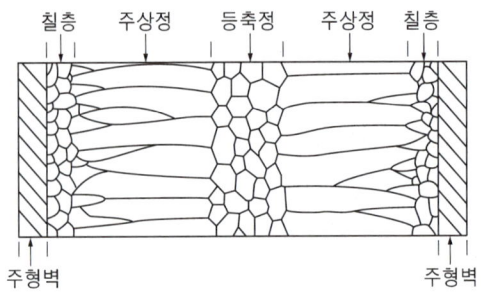

주괴의 응고 조직

① **칠층(Chill layer)**
  ㉠ 주형 내 용융금속이 급속히 냉각되어 많은 핵생성이 단시간에 이루어져 생긴 최초의 고상으로서 미세한 등축정 결정립이다.
  ㉡ 칠층의 두께는 일반적으로 수 mm로 한정되어 있다.

② **주상정(Columnar grain)**
  ㉠ 칠층의 응고과정에서 온도구배가 최대인 방향으로 장축을 갖는 주상정 조직이 발달한다.
  ㉡ 주상정의 성장 방향은 열류방향과 반대의 방향이며, 다른 각도로 성장하는 결정의 성장을 방해한다.

③ 등축정(Equiaxed grain)
　㉠ 주형 내부의 액상 중에 응고핵이 생성되고 상호 간섭할 때까지 성장한 결정으로 이루어진 것이다.
　㉡ 주상정의 성장과정에서 일부가 떨어져나와 내부로 흘러 들어와서 형성되는 것으로 자유정이라고도 한다.

(2) 금속의 다상 조직
① 금속의 미세조직은 결정립의 크기, 모양, 그리고 방향의 변화에 따라 다르게 나타난다.
② 등축인 결정립 외에 일반적으로 볼 수 있는 미세조직은 공정조직, 공석 혹은 층상조직, 박편상 조직, 입상 혹은 구상조직, 판상조직, 수지상 조직 등이 있다.

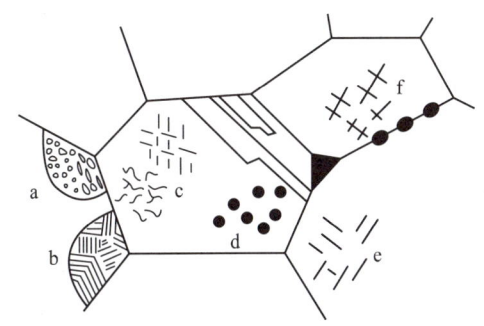

a : 공정조직, b : 공석 혹은 층상조직, c : 박편상 조직
d : 입상 혹은 구상조직, e : 판상조직, f : 수지상 조직

금속의 다상조직 모식도

> **꼭집어 어드바이스**
>
> 섬유조직(fiber texture)
> 결정의 일정한 지수 축이 재료의 일정한 방향에 대한 작은 각도차로 분리 정렬된 상태이다.
>
> 아결정립(소경각입계)
> ① 주 입자 내에서 영역간의 방위가 약간 변한 것
> ② 방위각이 20°이하
>
>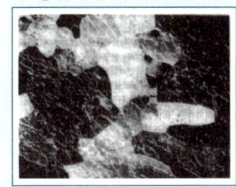

(3) 수지상 조직
① 수지상 조직은 응고과정에서 나뭇가지 모양으로 응고가 진행된 것이다.
② 1차 수지상정(Primary dendrite) : 응고 시 최초로 형성된 가지
③ 2차 수지상정 : 1차 수지상정에서 성장방향에 직각 또는 일반각을 이룬 가지결정
④ 면심입방 또는 체심입방구조를 갖는 금속의 경우에는 가지의 성장방향은 입방구조의 모서리 방향이 되기 때문에 수지상정의 가지는 서로 직교한다.
⑤ 면심 및 체심입방구조를 갖는 금속에서는 각각 (111)면 및 (110)면에 의해 만들어진 4각 추의 축인 [100]방향으로 성장한다.
⑥ 조밀육방정계 금속에서는 [1010], Sn은 [111] 방향이다.

> **참고**
> 수지상정
>
>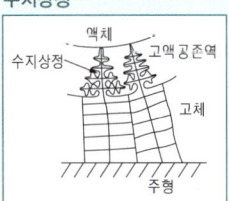

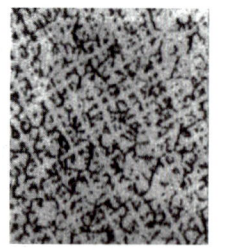 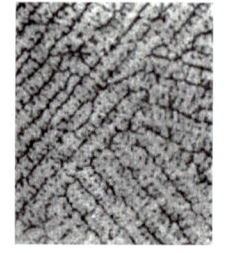 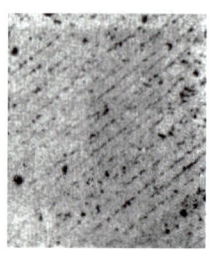

(a) 십자형(면심, 체심입방격자)　　(b) Y자형(정방격자)　　(c) 판상형(조밀육방격자)

⑦ 2차 수지상정과 응고속도의 관계
　㉠ 2차 수지상정의 생성은 응고속도와 밀접한 관계가 있다.
　㉡ 응고속도가 느리면 2차 수지상정 간격이 넓어지고, 빠르면 좁아진다.
　㉢ 2차 수지상정 간격(Secondary dendrite arm spacing)을 측정하면 응고속도를 알 수 있다.

개념잡기

액체금속이 응고할 때 용융점보다 다소 낮은 온도에서 응고가 시작되는 현상은?

① 엠브리오(Embryo)　　　　　　② 수지상정(Dendrite)
③ 주상정(Columnar Crystal)　　　④ 과냉각(Super Cooling)

과냉각(Super Cooling)은 용융점보다 낮은 온도에서 응고가 되는 현상이다.

답 ④

개념잡기

수지상 조직에 관한 설명 중 틀린 것은?

① 입방정계의 수지상 결정의 축은 [100]이다.
② 고상의 성장 방향에 평행하게 생긴 가지결정을 1차 수지상정이라 한다.
③ 성장 방향에 직각 또는 일반각을 이룬 가지결정을 2차 수지상정이라 한다.
④ 고상 – 액상계면에서 생성되는 1차 수지상정의 평균관계는 액상의 과냉도가 클수록 작아진다.

액상의 과냉도가 클수록 1차 수지상정은 커진다.

답 ④

개념잡기

입방정계에 속하는 금속이 응고할 때 결정이 성장하는 우선 방향은?

① [100]　　　② [110]　　　③ [111]　　　④ [123]

면심 및 체심입방구조를 갖는 금속의 성장 방향
(111)면 및 (110)면에 의해 만들어진 4각 추의 축인 [100]방향으로 성장한다.

답 ①

CHAPTER 03 재결정과 확산

단원 들어가기 전

1. 회복과 재결정을 구분할 수 있다.
2. 결정립성장 과정을 알 수 있다.
3. 원자의 확산기구를 알 수 있다.

빅데이터 키워드

풀림, 회복, 재결정, 결정립성장, 연화, 냉간가공, 열간가공, 확산기구, Fick 1법칙, Fick 2법칙, 집합조직, 풀림쌍정, 전위의 소멸

1 ▶ 회복과 재결정

1. 냉간가공에 의해서 받는 응력

(1) 내부 응력
① 소성가공으로 금속이 변형될 때 받은 응력의 일부가 금속 내부에 잔류 응력(축적 에너지)으로 남는다.
② 변형 에너지의 증가에 따라 내부 응력은 증가한다.
③ 내부 응력은 가공도, 가공온도, 합금원소 및 결정입도에 의하여 크게 변화한다.

(2) 풀림처리에 의한 내부 응력의 방출
① 냉간가공에 의해서 내부에 남은 내부 응력은 온도가 상승하면서 방출한다.
② 내부 응력의 방출은 절대온도로 융융점의 1/2 정도에서 일어나기 시작한다.
③ 냉간가공된 금속의 전위밀도는 $10^{11} \sim 10^{12}/cm^2$ 정도까지 증가한다.
④ 풀림된 금속 내의 전위밀도는 단위면적당 $10^6 \sim 10^8/cm^2$ 정도이다.

 **꼭찝어 어드바이스**

내부 응력에 영향을 주는 인자
① **합금원소** : 주어진 변형에서 불순물원자를 첨가할수록 내부 응력의 양은 증가한다.
② **가공도** : 가공도가 클수록 변형이 복잡하고 내부변형이 복잡할수록 내부 응력은 더욱 증가한다.
③ **가공온도** : 낮은 가공온도에서의 변형은 내부 응력을 증가시킨다.
④ **결정입도** : 내부 응력의 양은 결정입도가 감소함에 따라서 증가한다.

꼭찝어 어드바이스

풀림처리 시 일어나는 재료의 특성
① 강도와 경도는 전위밀도의 감소로 약간 감소 현상이 있다.
② 저항도는 증가한다.
③ 원자밀도는 감소된다.
④ 조직 크기는 회복단계에서는 약간 성장하나 재결정과정 직전에는 크게 증가한다.

2. 가공 변형 조직

(1) 집합조직
① 심한 가공을 받은 다결정체는 각 개의 결정방위의 분포가 어떤 일정한 방향을 가지는데 이와 같은 우선방위를 가지는 조직을 집합조직이라 한다.
② 강한 집합조직을 갖는 다결정체는 대다수의 결정립이 향하고 있는 방향을 단결정과 유사하게 설명할 수 있다.
③ 냉간가공으로 생긴 집합조직을 변형 집합조직 또는 가공 집합조직이라 한다.
④ 인발가공으로 철사 등에 생기는 집합조직을 섬유집합조직이라 한다.
⑤ 재결정으로 얻어진 집합조직을 재결정 집합조직이라 한다.
⑥ 가공 집합조직이 강하게 나타날수록 재결정 집합조직이 강하게 나타난다.

(2) 집합 조직의 영향
① 냉간 프레스가공 특히 deep drawing에 의하여 제품을 만들 때는 재료의 집합조직이 없는 것이 좋다.
② 규소강판의 경우에는 집합조직을 이용하고 있다.

> **핵심 Key**
> 규소 강판의 집합조직
> ① Fe의 단결정은 [100] 방향에 자장을 가하면 쉽게 자화된다.
> ② 압연방향이 [100] 방향인 철판을 변압기의 철심으로 사용하면 자기손실이 최소로 되는데, 규소를 첨가하면 이러한 집합조직을 갖는다.

3. 회복 ★★

(1) 회복의 의미
① 전위의 재배열과 소멸에 의해서 가공된 결정 내부의 변형에너지와 항복강도가 감소되는 현상을 결정의 회복이라 한다.
② 결정립의 모양이나 결정의 방향에 변화를 일으키지 않고 성질만이 변화는 과정을 회복이라 한다.
③ 융점이 낮은 금속에서는 가공 후 특히 가열하지 않고 상온에 방치하여도 회복이 일어난다.
④ 회복단계에서는 여러 성질의 변화는 반드시 동일한 결과를 보이지 않는다.

> **꼭집어 어드바이스**
> 회복과 성질의 변화
> ① 전기저항은 회복과정에서 서서히 감소한다.
> ② 경도는 회복단계에서 변하지 않고 재결정단계에서 급속히 감소한다.

(2) 회복의 기구
① 가장 간단한 회복기구는 동일 슬립면상에서 반대부호인 전위의 소멸이다.
② 회복은 점결함 및 전위수와 그 분포의 변화에 따라 일어난다. 이러한 과정을 상대적으로 온도에 따라 저온회복, 중온회복, 고온회복의 3단계로 구분한다.

(3) 회복에 의한 격자의 변화

① 격자간 원자의 소멸
  ㉠ 칼날전위 부근에 생긴 격자간 원자가 전위의 잉여 반면 아래로 이동하면서 격자간 원자가 소멸한다.
  ㉡ 대신에 칼날전위의 잉여 반면이 길어진다.

> **핵심 Key**
> 온도에 따른 회복의 기구
> ① **저온회복** : 같은 종류의 점결함의 형성, 점결함의 밀집형성, 점결함의 전위쪽으로의 이동, 원자공공과 격자원자간의 결합, 전위의 슬립운동
> ② **중온회복** : 상이한 전위의 합체소멸, 서브결정립의 성장, 전위의 엉킴부분에서의 재배열
> ③ **고온회복** : 전위의 상승운동과 폴리고니제이션

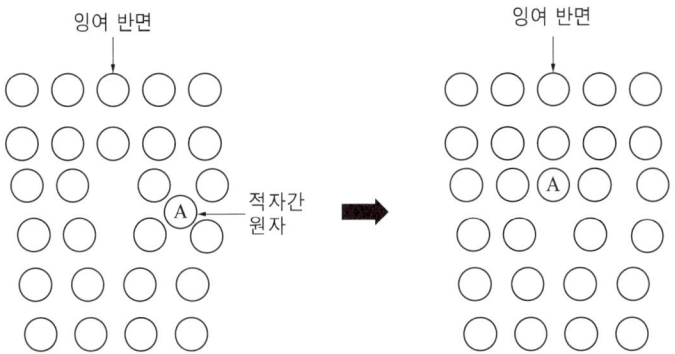

격자간 원자의 소멸 과정

② 공공의 소멸
  ㉠ 잉여 반면의 끝에 있는 A원자 옆에 공공이 있으면 A원자와 공공이 서로 위치를 바꾸면서 이동한다.
  ㉡ 결국 공공 하나가 없어지고 칼날전위의 잉여 반면이 그만큼 짧아진다.
  ㉢ 격자간 원자 다음으로 제거되기 쉬운 결함이 공공이다.

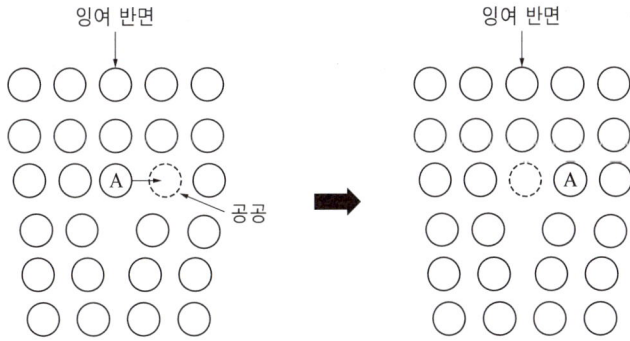

공공의 소멸 과정

③ 전위의 소멸
  ㉠ 냉간 가공된 금속의 전위밀도는 $10^{11} \sim 10^{12}/cm^2$ 정도까지 증가한다.
  ㉡ 소성 가공된 결정립 내에서 칼날전위들은 완전히 무질서하게 여러 방향으로 존재하고, 이런 상태의 금속을 가열하면 전위들이 이동한다.
  ㉢ 같은 슬립선 위에 있는 (⊥)전위와 (⊤)전위가 만나면서 잉여 반면이 없어지고 전위가 소멸된다.

핵심 Key

회복의 단계
가공한 재료를 고온 가열할 때

```
내부응력제거
    ↓
   연화
    ↓
   재결정
    ↓
  결정립 성장
```

연화의 과정
냉간 가공 후 풀림처리할 때 일어나는 과정

```
   회복
    ↓
   재결정
    ↓
  결정립 성장
```

꼭찝어 어드바이스

변형이 없는 새로운 결정의 핵 발생기구
① 변형으로 생긴 입계 이동
② 결정립 성장을 통하여 날카로운 격자곡률의 영역에서 새로운 입계가 형성된다.

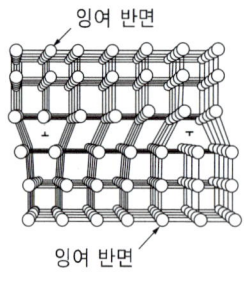 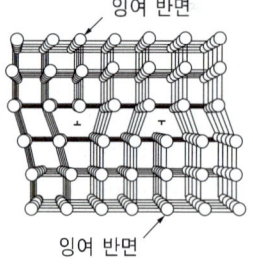 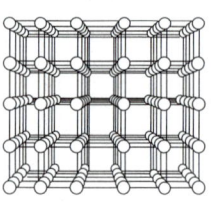

전위의 소멸 과정

4. 재결정 ✦✦✦

(1) 재결정의 개요

① 냉간가공으로 변형을 일으킨 금속을 가열하면 내부응력이 있는 구결정립의 내부에서 내부응력이 없는 새로운 결정핵이 생기고 성장하여 전체의 내부응력이 없는 새로운 결정립으로 치환되어 가는 과정을 재결정이라 한다.
② 재결정은 새로운 결정립의 핵생성과 성장의 과정이므로 시간을 요하는 변화이다.
③ 냉간가공이 심해져서 축적에너지가 증가하면 입자 성장속도보다 핵생성 속도가 커진다.
④ 재결정이 최초로 발생하는 장소는 결정립 경계 또는 슬립면과 같이 내부응력이 큰 장소에서 발생한다.

(2) 재결정 온도

① 냉간 가공된 재료를 가열하면 일정한 온도에서 내부변형이 없는 재결정이 생기는 온도를 재결정 온도라 한다.
② 재결정 온도만을 의미할 때는 1시간 풀림으로 100% 재결정하는 온도를 재결정 온도라 한다.
③ 주요 금속의 재결정 온도

금속	Au	Ag	Cu	Ni	W	Mo	Al
℃	~200	200~230	530~660	~1,200	~900	150~240
금속	Zn	Sn	Fe	Pb	Pt	Mg
℃	7~75	−7~25	350~500	~−3	~450	~150

(3) 재결정의 일반적인 법칙

① 재결정을 일으키는 데 필요한 변형량에는 최소한계가 있다.
② 변형량과 가공도가 작을수록 재결정을 일으키는 데 필요한 온도는 높아진다.
③ 재결정에 필요한 풀림조건은 온도가 낮을수록 시간이 길어진다.
④ 풀림시간을 증가시키면 재결정 온도는 감소한다.
⑤ 재결정 후 최종 결정입도는 변형 정도(가공도)에 따라 달라지며 풀림온도에 다소 의존한다.
⑥ 결정립의 크기는 변형량이 클수록 또는 풀림온도가 낮을수록 작아진다.
⑦ 원래의 결정립이 클수록 같은 재결정 온도를 얻는 데 필요한 냉간가공량은 증가한다.
⑧ 금속의 순도가 높을수록 재결정 온도가 감소된다.
⑨ 고용합금원소를 첨가하면 항상 재결정 온도는 증가한다.
⑩ 가공온도가 증가하면 재결정 거동을 얻는 데 변형량이 증가한다.
⑪ 재결정 종료 후 가열을 계속하면 결정입자의 지름은 증가한다.

> **핵심 Key**
> 재결정에 미치는 요인(재결정 거동에 영향을 주는 6가지 요인)
> ① 재결정 이전의 변형량 (가공도)
> ② 풀림 온도
> ③ 풀림 시간
> ④ 초기 결정입도
> ⑤ 조성
> ⑥ 재결정 시작 전 회복의 양

(4) 재결정 현상의 특징

① 영구변형을 일으키지 않으면 입자의 크기는 변화하지 않는다.
② 일정온도 이상이 아니면 입자의 크기는 변화하지 않는다.
③ 입자의 크기에 변화를 주는 온도는 영구변형의 양과 관계되고 변형이 크면 온도는 낮아지고 변형이 작으면 고온을 필요로 한다.
④ 입자의 크기는 변형의 양과 풀림온도에 관계된다.

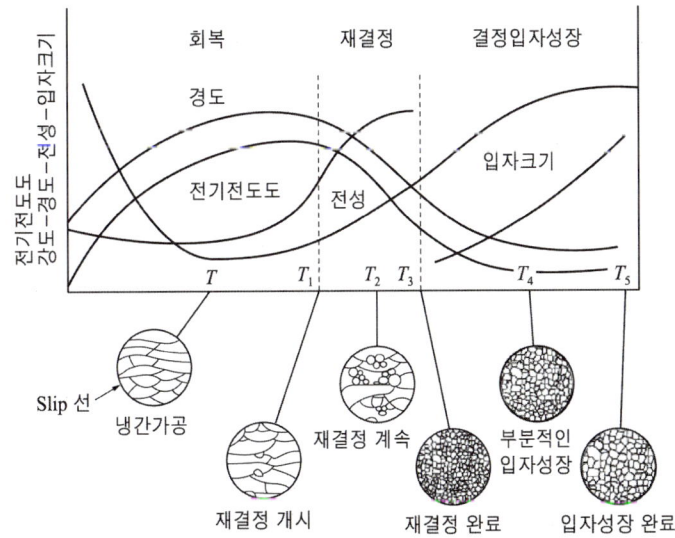

냉간가공한 재료의 재결정과 성질의 변화

> **핵심 Key**
> 재결정된 금속의 결정입자 크기
> ① 가공도가 작을수록 크다.
> ② 가열시간이 길수록 크다.
> ③ 가열온도가 높을수록 크다.
> ④ 가공 전 결정입자가 크면 재결정 후 결정입도는 크고 가공도가 작을수록 크다.

5. 결정립 성장 ★★★

(1) 결정립 성장

① 냉간가공으로 변형이 생긴 결정립이 재결정으로 변형이 없는 결정립으로 전부 치환된 후에도 풀림을 계속하면 결정립의 모양에 변화가 생기는 것을 결정립의 성장이라 한다.
② 결정립 성장에 대한 구동력은 볼록한 표면을 가진 결정립에서 오목한 표면을 가진 결정립으로 원자들이 경계면을 지나갈 때 이완된 에너지이다.
③ 결정립 성장률은 온도에 크게 의존한다.
④ 재결정의 구동력은 냉간가공의 결과 전위 주위의 격자가 변형되어 변형에너지의 형태로 축적되어 있는 에너지이다.
⑤ 재결정립의 성장의 구동력은 결정립계가 갖는 계면에너지이다.
⑥ 결정립의 성장은 전체 입계에너지 감소 결과로서 일어난 것이다.

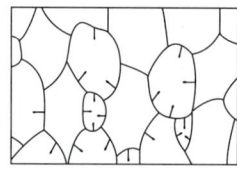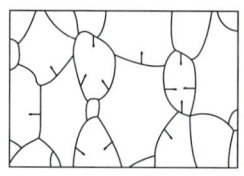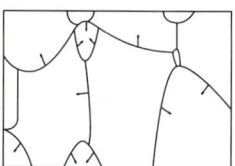

결정립 성장과정

(2) 결정립 성장에 영향을 주는 요인

① 새로운 미세결정은 서로 병합하여 처음에는 급속히, 다음에는 천천히 성장이 진행된다.
② 온도를 상승시키면 풀림에 의하여 생긴 결정입도는 커진다.
③ 불용성 불순물은 결정성장을 방해한다.
④ 상온 가공도는 풀림에 있어서 그 결과로 오는 결정입도에 큰 영향을 준다.

(3) 결정입자의 성장속도

① 가공도가 적당하고 가공전 입자가 미세하면 가열온도가 높고 가열시간이 길수록 커진다.
② 가공도가 낮을수록 결정입자는 조대해진다.
③ 가공도가 작고 가열온도가 높을수록 결정립의 성장비율이 커진다.

(4) 2차 재결정(Secondary recrystallization, 이상결정 성장)

① 풀림으로 재결정 및 결정립의 성장이 일어나는 금속을 더욱 고온으로 가열하면 소수의 결정립이 다른 결정립과 합해져서 대단히 크게 성장하는 현상을 2차 재결정이라 한다.

꼭집어 어드바이스

결정입계의 운동
① 원자들은 오목한 표면을 가진 결정립쪽으로 움직이므로 원자들은 안전하다.
② 계면은 곡률의 중심쪽으로 이동하게 된다.
③ 작은 결정립은 큰 결정립에 병합해서 없어진다.

핵심 Key

2차 재결정이 일어나는 원인
① 1차 재결정이 끝난 상태에서 일부 소수의 활성화된 결정립의 존재
② 불순물 등으로 이동이 방해된 입계가 고온에서 쉽게 이동할 수 있기 때문
③ 1차 재결정 후 강한 집합조직이 성장하기 쉬운 방위의 결정립이 존재할 때

2차 재결정의 성장

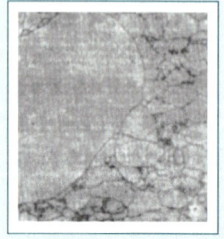

집합조직
가공에 의해 많은 결정립이 일정 방향으로 향하게 될 때 등방적인 성질이 못되고 이방적 성질이 되는 다결정체의 조직

② 1차 결정 완료 후 특정한 소수의 결정립이 급속히 성장하여 다른 결정립을 소멸시키는 성장과정이다.
③ 2차 재결정의 구동력은 재결정립 성장 때와 같이 입계의 계면에너지이다.

6. 풀림 쌍정

① 풀림 처리한 면심입방정 금속의 현미경 조직을 보면 결정립의 내부에 풀림 전에는 보이지 않던 평행한 변(밴드)을 갖는 커다란 상이 존재한다.
② 상은 구리 및 황동 등에서 볼 수 있으며 밴드부를 경계로 하여 결정이 쌍정으로 되어 있는 것이 풀림쌍정(Annealing twin)이다.
③ 풀림쌍정은 결정립의 성장과 병행하여 성장하면서 형성된다.
④ 결정립 사이에서 적층결함이 생겨서 그대로 성장하면 쌍정면이 형성되고 결정의 성장에 따라 쌍정도 함께 성장한다.
⑤ 성장과정의 진행 중에 이동하고 있는 결정립계는 다시 적층결함이 생기므로써 다른 쌍정면을 만들고 쌍정의 밴드가 형성된다.
⑥ 풀림쌍정은 쌍정면의 계면 에너지가 낮은, 즉 적층결함 에너지가 낮은 구리 및 황동 등에서 잘 나타나며, 적층 결함 에너지가 높은 Al합금에서는 거의 나타나지 않는다. 또한 오스테나이트계 스테인리스강에서 잘 나타난다.
⑦ 결정학적 구조로는 풀림쌍정도 변형쌍정과 같다.

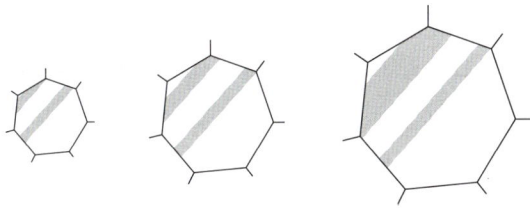

결정립 성장에 따른 풀림쌍정의 발달

꼭찝어 어드바이스

7-3황동의 쌍정 밴드

오스테나이트계 스테인리스강의 쌍정 밴드

개념잡기

재결정에 관한 설명으로 틀린 것은?

① 순도가 높을수록 재결정 온도는 높다.
② 가열시간이 길수록 재결정 온도는 낮다.
③ 냉간가공도가 클수록 재결정 온도는 높다.
④ 초기입자 크기가 클수록 재결정 온도는 높다.

가공도가 커질수록 재결정 온도는 내려간다.

답 ③

개념잡기

전위의 재배열과 소멸에 의해 가공된 결정 내부의 변형에너지와 항복강도가 감소되는 현상을 무엇이라고 하는가?

① 회복
② 소성
③ 재결정
④ 가공경화

> 회복
> 전위의 재배열과 소멸에 의해서 가공된 결정 내부의 변형에너지와 항복강도가 감소되는 현상
>
> **답 ①**

개념잡기

회복과정에서 축적에너지의 양에 대한 설명으로 틀린 것은?

① 가공도가 클수록 축적에너지의 양은 증가한다.
② 결정입도가 감소함에 따라 축적에너지의 양은 증가한다.
③ 불순물 원자를 첨가할수록 축적에너지의 양은 증가한다.
④ 낮은 가공온도에서의 변형은 축적에너지의 양을 감소시킨다.

> 가공온도가 낮으면 변형에 의한 축적에너지의 양이 증가한다.
>
> **답 ④**

개념잡기

냉간가공을 한 금속의 풀림처리에서 회복(Recovery) 현상이 일어나는 가장 큰 이유는?

① 새로운 결정이 생기기 때문에
② 전위의 밀도가 감소되기 때문에
③ 새로운 전위가 생기기 때문에
④ 원자의 재결합이 일어나기 때문에

> 풀림처리에 의해 전위 밀도가 감소하면서 내부에 축적된 에너지를 방출하게 되고, 회복이 일어나게 된다.
>
> **답 ②**

개념잡기

냉간가공 등으로 변형된 결정구조가 가열하면 내부변형이 없는 새로운 결정립으로 치환되어지는 현상은?

① 시효　　　② 회복　　　③ 재결정　　　④ 용체화처리

> **재결정**
> 냉간가공으로 변형을 일으킨 금속을 가열하면 내부응력이 있는 구결정립의 내부에서 내부응력이 없는 새로운 결정핵이 생기고 성장하여 전체의 내부응력이 없는 새로운 결정립으로 치환되어 가는 과정
>
> 답 ③

개념잡기

냉간가공된 금속을 풀림할 때 일어나는 3단계의 순서가 옳은 것은?

① 회복 → 재결정 → 결정립 성장
② 재결정 → 회복 → 결정립 성장
③ 결정립 성장 → 재결정 → 회복
④ 결정립 성장 → 회복 → 재결정

> **풀림의 3단계**
> 회복 → 재결정 → 결정립 성장
>
> 답 ①

개념잡기

재결정에 영향을 주는 변수가 아닌 것은?

① 규칙도　　　② 온도　　　③ 변형량　　　④ 초기입자 크기

> **재결정에 영향을 수는 요인**
> 온도, 가공도, 결정립 크기
>
> 답 ①

2 ▶ 원자의 확산

1. 확산의 개요

(1) 확산(Diffusion)

① 어떤 물질이 들어갈 수 있는 공간 내에 균일하게 퍼지는 경향을 확산이라 한다.
② 물질 중에서 열적으로 활성화되어 이동하는 현상을 확산이라 한다.
③ 확산은 용매 중에 용질원자가 녹아 들어 있는 상태로서 국부적으로 농도 차이가 있을 경우 시간의 경과에 따라서 농도의 균일화가 일어나는 현상이다.

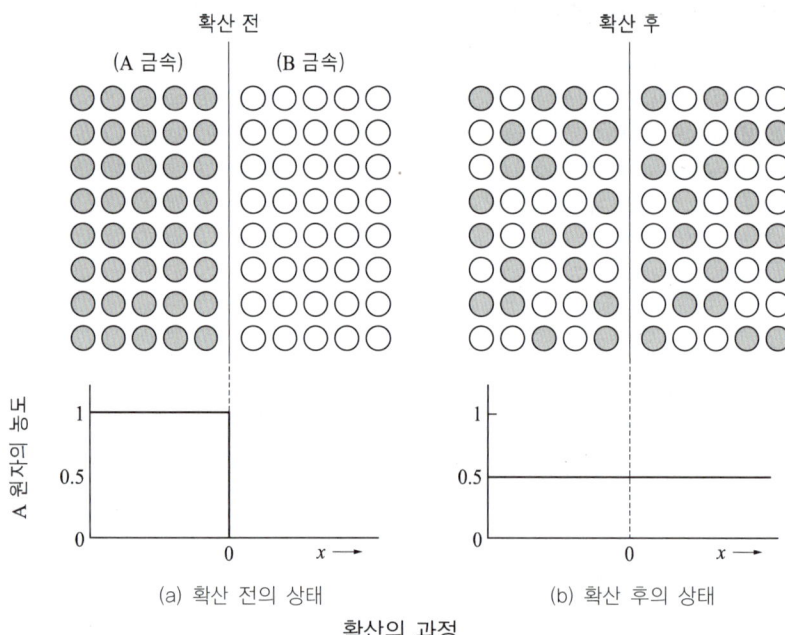

확산의 과정

④ 확산 현상은 기체, 액체 및 고체에서도 일어나며 기체 상호간의 확산이 가장 속도가 빠르고 고체에서는 특히 높은 온도에서 일어난다.
⑤ 실제 확산의 두 경우 즉, 정상적 확산과 비정상적 확산이 있다.
  ㉠ 정상적 확산 : 시간에 따른 농도기울기의 변화가 없이 일어나는 확산
  ㉡ 비정상적 확산 : 국부적인 농도기울기와 농도가 시간에 따라 변화되는 경우의 확산

(2) 확산의 종류

① 원자가 열적으로 활성화되어 이동하는데 이때 관여하는 원자 또는 이동하는 원자의 확산경로에 따라서 분류한다.

꼭찝어 어드바이스

기체와 액체에 있어서의 질량 이동
대류와 확산의 조합에 의해 일어난다.

고체에서의 질량 이동
대류는 일어나지 않고 확산이 유일한 질량 이동이다.

② 관여하는 원자의 종류에 의한 분류
  ㉠ 자기확산 : 단일금속 내에서 동일 원자 사이에 일어나는 확산
  ㉡ 불순물확산 : 불순물 원자의 기지(Matrix) 내에서의 확산
  ㉢ 상호확산 : 다른 종류의 원자 A, B가 접촉면에서 서로 반대방향으로 이루어진 확산
  ㉣ 반응확산 혹은 다상확산 : 이원 이상의 합금에서의 복합적인 상호확산

③ 이동하는 원자의 확산경로에 의한 분류
  ㉠ 격자확산 혹은 체적확산 : 결정격자 내에서의 일반적인 각 종의 점결함에 의한 확산
  ㉡ 표면확산 : 면결함의 하나인 표면에서의 확산
  ㉢ 입계확산 : 면결함의 하나인 결정입계 내에서의 확산
  ㉣ 전위확산 : 선결함의 하나인 전위선상에서의 확산

> **핵심 Key**
> 확산속도 순서
> 표면확산 〉 입계확산 〉 격자확산

2. 확산의 법칙 ●●

(1) Fick의 법칙

열의 전도이론에 따라서 확산을 지배하는 두 개의 법칙을 Fick의 법칙이라 한다.

(2) Fick의 제1법칙

① 가늘고 긴 환봉상 물체의 길이 방향에 농도차이가 있다고 생각하면 길이 방향에서의 농도 구배는 $\dfrac{dc}{dx}$ 이다.

② $J = -D \dfrac{dc}{dx}$ 의 식이 Fick의 제1법칙이다.

  ⎡ J : 봉의 단면을 통하여 이동하는 물질의 흐름
  ⎢ x : 봉의 길이 방향
  ⎣ c : 농도, D : 정수(확산계수 또는 확산도)

  ㉠ 일정한 농도 기울기에서 확산원자의 유동량은 확산계수와 농도 기울기의 곱에 비례한다.
  ㉡ 확산계수는 단위의 농도 구배에 의하여 단위면적을 통하여 단위시간에 확산하는 용질의 양을 표시한다.
  ㉢ 확산계수 앞에 음부호(−)가 붙은 것은 용질원자의 유동이 농도 기울기의 반대방향으로 진행됨을 가리키며 농도의 시간적 변화는 고려하지 않는다.

③ 정상상태에서는 제1법칙의 용질 흐름(J)은 일정하며 제2법칙의 $\dfrac{dc}{dx}$ 는 0이다.

> **꼭집어 어드바이스**
> 확산계수 D
> ① 확산계수 D 값은 온도에 따라 변한다.
> ② $\ln D = \ln D_0 - \dfrac{Q}{RT}$
>   Q : 확산 활성화에너지
> D_0 : 진동수인자
>   R : 기체상수
>   T : 온도

(3) Fick의 제2법칙

① 확산계수 D가 농도에 대해 불변일 때 $\frac{\partial C}{\partial t} = D\frac{\partial^2 C}{\partial x^2}$의 식이 Fick의 제2법칙이다.

  [x : 확산거리, D : 확산계수]

② 물리적 의미는 농도의 변화율이 농도 기울기 그 자체보다는 농도 기울기의 변화율에 비례한다.

③ 확산을 통해 균일농도에 도달하는 데 시간이 많이 걸림을 알려 준다.

④ 평행에 접근할수록 농도 기울기가 완만해져서 $\frac{\partial C}{\partial t}$는 0이 된다.

3. 확산 기구 ✪✪

(1) 격자간 원자 기구

① 원자가 격자간의 공간에 들어가서 이것이 순차적으로 격자 사이의 공간을 이동하는 것이다.

② 격자간 원자가 확산에 의해 이동할 경우 많은 에너지가 필요하게 되며, 이 에너지는 외부의 열에 의해 원자의 진동을 받게 됨으로써 원자가 이동하게 된다.

③ 확산의 예는 철에서 C, N, H, B 등의 확산에서 볼 수 있다.

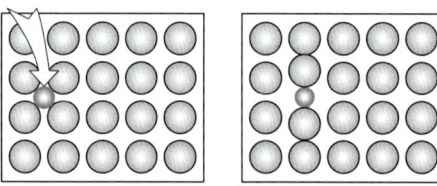
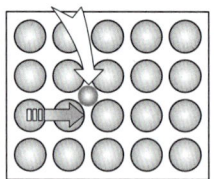 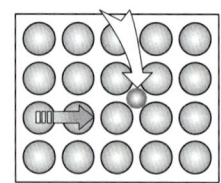

격자간 원자 기구

(2) 공격자점 기구

① 결정립 내에 수많은 기공이 존재하므로 고온에서 A의 원자가 공공의 자리로 이동하고 빈자리에는 다른 원자가 채워지고, 다시 A의 원자는 다른 빈자리로 이동한다.
② 공공을 이용하여 크기가 비슷한 원자가 이동하는 현상을 공격자점 기구라 한다.

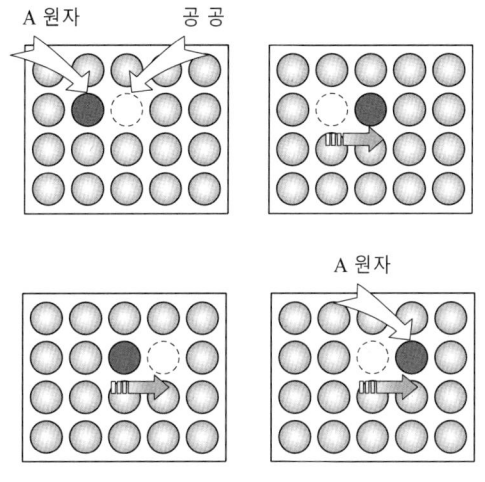

공격자점 기구

(3) 직접 교환 기구

① 서로 옆에 있는 원자가 동시에 이동하여 위치를 교환하는 경우를 말한다.
② 여러 개의 원자가 동시에 움직인다.

(4) 링 기구

① 3개 또는 4개의 원자가 동시에 이동힘으로써 위치를 교환하는 기구이다.
② FCC나 BCC 중에서도 이루어진다.

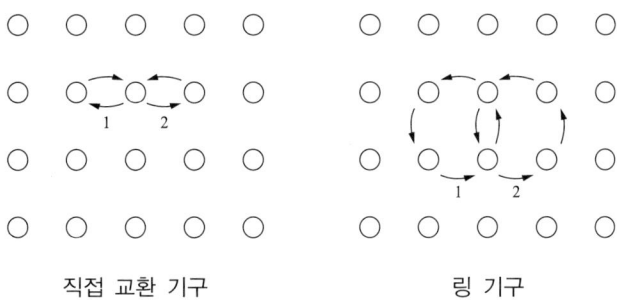

직접 교환 기구   링 기구

개념잡기

확산에 대한 설명으로 틀린 것은?

① 용매 중에 용질이 용입하고 있는 상태에서 국부적으로 농도차가 있을 때 시간의 경과에 따라 농도의 균일화가 일어나는 현상을 확산이라 한다.
② 온도가 낮을 때는 입계의 확산과 입내의 확산의 차가 크게 되나 온도가 높아지면 그 차는 작게 된다.
③ 입계는 입내에 비하여 결정의 규칙성이 산란된 구조를 갖고 결함이 많으므로 확산이 일어나기 쉽다.
④ 면결함의 하나인 표면에서의 단회로 확산을 상호확산이라 한다.

> 표면에서는 한쪽 방향으로 진행하는 확산이 일어난다.

답 ④

개념잡기

Fick의 확산 제2법칙에 대한 설명으로 틀린 것은? (단, D는 확산계수이며, 정수이다)

① 확산계수 D의 단위는 cm^3/sec이다.
② 용질원자의 농도가 시간에 따라 변화하는 관계를 나타낸다.
③ 어느 장소에서 농도의 시간적 변화는 $\frac{\partial C}{\partial t} = D\frac{\partial^2 C}{\partial x^2}$으로 표시된다.
④ 확산에서의 물질의 흐름이 시간에 따라 변화하지 않는 상태를 정상상태라 하며 $\frac{\partial C}{\partial t}$는 0이다.

> 확산계수 D의 단위 : m^2/s, m^2/h를 사용한다.

답 ①

개념잡기

표면확산, 입계확산, 격자확산 중 확산이 가장 빠른 순서에서 느린 순서로 나타낸 것은?

① 표면확산 〉 입계확산 〉 격자확산
② 입계확산 〉 격자확산 〉 표면확산
③ 격자확산 〉 표면확산 〉 입계확산
④ 표면확산 〉 격자확산 〉 입계확산

> 확산 속도 순서
> 표면확산 〉 입계확산 〉 격자확산

답 ①

3 금속의 강화와 변형

1. 고용체 강화

(1) 고용체 강화(Solid solution strengthening) 기구

① 용매원자의 격자에 용질원자가 고용되면 순금속보다 강한 합금이 된다.
② 고용체의 형성이 치환형 고용체이든 침입형 고용체에 관계없이 격자의 뒤틀림 현상이 생기면서 용질원자의 근처에 응력장(Stress field)이 형성된다.
③ 용질원자에 의한 응력장은 가동 전위의 응력장과 상호작용을 하여 전위의 이동을 방해함으로써 재료의 강화가 이루어진다.

> **참고**
> 용질원자 근처의 격자변형에 의한 응력장의 변화

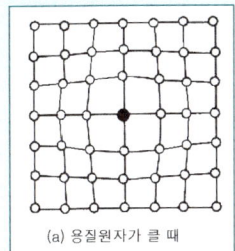

(a) 용질원자가 클 때

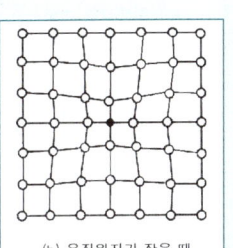

(b) 용질원자가 작을 때

(2) 고용체 강화의 효과

① 용매원자와 용질원자 사이의 원자크기 차이가 클수록 용매격자의 변형이 심해져서 슬립이 일어나기가 어려워지므로 강화효과는 커진다.

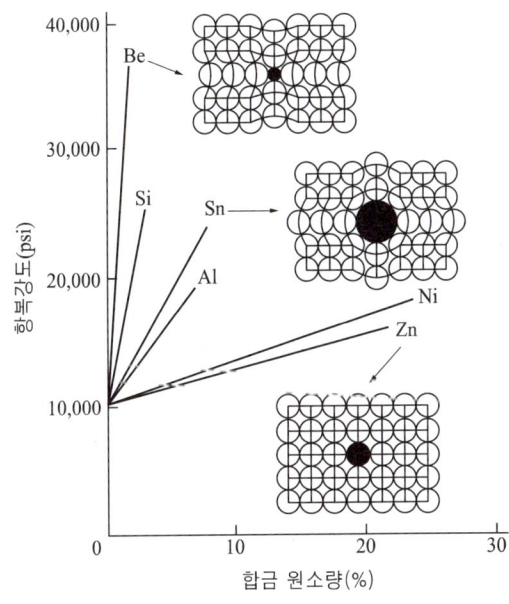

Cu 합금의 항복강도에 미치는 합금원소의 영향

② 첨가되는 합금 원소량에 따라 강화효과는 커진다.
  ㉠ Cu-Ni 합금의 경우, Cu의 강도는 60%의 Ni이 첨가될 때까지 증가되는 반면에, Ni은 40%의 Cu가 첨가될 때까지 고용체 강화된다.
  ㉡ 최대강도는 모넬이라 불리어지는 Cu-60%Ni 합금에서 얻어진다.
  ㉢ 상태도에서 나타난 최대강도는 Ni쪽에 가까운데, 그 이유는 순 Ni의 강도가 순 Cu의 강도보다 크기 때문이다.

> 참고

풀림 처리된 Cu의 고용체 강화에 의한 기계적 성질의 변화

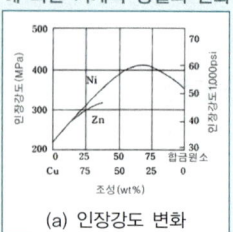
(a) 인장강도 변화

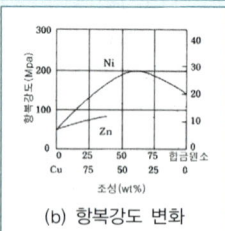
(b) 항복강도 변화

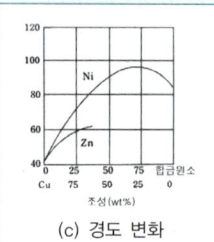
(c) 경도 변화

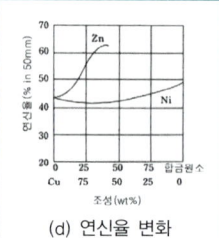
(d) 연신율 변화

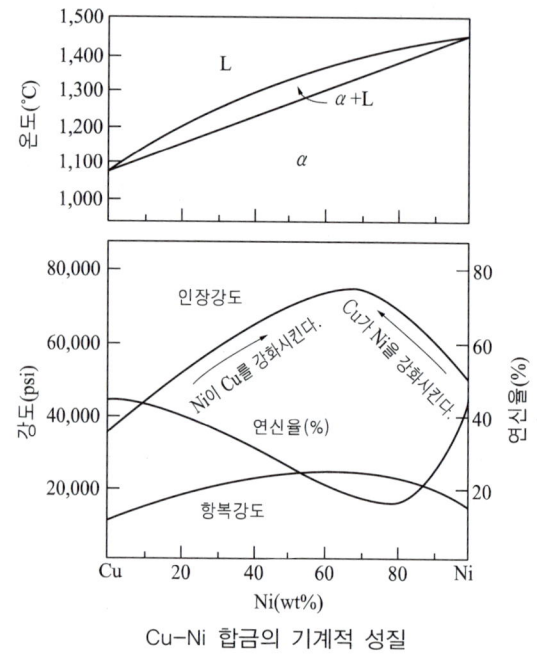
Cu-Ni 합금의 기계적 성질

(3) 재료에 미치는 고용체 강화의 영향

① 고용체를 이루는 합금의 항복강도, 인장강도 및 경도는 순금속보다 크다. 그러나 고용체 강화만에 의한 강화효과는 그다지 큰 편은 아니다.
② 합금의 연성은 순금속보다 낮다. 그러나 Cu-Zn계 합금에서는 고용체 강화에 의하여 강도와 연성이 같이 증가된다.
③ 합금의 전기전도도는 순금속에 비해서 현저하게 떨어진다. 따라서 송전선에 사용되는 Cu나 Al 선재는 이 방법으로 강화시켜서는 안 된다.
④ 고온($<0.75T_m$)에서는 크립 저항성이 순금속보다는 고용체 강화된 합금이 우수하다.

2. 석출 강화

(1) 석출 강화의 원리

① 금속은 기지에 분산된 불용성의 제2상에 의해 석출 강화(Precipitation strengthening)와 분산 강화(Dispersion strengthening)로 구별한다.
② 석출 강화는 열처리과정을 통하여 과포화 고용체로부터 제2상을 석출시켜서 강화시키는 현상이다.
③ 석출강화가 일어나기 위해서는 온도에 따른 고용도의 차이가 있어야 한다.
④ 고온에서는 제2상이 고용되어야 하고 온도가 감소함에 따라 제2상의 고용도가 크게 감소해야 한다.

꼭찝어 어드바이스

분산강화
제조과정 중에 산화물, 탄화물, 붕화물 및 질화물 등의 제2상을 첨가해서 강화시키는 것

복합강화
제2상의 부피 분율이 커서 제2상이 직접적으로 하중의 많은 부분을 지지해 줄 때 사용되는 강화

(2) Orowan의 분산강화 기구

① 이동하는 전위가 제2상 입자를 만나게 되면 전위는 제2상 입자를 전단하고 지나 가든가 아니면 석출상 사이에서 휘어 지나가면서 제2상 주위에 전위 루프(Loop)를 남기게 된다.

② 이와 같이 전위가 휘어 지나가는데 필요한 응력은 입자간 거리의 임계거리를 갖는 프랭크 리드(Frank-Read)원의 작동에 필요한 임계전단 응력과 같다.

$$\tau\rho = \frac{2Gl}{\lambda}$$

③ 최대의 강화효과를 얻기 위해서는 제2상 입자간 거리를 가능한 한 짧게 할 필요가 있다.

④ 같은 부피율의 제2상 입자가 존재한다면 제2상의 평균입자 직경이 작을수록 평균입자간 거리가 짧아지기 때문에 강화효과가 크게 나타난다.

⑤ 제2상 입자가 전위에 의해 전단되는 경우에는 입자의 크기가 클수록 강화효과가 커진다.

> **꼭집어 어드바이스**
> 제2상에 의한 강화 인자
> ① 제2상 입자의 형상
> ② 부피 분율
> ③ 평균 입자직경
> ④ 평균입자간 거리

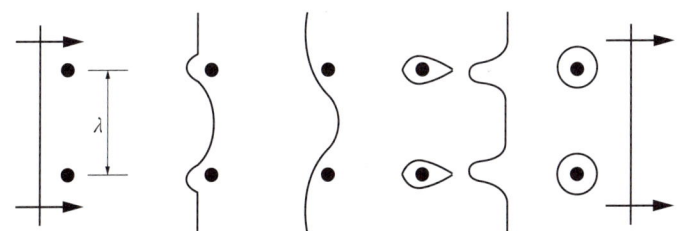

Orowan의 분산강화 기구

(3) 석출 강화의 기본원칙

① 기지상은 연성이 크고, 석출물은 단단한 성질을 가져야 한다.
② 석출물은 불연속적으로 존재하고, 기지상은 연속적이어야만 한다.
③ 석출물 입자의 크기가 미세하고 그 수가 많아야 한다.
④ 석출물 입자의 형상이 구형에 가까울수록 응력 집중을 일으키지 않으므로 균열발생 가능성이 적어진다.
⑤ 석출물의 부피 분율이 클수록 강도는 커진다.

> **꼭집어 어드바이스**
> 기지상과 석출물
> ① 석출물은 전위 슬립에 대한 강력한 장애물 역할을 담당
> ② 기지상은 합금에 최소한의 연성을 부여

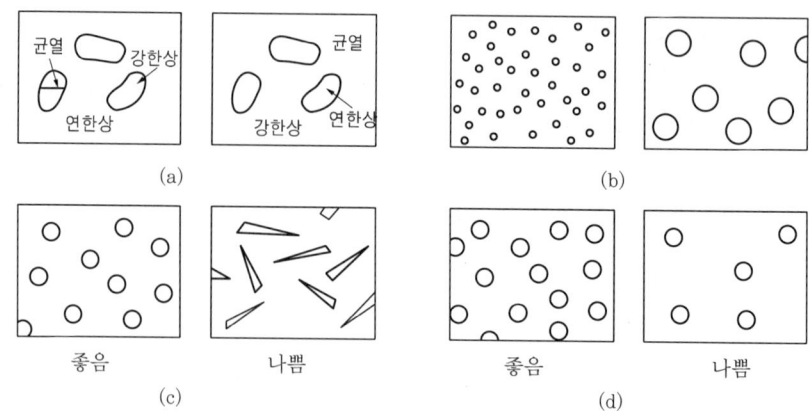

(a) 석출물은 단단하고 불연속적이어야 한다.
(b) 석출물은 입자크기가 작고, 많아야 한다.
(c) 석출물은 침상보다는 구상이어야 한다.
(d) 석출물의 양이 많을수록 강화효과가 크다.

분산강화에 미치는 석출물의 특성

(4) 용체화 처리 및 시효 경화 과정

① 용체화 처리
  ㉠ 합금을 고용한계선(Solvus line) 이상의 어느 온도로 가열하여 균일한 α 고용체가 얻어질 때까지 유지한다.
  ㉡ Al-4% Cu합금에서는 공정점과 고용한계선 사이에서 용체화 처리한다. 이때 온도 범위는 500~548°C이다.

② 급랭
  ㉠ 용체화 처리 후에 급랭하면 원자들이 확산해서 핵생성시킬만한 시간적 여유가 없기 때문에 θ 상이 형성되지 못한다.
  ㉡ 급랭 후 조직은 단상의 α 고용체(과포화 고용체 : Supersaturated solid solution)가 형성되고, 과잉의 Cu를 함유하고 있어 비평형 조직이다.

③ 시효
  ㉠ 과포화 고용체를 고용 한계선 이하의 온도로 가열하면 과잉의 Cu원자들이 핵생성 장소로 확산 이동하여 θ 상의 석출물을 형성한다.
  ㉡ 시효과정에서 미세한 석출물이 형성되어 강화되므로 석출 강화를 시효 경화(Age hardening)라 한다.

꼭집어 어드바이스

Al-Cu계 합금의 경화과정

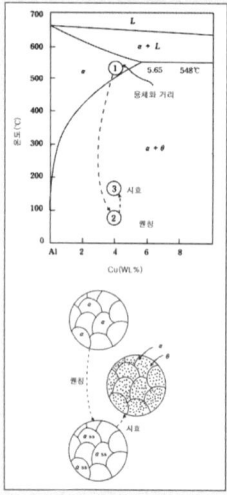

① 용체화처리 : 500°C 이상에서 단상의 α고용체로 된다.
② 급랭 : 급랭시키면 고용 한계선(Solvus line)이하에서 θ상(CuAl₂)이 과포화된다.
③ 시효 : 과포화되어 있던 제2상인 θ상(CuAl₂)을 석출시킨다.
④ θ상은 매우 단단한 금속간 화합물이므로 이 상이 강화에 이용되는 것이다.

(5) 정합성

① 부정합 석출물(Incoherent precipitation)
   ㉠ θ상 석출물이 불연속적이고 균일하게 분포되었어도 석출물이 기지 조직의 결정격자와 분리되어 있는 것이다.
   ㉡ 전위의 이동경로가 석출물과 정확히 만날 때만 슬립을 방해한다.

② 정합 석출물(Coherent precipitation)
   ㉠ 석출물 격자가 기지 조직의 격자와 결정학적으로 연결되어 있는 것이다.
   ㉡ 이러한 경우에 석출물 주위에 커다란 변형장이 형성되고, 전위가 정합 석출물 근처를 지나가도 이 변형장이 전위 이동의 장애물 역할을 한다.
   ㉢ 석출 강화를 일으키기 위해서 정합 석출물이어야 한다.

> 참고
> 부정합 및 정합 석출물

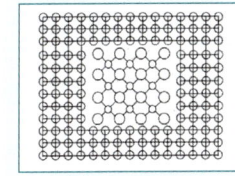
(a) 부정합 석출물

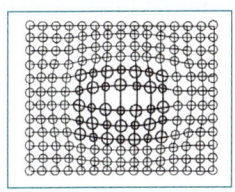
(b) 정합 석출물

(6) 시효에 의한 비평형 석출물 GP-정대(Zone) 형성

① 시효 초기에 α기지의 (100)면에 Cu원자가 집중되어 Guinier-Preston zone 또는 GP-I 정대(zone)의 매우 얇은 석출물이 형성된다.
② 시효가 계속 진행됨에 따라 Cu원자가 GP-I zone으로 확산해서 좀더 두꺼운 석출물인 GP-II zone(상당한 규칙도를 가지는 θ'상)으로 바뀐다.
③ 마지막으로 석출물이 충분히 커져서 계면 전위의 형성으로 탄성변형이 제거되면 θ'상은 안정한 석출물인 θ상이 형성되는 것이다.
④ 비평형 석출물인 GP-I, GP-II, 그리고 θ'는 정합 석출물이기 때문에 θ'상이 석출될 때까지는 강도가 계속 증가된다.
⑤ 시효가 계속되면 부정합 석출물인 θ상이 형성되기 시작하고 강도는 감소하게 된다. 이 상태를 과시효(overaging)라고 한다. θ상은 강화에 기여하고는 있지만 시효시간이 길어짐에 따라 성장하여 강화효과를 잃게 된다.

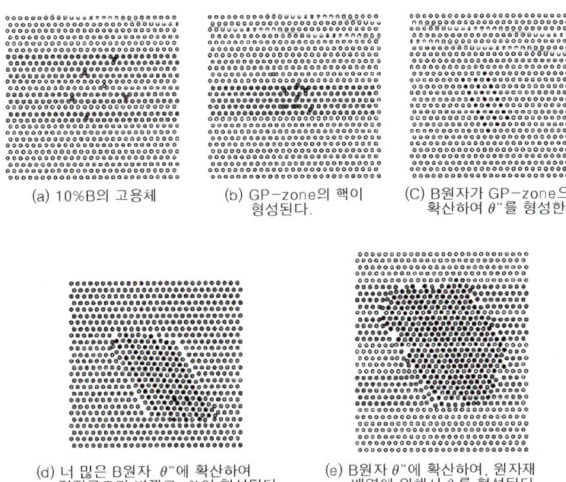

과시효와 GP-정대

꼭집어 어드바이스

인공시효와 자연시효
① **인공시효** : 상온 이상의 온도에서 시효처리 하는 것
② **자연 시효** : 상온에서 시효처리 하는 것
③ 자연시효처리 하면 최대강도를 얻기까지에는 장시간이 걸리지만, 과시효가 일어나지 않는다.

(7) 시효온도와 시간의 영향

① 최대강도는 시효온도가 낮을수록 커지게 된다.
② 시효온도가 낮을수록 성질이 균일해진다는 것이다.

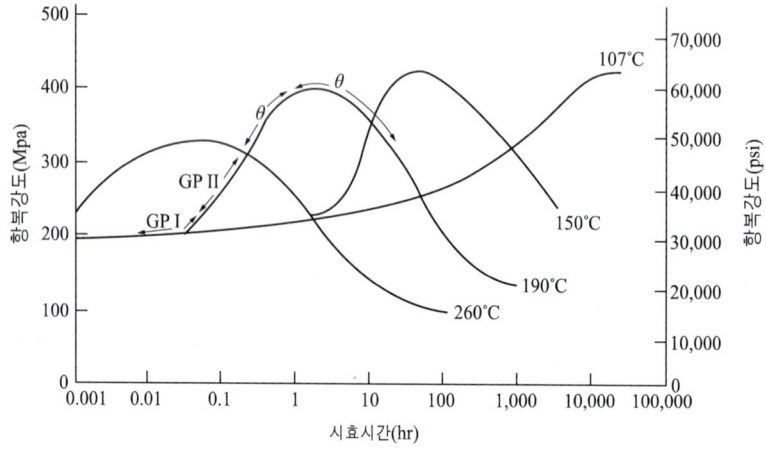

시효온도와 시효시간의 영향

(8) 시효경화를 위한 조건

① 상태도에서 고용체의 용해도 한계가 온도가 낮아짐에 따라 감소해야만 한다. 즉, 용해도 한계선 이상으로 가열 시에는 단상의 고용체가 되고, 냉각 시에는 2상 영역에 들어가야 한다.
② 기지상은 연성을 가져야 하고, 석출물은 단단한 상이어야 한다.
③ 급랭에 의해서 제2상의 석출이 저지되어야만 한다.
④ 최대 강도 및 경도를 얻기 위해서는 석출물이 기지 조직과 정합상태를 이루어야만 한다.

3. 분산 강화

① 분산강화란 강화상인 제2상이 석출에 의하지 않고 인위적으로 첨가된 경우에 나타나는 강화현상을 말한다.
② 기지와 부정합 상태를 이루고 있는 매우 단단한 제2상 입자가 합금을 강화시켜서 주로 고온 성질을 우수하게 한다.
③ 분산강화기구
  ㉠ 분산입자가 석출물처럼 전위 이동에 대한 장애물로서 작용한다.
  ㉡ 가공경화와 분산강화의 조합으로서, 제조 시 소성가공이 이루어지고, 이때 분산입자가 전위원으로 작용하여 기지조직이 가공경화된다.
  ㉢ 분산입자들이 전위를 안정화시켜서 회복과 재결정과정을 방해하기 때문에 합금의 용융점에 가까운 온도에서도 고강도를 유지할 수 있다.

▶참고

분산강화용 분산입자
① 용해도와 성분원소의 확산 속도가 작아야 한다.
② 융점이 높아야 한다.
③ 형성 자유에너지가 커서 화학적 안정성을 가져야 한다.
④ **분산강화의 강화상** : 산화물
⑤ **분산강화 합금 제조법** : 분말야금법

4. 결정립계에 의한 강화

① 결정립계는 전위의 이동을 방해하는 장애물이 된다.
② 다결정체 내에서 전위가 결정립계를 이동하려면 보다 큰 힘이 필요하므로 재료가 강화된다.
③ 결정립계가 많이 존재할수록, 결정립계 면적이 클수록, 결정립 크기가 작아질수록 재료의 강도는 증가한다.
④ Hall과 Petch의 식

$$\sigma_y = \sigma_i + kd^{-\frac{1}{2}}$$

- σ_y : 항복강도
- σ_i : 결정립 내에서 전위의 이동을 방해하는 마찰 응력
- k : 상수
- d : 결정립의 직경

⑤ 결정립이 미세할수록 금속의 항복강도, 피로강도 및 인성이 개선된다.

5. Martensite 강화와 가공경화

(1) Martensite 강화

① 강의 Martensite변태에 의한 강화가 가장 현저하고 강의 강화방법 중 가장 중요하다.
② Martensite 강화가 고강도인 이유
  ㉠ 미세한 쌍정이나 큰 전위밀도(cm^2당 $10^{11} \sim 10^{12}$개의 전위)로 인하여 전위의 활주가 방해받기 때문이다.
  ㉡ Martensite의 정도는 탄소원자에 기인하므로 탄소 0.2% 이하에서는 탄소함유량에 매우 민감하다.
  ㉢ 담금질하여 Austenite로부터 Ferrite로 급속히 변태할 때 강의 탄소 용해도는 크게 감소한다.
  ㉣ 탄소원자는 Ferrite격자를 변형시키고 이 변형은 탄소원자의 실온확산에 의한 재배열에 의해 풀릴 수 있으며 그 결과로 전위와 탄소원자 사이에 강한 결합이 생긴다.
  ㉤ (100) 면에 탄소원자 집합체가 형성된다.
  ㉥ Martensite조직 내의 장벽으로부터 생기는 강화는 탄소원자 집합체 와 전위의 상호작용으로 인한 강화는 탄소함유량과 거의 정비례한다.

꼭집어 어드바이스

전위의 집적
전위가 결정립계와 만나서 더 이상 이동하지 못하고 결정립계에 멈추어 있는 현상으로, 전위들을 이동하려면 더욱 큰 힘이 필요하다.

(2) 가공경화

① 가공경화는 전위들의 상호작용 때문에 생긴다.
② 다결정체에서는 인근 결정립의 상호간섭 때문에 다중슬립이 쉽게 일어나며 상당한 가공경화가 있다.
③ 가공경화는 열처리를 하여도 아무런 반응이 없는 금속이나 합금을 경화시키는데 사용하기 때문에 매우 중요하다.
④ 가공경화속도
　㉠ 가공경화속도는 유동곡선의 기울기로부터 구할 수 있다.
　㉡ 조밀육방정금속의 가공경화속도는 입방정금속의 가공경화속도보다 작다.
　㉢ 온도가 증가할수록 가공경화속도가 감소한다.
　㉣ 고용경화합금의 경우 가공경화속도가 순금속의 경우보다 증가할 수도 있고 감소할 수도 있다.
　㉤ 냉간가공된 고용합금의 최종강도는 같은 정도의 가공경화된 순금속보다 대단히 크다.

6. 금속의 변형

(1) 탄성 변형

① 결정격자에 외력을 가하면 원자가 격자점의 위치에서 약간 이동하였다가 외력을 제거하면 다시 본래의 위치로 돌아오는 변형을 탄성변형(Elastic deformation)이라 한다.
② 탄성변형의 범위에서는 후크(Hooke)의 법칙이 성립한다.
③ 금속의 단결정에서의 영률은 [111]방향의 값이 최대가 되고 [100]방향의 값이 최소가 된다.
④ 강성률은 [100]방향의 값이 최대가 되고 [111]방향의 값이 최소가 된다.

(2) 소성 변형

① 재료를 인장하여 변형시켰을 때 외력이 어떤 값 이상이 되면 결정조직이 영구변형을 일으키는데 이와 같은 변형을 소성변형(Plastic deformation)이라고 한다.
② 금속의 소성변형은 조직 또는 구조상의 변화로 인하여 슬립 변형(Slip deformation), 쌍정 변형(Twine deformation), 킹크 변형(Kink deformation)의 세 가지 방법으로 변형이 일어난다.

소성 변형에 의한 조직 변화

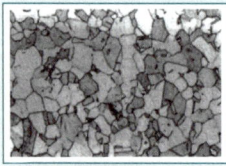

(a) 변형 전

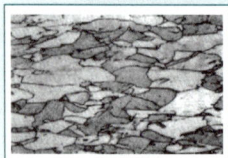

(b) 변형 후

(3) 슬립변형

① 슬립이란 결정격자 간의 상대적인 거리나 구조는 변화하지 않고 결정격자가 모두 일정한 방향으로 밀려 이동하는 현상이다.
② 단결정은 인장응력의 45° 방향으로 슬립변형이 발생한다.
③ 다결정은 결정구조마다 슬립이 일어날 수 있는 슬립면(Slip plane)과 슬립방향(Slip direction)이 있다.
④ 재료의 외형적인 변형은 슬립의 결과가 반영되어 나타나는 현상이다.
⑤ 슬립면과 슬립방향을 슬립계라고 한다.
⑥ 면 및 방향을 일반적인 기호 ( )와 [ ]로 표시한다.
⑦ 슬립방향은 슬립면 내에 있는 방향만이 가능한 슬립방향이 된다.
⑧ 결정면의 원자밀도 및 면간 거리와 결정방향의 원자간 거리

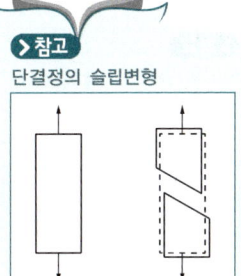

단결정의 슬립변형

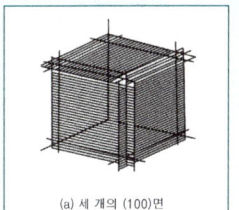

입방정에서 슬립이 일어날 수 있는 면

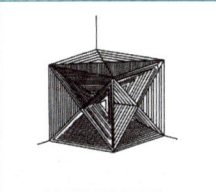
(a) 세 개의 (100)면

(b) 여섯 개의 (110)면

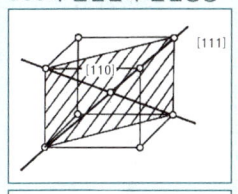
(c) 네 개의 (111)면

결정구조	결정면	원자밀도	면간 거리	결정방향	원자간 거리
BCC	(100)	$\sqrt{2} \times \dfrac{1}{a_0^2}$	$\sqrt{2} \times a_0$	[111]	$\dfrac{\sqrt{3}}{2} \times a_0$
	(100)	1	$\dfrac{1}{2}$	[110]	$\sqrt{2}$
	(111)	$\dfrac{1}{\sqrt{3}}$	$\dfrac{1}{\sqrt[2]{3}}$	[100]	1
FCC	(111)	$\dfrac{4}{\sqrt{3}}$	$\dfrac{1}{\sqrt{3}}$	[110]	$\dfrac{1}{\sqrt{2}}$
	(100)	2	$\dfrac{1}{2}$	[111]	$\dfrac{\sqrt{3}}{2}$
	(110)	$\sqrt{3}$	$\dfrac{1}{\sqrt[2]{2}}$	[100]	1
HCP	(0001)	$\dfrac{2}{\sqrt{3}}$	$\dfrac{\sqrt[2]{3}}{\sqrt{3}}$	[2110]	1
	(1010)	$\dfrac{\sqrt{3}}{\sqrt[2]{2}}$	2	[1010]	$\sqrt{3}$

BCC의 슬립면과 슬립방향

(110)면의 원자 배열과 방향

⑨ 입방결정의 슬립면과 슬립방향

결정	슬립면	슬립방향
BCC	(110)	[111]
FCC	(111)	[110]
HCP	(0001)	[$2\bar{1}\bar{1}$]

> **참고**
> FCC의 슬립면과 슬립방향

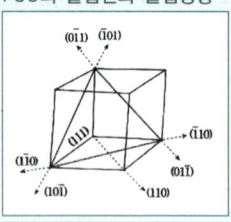

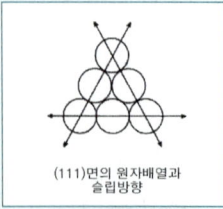

(111)면의 원자배열과 슬립방향

슬립선

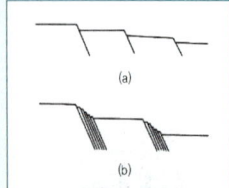

⑩ FCC의 슬립계는 슬립면 (111)은 등가면이 4개 있으며, 한 개의 면에 대하여 3개의 슬립방향이 존재한다. 따라서 4×3=12개의 슬립계가 있다.

⑪ 조밀육방정은 (0001)면에 포함되는 슬립방향은 $[2\bar{1}\bar{1}0]$, $[\bar{1}2\bar{1}0]$, $[\bar{1}\bar{1}20]$의 3개이다. 그리고 (0001)에 포함되는 등가면은 (0001)밖에 없으므로 슬립계는 1×3=3개이다.

⑫ 슬립선은 단일 슬립선(Single slip line)과 층상 슬립선(Lamellar slip line)있으며, 여러 개의 슬립선의 집합을 슬립대(Slip band)라고 한다.

⑬ 변형대(Deformation band)는 국부적으로 슬립선이 만곡한 부분으로 격자의 만곡과 회전은 슬립면 내에 있고 슬립방향에 수직한 방향을 축으로 하여 일어난다. 변형대는 FCC 및 BCC에서 나타나고 HCP에서는 나타나지 않는다.

(4) 임계전단응력

① 결정에 외력을 가하면 슬립면에서 슬립방향으로 전단응력이 생긴다.
② 이 전단응력이 어느 한계값에 이르게 되면 슬립이 일어난다.
③ 단결정의 인장시험으로 임계분해전단응력을 구하는 방법
  ㉠ 단면적 A인 슬립면의 면적은 $A/\cos\phi$로 된다.
  ㉡ 외력 F의 슬립면상에서 슬립방향에 작용하는 전단력은 $F\cos\lambda$이므로 슬립면상에서 슬립방향에 작용하는 전단응력 τ는 다음 식으로 된다.

$$\tau = \frac{F\cos\lambda}{\dfrac{A}{\cos\phi}} = \frac{F}{A}\cos\phi\cdot\cos\lambda = \sigma\cdot\cos\phi\cdot\cos\lambda \quad (\sigma\text{는 인장응력})$$

④ 이 전단응력이 어떤 값 이상이 되면 슬립이 생기게 된다.
⑤ 슬립면이 슬립하게 되는 최소의 전단응력을 임계전단응력 τ_c라 한다.
⑥ 임계분해전단응력의 법칙(Schmid의 법칙)
  ㉠ $\cos\phi\cdot\cos\lambda$를 Schmid의 계수(또는 인자)라고 한다.
  ㉡ 조밀육방정(HCP) 금속은 슬립계의 수가 적기 때문에 슬립면과 인장축 사이의 방향의 차이를 크게 할 수 있기 때문에 Schmid 법칙을 실험으로 증명하기가 가장 쉽다.
  ㉢ 인장응력이 일정할 때는 $\phi = \lambda = 45°$일 때 전단응력이 최대이다.
⑦ 상하 원자층을 슬립하기 위해 필요한 임계전단응력은 그 재료의 강성률의 약 1/6 정도이다.

> **참고**
> 슬립면에서의 전단응력

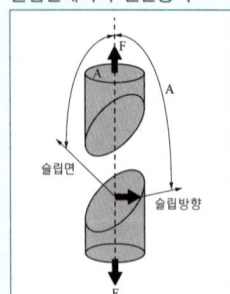

(5) 전위와 슬립변형

① 슬립은 상하 원자가 1버거스 벡터만큼 조금씩 움직인다.
② 이러한 슬립과정은 유충의 운동과 같은 방법으로 상하 원자층이 조금씩 움직인다고 볼 수 있다.

③ 전위를 일으키는 데 소요되는 에너지 E는 전위길이 l, 전단 탄성계수 G 및 단위 슬립벡터인 버거스 벡터(Burgers vector) ($1b$)의 제곱을 곱한 값에 비례한다.

$$E \propto lG(1b)^2$$

④ 최소 임계전단응력은 가장 조밀한 슬립면과 슬립방향에서 일어난다.

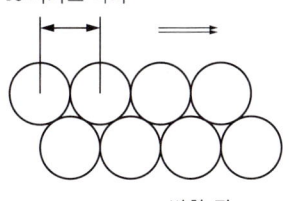
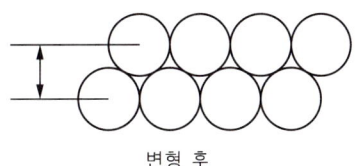

슬립에 의한 변형 설명도

전위의 이동에 의한 슬립변형의 형성과정

(6) 쌍정 변형

① 금속의 소성변형에 대한 가장 중요한 기구는 슬립이며 슬립은 전위의 이동에 의해서 일어나고 슬립 다음으로 중요한 변형기구는 쌍정 변형이다.
② 결정의 쌍정 형성 부분은 모결정의 영상으로 대칭으로 형성된다.
③ 인상시험 중 쌍정이 생기면 응력-변형곡선에 톱니모양이 생긴다.
④ 슬립계가 제약을 받을 때나 슬립의 임계분해 전단응력이 증가하여 쌍정 형성이 필요한 응력이 슬립에 필요한 응력보다 작을 때 쌍정이 생긴다.
⑤ 저온이나 BCC와 FCC금속을 높은 변형속도에서 변형되는 때나 HCP 금속의 저면이 슬립하기 좋은 방향으로 향하여 있지 않을 때 쌍정이 발생한다.
⑥ 결정에 쌍정을 발생시키는 데 필요한 격자변형은 작기 때문에 쌍정의 형성으로 생길 수 있는 총 변형량은 작다.
⑦ 쌍정은 결정의 변형에 의해서 형성되는 변형쌍정(Deformation twin)과 가공한 금속을 고온으로 가열하였을 때 일어나는 결정입계의 이동에 따라서 형성되는 풀림쌍정(Annealing twin)이 있다.

꼭집어 어드바이스

변형(기계적) 쌍정
① 변형 쌍정은 기계적 변형에 의해 발생한다.
② 급속부하(충격부하)와 낮은 온도에서 체심육방정 또는 조밀육방정에서 생긴다.
③ 면심입방정의 금속에서는 변형 쌍정이 생기지 않지만 Au-Ag 합금은 저온에서 변형시키면 쉽게 생긴다.

풀림 쌍정
① 풀림쌍정은 소성변형 후에 풀림할 때 생기는 쌍정을 말한다.
② 풀림쌍정은 기계적 쌍정보다 그 폭이 더 넓고 양쪽 계면이 더 곧다.
③ 풀림쌍정의 에너지는 평균 입계에너지의 약 5% 정도이다.
④ 풀림쌍정은 면심입방결정 금속에서 자주 나타난다.

참고
슬립변형과 쌍정변형 비교

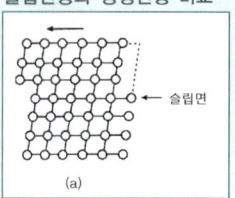

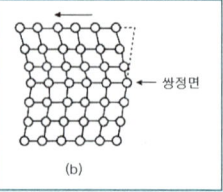

황동의 풀림쌍정

참고
킹크밴드의 형성

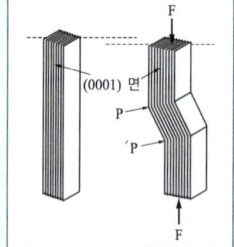

⑧ 쌍정과 슬립과의 차이점
  ㉠ 슬립에서는 슬립면의 아래와 위의 결정의 방향이 변형 후에도 변형전과 같지만 쌍정에서는 쌍정면 양쪽 결정의 방향이 서로 다르다.
  ㉡ 슬립은 원자간격의 배수의 거리만큼 일어나는 것이 보통이지만 쌍정 형성에서는 원자의 이동거리가 한 원자거리보다 훨씬 작다.
  ㉢ 슬립은 비교적 넓게 퍼진 면에서 일어나지만 결정의 쌍정된 영역에서는 모든 원자면 이 변형에 참여한다.
  ㉣ 쌍정은 수마이크로초(sec) 동안에 생길 수 있지만 슬립의 경우에는 슬립띠가 생기기전 수밀리초(sec)의 지체시간이 있다.

⑨ 각 결정격자의 쌍정면 및 쌍정방향

결정	쌍정면	쌍정방향
BCC	(112)	[111]
FCC	(111)	[112]
HCP	$(10\bar{1}2)$	$[10\bar{1}\bar{1}]$

(7) 킹크 변형

① 슬립면이 한 가지 격자면으로 되어 있는 결정의 슬립면이 인장축에 거의 수직일 때나 압축과 평행일 때, 슬립이 매우 좁은 띠에 국한되어 있다. 이렇게 되면 결정이 찌그러지는데 이것을 킹크 형성이라 한다.
② 킹크형성은 평행한 슬립면상에서 전위쌍의 생성과 분리에 의해 생긴다.
③ 킹크대(Kink band)는 조밀육방정계에서 볼 수 있는 특징적인 변형이다.
④ Cd와 Zn과 같은 조밀육방결정 금속을 슬립면에 수직으로 압축하면 슬립이 일어나기 곤란하므로 킹크 변형을 일으킨다.
⑤ 킹크에 의해 생긴 변형 부분을 킹크 밴드(Kink band)라 한다.
⑥ 킹크면(Kink plane)이라 하는 이면에서 결정의 방향이 급격히 변한다.

개념잡기

금속의 강화기구가 아닌 것은?
① 분산강화　　　　　　　② 석출강화
③ 재결정강화　　　　　　④ 고용체강화

재결정에 의해 금속은 연화한다.　　　　　　　답 ③

개념잡기

분산강화에 사용되는 분산입자에 대한 설명으로 옳은 것은?

① 융점이 높다.
② 형성 자유에너지가 작다.
③ 성분원소의 확산속도가 크다.
④ 기지에 대한 용해도가 크다.

> 분산강화에 사용되는 분산입자는 융점이 기지보다 높고, 강도가 커야하지만, 확산이나 용해도가 크면 안 된다.
>
> **답 ①**

개념잡기

Al-Cu 합금의 석출과정에 대한 설명으로 틀린 것은?

① 완전한 석출상을 만든다.
② 결정 내에서 용질원자가 국부적으로 집합한다.
③ 안정한 석출상이 되기 전의 중간상태를 말한다.
④ 시효 온도에서 장시간 유지할수록 점차 경도는 증가한다.

> 시효에 의한 경도 변화는 장시간 유지하면 오히려 경도가 다소 감소한다.
>
> **답 ④**

개념잡기

석출경화의 기본원칙에 해당되지 않는 것은?

① 석출물의 부피 분율이 커야 한다.
② 석출물 입자의 형상이 구형에 가까워야 한다.
③ 석출물 입자의 크기가 미세하고 그 수가 많아야 한다.
④ 석출물은 연속적으로 존재해야만 하는 반면에 기지상은 불연속적이어야만 한다.

> 기지는 연속적이고, 석출물은 불연속적으로 존재해야 한다.
>
> **답 ④**

개념잡기

킹크밴드(Kink band)를 형성하기 쉬운 금속은?

① Cr
② Zn
③ V
④ Mo

> HCP 금속이 킹크밴드가 잘 형성된다.
>
> **답 ②**

CHAPTER 04 철강의 조직

A
1. 순철의 변태에 따른 조직의 변화를 알 수 있다.
2. 탄소강의 변태와 조직의 변화를 알 수 있다.
3. 강의 열처리 조직 변화를 알 수 있다.
4. 주철의 조직을 구분할 수 있다.

단원 들어가기 전

빅데이터 키워드
순철, 동소변태, 자기변태, 공석변태, 금속조직, 페라이트, 펄라이트, 오스테나이트, 시멘타이트, 마텐자이트, 열처리, 합금강, 공구강, 주철, 흑연

1 ▶ 순철의 변태

꼭집어 어드바이스
순철의 조직

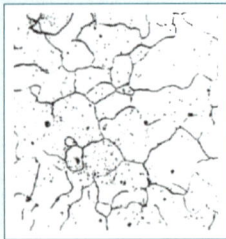

1. 순철의 변태 ★★

순철은 1,539℃에서 응고하며 실온까지 냉각하는 동안 A_4, A_3, A_2라고 하는 변태가 일어난다.

(1) 동소변태

① A_4변태
 ㉠ A_4변태는 1,400℃에서 일어나는 변태로 원자배열을 수반하는 동소변태이다.
 ㉡ δ-Fe이 γ-Fe로 즉, 원자배열이 BCC에서 FCC로 변태한다.

② A_3변태
 ㉠ A_3변태는 910℃에서 일어나는 변태로 원자배열을 수반하는 동소변태이다.
 ㉡ γ-Fe이 α-Fe로 즉, 원자배열이 FCC에서 BCC로 변태한다.

③ 원자배열을 수반하는 변태는 가열 시와 냉각 시에 그 정확한 온도에서 일어나지 않는다.
  ㉠ 가열 시에는 그 온도보다 높은 온도에서 일어난다.
  ㉡ 냉각 시는 그 온도보다 낮은 온도에서 일어난다.
  ㉢ 가열 시에는 c문자, 냉각 시에는 r문자를 붙여 표시한다.
    예 가열 : Ac_4, 냉각 : Ar_3

(2) 자기변태
① A_2변태 768℃에서 일어나는 자기변태이다.
② 원자배열의 변화는 없고 자기(磁氣)의 강도만 변한다.

(3) 순철 각상의 격자상수의 변화와 온도 상승에 의한 팽창
① 가열 및 냉각의 속도가 빠를수록 양자의 차가 심해진다.
② 가열 및 냉각의 속도가 늦을수록 양자가 접근한다.
③ 극한의 경우는 일치한다.

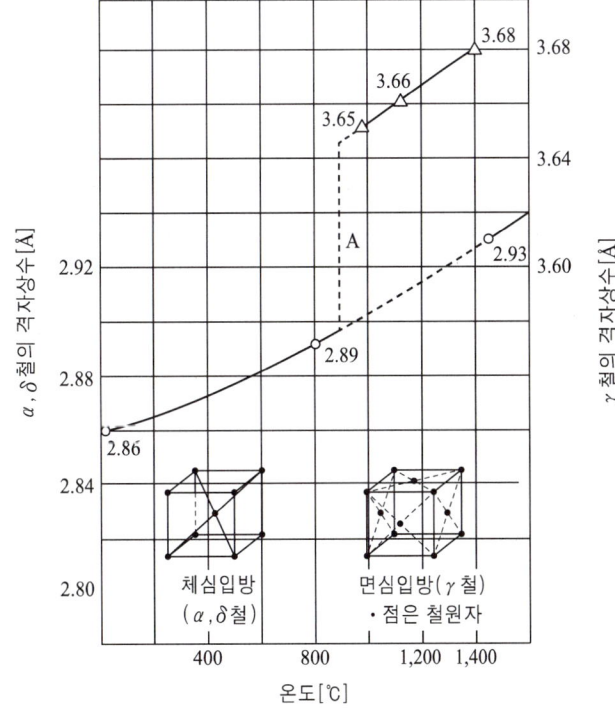

철의 격자상수와 온도와의 관계

개념잡기

자기변태가 존재하지 않는 것은?

① Ni　　② Co　　③ Al₂O₃　　④ Fe₃C

자기변태
Fe, Ni, Co, Fe₃C (강자성체에서 발생)

답 ③

개념잡기

강의 마텐자이트변태에 대한 설명으로 옳은 것은?

① 면심입방격자이다.
② 무확산 과정이다.
③ 원자의 협동운동에 의한 변태가 아니다.
④ 변태량은 냉각온도의 영향을 받지 않는다.

마텐자이트변태
① 무확산변태 과정
② 체심정방정격자
③ 원자의 협동운동에 의한 변태
④ 변태량은 냉각온도, 냉각속도에 따라 달라진다.

답 ②

개념잡기

동소변태에 대한 설명으로 틀린 것은?

① 자성의 변화가 일어난다.
② 결정구조의 변화가 일어난다.
③ 원자배열의 변화가 일어난다.
④ 급속히 비연속적으로 일어난다.

자기변태 : 자성의 변화

답 ①

개념잡기

Fe-C 평형상태도에서 순철의 변태가 아닌 것은?

① A₁변태　　② A₂변태　　③ A₃변태　　④ A₄변태

A₁변태 : 탄소강에서의 공석변태

답 ①

2 탄소강의 변태와 조직

1. 탄소강의 변태 ★★★

① 탄소강의 변태는 탄소에 의해서 변화한다.
② 강의 열처리에 관계되는 A_3, A_1, A_{cm} 변태점의 탄소량과 함께 변화한다.
　㉠ A_{cm} 곡선은 오스테나이트 중의 Fe_3C의 용해도 곡선이다.
　㉡ A_1 수평선은 Austenite $\rightleftarrows$ α + Fe_3C 즉, 오스테나이트가 펄라이트로 변하는 선이다.
　㉢ 공석온도(723℃)에서 탄소의 용해량은 0.0218%이고 상온에서는 거의 없다.

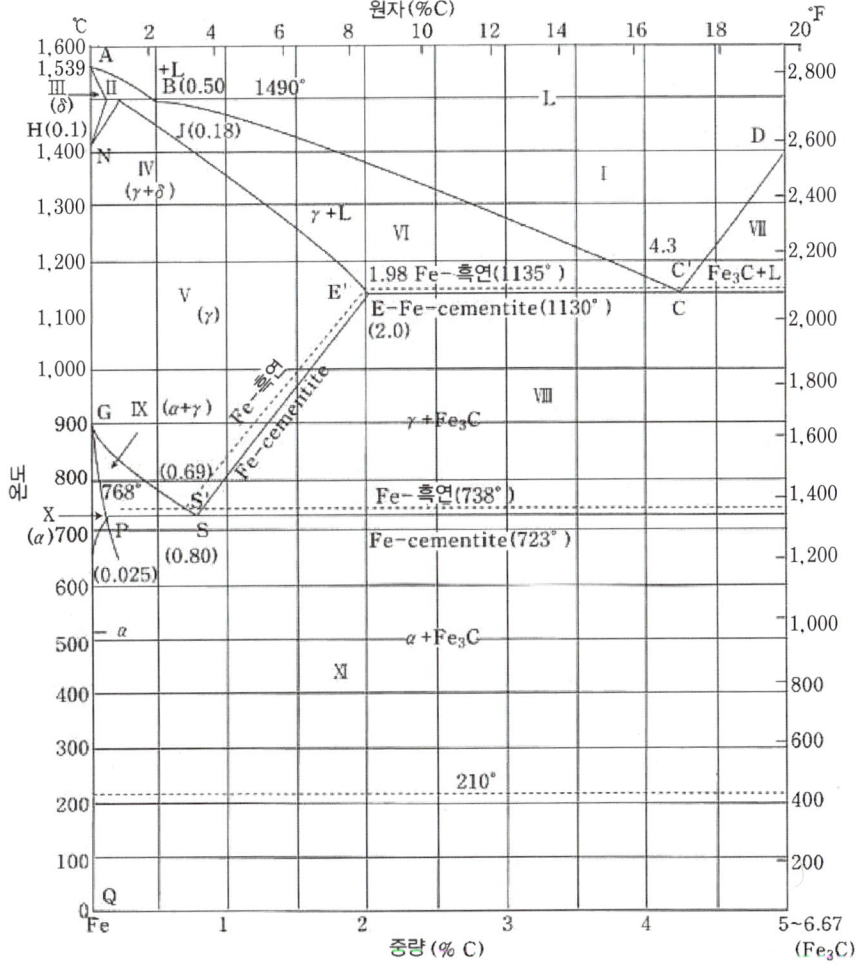

철-탄소계의 평행 상태도

꼭집어 어드바이스

상태도에서 각 구역의 조직 및 성분

구역	조직성분
I	용액
II	δ고용체+용액
III	δ고용체
IV	δ고용체+γ고용체
V	γ고용체
VI	γ고용체+용액
VII	Fe_3C+용액
VIII	γ고용체+Fe_3C
IX	α고용체+γ고용체
X	α고용체
XI	α고용체+Fe_3C

(1) 오스테나이트

① 오스테나이트는 Fe의 γ-상에 탄소가 고용된 고용체이다.
② 결정형은 FCC로서 탄소원자는 침입형으로 고용하고 있다.
③ FCC격자에서 공간이 가장 많은 곳이 중심에서 탄소원자가 격자의 중심에 침입형으로 있으므로 격자상수는 탄소의 양과 더불어 연속적으로 증가한다.
④ C 0.18%(1,065℃ 담금질)일 때 격자상수가 3.585이던 것이 C 1.28%(1,065℃ 담금질)일 때 3.607로 증대한다.
⑤ 탄소강에서는 γ상으로부터 담금질하여 γ상을 전부를 없게 할 수는 없다.
⑥ 오스테나이트는 비교적 산에 약하고 쉽게 부식된다.
⑦ 오스테나이트는 인성이 크고 마텐자이트에 비해 매우 연하다.
⑧ 오스테나이트를 냉각할 경우
   ㉠ 아공석강은 A_3선에 도달하면 먼저 페라이트를 석출한다.
   ㉡ 과공석강은 A_{cm}에 도달하면 Fe_3C를 석출한다.

(2) 강의 표준조직

① 탄소 0.80% 이하의 아공석강에서는 초정에서 δ 혹은 γ고용체가 수지상 결정으로 정출하고 공석점에서 공석이 된다.
② 탄소 0.80% 이상의 과공석강에서는 γ고용체 혹은 Fe_3C를 초정으로 정출하고 이것은 편상결정을 형성한다.
③ 4.3%C의 곳에서는 γ와 Fe_3C 공정이 정출한다.
④ A_3선 또는 A_{cm}선 이상 40~50℃까지 즉, γ고용체 범위까지 가열하고 적당한 시간 유지 후 서랭하여 나타난 조직을 표준조직이라 한다.
⑤ 불림처리한 조직을 표준조직이라 한다.
⑥ 표준조직이 된 강을 산으로 부식시키면
   ㉠ 펄라이트가 먼저 부식되어 페라이트는 백색, 펄라이트는 흑색으로 구분된다.
   ㉡ 페라이트와 시멘타이트(Fe_3C)는 동일한 백색이지만 용이하게 구별할 수 있다.
   ㉢ 0.6~0.7%C 정도의 강에서는 페라이트도 망상으로 나타나 Fe_3C와 구별이 곤란하지만 이때는 착색실험을 하여 구분한다.
⑦ 0.80%C 이하의 강은 페라이트와 펄라이트로 되어 있고 0.80%C 이상의 강은 펄라이트와 Fe_3C로 되어 있다.
⑧ 페라이트는 매우 연하고 연성이 크며 인장강도는 비교적 작고, 상온에서 강자성체이며, 전기전도도가 높고 담금질에 의해서 경화하지 않는다.
⑨ Fe_3C는 매우 강하고 취약하며 연성은 거의 없으며 상온에서 강자성이다.

꼭집어 어드바이스

페라이트와 시멘타이트의 구별법
① 저탄소강에서는 페라이트가 입상으로 나타난다.
② Fe_3C는 망상 또는 침상으로 나타난다.
③ 피크린산($C_6H_3O_7N_2$) 2g과 NaOH 25g을 물 75cc에 용해시켜 그 용액 속에 강을 넣고 5분 정도 끓인다.
④ Fe_3C는 흑색 또는 갈색으로 착색되고 Ferrite는 백색으로 남는다.

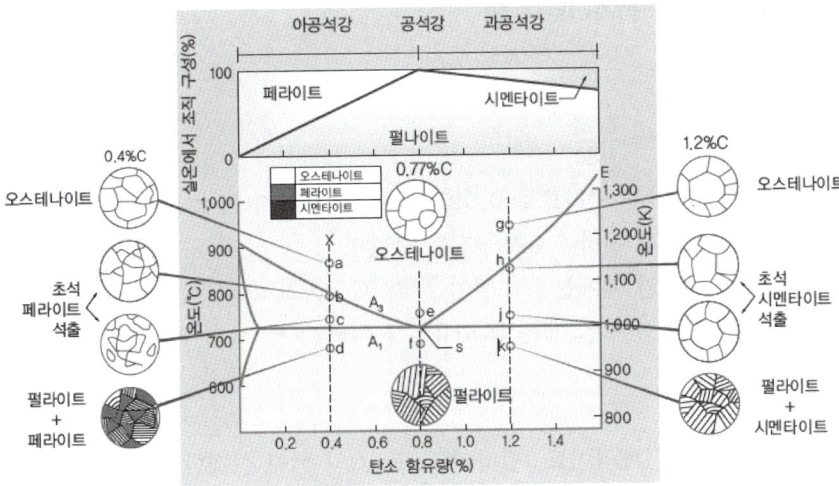

Fe-C 탄소강의 조직

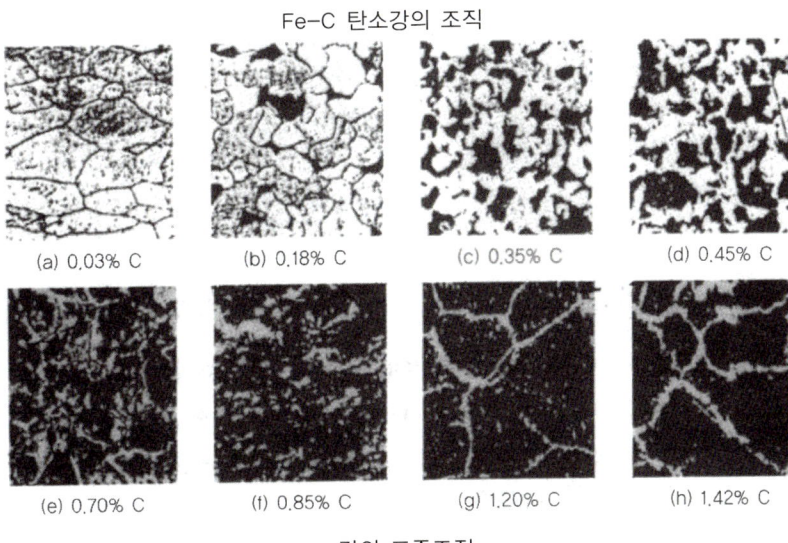

강의 표준조직

꼭찝어 어드바이스

각 조직의 부식 순서
1. 트루스타이트
2. 오스테나이트
3. 소르바이트
4. 펄라이트
5. 마텐자이트
6. 페라이트

※ 페라이트는 부식이 가장 적고 트루스타이트는 부식이 가장 잘 된다.

각 조직의 경도 순서
1. 시멘타이트(HB 820)
2. 마텐자이트(HB 680)
3. 트루스타이트(HB 420)
4. 소르바이트(HB 270)
5. 펄라이트(HB 225)
6. 오스테나이트(HB 155)
7. 페라이트(HB 90)

(3) 아공석강의 표준상태에서 기계적 성질

① 인장강도 $= \dfrac{(35 \times F) + (80 \times P)}{100}$

$\begin{bmatrix} F : \text{Ferrite}(\%) \quad P : \text{Pearlite}(\%) \\ F + P = 100\% \end{bmatrix}$

② 연신율 $= \dfrac{(40 \times F) + (10 \times P)}{100}$

③ 경도(HB) $= \dfrac{(80 \times F) + (200 \times P)}{100}$

④ 페라이트와 펄라이트의 양
  ㉠ 페라이트 = $\dfrac{0.80 - C\%}{0.80} \times 100$
  ㉡ 펄라이트 = $\dfrac{C\%}{0.80} \times 100$
⑤ 대략적인 값을 구하므로 0.0218%C는 무시하지만, 정확하게 하려면 분모 0.80%C에서 0.0218%C를 감한다.
⑥ C < 0.80%일 때에는 α초석이 석출, C > 0.80%일 때는 Fe_3C초석이 석출, C = 0.80%일 때는 Pearlite가 석출한다.

(4) 주철의 조직

주철의 조직

① 탄소(흑연), 페라이트, 펄라이트, Fe_3C의 상이 존재한다.
② 여기서 초정 탄소는 흑연상으로 정출한다.
③ 상률에 의하면 F = n + 1 - P = 2 + 1 - 3 = 0이다.
  ㉠ F = 0이므로 특정한 온도와 농도 이외는 존재할 수 없다.
  ㉡ A_1 이상에서는 C, γ, Fe_3C의 3상이나 이것을 2가지 합리적인 방법으로 설명하면,
    ⓐ Fe_3C는 불안정한 상이고 일시적으로 존재할 수 있으나 완전한 상태에서는 소실된다. 즉, 고온에서 장시간 풀림하면 Fe_3C는 Fe과 C로 분리하고 평형을 유지한다.
    ⓑ Fe과 Fe_3C가 최종적인 상이고 흑연이 형성되는 것은 Fe_3C가 분해하기 때문이다.

2. 강의 열처리 조직 ❋❋❋

(1) 1차 조직

① 용액으로부터 응고가 시작하면 0.51%C 이하에서는 δ고용체이고 0.51%C 이상에서는 γ고용체가 수지상으로 정출한다.
② 가장 최초에 응고한 부분은 입계가 길다란 주상으로 된다.
③ δ로 응고한 것은 온도의 강하와 포정반응에 의하여 γ로 변태한다.
④ δ의 수지상이 그대로 γ의 수지상이 된다.
⑤ 1차 조직은 불순물 분포의 추적 또는 마이크로 에칭에 의하여 관찰할 수 있다.

(2) 2차 조직

① α 또는 Fe_3C를 석출하여 펄라이트의 변화를 끝낸 조직 즉, A_1점 직하의 조직을 2차 조직이라 한다.

② 서랭하면 불순물을 핵으로 하여 α 혹은 Fe_3C가 석출하므로 이들을 추적하면 수지상을 발견할 수 있다.
③ 냉각이 빠르면 α + Fe_3C가 입내에 석출하여 C%의 증가와 함께 그 면적이 넓어지고 끝내는 새로운 경계(망상입계)를 만든다.
④ 입계는 수지상과 관계가 없으며 1차조직과 2차조직은 아무 관련없이 나타난다.
⑤ 펄라이트 생성 시 급랭하면 미세한 층상이 된다. 즉, γ상태로부터 공랭하면 미세한 조직으로 이 조직을 소르바이트(Sorbite) 조직이라 한다.
⑥ 소르바이트 조직보다 급랭하면 더욱 미세한 조직이 되고 배율 3,000배 이상으로 분별하기 힘든 조직으로 이것을 트루스타이트(Troostite)라고 한다.

(3) 3차 조직

① α-Fe은 A_1선에서 탄소를 0.0218%를 고용하는데 이것을 냉각하면 용해도가 감소하므로 다시 Fe_3C가 입계에 석출한다. 이 조직을 3차 조직이라 한다.
② 이 조직은 저탄소강에서 나타난다.

(4) Fe_3C의 구상화

① 펄라이트는 페라이트와 Fe_3C와의 층상조직이나 이것을 A_1점 직하로 수십시간 풀림처리하면 Fe_3C의 층이 짧게 끊어져서 구상화된다.
② 펄라이트 조직이 구상화되면 조직이 연해져서 인성이 커진다.
③ 구상화는 500℃에서 시작되며, 펄라이트 조직이 미세할수록 일어나기 쉽다.
④ 냉간가공하여 시멘타이트를 분해하여 놓으면 쉽게 구상화한다.
⑤ 구상화를 빨리 하려면 A_1점보다 20~30℃로 가열하여 오스테나이트의 핵이 곳곳에 형성되도록 한다.
⑥ Fe_3C의 구상화는 과공석강에서는 절대적으로 필요한 조직이다.

> 꼭집어 어드바이스
>
> 마텐자이트
>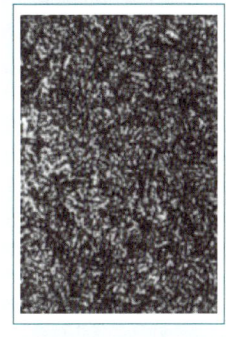
>
> 트루스타이트
>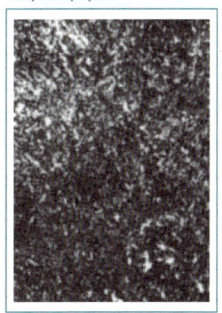
>
> 소르바이트
>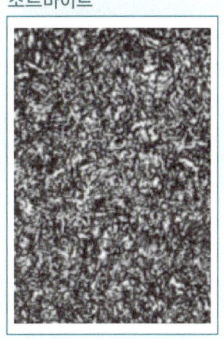

망상 시멘타이트

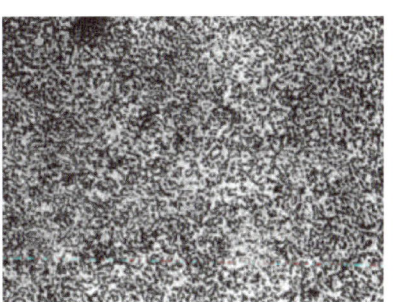
구상 시멘타이트

개념잡기

Fe-Fe₃C 상태도에서 0.2%C인 경우 상온에서 초석 페라이트(α)와 펄라이트(P)의 양은 약 몇 %인가? (단, 공석점은 0.80%C, α의 고용한도는 0.025%C이다)

① α = 66%, P = 34%
② α = 34%, P = 66%
③ α = 77%, P = 23%
④ α = 23%, P = 77%

$$\alpha = \frac{0.8 - 0.2}{0.8 - 0.025} \times 100 = 77\%$$
$$P = \frac{0.2 - 0.025}{0.8 - 0.025} \times 100 = 23\%$$

답 ③

개념잡기

공석강이 300℃ 부근의 등온변태에 의해 생성되는 조직으로 침상구조를 이루고 있는 것은?

① 마텐자이트
② 레데뷰라이트
③ 하부 베이나이트
④ 상부 베이나이트

등온변태하면 베이나이트가 생성되는데, 350℃ 이상에서는 상부 베이나이트, 그 이하에서는 하부 베이나이트가 생성된다.

답 ③

개념잡기

Fe-C 평형상태도에서 α고용체 + Fe₃C의 기계적 혼합물은?

① 페라이트(Ferrite)
② 마텐자이트(Martensite)
③ 펄라이트(Pearlite)
④ 오스테나이트(Austenite)

펄라이트
페라이트와 시멘타이트(Fe₃C)의 기계적 혼합물로 층상구조를 가진다.

답 ③

개념잡기

탄소강에서 탄소량의 증가에 따라 증가하는 성질은?

① 비중
② 전기저항
③ 팽창계수
④ 열전도도

탄소량이 증가할 때
강도, 경도, 전기저항 등이 증가
전성, 연성, 비중, 전도도, 팽창계수 등은 감소

답 ②

개념잡기

회주철에 나타나는 바탕조직은?

① 펄라이트 ② 소르바이트
③ 트루스타이트 ④ 레데뷰라이트

회주철
(펄라이트 또는 페라이트) + 흑연

답 ①

PART 03 금속열처리

- CHAPTER 01 열처리의 개요
- CHAPTER 02 일반 열처리
- CHAPTER 03 열처리의 응용
- CHAPTER 04 열처리 생산설비
- CHAPTER 05 제품의 검사 및 열처리 안전

CHAPTER 01 열처리의 개요

A
1. 금속재료는 금속 고유의 변태온도에 의해 조직이 변하고 조직이 변하면 기계적 성질이 변한다. 화학조성이나 가공방법이 같더라도 가열 후의 유지시간, 냉각속도와 처리방법에 따라 가열 전과는 다른 성질을 가지게 된다.
2. 열처리의 기초 이론, 열처리 조직 및 열처리 방법에 대하여 알아보기로 하자.

단원 들어가기 전

빅데이터 키워드: 열처리의 정의, 냉각 방법, 변태, 항온변태, 연속 냉각변태, 마텐자이트변태

1 ▶ 열처리 종류 및 방법

핵심 Key

열처리 조작 3요소
가열, 유지, 냉각

열처리의 3원인
재결정, 확산, 상변태

열처리 요구 성질
경도, 내마모성, 내충격성, 가공성, 자성 등

강의 변태점
- A_0 : 210℃ Fe_3C의 자기변태
- A_1 : 723℃ 공석변태
- A_2 : 768℃ 자기변태
- A_3 : 910℃ 동소변태
- A_4 : 1,400℃ 동소변태

1. 열처리의 정의

금속 또는 합금에 가열, 유지, 냉각의 조작으로 재결정, 원자의 확산, 상변태를 이용하여 요구되는 성질을 부여하는 기술

2. 열처리의 목적 및 방법

① 강도·경도의 증가 (Q-T열처리, Quenching & Tempering 담금질 후 뜨임처리)
② 기계가공에 적당한 상태로 연화 (어닐링, 풀림)
③ 미세화, 균일화 (노멀라이징, 불림)
④ 가공에 의한 응력제거 (중간 어닐링, 변태점 이하 온도에서 연화처리)
⑤ 조직의 안정화 (어닐링, 템퍼링, 심랭처리와 템퍼링의 혼용)
⑥ 내식성 개선 (스테인리스 강의 담금질)
⑦ 표면 경화 (고주파 담금질, 화염 담금질)

3. 일반 열처리의 종류

풀림 (Annealing)	㉠ 목적 : 냉간가공한 강의 연화 ㉡ 방법 : (A_3 또는 A_1 이상 20~30℃)까지 가열한 다음 서랭(일반적으로 노랭)
불림 (Normalizing)	㉠ 목적 : 단강, 주강 등의 조대한 주조 조직을 미세화하고 내부 편석을 제거하며 결정 조직, 기계적·물리적 성질 등을 표준화 ㉡ 방법 : 온도(A_3 또는 A_{cm} 50~60℃)로 가열, 일정한 시간을 유지하여 균일한 오스테나이트 조직으로 한 다음 안정된 공기 중에 냉각
담금질 (Quenching)	㉠ 목적 : 내마모성과 경도의 향상(경화)을 위하여 오스테나이트 온도로 가열 후 그 온도에서 냉각 도중의 변태를 저지하기 위하여 급랭하는 열처리 ㉡ 방법 : 아공석강 A_3선 이상 30~50℃, 과공석강 A_1 온도 이상 30~50℃로 가열, 일정 시간 유지 후 적합한 냉각제에 담금
뜨임 (Tempering)	㉠ 목적 : 담금질에 의한 잔류 응력제거, 인성 부여 ㉡ 방법 : A_1 변태점 이하의 온도에서 일정 시간 유지하였다가 공랭

개념잡기

열처리의 목적이 아닌 것은?

① 조직을 안정화시키기 위하여
② 내식성을 개선시키기 위하여
③ 경도 또는 인장력을 증가시키기 위하여
④ 조직을 조대화하고 방향성을 크게 하기 위하여

조직이 미세화되고 방향성을 제거한다.

답 ④

2. 가열과 냉각 ★★★

1. 가열 방법

① 가열 온도
  ㉠ 변태점 이상 : 풀림, 불림, 담금질
  ㉡ 변태점 이하 : 뜨임

② 속도
  ㉠ 서서히 승온 : 열전도도 낮은 재료
  ㉡ 급속 가열 : 고주파 담금질, 화염 담금질

③ 유지시간 : 재료의 종류 및 질량에 따라 달리 계산

2. 냉각 방법

열처리	가열 온도 및 냉각 방법
담금질 (Quenching)	A_1~A_3 이상 50~60℃, 급랭
불림 (Normalizing)	A_{cm}~A_3 이상 50~60℃, 공랭
풀림 (Annealing)	A_1~A_3 이상 20~30℃, 노랭 (서랭)
뜨임 (Tempering)	A_1 이하의 온도에서 공랭

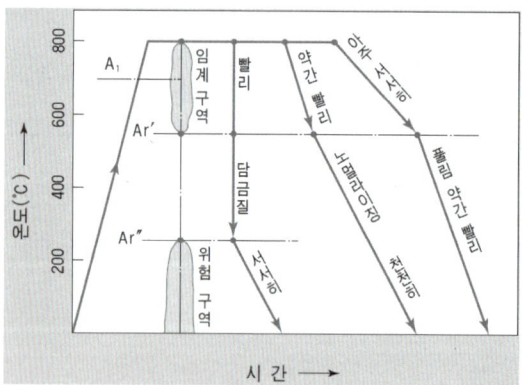

냉각 방법

3. 냉각 온도 구역

① 임계 구역
  ㉠ 열처리 온도부터 화색이 없어지는 온도(약 550℃)까지의 범위
  ㉡ 담금질 효과의 정도를 결정하는 온도 범위

ⓒ 이 구역을 빨리 냉각시키면 열응력이 최대로 되어 강은 경화
ⓓ 느리게 냉각되면 열응력이 최소로 되어 경화되지 않음

② 위험 구역
  ⓐ 약 250℃ 이하 M_s(마텐자이트변태가 시작되는 온도) 온도 범위
  ⓑ 담금질 처리의 경우에만 필요한 온도의 냉각
  ⓒ 냉각에 의한 잔류 응력 때문에 담금질 균열이 나타날 수 있음
  ⓓ 시편의 내외부의 온도차가 되도록 작게 담금질 균열을 방지

4. 냉각 방법의 3형식

① 연속 냉각(CC : Continuous cooling)
  ⓐ 완전히 냉각될 때까지 계속 하는 방법으로 가장 일반적인 냉각 방식
  ⓑ 보통 풀림, 보통 불림, 보통 담금질

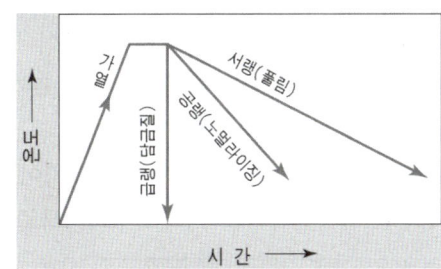

연속 냉각에 의한 열처리

핵심 Key

냉각의 3방법

냉각 방법	열처리의 종류
연속 냉각	보통 풀림 보통 불림 보통 담금질
2단 냉각	2단 풀림 2단 불림 인상 담금질
항온 냉각	항온 풀림 항온 뜨임 오스템퍼링 마템퍼링 마퀜칭 오스포밍 M_s 담금질

② 2단 냉각(SC : Step cooling)
  ⓐ 수랭 후 유랭 또는 공랭으로 냉각속도를 변화시키는 방법
  ⓑ 2단 풀림, 2단 불림, 인상 담금질(시간 담금질)

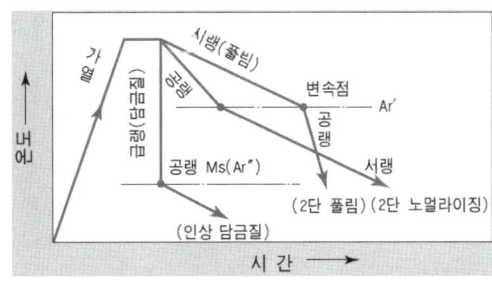

2단 냉각에 의한 열처리

③ 항온 냉각(IC : Isothermal cooling)
  ⓐ 일정한 온도로 유지된 염욕의 냉각제를 사용하여 재료 내부와 외부의 온도 차이를 없앤 후 냉각하는 방법
  ⓑ 항온 풀림, 항온 뜨임, 오스템퍼링, 마템퍼링, 마퀜칭, 오스포밍, M_s 담금질 등

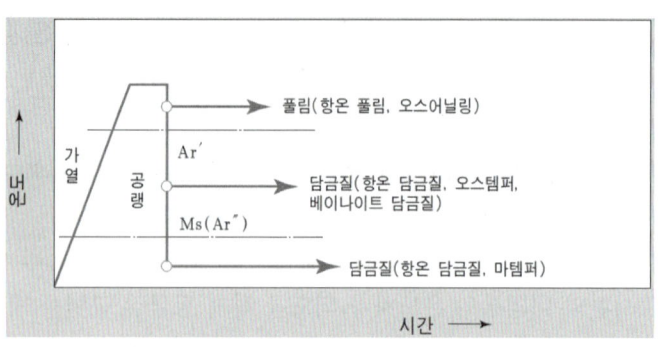

항온 냉각에 의한 열처리

5. 탄소강의 냉각 가열 곡선

① 가열 후 서랭 또는 공랭하면 변태하는 데 충분한 시간이 주어지므로 펄라이트로 변태에 따른 길이 변화가 없다.
② 급랭(유랭 또는 수랭)을 하게 되면 다음과 같이 부피가 변한다.
　㉠ 냉각 초기 빠른 냉각속도로 인하여 펄라이트가 생성되지 못하고 그대로 급랭되어 부피가 급격히 축소한다.
　㉡ 마텐자이트변태 온도(M_s)에 다다르면 마텐자이트변태가 발생하면서 부피가 팽창한다(마텐자이트가 BCT 구조이므로 부피가 원래보다 팽창).

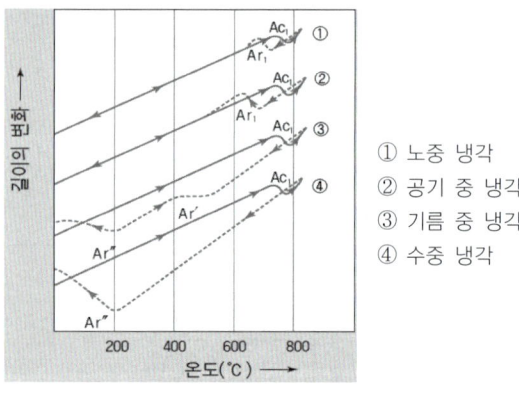

항온 냉각에 의한 열처리

6. 냉각제와 냉각능

① 담금질할 때 사용하는 냉각제를 냉각액 또는 담금질액이라고 하고, 이들의 성질과 특성 및 온도에 따라 열처리 결과가 달라진다.
② 물 또는 수용액에서 점도는 낮아서 기화열이 높을수록 냉각 능력이 크다.
③ 기름과 같이 점도가 높은 것은 기화열보다 점성이 더 큰 영향을 끼친다.
④ 냉각제의 냉각속도는 그 열전도도, 비열 및 기화열이 크고 끓는점이 높을수록 크며, 점도나 휘발성이 적을수록 크다.

핵심 Key

냉각제의 냉각 효과를 지배하는 인자
① 열전도도
② 비열
③ 기화열
④ 점성
⑤ 온도

⑤ 냉각속도가 너무 빠르면 변형이나 균열이 생기기 쉬우므로, 강의 성분이나 모양에 따라 적당한 냉각제를 선택해야 한다.
⑥ 공업용으로 사용되는 열처리용 냉각제는 값이 싸고 변질이 안 되며, 고온으로 가열된 강을 냉각하는 능력이 커야 한다.
⑦ 냉각제의 냉각능

> **참고**
> 냉각 요령
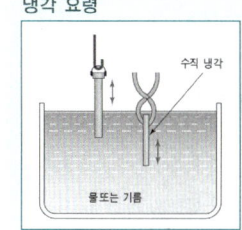

물질	720~550℃	200℃	물질	720~550℃	200℃
10%NaOH액	2.06	1.36	물[50℃]	0.17	0.95
10% 식염수	1.96	0.98	기름 10%와 물과의 에멀션화액	0.11	1.33
물[18℃]	1.00	1.00			
30%Sn~70%Cd	0.77	0.009	비눗물	0.077	1.16
중유	0.30	0.55	철판	0.061	0.011
글리세린	0.20	0.89	물[100℃]	0.044	0.71
기계유	0.18	0.20	정지 공기	0.0028	0.077

개념잡기

다음 ( ) 안에 알맞은 내용은?

인상 담금질의 작업방법은 Ar' 구역에서는 (㉠), Ar" 구역에서는 (㉡)하는 방법이다.

① ㉠ 급랭, ㉡ 급랭
② ㉠ 급랭, ㉡ 서랭
③ ㉠ 서랭, ㉡ 급랭
④ ㉠ 서랭, ㉡ 서랭

임계구역 급랭, 위험구역 서랭

답 ②

개념잡기

냉각방법 중 냉각속도가 가장 늦은 열처리 방법은?

① 풀림   ② 불림   ③ 담금질   ④ 수인처리

풀림은 노랭하므로 냉각속도가 가장 느리다.

답 ①

개념잡기

냉각제의 냉각속도에 대한 설명으로 옳은 것은?

① 점도가 높을수록 냉각속도가 빠르다.
② 열전도도가 클수록 냉각속도가 빠르다.
③ 휘발성이 높을수록 냉각속도가 빠르다.
④ 기화열이 낮고 끓는점이 낮을수록 냉각속도가 빠르다.

냉각제의 냉각속도는 그 열전도도, 비열 및 기화열이 크고 끓는점이 높을수록 크며, 점도나 휘발성이 적을수록 크다.

답 ②

3. 변태(마텐자이트변태)

1. 마텐자이트변태

① **마텐자이트(martensite)** : α철 안에 탄소가 과포화 상태로 고용된 조직이다.

② 생성 메커니즘
  ㉠ 오스테나이트 상태로부터 상온으로 급격히 담금질
  ㉡ 탄소가 확산할 만한 시간적 여유가 없으므로 이동하지 못함
  ㉢ α철 안에 고용 상태로 남음
  ㉣ 탄소 원자가 차지할 수 있는 격자간 자리의 크기는 γ철($0.51Å$)에서 보다 α철($0.35Å$)에서 더 작기 때문에 격자가 팽창
  ㉤ 이때 발생하는 응력때문에 강의 경도가 증가

γ철(FCC, 침입 공간 : $0.51Å$)
에서의 탄소 원자 침입

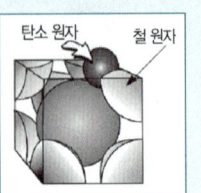

α철(BCC, 침입 공간 : $0.35Å$)
에서의 탄소 원자 침입

2. 마텐자이트변태의 특징

① 고용체의 단일상
② 마텐자이트변태에서는 원자의 확산을 수반하지 않는 무확산 변태
③ 확산이 없으므로 냉각속도에 의한 변태 시작온도의 저하 없음
④ 확산이 없으므로 모상과 마텐자이트의 성분이 같음
⑤ 오스테나이트와 마텐자이트 사이에는 일정한 결정방위관계가 있음
⑥ 마텐자이트변태를 하면 표면기복이 생김
⑦ 일정온도 범위 안에서 변태가 시작되고 변태가 끝남
  (시작점 M_s, 끝점 M_f)
⑧ 탄소량, 합금 원소가 증가할수록 M_s, M_f 온도 저하
⑨ 마텐자이트변태는 협동적 원자운동에 의한 변태
⑩ 마텐자이트의 결정 내에는 격자결함이 존재

3. 기능성 마텐자이트

① **열탄성형 마텐자이트**
  ㉠ **생성** : 규칙화한 Fe−Pt 합금 외에 많은 비철귀금속의 규칙 $β$ 상합금에서 일어난다(모상이 규칙화되어 있고 또 변태할 때의 체적 변화가 $0.5[\%]$ 이하인 합금에서 나타남).
  ㉡ **형상기억효과** : 열탄성 마텐자이트 결정의 곧은 봉을 M_s점 이하의 온도에서 휜 다음 A_f점 이상의 온도로 가열하면 원래의 곧은 봉으로 되돌아가는 현상(이 현상을 이용한 새로운 기능재료가 개발)

② 가공유기 마텐자이트변태
　㉠ 생성 : M_s점 직상의 오스테나이트를 가공하면 마텐자이트변태가 유기됨
　㉡ M_d점 : 가공에 의해서 마텐자이트변태가 유기되는 임계온도
　㉢ 이 온도 이하에서 오스테나이트를 가공하면 마텐자이트변태를 일으킨다
　　(하드필드강, 18－8 스테인리스강 등에서 경화, 강인강 제조).

개념잡기

마텐자이트변태의 일반적인 특징으로 틀린 것은?

① 마텐자이트는 고용체의 단일상이다.
② 마텐자이트변태는 확산에 의한 변태이다.
③ 마텐자이트변태를 하면 표면기복이 생긴다.
④ 오스테나이트와 마텐자이트 사이에는 일정한 결정방위관계가 있다.

마텐자이트변태는 무확산 변태　　　　　　　　　　답 ②

개념잡기

마텐자이트(Martensite) 변태에 관한 설명으로 틀린 것은?

① 마텐자이트변태를 하게 되면 표면에 기복이 발생한다.
② 펄라이트나 베이나이트변태와 달리 확산을 수반하지 않는다.
③ 마텐자이트 조직은 모체인 오스테나이트 조성과 동일하다.
④ 마텐자이트 형성은 변태 시간에 따라 진행되고 온도와는 무관하다.

마텐자이트변태는 온도와 관련된 것이다.　　　　　답 ④

4. 항온변태(항온변태 곡선)

1. 항온변태(Isothermal transformation)

① 방법 : 강을 오스테나이트 상태로부터 일정 온도로 유지되는 항온 분위기(염욕 중)에서 변태를 시작하고 일정 시간이 지나면 변태가 끝남
② 일정한 온도로 유지하기 위하여 용융된 염류인 염욕을 사용
③ 비교적 낮은 온도의 경우에는 아질산나트륨($NaNO_2$), 높은 온도의 경우에는 용융된 염화 바륨($BaCl_2$)을 사용(환경 오염 초래)

2. 항온변태 선도(Isothermal transformation diagram)

> **참고**
> 항온변태 선도의 여러 명칭
> ① 항온변태 선도(Isothermal Transformation Diagram)
> ② TTT 선도 (Time Temperature Transformation diagram)
> ③ S 곡선(S-curve)
> ④ C 곡선(C-curve) : 곡선 중에 확산변태에 대응하는 범위

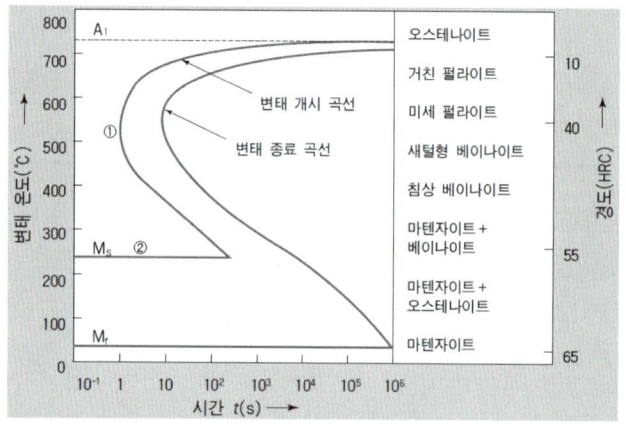

항온변태 선도(공석강)

① 강을 A_1 온도 이하의 여러 온도에서 항온변태를 시키고, 각 온도에 있어서의 변태가 시작하는 시간과 끝나는 시간을 측정하여 이들의 값을 온도-시간 곡선으로 그리면 2개의 곡선이 된다.
② 항온변태 곡선의 중요한 특징 : 변태의 시작과 종료를 나타낸다는 것
③ 공석의 TTT 곡선
  ㉠ 왼쪽 곡선은 변태 개시선, 오른쪽 곡선은 변태 종료선
  ㉡ 550~720℃는 펄라이트가 생기는 범위
  ㉢ 코(Nose) : 곡선의 왼쪽 돌출부(550℃ 부분)는 이 곡선상 가장 단시간에 변태가 일어나는 점(만곡점)
  ㉣ 만(Bay) : M_s 온도 바로 위의 오목한 부분
④ 항온변태에 의한 조직
  ㉠ 펄라이트 : C 곡선의 코보다 높은 온도에서 항온변태 시 생성
  ㉡ 베이나이트(Bainite) : 코 밑 만 영역에서 항온변태 시 생성

3. 펄라이트변태

① nose 온도 위에서 항온변태 : 펄라이트 형성
② 항온변태에서 펄라이트변태의 조직
  ㉠ 조대 펄라이트 : 비교적 높은 온도에서 형성
  ㉡ 미세 펄라이트 : 비교적 낮은 온도에서 형성

4. 베이나이트변태

① nose 온도 아래에서 항온변태 : 베이나이트 형성
② 항온변태에서 베이나이트변태의 조직
  ㉠ 350~550℃ 범위의 온도 : 상부 베이나이트(Upper bainite)
    ⓐ 페라이트 주위에 시멘타이트가 석출
    ⓑ 우모상(羽毛狀) 베이나이트
  ㉡ 250~350℃ 범위의 온도 : 하부 베이나이트(Lower bainite)
    ⓐ 페라이트에 시멘타이트가 석출
    ⓑ 침상 형태의 베이나이트

꼭집어 어드바이스

펄라이트

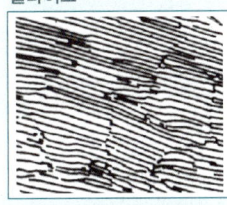

페라이트와 시멘타이트가 교대로 반복되어지는 층상 조직

상부 베이나이트

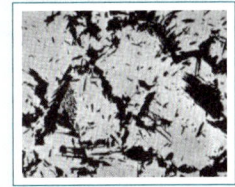

하부 베이나이트

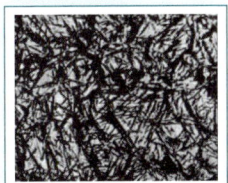

개념잡기

공석강의 연속냉각 곡선에서 변태개시 온도가 가장 낮은 것은?

① 펄라이트　② 소르바이트　③ 마텐자이트　④ 트루스타이트

변태온도 높은 순서
펄라이트 〉 소르바이트 〉 트루스타이트 〉 마텐자이트

답 ③

개념잡기

베이나이트(Bainite)변태에 대한 설명으로 옳은 것은?

① 베이나이트는 오스테나이트와 탄화물로 분해한다.
② 오스어닐링 처리를 하는 경우, 베이나이트가 생성된다.
③ 저탄소강에서 상부와 하부 베이나이트는 탄소 농도에 따라서 변화한다.
④ 0.7% 이상의 탄소강에서 상부와 하부 베이나이트는 약 850℃를 경계로 구분이 된다.

베이나이트 조직
• 페라이트에 시멘타이트가 석출한 조직
• 오스템퍼링하는 경우 발생
• 350℃를 기준으로 상부와 하부 베이나이트로 구분
• 저탄소강은 탄소 농도에 따라 상부와 하부 베이나이트로 변화

답 ③

5 연속냉각변태(연속냉각변태 곡선)

> **꼭집어 어드바이스**
>
> 임계냉각속도
> ① 펄라이트를 형성함이 없이 마텐자이트를 형성시키는 최소의 냉각속도
> ② 임계 냉각속도보다 느린 냉각 : M_s 온도 전에 펄라이트 석출
> ③ 임계 냉각속도보다 빠른 냉각 : 완전한 마텐자이트 조직

1. 연속냉각변태 선도
(CCT 선도 : Continuous Cooling Transformation diagram)

① 공석 탄소강을 연속 냉각시키면 냉각속도가 커짐에 따라 변태 개시 온도는 낮아진다.
② 공석 탄소강의 연속냉각변태도는 항온변태 곡선에 대하여 좀 더 낮은 쪽으로 그리고 좀 더 장시간 쪽으로 이동한다.
③ 이것을 항온변태 선도와 구별하여 연속냉각변태 선도라 한다.

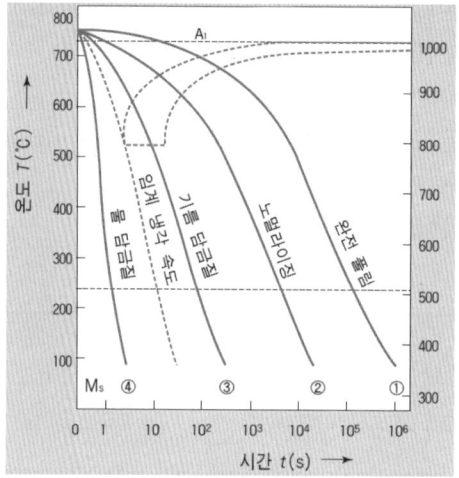

① 거친 펄라이트
② 미세한 펄라이트
③ 마텐자이트+미세한 펄라이트
④ 마텐자이트

공석강의 CCT(연속 냉각변태) 선도

2. CCT 변태 선도 분석

① 곡선 1 분석
  ㉠ 매우 느린 냉각인 노랭 작업 : 풀림(Annealing)
  ㉡ 조대한 펄라이트를 형성
② 곡선 2 분석
  ㉠ 1보다 좀 더 빠른 냉각인 공랭 작업 : 노멀라이징(Normalizing)
  ㉡ 솔바이트 형성(=미세한 펄라이트)
③ 곡선 3 분석
  ㉠ 유랭과 같은 냉각 작업 : 오일 퀜칭(Quenching)
  ㉡ 트루스타이트(=가장 미세한 펄라이트) + 마텐자이트 형성
  ㉢ 곡선 3의 경우 2단계로 변태가 일어나기 때문에 분열 변태라고 함

④ 곡선 4 분석
  ㉠ 가장 급랭인 수랭 작업 : 퀜칭(Quenching)
  ㉡ 전부 마텐자이트 조직 형성
⑤ 곡선 1, 2, 3 분석 결과 펄라이트변태를 일으키지 않고는 베이나이트변태 개시 불가(연속냉각으로는 베이나이트변태가 일어나지 않음)
⑥ 베이나이트 조직을 얻기 위해서는 공석강을 M_s 온도와 nose 온도 사이로 급랭시켜서 항온변태 (※ 탄소강에만 해당, 합금원소가 첨가된 특수강은 연속냉각에 의한 베이나이트변태 가능)

3. 연속냉각변태 중 마텐자이트변태

① Ar′ : 트루스타이트변태가 시작되는 온도(강의 경우 : 약 550℃)
② Ar″ : 마텐자이트변태가 시작되는 온도, M_s점(강의 경우 : 약 250℃)
③ 3의 속도(유랭) : 트루스타이트와 마텐자이트의 혼합조직
④ 4의 속도(수랭) : 오스테나이트는 전혀 페라이트와 시멘타이트로 분해되는 일 없이 모두 마텐자이트로 변태
⑤ 임계냉각속도 : Critical Cooling Rate : 펄라이트를 형성함이 없이 전적으로 마텐자이트를 형성시키는 최소의 냉각속도

개념잡기

공석강의 연속냉각곡선(CCT)에서 냉각속도가 빠른 순으로 생성되는 조직은?
① 트루스타이트 → 소르바이트 → 펄라이트 → 마텐자이트
② 마텐자이트 → 트루스타이트 → 소르바이트 → 펄라이트
③ 펄라이트 → 소르바이트 → 마텐자이트 → 트루스타이트
④ 마텐자이트 → 펄라이트 → 트루스타이트 → 소르바이트

냉각속도 빠른 순서
마텐자이트 〉 트루스타이트 〉 소르바이트 〉 펄라이트

답 ②

개념잡기

다음 중 연속냉각변태에서 오스테나이트로부터 마텐자이트로 변화하는 변태는?
① Ar′ 변태   ② Ar_1 변태   ③ Ar″ 변태   ④ Ar_3 변태

Ar″ : 마텐자이트변태가 시작되는 온도, M_s점

답 ③

CHAPTER 02 일반 열처리

A
1. 일반 열처리의 종류를 크게 나누면, 주조나 단조 후의 편석과 잔류 응력 등의 제거와 균질화를 위한 불림, 연화를 위한 풀림, 경화를 위한 담금질, 그리고 강인화를 위한 뜨임처리 등으로 나눌 수 있다.
2. 일반 열처리의 방법과 효과에 대하여 알아보기로 하자.

단원 들어가기 전

빅데이터 키워드
퀜칭 처리하기, 템퍼링 처리하기, 어닐링 처리하기, 노멀라이징 처리하기, 전·후처리, 침탄 처리하기, 질화 처리하기, 물리적 표면 경화, 항온 열처리, 심랭 처리, 염욕 열처리, 분위기 열처리, 진공 열처리

1 ▶ 퀜칭(담금질) 처리하기

1. 담금질 목적

① 내마모성과 경도의 향상을 위하여 오스테나이트 온도로 가열 후 그 온도에서 냉각 도중의 변태를 저지하기 위하여 급랭하는 열처리

② 탄소강의 담금질 온도 범위
  ㉠ 아공석강 : Ac3선 이상 30~50℃
  ㉡ 과공석강 : Ac1 온도 이상 30~50℃

③ 담금질 요령 : 임계구역을 빨리, 위험구역(M_s점) 부근 구역에서는 천천히 냉각(임계구역을 천천히 냉각시키면 노멀라이징 또는 풀림이 되어 경화되지 않는다)

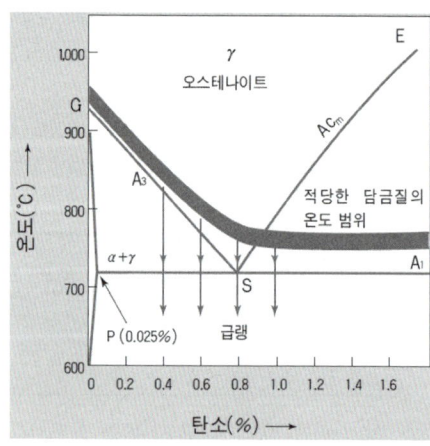

탄소강의 담금질 온도 범위

2. 담금질 방법

① 임계구역 (Ar' 변태구역) 급랭, 위험구역 (Ar"변태구역) 서랭
② 임계구역 : 담금질 온도로부터 Ar'까지의 온도 범위 혹은 베이나이트점까지의 온도 범위
③ 하부 임계냉각속도 : 펄라이트가 생성되지 않는 최소의 냉각속도
④ 상부 임계냉각속도 : 베이나이트가 생성되지 않는 최소의 냉각속도
⑤ 임계 냉각속도 : 마텐자이트 조직이 나타나는 최소 냉각속도
⑥ 위험 구역 : Ar" 이하 마텐자이트변태가 일어나는 온도 범위(M_s~ M_f)
⑦ C%가 많을수록 M_s~M_f는 낮아진다.

핵심 Key

냉각작용
① 1단계(증기막 단계) : 수증기의 작용으로 냉각속도가 떨어진다.
② 2단계(비등 단계) : 증기막 파괴로 냉각속도가 최대로 된다.
③ 3단계(대류) : 대류에 의해 냉각액과 시편의 냉각속도가 같아진다.

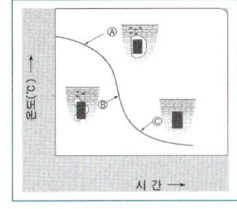

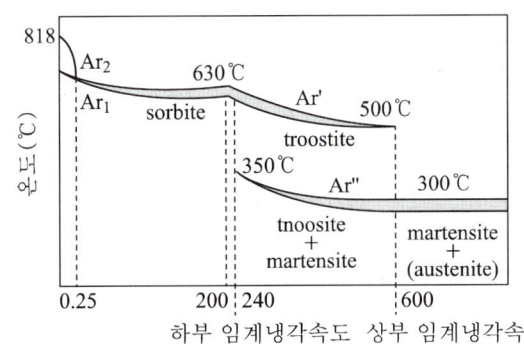

강의 분열상태 (0.4% C 탄소강)

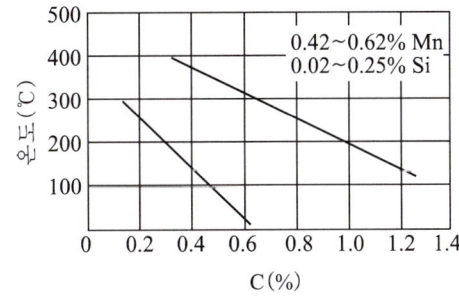

탄소강의 C%와 M_s점, M_f점과의 관계

냉각 요령
① 양호한 방법

구멍이 가공된 것

② 불량한 방법

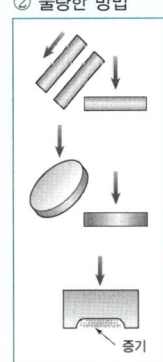

증기

3. 인상 담금질 (Time quenching)

① 담금 작업에 있어서 Ar'에서는 급랭하고 Ar"에서는 서랭 시 중간 온도에서 냉각속도 변화 필요
② 냉각속도의 변환을 냉각 시간으로 조절
③ 최초에는 냉각수로 급랭시키고 적정 시간이 지난 후에는 인상하여 유랭 혹은 공랭

4. 인상 담금질 인상시기

① 가열물의 직경 또는 두께 3[mm]당에 대하여 1초 동안 물속에 넣은 후 유랭 혹은 공랭
② 진동과 물소리가 정지한 순간 꺼내어 유랭 혹은 공랭
③ 화색이 나타나지 않을 때까지 2배의 시간만큼 물속에 담근 후 꺼내어 공랭
④ 기름의 기포 발생이 정지했을 때 꺼내어 공랭
⑤ 가열물의 직경 및 두께 1[mm]에 대하여 1초 동안 기름 속에 담근 후에 공랭

5. 인상 담금질 작업과정

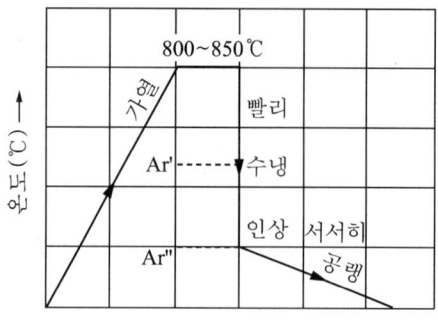

인상 담금질의 과정

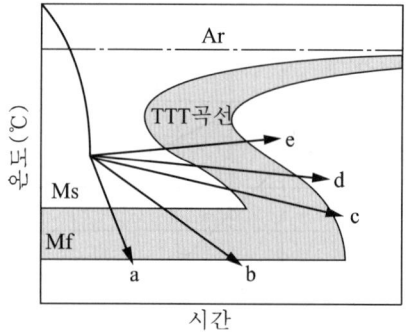

TTT곡선에 있어서의 인상 담금질 범위

① 인상(꺼내는) 온도는 S곡선의 코보다 낮고 M_s점보다는 높게
② 소재를 인상(꺼낸) 후의 냉각 과정
   ㉠ a는 소재를 꺼낸 후 다시 급랭한 경우이며, 과냉 오스테나이트는 M_s점을 통과하여 마텐자이트로 변화
   ㉡ b는 꺼낸 후 서랭하여 마텐자이트화를 서서히 일으키게 하는 경우
   ㉢ c는 더욱 서랭한 경우, 하부 베이나이트 생성
   ㉣ d는 매우 서서히 냉각할 때, 중부 베이나이트 생성
   ㉤ e는 약간 온도가 상승하여 상부 베이나이트 생성

6. 질량 효과

① 강을 담금질할 때, 재료 표면은 급랭에 의해 담금질이 잘 되는 데 반해 재료의 중심에 가까울수록 담금질이 잘 안 되는 현상
② 같은 조성의 재료를 같은 조건에서 담금질해도 질량이 다르면 담금질 깊이가 다름
③ SM45C를 수랭했을 때 표면 경도는 HRC58 이상, 내부는 HRC40정도
④ SNCM815(합금강)의 표면 경도는 HRC60이고 내부 경도는 HRC58
⑤ 탄소강은 질량 효과가 크고, 합금강은 질량 효과가 작음
⑥ 탄소강의 질량 효과를 개선시키기 위해서는 Cr, Ni, Mo 등과 같은 합금 원소를 첨가

핵심 Key

장소에 따른 냉각속도 차이

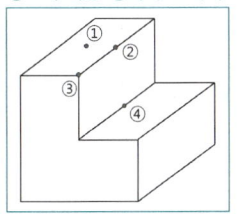

① 면 : 1
② 돌출된 변 : 3
③ 모서리 : 7
④ 들어간 변 : 1/3

형태에 따른 냉각속도 차이

형태		속도
구	○	4
봉	▯	3
판	▭	2

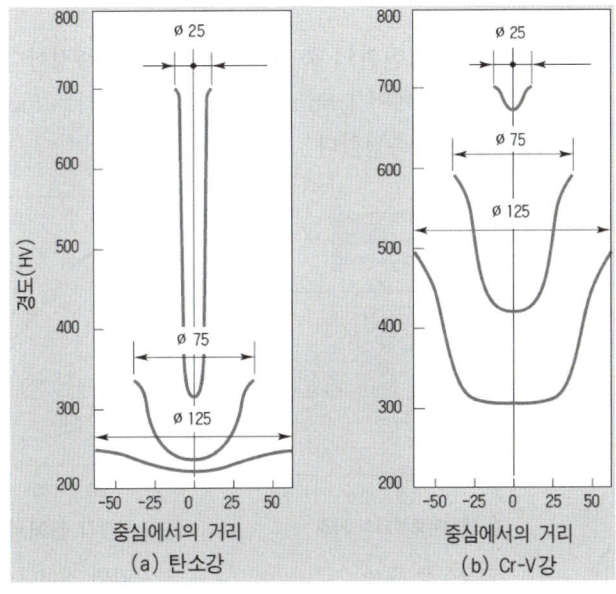

담금질강의 깊이에 따른 경도 분포

▶참고
담금질 상태가 다르게 나타나는 요인
① 시료의 모양
② 담금질 온도
③ 담금질 액
④ 액 교반 방법
⑤ 냉각속도

7. 담금질성 시험(경화능 시험)

① 담금질성을 판단하는 방법
  ㉠ 임계 냉각속도를 사용하는 방법
  ㉡ 임계지름에 의한 방법
  ㉢ 조미니 시험 방법

② 조미니 시험법
  ㉠ 시험편을 담금질 온도로 가열한 다음 시험 장치에 수직으로 매달아 놓고, 아래에서 분수에 의해 담금질을 한다.

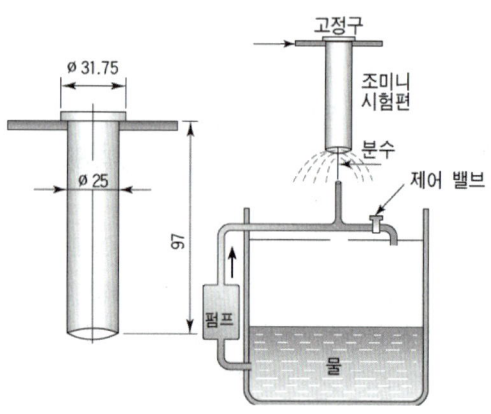

조미니 시험기의 구조

 핵심 Key

탄소 함유량과 예상 담금질 경도
① 담금질 최대 경도
  : 30+50×C%
② 담금질 임계 경도
  : 24+40×C%

ⓒ 담금질 종료 후 시험편의 축 방향으로 경도를 측정한다. 첫번째 점은 담금질한 끝 부분에서 1.5mm의 점, 두번째부터는 5mm간격으로 HRC 또는 HV로 측정한다.

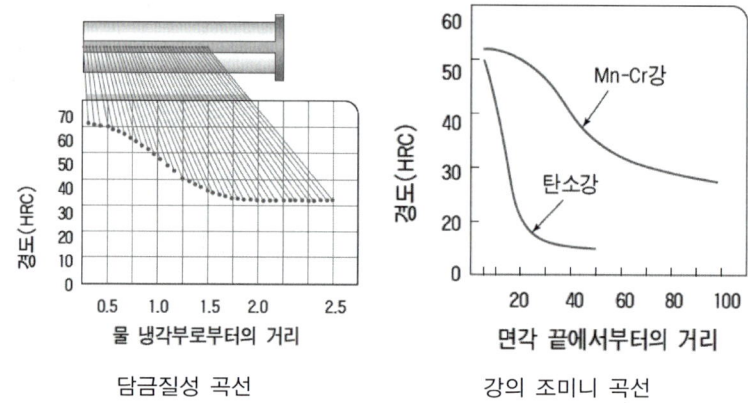

담금질성 곡선   강의 조미니 곡선

8. 담금질 굽힘

① 담금질에 의한 굽힘은 냉각의 불균형에 의한 열응력과 변태 응력의 합성 작용에 의해 일어난다.

② 가열의 불균일과 재질이 고르지 못한 것도 원인이 되는데 대체적으로 냉각이 늦어지는 쪽은 내측으로 굽어진다.

③ **변형 과정**

　ⓐ 가열 후 윗부분만 수랭하면 처음으로 그림 (b)와 같이 처음에는 열 수축에 의해서 위쪽으로 약간 구부러진다.

　ⓒ 더욱 냉각되면 빨리 냉각된 윗부분이 먼저 M_s점에 도달되어 마텐자이트 변태를 일으켜서 팽창되므로, 결국 볼록한 그림 (c)와 같은 모양으로 변형되는 것이다.

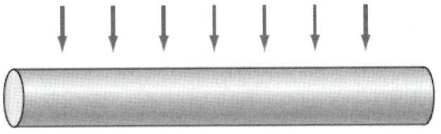
(a) 전체를 빨갛게 가열한 것을 윗부분만 수랭한 상태

(b) 처음에는 위쪽으로 휘어지고 아래쪽은 아직 빨간 상태

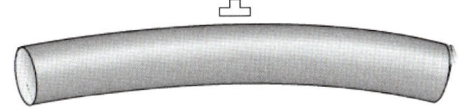
(c) 전체가 냉각되면 빨리 냉각된 쪽이 볼록하게 된다.

담금질 굽음이 나타나는 과정

개념잡기

강의 열처리 시 경화능에 대한 설명으로 틀린 것은?

① 임계냉각속도가 큰 강은 경화가 잘 되지 않는다.
② 담금질 경도는 탄소량에 따라 결정된다.
③ 질량효과는 합금강이 탄소강보다 크다.
④ 담금질 깊이는 탄소량, 합금원소의 영향이 크다.

질량효과는 탄소강이 합금강보다 더 크다. **답 ③**

개념잡기

경화능과 질량효과(Mass effect)에 관한 설명으로 틀린 것은?

① 임계냉각속도가 클수록 경화하기 쉽다.
② 경화의 깊이와 경도의 분포를 지배하는 성질을 경화능이라 한다.
③ 강재의 크기에 따라 담금질효과가 달라지는 현상을 질량효과라 한다.
④ 경화능이란 담금질경화하기 쉬운 정도, 즉 마텐자이트 조직으로 얻기 쉬운 성질을 나타낸다.

임계냉각속도가 크면 냉각속도가 느려지므로 경화가 잘 안 된다. **답 ①**

2 템퍼링(뜨임) 처리하기

1. 템퍼링의 정의

① 담금질에 의한 잔류 응력을 제거하고 인성을 부여하기 위하여 A_1 변태점 이하의 온도에서 일정시간 유지하였다가 공랭하는 열처리
② 담금질한 마텐자이트 조직은 취약하고 표면부에 인장의 잔류 응력이 남아 있으면 불안정하여 균열이나 파괴가 일어나기 쉽다.

🔑 **핵심 Key**

뜨임에 의한 조직의 변화

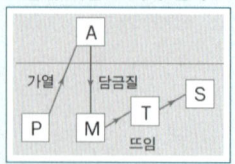

P : 펄라이트
A : 오스테나이트
M : 마텐자이트
T : 트루스타이트
S : 소르바이트

2. 템퍼링의 방법

① 템퍼링 온도에 따라 저온 템퍼링과 고온 템퍼링으로 나뉜다.
② 저온 템퍼링(내부 응력을 제거하고자 할 때)
③ 고온 템퍼링(인성을 증가하고자 할 때)

3. 템퍼링 시의 취성

① **저온 뜨임취성(300℃ 취성)** : 250~300℃ 온도에서 뜨임하면 충격치가 최대로 감소하는 현상
② **1차 뜨임취성**
  ㉠ 450~525℃의 온도에서 뜨임하면 뜨임시간이 길어져 충격치가 감소하는 현상
  ㉡ 예방 : 소량의 Mo 첨가
③ **2차 뜨임취성(고온 뜨임취성)**
  ㉠ 525~600℃의 온도에서 뜨임 후 서랭 시 충격치가 감소하는 현상
  ㉡ 예방 : 급랭, Mo 또는 W 첨가

개념잡기

담금질한 강을 A_1점 이하의 적당한 온도까지 가열, 냉각시키는 조작은?

① 노멀라이징   ② 템퍼링   ③ 퀜칭   ④ 어닐링

• 변태점 이상 가열 : 풀림, 불림, 담금질
• 변태점 이하 가열 : 뜨임

답 ②

3 어닐링(풀림) 처리하기 ★★★

1. 풀림 (어닐링, Annealing)의 목적
① 결정조직을 조정하고 연화시키기 위한 열처리 조작
② 금속 합금의 성질을 변화, 일반적으로 강의 경도가 낮아져 연화
③ 가스 및 불순물의 방출과 확산, 내부 응력을 저하

2. 강의 어닐링 (가열)온도
① 아공석강 : Ac3선 20~30℃ 이상
② 과공석강 : Ac1선 20~30℃ 이상

3. 어닐링의 종류
① 완전 어닐링
　㉠ 목적 : 강을 연화시켜, 기계가공과 소성가공을 쉽게
　㉡ 방법 : 강을 Ac3(아공석강) 또는 Ac1(과공석강) 이상의 고온에서 일정 시간 가열 후 노랭 (실온까지는 보통 노 중에서 행하나 550℃가 되면 공랭 또는 수랭하여도 무방)

> **핵심 Key**
> 어닐링, 노멀라이징의 차이
> ① **과공석강의 가열온도**
> • 어닐링 : Ac1 이상
> • 노멀라이징 : Acm 이상
> ② **냉각방식**
> • 어닐링 : 노랭
> • 노멀라이징 : 공랭

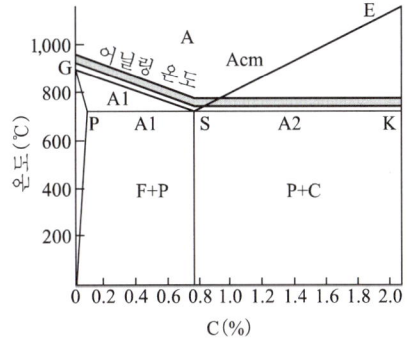

강의 어닐링 온도

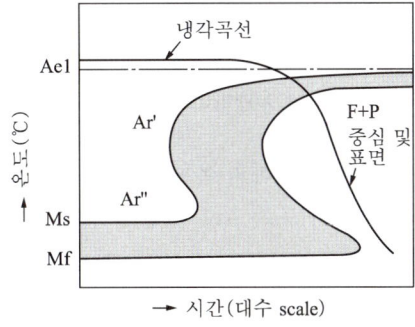

TTT 곡선과 완전 어닐링

② 연화 어닐링
  ㉠ 목적 : 완전 어닐링의 단점 보완, 가공 경화된 제품을 공정 도중에 재결정 온도 이상으로 가열하여 회복, 또는 재결정에 의해 연화시키는 열처리 조작
  ㉡ 방법 : 보통 강의 연화 풀림은 600~650℃의 저온에서 실시하며, 즉 A_1 변태점 이하에서 처리하기 때문에 조직은 그다지 변하지 않으나, 경도가 저하되어 소성가공이나 절삭가공을 용이하게 한다.

③ 구상화 어닐링
  ㉠ 목적 : 소성가공이나 절삭가공 같은 기계적 성질의 개선을 위해 망상 시멘타이트 또는 층상 펄라이트 중의 시멘타이트를 가열처리에 의해 제품 중의 탄소를 구상화시키는 열처리
  ㉡ 방법
    ⓐ Ac1 직하 650~700℃에서 가열 유지 후 냉각한다.
    ⓑ A_1 변태점을 경계로 가열 냉각을 반복한다(A_1 변태점 이상으로 가열하여 망상 Fe_3C를 없애고 직하온도로 유지하여 구상화한다).
    ⓒ Ac3 및 Acm 온도 이상으로 가열하여 Fe_3C를 고용시킨 후 급랭하여 망상 Fe_3C를 석출하지 않도록 냉각 후 다시 가열하여 ① 또는 ②에 따르는 방법으로 과공석강을 구상화한다.

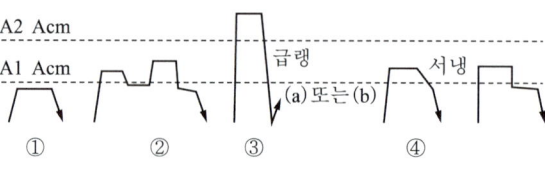

Fe_3C의 구상화 어닐링

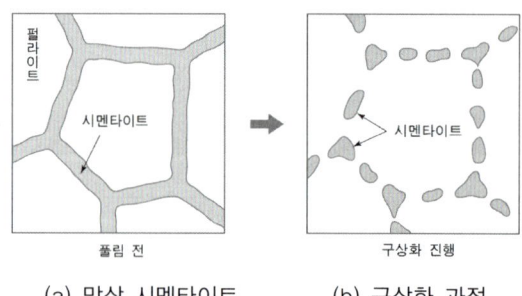

(a) 망상 시멘타이트   (b) 구상화 과정

    ⓓ Ac1점 이상 Acm 이하의 온도로 가열 후 Ar1점까지 서랭한 후 실온까지 냉각하든가 또는 Ar1 직하의 온도로 항온 유지하는 방법이다.

> 참고
구상 시멘타이트 조직
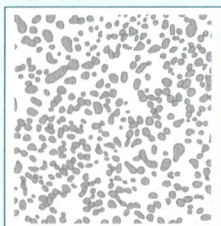

④ 항온 어닐링
  ㉠ 목적 : 합금강, 대형 단조품 또는 고속도강 등과 같이 완전 풀림으로는 연화가 어려운 강의 연화처리
  ㉡ 방법 : A_3 또는 A_1점 이상 30~50℃로 가열 유지한 다음 A_1점 바로 아래 온도로 급랭 후 유지하는 항온처리 후 공랭 및 수랭처리를 하여 거친 펄라이트 조직으로 만들어 비교적 짧은 시간에 연화

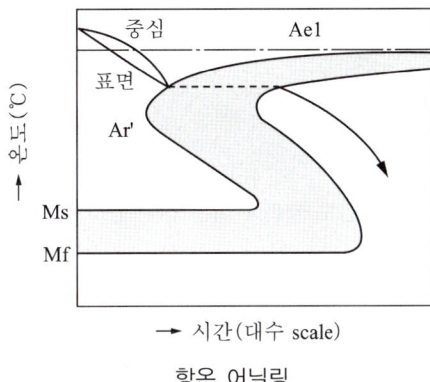

항온 어닐링

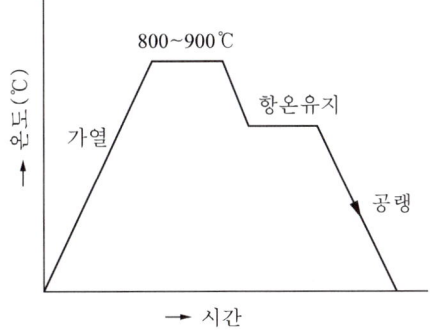

항온 어닐링 작업 과정

⑤ 응력제거 어닐링
  ㉠ 목적 : 단조, 주조, 기계가공 및 용접 등에 의해서 생긴 잔류 응력을 제거하기 위해 A_1선 이하의 적당한 온도까지 가열한 후 서랭하는 열처리
  ㉡ 방법 : 용접 응력제거 온도는 보통 625±25℃ 정도이고, 온도가 높을수록 연화되는 정도가 크다. 이와 같은 풀림은 A_1 변태점 이하에서 행하므로 저온 풀림(Low annealing)이라고도 한다.

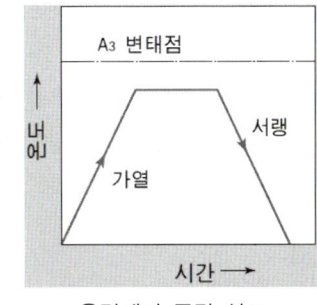

응력제거 풀림 선도

> **꼭집어 어드바이스**
>
> 응력제거 어닐링의 특징
> ① 열처리 온도가 높을수록 소재에 연성이 부여되고, 잔류 응력 완화
> ② 탄소량이 많을수록 잔류 응력의 제거가 어렵고, 가열 온도는 재료에 따라 다르다.

> **참고**
>
> 주철의 응력제거 어닐링 과정
> ① 인공 시효(고온시효)
>   : 500~600℃
> ② 3~6시간 가열 후 노랭
> ③ 자연 시효(건조)
>   : 장시간 방랭
>
> 구조용강의 응력제거 어닐링
> ① 가열 온도 : 625±25℃(보통 전체를 가열하지만 대형 부품일 때는 국부 가열함)
> ② 유지시간 25mm당 1시간
> ③ 가열 후 노랭
>
> 페라이트계 스테인리스강의 응력제거 어닐링
> ① 가열온도 790~840℃
> ② 25mm당 2시간 가열 후 공랭
>
> 마텐자이트계 스테인리스강의 응력제거 어닐링
> ① 가열온도 790~840℃
> ② 25mm당 2시간 가열 후 공랭
>
> 오스테나이트계 스테인리스강의 응력제거 어닐링
> ① 고용화 열처리
>   : 1,000~1,120℃ (보통 1,050℃), 25[mm] 당 1시간 가열 후 급랭
> ② 응력부식 균열방지
>   : 800~900℃ (보통 870℃), 25[mm] 당 2시간 가열 후 공랭
> ③ PH계 스테인리스강 (STS 631 : 17.79PH)
>   : 1,038±10℃로 가열 후 급랭한다.

ⓒ 응력제거 풀림은 보통주강 결함 부분을 용접으로 보수한 다음에 하며, 600~700℃에서 1~2시간 동안 가열한 다음 노랭

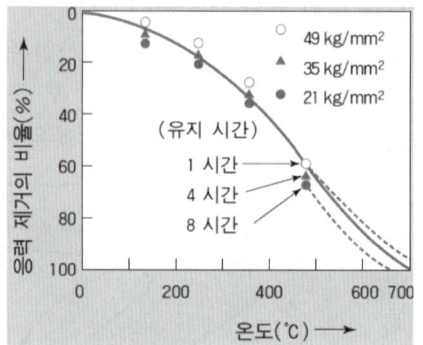

강도 저하에 따른 잔류 응력 감소

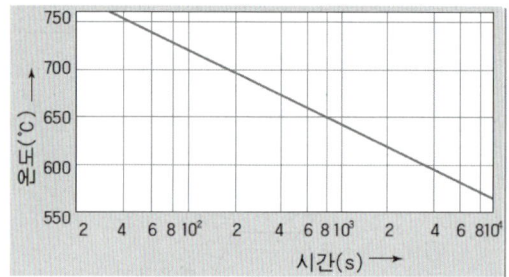

탄소 주강품 응력 완전제거 조건

⑥ **재결정 어닐링** : 냉간가공한 강을 600℃로 가열하면 응력이 감소되고 재결정이 일어나는데 이것을 재결정 어닐링이라 한다.

⑦ **확산 어닐링**

ⓐ 목적 : 주조 제품의 응고는 주형 벽에서 수직 방향으로 응고가 진행되므로 주형 벽에는 합금 원소나 불순물이 극히 적고, 최후에 응고한 부분에 합금 원소가 가장 많이 남게 되어 편석이 발생한다. 이와 같은 주괴 편석, 섬유상 편석을 없애고 강의 균질화를 위해 고온에서 장시간 가열 처리하는 열처리를 확산 풀림이라 한다.

ⓑ 방법 : 가열 온도는 주괴 편석 제거에는 1,200~1,300℃가 적당하고, 고탄소강은 1,100~1,200℃, 단조나 압연재의 섬유상 편석 제거는 900~1,200℃ 범위 온도를 많이 사용한다(※어닐링 중 가장 높은 온도로 하는 방법).

> 참고

재결정 현상의 특징
① 영구변형을 일으키지 않으면 입자의 크기는 변화하지 않는다.
② 일정한 온도 이상이 아니면 입자의 크기는 변화하지 않는다. 이때의 온도를 재결정 온도라 한다.
③ 입자의 크기에 변화를 주는 온도는 영구 변형의 양에 관계되고 이때 변형이 크면 온도는 낮아지고, 변형이 적으면 점점 고온을 필요로 한다.
④ 입자의 크기는 변형의 양과 어닐링의 온도에 관계된다.

개념잡기

그림은 구상화 어닐링의 한 가지 방법이다. A_1변태점을 경계로 가열냉각을 반복하여 얻을 수 있는 효과는 무엇인가?

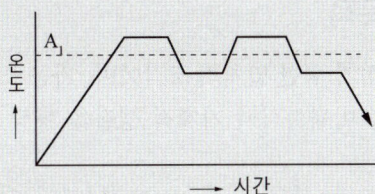

① 망상 Fe_3C를 없앤다.
② Fe_3C의 망상을 크게 한다.
③ 펄라이트의 생성 및 편상화한다.
④ 페라이트와 시멘타이트를 층상화한다.

망상 시멘타이트를 구상 시멘타이트화 한다.

답 ①

개념잡기

황화물의 편석을 제거하여 안정화 혹은 균질화를 목적으로 1,050~1,300℃의 고온에서 실시하는 어닐링 방법은?

① 완전 어닐링
② 확산 어닐링
③ 응력제거 어닐링
④ 재결정 어닐링

확산 풀림
주괴 편석, 섬유상 편석을 없애고 강의 균질화를 위해 고온에서 장시간 가열 처리하는 열처리

답 ②

개념잡기

과공석강을 완전풀림(Annealing)처리를 하였을 때의 조직은?

① 마텐자이트
② 층상 펄라이트
③ 시멘타이트 + 층상 펄라이트
④ 페라이트 + 층상 펄라이트

완전풀림
A_1 또는 A_3 변태점 위 30~50℃로 가열 유지 후 서랭, 일반적인 풀림

생성조직
• 아공석강 : 페라이트 + 층상 펄라이트
• 공석강 : 층상 펄라이트
• 과공석강 : 시멘타이트 + 층상 펄라이트

답 ③

4. 노멀라이징(불림) 처리하기

1. 노멀라이징의 목적

강을 **표준 상태로 하기 위한 열처리 조작**이며, 가공으로 인한 조직의 불균일을 제거하고 결정립을 미세화시켜 기계적 성질을 향상

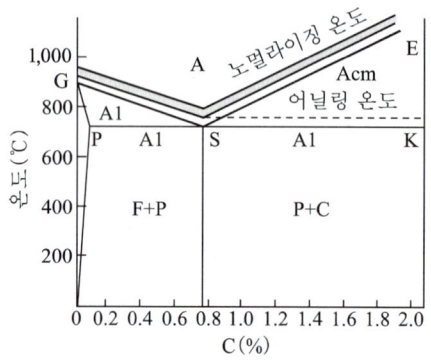

강의 노멀라이징 온도

① **가열** : Ac3 또는 Acm+50℃에서 가열 조작에 의하여 섬유상 조직은 소실되고 과열 조직과 주조 조직 개선

② **냉각** : 대기 중에 공랭(방랭)하면 결정립이 미세해져 강인한 미세 펄라이트 조직이 되어 경하고 강한데 비해 연신율과 단면 수축률 감소는 없다.

2. 노멀라이징의 방법

종 류	방 법
(그래프: A 또는 Acm, 60, 노멀라이징 온도, 공랭)	보통 노멀라이징 (Conventional normalizing) 일정한 노멀라이징 온도에서 상온에 이르기까지 대기 중에 방랭, 바람이 부는 곳이나 양지 바른 곳의 냉각속도가 달라지고 여름과 겨울은 동일한 조건의 공랭이라 하여도 노멀라이징의 효과에 영향을 미치므로 주의 요함
(그래프: A 또는 Acm, 50, 노멀라이징 온도, 화색 소실, 서랭(피트 냉각))	2단 노멀라이징 (Stepped normalizing) 노멀라이징 온도로부터 화색(火色)이 없어지는 온도(약 550℃)까지 공랭한 후 피트(pit) 혹은 서랭 상태에서 상온까지 서랭 구조용강(C 0.3~0.5%)은 초석 페라이트가 펄라이트 조직이 되어 강인성이 향상 대형의 고탄소강(C 0.6~0.9%)에서는 백점과 내부 균열 방지

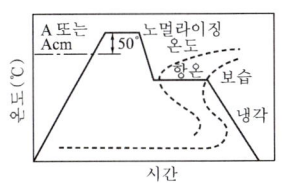

항온 노멀라이징 (Isothermal normalizing)
항온변태 곡선의 코의 온도에 상당한(550℃) 부근에서 항온변태시킨 후 상온까지 공랭
노멀라이징 온도에서 항온까지의 냉각은 열풍 냉각에 의하여 이루어지고 그 시간은 5~7분이 적당하며 보통 저탄소 합금강은 절삭성이 향상

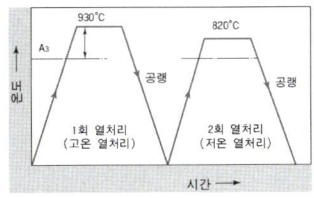

2중 노멀라이징 (Double normalizing)
처음 930℃로 가열 후 공랭하면 전 조직이 개선되어 저온 선분을 고용시키며 다음 820℃에서 공랭하면 펄라이트가 미세화
보통 차축 재와 저온용 저탄소강의 강인화에 적용

개념잡기

냉간가공, 단조 등으로 인한 조직의 불균일 제거, 결정립 미세화, 물리적, 기계적 성질의 표준화를 목적으로 대기 중에 냉각시키는 열처리는?

① 뜨임 ② 풀림 ③ 담금질 ④ 노멀라이징

노멀라이징(불림)
조직의 균질화 및 표준화를 목적으로 하는 열처리로 공랭한다.

답 ④

개념잡기

아공석강을 노멀라이징(normalizing) 열처리하였을 경우 얻어지는 조직은?

① 페라이트 + 펄라이트 ② 소르바이트 + 시멘타이트
③ 시멘타이트 + 베이나이트 ④ 시멘타이트 + 오스테나이트

노멀라이징은 표준조직을 얻는 열처리이며, 아공석강의 표준조직은 페라이트+펄라이트이다.

답 ①

5. 전·후처리

1. 전·후처리의 목적
① 열처리할 제품은 열처리 효과를 충분히 얻기 위해 표면의 유지, 녹 등 제거
② 열처리 후에도 스케일의 제거, 표면 연마 등이 필요
③ 기계적처리, 화학적처리, 전해적처리 등의 방법

2. 기계적처리 방법
① **버프 연마** : 천으로 만든 유연성이 큰 버프류의 둘레에 연마제를 묻혀 고속으로 회전시키면서 열처리품의 표면을 연마하여 광택을 내는 방법
② **액체 호닝** : 연마제와 가공액(물)의 혼합물을 노즐로부터 고속으로 분사시켜 공작물을 다듬질하는 가공법, 열처리 후의 산화 피막의 제거 가능
③ **숏 블라스팅** : 열처리품의 표면에 숏(shot)을 고속으로 쏘아 표면의 녹 등을 제거하는 방법
④ **배럴 다듬질** : 용기에 다량의 열처리품, 연마제, 콤파운드를 넣은 다음 배럴을 회전시켜 열처리품의 표면을 다듬질하는 연마법

3. 화학적처리 방법
① **산 세척** : 황산, 염산 등의 수용액 중에 열처리품을 담근 후 물로 씻는 방법
② **탈지** : 열처리품의 표면에 부착한 유지를 제거하는 처리(알칼리 탈지, 용제 탈지 등)
③ **트리클로로에틸렌 증기 세척**
　㉠ 트리클로로에틸렌을 밀폐된 세척 탱크에 넣고 발열체로 가열하여 생성된 증기에 의한 탈지
　㉡ 증기는 냉각 코일에 의해 다시 액화되어 아래로 내려와 순환
　㉢ 분위기 열처리 전·후에 많이 쓰이는 방법
　　※ 트리클로로에틸렌은 굉장히 유독하므로 탱크의 밀폐 확인 중요

4. 전해적처리 방법

① 전해 세정
  ㉠ 탈지할 물건을 음극으로 하여 전해약 가운데 매달아 전해하는 방법
  ㉡ 양극 전해 세정법 : 양극(+) 탈지할 물건, 음극(-) 다른 금속
  ㉢ 일반적으로 음극 전해 세정 후에 양극 전해 세정
  ㉣ 탈지할 물건은 물 세척하고 황산 또는 염산 용액 중에 담가서 중화

② 전해 연마
  ㉠ 전기 화학을 응용한 연마 작업, 전기 도금의 역조작
  ㉡ 공작물과 음극의 금속을 특수한 전해액 중에 넣고 공작물은 양극, 다른 쪽을 음극으로 하여, 여기에 전류를 통하게 하여 전해작용을 행하게 함
  ㉢ 공작물의 표면을 매끄럽게 하고 광택을 부여하는 방법
  ㉣ 물건 표면의 유지를 미리 충분하게 제거한 뒤 실시
  ㉤ 전해 연마 후 충분한 물세척 필요

> **참고**
> 전해 연마
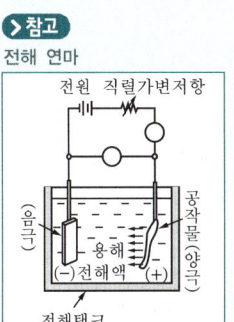

개념잡기

열처리 후처리 공정에서 제품에 부착된 기름을 제거하는 탈지에 적합하지 않은 방법은?

① 산 세정 ② 전해 세정
③ 알칼리 세정 ④ 트리클로로에틸렌 증기 세정

산세정은 스케일제거 작업에 적용한다.

답 ①

개념잡기

열처리 전·후처리에 사용되는 설비 중 6각 또는 8각형의 용기에 공작물과 함께 연마제, 콤파운드를 넣고 회전시켜 표면을 연마시키는 방법은?

① 버프 연마 ② 배럴 연마 ③ 쇼트 피닝 ④ 액체 호닝

배럴 연마(다듬질)
용기에 다량의 열처리품, 연마제, 콤파운드를 넣은 다음 배럴을 회전시켜 열처리품의 표면을 다듬질하는 연마법

답 ②

6 ▶ 침탄 열처리하기 ★★★

1. 침탄법(Carburizing)

저탄소의 표면 경화강에 탄소를 침입시킨 다음 담금질 처리를 함으로써 표면층만 경화되어 내마모성이 큰 표면층과 인성이 큰 중심부를 얻게 되는 처리, 침탄처리에 사용하는 침탄제의 종류에 따라 고체 침탄법, 액체 침탄법, 가스 침탄법으로 구별

> **꼭찝어 어드바이스**
> 침탄제의 종류에 따른 분류
> ① **고체 침탄법** : 코크스, 목탄
> ② **액체 침탄법** : 시안화나트륨, 시안화칼륨 용액
> ③ **기체 침탄법** : LPG, LNG, 변성가스 등

2. 침탄 기구

① 침탄제의 탄소가 침탄로 안의 산소와 반응하여 이산화탄소 생성
   $C + O_2 \rightarrow CO_2$
② CO_2가 다시 탄소와 반응해서 일산화탄소 생성
   $CO_2 + C \rightarrow 2CO$
③ CO가 강의 표면에서 분해되어 활성 탄소 석출
   $2CO \rightarrow C + CO_2$
④ C(활성 탄소)가 강재 표면에 침입하여 침탄층 형성

3. 고체 침탄

① **방법** : 목탄, 코크스 등의 침탄제와 부품을 침탄 상자에 장입하여 내화 점토로 밀봉한 후 900~950℃ 정도로 가열하여 3~4시간 유지하면 0.5~2.0mm 정도의 침탄층을 얻을 수 있다.
② 쌀알 정도 크기의 목탄과 같은 침탄제에 탄산바륨이나 탄산나트륨 등과 같은 침탄 촉진제를 혼합하여 사용
③ **침탄 촉진제** : 탄산바륨($BaCO_3$), 탄산나트륨(Na_2CO_3) 등을 사용
④ **침탄층의 탄소 농도** : 공석강의 탄소농도 정도 적합 (이 농도 이상이 되면 과잉 침탄 조직이 되어 사용 중에 박리가 생기거나 기계적 성질 저하)
⑤ **침탄층의 깊이** : 침탄 온도와 침탄 시간에 의해서 결정

> **꼭찝어 어드바이스**
> 고체 침탄의 장점
> ① 고도의 기술을 필요로 하지 않는다.
> ② 설비비가 비교적 싸다.
> ③ 부품의 크고 작음에 관계가 없다.
>
> 고체 침탄의 단점
> ① 가열에 균일성이 없으므로 침탄층도 균일성이 없다.
> ② 직접 담금질이 곤란하므로 방랭한다.
> ③ 표면에는 망상 탄화물이 생기기 쉽다.
> ④ 탄분진에 의한 환경 오염이 심하다.
> ⑤ 대량 생산하기가 어렵다.

> **용어정의**
> 암코철
> 금속 상자, 가정용 오븐 등 내식성을 요구하는 철제품이나 전자석의 철심 등에 쓰이는 철로서 순도가 아주 높아 불순물의 총합계가 0.08%에 불과하다. American Rolling Mill & Co의 머리글자를 따서 ARMCO라 부른다.

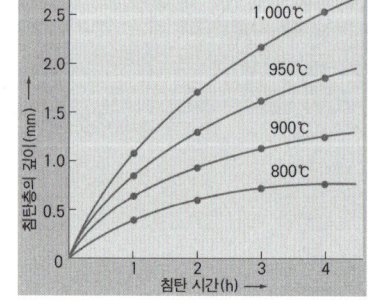

침탄 온도와 침탄 시간에 따른 침탄층의 깊이

⑥ 목탄(60%) + 탄산바륨(40%)을 사용하여 **암코철**에 침탄한 경우의 침탄 온도와 침탄 시간에 따른 침탄층의 깊이
  ㉠ 침탄 온도가 너무 높으면 강재 중심부의 결정립자가 조대화하여 취성을 증가
  ㉡ 대부분의 경우 900~950℃에서 침탄

4. 액체 침탄

① 시안화나트륨(NaCN)을 주성분으로 하는 염욕에 강재를 침지하면 C와 N이 동시에 침입하여 침탄과 질화가 이루어진다.
② 침탄 질화(Carbonitriding) 또는 청화(Cyaniding)라고도 한다.
③ 액체 침탄의 화학적인 반응
  ㉠ $2NaCN + O_2 \rightarrow 2NaCNO$
  ㉡ $4NaCNO \rightarrow 2NaCN + Na_2CO_3 + CO + 2N$
  ㉢ 발생한 CO와 N이 철강과 반응하여 침탄 질화 작용
④ 700℃ 이하인 경우 주로 질화, 800℃ 이상인 경우 주로 침탄이 일어난다.
⑤ 침탄 깊이는 900℃에서 30분 처리에 의해 약 0.3mm 정도
⑥ 시안화나트륨 단일염은 산화와 증발이 쉬워 시안화나트륨에 염화나트륨, 탄산나트륨, 염화바륨 등을 첨가하여 사용
⑦ 액체 침탄법의 특징은
  ㉠ 내마모성이 우수하고, 변형이 적음
  ㉡ 마템퍼링, 마퀜칭 등 항온 열처리 조작이 편리
  ㉢ 침탄제의 값이 비싸고, 침탄층이 얇으며, 유독 가스가 발생(단점)

> **꼭찝어 어드바이스**
> 액체 침탄제의 침탄 성능 관리
> ① 액체 침탄욕의 농도 관리
> ② 침탄제의 보충량 관리
> ③ 연강박 시험
> ④ 침탄능 관리

5. 가스 침탄

① 침탄성 가스를 밀폐한 열처리로로 보내어 이 분위기에서 강재를 가열하여 침탄하는 처리법
② **침탄성 가스** : 천연가스, 프로판가스, 부탄가스, 메탄가스 등
③ **변성 가스(Carrier gas)** : 침탄성 가스를 변성로에서 변성시킨 다음 메탄가스, 프로판가스 등 증탄 가스(Enrich gas)를 혼합해서 사용
④ 가스 침탄 화학 반응
  ㉠ $2CO = C + CO_2$
  ㉡ $CO + H_2 = C + H_2O$
  ㉢ $CH_4 = C + 2H_2$
  ㉣ $C_2H_6 = C + CH_4 + H_2$

> **용어정의**
> 캐리어 가스
> 침탄성 가스를 변성로에서 변성시킨 가스를 말한다.
> 여기에 침탄을 촉진시키기 위해 CH_4, C_3H_8 등을 첨가하여 사용한다.
> 이 가스를 첨가하는 조작을 증탄(enrich)이라 한다.

ⓜ $C_3H_8 = C + C_2H_6 + H_2$
석출한 활성 탄소 C가 강중에 침입, 확산되어 침탄
⑤ **가스 침탄의 장점**
  ㉠ 열효율 우수
  ㉡ 대량 생산 적합
  ㉢ 균일한 침탄 가능
  ㉣ 침탄 농도의 조절 용이
  ㉤ 침탄층의 확산 조절 용이
  ㉥ 침탄 후 바로 담금질이 가능
  ㉦ 조작이 쉽고 작업 환경 청결

6. 침탄 후의 열처리

① **침탄 후 열처리의 방법** : 고체 침탄제로 침탄할 때에는 침탄 상자 중에서 그대로 서랭한 다음 재가열하여 담금질·뜨임하거나 확산 풀림이나 구상화 풀림을 한 후 담금질 처리
② **확산 풀림** : 크롬강이나 크롬-몰리브덴강과 같이 탄소의 확산이 느린 강은 침탄 온도에서 30분~4시간 정도 풀림
③ **구상화 풀림** : 침탄층에 나타난 망상의 시멘타이트는 담금질하기 전에 구상화 처리, 1·2차 담금질을 할 때에는 1차 담금질 후 구상화 풀림(650~700℃)
④ **담금질** : 침탄은 고온에서 장시간 가열하는 처리이므로 중심부 조직이 대단히 크고 거칠어진다. 따라서 중심부 조직을 미세화하기 위해서 Ac3 이상 30℃ 정도로 가열한 후 유랭시켜서 1차 담금질한다. 다음에 표면의 침탄부를 경화시키기 위해서 Ac1점 이상으로 가열한 후에 수랭하여 2차 담금질한다.
⑤ 가스 침탄 후에는 800℃ 정도까지 온도를 강하한 다음에 물 또는 기름 중에 직접 담금질하는 것이 보통이나 마퀜칭을 하면 담금질 변형이 적다.
⑥ **뜨임** : 담금질한 후 반드시 저온 뜨임을 한다. 저온 뜨임은 담금질품의 연마 균열 방지에 꼭 필요한 처리이다.

7. 과잉 침탄

① **과잉 침탄(Super carburization)** : 대체로 과공석 조직이 생기는 침탄
② **원인** : 과잉 침탄은 온도가 높을 경우
③ **대책** : 가스 침탄, 온도 저하, 완화 침탄(Mild carburization)

> **꼭집어 어드바이스**
> 1차 담금질을 하는 이유
> 결정 미세화
>
> 2차 담금질을 하는 이유
> 표층부 경화(마텐자이트화)

④ 완화 침탄 : 오래된 침탄제를 사용하거나 완화제로 석탄이나 알루미나 등을 가한 것을 사용
⑤ 해결책 : 과잉 침탄 조직으로 된 것은 유리 시멘타이트를 구상화하거나 확산 어닐링(Diffusion annealing ; soaking)에 의하여 침탄층의 탄소가 내부로 확산하기 때문에 과잉 조직을 해소

8. 침탄 질화의 방지

① 보통 강재 중에 침탄 질화 작용이 양호하고, 단시간 내에 침탄 경화층이 생기는 것은 좋지만 때로는 부품의 부분적 침탄을 방지해야 하는 경우, 염욕에서 침탄을 방지하는 방법을 사용한다.

② 침탄 방지법
  ㉠ Al_2O_3, SiO_2 및 Na_2SiO_3의 혼합물을 도포하는 방법
  ㉡ Zn-Cu, Ni, Cr 등의 전기 도금 또는 Cu-Ni-Cr, Ni-Cu, Ni-Cr 등의 이중 중첩 전기 도금을 하는 방법
  ㉢ Al 용융분사(Al metallikon)를 이용하는 방법

개념잡기

침탄 후 열처리 작업 중 2차 담금질하는 목적은?

① 뜨임처리를 위해
② 표면 침탄층의 경화를 위해
③ 표면 및 중심부를 미세화하기 위해
④ 재료의 중심부를 미세화하기 위해

1차 담금질 : 중심부 미세화
2차 담금질 : 표면부 경화

답 ②

개념잡기

고체 침탄제의 구비조건이 아닌 것은?

① 고온에서 침탄력이 강해야 한다.
② 침탄성분 중 P, S 성분이 적어야 한다.
③ 장시간 사용해도 동일 침탄력을 유지하여야 한다.
④ 침탄 시 용적변화가 크고 침탄 강재 표면에 고착물이 융착되어야 한다.

침탄제는 강재 표면에 융착하지 않고 내부로 확산해서 들어가야 한다.

답 ④

7 질화 열처리하기

1. 질화법 (Nitriding)

① **특징** : 500~600℃의 변태점 이하에서 처리하기 때문에 열처리에 의한 변형이 생기지 않고 고온에서도 안정된 경도 유지
② **단점** : 장시간이 필요하고 질화용강을 사용하여야 함
③ **질화 경도의 향상에 가장 효과적인 원소** : 알루미늄, 크롬, 몰리브덴
④ **몰리브덴** : 질화 경도의 향상뿐 아니라 뜨임 취성을 방지

2. 가스 질화 (Gas nitriding)

① 암모니아(NH_3)가스를 500~550℃로 가열, $NH_3 \rightarrow N + 3H$ 분해
② 생성된 발생기 질소를 강 중에 확산시키는 방법
③ 확산된 질소가 강 중의 합금 원소와 결합하여 질화물을 형성
④ **예비 열처리** : 질화강을 우선 900℃ 정도에서 기름 담금질하고 680~700℃에서 뜨임하여 고온 템퍼드 마텐자이트(sorbite) 조직으로 만들어 준 다음 질화 처리
⑤ 500~550℃에서 50~100시간 처리 : 화합물층은 최고 0.03mm, 확산층은 최고 0.6mm의 경화층 형성
⑥ **질화층** : 경도가 높고(1,000~1,500 HV), 내식성 및 내마모성, 피로강도 우수
⑦ **질화강** : Al, Cr, Mo을 함유한 것 (SACM강) 사용
⑧ 질화처리 온도가 높아질수록 질화층의 두께는 커지나 경도는 떨어지므로 적절한 질화처리 온도 결정 필요 [그림 참조]

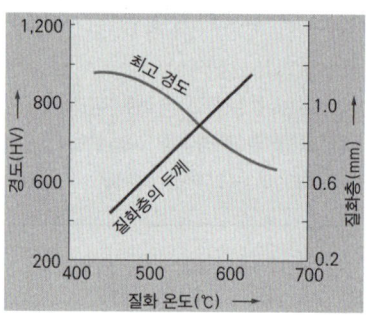

질화 온도에 따른 최고 경도와 질화층의 관계

3. 가스 연질화 (Gas nitro-carburizing)

① 암모니아가스와 일산화탄소를 주성분으로 하는 흡열형 변성가스(RX 가스)를 50 : 50으로 혼합하여 550~600℃에서 2~3시간 질화시키는 표면 경화법
② 가스 질화는 질화 반응만 일어나지만 가스 연질화는 질화와 침탄이 동시 진행

핵심 Key

연질화, 이온 질화 기술의 특징
- 높은 표면 경도 가능 (Hv 800~1,200)
- 내마모성 향상
- 피로한도가 향상
- 내식성이 우수
- 고온강도, 내열성 우수 (500℃ 부근까지 경화층의 경도 유지)
- 저온 처리(변형 적음)

③ 경화층 깊이, 표면 경도도 가스 질화보다 낮음
④ 크롬 합금강에서는 1,000Hv 이상의 경도 가능
⑤ 가스 질화보다 처리시간이 짧고, 처리비용이 저렴
⑥ 질화강뿐만 아니라 일반 탄소강도 질화처리가 가능
⑦ 고가 설비 오스테나이트계 강에는 부적당

4. 염욕 질화 (Salt bath nitriding)

① 염욕 질화의 반응 기구는 액체 침탄과 같으나 온도가 낮으므로 침탄은 거의 일어나지 않음
② 사이안화나트륨[시안화나트륨]을 500~600℃에서 10~120분간 질화처리
③ 화합물층은 최고 0.04mm, 확산층은 최고 0.4mm의 경화층 형성
④ 반응식
  ㉠ $2NaCN + O_2 = 2NaCNO$
  ㉡ $5NaCNO = 3NaCN + Na_2CO_3 + 2CO + 2N$
⑤ 탄소강을 질화처리할 때 경도는 질화강에 비해 훨씬 낮기 때문에 연질화법, 또는 **터프트라이드(Tufftride)** 법이라 함
⑥ 내식성, 내마모성, 피로 강도가 우수
⑦ 과거에는 CN−의 유독성으로 공해 문제가 있었으나, 요즘에는 무공해 공법으로 자동차 부품, 합성 수지용 부품, 전자기기 부품 등에 사용

5. 이온 질화 (Ion nitriding)

① 밀폐된 용기에 강재를 음극으로 하고 진공로 벽을 양극으로 하여 용기 안의 압력을 감압한 후 $N_2 + H_2$ 혼합 가스를 충전
② 여기에 300~1,000V의 직류 전압을 가하면 전극 간에 글로 방전(Glow plasma)
③ 위 분위기에서 질소가스가 이온화되어 강재에 충돌하여 질소가 침투
④ 플라스마 질화라고도 함
⑤ 장점
  ㉠ 질화 속도가 빠름
  ㉡ 혼합 가스를 사용하여 이온 충돌 작용에 의한 **스퍼터링**(Sputtering) 현상이 일어나 표면 청정작용
  ㉢ 질화층 조성의 조정이 가능
  ㉣ 균열과 박리가 생기지 않으며, 내마모성·내피로성 우수
⑥ 단점 : 조작이 까다로우며, 고가의 장비 필요

> ★ **용어정의**
> **스퍼터링**
> 진공 용기 속에서 진공 방전을 하여 금속의 얇은 막을 피접착 면에 생기게 하는 방법이다.

6. 침탄과 질화의 비교

구분	침탄법	질화법
경도	질화보다 낮다.	침탄보다 높다.
열처리	침탄 후 열처리를 한다.	질화 후 열처리가 필요없다.
수정	수정이 가능하다.	수정이 불가능하다.
시간	처리시간이 짧다.	처리시간이 길다.
변형	경화로 인한 변형이 있다.	변형이 적다.
취약성	취성이 적다.	상대적으로 취성이 높다.
강종제한	제한없이 적용가능하다.	강종제한을 받는다.

개념잡기

침탄법에 비해 질화법처리의 특징으로 틀린 것은?

① 취화되기 쉽다.　　　　　　　② 열처리가 필요없다.
③ 경화에 의한 변형이 적다.　　　④ 처리강의 종류에 제한을 받지 않는다.

질화를 잘 되게 하려면 질소화합물을 형성하는 원소가 함유된 질화강을 사용해야 하며, 질화강으로 Al, Cr, Mo을 함유한 것(SACM강)을 사용한다. **답 ④**

개념잡기

진공 분위기에서 글로우(glow) 방전을 발생시켜 N_2, H_2 및 기타 가스의 단독, 혼합 기조의 분위기에서 N을 표면에 확산시키는 표면처리법은?

① 침탄 질화　　② 가스 질화　　③ 이온 질화　　④ 염욕 질화

이온 질화
밀폐된 용기에 강재를 음극으로 하고 진공로 벽을 양극으로 하여 용기 안의 압력을 감압한 후 N_2 + H_2 혼합 가스를 충전하고, 300~1,000V의 직류 전압을 가하면 전극 간에 글로 방전(glow plasma)하고, 이 분위기에서 질소가스가 이온화되어 강재에 충돌하여 질소를 침투시키는 방법으로 플라스마 질화라고도 한다. **답 ③**

8. 금속 침투 표면경화 처리하기

1. 세라다이징(Sheradizing)
철과 아연(Zn)을 접촉시켜서 가열하면 양자의 친화력에 의하여 원자 간의 상호 확산이 일어나서 합금화되어 내식성이 좋은 표면층을 형성

2. 칼로라이징(Calorizing)
① 철-알루미늄 합금층이 형성될 수 있도록 철강 표면에 알루미늄(Al)을 확산 침투시키는 방법
② 확산제로서는 알루미늄, 알루미나 분말 및 염화암모늄을 첨가한 것을 사용
③ 800~1,000℃ 정도로 처리
④ 내열, 내산화성, 방청, 내해수성, 내식성 등을 요구하는 부품에 적용

🔑 핵심 Key
금속 침투법의 종류

종류	침투원소
칼로라이징	Al
크로마이징	Cr
보로나이징	B
세라다이징	Zn

3. 크로마이징(Chromizing)
① 저탄소강의 표면에 크롬(Cr) 침투
② 내부에는 인성이 있으며, 표면은 고크롬강으로 되어서 스테인리스강의 성질을 갖추므로 스테인리스강의 장점을 지니는 값싼 기계부품 제조 가능

▶ 참고
금속 침투법의 종류
칼로(Al), 세라(Zn)만 기억하자. 나머지 침투법은 이름속에서 침투 금속을 유추할 수 있다.

4. 실리코나이징(Siliconizing)
① 규소(Si) 및 페로실리콘은 산에 강한 성질을 지니므로 철강의 표면에 규소를 침투시켜서 방식성을 향상시키는 방법

개념잡기

아연 원소를 강표면에 확산 침투시켜 표면경화 처리하는 것은?

① 보로나이징 ② 실리코나이징 ③ 세라다이징 ④ 칼로라이징

> **금속 침투법의 종류**
> 칼로(Al), 세라(Zn)만 기억하자. 나머지 침투법은 이름속에서 침투 금속을 유추할 수 있다.
>
> 답 ③

9 ▶ 물리적 표면경화 처리하기

1. 고주파 경화(High frequency induction hardening)

① 고주파 경화는 표피 효과(Skin effect)에 의해 표면에 유도된 고주파 전류의 줄(Joule)열에 의한 담금질

② 고주파 유도 가열의 원리
  ㉠ 구리관으로 된 유도 코일에 고주파 전류를 걸어 주고, 코일 내부에 경화할 강재를 넣으면 강재에 자기장이 형성
  ㉡ 코일 내부에 형성된 자기장은 다시 자기장에 수직한 강재에 전류를 유도
  ㉢ 강재 내부를 흐르는 이 유도 전류는 옴(Ohm)의 법칙에 의해 열 발생

③ 보통 실제로 사용하고 있는 주파수는 10~500kHz 범위의 고주파를 이용

④ 유도 전류에 의한 발생열의 침투 깊이 (d)

$$d = 5.03 \times 10^3 \sqrt{\frac{\rho}{\mu f}} \, [\text{cm}]$$

ρ : 강재의 비저항($\mu\Omega \cdot$ cm)
μ : 강재의 투자율
f : 주파수(Hz)

⑤ 경화층의 깊이는 주파수의 크기에 따라서 결정 (주파수가 클수록 경화 깊이가 작다)

주파수	물건의 지름	경화층
10kHz	100mm	5mm
400kHz	50mm	1.5mm
2,000kHz	2mm	전체

⑥ 고주파 경화는 강재 표면은 불과 1~2초 이내에 오스테나이트화되므로 이 온도에 도달하는 즉시 급랭하면 표면만 경화되고 내부는 거의 조직의 변화가 없음

⑦ 보통의 가열 때와 같이 표면의 산화, 탈탄, 조직의 조대화 등의 현상 감소

⑧ 변형이 적고 피로 강도가 향상되며, 대량 생산이 가능

용어정의
표피 효과
주파수가 클수록 유도 전류는 강재의 표면 부위에만 집중되어 흐르는 성질

참고
고주파 유도 가열의 원리

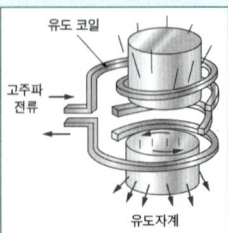

핵심 Key

고주파 표면 담금질의 특징

- 담금질 경비 절약
- 생산 공정 중 열처리 공정 가능
- 무공해 열처리
- 담금질 시간 단축
- 담금질 경화 깊이 조절 용이
- 국부 가열 가능
- 질량 효과 경감
- 변형이 적은 양질의 담금질 가능

2. 화염 경화

① 경화능이 있는 강재의 표면을 산소-아세틸렌 불꽃으로 급속하게 가열하여 오스테나이트화한 후 급랭하여 담금질
② 조성의 변화가 없기 때문에 화염 경화처리 효과를 얻으려면 원 소재는 요구되는 표면 경도를 얻는 데 필요한 탄소량을 함유하고 있어야 한다.
③ 경화층의 깊이에 대해서는 높은 경화능보다도 가열속도 및 내부로의 열전달이 더 중요한 요인
④ 이동 속도가 느릴수록 열의 침투 정도 및 경화층 깊이가 더 깊다.
⑤ 제품의 전체를 담금질하는 것이 아니라 필요한 부분의 표면만을 경화시킴으로써 변형을 최소화
⑥ 담금질에 의한 균열 발생을 방지
⑦ 강재의 크기나 형상 제한 없으며 설비비 저렴, 가열 온도의 조절이 어렵다.
⑧ 급랭된 작업물 표면경화처리에 의해 생기는 잔류 응력을 제거하고 인성을 높이기 위해 뜨임처리 필요
⑨ 탄소함유량과 화염경화열처리 경도의 관계 : 15+100×C%

> **핵심 Key**
> **화염 경화 처리의 특징**
> • 부품의 크기나 형상에 제한이 없음
> • 국부적인 담금질 가능
> • 담금질 변형이 적음
> • 설비비 저렴
> • 가열 온도의 조절이 어려움 (담금질 온도는 강재의 색깔 또는 시차 온도계에 의함)

개념잡기

고주파 유도 가열 경화법에 대한 설명으로 틀린 것은?

① 생산공정에 열처리 공정의 편입이 가능하다.
② 피가열물의 스트레인(Strain)을 최소한으로 억제할 수 있다.
③ 표면부분에 에너지가 집중하므로 가열시간을 단축시킬 수 있다.
④ 전류가 표면에 집중되어 표피효과(Skin effect)가 작다.

> 표피효과
> 전류가 표면에 집중되는 것으로 이것에 의해 표면경화열처리가 가능하다.

답 ④

개념잡기

다음 중 화학적 표면경화법이 아닌 것은?

① 침탄법   ② 질화법   ③ 금속침투법   ④ 고주파경화법

> • 물리적 경화법 : 화염경화법, 고주파경화법, 숏피닝, 방전경화법
> • 화학적 경화법 : 침탄법, 질화법, 금속침투법

답 ④

10 ▶ 항온 열처리하기 ★★★

1. 오스템퍼링 (Austempering)

펄라이트 형성온도보다 낮고, 마텐자이트 형성온도보다는 높은 온도에서 행하는 철계 합금의 항온변태처리

① 방법
　㉠ 오스테나이트 상태로부터 M_s 이상인 적당한 온도의 염욕에서 담금질
　㉡ 과냉 오스테나이트가 염욕 중에서 항온변태가 종료할 때까지 항온 유지
　㉢ 공기 중으로 냉각하는 과정

② 생성 조직 : 베이나이트 조직 (인성 풍부)

③ 오스템퍼링의 효과
　㉠ 담금질 변형, 균열 방지
　㉡ 40~50 HRC 정도에서는 같은 경도의 열처리 제품에 비해 충격값, 인성 및 피로 강도 향상
　㉢ 절삭용 공구와 특수 기계 부품의 열처리에 사용

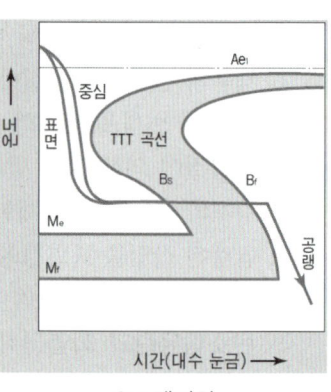

오스템퍼링

2. 마퀜칭 (Marquenching)

① 방법
　㉠ 오스테나이트 상태로부터 M_s 바로 위 온도의 염욕 중에 담금질
　㉡ 강의 내외가 동일한 온도가 되도록 항온 유지
　㉢ 과냉 오스테나이트가 항온변태를 일으키기 전에 공기 중에서 Ar'' 변태가 천천히 진행되도록 하는 방법

② 생성조직 : 마텐자이트

③ 마퀜칭의 효과
　㉠ 물 담금질보다는 경도가 다소 저하되나 담금질 균열이 잘 생기지 않는다.
　㉡ 고탄소강, 특수강, 게이지강, 베어링강 등과 같이 물 담금질이나 기름 담금질하면 균열이나 변형을 일으키기 쉬운 강종에 적합한 열처리 방법

핵심 Key

상부 베이나이트
- 350℃ 이상에서 항온 열처리 조직
- 우모상 조직

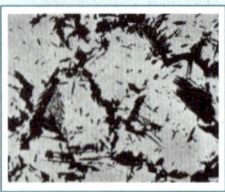

하부 베이나이트
- 350℃ 이하에서 항온 열처리 조직
- 침상 조직

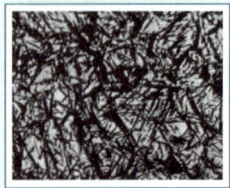

3. 마템퍼링 (Martempering)

강을 오스테나이트 영역에서 M_s와 M_f 사이에서 항온변태 처리

① 방법
  ㉠ 오스테나이트 상태로부터 M_s 이하의 염욕 중에 담금질
  ㉡ 변태가 거의 종료될 때까지 같은 온도로 유지
  ㉢ 공기 중에서 냉각

② 생성 조직 : 마텐자이트 + 베이나이트 혼합 조직

③ 마템퍼링의 효과
  ㉠ 잔류 오스테나이트의 베이나이트화
  ㉡ 경도는 그다지 떨어지지 않으면서 충격값이 큰 조직 생성
  ㉢ 유지시간이 길다(단점).

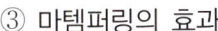

마템퍼링

4. 오스포밍 (Ausforming)

① 준안정 오스테나이트 영역에서 소성 가공하는 가공 열처리
② 인장강도 $300kg_f/mm^2$급의 고강인성의 강 생산
③ 방법 : 오스테나이트강을 재결정 온도 이하와 M_s점 이상의 온도 범위에서 변태가 일어나기 전에 과냉 오스테나이트 상태에서 소성 가공한 다음 냉각하여 마텐자이트화하는 열처리

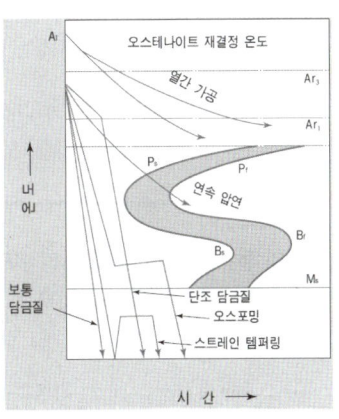

오스포밍

5. 시간 담금질 (Time quenching)

① 시간 담금질(인상 담금질) : 냉각속도의 변환을 냉각시간으로 조절하는 담금질로 변형 균열 및 치수 변화를 최소화할 수 있다.
② 임계구역에서는 수랭시켜 TTT 곡선의 코 이하로 냉각될 때까지 온도를 감소시킨 다음 꺼내어 위험 구역에서는 서랭한다.

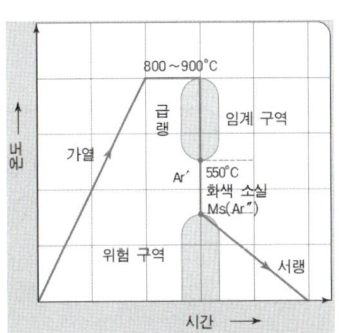

시간 담금질 과정

핵심 Key

시간 담금질 방법
- 임계구역(550~800℃) → 급랭
- 위험구역(M_s 온도 이하) → 서랭

> **참고**
> 분사 담금질(spray quenching)
> ① 담금질한 부분에 냉각액을 분사하여 급랭시키는 담금질이다.
> ② 분사 담금질은 냉각제의 흐름이 약 825kPa(120psi)까지의 고압으로 재료의 국부적인 영역에 집중된다.
> ③ 사용되는 냉각제의 부피가 크고, 모든 냉각제가 제품과 직접 접촉하기 때문에 냉각 속도가 빠르고 균일하다.

> **참고**
> 선택 담금질
> ① 제품의 특정 부분만을 담금질하는 열처리이다.
> ② 소재의 일부분이 냉각되지 않도록 하기 위해 그 부분을 단열하거나, 담금질해야 할 부분만 냉각제가 접촉되도록 해야 한다.

③ 담금질 시효 : $M_s \sim M_f$ 구간에서 서랭으로 인해 증가된 잔류 오스테나이트가 마텐자이트로 변태하여 경도의 증가와 변형이 발생한다.

6. M_s 담금질 (M_s quenching)

① 시간 담금질 또는 마퀜칭의 단점인 $M_s \sim M_f$ 구간의 서랭을 급랭으로 하여 잔류 오스테나이트를 적게 하는 데 사용된다.
② 담금질 시효 현상을 억제하여 변형을 방지한다.

개념잡기

담금질 균열을 방지할 목적으로 M_s점 직상에서 열욕하여 재료의 내・외부가 동일한 온도가 될 때까지 항온 유지한 다음 공랭하여 Ar"변태를 일으키는 방법으로 담금질하면 균열이나 변형을 일으키기 쉬운 강종에 적합한 것은?

① 오스템퍼링(Austempering) ② 마템퍼링(Martempering)
③ 마퀜칭(Marquenching) ④ 항온풀림(Ausannealing)

마퀜칭
- 오스테나이트 상태로부터 M_s 바로 위 온도의 염욕 중에 담금질하여 강의 내외가 동일한 온도가 되도록 항온 유지하는 방법
- 생성조직 : 마텐자이트
- 일반 담금질보다는 경도가 다소 저하되나 담금질 균열이 잘 생기지 않는다.

답 ③

개념잡기

강의 항온 열처리 중 오스테나이트 영역에서 냉각하여 M_s와 M_f 사이에서 행하는 항온 처리로 오스테나이트의 일부는 마텐자이트가 되고 일부는 베이나이트의 혼합 조직이 되는 처리는?

① 스퍼터링 ② 마템퍼링 ③ 오스포밍 ④ 오스템퍼링

마템퍼링
- 강을 오스테나이트 영역에서 M_s와 M_f 사이에서 항온변태 처리
- 생성 조직 : 마텐자이트 + 베이나이트 혼합 조직

답 ②

개념잡기

TTT 곡선의 Nose와 M_s점의 중간온도로 유지된 염욕 속에서 변태가 완료될 때까지 일정시간 유지한 다음, 공랭시키면 베이나이트 조직이 생기는 열처리 조작은?

① 오스포밍(Ausforming) ② 마퀜칭(Marquenching)
③ 오스템퍼링(Austempering) ④ 타임 퀜칭(Time Quenching)

베이나이트 조직은 오스템퍼링을 하면 얻어진다.

답 ③

11. 심랭처리하기

1. 심랭처리의 목적과 효과

① 0℃ 이하의 온도, 심랭(Sub-zero)온도에서 냉각시키는 조작
② 경화된 강 중 잔류 오스테나이트를 마텐자이트화
③ 공구강의 경도증가 및 성능향상
④ 게이지와 베어링 등 정밀기계 부품의 조직 안정
⑤ 시효에 의한 형성과 치수 변화를 방지
⑥ 특수 침탄용강의 침탄 부분을 완전히 마텐자이트로 변화시켜 표면 경화
⑦ 스테인리스강에는 우수한 기계적 성질을 부여

2. 심랭처리의 방법

① 냉매 : 드라이아이스와 알코올(-78℃), 액체 질소(-196℃)
② 처리시기 : 담금질 직후(뜨임 전)
③ 처리온도 : 영하 60~80℃
④ 유지시간 : 25mm 두께당 30분 비율
⑤ 승온 : 서브제로 온도로부터 실온까지의 승온은 끌어올려서 공중 방치 가능
⑥ 템퍼링 : 수중, 탕중 투입 급열 시 잔류 응력 해소, 서브제로 균열 방지 효과

핵심 Key

심랭 처리용 냉각제

냉각제	온도(℃)
소금 + 얼음 24% + 75%	-21.3
에테르 + 드라이아이스	-78
암모니아	0~-50
액체 산소	-183
액체 질소	-196
액체 헬륨	-268.8

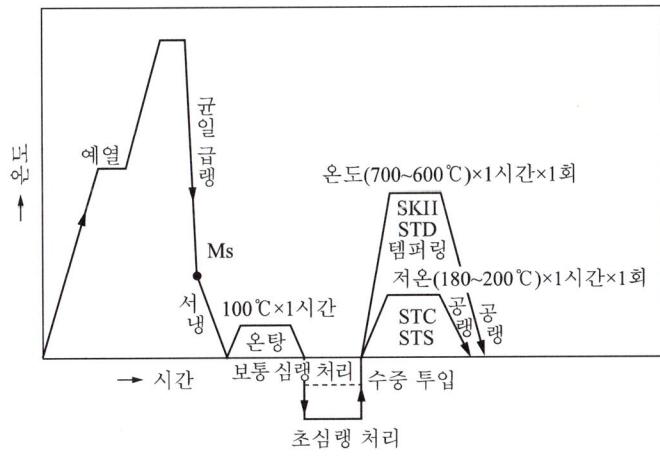

서브제로 처리 작업

개념잡기

강의 열처리에서 서브제로(심랭) 처리를 하면 얻을 수 있는 효과가 아닌 것은?

① 조직이 미세화된다.
② 강재의 내마모성을 증가시킨다.
③ 마텐자이트를 펄라이트로 분해시킨다.
④ 잔류 오스테나이트를 마텐자이트로 변태시킨다.

마텐자이트를 펄라이트로 분해하는 것은 가열에 의해서 발생한다. **답 ③**

개념잡기

강을 0℃ 이하의 온도에서 서브제로 처리할 때의 조직 변화로 옳은 것은?

① 잔류 펄라이트 → 마텐자이트
② 잔류 오스테나이트 → 마텐자이트
③ 잔류 소르바이트 → 마텐자이트
④ 잔류 트루스타이트 → 마텐자이트

서브제로(심랭) 처리
잔류 오스테나이트를 마텐자이트로 변태시키는 열처리 **답 ②**

개념잡기

심랭처리(Sub-zero treatment)에서 사용되는 냉매는?

① 수은   ② 기름   ③ 염욕   ④ 액체질소

심랭처리 냉매 : 액체질소, 드라이아이스, 액체헬륨 등 **답 ④**

> **참고**
> 염욕의 성질과 구비조건
> ① 강의 열처리용 염욕의 주성분은 주기율표상의 Ⅰ족 및 Ⅱ족 염화물계와 기타 첨가제로 구성
> ② 염욕의 순도가 높고 유해 불순물을 포함하지 않는 것
> ③ 가급적 흡습성 또는 조해성이 작아야 한다.
> ④ 열처리 온도에서 염욕의 점성이 작고 증발, 휘발성이 작아야 한다.
> ⑤ 열처리 후 제품의 표면에 점착한 염의 세정성이 좋을 것
> ⑥ 용해가 쉽고 유해 가스 발생이 적어야 한다.
> ⑦ 구입이 용이하고 경제적이어야 한다.

12 ▶ 염욕 열처리하기 ★★★

1. 염욕 열처리의 개요 및 동향

① 염욕 열처리는 미국, 독일 등에서 오래 전부터 공업화되어 널리 보급
② 균일한 온도 분포 유지 가능
③ 가열 및 냉각속도가 빠르며, 담금질 조작 간단
④ 설비비가 저렴하고 능률적인 열처리로서 다품종 소량 생산의 열처리, 즉 금형 및 공구강의 열처리에 많이 사용
⑤ 환경오염 문제, 안전위생 및 에너지 절약 차원에서 점차 감소
⑥ 오스템퍼링, 마퀜칭 등 항온 열처리는 모두 염욕 열처리를 기반
⑦ 액체 침탄 열처리에서도 시안기(CN^-)가 없는 무공해 열처리법이 개발

2. 염욕의 종류

○ 염욕의 종류

분류	용도 및 구성
저온용	• 150~550℃의 온도 범위 사용 • 마퀜칭, 마템퍼링 등의 항온 열처리, 비철금속의 열처리, 시효처리 등 • 염 : 질산염계로 질산나트륨($NaNO_3$), 아질산나트륨($NaNO_2$), 질산칼륨(KNO_3) 등 • 첨가제 : 산화나트륨(NaOH), 수산화칼륨(KOH) 등
중온용	• 550~950℃의 온도 범위에서 사용 • 탄소 공구강, 합금 공구강 등의 담금질, 고속도 공구강의 마퀜칭, 예열, 뜨임 또는 오스템퍼링 등에 사용 • 염화나트륨(NaCl), 염화칼륨(KCl), 염화칼슘($CaCl_2$), 염화바륨($BaCl_2$) 등 주기율표상의 Ⅰ족, Ⅱ족의 염화물을 두, 세 가지 섞어 사용
고온용	• 1,000~1,350℃의 온도 범위에서 사용 • 고속도공구강과 다이스강의 담금질, 오스테나이트계 스테인리스강의 수인 처리 등에 사용 • 염욕 : 염화바륨($BaCl_2$) 단일염을 사용 • 탈탄 방지제로 규산 칼슘($CaSi_2$)을 약간 첨가

개념잡기

염욕 열처리에 대한 설명으로 틀린 것은?

① 염욕의 열전도도가 낮고, 가열속도가 느리다.
② 소량 다품종 부품의 열처리에 적합하다.
③ 냉각속도가 빨라 급랭이 가능하다.
④ 항온 열처리에 적합하다.

> 염욕은 열진도도가 커서 냉각속도가 빠르나.   **답 ①**

개념잡기

염욕이 갖추어야 할 조건에 해당되지 않는 것은?

① 염욕의 순도가 높고 유해 불순물이 포함되지 않은 것이 좋다.
② 가급적 흡수성이 크고, 염욕의 분해를 촉진해야 한다.
③ 열처리 후 제품 표면에 점착된 염의 세정이 쉬워야 한다.
④ 열처리 온도에서 염욕의 점성이 작고, 증발휘산량이 적어야 한다.

> 염욕은 흡수성이 적어야 하고, 분해가 안 돼야 한다.   **답 ②**

개념잡기

고속도강, 스테인리스강을 염욕처리할 때 사용되는 염욕은?

① 저온용 염욕   ② 중온용 염욕   ③ 고온용 염욕   ④ 심랭용 염욕

> 고온용 염욕제
> - 1,000~1,350℃의 온도 범위에서 사용
> - 고속도공구강과 다이스강의 담금질, 오스테나이트계 스테인리스강의 수인처리 등에 사용
> - 염욕제는 염화바륨($BaCl_2$) 단일염을 사용
>
> 답 ③

13 ▶ 분위기 열처리하기 ★★★

1. 분위기(광휘) 열처리의 개요

① 강을 열처리할 때 발생하는 산화 및 탈탄을 방지하기 위해서는 노 안의 분위기 제어
② 제어된 분위기 중에서 열처리를 하면 산화나 탈탄이 일어나는 것을 방지 열처리 전후의 표면 상태를 그대로 유지
③ 산세 등의 후처리가 필요하지 않고, 열처리 후의 치수 정밀도를 확보
④ 열처리의 진보에 따라 노의 분위기 제어는 표면 보호뿐만이 아니라 침탄, 복탄, 탈탄, 질화 등의 표면처리를 위하여 사용
⑤ 사용하는 분위기는 강의 종류와 열처리 목적에 따라 여러 가지를 사용하고 있는데, 공업적으로는 각종 변성가스를 가장 많이 사용
⑥ 경우에 따라 아르곤(Ar), 헬륨(He) 등의 **불활성 가스**와 질소 같은 중성 가스를 사용
⑦ 일반적으로 분위기 가스는 산화 및 탈탄을 방지하기 위한 목적으로 사용하는 보호가스 분위기 의미

2. 분위기 가스의 성질 및 종류

① 변성가스
  ㉠ 분위기 가스 등에 적당한 비율의 공기를 첨가하여 열분해 또는 산화 분해시킨 가스
  ㉡ 변성 방식에 따라서 발열형, 흡열형 가스로 나뉨

핵심 Key

강재를 산화시키지 않고 가열하는 방법
① 숯이나 주철칩 또는 침탄제 등에 묻어서 가열하는 방법
② 산화나 탈탄 방지제를 도포하여 가열하는 방법
③ 보호 가스 분위기 속에서 가열하는 방법
④ 중성 염욕이나 연욕 중에서 가열하는 방법
⑤ 진공 중에서 가열하는 방법

핵심 Key

분위기 가스의 분류

분위기	가스의 종류
중성가스	질소, 아르곤, 헬륨, 건조 수소
산화성 가스	산소, 수증기, 이산화탄소, 공기
환원성 가스	수소, 암모니아, 암모니아 분해 가스, 침탄성 가스 등
침탄성 가스	일산화탄소, LNG, 메탄, 프로판, 부탄, 도시 가스, 흡열형 가스, RX가스
탈탄성 가스	산화성 가스, DX가스
질화성 가스	암모니아

변성 방식에 따른 분위기 가스의 분류

발열형 가스

- 메탄(CH_4), 프로판(C_3H_8), 부탄(C_4H_{10}) 등의 원료 가스에 공기를 가하여 완전 또는 부분 연소시켜 얻은 연소열을 이용하여 변성시킨 가스
- 발열형 : 외부에서 열을 가하지 않기 때문
- 변성할 때 원료 가스량을 많게 하면 연소 온도는 상승하는데, 일반적으로 1,100~1,200℃의 온도 범위로 조절
- 반면에 원료 가스량이 부족하면 반응이 순조롭게 진행되지 않고 단속되거나 폭발적으로 이루어지기 때문에 위험

> **참고**
> 발열형 가스의 변성 반응
> ① 메탄가스의 경우
> $CH_4 + 2(O_2 + 3.76N_2)$
> $= CO_2 + 7.52N_2 + 2H_2O$
>
> ② 프로판가스의 경우
> $C_3H_8 + 5(O_2 + 3.76N_2)$
> $= 3CO_2 + 18.8N_2 + 4H_2O$

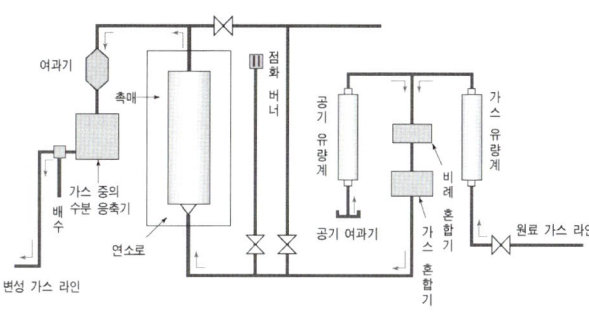

흡열형 가스

- 외부에서 가열되는 변성로(retort)로 혼합된 원료 가스와 공기를 보내면 니켈 촉매에 의해서 분해되어 가스를 변성
- 변성 시 열을 흡수하므로 흡열형
- 현재 가스 침탄에 널리 사용
- 실용되고 있는 흡열형 가스는 조성이 일정한 천연가스(LNG), 프로판가스 등을 사용하여 흡열형 가스 변성 장치를 통하여 제조

> **참고**
> 흡열형 가스의 변성 반응
> ① 천연가스의 경우
> $2CH_4 + (O_2 + 3.76N_2)$
> $= 2CO + 4H_2 + 3.76N_2$
>
> ② 프로판가스의 경우
> $2C_3H_8 + 3(O_2 + 3.76N_2)$
> $= 6CO + 8H_2 + 11.28N_2$

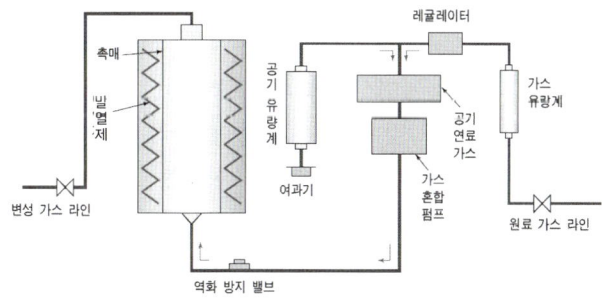

② 중성가스
   ㉠ 아르곤, 네온 등의 불활성 가스는 철강과 화학 반응을 하지 않기 때문에 광휘 열처리를 하기 위한 보호 가스로는 이상적
   ㉡ 공업적으로 사용하기에는 값이 비싸기 때문에 타이타늄[티탄]이나 지르코늄 등과 같이 활성이 강한 금속의 보호 분위기로 일부 이용
   ㉢ 일반적으로 사용하는 중성가스 질소 사용, 취급이 간단하고 값이 싸기 때문에 산화 및 탈탄을 방지하기 위한 보호 분위기로서 널리 이용

② 질소가스 중 불순물 함유 시 강의 열처리할 때 광휘성 불량
◎ 질소 분위기 중에서 탄소강을 가열할 때에는 산소량을 6ppm 이하로

③ 산화성 가스
㉠ 산화성 가스의 산화 반응이 적게 일어나면 철강 표면에 탬퍼링색(Temper color) 생성, 반응이 심하게 일어나면 두꺼운 피박(흑피)이 생성(산화작용의 정도에 따라서 탈탄작용을 수반)
㉡ 산화 피막의 성장은 철과 철 산화물과의 계면으로부터 산화물 측에 철 이온이 확산됨과 동시에 산화물 표면으로부터 산화물 내부에 산소 이온이 확산됨으로 진행
㉢ 산화성 가스를 이용하여 강의 외관 및 내식성을 개선하기 위해 강표면에 산화 피막을 형성케하는 **블루잉(Blueing)** 처리가 있음

3. 분위기 열처리 조업

① 철강이 열처리 중 탈탄, 침탄을 일으키지 않기 위해, 열처리 온도에서 철강 중 탄소와 같은 탄소 농도(Carbon potential)를 가진 환원성 가스 사용
② 흡열성 가스에서는 CO, H_2가 일정하므로 CO_2, 또는 H_2O를 관리하여 희망하는 평형 탄소 농도를 얻음
③ 노 안 분위기의 측정과 조절 (**노점** 측정에 의한 노 안 분위기 조절)
㉠ SM45C강을 850℃에서 담금질할 때 분위기의 탄소 퍼텐셜을 0.42~0.48% 범위로 하면 강중의 탄소량과 평형
㉡ 노점을 12~16℃로 관리하면 무탈탄, 무침탄 상태로 되어 광휘 열처리 가능
④ 첨가 가스량
㉠ 첨가 가스의 종류, 변성 가스의 유량, 변성 가스의 탄소 농도, 처리 목적의 탄소 농도 및 처리 온도 등에 따라 다름
㉡ 첨가 가스량이 적당하지 않으면 목적하는 탄소 농도를 얻을 수 없고, 첨가 가스량이 너무 많으면 노 안에서 분해되어 그을음 생성
⑤ 공구강의 광휘 열처리 : 공구강의 성질은 탄소 함유량에 따라 현저하게 달라지므로 침탄 및 탈탄이 일어나지 않도록 노점 관리 주의

4. 노의 관리

① **화염 커튼(Flame curtain)** : 분위기 로에 열처리품을 장입하거나 꺼낼 때 노 안으로 공기가 들어가는 것을 방지하기 위해 가연성 가스를 연소시켜 불꽃의 막을 만드는 것

핵심 Key

철의 산화 피막

외부
Fe_2O_3
Fe_3O_4
FeO
Fe 내부

용어정의

블루잉(Blueing) 처리
철강의 외관과 내식성 향상을 목적으로 하며, 공기, 수증기 또는 화학약품 등에서 270~300℃로 가열하여 표면에 청색의 산화 피막을 형성시키는 처리

노점(Dew point)
수분을 함유한 분위기 가스를 냉각시킬 때 이슬이 생기는 점의 온도

② 그을음과 번 아웃
　㉠ 그을음(Sooting) : 변성로나 침탄로 등의 침탄성 분위기 가스로부터 유리된 탄소가 열처리품, 촉매, 노의 벽돌 등에 부착하는 현상
　㉡ 그을음이 발생하여 촉매의 표면에 부착하여 그 기능 저하
　㉢ 침탄로에서는 노의 벽돌, 교반장치, 열처리품 등에 부착하여 탄소 농도를 어지럽히고 담금질유 속에 쌓여 담금질 얼룩의 원인
　㉣ 번 아웃(Burn out) : 필요에 따라 정기적으로 적당량의 공기를 불어 넣어 연소하여 제거하는 조작

> **참고**
> 각종 분위기 가스의 명칭
> ① DX(R) : 원료 가스와 공기를 혼합하여 연소하고 수분 제거한 가스
> ② NX : DX로부터 CO와 H_2O를 제거한 가스
> ③ HNX : NX 가스 발생 도중에 수증기를 가하여 CO 가스를 CO_2 가스로 변화시켜 제거한 가스
> ④ RX : 원료 가스와 공기를 혼합하여 고열 촉매를 통하여 변성한 가스
> ⑤ SRX : RX 가스의 공기 대신 증기를 이용하여 변성한 가스
> ⑥ AX : 암모니아를 통하여 변성한 가스
> ⑦ SAX : 암모니아가스를 공기와 혼합하여 연소한 가스

개념잡기

분위기 가스를 냉각시키면 어떤 온도에서 수분이 응축되어 미세한 물방울이 생기는 것을 무엇이라고 하는가?

① 영점　　② 노점　　③ 결정　　④ 응고점

노점(Dew point)
수분을 함유한 분위기 가스를 냉각시킬 때 이슬이 생기는 점의 온도
답 ②

개념잡기

분위기 로에 재료를 장입 또는 꺼낼 때 로의 내부로 공기가 들어가 가스의 교란이나 폭발을 방지하기 위하여 장입구 또는 취출구에 가연성 가스를 연소시켜 외부와 차단하는 것은?

① 슈팅(Sooting)　　② 버핑(Buffing)
③ 번 아웃(Burn out)　　④ 화염 커튼(Flame curtain)

화염 커튼 (Flame curtain)
분위기 로에 열처리품을 장입하거나 꺼낼 때 노 안으로 공기가 들어가는 것을 방지하기 위해 가연성 가스를 연소시켜 불꽃의 막을 만드는 것
답 ④

개념잡기

변성로나 침탄로 등의 침탄성 분위기 가스로부터 유리된 탄소가 노 내의 분위기 속에 부화하여 열처리 가공재료, 촉매, 노의 연와 등에 부착하는 현상은?

① 촉매(Catalyst)　　② 그을음(Sooting)
③ 번 아웃(Burn out)　　④ 화염 커튼(Flame curtain)

그을음(Sooting) : 성로나 침탄로 등의 침탄성 분위기 가스로부터 유리된 탄소가 열처리품, 촉매, 노의 벽돌 등에 부착하는 현상
번 아웃(Burn out) : 필요에 따라 정기적으로 적당량의 공기를 불어 넣어 그을음을 연소하여 제거하는 조작
답 ②

14 진공 열처리하기

1. 진공 열처리의 개요

① 철강을 대기 중에서 가열하면 온도가 높아짐에 따라서 산화와 탈탄이 되면서 재료의 기계적·물리적 성질 저하
② 진공 열처리란 주위보다 공기, 특히 산소 분압이 매우 낮은 노에서 행하는 열처리
③ 산화가 생기지 않고, 또한 절대 압력이 낮으므로 함유 가스의 제거나 증기압이 높은 불순물의 제거 용이
④ 항공기 재료, 원자로 구성 재료 등 결함이 아주 적은 고성능 재료부터 공구강, 스테인리스강은 물론 일반기계 부품에까지 진공 열처리 활용

2. 진공 열처리의 특징

① 피처리물의 표면 반응(산화, 탈탄 반응)을 방지하여 재료 본래의 화학 성분을 가지는 깨끗한 표면 유지
② 산화막이나 제조 과정 중 생긴 윤활제의 잔재 등과 같은 표면의 불순물을 열분해나 환원 반응을 통하여 제거
③ 피처리물(강재 등)이 함유하고 있는 함유 가스의 제거 및 금속간 화합물 등을 분해하여 진공 확산 펌프를 통해 제거
④ 진공 브레이징이나 진공 중의 확산 결합에 의해 금속 부품을 불순물이 함유되지 않은 상태에서 서로 접합
⑤ 고정밀의 균일한 제품의 열처리 설비로써 변형의 극소화 및 표면의 높은 광휘성을 보강
⑥ 다품종 소량 생산 제품에 적합하며 후가공 공정의 단축으로 생산성 향상
⑦ 합금 공구강, 고속도강, 스테인리스강, 다이스강, 세라믹, 티타늄 등의 고급 제품 열처리에 적합

3. 진공과 그 단위

① **진공 (Vacuum)** : 일반적으로 대기압(760 torr)보다 낮은 압력 공간
② **진공도를 나타내는 단위** : KS 토르(torr), 파스칼(Pa)을 사용

$$1기압(atm) = 1.01 \times 10^5 \text{ Pa} = 760 \text{ torr} = 760 \text{ mmHg}$$

③ 통상적인 진공 열처리는 중진공 정도로 충분하나 경우에 따라서 고진공 작업

핵심 Key

진공 열처리의 장점
① 정확한 온도 및 가열 분위기에 의해 고품질의 열처리가 가능
② 에너지 절감 효과 : 노벽으로부터의 방열, 노벽에 의한 손실 열량 적음
③ 노의 수명이 길고, 관리 유지비 저렴
④ 무공해로 작업 환경이 양호

4. 진공 분위기의 특성

① 승온 특성
- ㉠ 진공 분위기에서의 열전달은 대류보다는 주로 복사에 의함
- ㉡ 노온에 비해 열처리품 승온속도 매우 느림 → 가열 유지시간 결정 시 고려
- ㉢ 600~800℃의 중간 온도 범위에서 노온과 열처리품의 온도차가 크기 때문에 장시간 소요, 고온에서는 비교적 단시간에 도달
- ㉣ 실제 담금질 가열할 때에도 이와 같은 경향을 고려해서 고속도강과 같이 1,200℃ 이상에서 담금질하는 강종은 유지시간을 짧게

참고
진공의 구분

구분	압력 범위	
	torr	Pa
저진공	760 ~ 11 torr	100kPa~ 100Pa
중진공	1 ~ 10^{-3} torr	100~ 0.1Pa
고진공	10^{-3}~ 10^{-8} torr	0.1~ 10^{-6}Pa
초고진공	10^{-8}~ 10^{-10} torr	10^{-6}Pa 이하
극고진공	10^{-10} torr 이하	

○ 노온이 설정온도에 도달한 후, 중심부가 설정온도까지 승온시간(분)

설정온도	시험편 치수(mm)		
	∅20 × 40	∅40 × 80	∅60 × 120
600	32	48	80
800	20	30	65
1,000	13	21	30
1,200	3	6	11

② 합금 원소의 증발
- ㉠ 금속을 진공 중에서 가열 시 탈가스 효과, 유지류의 분해 효과 및 산화물의 해리 효과 등에 의한 → 광휘 열처리 효과
- ㉡ 망간, 아연, 크롬과 같이 증기압이 높은 금속은 진공 중에서 가열하면 증발되기 쉬우므로 주의

③ 냉각 특성

○ 냉각 방식에 따른 냉각 특성 비교

냉각 방식	특성
가스 냉각	• 수소는 가장 효과적인 냉각제이나 폭발성 등의 문제 • 헬륨은 수소 다음으로 냉각능이 좋고 불활성이지만 고가 • 질소는 냉각능은 떨어지지만 가격이 저렴하여 냉각제로 사용 • 공기의 열전도율을 10이라 하면 수소가 약 7배, 헬륨이 약 6배, 질소가 약 0.99배, 아르곤이 약 0.7배 • 초기의 진공로는 대기압 가까이에서 냉각을 실시하였으나 최근에는 가압 냉각으로 냉각 특성 향상
기름 담금질	• 가스 냉각으로 냉각속도가 불충분한 경우 기름 담금질 실시 • 기름 담금질 진공 열처리로는 제작 원가 및 유지 보수비가 높음 • 가스 냉각식 진공로를 많이 사용

④ 광휘성
　㉠ 광휘성이 우수
　㉡ 고진공 가열 : 비교적 가열 온도가 낮은 탄소강이나 저합금강의 진공 담금질 시 광휘성 우수
　㉢ 저진공 가열 : 950℃ 이상의 고온으로 가열하는 합금 공구강, 스테인리스강 및 고속도 공구강의 진공 담금질 시 광휘성 우수

개념잡기

진공 열처리에 사용되는 냉각용 가스가 아닌 것은?

① 헬륨(He)　② 질소(N_2)　③ 아르곤(Ar)　④ 산소(O_2)

산소는 산화성 가스이다.

답 ④

개념잡기

진공 열처리의 특징을 설명한 것 중 틀린 것은?

① 열처리 변형이 증가한다.　② 탈지 청정화 작용을 한다.
③ 열처리 후가공의 생략이 가능하다.　④ 금속의 산화 방지가 가능하다.

진공 열처리는 변형 및 균열을 억제할 수 있다.

답 ①

개념잡기

진공 중에서 가열하는 진공 열처리에 대한 설명으로 틀린 것은?

① 무공해로 작업 환경이 양호하다.
② 가열이 복사에 의해 이루어지므로 가열 속도가 빠르다.
③ 정확한 온도 및 가열분위기에 의해 고품질의 열처리가 가능하다.
④ 로벽으로부터 방열, 로벽에 의한 손실 열량이 적기 때문에 에너지 절감 효과가 크다.

진공 열처리는 간접가열을 하므로 가열 속도가 느리다.

답 ②

개념잡기

스테인리스강의 광휘 열처리에 주로 쓰이는 열처리는?

① 전로　② 중유로　③ 전기로　④ 분위기로

광휘 열처리는 산화나 탈탄을 방지하기 위한 것이므로 분위기, 진공 열처리를 한다.

답 ④

CHAPTER 03 열처리의 응용

A 단원 들어가기 전

철강재료는 가열온도, 가열 후의 유지시간, 냉각속도와 방법 등의 열처리 조건을 달리 하면 열처리 전과는 전혀 다른 성질의 재료로 변화시킬 수 있다. 특히, 강은 열처리를 통하여 다양한 조직과 우수한 기계적 성질을 얻을 수 있으므로 공업적으로 매우 중요시되고 널리 쓰이고 있으므로 철강의 열처리를 공부함으로써 산업 발전에 크게 기여할 수 있다.

빅데이터 키워드

구조용 탄소강 열처리, 구조용 합금강 열처리, 공구강의 열처리, 스테인리스강의 열처리, 주철의 열처리, 경합금의 열처리

1 구조용 탄소강 열처리 ★★

1. 기계 구조용 탄소강의 풀림

① 목적 : 냉간가공이나 기계가공을 쉽게 하기 위해 기계적 성질을 연화시키고, 전기적 성질을 개선하고, 치수 안정성을 증가시키기 위해
② 종류 : 완전 풀림, 항온 풀림, 구상화 풀림, 응력제거 풀림 등
③ 완전 풀림 : 아공석강에서는 Ac3점 이상, 과공석강에서는 Ac1점 이상의 온도로 가열하여 그 온도에서 충분한 시간 동안 유지하여 오스테나이트 단상, 또는 오스테나이트와 탄화물의 공존 조직으로 한 다음, 극히 천천히 냉각하여 강을 연화(탄소량 약 0.6% 이하 기계 구조용 강에 주로 적용)
④ 구상화 풀림 : 탄소량 0.6% 이상의 공구강 등의 연화에 일반적으로 실시

핵심 Key

완전 풀림 조직
- 아공석강 → 페라이트+층상 펄라이트
- 공석강 → 층상 펄라이트
- 과공석강 → 시멘타이트+층상 펄라이트

○ 기계 구조용 탄소강의 풀림 온도 및 풀림 경도

기호	탄소량 (%)	풀림 온도 (℃)	풀림 경도 (HB)
SM20C	0.18~0.23	870~920	111~149
SM30C	0.27~0.33	850~900	126~197
SM40C	0.37~0.43	830~880	137~207
SM50C	0.47~0.53	820~860	156~217

핵심 Key

기계 구조용 탄소강의 노멀라이징 온도

강종기호	노멀라이징온도(℃)
SM10C	900~950
SM15C	880~930
SM20C	870~920
SM25C	860~910
SM30C	850~900
SM35C	840~890
SM40C	830~880
SM45C	820~870
SM50C	810~860
SM55C	800~850

2. 기계 구조용 탄소강의 불림(Normalizing)

① 오스테나이트화 후 공기 중에서 또는 교반시킨 공기 중 냉각시키는 과정
② 아공석강은 Ac3, 과공석강은 Acm보다 약 50℃ 정도 높은 온도로 가열한다.
③ 열간 가공으로 조대화된 조직을 미세화시켜서 강의 성질을 개선한다.
④ 불균일한 가공으로 인한 조직의 국부적인 차이 및 내부 응력을 제거, 균일한 상태로 만든다.
⑤ 저탄소강의 피삭성을 향상시켜 가공면을 개선하기 위해 행해지는 처리
⑥ 대부분의 저탄소강 불림 상태로 사용한다.
⑦ 중탄소강(SM30C~SM45C)은 불림 상태로도 널리 사용하고 있지만, 담금질의 전처리로 행하기도 한다.
⑧ 노멀라이징의 가열 온도가 일반적으로 풀림 온도보다 높은 이유는 노멀라이징은 풀림보다 냉각에 소요되는 시간이 현저하게 짧고, 제품의 최종 열처리로 행하는 경우가 많기 때문에 고온으로 가열하여 성분 원소의 확산을 통한 조직의 균일화를 도모하기 위함이다.

3. 기계 구조용 탄소강의 담금질

① 담금질(Quenching)이란, 적당히 높은 온도에서 물, 기름, 폴리머 용액 및 염욕(Salt bath)에 재료를 담가서 급속하게 냉각시키는 것
② 담금질 온도 : Ac3, Ac1 이상 30~50℃의 온도 범위를 사용
　㉠ 담금질 온도보다 낮은 온도에서 담금질 → 담금질 효과 감소
　㉡ 더 높은 온도에서 담금질 → 경화는 잘 되지만 결정립의 조대화 초래 담금질 균열을 일으키기 쉽고, 뜨임 후 인성 저하
③ 가열시간 및 유지시간 풀림이나 불림의 경우에 비하여 짧은 편
④ 열처리 제품의 형상, 가열로의 구조 및 장입 방법 등을 고려하여 가열 및 유지시간을 적당히 조절
⑤ 냉각제 : 물과 기름을 주로 사용, 일반적으로 탄소강은 경화능이 떨어지기 때문에 유랭(60~80℃)보다는 수랭(20~30℃)하는 것이 널리 사용
⑥ 탄소강은 합금강에 비해 담금질 기술의 근소한 차이가 담금질 변형, 담금질 균열의 발생 등에 민감하게 영향, 담금질 부품의 형상을 고려해서 가장 적당한 방법을 적용
⑦ 복잡한 형상의 부품이나 두께가 균일하지 않은 부품
　㉠ 수랭 → 담금질 균열, 변형
　㉡ 유랭 → 담금질 균열, 변형 개선 → 다소 높은 탄소량 강종 사용 필요

○ 기계 구조용 탄소강의 담금질 온도

강의 종류	SM30C	SM35C	SM40C	SM45C	SM50C	SM55C
담금질 온도(℃)	850~900	840~890	830~880	820~870	810~860	800~850

○ 기계 구조용 탄소강 재료의 두께별 가열시간 및 유지시간

두께(mm)	가열시간(h)	유지시간(h)
25	1.0	0.5
50	1.0~1.5	0.5
75	1.0~1.5	1.0

4. 기계 구조용 탄소강의 뜨임(Tempering)

① **뜨임의 목적** : 강은 특정한 값의 기계적 성질을 얻거나 담금질 응력을 제거하고 치수 안정성을 보장하기 위해 담금질한 다음 다시 가열하여 뜨임처리
  ㉠ 뜨임은 대개 담금질한 제품에 대하여 수행
  ㉡ 용접 또는 성형과 기계가공으로 생긴 응력을 제거하기 위해서도 처리
  ㉢ 담금질에 의하여 생긴 조직을 변태 또는 석출을 진행시켜 안정한 조직
  ㉣ 잔류 응력을 감소시켜 필요로 하는 기계적성질과 인성 도모
② **방법** : 담금질한 강을 A_1점 이하의 적당한 온도까지 가열, 냉각
③ 일반적으로 담금질이 행해진 경우 뜨임을 550~650℃의 범위에서 실시
④ **뜨임 취성** : 담금질한 강을 어느 온도 구역에서 뜨임하면 충격값이 급격하게 저하되는 현상
  ㉠ 200~400℃의 온도 범위에서 뜨임하면 충격값이 감소하여 작은 충격에도 쉽게 파괴, 이 현상은 이 온도구역에서 서서히 냉각하여도 일어남
  ㉡ 탄소강 및 Ni-Cr강과 같은 구조용 합금강을 575℃ 이상에서 뜨임하고 서랭하거나, 373~575℃의 온도 범위에서 장시간 뜨임하면 징싱직으로 뜨임하고 급속하게 냉각했을때보다 충격 인성이 감소
  ㉢ 뜨임 취성의 원인 : Cr, Mn, Sn, Sb, Bi, P와 합금 원소를 포함하는 화합물의 석출과 관계

○ 뜨임에 따른 성질 변화와 특징

성질	특징
경도	뜨임 온도가 높아짐에 따라 경도 감소
강도	담금질한 다음 200~300℃로 뜨임하면 가장 높은 값
인성	100~200℃에서 뜨임하면 연신율, 단면 수축률이 생기고, 뜨임 온도가 높을수록 그 값이 증가

> **참고**
> 탄소강의 뜨임 시 유의사항
> ① 담금질한 다음 상온까지 냉각되면 곧 뜨임해야 한다.
> ② 300℃ 부근 온도에서는 뜨임 취성이 나타나므로 유의해야 한다.
> ③ 재료를 가열할 때 산화 및 탈탄에 특히 유의해야 한다.
> ④ 조직과 경도는 강의 조성 및 열처리 조건에 따라 차이가 있다.

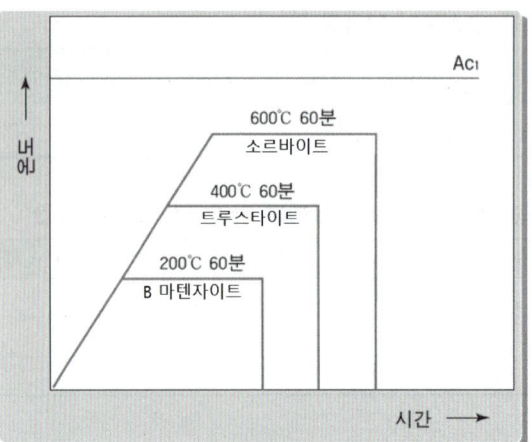

탄소강의 뜨임과 조직

개념잡기

탄소강을 담금질했을 때 생성되는 조직 중 가장 단단한 조직은?

① 오스테나이트(Austenite) ② 마텐자이트(Martensite)
③ 소르바이트(Sorbite) ④ 트루스타이트(Troostite)

열처리 과정에서 발생하는 조직의 경도 순서
시멘타이트 〉 마텐자이트 〉 트루스타이트 〉 소르바이트 〉 펄라이트 〉 오스테나이트 〉 페라이트

답 ②

개념잡기

구조용 탄소강의 두께가 57mm일 때 담금질 유지시간을 계산하면 얼마인가?
(단, 유지시간은 두께 25mm당 30분이다)

① 30.4분   ② 68.4분   ③ 48.5분   ④ 86.5분

25mm : 30분 = 57mm : x분

답 ②

2. 구조용 합금강 열처리 ★★

1. Cr강의 열처리

① Cr강의 특징
  ㉠ 탄소강에 Cr이 첨가되면 경화능, 강도 및 내마모성이 향상
  ㉡ Cr은 페라이트 안정화 원소
  ㉢ Cr강의 Cr 첨가량은 2% 이하이므로 Fe_3C 중의 Fe와 치환하여 복탄화물인 $(Fe \cdot Cr)_3C$를 형성
  ㉣ Cr강은 내마모성이 좋아 내연 기관의 실린더 라이너, 기어, 캠축, 밸브, 강력 볼트 등의 재료로 사용

② 열처리 방법 및 특징
  ㉠ 담금질 : 830~880℃에서 유랭
  ㉡ 뜨임 : 550~650℃에서 뜨임 후 수랭(뜨임취성 방지)
  ㉢ SCr430강을 830℃에서 담금질하면, 강도와 경도는 매우 높은 편이지만 연성이 비교적 낮음

2. Cr-Mo강의 열처리

① Cr-Mo강의 특징
  ㉠ Cr(0.9~1.2%) 외에 Mo을 소량(0.15~0.3%) 함유
  ㉡ 경화능이 크고, 뜨임 연화 저항성도 크며, 뜨임 취성 적음
  ㉢ 기계적 성질 및 질량 효과가 Ni-Cr강보다 우수

② 열처리 방법 및 특징
  ㉠ 담금질 : 830~880℃에서 유랭
  ㉡ 뜨임 : 550~650℃에서 뜨임 후 수랭
  ㉢ 뜨임 취성의 경향은 크지 않음

3. Ni-Cr강의 열처리

① Ni-Cr강의 특징
  ㉠ Ni 첨가 : 강도 증가시키게 되면서, 인성을 해치지 않음
  ㉡ Cr 첨가 : 경화능 향상, 대형 강재에도 사용, 뜨임 취성에 주의
  ㉢ 열처리 효과 우수, 질량 효과 적음
  ㉣ 내마모성, 내식성, 고온 가공성 우수

② 열처리 방법 및 특징
  ㉠ 담금질 : 820~880℃ 범위에서 유랭
  ㉡ 뜨임 : 550~650℃ 범위에서 뜨임 후 수랭
  ㉢ Ni, Cr양이 많은 강은 뜨임 취성이 나타나기 쉬우므로, 뜨임 후 수랭

4. Ni-Cr-Mo강의 열처리

① Ni-Cr-Mo강의 특징
  ㉠ Ni과 Cr을 첨가한 저합금강은 탄성 한계, 경화능, 충격 인성 및 피로 저항성이 향상
  ㉡ 여기에 0.3% 정도의 Mo이 첨가되면 경화능이 더욱 커지고, 뜨임 취성에 대한 민감성 최소
  ㉢ 경화능이 커서 펄라이트변태 지연 → 공랭할 때 베이나이트로 변태
  ㉣ Mo은 고온에서도 점성이 좋으므로 단조 및 압연이 쉬우며, 스케일(Scale) 분리가 쉬우므로 표면이 매끈
  ㉤ 내연 기관의 크랭크축, 강력 볼트, 기어 등의 중요 기계 부품에 사용

② 열처리 방법 및 특징
  ㉠ 담금질 : 820~870℃에서 유랭
  ㉡ 뜨임 : 550~680℃에서 뜨임 후 수랭
  ㉢ 침탄강인 SNCM26은 Ni, Cr, Mo 함유량이 크므로 공랭하여도 경화

개념잡기

기계구조용 합금강을 고온 뜨임한 후에 급랭시키는 이유로 가장 적절한 것은?

① 뜨임 메짐을 방지하기 위해   ② 경도를 증가시키기 위해
③ 변형을 방지하기 위해   ④ 응력을 제거하기 위해

뜨임취성
뜨임 후 재료에 나타나는 취성으로 Ni·Cr강에 주로 나타나며 이를 방지하게 위해 냉각 속도를 크게 하거나 소량의 Mo, V, W을 첨가한다.   답 ①

개념잡기

특수강에서 뜨임취성이 가장 적은 강은?

① Mn강   ② Cr강   ③ Ni-Cr강   ④ Ni-Cr-Mo강

뜨임취성
뜨임 후 재료에 나타나는 취성으로 Ni·Cr강에 주로 나타나며 이를 방지하게 위해 냉각 속도를 크게 하거나 소량의 Mo, V, W을 첨가한다.   답 ④

3. 공구강의 열처리

1. 합금 공구강의 열처리

① 합금 공구강은 절삭성, 내충격성, 내마모성, 내열성 등 용도에 맞는 특성을 향상시키기 위해 열처리를 실시한다.
② 담금질하여 경화시키고, 풀림하여 구상화 조직을 얻어 연화시키며, 인성을 부여하기 위하여 200℃ 부근에서 뜨임처리를 한다.
③ 합금 공구강의 열처리 조건

종류	담금질 온도 (℃) 및 방법	뜨임 온도 (℃) 및 방법	경도 (HRC)	탄소량	용도
STS2 (절삭공구용)	830~850 유랭	150~200 공랭	61	1.00~1.50	탭, 드릴
STS3 (내충격공구용)	800~850 유랭	150~200 공랭	61	0.90~1.20	게이지, 다이스
STS4 (냉간금형용)	780~820 유랭	150~200 공랭	56	0.50 이하	끌, 펀치

④ STS3 강의 풀림
  ㉠ 가열은 600℃까지 시간당 300℃의 승온 속도로 한다.
  ㉡ 시험편의 팽창과 수축이 가장 활발한 600℃에서 약 20분간 유지하고 나서 다시 승온한다.
  ㉢ 600℃에서 풀림 열처리 온도인 780℃까지는 시간당 250℃ 승온 속도로 가열한다.
  ㉣ 780℃에서 30분간 유지하고 나서 공랭한다.

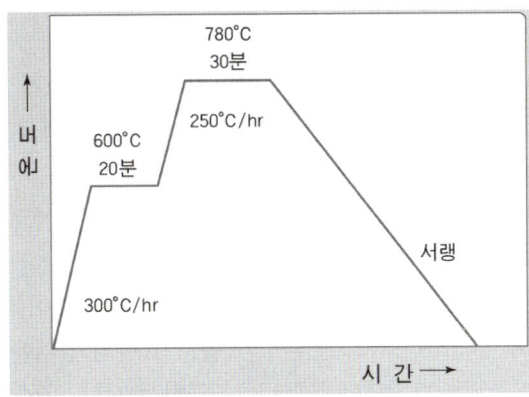

STS3 강의 풀림 곡선

> 참고

STS3의 풀림 조직
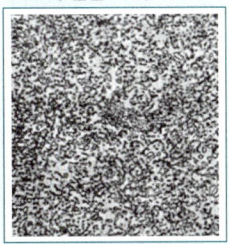

STS3의 담금질 조직
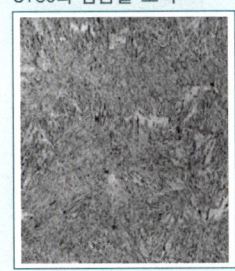

STS3의 뜨임 조직
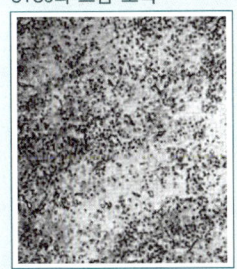

⑤ STS3 강의 담금질
  ㉠ 600℃까지는 시간당 300℃의 승온 온도로 가열한다.
  ㉡ 시험편의 수축과 팽창이 가장 활발한 600℃에서 20분간 유지한다.
  ㉢ 담금질 온도인 840℃까지 시간당 250℃의 승온 속도로 가열한다.
  ㉣ 840℃에서 약 30분간 유지하고 나서 유랭한다.

⑥ STS3 강의 뜨임
  ㉠ 시간당 300℃의 승온 속도로 180℃로 가열한다.
  ㉡ 뜨임 온도인 180℃에서 1시간 유지하고 나서 공랭한다.

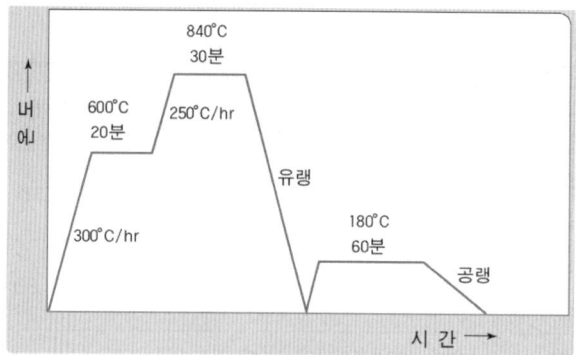

STS3 강의 담금질-뜨임 곡선

2. 고속도 공구강의 열처리

① 고속도 공구강의 특징
  ㉠ 고속도 공구강재 13종, 냉간 및 열간용 금형재로서도 용도가 확대
  ㉡ 절삭공구 및 소성가공용 공구로서 충분한 내마모성, 내열성, 인성이 요구되는데 이것에 대해 적정한 열처리 필요
  ㉢ 담금질 시 탄화물의 고용에 의해 기지(matrix)에 C, Cr, W, Mo, V 등의 원소가 다량으로 고용하여 이들이 템퍼링 시에 극히 미세한 탄화물로 석출하여 2차 경화 현상
  ㉣ 고속도 공구강의 담금질은 용융상 출현 온도보다 조금 낮은 온도, 즉 가능한한 많은 탄화물을 고용하는 온도에서 담금질(다른 공구강의 담금질 온도보다 현저히 높은 이유)
  ㉤ 주합금 원소의 함유량에 의해 W계, Mo계, V계로 나뉨
  ㉥ W계 : 고온 경도가 높은 특징
  ㉦ Mo계 : 인성이 우수, 비교적 저온에서 담금질이 가능하고 변형이 적어 유리하나 담금질 온도가 좁고 탈탄되기 쉬운 경향
  ㉧ V계 : 경도가 높고 내마모성도 극히 좋으나 인성이 감소하는 것과 피연삭성이 문제
  ㉨ Co : 증가에 따라 내열성과 공구 절삭 내구력 커지나, 인성 감소

② 고속도 공구강의 담금질 조작 및 특징

열처리 요소	방법 및 특징

담금질 조건	• 담금질 온도의 상승에 따른 변화
	  ◦ 탄화물의 고용량이 증대하여 기지 중의 합금원소가 증가
	  ◦ 오스테나이트 결정립이 조대화, 잔류 오스테나이트양이 증가
	  ◦ 담금질 경도는 어떤 담금질 온도(예 : SKH 51은 1,150℃)에서 최고를 나타내고 이상 고온이 되면 저하
	  ◦ 고온 경도 증가, 충격치, 항절력 등의 인성이 저하
	• 적당하게 담금질된 고속도강의 담금질 경도는 HRC 60~63
	• 담금질 경도가 63 이하의 경우 : 담금질 온도가 낮다든가, 유지시간이 짧은 경우
	• 템퍼링으로 경도 조정 : 템퍼링에 의해서 상당한 경도 감소

담금질 온도	• SKH 51 1,160~1,180℃ • SKH 57 1,180~1,200℃ • 언더하드닝(under hardening) : 냉간 충격 가공용으로 사용될 때 인성을 높이는 처리 방법, 펀치 및 다이스의 경우 큰 충격 및 면압이 걸림으로 담금질 온도보다도 낮은 1,200℃ 이하의 온도로 담금질
담금질 가열 유지시간	• 유지시간 : 탄화물이 기지 오스테나이트에 고용하여 균일확산할 수 있도록 하기 위한 시간 • 고속도 공구강은 염욕에서 열처리, 염욕 중 침적시간으로 관리 • 담금질 온도가 융점 직하 → 침적 시간 영향 커, 실제 초단위의 관리

담금질 예열	• 예열을 생략하면 균열 및 변형이 발생할 위험
	  ◦ 제1단 예열 : 550~650℃, 두께 25mm 30분
	  ◦ 제2단 예열 : 850~900℃에서 담금질 가열 유지시간×2
	  ◦ 제3단 예열 : 1,050℃에서 담금질 가열 유지시간×2
	• 3단 예열을 추가하는 경우 : 소재의 편석개선, 예열 시간을 길게 함으로써 담금질 가열을 약간 단축시켜 내부 인성 증가

담금질 냉각	• 유랭 : 유조 중 300~250℃ 인상 후는 공랭 • 열욕 : 열처리 변형과 균열을 일으키기 쉬운 복잡형상 혹은 길이가 긴 공구의 경우 적용, 열욕 온도는 550~450℃ • 열욕 중의 침적 시간은 내외부가 균일하게 욕온에 도달하면 공랭 • 온도가 100~50℃로 떨어지면 바로 템퍼링으로 옮겨 균열 방지

> **참고**

SKH51의 풀림 조직

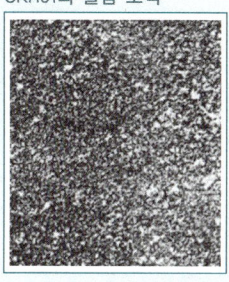

SKH51의 담금질 조직

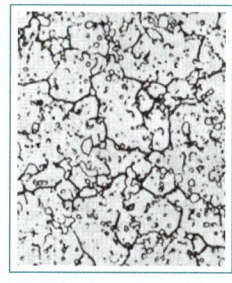

SKH51의 뜨임 조직

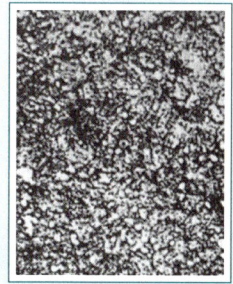

③ 고속도 공구강의 템퍼링 조작 및 특징

열처리 요소	방법 및 특징
템퍼링 온도	• 같은 경도에서도 열처리 조건에 따라 인성 다름 • 템퍼링 온도보다 담금질 온도 쪽이 그 효과가 큼 • 절삭 공구 및 날이 예리한 공구에서는 담금질 온도의 선정이 중요
템퍼링 시간	p = T(20+logt) p : 템퍼링 정수 T : 템퍼링 온도(K) t : 템퍼링 유지시간(hr)

	• 고온 단시간 템퍼링, 저온 장시간 템퍼링은 같은 템퍼링 효과 • 작업의 안전성 및 편석부의 템퍼링 효과를 균일하고 또 충분히 하기 위해서 저온 장시간 템퍼링이 일반적으로 채용
템퍼링 횟수	• 고속도 공구강의 잔류 오스테나이트는 안정하므로 템퍼링 냉각 과정 중에 분해 • 템퍼링 횟수는 Co를 포함하지 않은 것은 2회, Co를 5% 이상 포함한 것은 3회 이상을 표준 • 단, 크기가 φ 60 이상의 재료라든가 경년 변화를 가능한 적게 하고 싶은 경우 두께 25[mm]당 1시간이 필요

개념잡기

고속도 공구강의 담금질 온도가 상승함에 따라 나타나는 현상이 아닌 것은?

① 잔류 오스테나이트의 양이 감소한다.
② 충격치, 항절력 등의 인성이 저하한다.
③ 오스테나이트의 결정립이 조대하게 된다.
④ 탄화물의 고용량이 증대하여 기지 중의 합금원소가 증가한다.

담금질 온도가 올라가면 잔류 오스테나이트의 양이 증가한다.   답 ①

개념잡기

공구강 및 합금강에서는 Cr과 공존하여 열처리성과 열처리 변형을 억제하는 합금 원소는?

① Al   ② Mo   ③ S   ④ Cu

Mo은 Cr 등과 함께 열처리 변형 및 취성을 방지한다.   답 ②

개념잡기

공구강을 열처리할 때 고려해야 할 사항 중 틀린 것은?

① 공구강의 성능은 담금질에 의해서 좌우된다.
② 담금질한 공구강은 뜨임처리를 해야 한다.
③ 게이지강은 담금질과 뜨임처리를 한 후 시효변화가 많아야 한다.
④ 공구강은 담금질을 하기 전에 탄화물을 구상화하기 위한 풀림을 해야 한다.

게이지강은 시효변화가 없어야 한다.   답 ③

4 ▶ 스테인리스강의 열처리

1. 스테인리스강 분류, 특징, 열처리 방법

● 스테인리스강의 담금질 조작 및 특징

분 류	특징 및 열처리 방법
페라이트계	• 목적 : 가공에 의한 경화를 제거하고 부드러운 인성을 주기 위한 어닐링으로 가열하여 공랭 • 900℃ 이상에서는 결정립이 몹시 조대 → 굽힘과 충격치가 저하 사후(事後) 열처리로 교정 불가 | 기호 | 어닐링 방법 (℃) | 기호 | 어닐링 방법 (℃) | |---|---|---|---| | STS 405 | 780~830 급랭 또는 서랭 | STS 434 | 780~850 급랭 또는 서랭 | | STS 410L | 700~820 급랭 또는 서랭 | STS 436 L | 780~850 급랭 또는 서랭 | | STS 429 | 780~850 급랭 또는 서랭 | STS 444 | 800~1,050 급랭 | | STS 430 | 780~850 급랭 또는 서랭 | STS 447 J1 | 800~1,050 급랭 | | STS 430 LX | 780~950 급랭 또는 서랭 | STS XM 27 | 800~1,050 급랭 |

마텐자이트계	• 절삭가공, 냉간가공을 하려면 어닐링을 통한 연화
	• 완전 어닐링
	  ◦ 변태점 이상 50~100℃, 즉 일반적으로 850~900℃로 가열, 유지하여 서랭
	  ◦ 오스테나이트 → 페라이트+탄화물의 변태를 완전하게 가장 유연한 상태를 얻는 방법
	  ◦ 유지시간 : 1~3시간, 냉각속도 : 30℃/시간 이하
	  ◦ 특히 550~750℃ 냉각에 주의하여 적어도 50℃/시간을 넘지 않도록
	• 프로세스 어닐링
	  ◦ 짧은 시간에 연화 목적을 얻으려는 경우에 쓰는 방법(중간 어닐링)
	  ◦ 제조 공정 중 가공을 용이하게 하기 위하여 연화가 필요할 때
	  ◦ 유지시간 : 일반적으로 1~3시간(C량이 많을수록 시간을 길게)
	• 담금질
	  ◦ 변태점 이상으로 가열하여 탄화물을 오스테나이트 상(相) 중에 충분히 고용시킨 후 급랭
	  ◦ Cr 함유량이 높아서 C의 확산이 느리므로 충분히 확산시키지 않으면 담금질이 어렵다.
	  ◦ 담금질 온도 : 변태점보다 높게, 유지시간 : 두께 25[mm]당 1시간 이상
	  ◦ 담금질 온도가 너무 높으면 잔류 오스테나이트가 많아져 유연해진다.
	  ◦ 잔류 오스테나이트 템퍼링 또는 그 후에 분해 → 마텐자이트화(인성 저하)
	  ◦ 특히 C, Ni가 많이 함유된 것일수록 잔류 오스테나이트는 많아짐
	  ◦ 높은 경도 → 담금질 온도를 높게, 강인성 → 저온 쪽 담금질
	  ◦ 냉각방법 : 유랭(얇은 것은 공랭, 수랭 균열 우려)

	• 템퍼링
	◦ 담금질 때에 잔류 오스테나이트가 생기기 쉽다.
	◦ 템퍼링을 하지 않으면 변태가 서서히 일어나 담금질 균열 우려
	◦ 템퍼링에 의해 응력이 제거
	◦ 템퍼링 온도 : 일반적으로 100~350℃ 범위 (변형교정의 온도 범위)
마텐자이트계	◦ 540~750℃의 범위는 C 함량이 적은 강종의 강인성

기호	어닐링	담금질	템퍼링
STS 403	약 750 급랭 또는 750~830 서랭	–	–
STS 410	약 750 급랭 또는 750~830 서랭	–	–
STS 410 S	약 750 급랭 또는 750~830 서랭	–	–
STS 420 J1	약 750 급랭 또는 750~830 서랭	–	–
STS 420 J2	약 750 급랭 또는 750~830 서랭	980~1,040 급랭	100~400 급랭
STS 429 J1	약 750 급랭 또는 750~830 서랭	–	–
STS 440 A	약 750 급랭 또는 750~830 서랭	1,010~1,070 급랭	150~400 급랭

	• 특징
	◦ Cr 18[%], Ni 8[%]의 스테인리스강 18-8 스테인리스강 대표적
	◦ 냉간가공으로만 경화
	◦ 열처리로는 경화하지 않는다.
	◦ 연화하는 오스테나이트 조직, 비자성이나 냉간가공에서는 약간의 자성
	• 고용화 열처리
	◦ 냉간가공 또는 용접 등에 의해 생긴 내부 응력을 제거
	◦ 열간 가공이나 용접에 의해 석출된 Cr 탄화물 및 시그마 상(相)을 고용
	◦ 가공 조직을 재결정, 유연한 상태 연성 회복 및 내식성 증대
	◦ 가열 온도 : 1,050℃ 적당
	◦ 가열 온도가 높을수록 석출 탄화물도 충분히 고용 및 확산되고 연화되나 결정립도가 커지고 산화 스케일의 발생
오스테 나이트계 스테인리스강	◦ 유지시간 : 25[mm]당 1시간(너무 길면 표면 거칠어지고 결정립 성장)
	◦ 냉각 방법 : 얇은 것은 공랭, 두껍고 큰 것은 수랭
	◦ 500~900℃ 범위에서는 급랭 → ∴ 550~850℃의 온도 범위 C는 단시간에 결정립계에 확산되고 Cr과 결합해 Cr 탄화물 생성
	◦ 석출 탄화물 입계부식에 대해서 강한 감수성
	• 안정화 열처리
	◦ Ti나 Nb를 첨가한 강종에 해당
	◦ Cr 탄화물을 석출하는 것보다도 높은 온도에서 Ti나 Nb를 첨가시켜 안정한 탄화물을 석출하게하여 강의 입계부식 방지
	◦ 가열 온도가 높아짐에 따라 이들 안정한 Ti, Nb 탄화물은 고용
	◦ 약 1,100℃의 가열로 거의 고용하여 안정화의 효과가 없어지고 입계 부식에 대한 감수성 생성
	◦ 850~900℃ 온도에서 2~4시간 유지한 후 공랭함으로써 회복(안정화 열처리)
	◦ Cr 탄화물이 석출하려는 온도에서 이미 안정한 Ti나 Nb의 탄화물이 석출되어 있지 않으면 효과 없음
	◦ 탄화물은 850~900℃의 온도 범위에서 가장 유효하게 석출

- 용접부 부근 심한 고온으로 가열되어 냉각 때 Cr 탄화물이 석출되어 내식성을 저하(용접부에 안정화 처리는 내부 응력제거에 유효)
- 응력제거 열처리
  - 18-8 스테인리스강 가공 후의 변형 등 응력이 남아 있는 경우 어느 종류의 분위기 존재 하에서 응력 부식 균열을 초래
  - 부식 균열의 우려가 있는 환경 하에서 사용할 경우 그 강종에 따라 응력 제거 열처리 실시
  - 온도 범위는 보통 800~900℃ 범위
  - 가열 온도가 적당하지 않은 경우 크롬 탄화물, 시그마 상(相) 석출 → 취화, 내식성 악화
- 오스테나이트계 스테인리스 강의 열처리

기호	어닐링 (℃)	기호	어닐링 (℃)
STS 202	1,010~1,120 급랭	STS 316	1,010~1,150 급랭
STS 304	1,010~1,150 급랭	STS 317	1,010~1,150 급랭
STS 305	1,010~1,150 급랭	STS 321	920~1,150 급랭
STS 310 S	1,030~1,180 급랭	STS 347	980~1,150 급랭

석출 경화계 스테인리스 강의 열처리

- 오스테나이트에 고용하고 마텐자이트에 고용하지 않는 화합물을 마텐자이트 기지(matrix)로부터 석출시킨 것
- 마텐자이트변태에 의해 경화와 석출 경화를 조합시켜 강도를 증가시킨 것
- STS 631 : 고용화 열처리를 행하여 오스테나이트 상태로 한 것을 중간 처리에 의해 마텐자이트변태를 일으켜 그 위에 석출 처리를 행하여 경화
- STS 631은 17-7PH(P : 석출, H : 경화)라고도 표기
- 스테인리스 냉간 압연 대강은 고용화 열처리 상태의 S재, 또는 냉간 압연 상태의 C재로서 제공

개념잡기

오스테나이트계 스테인리스강의 일반적인 열처리 종류가 아닌 것은?

① 고용화 열처리 ② 안정화 열처리
③ 응력제거 열처리 ④ 표면경화 열처리

오스테나이트계 스테인리스강은 일반 강에 비해 내식성, 내마멸성이 우수하므로 특별히 표면경화 열처리를 실시하지 않는다. **답 ④**

5. 주철의 열처리

1. 보통 주철의 열처리

① 회주철의 풀림
  ㉠ 주물 제품의 주조 응력제거 : 주조 후 500~600℃에서 수 시간 가열한 다음 풀림
  ㉡ 절삭성 향상 : 750~800℃에서 2~3시간 정도 가열하면 시멘타이트가 흑연화되어 재질 연화
  ㉢ 흑연화 풀림의 목적 : 탄화물을 페라이트와 흑연으로 바꾸는 것
  ㉣ 적당한 속도로 탄화물을 분해하기 위해서 최소한 870℃의 온도 필요
  ㉤ 유지 온도가 55℃씩 증가할수록 분해 속도는 2배가 되어 900~955℃의 유지 온도가 일반적

② 주철의 불림
  ㉠ 목적 : 불림은 경도와 인장강도 등의 기계적 성질을 개선하고, 주조 상태의 성질을 회복시키기 위해 행한다.
  ㉡ 방법 : 변태영역 이상의 온도로 가열하여 최대 단면 두께 25mm당 약 1시간 유지하고 상온으로 공랭
  ㉢ 온도 범위 : 약 885~925℃

③ 주철의 담금질
  ㉠ 냉각제 : 기름을 널리 사용, 물을 사용 균열이나 변형이 발생 우려
  ㉡ 최근 개발된 수용성 폴리머(Polymer)는 사용 편리 → 열적 충격 최소
  ㉢ 단면이 불균일한 주물을 담금질 : 두꺼운 단면이 먼저 장입
  ㉣ 담금질할 때 교반하는 것이 좋다.
  ㉤ 담금질 상태의 주물을 상온에 방치 → 균열이 생기기 쉬우므로, 150℃ 정도로 온도가 내려갈 때까지 기다렸다가 욕에서 꺼내 180℃ 뜨임

④ 주철의 뜨임
  ㉠ 방법 : 담금질 후 변태 영역 이하의 온도에서 25mm의 단면 두께마다 약 1시간 뜨임
  ㉡ 합금하지 않은 회주철 밸브 가이드를 뜨임할 때에는 조절된 분위기에서 885℃로 가열하여 1시간 유지하고, 60℃로 유지된 기름에 담금질하며, 480℃에서 뜨임

2. 특수 주철의 열처리

① 가단주철 (Malleable cast iron)
  ㉠ 흑심가단주철
    ⓐ 제1단계 흑연화 : 백주철을 850~950℃로 30~40시간 가열 → 시멘타이트를 분해시켜 흑연을 석출하여 흑연화
    ⓑ 제2단계 흑연화 : 680~720℃에서 30~40시간 유지하여 펄라이트 중의 Fe_3C를 분해해서 흑연화
    ⓒ 제2단계 열처리에 의해 흑연이 괴상의 유리 탄소로 혼합된 조직이 된 주철
  ㉡ 백심가단주철
    ⓐ 백주철을 적철광 및 산화철 가루와 함께 풀림 상자(pot)에 넣어 900~1,000℃에서 40~100시간 가열
    ⓑ 시멘타이트를 탈탄시켜 가단성을 부여한 것
    ⓒ 두꺼운 주물에는 적합하지 않고, 두께 4~8mm의 것에 적합
  ㉢ 펄라이트 가단주철
    ⓐ 흑심가단주철 공정에서 제1단계의 흑연화 처리만 한 다음 955℃ 정도까지 가열하여 유리 탄소를 구상화
    ⓑ 시멘타이트가 오스테나이트 안에 용해되도록 7시간 정도 유지하고 2시간 안에 900℃로 노랭시킨 다음 공랭한 주철
    ⓒ 고탄소 오스테나이트는 급랭되는 동안 펄라이트로 변태
    ⓓ 요구되는 기계적 성질을 얻기 위하여 일정한 온도에서 풀림하여 펄라이트 중의 시멘타이트를 구상화하여 사용

② 구상흑연주철 (Spheroidal graphite cast iron)
  ㉠ 구상흑연주철의 풀림
    ⓐ 구상흑연주철은 완전 페라이트화 풀림을 히기 위하여 900~955℃에서 1시간 유지
    ⓑ 단면 두께가 25mm 증가할 때마다 유지시간을 1시간씩 증가
    ⓒ 얇은 단면의 주물은 955℃에서 1~3시간 유지하면 충분
    ⓓ 모서리에서 칠(chill)이 형성된 두꺼운 단면의 주물은 955℃에서 3~8시간 유지
    ⓔ 잔류 응력을 피하려면 균일하게 690℃로 냉각하여 5시간 유지, 단면 두께가 25mm 증가할 때마다 1시간씩 유지시간을 증가
    ⓕ 또는 900~955℃에서 유지한 다음 650℃로 노랭하여 790~650℃의 온도 범위를 통과, 냉각속도가 20℃/h를 초과하지 않도록 하는 방법
    ⓖ 연화 어닐링 : 제1단 흑연화가 끝난 것은 제2단 흑연화로 바탕 조직을 페라이트화 하면 연성이 높은 주물이 됨

ⓛ 구상흑연주철의 불림
  ⓐ 불림 온도 : 870~940℃, 유지시간 : 단면 두께 25mm당 약 1시간
  ⓑ 시간과 온도는 조성, 특히 Si와 Cr의 양에 따라 달라짐
  ⓒ 합금 원소는 구상흑연주철 주물에 중요한 영향
  ⓓ 원하는 경도를 얻고, 공랭하는 동안 생긴 잔류 응력을 제거하기 위해 불림 후 뜨임
  ⓔ 인장강도와 경도에 미치는 뜨임의 영향은 주철의 조성에 따라 달라지며, 불림으로 얻은 경도 수준에 의존
  ⓕ 일반적으로, 불림으로 생기는 펄라이트 조직은 수랭으로 얻은 마텐자이트보다 연함
  ⓖ 불림 후 적당한 온도로 재가열은 높은 인장강도와 함께 높은 충격 저항을 얻기 위해 사용
ⓒ 구상흑연주철의 담금질 및 뜨임
  ⓐ 구상흑연주철 담금질 : 일반적으로 845~925℃에서 오스테나이트화
  ⓑ 응력을 최소화하기 위해 기름이 바람직한 냉각제이나 물이나 염수 사용
  ⓒ 복잡한 주물은 균열을 피하기 위해 기름 온도를 80~100℃로 담금질
  ⓓ 담금질 응력을 제거하기 위해 담금질 후 즉시 뜨임
  ⓔ 유지시간은 단면 두께 25mm당 1시간씩 추가하여 뜨임

개념잡기

주철의 풀림처리 중 절삭성을 양호하게 하며 백선 부분의 제거, 연성을 향상시키기 위한 목적으로 실시하는 열처리는?

① 연화 풀림　　　　　② 완전 풀림
③ 재결정 풀림　　　　④ 응력제거 풀림

주철이 백선화되면 시멘타이트가 형성되어 있으므로 절삭이 어렵다. 따라서 연화 풀림하여 백선을 제거하여 절삭이 가능하게 한다.

답 ①

개념잡기

구상흑연주철에서 불림(Normalizing)처리의 온도와 냉각방법은?

① 900℃ 가열처리 후 공랭　　② 700℃ 가열처리 후 유랭
③ 600℃ 가열처리 후 공랭　　④ 500℃ 가열처리 후 서랭

불림 온도 : 870~940℃
유지시간 : 단면 두께 25mm당 약 1시간

답 ①

6 구리합금의 열처리

1. 황동의 열처리

① 황동은 냉간가공재로 주로 사용하고, 가공 및 열처리에 의한 성질의 변화가 큼
② 결정입도에 크게 영향 : 경도, 기계적 성질, 성형성, 피로 특성 및 **자연균열(Season cracking)** 등
③ 결정입도는 풀림 조건에 큰 영향을 받음
④ 냉간가공재를 풀림하면 회복으로부터 재결정을 거쳐 연화하나, 실제 생산 현장에서 풀림한 것은 재결정 단계를 지나 결정 성장이 다르므로 결정입도가 커짐
⑤ α황동은 700~730℃로 재결정 어닐링만을 행함
⑥ α+ β의 2상 황동은 재결정 풀림과 담금질 열처리 실시
⑦ 2상 황동은 상 변태를 수반하기 때문에 담금질과 뜨임에 의한 조질 열처리가 가능
⑧ 재료의 성형성, 피로 특성 및 황동 경우의 시효 균열의 경향도 결정입도에 크게 영향을 받음
⑨ 결정입도는 풀림 조건에 크게 영향을 받음
⑩ 상온 가공한 황동 제품은 **시기 균열(Season crack)**을 방지하기 위해서 저온 어닐링 실시
⑪ 내부 응력을 제거하고 시기 균열을 방지하기 위해 300℃로 1시간 어닐링

> **참고**
> 자연(시기) 균열 (Season cracking)
> 담금질 또는 담금질+뜨임 (Q-T)한 금속재료나 냉간가공 등에 의해 재료의 내부에 생긴 잔류응력 때문에 실온 부근에 방치되어 있는 사이에 발생하는 균열. 입간부식(粒間腐蝕)에 의해 촉진된다.

2. 청동의 열처리

① 청동이란, Cu-Sn계 합금 또는 Sn의 일부를 다른 원소로 바꾼 것
② Cu-Sn계 청동은 200~300℃에서 재결정이 일어나며, 400~600℃가 적당한 풀림 온도 (700℃ 이상은 해로움)
③ 포금 : 8~12%Sn 함유한 청동은 포신 재료로 주로 사용 (현재는 사용 X)
④ 현재는 기계용 부품인 기어, 밸브, 프로펠러 등에 사용하며, 1~2%Zn을 첨가한 것이 기계용 청동의 대부분
⑤ 주물 상태 그대로는 수지상 조직으로 연성이 낮으므로 650~750℃의 온도 범위에서 약 30분간 풀림 처리하여 균일한 α조직으로 변화시켜 연성 부여
⑥ 3~8%Sn을 함유한 단조용 청동으로 Zn이나 Pb을 소량 첨가하여 용탕의 유동성이나 조각성을 높인 것으로 단조 후 풀림처리하여 사용

3. 특수 청동의 열처리

① 크롬 청동
- ㉠ 특징 : 강도·도전성 우수, 연화 온도가 높아 용접용, 전극 재료로 많이 사용
- ㉡ 보통 955~1,010℃ 부근에서 용체화 처리를 하여 급랭한 다음 455℃ 부근에서 수시간 시효처리
- ㉢ 이 합금은 크롬이 산화하기 쉬우므로 용체화 처리는 염욕이나 안정된 분위기 중에서 열처리

② 인청동 및 양은
- ㉠ 인청동 : 6~8%Sn, 0.03~0.3%P, 양은 : 17~20%Ni, 20~30%Zn
- ㉡ 가공 도중의 중간 풀림 온도 : 인청동 약 550℃, 양은 약 600℃ 정도
- ㉢ 최종 냉간가공 후 탄성 한도와 내피로 특성의 개선을 목적으로 재결정 온도 이하의 온도에서 저온풀림 실시 (인청동 약 250℃, 양은 300~350℃가 적당)

③ 알루미늄 청동
- ㉠ 약 12%까지의 Al을 함유한 구리 합금
- ㉡ 우수한 기계적 성질과 내식성을 나타내며, 공업적으로 많이 사용
- ㉢ 알루미늄 청동은 주로 주조재로 쓰이며, 9.4%Al 이하의 것은 α 조직만으로 되고, 비교적 Al 함유량이 낮은 것은 가공재로 쓰임
- ㉣ Al 청동은 9.4%Al 이상에서 취화하거나 대형 주물은 서랭 취성이 발생
- ㉤ Al 청동에 Fe과 Ni을 3% 이상 첨가하면 α상의 고용 한도를 증대시켜 기계적 성질이 개선
- ㉥ 대형 주물(선박용 프로펠러 등)에 적합한 합금 제조
- ㉦ 이 종류의 청동은 고온 상에서 담금질한 다음 뜨임을 하여 사용하면 탄성 한도, 인장강도, 경도는 증가하고 연신율은 약간 감소
- ㉧ 담금질 온도는 885~950℃ 범위이며, 뜨임 온도는 540~620℃ 범위로서 뜨임 후 수랭하여 사용

④ 니켈 청동
- ㉠ 0.84~4%Ni 및 0.4~5%Si를 함유하는 삼원계 합금이 석출 경화
- ㉡ 약 800℃에서 용체화 처리를 한 다음 455℃에서 시효
- ㉢ 시효처리 전에 강한 냉간가공을 받으면 석출물이 균일하게 분포되어 시효 후의 연성 개선
- ㉣ 니켈 청동은 주조재로서 고력, 내압성을 요하는 부분에 사용
- ㉤ Cu-Ni-Sn계에서 Cu쪽의 α상 조성 범위는 온도에 따라 현저하게 변하며, 열처리에 의한 θ상의 석출에 기인하여 기계적 성질이 개선
- ㉥ 760℃에서 담금질하여 280~320℃로 뜨임하면 우수한 강화 효과 발휘

⑤ 베릴륨 청동
  ㉠ 베릴륨이 2.5% 정도까지 함유된 합금
  ㉡ 강도, 내마모성, 내식성, 전기 전도도가 우수한 석출 경화성 구리 합금
  ㉢ 가공재, 주조재로 사용하고 있으나, 국내에서는 전기기기용 탄성 재료, 용접용 전극재 등에 주로 사용
  ㉣ 실용 재료로는 2%Be 전후를 함유한 고장력 재료와 1%Be 이하의 고전도도 재료로 분류
  ㉤ Be 이외에 Co가 첨가되어 사용
  ㉥ 여기서, Co는 용체화 처리에 있어서 결정 성장을 억제하고, 석출할 때 입계 반응에 의한 연화를 저지시키는 효과
  ㉦ 용체화 및 시효처리에는 재료의 산화를 방지하기 위하여 건조한 환원성 분위기의 노를 사용하는 것이 일반적
  ㉧ 용체화 처리 온도 및 시간은 결정 성장과 균일 고용화라는 상반된 두 인자를 고려하여 결정
  ㉨ 용체화 처리 후 수랭을 거쳐 그대로 또는 가공한 다음에 시행하는 시효 경화 처리는 고력재료의 경우 315~340℃의 시효 온도범위에서 1~3시간 정도 열처리
  ㉩ 고전도도 재료의 경우에는 450~480℃의 시효 온도범위에서 1~3시간정도 처리
  ㉪ 시효처리 전에 가공에 의하여 약간의 경화 촉진
  ㉫ 표준처리 이외에 고력재료는 전도도 향상과 내피로성을 목적으로 350~380℃에서 15분~1.5시간 정도 고온, 단시간처리 행해지기도 함

> **핵심 Key**
>
> **용체화 처리**
> Al 합금, Cu 합금, Ti 합금 등을 시효처리 전에 실시하는 열처리이다. 합금 중의 용질 원자를 완전히 모상 중에 고용시키기 위하여 용체화처리 온도가 높은 쪽이 좋지만, 너무 높으면 부분적인 용해나 결정립 조대화가 일어나므로 실용 합금에서는 용체화 온도를 규정하고 있다. 용체화처리 시간은 제품 크기에 따라 다르게 실시하여야 한다.

개념잡기

황동제품의 내부응력을 제거하고 시기균열 및 경도 저하를 방지하기 위한 적당한 풀림 온도와 냉각방법은?

① 300℃에서 서랭 또는 급랭한다.
② 400℃에서 진공 중에 냉각한다.
③ 550℃에서 항온 유지 후 냉각한다.
④ 700℃에서 급랭하거나 서랭한다.

내부 응력을 제거하고 시기균열을 방지하기 위해 300℃로 1시간 어닐링

답 ①

7. 경합금의 열처리(알루미늄, 마그네슘, 티탄) ★★★

1. 알루미늄 합금의 열처리

① 주물용 알루미늄 합금의 열처리
　㉠ Al-Cu 주물은 응고 범위가 넓고 수축량이 많아 주물에 고온 균열이 생기기 쉬우므로 Si를 첨가하여 방지한다.
　㉡ 실루민(Al-Si 합금)은 용탕의 흐름이 알루미늄보다 좋으며, 고온 취성도 발생하지 않는다.
　㉢ 11% 이하의 Mg 실용 합금은 α단상으로 응고되어야 하나, 편석이 심하기 때문에 β상이 나타난다.
　㉣ Mg 첨가량이 많은 합금은 400℃ 이상으로 가열하여 α단상 조직으로 한다.

② 단조용 알루미늄 합금의 열처리
　㉠ 두랄루민계 합금
　　ⓐ 단조용 알루미늄 합금은 규격에 약 20종류가 제정되어 있으나, 그 중 공업적으로 가장 중요한 합금
　　ⓑ 주된 두랄루민계 : 두랄루민, 초두랄루민, 연질 초두랄루민
　　ⓒ 두랄루민계 합금의 조성(wt, %) 및 담금질 온도(℃)

종류	Cu(%)	Mg(%)	Mn(%)	합금 원소의 평균 총량 (%)	담금질 온도 (℃)
두랄루민	3.8~4.8	0.4~0.8	0.4~0.8	5.5	505~510
초두랄루민	3.8~4.9	1.2~1.8	0.3~0.9	6.5	495~505
연질 초두랄루민	2.6~3.5	0.3~0.7	0.3~0.7	4.1	490~500

　　ⓓ 이 3종의 두랄루민은 각 합금 원소의 양이 다르며, 합금 원소 첨가량이 많은 것일수록 강도를 높일 수 있는 이점
　　ⓔ 두랄루민과 초두랄루민은 봉, 판, 관에 사용하며, 리벳용 선재로는 연질 초두랄루민을 사용
　　ⓕ 두랄루민계에 대한 열처리를 할 때 가열은 배치(batch)로 또는 질산 염욕로 사용
　　ⓖ 염욕 : $NaNO_3$ 사용, 풀림 겸용 $NaNO_3$와 KNO_3 반반 섞어 각 부위가 동일 온도가 되도록 하여 사용
　　ⓗ 이 담금질이 용체화 처리

ⓛ 두랄루민계 합금의 열처리에 따른 기계적 성질의 변화
  ⓐ 두랄루민의 특징 : 용체화 처리한 다음 상온에서 방치하면 상온시효
  ⓑ 두랄루민의 상온시효에 의한 기계적 성질의 변화
  ⓒ 인장강도, 항복점, 경도의 변화는 초기에 빠르게 증가
  ⓓ 그 후 변화는 점점 느려져 약 4일 정도 지나면 완료
  ⓔ 연신율은 초기에는 빠르게 감소하나 그 후 거의 변화하지 않는다.
  ⓕ 상온 방치에 따른 기계적 성질의 변화 → 상온 시효경화
  ⓖ 두랄루민계는 시효 온도가 높을수록 시효 속도가 빨라지나 몇 시간 시효 후에 얻어지는 기계적 성질에는 별 영향을 끼치지 않는다.
  ⓗ 두랄루민을 제외한 단조용 Al 합금은 상온시효가 일어나지 않으므로 상온보다 높은 온도에서 인공시효처리
  ⓘ 기름탱크 또는 노기 교반식 가열로에서 실시

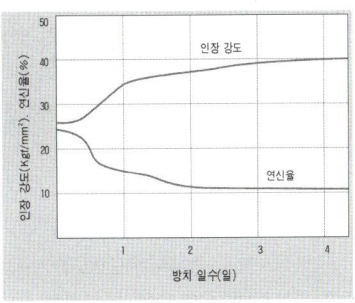

두랄루민의 상온시효에 의한 기계적 성질의 변화

③ 알루미늄 합금의 가공 기호와 열처리 사례
  ㉠ 알루미늄 합금은 가공 상태 및 열처리에 따라 그 기계적 성질이 크게 다름
  ㉡ 용체화 처리의 온도가 너무 높으면 주물이 부분적으로 용해하여 기계적 성질 저하
  ㉢ 온도가 너무 낮거나, 유지시간이 짧거나 또는 담금질이 적당하지 않은 경우에도 기계적 성질이 나쁨
  ㉣ 용체화 처리 후 담금질을 할 때까지의 시간은 될 수 있는 대로 단축시키고, 담금질에 의한 변형에 유의하여 담금질 직후 시효처리는 성분의 종류와 양 및 불순물 함량에 따라 적절히 선택
  ㉤ 어떠한 처리를 한 재질인가 하는 것은 다음과 같은 기호로 표시

- F : 주조한 그대로의 상태
- O : 풀림한 것으로 가공재에만 사용
- H : 가공 경화한 것
  - H1n : 가공 경화를 받은 그대로의 것
  - H2n : 가공 경화 후 풀림한 것
  - H3n : 가공 경화 후 안정화 처리한 것

(n에는 다음과 같은 숫자를 기입)
n = 2는 1
4 경질, n= 4는 1
2 경질, n= 6은 3
4 경질, n= 8은 경질,
n= 9는 초경질

용어정의

노기
노기(爐氣)란, 열처리 용도에 적합한 열처리로용 분위기(熱處理爐用 雰圍氣)의 약자로서 로기 또는 노기라 한다.

노기의 종류
중성 분위기, 산화성 분위기, 환원성 분위기, 침탄성 분위기, 탈탄성 분위기, 질화성 분위기 등 6가지 종류가 있다.

- W : 용체화 처리 후 자연 시효 경화가 진행 중인 재질로 불안정 상태
- T : F, O, H 기호 이외 열처리를 받은 재질
  - T1 : 높은 온도에서 가공 후 냉각하고, 안정한 상태로 자연 시효
  - T2 : 높은 온도에서 가공한 후 냉각한 다음 냉간가공하고, 안정한 상태로 자연 시효
  - T3 : 용체화 처리 후 냉간가공하고, 안정한 상태로 자연 시효
  - T4 : 용체화 처리하고 안정한 상태로 자연 시효
  - T5 : 높은 온도에서 가공하고, 냉각한 다음 인공 시효
  - T6 : 용체화 처리하고 인공 시효
  - T7 : 용체화 처리하고 인공 시효, 용체화처리-담금질한 후 최고 강도가 나타나는 온도와 시간 이상으로 가열하여 안정화한 것 (목적은 응력 부식 균열 저항의 개선, 담금질 변형의 방지 등)
  - T8 : 용체화 처리하고 냉간가공한 후 인공 시효
  - T9 : 용체화 처리하고 인공 시효한 후 냉간가공
  - T10 : 높은 온도에서 냉각하고 냉간가공한 다음 인공 시효

2. 마그네슘 합금의 열처리

① 마그네슘 합금의 특징
  ㉠ 비중이 1.74로 실용 금속 중 가장 가벼우므로 항공기용 재료로 알루미늄에 이어 주목되면서 발달
  ㉡ 내식성이 알루미늄에 뒤지는 것과 소성 가공성도 그리 좋지 않으므로 현재로서는 알루미늄의 이용도에 버금갈 수는 없지만 점차로 연구 개발
  ㉢ 공기와의 반응성이 크므로 공기 중에서 고온으로 가열 시 연소
  ㉣ 담금질 가열은 진공로, 보호 가스 노기의 배치로, 중크롬산 칼륨과 나트륨 등의 염욕로 및 불활성 분위기에서 실시
  ㉤ 보호 가스로는 공기에 0.7~1.0%의 아황산가스를 혼합한 것을 사용

② 마그네슘 합금 주물의 열처리
  ㉠ Mg-Al-Zn 합금 주물 : 화합물이 형성되는 공정이 존재하므로 주조 상태로는 연신율이 작고 높은 강도 형성
  ㉡ 용체화 처리로써 인장강도, 내충격값을 상승시켜 인성을 부여
  ㉢ 주조재나 담금질재의 내부 응력(열 또는 변태 응력)을 제거하여 안정화 시키기 위해서는 풀림처리(풀림을 통하여 결정립을 미세화함으로써 강도나 인성을 향상)
  ㉣ 방법 : 용탕을 850℃까지 가열한 후 주조 온도까지 급랭해서 주조하는 결정립 미세화법

③ 단조용 마그네슘 합금의 열처리
  ㉠ 마그네슘 합금의 열간 압출은 쉬우나, Mg-Al-Zn 합금 등은 열간 취성이 생기기 쉬우므로 압출 속도를 제어하여 과열을 방지
  ㉡ Zr을 첨가한 마그네슘 합금은 고상 온도가 크게 상승하므로 고온에서 용체화가 가능 → 압출 속도 증대
  ㉢ 균열 또는 재가열 온도 300~500℃ 범위
  ㉣ Mg-Al-Zn 합금, Mg-Zn-Zr 합금 등 390℃ 정도의 단조 온도 사용
  ㉤ 단조품에는 T5 또는 T6 처리
  ㉥ 응력 부식 균열이 생기기 쉬우므로 가공 후 저온 풀림(150~300℃)으로 내부 응력을 제거

3. 티탄 합금의 열처리

① 티탄 합금의 특징
  ㉠ 타이타늄[티탄]의 비중은 약 4.5로 구리의 1/2 정도이면서도 우수한 기계적 성질과 내식성·내열성 때문에 주목되는 비철금속재료
  ㉡ 항공기 구조용, 화학 공업용 내식 재료로서 아주 뛰어나며, 점차 생산 비용이 저하되고 있기는 하지만, 현재로서는 다른 재료에 비하여 고가이기 때문에 용도의 확대 한계
  ㉢ 티탄은 882.5℃에서 육방정인 α상으로부터 체심입방정인 β상으로 변태
  ㉣ 상온 가공이 어렵고, 약 700℃ 이상의 열간에서 주로 가공
  ㉤ 매우 활성이 있는 금속이므로 너무 고온으로 가열하면 산소, 질소, 수소 등을 흡수하여 재질 취약화

② 티탄 합금의 합금 구분
  ㉠ α형 : 티탄 합금에는 α상 안정화 원소를 첨가
  ㉡ β형 : Ti 합금, β상 안성화 원소를 첨가
  ㉢ α+β형 : Ti 합금, α와 β안정화 원소를 첨가

③ 티탄 합금의 가공 및 열처리
  ㉠ α합금은 β상 영역에서 가공 개시하여 α상 영역에서 마무리
  ㉡ α+β합금은 α합금보다 가공성은 좋으나 내산화성이 부족 → β상 영역에서 가공하여 α+β상 영역 내에서 완료
  ㉢ α+β합금은 700℃ 이상으로 가열해 담금질한 다음 425~500℃의 온도 범위에서 시효처리로 미세한 석출물과 α+β의 혼합 조직이 되어 강도와 인성 증가
  ㉣ Ti 합금은 열처리할 때 공기 중의 산소나 질소와의 반응이 크므로 아르곤이나 헬륨 등의 불활성 분위기 또는 진공 분위기에서 열처리를 하는 것이 실용화되어 있음

> **개념잡기**
>
> 알루미늄, 마그네슘 및 그 합금의 재질별 기호에 대한 정의로 옳은 것은?
> ① T : 용체화 처리한 것 ② W : 가공경화한 것
> ③ H : 어닐링한 것 ④ F : 제조한 그대로의 것
>
> ---
>
> T : 가공, 열처리 방법에 따라 T1 ~ T10까지 있음
> W : 담금질 후 시효경화가 진행 중인 것
> H : 가공경화한 것
>
> 답 ④

8 특수 표면처리 방법

1. 침황처리

침황 처리법은 강재 표면에서 얇은 황화층(FeS)을 형성시키는 방법으로, 주로 마찰 저항을 적게 하여 윤활성을 향상시키는 효과

2. 침붕처리

붕소(Boron, B)를 금속 소재에 확산시켜 붕소 화합물을 표면에 형성시키는 방법으로, 이때 형성된 붕소 화합물은 매우 높은 경도를 가지며 보론이 많은 원소들과 화합물을 형성하여 많은 재료에 적용 가능하다.

3. 전해 경화

① 전해 담금질은 강재(피열처리물)를 음극(-)에 걸고 경화하려고 하는 부분만을 전해액 중에 담그고 양극관(+)과의 사이에 전류를 통하여 일반 전기 분해의 조건을 훨씬 넓은 범위에서의 발열현상을 이용하여 가열하는 것
② 담금질 온도에 도달하면 전원을 끊고 그대로 전해액 중에서 급랭
③ 전해액은 가열과 냉각의 2가지 역할을 하기 때문에 장치는 간단하게 되며 통전 시간, 액의 온도, 전해질, 전압 등의 조절을 함으로써 임의의 깊이의 경화층을 얻을 수 있어 경제적으로도 유용하여 앞으로 발전 기대

4. 방전 경화

불꽃 방전(Spark)에 의해 금속의 표면, 특히 철강의 표면을 경화시키는 방법이며 간단한 장치로 큰 효과를 얻을 수 있는 표면 경화법

5. 물리 증착법(PVD)

① PVD 방법은 금속 Vapor의 형성, 이동, 증착의 단계로 진행
② 진공을 형성하는 방법은 저항가열에 의한 증발, 전자빔에 의한 가열 및 증발 및 플라즈마 이온에 의한 스퍼터링에 의해 얻음
③ 금속 기체가 플라스마의 도움을 받아 여기된 상태로 기판에 도달한 후 성장하여 피막을 형성하는 공정
④ PVD의 종류 : 진공증발법, 이온 플래이핑, 스퍼터링 레이저 물리 증착법

6. 화학 증착법(CVD)

가열된 기판 위에 입히고자 하는 피막의 성분을 포함한 원료의 혼합 가스를 접촉시켜 기상반응에 의하여 표면에 금속, 합금, 탄화물, 질화물, 붕화물, 산화물 등의 다양한 피막을 생성시키는 방법

7. 염욕 코팅법(TD)

① 단단한 합금 탄화물, 질화물 및 탄화 질화물 코팅은 염욕 공정(Salt bath process)에 의하여 강에 적용
② TD 공정(Toyota Diffusion Coating Process) : 용융 붕산나트륨에 기판 강의 탄소와 결합하여 합금 탄화물 층을 형성하는 V, Nb, Ti 또는 Cr 등의 탄화물 형성원소를 첨가하여 사용

개념잡기

탄화물을 피복하는 TD처리(Toyota Diffusion)의 특징으로 틀린 것은?

① 처리온도가 낮아 용융 염욕 중에서는 사용할 수 없다.
② 설비가 간단하고 처리품의 조작이 자유롭다.
③ 높은 경도와 우수한 내소착성이 있다.
④ 확산법에 의한 탄화물 피복법이다.

> TD처리는 탄화물을 피복하는 방법이므로, 탄화물의 확산을 위해서 처리온도가 매우 높다.
> 답 ①

CHAPTER 04 열처리 생산설비

단원 들어가기 전

1. 열처리 설비는 열처리 공정, 제품의 정밀도, 생산량, 용도 등에 따라 여러 가지 적절한 설비 및 장치를 선택하여 사용한다. 따라서 그 설비 및 장치는 다양하고 종류가 많지만 각종 열처리에 필요한 열처리로가 주설비가 되고, 열처리 공정을 원활하게 진행시키는데 필요한 부대 설비 또는 보조 장치로서, 냉각 장치와 치공구, 측정 장치 및 제어 장치 등이 있다.
2. 이러한 열처리로에는 어떤 것이 있는지 살펴보고, 열처리로의 부대 설비 및 열처리 자동화 설비에 대하여 알아보기로 한다.

빅데이터 키워드

열처리로의 종류와 용도, 온도측정 및 제어장치, 치공구, 냉각 장치, 냉각제

1  열처리로의 종류와 특징 ★★★

1. 열처리로의 분류

종류	내용
열원에 따른 분류	① 전기로 ② 가스로 ③ 중유로 및 경유로
용도에 따른 분류	① 일반 열처리로 ② 고체 침탄로 ③ 염욕로 ④ 가스 침탄로, 분위기 열처리로, 진공로 ⑤ 고주파 가열 장치 ⑥ 화염 경화 처리 장치
구조에 따른 분류	① 상형로 ② 원통로 ③ 회전로 ④ 연속로 ⑤ 배치로(횡형, 피트형) ⑥ 세이커 하스 ⑦ 회전 레토르트로 ⑧ 회전 노상로 ⑨ 컨베이어로 ⑩ 푸셔로 ⑪ 대차로 등

2. 전기로

① 상형로(Box type furnace)
  ㉠ 상형로의 앞문은 주로 수동으로 개폐하여 열처리품의 장입, 취출
  ㉡ 일반적으로 공기 중에서 가열에 주로 사용

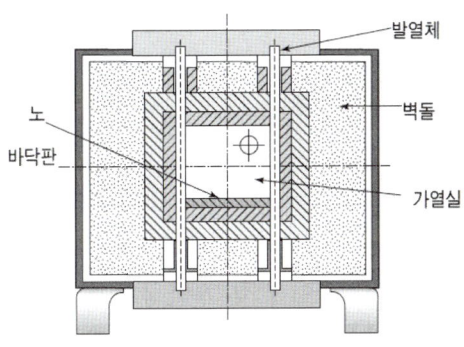

전기로 내부 구조

② 대차로
  ㉠ 전기로의 노상이 대차가 되어 있어서 레일을 통해 전방 이동 가능
  ㉡ 중량이 큰 열처리품의 가열에 이용
  ㉢ 전기로는 대형로에 한계가 있으므로 주로 가스나 경유 가열로가 경제적

③ 원통로
  ㉠ 피트형(pit type) 원통로는 노의 상부 또는 하부에 열풍 팬을 설치하여 온도 분포 우수
  ㉡ 발열체는 원주에 따라 감겨져 있음
  ㉢ 주로 장축물(터빈, 샤프트 등)의 담금질이나 뜨임 용도

④ 노상 회전식 전기로
  ㉠ 노상 회전식 전기로는 원판상의 노상이 일정 속도로 회전하고 열처리품은 앞문으로부터 일정량씩 연속 장입
  ㉡ 소형품의 담금질 가열에 주로 쓰임

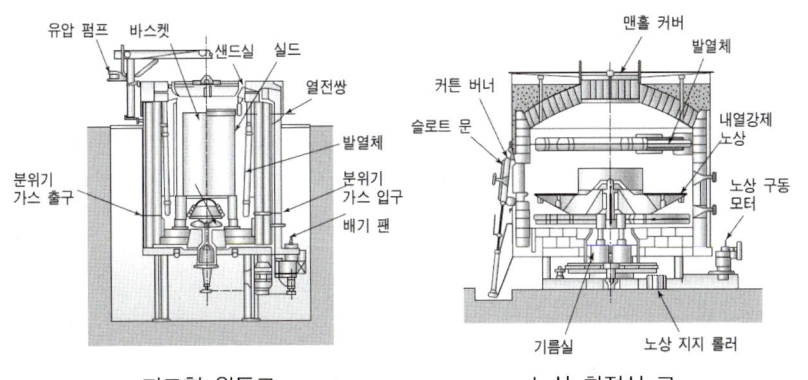

피트형 원통로   노상 회전식 로

> 참고
> 상형로의 용도
> ① 소재의 풀림, 노멀라이징 및 기계 부품의 담금질, 뜨임 가열
> ② 용접품이나 주조품의 응력 제거 풀림 가열
> ③ 고체 침탄 또는 팩(pack) 열처리를 위한 가열

> 참고
> 가열식 대차로
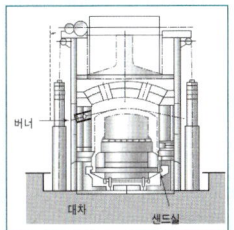

> 참고
> 회전식 레토르트로
> ① 노 내에 장착한 슬로트가 달린 레토르트를 회전시켜서 열처리품을 균일하게 가열하는 방식
> ② 소형 부품의 연속 가열이나 침탄 처리에 유리

> **참고**
> 중유로 및 경유로
> ① 국내에서는 열처리품의 대소를 막론하고 종래부터 중유로가 널리 사용
> ② 최근 안전 위생이나 공해 문제 때문에 전기로, 가스로, 경유로로 대체
> ③ 중유로 및 경유로의 구조는 상술한 전기로나 가스로와 거의 동일하며, 연소 장치(버너)만 다름

> **참고**
> 라디안트 튜브로(복사관로)
> ① 연소용 가스 버너를 내열 강관 속에 붙여 강관 속에서 가스를 연소시켜 원관 표면으로부터 내는 복사열에 의해 열처리품을 가열하는 방식
> ② 라디안트(radiant) 튜브에 의한 가열(그 노를 복사관로라 부름)

> **참고**
> 전기식 염욕로의 특징
> ① 노체와 변압기(저전압 대전류)로 구성
> ② 노체는 고급 내열 벽돌 또는 철조(鐵槽)로 제작
> ③ 용융염은 전기적으로 교반되므로 온도 분포 균일
> ④ 고온 급속 가열용으로 최적
> ⑤ 시동이 곤란하고 전극 간에 용융염을 만들지 않으면 통전되지 않음
> ⑥ 고온염의 용융(1,200℃ 이상)에는 주로 3상 사용

3. 가스로

① 프로판 가스, 부탄가스, 천연가스, 도시 가스 및 이것들의 혼합 가스를 연소시켜서 가열하는 열처리로

② 직접 가열로(오븐로)
　㉠ 가스 버너를 노의 측면에 붙이고 그 연소열에 의해 노상, 천장, 또는 측벽을 가열하고 그 복사열에 의해서 열처리품을 가열하는 노
　㉡ 전기로에 비하여 빠르게 온도 상승, 풀림, 노멀라이징용으로 적합

③ 간접 가열로(머플로)
　㉠ 주로 내열 강재의 용기를 외부에서 가열하고, 그 용기 속에 열처리품을 장입하여 간접 가열하는 노(이 용기가 머플)
　㉡ 머플로는 열처리품이 직접 연소 불꽃에 닿지 않으므로 산화 방지
　㉢ 소형품의 담금질과 뜨임 가열에 널리 이용

④ 원통로
　㉠ 가스 가열용 원통로의 가스 버너는 화염이 원주 방향으로 원활히 회전하도록 붙어 있음(머플을 넣으면 머플식 원통로)

4. 염욕로

① 염욕로는 설비비가 저렴하고 표면 상태가 비교적 양호한 열처리를 할 수 있을 뿐만 아니라, 다품종 소형 부품의 열처리에 적합

② 내부 가열식 염욕로
　㉠ 전극 또는 발열체를 직접 용융염에 매몰시켜 가열하는 방식
　㉡ 전기식 염욕로
　㉢ 전열식 염욕로 : 봉입 발열체를 직접 염욕 내에 침지하여 가열하는 방식으로, 저온용 염욕로에 많이 쓰임

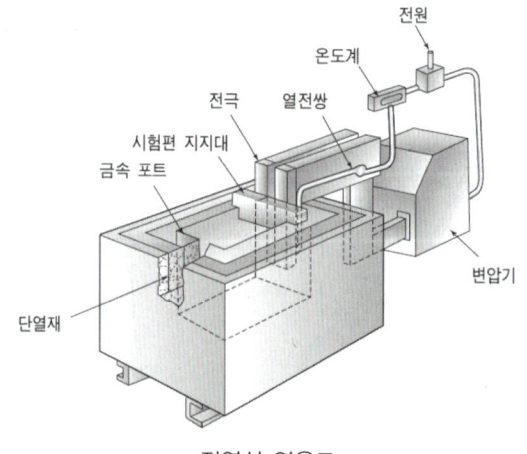

전열식 염욕로

③ 외부 가열식 염욕로
   ㉠ 로의 내부에 철제 포트(pot)를 넣고 그 속에 장입된 염류를 외부로부터 가열하여 용융 및 승온하는 노, 구조가 간단하여 널리 쓰인다.
   ㉡ 열원의 종류에 따라서 전열식과 연소식으로 구분
   ㉢ 소형로로서 가열 온도의 상한은 950℃

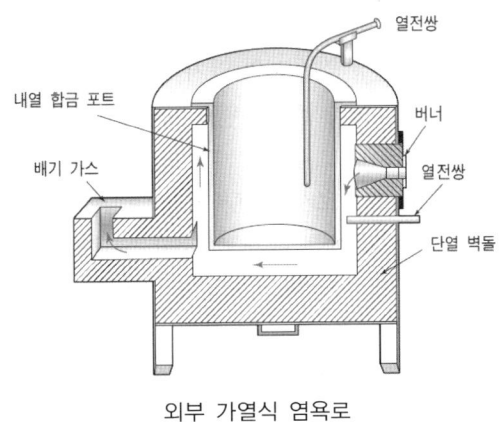

외부 가열식 염욕로

5. 분위기로

① 분위기로는 밀폐된 가열실에 침탄성, 질화성, 환원성 가스를 송입하여 무산화 열처리 또는 침탄, 질화 처리 등 표면 경화를 하는 노
② 형식에 따라 배치로(Batch type)와 연속로(Continuous type)로 대별
③ 배치로
   ㉠ 열처리품을 일정량씩 묶어서 열처리하는 노
      ⓐ 피트로(원통로) : 원통형의 가열실은 환원성 가스를 보호하기 위하여 고급 내열강의 레토르트를 쓰거나 특수 내열 벽돌로 제작
      ⓑ 노가 지면(地面) 밑에 설치되는 관계로 호이스트(hoist)에 의해 장입, 취출되며, 구조가 간단하여 널리 이용

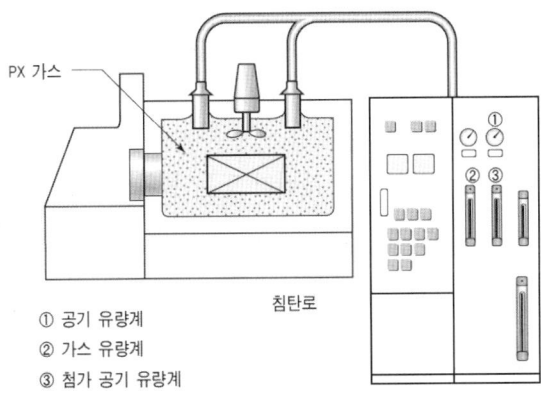

가스 침탄로

ⓒ 횡형로(케이스형 노)
  ⓐ 횡형로는 가열에서 담금질까지 환원성 가스 속에서 이루어지고 완전 무산화처리
  ⓑ 열처리품의 장입이나 취출이 모두 자동화되어 있는 장치가 많음
  ⓒ 기계가공한 기어나 축류 등의 분위기 열처리에 널리 이용

④ 연속로
  ㉠ 노의 일단으로부터 항상 일정량의 열처리품을 장입하고, 다른 단으로부터는 장입량과 같은 양의 열처리 완료 제품을 연속적으로 취출할 수가 있는 터널 형식의 노
  ㉡ 무인 분위기 열처리 설비로서, 다량 생산 방식에 적합
  ㉢ 대표적인 연속로의 종류에는 푸셔로(Pusher type), 컨베이어로(Conveyer type), 세이커 하스(노상 진동형 노) 등

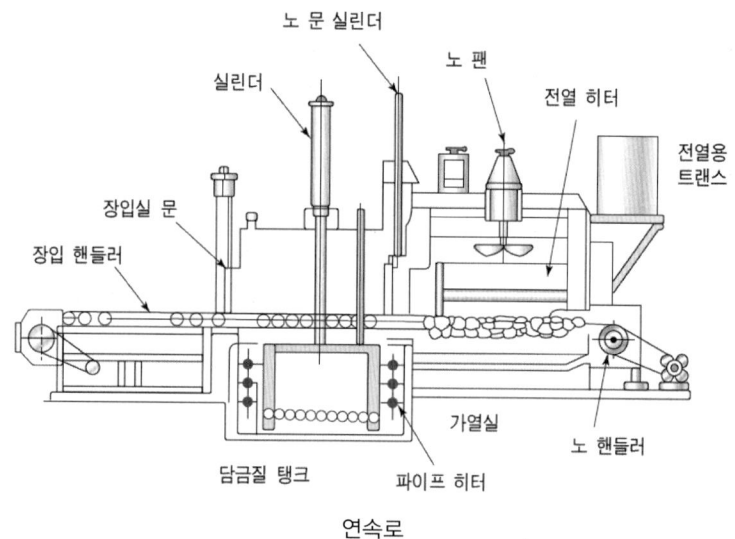

연속로

6. 진공로

① 진공로의 구성
  ㉠ 진공 열처리로는 노 내 분위기가 일반 열처리로와는 달리 높은 진공에 의하여 행해지는 것
  ㉡ 복사열에 의한 진공 분위기 또는 불활성 가스의 대류를 이용
  ㉢ 진공로의 종류 : 진공로는 가열 형태, 장입 방법에 따라 분류

개념잡기

다음 중 노를 구조에 따라 분류한 것은?

① 가스로   ② 중유로   ③ 전기로   ④ 배치로

구조별 : 배치로, 연속로
사용연료별 : 가스로, 전기로, 중유로

답 ④

개념잡기

그림과 같이 자동차용 볼트, 너트 등을 대량 열처리하기 위해서 도입해야 할 설비는?

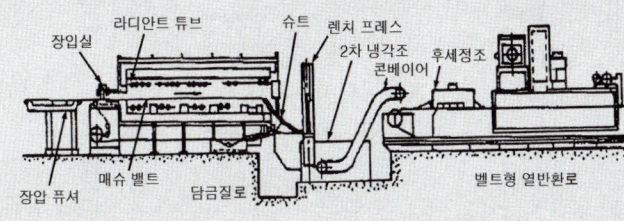

① 배치로   ② 연속로   ③ 횡형로   ④ 원통로

자동차부품 등의 대량 열처리를 위해서는 연속로(푸셔로, 위킹빔식로)를 사용해야 한다.

답 ②

개념잡기

진공로 내부에 단열하는 단열재의 구비조건이 아닌 것은?

① 열용량이 커야 한다.
② 흡습성이 없어야 한다.
③ 열적 충격에 강해야 한다.
④ 방사열을 완전히 반사시키는 재료이어야 한다.

단열재는 열용량이 작고 열전도도가 작아야 한다.

답 ①

개념잡기

열처리 가열로에 사용하는 노재로서 산성 내화재는?

① SiO_2를 함유하는 내화재   ② MgO를 함유하는 내화재
③ Cr_2O_3를 함유하는 내화재   ④ Al_2O_3를 함유하는 내화재

산성 내화재 : SiO_2
중성 내화재 : Al_2O_3, Cr_2O_3
염기성 내화재 : MgO

답 ①

2. 온도측정 및 제어장치 ★★★

1. 온도측정 장치

① 온도측정 장치의 종류

구분	종류	사용 온도 범위 (℃)	특징	용도
접촉식	열전대 온도계		정확도 우수 자동제어 및 기록 가능	거의 모든 열처리에 사용
	저항 온도계	−200~500	정확도 우수 자동제어 및 기록 가능 고온 측정 불가 가격이 비싸다.	저온 열처리용
	압력식 온도계	−40~500	정확도 불량 값이 싸다. 구조 및 취급 간단	담금질유 온도 측정
비접촉식	광고온계	700~2,000	저온 측정 불가 보정 및 숙련 필요 기록 및 제어 불가 정확도 불량	용도가 적다. 단조용 가열로
	복사 온도계	800~2,000	저온 측정 불가 보정 필요	화염 경화 및 시험용

② 열전대 온도계
  ㉠ 열전대는 서로 다른 금속선 양 끝을 접속시켜서 두 접점(T_2, T_3) 사이에 온도차를 주면 기전력이 발생
  ㉡ 기전력을 제백(Seebeck)효과에 의한 열기전력이라 함
  ㉢ 형성된 전위차, 즉 열기전력은 두 접점의 온도차($T_3 - T_2$)에 비례
  ㉣ 열기전력을 측정하면 양접점 사이의 온도차 알수 있음
  ㉤ 열기전력의 크기는 $T_3 \cdot T_2$의 온도차에 의해서만 결정
  ㉥ 적절한 열전대를 선정하기 위해서는 사용 온도와 사용 분위기 및 가격 등 고려
  ㉦ 일반적으로 1,000℃ 이하의 온도 K형, 1,000℃ 이상의 고온 R형 열전대
  ㉧ 열전대의 보호를 위해 사용하는 보호관에는 스테인리스관과 비금속 보호관으로 석영 및 알루미나관 보편적으로 사용

핵심 Key

열전대 재료의 특징
① 내열, 내식성이 뛰어나고, 고온에서도 기계적 강도가 커야 한다.
② 열기전력이 크고 안정성이 있으며, 히스테리시스 차가 없어야 한다.
③ 제작이 수월하고 호환성이 있으며, 가격이 저렴해야 한다.

ⓩ 열전대의 종류와 특징

종류	조 성		사용가능 온도 범위 (℃)	특 징
	(+)선	(−)선		
J (IC)	Fe	55Cu-45Ni (콘스탄탄)	−185~870	비교적 값이 싸다. 산화성 분위기에서는 760℃ 까지만 사용 가능하다.
K (CA)	90Ni·10Cr (크로멜)	94Ni-3Al-1 Si-2Mn (알루멜)	−20~1,370	산화성 분위기에 적합하다. 고온에서 R형보다 안정적이다.
T (CC)	Cu	55Cu-45Ni	−185~370	315℃ 이하에서 사용 가능하다. 심랭 처리용으로 적합하다.
R (PR)	13Rh·87Pt	Pt	−20~1,480	산화성 분위기에 적합하다. 사용 가능 온도가 높다.

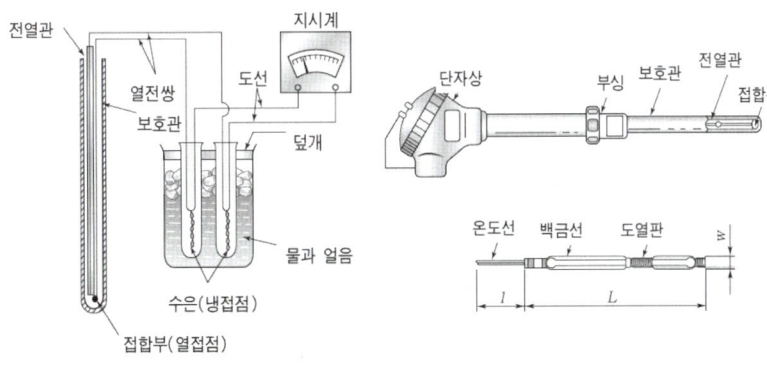

열전대 온도계의 원리 　　　　열전대의 구조

③ 저항 온도계
　㉠ 저항 온도계는 금속의 전기 저항이 온도가 상승함에 따라 증가한나는 성질을 이용
　㉡ 백금이나 니켈선을 내열 절연물에 감아서 거기에 일정한 전압을 걸어 주고, 이때 금속에 흐르는 전류의 세기를 측정하여 그 온도 측정

④ 복사(방사) 온도계
　㉠ 측정하는 물체가 방출하는 적외선의 방사 에너지를 이용한 온도계
　㉡ 고온체로부터 들어오는 복사열을 렌즈나 반사경을 사용하여 한 점에 모으고 열전대로 온도를 측정

⑤ 광고온계
　㉠ 고온의 물체에서 나오는 적색광의 휘도와 표준 휘도를 가진 백열 전구의 필라멘트 휘도를 일치시켜 온도 측정
　㉡ 700℃ 이상의 온도 측정에만 사용

> 참고

광고온계의 장단점
① 장점 : 휴대하기가 편리하고, 쉬운 사용법
② 단점 : 측정자에 의한 오차, 복사 경로에서의 흡수에 의한 오차 등이 있을 수 있고, 기록이나 제어가 불가능

> **참고**
> 팽창 온도계
> ① 물체가 온도에 비례하여 팽창하는 특성을 이용하여 온도를 측정하는 계기를 팽창 온도계라 한다.
> ② 주된 팽창 온도계는 봉상 온도계, 용솟음관식 팽창 온도계(부르동관식 온도계), 바이메탈식 온도계 등이 있다.

> **참고**
> 비접촉식 적외선 온도계
> 적외선 에너지(laser energy)를 방사하여 모든 종류의 물체를 접촉하지 않고 온도값을 감지하여 직접 읽을 수 있는 온도계이다.

> **★ 용어정의**
> 정치 제어식
> 예를 들어 800℃의 목표 온도에 맞추어 놓으면 목표 값의 편차 내에서 온도가 유지되는 것으로 널리 쓰이는 제어 방식

> **참고**
> 온-오프 제어식의 장단점
> ① **장점**: 온도 제어 방법이 간단하고 제어 장치의 값이 싸다.
> ② **단점**: 온도 편차가 커서 정밀한 온도 제어에는 사용하기가 어렵다.

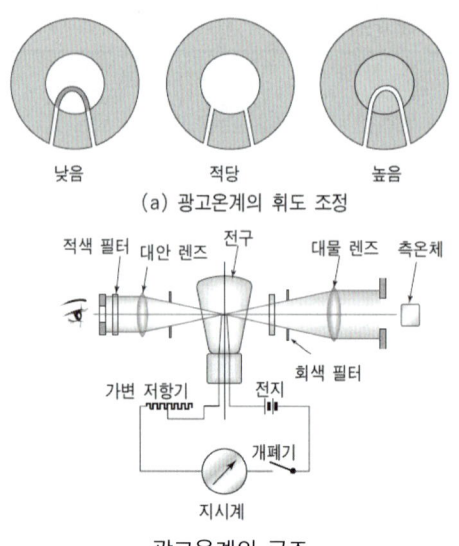

광고온계의 구조

2. 온도 제어장치

(1) 제어 동작에 따라: 온-오프(on-off) 제어식과 연속 제어식

(2) 제어 방식에 따라: 정치 제어식과 프로그램 제어식

① 제어 동작에 따른 분류
  ㉠ 온·오프 제어식 : 전기로에서 노온이 설정 온도보다 높아지면 전자 개폐기가 꺼져 전원이 끊어지고, 반대로 낮아지면 전자 개폐기가 켜져 전원이 연결되는 방식
  ㉡ 연속 제어식
    ⓐ 비례 제어식(P 방식) : 설정 온도와 측정 온도와의 편차에 비례해서 전류의 크기를 변화시킨 제어 방식, 온-오프 제어식보다는 편차가 적은 제어 방식이다.
    ⓑ 비례 적분 제어식(PI 방식) : 비례 제어식에서의 온도 편차를 자동적으로 보정하여 제거하기 위해서 적분 동작을 가미한 방식, 온도의 주기성과 편차가 없는 제어 결과를 얻을 수 있음
    ⓒ 비례 적분 미분 제어식(PID 방식) : PID 방식은 PI 방식에 미분 동작(D 동작)을 부가한 것, 안정된 제어가 용이

② 제어 방식에 따른 분류
  ㉠ 정치 제어식 : 미리 설정된 어느 일정한 온도로 노온이 상승하다가 그 온도에 도달하면 온도 자동제어 장치가 온-오프 동작 또는 비례 동작에 의해서 어느 편차 안에서 유지되는 것
  ㉡ 프로그램 제어식 : 예정된 승온, 유지, 냉각 등을 자동적으로 수행하는 제어 방식으로서, 공정 자동화와 생산성 향상을 위한 제어법

3. 열처리 설비의 자동화

① 열처리 공장의 합리화와 자동화
　㉠ 열처리 공장을 자동화하기 위해서는 우선 여러 가지 설비, 장치, 작업 환경 및 작업 공정 등을 충분히 검토
　㉡ 합리화의 구체적 수단으로 열처리 공장의 자동화

② 열처리 자동화 설비의 배치
　㉠ 설비 배치의 목적은 제품을 가장 능률적으로 생산하기 위해
　㉡ 각종 기계장치 및 이에 부속되는 각종 계측 기기, 운반 기구, 인력 및 공간 등을 조직화

> **참고**
> 열처리 설비 자동화 분류
> ① 연료 계통의 자동제어화
> ② 각종 측정 관계의 자동화
> ③ 안전 관리면의 자동화
> ④ 부품의 반출입 및 장치 내 반송의 자동화로 구분

개념잡기

두 종류의 금속선 양단을 접합하고 양 접합점에 온도차를 부여하면 열기전력이 발생한다. 이것을 이용한 온도계는?

① 전기저항 온도계　　② 열전대 온도계
③ 복사 온도계　　　　④ 팽창 온도계

열전대 온도계
열전대는 서로 다른 금속선 양 끝을 접속시켜서 두 접점(T_2, T_3) 사이에 온도차를 주면 열기전력이 발생하는 제백(seebeck)효과에 의해 온도를 측정한다.　　**답 ②**

개념잡기

열전쌍으로 사용되는 재료의 특징으로 틀린 것은?

① 열기전력이 커야 한다.
② 히스테리시스 차가 커야 한다.
③ 고온에서 기계적 강도가 커야 한다.
④ 내열 및 내식성이 크고 안정성이 있어야 한다.

히스테리시스 차가 작아야 한다.　　**답 ②**

개념잡기

단일 제어계로 전자 접촉기, 전자 릴레이 등을 결합시켜 전기를 공급하는 방식은?

① 비례제어식　　　　② 정치제어식
③ 프로그램제어식　　④ 온-오프(on-off)식

온-오프 제어식
전기로에서 노온이 설정 온도보다 높아지면 전자 개폐기가 꺼져 전원이 끊어지고, 반대로 낮아지면 전자 개폐기가 켜져 전원이 연결되는 방식　　**답 ④**

3 치공구

1. 열처리용 치공구

① 열처리 작업에서는 처리 부품이 노에 장입되어 고온으로 유지된 후 냉각되는 동안에 그 상태를 그대로 유지 필요
② 열처리품을 담거나, 걸어 두거나, 고정시키기 위하여 여러 가지 치공구들을 사용
③ 예 트레이(tray), 바스켓(basket), 금속망, 지주, 집게, 걸이, 컨베이어 체인 및 벨트 등
④ 일정한 온도에서 열처리가 진행되는 동안 열처리품을 유지시키는 치공구는 여러가지 인자를 고려하여 용도에 맞게 제작하여 사용
⑤ 나사와 같이 수량이 많은 열처리품은 바스켓과 같은 치공구에 담아서 열처리를 해야 한다. 또한, 길이가 긴 열처리품은 열처리 중 휠 염려가 있으므로 걸어 두는 방식을 택함

2. 열처리용 치공구에 필요 조건

① 내식성이 좋아야 한다.
② 변형 저항성, 열피로 저항성 등이 우수해야 한다(열팽창 계수가 작아야 한다).
③ 제작이 쉽고, 겸용성이 있어야 한다.
④ 작업성이 좋아야 한다.

개념잡기

열처리용 치공구에 필요한 조건으로 틀린 것은?

① 내식성이 좋아야 한다.
② 작업성이 좋아야 한다.
③ 열팽창계수가 커야 한다.
④ 열피로 저항성이 커야 한다.

열처리용 치공구의 열팽창계수는 작아야 고온에서 변형이 작다.　　답 ③

4 ▶ 냉각장치 ★★

1. 공랭장치

① 냉각속도가 가장 느린 열처리를 하고자 할 때 사용
② 구조용 합금강의 불림, 자경성 금형용 공구강(STD11 등)의 담금질 및 뜨임 후의 냉각 등에 사용
③ 가장 간단한 냉각 방법으로서 노에서 꺼내어 대기 중에 방치(방랭)하거나 선풍기를 사용하여 강제로 공랭시키는 방식

2. 수랭장치

① 냉각속도가 가장 빠른 열처리를 할 때 널리 사용
② 뜨거운 열처리품의 표면에 생성되기 쉬운 증기막을 파괴하고 냉각수의 수온을 일정하게 하기 위해 충분히 교반

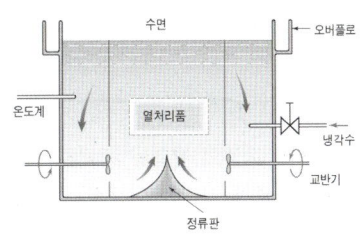

수랭장치의 구조

3. 유랭장치

① 담금질할 때 가장 널리 사용하는 장치
② 가열기와 냉각기가 부착되어 있어서 기름의 온도를 조절
③ 기름의 온도는 대개 60℃ 부근에서 사용
④ 교반 방식은 프로펠러식과 펌프식
⑤ 일반적으로 기름의 양은 처리품 중량의 10~15배 필요

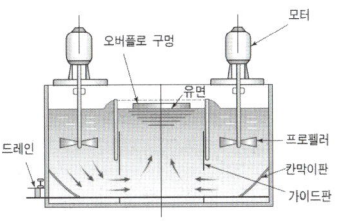

프로펠러식 유랭장치의 구조

4. 분사냉각장치

① 물 또는 기름을 담금질품에 분사하여 급랭하는 장치
② 고주파 경화 담금질에 많이 사용
③ 담금질품을 냉각실에 장입하고 회전시키면서 측면에서 냉각수를 분사하여 급랭하는 장치
④ 표면의 수증기나 기포가 제거되어 냉각속도가 빠르며, 담금질품의 변형 방지

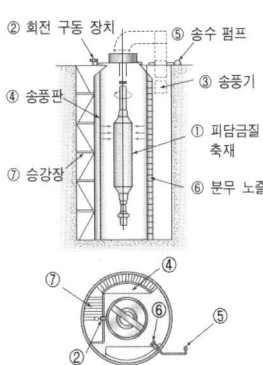

분사냉각장치의 구조

5. 염욕냉각장치

① 오스템퍼링, 마템퍼링 등의 항온 열처리에 주로 이용
② 염욕냉각장치의 냉각 탱크는 항온 유지가 가능하도록 열용량이 크고 온도 변화가 작은 것이 필요
③ 염욕냉각 탱크의 용량은 열처리품의 20~25배 정도의 중량을 가지는 것이 필요

6. 프레스 담금질장치

① 담금질에 의한 처리품의 변형을 방지하기 위해
② 담금질할 때 열처리품을 금형으로 누른 상태에서 구멍으로부터 냉각제를 분사시켜서 담금질하는 장치

개념잡기

담금질 제품의 변형을 방지하기 위하여 제품을 금형으로 누른 상태에서 구멍으로부터 냉각제를 분사시켜 담금질하는 장치는?

① 유랭장치　　　　　　② 염욕 냉각장치
③ 분사 냉각장치　　　　④ 프레스 담금질장치

> 프레스 담금질
> 변형을 극도로 주의해야 하는 부분을 금형으로 누르면서 담금질하는 방식　　답 ④

개념잡기

열처리의 방법, 재질 및 형상에 따라 냉각 방법은 달라지며 냉각장치는 냉각제의 종류와 작동방법에 따라 분류된다. 이러한 냉각장치에 해당되지 않는 것은?

① 헐셀 냉각장치　　　　② 분무 냉각장치
③ 프레스 냉각장치　　　④ 염욕 냉각장치

> 헐셀장치 : 도금장치　　답 ①

5 냉각제 ★★★

1. 냉각제

① 열처리할 때 사용하는 냉각제 : 냉각액 또는 담금질액
② 냉각제의 성질과 특성 및 온도 등에 따라 열처리 결과가 좌우
③ 냉각제의 냉각효과 지배 인자 : 열전도도, 비열, 기화열, 점성, 온도 등
  ㉠ 물 또는 수용액에서 점도는 낮으므로 기화열이 높을수록 냉각 능력이 큼
  ㉡ 기름과 같이 점도가 높은 것은 기화열보다 점성이 더 큰 영향을 끼침
  ㉢ 물에서는 온도가 올라가면 기화하기 쉽게 되고, 수증기가 강표면을 둘러싸므로 냉각이 느리게 됨
  ㉣ 기름에서는 온도가 올라가면 점도가 낮게 되고, 대류가 활발하여 냉각이 빨라짐(즉, 물과 반대 현상)
  ㉤ 일반적으로 냉각제의 냉각속도는 그 열전도도, 비열 및 기화열이 크고 끓는점이 높을수록 크며, **점도나 휘발성이 작을수록 큼**
④ 냉각속도가 너무 빠르면 변형이나 균열이 생기기 쉬우므로 강의 성분이나 모양에 따라 적당한 냉각제를 선택
⑤ 이 밖에 가열한 기름, 용융 금속(Pb 또는 그 합금), 그리고 용융염 등의 염욕에 담금질하는 방법
  ㉠ 일반적으로 200℃ 정도의 염욕
  ㉡ 200~400℃의 용융 금속 또는 용융염을 사용

2. 냉각능

① 열처리용 냉각제는 값이 싸고 변질이 안 되며, 고온으로 가열된 강을 냉각하는 능력이 커야 함
② 냉각의 제1단계가 빨리 끝나고, 제2단계 600~500℃ 사이에서의 냉각속도가 크며, 제3단계 냉각속도는 비교적 작은 것이 좋음
③ 제1단계가 길고, 제2단계의 냉각속도가 작은 것(50℃ 이상의 물의 경우)은 저온 템퍼드 마텐자이트(트루스타이트)의 발생이 많아서 담금질의 목적에 맞지 않음
④ 제3단계의 냉각속도가 큰 것(염류의 수용액)은 담금질 균열 주의
⑤ 냉각의 3단계
  ㉠ 제1단계 (증기막 단계)
    ⓐ 시료가 냉각액의 증기에 감싸이는 단계로 냉각속도가 느림

ⓛ 제2단계 (비등 단계)
  ⓐ 증기막의 파괴로 비등이 활발하게 일어나는 단계로, 냉각속도 최대
ⓒ 제3단계 (대류 단계)
  ⓐ 시료 온도가 냉각액의 비등점보다 내려간 상태로, 대류에 의해 열이 뺏기는 단계이며, 냉각속도가 느려짐
⑥ 물 : 제2단계의 냉각속도와 제3단계의 냉각속도가 크므로 담금질 균열이 발생하기 쉬움
⑦ 기름 : 제3단계의 냉각속도가 작아서, 담금질 균열은 잘 일어나지 않으며, 제2단계의 냉각속도가 작아 저온 템퍼드 마텐자이트(트루스타이트)의 발생 용이(담금질성이 나쁜 재료에는 사용하지 않음)

○ 여러 가지 냉각제의 냉각능

물질	냉각 지수 (720~550°C)	냉각 지수 (200°C)	물질	냉각 지수 (720~550°C)	냉각 지수 (200°C)
10% NaOH액	2.06	1.36	물 (50°C)	0.17	0.95
10% 식염수	1.96	0.98	기름 10%와 물과의 에멀션화액	0.11	1.33
물(18°C)	1.00	1.00	비눗물	0.077	1.16
30%Sn·70%Cd	0.77	0.009	철판	0.061	0.011
중유	0.30	0.55	물(100°C)	0.044	0.71
글리세린	0.20	0.89	정지 공기	0.0028	0.077
기계유	0.18	0.20			

개념잡기

담금질 냉각제로서의 구비조건 중 옳은 것은?

① 점도가 커야 한다.
② 액온이 높아야 한다.
③ 비등점이 높아야 한다.
④ 열전도도가 작아야 한다.

> 냉각제에 따라 다소 차이가 있으나 일반적으로 냉각속도는 열전도도, 비열 및 기화열이 크고 끓는점이 높을수록 높고 점도, 휘발성이 작을수록 크다.   답 ③

개념잡기

담금질 냉각제의 냉각효과를 지배하는 인자에 대한 설명으로 옳은 것은?

① 끓는점은 높고, 휘발성은 작을수록 냉각속도는 작다.
② 기름은 온도가 올라가면 점도가 낮아 냉각능력이 크다.
③ 냉각제의 냉각속도는 열전도도 및 비열이 클수록 작다.
④ 물 또는 수용액에서는 기화열이 낮을수록 냉각능력이 크다.

> 냉각능
> • 냉각제에 따라 다소 차이가 있으나 일반적으로 냉각속도는 열전도도, 비열 및 기화열이 크고 끓는점이 높을수록 높고 점도, 휘발성이 작을수록 크다.
> • 일반적으로 물은 20~30°C, 기름은 60~80°C에서 최고의 냉각능을 가진다.
> • 냉각능을 높이는 방법은 일반적인 수랭보다 물을 교반할 시 4배 정도 냉각속도가 빨라지며 이보다 빠른 방법은 물을 고속으로 분사하는 방법이 있다.
>
> 답 ②

개념잡기

담금질유는 일반적으로 몇 °C일 때 냉각능이 가장 좋은가?

① 10~20°C　　② 30~40°C
③ 50~60°C　　④ 60~80°C

> 일반적으로 물은 20~30°C, 기름은 60~80°C에서 최고의 냉각능
>
> 답 ④

CHAPTER 05 제품의 검사 및 열처리 안전

📖 **단원 들어가기 전**

1. 금속의 열처리는 적당한 온도로 가열 및 냉각시켜 금속에 특별한 성질을 부여하는데 있다. 이때 부여되는 특별한 성질이 최종 제품의 품질을 좌우한다. 그런데 열처리의 종류 및 방법에 따라 다양한 결함이 발생되는데, 그 결함의 원인을 파악하고 대책을 세워 제품의 품질을 높여야 한다. 즉, 열처리 제품의 품질 검사로 열처리의 불량 원인과 그 대책을 세우는 것이 매우 중요한 생산 공정 중 하나이다.
2. 열처리 제품의 결함에 대한 대책을 알아보며, 열처리할 때 발생할 수 있는 안전과 환경 관리에 대해 학습하기로 하자.

📖 **빅데이터 키워드**

가열 시의 결함, 퀜칭 시의 결함, 표면 경화 시의 결함, 열처리 품질 검사

1 ▶ 가열 시의 결함

1. 산화 (Oxidation)

철의 산화물
• 일산화철(FeO)
• 삼산화이철(Fe_2O_3)
• 사산화삼철(Fe_3O_4)

① 산화는 공기 등의 산화성 분위기에서 가열할 때 발생하며 가열장치, 가열 방식 및 사용연료 등에 따라 다름
② 가열온도가 높거나 가열시간이 길어지면 산화반응이 촉진되며 산화 스케일은 점차 두꺼워짐
③ 이런 산화물은 표면이 거칠어지며, 피막이 부착한 것을 그대로 담금질하면 경도 불균일과 균열의 원인
④ 산화방지를 위해 노 안 분위기 조절 : 환원성, 중성 분위기, 진공 분위기 열처리 실시

2. 탈탄 (Decarbonizing)

① 강 내부의 탄소(C)는 고온이 되면 O_2, CO_2, H_2O와 표피부터 반응 → 탈탄
② 표피의 탄소가 CO_2 또는 CO가스가 되어 증발 → 표피의 탄소 농도 저하
③ 내부 탄소가 확산되어 강 전체 탄소 농도가 저하되면서 연한 페라이트 조직으로 변화 → 탈탄
④ 탈탄된 부품은 제품 표면의 경도 불충분, 불균일한 경도의 원인

⑤ 탈탄 방지를 위해 노 안 분위기 조절이 중요하고, 탈탄 부분을 침탄시켜 탄소량을 증가시키는 것도 하나의 방법
⑥ 탈탄 현상은 확산에 의하여 일어나므로 A_1점 이하에서는 큰 영향이 없고, 실제 작업에서는 풀림, 담금질할 때 과열로 인해 발생
⑦ 탈탄에는 수분이 가장 큰 영향을 끼치므로 분위기 중에 수분이 함유되지 않도록 주의
⑧ 특히 염욕 열처리할 때에도 염욕 안에 수분이 함유되지 않도록 주의
⑨ 산화나 탈탄을 방지하기 위해 중성 또는 진공 분위기에서 열처리 시 유리
⑩ 공석강(0.8%C)의 탈탄된 모습, 오른쪽 표면부로 갈수록 탈탄이 심하여 흰색의 페라이트로 변화

> **참고**
> 공석강의 탈탄조직
>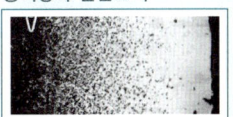

3. 과열

① 탄소강, 합금강을 1,100℃ 이상으로 가열하면 결정립이 조대해지고 과열 조직이 되어 인성이 작아지고, 취성이 커지며, 항복점 저하 원인
② 과열 조직은 강의 기계적 성질, 특히 인성에 매우 나쁜 영향을 끼치므로 조직을 회복 필요
③ 회복 방법 : 과열 온도로부터 공랭(A_1점 이하)한 다음 재가열 후, 풀림

4. 변형

① 원인 : 가열·냉각의 불균일, 열처리 전 열간·냉간가공, 가열 중 지지방법 불량 등으로 인한 잔류 응력 발생
② 합금 원소를 함유하고 있는 강은 풀림 처리할 때 냉각속도가 부적당하면 연화가 불충분하게 되어 변형
③ 망상 탄화물이 나타난 강을 구상화시킬 때에는 먼저 A_{cm} 온도 이상의 온도로 가열하고, 이것을 오스테나이트 구역에서 충분하게 고용시킨 다음 구상화 풀림 온도에서 가열, 냉각을 반복하여 변형 방지

> **핵심 Key**
>
> 림드강은 900℃에서 과열 조직이 되지만, 알루미늄 킬드강은 1,100℃에서도 과열 조직이 되지 않는다.
>
> 과열 조직
> 비트만슈퇴텐
> (Widmanstatten)
>
> 과열 방지책
> ① 적정 가열온도 준수
> ② 적정 가열시간 준수
> ③ Si, Al, Cr 등을 첨가하여 과열을 방지
>
> 변형 방지책
> ① 적절한 풀림 온도의 선택
> ② 합금강의 항온변태를 이용한 냉각

개념잡기

강을 열처리 시 산화에 기인되는 것이 아닌 것은?

① 탈탄 ② 고운 표면
③ 경도 불균일 ④ 담금질 시 균열발생

고운 표면은 분위기 또는 진공 열처리를 할 때 형성된다.

답 ②

2. 퀜칭 시의 결함

핵심 Key

담금질 균열발생 부위
① 예리한 모서리

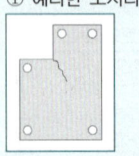

② 단면이 급변하는 부분

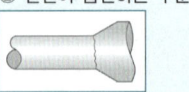

③ 구멍 부위

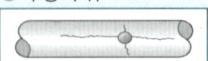

1. 담금질 균열 및 변형

① 담금질 중 발생하는 담금질 균열(crack) 및 변형은 열처리 결함 중 가장 많고, 담금질 후 일정 시간이 지난 후에 일어나기도 함
② 원인 : 강의 급랭에 의한 열응력과 변태점 이하의 온도에서 생기는 새로운 조직(마텐자이트)과 전 조직(오스테나이트)과의 부피 차이로 인한 변태 응력에 의해 균열 발생
③ 담금질 균열은 모서리 부분, 단면적이 급변하는 부분, 구멍 부분에서 주로 발생

2. 경도 불균일

① 담금질한 부품의 표면 전체 및 일부분이 경화되지 않는 연점(soft spot)이 생기는 현상
② 원인
  ㉠ 표면 탈탄으로 인한 탈탄층의 경도 불균일
  ㉡ 담금질 온도 불균일로 인해 일부 불안전 오스테나이트 잔류
  ㉢ 기포, 스케일 부착으로 인한 냉각 불균일
  ㉣ 화학 성분(C 성분 등)의 편석 등으로 인해 주로 발생
③ 방지 방법
  ㉠ 탈탄 방지, 또는 탈탄층을 제거한 후 담금질
  ㉡ 노 안 균일 온도 유지시간 확보, 부품을 놓는 방식 고려
  ㉢ 냉각을 균일하게 또한 될수록 빠르게
  ㉣ 화학 성분을 고려한 열처리 방법 선택 등에 유의

3. 담금질 경도 부족

① 원인
  ㉠ 담금질 가열 온도가 낮아 오스테나이트와 페라이트의 2상 구역에서 담금질할 경우
  ㉡ 가열 후 냉각속도가 임계 냉각속도보다 느려 페라이트가 석출된 경우
② 대책 : 화학 성분, 치수와 냉각속도와의 관계 등을 파악하여 적절한 방법을 선택해 담금질

4. 담금질에 의한 변형

① 원인 및 대책
  ㉠ 열응력, 변태응력, 경화상태 불균일 등으로 인한 변형 → 대형 제품의 가열, 냉각방법, 형상 등의 개선
  ㉡ 오스테나이트로부터 마텐자이트로의 조직 변화에 의한 치수 변화 → 공구, 중·소형 정밀 부품의 문제로 보다 세밀한 주의 필요

5. 뜨임에 의한 결함

(1) 뜨임 취성

① 저온 뜨임 취성 : 담금질 후 뜨임을 할 때 약 300℃ 근처에서 충격값이 급격히 감소
② 고온 뜨임 취성 : 500~550℃ 근처에서 발생
③ 뜨임 취성 방지법 : 소량의 Mo, W 등을 첨가

(2) 급속 가열에 의한 뜨임 균열

① 담금질한 조직은 마텐자이트로 팽창된 상태에 있으며, 이것을 뜨임하면 100℃와 300℃에서 2회의 수축을 일으킨다.
② 담금질한 강을 급속 가열하면 표면층은 수축되고, 내부는 팽창상태 그대로 이므로 표면에 인장응력이 발생하여 균열을 일으킨다.
③ 300℃ 이상에서는 뜨임 균열이 없으므로 이 온도까지 서서히 가열한다.

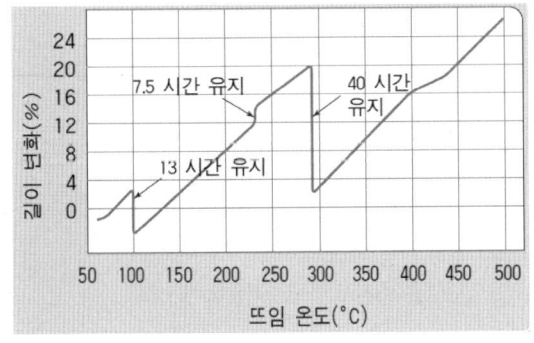

담금질한 후 뜨임할 때 길이 변화

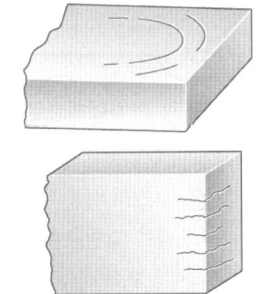

뜨임처리 급열 균열

(3) 급속 냉각에 의한 뜨임 균열

① 뜨임처리 시 2차 경화를 나타내는 고속도강이나 STD11강 등의 고합금강을 500~550℃에서 뜨임한 후 급랭할 때 발생되는 균열이다.
② 원인 : 담금질 시에 형성된 잔류 오스테나이트가 뜨임처리 시에 다시 마텐자이트로 변태하기 때문이다.

③ 이러한 현상을 2차 마텐자이트화(2차 Ar″)라고도 한다.
④ 뜨임처리 후에 급랭하면 담금질 균열 발생 때와 같은 이유로 뜨임 균열이 발생한다.

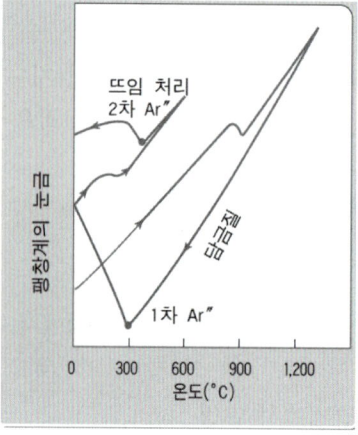

SKH3의 담금질 뜨임 팽창 곡선

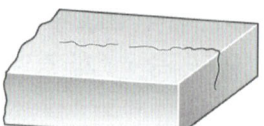
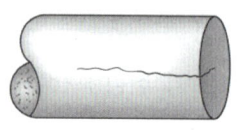

뜨임처리 급랭 균열

개념잡기

다음 중 담금질 균열과 변형의 가장 주된 원인은?

① 응력 감소
② 경도 증가
③ 균일한 체적변화
④ 온도 차이로 인한 열응력

내외부의 열응력 차이로 인하여 균열 및 변형이 발생한다.   답 ④

개념잡기

뜨임균열의 방지대책으로 옳은 것은?

① 정해진 탬퍼링 온도까지 최대한 빨리 가열한다.
② M_s점, M_f점이 낮은 고합금강은 반복 뜨임을 실시한다.
③ 고속도강은 탈탄층을 그대로 유지하여 뜨임 후 급랭한다.
④ Cr, Mo, V 등의 합금원소는 뜨임균열을 촉진시키므로 사용을 줄인다.

뜨임균열은 주로 급가열 및 급랭 시 발생하므로 천천히 가열하고 공랭하며, 탈탄층 등은 제거해야 한다. 고합금강은 반복 뜨임을 실시한다.   답 ②

3 ▶ 표면 경화 시의 결함

1. 화염 및 고주파 담금질의 결함

① **담금질 경도 부족, 담금질 얼룩**
  ㉠ 일반적으로 탄소 함유량이 0.3% 이상이고, 경도 500HB 이하인 경우에 일어나기 쉽다. 또한, 냉각이 부적절한 경우에 일어나기 쉬움
  ㉡ 고주파 담금질은 강의 표면만 가열되기 때문에 변태 시간이 늦어지면 담금질하기 전에 펄라이트변태를 일으켜 경도 저하
  ㉢ 냉각은 수랭이 가장 일반적이고 효과적이지만, 냉각 얼룩을 일으키고 균열 원인
  ㉣ 분사량, 수압, 수온, 시간, 노즐의 수, 냉각 위치의 조절, 담금질 부품의 회전 등에 대한 적절한 방안이 실험과 실제의 작업을 기초

② **담금질 균열**
  ㉠ 탄소 함유량이 0.4% 이상이면 균열되기 쉬움
  ㉡ 조직 결함, 비금속 개재물도 균열을 증가시키는 요인
  ㉢ 합금강은 수랭 대신 유랭 또는 합성수지계 수용액을 사용하여 균열 방지
  ㉣ 담금질 가열 온도가 너무 크면 담금질 균열 원인
  ㉤ 균열 발생 방지 : 예열한 다음 단속적으로 가열하고 필요한 온도로 가열되면 최종 담금질
  ㉥ 일반 담금질과 같이 고주파 담금질을 그대로 방치하면 자연 균열이 생기므로 담금질한 다음 즉시 저온 뜨임

③ **담금질 변형**
  ㉠ 화염 및 고주파 담금질은 부분 담금질이기 때문에 일반 담금질이나 침탄 담금질 등의 전체 담금질에 비하여 변형은 적지만, 경우에 따라서 부분변형이 커질 수 있음

2. 침탄 담금질의 결함

① **경도 부족** : 침탄량 부족, 담금질 온도가 너무 낮을 경우, 탈탄이 되었을 때와 냉각속도가 느릴 경우 → 잔류 오스테나이트 다량 발생 → 경도 부족

② **담금질 얼룩** : 침탄 표면 일부가 경화되지 않은 부분으로서, 편석이 많은 강, 림드강 등의 재료 자체 불량, 가열 온도의 불균일과 냉각속도 등에 따라 얼룩

🔑 **핵심 Key**

조직 결함
망상의 시멘타이트, 조대한 입자, 이상 편석 등

가열
전기 또는 화염 가열

③ 균열 및 박리
- ㉠ 표면 경화용 강은 보통 연한 재료를 사용하기 때문에 표면 균열이 잘 일어나지는 않음
- ㉡ 과잉 침탄이나 고르지 못한 침탄일 경우처럼 잔류응력이 클 때 발생
- ㉢ 박리 : 과잉 침탄에 의해 국부 탄소 함유량이 너무 많거나 상대적으로 재료의 탄소 함유량이 너무 적은 경우, 그리고 반복 침탄인 경우
- ㉣ Cr, Mn 등 탄화물의 생성 원소를 많이 함유한 침탄강은 침탄 속도는 빠르지만 탄소의 확산 속도가 느리기 때문에 강 표면의 탄소 함유량이 너무 높아 박리의 원인

④ 변형
- ㉠ 침탄처리강은 비교적 저탄소로 담금질 변형이 적은 베이나이트 조직
- ㉡ 담금질 변형은 담금질 경화강인 경우보다 적음
- ㉢ 고온에서의 1차 담금질은 변형 발생의 일부 원인
- ㉣ 침탄 중에 강의 중심부 조직이 거칠어지지 않게 Ni, Ti, N 등이 함유된 강을 사용
- ㉤ 강 중심부의 강인성이 특히 중요시되지 않는 강은 될 수 있는대로 1차 담금질 생략
- ㉥ 고 니켈강을 침탄할 경우 2차 담금질을 한 다음에 잔류 오스테나이트가 상당량 남아 있게 되어 시효 변형의 원인
- ㉦ 방지하기 위해 심랭처리

3. 질화처리의 결함

① 경도 부족
- ㉠ 소재 표면의 질화층 형성이 불충분하거나 고르지 못하면 경도가 부족
- ㉡ 질화처리를 위한 전처리, 해리도, 온도, 시간 등이 적절하지 못한 경우에 경도 부족의 결함 발생

② 질화층의 박리
- ㉠ 강의 표면에 백층이 많은 경우에는 박리 현상 다수 발생
- ㉡ 백층 생성 방지 : 질화시간을 짧게, 질화온도는 높게, 해리도는 20% 이상
- ㉢ 탈탄된 재료를 질화했을 때 질화층이 붕괴되거나 박리
- ㉣ Al을 많이 함유한 질화강은 탈탄되기 쉽고, 또 질화할 때 NH_3의 해리로 생기는 수소가스도 탈탄작용을 하므로 주의 필요

③ 원재료의 강도 저하 및 취성
- ㉠ 질화시간은 길기 때문에 재료의 뜨임이 진행되어 강도가 저하

ⓒ 원재료의 뜨임 온도를 충분히 높이거나 또는 강도 저하 방지책을 강구
　　ⓒ 500~530℃에서 장시간 가열되기 때문에 뜨임 취성이 일어나므로 Mo 등을 첨가하여 방지해야 함

④ 질화층의 변형
　　㉠ 질화처리로 인한 질화층의 변형은 매우 적음
　　ⓒ 소재 가공으로 인한 변형, 질화로 인한 변형 등으로 인해 일부 변형이나 얼룩이 생김
　　ⓒ 질화층이 깊을수록 변형은 커지므로 주의

개념잡기

질화처리의 결함 중 강의 표면에 극히 거세고 경도가 낮은 백층이 많은 경우나 탈탄된 재료를 질화했을 때 나타나는 결함은?

① 취성　　　　　　　　　　② 수소취성
③ 질화층 박리　　　　　　　④ 경도 과다

- 박리 : 강의 표면에 백층이 많은 경우 발생
- 방지법 : 질화시간을 짧게, 질화온도를 높게, 해리도를 20% 이상으로, 2단 질화법 사용

답 ③

개념잡기

표면 경화의 결함 중 침탄 담금질 시 담금질 경도 부족의 원인이 아닌 것은?

① 침탄량이 부족할 때
② 재료가 탈탄되었을 때
③ 담금질 온도가 너무 낮을 때
④ 담금질 냉각속도가 빠를 때

침탄 담금질의 경도 부족
- 담금질 온도가 낮거나 냉각속도가 낮을 경우
- 가열시간이 짧아서 침탄량이 부족할 경우
- 탈탄되거나 잔류 오스테나이트가 많이 생성될 경우

답 ④

4 ▶ 재료의 결함 검사

1. 열처리 제품의 재료 검사

① 재료 검사의 목적
  ㉠ 열처리 후 요구되는 성질이나 기계적 특성을 가지게 되었는지 파악하기 위해 여러가지 시험과 검사 실시
  ㉡ 제품 재료가 요구하는 물리적, 기계적 성질 등이 목표값에 도달하였는가를 시험·검사
  ㉢ 열처리에 대한 기초 연구, 개선을 위한 열처리 제품에 대한 사전, 사후 시험 및 검사 결과 비교

② 재료 검사의 종류
  ㉠ 성분 검사법 : 불꽃 시험법, 접촉 열기전력법, 시약 반응법
  ㉡ 조직 검사법 : 육안 조직검사, 현미경 조직시험
  ㉢ 기계적 검사법 : 경도시험, 인장시험, 굴곡시험, 충격시험, 피로시험, 마모시험 등
  ㉣ 경화능 시험법 : 파면 검사법, U곡선법, 조미니법
  ㉤ 비파괴검사 : 타진법, 누설검사법, 방사선 투과 시험법, 초음파 탐상법, 자분 탐상법, 침투 탐상법 등

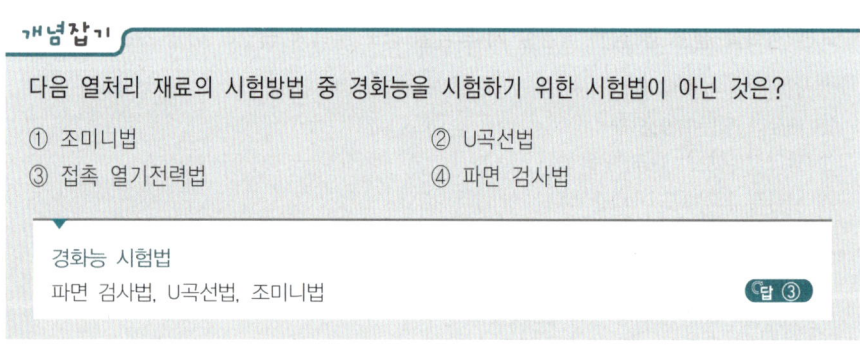

개념잡기

다음 열처리 재료의 시험방법 중 경화능을 시험하기 위한 시험법이 아닌 것은?
① 조미니법　　　　　　　　② U곡선법
③ 접촉 열기전력법　　　　　④ 파면 검사법

경화능 시험법
파면 검사법, U곡선법, 조미니법

답 ③

5 열처리 품질 검사

1. 열처리 제품의 변형 검사

① 외부 변형 검사
  ㉠ 소재의 흠집 및 균열 등을 검사하기 위한 외부 변형 검사는 매크로 시험(macro test), 타진법, 누설검사법 등
  ㉡ 타진법은 소재의 일부를 두드려 얻어지는 음향에 따라 소재의 결함을 진단하는 방법
  ㉢ 누설검사법은 시험체 내부 및 외부의 압력차 등에 의해서 기체나 액체를 담고 있는 기밀 용기, 저장 시설 및 배관 등에서 내용물이 유출하거나 다른 유체의 유입 여부를 검사하는 방법

② 내부 변형 검사
  ㉠ 육안으로 파악할 수 없는 내부 변형 검사를 위해서는 일반적으로 비파괴 검사법 사용
  ㉡ 비파괴검사(NDT : Non-Destructive Testing)는 재료나 제품의 원형과 기능을 전혀 변화시키지 않고 재료에 빛, 열, 방사선, 음파, 전기와 전기 에너지 등을 적용해 조직의 이상이나 결함의 정도를 알아내는 내부 변형 검사법

2. 열처리 제품의 담금질성 시험법

① 강의 담금질성 판단 방법
  ㉠ 임계 냉각속도(Critical cooling velocity)를 사용하는 방법
  ㉡ 임계 지름(Critical diameter)에 의한 방법
  ㉢ 조미니 시험(Jominy test) 등

② 조미니 시험법
  ㉠ 담금질성을 표시하는 데 있어서 문제점으로는 시료의 모양, 담금질 온도, 담금질액 등을 동일 조건으로 하여도 담금질액에 대한 교반 방법에 따라 냉각속도가 달라져 담금질 상태 다름
  ㉡ 조미니 시험법에서는 이러한 점을 해소하기 위해 냉각액을 분사하는 방법 사용
  ㉢ 가공한 시험편을 담금질 온도로 가열한 다음 30분간 유지
  ㉣ 5초 이내에 장치에 수직으로 매달아 놓고, 아래로부터 분수에 의해 담금질하는 방법

㉤ 담금질이 끝나면 시험편의 축 방향에 평행한 면(또는 서로 180°로 대응하는 양면)에 깊이 0.4mm를 연마하여 평면을 만들고, 담금질한 끝 부분에서 1.5mm의 점, 다음부터는 5mm 이하의 간격으로 경도(HRC 또는 HV) 측정
㉥ 경도의 변화를 선도화하여 조미니 선도 도시
㉦ 이 선도에서 비교적 담금질성이 떨어지는 탄소강은 담금질된 부분의 끝에서 멀어질수록 경도가 급히 저하
㉧ Mn-Cr강의 경우는 서서히 저하됨
㉨ 조미니 곡선에 의해 강재의 담금질성 비교

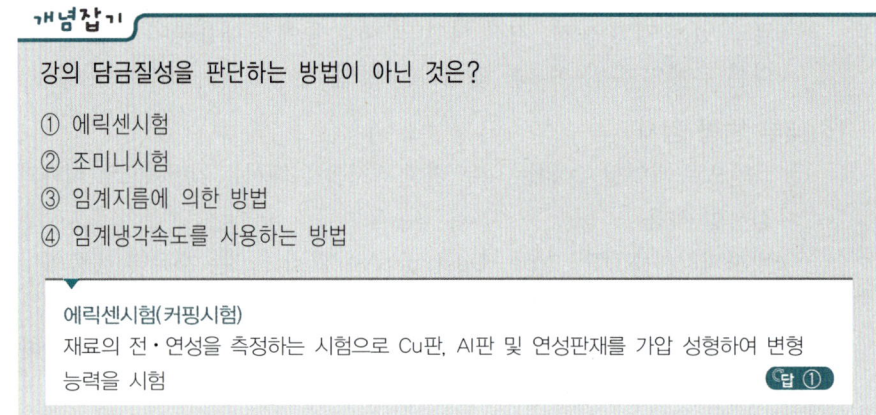

강의 담금질성을 판단하는 방법이 아닌 것은?

① 에릭센시험
② 조미니시험
③ 임계지름에 의한 방법
④ 임계냉각속도를 사용하는 방법

에릭센시험(커핑시험)
재료의 전·연성을 측정하는 시험으로 Cu판, Al판 및 연성판재를 가압 성형하여 변형 능력을 시험

답 ①

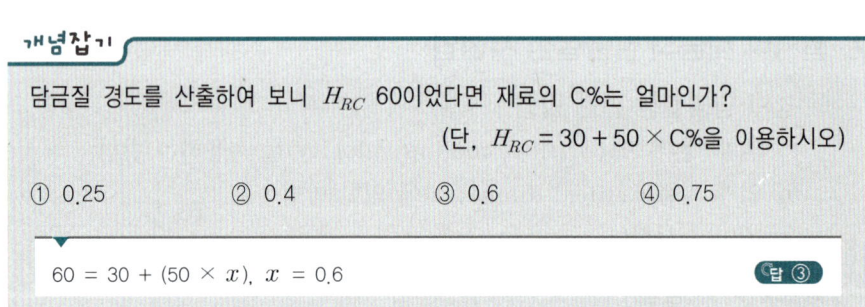

담금질 경도를 산출하여 보니 H_{RC} 60이었다면 재료의 C%는 얼마인가?
(단, $H_{RC} = 30 + 50 \times C\%$을 이용하시오)

① 0.25　　② 0.4　　③ 0.6　　④ 0.75

$60 = 30 + (50 \times x)$, $x = 0.6$

답 ③

6 기계, 치공구, 원재료 등의 위험 및 유해성들에 대한 취급

1. 열처리로의 안전관리

① 유도 가열 장치는 여러 가지 전기 및 기계장치로 구성되어 있는데, 이들 대부분은 물에 의하여 냉각되거나 보호 장치가 부착
② 모든 보호 장치가 정상적으로 작동하는지를 주기적으로 점검
③ 고주파 발생 장치의 축전기가 가장 위험하므로 특히 주의
④ 모든 연료 가스는 공기 또는 산소와 혼합될 때 폭발성
⑤ 작업자는 장비 표면에 기름이나 그리스 등의 인화성 물질이 존재하지 않도록 깨끗하게 유지
⑥ 산소나 연소 가스가 새어나오지 않도록 주의하며, 장비가 설치된 실내는 항상 환기 상태 점검
⑦ 장시간 작업을 하지 않을 경우에는 가스의 주공급 밸브 잠가
⑧ 금속을 염욕(Salt bath)에 넣어서 열처리하기 위해서는 용융염의 튀김을 방지하기 위해 수분을 완전히 제거
⑨ 납을 용융시킨 연욕(Lead bath)을 사용할 경우에는 중금속인 납에 중독되지 않도록 실내의 환기 상태를 양호하게
⑩ 장갑이나 마스크를 사용하는 것도 중독 예방 방법

개념잡기

열처리로의 사용 시 주의해야 할 사항이 아닌 것은?

① 작업종료 시 주전원 스위치를 차단한다.
② 가열 시 필요 이상으로 온도를 올리지 않는다.
③ 작업 시 주변에 인화물질을 두지 말아야 한다.
④ 고온을 주로 취급하므로 퓨즈는 두껍고 튼튼한 것을 사용한다.

열처리로의 퓨즈를 전격용량 이상의 것을 사용하면 로의 과열 및 유사 시 전력 차단이 제대로 되지 않아 위험 상황을 초래할 수 있다.

답 ④

PART 04 재료시험

- CHAPTER 01 기계적시험법
- CHAPTER 02 조직 및 정량검사
- CHAPTER 03 비파괴시험법
- CHAPTER 04 안전관리

CHAPTER 01 기계적시험법

단원 들어가기 전

A
1. 기계장치나 기계 구조물을 구성하고 있는 각 부품의 재료는 사용되는 조건에 따라 그 기능을 충분히 발휘할 수 있어야 한다. 기계 구조물의 설계에 필요한 강도, 경도, 인성 등의 수치를 구하고, 사용하기에 적합한 재료를 결정하는 시험이 기계적 성질 시험이다.
2. 기계적 시험법의 종류와 방법에 대해 알아보자.

빅데이터 키워드
경도시험, 인장시험, 압축시험, 굽힘시험, 비틀림시험, 충격시험, 피로시험, 경도시험, 그밖의 기계적 성질시험

1 ▶ 경도시험 ★★★

1. 경도를 측정하는 방법

① 정지 상태에서 압입자로 다른 물체를 눌렀을 때 생기는 변형 : HB, HR, HV, 마이어
② 충격적으로 한 물체에 다른 물체를 낙하시켰을 때 반발되어 튀어 오른 높이 : HS
③ 한 물체에 다른 물체를 긁었을 때 긁히는 정도 : 모오스, 마르텐스 긁힘 경도
④ 진자 장치를 이용하는 방법 : 하버트 진자 경도
⑤ 기타 방법 : 초음파 경도
⑥ 소성 변형에 대한 저항 : [①, ②], 탄성 변형에 대한 저항 : [③]

> **참고**
> 주요 금속의 경도 순서
> Fe 〉 Cu 〉 Al 〉 Ag 〉 Zn 〉 Au 〉 Sn 〉 Pb

2. 브리넬 경도(HB, Brinell hardness test)

① 일정한 지름(D)의 강철 볼을 일정한 하중(P)으로 시험편 표면에 압입한 다음 하중을 제거한 후에 보올 자국의 표면적으로 하중을 나눈 값으로 측정

② 경도를 나타내는 식

$$HB = \frac{P}{W} = \frac{2P}{\pi D(D-\sqrt{D^2-d^2})} = \frac{P}{\pi Dt}$$

P : 하중(kgf)
D : 강구의 지름(mm)
d : 들어간 지름(mm)
t : 들어간 최대 깊이(mm)

③ 이 경도계는 시험편이 작은 것, 얇은 재료, 침탄강, 질화강 등에는 부적합

④ 시험편(Test piece)
  ㉠ 시험편의 양면은 평행하게 하고 윗부분의 면은 잘 연마할 것
  ㉡ 시험편의 두께 : 들어간 깊이의 10배 이상
  ㉢ 시험편의 나비 : 들어간 깊이의 4배 이상
  ㉣ 같은 시험편을 반복 시험할 때는 들어간 자국이 지름의 4배 이상 떨어져야 한다.
  ㉤ 가장자리에서는 2.5배 이상 떨어져야 한다.

⑤ 하중 및 시간
  ㉠ 압입자의 지름과 하중

강구 지름 D(mm)	하중 W(kgf)	용도
10	3,000	철강재
10	1,000	구리 합금, Al
10	500	연질 합금
5	750	굳은 재료의 박판

  ㉡ 가압 시간 : 30초가 가장 좋다.

> 참고
> HB와 인장강도와의 관계식
> ① 0.04~0.86%C의 탄소강의 경우에 적용
> ② HB = 2.8×δB(인장강도)

3. 비커어즈 경도(HV, Vickers hardness test, 누우프(knoop))

① 정사각추의 다이아몬드 압입자를 시험편에 놓고 하중을 가하여 시험편에 생긴 피라밋형 자국의 표면적으로 하중을 나눈 값으로 측정

② 경도를 나타내는 식

$$HV = \frac{2W\sin\cdot\frac{a}{2}}{d^2} = 1.8544\frac{W}{d^2}$$

W : 하중(kgf)
d : 압입 자국의 대각선 길이(mm)
a : 대면각(136°)

> 꼭찝어 어드바이스
> 비커어즈 경도계 압입자
> ① 재질 : 다이아몬드
> ② 모양 : 대면각 136° 원뿔모양
> ③ 압입 자국 : 사다리꼴

> 참고
> 미소 경도계
> ① HV의 다이아몬드 압입자를 사용하여 하중을 아주 작게 (1kgf 이하)하여 측정한다.
> ② HV에서 측정이 곤란한 재료, 아주 작은 재료, 얇은 판, 엷은 층, 가는 선, 보석, 금속 조직 등의 경도 측정에 사용된다.

③ 비커어즈 경도계의 특징
  ㉠ 하중(1~150kgf)을 임의로 변경시킬 수 있어 경한 재료나 연한 재료, 얇은 재료, 질화층, 침탄층의 경도를 정확히 측정이 가능하다.
  ㉡ 압입 흔적이 작으며 경도 시험 후 압흔의 평균 대각선 길이를 1/1,000mm까지 측정하여 환산표를 참조하여 경도값을 환산할 수 있다.
  ㉢ 하중 유지시간은 30초가 원칙이고, 단단한 강일 경우 15초로 한다.
  ㉣ 현미경을 장착하여 금속조직의 경도측정도 가능하다.
  ㉤ 표면이 연마되어 있어야 정확한 값을 측정할수 있다.

4. 로크웰 경도시험(HR, Rockwell Hardness test)

① 강구 또는 다이아몬드 원뿔형을 시험편에 압입할 때 생기는 압입된 자리의 깊이에 의해 경도를 측정
② 시험편에 기준 하중 10kgf을 건 다음 시험 하중(강구 : 100kgf 다이아몬드 : 150kgf)을 가한다.
  ※ 예비 하중(10kgf), 일정 하중(60, 100, 150kgf)
③ C 스케일은 1~100까지의 눈금, B 스케일은 30~130까지의 눈금이 있다.
  ※ 한 눈금은 1/500mm의 길이에 해당하고, 눈금판의 흑색은 HRC이고, 적색은 HRB이다.
④ HRC와 HRB의 비교

스케일	누르개	기준하중 (kgf)[N]	시험하중 (kgf)[N]	경도를 구하는 식 (h의 단위 : μm)	적용 경도
HRB	강구 또는 초경합금 지름 1.588mm	10 [98.07]	100 [980.7]	HRB=130−500h	0~100
HRC	앞끝 곡률 반지름 0.2mm 원추각 120°의 다이아몬드	10 [98.07]	150 [1471.0]	HRC=100−500h	0~70

5. 쇼어 경도시험(HS, Shore hardness test)

① 하중을 충격적으로 가했을 때 반발하여 튀어 오른 높이로 경도를 측정

② 경도를 나타내는 식

$$HS = \frac{10,000}{65} \times \frac{h}{h_0}$$

h : 반발 높이
h_o : 시험편 높이

③ 쇼어 경도의 특징
  ㉠ 물체의 탄성 여부를 알 수 있다.
  ㉡ 소형으로 휴대가 간편하다.
  ㉢ 제품에 흔적이 없으므로 완성품에 직접 시험이 가능하다.
  ㉣ 시험편이 작거나 얇아도 가능하며 간단히 시험할 수 있다.

6. 기타 경도계

① 긁힘 경도계(Scratch hardness test) : 마르텐스 경도계
  ㉠ 120°의 정각을 갖는 원뿔형의 다이아몬드로서 시험편 표면을 일정한 하중을 가하면서 긁어서 그 자국의 나비로 경도를 측정한다.
  ㉡ 얇은 층의 경도, 도금층의 경도, 도장면의 경도, 취약하여 타 시험으로 경도 측정이 곤란한 재료, 매우 연한 재료 등에 사용된다.
  ㉢ 긁힘 나비 : 0.01mm 정도이다.

② 자기적 경도계
  ㉠ 보자력의 차에 의해 경도를 측정하는 것이다.
  ㉡ 간접적으로 경도 측정에 응용되며 재료의 변형을 주지 않고 측정
  ㉢ 강의 담금질, 뜨임에 의한 경도 변화를 측정하는데 좋은 방법이며 강자성체 이외에는 부적합하다.

개념잡기

로크웰 경도기를 이용한 경도시험에서 C스케일에 사용하는 다이아몬드 원추의 각도와 기준 하중은?

① 120°, 100kgf ② 136°, 15kgf ③ 120°, 10kgf ④ 136°, 150kgf

C스케일 : 120° 원뿔다이아몬드, 기준하중 10kgf, 시험하중 150kgf **답 ③**

개념잡기

브리넬(Brinell) 경도를 측정할 때 필요하지 않은 것은?

① 사용된 시험편의 중량
② 시험편에 가하는 하중의 크기
③ 시험편 표면에 나타난 압흔의 직경
④ 압흔을 내는데 사용된 강구(steel ball)의 직경

시험편의 중량은 경도와 무관하다. **답 ①**

개념잡기

미소경도시험을 적용하는 경우가 아닌 것은?

① 도금층 등의 측정
② 주철품의 표면 측정
③ 절삭공구의 날 부위 경도 측정
④ 시험편이 작고 경도가 높은 부분의 측정

주철의 표면은 브리넬, 쇼어 경도시험기로 측정한다. **답 ②**

개념잡기

쇼어경도 시험기의 종류에 해당되지 않는 것은?

① B형 ② C형 ③ D형 ④ SS형

쇼어 경도기 : D형, C형, SS형 **답 ①**

개념잡기

비커즈 경도계에서 대면각이 몇 도인 다이아몬드 사각추 누르개를 사용하는가?

① 120° ② 136° ③ 140° ④ 156°

비커스 압입자 : 대면각이 136°인 사각뿔 다이아몬드 **답 ②**

2. 충격시험 ★★

1. 충격시험의 개요

① 충격력에 대한 재료의 충격 저항, 점성 강도를 측정하는 것으로 재료를 파괴할 때 재료의 인성(질김성)과 취성(여림성, 메짐성)을 시험한다.

② 특징 : 동적 시험이며, 노치 효과가 크고, 하중 속도에 영향을 받는다.

③ 충격 시험편

시험편의 종류	규격
1호 (아이조드)	
2호 (아이조드)	
3호 (샤르피)	
4호 (샤르피)	
5호 (샤르피)	

> 참고

시험편 고정 방법
① 샤르피 충격 시험

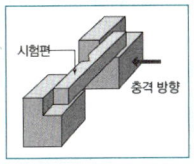

② 아이조드 충격 시험

2. 충격시험의 원리

① 충격값 에너지 (E) = WR(cosβ − cosα)

② 충격값 $(U) = \dfrac{E}{A_0}$ [kg$_f$·m/cm^2]

기호	내용	KS 규격
W	해머의 무게(kg$_f$)	30kg$_f$
R	해머의 아암 길이(m)	1m
α	해머를 올렸을 때의 각도(°)	90°, 120° (시험 시 제시)
β	시험편 파괴 후 해머가 올라간 각도(°)	실험 수치
E	충격 에너지값	실험 계산식에서 산출
A_0	절단부의 단면적	0.8 × 1 = 0.8cm^2

③ 충격 시험기의 종류

종류	원리 및 특성
샤르피 (Charpy)	시험편을 자유롭게 수평으로 지지하고 시험편이 전단하는 데 필요한 에너지 E(kg$_f$−m)를 노치부의 원단면적 A(cm^2)으로 나눈 값이 충격값 ※ $U = E/A$ (kg$_f$−m/cm^2)
아이조드 (Izod)	시험편의 한 끝을 수직으로 고정하여 시험하고 충격값은 시험편이 전단되기까지 흡수한 에너지로 표시한다. ※ $U = E$ (kg$_f$−m)

> 참고
> 샤르피 충격 시험기

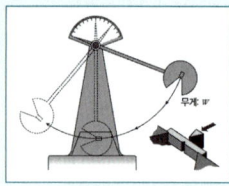

> 아이조드 충격 시험기

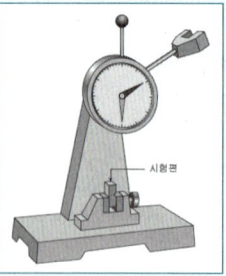

개념잡기

샤르피 충격시험 시 시편의 흡수에너지 E의 계산식으로 옳은 것은? (단, W=충격시험에 사용되는 해머의 중량(kg), R=해머의 회전중심에서 무게중심까지의 거리(m), α=들어 올린 해머의 각도, β=시험편 절단 후 올라간 해머의 각도)

① E=WR(cosβ − cosα)　② E=WR(cosβ + cosα)
③ E=WR(sinβ − sinα)　④ E=WR(sinβ + sinα)

충격 에너지 E=WR(cosβ − cosα), 충격값 U=E/A(A:단면적)　**답 ①**

개념잡기

충격시험의 목적으로 옳은 것은?

① 경도와 강도를 알기 위하여　② 연성과 전성을 알기 위하여
③ 인성과 취성을 알기 위하여　④ 인성과 전성을 알기 위하여

충격시험 : 충격력에 대한 재료의 충격 저항을 알아보는데 사용하며, 파괴되지 않으려는 성질인 인성과 파괴가 잘되는 성질인 취성의 정도를 알아보는 시험　**답 ③**

3. 인장시험

1. 인장 시험기의 종류

① 암슬러형, 발드윈형, 올센형, 인스트론형, 모블 페더하프형, 시즈마형
② 산업용 : armsler형(능력 : 30~50ton)이 많이 사용된다.
③ 연구 목적용(정밀시험) : instron형이 많이 사용된다.
④ 만능재료시험기 : 인장, 압축, 굽힘, 절단, 피로, 크리프 등 시험 가능

> **꼭찝어 어드바이스**
>
> 만능시험기가 갖출 조건
> ① 정밀도 및 감도가 우수할 것
> ② 시험기의 안정성 및 내구성이 클 것
> ③ 조작이 간편하고 정밀측정이 가능하고 취급이 편리할 것

2. 인장 시험편의 규격

시험편 호칭	규격	시험편의 모양	적용 재질
1호	표점 거리 L=200mm 평행부 길이 P=220mm 곡률 반지름 R=25mm 두께는 처음의 두께 그대로 한다. (단위: mm) 시험편의 구별 / 너비(W) 1A / 40 1B / (또는 38.25)	판형	강관 평강 형강
4호	표점 거리 L=50mm 평행부 길이 P=약 60mm 지름 D=14mm 곡률 반지름 R=15mm 이상	봉형	주강품, 단강품, 압연 강재, 가단 주철, 구상 흑연, 주철, 비철 금속

3. 응력-변형률 곡선

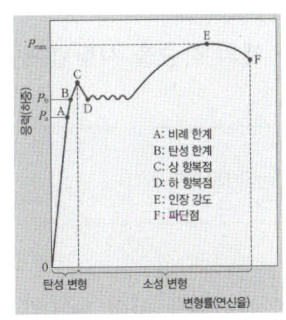

응력·변형률 곡선

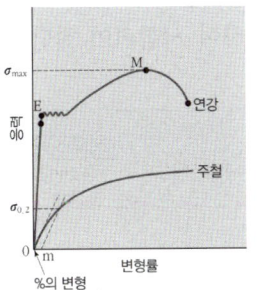

여러 재료의 응력·변형률 곡선

> **꼭찝어 어드바이스**
>
> 각종 금속의 하중-연신율 선도
>
>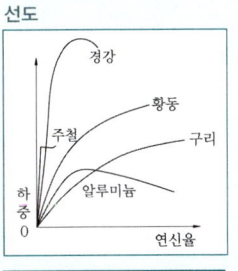

> 참고
탄성 한도와 비례 한도는 그 값이 비슷하며, 하중이 적은 동안은 하중과 연신율은 비례

> 참고
강성율
$G = \dfrac{E}{2(1+V)}$
- G : 강성율
- V : 포아손 비
- E : 탄성율

★ 꼭집어 어드바이스
포아손의 비
① 가로 변형/세로 변형
② 금속의 경우 : 0.2~0.4

4. 비례한계(Proportional limit)

① OA점 사이의 늘어난 길이가 하중에 비례한 구간으로 응력이 증가하면 변형도 증가한다.
② A점의 하중을 원단면적으로 나눈 값으로 응력과 변형량이 정비례 관계를 유지한 한계

5. 탄성한계(Elastic limit)

① OB점 사이의 변형으로 하중이 증가하면 늘어난 길이도 증가하되 비례하지 않는다.
② 탄성 변형은 하중을 제거하면 변형은 원상태로 되돌아온다.
③ 탄성 한도 : 탄성 한도점의 하중을 원단면적으로 나눈 값(영구변형이 생기지 않는 응력의 최댓값)
④ 후크의 법칙(Hook's low) : 변형이 크지 않는 탄성 한계 내에서 변형의 크기는 작용하는 외력에 비례
⑤ 포아손의 비(Posson's ratio) : 탄성 한계 내에서 가로 변형과 세로 변형은 그 재료에 대하여 항상 일정
⑥ 바우싱거 효과(Bauschinger effect) : 동일 방향의 소성 변형에 대하여 전에 받던 방향과 정반대 방향을 부여하면 탄성 한도가 낮아지는 현상

6. 항복점(Yield point)

① 하중을 제거한 후에 명백히 영구 변형이 인정되기 시작하는 점
② 상항복점(통상의 항복점) : Y1점 하중을 원단면적으로 나눈 값
③ 하항복점 : Y2점 하중을 원단면적으로 나눈 값

★ 꼭집어 어드바이스
재료의 강도
재료의 강도는 단위 면적에 대한 최대 저항력으로 표시한다.

7. 인장강도와 연신율

① 인장강도(Tensile strength)
시험편에 하중을 가하여 시험편이 절단되었을 때의 하중을 시험편 원단면적으로 나눈 값

$$※ 인장강도 = \dfrac{최대하중}{원단면적} = \dfrac{P_{max}}{A_0}\,(kgf/mm^2)$$

② 연신율(Elongation)
시험편이 절단되기 직전의 표점 사이와 원표점 길이와의 차의 원표점 길이에 대한 백분율

$$\delta = \frac{\text{변경 후 길이} - \text{변경 전 길이}}{\text{변경 전 길이}} \times 100(\%) = \frac{l_1 - l_0}{l_0} \times 100(\%)$$

③ 단면 수축률(Reduction of area)

시험편의 원단면적과 절단후의 단면적과의 차를 원단면적으로 나눈 값의 백분율

$$\varnothing = \frac{\text{원단면적} - \text{변경 후의 단면적}}{\text{원단면적}} \times 100(\%) = \frac{A_1 - A_0}{A_0} \times 100(\%)$$

8. 내력

① 0.2%의 영구 변형에서의 하중을 시험편의 원단면적으로 나눈 값

② 인장 곡선에서 내력을 구하는 방법

연신율 0.2%의 F점에서 하중-연율 곡선의 직선 부분에 평형선을 긋고 곡선과의 교점 E에서의 하중(W_E)을 원단면적(A_0)으로 나눈 값

$$\delta_k = \frac{W_E}{A_0} \ (\text{kg}_f/\text{mm}^2)$$

> ☆꼭집어 어드바이스
>
> **내력**
> 항복점이 생기지 않는 고탄소강, 비철금속재료에서는 항복점 대신에 내력을 둔다.
>
> 내력 곡선
>
>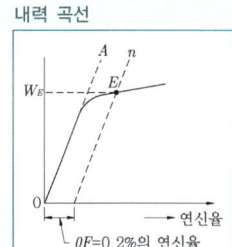
>
> $OF = 0.2\%$의 연신율

개념잡기

KS B 0801에서는 금속재료 인장시험편 4호 봉강의 경우 규격을 다음 표와 같이 규정하고 있다. 이중 연신율 측정의 기준이 되는 것은?

직경 (D)	표점 거리 (L)	평행부 길이 (P)	어깨부의 반지름 (R)	비고 (단위)
14	50	60	150이상	mm

① 직경　　② 표점거리　　③ 평행부의 길이　　④ 어깨부의 반지름

> 연신율은 표점거리로 측정한다.　　답 ②

개념잡기

인장 시험편 물림 장치의 물림부 구비조건이 아닌 것은?

① 취급이 편리해야 한다.
② 시험편에 심한 변형을 주어서는 안된다.
③ 인장하중 이외에 편심하중이 가해져야 한다.
④ 시험 중 시험편은 시험기 작동 중심선에 있어야 한다.

> 인장하중 외 다른 하중은 적용이 되면 안된다.　　답 ③

4 ▶ 압축시험 (Compression test) ✪✪

1. 압축시험의 개요

① **압축시험의 목적** : 압축력에 대한 재료의 항압력을 시험하는 것으로 압축강도, 비례 한도, 항복점, 탄성 계수 등을 결정
② **압축강도** : 시험편을 압축해서 균열이 갈 때의 그 하중을 시험편의 원단면적으로 나눈 값

$$※ \text{압축강도} = \frac{\text{시험편이 파괴될 때까지의 최대 하중}}{\text{원단면적}} (kg_f/mm^2)$$

③ 금속재료에서 압축강도는 인장강도에 비해 상당히 크다.
④ 시험편의 길이 l과 직경 d 또는 폭 b와의 관계
  봉재 : $l = (1.5 \sim 2.0)d$, 각재 : $l = (1.5 \sim 2.0)b$
⑤ 압축시험의 실질적인 길이와 직경의 비(L/D)가 1~3정도의 것 사용

2. 압축에 대한 응력-압률 선도

① 지수 법칙에 의한 응력(σ)과 압률(ε) 사이의 관계
② **지수함수의 3가지 표현**
  ㉠ $m > 1$일 때 : 가장 많이 사용(주철, 강, 콘크리트)
    ※ 응력이 크지 않는 범위 : $m ≒ 1/1$이 된다.
  ㉡ $m = 1$일 때 : 후크법칙 성립(완전 탄성체에만 적용)
  ㉢ $m < 1$일 때 : 금속에는 없음(피혁, 고무 등)

🔖 꼭찝어 어드바이스
응력-압률 선도

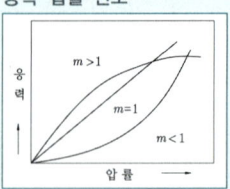

3. ASTM 압축시험편

시험편	1/d (d : 직경)	응용범위
단주시험편	0.9	베어링 합금 등
중주시험편	3 또는 2.98	금속재료 일반 항압력
장주시험편	7.99 또는 10	탄성계수 측정

> **개념잡기**
>
> 압축시험의 설명으로 틀린 것은?
> ① 인장시험과 반대방향으로 하중을 작용한다.
> ② 압축시험은 압축력에 대한 재료의 저항력을 시험하는 것이다.
> ③ 압축강도(σ_c)=시험편의 단면적을 압축강도로 나눈 값이다.
> ④ 시험방법을 압축과 탄성 측정으로 나눌 때 압축을 측정하는 경우 단주형 시험편을 주로 사용한다.
>
> 압축강도 = $\dfrac{압축강도}{단면적}$
>
> 답 ③

> **개념잡기**
>
> 압축에 대한 응력-압률선도에서 m=1일 때 해당하는 것은?
> ① 주철 ② 피혁
> ③ 고무 ④ 완전탄성체
>
>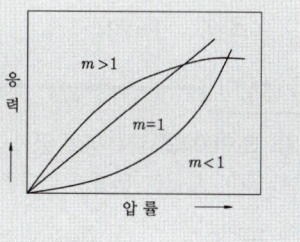
>
> m>1 : 강, 주철, 콘크리트, m=1 : 완전탄성체, m<1 : 고무, 피혁
>
> 답 ④

5 굽힘시험 (Bending test)

1. 굽힘시험의 개요

① 시험편에 길이 방향의 수직 방향에서 하중을 가하여 재료의 연성, 전성 및 균열의 발생 유무를 판정하는 시험이다.

② 굽힘 균열시험
  ㉠ 2점 굽힘 : 한 곳을 지지하고 다른 한 곳에 하중을 가한다.
  ㉡ 3점 굽힘 : 두 곳을 지지하고 다른 한 곳에 하중을 가한다.
  ㉢ 4점 굽힘 : 두 곳을 지지하고 다른 두 곳에 하중을 가한다.

③ 굽힘 저항시험
  ㉠ 구부러짐에 대한 저항력 및 휨을 측정하는 시험이다.
  ㉡ 인장이나 굴곡에 대해 약한 주철이나 콘크리트와 같이 단단한 재료의 강도를 조사하기 위한 시험이다.

> **참고**
>
> 굽힘 균열시험 방법
> ① 2점 굽힘
>
>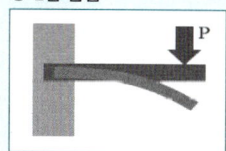
>
> ② 3점 굽힘
>
>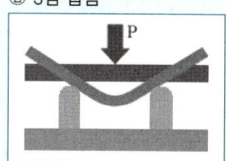
>
> ③ 4점 굽힘
>
>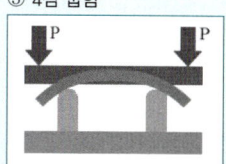

ⓒ 굽힘 저항시험은 시험편의 양 끝을 지지하고 중앙에 하중을 걸어 절단될 때의 하중의 크기로 항절력을 구한다.

ⓔ 시험편은 구부려지면 상측은 압축 응력을, 하측은 인장 응력을 받고, 인장 응력이 최댓값에 이르면 파괴된다.

2. 굽힘시험의 방법과 특징

① 굽힘시험의 방법의 종류 : 눌러 구부리는 방법, 감아 구부리는 방법, V블록으로 구하는 방법

② 굽힘시험의 특징 : 시험편에 힘이 가해지는 쪽에서 시험편에 생기는 응력은 압축 응력이나 반대쪽에는 인장력이 중간에는 0이 되는 중립면이 존재한다.

③ 3점 굽힘시험에서 받침부 거리와 시험편 두께의 관계식

※ $L = 2r + 3t$

> 참고
> 굽힘시험 측정법
> ① 굽힘균열시험

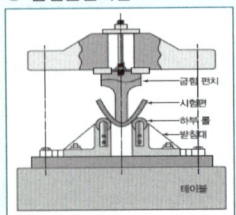

> ② 굽힘저항시험

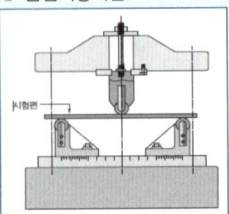

개념잡기

KS B 0804의 금속재료 굽힘시험에 사용되는 직사각형 시험편의 모서리 부분은 반지름이 시험편 두께의 얼마를 넘지 않도록 라운딩하여야 하는가?

① 1/2   ② 1/3   ③ 1/4   ④ 1/10

KS B 0804에는 시험편의 라운딩이 두께의 1/10을 넘지 않도록 규정되어 있다.   답 ④

개념잡기

두께 10mm, 폭 30mm, 길이 200mm의 강재를 지점간 거리가 80mm인 받침대 위에 놓고 3점 굽힘시험할 때 굽힘 하중이 1,500kgf이었다면 강재의 굽힘강도는 몇 kg_f/mm^2 인가?

① 60   ② 70   ③ 75   ④ 85

3점 굽힘강도 $= \dfrac{3PL}{2wt2} = \dfrac{3 \times 1,500 \times 80}{2 \times 30 \times 10^2} = 60$ 답 ①

개념잡기

굽힘 시험은 굽힘 저항 시험과 굴곡 시험으로 분류되는데 다음 중 굴곡 시험과 관계 있는 것은?

① 탄성계수   ② 탄성 에너지   ③ 재료의 저항력   ④ 전성 및 연성

굴곡 시험은 전성 및 연성을 알 수 있어 재료의 소성가공성을 평가할 수 있는 방법이다.

6. 비틀림시험 ★★

1. 비틀림시험의 개요

① 비틀림시험은 시험편의 한쪽을 고정하고 다른쪽을 회전시켜 비틀림 모멘트를 가함으로써 비틀림에 대한 재료의 강성 계수와 전단 저항력(비틀림 강도)을 측정하는 시험 방법이다.

② 비틀림시험의 원리
  ㉠ 비틀림 시험편의 한쪽을 고정하고 다른쪽에 비틀림 모멘트를 가하여 비틀림에 대한 저항력을 전단 저항력으로 구하는 시험이다.
  ㉡ 비틀림 모멘트를 가하였을 때 시험편의 변위는 비틀림 각으로 나타낸다.
  ㉢ 비틀림 모멘트·비틀림 각의 관계 곡선에 의하여 강성 계수(또는 전단 탄성 계수), 비틀림 상부 및 하 항복점, 비틀림 파단 계수, 비틀림 파단 강도 등의 기계적 성질을 구하는데 있다.
  ㉣ 비틀림시험은 보통 관 형상의 시험편이 사용된다.
  ㉤ 전단 응력 (τ)

  $$\tau = \frac{T}{2\pi r^2 t}$$

  - T : 시험편에 작용하는 비틀림 모멘트(twisting moment 또는 torque)
  - r : 각각 시험편 시험부에서의 평균 반지름
  - t : 각각 시험편 시험부에서의 평균 두께

  ㉥ 전단 변형률 (γ)

  $$\gamma = \frac{r\theta}{l}$$

  - l : 시험부 길이
  - r : 시험부의 평균 반지름
  - θ : 비틀림각 (rad 단위로 표시)

2. 비틀림시험 측정법

① 시험편의 한쪽 단을 고정시키고 다른쪽 단에 비틀림 모멘트를 작용시키며, 고정된 시험편의 중심선과 시험기의 중심선이 잘 일치되지 않으면 굽힘(bending)의 영향을 받아서 시험 결과에 정확성이 없게 된다.

② 비틀림 시험기와 시험편
  ㉠ 측정 방법 : 펜듈럼식, 탄성식, 레버식 또는 레버와 스프링 장치식 등
  ㉡ 비틀림 시험기 : 펜듈럼(pendulum)형, 암슬러(amsler)형, 아베리(avery)형, 미시간(michigan)형 시험기와 선재형 등

ⓒ 비틀림시험편 : 보통 선재의 시험편 사용되며, 고정하기 쉽게 하기 위해 양단을 시험 부분보다 굵게 만든다.

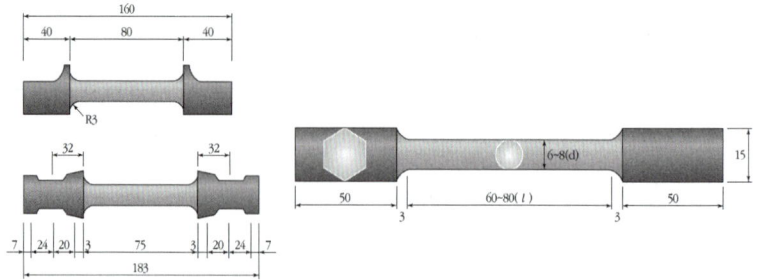

비틀림시험편의 규격

③ 와이어의 비틀림시험법

㉠ 가느다란 와이어의 비틀림시험은 모멘트로서 규정되어 있지 않으므로 비틀림 회전시험을 하여 비틀림 파괴 회전수로 표시한다.

㉡ 비틀림시험기와 시험편 비틀림 회전 측정에서 표점 거리는 시험편 지름의 100배로 한다. 지름에 따라 50배 또는 200배로 시험한다.

개념잡기

비틀림 시험(torsion test)으로 알 수 없는 것은?

① 강성계수   ② 항력계수   ③ 비틀림 강도   ④ 비틀림 파단계수

비틀림 시험으로 강성계수(전단탄성계수), 비틀림 강도, 비틀림 파단계수 등을 알 수 있다.

답 ②

개념잡기

환봉의 비틀림 시험과 비틀림 응력 및 변형률을 구하기 위한 가정들에 대한 설명 중 틀린 것은?

① 봉의 단면은 변형 후에도 역시 평면이다.
② 강성 계수(전단탄성 계수) 등을 구할 수 있다.
③ 단면상에서의 반경은 변형 후에도 그 반경으로 취급한다.
④ 비틀림 각도는 토크-비틀림선도 초기에는 반비례로 나타나나 항복점을 지나면 감소가 급격하게 된다.

비틀림 초기에는 탄성영역이므로 비틀림 각도가 비례관계로 나타나고 항복점을 지나면 급격히 증가한다.

답 ④

7 피로시험 ★★★

1. 피로시험의 개요

① **피로파괴(Fatigue fracture)** : 재료에 비록 안전 하중보다 작은 힘이라도 계속적으로 반복하여 작용하였을 때 일어나는 파괴 → 실제 반복 하중을 받는 크랭크축, 차축, 스프링 등에서 볼 수 있다.

② **피로파괴와 피로한도**
  ㉠ 하중이 어떤 값보다 작을 때에는 무수히 많은 반복 하중을 작용하여도 재료가 파괴되지 않는다.
  ㉡ 피로한도(Fatigue limits) : 하중을 반복해서 작용해도 영구히 재료가 파괴되지 않는 응력 중에서 가장 큰 것 (내구 한도)
  ㉢ 피로시험(Fatigue test) : 피로한도를 산출하는 것

2. 피로시험기 및 시험편

① **피로시험기의 구동형식** : 기계식, 유압식, 전자식 등

② **피로시험의 종류**
  ㉠ 반복 인장압축시험
  ㉡ 반복 굽힘시험(왕복 반복 굽힘시험, 회전 반복 굽힘시험)
  ㉢ 반복 비틀림시험
  ㉣ 복합 응력 피로시험

③ **피로시험편**
  ㉠ 하중의 종류에 따라 환봉, 각주, 판재 등이 사용된다.
  ㉡ 시험편의 형상, 표면 다듬질 정도, 가공방법, 열처리의 상태 등이 시험 결과에 많은 영향을 끼치므로 제작할 때 주의해야 한다.
  ㉢ 단면 형상 (시험편의 고정 단면보다 작게)
    ⓐ 원형 단면 : 주로 재질의 피로 강도를 구할 때 사용
    ⓑ 판상 시험편 : 재료가 얇아 원형 시험편으로 만들지 못할 때 또는 판재의 표면 영향을 시험할 때 사용

> **꼭집어 어드바이스**
> 피로시험 결과에 영향을 미치는 요인
> ① 시편 형상
> ② 표면 다듬질 정도
> ③ 응력 집중
> ④ 가공방법
> ⑤ 열처리 상태

3. 피로한도와 기계적 성질의 관계

① **S·N 곡선과 피로한도**
  ㉠ 어떤 금속재료에 반복 하중을 주면 재료가 피로하게 되어 일정한 반복 횟수가 지나면 파괴된다.

꼭찝어 어드바이스

S-N 곡선
① 반복 횟수(N)와 응력(S)과의 관계를 만든 곡선
② 강철의 응력, 반복 횟수 : $10^{6\sim7}$
③ 비철금속의 응력, 반복 횟수 : 10^8
④ 가하는 응력이 크면 반복 횟수가 작아도 파괴된다.
⑤ 응력이 작아지면 반복 횟수는 늘어난다.

ⓛ S·N 곡선 : 피로 응력 S, 그 응력에 의한 파괴까지의 반복 횟수 N → 세로축 S는 응력(stress), 가로축 N은 반복 횟수(number)

ⓒ 반복 횟수가 많아질수록 피로 응력이 낮아진다. ↔ 어느 지점부터 피로 응력의 변화가 없이 곡선이 수평하게 된다(곡선 수평부의 응력이 피로한도).

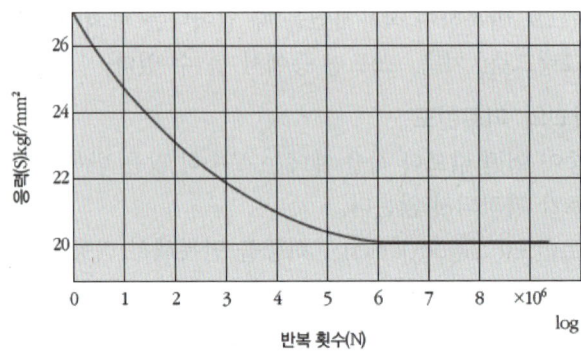

탄소강의 S·N 곡선

② 탄소강의 경우 회전 굽힘 피로한도 산출공식
$\sigma t = 0.25 \times (항복점 + 인장강도) + 5(kgf/mm^2)$

개념잡기

피로강도에 미치는 인자의 영향이 아닌 것은?

① 온도　　　　　　　　　② 노치효과
③ 치수와 표면효과　　　　④ 시편의 색깔과 무게

피로강도에 영향을 미치는 요인
온도, 치수, 표면 다듬질 정도, 응력 집중(노치효과), 가공 방법, 열처리 상태, 형상, 진동수

답 ④

개념잡기

피로한도 및 피로수명에 대한 설명으로 틀린 것은?

① 직경이 크면 피로한도는 작아진다.
② 노치가 있는 시험편의 피로한도는 작다.
③ 표면이 거친 것이 고운 것보다 피로한도가 커진다.
④ 피로수명이란 피로 파괴가 일어나기까지의 응력-반복횟수를 말한다.

표면이 거칠수록 피로한도가 작아진다.

답 ③

> **개념잡기**
>
> 피로시험의 종류 중 시험편의 축 방향에 인장 및 압축이 교대로 작용하는 시험은?
>
> ① 반복 굽힘시험 ② 반복 인장 압축시험
> ③ 반복 비틀림시험 ④ 반복 응력 피로시험
>
> 반복 인장 압축시험 : 인장하중과 압축하중을 교대로 작용하는 피로시험
>
> **답 ②**

8 마모시험

1. 마모시험의 정의

2개 이상의 물체가 접촉하면서 상대운동을 할 때 그 면이 감소되는 마모 또는 마멸량을 시험

2. 마모시험의 종류

① **슬라이딩 마모** : 시험편의 마찰하는 경우(베어링, 브레이크 등)
② **회전 마모** : 회전마찰이 생기는 경우(롤러 베어링, 기어, 바퀴, 레일)
③ **왕복 슬라이딩 마모** : 왕복 운동에 의한 마찰의 모든 경우(실린더, 피스톤, 펌프)

3. 마모의 종류(기구)

① **응착마모** : 표면의 미세돌기들이 고압을 받아 변형되고 확산, 압접에 의해 응착일 발생하여 표면이 떨어져나가는 마모
② **연삭마모** : 상대적으로 경한 입자에 의한 마모로 파인 홈이 나타남
③ **피로마모** : 표면의 반복하중에 의한 마모로 마모층에 균열이 발생
④ **부식마모** : 부식성 분위기에서 발생하는 마모로 마모층에 산화물이 존재

> **꼭찝어 어드바이스**
>
> 마모시험에 영향을 주는 인자
> ① 미끄럼 속도
> ② 접촉하중
> ③ 재료의 종류
> ④ 재료의 성질
> ⑤ 마찰면의 기하학적 성질
> ⑥ 하중이 가해지는 방법

개념잡기

마모시험에 영향을 미치는 주된 요인이 아닌 것은?

① 마찰속도 ② 마찰압력
③ 시험편의 비중 ④ 마찰면 거칠기

> 마모시험에 영향을 주는 인자
> 미끄럼 속도, 접촉하중, 재료의 종류, 재료의 성질, 마찰면의 기하학적 성질, 하중이 가해지는 방법
>
> 답 ③

개념잡기

다음 어느 조건에서 마모가 가장 많이 일어나는가?

① 표면 경도가 낮을 때 ② 접촉압력이 적을 때
③ 윤활상태가 좋을 때 ④ 접촉면이 매끄러울 때

> 표면 경도가 낮으면 마모가 쉽게 된다.
>
> 답 ①

9 크리프시험 ★★

1. 크리프시험의 개요

① **크리프(Creep)** : 재료에 어떤 일정한 하중을 가하고 어떤 온도에서 긴 시간 동안 유지하면 시간이 경과함에 따라 변형이 증가되는 현상

② **크리프시험** : 시험편에 일정한 하중을 가하면 시간의 경과와 더불어 증가하는 스트레인을 측정하여 각종의 재료 역학적 양을 결정하는 시험

③ **크리프한도** : 크리프가 정지하는 것을 크리프율이 0이 되며 크리프율이 0이 되는 응력의 한도를 크리프 한도라 한다.

2. 크리프 곡선

① 초기 변형 : 하중을 받는 순간에 생긴 변형
② 1차 creep(초기 크리프, 천이 크리프) : 변형 속도가 시간에 따라 감소되는 과정
③ 2차 creep(정상 크리프) : 변형 속도가 일정한 과정
④ 3차 creep(가속 크리프) : 변형 속도가 점차 빨라지는 과정

꼭집어 어드바이스

연강의 크리프 곡선

3. 크리프 발생 조건

① 크리프가 생기는 요인으로는 온도, 하중, 시간으로 결정
② 상온 : 용융점이 낮은 금속(Pb, Cu)인 순금속, 연한 합금 등
③ 250℃ 이상 : 철강 및 경합금에서 크리프 현상 발생
④ 제트기관, 로켓, 증기터빈 등은 450℃ 이상의 고온상태에서 사용

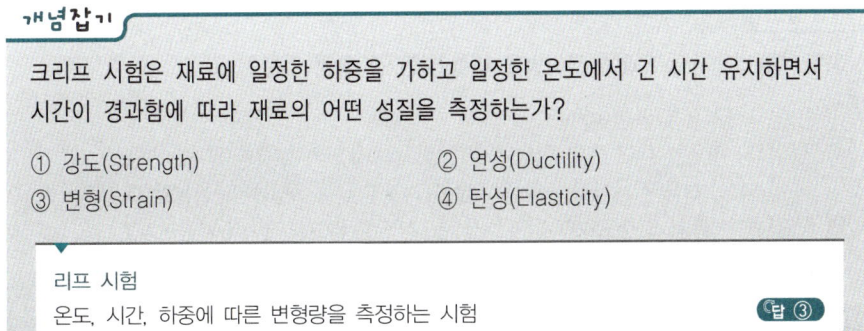

개념잡기

크리프 시험은 재료에 일정한 하중을 가하고 일정한 온도에서 긴 시간 유지하면서 시간이 경과함에 따라 재료의 어떤 성질을 측정하는가?

① 강도(Strength) ② 연성(Ductility)
③ 변형(Strain) ④ 탄성(Elasticity)

리프 시험
온도, 시간, 하중에 따른 변형량을 측정하는 시험

답 ③

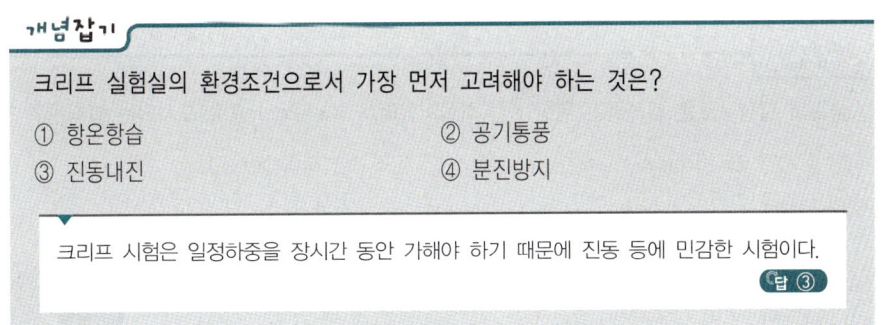

개념잡기

크리프 실험실의 환경조건으로서 가장 먼저 고려해야 하는 것은?

① 항온항습 ② 공기통풍
③ 진동내진 ④ 분진방지

크리프 시험은 일정하중을 장시간 동안 가해야 하기 때문에 진동 등에 민감한 시험이다.

답 ③

10 ▶ 재료의 특성시험

1. 응력 측정시험

응력 측정시험에는 기계적인 변형량 측정법, 전기적인 변형량 측정법, 광탄성시험, 스프레스 코팅, X-선에 의한 응력 측정법 등이 있다.

2. X-선 회절시험

① X-선 회절시험의 하나로 X-선 회절에 의한 결정격자 측정법이 있다.
② 목적 : 임의의 원소에 대한 격자간 거리와 구조를 결정하기 위한 것이며, 또한 여러 원소들의 알려진 결정 구조와 비교함으로써 그것을 확인하기 위한 것이다.

개념잡기

응력 측정법에서 스트레스 코팅법에 대한 설명 중 틀린 것은?

① 유효 표점거리가 0(zero)이다.
② 목적물의 파면에 대한 어떤 점의 주응력 및 스트레인의 방향을 알 수 있다.
③ 재질, 형상, 하중 작용방지 등에 관계없이 기계부품 및 구조물에 응용할 수 있다.
④ 전반적인 스트레스 분포보다 국부적인 분포상태를 알고자 할 때 사용한다.

> 응력측정은 재료의 전반적인 스트레스 분포를 통하여 상태를 알 수 있는 방법이다.
> 답 ④

개념잡기

금속의 결정구조를 해석하기 위한 X선 회절시험에서 $n\lambda=2d\sin\theta$로 표시되는 법칙은?

① 상사의 법칙(Barba's law)   ② 밀러의 법칙(Miller's law)
③ 브라그 법칙(Bragg's law)   ④ 마르텐스의 법칙(Martens law)

> 브라그 법칙
> $n\lambda=2d\sin\theta$(이 식으로부터 면간거리, 격자상수 등을 알 수 있다.)
> 답 ③

11 에릭슨(커핑) 시험

1. 에릭슨(커핑) 시험의 개요
① 구리판, 알루미늄판 및 기타 연성의 판재를 가압 성형하여 변형 능력을 시험하는 것이다. 이 시험의 목적은 재료의 연성을 알기 위한 것이다.
② **시험 방법** : 원형 선단을 갖는 펀치를 원판 시험에 접촉시키고 나사와 너트를 사용하여 가압 또는 압축장치로 가압한다.

2. 시험기 및 시험 원리
① 커핑시험은 링의 안지름이 27mm이고 펀치 선단의 반지름이 10mm인 시험기를 주로 사용한다.
② 시험 중 시편의 파단면이 보이기 시작할 때 컵 형상의 깊이와 하중 측정 장치로부터 측정한 하중 값으로 시편의 연성을 측정할 수 있다.

개념잡기

구리판, 알루미늄판 및 기타 연성의 판재를 가압 성형하여 변형 능력을 시험하는 것은?
① 에릭센시험 ② 마모시험
③ 크리프시험 ④ 전단시험

에릭센시험(커핑시험)
재료의 전·연성을 측정하는 시험으로 Cu판, Al판 및 연성 판재를 가압 성형하여 변형 능력을 시험

답 ①

12. 강의 담금질성 시험

1. 담금질성 시험의 개요

① 담금질성(Hardenability)은 경화능이라고 하며 강의 담금질(quenching) 성능을 의미한다.

② **담금질성이란** : 담금질 시 강재가 가지고 있는 경화 깊이의 고유 특성을 의미하며 경화능이 좋은 강재는 표면으로부터의 경화되는 깊이가 깊고, 반대로 경화능이 작은 강재는 경화 깊이가 얕기 때문에 강재를 선택하거나 열처리 설계 시 고려해야 할 사항이다.

2. 담금질성 시험법 (조미니 시험법)

① 담금질성 시험법은 강재를 일정한 온도로 가공하여 오스테나이트화한 후 적정한 물, 기름 또는 특정 냉각제 중에 담금질하여 경화시키는 방법이다.

② 이때의 경화는 마텐자이트 변태량에 좌우되며 전량 마텐자이트 조직이 되었을 때 최고 경도값을 나타내며, 주로 탄소 함량에 따라 경도가 증가 된다.

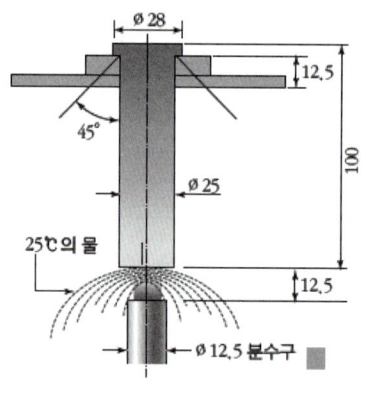

조미니 시험법

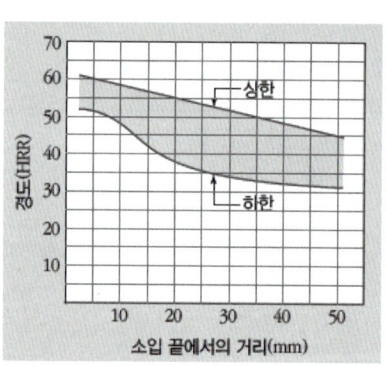

조미니 곡선 'H' 밴드

3. 강재의 경화능에 영향을 미치는 요인

① 경화능에 미치는 요인은 아래와 같으나 가장 크게 영향을 미치는 것은 강이 함유하고 있는 탄소량과 합금 원소에 따라 크게 좌우된다.
② 경화능 시험에서 다른 조건을 가능한한 균일하게 고정하고 강종에 따른 경화능을 비교 조사하는 것이 보통이다.

- 강종(탄소 및 합금 원소)
- 냉각제 및 냉각 방법
- 비금속 개재물의 함유량
- 오스테나이트 결정입도
- 시험편의 크기와 모양

개념잡기

조미니 시험으로 알 수 있는 것은?

① 입도결과 측정
② 담금질성 측정
③ 경도결과 측정
④ 조직 판별시험

조미니 시험법
담금질성 시험법으로 강재를 일정한 온도로 가공하여 오스테나이트화한 후 적정한 물, 기름 또는 특정 냉각제 중에 담금질하여 경화시키는 방법이다.

답 ②

13 ▶ 강의 불꽃 시험

1. 불꽃시험의 정의

① 불꽃시험은 금속의 종류를 확인하는 방법으로 일반적으로 금속 조각 (일반적으로 고철)을 가져다가 그라인딩 휠에 접촉하여 불꽃을 관찰한다.
② 불꽃은 특성을 정리한 표 또는 테스트 샘플의 불꽃과 비교하여 종류를 결정할 수 있다.
③ 불꽃시험은 철강 재료를 분류하는 데도 사용할 수 있으며, 불꽃이 같은지 다른지 여부를 확인하여 서로 차이를 확인할 수 있다.
④ 불꽃시험은 주로 철 합금에 적용되며 비철 금속에는 거의 이용되지 않는다.

2. 불꽃시험의 종류

① 가장 간단한 강재 감별법으로써 널리 행해지고 있는 방법으로, 강괴・강편, 강재 및 그 밖의 강 제품을 연삭기를 사용하여 연삭하고, 강재가 발생시키는 불꽃의 특징을 관찰함으로써 강 종류의 추정 또는 재료 감별을 하는 시험법이다.
② 불꽃시험법은 연삭숫돌 불꽃시험, 분말 불꽃시험, 매립 시험, 펠릿시험 등이 있으며, 연삭숫돌 불꽃시험이 가장 많이 쓰인다.

종류	요령
그라인더 불꽃 시험	회전 그라인더에 의해서 생기는 불꽃의 형태에 의해서 피험재의 C% 및 특수원소의 존재를 판정한다.
분말 불꽃 시험	피검재의 세분을 전기로 또는 가스로 중에 넣어서 그때 생기는 불꽃의 색, 형태, 파열음을 관찰 청취해서 강질을 검사 판정한다.
매립 시험	그라인더에서 비산하는 연삭분을 유리판상에 삽입해서 그 크기, 색 형상 등을 현미경으로 관찰해서 강종을 판정한다.
펠릿 시험	그라인더에 의한 연삭분 중 구상화한 것을 펠릿이라고 한다. 그 색 형상은 강종에 의해서 다르다. 이것에 의해서 판정한다.

3. 불꽃시험의 이용 방법

항목	요령
강종의 판정	불꽃의 형태를 관찰해서 단독으로 시험재의 강종을 판정하든지 또는 화학성분을 아는 표준 재료와 비교해서 상대적으로 강종을 판정한다.
이종강재의 선별	이재혼입의 경우 불꽃 형태가 특별히 변화하므로 이재를 발견할 수 있다.
스크랩의 선별	불꽃의 형태에 의해서 스크랩의 재질을 판정할 수 있다.
탈탄·침탄·질화 정도의 판정	탈탄 부분……불꽃 폭발이 적다(저탄소강). 침탄 부분……불꽃 폭발이 많다(고탄소강). 질화 부분……불꽃 발생이 적어진다.
고온에서 강재의 내산화성 검사	특히 산소 분위기 중에서 불꽃 시험을 하면 불꽃 발생이 용이한 것은 내산화성이 약하며 불꽃 발생이 곤란한 것은 내산화성이 강하다.
가단화의 정도 판정	가단화가 진행되면 불꽃이 탄소강과 유사해짐으로써 알 수 있다.
림드 강의 판정	이 강은 불꽃 유선이 가늘며 암적색이고 깃털모양의 꽃이 핀다.
담금질 여부의 판정	담금질로 경화된 강재는 불꽃량이 많으며, 또한 불꽃 유선의 발사각도가 크다.

4. 불꽃시험 시 유의사항

① 항상 동일한 기구를 사용하고, 동일 조건에서 시험한다.
② 원칙적으로 적당히 어두운 실내에서 한다. 밝은 장소에서 하는 경우에는 보조 기구를 사용하여 불꽃에 직사 광선이 닿는 것을 막고, 배경의 밝기가 불꽃의 색깔 또는 밝기에 영향을 주지 않도록 한다.
③ 바람의 영향을 피하며, 바람 방향으로 불꽃을 방출시키지 않는다.
④ 모재의 화학 성분을 대표하는 불꽃을 일으킬 수 있는 부분을 선택해야 한다.
⑤ 연삭기를 시험편에 누르는 압력 또는 시험품을 연삭기에 누르는 압력을 같게 해야 한다. 0.2% C 정도의 탄소강의 불꽃 길이가 50cm 정도가 되도록 하는 압력을 표준으로 한다.
⑥ 불꽃은 수평 또는 경사진 윗방향으로 날리고, 관찰은 유선의 후방에서 불꽃을 관찰하는 방법과 유선을 옆에서 관찰하는 방법으로 한다.
⑦ 불꽃을 관찰할 때에는 뿌리, 중앙 및 끝의 각 부분에 걸쳐 유선은 색깔, 유선수, 밝기, 길이, 굵기를 관찰하고, 파열은 파열 수, 모양, 크기, 꽃가루 등과 손의 느낌을 주의 깊게 관찰해야 한다.

5. 불꽃의 모양 관찰

① 불꽃시험 시 불꽃의 형태, 길이, 색, 개수 등을 파악하여 판별한다.
② 불꽃은 아래 그림과 같이 연삭기로부터 뿌리, 중앙, 끝으로 나누어 뿌리 부분에서는 유선의 각도를, 중앙 부분에서는 유선의 흐름을, 앞 끝 부분에서는 불꽃의 파열을 관찰한다.

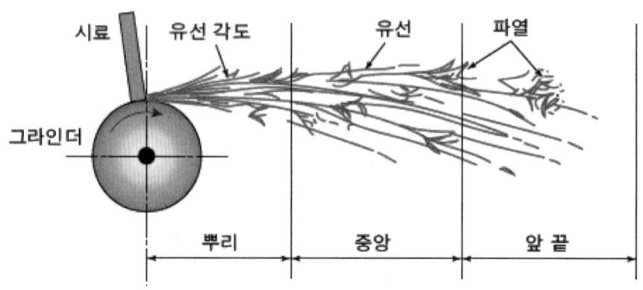

불꽃의 모양과 특징

② 강종 판별의 순서는 먼저 불꽃의 유무를 보고 철계와 비철계로 판별하며, 철계일 때는 불꽃의 형태를 보고 강과 주철을 구분한 후 강의 경우 불꽃의 특징 및 불꽃의 많고 적음에 따라 탄소강과 합금강으로 구별한다.

6. 탄소강의 불꽃시험

① 탄소강의 경우 탄소량을 추정하고 저탄소강과 고탄소강으로 구별하며 탄소량을 추정할 때는 먼저 0.25%C 이하, 0.25%C 초과, 0.5%C 이하 및 0.5%C 초과의 경우로 대별하고 불꽃 파열을 참조하여 판별한다.
② 탄소 함유량이 많아질수록 마치 나무에 꽃이 피는 것처럼 불꽃 가지가 많아지고 꽃가루가 생긴다.

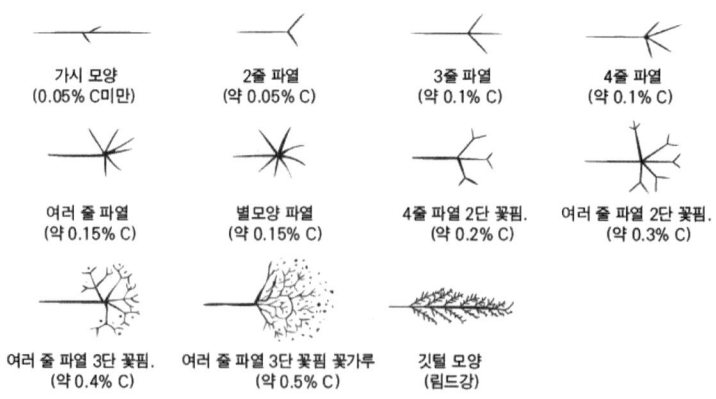

탄소 함유량에 따른 탄소강의 불꽃 특징

7. 합금강의 불꽃시험

① 고합금강의 경우에는 주로 유선의 색깔에 의하여 스테인리스강, 내열강, 고속도강, 고합금강 및 공구강으로 나뉜다.
② 고합금강에는 Ni, Cr, Si, Mo, W, V, Co 등이 함유되어 있기 때문에 불꽃의 특징에 따라 특수원소의 종류와 양을 관찰하여 강종을 판별한다.

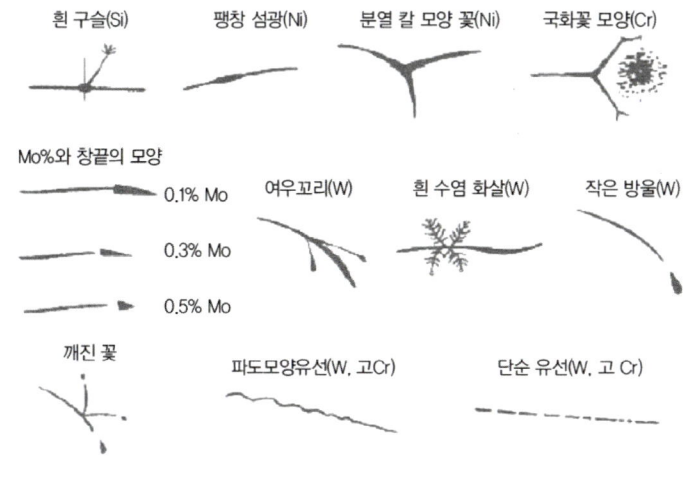

합금원소에 의한 불꽃 파열

8. 각종 강종의 불꽃 특징 정리

강종	특징
SM15C	• 파열은 3줄, 4줄 파열 • 전체적으로 유선이 두드러짐
SM30C	• 파열은 여러 줄 파열, 2단 꽃핌이며 파열의 크기가 약간 큼 • 뿌리에 작은 피열이 인정됨
SM45C	• 파열은 여러 줄, 3단 꽃핌 이상, 크고 복잡한 파열 형태가 보임 • 유선은 가늘게 보이고 많음
STC105	• 파열은 대단히 작고, 수는 대단히 많음 • 유선은 짧고 더욱 붉은색을 띰
STS3	• 유선이 길고 수는 많음 • 유선의 끝부분이 흰수염 화살 모양으로 휘어짐
STD11	• 유선은 가늘고 짧음 • 작은 국화꽃 모양이 많이 인정됨
SKH51	• 단속 파상 유선뿐이며 가늘고 길음 • 열화가 있고, 앞 끝에 작은 방울이 인정됨 • 전체적으로 암적색으로 잘 보이지 않고 탄소 파열 없음

개념잡기

그라인더를 이용하여 강의 성분 또는 강종을 간단하게 확인하는 시험법은?

① 자석시험 ② 현미경시험
③ 불꽃시험 ④ 분광분석시험

> 불꽃시험은 회전 그라인더에 의해서 생기는 불꽃의 형태에 의해서 피험재의 C% 및 특수원소의 존재를 판정하는 시험법이다.
>
> **답 ③**

개념잡기

한국산업규격에서 정한 강재의 재질 판별법인 불꽃시험에 대한 설명으로 틀린 것은?

① 0.2% 탄소강의 불꽃길이가 500mm 정도 되게 압력을 가한다.
② 시험하는 시험편에 탈탄층, 질화층 및 침탄층 등은 없어야 한다.
③ 시험은 항상 동일한 기구를 사용하고 동일한 조건하에서 한다.
④ 고합금강에서는 주로 파열의 숫자에 의하여 강종을 구분한다.

> 고급강에서는 주로 불꽃의 모양과 유선의 색에 의해 구분한다.
>
> **답 ④**

개념잡기

불꽃시험시 강종 판별기준으로 옳지 않은 것은?

① 불꽃의 형태 ② 유선의 길이
③ 선명도   ④ 불꽃의 수

> 불꽃시험 시 불꽃의 형태, 길이, 색, 개수 등을 파악하여 판별한다.
>
> **답 ③**

개념잡기

불꽃시험에서 불꽃가지가 거의 없고 가늘고 긴 검붉은 불꽃이 생기는 강종은?

① STC3   ② SKH51
③ SM45C   ④ STS3

> SKH51 강종은 불꽃이 가늘고 길며, 전체적으로 암적색으로 잘 보이지 않고 탄소 파열 없음
>
> **답 ②**

CHAPTER 02 조직 및 정량검사

단원 들어가기 전

1. 금속의 성질은 조직의 양상에 따라 변화하므로 둘은 서로 밀접한 관계가 있다. 같은 성분일지라도 응고 조건, 가공방법, 열처리의 차이에 따라 많은 변화가 일어난다. 금속의 조직을 검사하여 다른 원소의 유무, 결정 입자의 크기, 편석의 분포 상태, 기공, 불순물의 위치 등을 조사하고, 이 결과를 활용하여 주조, 소성 가공, 절삭 가공 및 열처리 등에 대한 영향을 판단할 수 있다.
2. 금속 조직 및 정량검사에 대해 알아보자.

빅데이터 키워드

현미경 조직검사, 정량 조직검사, 매크로 조직검사, 전자 현미경 조직검사

1 육안 조직검사

1. 매크로 조직시험으로 검출할 수 있는 것

① 청동 중의 Pb, 강 중의 S와 같은 함유 원소의 편석에 의한 불균일 조직
② 슬래그, 황화물, 산화물과 같은 비금속 개재물의 존재
③ 결정의 크기, 결정 성장 구조 등의 파악
④ 주조, 단조, 용접 가공 과정의 제조 방법
⑤ 균열, 블로홀, 편석 등의 금속결함
⑥ 결정립 지름이 0.1mm 이상의 것으로 조직의 분포상태, 모양, 크기 또는 편서 유무로 내부결함 판정

매크로 조직 표시 기호

기호	용어
D	수지 상정
I	잉곳 패턴
L	다공질
Sc	중심부 편석
P	파이프
H	모세 균열
F	중심부 파열
T	피트
B	기포
N	비금속 개재물
W	주변 흠
Lc	중심부 다공질
Tc	중심부 피트

2. 매크로 부식법

① 강재의 표면이나 단면에 대하여 적당한 부식액으로 부식시켜 육안으로 결함을 검출하는 방법
② **부식액** : 1 : 1 염산수용액
③ **액온도** : 75~80℃

개념잡기

결정립의 지름이 0.1mm 이상인 결정조직 상태나 가공 방향 등을 검사하려면 어떤 시험법이 적당한가?

① X선 회절법 ② 매크로 검사법
③ 초음파 검사법 ④ 조직량 측정법

매크로 시험법
육안으로 배율 10배 이내에서 크기 0.1mm 이상의 결정조직을 관찰, 가공방향, 편석 등을 검사

답 ②

2 현미경 조직검사 ★★★

1. 금속 현미경으로 관찰할 수 있는 범위

① 금속이나 합금의 조성과 기계적 성질과의 관계
② 균열의 성장 상황 및 파단면의 모양과 상태
③ 금속 조직의 구분 및 결정입도의 크기, 모양, 배열상태
④ 열처리 등의 가공 상태 및 비금속 개재물의 종류와 형태, 크기, 분포 상태

2. 광학 현미경(OM)

① 광원으로 전구를 사용하여 시료에 광선을 투사하여 표면에서 반사되어 나오는 광선을 현미경 렌즈를 통하여 관찰

② 종류
  ㉠ 직(정)립형 : 시료의 검사면이 위로 향하게 세워 놓고 관찰
  ㉡ 도립형 : 시료의 검사면이 아래로 향하게 뒤집어 놓고 관찰, 사용이 편리

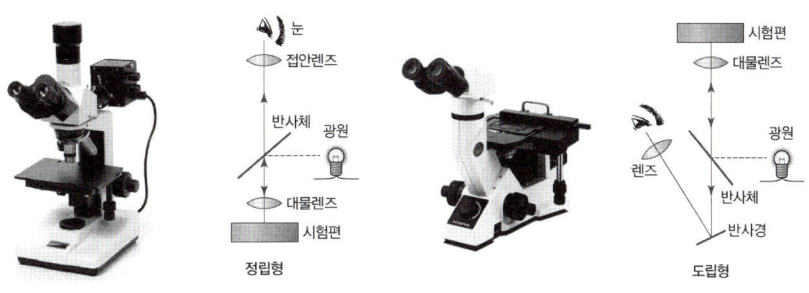

직(정)립형 금속 현미경   도립형 금속 현미경

③ 배율 : 대물렌즈와 접안렌즈를 곱한 값
　　예 대물렌즈 20×, 접안렌즈 10×일 경우 배율은 200×가 된다.

3. 고온 금속 현미경

① 상온 이상의 온도에서 금속 조직을 관찰하기 위하여 사용
② 시험편을 진공상태에서 가열하여 열부식에 의해서 나타나는 조직을 관찰

> **참고**
> 고온 금속 현미경 관찰 범위
> ① 고온에서의 결정 입자의 성장과 상의 변화 관찰
> ② 고온에서의 소성 변형과 파단 현상 관찰
> ③ 금속의 용해와 응고 현상 또는 이에 따른 과냉도와 수지상 조직의 형성 관찰

4. 전자 현미경

① SEM(주사형 전자 현미경)
　　㉠ 주사된 전자가 시편 표면에서 반사되어 나오는 것을 탐지하는 것
　　㉡ 렌즈가 광학렌즈와는 달리 전자석(전자렌즈)으로 구성되어 있다.
　　㉢ 분해 능력은 전자선의 지름이 작을수록 좋다.
　　㉣ 수십만배까지 관찰이 가능하다.
　　㉤ 시편의 입체 영상 획득이 가능하다.
　　㉥ 화학적인 성분 분석도 가능하다.

② TEM(투과 전자 현미경)
　　㉠ 전자가 시편을 투과하면 결정면이나 결함 등에 따라 투과하는 전자빔의 강도가 달라지는 것을 탐지하는 것
　　㉡ 현미경 전체에 고진공이 필요
　　㉢ 전자 회절에 의한 X-선 분석도 가능
　　㉣ 수백만배까지 관찰 가능
　　㉤ 미세한 석출물, 원자의 배열 등을 관찰할 수 있음
　　㉥ 레플리카 : 얇은 필름으로 시편의 표면을 복사하여 이 필름을 관찰하여 간접적으로 시편의 표면 구조를 관찰

③ 편광 현미경
  ㉠ 광학적으로 이방성을 가진 금속(Zn, Zr, U 등) 또는 부식으로 조직이 잘 나타나지 않는 금속(U, Zr 등)의 관찰에 이용
  ㉡ 시편을 편광으로 검경하면 부식을 하지 않아도 결정 입자나 상을 식별 가능

5. 현미경 시편 제작 및 관찰

① 제작 과정

> 시험편 채취(절단) → 마운팅 → 조연마 → 세연마 → 폴리싱 → 세척 → 부식 → 관찰

② 채취
  ㉠ 횡단면 채취 : 결정립도 측정, 탈탄층, 침탄 질화층, 도금층, 담금질 경화층, 편석, 백점, 기포, 압연흠 등의 관찰
  ㉡ 종단면 채취 : 비금속 개재물, 섬유상의 가공 조직, 열처리 경화층의 분포 상태 등의 관찰
  ㉢ 양면 방향 채취 : 압연, 단조 상태의 관찰

③ 절단
  시험편의 크기는 시험 면적 1~2cm^2, 두께 0.5~1cm가 적당하며 HRC42 이하의 것은 기계톱으로 절단하고 경한 재질은 지석톱으로, 초경합금 등의 경한 공구재는 방전 절단 가공을 해야 한다.

④ 마운팅
  ㉠ 작은 시료, 복잡한 재료, 연한 재료 등을 연마하기 편하게 하는 작업
  ㉡ 합성수지를 이용한 마운팅(mounting) 방법은 주입 성형에 의한 수지 마운팅과 가열 프레스에 의한 방법이 있다.

⑤ 시험편의 연마
  ㉠ 연마지(emery paper) 위에 시험편을 놓고 #220~#1,200 순서로 단계적으로 연마한다.
  ㉡ 연마한 후 산화크롬 분말 수용액, 알루미나 분말 수용액, 산화마그네슘, 다이아몬드의 유용 페스트 등의 연마제를 사용한다.
  ㉢ 연한 재질이나 연마 속도가 느린 재료는 전해 연마 실시

⑥ 시험편의 부식
  ㉠ 부식액으로 관찰할 연마 면을 부식시켜 결정 경계, 상 경계, 상의 종류, 결정 방향 등 금속 내부의 조직이 나타난다.

꼭찝어 어드바이스

연마제의 종류
① 산화크롬(Cr_2O_3)
② 알루미나(Al_2O_3)
③ 산화마그네슘(MgO)
④ 다이아몬드 페이스트

ⓒ 금속의 부식액

재료	부식제
철강	질산 알콜 용액 : 진한 질산 5cc, 알콜 100cc
	피크린산 알콜 용액 : 피크린산 5gr, 알콜 100cc
구리, 황동, 청동	염화제이철 용액 : 염화제이철 5gr, 진한 염산 50cc, 물 100cc
Ni 및 그 합금	질산 초산 용액 : 질산(70%) 50cc, 초산(50%) 50cc
Sn 합금	질산 용액 및 나이탈 용액 : 질산 5cc, 물 100cc
Pb 합금	질산 용액 : 질산 5cc, 물 100cc
Zn 합금	염산 용액 : 염산 5cc, 물 100cc
Al 및 그 합금	수산화나트륨액 : 수산화나트륨 20gr, 물 100cc
Au, Pt 등 귀금속	불화 수소산 : 10% 수용액
	왕수 : 진한 질산 1cc, 진한 염산 5cc, 물 6cc

⑦ 검경에 의한 조직 관찰
　ⓐ 금속현미경에 의한 검경
　ⓑ 처음에는 저배율로 시작하여 점차 고배율로 확대하여 관찰
　ⓒ 조직의 형태, 분포 상태, 조직량 및 색을 관찰하여 기지 조직을 스케치하고, 탄소강에서는 페라이트 밴드, 비금속 개재물 등 관찰

개념잡기

현미경의 광학 계통도에 속하지 않는 것은?

① 광원　　② 계조계　　③ 반사경　　④ 광선조리개

계조계는 방사선 투과시험에 적용하는 것이다.

답 ②

개념잡기

금속 현미경 조직검사 과정으로 옳은 것은?

① 시편채취-마운팅-연마-부식-건조-검사
② 시편채취-마운팅-부식-연마-건조-검사
③ 시편채취-연마-마운팅-부식-검사-건조
④ 시편채취-검사-마운팅-연마-건조-부식

시험편 채취(절단) → 마운팅 → 조연마 → 세연마 → 폴리싱 → 세척 → 부식 → 관찰

답 ①

개념잡기

철강재료에 사용하는 부식제로 가장 적합한 것은?

① 5% 염산 수용액
② 질산 1~5%와 알콜용액
③ 수산화나트륨 20g과 물
④ 과황산암모늄 10% 수용액

철강부식액
나이탈(질산5+알콜100), 피크랄(피크린산5+알콜100)

답 ②

개념잡기

금속조직시험 시료 연마에서 사포 또는 베트 그라인더로 연마하며, 연마 도중 가열 또는 가공에 의한 시료에 변질이 일어나지 않도록 가장 먼저 연마하는 공정은?

① 거친연마
② 중간연마
③ 미세연마
④ 전해연마

연마 순서 : 거친연마 → 중간연마 → 미세연마 → 전해연마

답 ①

개념잡기

시험편의 연마에 대한 설명으로 틀린 것은?

① 초경금속합금에 사용되는 연마제는 다이아몬드 페스트를 사용한다.
② 전해연마는 경한 재질이나 연마속도가 빠른 재료에 사용된다.
③ 스크래치란 두 물체를 마찰했을 때보다 무른 쪽에 생기는 긁힌 자국이다.
④ 전해연마는 연마하여야 할 금속을 양극으로 하고, 불용성 금속을 음극으로 하여 전해액 안에서 하는 작업이다.

전해연마는 연한 재질 등 연마가 어려운 것에 적용한다.

답 ②

개념잡기

주자전자현미경으로 시료를 관찰할 때 특정 물질을 정성, 정량분석 하고자 할 때 어떤 분석 장비를 전자현미경에 부착하여 사용하는가?

① EDS
② EELS
③ EBSD
④ Ion-Coater

EDS
SEM에 부착하여 특성 X – ray의 파장에 따라 성분을 정량, 정성분석 하는 것

답 ①

3. 설퍼 프린트법 ★★

1. 설퍼 프린트법의 개요 (Sulfur print)
① 강재에 존재하는 황(S)의 편석이나 분포 상태를 검사하기 위한 시험
② 황화은(Ag_2S)이 사진용 인화지에 흑색 또는 흑갈색으로 착색되어 황의 분포를 알 수 있다.
③ 이 검사는 재료를 절단할 필요가 없어 큰 단조품이라도 그대로 시험할 수 있으며, 단조 방향, 기포, 수축된 구멍 등도 함께 판정할 수 있으므로 널리 이용되고 있다.

2. 설퍼 프린트법 시험 공정
① **시험 준비** : 시험편 두께는 약 20mm로 한다.
② **연마** : 표준 거칠기 6.3~12.5S, 표면의 기름기 제거
③ 1~5% 황산 수용액에 브로마이드 인화지를 5~10분 정도 담금 후 수분을 제거하고 피검체의 시험 면에 1~3분 밀착시킨다.
④ 철강 중의 황화물(MnS, FeS)이 황산과 반응하여 황화수소(H_2S)가 발생하고 이것이 브로마이드 인화지의 취화은($2AgBr$)과 반응하여 황화은 (AgS)을 생성하여 흑색 또는 흑갈색으로 착색된다.
- $FeS+H_2SO_4 = FeSO_4+H_2S$ 또는 $MnS+H_2SO_4 = MnSO_4+H_2S$
- $2AgBr+H_2S = 2HBr+Ag_2S$

⑤ 완료 후 인화지를 분리하여 정착 후 수세한다.
⑥ 건조 및 판정

> **참고**
> 설퍼 프린트 유의사항
> ① 인(P)의 편석부도 암흑색으로 나타남
> ② Ti을 함유하는 강에서는 설퍼 프린트가 나타나기 어렵다.
> ③ S함유량이 많은 것은 착색이 빠르게 일어나므로 숙련을 요한다.
> ④ 피검 면을 재시험할 때는 화학반응에 의해 표면이 변질 되었으므로 0.5mm 이상 연삭한다.

3. 설퍼 프린트를 이용한 결함 검사

목적	결함 종류	결과
결함 검출	흠 검출	흠에는 황산이 들어가서 황화수소가 나오므로 흠부분이 흑색으로 착색
	담금질부 검출	담금질 부분은 설퍼 프린트가 되지 않고 백색으로 나타남
	용접부 검출	용접부는 담금질되므로 백색으로 나타남
편석 검출	고스트 라인	S이 많은 곳은 P와 C도 많이 편석되므로 이 부분은 단단하고 약하다.

4. 설퍼 프린트의 황편석 분류

분류	기호	비고
정편석	S_N	일반 강에서 보통 볼 수 있는 편석으로 황이 강의 외주부로부터 중심부로 향하여 증가하여 분포되고, 외주부보다 방향에 짙은 농도로 착색되어 나타나는 것을 말한다. 림드강의 림드 부분은 특히 착색도가 낮다.
역편석	S_I	황이 강의 외주부로부터 중심부로 향하여 감소하여 분포되고, 외주부보다 중심부의 방향으로 착색도가 낮게 된 것을 말한다.
중심부편석	S_C	황이 강의 중심부에 집중되어 분포되며, 특히 농도가 짙은 착색부가 나타난 것을 말한다.
점상편석	S_D	황의 편석부가 짙은 농도로 착색된 점상으로 나타난 것을 말한다.
선상편석	S_L	황의 편석부가 짙은 농도로 선상으로 나타난 것을 말한다.
주상편석	S_{Co}	형강 등에서 볼 수 있는 편석으로 중심부 편석이 주상으로 나타난 것을 말한다.

개념잡기

강에서 설퍼 프린트시험을 하는 가장 큰 목적은?

① 강재 중의 표면결함을 조사하는 것이다.
② 강재 중의 비금속 개재물을 조사하는 것이다.
③ 강재 중의 환원물의 분포상황을 조사하는 것이다.
④ 강재 중의 황화물의 분포상황을 조사하는 것이다.

설퍼 프린트법
브로마이드 인화지를 1~5%의 황산수용액(H~4)에 5~10분 담근 후, 시험편에 1~3분간 밀착시킨 다음 브로마이드 인화지에 붙어 있는 취화은(AgBr)과 반응하여 황화은(Ag_2S)을 생성시켜 건조시키면 황이 있는 부분에 갈색 반점의 명암도를 조사하여 강 중의 황의 편석 및 분포도를 검사하는 방법

답 ④

개념잡기

설퍼 프린트 시험에서 점상편석을 나타내는 기호로 옳은 것은?

① S_N ② S_L ③ S_D ④ S_C

설퍼 프린트법

분류	기호	분류	기호
정편석	S_N	점상편석	S_D
역편석	S_I	선상편석	S_L
중심부편석	S_C	주상편석	S_{Co}

답 ③

4 ▶ 결정입도 ★★

1. ASTM법(비교법: FGC, Ferrite Grain size by Comparison)

① 금속 현미경 100배율로 촬영한 조직 사진의 $1in^2$ 내에 있는 결정립 수를 산출하는 방법

② 관찰한 결정입도 크기를 미국재료시험협회(ASTM)에서 규정한 표준 결정입도 그림과 비교하여 입도 번호에 해당되는 것으로 판정한다.

③ 측정 방법

   ㉠ 현미경 배율은 원칙적으로 100배, 실제 시야는 지름 0.8mm의 원, 투영상 또는 사진 인화의 크기는 지름 80mm 원으로 한다.

   ㉡ 현미경 판정이 곤란 할때에는 50배 또는 200배의 배율을 사용하고 50배는 판정 결과의 입도 번호를 그 번호보다 아래로 하고 200배는 그 번호보다 위로 한다.

   ㉢ 측정 입도가 입도 번호의 중간에 해당된다고 생각되면 아래의 입도 번호에 0.5를 더한 것으로 한다.

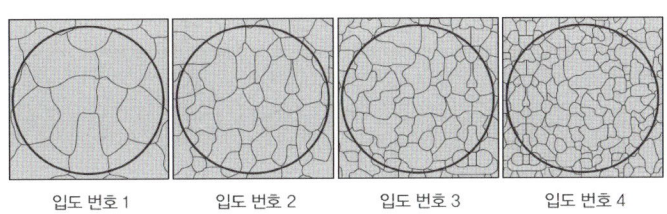

페라이트 결정입도 표준도 (×100)

   ㉣ 측정 결과는 결정 입자의 크기 위 표의 입도 번호와 단위 면적당 입자 수의 관계를 따른다.

$$n = 2^{(N-1)}$$

$$N = \frac{\log n}{0.301} + 1$$

식에서, n : $1in^2$ (×100사진) 에서의 결정립 수
   N : ASTM 표준 입도 번호

> 참고

헤인법

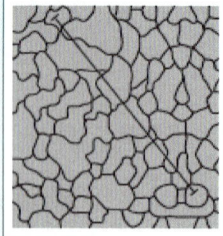

2. 헤인(Heyn)법(절단법: FGI, Ferrite Grain size by Intersection)

① 헤인법은 적당한 배율로 촬영된 결정립 조직 사진에 2개의 직선을 임의로 그은 다음 각 직선과 결정립 경계선과의 총 교차점 수를 측정하여 단위 직선당의 교차점 수로 나타내는 방법이다.

② 측정 방법
  ㉠ 현미경 조직이 전시된 경우에 사용하므로 반드시 2개의 선분이 직교하도록 긋는다.
  ㉡ 선분의 양 끝에 있는 결정이 각각 부분적으로 절단될 때에는 한쪽만 계산하고, 절단되지 않은 결정 입자가 선분의 양쪽에 있을 때에는 계산하지 않는다.
  ㉢ 한 선분으로 절단되는 결정 입자의 수는 적어도 10개 이상이 되게 현미경 배율을 선택한다.
  ㉣ 펄라이트 등이 다량으로 혼재하는 경우는 점산법, 중량법, 직선법으로 혼재 조직과 페라이트 결정립과의 면적 백분율을 구한다.
  ㉤ 실제 넓이 1mm^{2}당 결정립 수로 환산하여 입도 번호를 판정한다.
  ㉥ 일정한 길이의 2개의 선분에 의해 절단되는 결정 입자의 수를 센다. 다음 식에 의하여 입도 번호를 측정한다.

$$n_M = 0.8 \times \left(\frac{I_1 \cdot I_2}{L_1 \cdot L_2}\right)$$

$$n = n_M \times M^2$$

$$N = \frac{\log n}{0.301} - 3$$

식에서, n_M : 현미경 배율 M배에서의 1mm^2 안에 있는 결정 입자의 수
  $L_1 \cdot L_2$: 서로 직각으로 만나는 선분의 길이(mm)
  $I_1 \cdot I_2$: L_1(또는 L_2)에 의해 절단되는 결정 입자의 수
  n : 실제 넓이 1mm^2 안에 있는 결정 입자의 수
  M : 현미경 배율
  N : 페라이트 결정입도 번호
  N : ASTM 표준 입도 번호

3. 제프리스법(평적법: FGP, Ferrite Grain size by Planimetry)

① 촬영한 결정립 조직 사진 내에 임의의 원을 그린 다음 원 안에 있는 결정립 수와 교차하는 결정립 수를 측정하고, 수식에 의해 단위 면적당의 결정립 수로 나타내는 방법이다.

> **참고**
> 제프리스법
>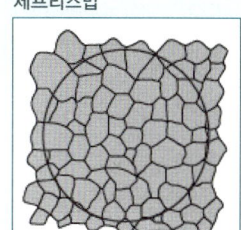

② 측정 방법
  ㉠ 부식면에 나타난 입도를 현미경으로 관찰하거나 부착된 카메라로 촬영하여 일정한 넓이를 가진 원 또는 사각형 안에 들어 있는 결정립 수를 측정한다. 이때 현미경 배율은 100배, 현미경 시야의 투상 또는 현미경 사진의 넓이는 5,000mm²로 한다.
  ㉡ 결정립의 계산은 경계선에서 만나는 결정립 수의 반과 완전히 경계선 안에 있는 결정립의 수를 합한 것으로 한다.
  ㉢ 입도 번호는 다음 식에 의하여 계산한다.

$$X = \frac{W}{2} + Z$$

$$n = X \cdot \frac{M^2}{5,000}$$

$$N = \frac{\log n}{0.301} - 3$$

식에서, W : 경계선에 있는 결정립 수
X : 넓이 5,000mm² 안에 있는 결정립 수
Z : 완전히 경계선 안에 있는 결정립 수
M : 현미경 배율
n : 실제 넓이 1mm² 안에 있는 결정립 수
N : 입도 번호

개념잡기

결정입도 측정에 대한 설명으로 틀린 것은?

① 입자크기가 모든 방향으로 동일한지 판정할 필요가 있다.
② 결정입계나 입자평면의 부식을 잘 해야 측정에 유리하다.
③ 입자크기는 현미경 배율에 따른 차이가 없으므로 배율은 중요하지 않다.
④ 평균입도를 얻기 위해서 서로 다른 장소에서 최소한 3번 정도 측정해야 한다.

> 결정입도 측정을 위해서는 현미경의 배율이 반드시 필요하다.   **답 ③**

개념잡기

정량 조직검사인 ASTM 결정입도 측정법에서 시야에서의 입도번호인 a와 각 입도번호에 따른 시야수 b가 다음 표와 같이 나타났을 때 ASTM 입도 번호는(Nm)는?

a	b	a×b	비고
5	4	20	
7	6	42	
8	5	40	

① 5.1   ② 6.8   ③ 7.5   ④ 8.0

$$\frac{\sum(a \times b)}{\sum b} = \frac{20+42+40}{4+6+5} = \frac{102}{15} = 6.8$$

답 ②

개념잡기

금속의 조직검사의 결정입도 시험법이 아닌 것은?

① 비교법   ② 절단법   ③ 평적법   ④ 면적측정법

면적측정법은 조직량 측정법이다.

답 ④

개념잡기

다음 중 금속의 결정입도 측정방법이 아닌 것은?

① ASTM 결정립 측정법   ② 조미니(Jominy)시험법
③ 제프리즈(Jefferies)법   ④ 헤인(Heyn)법

조미니 시험법은 경화능을 측정하는 방법이다.

답 ②

개념잡기

100배로 된 금속의 미세조직사진으로 ASTM 결정립도를 결정하고자 한다. 만일 1 in² 에 256개의 결정립이 있다면 ASTM 결정립도 번호는 얼마인가?

① 7   ② 8   ③ 9   ④ 10

N = logn/0.301 + 1 = log256/0.301+1 = 9

답 ③

5 ▶ 정량 조직검사

> **참고**
> 면적 측정을 이용한 조직량 분석법
>
>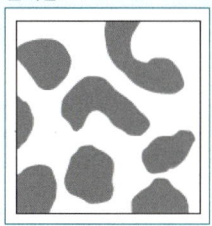

1. 조직량 측정시험의 개요 및 원리

① **조직량 측정시험** : 관찰되는 전체 상(phase) 중 각각에 대한 상의 양을 측정하는 것 → 상분석 시험(phase analysis test)이라 한다.
② 조직량을 측정함으로써 소재의 건전성과 조직량에 따른 열처리의 불량 유무 확인, 조직량에 의한 기계적 성질의 유추 해석을 위해 활용된다.
③ 열처리의 가열과 유지, 냉각의 사이클 중에서 어느 공정에서 오류가 있었는지를 판단하는데에 유용하게 판단할 수 있는 근거 제공 → 강의 종류별 TTT, CCT 곡선의 해석이 추가
④ 조직량 측정시험은 세 가지 방법이 주로 사용
 ㉠ 면적의 측정법
 ㉡ 직선의 측정법
 ㉢ 점의 측정법

2. 면적 측정법(중량법)

① 평면 조직에 구성상들을 배열하고 교차선 내의 면적을 측정한 후 이들을 합치는 것이다.
② **플래니미터(planimeter)**로 조직 사진 위에서 면적을 측정하거나 트레이싱지로 원하는 상의 모양을 복사한 후 가위로 오려서 천칭으로 그 질량을 재는 방법이다.
③ 면적의 측정법은 적당한 배율로 확대된 사진의 일정 면적 A내에 존재하는 원하는 상의 면적을 측정한 전체값으로부터 그 상의 상대적 면적, 즉 면적 분율을 구한다.

> **용어정의**
> 플래니미터(planimeter)
> 평면 곡선 내의 면적을 기계적으로 계량하는 기계. 바늘로 도형의 선을 쫓아가면 도형의 면적이 눈금으로 나타나게 되어 있다.

$$상분율 = \frac{일정면\ 내에\ 존재하는\ 상의\ 면적을\ 측정한\ 전체\ 값}{적당한\ 배율로\ 확대된\ 사진의\ 일정\ 면적} \times 100\%$$

3. 직선 측정법

① 사진 위에 임의의 선을 그린 후 한 개의 상에 의해 절단된 총 길이를 측정한다. → 선의 분율은 한 개의 상의 길이를 전체 상의 길이로 나눠 얻을 수 있다.

> **참고**
> 직선 측정을 이용한 조직량 분석법
>
>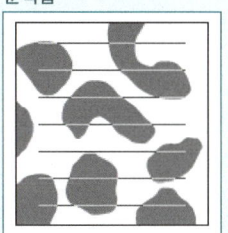

② 직선의 측정 방법은 직선 분율로 나타내는 것으로 조직 사진 위에 직선을 긋고 상과 교차하는 길이를 측정한 값을 직선의 전체 길이로 나눈 값으로 표시한다.

$$\text{상분율} = \frac{\text{측정할 조직을 통과하는 직선의 총 길이}}{\text{조직사진에 그은 직선들의 총 길이}} \times 100\%$$

③ 광학 현미경과 확대경 눈금을 이용한 점의 측정 장치로 보다 정확한 결과를 얻을 수 있다.

4. 점 측정법

① 미세한 투명 모눈종이나 바둑판과 같은 구조의 점이 있는 망상의 스크린 위에 조직 사진을 겹쳐 놓고, 측정하고자 하는 상이 점유하는 면적 내에 있는 망의 교차점의 수를 망의 전체 교차점 수로 나눈 값으로 표시한다.
② 한 개의 상의 면적 분율은 그 상에 놓여 있는 전체의 교선 수와 측정할 조직 내의 교선 수의 비율에 의해 주어진다.

$$\text{상분율} = \frac{\text{측정할 조직 내에 나타난 총 교차점의 수}}{\text{조직 사진 전체에 나타난 총 교차점의 수}} \times 100\%$$

개념잡기

금속조직 내에서 상의 양을 측정하는 방법이 아닌 것은?

① 점의 측정법　　　　　② 직선의 측정법
③ 원의 측정법　　　　　④ 면적의 측정법

조직량 측정법 : 관찰되는 전체 상 중 한 종류의 상량을 측정하는 것
- 면적 분율법(중량법) : 연마된 면 중 특정상의 면적을 개별적으로 측정하는 방법, 플래니미터와 천칭을 사용하여 질량을 정량하는 방법
- 직선법 : 조직 사진 위에 직선을 긋고, 측정하고자 하는 상과 교차하는 길이를 측정한 값의 직선의 전체 길이로 나눈 값으로 표시
- 점산법 : 투명한 망 종이를 조직 사진 위에 겹쳐놓고 측정하고자 하는 상이 가지는 면적의 교차점을 측정한 총 수를 망의 전체 교차점의 수로 나눈 값으로 표시

답 ③

6. 비금속 개재물 검사 ★★

1. 비금속 개재물 검사의 개요
① 제강이나 조괴 과정에서 금속 용탕과 내화물과의 상호 반응이나 금속 원소와 비금속 원소와의 결합에 의하여 생기는 황화물, 산화물, 질화물 등의 비금속 개재물은 강의 여러가지 성질에 영향을 미친다.
② 강재에 존재하는 비금속 개재물은 화학 성분, 결정입도, 열처리 등과 함께 철강 제조 시의 여러 공정과 더불어 사용상의 여러 기계적 성질에 영향을 미치므로 그 양이나 형태를 시험하는 측정법이 중요하다.

2. 비금속 개재물의 종류 및 측정법
① 개재물의 측정법에는 현미경 시험과 추출한 개재물을 화학적으로 분석하는 화학적 방법이 있다.
② 특히 현미경 시험은 강재의 시험편을 연마해서 육안 또는 현미경으로 검사하는 방법으로 개재물의 조성은 알 수 없으나, 개재물의 크기, 형태, 분포, 양 등을 비교적 간단하게 측정하여 강재의 적합성을 판정하는 방법으로 널리 이용된다.

○ 개재물의 종류와 형상

종류	형상
A계 (황화물)	쉽게 잘 늘어나는 개개의 회색 입자들로서 가로/세로의 비(길이/폭)가 넓은 범위에 걸쳐 있고 그 끝은 보통 둥글게 되어 있음
B계 (알루민산염)	입자 형태로 길게 늘어서 있는 형상
C계 (규산염)	길게 늘어서고 가로/세로 비가 3배 이상이며 끝이 날카로움
D계 (구형 산화물)	변형이 안 되며 모가 나거나 구형으로서 가로/세로의 비가 낮고 흑색이거나 푸른색이 돌며 방향성이 없이 분포되어 있는 입자들
DS계 (단일 구형)	구형이거나 거의 구형에 가까운 단일 입자로서 지름이 13μm 이상

3. 주요 비금속 개재물의 종류별 특성
① 황화물계 개재물(A형)
　㉠ S이 Fe과 공존하며 FeS를 만드나, 일반적으로 철강 중에는 Mn이 공존하므로 MnS을 만든다.

ⓒ FeS과 MnS은 광범위한 고용체를 만들며 Fe-FeS 2원계에서 FeS 1,000℃ 부근에서 공정을 이루고 결정 경계에 정출한다.
ⓒ 이것이 단조 가공 시 적열취성을 일으키는 원인이 된다.

② 알루미늄 산화물계 개재물(B형)
ⓐ 용강 중에 SiO_2나 Fe-Mn 규산염이 존재할 때 Al이 첨가되면 이들의 산화물이나 규산염이 환원되고 Al 산화물계 개재물이 생성된다.
ⓑ Al 산화물계 개재물은 보통 흰색으로 나타나고, 압연 등에 의해 개개의 개재물은 변형을 받지 않으며 20% 불화 수소 용액에 의하여도 부식되지 않는다.
ⓒ 이 개재물은 마치 쥐똥처럼 가공 방향으로 배열되어 나타난다.

③ 각종 비금속 개재물(C형)
ⓐ 규산염 개재물의 조성은 일정하지 않으며 실용강에서는 Mn, Si의 양에 의하여 탈산생성물 성분이 변화한다.
ⓑ 이것에 C, 기타의 합금 원소 영향도 부가되나 일반적으로 Mn 규산염 또는 Fe-Mn 규산염계의 비금속 개재물이 생성된다.

개념잡기

비금속 개재물의 종류 중에서 가공방향으로 집단을 이루어 불연속적으로 입상의 형태로 뭉쳐 줄지어진 알루민산염 개재물은 어느 그룹 계에 해당되는가?

① 그룹 A계 개재물
② 그룹 B계 개재물
③ 그룹 C계 개재물
④ 그룹 D계 개재물

> 비금속 개재물의 종류
> • A계 (황화물)
> • B계 (알루민산염)
> • C계 (규산염)
> • D계 (구형 산화물)
> • DS계 (단일 구형)
>
> 답 ②

개념잡기

비금속 개재물(Non-metallic inclusion)에 대한 설명으로 틀린 것은?

① 응력집중의 원인이 된다.
② 피로한계를 저하시킨다.
③ 철강 내에 개재하는 고형체의 불순물이다.
④ 투과 전자 현미경 시험으로만 발견할 수 있다.

> 비금속 개재물은 매크로 시험으로도 관찰할 수 있다.
>
> 답 ④

CHAPTER 03 비파괴시험법

1. 비파괴시험은 고압 증기 보일러, 항공기용 알루미늄 주물, 용접 구조물, 단조품 등의 부품을 파괴하지 않고 완제품을 대상으로 그 결함을 검사할 수 있는 검사 방법이다. 결함의 종류, 크기, 위치 또는 검사 목적에 따라 검사 방법이 선택되어야 하므로 이에 대한 폭넓은 지식이 필요하다.
2. 금속 비파괴시험법에 대해 알아보자.

빅데이터 키워드

방사선투과검사, 초음파탐상검사, 침투탐상검사, 자분탐상검사, 기타 비피괴검사

1 ▶ 비파괴검사 개요 및 적용

1. 비파괴시험의 기본 요소

① 적절한 크기, 강도 및 분포를 가진 에너지를 시험체의 시험 부위에 적용한다.
② 시험체에 존재하는 불연속이나 시험체 물성의 변화상태가 적용된 에너지와의 상호작용으로 시험에너지의 질(크기, 강도, 분포)의 변화를 발생한다.
③ 시험체와 상호작용을 한 후 시험 에너지의 질이 변화에 감응할 수 있는 적절한 감도를 가진 변환자를 시험 에너지의 측정에 사용한다.
④ 변환자에서 얻은 신호를 해석하고 평가하는 데 유용한 형태로 기록, 지시, 표시한다.
⑤ 측정자는 측정치를 근거로 결과를 해석하고 표시된 내용을 판정한다.

2. 비파괴시험에서 평가할 수 있는 성질

① 기하학적 성질과 상태 : 치수, 즉 길이, 두께 곡률 등을 측정할 수 있으며 기공, 공극 균열, 라미네이션(lamination), 수축공과 같은 내부 불연속이나 결함을 찾아낸다.

> **참고**
>
> 비파괴검사의 주요 목적
> ① 재료 및 용접부의 결함 검사 및 스트레인 측정
> ② 재질 기기의 계속적인 검사로 변형량 및 부식량 검사
> ③ 재질 검사 및 표면 처리층, 조립 구조 부품 등의 내부 구조 또는 내용물 조사

② **기계적 성질**: 시험체의 응력, 변형량, 탄성계수, 댐핑 특성, 경도, 소성 변형 등의 간접적인 측정이 가능하다.

③ **열적 성질**: 열전도도, 열팽창 응력, 열수축 응력, 열구배 및 열전기적 성질을 결정한다.

④ **전기적, 자기적 성질**: 전기 전도도, 자기 투자율, 와전류의 분포와 손실, 자기 수축, 열전기적 또는 전자기적 성질의 측정이 가능하다. 이들에 대한 측정 결과는 재료의 조직, 경도, 응력, 열처리 및 다른 기계적 성질이나 물리적 성질과 상관성을 가진다.

⑤ **물리적 성질**: 시험체의 내부 조직, 입도, 배향, 조성, 밀도 또는 굴절지수나 마찰계수 등과 같은 다른 물리적 성질을 결정할 수 있다.

3. 비파괴시험의 종류

① 표면결함 검출용시험
  ㉠ 외관시험(VI, VT)
  ㉡ 자분탐상시험(MT)
  ㉢ 침투탐상시험(PT)
  ㉣ 와전류탐상시험(ECT)

② 내부결함 검출용시험
  ㉠ 방사선투과시험(RT)
  ㉡ 초음파탐상시험(UT)

③ 기타: 변형량 측정시험, 적외선 탐상시험, 음향 방출시험, 누설시험

개념잡기

다음 중 비파괴검사의 목적이 아닌 것은?

① 제품에 대한 신뢰성의 향상
② 비파괴 시험기의 결함발견
③ 제조기술 개선 및 제품의 수명연장
④ 불량률 감소에 따른 생산원가 절감

시험기 결함 등의 문제점은 시험성능 검사를 통해 알 수 있다.

답 ②

2. 방사선투과시험 ★★★

1. 방사선투과시험(RT)의 특징

① 장점
  ㉠ 시험체의 부피를 한 번에 검사할 수 있다.
  ㉡ 시험체 내부에 들어있는 흠집을 찾아낼 수 있다.
  ㉢ 금속, 비금속 등 모든 종류의 재료에 적용할 수 있다.
  ㉣ 객관성과 기록성이 우수하다.
  ㉤ 기공, 개재물 및 수축공과 같이 방사선의 투과 방향에 대해 두께 차가 있는 것을 잘 찾아낸다.

② 단점
  ㉠ 균열처럼 틈이 아주 좁은 것은 그것이 놓여 있는 위치에 따라 찾아내지 못할 경우가 있다.
  ㉡ 방사선이 시험체 내에서 흡수되기 때문에 투과에 한계가 있어 두꺼운 시험체는 검사하기 곤란하다.
  ㉢ 검사장치의 가격이 고가이다.
  ㉣ 필름을 사용하고, 사진처리를 해야 하므로 검사비가 높다.
  ㉤ 방사능이 높은 곳이나 온도가 높은 환경에서는 X선 장치나 필름을 사용할 수 없어 검사가 어렵다.
  ㉥ 다른 비파괴검사에 비해 상대적으로 높은 초기 투자와 공간이 필요하므로 비용이 많이 든다.
  ㉦ 총검사 시간의 60% 정도를 검사 준비시간으로 소비하기도 하여 검사가 길어진다.
  ㉧ 잘못 취급하면 인체에 해롭다.

③ 적용
  ㉠ 압력용기, 배관, 다리, 배, 건축물 등 각종 구조물의 용접 이음부 검사
  ㉡ 주조품의 검사
  ㉢ 콘크리트 내부 구조의 시험 및 조사
  ㉣ 전자부품, 문화재, 고 미술품, 곤충의 해부학, 과일

2. X-선관의 구조

① 진공상태의 유리관 안에 양극과 음극의 두 전극으로 되어 있다.
② 양극은 표적과 구리로 된 전극 봉으로 되어 있다. 양극 재질은 텅스텐을 사용한다.

> 참고

방사선의 성질
① 방사선은 광속으로 직진하며 에너지 수준에 따라 진동수가 달라진다.
② 방사선은 물질을 투과하며 그것과 상호작용을 일으킨다.
③ 방사선은 생체세포를 파괴하거나 인간의 오관으로 감지할 수 없다.

☆ 꼭집어 어드바이스

X-선 발생기의 조건
① 열전자의 발생 선원이 있어야 한다.
② 열전자를 가속화시켜 주어야 한다.
③ 열전자의 충격을 받는 금속 표적이 있어야 한다.

> 참고

X-선 발생기가 진공인 이유
① 가속화된 열전자는 공기 중에서 이온화하여 에너지가 손실됨으로 이를 방지하기 위해서이다.
② 필라멘트의 산화 및 연소를 방지하기 위해서이다.
③ 전극간의 전기적 절연을 방지하기 위해서이다.

표적이 갖추어야 할 조건
① 원자번호가 커야 한다.
② 용융점과 열전도성이 높아야 한다.
③ 낮은 증기압을 갖는 물질이어야 한다.

③ 음극은 텅스텐으로 되어 있는 필라멘트와 집속 컵(Focusing cup)으로 구성되어 있다.
④ X선의 고유 여과성을 줄이기 위해 베릴륨(Be) 창이 개발되어 사용되고 있다.

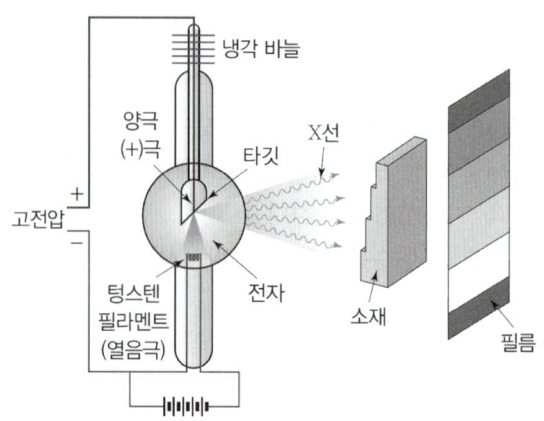

X선 탐상시험 원리

3. 방사성 동위원소(RI : Ratioactive Isotope)

① **방사성 원자** : 최초로 안정한 원소에 중성자가 추가되어 균형을 이루지 못하여 불안정한 원자상태의 원자로 원자는 분열 및 붕괴하여 안정한 상태로 변하려고 한다.
② **방사성 동위원소** : 방사성 원자를 갖는 동위 원소
③ 모든 방사선은 방사성 원자가 붕괴 시에 핵으로부터 나온다.
④ α(알파)입자, β(베타)입자, γ(감마)선 등을 발생
  ㉠ α입자 : 방사선 입자 중에서 가장 크고 무거우며, 2개의 양성자와 2개의 중성자로 구성된다.
  ㉡ β입자 : 매우 가벼운 입자이며, 고속의 전자이다.
  ㉢ γ-선 : 에너지의 파형으로 입자가 아닌 가장 강력한 방사선이다.

4. 방사선의 종류

① **입자 방사선** : α선, β선, 중성자선
② **전자파 방사선** : 적외선, 가시광선, 자외선, X선, γ선
③ **전리 전자파 방사선**
  ㉠ 에너지가 높아 물질 투과가 잘 되고 물질을 이온화시키는 성질을 가지고 있음
  ㉡ X선, γ선
  ㉢ 방사선 투과검사에 이용

④ 중성자도 물질을 투과하는 성질이 있어 중성자 투과검사
   (NRT : Neutron radiography testing)라고 함

5. X-선과 감마선의 특징

① 감마선은 핵이 분열하거나 붕괴 시 발생되는 것이고, X-선은 고전압 전자관 안에서 인공적으로 만들어지는 것이다.
② X-선, 감마선 모두 동일 종류의 전자기 방사선이다.
③ 무게와 질량이 없는 에너지 파형이다.
④ 육안 또는 감각 등으로 탐지할 수 없고, 인체에 해로운 작용을 하므로 안전관리가 중요하다.
⑤ 매우 짧은 파장과 매우 높은 주파수를 갖는다.
⑥ X-선의 에너지는 keV나 MeV로 측정하고, 침투능력을 결정한다.
⑦ 감마선의 경우 주어진 방사성 동위원소는 일정한 에너지를 방출한다.
⑧ X-선의 에너지는 튜브(Tube)에 적용되는 전압에 의해 좌우되고, 강도는 전류 또는 전류량에 의해 결정된다.
⑨ 감마선의 에너지는 동위원소의 종류에 의해 결정되고, 강도는 퀴리의 강도에 따라 결정된다.

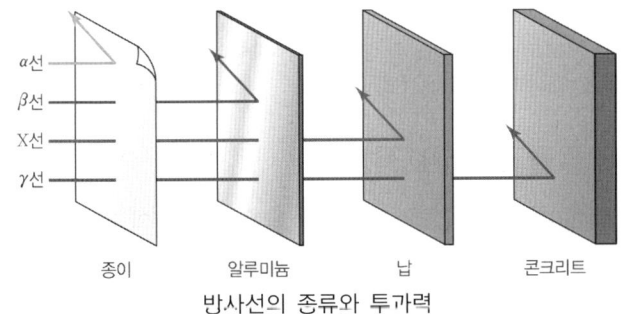

방사선의 종류와 투과력

6. 방사선 투과 사진용 재료

① X선 필름 : 두께 약 0.2mm의 투명한 불연성 초산셀룰로오스, 폴리에스테르의 한 면 또는 양면에 유제를 도포한 것이 있다.
② 증감지 : 방사선 투과 사진 촬영에 사용되는 증감지는 다음과 같이 분류된다.
   ㉠ 납 증감지 : 연박 증감지, 산화연 증감지가 있다.
   ㉡ 형광 증감지 : 증감지를 사용하는 목적은 필름만을 사용하면 능률이 나쁘고 장시간의 노출 또는 고전압의 X선이 요구되기 때문에 증감지를 필름 양측에 밀착시켜 방사선 에너지를 유효하게 하여 짧은 시간의 노출, 낮은 전압의 X선을 사용하여 작업 능률을 좋게 하기 위해서이다.

③ 카세트와 필름 홀더

X선 필름은 빛에도 감광되기 때문에 촬영 시 감광되지 않도록 빛을 차단시켜 주고, 연박 증감지와 형광 증감지를 사용할 때 필름과 증감지의 접촉상태를 양호하게 하고 일정하게 하는 역할을 한다.

④ 투과도계

투과도계는 방사선 투과 사진의 상질을 나타내는 척도로 촬영한 투과 사진의 대조와 선명도를 표시하는 기준이며 페니트로미터를 사용한다.

7. 피폭 측정장비

① 필름 배지(Film Badge) : 방사선에 노출되면 필름의 흑화도가 변하여 방사선량 측정
② 열형광선량계(TLD) : 방사선에 노출된 소자를 가열 시 열형광이 방출되는 원리를 이용하여 누적 선량을 측정
③ 포켓도시미터(Pocket Dosimeter) : 피폭된 선량을 즉시 알 수 있는 개인 피폭관리용 선량계, 기체의 전리작용에 의한 전하의 방전을 사용
④ 서베이미터(Survey Meter) : 가스충전식 튜브에 기체의 이온화 현상 및 기체증폭장치를 이용
⑤ 경보계(Alarm Monitor) : 방사선이 외부 유출 시 경보음이 울리는 장치

8. 방사선과 물질과의 상호작용

① 광전 효과(Photoelectric effect) : 낮은 에너지의 감마선 또는 X-선 광자가 물질에 침투 시 최내각 전자와 충돌하는 과정에서 궤도 전자를 추출하여 광자의 흡수를 수반하는 현상
② 콤프턴 산란(Compton scattering) : 최외각 전자에 의해 광자가 산란하여 입사한 에너지보다 낮은 에너지의 감마선이 방출되고 동시에 전자도 방출되는 현상
③ 전자쌍 생성(Pair production) : 높은 속도의 전자가 원자핵 옆의 쿨롱 장에 의해 멈추거나 속도가 떨어져 이 쿨롱 장에 흡수된 에너지는 음전자와 양전자의 쌍을 방출하는 현상
④ 톰슨 산란(Rayleigh 산란) : X-선이 물질에 입사한 후 방향을 바꾸어도 X-선의 파장이 변하지 않는 산란, 광양자의 에너지가 변하지 않기 때문에 탄성산란이고도 한다.

개념잡기

다음 비파괴 시험법 중 내부결함의 검출에 가장 적합한 것은?

① 방사선투과 시험 ② 침투탐상 시험
③ 자분탐상 시험 ④ 와전류탐상 시험

> 내부결함 검출 : 방사선투과, 초음파탐상
> 표면결함 검출 : 침투탐상, 자분탐상, 와전류탐상
> 답 ①

개념잡기

방사선이 물질을 투과할 때 물질의 원자핵 주위의 궤도 전자와 부딪쳐 상호작용으로 생기는 것이 아닌 것은?

① 톰슨효과 ② 제백효과 ③ 콤프턴 산란 ④ 전자쌍 생성

> 제백효과 : 열에너지에 의해 전류가 생성되는 것
> 답 ②

개념잡기

방사선투과 시험에 사용되는 것이 아닌 것은?

① 증감지 ② 투과도계 ③ 접촉매질 ④ 서베이미터

> 접촉매질은 초음파탐상 시험에서 시험체와 탐촉자 사이에 적용한다.
> 답 ③

개념잡기

방사선투과 시험에서 투과 사진을 식별하기 위하여 사진에 글자나 기호를 새겨 넣는 데 사용하는 것은?

① 계조계 ② 필름마커 ③ 농도계 ④ 투과도계

> 필름마커로 필름에 글자를 새겨서 보존할 때 분류할 수 있도록 한다.
> 답 ②

개념잡기

다음 중 방사선투과 시험에서 사용되는 방사성 동위원소의 반감기가 가장 짧은 것은?

① Tm – 170 ② Ir – 192 ③ Cs – 137 ④ Co – 60

> Ir(73일), Tm(130일), Co(5.3년), Cs(33년), Ra(1620년)
> 답 ②

> **개념잡기**
>
> 방사선투과 시험에서 x-선 흡수의 메커니즘과 가장 관계가 먼 것은?
>
> ① 광전 효과 ② 공진투과
> ③ 전자쌍 생성 ④ 콤프턴 산란
>
> **방사선과 물질의 상호작용**
> - 광전 효과(Photoelectric effect) : 낮은 에너지의 감마선 또는 X-선 광자가 물질에 침투 시 최내각 전자와 충돌하는 과정에서 궤도 전자를 추출하여 광자의 흡수를 수반하는 현상
> - 콤프턴 산란(Compton scattering) : 최외각 전자에 의해 광자가 산란하여 입사한 에너지보다 낮은 에너지의 감마선이 방출되고 동시에 전자도 방출되는 현상
> - 전자쌍 생성(Pair production) : 높은 속도의 전자가 원자핵 옆의 쿨롱 장에 의해 멈추거나 속도가 떨어져 이 쿨롱 장에 흡수된 에너지는 음전자와 양전자의 쌍을 방출하는 현상
> - 톰슨 산란(Rayleigh 산란) : X-선이 물질에 입사한 후 방향을 바꾸어도 X-선의 파장이 변하지 않는 산란, 광양자의 에너지가 변하지 않기 때문에 탄성산란이고도 한다.
>
> 답 ②

3 ▶ 초음파탐상 시험 ★★★

1. 초음파탐상의 특징

① 원리
 ㉠ 초음파 : 가청주파수(20~20,000Hz) 이상의 진동수를 갖는 음파
 ㉡ 탐상에 사용하는 주파수 : 1~10MHz

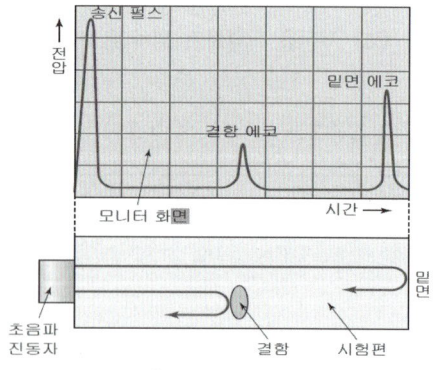

초음파탐상 검사 원리

② 장점
 ㉠ 투과력이 높으므로 두꺼운 재질이나 깊은 곳의 결함 검출 용이
 ㉡ 감도가 높아서 미세한 결함 검출 가능

꼭집어 어드바이스

압전효과
송신된 주파수가 검사체를 거쳐 수신될 때 돌아온 초음파가 탐촉자를 진동시켜 전극 간의 전압이 발생하는 현상

ⓒ 탐상결과를 바로 얻을 수 있고, 자동화도 가능
ⓔ 검사 시 시험편의 한쪽만 있으면 검사가능
ⓜ 내부 불연속 위치, 크기, 방향, 모양을 정확하게 측정 가능
ⓗ 인체와 환경오염이 없음

③ 단점
ⓐ 광범위한 지식 및 숙련된 기술이 필요
ⓑ 표준시험편 및 대비시험편이 필요
ⓒ 표면이 거칠거나, 모양이 불규칙적인 것, 반사면이 평행하지 않은 것은 탐상이 어려움
ⓔ 표면이나 표면직하의 결함은 검출이 어려움
ⓜ 내부조직의 입도가 크고, 기공이 많은 부품 등은 탐상이 곤란
ⓗ 접촉매질이 필요하고, 접촉매질에 따라 간섭을 받기도 함

2. 초음파 진동 형태

① 종파(L파, 압축파)
ⓐ 입자의 진동방향이 파의 진행방향에 평행으로 압축 및 희박이 반복적으로 진행되는 파형
ⓑ 음속 중 가장 빠르다.

② 횡파(S파, 전단파)
ⓐ 입자의 진동방향이 초음파의 진행방향에 수직인 파형
ⓑ 종파속도의 1/2

③ 표면파(Rayleigh 파)
ⓐ 표면 부근의 에너지가 집중되어 있는 특수한 파로서 표면을 따라 전달
ⓑ 횡파의 90% 정도 속도

④ 판파(Lamb 파)
ⓐ 재질의 두께가 파장의 3배 이하가 되는 판재에 표면파가 입사하면 판파가 발생하게 되며 이때 판재는 마치 한 장의 판과 같이 진동한다.
ⓑ 박판의 결함 검출에 적용

> **참고**
> 초음파 시험 적용 범위
> ① 내부의 불연속 결함의 크기, 모양
> ② 재료의 탄성계수 결정
> ③ 금속의 금속학적 구조

3. 초음파탐상 원리에 의한 분류

① 펄스 반사법
ⓐ 피검사체 내에 초음파의 펄스를 보내 그것이 결함에 부딪쳐 되돌아오는 반향음을 받아 결함의 상태를 파악하는 비파괴시험의 일종이다.
ⓑ 시험재에 초음파을 전달시키기 위하여 탐촉자를 시험재에 직접 접촉시키는 방법에는 직접 접촉법과 수침법이 있다.

② 공진법

탐촉자가 시험재 사이에 물을 채워서 초음파를 이 물의 층 또는 막을 통해서 전달하는 방법이다.

③ 투과법

㉠ 투과시킨 초음파가 재료를 통하여 수신된 초음파의 손실된 양에 의해 재료를 검사하는 방법

㉡ 2개의 탐촉자가 필요. 하나는 송신용, 다른 하나는 수신용

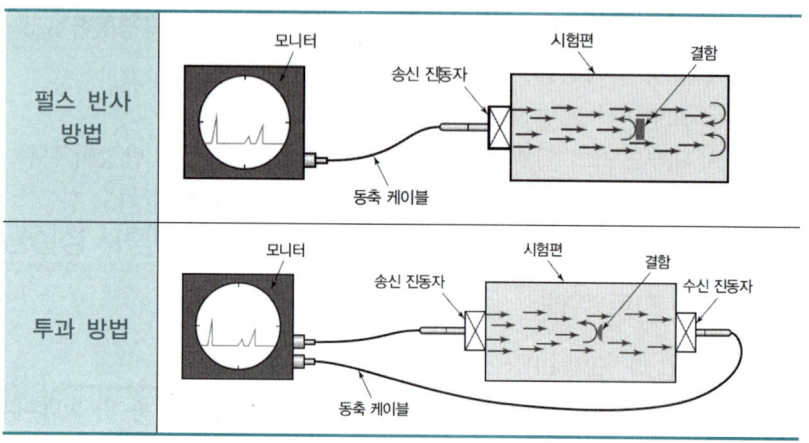

4. 초음파 탐상의 기타 분류

① 접촉 방법에 의한 분류

㉠ 직접 접촉법 : 시험할 재료에 직접 탐촉자를 접촉하는 방법

㉡ 수침법 : 탐촉자와 시험할 재료를 액체 접촉 매질 속에 초음파를 적용하는 방법

② 표시 방법에 의한 분류

㉠ A-스캔법 : 수직축(에코높이)과 수평축(시간)을 사용한 가장 일반적인 방법

㉡ B-스캔법 : 입체로 나타나는 의료용으로 사용

㉢ C-스캔법 : X-선 사진과 같은 평면 표시방법

③ 탐촉자 수에 의한 분류

㉠ 일탐 촉자법 : 1개의 탐촉자 사용

㉡ 이탐 촉자법 : 2개의 탐촉자 사용

㉢ 다탐 촉자법 : 4개 이상의 탐촉자 사용

④ 진동 방식에 의한 분류

㉠ 수직 탐상법 : 종파를 이용하여 시험체 표면에 수직으로 입사하는 방법, 두께 측정 용이

ⓒ 사각 탐상법 : 횡파를 이용하여 시험체 표면에 사각으로 입사하는 방법, 결함 검출에 이용
ⓒ 표면파 탐상법 : 표면파를 이용한 진동방식, 표면결함 탐상에 이용
ⓔ 판파 탐상법 : 판파를 이용한 진동방식, 박판의 탐상에 이용

5. 탐촉자

① 탐촉자 구성 : 진동자, 쐐기, 댐퍼
② 진동자 : 판형의 압전소자 양면에 전극이 붙어 있는 것
③ 진동자 종류

종류	용도	기호
수정	기준 탐촉자	Q
지르콘티탄산납	고감도가 요구되는 탐촉자	Z
황산리튬	고분해능 탐촉자	M
니오비움산납	고분해능 탐촉자	C
니오비움산리튬	고분해능 탐촉자	C

꼭찝어 어드바이스

접촉 매질
탐촉자와 시험재 사이의 공간을 없애기 위해서 탐상면에 바르는 물질

접촉매질의 종류
① 물
② 기계유와 같은 광물유
③ 글리세린
④ 물유리
⑤ 그리스

6. 초음파 탐상 표준 시험편(STB), 대비 시험편(RB)

① 표준 시험편
  ㉠ STB-G : 수직 탐촉자의 감도 조정과 특성시험, 탐촉자의 성능시험
  ㉡ STB-N1 : 수직 탐촉자용 감도시험, 수침법에 적용
  ㉢ STB-A1 : 측정 범위의 조정, 분해능 측정, 사각 탐상의 입사점 측정 및 굴절각 측정
  ㉣ STB-A2 : 탐상기의 감도 조정, 분해능 점검
  ㉤ STB-A3 : 고소 작업, 야외 현장에서 사용

② 대비 시험편
  ㉠ RB-4 : 사각 탐상 및 수직 탐상의 거리진폭 곡선의 작성 및 탐상 각도 조정
  ㉡ RB-A5 : 탠덤 주사, 스트레들 주사의 경우 탐상 각도 조정
  ㉢ RB-A6 : 곡률을 갖는 시험체의 원주 용접부 탐상 시 입사점의 굴절각 추정, 거리진폭 특성 곡선 작성 및 감도 조정

개념잡기

펄스 반사법에 따라 초음파탐상 시험방법(KS B 0817)에서 탐상도형의 표시 기호 중 기본 기호가 아닌 것은?

① A ② B ③ T ④ W

펄스 반사법 기본 기호
T : 송신 펄스   F : 흠집 에코
B : 바닥면 에코(단면 에코)   S : 표면 에코(수침법 등)
W : 측면 에코

답 ①

개념잡기

초음파탐상 시험에서 전기적 에너지를 기계적 에너지로, 기계적 에너지를 전기적 에너지로 바꾸는 현상은?

① 압전효과 ② 표피효과 ③ 광전도효과 ④ 초전도효과

초음파 탐촉자는 압전효과에 의해 전기 에너지를 기계적 에너지(초음파)로, 기계적 에너지를 전기 에너지로 바꾸어 주는 현상을 이용한다.

답 ①

개념잡기

다른 비파괴검사법과 비교하여 초음파탐상 시험의 가장 큰 장점은?

① 표면 직하의 얕은 결함 검출이 쉽다.
② 재현성이 뛰어나며 기록보존이 용이하다.
③ 침투력이 매우 높아 재료 내부 깊은 곳의 결함검출이 용이하다.
④ 내부 불연속의 모양, 위치, 크기 및 방향을 정확히 측정할 수 있다.

초음파탐상의 가장 큰 장점은 초음파의 침투력이 매우 높아 내부 결함 검출이 용이하다는 것이라 할 수 있다.

답 ③

개념잡기

초음파탐상 검사의 주사 방법 중 1탐촉자(경사각탐촉자)에 의한 응용주사는?

① 전후 주사   ② 좌우 주사
③ 목돌림 주사   ④ 지그재그방향 주사

경사각탐촉자 주사법 : 지그재그 주사
수직탐촉자 주사법 : 전후 좌우 주사, 목돌림 주사

답 ④

4 자기(분)탐상시험 ★★★

1. 자분탐상 검사의 장·단점

① 장점
  ㉠ 표면 균열 검사에 적합
  ㉡ 작업 시간이 신속
  ㉢ 측정 방법이 간단하고 배우기가 용이
  ㉣ 결함의 모양이 표면에 직접 나타나므로 쉽게 육안 관찰이 가능
  ㉤ 시험 전 특별한 전처리가 없음
  ㉥ 자동화가 가능
  ㉦ 시험편의 크기, 형상 등에 구애를 받지 않음
  ㉧ 검사에 드는 비용이 저렴
  ㉨ 얇은 도장, 도금, 비자성 물질 도포된 것 등의 검사도 가능

② 단점
  ㉠ 내부의 불연속은 검출이 불가능
  ㉡ 강자성체의 재료에 한하여 검사가 가능
  ㉢ 불연속의 위치가 자속방향에 수직이어야 함
  ㉣ 자분의 제거를 위한 후처리가 필요
  ㉤ 탈자가 요구되는 경우가 있음
  ㉥ 특이한 형상의 시험방법은 어려움
  ㉦ 대형제품 시험에는 높은 전류가 요구됨
  ㉧ 나타난 지시모양의 판독에 경험과 숙련이 필요

> **꼭찝어 어드바이스**
> 자분탐상검사의 시험절차
> ① **연속법** : 전처리 → 자화개시 → 자분적용 → 자화종료 → 관찰 및 판독 → 탈자 → 후처리
> ② **잔류법** : 전처리 → 자화개시 및 종료 → 자분적용 → 관찰 및 판독 → 탈자 → 후처리

2. 자기탐상 검사방법 분류

분류의 조건	분류
자화방법	축 통전법, 직각 통전법, 프로드법, 전류 관통법, 코일법, 극간법, 자속 관통법, 근접 도체법
자분의 종류	형광 자분, 비형광 자분
자분의 적용 시기	연속법, 잔류법
자분의 분산매	건식법, 습식법
자화전류의 종류	직류, 맥류, 교류, 충격 전류

3. 자화 방법의 종류

자화 방법	기호	자계 종류	자화방법	적용	
축 통전법	EA	원형 자계	시험체의 축 방향으로 직접 전류를 흘린다.	축류의 외경에 적용한다.	
직각 통전법	ER		시험체의 축에 대해 직각 방향으로 직접 전류를 흘린다.	축류의 끝면 및 끝부분 주변면에 적용한다.	
프로드법	P		시험체의 국부에 2개의 전극(프로드)을 접촉시키고 전류를 흘린다.	형상이 복잡한 것에도 적용할 수 있다.	
전류 관통법	B		시험체의 구멍 등을 통과시킨 도체에 전류를 흘린다.	관 및 관 이음매에 적용한다.	
자속 관통법	I		시험체의 구멍 등을 통과시킨 자성체에 교류자속을 줌으로써 시험체에 유도전류를 흘린다.	전류 관통법(B)과 동일하다.	
코일법	C	선형 자계	시험체를 코일 속에 넣고 코일에 전류를 흘린다.	축류 등의 표면결함 검출에 효과적이다.	
극간법	M		시험체 또는 검사할 부위를 전자석 또는 영구자석의 자극 사이에 놓는다.	일반적으로 표면결함 검출에 효과적이다.	

4. 자분의 자기적 성질

① **투자율이 높은 것**: 투자율이 높다고 하는 것은 약한 자계의 세기에도 강하게 자화된다는 것으로, 결함부의 약한 공간 자계에서도 강하게 자화되어 결함부로의 흡착성이 좋아진다는 것을 의미한다.

② **보자력이 작은 것**: 보자력이 작은 자분은 자화되어도 잔류자기가 적다. 따라서 잔류자기에 의해 응집됨으로서 분산성이 나빠질 염려가 없다.

개념잡기

자분탐상 검사에서 탈자(demagnetization) 처리가 필요없는 경우에 해당되는 것은?

① 시험체의 잔류자속이 이후 기계가공을 곤란하게 하는 경우
② 시험체가 큐리점(curie point) 이상으로 열처리되었을 경우
③ 시험체의 잔류자속이 계측기의 작동이나 정밀도에 영향을 주는 경우
④ 시험체가 마찰부분에 사용될 때 자분집적으로 마모에 영향을 주는 경우

시험체를 큐리점 이상으로 열처리하면 강자성체가 상자성체로 변하므로 탈자처리가 필요 없다.

답 ②

개념잡기

[보기]에서 자분탐상검사가 가능한 것들로 짝지어진 것은?

보기: ㉠ 고합금강 ㉡ 탄소강 ㉢ 알루미늄 ㉣ 청동
      ㉤ 마그네슘 ㉥ 황동   ㉦ 강자성 재료 ㉧ 납

① ㉠, ㉡, ㉦   ② ㉡, ㉢, ㉥   ③ ㉣, ㉤, ㉧   ④ ㉢, ㉣, ㉧

자분탐상 : 강자성체 금속(철강, 강자성 재료)에 적용

답 ①

개념잡기

자분탐상검사법 중 선형 자계에 의한 결함검출 검사법은?

① 극간법   ② 프로드법   ③ 축 통전법   ④ 자속 관통법

선형자계 : 코일법, 극간법
원형자계 : 축통전법, 직각통전법, 프로드법, 전류관통법, 자속관통법

답 ①

개념잡기

자분탐상검사 자화방법 중 선형자계에 해당되는 것은?

① 코일법   ② 프로드법
③ 축 통전법   ④ 전류관통법

원형 자화 : 축 통전법, 직각 통전법, 프로드법, 전류 관통법, 자속 관통법
선형 자화 : 코일법, 극간(요크)법

답 ①

5 ▶ 침투탐상시험 ★★★

1. 침투탐상의 특징

① 다공질 재료의 탐상은 일반적으로 곤란하다.
② 비교적 간단한 설비 및 장치로 탐상이 가능하다.
③ 시험품의 표면 거칠기에 의해 시험 결과가 크게 영향을 받는다.
④ 시험품 표면에 벌어져 있는 흠이라도 검출이 안 될 경우가 있다.
⑤ 탐상시험의 결과는 탐상을 실시하는 검사원의 기술에 좌우되기 쉽다.
⑥ 철강재료, 비철금속재료, 도자기, 플라스틱 등의 표면 흠의 탐상이 가능하다.
⑦ 형상이 복잡한 시험품이라도 1회의 탐상조작으로 거의 전면을 탐상할 수 있다.
⑧ 원형상의 흠이라도 보기 쉬운 결함지시 모양을 나타내며, 여러 방향으로 생긴 흠이 공존해 있는 경우에도 1회의 탐상조작으로 탐상할 수 있다.

> **꼭집어 어드바이스**
> 침투탐상에서 모세관 현상을 결정하는 요인
> ① 응집력
> ② 접착력
> ③ 표면 장력
> ④ 점성

2. 침투탐상 검사의 분류

① 침투액에 의한 분류

종류	세척방법	기호
형광 침투탐상	수세성 형광 침투액을 사용하는 방법	FA
	후유화성 형광 침투액을 사용하는 방법	FB
	용제 제거성 형광 침투액을 사용하는 방법	FC
염색 침투탐상	수세성 염색 침투액을 사용하는 방법	VA
	용제 제거성 염색 침투액을 사용하는 방법	VC

> **참고**
> 침투탐상 대비시험편
> ① A형 대비시험편
> : A2024P(재질 : 알루미늄)
> ② B형 대비시험편
> : C2600P, C2720P, C2801P(재질 : 구리판에 크롬 도금)

② 세정제에 의한 분류

종류	방법	기호
방법 A	수세에 의한 방법	A
방법 B	기름 베이스 유화제를 사용하는 후유화에 의한 방법	B
방법 C	용제 제거에 의한 방법	C
방법 D	물 베이스 유화제를 사용하는 후유화에 의한 방법	D

③ 현상법에 의한 분류

종류	세척방법	기호
건식 현상법	건식 현상제를 사용하는 방법	D
습식 현상법	수용성 현상제를 사용하는 방법	A
	수현탁성 현상제를 사용하는 방법	W
속건식 현상법	속건식 현상제를 사용하는 방법	S
특수 현상법	특수한 현상제를 사용하는 방법	E
무 현상법	현상제를 사용하지 않는 방법	N

3. 침투탐상 절차

전처리 및 건조 → 침투제 적용 → 과잉 침투제 제거 → 현상제 적용 → 관찰 및 판독 → 후처리

4. 침투액의 성질

① 점도가 낮아야 한다.
② 적심성이 좋아야 한다.
③ 침투력이 좋아야 한다.
④ 건조 속도가 늦어야 한다.
⑤ 인화점이 95C° 이상이어야 한다.
⑥ 시험체와 화학적 반응을 일으키지 않아야 한다.
⑦ 화학적으로 안정해야 하고 물리학적 농도가 균일해야 한다.

개념잡기

침투탐상시험의 특징을 설명한 것 중 옳은 것은?

① 비금속의 재료에는 적용할 수 없다.
② 표면으로 닫혀 있는 결함만 검출할 수 있다.
③ 결함의 깊이, 내부의 모양 및 크기를 알 수 있다.
④ 표면이 거친 시험체나 다공질 재료의 탐상은 일반적으로 탐상이 곤란하다.

침투탐상은 다공질이나 표면이 거칠면 잉여 침투제가 제거가 곤란하여 탐상이 곤란하다.

답 ④

개념잡기

용제제거성 염색침투탐상검사를 수행할 때의 공정이 아닌 것은?

① 전처리
② 산화처리
③ 제거처리
④ 침투처리

침투탐상 시험에서는 산화처리를 하지 않는다.　　**답 ②**

개념잡기

침투탐상시험에서 액체 침투제가 균열, 갈라진 틈 또는 조그만 구멍으로 침투하는 양 또는 비율에 영향을 미치는 것은?

① 침투제의 색깔
② 검사할 시편의 경도
③ 검사할 시편의 전도도
④ 검사할 시험편의 표면상태

시험편의 표면상태에 따라 침투제의 침투 능력이 달라진다.　　**답 ④**

개념잡기

수세성 형광침투탐상검사의 검사 순서로 옳은 것은?

① 전처리 → 침투처리 → 현상처리 → 세척처리 → 건조처리 → 후처리 → 관찰
② 전처리 → 침투처리 → 세척처리 → 건조처리 → 현상처리 → 관찰 → 후처리
③ 전처리 → 침투처리 → 건조처리 → 세척처리 → 현상처리 → 관찰 → 후처리
④ 전처리 → 침투처리 → 건조처리 → 세척처리 → 현상처리 → 후처리 → 관찰

수세성이므로 침투처리 후 세척처리하고, 그 이후에는 세척제인 물을 제거하기 위해 반드시 건조처리를 해야 한다.　　**답 ②**

개념잡기

침투탐상시험에 사용되는 침투액의 성질로 틀린 것은?

① 휘발성이어야 한다.
② 적심성이 좋아야 한다.
③ 인화점이 높아야 한다.
④ 화학적으로 안정해야 한다.

침투액의 성질
- 점도가 낮아야 한다.
- 적심성이 좋아야 한다.
- 침투력이 좋아야 한다.
- 건조 속도가 늦어야 한다.
- 인화점이 95C° 이상이어야 한다.
- 시험체와 화학적 반응을 일으키지 않아야 한다.
- 화학적으로 안정해야 하고 물리학적 농도가 균일해야 한다.

답 ①

6. 와전류탐상시험

1. 와전류탐상의 특징

① 금속재료를 고주파 자계 중에 놓았을 때 재료 중에 유기하는 와전류가 재료의 조성, 조직, 잔류 비틀림, 형상 치수 등에 민감하게 반응하는 점을 이용
② 소재 속에 섞여 들어간 이재의 선별, 열처리 상태의 체크, 치수 변화, 흠 존재의 유무, 도막·도금 두께의 측정 가능
③ 전자 유도 시험은 도진성이 있는 시험품에 와전류를 발생시켜 그 와전류의 변화를 측정하여 시험품의 탐상시험, 재질시험, 형상치수 시험 등을 할 수 있으며, 와전류 전자 유도 시험이라고도 한다.
④ 표피효과가 있다.

2. 검사 코일의 분류

① **관통형 코일** : 단면이 원형의 봉, 관 등의 바깥쪽에 동심을 감은 상태의 것이며 선, 봉, 관 등의 검사에 적용
② **프로브형 코일** : 판, 잉곳, 봉 등의 부분적 검사에 적용
③ **내삽형 코일** : 관, 구멍 등의 내면 검사에 사용

3. 와전류탐상의 장·단점

① 장점
　㉠ 표면결함의 검출에 적합하다.
　㉡ 비접촉 방법이므로 시험 속도가 빠르다.
　㉢ 결함, 재질변화, 치수변화 등의 시험 적용 범위가 매우 넓다.
　㉣ 시험 결과가 직접적으로 구해지므로 시험의 자동화를 할 수 있다.

② 단점
　㉠ 형상이 단순한 것이 아니면 적용할 수 없다.
　㉡ 표면에서 깊은 위치의 내부 결함 검출이 불가능하다.
　㉢ 시험 대상 이외의 재료적 요인이 잡음의 원인이 되기 쉽다.
　㉣ 시험에 의해 얻은 지시로부터 직접 결함 종류를 판별하기 어렵다.

> **꼭찝어 어드바이스**
> 와전류탐상의 적용
> ① **탐상시험** : 시험편 표면 또는 표면에서 가까운 결함 검출
> ② **재질시험** : 금속탐지, 금속의 종류, 성분 열처리 상태 등의 변화 검출
> ③ **치수시험** : 시험품의 치수, 피막의 두께, 부식상태 및 변위의 측정
> ④ **형상시험** : 시험품의 형상 변화의 판별

개념잡기

자력결함 검사에서 교류를 사용하여 표면결함을 검출할 수 있는 것은?

① 충격효과　　② 질량효과　　③ 표피효과　　④ 방사효과

교류는 표피에 집중되는 현상에 의해 표면의 결함을 쉽게 검출할 수 있다.　**답 ③**

개념잡기

와전류 탐상시험의 특성을 설명한 것 중 틀린 것은?

① 자장이 발생하는 동일 주파수에서 진동한다.
② 전도체 내에서만 존재하며, 교번 전자기장에 의해서 발생한다.
③ 코일에 가장 근접한 검사체의 표면에서 최대 와전류가 발생한다.
④ 와전류가 물체에 침투되는 깊이는 시험주파수, 전도성, 투자율과 비례한다.

침투 깊이는 주파수에 반비례한다.　**답 ④**

개념잡기

와전류 탐상검사의 특징을 설명한 것 중 틀린 것은?

① 비전도체만을 검사할 수 있다.
② 고온부위의 시험체에도 탐상이 가능하다.
③ 시험체에 비접촉으로 탐상이 가능하다.
④ 시험체의 표층부에 있는 결함 검출을 대상으로 한다.

와전류탐상은 전도성이 있는 금속에만 적용할 수 있다.　**답 ①**

7 ▶ 누설검사

1. 누설검사를 실시하는 이유
① 시스템 작동에 방해되는 재료의 누설 손실을 방지
② 돌발적인 누설에 기인하는 유해한 환경요소를 방지
③ 표준에서 벗어난 누설률과 부적절한 제품 검출

2. 누설검사 방법
① 가스와 기포 형성 시험법(버블법)
  ㉠ 가스와 기포 형성시험은 검사해야 할 부분을 용액 중에 담고 이것을 통해 가스가 지나감에 따라 거품을 일으키게 하며, 이 압력을 받아 도망가는 가스를 탐지하여 결함 부위를 검출하는 시험이다.
  ㉡ 검사 가스는 일반적으로 공기를 사용하나 질소 또는 헬륨가스를 사용할 수도 있다.

② 할로겐다이오드 검출기에 의한 검사(스니퍼법)
  ㉠ 가열 백금 양극과 이온 수집관(음극)의 일반 원리를 이용한 검사법으로 할로겐 기체는 양극에서 이온화되어 음극에 수집된다.
  ㉡ 이온 형성 속도에 비례하는 전류는 전류계에 나타나며 이것만 측정기구로 허용되고 있다.

③ 헬륨 질량 분광시험(스니퍼법)
  ㉠ 간단한 휴대용 질량 분광기인데 소량의 헬륨에 민감하다.
  ㉡ 누출검사기의 감도가 높기 때문에 압력차이가 있는 매우 작은 구멍을 통하여 헬륨의 흐름을 탐지할 수 있다
  ㉢ 다른 기체 혼합물 중의 헬륨을 식별할 수 있다.
  ㉣ 누출의 위치나 존재 여부를 탐지할 수 있는 반정량적 방법이나 정량적 방법은 아니다.

④ 헬륨 질량 분광시험(후드법)
  ㉠ 스니퍼법과 같이 미세 헬륨에 민감하고 휴대가 간편한 질량 분광기이다.
  ㉡ 누출 검도계의 감도가 높기 때문에 압력차가 있는 매우 작은 구멍을 통하는 헬륨의 흐름을 탐지할 수 있다.
  ㉢ 다른 기체 혼합물 중 헬륨의 존재 여부를 알 수 있다.

3. 누설시험에서 기체의 흐름 형태

① **교란 흐름** : 누설하는 가스의 속도가 증가하면 흐름에 크게 교란이 일어나는 흐름으로 매우 높은 흐름 속도에서만 발생
② **분자 흐름** : 기체의 평균 자유 행로가 누설의 직경보다 아주 클 때 발생
③ **전이 흐름** : 기체의 평균 자유 행로가 누설의 단면 치수와 거의 같을 때 발생
④ **음향 흐름** : 누설의 기하학적인 형상과 압력하에서 발생
⑤ **층상 흐름** : 기체가 평온하게 흐르는 것으로, 흐름은 누설에 걸리는 압력차의 제곱에 비례

개념잡기

누설탐상시험의 특징으로 틀린 것은?

① 누설위치 판별이 빠르다.
② 한 번에 전면을 검사할 수 없다.
③ 프로브(탐침)나 스니퍼(탐지기)가 필요 없다.
④ 기술의 숙련이나 경험이 크게 필요하지 않다.

누설탐상은 한 번에 전면을 검사할 수 있다. **답 ②**

개념잡기

밀폐된 용기의 누설검사로써 검사할 부분을 용액 중에 담근 후 공기, 질소 또는 헬륨가스 등을 통과시켜 누설부위에서 기포가 나타나게 검사하는 방법은?

① 버블법   ② 자기포화법   ③ 습식현상법   ④ 설퍼프린트법

가스와 기포형성 시험법(버블법)
가스와 기포형성 시험은 검사해야 할 부분을 용액 중에 담그고 이것을 통해 가스가 지나감에 따라 거품을 일으키게 하며, 이 압력을 받아 도망가는 가스를 탐지하여 결함 부위를 검출하는 시험이다. **답 ①**

개념잡기

각종 비파괴검사법에 대한 설명 중 틀린 것은?

① 자분탐상검사는 강자성체 제품의 표면부 결함검사에 용이하다.
② 방사선탐상은 주조품, 용접부 등의 결함 검사방법이며 촬영이 가능하다.
③ 초음파탐상검사는 주조품, 용접부 등의 내부결함 검사 및 두께 측정이 가능하다.
④ 침투탐상검사는 밀폐된 압력용기 저장 탱크 등의 관통 균열부 및 내부결함 검사에 용이하다.

밀폐압력용기는 누설탐상시험을 실시한다. **답 ④**

CHAPTER 04 안전관리

 A 안전한 재료시험을 위해서는 재료시험 안전장치와 체계적인 안전보건관련 수칙이 준수되어야 한다. 산업안전 및 환경보건에 관한 사항과 금속재료시험과 관련된 안전사항을 숙지하도록 하자.

 금속재료시험과 관련된 산업안전관리에 관한 사항, 기타 안전에 관한 사항, 산업 환경의 중요성, 환경 관련 관리 요소

1 ▶ 산업안전 및 환경관리에 관한 사항

1. 화재의 종류

구분	명칭	내용	소화방법
A급	일반 화재	• 연소 후 재가 남는 화재(일반 가연물) • 목재, 섬유류, 플라스틱 등	분말 소화기, CO_2 소화기, 물, 모래
B급	유류 화재	• 연소 후 재가 없는 화재(유류 및 가스) • 가연성 액체(가솔린, 석유 등) 및 기체(프로판 등)	분말 소화기, CO_2 소화기
C급	전기 화재	• 전기 기구 및 기계에 의한 화재 • 변압기, 개폐기, 전기다리미 등	CO_2 소화기, 분말 소화기
D급	금속 화재	• 금속(마그네슘, 알루미늄 등)에 의한 화재 • 금속이 물과 접촉하면 열을 내며 분해되어 폭발하며, 소화 시에는 모래나 질석 또는 팽창 질석을 사용	건조 모래, 할로겐 소화기

2. 가스 관련 색채 표시

① 산소 : 녹색
② 액화 이산화탄소 : 파랑색
③ 액화 암모니아 : 흰색
④ 액화 염소 : 갈색
⑤ 아세틸렌 : 노란색
⑥ LPG, 기타 : 회색

3. 재해예방 4원칙

① 손실 우연의 원칙
② 원인 계기의 원칙
③ 예방 가능의 원칙
④ 대책 선정의 원칙

꼭집어 어드바이스

재해의 기본 원인 4M
① 사람(Man)
② 설비(Machine)
③ 재료(Material)
④ 관리(Management)

브레인스토밍 4원칙
① 비판금지(Support)
② 대량발언(Speed)
③ 수정발언(Synergy)
④ 자유분방(Silly)

4. 무재해 3원칙

① 무의 원칙
② 전원 참여의 원칙
③ 선취 해결의 원칙

5. 위험예지훈련 4단계

① 1단계 : 현상 파악
② 2단계 : 본질 추구
③ 3단계 : 대책 수립
④ 4단계 : 목표 설정

6. 하인리히 사고예방 5단계(하인리히 도미노 이론)

① 1단계 : 유전적 요소 및 사회적 환경
② 2단계 : 개인적 결함
③ 3단계 : 불안전한 행동 또는 상태
④ 4단계 : 사고
⑤ 5단계 : 재해

7. 재해관련 계산식

① 강도율 $= \dfrac{\text{근로손실일수}}{\text{연 근로일수}} \times 1,000$

② 도수율 $= \dfrac{\text{재해발생건수}}{\text{연 근로시간수}} \times 10,000\text{시간}$

③ 천인율 $= \dfrac{\text{재해자수}}{\text{평균 근로자수}} \times 1,000$

8. 사고의 간접 원인

① **교육적 원인** : 안전의식의 부족, 안전의식의 오해, 경험·훈련의 부족 및 미숙, 작업방법의 교육 불충분, 유해 위험작업의 교육 불충분
② **기술적 원인** : 건물 및 기계장치 설계불량, 구조 및 재료의 부적합, 생산 공정의 부적당, 점검 및 정비 보존 불량
③ **작업 관리적 원인** : 안전관리 조직결함, 안전수칙 미제정, 작업준비 불충분, 인원 배치 부적당, 작업 지시 부적당

9. 재해누발자 유형

① **미숙성 누발자**
  ㉠ 기능 미숙 때문에
  ㉡ 환경에 익숙하지 못하기 때문에

② **상황성 누발자**
  ㉠ 작업이 어렵기 때문에
  ㉡ 기계 설비에 결함이 있기 때문에
  ㉢ 환경상 주의력의 집중이 혼란되기 때문에
  ㉣ 심신에 근심이 있기 때문에

③ **습관성 누발자**
  ㉠ 재해의 경험에 의해 겁쟁이가 되거나 신경과민이 되기 때문에
  ㉡ 일종의 슬럼프 상태에 빠져 있기 때문에

④ **소질성 누발자**
  ㉠ 개인적 소질 가운데서 재해 원인의 요소를 가지고 있는 자
  ㉡ 개인의 특수 성격 소유자

10. 사고에 의한 부상

① **협착** : 물건에 끼워진 상태, 말려든 상태
② **파열** : 용기 또는 장치가 물리적인 압력에 의해 파열한 경우
③ **충돌** : 사람이 정지물에 부딪친 경우
④ **낙하, 비래** : 물건이 주체가 되어 사람이 맞은 경우
⑤ **절상** : 뼈가 부러지는 상해
⑥ **찰과상** : 스치거나 문질러서 벗겨진 상해
⑦ **부종** : 인체 내부에 수액이 축적되어 몸이 붓는 상해
⑧ **자상** : 칼같은 물건에 찔린 상해

11. 재해발생 조치 순서

재해발생 → 긴급조치 → 재해조치 → 원인분석 → 대책수립 → 평가

12. 사고예방대책

안전 조직 관리 → 사실의 발견(위험의 발견) → 분석 평가(원인 규명)
→ 시정 방법의 선정 → 시정책의 적용(목표 달성)

13. 안전 교육방법 4단계

도입 → 제시 → 적용 → 확인

개념잡기

안전모에 대한 설명으로 틀린 것은?

① 가볍고 성능이 우수해야 한다.
② 내충격성이 좋아야 한다.
③ 규격에 알맞아야 한다.
④ 전기가 잘 통해야 한다.

안전모는 전기가 통하지 않아야 한다.

답 ④

개념잡기

재해예방 4원칙에 해당되지 않는 것은?

① 예방가능의 원칙　　② 손실우연의 원칙
③ 결과준수의 원칙　　④ 대책선정의 원칙

재해예방 4원칙
• 손실우연의 원칙　　• 원인계기의 원칙
• 예방가능의 원칙　　• 대책선정의 원칙

답 ③

2 ▶ 금속재료시험과 관련된 안전사항 ★★

1. 재료시험의 안전관리 사항

① 방사선 투과장치를 이용한 비파괴검사
  ㉠ X선 검사 시 Pb로 밀폐된 상자에서 촬영
  ㉡ X선 촬영 시 위험지구를 벗어난 위치에 방사선 표지판 설치
  ㉢ 관전압 상승속도에 유의하여 탐상기 작용
  ㉣ X선 발생장치에서 정전기 유도작용 등에 의한 전위상승을 고려하여 특별고압의 전기가 충전되는 부분에 접지되어야 함

② 충격시험 시 유의사항
  ㉠ 시험편은 노치부가 중앙에 위치하여야 한다.
  ㉡ 시험편이 파괴할 때 튀어나오는 경우가 있으므로 주의한다.
  ㉢ 시험기의 설치 상태는 수평이어야 하며, 해머의 옆에서 시험한다.
  ㉣ 노치부의 표면은 매끄러워야 하며 절삭 흠 등 균열이 없어야 한다.
  ㉤ 시험편을 지지대에 올려둘 때 해머가 너무 높으면 위험하므로 안전하게 조금만 올린 후 세팅한다.
  ㉥ 충격시험은 온도에 영향을 많이 받으므로, 온도를 항상 나타내어 주고, 특별한 지정이 없는 한 23±5℃의 범위 내에서 한다.

③ 강의 불꽃시험용 연삭기 사용
  ㉠ 시험을 할 때에는 보안경을 착용한다.
  ㉡ 시험 시 숫돌의 옆면에 서서 작업한다.
  ㉢ 연마 도중에는 시험편을 놓치지 않도록 한다.
  ㉣ 불꽃 시험 시 누르는 압력을 일정하게 한다.
  ㉤ 숫돌의 이상 여부를 정기적으로 점검한다.
  ㉥ 회전하는 연삭기는 손으로 정지시키지 않는다.
  ㉦ 그라인더를 시험 가동 후 시험을 실시한다.
  ㉧ 정전이 되면 곧 스위치를 끈다.

④ 피로시험
  ㉠ 시험편은 정확하게 고정
  ㉡ 시험편이 회전하지 않는 상태에서 하중을 가하지 않음
  ㉢ 시험편은 부식 부분에 응력 집중이 생겨 부식 피로현상이 생기므로 부식되지 않도록 보관
  ㉣ 응력조정은 작은 하중을 반복적으로 가함

⑤ **취성재료의 압축시험** : 시험재료의 파괴 비산을 주의
⑥ **금속재료의 조직을 관찰하기 위한 시험편 제작**
　㉠ 시험편은 평활하게 유지되도록 연마
　㉡ 시험편 절단 및 연마 작업 시 열 영향을 받지 않도록 함
　㉢ 시험편 제작 시 시험편을 견고히 고정하여 튀지 않도록 함
　㉣ 부식액이 피부에 묻지 않도록 주의하고, 묻었을 경우 곧바로 씻음
⑦ **현미경 사용 시 유의사항**
　㉠ 현미경 운반 시 똑바로 세운 채 두 손으로 운반한다.
　㉡ 먼저 저배율로 초점을 맞춰 관찰하고 그 후 고배율로 관찰한다.
　㉢ 시료를 관찰할 때에는 대물렌즈가 시료와 가장 가깝게 한 후 올리면서 초점을 맞춘다.
　㉣ 현미경 조작 시 무리한 힘을 가하지 않고 렌즈를 더럽히지 않고, 사용 후 데시케이터에 넣어 보관한다.
　㉤ 시편 절단 시 조직 손상을 막기 위해 냉각수를 사용하거나 저속으로 절단한다. 또한 작업 공구의 안전수칙을 잘 지키며 작업한다.
　㉥ 연마 작업 시 시험편이 튀어나가지 않도록 한다.

2. 각종현장 안전사항

① 현장점검은 정해진 안전통로로 하며, 절대로 뛰어서는 안 된다.
② 주차는 주차선 안에 한다.
③ 재해사고 조사는 유사한 종류의 재해에 대한 예방 및 재발방지 차원에서 한다.
④ 출입금지 구역의 안전장치는 항상 설치되어 있어야 한다.
⑤ 불안전한 행동은 작업 방법이 잘못된 것이며, 불안전한 상태는 작업 전 안전에 필요한 조치를 하지 않은 상태로 보호구 미착용 등이 해당한다.
⑥ 자체 점검은 위험성이 크거나 긴급을 요하는 것부터 먼저 해야 한다.
⑦ **불안전한 상태** : 작업 상태가 불량한 상태
⑧ 재해발생 시 즉시 응급조치를 하고 119에 신고한다.
⑨ 가연성 가스는 폭발한계의 1/4 이하이어야 한다.
⑩ 가스가 새면 압력계의 계기가 하락한다.
⑪ 차량운전자, 고소작업자 등은 안전벨트를 반드시 착용한다.
⑫ 보호구를 부식성 액체, 유기용제, 기름, 산과 같이 보관하면 오염이 되어 인체에 해를 끼친다.
⑬ 산업재해를 예방하려면 계획단계부터 철저히 해야 한다.
⑭ 공기 중에 산소 농도가 감소하면 연소가 잘 안되어 불완전연소를 하게 된다.

⑮ 산소가 결핍된 장소에서는 산소 공급기가 달린 송기 마스크를 착용해야 한다.
⑯ CO가스(일산화탄소)는 인체에 흡입되면 적혈구의 산소 이동을 방해하여 사망에 이르게 하는 치명적인 가스이다.
⑰ **산소결핍** : 산소 18% 이하
⑱ 땀을 많이 흘리면 염분 및 수분이 부족하여 탈수증상이 나타나므로 즉시 수분과 염분을 공급해야 한다.
⑲ 돌출 고정부가 있으면 작업자가 그곳에 부딪치는 사고의 위험이 있다.
⑳ 물 소화약제가 물의 증발로 인하여 냉각효과가 가장 우수하다.
㉑ 소음의 단위는 dB이다.
㉒ 방사선 단위는 Ci(큐리), 뢴트겐(R), 라드(Rad), 렘(Rem)으로 나타낸다.
㉓ 기기를 사용할 경우 장갑을 착용하면 장갑으로 인하여 기기에 물려 들어가는 사고가 발생할 수 있다.
㉔ 배선, 용접호스 등은 통로에 배치하면 사람이 이동 중에 걸려 넘어지거나 선이 끊어지는 위험을 초래하므로 통로에 배치하지 않는다.
㉕ 가스 용기는 항상 세워서 사용 및 보관을 한다.
㉖ 각종 장비 등은 습기가 없는 건조한 곳에 보관해야 한다.
㉗ 액체 윤활제의 인화점이 낮으면 마찰에 의한 온도 상승으로 화재 발생
㉘ 염산을 취급할 때는 방독 마스크를 착용해야 한다.
㉙ 기름때는 벤젠, 휘발유로 지울 수 있다.

개념잡기

X선 투과시험에서의 안전 및 유의사항으로 틀린 것은?

① 촬영 시에는 접지를 확실히 한다.
② 관전압 상승 속도에 유의하여 탄산기를 사용해야 한다.
③ x-선 촬영구역에는 위험 표지판을 설치할 필요가 없다.
④ x-선 검사 시에는 안전과 관련하여 납(Pb)으로 밀폐된 공간에서 촬영한다.

x-선 촬영구역은 위험 표지판을 설치하여야 한다.

답 ③

개념잡기

현미경 조직검사를 실시하기 위한 안전 및 유의사항으로 틀린 것은?

① 현미경은 정교하므로 렌즈는 데시케이터에 넣어 보관한다.
② 시험편 연마 작업 시에는 시험편이 휘지 않도록 단단히 잡는다.
③ 시편절단 시 냉각수를 사용하지 않으며, 초고속으로 절단한다.
④ 시험편 채취 시에는 절단 작업에 사용되는 도구의 안전사항을 점검한다.

> **현미경 사용 시 유의사항**
> - 연마 작업 시 시험편이 튀어나가지 않도록 한다.
> - 현미경 운반 시 똑바로 세운 채 두 손으로 운반한다.
> - 먼저 저배율로 초점을 맞춰 관찰하고 그 후 고배율로 관찰한다.
> - 시편 절단 시 조직 손상을 막기 위해 냉각수를 사용하거나 저속으로 절단한다. 또한 작업 공구의 안전수칙을 잘 지키며 작업한다.
> - 시료를 관찰할 때에는 대물렌즈가 시료와 가장 가깝게 한 후 올리면서 초점을 맞춘다.
> - 현미경 조작 시 무리한 힘을 가하지 않고 렌즈를 더럽히지 않고, 사용 후 데시케이터에 넣어 보관한다.
>
> 답 ③

개념잡기

충격시험 시 유의해야 할 안전사항으로 틀린 것은?

① 브레이크장치의 이상 유무를 확인한다.
② 시험편의 홈이 중앙에 위치하였는지를 확인한다.
③ 시험기의 설치 상태가 수평을 이루고 있는지를 확인한다.
④ 전기장치에 부하가 걸리도록 하며, 해머의 정면에서 시험한다.

> **충격시험 시 유의사항**
> - 시험편은 노치부가 중앙에 위치하여야 한다.
> - 시험편이 파괴할 때 튀어나오는 경우가 있으므로 주의한다.
> - 시험기의 설치 상태는 수평이어야 하며, 해머의 옆에서 시험한다.
> - 노치부의 표면은 매끄러워야 하며 절삭 흠 등 균열이 없어야 한다.
> - 시험편을 지지대에 올려둘 때 해머가 너무 높으면 위험하므로 안전하게 조금만 올린 후 세팅한다.
> - 충격시험은 온도에 영향을 많이 받으므로, 온도를 항상 나타내어 주고, 특별한 지정이 없는 한 23±5℃의 범위 내에서 한다.
>
> 답 ④

M·E·M·O

Part 1 ▶ 금속재료

chapter 01 금속재료 총론

01. 금속의 특징
① 고체상태에서 결정구조를 가진다.
② 전기 및 열을 잘 전달하는 양도체
③ 전성 및 연성이 좋다.
④ 금속 고유의 광택을 가진다.

02. 금속의 결정구조
① 결정입자 : 결정체를 이루고 있는 각 결정
② 결정입계 : 결정 입자의 경계
③ 금속의 대표적인 결정구조
  ㉠ 체심입방격자(Body Centered Cubic lattice, BCC), 배위수 8, 충진율 68%
  ㉡ 면심입방격자(Face Centered Cubic lattice, FCC), 배위수 12, 충진율 74%
  ㉢ 조밀육방격자(Hexagonal Close-Packed lattice, HCP), 배위수 12, 충진율 74%

03. 금속의 기계적 성질
① 강도 : 재료에 외력이 가해질 때, 재료를 파괴하는 힘에 대한 재료 단면에 작용하는 최대 저항력
② 경도 : 재료 표면에 가압하였을 때, 이 외력에 대한 저항의 크기를 재료의 단단한 정도로 나타낸 것
③ 연성 : 재료가 인장, 압축 등의 외력을 받아서 파괴되지 않고 변형되는 정도를 나타내는 변형 한계 능력으로, 길고 가늘게 늘어나는 성질
④ 인성 : 충격, 굽힘, 비틀림 등의 외력이 작용하였을 때에 파괴되지 않고 견디는 성질로서 재료의 질긴 정도
⑤ 취성 : 인성의 반대되는 성질로 잘 부서지고, 잘 깨지는 성질

04. 금속의 물리적 성질
① 비중
  ㉠ 비중은 4℃의 물과 똑같은 부피를 가지는 물체와의 무게의 비
  ㉡ 중금속과 경금속은 비중 4.5 기준

② 용융 온도
  ㉠ 금속을 가열하면 열적 성질이 변화하여 녹아서 액체가 되는 온도
  ㉡ 저융점 금속과 고융점 금속은 235℃ 기준
③ 전기 전도율 : 전기가 흐르는 정도
④ 자성 : 물질이 나타내는 자기적 성질

05. 금속의 화학적 성질
① 부식
  ㉠ 습식 : 전기·화학적 부식이며, 이것은 금속 주위의 수분 또는 그밖의 전해질과 작용하여 비금속성의 화합물로 변하는 현상
  ㉡ 건식 : 화학적 부식이라고 하며, 이것은 상온 또는 고온에서 금속의 산화, 황화, 질화 등
② 내식성 : 이온화 경향이 큰 금속일수록 화합물이 되기 쉬워 부식이 잘 된다.

06. 금속의 변태

종류	형태	온도(℃)	비고
A_0변태	자기변태	210	시멘타이트(6.67%)
A_1변태	공석변태	723	공석강(0.8%)
A_2변태	자기변태	768	순철
A_3변태	동소변태	910	순철
A_4변태	동소변태	1,400	순철

07. 금속의 응고
① 응고 잠열 : 응고할 때 방출하는 것, 숨은열
② 과냉 : 금속이 액체 상태에서 냉각될 때 응고점에 도달하였어도 응고가 시작되지 않고 계속 액체 상태로 남아있는 것, 과냉의 정도는 냉각 속도가 클수록 커지며 결정립은 미세해진다.
③ 수지상정 : 용융 금속이 응고할 때는 먼저 작은 결정을 만드는 핵이 생기고, 이 핵을 중심으로 금속이 나뭇가지 모양으로 발달하는 것
④ 동소변태 : 고체 상태에서 온도에 따라 결정 구조의 변화를 가져오는 것
⑤ 평형상태 : 한 계에서 존재하는 각 상의 관계가 시간이 경과해도 변화하지 않는 상태
⑥ 용체 : 한 물질 중에 다른 물질이 용해하여 균일한 물질을 만든 것을 말하는 것

08. 인장시험

① 항복점 : 하중이 일정한 상태에서 하중의 증가없이 연신율이 증가되는 점

$$항복강도 = \frac{항복점}{원래의\ 단면적}$$

② 연신율 $= \dfrac{시험\ 후\ 늘어난\ 길이}{표점길이} = \dfrac{L - L_0}{L_0} \times 100$

③ 인장강도 $= \dfrac{최대하중}{원단면적}$

④ 내력 : 주철과 같이 항복점이 없는 재료에서는 0.2%의 영구변형이 일어날 때의 응력 값을 내력으로 표시

chapter 02 철과 강

01. 순철의 결정격자

① 알파철 : 911℃ 이하 체심입방격자(BCC)
② 감마철 : 1,394℃ 이하 면심입방격자(FCC)
③ 델타철 : 1,538℃ 이하 체심입방격자(BCC)

02. 탄소강의 조직

① 페라이트 : α-Fe에 미량의 C가 고용한 고용체
② 오스테나이트 : γ-Fe에 C를 고용한 고용체, 면심입방격자, 강을 A_1 변태점 이상 가열했을 때 얻을 수 있는 조직
③ 시멘타이트 : Fe_3C로 나타내며 6.67%의 C와 Fe의 화합물
④ 펄라이트 : 오스테나이트 상태에서 서서히 냉각하면 723℃에서 분해하여 나오는 페라이트와 시멘타이트의 공석정

03. 탄소강의 열처리

① 열처리의 기초적인 요인
  ㉠ 적당한 가열 온도의 설정 : 변태점, 고용한
  ㉡ 가열 속도 : 급속한 가열, 서서히 가열
  ㉢ 적당한 온도 범위 : 임계 구역, 위험 구역
  ㉣ 적당한 냉각 속도 : 급랭, 서랭

② 열처리법의 분류
  ㉠ 일반열처리 : 불림(노멀라이징), 풀림(어닐링), 담금질(퀜칭), 뜨임(템퍼링)
  ㉡ 항온 열처리 : 오스템퍼링, 마템퍼링, 마퀜칭
  ㉢ 표면 경화 열처리 : 침탄법, 질화법, 화염 경화법, 고주파 경화법

04. 합금강의 특성
① 첨가하는 원소에 따라 탄소강과 다른 새로운 특성과 성질이 나타난다.
② 탄소강에 비하여 강의 열처리성을 향상시켜 기계적 성질과 강인성 향상
③ 강의 내식성과 내마멸성을 증대시키고 전자기적 성질 변화

05. 합금강의 종류와 용도

분류	종류	주요 용도
구조용 합금강	강인강 표면 경화용 강 침탄강, 질화강	크랭크축, 기어, 볼트, 너트, 키축 등 기어축, 피스톤 핀, 스플라인축 등
공구용 합금강	합금 공구강 고속도 공구강	절삭 공구, 프레스 금형, 정, 펀치 등 절삭 공구, 금형 등
내식·내열용 합금강	스테인리스강 내열강 내식·내열 초합금	칼, 식기, 취사 용구, 화학 공업 장치 등 내열 기관의 흡기·배기 밸브, 터빈 날개, 고온·고압 용기 제트 엔진 부품, 터빈 날개
특수 목적용 합금강	쾌삭강 스프링강 내마멸강 베어링강 자석용 강 규소강(철심 재료) 불변강	볼트, 너트, 기어축 등 스프링축 등 크로스 레일, 파쇄기 등 볼 베어링, 전동체(강구, 롤러) 등 진력 기기, 자석 등 변압기, 발전기, 차단기 커버 및 배전판 바이메탈, 계측기 부품, 시계 진자 등

06. 공구용 합금강의 특성과 구비조건
① 칼날, 바이트, 커터, 드릴에는 절삭성, 정이나 펀치 등에는 내충격성, 게이지나 다이스 등에는 내마멸성과 불변형성이 필요
② 각각 알맞은 특성을 지닌 재료 필요
③ 상온 및 고온에서 경도가 크고, 가열에 의한 경도 변화가 적음
④ 인성과 마멸 저항이 크고, 가공이 쉬우며, 열처리에 의한 변형이 적음

07. 고속도강
① 고속도강은 절삭 공구강의 일종이며 500~600℃까지 가열하여도 뜨임에 의해서 연화되지 않고, 또 고온에서도 경도 감소가 적은 것이 특징이다.
② 기본 성분 : 18-4-1형 18%W, 4%Cr, 1%V이고 0.8-1.5%C를 함유
③ W계 고속도강 : KS D 3522는 고속도강의 규격이며 SKH 2가 표준형의 조성이고, 여기에 Co를 5~10% 첨가해서 재질을 향상시킨다.
④ Mo계 고속도강 : 강에서 석출 경화를 일으키는 원소로는 Mo이 가장 대표적이며, V이 그 영향이 강하다.

08. 표면경화법
① 표면 경화 열처리의 종류
　㉠ 침탄법 : 표면에 탄소를 침투시키는 방법
　㉡ 질화법 : 강철을 암모니아가스와 같이 질소를 함유한 물질 속에서 500℃ 정도로 50 ~ 100시간 가열하여 질소 화합물을 만들어 표면을 경화하는 방법
　㉢ 청화법(침탄질화법) : NaCN, KCN을 용융시킨 고온의 염욕로에 20 ~ 60분간 넣어 침탄과 질화를 동시에 하는 것
　㉣ 화염 경화법 : 담금질 효과를 나타낼 수 있는 0.35 ~ 0.7%의 탄소를 함유한 탄소강이나 합금강을 산소와 아세틸렌가스 등의 화염으로 일부를 가열한 뒤에 공기 제트나 물로 냉각시키는 방법
　㉤ 고주파 경화법 : 가열물의 표면만을 담금질 온도로 가열하기 위해 고주파 유도 전류를 이용하여 표면층을 가열한 뒤에 급랭하는 방법

09. 기타 표면경화법
① 금속 용사법 : 강의 표면에 용융 또는 반용융 상태의 미립자를 고속으로 분사시키는 방법
② 하드 페이싱 : 금속 표면에 스텔라이트, 초경합금 등의 금속을 융착시켜 표면 경화층을 만드는 방법
③ 숏 피닝 : 금속 재료의 표면에 강이나 주철의 작은 입자를 고속으로 분사시켜, 표면층을 가공 경화에 의하여 경도를 높이는 방법
④ 금속 침투법 : 제품을 가열하여 표면에 다른 종류의 금속을 피복시키는 동시에, 확산에 의하여 합금 피복층을 얻는 방법

10. 불변강의 종류
① 인바 : Fe-Ni계, 선팽창 계수가 현저하게 작다. 줄자, 표준 자, 시계 추
② 엘린바 : Fe-Ni-Cr계, 탄성률의 변화가 거의 없다. 지진계의 부품, 고급 시계 유사, 정밀 저울의 스프링
③ 초인바 : Fe-Ni-Co계, 온도 변화에 따른 탄성률의 변화가 매우 작고, 공기나 물 속에서 부식되지 않는 특성을 가지고 있으므로, 특수용 스프링·기상 관측용 기구 부품 등의 재료로 사용
④ 플래티나이트 : Fe-Ni(45%)계, 열팽창계수가 백금과 거의 동일, 전구의 도입선 등에 사용

11. 주철
① 주철의 성질과 조직
  ㉠ 주철은 철강보다 낮은 온도에서 용해되어 유동성이 좋아 복잡한 형상의 부품 제작 용이
  ㉡ 표면은 단단하고 녹이 잘 슬지 않으며, 절삭 가공 용이
  ㉢ 충격에 약하고 인성이 낮아 소성 가공이 어려움
  ㉣ 압축 강도가 커 공작 기계 베드와 프레임, 기계 구조물 몸체 등에 사용
② 주철의 종류
  ㉠ 백주철 : 흑연의 생성이 없고, 시멘타이트로 구성 주물의 두께가 얇고, 규소량이 적으며, 냉각 속도가 빠른 경우에 형성
  ㉡ 회주철 : 탄소가 전부 흑연으로 변한 것으로 파면이 회색, 주로 주물의 두께가 두껍고, 규소량이 많으며, 냉각 속도가 느린 경우에 형성
  ㉢ 반주철 : 시멘타이트와 흑연이 혼합되어 있는 상태

chapter 03 비철 금속재료와 특수 금속재료

01. 구리
① 비중 8.96, 용융점 1,083℃
② 가공성, 내식성 합금성 우수
③ 물리적 성질
  ㉠ 구리의 빛깔은 고유한 담적색 → 공기 중 표면 산화되어 암적색
  ㉡ 전기 전도율과 열전도율이 금속 중에서 은 다음으로 높다.
  ㉢ 비자성체
  ㉣ 결정격자 : 면심입방격자 (변태점이 없음)

④ 기계적 성질
  ㉠ 연하고 가공성이 풍부하여 냉간 가공으로 적당한 강도 부여 가능
  ㉡ 밴드(band), 관, 선, 주발(bowl), 플랜지(flange) 등 사용
  ㉢ 상온에서 가공할 때 가공도에 따라 인장 강도가 증가하여 가공도 70~80% 부근에서 최대 (상온 가공 후 풀림 작업 중요)
⑤ 화학적 성질
  ㉠ 구리는 건조한 공기 중에서는 산화하지 않지만, 이산화탄소 또는 습기가 있으면 염기성 황산구리[$CuSO_4 \cdot Cu(OH)_2$], 염기성 탄산구리[$CuCO_3 \cdot Cu(OH)_2$]가 생겨 산화(녹청색이 됨)
  ㉡ 맑은 물에는 거의 침식되지 않지만, 소금물에는 빨리 부식되어 염기성 산화물이 생기고 묽은 황산이나 염산에는 서서히 용해

02. 황동

① 기계적 성질
  ㉠ 연율 : Zn 30% 부근에서 최댓값
  ㉡ 인장강도 : Zn 45%(γ상)에서 최대이다.
② 화학적 성질
  ㉠ 응력 부식 균열
    ⓐ 공기 중의 암모니아나 염소류에 의해 입계 부식을 일으키는데, 이는 상온 가공에 의한 내부 응력 때문에 생긴다.
    ⓑ 방지법 : 도금을 하는 방법, 칠을 하는 방법, 가공재를 180~260℃로 응력 제거, 풀림을 하는 방법
  ㉡ 탈아연 부식
    ⓐ 불순한 물질 또는 부식성 물질이 녹아 있는 수용액의 작용에 의해 황동의 표면 또는 깊은 곳까지 탈아연되는 현상
    ⓑ 방지법 : Sn을 1~2% 첨가
  ㉢ 고온 탈아연
    ⓐ 높은 온도에서 증발에 의해 황동 표면으로부터 Zn이 탈출되는 현상
    ⓑ 방지법 : 표면에 산화물 피막을 형성시키면 효과

03. 청동

① 청동의 조직
  ㉠ Cu에 Sn이 첨가되면 응고점이 내려간다.
  ㉡ 주조상태는 수지상 조직이며 부드럽고 전연성이 좋다.
② 물리적 성질 : Sn이 증가하면 전기전도율이 악화되고 비중이 감소된다.
③ 기계적 성질
  ㉠ 인장강도의 최댓값은 Sn 17~20%에서 최대이다.
  ㉡ 풀림 시 경도는 Sn의 증가에 따라 감소한다.
  ㉢ 경도는 Sn 30%에서 최대이고 주조성은(유동성이 좋고 수축율이 적다) 좋다.

04. 알루미늄

① 백색, 비중 약 2.7
② 순도가 높을수록 연성을 가진다.
③ 가공도에 따라 강도와 경도가 높아진다.
④ 연신율은 내려간다.
⑤ 알루미늄 방식법
  ㉠ 수산법(알루마이트법)
  ㉡ 황산법
  ㉢ 크롬산법

05. 니켈

① 물리적 성질 : Ni은 은백색이며 인성이 있다.
② 기계적 성질
  ㉠ Ni은 열간 및 냉간 가공이 가능하다.
  ㉡ 열간 가공은 1,000~1,200℃에서 실시하고, 재결정은 500℃ 정도에서 시작하며, 풀림 열처리는 800℃ 정도에서 한다.
③ 화학적 성질
  ㉠ 내식성이 좋아 대기 중에서는 부식되지 않으나, 이산화황을 함유한 대기 중에서는 심하게 부식된다.
  ㉡ 증류수, 수돗물, 바닷물 등에는 내시성이 강하며, 내열성이 있다.

06. Ni-Fe계 합금

① 인바
  ㉠ 열팽창 계수가 상온 부근에서 매우 작아 길이의 변화가 거의 없다.
  ㉡ 길이 측정용 표준 자, 바이메탈, VTR의 헤드 고정대 등에 널리 사용
② 슈퍼 인바(Ni-Fe-Co) : 20℃의 팽창 계수가 0에 가깝다.
③ 엘린바
  ㉠ 온도에 따른 탄성률의 변화가 없다.
  ㉡ 고급 시계, 지진계, 압력계, 스프링 저울, 다이얼 게이지, 유량계, 계측 기기 등의 부품에 사용
④ 플래티나이트 : 전등의 봉입선
⑤ 니칼로이 : 초투자율, 포화 자기, 전기 저항이 크므로 저출력 변성기, 저주파 변성기 등의 자심으로 널리 사용
⑥ 퍼멀로이 : 투자율이 높고, 약한 자기장 내에서의 초투자율도 높다.
⑦ 퍼민바 : 자기장 강도의 어느 범위 내에서 일정한 투자율을 가지며, 고주파용 철심이나 오디오 헤드로 사용

Part 2 ▶ 금속조직

chapter 01 금속의 결정구조

01. 원자의 구조
① 원자(Atom) : 원자핵(nucleus)과 이것을 둘러싸고 있는 전자(electron)로 구성
② 원자핵 : 몇 개의 양성자(proton), 중성자(neutron), 중간자(meson)로 구성
③ 전자 : 음전기를 가지는 최소의 입자로 질량은 9×10^{-28}g
④ 양성자 : 양전기를 가지고 있으며 질량은 1.7×10^{-24}g, 전자질량의 1,840배
⑤ 중성자 : 양성자와 비슷한 질량을 가지는 소립자, 전기를 전혀 가지지 않는다.

02. 원자의 결합
① 1차결합 : 화학결합, 강결합
② 2차결합 : 물리결합, 약결합

03. 결합력의 종류
① 쿨롱의 힘
② 전자쌍의 힘
③ 반데르발스의 힘
④ 정전기적 힘

04. 결합 에너지 크기(강한 순)
① 공유결합 : 수eV
② 이온결합 : 1eV
③ 금속결합 : 0.3~0.5eV
④ 분자결합 : 0.1eV

05. 비정질 고체의 결함
① 장범위 규칙이 존재하지 않으므로 점결함, 면결함, 체적결함만이 존재
② 선결함은 결정구조를 갖는 고체구조 내에서만 존재

06. 칼날전위의 기호(⊥)
① 하나의 원자열이 여분으로 들어간 상태(기호 : ⊥)를 전위라 한다.
② 기호가 위로(⊥) : 잉여반면은 슬립면 위에 있고 이 전위는 양(positive)이다.
③ 기호가 아래로(⊤) : 잉여반면은 슬립면 아래에 있고 이 전위는 음(negative)이다.

07. 나선전위 모양
① 오른손 나선전위 : 버거스 벡터가 전위선 음의 방향(시계반대 방향)으로 향한 전위
② 왼손 나선전위 : 버거스 벡터가 전위선 양의 방향(시계 방향)으로 향한다.

chapter 02 금속의 상변화와 상태도

01. 온도 정체부가 발생하는 이유
① 가열할 때 : 열이 원자의 결합력을 이완하기 위한 에너지로 사용되기 때문에
② 냉각할 때 : 원자가 가지고 있는 운동 에너지를 방출해서 온도가 변화하지 않기 때문에

02. 가열과 냉각 시 동소변태 온도가 다른 이유
① 변태온도에서 원자의 배열이 변화하는 시간이 필요하기 때문이다.
② 변태는 가열 시에 약간 고온 쪽으로, 냉각 시에는 저온 쪽으로 일어나게 되며, 이력현상에 의한 과열 및 냉각의 현상을 일으키게 된다.

03. 조성(Composition)
성분을 구성하는 물질의 양의 비

04. 농도(Concentration)
한쪽의 성분을 기본으로 할 때

05. 평형상태(Equilibrium state)
① 어떤 물질계에 대해서 외계의 조건을 일정하게 유지하였을 때 계의 상태가 시간과 같이 변화하지 않는 상태
② 열역학적 표현 : 계의 자유에너지가 최소의 상태

06. 물의 자유도

① 물, 얼음, 수증기의 각 구역
  F = 1 + 2 - 1 = 2 (1상의 조건 : 온도, 압력을 모두 변화시켜도 존재)
② 물과 수증기, 물과 얼음, 얼음과 수증기
  F = 1 + 2 - 2 = 1 (2상 공존조건 : 온도, 압력 중 1개만 변형시킬 수 있음)
③ 물, 얼음, 수증기(T점)
  F = 1 + 2 - 3 = 0 (불변계로서 완전 고정됨)

07. 금속의 자유도

① 금속은 대기압 상태에서 취급하므로 고체 및 액체의 평형상태에서 압력의 영향을 거의 받지 않으므로 압력의 변수를 제외한다.
  F = N + 1 - P
② 순금속의 경우 성분수는 1이므로 상이 액상 또는 고상 중 한 개의 경우는
  F = 1 + 1 - 1 = 1
  따라서 독립적으로 변화시킬 수 있는 변수는 온도뿐이므로 자유도는 1이 되어 변계가 된다.
③ 액상의 금속과 고상의 금속이 공존할 때는 상이 두 개이므로
  F = 1 + 1 - 2 = 0
  따라서 변화시킬 수 있는 변수가 없으므로 불변계가 되므로 용해 또는 응고는 일정한 온도에서 일어남을 알 수 있다.

08. Fe_3C의 무게비

원자량을 Fe 56, C 12를 기준으로 하면
① Fe의 무게비
$$\frac{3 \times 56}{3 \times 56 + 12} \times 100 = 93.3\%$$
② C의 무게비
$$\frac{12}{3 \times 56 + 12} \times 100 = 6.67\%$$

09. Fe_3C의 원자비

① Fe의 원자비
$$\frac{3}{3+1} \times 100 = 75\%$$
② C의 원자비
$$\frac{1}{3+1} \times 100 = 25\%$$

10. Fe-C의 포정 반응
① 용액 + δ철 → γ철
② 용액 → Austenite + Cementite의 공정 조직이다.
③ 이 조직을 레데뷰라이트라 한다.

11. 금속간 화합물의 특징
① 구성 성분금속의 특성이 완전히 소멸된다.
② 어느 성분금속보다 경도가 높다.
③ 일반적으로 성분금속보다 용융점이 높다.
④ 일반화합물에 비하여 결합력이 약하다.
⑤ 고온에서 불안정하며 분해하기 쉽다.
⑥ 화합물과 성분 상호간에 많은 화합물이 구성되는 경우는 이들 화합물 상호간의 용해도를 갖는다.
⑦ 대부분 단단하고 취약하며 전성이 거의 없다.

12. 장범위 규칙도 - $S = \dfrac{f_A - x_A}{1 - x_A} = \dfrac{f_B - x_B}{1 - x_B}$

chapter 03 재결정과 확산

01. 내부 응력에 영향을 주는 인자
① 합금원소 : 주어진 변형에서 불순물원자를 첨가할수록 내부 응력의 양은 증가한다.
② 가공도 : 가공도가 클수록 변형이 복잡하고 내부변형이 복잡할수록 내부 응력은 더욱 증가한다.
③ 가공온도 : 낮은 가공온도에서의 변형은 내부 응력을 증가시킨다.
④ 결정입도 : 내부 응력의 양은 결정입도가 감소함에 따라서 증가한다.

02. 풀림처리 시 일어나는 재료의 특성
① 강도와 경도는 전위밀도의 감소로 약간 감소 현상이 있다.
② 저항도는 증가한다.
③ 원자밀도는 감소된다.
④ 조직 크기는 회복단계에서는 약간 성장하나 재결정과정 직전에는 크게 증가한다.

03. 규소 강판의 집합조직
① Fe의 단결정은 [100] 방향에 자장을 가하면 쉽게 자화된다.
② 압연방향이 [100] 방향인 철판을 변압기의 철심으로 사용하면 자기손실이 최소로 되는데, 규소를 첨가하면 이러한 집합조직을 갖는다.

04. 온도에 따른 회복의 기구
① 저온회복 : 같은 종류의 점결함의 형성, 점결함의 밀집형성, 점결함의 전위쪽으로의 이동, 원자공공과 격자원자간의 결함, 전위의 슬립운동
② 중온회복 : 상이한 전위의 합체소멸, 서브결정립의 성장, 전위의 엉킴부분에서의 재배열
③ 고온회복 : 전위의 상승운동과 폴리고니제이션

05. 주요 금속의 재결정 온도

금속	Au	Ag	Cu	Ni	W	Mo	Al
℃	~200		200~230	530~660	~1,200	~900	150~240
금속	Zn	Sn	Fe	Pb	Pt	Mg
℃	7~75	-7~25	350~500	~-3	~450	~150

06. 재결정에 미치는 요인(재결정 거동에 영향을 주는 6가지 요인)
① 재결정 이전의 변형량(가공도)
② 풀림 온도
③ 풀림 시간
④ 초기 결정입도
⑤ 조성
⑥ 재결정 시작 선 회복의 양

07. 재결정된 금속의 결정입자 크기
① 가공도가 작을수록 크다.
② 가열시간이 길수록 크다.
③ 가열온도가 높을수록 크다.
④ 가공 전 결정입자가 크면 재결정 후 결정입도는 크고 가공도가 작을수록 크다.

08. 2차 재결정이 일어나는 원인
① 1차 재결정이 끝난 상태에서 일부 소수의 활성화된 결정립의 존재
② 불순물 등으로 이동이 방해된 입계가 고온도에서 쉽게 이동할 수 있기 때문
③ 1차 재결정 후 강한 집합조직이 성장하기 쉬운 방위의 결정립이 존재할 때

09. 확산 속도 순서
표면확산 > 입계확산 > 격자확산

10. 확산계수 D
① 확산계수 D값은 온도에 따라 변한다.
② $\ln D = \ln D_0 - \dfrac{Q}{RT}$

- Q : 확산 활성화에너지
- D_0 : 진동수인자
- R : 기체상수
- T : 온도

chapter 04 철강의 조직

01. 동소변태
① A_4변태
  ㉠ A_4변태는 1,400℃에서 일어나는 변태로 원자배열을 수반하는 동소변태이다.
  ㉡ δ-Fe이 γ-Fe로 즉, 원자배열이 BCC에서 FCC로 변태한다.
② A_3변태
  ㉠ A_3변태는 910℃에서 일어나는 변태로 원자배열을 수반하는 동소변태이다.
  ㉡ γ-Fe이 α-Fe로 즉, 원자배열이 FCC에서 BCC로 변태한다.

02. 자기변태
① A_2 변태 768℃에서 일어나는 자기변태이다.
② 원자배열의 변화는 없고 자기의 강도만 변한다.

03. 페라이트와 시멘타이트의 구별법
① 저탄소강에서는 페라이트가 입상으로 나타난다.
② Fe_3C는 망상 또는 침상으로 나타난다.
③ 피크린산($C_6H_3O_7N_2$) 2g과 NaOH 25g을 물 75cc에 용해시켜 그 용액 속에 강을 넣고 5분 정도 끓인다.
④ Fe_3C는 흑색 또는 갈색으로 착색되고 Ferrite는 백색으로 남는다.

04. 각 조직의 부식 순서
① 트루스타이트
② 오스테나이트
③ 소르바이트
④ 펄라이트
⑤ 마텐자이트
⑥ 페라이트
※ 페라이트는 부식이 가장 적고 트루스타이트는 부식이 가장 잘 된다.

05. 각 조직의 경도 순서
① 시멘타이트(HB 820)
② 마텐자이트(HB 680)
③ 트루스타이트(HB 420)
④ 소르바이트(HB 270)
⑤ 펄라이트(HB 225)
⑥ 오스테나이트(HB 155)
⑦ 페라이트(HB 90)

Part 3 ▸ 금속열처리

chapter 01 열처리의 개요

01. 열처리 조작 3요소
　가열, 유지, 냉각

02. 열처리의 3원인
　재결정, 확산, 상변태

03. 열처리 요구 성질
　경도, 내마모성, 내충격성, 가공성, 자성 등

04. 열처리 냉각방법

열처리	가열 온도 및 냉각 방법
담금질(Quenching)	$A_1 \sim A_3$ 이상 50~60℃, 급랭
불림(Normalizing)	$A_{cm} \sim A_3$ 이상 50~60℃, 공랭
풀림(Annealing)	$A_1 \sim A_3$ 이상 20~30℃, 노랭 (서랭)
뜨임(Tempering)	A_1 이하의 온도에서 공랭

05. 마텐자이트 변태의 특징
　① 고용체의 단일상
　② 마텐자이트 변태에서는 원자의 확산을 수반하지 않는 무확산 변태
　③ 확산이 없으므로 냉각속도에 의해 변태 시작온도 저하 없음
　④ 확산이 없으므로 모상과 마텐자이트의 성분이 같음
　⑤ 오스테나이트와 마텐자이트 사이에는 일정한 결정방위관계가 있음
　⑥ 마텐자이트 변태를 하면 표면기복이 생김
　⑦ 일정온도 범위 안에서 변태가 시작되고 변태가 끝남
　　(시작점 M_s, 끝점 M_f)
　⑧ 탄소량, 합금 원소가 증가할수록 M_s, M_f 온도 저하
　⑨ 마텐자이트 변태는 협동적 원자운동에 의한 변태
　⑩ 마텐자이트의 결정 내에는 격자결함이 존재

06. 임계냉각속도
① 펄라이트를 형성함이 없이 마텐자이트를 형성시키는 최소의 냉각속도
② 임계 냉각속도보다 느린 냉각 : M_s 온도 전에 펄라이트 석출
③ 임계 냉각속도보다 빠른 냉각 : 완전한 마텐자이트 조직

chapter 02 일반 열처리

01. 담금질 방법
① 임계구역(Ar' 변태구역) 급랭, 위험구역(Ar" 변태구역) 서랭
② 임계구역 : 담금질 온도로부터 Ar'까지의 온도 범위 혹은 베이나이트점까지의 온도 범위
③ 하부 임계냉각속도 : 펄라이트가 생성되지 않는 최소의 냉각속도
④ 상부 임계냉각속도 : 베이나이트가 생성되지 않는 최소의 냉각속도
⑤ 임계 냉각속도 : 마텐자이트 조직이 나타나는 최소 냉각속도
⑥ 위험 구역 : Ar" 이하 마텐자이트 변태가 일어나는 온도 범위($M_s \sim M_f$)
⑦ C%가 많을수록 $M_s \sim M_f$는 낮아진다.

02. 담금질 상태가 다르게 나타나는 요인
① 시료의 모양
② 담금질 온도
③ 담금질 액
④ 액 교반 방법
⑤ 냉각속도

03. 풀림의 목적
① 결정조직을 조정하고 연화시키기 위한 열처리 조작
② 금속 합금의 성질을 변화, 일반적으로 강의 경도가 낮아져 연화
③ 가스 및 불순물의 방출과 확산, 내부 응력을 저하

04. 어닐링, 노멀라이징의 차이
① 과공석강의 가열온도
  ㉠ 어닐링 : Ac1 이상
  ㉡ 노멀라이징 : Acm 이상

② 냉각방식
  ㉠ 어닐링 : 노랭
  ㉡ 노멀라이징 : 공랭

05. 응력제거 어닐링의 특징
① 열처리 온도가 높을수록 소재에 연성이 부여되고, 잔류응력 완화
② 탄소량이 많을수록 잔류 응력의 제거가 어렵고, 가열온도는 재료에 따라 다르다.

06. 노멀라이징의 방법

종류	방법
	보통 노멀라이징 (Conventional normalizing) 일정한 노멀라이징 온도에서 상온에 이르기까지 대기 중에 방랭, 바람이 부는 곳이나 양지 바른 곳의 냉각속도가 달라지고 여름과 겨울은 동일한 조건의 공랭이라 하여도 노멀라이징의 효과에 영향을 미치므로 주의 요함
	2단 노멀라이징 (Stepped normalizing) 노멀라이징 온도로부터 화색(火色)이 없어지는 온도(약 550℃)까지 공랭한 후 피트(pit) 혹은 서랭 상태에서 상온까지 서랭 구조용강(C 0.3~0.5%)은 초석 페라이트가 펄라이트 조직이 되어 강인성이 향상 대형의 고탄소강(C 0.6~0.9%)에서는 백점과 내부 균열 방지
	항온 노멀라이징 (Isothermal normalizing) 항온변태 곡선의 코의 온도에 상당한(550℃) 부근에서 항온변태 시킨 후 상온까지 공랭 노멀라이징 온도에서 항온까지의 냉각은 열풍 냉각에 의하여 이루어지고 그 시간은 5~7분이 적당하며 보통 저탄소 합금강은 절삭성이 향상
	2중 노멀라이징 (Double normalizing) 처음 930℃로 가열 후 공랭하면 전 조직이 개선되어 저온 선분을 고용시키며 다음 820℃에서 공랭하면 펄라이트가 미세화 보통 차축 재와 저온용 저탄소강의 강인화에 적용

07. 전·후처리의 목적
① 열처리할 제품은 열처리 효과를 충분히 얻기 위해 표면의 유지, 녹 등 제거
② 열처리 후에도 스케일의 제거, 표면 연마 등이 필요
③ 기계적처리, 화학적처리, 전해적처리 등의 방법

08. 침탄제의 종류에 따른 분류
① **고체 침탄법** : 코크스, 목탄
② **액체 침탄법** : 시안화나트륨, 시안화칼륨 용액
③ **기체 침탄법** : LPG, LNG, 변성가스 등

09. 고체 침탄의 장점
① 고도의 기술을 필요로 하지 않는다.
② 설비비가 비교적 싸다.
③ 부품의 크고 작음에 관계가 없다.

10. 고체 침탄의 단점
① 가열에 균일성이 없으므로 침탄층도 균일성이 없다.
② 직접 담금질이 곤란하므로 방랭한다.
③ 표면에는 망상 탄화물이 생기기 쉽다.
④ 탄분진에 의한 환경 오염이 심하다.
⑤ 대량 생산하기가 어렵다.

11. 액체 침탄제의 침탄 성능 관리
① 액체 침탄욕의 농도 관리
② 침탄제의 보충량 관리
③ 연강박 시험
④ 침탄능 관리

12. 침탄과 질화의 비교

구분	침탄법	질화법
경도	질화보다 낮다.	침탄보다 높다.
열처리	침탄 후 열처리를 한다.	질화 후 열처리가 필요없다.
수정	수정이 가능하다.	수정이 불가능하다.
시간	처리시간이 짧다.	처리시간이 길다.
변형	경화로 인한 변형이 있다.	변형이 적다.
취약성	취성이 적다.	상대적으로 취성이 높다.
강종제한	제한없이 적용가능하다.	강종제한을 받는다.

13. 고주파 표면 담금질의 특징

① 담금질 경비 절약
② 생산 공정 중 열처리 공정 가능
③ 무공해 열처리
④ 담금질 시간 단축
⑤ 담금질 경화 깊이 조절 용이
⑥ 국부 가열 가능
⑦ 질량 효과 경감
⑧ 변형이 적은 양질의 담금질 가능

14. 오스템퍼링의 효과

① 담금질 변형, 균열 방지
② 40~50 HRC 정도에서는 같은 경도의 열처리 제품에 비해 충격값, 인성 및 피로 강도 향상
③ 절삭용 공구와 특수 기계 부품의 열처리에 사용

15. 마퀜칭의 효과

① 물 담금질보다는 경도가 다소 저하되나 담금질 균열이 잘 생기지 않는다.
② 고탄소강, 특수강, 게이지강, 베어링강 등과 같이 물 담금질이나 기름 담금질하면 균열이나 변형을 일으키기 쉬운 강 종에 적합한 열처리 방법

16. 마템퍼링의 효과
① 잔류 오스테나이트의 베이나이트화
② 경도는 그다지 떨어지지 않으면서 충격값이 큰 조직 생성
③ 유지시간이 길다(단점).

17. 염욕의 성질과 구비조건
① 강의 열처리용 염욕의 주성분은 주기율표상의 Ⅰ족 및 Ⅱ족 염화물계와 기타 첨가제로 구성
② 염욕의 순도가 높고 유해 불순물을 포함하지 않는 것
③ 가급적 흡습성 또는 조해성이 작아야 한다.
④ 열처리 온도에서 염욕의 점성이 작고 증발, 휘발성이 작아야 한다.
⑤ 열처리 후 제품의 표면에 점착한 염의 세정성이 좋을 것
⑥ 용해가 쉽고 유해 가스 발생이 적어야 한다.
⑦ 구입이 용이하고 경제적이어야 한다.

18. 분위기 가스의 분류

분위기	가스의 종류
중성가스	질소, 아르곤, 헬륨, 건조 수소
산화성가스	산소, 수증기, 이산화탄소, 공기
환원성가스	수소, 암모니아, 암모니아 분해 가스, 침탄성 가스 등
침탄성가스	일산화탄소, LNG, 메탄, 프로판, 부탄, 도시가스, 흡열형가스, RX가스
탈탄성가스	산화성 가스, DX가스
질화성가스	암모니아

19. 각종 분위기 가스의 명칭
① DX(R) : 원료 가스와 공기를 혼합하여 연소하고 수분 제거한 가스
② NX : DX로부터 CO와 H_2O를 제거한 가스
③ HNX : NX 가스 발생 도중에 수증기를 가하여 CO 가스를 CO_2 가스로 변화시켜 제거한 가스
④ RX : 원료 가스와 공기를 혼합하여 고열 촉매를 통하여 변성한 가스
⑤ SRX : RX 가스의 공기 대신 증기를 이용하여 변성한 가스
⑥ AX : 암모니아를 통하여 변성한 가스
⑦ SAX : 암모니아가스를 공기와 혼합하여 연소한 가스

20. 진공 열처리의 장점
① 정확한 온도 및 가열 분위기에 의해 고품질의 열처리가 가능
② 에너지 절감 효과 : 노벽으로부터의 방열, 노벽에 의한 손실 열량 적음
③ 노의 수명이 길고, 관리 유지비 저렴
④ 무공해로 작업 환경이 양호

chapter 03 열처리의 응용

01. 완전 풀림 조직
① 아공석강 → 페라이트+층상 펄라이트
② 공석강 → 층상 펄라이트
③ 과공석강 → 시멘타이트+층상 펄라이트

02. 탄소강의 뜨임 시 유의사항
① 담금질한 다음 상온까지 냉각되면 곧 뜨임해야 한다.
② 300℃ 부근 온도에서는 뜨임취성이 나타나므로 유의해야 한다.
③ 재료를 가열할 때 산화 및 탈탄에 특히 유의해야 한다.
④ 조직과 경도는 강의 조성 및 열처리 조건에 따라 차이가 있다.

03. 합금 공구강의 열처리 조건

종류	담금질 온도 (℃) 및 방법	뜨임 온도 (℃) 및 방법	경도 (HRC)	탄소량	용도
STS2 (절삭공구용)	830~850 유랭	150~200 공랭	61	1.00~1.50	탭, 드릴
STS3 (내충격공구용)	800~850 유랭	150~200 공랭	61	0.90~1.20	게이지, 다이스
STS4 (냉간금형용)	780~820 유랭	150~200 공랭	56	0.50 이하	끌, 펀치

chapter 04 열처리 생산설비

01. 열처리로의 분류

종류	내용
열원에 따른 분류	① 전기로 ② 가스로 ③ 중유로 및 경유로
용도에 따른 분류	① 일반 열처리로 ② 고체 침탄로 ③ 염욕로 ④ 가스 침탄로, 분위기 열처리로, 진공로 ⑤ 고주파 가열 장치 ⑥ 화염 경화 처리 장치
구조에 따른 분류	① 상형로 ② 원통로 ③ 회전로 ④ 연속로 ⑤ 배치로(횡형, 피트형) ⑥ 세이커 하스 ⑦ 회전 레토르트로 ⑧ 회전 노상로 ⑨ 컨베이어로 ⑩ 푸셔로 ⑪ 대차로 등

02. 온도측정 장치의 종류

구분	종류	사용 온도 범위(℃)	특징	용도
접촉식	열전대 온도계		정확도 우수 자동제어 및 기록 가능	거의 모든 열처리에 사용
	저항 온도계	−200~500	정확도 우수 자동제어 및 기록 가능 고온 측정 불가 가격이 비싸다.	저온 열처리용
	압력식 온도계	−40~500	정확도 불량 값이 싸다. 구소 및 취급 간단	담금질유 온도 측징
비 접촉식	광고온계	700~2,000	저온 측정 불가 보정 및 숙련 필요 기록 및 제어 불가 정확도 불량	용도가 적다. 단조용 가열로
	복사 온도계	800~2,000	저온 측정 불가 보정 필요	화염 경화 및 시험용

03. 열전대 재료의 특징
① 내열, 내식성이 뛰어나고, 고온에서도 기계적 강도가 커야 한다.
② 열기전력이 크고 안정성이 있으며, 히스테리시스 차가 없어야 한다.
③ 제작이 수월하고 호환성이 있으며, 가격이 저렴해야 한다.

04. 열처리할 때 사용하는 냉각제
냉각액 또는 담금질액

chapter 05 제품의 검사

01. 철의 산화물
① 일산화철(FeO)
② 삼산화이철(Fe_2O_3)
③ 사산화삼철(Fe_3O_4)

02. 과열 방지책
① 적정 가열온도 준수
② 적정 가열시간 준수
③ Si, Al, Cr 등을 첨가하여 과열을 방지

03. 변형 방지책
① 적절한 풀림 온도의 선택
② 합금강의 항온변태를 이용한 냉각

04. 담금질에 의한 변형
① 원인 및 대책
  ㉠ 열응력, 변태 응력, 경화 상태 불균일 등으로 인한 변형 → 대형 제품의 가열, 냉각 방법, 형상 등의 개선
  ㉡ 오스테나이트로부터 마텐자이트로의 조직 변화에 의한 치수 변화 → 공구, 중·소형 정밀 부품의 문제로 보다 세밀한 주의 필요

Part 4 ▶ 재료시험

chapter 01 기계적시험법

01. 주요 금속의 경도 순서

Fe 〉 Cu 〉 Al 〉 Ag 〉 Zn 〉 Au 〉 Sn 〉 Pb

02. 브리넬 경도

$$HB = \frac{P}{W} = \frac{2P}{\pi D(D - \sqrt{D^2 - d^2})} = \frac{P}{\pi Dt}$$

- P : 하중(kgf)
- D : 강구의 지름(mm)
- d : 들어간 지름(mm)
- t : 들어간 최대 깊이(mm)

03. 비커어즈 경도

$$HV = HV = \frac{2W\sin \cdot \frac{a}{2}}{d^2} = 1.8544 \frac{W}{d^2}$$

- W : 하중(kgf)
- d : 압입 자국의 대각선 길이(mm)
- a : 대면각(136°)

04. 로크웰 경도 스케일 종류

① C스케일 : 120도 원뿔 다이아몬드- 탄소강(경강), 합금강, 특수강 등에 적용
   HRC = 100-500h
② B스케일 : 1/16인치 강철구 - 탄소강(연강), 주철, 비철금속
   HRB = 130-500h
③ HB = 2.8×δB(인장강도)

05. 쇼어 경도시험

$$HS = \frac{10{,}000}{65} \times \frac{h}{h_0}$$

- h : 반발 높이
- h_0 : 시험편 높이

06. 충격시험의 원리

① 충격값 에너지 $(E) = WR(\cos\beta - \cos\alpha)$

② 충격값 $(U) = \dfrac{E}{A_0}$ [kg$_f$·m/cm^2]

기호	내용	KS 규격
W	해머의 무게(kg$_f$)	30kg$_f$
R	해머의 아암 길이(m)	1m
α	해머를 올렸을 때의 각도(°)	90°, 120° (시험 시 제시)
β	시험편 파괴 후 해머가 올라간 각도(°)	실험 수치
E	충격 에너지값	실험 계산식에서 산출
A_0	절단부의 단면적	0.8 × 1 = 0.8cm^2

③ 충격시험기의 종류

종류	원리 및 특성
샤르피 (Charpy)	시험편을 자유롭게 수평으로 지지하고 시험편이 전단하는 데 필요한 에너지 E(kg$_f$-m)를 노치부의 원단면적 A(cm^2)으로 나눈 값이 충격값 ※ $U = E/A$ (kg$_f$-m/cm^2)
아이조드 (Izod)	시험편의 한 끝을 수직으로 고정하여 시험하고 충격값은 시험편이 전단되기까지 흡수한 에너지로 표시한다. ※ $U = E$ (kg$_f$-m)

07. 인장강도 = $\dfrac{\text{최대하중}}{\text{원단면적}} = \dfrac{P_{\max}}{A_0}$ (kg$_f$/mm^2)

08. 연신율 = $\delta = \dfrac{\text{변경 후 길이} - \text{변경 전 길이}}{\text{변경 전 길이}} \times 100(\%) = \dfrac{l_1 - l_0}{l_0} \times 100(\%)$

09. 단면수축률 = $\varnothing = \dfrac{\text{원단면적} - \text{변경 후의 단면적}}{\text{원단면적}} \times 100(\%) = \dfrac{A_1 - A_0}{A_0} \times 100(\%)$

10. 압축강도 = $\dfrac{\text{시험편이 파괴될 때까지의 최대 하중}}{\text{원단면적}}$ (kg$_f$/mm^2)

11. 굽힘시험의 방법과 특징
① **굽힘시험의 방법의 종류** : 눌러 구부리는 방법, 감아 구부리는 방법, V블록으로 구하는 방법
② **굽힘시험의 특징** : 시험편에 힘이 가해지는 쪽에서 시험편에 생기는 응력은 압축 응력이나 반대쪽에는 인장력이 중간에는 0이 되는 중립면이 존재한다.
③ 3점 굽힘시험에서 받침부 거리와 시험편 두께의 관계식
 ※ $L = 2r + 3t$

12. 비틀림시험 관계식
① 전단응력$(\tau) = \dfrac{T}{2\pi r^2 t}$
- T : 시험편에 작용하는 비틀림 모멘트(twisting moment 또는 torque)
- r : 각각 시험편 시험부에서의 평균 반지름
- t : 각각 시험편 시험부에서의 평균 두께

② 전단변형률$(\gamma) = \dfrac{r\theta}{l}$
- l : 시험부 길이
- r : 시험부의 평균 반지름
- θ : 비틀림각 (rad 단위로 표시)

13. 크리프시험
① **크리프(creep)** : 재료에 어떤 일정한 하중을 가하고 어떤 온도에서 긴 시간 동안 유지하면 시간이 경과함에 따라 변형이 증가 되는 현상
② **크리프시험** : 시험편에 일정한 하중을 가하면 시간의 경과와 더불어 증가하는 스트레인을 측정하여 각종의 재료 역학석 앙을 결정하는 시험
③ **크리프한도** : 크리프가 정지하는 것을 크리프율이 0이 되며 크리프율이 0이 되는 응력의 한도를 크리프 한도라 한다.

14. 피로 시험
① **피로파괴(fatigue fracture)** : 재료에 비록 안전 하중보다 작은 힘이라도 계속적으로 반복하여 작용하였을 때 일어나는 파괴
② **피로한도(fatigue limits)** : 하중을 반복해서 작용해도 영구히 재료가 파괴되지 않는 응력 중에서 가장 큰 것 (내구 한도)
③ **피로시험(fatigue test)** : 피로한도를 산출하는 것
④ **피로시험에 영향을 주는 요인** : 시편 형상, 표면 다듬질 정도, 응력 집중, 가공방법, 열처리 상태

chapter 02 조직 및 정량검사

01. 고온 금속 현미경 관찰 범위
① 고온에서의 결정 입자의 성장과 상의 변화 관찰
② 고온에서의 소성 변형과 파단 현상 관찰
③ 금속의 용해와 응고 현상 또는 이에 따른 과냉도와 수지상 조직의 형성 관찰

02. 현미경 시편 제작 과정
시험편 채취(절단) → 마운팅 → 조연마 → 세연마 → 폴리싱 → 세척 → 부식 → 관찰

03. 연마제의 종류
① 산화 크롬(Cr_2O_3)
② 알루미나(Al_2O_3)
③ 산화마그네슘(MgO)
④ 다이아몬드 페이스트

04. 부식액의 종류
① 철강 : 나이탈(질산+알콜), 피크랄(피크린산+알콜)
② Cu합금 : 염화제이철
③ Ni합금 : 질산
④ Al합금 : 수산화나트륨, 플로오르화 수소산
⑤ 귀금속 : 왕수(질산+염산)
⑥ Zn합금 : 염산

05. 설퍼 프린트 유의사항
① 인(P)의 편석부도 암흑색으로 나타남
② Ti을 함유하는 강에서는 설퍼 프린트가 나타나기 어렵다.
③ S함유량이 많은 것은 착색이 빠르게 일어나므로 숙련을 요한다.
④ 피검 면을 재시험할 때는 화학반응에 의해 표면이 변질되었으므로 0.5mm 이상 연삭한다.

06. 정량 조직검사
① 면적 측정법 : 상분율 $= \dfrac{\text{일정면 내에 존재하는 상의 면적을 측정한 전체 값}}{\text{적당한 배율로 확대된 사진의 일정 면적}} \times 100\%$

② 직선 측정법 : 상분율 $= \dfrac{\text{측정할 조직을 통과하는 직선의 총 길이}}{\text{조직사진에 그은 직선들의 총 길이}} \times 100\%$

③ 점 측정법 : 상분율 $= \dfrac{\text{측정할 조직 내에 나타난 총 교차점의 수}}{\text{조직 사진 전체에 나타난 총 교차점의 수}} \times 100\%$

chapter 03 비파괴시험법

01. 비파괴검사의 주요 목적
① 재료 및 용접부의 결함 검사 및 스트레인 측정
② 재질 기기의 계속적인 검사로 변형량 및 부식량 검사
③ 재질 검사 및 표면 처리층, 조립 구조 부품 등의 내부 구조 또는 내용물 조사

02. 방사선의 성질
① 방사선은 광속으로 직진하며 에너지 수준에 따라 진동수가 달라진다.
② 방사선은 물질을 투과하며 그것과 상호작용을 일으킨다.
③ 방사선은 생체세포를 파괴하거나 인간의 오관으로 감지할 수 없다.

03. 압전효과
송신된 주파수가 검사체를 거쳐 수신될 때 돌아온 초음파가 탐촉자를 진동시켜 전극간의 전압이 발생하는 현상

04. 초음파 시험 적용 범위
① 내부의 불연속 결함의 크기, 모양
② 재료의 탄성계수 결정
③ 금속의 금속학적 구조

05. 자분탐상검사의 시험절차
① **연속법** : 전처리 → 자화개시 → 자분적용 → 자화종료 → 관찰 및 판독 → 탈자 → 후 처리
② **잔류법** : 선처리 → 자화개시 및 종료 → 자분적용 → 관찰 및 판독 → 탈자 → 후 처리

06. 자화의 종류
① **원형 자화** : 축 통전법, 직각 통전법, 프로드법, 전류 관통법, 자속 관통법
② **선형 자화** : 코일법. 극간(요크)법

07. 침투탐상에서 모세관 현상을 결정하는 요인
① 응집력 ② 접착력 ③ 표면 장력 ④ 점성

08. 침투탐상 절차
전처리 및 건조 → 침투제 적용 → 과잉 침투제 제거 → 현상제 적용 → 관찰 및 판독 → 후 처리

chapter 04 **안전관리**

01. 방사선 투과장치를 이용한 비파괴검사
① X선 검사 시 Pb로 밀폐된 상자에서 촬영
② X선 촬영 시 위험지구를 벗어난 위치에 방사선 표지판 설치
③ 관전압 상승속도에 유의하여 탐상기 작용
④ X선 발생장치에서 정전기 유도작용 등에 의한 전위상승을 고려하여 특별고압의 전기가 충전되는 부분에 접지되어야 함

02. 충격시험 시 유의사항
① 시험편은 노치부가 중앙에 위치하여야 한다.
② 시험편이 파괴할 때 튀어나오는 경우가 있으므로 주의한다.
③ 시험기의 설치 상태는 수평이어야 하며, 해머의 옆에서 시험한다.
④ 노치부의 표면은 매끄러워야 하며 절삭 흠 등 균열이 없어야 한다.
⑤ 시험편을 지지대에 올려둘 때 해머가 너무 높으면 위험하므로 안전하게 조금만 올린 후 세팅한다.
⑥ 충격시험은 온도에 영향을 많이 받으므로, 온도를 항상 나타내어 주고, 특별한 지정이 없는 한 $23\pm5℃$의 범위 내에서 한다.

03. 현미경 사용 시 유의사항
① 현미경 운반 시 똑바로 세운 채 두 손으로 운반한다.
② 먼저 저배율로 초점을 맞춰 관찰하고 그 후 고배율로 관찰한다.
③ 시료를 관찰할 때에는 대물렌즈가 시료와 가장 가깝게 한 후 올리면서 초점을 맞춘다.
④ 현미경 조작 시 무리한 힘을 가하지 않고 렌즈를 더럽히지 않고, 사용 후 데시케이터에 넣어 보관한다.
⑤ 시편 절단 시 조직 손상을 막기 위해 냉각수를 사용하거나 저속으로 절단한다. 또한 작업 공구의 안전수칙을 잘 지키며 작업한다.
⑥ 연마 작업 시 시험편이 튀어나가지 않도록 한다.

M·E·M·O

PART 05 과년도 기출문제 & CBT 복원문제

- 2015년
  - 제1회 필기 기출문제
  - 제2회 필기 기출문제
  - 제3회 필기 기출문제

- 2016년
  - 제1회 필기 기출문제
  - 제2회 필기 기출문제
  - 제3회 필기 기출문제

- 2017년
  - 제1회 필기 기출문제
  - 제2회 필기 기출문제
  - 제3회 필기 기출문제

- 2018년
  - 제1회 필기 기출문제
  - 제2회 필기 기출문제
  - 제3회 필기 기출문제

- 2019년
  - 제1회 필기 기출문제
  - 제2회 필기 기출문제

- 2020년
  - 제1,2회 필기 기출문제
  - 제3회 필기 기출문제

- 2021년
  - 제1회 CBT 복원문제
  - 제2회 CBT 복원문제
  - 제3회 CBT 복원문제

- 2022년
  - 제1회 CBT 복원문제
  - 제2회 CBT 복원문제
  - 제3회 CBT 복원문제

- 2023년
  - 제1회 CBT 복원문제
  - 제2회 CBT 복원문제
  - 제3회 CBT 복원문제

- 2024년
  - 제1회 CBT 복원문제
  - 제2회 CBT 복원문제
  - 제3회 CBT 복원문제

2015년 1회 금속재료산업기사 필기 기출문제

2015년 3월 8일 시행

제1과목 ▶ 금속재료

01 Mn함량을 12% 정도 함유한 것으로 오스테나이트 조직이며 인성이 높고 내마멸성도 높아 분쇄기나 롤 등에 사용되는 강은?

① 듀콜강
② 고속도강
③ 마레이징강
④ 해드필드강

02 황동 가공재를 상온에서 방치하거나 또는 저온풀림경화로 얻은 스프링재는 사용 중 시간의 경과에 따라 경도 등 성질이 악화되는 이러한 현상을 무엇이라 하는가?

① 경년변화
② 자연균열
③ 탈아연 현상
④ 저온 풀림경화

03 비정질 합금에 대한 설명으로 틀린 것은?

① 결정 이방성이 없다.
② 가공경화가 심하여 경도를 상승시킨다.
③ 구조적으로 장거리의 규칙성이 있다.
④ 열에 약하며, 고온에서는 결정화하여 전혀 다른 재료가 된다.

> 비정질 합금은 가공경화 현상이 발생하지 않는다.

04 다음 중 약 250°C 이하의 융점을 가지는 저융융점 합금으로 사용되는 것은?

① Sn
② Cu
③ Fe
④ Co

05 침탄용강으로 가장 적합한 것은?

① 저탄소강
② 중탄소강
③ 고탄소강
④ 고속도강

06 내식성이 우수하고 오스테나이트 조직을 얻을 수 있는 스테인레스강의 성분은?

① 30%Cr − 10%Co 스테인레스강
② 3%Cr − 10%Nb 스테인레스강
③ 18%Cr − 8%Ni 스테인레스강
④ 8%Cu − 18%Fe 스테인레스강

07 다음 중 비중이 가장 적은 것은?

① Fe
② Na
③ Cu
④ Al

08 Fe−C 상태도에서 강과 주철을 분류하는 탄소의 함유량은 약 몇 % 정도인가?

① 0.025
② 0.8
③ 2.0
④ 4.3

정답 01 ④ 02 ① 03 ② 04 ① 05 ① 06 ③ 07 ② 08 ③

09 반자성체 금속에 해당되는 것은?

① Cr
② Fe
③ Sb
④ Al

10 다이캐스팅용 Zn합금에서 강도, 경도, 유동성을 증가시키는 원소는?

① Pb
② Mg
③ Cd
④ Al

11 섬유강화금속을 나타내는 것으로 옳은 것은?

① FRP
② FRM
③ CVD
④ CRB

12 리드프레임(lead frame)재료로 요구되는 성능을 설명한 것 중 틀린 것은?

① 고집적화에 따라 열방산이 좋아야 한다.
② 보다 작고 얇게 하기 위하여 강도가 커야 한다.
③ 본딩(bonding)을 위한 우수한 도금성을 가져야 한다.
④ 재료의 치수정밀도가 높고 잔류응력이 커야 한다.

> 잔류응력이 작아야 변형이나 균열이 발생하지 않는다.

13 다음 중 열전대 합금재료가 아닌 것은?

① 구리 - 콘스탄탄
② 크로멜 - 알루멜
③ 실루민 - 알팩스
④ 백금 - 백금·로듐

> 실루민(알팩스) : Al-Si계 주조용 합금

14 분말야금법의 특징을 설명한 것 중 틀린 것은?

① 절삭공정을 생략할 수 있다.
② 정확한 치수를 얻을 수 있으므로 가공비가 절감된다.
③ 융해법으로 만들 수 없는 합금을 만들 수 있다.
④ 제조과정에서 모든 재료를 용융점까지 온도를 올려야 한다.

> 용융점 이하로 온도를 올린다.

15 열팽창계수가 상온부근에서 매우 작아 섀도우마스크, IC기판 등에 사용되는 Ni계 합금은?

① 하스텔로이(Hastelloy)
② 인바(Invar)
③ 알루멜(Alumel)
④ 인코넬(lnconell)

16 알루미늄의 특성에 대한 설명으로 옳은 것은?

① 알루미늄은 불순물의 함유량이 많을수록 내식성이 우수하다.
② 해수에 부식이 강하며 특히 염산, 황산, 알카리 등에 부식되지 않는다.
③ 알루미늄의 방식법에는 수산법, 황산법, 크롬산법 등이 있다.
④ 대기 중에 산화 생성물인 알루미나는 불안정하기 때문에 산화를 방지해 주지 못한다.

정답 09③ 10④ 11② 12④ 13③ 14④ 15② 16③

17 한국산업표준(KS)의 재료 중 합금 공구강 강재로 분류되지 않는 재료는?

① STD61　　② STS3
③ STF6　　④ STC105

> STC계 강종은 탄소공구강에 속한다.

18 소성가공의 효과를 설명한 것 중 옳은 것은?

① 가공경화가 발생한다.
② 편석과 개재물을 집중시킨다.
③ 결정립자가 조대화된다.
④ 기공(void), 다공성(porosity)을 증가시킨다.

19 마그네슘 합금의 특징을 설명한 것 중 옳은 것은?

① 감쇠능이 주철보다 커서 소음방지 구조재로서 우수하다.
② 주조용 합금에는 Mg – Mn 및 Mg – Al – Zn 등이 있다.
③ 가공용 합금으로 엘렉트론 합금이 있다.
④ 소성가공성이 높아 상온변형이 쉽다.

20 탄소강에서 Si첨가로 감소하는 것은?

① 경도　　② 충격값
③ 인장강도　　④ 탄성한계

제2과목 ▶ 금속조직

21 마텐자이트(Martensite)는 조직변태에서 나타나는 결정구조로 탄소량이 많아지면 고용된 탄소원자 때문에 세로로 늘어난 격자구조를 갖는다. 이를 무엇이라 하는가?

① HCP　　② FCC
③ BCT　　④ SCC

22 Al–4%Cu 석출경화형 합금에서 석출강화에 영향을 주는 상은?

① α상　　② β상
③ θ상　　④ γ상

23 다음 중 전기전도도가 가장 좋은 것은?

① Al　　② Ag
③ Au　　④ Mg

> Ag 〉 Au 〉 Al 〉 Mg

24 다음 중 자기변태를 갖지 않는 금속은?

① Ni　　② Co
③ Fe　　④ Sn

> 자기변태는 강자성체에서 주로 나타난다.

25 A, B 양 금속으로 된 합금의 경우 일반적인 규칙격자를 만드는 조성이 아닌 것은?

① AB형　　② A_2B형
③ A_3B형　　④ AB_3형

> A와 B의 조성 합이 짝수이어야 한다.

정답　17 ④　18 ①　19 ①　20 ②　21 ③　22 ③　23 ②　24 ④　25 ②

26 다음 3원계 상태도에서 O 합금 중 S 합금의 양은?

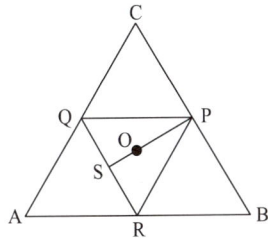

① $\dfrac{OS}{PS} \times 100$ ② $\dfrac{OP}{PS} \times 100$
③ $\dfrac{SR}{QS} \times 100$ ④ $\dfrac{QS}{SR} \times 100$

레버룰에 의해서 OP/PS이다.

27 커켄덜(Kirkendall) 실험결과 확산현상이 어떠한 기구에 의해 진행됨을 나타내는가?

① 체적결함 기구
② 적층결함 기구
③ 공공 기구
④ 결정립 경계 기구

28 아연 원소를 강표면에 확산 침투시켜 표면경화 처리하는 것은?

① 보로나이징   ② 실리코나이징
③ 세라다이징   ④ 칼로라이징

29 2원계 합금상태도에서 일어나는 포정반응식은?

① 액상(L_1) ⇌ α고용체 + 액상(L_2)
② α고용체 + β고용체 ⇌ γ고용체
③ α고용체 + 액상(L) ⇌ β고용체
④ β고용체 ⇌ 액상(L) + α고용체

30 FCC 결정구조를 갖는 구리 금속의 단위격자의 격자상수가 0.361nm일 때 면간거리 d_{210}은 얼마(nm)인가?

① 0.16   ② 0.18
③ 1.10   ④ 1.20

$$d_{hkl} = \dfrac{a}{\sqrt{h^2+k^2+l^2}} = \dfrac{0.361}{\sqrt{2^2+1^2+0^2}} = 0.16$$

31 치환형 고용체 영역을 형성하는 인자에 관한 설명으로 틀린 것은?

① 결정격자형이 서로 다를 것
② 용질의 원자가가 용매의 원자가보다 클 것
③ 용질원자와 용매원자의 전기음성도 차가 작을 것
④ 용질과 용매원자의 직경 차가 용매원자 직경의 15% 이내일 것

결정격자형이 같아야 치환형 고용체를 형성한다.

32 마텐자이트(martensite)조직의 결정형상에 해당되지 않는 것은?

① 렌즈상(lens phase)
② 입상(granular phase)
③ 래스상(lath phase)
④ 박판상(thin plate phase)

마텐자이트 조직상
렌즈상, 래스상, 플레이트상

정답 26② 27③ 28③ 29③ 30① 31① 32②

2015년 제1회 3월 8일 시행

33 석출 강화에서 기지와 석출물의 특성을 설명한 것으로 틀린 것은?

① 석출물은 침상보다는 구상이어야 한다.
② 석출물은 입자의 크기가 미세하고 수가 많아야 한다.
③ 기지상은 연성이 크고, 석출물은 단단한 성질을 가져야 한다.
④ 석출물은 연속적으로 존재해야만 하는 반면 기지상은 불연속적이어야만 한다.

> 기지상은 연속적, 석출물은 불연속적

34 면심입방격자 결정구조를 갖는 Ag의 슬립면과 슬립방향은?

① {0001}, $<2\bar{1}\bar{1}0>$
② {111}, ⟨110⟩
③ {110}, ⟨111⟩
④ {123}, ⟨111⟩

35 회복(Recovery)에 대한 설명으로 옳은 것은?

① 풀림에 의하여 결정립의 모양과 방향에 변화를 일으키지 않고 물리적, 기계적 성질만 변화하는 과정이다.
② 회복이란 변형된 결정체의 내부에너지와 항복강도가 전위의 재배열 및 소멸에 의해 증가되는 과정이다.
③ 회복의 과정 중 전기저항은 급격히 증가한다.
④ 회복의 과정 중 경도는 급격히 감소한다.

36 금속의 변형방법 중 소성변형이 아닌 것은?

① 슬립변형
② 탄성변형
③ 쌍정변형
④ 킹크변형

> 탄성변형
> 하중을 제거하면 원래로 회복하는 것

37 다음 중 Fick의 제1법칙으로 옳은 것은? (단, D : 확산계수, J : 농도구배, C : 농도, x : 봉의 길이 방향축 이다)

① $J = D \cdot \dfrac{dC}{dx}$
② $J = -D \cdot \dfrac{dC}{dx}$
③ $J = D \cdot \dfrac{dx}{dC}$
④ $J = -D \cdot \dfrac{dx}{dC}$

38 전위(dislocation)는 어떤 결함에 해당되는가?

① 면결함
② 점결함
③ 선결함
④ 쌍정결함

39 장범위 규칙도(degree of long order)가 1인 합금은?

① 완전규칙 고용체이다.
② 완전불규칙 고용체이다.
③ 불완전규칙 고용체이다.
④ 불완전불규칙 고용체이다.

40 다음에 표시한 면지수는 무엇인가?

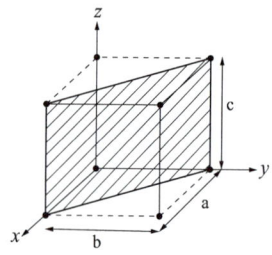

① (100)
② (110)
③ (111)
④ (123)

정답 33 ④ 34 ② 35 ① 36 ② 37 ② 38 ③ 39 ① 40 ②

제3과목 ▶ 금속열처리

41 일반주철에서 잔류응력을 제거하기 위한 풀림 열처리방법은?

① 430~600℃에서 수시간 가열한 후 노랭한다.
② 700~760℃에서 가열한 후 서랭한다.
③ 780~850℃에서 가열한 후 유랭한다.
④ 1,050~1,200℃에서 가열한 후 유랭한다.

42 담금질된 강에 잔류 오스테나이트의 생성에 미치는 영향으로 틀린 것은?

① 탄소함유량이 높을수록 잔류 오스테나이트 량이 증가한다.
② M_s점의 온도가 낮을수록 잔류 오스테나이트는 증가한다.
③ 공석강보다 과공석강에서는 오스테나이트화 온도가 높아짐에 따라 잔류 오스테나이트 량이 증가한다.
④ 담금질 냉각속도, 담금질 온도와 잔류 오스테나이트량과는 관련이 없다.

> 냉각속도가 느리고, 담금질 온도가 높을 때 잔류 오스테나이트가 증가한다.

43 S곡선에 대한 설명으로 틀린 것은?

① 응력이 존재하면 M_s선의 온도는 상승한다.
② C, Mn 등이 많을수록 S곡선은 좌측으로 이동한다.
③ 응력이 존재하면 S곡선의 변태개시선이 좌측으로 이동한다.
④ 가열온도가 높을수록 S곡선의 코부분이 우측으로 이동한다.

> C, Mn 등의 합금원소가 첨가되면 S곡선은 우측으로 이동한다.

44 침탄품의 박리현상의 원인과 대책을 설명한 것 중 틀린 것은?

① 반복침탄을 했을 때
② 과잉침탄으로 C%가 너무 많을 때
③ 소지재료의 경도가 낮은 것으로 한다.
④ 과잉 침탄에 대해서는 침탄 완화제를 사용하고 침탄을 한 후 확산처리한다.

> 침탄 후 담금질하였을 때 내부와 외부의 경도차가 클 때 박리가 일어난다.

45 진공 중에서 가열하는 진공 열처리에 대한 설명으로 틀린 것은?

① 무공해로 작업 환경이 양호하다.
② 가열이 복사에 의해 이루어지므로 가열 속도가 빠르다.
③ 정확한 온도 및 가열분위기에 의해 고품질의 열처리가 가능하다.
④ 로벽으로부터 방열, 로벽에 의한 손실 열량이 적기 때문에 에너지 절감 효과가 크다.

> 진공 열처리는 가열 속도가 느리다.

정답 41 ① 42 ④ 43 ② 44 ③ 45 ②

46 강의 프레스 뜨임 작업 시 유의사항으로 틀린 것은?

① 300℃ 온도 부근에서 발생하는 취성에 주의해야 한다.
② 뜨임을 연속적으로 작업하다 퇴근 시간이 되는 경우 다음 날로 연기하여 실시하여야 한다.
③ 뜨임온도의 정확성은 뜨임색으로 측정하면 착오가 생길 우려가 있음을 주의해야 한다.
④ 담금질할 때의 강은 완전히 냉각되기 전, 즉 100℃ 이하의 온도에서 강재가 냉각되었을 때 냉각액에서 즉시 꺼내어 뜨임을 해야 한다.

뜨임은 일정온도·일정시간을 지켜야 한다.

47 강의 표면경화법을 화학적과 물리적 방법으로 구분할 때 물리적 방법에 의한 열처리법이 아닌 것은?

① 방전경화 ② 침탄경화
③ 화염경화 ④ 고주파경화

48 담금질한 후 뜨임을 하는 가장 큰 목적은?

① 마모화 ② 산화
③ 강인화 ④ 취성화

49 열처리 작업의 온도측정에 사용되는 온도계 중 물체로부터의 복사선 가운데 가시광선만을 이용하는 온도계로 700℃ 이상에서 사용되며, 특히 1,063℃ 이상에서는 측정이 대단히 정확한 온도계는?

① 복사온도계 ② 광전온도계
③ 팽창온도계 ④ 광고온계

50 금속을 열처리하는 목적에 대한 설명으로 틀린 것은?

① 조직을 안정화시키기 위하여 실시한다.
② 내식성을 개선하기 위하여 실시한다.
③ 조직을 조대화시키고 방향성을 크게 하기 위하여 실시한다.
④ 경도의 증가 및 인성을 부여하기 위하여 실시한다.

열처리를 하면 조직이 미세해진다.

51 심랭처리에 의한 균열방지대책으로 틀린 것은?

① 승온을 수중에서 행한다.
② 심랭처리 전 100~300℃에서 템퍼링한다.
③ 담금질하기 전에 탈탄층을 제거한다.
④ 표면에 인장응력을 증가시켜 균열을 방지한다.

인장응력이 커지면 균열이 발생한다.

52 담금질 변형에 대한 설명으로 옳은 것은?

① 축이 긴 제품은 수평으로 냉각하여 변형을 방지한다.
② 변형을 미리 예측하고 반대 방향으로 변형시켜 놓는다.
③ 변형 방지를 위하여 담금질온도 이상으로 높여 담금질한다.
④ 기름 담금질 → 물 담금질 → 공기 담금질 순서로 변형이 적어진다.

정답 46② 47② 48③ 49④ 50③ 51④ 52②

53 담금질 균열을 방지할 목적으로 M_s점 직상에서 열욕하여 재료의 내·외부가 동일한 온도가 될 때까지 항온 유지한 다음 공랭하여 Ar"변태를 일으키는 방법으로 담금질하면 균열이나 변형을 일으키기 쉬운 강종에 적합한 것은?

① 오스템퍼링(austempering)
② 마템퍼링(martempering)
③ 마퀜칭(marquenching)
④ 항온풀림(ausannealing)

54 강을 가열하여 냉각제 속에 넣었을 때 냉각속도가 최대인 단계는?

① 비등단계 ② 대류단계
③ 제3단계 ④ 증기막 단계

55 강의 담금질성을 판단하는 방법이 아닌 것은?

① 강박시험을 통한 방법
② 임계지름에 의한 방법
③ 조미니 시험을 통한 방법
④ 임계냉각속도를 이용하는 방법

> 강박시험은 소성 가공성을 알 수 있다.

56 고주파 유도 가열 경화법에 대한 설명으로 틀린 것은?

① 생산공정에 열처리 공정의 편입이 가능하다.
② 피가열물의 스트레인(strain)을 최소한으로 억제할 수 있다.
③ 표면부분에 에너지가 집중하므로 가열시간을 단축시킬 수 있다.
④ 전류가 표면에 집중되어 표피효과(skin effect)가 작다.

> **표피효과**
> 전류가 표면에 집중되는 것

57 구상흑연주철의 담금질처리에 가장 적합한 온도(℃) 범위는?

① 600~730   ② 730~830
③ 850~930   ④ 950~1,050

58 강을 담금질했을 때 체적변화가 가장 큰 조직은?

① 오스테나이트   ② 펄라이트
③ 트루스타이트   ④ 마텐자이트

59 황동제품의 내부응력을 제거하고 시기균열을 방지하기 위한 어닐링 처리 시 가장 적당한 방법은?

① 300℃로 1시간 어닐링한다.
② 500℃로 1시간 어닐링한다.
③ 600℃로 1시간 어닐링한다.
④ 700℃로 1시간 어닐링한다.

60 염욕 열처리에 대한 설명으로 틀린 것은?

① 염욕의 열전도도가 낮고, 가열속도가 느리다.
② 소량 다품종 부품의 열처리에 적합하다.
③ 냉각속도가 빨라 급랭이 가능하다.
④ 항온 열처리에 적합하다.

> 염욕은 열전도도가 커서 냉각속도가 빠르다.

정답 53 ③ 54 ① 55 ① 56 ④ 57 ③ 58 ④ 59 ① 60 ①

제4과목 ▶ 재료시험

61 설퍼프린트법에서 황편석의 분류 중 중심부 편석의 기호는?

① S_N ② S_c
③ S_I ④ S_D

62 재료시험기의 구비조건이 아닌 것은?

① 취급이 간편할 것
② 내구성이 작을 것
③ 정밀도 및 감도가 우수할 것
④ 간단하고 정밀한 검사가 가능할 것

내구성이 우수해야 한다.

63 일정한 높이에서 시험편에 낙하시킨 해머가 반발한 높이를 가지고 경도를 측정하는 경도계는?

① 긁힘 경도계
② 쇼어 경도계
③ 비커즈 경도계
④ 에코팁 경도계

64 경도의 설명 중 틀린 것은?

① 브리넬 경도값의 단위는 N/mm^3이다.
② 로크웰 경도기의 기준하중은 $10 kg_f$이다.
③ 비커즈 경도계의 대면각은 $136°$이다.
④ 스크래치 경도의 대표적인 것은 모스(Mohs) 경도이다.

단위 : N/mm^2

65 피로시험에서 응력집중(Stress Concentration)에 대한 설명으로 옳은 것은?

① 응력집중계수(α)는 노치 형상과 관계없다.
② 노치계수(β)는 응력집중계수(α)보다 크다.
③ 노치민감계수(η)의 식은 $\eta = \dfrac{\alpha-1}{\beta-1}$ 로 표현된다.
④ 노치에 민감한 재료일수록 노치민감계수(η)는 1에 접근한다.

66 산업안전보건법에서 안전·보건표지의 분류 및 색채에 대한 설명 중 옳은 것은?

① 금지표시 : 바탕은 흰색, 기본모형은 빨간색, 관련부호 및 그림은 검은색
② 경고표시 : 바탕은 흰색, 기본모형은 노란색, 관련부호 및 그림은 빨간색
③ 지시표시 : 바탕은 녹색, 기본모형은 파란색, 관련부호 및 그림은 빨간색
④ 안내표시 : 바탕은 녹색, 기본모형은 빨간색, 관련부호 및 그림은 빨간색

67 기어나 베어링 등에 많이 발생하며 상대 운동을 하는 표면에서 반복하중이 가해지면 마찰표면층에서 파괴가 일어나 그 결과 마모입자가 발생하는 것은?

① 응착마모 ② 연삭마모
③ 피로마모 ④ 부식마모

68 고온에서 사용 가능성을 알기 위해서 응력과 온도를 일정하게 하면서 시간의 경과에 따라 변형률이 증가하는 시험은?

① 피로시험 ② 인성시험
③ 크리프시험 ④ 에릭션시험

정답 61 ② 62 ② 63 ② 64 ① 65 ④ 66 ① 67 ③ 68 ③

69 초음파탐상검사에 관한 설명 중 틀린 것은?

① 탐촉자를 사용한다.
② 펄스 반사법이 있다.
③ 표면검사에 효과적이며, 시험체 두께 제한을 많이 받는다.
④ 금속의 결정립이 조대할 때 결함을 검출하지 못할 수 있다.

> 초음파탐상은 내부결함 검출에 적합하며, 두께 제한을 받지 않는다.

70 평행부 직경이 14mm인 시험편을 인장시험한 결과 항복점이 5,620kgf이고, 최대 하중은 7,850kgf일 때 인장강도 (kgf/mm²)는 약 얼마인가?

① 36.5
② 51.0
③ 127.8
④ 178.6

> 인장강도 $= \dfrac{\text{최대하중}}{\text{단면적}}$
> $= \dfrac{7,850}{3.14 \times 7^2} = 51.0 \text{kg/mm}^2$

71 철강재료의 시험편 부식액으로 사용 적합한 것은?

① 왕수
② 염화 제2철용액
③ 수산화나트륨
④ 질산, 피크린산

72 전자 현미경실에서 기기의 상태를 좋은 상태로 유지하기 위한 조치로 틀린 것은?

① 항온유지
② 항습유지
③ 분진방지
④ 소음과 진동유지

> 소음과 진동이 없어야 한다.

73 마모시험 방법 중 틀린 것은?

① 연마석에 접촉시켜 불꽃을 보고 측정한다.
② 회전하는 원판에 시험편을 접촉시켜 측정한다.
③ 왕복운동하는 평면에 시험편을 접촉시켜 측정한다.
④ 같은 지름의 원추상 시험편을 끝면에서 접촉시키면서 회전시켜 측정한다.

> 연마석에 접촉시켜 불꽃을 관찰하는 것은 불꽃시험법이다.

74 금속재료의 변태점을 알기 위한 방법에 해당되지 않는 것은?

① 화학반응 측정
② 열팽창 측정
③ 자기반응 측정
④ 전기저항 측정

> 화학반응은 원자가 다른 원자가 반응하는 것이므로 변태와는 관련이 없다.

75 비틀림 시험에서 측정할 수 없는 것은?

① 비틀림 강도
② 강성계수
③ 포아송비
④ 전단탄성계수

> 포아송비는 인장시험으로 측정한다.

76 침투 탐상검사법의 특징을 설명한 것 중 틀린 것은?

① 시험편 내부의 결함을 검출하는 데 적용한다.
② 결함의 깊이 및 내부의 모양, 크기의 관찰은 할 수 없다.
③ 금속, 비금속에 관계없이 거의 모든 재료에 적용할 수 있다.
④ 불연속부에 의한 확대율이 높기 때문에 아주 미세한 결함도 쉽게 검출한다.

> 침투탐상은 표면의 열려있는 결함만 검출이 가능하다.

77 정량 조직검사 중 결정입도 측정법에 해당하지 않는 것은?

① 헤인법
② 제프리즈법
③ 브로즌법
④ ASTM 결정립 측정법

> 결정입도 측정
> ASTM 비교법, 제프리즈법, 헤인법

78 한국산업표준에서 정한 강의 비금속 개재물 중 그룹 B형 개재물과 관련이 깊은 것은?

① 황화물
② 규산염
③ 구형 산화물
④ 알루민산염

> 그룹 A : 황화물 종류
> 그룹 B : 알루민산염 종류
> 그룹 C : 규산염 종류
> 그룹 D : 구형 산화물의 종류
> 그룹 DS : 단일 구형의 종류

79 다음 중 방사선투과시험에서 사용되는 방사성 동위원소의 반감기가 가장 짧은 것은?

① Tm – 170
② Ir – 192
③ Cs – 137
④ Co – 60

> Ir(73일), Tm(130일), Co(5.3년), Cs(33년), Ra(1620년)

80 재질이 같고 기하학적으로 유사한 인장시험편은 인장시험 시 같은 연신율을 갖는다는 법칙은 무엇인가?

① 후크의 법칙
② 탄성의 법칙
③ 상사의 법칙
④ 포아송의 법칙

정답 76 ① 77 ③ 78 ④ 79 ② 80 ③

2015년 2회 금속재료산업기사 필기 기출문제

2015년 5월 31일 시행

제1과목 ▶ 금속재료

01 고강도 합금으로 사용하는 두랄루민에 적용된 강화 메카니즘은?

① 가공경화
② 시효경화
③ 고용강화
④ 입계강화

02 다이캐스팅으로 사용하는 아연합금의 원소에 대한 설명으로 틀린 것은?

① Al은 유동성을 개선한다.
② Cu는 입계부식을 억제한다.
③ Li은 길이변화에 큰 영향을 준다.
④ Mg을 일정량 이상 많게 하면 유동성이 개선되어 얇고 복잡한 형상주조에 우수하다.

> Mg이 증가하면 유동성이 떨어진다.

03 바이메탈(Bimetal)과 비슷한 제조법으로 만드는 기능성 금속 복합재료는?

① 클래드(Clad)강판
② 표면처리강판
③ 샌드위치강판
④ 아연도금강판

04 7 : 3 황동에 2%Fe와 소량의 Sn, Al을 넣어 주조재와 가공재로 사용되는 합금은?

① 양백(nickel silver)
② 문쯔메탈(muntz metal)
③ 길딩메탈(gilding metal)
④ 두라나메탈(durana metal)

05 베어링용 합금으로 사용되는 재료가 아닌 것은?

① 켈멧(kelmet)
② 루기메탈(lurgi metal)
③ 베빗메탈(babbit metal)
④ 네이벌 브라스(naval brass)

> 네이벌 브라스 : 6-4황동에 1%Sn 첨가

06 주철이 성장 원인으로 틀린 것은?

① 페라이트 조직 중의 Si의 산화
② 펄라이트 조직 중의 Fe_3C 분해에 따른 흑연화
③ 흑연이 미세화되어서 조직이 치밀하여 부피가 팽창
④ A_1변태의 반복과정에서 오는 체적변화에 기인하는 미세한 균열의 발생

> 조직이 치밀하면 주철의 성장을 억제할 수 있다.

정답 01 ② 02 ④ 03 ① 04 ④ 05 ④ 06 ③

07 탄소량에 대한 설명 중 틀린 것은?

① 과공석강은 탄소량이 약 0.8~2.0% 이하인 강을 말한다.
② 강 내의 탄소가 2.0% 이상인 합금을 주강이라고 한다.
③ 아공석강은 탄소량이 약 0.025~0.8% 이하인 강을 말한다.
④ 강 내에 탄소가 약 4.3%인 것을 공정주철이라 한다.

주철 : 2.0%C 이상

08 저융점 합금에 관한 설명으로 틀린 것은?

① 이융합금, 가융합금이라고도 한다.
② 전기 퓨즈, 화재경보기 등에 사용된다.
③ 약 700℃ 이하의 융점을 갖는 합금이다.
④ Sn, Pb, Cd, Bi 등의 2원 또는 다원계의 공정합금이다.

저융점금속 : 232℃ 이하의 금속

09 열간 가공(성형)용 공구강으로 금형재료에 사용되는 강종은?

① SPS9   ② SKH51
③ STD61 ④ SNCM435

10 Si의 증가에 따라 Fe-C계에 미치는 영향으로 옳은 것은?

① 공정온도가 하강한다.
② 공석온도가 하강한다.
③ 공정점이 고탄소측으로 이동한다.
④ 오스테나이트에 대한 탄소 용해도가 감소한다.

11 금속에 관한 일반적 설명으로 틀린 것은?

① 순금속은 합금에 비해 경도가 높다.
② 강자성체 금속으로는 Fe, Co, Ni 등이 있다.
③ 전성 및 연성이 좋고, 금속 고유의 광택을 갖는다.
④ 수은을 제외한 금속은 상온에서 고체상태의 결정구조를 갖는다.

합금이 될수록 강도가 커진다.

12 고융점 금속의 특성에 대한 설명으로 틀린 것은?

① 증기압이 높다.
② 융점이 높으므로 고온강도가 크다.
③ W, Mo은 열팽창계수가 낮으나 열전도율과 탄성률이 높다.
④ 내산화성은 적으나 습식부식에 대한 내식성은 특히 Ta, Nb에서 우수하다.

고융점 금속은 증기압이 낮다.

13 항공기용, 우주 항공기 신소재 및 그 합금의 특성에 관한 설명으로 틀린 것은?

① TEC-3합금은 항공기용 날개 재료에 사용된다.
② 항공기 재료는 응력부식 균열이 발생하지 않아야 한다.
③ 7175합금은 초초두랄루민(ESD)인 7075합금의 개량합금으로 항공기 재료로 사용된다.
④ 항공기 재료로 비중이 3이하이고 융용온도가 높은 Be을 첨가한 합금은 우주항공기 등에 사용된다.

TEC-3 : 고도전형재료로 전자기부품에 사용

정답 07 ② 08 ③ 09 ③ 10 ④ 11 ① 12 ① 13 ①

14 다음 Al합금에 대한 설명 중 틀린 것은?

① 실루민 합금은 Al에 Si를 첨가한 합금으로 조직을 미세화하기 위해 개량처리를 한다.
② 하이드로날륨은 Al에 약 10%까지 Mg을 첨가한 것으로 내식성 및 연신성이 우수한 합금이다.
③ 라우탈은 Al-Cu-Si계 합금으로 Si에 의해 주조성을 개선하고 Cu에 의해 피삭성을 좋게한 합금이다.
④ Y합금은 Al-Cu-Zn-Sn계 합금으로 800℃에서 용체화처리 후 상온시효하여 기계적 성질을 개선한 합금이다.

> Y합금 : Al-Cu-Mg-Ni계

15 전자기재료에 사용되고 있는 Ni-Fe계 실용합금이 아닌 것은?

① 인바 ② 엘린바
③ 두랄루민 ④ 플래티나이트

> 두랄루민 : Al-Cu-Mg계

16 큰 진동 감쇠능을 가지므로 내진재, 방음재로 실용화되고 있는 형상기억합금은?

① Cu계 합금
② Ti-Ni계 합금
③ Cu-Zn-Si계 합금
④ Cu-Zn-As계 합금

17 18-8 스테인레스강의 조직으로 옳은 것은?

① 페라이트(ferrite)
② 펄라이트(pearlite)
③ 시멘타이트(cementite)
④ 오스테나이트(austenite)

18 마그네슘합금의 구조재로서의 특성으로 틀린 것은?

① 비강도가 커서 휴대용기기의 재료에 사용한다.
② 상온변형이 쉬워 굽힘, 휨 등의 제품에 사용한다.
③ 실용금속 중에서 가장 가벼우며 비중이 약 1.74이다.
④ 감쇠능이 주철보다 커서 소음방지 구조재로서 우수하다.

> 마그네슘은 HCP 구조이므로 가공성이 나쁘다.

19 20금(20K)의 순금 함유율은 약 몇 %인가?

① 65 ② 75
③ 83 ④ 93

> 24K가 100%이므로 $\dfrac{20 \times 100}{24} = 83.3\%$

20 Fe-C 상태도에 대한 설명으로 옳은 것은?

① δ-ferrite는 면심입방격자 금속이다.
② A_0는 순철의 자기변태점이며, 온도는 약 723℃이다.
③ A_1는 시멘타이트의 자기변태점이며, 온도는 약 768℃이다.
④ 순철의 A_3 변태점의 온도는 약 910℃이며, α⇔γ가 되는 점이다.

정답 14 ④ 15 ③ 16 ② 17 ④ 18 ② 19 ③ 20 ④

제2과목 ▶ 금속조직

21 확산에 대한 설명으로 틀린 것은?

① 확산속도가 큰 것일수록 활성화에너지가 크다.
② 입계는 입내에 비하여 결함이 많아 확산이 일어나기 어렵다.
③ 온도가 낮을 때는 입계 확산과 입내 확산과의 차이가 크게 된다.
④ 이원 이상의 합금에서 복합적인 상호확산을 반응 확산이라 한다.

> 활성화에너지가 크면 확산속도가 작다.

22 새로운 상이 성장할 때의 계면 이동이 개개의 원자가 열적으로 활성화된 이동으로 일어나는 경우는 변태는?

① 무확산 변태
② 고속형 변태
③ 확산형 변태
④ 전단형 변태

23 금속의 온도가 낮을 때 확산의 활성화에너지 크기가 큰 순서에서 작은 순서로 나열된 것은?

① 입계확산 > 표면확산 > 격자확산
② 격자확산 > 입계확산 > 표면확산
③ 입계확산 > 격자확산 > 표면확산
④ 격자확산 > 표면확산 > 입계확산

24 규칙 – 불규칙 변태의 일반적인 성질의 설명으로 틀린 것은?

① 규칙격자가 생기면 전도전자의 산란이 많아 전기전도도가 커진다.
② Ni_3Mn 합금의 경우 규칙상은 강자성이나, 불규칙성은 상자성을 갖는다.
③ 퀴리점에서 비열의 증가는 단범위 규칙도 때문이다.
④ 규칙화가 진행되면 강도 및 경도가 증가한다.

> 규칙격자는 전자의 산란이 감소한다.

25 응고 시 체적 팽창이 발생하는 금속은?

① Sn   ② Sb
③ Pb   ④ Zn

26 탄소강의 오스테나이트(austenite) 상의 결정구조는?

① BCC   ② BCT
③ FCC   ④ HCP

27 면심입방격자에서 가장 조밀한 원자면은?

① (100)   ② (110)
③ (120)   ④ (111)

28 용융금속을 냉각시킬 때 냉각속도와 열흐름의 방향 등의 조건을 적절히 선택하여 1개의 결정핵만 성장시켜 단결정(Single Crystal)을 생성하는 방법은?

① 밀러(Miller)법
② 브래그(Bragg)법
③ 베가드(Vegard)법
④ 브리즈만(Bridgeman)법

정답 21① 22③ 23② 24① 25② 26③ 27④ 28④

29 가공변형이 전혀 없는 상태 즉, 완전 풀림 상태에서 금속결정 내의 전위수는?

① $10^1 \sim 10^2 /cm^2$
② $10^3 \sim 10^4 /cm^2$
③ $10^6 \sim 10^8 /cm^2$
④ $10^{11} \sim 10^{12} /cm^2$

30 회복(Recovery)에 관한 설명으로 옳은 것은?

① 회복과정에 전기저항은 증가하고 경도는 감소한다.
② 회복의 과정에서 여러 성질의 변화는 반드시 동일한 경과를 보인다.
③ 융점이 낮은 금속에서는 가공 후 실온에 방치하면 회복이 일어나지 않는다.
④ 결정립의 모양이나 방향에는 변화를 일으키지 않고 물리, 기계적 성질만이 변화한다.

31 0.8%C 강이 오스테나이트에서 펄라이트의 조직변화 과정을 설명한 것 중 틀린 것은?

① 오스테나이트는 입계에서 핵이 발생한다.
② 시멘타이트 주위에는 탄소 부족으로 페라이트가 형성된다.
③ 시멘타이트외 페라이트가 교대로 생성, 성장하여 층상조직을 형성한다.
④ 시멘타이트 양과 페라이트 양은 대략 1:1 비율로 형성된다.

> 페라이트 $= \dfrac{6.67 - 0.8}{6.67 - 0.015} = 88\%$
> 시멘타이트 $= 12\%$

32 임계전단응력 $\tau = F/A \cos\varphi \cos\lambda$ 로 표시된다. 이 식에서 슈미드(Schmid) 인자에 해당되는 것은?

① A
② F
③ F/A
④ $\cos\varphi\cos\lambda$

33 Fick의 제1법칙으로 옳은 것은? (단, D : 확산계수, J : 농도구배, C : 농도, x : 봉의 길이방향 축이다)

① $D = \dfrac{dC}{dx}$
② $J = -D \cdot \dfrac{dC}{dx}$
③ $J = \dfrac{dx}{dC}$
④ $\dfrac{\partial c}{\partial t} = D \dfrac{\partial^2 c}{\partial x^2}$

34 Fe-C 평형상태도에서 공정점의 자유도 (F)는?

① 0
② 1
③ 2
④ 3

> 성분 C : 2원 합금이므로 2
> 상 P : 공정점(액체, 고상1, 고상2)이므로 3
> 공석점(고상1, 고상2, 고상3)이므로 3
> 따라서 F=C-P+1=2-3+1=0

35 원자배열이 불규칙격자상태인 고용체를 높은 온도에서 서서히 냉각시키면 어느 온도에서 규칙격자의 상태로 변화한다. 이때의 온도는?

① 공석온도
② 변태온도
③ 전이온도
④ 재결정온도

정답 29 ③ 30 ④ 31 ④ 32 ④ 33 ② 34 ① 35 ③

36 Gibb's 의 3성분계의 그림에서 P조성 합금 중의 A 성분의 양은?

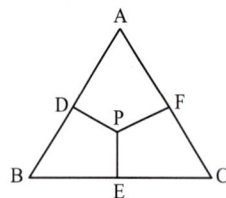

① A-P ② P-E
③ P-F ④ P-D

> 레버룰에 의해 A조성은 P-E 선이다.

37 탄소강에서 탄소량의 증가에 따라 증가하는 성질은?

① 비중 ② 전기저항
③ 팽창계수 ④ 열전도도

38 Fe-C 평형상태도에서 순철의 변태가 아닌 것은?

① A_1 변태 ② A_2 변태
③ A_3 변태 ④ A_4 변태

> A_1 변태 : 탄소강에서의 공석변태

39 Fe-C 평형상태도에서 α고용체 + Fe_3C 의 기계적 혼합물은?

① 페라이트(ferrite)
② 마텐자이트(martensite)
③ 펄라이트(pearlite)
④ 오스테나이트(austenite)

40 고용체 강화 합금에 대한 설명으로 틀린 것은?

① 고용체가 형성되면 용질원자 근처에 응력장이 형성된다.
② 용매와 용질원자 사이의 원자크기가 비슷할 때 강화효과가 크다.
③ 일반적으로 용매원자의 격자에 용질원자가 고용되면 순금속보다 강한 합금이 된다.
④ 용질원자에 의한 응력장은 가동전위의 응력장과 상호 작용을 하여 전위의 이동을 방해함으로써 강화된다.

> 원자 크기가 비슷하면 고용강화효과가 감소한다.

제3과목 ▶ 금속열처리

41 0℃ 이하의 온도 즉, Sub-zero 온도에서 냉각시키는 심랭처리의 목적으로 옳은 것은?

① 경화된 강의 잔류 오스테나이트를 펄라이트화 한다.
② 경화된 강의 잔류 펄라이트를 시멘타이트화 한다.
③ 경화된 강의 잔류 시멘타이트를 펄라이트화 한다.
④ 경화된 강의 잔류 오스테나이트를 마텐자이트화 한다.

정답 36 ② 37 ② 38 ① 39 ③ 40 ② 41 ④

42 템퍼링 균열의 원인이 아닌 것은?

① 템퍼링의 급속 가열
② 탈탄층이 있는 경우
③ 템퍼링 온도로부터 서랭
④ 담금질이 끝나지 않은 상태의 것을 템퍼링한 경우

템퍼링 후 급랭할 경우 균열이 발생할 수 있다.

43 냉각제의 냉각 효과를 지배하는 인자로 관련이 가장 적은 것은?

① 점성   ② 비중
③ 기화열   ④ 열전도도

44 강의 열처리 시 담금질성을 향상시키는 원소로 가장 적합한 것은?

① S   ② Pb
③ Mn   ④ Zn

45 공구강 및 합금강에서는 Cr과 공존하여 열처리성과 열처리 변형을 억제하는 합금 원소는?

① Al   ② Mo
③ S   ④ Cu

46 철합금의 표면에 붕소를 확산시켜 붕소 화합물을 형성하는 침붕처리는 열충격 분위기에서 균열이 발생할 가능성이 높다. 이를 방지하기 위한 바람직한 화합물은?

① FeB + Fe_2B의 복합층
② FeB + Fe_3B의 복합층
③ Fe_3B의 단일층
④ Fe_2B의 단일층

47 경화능과 질량효과(Mass effect)에 관한 설명으로 틀린 것은?

① 임계냉각속도가 클수록 경화하기 쉽다.
② 경화의 깊이와 경도의 분포를 지배하는 성질을 경화능이라 한다.
③ 강재의 크기에 따라 담금질효과가 달라지는 현상을 질량효과라 한다.
④ 경화능이란 담금질경화하기 쉬운 정도, 즉 마텐자이트 조직으로 얻기 쉬운 성질을 나타낸다.

임계냉각속도가 크면 냉각속도가 느려지므로 경화가 잘 안 된다.

48 다음 열처리에서 가장 이상적인 담금질 방법으로 옳은 것은?

① Ar'변태가 일어나는 구역은 급랭하고, Ar"변태구역에서는 서랭한다.
② Ar'변태가 일어나는 구역은 급랭하고, Ar"변태구역에서는 급랭한다.
③ Ar'변태가 일어나는 구역은 서랭하고, Ar"변태구역에서는 서랭한다.
④ Ar'변태가 일어나는 구역은 서랭하고, Ar"변태구역에서는 급랭한다.

49 인성을 증가시킬 목적으로 A_1변태점 이하에서 처리하는 열처리 방법은?

① 풀림   ② 뜨임
③ 담금질   ④ 노멀라이징

50 가열로의 기초 필수 설비가 아닌 것은?

① 내화물   ② 온도계
③ 냉각장치 ④ 가열장치

냉각장치는 급랭에만 필요한 장비이다.

정답 42 ③ 43 ② 44 ③ 45 ② 46 ④ 47 ① 48 ① 49 ② 50 ③

51 냉각 시의 A_3변태(Ar_3)를 설명한 것 중 옳은 것은?

① 723℃의 온도범위에서 일어나는 변태이다.
② 910℃의 온도범위에서 일어나는 변태이다.
③ 순철에서는 δ상이 γ상으로 변태하는 온도이다.
④ HCP에서 FCC로의 격자 변화가 일어나는 변태이다.

52 가스침탄법에서 침탄법의 품질관리에 직접적으로 영향을 미치는 분위기(로기) 관리는 가장 중요한 인자이다. 통상적으로 노 분위기를 관리하는 방법은?

① C 분석　　② CO 분석
③ CO_2 분석　　④ C_3H_8 분석

53 Al합금 주물의 질별 기호 중 AC1A-F에서 F가 의미하는 것은?

① 어닐링한 것
② 가공경화한 것
③ 용체화 처리한 것
④ 제조한 그대로의 것

54 열처리 균열 발생 감소를 위한 설계상의 방법 중 잘못된 것은?

① 내면의 우각에 R을 준다.
② 응력 집중부를 만들어준다.
③ 두꺼운 단면과 얇은 단면은 분리시킨다.
④ 살이 얇은 부분에 구멍이 집중되지 않도록 한다.

> 응력 집중부(모서리나 단변급변부)를 없애야 한다.

55 석출경화형 구리 합금인 Cu-Be 합금의 용체화 처리 방법으로 가장 적합한 것은?

① 가능한 한 최저온도 이하에서 처리한다.
② 가능한 한 최고온도를 초과하여 처리한다.
③ 가능한 한 가장 늦은 속도로 담금질해야 한다.
④ 가능한 한 용질 원자 Be이 충분히 용해되도록 한다.

56 흑체로부터 복사선 가운데 가시 광선만을 이용하는 온도계로 700℃ 이상에서 사용되는 것은?

① 저항온도계
② 광고온계
③ 열전온도계
④ 방사온도계

57 베이나이트(Bainite)변태에 대한 설명으로 옳은 것은?

① 베이나이트는 오스테나이트와 탄화물로 분해한다.
② 오스어닐링 처리를 하는 경우, 베이나이트가 생성된다.
③ 저탄소강에서 상부와 하부 베이나이트는 탄소 농도에 따라서 변화한다.
④ 0.7% 이상의 탄소강에서 상부와 하부 베이나이트는 약 850℃를 경계로 구분이 된다.

정답　51 ②　52 ③　53 ④　54 ②　55 ④　56 ②　57 ③

58 강의 마텐자이트 변태에 대한 설명으로 옳은 것은?

① 마텐자이트 조직은 C가 고용된 고용체이다.
② 탄소강의 마텐자이트 조직은 조밀육방격자이다.
③ 냉각 시 확산이 많이 일어날수록 마텐자이트 생성량이 많아진다.
④ 마텐자이트 변태가 일어날 때 오래 유지할수록 변태량이 많아지는 시간의존 변태이다.

59 강재를 담금질할 때 연속 냉각변태의 표시로 옳은 것은?

① CCT   ② TAA
③ ESA   ④ FRT

60 분위기로에서 일반적으로 사용하는 중성 분위기 가스는?

① F   ② O_2
③ Cl   ④ N_2

제4과목 ▶ 재료시험

61 쇼어 경도 시험할 때의 주의사항으로 틀린 것은?

① 시험은 안정된 위치에서 실시한다.
② 다이아몬드 선단의 마모여부를 점검한다.
③ 시험편에 기름 등이 묻지 않도록 해야 한다.
④ 고무와 같은 탄성률의 차이가 큰 재료를 선택하여 시행한다.

> 고무와 같은 탄성률이 큰 재료는 적용이 적합하지 않다.

62 정량 조직검사인 ASTM 결정입도 측정법에서 시야에서의 입도번호인 a와 각 입도번호에 따른 시야수 b가 다음 표와 같이 나타났을 때 ASTM 입도 번호는(Nm)는?

a	b	a×b	비고
5	4	20	
7	6	42	
8	5	40	

① 5.1   ② 6.8
③ 7.5   ④ 8.0

$$\frac{\sum(a \times b)}{\sum b} = \frac{20+42+40}{4+6+5} = \frac{102}{15} = 6.8$$

63 밀폐된 용기의 누설검사로써 검사할 부분을 용액 중에 담근 후 공기, 질소 또는 헬륨 가스 등을 통과시켜 누설부위에서 기포가 나타나게 검사하는 방법은?

① 버블법
② 자기포화법
③ 습식현상법
④ 설퍼프린트법

64 구리판, 알루미늄판 등 연성을 알기 위한 시험방법으로 커핑 시험(cupping test)이라고도 불리는 시험방법은?

① 경도시험
② 압축시험
③ 에릭슨시험
④ 비틀림시험

정답 58① 59① 60④ 61④ 62② 63① 64③

65 강재에 함유된 비금속 개재물 중 황화물계 개재물의 분류에 해당되는 것은?

① 그룹 A ② 그룹 B
③ 그룹 C ④ 그룹 D

> 그룹 A : 황화물 종류
> 그룹 B : 알루민산염 종류
> 그룹 C : 규산염 종류
> 그룹 D : 구형 산화물의 종류
> 그룹 DS : 단일 구형의 종류

66 연강 시험편을 암슬러형 비틀림 시험에서 시험하는 경우 토오크(torque)의 비틀림 각도가 갑자기 증가하는 점은?

① 파단점 ② 최대하중점
③ 항복점 ④ 비례한계점

67 미국 ASTM에서 추천한 봉재의 압축시편 규격이 아닌 것은? (단, h : 높이, d : 직경이다)

① 단주시험편 : h = 0.9d
② 관주시험편 : h = 2d
③ 중주시험편 : h = 3d
④ 장주시험편 : h = 10d

> 단주 : h=0.9d   중주 : h=3d
> 장주 : h=10d

68 와류 탐상검사의 특징을 설명한 것 중 틀린 것은?

① 도체에 적용된다.
② 고온부위의 시험체에 탐상이 가능하다.
③ 시험체에 비접촉으로 탐상이 가능하다.
④ 시험체의 내부에 있는 결함 검출을 대상으로 한다.

> 와전류탐상은 표면부, 표면직하부 결함 검출이 가능하다.

69 압축시험의 응력과 변형률 관계에서, m<1 곡선에 해당되는 재료는?

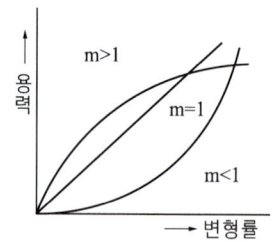

① 강 ② 고무
③ 황동 ④ 콘크리트

> m<1 : 고무, 비금속
> m>1 : 금속, 콘크리트
> m=1 : 완전 탄성체

70 재료표면의 변형에 대한 저항력을 수치로 나타내는 값으로서 재료의 단단한 정도를 파악하고자 시험하는 것은?

① 경도 ② 인성
③ 충격값 ④ 마모율

71 금속을 현미경 조직 검사하는 주목적으로 옳은 것은?

① 입계면의 강도 조사
② 금속 입자의 크기 조사
③ 원소의 배열상태 조사
④ 조성, 성분 및 중량 조사

정답 65① 66③ 67② 68④ 69② 70① 71②

72 KS B 0809에서 정한 충격 시험편의 나비는 10mm이다. 그러나 재료의 사정에 의해 표준 치수의 시험편 채취가 불가능한 경우 나비의 축소 사이즈(mm)에 해당되지 않는 것은?

① 1.5　　② 2.5
③ 5.0　　④ 7.5

> 시편 축소 사이즈 : 2.5, 5.0, 7.5mm

73 인장시험에 사용하는 용어와 이에 대한 설명으로 틀린 것은?

① 평행부 : 시험편의 중앙부에서 동일 단면을 갖는 부분
② 물림부 : 시험편의 끝부분으로서 시험기의 물림장치에 물려지는 부분
③ 정형시험편 : 시험편의 평행부 단면적에 관계없이 각 부분의 모양, 치수가 일정하게 정해진 시험편
④ 어깨부의 반지름 : 물림부의 응력을 균일하게 분산시키기 위하여 물림부와 평행부 사이에 만든 원호 부분의 지름

> 어깨부 반지름
> 평행부에 응력을 균일하게 분산시키는 부분

74 굽힘시험에 대한 설명 중 옳은 것은?

① 시험편에 힘이 가하여지는 쪽의 응력은 인장력이 된다.
② 시험편의 양 끝 부분을 측정하여 크리프 선도를 결정할 수 있다.
③ 주철의 굽힘시험에서 응력은 보통 파단계수로서 그 크기를 정한다.
④ 재료의 압축에 대한 항압력 시험과 균열유무를 시험하는 굴곡저항시험으로 분류된다.

75 일정한 온도에서 일정한 하중을 장시간 유지하면 변형이 증가하는 현상은?

① 소성현상　　② 탄성현상
③ 피로현상　　④ 크리프현상

76 방사선투과시험에서 투과 사진을 식별하기 위하여 사진에 글자나 기호를 새겨 넣는 데 사용하는 것은?

① 계조계　　② 필름마커
③ 농도계　　④ 투과도계

77 마모 시험의 결과에 영향을 미치는 요인이 아닌 것은?

① 윤활제 사용유무
② 표면 다듬질 정도
③ 상대 금속의 굵기
④ 상대 금속의 성질

> 상대 금속의 굵기와 마모는 관련이 없다.

78 그라인더 불꽃 검사법에서 특수강의 불꽃은 함유한 특수원소의 종류에 따라 변화하는데, 이들 특수원소 중 탄소 파열을 저지하는 원소는?

① Mn　　② Cr
③ Ni　　④ V

정답 72① 73④ 74③ 75④ 76② 77③ 78③

79 안전점검의 추진 4단계 순서로 옳은 것은?

① 실태파악 → 결함발견 → 대책결정 → 대책실시
② 실태파악 → 대책결정 → 대책실시 → 결함발견
③ 결함발견 → 대책실시 → 대책결정 → 실태파악
④ 결함발견 → 실태파악 → 대책결정 → 대책실시

80 과열 조직을 5% 피크랄로 에칭한 후 200~500배로 검경하였을 때 페라이트가 γ-철의 벽개면에 석출하여 여러 방향으로 층상을 이루고 있는 조직은?

① 시멘타이트 조직
② 마텐자이트 조직
③ 오스테나이트 조직
④ 비트만스테텐 조직

2015년 3회 금속재료산업기사 필기 기출문제

2015년 9월 19일 시행

제1과목 ▶ 금속재료

01 46% Ni-Fe합금으로 열팽창계수 및 내식성에 있어 백금을 대용할 수 있어 전구봉입선 등으로 사용 가능한 것은?

① 인바(Invar)
② 엘린바(Elinva)
③ 퍼멀로이(Permalloy)
④ 플레티나이트(Platinite)

02 탄소 함유량이 가장 적은 것은?

① 암코철
② 아공석강
③ 과공석강
④ 과공정주철

03 분말야금(powder metallurgy)의 특징으로 틀린 것은?

① 절삭공정을 생략할 수 있다.
② 다공질의 금속재료를 만들 수 있다.
③ 제조과정에서 융점까지 온도를 올려 제조한다.
④ 융해법으로는 만들 수 없는 합금을 만들 수 있다.

> 융점 이하로 온도를 올려서 성형한다.

04 전연성이 매우 커서 약 10^{-6}cm 두께의 박판 또는 1g을 2,000m 선으로 가공할 수 있는 것은?

① Au
② Sn
③ Ir
④ Os

05 황동에 10~20% Ni을 첨가한 것으로 탄성 및 내식성이 좋으므로 탄성재료나 화학기계용 재료에 사용되는 것은?

① 양은
② Y합금
③ 텅갈로이
④ 길딩메탈

06 베어링 합금이 갖추어야 할 조건 중 틀린 것은?

① 열전도율이 클 것
② 마찰계수가 적을 것
③ 소착에 대한 저항력이 작을 것
④ 충분한 점성과 인성이 있을 것

> 소착에 대한 저항력이 커야 한다.

07 열간가공의 특징으로 틀린 것은?

① 재질이 균일화된다.
② 기공의 생성을 촉진시킨다.
③ 강괴 내부의 미세균열이 압착된다.
④ 방향성이 있는 주조조직이 제거된다.

> 소성가공을 하면 기공이 없어진다.

정답 01 ④ 02 ① 03 ③ 04 ① 05 ① 06 ③ 07 ②

08 베어링에 사용되는 동계 합금인 켈멧(kelmet)의 합금조성으로 옳은 것은?

① Cu – Co ② Cu – Pb
③ Cu – Mg ④ Cu – Si

09 고탄소강에 Cr, Mo, V, Mn 등을 첨가한 냉간 금형 합금강으로 담금질성이 좋고 열처리 변형이 적어 인발형, 냉간단조용형, 성형롤 등에 사용되는 합금계는?

① STS3 ② STD11
③ SKH51 ④ STD61

10 고망간강의 일종인 해드필드 강(Hadfield steel)의 설명으로 틀린 것은?

① 수인법을 이용한 강이다.
② 주요 조성은 0.9~1.4C%, 10~15Mn%이다.
③ 열전도성이 좋고, 열팽창계수가 작아 열변형을 일으키지 않는다.
④ 광석·암석의 파쇄기 등 심한 충격과 마모를 받는 부품에 이용된다.

11 금속초미립자의 특성을 설명한 것 중 옳은 것은?

① Cr계 합금 초미립자는 빛을 잘 흡수한다.
② 활성이 강하여 화학반응을 일으키지 않는다.
③ 저온에서 열저항이 매우 커 열의 부도체이다.
④ 표면장력이 없으므로 내부에 기압이 없어 압력이 발생하지 않는다.

12 다음 중 연질자성재료가 아닌 것은?

① 퍼멀로이 ② 센더스트
③ Si 강판 ④ 알니코 자석

> 알니코 자석 : 경질자성재료

13 면심입방격자(FCC)는 단위격자 내에 몇 개의 원자가 존재하는가?

① 2 ② 4
③ 8 ④ 12

14 탄소강에서 상온취성의 원인이 되는 원소는?

① 인(P) ② 규소(Si)
③ 아연(Zn) ④ 망간(Mn)

15 Al–Si계 합금에서 개량처리(modification)에 관한 설명 중 틀린 것은?

① 개량처리제로 알칼리 염류를 첨가한다.
② 개량처리제로 금속나트륨을 첨가한다.
③ Si 결정을 미세화하기 위해 개량처리제를 첨가한다.
④ Al 결정을 미세화하기 위해 개량처리제를 첨가한다.

> Al결정(α상)은 개량처리하면 증가한다.

16 반도체에 빛을 조사하면 흡수나 여기된 캐리어(전자)에 의한 도전율의 변화가 생기는 현상은?

① 광전효과 ② 표피효과
③ 제백효과 ④ 홀페치효과

정답 08 ② 09 ② 10 ③ 11 ① 12 ④ 13 ② 14 ① 15 ④ 16 ①

17 Ti에 대한 설명으로 틀린 것은?

① 내식성이 우수하다.
② 비강도(강도/중량)가 높다.
③ 활성이 커서 고온산화가 잘 된다.
④ 면심입방정으로 소성변형에 제약이 없다.

Ti : 조밀육방격자

18 주철에 대한 설명으로 틀린 것은?

① 강에 비해 융점이 낮고 유동성이 좋다.
② 탄소함량 약 2.0%를 기준으로 강과 주철을 구분한다.
③ 탄소당량(C,E)은 탄소(C), 망간(Mn)의 %에 의해 산출된다.
④ 주철의 조직에 가장 큰 영향을 미치는 인자는 냉각속도와 화학성분이다.

탄소당량 : C, Si의 관계

19 내·외적 응력이 작용하고 있는 강을 염화물이나 알칼리용액 중에서 사용하면 국부적인 균열을 일으키고 결국은 파괴되는 현상인 응력부식균열을 일으키기 쉬운 스테인리스강은?

① 페라이트계   ② 석출경화형
③ 마텐자이트계 ④ 오스테나이트계

20 순철의 변태에서 A_3 변태와 A_4 변태의 설명 중 틀린 것은?

① A_3 변태점은 약 910℃이다.
② A_4 변태점은 약 1,400℃이다.
③ A_3, A_4 변태는 순철의 동소변태이다.
④ 가열 시 A_3 변태는 격자상수가 감소한다.

가열 시 A_3 변태는 BCC에서 FCC로 바뀌므로 격자상수가 커진다.

제2과목 ▶ 금속조직

21 동소변태에 대한 설명으로 틀린 것은?

① 자성의 변화가 일어난다.
② 결정구조의 변화가 일어난다.
③ 원자배열의 변화가 일어난다.
④ 급속히 비연속적으로 일어난다.

자기변태 : 자성의 변화

22 Fe-C계 상태도에서 포정점에 해당되는 것은?

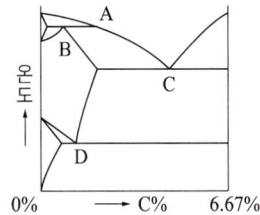

① A   ② B
③ C   ④ D

B : 포정점, C : 공정점, D : 공석점

23 강의 마텐자이트 변태에 대한 설명으로 옳은 것은?

① 면심입방격자이다.
② 무확산 과정이다.
③ 원자의 협동운동에 의한 변태가 아니다.
④ 변태량은 냉각온도의 영향을 받지 않는다.

24 고용체합금의 시효경화를 위한 조건으로서 옳은 것은?

① 석출물이 기지조직과 부정합 상태이어야 한다.
② 고용체의 용해한도가 온도감소에 따라 급감해야 한다.
③ 급랭에 의해 제2상의 석출이 잘 이루어져야 한다.
④ 기지상은 연성이 아닌 강성이며 석출물은 연한 상이어야 한다.

25 입방정계에 속하는 금속이 응고할 때 결정이 성장하는 우선 방향은?

① [100] ② [110]
③ [111] ④ [123]

26 순금속 내에서 동일 원자사이에 일어나는 확산은?

① 자기확산   ② 상호확산
③ 입계확산   ④ 불순물확산

27 다음 재결정에 대한 설명으로 틀린 것은?

① 내부에 새로운 결정립의 핵이 발생한다.
② 고순도의 금속일수록 재결정하기가 어렵다.
③ 가공 전의 결정립이 작을수록 재결정 완료 후의 결정립은 작다.
④ 석출물이나 이종원자가 존재하면 재결정의 진행이 방해된다.

> 순금속에 가까울수록 재결정이 잘 일어난다.

28 체심입방격자와 면심입방격자의 슬립면은?

① 체심입방격자 : (110), 면심입방격자 : (111)
② 체심입방격자 : (111), 면심입방격자 : (110)
③ 체심입방격자 : (101), 면심입방격자 : (110)
④ 체심입방격자 : (110), 면심입방격자 : (101)

29 금속의 확산에서 확산속도가 빠른 것에서 늦은 순서로 옳은 것은?

① 입계확산 > 표면확산 > 격자확산
② 표면확산 > 격자확산 > 입계확산
③ 격자확산 > 입계확산 > 표면확산
④ 표면확산 > 입계확산 > 격자확산

30 일정 압력하에서 깁스(Gibbs)의 상율(phase rule)을 이용하면 응축계에서 3성분계의 자유도가 0일 때는 상이 몇 개 공존할 때인가?

① 2 ② 3
③ 4 ④ 5

> $F = C - P + 1$에서 $P = C + 1 - F = 3 + 1 - 0 = 4$

31 불규칙 상태의 고용체를 고온에서 천천히 냉각하면 어느 온도에서 규칙격자로 변화한다. 이때 성질의 변화로 틀린 것은?

① 강도의 증가
② 연성의 증가
③ 경도의 증가
④ 전기전도도의 증가

> 규칙격자가 되면 강도·경도 증가, 연성은 감소한다.

정답 24 ② 25 ① 26 ① 27 ② 28 ① 29 ④ 30 ③ 31 ②

32 냉간가공된 금속을 풀림할 때 일어나는 3단계의 순서가 옳은 것은?

① 회복 → 재결정 → 결정립 성장
② 재결정 → 회복 → 결정립 성장
③ 결정립 성장 → 재결정 → 회복
④ 결정립 성장 → 회복 → 재결정

33 A원자와 B원자로 된 규칙격자 합금이 있다. A원자의 농도가 40%, B원자의 농도가 60%이며, α 격자상의 한 점을 A원자가 차지하는 확률이 0.79라고 한다면 A원자의 장범위 규칙도는?

① 0.40 ② 0.48
③ 0.51 ④ 0.65

$$S = \frac{f_A - x_A}{1 - x_A} \text{ 또는 } S = \frac{f_B - x_B}{1 - x_B}$$

f_A : α격자점을 차지하는 A원자의 확률
x_A : A원자의 농도
A원자 고려하면:
$$S = \frac{0.79 - 0.4}{1 - 0.4} = 0.65$$

34 Mn을 첨가하면 감소시킬 수 있는 취성은?

① 적열취성 ② 저온취성
③ 청열취성 ④ 뜨임취성

35 금속의 소성변형을 일으키는 방법이 아닌 것은?

① 슬립변형 ② 쌍정변형
③ 킹크변형 ④ 탄성변형

탄성변형은 하중을 제거하면 원래로 돌아가는 것

36 규칙격자의 분류에서 체심입방격자형의 AB형이 아닌 것은?

① CuAu ② CuZn
③ FeAl ④ AgCd

CuAu는 면심입방격자형이다.

37 1차원적인 격자결함으로서 결정격자 내에서 선을 중심으로 하여 그 주위에 격자의 뒤틀림을 일으키는 결함은?

① 전위 ② 점결함
③ 체적결함 ④ 계면결함

38 다음 중 다각화(polygonization)와 관련 없는 것은?

① 킹크(kink)
② 회복(recovery)
③ 서브결정(sub-grain)
④ 칼날전위(edge dislocation)

킹크 : 슬립면 위에 움직이는 단락

39 다음의 금속강화 방법 중 고온에서 효과가 가장 좋은 방법은?

① 급랭하여 강화시켰다.
② 압연가공하여 강화시켰다.
③ 고용체를 석출시켜 강화시켰다.
④ 고용원소를 고용시켜 강화하였다.

40 Al – 4%Cu 합금에서 석출강화처리 방법이 아닌 것은?

① 용체화처리 ② 급랭처리
③ 시효처리   ④ 심랭처리

> 심랭처리는 고합금강에 주로 적용한다.

제3과목 ▶ 금속열처리

41 Al 합금 질별 기호 중 용체화 처리 후 안정화 처리한 것의 기호로 옳은 것은?

① T1 ② T4
③ T6 ④ T7

42 탄소강(SM45C)을 마텐자이트조직으로 하기 위한 열처리 방법은?

① 뜨임(tempering)
② 담금질(quenching)
③ 풀림(annealing)
④ 불림(normalizing)

43 상온 가공한 황동제품의 시기균열(season crack)을 방지하는 열처리는?

① 담금질
② 노멀라이징
③ 저온 어닐링
④ 고온 템퍼링

44 재료를 오스테나이트화 한 후 코(nose) 구역을 통과하도록 급랭하고 시험편의 내·외가 동일온도에 도달한 다음 적당한 방법으로 소성가공을 하여 공랭, 유랭 또는 수랭으로 마텐자이트 변태를 일으키는 것은?

① 수인법   ② 파텐팅
③ 제어압연   ④ M_s 담금질

> **제어압연**
> 압연의 소성가공 중 열처리를 한다.

45 탄소강을 고온에서 열처리할 때 표면 산화나 탈탄이 발생한다. 이를 방지하기 위하여 조성하는 로 내의 분위기로 틀린 것은?

① 진공의 분위기
② Ar 가스 분위기
③ 환원성 가스 분위기
④ 산화성 가스 분위기

> 산화성 분위기에서는 탈탄 및 산화 스케일 생성이 증가한다.

46 열처리의 목적이 아닌 것은?

① 조직을 안정화시키기 위하여
② 내식성을 개선시키기 위하여
③ 경도 또는 인장력을 증가시키기 위하여
④ 조직을 조대화하고 방향성을 크게 하기 위하여

> 조직이 미세화되고 방향성을 제거한다.

정답 40 ④ 41 ④ 42 ② 43 ③ 44 ③ 45 ④ 46 ④

47 강의 항온 열처리 중 오스테나이트 영역에서 냉각하여 M_s와 M_f 사이에서 행하는 항온처리로 오스테나이트의 일부는 마텐자이트가 되고 일부는 베이나이트의 혼합 조직이 되는 처리는?

① 스퍼터링 ② 마템퍼링
③ 오스포밍 ④ 오스템퍼링

48 침탄깊이와 관련이 가장 적은 것은?

① 가열온도
② 유지시간
③ 가열로의 종류
④ 침탄제의 종류

> 가열로의 종류는 침탄 깊이와 관련이 없다.

49 초 심랭처리의 효과로 틀린 것은?

① 잔류응력이 증가한다.
② 내마멸성이 현저히 향상된다.
③ 조직의 미세화와 미세 탄화물의 석출이 이루어진다.
④ 잔류 오스테나이트가 대부분 마텐자이트로 변태한다.

> 심랭저리
> 잔류 오스테나이트의 마텐자이트화로 잔류응력을 감소한다.

50 열처리 설비 제작 시 로 내부에 사용되는 재료가 아닌 것은?

① 열선   ② 콘덴서
③ 내화물 ④ 열전대

> 콘덴서 : 전기 제어설비

51 변성로에서 그을음을 제거하기 위한 번아웃(burn out) 작업 방법으로 틀린 것은?

① 원료가스의 송입을 중지한다.
② 변성로의 온도를 상용온도보다 약 50℃ 정도 낮춘다.
③ 변성로에 변성 능력의 약 10% 정도의 공기를 송입한다.
④ 변성로 내 가연성 가스가 없다고 판단될 때 공기 송입량을 늘린다.

> 공기 송입량이 증가하면 폭발의 위험성이 있다.

52 과공석강(1.5%)을 완전 풀림(full annealing) 하였을 때 나타나는 조직은?

① 페라이트 + 층상 펄라이트
② 층상 펄라이트 + 스텔라이트
③ 시멘타이트 + 층상 펄라이트
④ 시멘타이트 + 구상 펄라이트

53 인상담금질(Time Quenching)에서 인상 시기에 대한 설명으로 틀린 것은?

① 가열물의 직경 또는 두께 3mm당 1초 동안 수랭한 후 유랭 또는 공랭한다.
② 화색(火色)이 나타나지 않을 때까지 2배의 시간만큼 수랭한 후 공랭한다.
③ 기름의 기포발생이 시작되었을 때 꺼내어 공랭한다.
④ 가열물의 직경 또는 두께 1mm당 1초 동안 유랭한 후 공랭한다.

> 기름에 기포가 발생하면 냉각속도가 느려지게 된다.

정답 47 ② 48 ③ 49 ① 50 ② 51 ④ 52 ③ 53 ③

54 금속 침투법 중에서 세라다이징에 사용되는 원소는?

① B ② Zn
③ Al ④ Cr

55 냉각의 단계를 1~3단계로 나눌 때 시료가 냉각액의 증기에 감싸이는 단계로 냉각 속도가 극히 느린 단계는?

① 1단계
② 2단계
③ 3단계
④ 단계와 상관없이 모두 극히 느리다.

> 1단계 : 증기막(냉각속도 느림)
> 2단계 : 비등(냉각속도 빠름)
> 3단계 : 대류

56 마레이징강(maraging steel)의 열처리 방법에 대한 설명 중 옳은 것은?

① 850℃에서 1시간 유지하여 용체화 처리한 후 유랭 또는 노랭하여 마텐자이트화 한다.
② 1,100℃에서 반드시 수랭 처리하여 오스테나이트를 미세하게 석출, 경화시킨다.
③ 1,000℃에서 1시간 유지하여 용체화 처리한 후 노랭하여 조직을 안정화시킨다.
④ 850℃에서 1시간 유지하여 용체화 처리한 후 공랭 또는 수랭하여 480℃에서 3시간 시효처리한다.

57 담금질 시에 가열온도가 높거나 가열유지 시간이 길어질 때 나타날 수 있는 대표적인 결함으로 적당한 것은?

① 결정립 조대화 ② 결정립 미세화
③ 경화도 증가   ④ 청열 취성

58 열처리 온도측정에 사용되는 열전대 (thermo couple) 온도계에 대한 설명 중 틀린 것은?

① 열전대는 2종의 금속을 접합하고 짧은 절연관을 넣어 그 위에 보호관을 씌워 사용한다.
② 열전대에 쓰이는 재료로는 내열, 내식성이 뛰어나고 고온에서도 기계적 강도가 커야 한다.
③ 열전대에 쓰이는 재료로는 열기전력이 크고 안정성이 있으며 히스테리시스 차가 없어야 한다.
④ 보호관으로는 1,000℃ 이하의 온도로 사용하는 비금속관(석영, 알루미나소결관)과 1,000℃이상의 온도에 사용되는 금속관(고크롬강, 니켈크롬강)이 있다.

> 석영, 비금속관은 1,000℃ 이상, 금속관은 1,000℃ 이하

59 강을 열처리할 때 냉각 방법의 3가지 형식 중 냉각 도중에 냉각 속도 변화를 위하여 공기 중에서 냉각하는 방법은?

① 2단 냉각   ② 연속 냉각
③ 항온 냉각 ④ 열욕 냉각

60 펄라이트 가단주철의 제조방법으로 틀린 것은?

① 합금첨가에 의한 방법
② 열처리 곡선의 변화에 의한 방법
③ 백심가단주철의 재열처리에 의한 방법
④ 흑심가단주철의 재열처리에 의한 방법

> 백심가단주철은 백주철을 탈탄시킨 것이므로 재가열해도 펄라이트가 생성되지 않는다.

정답 54 ② 55 ① 56 ④ 57 ① 58 ④ 59 ① 60 ③

제4과목 ▶ 재료시험

61 현미경 조직시험용 부식액 중 알루미늄 및 알루미늄합금에 적합한 시약의 명칭은?

① 왕수
② 질산알콜 용액
③ 염화 제2철 용액
④ 수산화나트륨 용액

62 일반적 재료시험을 정적 시험과 동적 시험방법으로 나눌 때 동적 시험 방법에 해당되는 것은?

① 압축시험 ② 충격시험
③ 전단시험 ④ 비틀림시험

63 피로시험의 종류 중 시험편의 축방향에 인장 및 압축이 교대로 작용하는 시험은?

① 반복 굽힘시험
② 반복 인장압축시험
③ 반복 비틀림시험
④ 반복 응력피로시험

64 철강재의 설퍼프린트 시험결과에서 황(S) 편석의 분포가 강재의 중심부로부터 표면부 쪽으로 증가하여 나타나는 편석을 무엇이라고 하는가?

① 정편석(S_N)
② 역편석(S_I)
③ 주상편석(S_{CO})
④ 중심부편석(S_C)

65 마모시험편 제작 시 주의사항에 해당되지 않는 것은?

① 보관 시는 데시케이터를 사용한다.
② 시험편은 항상 열처리된 시험편만을 사용한다.
③ 불필요한 표면 산화, 기름이나 물 등의 오염을 억제한다.
④ 가공에 의한 잔류응력이나 표면 변질을 최대한 억제한다.

  상대재를 열처리하여 사용한다.

66 다음 중 긴 시간을 필요로 하는 특수 시험은?

① 인장시험   ② 압축시험
③ 굽힘시험   ④ 크리프시험

67 물질안전보건 제도에서 물리적 위험 물질 중 가연성 물질과 접촉하여 심한 발열 반응을 나타내는 물질은?

① 고독성 물질 ② 산화성 물질
③ 폭발성 물질 ④ 극인화성 물질

68 재료의 연성을 파악하기 위하여 구리 및 알루미늄 판재를 가압 성형하여 변형 능력을 시험하는 시험법은?

① 샤르피시험 ② 에릭션시험
③ 암슬러시험 ④ 크리프시험

69 피로한도를 알기 위해 반복횟수와 응력과의 관계를 표시한 선도는?

① TTT 곡선   ② S-N 곡선
③ Creep 곡선 ④ 항온변태 곡선

정답 61 ④ 62 ② 63 ② 64 ② 65 ② 66 ④ 67 ② 68 ② 69 ②

70 [보기]에서 자분탐상검사가 가능한 것들로 짝지어진 것은?

> ㉠ 고합금강　㉡ 탄소강
> ㉢ 알루미늄　㉣ 청동
> ㉤ 마그네슘　㉥ 황동
> ㉦ 강자성 재료　㉧ 납

① ㉠, ㉡, ㉦
② ㉡, ㉢, ㉥
③ ㉣, ㉤, ㉧
④ ㉢, ㉣, ㉧

> 자분탐상 : 강자성체 금속에 적용

71 내부결함을 검출하는 방법의 하나로 표면으로부터 피검사체의 깊이를 측정하는 데 가장 적합한 비파괴검사법은?

① 침투비파괴검사
② 자분비파괴검사
③ 방사선비파괴검사
④ 초음파비파괴검사

72 탄소강의 불꽃시험에서 강재에 함유된 탄소량이 증가할 때 나타나는 불꽃의 특성으로 틀린 것은?

① 유선의 숫자가 증가한다.
② 파열의 숫자가 감소한다.
③ 유선의 길이가 감소한다.
④ 파열의 꽃잎모양이 복잡해진다.

> 탄소량이 증가하면 파열이 증가한다.

73 비커즈 경도 시험에 대한 설명으로 틀린 것은? (단, P는 하중, d는 평균 대각선의 길이이다)

① $HV = 1.8544 \times \dfrac{P}{d^2}$ 이다.
② 스크래치를 이용한 시험법이다.
③ 시험편이 작고 경도가 높은 부분의 측정에 사용한다.
④ 136° 다이아몬드 피라미드형 비커스 압입자를 사용한다.

> 스크래치를 이용하는 경도계
> 마르텐스 경도계

74 와전류탐상검사의 특징을 설명한 것 중 틀린 것은?

① 비전도체만을 검사할 수 있다.
② 고온 부위의 시험체에도 탐상이 가능하다.
③ 시험체에 비접촉으로 탐상이 가능하다.
④ 시험체의 표층부에 있는 결함 검출을 대상으로 한다.

> 와전류탐상은 전도성이 있는 금속에만 적용할 수 있다.

75 금속재료의 인장시험에 의해 얻을 수 없는 것은?

① 연신율　　② 내구한도
③ 항복강도　④ 단면수축율

> 내구한도는 피로 시험으로 얻을 수 있다.

76 매크로(Macro) 조직검사는 몇 배 이내의 배율로 확대하여 시험하는가?

① 10 ② 40
③ 100 ④ 800

77 인장시험기에 시험편의 물림 상태가 가장 양호한 것은?

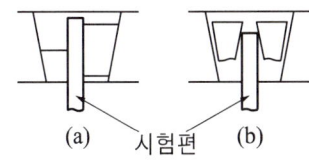
(a)   시험편   (b)

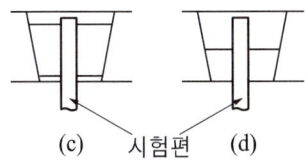
(c)   시험편   (d)

① (a) ② (b)
③ (c) ④ (d)

78 탄소 3.5%를 함유하는 주철을 인장시험 하였더니 최대하중 7,850kgf에서 파단 되었다. 이 시험결과 나타나는 파단면의 형태로 옳은 것은?

① 연성 파단면 ② 취성 파단면
③ 컵 모양 파단면 ④ 원추형 파단면

79 브리넬 경도시험에서 지름 5mm의 강구 누르개를 사용하여 시험하중 7.355kN (750kgf)에서 얻은 브리넬 경도치가 341인 경우 올바른 표시 방법은?

① HBD341
② HBW450
③ HBD(5/341) 750
④ HBS(5/750) 341

80 금속 조직 내의 상의 양을 측정하는 방법에 해당하지 않는 것은?

① 면적 측정법 ② 직선 측정법
③ 점 측정법   ④ 원형 측정법

> **조직량 측정법**
> 면적, 직선, 점에 의한 측정법

정답 76 ① 77 ③ 78 ② 79 ④ 80 ④

2016년 1회 금속재료산업기사 필기 기출문제

2016년 3월 6일 시행

제1과목 ▶ 금속재료

01 다음 중 용융점이 가장 낮은 금속은?
① Fe ② Hg
③ W   ④ Cu

02 베어링용 합금이 갖추어야 할 조건이 아닌 것은?
① 열전도율이 클 것
② 소착에 대한 저항력이 작을 것
③ 충분한 점성과 인성이 있을 것
④ 하중에 견딜 수 있는 내압력을 가질 것

소착에 대한 저항력이 커야 한다.

03 특수강에 첨가되는 합금원소의 효과에 대한 설명으로 틀린 것은?
① B은 경화능을 향상시킨다.
② V은 조직을 미세화시켜 강화한다.
③ Cr은 담금질성을 개선시키고 페라이트 조직을 강화시키며, 뜨임취성을 일으키기 쉽다.
④ Mn은 담금질성을 감소시키는 원소이며 1% 이상 첨가하여 결정입자를 미세하게 하고 강을 강화시킨다.

Mn : 담금질성 개선

04 형상기억합금에 대한 설명으로 틀린 것은?
① 형상기억효과는 일방향(one way)성의 기구이다.
② 실용합금에는 Ni – Ti계, Cu – Al – Ni, Cu – Zn – Al 합금 등이 있다.
③ 형상기억합금은 M_s점을 통과시키면 마텐자이트 상에서 오스테나이트 상이 된다.
④ 처음에 주어진 특정한 모양의 것(코일형)을 소성변형한 것이 가열에 의하여 원래의 상태로 돌아가는 현상이다.

M_s점을 통과하면서 오스테나이트에서 마텐자이트 변태에 의해 형상기억효과가 발생한다.

05 금속을 냉간가공하면 결정입자가 미세화되어 재료가 단단해지는 현상은?
① 가공경화 ② 석출경화
③ 시효경화 ④ 표면경화

06 금속의 소성가공 방법이 아닌 것은?
① 압연 ② 단조
③ 주조 ④ 압출

주조 : 용융가공

정답 01 ② 02 ② 03 ④ 04 ③ 05 ① 06 ③

07 마그네슘(Mg)에 대한 설명 중 틀린 것은?

① 구상흑연주철의 첨가제로 사용된다.
② 절삭성이 양호하고 알칼리에 견딘다.
③ 소성가공성이 낮아 상온변형이 곤란하다.
④ 내산성이 좋으며, 고온에서 발화하지 않는다.

> Mg : 산에 약하고 고온에서 쉽게 발화된다.

08 Al-Si합금에 대한 설명으로 옳은 것은?

① 개량처리를 하게 되면 조직이 조대화된다.
② γ - 실루민은 Al - Si 합금에 Mg을 넣어 시효성을 부여한 합금이다.
③ 포정점 부근의 조성의 것을 실루민이라 하며 실용으로 사용한다.
④ 실루민은 용융점이 높고 유동성이 좋지 않아 복잡한 사형주물에는 사용할 수 없다.

09 강도가 크고, 고온이나 저온의 유체에 잘 견디며 불순물을 제거하는 데 사용되는 금속 필터 즉, 다공성이 뛰어난 재질은 어떤 방법으로 제조된 것이 가장 좋은가?

① 소결   ② 기계가공
③ 주조가공   ④ 용접가공

10 초전도 현상과 그에 따른 재료의 설명으로 틀린 것은?

① 일정 온도에서 전기저항이 0이 되는 것을 초전도라 한다.
② 대부분의 금속성 초전도체는 극고온에서 초전도 현상이 나타난다.
③ 화합물계 초전도 선재에는 Nb_3Sn 및 V_3Ga의 화합물 등이 있다.
④ 합금계 초전도 재료에는 Nb - Ti, Nb - Ti - Ta 등이 있다.

> 초전도 현상은 극저온에서 나타난다.

11 전율고용체를 만들며 치과용, 장식용으로 쓰이는 white gold에 해당되는 합금은?

① Ag - Pd - Au - Cu - Zn
② Ag - Ti - Sn - Cu - Zn
③ Pt - Cu - Pb - Sn - Co
④ Pt - Pb - Sn - Co - Au

12 Fe-C 평행상태도에서 강의 A_1 변태점 온도는 약 몇 ℃인가?

① 723   ② 768
③ 910   ④ 1,400

13 니켈과 그 합금에 관한 설명으로 틀린 것은?

① 니켈의 비중은 약 8.9이다.
② 니켈은 도금용 소재로 사용된다.
③ 니켈은 인성이 풍부한 금속이다.
④ 36%Ni - Fe 합금은 퍼멀로이(permalloy)로서 열팽창계수가 크다.

> 퍼멀로이는 열팽창계수가 아주 작다.

14 18-4-1형 텅스텐계 고속도강에서 Cr의 함량(%)은?

① 18   ② 4
③ 1   ④ 0.4

> 18-4-1형 : 18%W-4%Cr-1%V

정답 07 ④ 08 ② 09 ① 10 ② 11 ① 12 ① 13 ④ 14 ②

15 스테인리스강에 대한 설명으로 옳은 것은?

① 18 – 8 스테인리스강은 페라이트계이다.
② 페라이트계 스테인리스강은 담금질하여 재질을 개선한다.
③ 석출경화계 스테인리스강은 PH계로 Al, Ti, Nb 등을 첨가하여 강도를 낮춘다.
④ 오스테나이트계 스테인리스강은 입계부식과 응력부식이 일어나기 쉽다.

16 다음 금속 중 흑연화를 촉진하는 원소는?

① V　　② Mo
③ Cr　　④ Ni

17 다이캐스팅용 아연합금의 가장 중요한 합금 원소로서 합금의 강도, 경도를 증가시키고 유동성을 개선하는 것은?

① Pb　　② Al
③ Sn　　④ Cd

18 7 : 3 황동에 1% 내외의 Sn을 첨가하여 내해수성을 향상시켜 증발기, 열교환기 등에 사용되는 특수 황동은?

① 델타 메탈
② 니켈 황동
③ 네이벌 황동
④ 애드미럴티 황동

19 탄소강의 5대 원소가 아닌 것은?

① P　　② S
③ Cu　　④ Mn

> 5대 원소 : C, Mn, Si, P, S

20 다음 중 탄소량이 가장 많은 강은?

① SM15C　　② SM25C
③ SM45C　　④ STC105

제2과목 ▶ 금속조직

21 결정구조에 대한 설명 중 틀린 것은?

① 면심입방정의 최근접 원자는 12개가 있다.
② 조밀육방정의 원자충진율은 약 74%이다.
③ 면심입방정에서 원자밀도가 가장 조밀한 면은 (111) 원자면이다.
④ 면심입방정의 단위정에는 2개의 원자가 속해 있다.

> 면심입방정(FCC)의 원자수 : 4개

22 정삼각형의 각 정점으로부터 대변에 평행으로 10 또는 100등분하고, 삼각형 내의 어느 점의 농도를 알려면 그 점으로부터 대변에 내린 수선의 길이를 읽어 표시하는 3원 합금의 농도 표시방법은?

① Cottrell법
② Gibbs의 삼각법
③ Lever relation법
④ Roozeboom의 삼각법

23 산소와 친화력이 큰 순서로 배열된 것은?

① Al > Mn > Fe > Ni
② Mn > Ni > Fe > Al
③ Fe > Mn > Al > Ni
④ Ni > Fe > Mn > Al

정답 15④ 16④ 17② 18④ 19③ 20④ 21④ 22② 23①

24 고체를 구성하는 원자 결합 방법이 아닌 것은?

① 이온결합 ② 금속결합
③ 공유결합 ④ 수분결합

25 결정립 크기와 항복강도 간의 관계를 표현하는 것은?

① Hume – Rothery 법칙
② Hall – Petch 관계식
③ Peach – Koehler 관계식
④ Zener – Hollomon 관계식

26 격자가 완전히 규칙적인 것을 나타내는 장범위 규칙도(R)의 표시로 옳은 것은?

① R = 0 ② R = 1
③ R = 2 ④ R = 3

27 다음 중 전율고용체 형태의 합금 상태도가 아닌 것은?

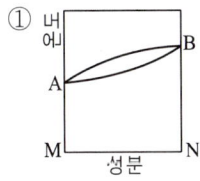 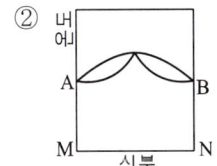
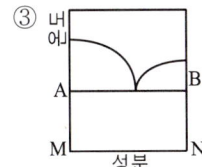 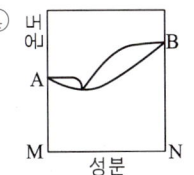

③은 공정형 합금 상태도이다.

28 조밀육방정계 금속에서 볼 수 있는 특징적인 변형으로 슬립면에 수직으로 압축하였을 때 나타나는 것은?

① 쌍정대 ② 킹크대
③ 전위대 ④ 버거스대

29 자기변태가 존재하지 않는 것은?

① Ni ② Co
③ Al_2O_3 ④ Fe_3C

Al_2O_3는 비자성체인 산화물이므로 자기변태가 없다.

30 냉간가공 등으로 변형된 결정구조가 가열하면 내부변형이 없는 새로운 결정립으로 치환되어지는 현상은?

① 시효 ② 회복
③ 재결정 ④ 용체화처리

31 금속의 소성변형을 가능하게 하는 전위는 어떤 결함인가?

① 선결함 ② 점결함
③ 면결함 ④ 체적결함

32 50%Ag Au기 규칙격자를 만들 때 단범위 규칙도(σ)는? (단, Au는 FCC이며 이 중 6.5개가 Ag이고, 5.5개가 Au이다)

① −0.08 ② −0.5
③ 0.8 ④ 0.5

Ag원자를 a라 하면
$$\sigma = 1 - \frac{(n_a/N)}{x_a} = 1 - \frac{6.5/12}{0.5} = -0.08$$
n_a(최인접 원자 내의 $a(Ag)$의 원자수)=6.5
N(최인접 원자의 총수) = 6.5+5.5 = 12
x_a(a원자의 농도) = 0.5(50%이므로)

정답 24 ④ 25 ② 26 ② 27 ③ 28 ① 29 ③ 30 ③ 31 ① 32 ①

33 결정 내 원자들은 열진동을 계속하면서 고체 내에 원자 확산이 진행되고 있다. 다음 금속의 열진동에 대한 설명으로 틀린 것은?

① 원자의 열진동에서 진동수는 온도에 따라 거의 변하지 않으나 진폭은 변한다.
② 일반적으로 온도가 상승하면 공격자점이 존재할 비율은 적어진다.
③ 공격자점이 많아지면 결정 내의 원자 열진동 진폭은 커진다.
④ 공격자점 주위에 열진동하고 있는 원자가 새로운 공격자점으로 계속 위치를 변화하며 확산이 진행된다.

> 온도가 상승하면 원자의 운동이 활발해져 공격자점이 증가한다.

34 용융 금속이 응고 성장할 때 불순물이 가장 많이 모이는 곳은?

① 결정립 내
② 결정립계
③ 결정립 내의 중심부
④ 결정격자 내의 중심부

35 용융금속 표면에 종자결정을 접촉시켜 이를 서서히 회전시키면서 끌어 올릴 때 이 종자결정에 연결되어 연속적으로 성장시키는 단결정 성장방법은?

① 재결정법
② 용융대법
③ Czochralski법
④ Tammann – Bridgeman법

36 다음 중 고용체 강화에 대한 설명으로 틀린 것은?

① 황동에서는 고용체 강화에 의해 강도 및 연성이 증가한다.
② 고용체 강화 합금은 고온 크리프 저항성이 순금속보다 우수하다.
③ 고용체 강화 합금은 순금속에 비해 전기전도도가 크다.
④ 고용체 강화 합금의 항복강도, 인장강도가 순금속보다 크다.

> 합금이 될수록 전기전도도는 떨어진다.

37 결정계와 브라베(bravais) 격자와의 관계에서 정방정계의 축장과 축각의 표시로 옳은 것은?

① $a = b = c$, $\alpha = \beta = \gamma = 90°$
② $a \neq b \neq c$, $\alpha = \beta = \gamma = 90°$
③ $a = b \neq c$, $\alpha = \beta = \gamma = 90°$
④ $a \neq b \neq c$, $\alpha = \gamma = 90°$, $\beta \neq 90°$

38 Al–Cu계 합금의 G.P.Zone은 구리 원자가 Al의 어느 면에 형성되는가?

① (111) ② (110)
③ (100) ④ (112)

39 표면확산, 입계확산, 격자확산 중 확산이 가장 빠른 순서에서 낮은 순서로 나타낸 것은?

① 표면확산 > 입계확산 > 격자확산
② 입계확산 > 격자확산 > 표면확산
③ 격자확산 > 표면확산 > 입계확산
④ 표면확산 > 격자확산 > 입계확산

40 금속에 있어서 Fick의 확산 제2법칙의 식은? (단, D는 확산계수이며, 농도 C를 시간 t와 장소 x의 함수로 생각하여 확산이 일어난다고 가정한다)

① $\dfrac{\partial C}{\partial t} = D \dfrac{\partial^2 C}{\partial x^2}$

② $\dfrac{\partial t}{\partial C} = -D \dfrac{\partial^2 C}{\partial x^2}$

③ $\dfrac{\partial C}{\partial t} = 3D \dfrac{\partial^2 C}{\partial^2 x}$

④ $\dfrac{\partial t}{\partial C} = -3D \dfrac{\partial^2 C}{\sigma^2 x}$

제3과목 ▶ 금속열처리

41 탄소강에서 마텐자이트 변태가 시작되는 온도(M_s)에 대한 설명으로 틀린 것은?

① 미세결정립은 M_s점이 낮다.
② 얇은 시료의 M_s점은 두꺼운 시료보다 높다.
③ Al, Ti, V, Co 등의 첨가원소는 M_s점을 낮춘다.
④ 탄소강은 냉각속도가 빠르면 M_s점이 낮아진다.

> Al, Ti, V, Co 등은 M_s 점을 높여준다.

42 페라이트 가단주철 및 펄라이트 가단주철은 어떠한 주철을 풀림하여 만드는가?

① 회주철
② 반주철
③ 백주철
④ 구상흑연주철

43 Sub-zero 처리과정에서 균열 발생에 대한 대책으로 옳은 것은?

① 심랭처리 온도로부터의 승온은 가열로에서 한다.
② 가능한 한 잔류 오스테나이트가 많이 발생 되도록 한다.
③ 담금질을 하기 전에 탈탄층을 두어 탈탄이 지속되도록 한다.
④ 심랭처리 하기 전에 100~300℃에서 뜨임(tempering)을 행한다.

44 수용액에서 퀜칭 시 냉각속도가 가장 빠른 단계는?

① 복사단계
② 비등단계
③ 대류단계
④ 증기막 형성단계

45 완전풀림을 했을 때 경도의 증가는 어떤 원소의 영향인가?

① Zn%의 함유량
② C%의 함유량
③ Sn%의 함유량
④ Mn%의 함유량

46 담금질에 따른 용적의 변화가 가장 큰 조직은?

① 펄라이트
② 베이나이트
③ 마텐자이트
④ 오스테나이트

47 금속의 발열체 중 사용온도가 가장 높은 것은?

① 칸탈
② 니크롬
③ 철크롬
④ 몰리브덴

정답 40 ① 41 ③ 42 ③ 43 ④ 44 ② 45 ② 46 ③ 47 ④

48 아공석강을 노멀라이징(normalizing) 열처리하였을 경우 얻어지는 조직은?

① 페라이트 + 펄라이트
② 소르바이트 + 시멘타이트
③ 시멘타이트 + 베이나이트
④ 시멘타이트 + 오스테나이트

49 알루미늄, 마그네슘 및 그 합금의 질별 기호 중 어닐링한 것의 기호로 옳은 것은?

① F ② H
③ O ④ W

50 분위기로에 재료를 장입 또는 꺼낼 때 노의 내부로 공기가 들어가 가스의 교란이나 폭발을 방지하기 위하여 장입구 또는 취출구에 가연성 가스를 연소시켜 외부와 차단하는 것은?

① 슈팅(sooting)
② 버핑(buffing)
③ 번 아웃(burn out)
④ 화염커튼(flame curtain)

51 두 종류의 금속선 양단을 접합하고 양 접합점에 온도차를 부여하면 열기전력이 발생한다. 이것을 이용한 온도계는?

① 전기저항 온도계
② 열전대 온도계
③ 복사 온도계
④ 팽창 온도계

52 다음의 조직 중 항온변태와 가장 관계가 깊은 조직은?

① 페라이트(ferrite)
② 펄라이트(pearlite)
③ 베이나이트(bainite)
④ 레데뷰라이트(ledeburite)

53 고주파 유도 가열 시 침투깊이가 가장 큰 것은 몇 kHz인가?

① 0.5 ② 1.0
③ 2.0 ④ 4.0

> 주파수가 작을수록 침투깊이가 크다.

54 고주파 경화열처리의 특징으로 틀린 것은?

① 담금질 시간이 단축된다.
② 간접 가열하므로 열효율이 낮다.
③ 재료비, 가공비 등 담금질 경비가 절약된다.
④ 생산공정에 열처리 공정의 편입이 가능하다.

> 고주파 가열은 급속가열이 가능하여 열효율이 우수하다.

55 A_1 변태점 이하에서 가열하는 열처리는?

① 템퍼링   ② 담금질
③ 어닐링   ④ 노멀라이징

정답 48 ① 49 ③ 50 ④ 51 ② 52 ③ 53 ① 54 ② 55 ①

56 염욕이 갖추어야 할 조건에 해당되지 않는 것은?

① 염욕의 순도가 높고 유해 불순물이 포함되지 않은 것이 좋다.
② 가급적 흡수성이 크고, 염욕의 분해를 촉진해야 한다.
③ 열처리 후 제품 표면에 점착된 염의 세정이 쉬워야 한다.
④ 열처리 온도에서 염욕의 점성이 작고, 증발휘산량이 적어야 한다.

염욕은 흡수성이 적어야 하고, 분해가 안 되어야 한다.

57 다음 중 담금질 균열과 변형의 가장 주된 원인은?

① 응력 감소
② 경도 증가
③ 균일한 체적 변화
④ 온도 차이로 인한 열응력

58 화염경화처리의 특징으로 틀린 것은?

① 담금질 변형이 적다.
② 국부적인 담금질이 어렵다.
③ 가열온도의 조절이 어렵다.
④ 기계가공을 생략할 수 있다.

화염경화는 국부 담금질이 용이하다.

59 담금질 균열의 방지 대책이 아닌 것은?

① 제품 전체가 고루 냉각되도록 한다.
② 날카로운 모서리를 가급적 만들지 않는다.
③ 냉각 시 제품의 온도 구배를 균일하게 한다.
④ 살두께 차이, 급변하는 부분을 많게 한다.

살두께 차, 급변부가 없을수록 균열이 발생하지 않는다.

60 다음 중 연속적 작업이 곤란한 열처리로는?

① 푸셔로
② 피트로
③ 콘베이어로
④ 로상 진동형로

피트로는 고정형이다.

제4과목 ▶ 재료시험

61 다음 재료시험 중 정적시험 방법이 아닌 것은?

① 인장시험   ② 압축시험
③ 비틀림시험 ④ 충격시험

충격시험은 동적시험이다.

62 와전류 탐상시험의 특성을 설명한 것 중 틀린 것은?

① 자장이 발생하는 동일 주파수에서 진동한다.
② 전도체 내에서만 존재하며, 교번 전자기장에 의해서 발생한다.
③ 코일에 가장 근접한 검사체의 표면에서 최대 와전류가 발생한다.
④ 와전류가 물체에 침투되는 깊이는 시험 주파수, 전도성, 투자율과 비례한다.

침투 깊이는 주파수에 반비례한다.

정답 56② 57④ 58② 59④ 60② 61④ 62④

63 다음 중 결정입도 측정법이 아닌 것은?

① ASTM 결정립 측정법
② 제프리즈(Jefferies)법
③ 헤인(Heyn)법
④ 폴링(Polling)법

> 결정입도 측정법
> ASTM 비교법, 제프리스법, 헤인법

64 일반 광학현미경의 조직검사로 조사할 수 없는 것은?

① 결정입자의 크기
② 비금속 개재물의 종류
③ 재료의 성분, 성분의 함량
④ 재료의 압연, 단조, 열처리의 상태

> 재료의 성분과 함량은 성분분석기로 할 수 있다.

65 X선 회절시험에 사용되는 Bragg 법칙으로 옳은 것은? (단, n은 X선의 차수, λ는 X선의 파장, d는 원자간 거리, θ는 결정에 투과되는 X선의 입사각 또는 반사각이다)

① $n = 2d\lambda \sin\theta$
② $n = 3d\lambda \sin\theta$
③ $n\lambda = 2d\sin\theta$
④ $n\lambda = 3d\sin\theta$

66 조미니 시험에서 경화능의 표시가 보고서에 J45-6/18로 적혀있을 때 HRC 경도값을 표시하는 것은?

① J   ② 6
③ 15   ④ 45

67 굽힘시험은 굽힘 저항시험과 굴곡시험으로 분류되는데 다음 중 굴곡시험과 관계있는 것은?

① 탄성계수   ② 탄성에너지
③ 재료의 저항력   ④ 전성 및 연성

68 자분탐상 검사에서 탈자(demagnetization) 처리가 필요 없는 경우에 해당되는 것은?

① 시험체의 잔류자속이 이후 기계가공을 곤란하게 하는 경우
② 시험체가 큐리점(curie point) 이상으로 열처리되었을 경우
③ 시험체의 잔류자속이 계측기의 작동이나 정밀도에 영향을 주는 경우
④ 시험체가 마찰부분에 사용될 때 자분집적으로 마모에 영향을 주는 경우

69 국가와 재료시험규격의 연결이 틀린 것은?

① 미국 – ASTM   ② 영국 – SAE
③ 독일 – DIN   ④ 일본 – JIS

> 영국 : BS

70 인장시험편의 표점거리가 50mm인 시험편을 시험결과 52mm로 늘어났다면 연신율(%)은?

① 2   ② 4
③ 20   ④ 40

> 연신율 = $\dfrac{\text{시험 후 거리} - \text{표점거리}}{\text{표점거리}} \times 100$
> = $\dfrac{52-50}{50} \times 100 = 4\%$

정답 63 ④ 64 ③ 65 ③ 66 ④ 67 ④ 68 ② 69 ② 70 ②

71 마모시험에 미치는 영향을 설명한 것 중 틀린 것은?

① 온도 및 상대금속에 따라 결과값이 다르다.
② 표면의 거칠기 상태에 따라 결과값이 다르다.
③ 윤활제를 사용한 것과 사용 안 한 것의 결과값은 다르다.
④ 마찰로 인하여 생기는 미세한 가루는 결과값에 전혀 영향을 미치지 않는다.

> 마찰에 의한 미세가루가 마모에 영향을 크게 준다.

72 설퍼 프린트(Sulphur print) 법에 대한 설명으로 옳은 것은?

① 철강재료의 결정 조직 상태를 알아보는 검사법이다.
② 철강재료의 입간부식이나 방향성을 알아보는 검사법이다.
③ 철강재료 중의 황화망간(MnS)의 분포 상태를 알아보는 검사법이다.
④ 철강재료 중 황 및 편석의 분포상태를 알아보는 검사법이다.

73 비커즈 경도계에서 대면각이 몇 도인 다이아몬드 사각추 누르개를 사용하는가?

① 120°
② 136°
③ 140°
④ 156°

74 실험실에 사용하는 약품 중 인화성 물질이 아닌 것은?

① 질산
② 벤젠
③ 에틸알콜
④ 디에틸에테르

> 질산은 산성 물질이다.

75 브리넬 경도를 측정 시 시험하중의 유지 시간으로 옳은 것은?

① 2~8sec
② 10~15sec
③ 16~20sec
④ 21~25sec

76 시험편을 가압하거나 감압하여 일정한 시간이 경과한 후 발포용액으로 누설을 검지하는 누설시험법은?

① 기포 누설시험법
② 헬륨 누설시험법
③ 할로겐 누설시험법
④ 암모니아 누설시험법

77 다음에서 재료의 단면변화율을 측정하는 것은?

① 쇼어
② 브리넬
③ 로크웰
④ 압축강도

78 피로시험에 대한 설명으로 틀린 것은?

① 단일 하중의 응력보다 훨씬 작은 응력에서 큰 변형없이 파괴가 발생한다.
② S – N 곡선에서 일반적으로 응력이 작아질수록 사이클 수(N)는 감소한다.
③ 고수기 피로는 10^4 반복주기 이상에서 파괴가 발생한다.
④ 쇼트피닝에 의해 표면에 압축응력을 생성시키면 피로수명이 증가된다.

> 응력(S)이 작아지면 사이클 수(N)는 증가한다.

정답 71 ④ 72 ④ 73 ② 74 ① 75 ② 76 ① 77 ④ 78 ②

79 시료의 연마제로 가장 거리가 먼 것은?

① 산화망간(MnO)
② 산화크롬(Cr_2O_3)
③ 알루미나(Al_2O_3)
④ 산화마그네슘(MgO)

연마제 : Cr_2O_3, Al_2O_3, Fe_2O_3, MgO

80 철강 재료를 신속, 간편하게 선별하는 불꽃시험법에 대한 설명 중 틀린 것은?

① 검사는 같은 방법 및 조건으로 실시하여야 한다.
② 그라인더 불꽃 시험은 뿌리, 중앙, 끝으로 나누어 관찰한다.
③ 불꽃검사에서 탄소의 양(%)이 증가하면 불꽃의 수가 감소하고 그 형태도 단순해진다.
④ 그라인더 불꽃시험은 불꽃의 형태 및 양에 의해 재료의 탄소량(%)을 판정한다.

탄소량이 증가하면 파열이 증가하여 불꽃수가 증가한다.

정답 79 ① 80 ③

2016년 2회 금속재료산업기사 필기 기출문제

2016년 5월 8일 시행

제1과목 ▶ 금속재료

01 다음 중 초소성 및 그 재료에 대한 설명으로 틀린 것은?

① 결정립의 형상은 등축이어야 한다.
② Al 합금 중에는 Supral 100이 초소성으로 많이 사용된다.
③ 초소성재료의 입계구조에서 모상입계는 저경각인 것이 좋다.
④ 초소성이란 어느 응력하에서 파단에 이르기까지 수백 % 이상의 연신을 나타내는 현상이다.

> 모상의 입계는 고경각인 것이 좋고, 저경각은 입계슬립을 방해한다.

02 탄소강 중의 인(P) 성분에 의해 일어나는 취성은?

① 청열취성   ② 저온취성
③ 적열취성   ④ 입간취성

03 순 구리(Cu)에 대한 설명 중 틀린 것은?

① 전성이 좋다.
② 가공하기 쉽다.
③ 전기 전도율이 좋다.
④ 연신율이 낮으며, 경도가 높다.

> 구리는 FCC계 금속으로 경도가 비교적 낮다.

04 Zn 40% 내외의 6 : 4 황동으로 인장강도가 크며 열교환기, 열간 단조품 등으로 사용되는 황동은?

① 톰백   ② 포금
③ 문쯔메탈   ④ 센더스트

05 금속의 가공도에 따른 기계적 성질을 설명한 것 중 틀린 것은?

① 가공도가 증가할수록 연신율은 감소한다.
② 가공도가 증가할수록 항복강도는 증가한다.
③ 가공도가 증가할수록 단면수축율은 증가한다.
④ 가공도가 증가할수록 인장강도는 증가한다.

> 가공도가 증가하면 단면수축율, 연신율은 감소한다.

06 강철에 비해 주철의 성질 중 가장 부족한 것은?

① 주조성   ② 유동성
③ 수축성   ④ 인장강도

> 주철은 강보다 인장강도는 낮지만 압축강도는 크다.

정답 01 ③ 02 ② 03 ④ 04 ③ 05 ③ 06 ④

07 다음의 금속과 비중이 옳게 연결된 것은?

① Al : 1.74
② Mg : 2.74
③ Fe : 6.42
④ Ni : 8.90

> Al : 2.7, Fe : 7.86, Ni : 8.85, Mg : 1.74

08 Ni의 자기변태온도는 약 몇 ℃인가?

① 210　　② 368
③ 768　　④ 1,150

09 다음 중 준금속(Metalloid)에 해당되는 것은?

① Fe　　② Ni
③ Si　　④ Co

> 준금속은 비금속과 금속의 중간 성질에 해당한다.

10 Cr계 스테인리스강의 취성에 대한 설명으로 틀린 것은?

① 고온취성은 약 950℃ 이상에서 급랭할 때 나타나는 취성이다.
② 저온취성은 오스테나이트 강에 나타나며 페라이트 강에서는 나타나지 않는다.
③ 475℃ 취성은 Cr 15% 이상의 강종을 370~540℃로 장시간 가열하면 취화하는 현상이다.
④ σ취성은 815℃ 이하 Cr 42~82%의 범위에서 σ상의 취약한 금속간 화합물로 존재하여 취성을 일으킨다.

> 저온취성은 페라이트강에서 나타난다.

11 리드 프레임(Lead frame) 재료에 요구되는 성능이 아닌 것은?

① 재료를 보다 작고 얇게 하기 위하여 강도가 낮을 것
② 재료의 치수정밀도가 높고 잔류응력이 작을 것
③ 본딩(bonding)을 위한 우수한 도금성을 가질 것
④ 고집적화에 따라 열방산이 좋을 것

> 구조용 리드 프레임은 강도가 커야 한다.

12 니켈, 철 합금으로 바이메탈, 시계진자에 사용하는 불변강은?

① 인바　　② 알니코
③ 애드미럴티　　④ 마르에이징강

13 상온 또는 가열된 금속을 실린더 모양의 컨테이너에 넣고 한쪽에 있는 램에 압력을 가하여 밀어 내어 봉, 관, 형재 등의 가공방법은?

① 전조　　② 단조
③ 압출　　④ 프레스

14 합금주철에서 각각의 합금원소가 주철에 미치는 영향으로 옳은 것은?

① Ni은 탄화물의 생성을 촉진한다.
② Cr은 강력하게 흑연화를 촉진한다.
③ Mo은 인장강도, 인성을 향상시킨다.
④ Si은 강력하게 Fe_3C를 안정화시킨다.

> Ni, Si : 흑연화 촉진
> Cr : Fe_3C 안정화

정답　07 ④　08 ②　09 ③　10 ②　11 ①　12 ①　13 ③　14 ③

15 화이트메탈(white metal)의 주성분이 아닌 것은?

① Pb ② Sn
③ Sb ④ Pt

화이트메탈
Sn+Sb+Pb계 베어링 합금

16 인성에 대한 설명으로 틀린 것은?

① 인성과 충격저항은 상관관계가 없다.
② 충격에 대한 재료의 저항을 인성이라고 한다.
③ 인성이 좋은 재료가 일반적으로 충격인성이 크다.
④ 강인성의 정도를 측정하기 위해 충격시험을 한다.

인성은 충격에 대한 저항성이라고 할 수 있다.

17 입자가 미세한 요업재료로서 가볍고 내마모성, 내화학성이 우수하여 자동차 엔진 등에 사용되는 가장 적합한 재료는?

① 코비탈륨
② 알드레이
③ 파인세라믹스
④ 하이드로날륨

18 오스테나이트(austenite)와 시멘타이트(Fe_3C)와의 기계적 혼합조직은?

① 펄라이트(pearlite)
② 베이나이트(bainite)
③ 마텐자이트(martensite)
④ 레데뷰라이트(ledeburite)

19 합금강의 특징을 설명한 것 중 옳은 것은?

① 탄소강에 비해 담금질성이 좋지 않아 대형 부품은 깊이 경화할 수 없다.
② 담금질성이 좋지 않아 항상 수랭을 하여야 하기 때문에 잔류응력이 높아 인성이 낮다.
③ Fe_3C에 합금원소가 고용되거나 특수탄화물을 형성하여 경도를 낮추며 내마모성이 나빠진다.
④ 특수탄화물은 오스테나이트화 온도에서 고용 속도가 작아 미용해탄화물은 오스테나이트 결정립의 조대화를 방지한다.

20 철광석을 용광로 속에서 코크스로 환원시켜 제련시킨 것은?

① 순철 ② 강철
③ 선철 ④ 탄소강

제2과목 ▶ 금속조직

21 다이아몬드(diamond)는 무슨 결합인가?

① 이온결합
② 금속결합
③ 공유결합
④ 반데르발스 결합

22 냉간가공하였을 때 물리적, 기계적 성질의 변화가 옳은 것은?

① 인성이 증가한다.
② 전기저항은 증가한다.
③ 연신율은 증가한다.
④ 인장강도가 감소한다.

정답 15 ④ 16 ① 17 ③ 18 ④ 19 ④ 20 ③ 21 ③ 22 ②

23 인발 가공한 알루미늄선의 인발 축방향의 우선결정 방위는?

① [111] ② [100]
③ [010] ④ [001]

24 철에서 C, N, H, B의 원자가 이동하는 확산기구는?

① 격자간 원자 기구
② 공격자점 기구
③ 직접교환 기구
④ 링 기구

25 금속간 화합물의 특징을 설명한 것 중 틀린 것은?

① 변형하기 쉬우며 연하다.
② 성분금속의 특성을 잃는다.
③ 간단한 원자수의 정수비로 결합한다.
④ 일반적으로 성분금속보다 용해온도가 높다.

> 금속간 화합물은 매우 단단하고 취성이 크다.

26 공석강이 300℃ 부근의 등온변태에 의해 생성되는 조직으로 침상구조를 이루고 있는 것은?

① 마텐자이트
② 레데뷰라이트
③ 하부 베이나이트
④ 상부 베이나이트

27 (111)슬립면과 [110]방향의 slip system을 가지는 금속으로만 이루어진 것은?

① Cu, Pd, Pt   ② Sr, Al, Hf
③ Cr, Fe, Mo   ④ Ni, Ag, Co

> (111)면, [110]방향으로 슬립은 FCC 금속에서 일어난다.

28 단위격자의 격자상수가 a = b ≠ c의 관계를 갖는 결정계는?

① 입방정계   ② 육방정계
③ 사방정계   ④ 삼사정계

29 금속이 전기가 잘 통하는 가장 큰 이유는?

① 전위가 있기 때문이다.
② 자유전자를 갖기 때문이다.
③ 입방정을 하고 있기 때문이다.
④ 금속은 연성이 좋기 때문이다.

30 다음 그림에서 X-Y축을 경계로 좌우측의 원자들은 완전한 규칙배열로 되어 있으나 전체로 보면 X-Y축을 경계로 하여 대칭으로 되어 있다. 이러한 원자배열의 구역은?

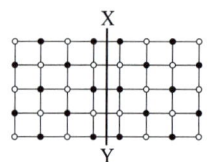

① 완화 구역   ② 전이 구역
③ 자성 구역   ④ 역위상 구역

31 대기압하에서 2원계 합금의 공정점에서 자유도는?

① 0   ② 1
③ 2   ④ 3

> F=C−P+1=2−3+1=0
> (성분 C는 이원합금이므로 2, 상 P는 공정이므로 3)

32 상의 계면(interface)에 대한 설명 중 옳은 것은?

① 계면에너지가 작은 면의 성장속도는 빠르다.
② 원자간 결합에너지가 클수록 계면에너지는 크다.
③ 정합석출물과 기지의 결정구조와는 관련이 없다.
④ 표면에너지를 최소화하기 위해서는 석출물이 침상이어야 한다.

33 다음 2원합금 상태도의 반응식 중 포정 반응인 것은?

① 액상(L_1) ⇌ 고상(A) + 고상(B)
② 액상(L_1) ⇌ 액상(L_2) + 고상(A)
③ 고상(A)+액상(L_1) ⇌ 고상(B)
④ 고상(A)+고상(B) ⇌ 고상(C)

34 주형에서 금속의 응고 과정에 대한 설명으로 틀린 것은?

① 순금속이 응고하면 결정립들은 안쪽에서 바깥쪽으로 성장한다.
② 용융금속이 응고하면 용기의 벽쪽에서부터 내부로 칠층, 주상정, 입상정으로 성장한다.
③ 용융금속 중에서 용기의 벽에 접촉되어 있던 금속이 급속히 냉각되어 응고 이하의 온도로 심하게 과냉된다.
④ 용융금속 속에 있는 열은 용기의 벽을 통하여 외부로 계속 방출되므로 용기의 용융금속의 온도는 용기 벽에서 가장 낮고 내부로 들어갈수록 높아진다.

> 응고가 먼저 진행되는 부분은 냉각속도가 빠른 바깥쪽부터이다.

35 다결정재료의 결정입계에 의한 강화방법에 대한 설명으로 틀린 것은?

① 결정입계가 많을수록 재료의 강도는 증가한다.
② 결정의 입도가 작아질수록 재료의 강도는 증가한다.
③ 결정입계에 의한 강화는 결정립 내의 슬립이 상호 간섭함으로써 발생된다.
④ Hall – Petch식에 의하면 결정질 재료의 결정립의 크기가 작아질수록 재료의 강도는 감소한다.

> Hall-Petch 식
> 결정립의 크기가 작을수록 강도가 증가한다.

36 전위의 운동에 의해 생기는 조그(jog)에 대한 설명으로 틀린 것은?

① 전위선이 상승하거나 서로 교차할 때에 생성된다.
② 두 슬립면의 경계에서 전위선이 계단상으로 된 부분이다.
③ 결정의 변형 부분과 변형되지 않은 부분이 대칭을 이루고 있는 것이다.
④ 전위선의 일부가 어느 슬립면에서 옆의 슬립면 위로 이동할 때 생성된다.

> 결정의 변형부와 비변형부가 대칭을 이루는 것은 쌍정이다.

정답 32 ② 33 ③ 34 ① 35 ④ 36 ③

37 금속에 있어서 확산을 나타내는 Fick의 제1법칙의 식으로 옳은 것은? (단, J는 농도구배, D는 확산계수, c는 농도, x는 위치(거리)이고, 농도의 시간적 변화는 고려하지 않는다)

① $J = -D\dfrac{dc}{dx}$

② $J = -D\dfrac{dx}{dc}$

③ $J = D\dfrac{dx}{dc}$

④ $J = D\dfrac{dc}{dx}$

38 용융 금속의 응고 시 핵생성 속도에 가장 영향을 크게 미치는 것은?

① 시효 ② 수량
③ 전위 ④ 냉각속도

39 냉간가공을 한 금속의 풀림처리에서 회복(recovery) 현상이 일어나는 가장 큰 이유는?

① 새로운 결정이 생기기 때문에
② 전위의 밀도가 감소되기 때문에
③ 새로운 전위가 생기기 때문에
④ 원자의 재결합이 일어나기 때문에

40 다음 중 전위와 관계가 없는 것은?

① 조그(Jog)
② 프랭크 리드(Frank-read) 원
③ 프렌켈 결함(Frenkel defect)
④ 상승 운동(Climbing motion)

> 프렌켈 결함은 점결함에 해당한다. 전위는 선결함이다.

제3과목 ▶ 금속열처리

41 마텐자이트(martensite) 변태에 관한 설명으로 틀린 것은?

① 마텐자이트 변태를 하게 되면 표면에 기복이 발생한다.
② 펄라이트나 베이나이트 변태와 달리 확산을 수반하지 않는다.
③ 마텐자이트 조직은 모체인 오스테나이트 조성과 동일하다.
④ 마텐자이트 형성은 변태 시간에 따라 진행되고 온도와는 무관하다.

> 마텐자이트 변태는 온도와 관련된 것이다.

42 담금질에 사용되는 냉각제에 대한 설명 중 틀린 것은?

① 냉각제에는 물, 기름 등이 있다.
② 물은 차가울수록 냉각 효과가 크다.
③ 기름은 상온 담금질일 경우 60~80℃ 정도가 좋다.
④ 증기막을 형성할 수 있도록 교반 또는 $NaCl$, $CaCl_2$ 등의 첨가제를 첨가한다.

> 냉각할 때 증기막이 형성되면 냉각속도가 느려진다.

정답 37 ① 38 ④ 39 ② 40 ③ 41 ④ 42 ④

43 그림과 같은 구상화 어닐링 방법에서 A_1 변태점 이상으로 가열하는 이유는?

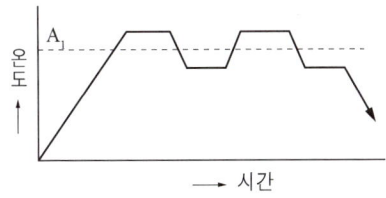

① 망상 Fe_3C를 없애기 위하여
② 층상 Fe_3C를 석출시키기 위하여
③ Fe_3C를 분리 및 생성시키기 위하여
④ 펄라이트 생성 및 판상화시키기 위하여

44 강의 심랭(sub-zero)처리에서 얻어지는 효과가 아닌 것은?

① 공구강의 경도 증가
② 정밀기계 부품 조직의 안정화
③ 내마모 및 내피로성의 향상
④ 정밀기계 부품의 연신율 및 취성 증가

> 심랭처리하면 연신율은 증가하지만 취성은 오히려 줄일 수 있다.

45 이온질화법의 특징으로 옳은 것은?

① 400℃ 이하의 저온에서 질화가 가능하며, 질화속도가 비교적 빠르다.
② 미세한 홈의 내면, 긴 부품의 내면 등에 균일한 질화가 가능하다.
③ 처리부품의 정확한 온도 측정이 가능하며, 급속냉각이 가능하다.
④ 오스테나이트계 스테인리스강이나 Ti 등에는 질화가 불가능하다.

46 탈탄에 대한 설명으로 틀린 것은?

① 담금질 균열, 변형이 발생한다.
② 내피로 강도의 저하, 열피로가 발생한다.
③ 수분이 있는 경우 현저하게 발생한다.
④ γ구역보다 α구역에서 현저히 발생한다.

> 탈탄은 온도가 높은 γ구역에서 더 발생한다.

47 침탄 경화층의 깊이 표시방법 중 경도시험에 의한 측정방법으로 시험하중 $0.3kg_f$으로 측정하여 유효경화층 깊이가 1.1mm의 경우를 표시하는 기호는?

① CD - H 0.3 - T 1.1
② CD - H 0.3 - E 1.1
③ CD - M - T 1.1
④ CD - M - E 1.1

48 다음 ( ) 안에 알맞은 내용은?

> 인상 담금질의 작업방법은 Ar' 구역에서는 (㉠), Ar" 구역에서는 (㉡)하는 방법이다.

① ㉠ 급랭, ㉡ 급랭
② ㉠ 급랭, ㉡ 서랭
③ ㉠ 서랭, ㉡ 급랭
④ ㉠ 서랭, ㉡ 서랭

> 임계구역 : 급랭, 위험구역 : 서랭

49 탈탄의 방지대책으로 틀린 것은?

① 강의 표면에 도금을 한다.
② 중성분말제 속에서 가열한다.
③ 고온에서 장시간 가열한다.
④ 분위기 가스 내에서 진공 가열한다.

> 고온에서 장시간 가열하면 탈탄이 증가된다.

정답 43 ① 44 ④ 45 ① 46 ④ 47 ② 48 ② 49 ③

50 Al합금에서 주괴를 열간가공에 앞서 고온 장시간 가열로 균질화하고 열간가공성을 향상시키기 위해 균열처리 하여 얻어지는 결과가 아닌 것은?

① 방향성 증가
② 담금질성 향상
③ 결정립의 미세화
④ 기계적 성능의 개선

> 균질화처리하면 조직의 이방성을 감소시킬 수 있다.

51 상온 가공한 황동제품의 자연균열(season crack)을 방지하기 위하여 실시하는 열처리 방법은?

① 뜨임
② 담금질
③ 저온풀림
④ 노멀라이징

52 강의 연속냉각 변태에서 임계냉각 속도란?

① 마텐자이트만을 얻기 위한 최소의 냉각 속도
② 투르스타이트 조직을 얻기 위한 냉각속도
③ 마텐자이트에서 오스테나이트로의 변태 개시속도
④ 오스테나이트 상태에서 상온까지 계속 냉각시키는 속도

53 보통 탄소강의 오스테나이트 조직에 대한 설명 중 옳은 것은?

① 금속간 화합물이다.
② 면심입방격자이다.
③ 최대 고용 탄소함량은 0.02% 이하이다.
④ A_1 변태점 이하에서만 존재하는 조직이다.

54 연속로에 해당되지 않는 것은?

① 푸셔로
② 피트로
③ 컨베이어로
④ 세이커 하스로

> 고정형로 : 상자로(box), 피트로

55 펄라이트 생성에 대한 설명 중 틀린 것은?

① 공석강을 서랭 시 생성된다.
② 고용체와 금속간 화합물이 혼합되어 있다.
③ 오스테나이트의 결정입계에서 Fe_3C의 핵이 발생한다.
④ 오스테나이트에서 등온 냉각 시 M_s직상에서 생성된다.

> 등온 냉각하면 베이나이트가 생성된다.

56 고속도 공구강의 담금질 온도가 상승함에 따라 나타나는 현상이 아닌 것은?

① 잔류 오스테나이트의 양이 감소한다.
② 충격치, 항절력 등의 인성이 저하한다.
③ 오스테나이트의 결정립이 조대하게 된다.
④ 탄화물의 고용량이 증대하여 기지 중의 합금원소가 증가한다.

> 담금질 온도가 올라가면 잔류 오스테나이트의 양이 증가한다.

정답 50 ① 51 ③ 52 ① 53 ② 54 ② 55 ④ 56 ①

57 진공로 내부에 단열하는 단열재의 구비 조건이 아닌 것은?

① 열용량이 커야 한다.
② 흡습성이 없어야 한다.
③ 열적 충격에 강해야 한다.
④ 방사열을 완전히 반사시키는 재료이어야 한다.

> 단열재는 열용량이 작고 열전도도가 작아야 한다.

58 기어나 스프링 등 변형을 일으켜서는 안 되는 제품 또는 얇은 제품을 금형에 고정하여 담금질하는 방법은?

① 분사 담금질
② 인상 담금질
③ 열욕 담금질
④ 프레스 담금질

59 표면경화법을 물리적 방법과 화학적 방법으로 나눌 때 물리적 표면경화법에 해당하는 것은?

① 질화법
② 침탄법
③ 화염경화법
④ 금속침투법

> 질화법, 침탄법, 금속침투법은 화학적 표면경화법이다.

60 강의 열처리에서 일반적으로 담금질성을 나쁘게 하는 원소가 아닌 것은?

① B
② S
③ Pb
④ Te

> B은 담금질성을 좋게 하는 원소이다.

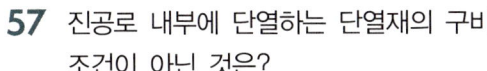

제4과목 ▶ 재료시험

61 현미경의 광학 계통도에 속하지 않는 것은?

① 광원
② 계조계
③ 반사경
④ 광선조리개

> 계조계는 방사선 투과시험에 적용하는 것이다.

62 다음 중 강의 재질을 판별할 수 있는 방법이 아닌 것은?

① 열 분석법
② 펠릿시험
③ 불꽃시험
④ 현미경 조직 검사법

> 열분석법은 금속의 상태도를 구할 수 있다.

63 원통형 스프링에 압축하중이 작용할 때 스프링 소선(wire)에 발생하는 응력은?

① 굽힘응력과 압축응력
② 압축응력과 전단응력
③ 수축응력과 굽힘응력
④ 전단응력과 비틀림응력

64 비금속 개재물(Non-metallic inclusion)에 대한 설명으로 틀린 것은?

① 응력집중의 원인이 된다.
② 피로한계를 저하시킨다.
③ 철강 내에 개재하는 고형체의 불순물이다.
④ 투과 전자 현미경 시험으로만 발견할 수 있다.

> 비금속 개재물은 매크로 시험으로도 관찰할 수 있다.

정답 57 ① 58 ④ 59 ③ 60 ① 61 ② 62 ① 63 ④ 64 ④

65 다음 중 동적 시험법에 해당되는 것은?

① 피로시험 ② 인장시험
③ 비틀림시험 ④ 크리프시험

66 용제 제거성 염색 침투탐상검사를 수행할 때의 공정이 아닌 것은?

① 전처리 ② 산화처리
③ 제거처리 ④ 침투처리

> 침투탐상 시험에서는 산화처리를 하지 않는다.

67 충격시험(impact test)은 어떤 성질을 알기 위한 시험인가?

① 충격과 피로 ② 인성과 취성
③ 경도와 강도 ④ 강도와 내마모성

68 무색, 무미, 무취로서 연료의 불완전 연소로 인하여 생성되는 것으로 인체에 해로운 가스는?

① CO ② SO_2
③ NH_4 ④ Cl_2

69 두 개 이상의 물체가 압력하에 접촉하면서 상대운동을 할 때 물체의 중량이 감소되는 양을 측정하는 시험은?

① 굴곡시험 ② 전단시험
③ 마모시험 ④ 압축시험

70 S-N 곡선에서 S와 N은 각각 무엇을 의미하는가?

① S : 반복응력, N : 반복 횟수
② S : 피로한도, N : 반복 횟수
③ S : 시편크기, N : 반복 횟수
④ S : 시편크기, N : 시편 개수

71 한국산업표준(KS B 0801)의 4호 인장 시험편 제작에서 지름(D)과 표점거리(L)는 몇 mm로 하는가?

① 지름(D) : 10mm, 표점거리(L) : 60mm
② 지름(D) : 14mm, 표점거리(L) : 50mm
③ 지름(D) : 20mm, 표점거리(L) : 200mm
④ 지름(D) : 24mm, 표점거리(L) : 220mm

72 다음 중 조직량 측정법이 아닌 것은?

① 면적(area)측정법
② 직선(line)측정법
③ 점(point)측정법
④ 직각(right angle)측정법

> **조직량 측정법**
> 면적 측정, 직선 측정, 점 측정

73 초음파 탐상검사의 주사 방법 중 1탐촉자(경사각탐촉자)에 의한 응용주사는?

① 전후 주사
② 좌우 주사
③ 목돌림 주사
④ 지그재그방향 주사

74 철강재료에 사용하는 부식제로 가장 적합한 것은?

① 5% 염산 수용액
② 질산 1~5%와 알콜용액
③ 수산화나트륨 20g과 물
④ 과황산 암모늄 10% 수용액

정답 65 ① 66 ② 67 ② 68 ① 69 ③ 70 ① 71 ② 72 ④ 73 ④ 74 ②

75 브리넬 경도시험에서 하중이 3,000kgf 강구를 10mm를 사용하여 시험하였을 때 압흔의 지름이 4.5mm일 경우 경도는 약 얼마인가?

① 159kgf/mm²
② 169kgf/mm²
③ 179kgf/mm²
④ 189kgf/mm²

$$HB = \frac{2P}{\pi D(D - \sqrt{D^2 - d^2})}$$
$$= \frac{2 \times 3,000}{3.14 \times 10 \times (10 - \sqrt{10^2 - 4.5^2})} = 179$$

76 인장 시험편 물림 장치의 물림부 구비 조건이 아닌 것은?

① 취급이 편리해야 한다.
② 시험편에 심한 변형을 주어서는 안 된다.
③ 인장하중 이외에 편심하중이 가해져야 한다.
④ 시험 중 시험편은 시험기 작동 중심선에 있어야 한다.

인장하중 외 다른 하중은 적용이 되면 안 된다.

77 압축시험의 설명으로 틀린 것은?

① 인장시험과 반대방향으로 하중을 작용한다.
② 압축시험은 압축력에 대한 재료의 저항력을 시험하는 것이다.
③ 압축강도(σ_c) = 시험편의 단면적을 압축강도로 나눈 값이다.
④ 시험방법을 압축과 탄성 측정으로 나눌 때 압축을 측정하는 경우 단주형 시험편을 주로 사용한다.

압축강도=압축응력(하중)/단면적

78 크리프 시험 장치에 해당되지 않는 것은?

① 하중장치
② 시험편 검사장치
③ 변형률 측정장치
④ 가열로 온도측정 및 조정장치

크리프 시험 장치는 하중, 온도, 변형률 측정 장치가 있어야 한다.

79 작은 금속조각을 금속현미경으로 조직 검사하는 절차를 옳게 나타낸 것은?

① 시편채취 → 부식 → 연마 → 마운팅 → 관찰
② 시편채취 → 마운팅 → 연마 → 부식 → 관찰
③ 시편채취 → 연마 → 관찰 → 부식 → 마운팅
④ 시편채취 → 관찰 → 연마 → 부식 → 마운팅

80 방사선투과 시험에 사용되는 것이 아닌 것은?

① 증감지
② 투과도계
③ 접촉매질
④ 서베이미터

접촉매질은 초음파 탐상시험에서 시험체와 탐촉자 사이에 적용한다.

정답 75 ③ 76 ③ 77 ③ 78 ② 79 ② 80 ③

2016년 3회 금속재료산업기사 필기 기출문제

2016년 10월 1일 시행

제1과목 ▶ 금속재료

01 다음 중 알루미늄의 비중과 용융점으로 옳은 것은?

① 약 8.9, 약 1,455℃
② 약 2.7, 약 660℃
③ 약 7.8, 약 1,083℃
④ 약 1.74, 약 650℃

02 해드필드(Hadfield)강은 기지가 오스테나이트 조직이며, 경도가 높아 기어, 레일 등의 내마모용 재료로 사용된다. 이 강의 탄소와 망간의 함유량으로 옳은 것은?

① 탄소 : 0.35~0.55%C, 망간 : 1~2%Mn
② 탄소 : 0.9~1.3%C, 망간 : 1~2%Mn
③ 탄소 : 0.35~0.55%C, 망간 : 10~15%Mn
④ 탄소 : 0.9~1.3%C, 망간 : 10~15%Mn

03 동합금 중에서 가장 큰 강도와 경도를 얻을 수 있으며, 내마모성 및 도전율이 우수하여 가공재와 주물로 이용되며 최근에는 금형 재료로 많이 사용되는 것은?

① 인 청동
② 규소 청동
③ 베릴륨 청동
④ 알루미늄 청동

04 베어링용 합금의 조건이 아닌 것은?

① 소착에 대한 저항력이 클 것
② 마찰계수가 크고 저항력이 적을 것
③ 주조성, 절삭성이 좋고 열전도율이 클 것
④ 하중에 견딜 수 있는 정도의 경도와 내압력을 가질 것

> 베어링합금은 마찰계수가 작아야 한다.

05 WC, TiC, TaC의 분말에 Co를 결합상으로 사용하여 1,500℃에서 소결하여 만든 합금은?

① 인바
② 세라믹
③ 초경합금
④ 스텔라이트

06 내열 및 내식용 Ni 합금에 해당되지 않는 것은?

① 크로멜
② 인코넬
③ 라우탈
④ 하스텔로이

> 라우탈 : Al-Cu계 합금

정답 01② 02④ 03③ 04② 05③ 06③

07 공업적으로 사용되는 순철에 해당되지 않는 것은?

① 연철 ② 공석강
③ 전해철 ④ 암코철

> 공석강은 0.8%C의 탄소강이다.

08 볼트, 기어 등을 대량 생산하는 데 가장 적합한 소성가공법은?

① 단조 ② 압출
③ 전조 ④ 프레스

09 티타늄(Ti)에 관한 설명 중 틀린 것은?

① 열 및 도전율이 낮다.
② 불순물에 의한 영향이 거의 없다.
③ 300℃ 근방의 온도 구역에서 강도의 저하가 명백히 나타난다.
④ 활성이 커서 고온산화와 환원 제조 시에 취급이 곤란한 원인이 된다.

> Ti은 불순물의 영향을 많이 받아서 고순도가 필요하다.

10 초전도 상대를 얻기 위해 필요한 3가지 임계치가 아닌 것은?

① T_C(온도 임계치)
② H_C(자계 임계치)
③ V_C(전압 임계치)
④ J_C(전류밀도 임계치)

> 초전도 상태 3임계
> 온도, 자계, 전류밀도

11 Fe-C평형상태도에서 Fe_3C의 자기변태 온도는?

① 210℃ ② 723℃
③ 768℃ ④ 910℃

12 금속간 화합물인 Fe_3C에서 Fe와 C의 원자비(%)는?

① Fe : 25%, C : 75%
② Fe : 30%, C : 70%
③ Fe : 70%, C : 30%
④ Fe : 75%, C : 25%

13 조성이 Al-Cu-Mg-Mn이며, 고강도 Al 합금에 해당되는 것은?

① 실루민(Silumin)
② 문쯔메탈(Muntz metal)
③ 두랄루민(Duralumin)
④ 하이드로날륨(Hydronalium)

14 주철의 조직과 성질에 대한 설명으로 옳은 것은?

① 유리탄소와 화합탄소의 합을 전탄소라 한다.
② 주철 중에 함유되는 탄소량은 보통 0.85~1.2% 정도이다.
③ 흑연이 많을 경우 그 파단면이 회색을 띠면 백주철이다.
④ 백주철과 회주철이 혼합되어 있는 경우 파단면에 반점이 있는 구상흑연주철이 된다.

15 상자성체 금속에 해당되는 것은?

① Fe ② Ni
③ Co ④ Cr

> Fe, Ni, Co는 강자성체이다.

정답 07 ② 08 ③ 09 ② 10 ③ 11 ① 12 ④ 13 ③ 14 ① 15 ④

16 Ni-Cr 강에서 헤어크랙(hair crack)의 주원인이 되는 원소는?

① S ② O
③ N ④ H

17 Co-Cr-Fe계 합금으로 외과, 정형외과 및 치과분야의 이식에 사용되는 재료는?

① 코슨합금 ② 바이탈륨
③ 델타메탈 ④ 두라나메탈

18 게이지용강이 갖추어야 할 조건으로 옳은 것은?

① 팽창계수가 보통강보다 커야 한다.
② HRC 50 이하의 경도를 가져야 한다.
③ 담금질에 의하여 변형이 있어야 한다.
④ 시간이 지남에 따른 치수의 변화가 없어야 한다.

> 게이지강은 경도가 높고, 담금질변형이 없어야 하며, 팽창계수가 낮아야 한다.

19 정련된 용강을 레이들 중에서 Fe-Mn, Fe-Si, Al 등으로 완전 탈산시킨 강괴는?

① 킬드강 ② 림드강
③ 캡드강 ④ 세미킬드강

20 내식성, 내마모성, 내피로성 등이 좋은 형상기억합금은?

① Ni - Si계 ② Ti - Ni계
③ Ti - Zn계 ④ Ni - Zn계

> 니티놀 : Ti-Ni계 형상기억합금

제2과목 ▶ 금속조직

21 전율 고용체의 상태도를 갖는 합금의 경우 기계적·물리적 성질은 두 성분의 금속 원자비가 얼마일 때 가장 변화가 큰가?

① 10 : 90 ② 20 : 80
③ 40 : 60 ④ 50 : 50

22 결정계와 브라베이스(bravais) 격자와의 관계에서 입방정계의 축장과 축각의 표시로 옳은 것은?

① 축장 : $a = b = c$,
   축각 : $\alpha = \beta = \gamma = 90°$
② 축장 : $a = b \neq c$,
   축각 : $\alpha = \beta = \gamma = 90°$
③ 축장 : $a \neq b \neq c$,
   축각 : $\alpha = \beta = \gamma = 90°$
④ 축장 : $a \neq b \neq c$,
   축각 : $\alpha = \gamma = 90°, \beta \neq 90°$

23 A, B 두 종류 금속의 확산에서 Kirkendall 효과에 대한 설명으로 옳은 것은?

① 원자공공 기구를 말한다.
② 밀집 이온형 기구를 말한다.
③ 격자간 원자형 기구를 말한다.
④ 두 금속의 확산속도의 차이를 말한다.

24 Fe-Fe₃C상태도에서 0.2%C인 경우 상온에서 초석 페라이트(α)와 펄라이트(P)의 양은 약 몇 %인가? (단, 공석점은 0.80%C, α의 고용한도는 0.025%C이다)

① α = 66%, P = 34%
② α = 34%, P = 66%
③ α = 77%, P = 23%
④ α = 23%, P = 77%

$$\alpha = \frac{0.8 - 0.2}{0.8 - 0.025} \times 100 = 77\%$$
$$P = \frac{0.2 - 0.025}{0.8 - 0.025} \times 100 = 23\%$$

25 석출경화의 기본원칙에 해당되지 않는 것은?

① 석출물의 부피 분율이 커야 한다.
② 석출물 입자의 형상이 구형에 가까워야 한다.
③ 석출물 입자의 크기가 미세하고 그 수가 많아야 한다.
④ 석출물은 연속적으로 존재해야만 하는 반면에 기지상은 불연속적이어야만 한다.

기지는 연속적이고, 석출물은 불연속적으로 존재해야 한다.

26 소성가공한 강을 가열 시 재결정 과정이 일어난다. 이때 재결정 입자크기에 미치는 영향이 가장 적은 것은?

① 가열온도 ② 가열속도
③ 가열시간 ④ 소성변형정도

27 용질원자에 의한 응력장이 가동전위의 응력장과 상호작용을 하여 전위의 이동을 방해함으로써 재료가 강화되는 현상은?

① 석출 강화
② 분산 강화
③ 고용체 강화
④ 결정립 미세화 강화

28 금속의 응고 과정 순서로 옳은 것은?

① 핵생성 → 핵성장 → 결정립 형성
② 핵생성 → 결정립 형성 → 핵성장
③ 결정립 형성 → 핵생성 → 핵성장
④ 결정립 형성 → 핵성장 → 핵생성

29 어느 물질계에서 자유에너지(F)를 구하는 식으로 옳은 것은? (단, E는 내부에너지, T는 절대온도, S는 엔트로피이다)

① $F = E - \dfrac{T}{S}$ ② $F = E + \dfrac{T}{S}$
③ $F = E - TS$ ④ $F = E + TS$

30 회복과정에서 축적에너지의 양에 대한 설명으로 틀린 것은?

① 가공노가 클수록 축적에너지의 양은 증가한다.
② 결정입도가 감소함에 따라 축적에너지의 양은 증가한다.
③ 불순물 원자를 첨가할수록 축적에너지의 양은 증가한다.
④ 낮은 가공온도에서의 변형은 축적에너지의 양을 감소시킨다.

가공온도가 낮으면 변형에 의한 축적에너지의 양이 증가한다.

정답 24 ③ 25 ④ 26 ② 27 ③ 28 ① 29 ③ 30 ④

31 다음 금속 중 조밀육방격자에 속하는 것은?

① Al　　② Mo
③ Mg　　④ Ni

32 전위의 재배열과 소멸에 의해 가공된 결정 내부의 변형에너지와 항복강도가 감소되는 현상을 무엇이라고 하는가?

① 회복　　② 소성
③ 재결정　④ 가공경화

33 Fick의 확산 제2법칙에 대한 설명으로 틀린 것은? (단, D는 확산계수이며, 정수이다)

① 확산계수 D의 단위는 cm^3/sec이다.
② 용질원자의 농도가 시간에 따라 변화하는 관계를 나타낸다.
③ 어느 장소에서 농도의 시간적 변화는 $\dfrac{\partial C}{\partial t} = D\dfrac{\partial^2 C}{\partial x^2}$으로 표시된다.
④ 확산에서의 물질의 흐름이 시간에 따라 변화하지 않는 상태를 정상상태라 하며 $\dfrac{\partial C}{\partial t}$는 0이다.

> 확산계수 D의 단위 : m^2/s, m^2/h

34 금속이 응고할 때 균일핵생성에서 핵생성의 속도를 증가시키려면?

① 계면에너지가 커야 한다.
② 임계핵반경(r)이 커야 한다.
③ 과냉도($\triangle T$)가 작아야 한다.
④ 자유에너지 변화($\triangle G^*$)가 작아야 한다.

35 Burgers vector의 방향과 전위선이 서로 수직을 이루는 전위(dislocation)는?

① 나사전위(Screw dislocation)
② 칼날전위(Edge dislocation)
③ 혼합전위(Mixed dislocation)
④ 부분전위(Partial dislocation)

36 다음 규칙-불규칙 변태에서 규칙 격자가 생길 때의 성질 변화에 대한 설명으로 옳은 것은?

① 연성이 감소한다.
② 경도가 감소한다.
③ 강도가 감소한다.
④ 전기전도도가 감소한다.

37 Cr, Au의 배위수는 각각 얼마인가?

① Cr : 2, Au : 4
② Cr : 4, Au : 2
③ Cr : 8, Au : 12
④ Cr : 12, Au : 8

> Cr는 BCC이므로 배위수 8, Au는 FCC이므로 배위수 12

정답 31 ③　32 ①　33 ①　34 ④　35 ②　36 ①　37 ③

38 다음 입방격자에서 면의 밀러지수 중 면간거리가 가장 큰 것은?

① (001) ② (330)
③ (00$\bar{2}$) ④ ($\bar{1}\bar{2}$0)

면간거리(d) = $\dfrac{a}{\sqrt{h^2+k^2+l^2}}$ 이므로

(001)의 경우: $\dfrac{a}{\sqrt{0^2+0^2+1^2}} = \dfrac{a}{1} = a$

(330)의 경우: $\dfrac{a}{\sqrt{3^2+3^2+0^2}} = \dfrac{a}{\sqrt{18}} = \dfrac{a}{3\sqrt{2}}$

(00$\bar{2}$)의 경우: $\dfrac{a}{\sqrt{0^2+0^2+2^2}} = \dfrac{a}{2}$

($\bar{1}\bar{2}$0)의 경우: $\dfrac{a}{\sqrt{1^2+2^2+0^2}} = \dfrac{a}{\sqrt{5}}$

39 금속의 점결함에 해당되지 않는 것은?

① 전위 ② 원자공공
③ 크로디온 ④ 프렌켈 결함

전위는 선결함이다.

40 고온도에서 불규칙상태의 고용체를 천천히 냉각하면 어느 온도에서 규칙격자가 형성되기 시작한다. 이때의 온도를 무엇이라 하는가?

① 전이온도
② 재결정온도
③ 냉간가공온도
④ 열간가공온도

제3과목 ▶ 금속열처리

41 냉각 도중에 냉각속도를 변환시키는 2단 냉각(seto cooling) 방법의 변태 속도의 기준 온도는? (단, 2단 풀림, 2단 노멀라이징, 인상 담금질 등이다)

① M_s점과 M_f점
② Ar_4점과 Ar_1점
③ Ar_1점과 Ar'점
④ Ar'점과 Ar''점

42 황화물의 편석을 제거하여 안정화 혹은 균질화를 목적으로 1,050~1,300℃의 고온에서 실시하는 어닐링 방법은?

① 완전 어닐링
② 확산 어닐링
③ 재결정 어닐링
④ 응력제거 어닐링

43 담금질 균열의 방지책으로 틀린 것은?

① 변태 응력을 줄인다.
② M_s~M_f 범위에서 급랭시킨다.
③ 살두께의 차이 및 급변을 가급적 줄인다.
④ 냉각 시 온도를 제품면에 균일하게 한다.

M_s~M_f 범위 온도에서는 서랭한다.

44 대형 제품을 담금질하였을 때 재료의 내·외부에 담금질 효과가 달라져 경도의 편차가 나타나는 현상은?

① 노치 효과 ② 질량 효과
③ 담금질 변형 ④ 가공경화 효과

정답 38① 39① 40① 41④ 42② 43② 44②

45 마그네슘, 알루미늄 및 그 합금의 질별 기호 중 가공 경화한 것을 나타내는 기호는?

① O ② W
③ H ④ F

46 열처리 곡선 중 S 곡선을 구하는 방법이 아닌 것은?

① 자기 분석법
② 열팽창 측정법
③ 조직학적 방법
④ 조미니 시험법

> 조미니 시험법은 경화능을 측정하는 것이다.

47 열처리 결함 중 탈탄의 원인과 방지대책을 설명한 것 중 틀린 것은?

① 탈탄 방지제를 도포한다.
② 염욕 및 금속욕에서 가열을 한다.
③ 고온에서 장시간 가열을 실시한다.
④ 분위기 속에서 가열하거나 진공가열을 한다.

> 고온에서 장시간 가열하면 탈탄이 증가한다.

48 오스테나이트로 균일상을 만든 후에 표준화 조직을 만들기 위해 공랭하는 작업은?

① 풀림 ② 뜨임
③ 담금질 ④ 노멀라이징

> 풀림 : 강의 연화
> 노멀라이징 : 표준조직 형성
> 담금질 : 강의 경화
> 뜨임 : 인성 부여

49 탄소강이 열처리에 의해 가열되었을 때 강재에 나타나는 온도의 색깔이 가장 높은 것은?

① 암적색 ② 담청색
③ 붉은색 ④ 밝은 백색

50 강의 질화처리는 침투원소에 따라 순질화와 연질화로 구분된다. 다음 설명 중 옳은 것은?

① 순질화는 질소만을 침투시켜 경화시키는 방법이다.
② 순질화는 질소와 다량의 탄소를 침투시켜 경화시키는 방법이다.
③ 연질화는 수소만을 침투시켜 경화시키는 방법이다.
④ 연질화는 수소와 다량의 탄소를 침투시켜 경화시키는 방법이다.

51 가열된 기판 위에 입히고자 하는 피막의 성분을 포함한 원료의 혼합 가스를 접촉시켜 기상반응에 의하여 표면에 금속, 탄화물, 질화물, 붕화물, 산화물 등 다양한 피막을 생성시키는 방법은?

① 물리 증착법
② 화학 증착법
③ 염욕 코팅법
④ 전해 및 방전처리법

52 열처리 전·후 처리에 사용되는 설비를 기계적과 화학적으로 나눌 때 화학적 처리법에 해당되는 것은?

① 탈지 ② 연삭
③ 버프연마 ④ 샌드블라스트

정답 45 ③ 46 ④ 47 ③ 48 ④ 49 ④ 50 ① 51 ② 52 ①

53 중탄소강을 오스테나이트 상태로 만든 후 가열온도 400~520℃의 용융염욕 또는 Pb욕 중에 침적한 후 공랭시켜 소르바이트 조직으로 된 피아노선 등의 신선(wire drawing) 작업의 전처리 등에 이용하는 열처리는?

① 퀜칭(quenching)
② 패턴팅(partenting)
③ 어닐링(annealing)
④ 수인법(water toughening)

54 심랭처리(sub-zero treatment)에서 사용되는 냉매는?

① 수은   ② 기름
③ 염욕   ④ 액체질소

> **심랭처리 냉매**
> 액체질소, 드라이아이스, 액체헬륨 등

55 주철의 응력제거풀림 및 연화풀림에 대한 설명으로 틀린 것은?

① 연화풀림은 주철의 주조성을 양호하게 하고 백선부분을 증가시키고, 경도를 향상시키기 위한 목적으로 실시한다.
② 연화풀림을 하면 강도는 저하하지만 구상화 흑연주철에서는 연신율이 증가한다.
③ 응력제거풀림에서 잔류 응력을 제거하기 위하여 430~600℃에서 5~30시간 가열한 후 로냉한다.
④ 응력제거풀림은 복잡한 형상의 주물에 적용하여 재료의 변형에 따른 안정도를 높인다.

> 주조성과 열처리 방법과는 관련이 없다.

56 담금질 액을 교반하는 방법에는 프로펠러를 이용하거나 펌프 등을 사용한다. 교반의 세기 조정 시 고려할 사항이 아닌 것은?

① 뜨임온도
② 냉각제의 냉각속도
③ 허용되는 변형의 한도
④ 사용하는 재질의 담금질성

> **뜨임**
> 담금질 후 다시 온도를 올려서 인성을 증가시키는 열처리

57 0.80%의 오스테나이트를 800℃ 이상으로 가열했다가 서랭하면 나타나는 조직은?

① 페라이트(ferrite)
② 펄라이트(pearlite)
③ 오스테나이트(austenite)
④ 레데뷰라이트(ledeburite)

58 다음 중 진공 열처리에 대한 설명으로 옳은 것은?

① 공해로 인해 작업환경이 나쁘다.
② 정확한 온도 관리가 불가능하다.
③ 고품질의 열처리가 불가능하다.
④ 로벽에 의한 손실 열량이 적어 에너지 절감 효과가 크다.

59 열처리 과정에서 나타나는 조직 중 용적 변화가 가장 큰 것은?

① 펄라이트(pearlite)
② 소르바이트(sorbite)
③ 마텐자이트(martensite)
④ 오스테나이트(austenite)

> 마텐자이트는 냉각 중 축소되었다가 다시 팽창의 부피변화가 급격히 발생한다.

정답 53 ② 54 ④ 55 ① 56 ① 57 ② 58 ④ 59 ③

60 오스테나이트 상태로부터 M_s점 바로 위 온도의 염욕 중에 담금질하여 강의 내외가 동일한 온도가 되도록 항온을 유지하고, 과냉 오스테나이트가 항온변태를 일으키기 전에 공기 중에서 Ar" 변태가 천천히 진행되도록 하는 열처리는?

① 마퀜칭 ② M_s담금질
③ 오스포밍 ④ 인상담금질

제4과목 ▶ 재료시험

61 전단 응력의 크기에 영향을 미치는 인자로 틀린 것은?

① 날의 각도
② 다이스의 재질
③ 다이스와 펀치의 틈
④ 공구와 재료 간의 마찰력

> 재질은 물체에 가해지는 응력에 영향을 주지 않는다.

62 피로 시험에 관한 설명 중 틀린 것은?

① 시험편이 작을수록 피로한도가 높다.
② 표면이 매끈할수록 파괴까지의 시간이 짧아진다.
③ 일반적으로 온도가 올라가면 피로한도는 낮아진다.
④ 시험편에 구멍 등의 응력 집중 원인이 있으면 피로 한도는 낮아진다.

> 표면이 매끄러우면 피로한도가 높아진다.

63 다른 비파괴검사법과 비교하여 초음파탐상 시험의 가장 큰 장점은?

① 표면 직하의 얇은 결함 검출이 쉽다.
② 재현성이 뛰어나며 기록보존이 용이하다.
③ 침투력이 매우 높아 재료 내부 깊은 곳의 결함검출이 용이하다.
④ 내부 불연속의 모양, 위치, 크기 및 방향을 정확히 측정할 수 있다.

64 방사선이 물질을 투과할 때 물질의 원자핵 주위의 궤도 전자와 부딪쳐 상호작용으로 생기는 것이 아닌 것은?

① 톰슨효과 ② 제백효과
③ 콤프턴 산란 ④ 전자쌍 생성

> 제백효과
> 열에너지에 의해 전류가 생성되는 것

65 로크웰 경도 시험에 대한 설명으로 틀린 것은?

① 다이아몬드 압입자의 원추 선단 각도는 136°이다.
② 시험편에 가하는 기준 하중은 10kg$_f$이며, 시험 하중은 60kg$_f$, 100kg$_f$, 150kg$_f$이 있다.
③ 다이아몬드 원추 또는 강구를 시편에 압입하고 이때 생기는 압입된 깊이에 의해 경도를 측정한다.
④ 시험편의 시험면과 뒷면은 서로 평행된 평면이어야 하며, 깊이는 압입 두께 차 h의 10배 이상이어야 한다.

> 압입자는 120° 원뿔 다이아몬드이다.

정답 60① 61② 62② 63③ 64② 65①

66 전단응력이 발생되는 주원인은?

① 전단하려는 면에 관계없이 일어난다.
② 전단하려는 면에 수직으로 작용하는 힘에 의한다.
③ 전단하려는 면에 평행으로 작용하는 힘에 의한다.
④ 전단하려는 면에 반대방향으로 작용하는 힘에 의한다.

67 침투탐상시험의 특징을 설명한 것 중 옳은 것은?

① 비금속의 재료에는 적용할 수 없다.
② 표면으로 닫혀있는 결함만 검출할 수 있다.
③ 결함의 깊이, 내부의 모양 및 크기를 알 수 있다.
④ 표면이 거친 시험체나 다공질 재료의 탐상은 일반적으로 탐상이 곤란하다.

68 무재해 운동의 3원칙에 해당되지 않는 것은?

① 무의 원칙
② 선취의 원칙
③ 참가의 원칙
④ 품질향상의 원칙

69 금속의 결정구조를 해석하기 위한 X선 회절시험에서 nλ=2dsinθ로 표시되는 법칙은?

① 상사의 법칙(Barba's law)
② 밀러의 법칙(Miller's law)
③ 브라그 법칙(Bragg's law)
④ 마르텐스의 법칙(Martens law)

70 충격시험에서 충격값의 단위로 옳은 것은?

① kg_f/m
② kg_f/mm^3
③ $kg_f \cdot m/cm^2$
④ $kg_f \cdot \cos\theta \cdot m$

71 충격시험에서 저온취성은 어느 온도 이하에서 일어나는 것으로, 급히 취화되는 것을 말한다. 이때의 온도를 무엇이라 하는가?

① 딤플온도(Dimple temperature)
② 벽개온도(Cleavage temperature)
③ 천이온도(Transition temperature)
④ 재결정온도(Recrystallization temperature)

72 다음 중 금속의 결정입도 측정방법이 아닌 것은?

① ASTM 결정립 측정법
② 조미니(Jominy) 시험법
③ 제프리즈(Jefferies)법
④ 헤인(Heyn)법

조미니 시험법은 경화능을 측정하는 방법이다.

73 그림은 연강의 응력-변형 선도이다. 상부 항복점에 해당되는 것은?

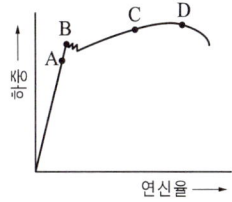

① A
② B
③ C
④ D

정답 66③ 67④ 68④ 69③ 70③ 71③ 72② 73②

74 다음 중 비틀림 시험에서 측정할 수 없는 것은?

① 강성계수 ② 비틀림 강도
③ 단면 수축률 ④ 비틀림 파단계수

> 단면 수축율은 인장시험에서 구할 수 있다.

75 주사전자현미경(EPMA)에서 EDS의 기능은 무엇인가?

① 특성 X-ray의 파장에 따라 성분을 분석하는 것
② 특성 X-ray의 파장에 따라 이미지를 분석하는 것
③ 특성 X-ray의 에너지의 차이에 따라 상을 분석하는 것
④ 특성 X-ray의 파장과 에너지 차이에 따라 석출물을 분석하는 것

76 두께 10mm, 폭 30mm, 길이 200mm의 강재를 지점 간 거리가 80mm인 받침대 위에 놓고 3점 굽힘 시험할 때 굽힘 하중이 1,500kg$_f$이었다면 강재의 굽힘강도는 몇 kg$_f$/mm^{2}인가?

① 60 ② 70
③ 75 ④ 85

$$3점\ 굽힘강도 = \frac{3PL}{2Wt^2} = \frac{3 \times 1,500 \times 80}{2 \times 30 \times 10^2} = 60$$

77 설퍼프린트법은 철강재료 중 어떤 원소의 분포상태를 나타내는가?

① P ② S
③ Mn ④ Ni

78 2개 이상의 물체가 접촉하면서 상대운동할 때 그 면이 감소되는 현상을 이용한 시험방법은?

① 커핑시험
② 마모시험
③ 마이크로시험
④ 분광분석시험

79 피검재의 세분을 전기로 또는 가스로에 넣어서 그때 생기는 불꽃의 색, 형태 파열음을 관찰 청취해서 강질을 검사 판정하는 시험은?

① 펠릿시험
② 매립시험
③ 분말 불꽃시험
④ 그라인더 불꽃시험

80 주괴(ingot)가 큰 경우 순금속 또는 단일상 합금에서 주괴의 결정립조직을 관찰해 보면 가장 주형벽에 접하는 조직은?

① 미세 등축정 조직
② 거친 등축정 조직
③ 미세 주상정 조직
④ 거친 주상정 조직

정답 74 ③ 75 ① 76 ① 77 ② 78 ② 79 ③ 80 ①

2017년 1회 금속재료산업기사 필기 기출문제

2017년 3월 5일 시행

제1과목 ▶ 금속재료

01 배빗메탈(babbit metal)이라고 불리는 베어링합금은?

① Mg계 화이트 메탈이다.
② Sn계 화이트 메탈이다.
③ Pb계 화이트 메탈이다.
④ Zn계 화이트 메탈이다.

02 금속재료를 임의의 방향으로 소성변형을 가한 후 역방향으로 하중을 가하면 처음 방향으로 하중을 가한 경우보다 변형에 대한 저항이 감소하게 되는 현상은?

① Aging 효과
② Kirkendall 효과
③ Bauschinger 효과
④ Widmanstatten 효과

03 형상기억효과는 어떤 변태기구를 이용한 것인가?

① 페라이트
② 펄라이트
③ 마텐자이트
④ 시멘타이트

04 순철에서 일어나는 변태가 아닌 것은?

① A_1 변태
② A_2 변태
③ A_3 변태
④ A_4 변태

A_1 변태는 공석강이 723℃에서 일어나는 공석 변태이다.

05 소결하지 않은 미분광과 무연탄을 직접 장입하며, 유동 환원로가 탈황작용을 하고 용융로에서 순산소를 사용하는 제철공정은?

① 전로(LD)법
② 코렉스(Corex)법
③ 파이넥스(Finex)법
④ 미니 밀(Mini mill)법

06 탄소가 0.8% 들어 있는 공석강의 상온 조직은?

① 페라이트 + 시멘타이트
② 오스테나이트 + 시멘타이트
③ 마텐자이트 + 오스테나이트
④ 시멘타이트 + 마텐자이트

공석강은 모두 펄라이트 조직이며, 펄라이트는 페라이트와 시멘타이트가 층상으로 존재한다.

07 실용 Ni-Cu 합금이 아닌 것은?

① 백동
② 콘스탄탄
③ 모넬메탈
④ 슈퍼인바

슈퍼인바 : Fe-Ni-Co계 불변강이다.

정답 01② 02③ 03③ 04① 05③ 06① 07④

08 섬유강화금속(FRM)의 특성이 아닌 것은?

① 비강도, 비강성이 높다.
② 섬유 축 방향의 강도가 낮다.
③ 고온에서 열적 안정성이 있다.
④ 2차 성형성 및 접합성이 있다.

> FRM은 섬유 축 방향의 강도가 수직방향보다 강도가 높다.

09 황동의 내식성을 개선하기 위하여 7:3 황동에 주석을 1% 정도 첨가한 합금은?

① 톰백
② 니켈 황동
③ 네이벌 황동
④ 에드미럴티 황동

10 금속의 성질을 설명한 것 중 옳은 것은?

① 결정립이 미세할수록 재료는 변형에 대하여 저항이 증가하므로 강도가 증가하는 경향이 있다.
② 결정립이 조대할수록 재료는 변형에 대하여 저항이 증가하므로 강도가 증가하는 경향이 있다.
③ 결정립이 미세할수록 재료는 변형에 대하여 저항이 감소하므로 강도가 증가하는 경향이 있다.
④ 결정립이 조대할수록 재료는 변형에 대하여 저항이 감소하므로 강도가 증가하는 경향이 있다.

11 구상흑연주철의 바탕조직에 해당되지 않는 형은?

① 페라이트형 ② 펄라이트형
③ 마텐자이트형 ④ 소르바이트형

> 구상흑연주철은 열처리가 가능한 주철이므로 기지 조직은 페라이트형, 펄라이트형, 마텐자이트형이 있다.

12 수소저장합금에 대한 설명으로 틀린 것은?

① 수소저장합금은 수소가스와 반응하여 금속수소화물을 만든다.
② 금속수소화물은 단위부피($1cm^3$) 중에 10^{22}개의 수소원자를 포함한다.
③ 수소저장합금은 수소를 흡수·저장할 때에는 수축하고, 방출할 때에는 팽창한다.
④ 수소가스를 액화시키는 데에는 −253℃ 정도의 저온 저장 용기가 필요하다.

> 수소를 흡수할 때는 팽창하고, 방출할 때는 수축한다.

13 전열합금에 요구되는 특성으로 틀린 것은?

① 재질이나 치수의 균일성이 좋을 것
② 열팽창계수가 작고 고온강도가 클 것
③ 전기저항이 낮고 저항의 온도계수가 클 것
④ 고온대기 중에서 산화에 견디고 사용온도가 높을 것

> 전열합금은 전기저항이 커야 한다.

14 Au 및 Au합금에 대한 설명 중 옳은 것은?

① BCC 구조를 갖는다.
② 전연성이 Ag보다 나쁘다.
③ Au의 비중은 약 19.3 정도이다.
④ 18K 합금은 Au 함유량이 90%이다.

정답 08 ② 09 ④ 10 ① 11 ④ 12 ③ 13 ③ 14 ③

15 경질 자성재료에 해당되지 않는 것은?

① 규소강판　　② 알니코 자석
③ 희토류계 자석　④ 페라이트 자석

> 규소강판 : 연질자성재료

16 절삭 및 전단 등에 사용되는 공구용 합금강의 구비조건으로 옳은 것은?

① 마멸성이 커야 한다.
② 인성이 작아야 한다.
③ 열처리와 가공이 용이해야 한다.
④ 상온과 고온에서 경도가 낮아야 한다.

17 비정질 합금에 대한 설명으로 틀린 것은?

① 가공경화를 일으키지 않는다.
② 불균질한 재료이고, 결정 이방성이 있다.
③ 비정질이란 결정이 되어 있지 않은 상태를 말한다.
④ 금속가스의 증착, 스퍼터링, 화학기상반응을 통해 제조할 수 있다.

> 비정질 합금은 결정 이방성이 없다.

18 다음 중 Mg-Al 합금에 해당되는 것은?

① 엘렉트론(Electron)
② 엘린바(Elinvar)
③ 퍼말로이(Permalloy)
④ 하스텔로이(Hastelloy)

19 다이의 구멍을 통하여 소재를 잡아당겨 성형하는 소성가공법은?

① 압연　　② 압출
③ 단조　　④ 인발

20 저융점 합금 원소로 사용하는 것이 아닌 것은?

① Bi　　② Cr
③ Pb　　④ Sn

> Cr은 고융점 금속이다.

제2과목 ▶ 금속조직

21 금속결정의 단위격자에 대한 설명 중 틀린 것은?

① 조밀육방격자의 배위수는 6개이다.
② 최근접원자수는 서로 접촉하고 있는 원자이다.
③ 배위수는 1개의 원자주위에 있는 최근접 원자수이다.
④ 충진율은 단위격자 내의 원자가 차지한 총 부피를 그 격자 부피로 나눈 체적비의 백분율이다.

> 조밀육방격자(HCP)의 배위수는 12이다.

22 칼날전위(Edge dislocation)에 대한 설명 중 옳은 것은?

① 부피 결함의 일종이다.
② 잉여반면을 가지지 않는다.
③ 전위선과 버거스 벡터(Burgers vector)가 서로 수직이다.
④ 전위선이 움직이는 방향은 버거스 벡터에 수직으로 움직인다.

정답　15① 16③ 17② 18① 19④ 20② 21① 22③

23 다음의 3원 공정형 상태도에서 II영역의 자유도는? (단, I 영역은 융액, II영역은 고체 + 융액, III영역은 고체이며, 압력이 일정하다)

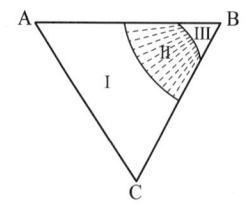

① 0 ② 1
③ 2 ④ 3

> 성분 C : 3원 합금이므로 3
> 상은 고체+융액이므로 2
> 따라서 F=C-P+1=3-2+1=2

24 전위선이 버거스 벡터와 수직인 전위는?

① 칼날전위 ② 나선전위
③ 혼합전위 ④ 전단전위

25 Hume-Rothery 법칙을 설명한 것 중 틀린 것은?

① 밀도의 차이가 클 것
② 결정구조가 비슷할 것
③ 원자의 크기차가 15% 이하일 것
④ 낮은 원자가를 가진 금속이 고가의 원자가를 가진 금속을 잘 고용할 것

> 밀도차가 크면 합금을 형성하지 못하므로 고용체를 형성하지 못한다.

26 재결정에 관한 설명으로 틀린 것은?

① 순도가 높을수록 재결정 온도는 높다.
② 가열시간이 길수록 재결정 온도는 낮다.
③ 냉간가공도가 클수록 재결정 온도는 높다.
④ 초기입자 크기가 클수록 재결정 온도는 높다.

> 가공도가 커질수록 재결정 온도는 내려간다.

27 확산에 대한 설명으로 틀린 것은?

① 용매 중에 용질이 용입하고 있는 상태에서 국부적으로 농도차가 있을 때 시간의 경과에 따라 농도의 균일화가 일어나는 현상을 확산이라 한다.
② 온도가 낮을 때는 입계의 확산과 입내의 확산의 차가 크게 되나 온도가 높아지면 그 차는 작게 된다.
③ 입계는 입내에 비하여 결정의 규칙성이 산란된 구조를 갖고 결함이 많으므로 확산이 일어나기 쉽다.
④ 면결함의 하나인 표면에서의 단회로 확산을 상호확산이라 한다.

> 표면에서는 한쪽 방향으로 진행하는 확산이 일어난다.

28 결정립 형성에 대한 설명으로 틀린 것은? (단, G는 결정성장속도, N은 핵생성속도, f는 상수이다.)

① 결정립의 크기는 $\dfrac{f \cdot G}{N}$로 표현된다.
② 핵 발생속도는 과냉도가 클수록 증가한다.
③ 금속은 순도가 높을수록 결정립의 크기가 작은 경향이 있다.
④ G가 N보다 빨리 증대할 경우 결정립이 큰 것을 얻는다.

> 순도가 높을수록 불균질핵생성이 줄어들기 때문에 핵생성보다는 성장이 커서 결정립이 커진다.

정답 23 ③ 24 ① 25 ① 26 ③ 27 ④ 28 ③

29 금속을 가공하면 변형 에너지가 발생한다. 이 변형 에너지가 집적하기 쉬운 곳이 아닌 것은?

① 전위
② 결정 내
③ 격자간 원자
④ 공격자점(공공)

> 변형 에너지는 각종 격자 결함부위에 집중이 되므로 결정 내가 아닌 결정경계에 집중된다.

30 진공 또는 불활성 가스 내에 지지된 단결정 금속봉의 한쪽 끝을 고주파 유도 가열로 용해하고 이 용해된 부위를 서서히 이동시켜 불순물을 정제하는 방법은?

① Bridgman법
② Czochralski법
③ 용융대법
④ 재결정법

31 점결함(point defect)에 해당되는 것은?

① 전위(Dislocation)
② 쌍정면(Twining plane)
③ 적층결함(Stacking fault)
④ 프렌켈 결함(Frenkel defect)

> **전위** : 선결함
> **쌍정면**과 **적층결함** : 면결함

32 회주철에 나타나는 바탕조직은?

① 펄라이트
② 소르바이트
③ 트루스타이트
④ 레데뷰라이트

> **회주철**
> 펄라이트 또는 페라이트 + 흑연

33 조밀육방격자(HCP)의 기저면(basal plane)을 나타낸 것 중 점선이 지시하는 방향은?

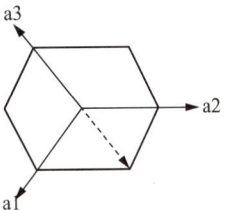

① $[11\bar{2}0]$
② $[\bar{1}2\bar{1}0]$
③ $[10\bar{1}0]$
④ $[2\bar{1}\bar{1}0]$

34 장범위 규칙도 $S = \dfrac{f_A - X_A}{1 - X_A} = \dfrac{f_B - X_B}{1 - X_B}$ 에서 f_A의 설명으로 옳은 것은? (단, α 격자는 A원자배열, β 격자는 B원자의 배열이다)

① α격자점을 B원자가 차지하는 확률
② β격자점을 A원자가 차지하는 확률
③ α격자점을 A원자가 차지하는 확률
④ β격자점을 A, B원자가 차지하는 확률

35 평형상태도에 영향을 미치지 않는 인자는?

① 온도
② 압력
③ 조성
④ 입도

> 평형상태도는 조성, 온도, 압력의 관계이다.

36 석출경화를 얻을 수 있는 경우는?

① 단순 공정형 상태도를 갖는 합금의 경우
② 전율가용고용체 형을 갖는 합금의 경우
③ 어떤 형의 상태도라도 모든 합금의 경우
④ 온도 강하에 따라 고용한도가 감소하는 형이 상태도를 갖는 합금의 경우

> 온도가 강하에 따라 고용한도가 감소할수록 과포화고용체에 의한 석출물이 잘 생성된다.

정답 29② 30③ 31④ 32① 33① 34③ 35④ 36④

2017년 제1회 3월 5일 시행

37 전율고용체 합금에서 강도가 최대인 경우는?

① 합금에 따라 다르다.
② 동일 비율로 합금된 경우이다.
③ 융점이 낮은 금속이 많이 포함된 경우이다.
④ 비중이 높은 금속이 많이 포함된 경우이다.

38 석출강화에서 석출물이 가져야 할 성질로 옳은 것은?

① 단단한 성질을 가져야 한다.
② 연속적으로 존재하여야 한다.
③ 부피 분율이 작을수록 강도는 커진다.
④ 입자의 크기가 조대하고 그 수가 적어야 한다.

39 W, Pt의 단위격자당 원자 충진율은 각각 약 몇 %인가?

① W : 74, Pt : 68
② W : 68, Pt : 74
③ W : 68, Pt : 68
④ W : 74, Pt : 74

> 결정구조
> W은 BCC(68%), Pt는 FCC(74%)

40 금속의 합금에서 온도가 일정할 때 확산속도가 가장 빠른 것은?

① 표면확산 ② 입계확산
③ 격자확산 ④ 입내확산

제3과목 ▶ 금속열처리

41 냉각방법 중 냉각속도가 가장 늦은 열처리 방법은?

① 풀림 ② 불림
③ 담금질 ④ 수인처리

42 TTT 곡선의 Nose와 M_s점의 중간온도로 유지된 염욕 속에서 변태가 완료될 때까지 일정시간 유지한 다음, 공랭시키면 베이나이트 조직이 생기는 열처리 조작은?

① 오스포밍(ausforming)
② 마퀜칭(marquenching)
③ 오스템퍼링(austempering)
④ 타임 퀜칭(time quenching)

43 1,100℃에서 조업한 부탄가스의 변성에 의한 RX가스의 탄소농도(carbon potential)를 계산할 때 어느 성분을 직접 측정하여 탄소 농도를 산출하는가?

① SO_2 ② CO_2
③ N_2 ④ NO_2

44 공구강을 열처리할 때 고려해야 할 사항 중 틀린 것은?

① 공구강의 성능은 담금질에 의해서 좌우된다.
② 담금질한 공구강은 뜨임처리를 해야 한다.
③ 게이지강은 담금질과 뜨임처리를 한 후 시효변화가 많아야 한다.
④ 공구강은 담금질을 하기 전에 탄화물을 구상화하기 위한 풀림을 해야 한다.

> 게이지강은 사용 중 시효변화가 없어야 한다.

정답 37 ② 38 ① 39 ② 40 ① 41 ① 42 ③ 43 ② 44 ③

45 그림은 구상화 어닐링의 한 가지 방법이다. A_1변태점을 경계로 가열냉각을 반복하여 얻을 수 있는 효과는 무엇인가?

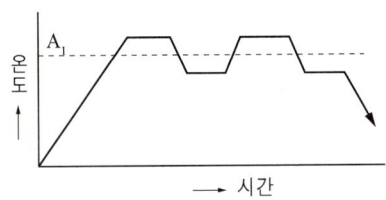

① 망상 Fe_3C를 없앤다.
② Fe_3C의 망상을 크게 한다.
③ 펄라이트의 생성 및 편상화한다.
④ 페라이트와 시멘타이트를 층상화한다.

46 SM 45C의 화염 담금질경도(HRC)는 얼마인가?

① 35   ② 60
③ 85   ④ 100

> 화염경화경도(HRc) = 15 + 100 × C%
>   = 15 + 100 × 0.45 = 60

47 열처리 후처리 공정에서 제품에 부착된 기름을 제거하는 탈지에 적합하지 않은 것은?

① 산 세정
② 전해 세정
③ 알카리 세정
④ 트리클로로에틸렌 세정

> 산세정은 표면의 스케일 제거에 적합하다.

48 질화처리로 최표면에 나타나는 화합물층(compound layer)에 존재하는 γ'상의 구성성분은?

① FeN   ② Fe_2N
③ Fe_4N ④ Fe_3N

49 재료의 담금질성 측정 방법에 사용되는 시험방법은?

① 커핑시험   ② 조미니시험
③ 에릭션시험   ④ 샤르피시험

50 담금질성에 대한 설명으로 틀린 것은?

① 결정입도를 크게 하면 담금질성은 향상된다.
② Mn, Mo, Cr 등을 첨가하면 담금질성은 증가한다.
③ B를 0.0025% 첨가하면 담금질성을 높일 수 있다.
④ 일반적으로 S가 0.04% 이상이면 담금질성이 증가한다.

> S는 담금질성을 저해하는 원소이다.

51 용체화처리 후 상온으로 방치하여도 상온시효를 일으켜 인장강도, 항복점, 경도가 증가하는 현상을 나타내는 것은?

① Al – Sn
② Al – Zn
③ Al – Si – Fe – Mg
④ Al – Cu – Mg – Mn

52 심랭처리(sub-zero treatment)를 실시해야 하는 강종이 아닌 것은?

① 불림(공랭)처리한 SM 25C
② 담금질(유랭)처리한 STB 2
③ 담금질(유랭)처리한 SKH 51
④ 침탄처리 후 담금질(유랭)한 SCr 420

> 심랭처리는 담금질(유랭) 후 잔류 오스테나이트를 제거하기 위한 것이므로 불림처리한 것은 하지 않는다.

정답 45 ① 46 ② 47 ① 48 ③ 49 ② 50 ④ 51 ④ 52 ①

53 공석강의 연속냉각곡선(CCT)에서 냉각 속도가 빠른 순으로 생성되는 조직은?

① 트루스타이트 → 소르바이트 → 펄라이트 → 마텐자이트
② 마텐자이트 → 트루스타이트 → 소르바이트 → 펄라이트
③ 펄라이트 → 소르바이트 → 마텐자이트 → 트루스타이트
④ 마텐자이트 → 펄라이트 → 트루스타이트 → 소르바이트

54 전기로의 전기회로를 2회로 분할하여 그 한쪽을 단속시켜서 온도를 제어하는 방법은?

① 비례 제어식
② 정치 제어식
③ 프로그램 제어식
④ 온 오프(ON - OFF)식

55 탈탄으로 발생된 결함으로 제품에 발생하는 현상이 아닌 것은?

① 경도, 강도가 증가한다.
② 변형, 균열이 발생한다.
③ 재료가 불균일해진다.
④ 열피로성이 발생하기 쉽다.

> 탈탄이 일어나면 경도, 강도가 떨어진다.

56 변성로나 침탄로 등의 침탄성 분위기 가스로부터 유리된 탄소가 노 내의 분위기 속에 부화하여 열처리 가공재료, 촉매, 노의 연와 등에 부착하는 현상은?

① 촉매(catalyst)
② 그을음(sooting)
③ 번 아웃(burn out)
④ 화염커튼(flame curtain)

57 강의 탈탄 방지책으로 틀린 것은?

① 고온, 장시간 가열을 한다.
② 염욕 및 금속욕 가열을 한다.
③ 표면에 금속도금, 피복을 한다.
④ 분위기 가스 속에서 가열하거나 진공가열한다.

> 탈탄을 방지하려면 적정온도, 적정시간을 지켜야 한다.

58 트루스타이트(Troostite)에 대한 설명 중 옳은 것은?

① α 철과 극히 미세한 시멘타이트와의 기계적 혼합물이다.
② α 철과 극히 미세한 마텐자이트와의 기계적 혼합물이다.
③ γ 철과 조대한 시멘타이트와의 기계적 혼합물이다.
④ γ 철과 조대한 마텐자이트와의 기계적 혼합물이다.

59 연속로의 형태가 아닌 것은?

① 로상 진동형로
② 상형(box type)로
③ 퓨셔형(pusher type)
④ 컨베이어형(conveyor type)

> 상형(box)로는 고정형(batch)로의 형태이다.

60 냉각제의 냉각속도에 대한 설명으로 옳은 것은?

① 점도가 높을수록 냉각속도가 빠르다.
② 열전도도가 클수록 냉각속도가 빠르다.
③ 휘발성이 높을수록 냉각속도가 빠르다.
④ 기화열이 낮고 끓는점이 낮을수록 냉각속도가 빠르다.

정답 53 ② 54 ④ 55 ① 56 ② 57 ① 58 ① 59 ② 60 ②

제4과목 ▶ 재료시험

61 설퍼프린트법에 의한 황 편석분류에서 역편석의 기호는?

① S_c
② S_I
③ S_N
④ S_D

62 동(Cu), 황동, 청동 등의 부식제로 사용되는 것은?

① 염화 제2철 용액
② 수산화나트륨용액
③ 피크린산 알콜용액
④ 질산 아세트산 용액

63 재료를 파괴하여 인성이나 취성을 시험하는 시험방법은?

① 충격시험
② 비틀림시험
③ 마모시험
④ 경도시험

64 크리프시험에서 크리프곡선이 현상(제1단계 – 제2단계 – 제3단계)을 옳게 구분한 것은?

① 감속 크리프 – 가속 크리프 – 정상 크리프
② 감속 크리프 – 정상 크리프 – 가속 크리프
③ 가속 크리프 – 정상 크리프 – 감속 크리프
④ 정상 크리프 – 가속 크리프 – 감속 크리프

65 두께가 t(mm)인 철판을 직경이 d(mm)인 원형의 펀치로 전단하여 관통시킬 때 전단 응력(τ)을 계산하는 식으로 옳은 것은? (단, P=전단하중, A=전단면적이다)

① $\tau = \dfrac{P}{\pi t}$
② $\tau = \dfrac{P}{2A}$
③ $\tau = \dfrac{P}{dt}$
④ $\tau = \dfrac{P}{\pi dt}$

66 로크웰 경도시험에서 C 스케일을 사용할 때 시험하중은 몇 kg_f인가?

① 50
② 100
③ 150
④ 200

67 미소경도시험을 적용하는 경우가 아닌 것은?

① 도금층 등의 측정
② 주철품의 표면 측정
③ 절삭공구의 날 부위 경도 측정
④ 시험편이 작고 경도가 높은 부분의 측정

> 주철의 표면은 브리넬, 쇼어 경도시험기로 측정한다.

68 결정입도 측정에 대한 설명으로 틀린 것은?

① 입자 크기가 모든 방향으로 동일한지 판정할 필요가 있다.
② 결정입계나 입자평면의 부식을 잘 해야 측정에 유리하다.
③ 입자크기는 현미경 배율에 따른 차이가 없으므로 배율은 중요하지 않다.
④ 평균입도를 얻기 위해서 서로 다른 장소에서 최소한 3번 정도 측정해야 한다.

> 결정입도 측정을 위해서는 현미경의 배율이 반드시 필요하다.

정답 61 ② 62 ① 63 ① 64 ② 65 ④ 66 ③ 67 ② 68 ③

69 안전보건교육의 단계별 3종류에 해당하지 않는 것은?

① 기초교육 ② 지식교육
③ 기능교육 ④ 태도교육

> 안전보건 단계별 교육
> 지식교육, 기능교육, 태도교육

70 취성재료 압축시험에서 ASTM이 추천한 봉상 단주형 시편의 높이(h)와 직경(d)의 비는 어느 정도가 가장 적당한가?

① h = 10d ② h = 5d
③ h = 3d   ④ h = 0.9d

71 주사전자현미경의 관찰용도로 적합하지 않은 것은?

① 금속의 피로파단면
② 금속의 표면마모상태
③ 금속기지 중의 석출물
④ 금속재료의 패턴(pattern)분석

> 재료의 패턴은 원자 분포를 분석하는 것이므로 투과전자현미경(TEM)으로 할 수 있다.

72 임의의 원소에 대한 격자간 거리와 결정 구조를 결정하기 위한 시험은?

① 불꽃시험편
② 응력측정법
③ 염수분무시험법
④ X-선 회절시험법

73 다음 방사선 동위원소 중 반감기가 가장 긴 것은?

① Tm – 170 ② Co – 60
③ Ir – 192   ④ Cs – 137

> Ir(73일), Tm(130일), Co(5.3년), Cs(33년), Ra(1620년)

74 직경이 14mm인 인장시험편을 인장시험 하였다. 최대하중 12,500kgf에서 파단되었다면 이때 인장강도는 약 얼마(kgf/mm²)인가?

① 52.5 ② 78.2
③ 81.2 ④ 92.4

> 인장강도 = $\dfrac{\text{최대 하중}}{\text{단면적}}$
> $= \dfrac{12,500}{3.14 \times \dfrac{14^2}{4}} = 81.2\,\text{kg/mm}^2$

75 균열성장 및 소성 변형과 같은 재료 내의 변형과정에서 발생하는 탄성파를 검출함으로써 재료의 변화를 알아내어 파괴를 예측하는 비파괴검사 방법은?

① 누설시험
② 스트레인측정
③ 음향방출시험
④ 침투탐상시험

76 재료에 대한 강성계수 G를 측정하는 시험법은?

① 피로시험   ② 인장시험
③ 경도시험   ④ 비틀림시험

77 응력 측정법에서 스트레스 코팅법에 대한 설명 중 틀린 것은?

① 유효 표점거리가 0(zero)이다.
② 목적물의 파면에 대한 어떤 점의 주응력 및 스트레인의 방향을 알 수 있다.
③ 재질, 형상, 하중 작용방지 등에 관계없이 기계부품 및 구조물에 응용할 수 있다.
④ 전반적인 스트레스 분포보다 국부적인 분포상태를 알고자 할 때 사용한다.

> 응력측정은 재료의 전반적인 스트레스 분포를 통하여 상태를 알 수 있는 방법이다.

78 상대적으로 경한 입자나 미세돌기와의 접촉에 의해 표면으로부터 마모입자가 이탈하는 현상으로 마모 면에 긁힘 자국이나 끝이 파인 흠들이 나타나는 마모는?

① 연삭마모
② 응착마모
③ 부식마모
④ 표면피로마모

79 다음 어느 조건에서 마모가 가장 많이 일어나는가?

① 표면경도가 낮을 때
② 접촉압력이 적을 때
③ 윤활상태가 좋을 때
④ 접촉면이 매끄러울 때

> 표면경도가 낮으면 마모가 쉽게 된다.

80 자력결함 검사에서 교류를 사용하여 표면 결함을 검출할 수 있는 것은?

① 충격효과   ② 질량효과
③ 표피효과   ④ 방사효과

> 교류는 표피에 집중되는 현상에 의해 표면의 결함을 쉽게 검출할 수 있다.

2017년 2회 금속재료산업기사 필기 기출문제

2017년 5월 7일 시행

제1과목 ▶ 금속재료

01 한 개의 결정핵이 발달하여 나뭇가지 모양으로 성장하는 것은?

① 과냉
② 단위포
③ 수지상정
④ 고스트라인

02 베어링용으로 사용되는 합금이 갖추어야 할 조건이 아닌 것은?

① 내식성이 좋아야 한다.
② 내하중성이 좋아야 한다.
③ 소착에 대한 저항력이 커야 한다.
④ 표면은 취성이 있고 연질이어야 한다.

> 베어링 합금은 표면 경도가 높고 잘 깨지지 않아야 한다.

03 형상기억 합금계에 해당되지 않는 것은?

① Ti – Ni
② Cu – Al – Ni
③ Cu – Zn – Al
④ Nb_3Sn – Nb

> Nb_3Sn – Nb : 자석재료

04 Cu계 베어링합금인 켈밋(Kelmet)에 대한 설명으로 틀린 것은?

① 마찰계수가 적고 열전도율이 좋다.
② 고온, 고압에서 강도가 떨어지지 않고 수명이 길다.
③ Cu-Pb가 대표적이며, 주석청동, 인청동 등이 있다.
④ Pb 함유량이 많을수록 피로강도가 높아지고, 마찰감소 효과는 작아진다.

> Pb 함유량이 증가하면 피로강도가 작아진다.

05 고강도 가공용 알루미늄 합금으로 항공기 구조재료로 사용되며, 조성이 Al-Cu-Mg-Mn인 것은?

① 라우탈(lautal)
② 실루민(silumin)
③ 코비탈륨(cobitalium)
④ 두랄루민(duralumin)

06 강과 주철을 구분하는 탄소의 함유량(%)은 약 얼마(%)인가?

① 0.4
② 0.8
③ 1.2
④ 2.0

정답 01 ③ 02 ④ 03 ④ 04 ④ 05 ④ 06 ④

07 불변강이 아닌 것은?

① 인바(Invar)
② 엘린바(Elinvar)
③ 알클래드(Alclad)
④ 코엘린바(Coelinvar)

> 알클래드 : Al계 고강도 합금 판재

08 특수강에 Si가 첨가되었을 때의 특성으로 옳은 것은?

① 인성증가
② 결정입자 조절
③ 뜨임취성방지
④ 전자기적 특성 증가

09 Mg 및 Mg합금의 특성이 아닌 것은?

① 치수안정성이 우수하다.
② 소성가공성이 높아 상온에서 변형되기 쉽다.
③ 감쇠능이 주철보다 커서 소음방지 재료로 사용된다.
④ 고온에서 매우 활성이고, 분말이나 절삭설은 발화의 위험이 있다.

> Mg은 결정구조가 HCP이므로 가공성이 나빠서 상온에서 가공이 어렵다.

10 신금속을 군으로 분류할 때 고융점 구조 재료군에 해당되는 것은?

① U, Th
② W, Mo
③ Ge, Si
④ Na, Cs

11 구리의 성질을 설명한 것 중 틀린 것은?

① 전연성이 좋아 가공하기 쉽다.
② 전기 및 열의 전도성이 우수하다.
③ Zn, Sn, Ni 등과는 합금이 어렵다.
④ 화학적 저항력이 커서 부식에 강하다.

> 구리는 Zn, Sn, Ni등과 합금이 잘 된다.

12 주로 열간 금형용 합금공구강 재료로 사용되는 강종이 아닌 것은?

① STD 4
② STD 5
③ STD 11
④ STD 61

> STD11 : 냉간금형용 합금공구강

13 알루미늄기지에 Al_2O_3의 미세입자를 분산시킨 복합 재료는?

① FRM
② SAP
③ 서멧
④ 하이드로 날륨

14 주철의 마우러 조직도는 어떤 원소들의 관계를 나타낸 것인가?

① C와 Si
② C와 Mn
③ C와 Mg
④ Si와 Mg

15 니켈(Ni)에 대한 설명으로 틀린 것은?

① 알루미늄보다 비중이 낮다.
② 열간 및 냉간가공이 적합하다.
③ 상온에서 결정구조가 면심입방격자이다.
④ 대기 중에 부식되지 않으나 아황산가스를 함유한 공기에는 심하게 부식된다.

> 비중 : Ni 8.85, Al 2.7

정답 07 ③ 08 ④ 09 ② 10 ② 11 ③ 12 ③ 13 ② 14 ① 15 ①

16 금속의 열전도율에 대한 설명으로 틀린 것은?

① 순수한 금속일수록 열전도율은 우수하다.
② 열전도율의 단위는 W/m·K(kcal/m·h·℃)이다.
③ 열전도율의 순서는 Zn > Cu > Ag > Al > Au 순이다.
④ 물체 내에서 열에너지의 이동을 열전도도 또는 열전도율이라 한다.

> 열전도율 : Ag > Cu > Au > Al > Zn

17 내식성과 내충격성, 기계가공성이 우수한 18-8스테인레스강의 조성으로 옳은 것은?

① 18%Cr, 8%Ni
② 18%Ni, 8%Cr
③ 18%W, 8%Mo
④ 18%Mo, 8%W

18 흑심가단주철의 1단계 흑연화 현상의 반응식으로 옳은 것은?

① γ → α + Fe_3C
② $2CO → CO_2 + C$
③ $Fe_3C → 3Fe + C$
④ $Fe_3C + CO_2 → 3Fe + 2CO$

19 산소나 인, 아연 등의 탈산제를 품지 않고 진공 또는 무산화 분위기에서 정련 주조한 것으로 유리에 대한 봉착성이 좋고 수소 취성이 없는 시판 동은?

① 조동   ② 탈산동
③ 전기동 ④ 무산소동

20 비정질 합금의 특징으로 옳은 것은?

① 결정 이방성이 있다.
② 전기저항성이 낮다.
③ 가공경화가 쉽게 일어난다.
④ 구조적으로 장거리 규칙성이 없다.

제2과목 ▶ 금속조직

21 다음 3원 상태도에서 A, B, C 상이 P점에서 평형을 이루었다면 C의 양은?

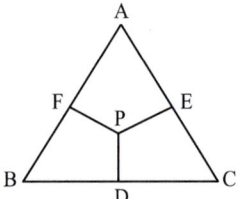

① $\overline{AF}$ ② $\overline{PF}$
③ $\overline{PE}$ ④ $\overline{PD}$

22 금속의 응고와 관련하여 수지상(dendrite) 조직을 설명한 것 중 틀린 것은?

① 액상에서 고상으로 변태(응고) 시 응고잠열이 방출한다.
② 응고잠열의 방출은 평면에서보다 선단 부분에서 늦게 일어난다.
③ 나뭇가지 모양으로 생긴 최초의 가지를 1차 수지상정이라 한다.
④ 체심입방구조를 갖는 금속의 경우 수지상정의 가지는 서로 직교한다.

> 응고잠열은 선단부에서 가장 먼저 방출한다.

정답 16③ 17① 18③ 19④ 20④ 21② 22②

23 주조상태의 조직(as-cast structure)으로 1차 조직에 해당하는 것은?

① 수지상 조직
② 마텐자이트 조직
③ 베이나이트 조직
④ 트루스타이트 조직

24 확산기구에 해당되지 않는 것은?

① 링 기구 ② 공석 기구
③ 공격자점 기구 ④ 직접교환 기구

공석은 합금의 변태반응이다.

25 다음 음영 처리된 부분의 면 지수는?

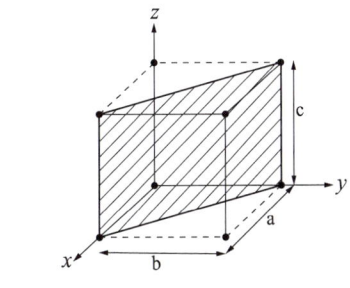

① (110) ② (120)
③ (100) ④ (111)

x축으로 1, y축으로 1, z축으로 0

26 밀러지수에 대한 설명 중 틀린 것은?

① 입방체의 밀러면 지수는 (h k l)으로 표현한다.
② 입방체의 밀러방향지수는 [u v w]로 표현한다.
③ 결정면은 좌표축의 각 절편길이의 최대 정수비로 나타낸다.
④ 결정방향은 직선상의 임의의 한 점의 좌표를 최소 정수비로 한다.

결정면은 최소 정수비로 나타낸다.

27 Fick의 확산법칙에서 사용하는 원자 확산계수(D)의 단위는?

① cm/in ② cm/sec
③ cm^2/in ④ cm^2/sec

28 원자끼리 결합하는 종류가 아닌 것은?

① 이온결합 ② 나노결합
③ 금속결합 ④ 공유결합

원자결합
이온결합, 공유결합, 금속결합, 반데르발스결합

29 냉간가공에 의해서 결정립이 변형된 금속을 가열하면 어느 일정 온도구간에서 새로운 결정핵들이 생성되고 성장하여 전체가 내부변형이 없는 결정립으로 치환되어가는 과정은?

① 회복(recovery)
② 전위(dislocation)
③ 재결정(recrystallization)
④ 다각형상(polygonization)

30 분산강화에 사용되는 분산입자에 대한 설명으로 옳은 것은?

① 융점이 높다.
② 형성 자유에너지가 작다.
③ 성분원소의 확산속도가 크다.
④ 기지에 대한 용해도가 크다.

정답 23 ① 24 ② 25 ① 26 ③ 27 ④ 28 ② 29 ③ 30 ①

31 금속은 소성변형할 때 가공도가 증가하면 일어나는 현상으로 옳은 것은?

① 연성이 증가한다.
② 밀도가 증가한다.
③ 항복강도가 증가한다.
④ 전기저항이 감소한다.

32 순금속의 냉각곡선에서 수평선이 나타나는 것은?

① Eutectic point
② Eutectoid point
③ Melting point
④ Monotectic point

> Eutectic point, Eutectoid point, Monotectic point는 합금에서 나타난다.

33 Brag-William의 장범위 규칙도를 나타내는 식에서 S=1의 경우 규칙화의 정도는?

① 역위상의 배열이 존재한다.
② 격자가 부분규칙적인 상태이다.
③ 격자가 완전히 무질서한 상태이다.
④ 완전히 규칙적인 배열상태이다.

34 격자정수가 a=b≠c이고, 축각이 α=β= 90°, γ=120°인 것은?

① 입방정계
② 정방정계
③ 사방정계
④ 육방정계

35 용질원자에 의한 응력장은 가동전위의 응력장과 상호작용을 하여 전위의 이동을 방해함으로써 재료의 강화가 이루어지는 것은?

① 석출강화
② 가공경화
③ 분산강화
④ 고용체강화

36 고용체에서 용질원자와 칼날전위의 상호작용에 대한 효과는?

① 홀 효과
② 1방향 효과
③ 프렌켈 효과
④ 코트렐 효과

37 Al-Cu 합금의 석출과정에 대한 설명으로 틀린 것은?

① 완전한 석출상을 만든다.
② 결정 내에서 용질원자가 국부적으로 집합한다.
③ 안정한 석출상이 되기 전의 중간상태를 말한다.
④ 시효온도에서 장시간 유지할수록 점차 경도는 증가한다.

> 시효 경도는 장시간 유지하면 오히려 경도가 다소 감소한다.

38 면심입방격자형 AB형 규칙격자에 해당되는 것은?

① FeAl
② Fe_3Al
③ MgCd
④ CuAu

정답 31③ 32③ 33④ 34④ 35④ 36④ 37④ 38④

39 마텐자이트(martensite) 변태의 일반적인 특징을 설명한 것 중 틀린 것은?

① 확산변태이다.
② 변태에 따른 표면기복이 생긴다.
③ 협동적 원자운동에 의한 변태이다.
④ 마텐자이트 결정 내에는 격자결함이 존재한다.

> 마텐자이트 변태는 무확산변태이다.

40 금속 A와 B가 치환형 고용체를 만들기에 가장 좋은 조건은?

① A금속과 B금속의 결정격자형이 다를 때
② 용질원자와 용매원자의 전기저항의 차가 가장 클 때
③ A원자의 무게와 B원자의 무게가 약 10% 이내에서 서로 비슷할 때
④ A원자 크기와 B원자 크기가 약 15% 이내에서 서로 비슷할 때

제3과목 ▶ 금속열처리

41 베릴륨을 각각 2% 및 2.5% 함유한 황동을 HV 320~400으로 만들기 위한 열처리 방법은?

① 515~550℃에서 물 담금질하고 175~205℃로 2~2.5시간 템퍼링한다.
② 760~780℃에서 물 담금질하고 310~330℃로 2~2.5시간 템퍼링한다.
③ 800~850℃에서 물 담금질하고 150~200℃로 2~2.5시간 템퍼링한다.
④ 1,050~1,100℃에서 물 담금질하고 520~580℃로 2~2.5시간 템퍼링한다.

42 다음 중 강의 최고 담금질 경도를 좌우하는 요소는?

① 강재의 형상
② 합금원소의 무게
③ 강 중의 탄소함량
④ 오스테나이트의 결정입도

43 열처리의 방법, 재질 및 형상에 따라 냉각 방법은 달라지며 냉각장치는 냉각제의 종류와 작동방법에 따라 분류된다. 이러한 냉각 장치에 해당되지 않는 것은?

① 할셀 냉각장치 ② 분무 냉각장치
③ 프레스 냉각장치 ④ 염욕 냉각장치

> 할셀장치는 도금과 관련된 장치이다.

44 뜨임(tempering)의 목적으로 옳은 것은?

① 연화 ② 경도 부여
③ 표준화 ④ 인성 부여

45 스테인리스강의 광휘열처리에 주로 쓰이는 열처리는?

① 전로 ② 중유로
③ 전기로 ④ 분위기로

> 광휘열처리는 산화나 탈탄을 방지하기 위한 것이므로 분위기, 진공 열처리를 한다.

46 강재표면에 얇은 황화층(FeS)을 형성시켜 강재표면에 마찰저항을 작게 하여 윤활성을 향상시키는 방법은?

① PVD처리 ② TD처리
③ 침붕처리 ④ 침황처리

정답 39 ① 40 ④ 41 ② 42 ③ 43 ① 44 ④ 45 ④ 46 ④

47 구상화 풀림을 행할 때 구상화 속도가 가장 빠른 조직은?

① 노멀라이징한 표준조직
② 열처리 이전의 조대조직
③ 열처리 이전의 냉간가공조직
④ 탄화물이 미세하게 분산된 담금질한 조직

48 인상담금질(Time Quenching)에서 인상 시기를 설명한 것 중 틀린 것은?

① 기름의 기포발생이 정지했을 때 꺼내어 공랭한다.
② 진동과 물소리가 정지한 순간 꺼내어 유랭 또는 공랭한다.
③ 화색(火色)이 나타나지 않을 때까지 2배의 시간만큼 물속에 담근 후 꺼내어 공랭한다.
④ 가열물의 직경 또는 두께 1mm당 10초 동안 수랭한 후 유랭 또는 공랭한다.

> 유랭할 때는 두께 1mm당 1초로 한다.

49 항온 변태 곡선에 영향을 미치는 인자들에 관한 설명 중 틀린 것은?

① 오스테나이트 입도가 조대할수록 항온 변태 곡선은 우측으로 이동한다.
② Mn, Ni, Mo, W 등의 합금원소가 첨가 될수록 항온 변태 곡선은 우측으로 이동한다.
③ 강중에 첨가원소로 인하여 편석이 존재하면 변태개시는 비편석으로 시작하여 변태가 끝나는 것은 편석된 부분이 된다.
④ 오스테나이트 상태에서 응력을 받으면 변태 시간이 길어지고 항온 변태 곡선은 우측으로 이동한다.

> 응력을 받으면 항온 변태 곡선이 왼쪽으로 이동한다.

50 공석강의 연속냉각 곡선에서 변태개시 온도가 가장 낮은 것은?

① 펄라이트
② 소르바이트
③ 마텐자이트
④ 트루스타이트

> 변태온도 순서
> 펄라이트 > 소르바이트 > 트루스타이트 > 마텐자이트

51 침탄 후 열처리 작업 중 2차 담금질하는 목적은?

① 뜨임처리를 위해
② 표면 침탄층의 경화를 위해
③ 표면 및 중심부를 미세화하기 위해
④ 재료의 중심부를 미세화하기 위해

> 1차 담금질 : 중심부 미세화
> 2차 담금질 : 표면부 경화

52 강의 열처리에서 서브제로(심랭)처리를 하면 얻을 수 있는 효과가 아닌 것은?

① 조직이 미세화된다.
② 강재의 내마모성을 증가시킨다.
③ 마텐자이트를 펄라이트로 분해시킨다.
④ 잔류 오스테나이트를 마텐자이트로 변태 시킨다.

> 마텐자이트를 펄라이트로 분해하는 것은 가열에 의해서 발생한다.

정답 47 ④ 48 ④ 49 ④ 50 ③ 51 ② 52 ③

53 열전쌍으로 사용되는 재료의 특징으로 틀린 것은?

① 열기전력이 커야 한다.
② 히스테리시스 차가 커야 한다.
③ 고온에서 기계적 강도가 커야 한다.
④ 내열 및 내식성이 크고 안정성이 있어야 한다.

히스테리시스 차가 작아야 한다.

54 강재 질량의 대소에 따라 담금질 효과가 다르게 나타나는 것을 무엇이라 하는가?

① 마템퍼링
② 질량효과
③ 노치효과
④ 담금질 변형

55 열처리 가열로에 사용하는 노재로서 산성 내화재는?

① SiO_2를 함유하는 내화재
② MgO를 함유하는 내화재
③ Cr_2O_3를 함유하는 내화재
④ Al_2O_3를 함유하는 내화재

산성 내화재 : SiO_2
중성 내화재 : Al_2O_3, Cr_2O_3
염기성 내화재 : MgO

56 주철의 풀림처리 중 절삭성을 양호하게 하며 백선 부분의 제거, 연성을 향상시키기 위한 목적으로 실시하는 열처리는?

① 연화 풀림
② 완전 풀림
③ 재결정 풀림
④ 응력제거 풀림

57 제품을 열처리 가열로에 장입하기 전에 확인하여야 할 사항이 아닌 것은?

① 열처리 요구사양을 확인한다.
② 발주처의 회사규모를 파악한다.
③ 소재의 재질확인 및 검사를 한다.
④ 표면탈탄, 크랙 유무 및 전 열처리상태를 확인한다.

58 담금질 열처리 작업을 한 후 냉각 시 변형이 큰 순서에서 작은 순서로 나열된 것은?

① 물 담금질 → 기름 담금질 → 공기 담금질
② 물 담금질 → 공기 담금질 → 기름 담금질
③ 공기 담금질 → 기름 담금질 → 물 담금질
④ 기름 담금질 → 공기 담금질 → 물 담금질

59 오스테나이트 상태로부터 M_s 이상인 적당한 온도로 유지한 염욕에 담금질하고 과냉각의 오스테나이트변태가 끝날 때까지 항온으로 유지하여 베이나이트 조직이 얻어지는 열처리 방법은?

① 마퀜칭
② M_s퀜칭
③ 오스포밍
④ 오스템퍼링

60 신공분위기에서 글로우(glow)방전을 발생시켜 N_2, H_2 및 기타 가스의 단독, 혼합기조의 분위기에서 N을 표면에 확산시키는 표면처리법은?

① 침탄질화
② 가스질화
③ 이온질화
④ 염욕질화

정답 53 ② 54 ② 55 ① 56 ① 57 ② 58 ① 59 ④ 60 ③

제4과목 ▶ 재료시험

61 압축에 대한 응력-압률선도에서 m=1일 때에 해당하는 것은?

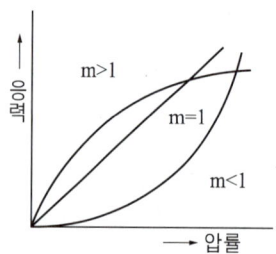

① 주철 ② 피혁
③ 고무 ④ 완전탄성체

> m>1 : 강, 주철, 콘크리트
> m=1 : 완전탄성체
> m<1 : 고무, 피혁

62 재료의 연성을 알기 위한 것으로 구리판, 알루미늄판 및 기타 연성판재를 가압 성형하여 변형력을 시험하는 방법은?

① 굽힘시험
② 커핑시험
③ 응력파단시험
④ 단일 구형의 종류

63 하인리가 주장한 안전의 3요소에 해당되지 않는 것은?

① 자본적 요소
② 교육적 요소
③ 기술적 요소
④ 관리적 요소

64 순수한 인장 또는 압축으로 생긴 길이 방향의 단위 스트레인으로 옆쪽 스트레인(lateral strain)을 나눈 값을 무엇이라 하는가?

① 횡탄성비 ② 프아송비
③ 전탄성비 ④ 단면수축비

65 각종 비파괴 검사법에 대한 설명 중 틀린 것은?

① 자분탐상검사는 강자성체 제품의 표면부 결함검사에 용이하다.
② 방사선탐상은 주조품, 용접부 등의 결함 검사방법이며 촬영이 가능하다.
③ 초음파탐상검사는 주조품, 용접부 등의 내부결함 검사 및 두께 측정이 가능하다.
④ 침투탐상검사는 밀폐된 압력용기 저장 탱크 등의 관통 균열부 및 내부결함 검사에 용이하다.

> 밀폐압력용기는 누설탐상시험을 실시한다.

66 쇼어 경도 시험기의 종류에 해당되지 않는 것은?

① B형 ② C형
③ D형 ④ SS형

> 쇼어 경도기 : D형, C형, SS형

67 마모시험에 영향을 미치는 주된 요인이 아닌 것은?

① 마찰속도 ② 마찰압력
③ 시험편의 비중 ④ 마찰면 거칠기

> 마모시험에 영향을 주는 인자
> 미끄럼 속도, 접촉하중, 재료의 종류, 재료의 성질, 마찰면의 기하학적 성질, 하중이 가해지는 방법

정답 61 ④ 62 ② 63 ① 64 ② 65 ④ 66 ① 67 ③

68 결정립의 지름이 0.1mm 이상인 결정조직 상태나, 가공방향 등을 검사하려면 어떤 시험법이 적당한가?

① X선 회절법
② 매크로 검사법
③ 초음파 검사법
④ 조직량 측정법

69 누설탐상시험의 특징으로 틀린 것은?

① 누설위치 판별이 빠르다.
② 한 번에 전면을 검사할 수 없다.
③ 프로브(탐침)나 스니퍼(탐지기)가 필요없다.
④ 기술의 숙련이나 경험이 크게 필요하지 않다.

> 누설탐상은 한번에 전면을 검사할 수 있다.

70 피로강도에 미치는 인자의 영향이 아닌 것은?

① 온도
② 노치효과
③ 치수와 표면효과
④ 시편의 색깔과 무게

> 피로강도에 영향을 미치는 요인
> 온도, 치수, 표면 다듬질 정노, 응력 집숙(노치효과), 가공 방법, 열처리 상태, 형상, 진동수

71 초음파탐상시험에서 전기적 에너지를 기계적 에너지로, 기계적 에너지를 전기적 에너지로 바꾸는 현상은?

① 압전효과   ② 표피효과
③ 광전도효과   ④ 초전도효과

72 현미경 조직검사를 위한 시험 절차로 옳은 것은?

① 시험편채취 → 부식 → 마운팅 → 연마 → 관찰
② 시험편채취 → 관찰 → 연마 → 부식 → 마운팅
③ 시험편채취 → 부식 → 연마 → 마운팅 → 관찰
④ 시험편채취 → 마운팅 → 연마 → 부식 → 관찰

73 브리넬(Brinell)경도를 측정할 때 필요하지 않은 것은?

① 사용된 시험편의 중량
② 시험편에 가하는 하중의 크기
③ 시험편 표면에 나타난 압흔의 직경
④ 압흔을 내는 데 사용된 강구(steel ball)의 직경

> 시험편의 중량은 경도와 무관하다.

74 ASTM에 의한 결정립 측정법에 대한 설명으로 옳은 것은?

① 입도번호가 클수록 결정립은 조대해진다.
② 현미경 배율 10,000배, 10평방인치 내 결정립 수를 측정한다.
③ 결정입도 측정법에는 비중법, 점산법 등이 있다.
④ $n = 2^{N-1}$의 관계식에서 n은 결정립 수, N은 결정입도 번호를 나타낸다.

정답 68 ② 69 ② 70 ④ 71 ① 72 ④ 73 ① 74 ④

75 충격시험에 대한 설명으로 틀린 것은?

① 모든 치수는 동일하고 노치의 반지름이 작을수록 응력집중이 크다.
② 모든 치수는 동일하고 노치의 깊이가 깊을수록 충격치는 감소한다.
③ 시험편 제작에 있어 시험편의 기호 번호 등은 시험에 영향을 미치지 않는 부위에 표시한다.
④ 시험편의 길이는 60mm 높이 및 나비가 15mm인 정사각형의 단면을 가지며 V노치 또는 W노치를 가지고 있다.

> 시험편 크기
> 높이 나비가 각각 10mm인 정사각형 단면, 길이 55mm, V 또는 U노치 깊이 1mm로 한다.

76 강의 설퍼프린트 시험에서 황의 분포 상황의 분류와 기호의 연결이 틀린 것은?

① 정편석 – S_N
② 역편석 – S_I
③ 선상편석 – S_L
④ 중심부편석 – S_{CO}

> 중심부편석 : S_C
> 주상편석 : S_{CO}

77 충격시험의 목적으로 옳은 것은?

① 경도와 강도를 알기 위하여
② 연성과 전성을 알기 위하여
③ 인성과 취성을 알기 위하여
④ 인성과 전성을 알기 위하여

78 비틀림 시험(torsion test)으로 알 수 없는 것은?

① 강성계수
② 항력계수
③ 비틀림강도
④ 비틀림 파단계수

79 유압식 만능재료 시험기로 측정하기 어려운 것은?

① 인장강도   ② 열적강도
③ 압축강도   ④ 항복강도

80 크리프 실험실의 환경조건으로서 가장 먼저 고려해야 하는 것은?

① 항온항습   ② 공기통풍
③ 진동내진   ④ 분진방지

정답 75④ 76④ 77③ 78② 79② 80③

2017년 3회 금속재료산업기사 필기 기출문제

2017년 9월 23일 시행

제1과목 ▶ 금속재료

01 특수강에서 담금질성의 개선 및 경화능을 가장 크게 향상시키는 것은?

① B
② Cr
③ Ni
④ Cu

02 22K(22 carat)는 순금의 함유량이 약 몇 %인가?

① 25
② 58.3
③ 75
④ 91.7

> 24K가 100%이므로
> 24:100=22:x, x=91.7%

03 상온에서 열팽창계수가 매우 작아 표준자, 새도우 마스크, IC 기판 등에 사용되는 36%Ni-Fe 합금은?

① 인바(Invar)
② 퍼말로이(Permalloy)
③ 니칼로이(Nicalloy)
④ 하스텔로이(Hastalloy)

04 금속간 화합물에 대한 설명으로 틀린 것은?

① 낮은 용융점을 갖는다.
② 용융상태에서 존재하지 않는다.
③ 간단한 원자비로 결합되어 있다.
④ 탄소강에서는 Fe_3C가 대표적이다.

> 용융점이 높아진다.

05 베어링합금으로 사용되는 대표적인 Cu-Pb 합금은?

① KM alloy
② 켈밋(Kelmet)
③ 자마크 2(ZAMAK 2)
④ 활자금속(Type metal)

06 고 망간강이라 불리며, 대표적인 내마모성 강으로 Mn이 약 12% 함유된 강은?

① 크롬강
② 해드필드강
③ 오스테나이트 스테인레스강
④ 마텐자이트 스테인레스강

07 철강의 5대 원소에 해당되지 않는 것은?

① S
② Si
③ Mn
④ Mg

> 5대 원소 : C, Si, Mn, P, S

정답 01 ① 02 ④ 03 ① 04 ① 05 ② 06 ② 07 ④

08 실용되고 있는 형상기억 합금 계는?

① Ag – Cu계
② Co – Al계
③ Ti – Ni계
④ Co – Mn계

09 구상흑연 주철 제조 시 편상흑연을 구상화 하기 위해 구상화제에 해당되지 않는 것은?

① Mg
② Ca
③ Ce
④ Sn

> 흑연 구상화제 : Mg, Ca, Ce

10 오스테나이트계 스테인레스강의 특성이 아닌 것은?

① 내식성이 우수하다.
② 강자성체이며 인성이 풍부하다.
③ 가공이 쉽고 용접도 비교적 용이하다.
④ 염산, 염소가스, 황산 등에 의해 입계부식이 발생하기 쉽다.

> 오스테나이트 스테인리스강은 비자성체

11 어떤 물질이 일정한 온도, 자장, 전류밀도 하에서 전기 저항이 0(zero)이 되는 현상은?

① 초투자율
② 초저항
③ 초전도
④ 초전류

12 순철의 냉각 시 결정구조가 FCC→BCC로 격자가 변화하는 동소 변태는?

① A_4 변태
② A_3 변태
③ A_2 변태
④ A_1 변태

13 항공기용 소재에 사용되는 Al–Cu–Mg–Mn 합금은?

① 실루민
② 라우탈
③ 네이벌
④ 두랄루민

14 방진(제진)합금을 방진기구에 따라 나눌 때 이러한 기구의 종류에 해당되지 않는 것은?

① 쌍정형
② 전위형
③ 복합형
④ 상자성체

15 이온화 경향이 가장 큰 원소는?

① Ca
② Zn
③ Fe
④ Mg

16 전열합금에 요구되는 특성으로 옳은 것은?

① 전기저항이 클 것
② 열팽창계수가 클 것
③ 고온강도가 적을 것
④ 저항의 온도차가 클 것

17 Mg 합금의 특징으로 옳은 것은?

① 상온변형이 가능하다.
② 고온에서 비활성이다.
③ 감쇠능이 주철보다 크다.
④ 치수안정성이 떨어진다.

정답 08 ③ 09 ④ 10 ② 11 ③ 12 ② 13 ④ 14 ④ 15 ① 16 ① 17 ③

18 탄소강에 함유되는 원소의 영향 중 Fe와 화합하여 생성된 화합물로 인하여 적열취성의 원인이 되며, 함유량이 0.02% 이하일지라도 연신율, 충격치 등을 저하시키는 원소는?

① Mn
② Si
③ P
④ S

19 양은(Nickel silver)의 합금성분계로 맞는 것은?

① Cu – Ni – Zn
② Cu – Mn – Ag
③ Al – Ni – Zn
④ Al – Ni – Ag

20 철강을 냉간가공할 때 경도가 증가하는 주된 이유는?

① 전위가 증가하기 때문
② 부피가 감소하기 때문
③ 무게가 증가하기 때문
④ 밀도가 감소하기 때문

제2과목 금속조직

21 Fe-C 평형상태도에서 탄소량이 0.5%인 아공석강의 펄라이트 중 페라이트 양은 약 얼마인가? (단, 공석조성은 탄소량 0.8%, A_1온도 이하에서 페라이트의 탄소 고용도를 0%, Fe_3C는 탄소함량 6.67%로 계산한다)

① 13
② 25
③ 55
④ 63

> 0.5%C의 펄라이트 양 : 0.5/0.8=0.625
> 펄라이트 중 페라이트 : 0.625×0.88=0.55

22 순금속이나 합금에서 확산에 의해 나타나는 현상이 아닌 것은?

① 침탄
② 상변화
③ 구상화
④ 마텐자이트화

> 마텐자이트 변태는 무확산 변태이다.

23 오스테나이트에서 펄라이트로의 변태 중 결정입도의 영향에 대한 설명으로 틀린 것은?

① 핵생성은 에너지가 높은 장소에서 일어난다.
② 펄라이트의 핵생성은 대부분 결정입계에서 일어난다.
③ 펄라이트 층간간격은 변태온도에 의해 결정된다.
④ 오스테나이트의 결정립이 조대할수록 미세한 펄라이트 조직으로 된다.

> 오스테나이트 결정립이 크면 펄라이트 결정립도 조대해진다.

24 회복과정에서 축적에너지의 크기에 영향을 주는 인자가 아닌 것은?

① 가공도
② 가공온도
③ 응고온도
④ 결정립도

> 응고온도 : 액체에서 고체로 바뀌는 점

정답 18④ 19① 20① 21③ 22④ 23④ 24③

25 순금속 중에 같은 종류의 원자가 확산하는 현상은?

① 자기확산 ② 입계확산
③ 상호확산 ④ 표면확산

26 구리판을 철강나사로 체결하여 사용할 때 서로 다른 금속 사이에 작용하는 부식은?

① 공식 ② 입계부식
③ 응력부식 ④ 전류부식

27 0.18%C 강을 1,500℃[δ+L(융액)]에서 오스테나이트(γ) 까지 서랭하였을 때 일어날 수 있는 반응은?

① 편정반응 ② 공정반응
③ 공석반응 ④ 포정반응

28 고온에서 불규칙 상태의 고용체를 서랭 시 규칙격자가 형성되기 시작하는 온도는?

① 재결정온도 ② 임계온도
③ 응고온도 ④ 전이온도

29 다음 중 탄화물을 형성하는 합금원소는?

① Al ② Mn
③ Ta ④ Ni

30 다음 3원 상태도에서 A, B, C 상이 P 점에서 평형을 이루었다면 B의 양은?

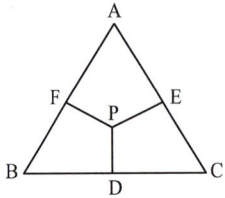

① $\overline{PE}$ ② $\overline{PF}$
③ $\overline{PD}$ ④ $\overline{AF}$

31 킹크밴드(kink band)를 형성하기 쉬운 금속은?

① Cr ② Zn
③ V ④ Mo

> HCP 금속이 킹크밴드가 잘 형성된다.

32 전위와 버거스벡터에 대한 설명으로 틀린 것은?

① 나사전위와 버거스 벡터의 방향은 평행하다.
② 칼날전위와 버거스 벡터의 방향은 평행하다.
③ 나사 전위의 슬립방향은 버거스 벡터의 방향과 평행하다.
④ 전위를 동반하는 격자 뒤틀림의 크기와 방향은 버거스 벡터로 나타낸다.

> 칼날전위와 버거스벡터는 수직이다.

33 규칙-불규칙 변태에 대한 설명으로 옳은 것은?

① 일반적으로 규칙화의 진행과 함께 강도가 증가한다.
② 규칙상은 상자성체이나 불규칙상은 강자성체이다.
③ 일반적으로 규칙화의 진행과 함께 탄성계수는 작게 된다.
④ 규칙도가 큰 합금은 비저항이 크고, 불규칙이 됨에 따라 비저항이 작게 된다.

정답 25① 26④ 27④ 28④ 29③ 30① 31② 32② 33①

34 금속의 강화기구가 아닌 것은?

① 분산강화　　② 석출강화
③ 재결정강화　④ 고용체강화

> 재결정에 의해 금속은 연화한다.

35 Fe 단결정을 변압기의 철심재료로 사용할 때 압연방향이 어떤 방향인 경우 자기손실이 최소가 되는가?

① [111]　　② [011]
③ [110]　　④ [100]

36 금속의 응고점 이하에서부터 응고가 시작되면 액체 중의 원자가 모여서 매우 작은 입자를 형성하는 것은?

① 엔탈피　　② 단위포
③ 엠브리오　④ 결정격자

37 다음 중 회복과정과 관련이 없는 것은?

① 크리프(creep)
② 서브결정(subgrain)
③ 서브입계(subboundary)
④ 폴리고니제이션(polygonization)

> **크리프**
> 일정 온도에서 일정한 하중을 가하면 시간에 따라 변형이 증가되는 현상

38 전위의 상승운동에 대한 설명으로 틀린 것은?

① 원자의 확산없이 일어난다.
② 슬립면에 대하여 수직한 운동이다.
③ 온도가 높을수록 활발하게 일어난다.
④ 원자공공(vacancy)의 확산에 의해 전위의 상승이 일어난다.

> 전위의 이동은 원자의 확산에 의한 이동에 의해 이루어진다.

39 침입형 원자가 원자공공과 한 쌍으로 되어 있는 결함은?

① 쌍정　　　② 크로디온
③ 프렌켈결함　④ 쇼트키결함

40 상온에서 α-Fe의 슬립면과 방향은?

① (111), [110]　② (110), [111]
③ (100), [111]　④ (111), [100]

제3과목 ▶ 금속열처리

41 탄소강을 담금질할 때 재료외부와 내부의 담금질 효과가 다르게 나타나는 현상은?

① 질량효과　② 노치효과
③ 천이효과　④ 피니싱효과

42 구상흑연주철에서 불림(normalizing) 처리의 온도와 냉각방법은?

① 900℃ 가열처리 후 공랭
② 700℃ 가열처리 후 유랭
③ 600℃ 가열처리 후 공랭
④ 500℃ 가열처리 후 서랭

정답　34 ③　35 ④　36 ③　37 ①　38 ①　39 ③　40 ②　41 ①　42 ①

43 과공석강을 완전 어닐링(full annealing) 하여 얻을 수 있는 조직으로 옳은 것은?

① 페라이트 + 층상 펄라이트
② 시멘타이트 + 오스테나이트
③ 오스테나이트 + 레데뷰라이트
④ 시멘타이트 + 층상 펄라이트

44 알루미늄, 마그네슘 및 그 합금의 재질별 기호에 대한 정의로 옳은 것은?

① T : 용체화처리한 것
② W : 가공경화한 것
③ H : 어닐링한 것
④ F : 제조한 그대로의 것

> T : 가공, 열처리 방법에 따라 T1 ~ T10 까지 있음
> W : 담금질 후 시효경화가 진행중인 것
> H : 가공경화한 것

45 고주파 경화법에서 유도 전류에 의한 발생열의 침투깊이(d)를 구하는 식으로 옳은 것은? (단, ρ는 강재의 비저항(μΩ·cm), μ는 강재의 투자율, f는 주파수(Hz)이다.)

① $d = 5.03 \times 10^2 \dfrac{\rho}{\mu \cdot f}$ (cm)
② $d = 5.03 \times 10^2 \sqrt{\dfrac{\rho}{\mu \cdot f}}$ (cm)
③ $d = 5.03 \times 10^3 \dfrac{\rho}{\mu \cdot f}$ (cm)
④ $d = 5.03 \times 10^3 \sqrt{\dfrac{\rho}{\mu \cdot f}}$ (cm)

46 침탄법에 비해 질화법처리의 특징으로 틀린 것은?

① 취화되기 쉽다.
② 열처리가 필요없다.
③ 경화에 의한 변형이 적다.
④ 처리 강의 종류에 제한을 받지 않는다.

47 고체침탄제의 구비조건이 아닌 것은?

① 고온에서 침탄력이 강해야 한다.
② 침탄성분 중 P, S 성분이 적어야 한다.
③ 장시간 사용해도 동일 침탄력을 유지하여야 한다.
④ 침탄 시 용적변화가 크고 침탄 강재 표면에 고착물이 융착되어야 한다.

> 침탄 강재 표면으로 확산해서 들어가야 한다.

48 마텐자이트 변태의 일반적인 특징으로 틀린 것은?

① 마텐자이트는 고용체의 단일상이다.
② 마텐자이트 변태는 확산에 의한 변태이다.
③ 마텐자이트 변태를 하면 표면기복이 생긴다.
④ 오스테나이트와 마텐자이트 사이에는 일정한 결정 방위관계가 있다.

> 마텐자이트 변태는 무확산 변태

49 열전대 종류 중 사용한도가 1,400℃까지 사용가능한 것은?

① K(CA)형   ② T(CC)형
③ J(IC)형   ④ R(PR)형

50 열처리할 때 국부적으로 경화되지 않는 연점(soft spot)이 발생하는 가장 큰 원인은?

① 소금물을 사용할 때
② 냉각액의 양이 많을 때
③ 오일의 냉각액을 사용할 때
④ 수랭 중 기포가 부착되었을 때

51 탄화물을 피복하는 TD처리(Toyota Diffusion)의 특징으로 틀린 것은?

① 처리온도가 낮아 용융 염욕 중에서는 사용할 수 없다.
② 설비가 간단하고 처리품의 조작이 자유롭다.
③ 높은 경도와 우수한 내소착성이 있다.
④ 확산법에 의한 탄화물 피복법이다.

> 탄화물의 확산을 위해서 처리온도가 매우 높다.

52 담금질처리 후 경도부족이 발생하는 원인을 설명한 것 중 틀린 것은?

① 담금질 시 냉각속도가 임계냉각속도보다 빠른 경우
② 담금질 개시온도가 너무 낮아진 경우
③ 과도한 잔류 오스테나이트로 인한 경우
④ 담금질 시 가열온도가 너무 낮은 경우

> 냉각속도가 느릴 경우 경도부족 현상이 나타난다.

53 강을 열처리 시 산화에 기인되는 것이 아닌 것은?

① 탈탄
② 고운 표면
③ 경도 불균일
④ 담금질 시 균열발생

> 고운 표면은 분위기 또는 진공 열처리를 할 때 형성된다.

54 강의 경화능을 향상시킬 수 있는 방법으로 가장 적당한 것은?

① 질량 효과를 크게 한다.
② 담금질성을 증가시키는 Co, V 등을 첨가한다.
③ 오스테나이트의 결정입자를 크게 한다.
④ 직경이 작은 제품보다 큰 제품을 열처리 한다.

55 단일 제어계로 전자 접촉기, 전자 릴레이 등을 결합시켜 전기를 공급하는 방식은?

① 비례제어식
② 정치제어식
③ 프로그램제어식
④ 온-오프(on-off)식

56 베이나이트(bainite) 담금질의 항온 열처리 작업 시 처리하는 온도범위로 맞는 것은?

① Ar'' 이하
② M_s 직하
③ $M_s \sim M_f$
④ $Ar' \sim Ar''$

57 공석강에 실온에서 담금질할 때 마텐자이트로 변태하지 않고 남아 있는 것은?

① 잔류 오스테나이트
② 트루스타이트
③ 시멘타이트
④ 페라이트

정답 50 ④ 51 ① 52 ① 53 ② 54 ③ 55 ④ 56 ④ 57 ①

58 탄소강을 담금질할 때 열전달 속도가 가장 빠르고 금속 표면의 온도가 약간 감소하여 연속적으로 증기막이 붕괴되는 단계는?

① 증기막단계
② 비등단계
③ 대류단계
④ 특성단계

59 담금질한 강에 강인성을 주기 위해 실시하는 열처리 방법은?

① 퀜칭
② 템퍼링
③ 어닐링
④ 노멀라이징

60 화학적 증착법(CVD)에 관한 설명으로 틀린 것은?

① 가스반응을 이용하여 금속, 탄화물, 질화물, 산화물 및 황화물 등을 피복하는 방법이다.
② 저온에서 행하므로 기판 및 모재의 제한이 없고 금속 결합을 하므로 밀착강도가 강하다.
③ 반응물질로 염화물 등의 할로겐화물이 사용되며 결정성이 양호한 코팅막을 얻을 수 있다.
④ 피막의 밀착성이 물리적 증착법(PVD)에 비해 양호하며 균일한 코팅을 얻을 수 있다.

> CVD는 플라즈마나 열을 가해 박막을 형성하므로 상당한 고온에서 한다.

제4과목 ▶ 재료시험

61 강의 비금속 재재물 측정방법(KS D 0204)에서 그룹 A에 해당하는 것은?

① 황화물 종류
② 규산염 종류
③ 구형 산화물 종류
④ 알루민산염 종류

> 그룹 A : 황화물 종류
> 그룹 B : 알루민산염 종류
> 그룹 C : 규산염 종류
> 그룹 D : 구형 산화물의 종류
> 그룹 DS : 단일 구형의 종류

62 KS B 0801에서는 금속재료 인장시험편 4호 봉강의 경우 규격을 다음 표와 같이 규정하고 있다. 이 중 연신율 측정의 기준이 되는 것은?

직경 (D)	표점 거리 (L)	평행부 길이 (P)	어깨부의 반지름 (R)	비고 (단위)
14	50	60	15이상	mm

① 직경
② 표점거리
③ 평행부의 길이
④ 어깨부의 반지름

63 피로한도 및 피로수명에 대한 설명으로 틀린 것은?

① 직경이 크면 피로한도는 작아진다.
② 노치가 있는 시험편의 피로한도는 작다.
③ 표면이 거친 것이 고운것보다 피로한도가 커진다.
④ 피로수명이란 피로파괴가 일어나기까지의 응력-반복횟수를 말한다.

> 표면이 거칠수록 피로한도가 작아진다.

64 KS B 0804의 금속재료 굽힘시험에 사용되는 직사각형 시험편의 모서리 부분은 반지름이 시험편 두께의 얼마를 넘지 않도록 라운딩하여야 하는가?

① $\frac{1}{2}$ ② $\frac{1}{3}$
③ $\frac{1}{5}$ ④ $\frac{1}{10}$

65 크리프 시험은 재료에 일정한 하중을 가하고 일정한 온도에서 긴 시간 유지하면서 시간이 경과함에 따라 재료의 어떤 성질을 측정하는가?

① 강도(strength)
② 연성(ductility)
③ 변형(strain)
④ 탄성(elasticity)

66 압축시험기에서(KS B 5533) 시험기에 대한 명판기재와 검사 보고서로 나눌 때 명판 기재사항이 아닌 것은?

① 설치장소 ② 스트로크
③ 칭량의 종류 ④ 시험기의 형식

67 펄스 반사법에 따라 초음파탐상 시험방법 (KS B 0817)에서 탐상도형의 표시 기호 중 기본 기호가 아닌 것은?

① A ② B
③ T ④ W

> 펄스반사법 기본 기호
> T : 송신 펄스
> F : 흠집 에코
> B : 바닥면 에코(단면 에코)
> S : 표면 에코(수침법 등)
> W : 측면 에코

68 경도시험에서 해머를 재료표면에 낙하시켜 튀어 오르는 반발 높이에 의하여 측정하는 반발식 경도는?

① 쇼어경도 ② 브리넬경도
③ 로크웰경도 ④ 비커즈경도

69 다음 비파괴 시험법 중 내부 결함의 검출에 가장 적합한 것은?

① 방사선투과시험 ② 침투탐상시험
③ 자분탐상시험 ④ 와전류탐상시험

70 물건이 떨어지거나 날아와서 사람이 맞는 경우의 상해는?

① 전도 및 도피 ② 낙하 및 비래
③ 붕기 및 골절 ④ 파열 및 충돌

71 로크웰 경도기를 이용한 경도시험에서 C 스케일에 사용하는 다이아몬드 원추의 각도와 기준 하중은?

① 120°, 100kg$_f$ ② 136°, 15kg$_f$
③ 120°, 10kg$_f$ ④ 136°, 150kg$_f$

> C스케일
> 120도 원뿔 다이아몬드 압입자, 기준하중 10kg$_f$, 시험하중 150kg$_f$

72 정량 조직검사를 통하여 얻을 수 있는 정보가 아닌 것은?

① 조직의 형태
② 금속재료의 성분
③ 존재하는 상의 종류
④ 개재물이나 결정입도의 크기

> 성분은 별도의 성분분석기로 알 수 있다.

정답 64 ④ 65 ③ 66 ① 67 ① 68 ① 69 ① 70 ② 71 ③ 72 ②

73 설퍼 프린트(sulfur print)는 철강재료의 무엇을 알기 위한 실험인가?

① 탄소의 분포상태와 편석
② 규소의 분포상태와 편석
③ 망간의 분포상태와 편석
④ 황의 분포상태와 편석

74 원형선단을 갖는 펀치를 원판 시험면에 접촉시키고 작은 시험기의 압축장치로 가압하여 하중을 측정하고 시편의 연성을 측정하기 위한 시험은?

① 마모시험
② 크리프시험
③ 에릭센시험
④ 스프링시험

75 샤르피 충격시험 시 시편의 흡수에너지 E의 계산식으로 옳은 것은?
(단, W=충격시험에 사용되는 해머의 중량(kg), R=해머의 회전중심에서 무게중심까지의 거리(m), α=들어 올린 해머의 각도, β=시험편 절단 후 올라간 해머의 각도)

① $E = WR(\cos\beta - \cos\alpha)$
② $E = WR(\cos\beta + \cos\alpha)$
③ $E = WR(\sin\beta - \sin\alpha)$
④ $E = WR(\sin\beta + \sin\alpha)$

76 금속재료의 단축 압축시험과정에서 갖추어야 할 사항이 아닌 것은?

① 시험편의 양단면은 완전 평면상태로 서로 평행하여야 한다.
② 주철의 압축시험은 시험편이 대각선으로 전단되는 순간 시험기를 정지시켜야 한다.
③ 비교적 연성재료의 압축시험은 시험편이 좌굴 또는 측면의 팽창부에 균열이 발생한 후에도 계속 시험한다.
④ 고강도 취성재료는 압축파괴 시 시험편의 파편이 비산하므로 시험편 주위에 안전망을 설치하고 시험해야 한다.

> 좌굴과 균열이 발생하면 시험을 중지한다.

77 금속재료의 현미경 조직검사에서 황동(Brass)이나 청동(bronze)에 대한 부식용시약으로 적합한 것은?

① 왕수용액
② 염화 제2철용액
③ 질산 – 알콜용액
④ 수산화나트륨용액

78 강재의 재질 판별법 중의 하나인 불꽃시험 시 시험 통칙에 대한 설명으로 틀린 것은?

① 유선의 관찰 시 색깔, 밝기, 길이, 굵기 등을 관찰한다.
② 바람의 영향을 피하는 방향으로 불꽃을 방출시킨다.
③ 0.2% 탄소강의 불꽃길이가 500mm 정도의 압력을 가한다.
④ 시험장소는 개인의 작업안전을 위하여 직사광선이 닿는 밝은 실내가 좋다.

> 시험장소는 어두운 곳에서 한다.

정답 73 ④ 74 ③ 75 ① 76 ③ 77 ② 78 ④

79 마모현상에 대한 설명으로 틀린 것은?

① 접촉압력이 클수록 마모저항은 적다.
② 마모 변질층은 모체금속의 결정구조와 같다.
③ 진공상태에서는 대기보다 마모저항이 크다.
④ 고주파 담금질 처리된 강은 마모손실이 적다.

> 마모변질층은 모체와 상대재가 함께 존재하므로 결정구조가 달라질 수 있다.

80 다음 중 비파괴검사의 목적이 아닌 것은?

① 제품에 대한 신뢰성의 향상
② 비파괴 시험기의 결함발견
③ 제조기술 개선 및 제품의 수명연장
④ 불량률 감소에 따른 생산원가 절감

> 시험기 결함 등의 문제점은 시험성능 검사를 통해 알 수 있다.

정답 79 ② 80 ②

2018년 1회 금속재료산업기사 필기 기출문제

2018년 3월 4일 시행

제1과목 ▶ 금속재료

01 저융점 합금의 금속원소로 사용되지 않는 것은?

① Zn ② Pb
③ Mo ④ Sn

> Mo은 고융점 금속이다.

02 보자력이 큰 경질 자성재료에 해당되는 것은?

① 희토류계자석 ② 규소강판
③ 퍼멀로이 ④ 센더스트

> 경질 자석의 종류 : 알니코 자석(희토류계), 페라이트 자석, ND자석
> 연질 자석의 종류 : 센더스트, 규소강판, 퍼멀로이

03 36%Ni, 12%Cr이 함유된 철합금으로 온도 변화에 따른 탄성률의 변화가 거의 없어 지진계의 부품, 정밀 저울의 스프링 등에 사용되는 것은?

① 칸탈(Kanthal)
② 인바(Invar)
③ 엘린바(Elinvar)
④ 슈퍼인바(Super Invar)

> 인바 : Fe-36%Ni
> 엘린바 : Fe-Ni-Cr
> 슈퍼인바 : Fe-Ni-Co
> 코엘린바 : Fe-Ni-Cr-Co
> 플래티나이트 : Fe-45%Ni

04 탄소강에서 가장 취약해지는 청열취성이 나타나는 온도 구간으로 옳은 것은?

① 50~100℃ ② 200~300℃
③ 350~450℃ ④ 500~600℃

05 금속재료를 냉간가공할 때 성질 변화에 대한 설명 중 틀린 것은?

① 항복강도가 증가한다.
② 피로강도가 증가한다.
③ 전기전도율이 커진다.
④ 격자가 변형되어 이방성을 가지게 된다.

> 냉간가공을 하면 전기전도율이 적어지고, 전기 저항이 커진다.

06 다음 중 전기 비저항이 가장 큰 것은?

① Ag ② Cu
③ W ④ Al

> 비중이 클수록 전기 비저항이 커진다.

정답 01 ③ 02 ① 03 ③ 04 ② 05 ③ 06 ③

07 일반적인 분말 야금 공정의 순서가 옳게 나열된 것은?

① 성형 → 분말제조 → 소결 → 후가공
② 분말제조 → 성형 → 소결 → 후가공
③ 성형 → 소결 → 분말제조 → 후가공
④ 분말제조 → 후가공 → 소결 → 성형

08 중(重)금속에 해당하는 것은?

① Al   ② Mg
③ Be   ④ Cu

Al : 2.7, Mg : 1.74, Be : 1.85, Cu : 8.92

09 수소저장합금에 대한 설명으로 틀린 것은?

① 에틸렌을 수소화할 때 촉매로 쓸 수 있다.
② 수소를 흡수·저장할 때 수축하고, 방출 시 팽창한다.
③ 저장된 수소를 이용할 때에는 금속수소화물에서 방출시킨다.
④ 수소가 방출되면 금속수소화물은 원래의 수소저장합금으로 되돌아간다.

수소저장합금은 수소의 흡수·저장할 때는 팽창하고, 방출 시 수축을 한다.

10 다이스강보다 더 우수한 금형재료이고, 소형물에 주로 사용하며 그 기호를 SKH로 사용하는 강은?

① 탄소공구강
② 합금공구강
③ 고속도공구강
④ 구상흑연주철

11 내열용 Al합금으로서 조성은 Al – Cu – Mg – Ni 이며, 주로 피스톤에 사용되는 합금은?

① Y합금   ② 켈밋
③ 오일라이트   ④ 화이트메탈

12 순철을 상온에서부터 가열할 때 체적이 수축하는 변태점은?

① A_1 점   ② A_2 점
③ A_3 점   ④ A_4 점

A_3 점은 BCC가 FCC로 변하므로 체적이 수축한다.

13 오스테나이트계 스테인리스강을 500~800℃로 가열하면 입계부식의 원인이 되는 것은?

① Fe_3O_4 ② $Cr_{23}C_6$
③ Fe_2O_3 ④ Cr_2O_3

Cr탄화물이 입계에 석출되면 Cr부족 현상으로 부식의 원인이 된다.

14 6 : 4 황동에 Fe, Mn, Ni, Al 등 원소를 첨가한 고강도 황동의 특징을 설명한 것 중 틀린 것은?

① 취성이 증가한다.
② 내해수성이 증가한다.
③ 방식성이 우수하다.
④ 대부분이 주물용이다.

Ni, Al, Fe 등은 인성을 저하시키지 않는다.

정답 07 ② 08 ④ 09 ② 10 ③ 11 ① 12 ③ 13 ② 14 ①

15 금속을 상온에서 압연이나 딥 드로잉(deep drawing)과 같은 소성변형한 후 비교적 낮은 온도에서 가열하면 강도가 증가하고 연성이 감소하는 현상을 무엇이라고 하는가?

① 확산 현상
② 변형시효 현상
③ 가공경화 현상
④ 질량효과 현상

16 탄소강 중에 존재하는 5대 원소에 대한 설명 중 틀린 것은?

① C량의 증가에 따라 인장강도, 경도 등이 증가된다.
② Mn은 고온에서 결정립 성장을 억제시키며, 주조성을 좋게 한다.
③ Si는 결정립을 미세화하여 가공성 및 용접성을 증가시킨다.
④ S의 함유량은 공구강에서 0.03% 이하 연강에서는 0.05% 이하로 제한한다.

> Si는 결정립 크기를 증대시켜 가공성을 저하시킨다.

17 소성합금에 관한 설명으로 틀린 것은?

① 내마모성이 높다.
② 사용되는 합금으로 카보로이(Carboloy), 미디아(Media) 등이 있다.
③ 고온경도 및 강도가 양호하여 고온에서 변형이 적다.
④ 사용목적과 용도에 따라 재질의 종류와 형상이 단순하고, 초경합금으로 SnC가 많이 사용된다.

> 소결소성합금인 초경합금은 WC, SiC, TiC, TaC 등의 탄화물을 사용한다.

18 고로에서 출선한 용선에 산소를 불어 넣어 탄소와 규소 등 불순물을 산화 제거하여 강을 만드는 제강법은?

① 전로 제강법
② 평로 제강법
③ 전기로 제강법
④ 도가니로 제강법

19 해드필드(hadfield)강에 대한 설명으로 옳은 것은?

① 페라이트계 강이다.
② 항복점은 높으나 인장강도는 낮다.
③ 열처리 후 서랭하면 결정립계에 M3C가 석출하여 인성을 높여준다.
④ 열전도성이 나쁘고, 팽창계수가 커서 열변형을 일으키기 쉽다.

> 해드필드강은 고Mn강으로 열전도가 나쁘고, 열팽창도 심해서 열변형이 잘 일어난다.

20 구상흑연주철에 대한 설명으로 틀린 것은?

① 불스아이(Bull's eye) 조직을 갖는다.
② 바탕 조직 중에 8~10%의 구상흑연이 존재 한다.
③ 구상화 처리 후 접종제로는 Si-Zn이 사용된다.
④ 구상화용탕처리에서 처리시간이 길어지면 구상화 효과가 없어지는데 이것을 Fading 현상이라 한다.

> 접종제로는 Fe-Si, Ca-Si 등이 사용된다.

정답 15② 16③ 17④ 18① 19④ 20③

제2과목 ▶ 금속조직

21 금속의 탄성계수에 대한 설명 중 옳은 것은?

① 원자간 거리가 증가하면 탄성률은 증가한다.
② 탄성계수는 온도가 증가할수록 증가한다.
③ 탄성계수는 미세조직의 변화에 따라 크게 변화한다.
④ 일축변형률에 대한 측면 변형률의 비를 프아송비(Poisson's radio)라 한다.

> 프아송의 비는 탄성한도 내에서 적용된다.

22 순철의 변태가 아닌 것은?

① A_1 점
② A_2 점
③ A_3 점
④ A_4 점

> A_1 변태는 공석강의 변태인 공석변태이다.

23 규칙-불규칙 변태의 성질에 대한 설명으로 틀린 것은?

① 규칙격자는 일반적으로 진기전도도가 커진다.
② 규칙격자합금을 소성가공하면 규칙도가 증가한다.
③ 규칙격자로 되면 일반적으로 경도와 강도가 증가한다.
④ 규칙격자상은 강자성체이나 불규칙상은 상자성체이다.

> 규칙격자합금을 소성가공하면 규칙도가 떨어진다.

24 고체상태에서 확산속도가 작아 균등하게 확산하지 못하고 결정립 내에서 부분적으로 불평형이 생겨 수지상정으로 나타나는 현상은?

① 주상조직
② 입내편석
③ 입계편석
④ 유심조직

25 이원(二元) 이상의 합금에서 복합적인 상호확산을 하는 것은?

① 입계 확산
② 표면 확산
③ 전위 확산
④ 반응 확산

26 면심입방격자 금속의 슬립면과 슬립방향은?

① 슬립면 : {111}, 슬립방향 : ⟨110⟩
② 슬립면 : {110}, 슬립방향 : ⟨111⟩
③ 슬립면 : {0001}, 슬립방향 : ⟨2110⟩
④ 슬립면 : {1111}, 슬립방향 : ⟨0001⟩

27 다음 그림과 같은 상태도는 어떤 반응인가? (단, α, β는 고용체이며, L은 용액이다)

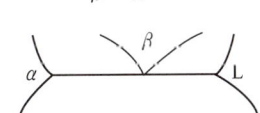

① 공정반응
② 재융반응
③ 포정반응
④ 편정반응

> 공정반응 : L → α + β
> 포정반응 : L + α → β
> 편정반응 : L1 → α + L2

정답 21 ④ 22 ① 23 ② 24 ② 25 ④ 26 ① 27 ②

28 응고과정에서 고상 핵(구형)의 균일 핵생성에 대한 자유에너지 변화(△Gtotal)의 표현으로 옳은 것은? (단, △GV : 체적자유에너지, γ : 표면에너지, r : 고상의 반지름이다)

① $\Delta \text{Gtotal} = -\frac{4}{3}\pi r^2 \Delta G_V + 4\pi r^2 \gamma$

② $\Delta \text{Gtotal} = \frac{4}{3}\pi r^2 \Delta G_V + 4\pi r^2 \gamma$

③ $\Delta \text{Gtotal} = 4\left(\frac{4}{3}\right)\pi r^3 \Delta G_V + 4\pi r^2 \gamma$

④ $\Delta \text{Gtotal} = -4\left(\frac{4}{3}\right)\pi r^3 \Delta G_V - 4\pi r^2 \gamma$

29 Cd, Zn과 같은 금속에서 슬립면에 수직으로 압축하면 슬립이 일어나기 곤란해 변형이 생기는 부분을 무엇이라 하는가?

① 쌍정 밴드(twin band)
② 킹크 밴드(kink band)
③ 완전 밴드(perfect band)
④ 증식 밴드(multiplication band)

> 킹크 밴드는 HCP 금속에서만 나타난다.

30 회복(recovery)에서 축적에너지에 대한 설명으로 틀린 것은?

① 축적에너지의 양은 결정입도가 감소함에 따라 증가한다.
② 내부 변형이 복잡할수록 축적에너지의 양은 증가한다.
③ 불순물 합금원소가 첨가될수록 축적에너지의 양은 감소한다.
④ 낮은 가공온도에서의 변형은 축적에너지의 양을 증가시킨다.

> 불순물 원소가 증가하면 내부 에너지의 축적이 증가한다.

31 결정립 내에 있는 원자에 비하여 결정입계에 있는 원자의 결합에너지 상태는?

① 결합에너지가 크므로 안정하다.
② 결합에너지가 크므로 불안정하다.
③ 결합에너지가 적으므로 안정하다.
④ 결합에너지가 적으므로 불안정하다.

> 입계는 원자가 무질서하여 원자간 결합에너지는 작고 활성화 에너지는 커서 불안정하다.

32 공정형 상태도에서, 성분금속 M과 N이 고온의 액체에서 완전히 서로 용해하나 고체에서는 전혀 용해하지 않는다고 가정할 때 성분금속 M에 소량의 N을 첨가하면 M의 응고점이 저하함을 볼 수 있다. 이러한 응고점 강하의 원인을 가장 옳게 설명한 것은?

① N원자의 응고점이 낮으므로
② N원자의 확산 운동 때문에
③ 두 원자에 결정구조가 다르므로
④ 두 원자의 응고점이 다르므로

33 냉간가공하여 결정립이 심하게 변형된 금속을 가열할 때 발생하는 내부변화의 순서로 옳은 것은?

① 결정핵 생성 → 결정립 성장 → 회복 → 재결정
② 결정핵 생성 → 회복 → 재결정 → 결정립 성장
③ 회복 → 결정핵 생성 → 재결정 → 결정립 성장
④ 회복 → 재결정 → 결정핵 생성 → 결정립 성장

정답 28① 29② 30③ 31④ 32② 33③

34 금속간 화합물의 특징을 설명한 것 중 틀린 것은?

① 규칙·불규칙 변태가 있다.
② 복잡한 결정구조를 가지며 소성변형이 어렵다.
③ 주기율표 중의 동족원소는 서로 거의 화합물을 만들지 않는다.
④ 성분금속의 원자가 결정의 단위격자 내에서 일정한 자리를 점유하고 있다.

> 금속간 화합물은 규칙격자형으로 이루어진다.

35 용질원자와 칼날전위의 상호작용을 무엇이라고 하는가?

① Oxidation pining
② Cottrell effect
③ Frank-read source
④ Peierls stress

36 다음 중 고용체강화에 대한 설명으로 옳은 것은?

① 용매원자와 용질원자 사이의 원자 크기의 차이가 적을수록 강화효과는 커진다.
② 일반적으로 용매원지의 격지에 용질원자가 고용되면 순금속보다 강한 합금이 되는 것이 고용체강화이다.
③ Cu-Ni합금에서 구리의 강도는 40%Ni이 첨가될 때까지 증가되는 반면 니켈은 60%Cu가 첨가될 때 고용체강화가 된다.
④ 용매원자에 의한 응력장과 가동전위의 응력장이 상호 작용을 하여 전위의 이동을 원활하게 하여 재료를 강화하는 방법이다.

37 냉간가공으로 생긴 집합조직이 아닌 것은?

① 변형집합조직
② 섬유상조직
③ 재결정집합조직
④ 가공집합조직

> 재결정조직은 풀림 열처리 과정에서 발생한다.

38 입방격자〈100〉에는 몇 개의 등가 방향이 속해 있는가?

① 2 ② 4
③ 6 ④ 8

> 〈100〉 등가방향
> [100], [010], [001], [T00], [0T0], [00T]

39 금속결정 내의 결함 중 면간결함(interfacial defect)에 해당되는 것은?

① 전위   ② 수축공
③ 격자간원자 ④ 결정입자경계

> 전위 : 선결함
> 수축공 : 체적결함
> 격자간원자 : 점결함

40 강철의 결정입도번호가 6일 경우 배율 100배의 현미경 사진 1in² 내에 들어 있는 결정 입자수는 얼마인가?

① 32   ② 64
③ 128 ④ 256

> 결정립수=$2^{N-1}=2^{6-1}=32$
> (N : 입도번호)

정답 34① 35② 36② 37③ 38③ 39④ 40①

제3과목 ▶ 금속열처리

41 냉간가공, 단조 등으로 인한 조직의 불균일 제거, 결정립 미세화, 물리적, 기계적 성질 등의 표준화를 목적으로 대기 중에 냉각시키는 열처리는?

① 뜨임 ② 풀림
③ 담금질 ④ 노멀라이징

42 재질이 같을 때에는 재료의 지름 크기에 따라 퀜칭·경화된 재료의 내부조직 깊이가 다르며 내부와 외부의 경도차가 생기게 된다. 이러한 현상을 무엇이라 하는가?

① 경화능 ② 형상효과
③ 질량효과 ④ 표피효과

43 열처리의 냉각방법 3가지 형태에 해당되지 않는 것은?

① 급냉각 ② 연속냉각
③ 2단냉각 ④ 항온냉각

44 담금질된 강의 경도를 증가시키고 시효변형을 방지하기 위한 목적으로 0℃ 이하의 온도에서 처리하는 것은?

① 수인처리 ② 조질처리
③ 심랭처리 ④ 오스포밍처리

> **심랭처리**
> 영하의 온도에서 처리하는 것으로, 잔류 오스테나이트를 마텐자이트로 변태시켜서 강도 증가 및 변형 방지 효과가 있다.

45 강의 담금질성을 판단하는 방법이 아닌 것은?

① 강박시험을 통한 방법
② 임계지름에 의한 방법
③ 조미니 시험을 통한 방법
④ 임계냉각속도를 이용하는 방법

> 강박시험은 코팅층 시험법이다.

46 담금질 균열의 방지대책에 대한 설명으로 틀린 것은?

① $M_s \sim M_f$ 범위에서 가급적 급랭을 한다.
② 살두께의 차이와 급변을 가급적 줄인다.
③ 시간 담금질을 채용하거나 날카로운 모서리 부분을 라운딩(R) 처리하여 준다.
④ 냉각 시 온도의 불균일을 적게 하며, 가급적 변태도 동시에 일어나게 한다.

> 임계구역인 $M_s \sim M_f$ 범위에서는 서랭을 한다.

47 암모니아 가스에 의한 표면 경화법은?

① 침탄법 ② 질화법
③ 액체침탄법 ④ 고주파경화법

> 암모니아(NH_3)는 질소(N)가 침투된다.

48 열전대 기호와 가열한계 온도가 바르게 짝지어진 것은?

① R(PR) - 1,000℃
② K(CA) - 1,200℃
③ J(IC) - 350℃
④ T(CC) - 1,600℃

> R(PR) : 1,600℃   K(CA) : 1,200℃
> J(IC) : 750℃   T(CC) : 350℃

정답 41 ④ 42 ③ 43 ① 44 ③ 45 ① 46 ① 47 ② 48 ②

49 구리 및 구리 합금의 열처리에 대한 설명으로 틀린 것은?

① α+β 황동은 재결정 풀림과 담금질 열처리를 한다.
② α 황동은 700 ~ 730℃ 온도에서 재결정 풀림을 한다.
③ 순동은 재결정 풀림을 하고, 재결정 온도는 약 270℃이다.
④ 상온 가공한 황동 제품은 시기균열을 방지하기 위해 1,200℃ 이상에서 고온풀림을 한다.

시기균열을 방지하기 위해서는 180~260℃로 저온풀림을 해야 한다.

50 열처리로에서 제품을 가열할 때 열전달 방식이 아닌 것은?

① 복사가열   ② 대류가열
③ 전도가열   ④ 진공가열

51 다음 열처리 방법 중 항온 열처리 방법이 아닌 것은?

① 마퀜칭(marquenching)
② 오스템퍼링(austempering)
③ 시간 담금질(time quenching)
④ 마템퍼링(martempering)

시간 담금질은 담금질 중 일정시간 후 서랭하는 것으로 냉각속도를 변화시키는 2단 냉각법이다.

52 베릴륨 청동을 용체화처리 한 후 시효처리의 목적으로 가장 옳은 것은?

① 경화   ② 연화
③ 취성여부   ④ 내부응력 제거

53 염욕 열처리 시 염욕이 열화를 일으키는 이유가 아닌 것은?

① 흡습성 염화물의 가수 분해에 의한 열화 때문
② 중성염욕에 포함되어 있는 유해 불순물에 의한 열화 때문
③ 고온 용융염욕이 대기 중의 산소와 반응하여 염기성으로 변질될 때
④ 1,000℃ 이하의 용융염욕에 탈산제 Mg-Al (50%-50%)을 혼입 사용하였을 때

염욕의 열화를 방지법
1,000℃ 이하의 염욕 열처리를 행할 때 Mg-Al (50 : 50)의 것을 혼합하여 사용하며, 1,000℃ 이상의 고온 염욕에는 CaSi₂(칼슘 실리콘)을 첨가하여 사용한다.

54 노 내에 장착된 슬로트가 있으며, 소형부품의 연속 가열이나 침탄처리에 적합한 열처리 설비는?

① 상형로(box type furnace)
② 회전 레토르트로
③ 피트로(원통로)
④ 대차로

55 다음의 강을 완전풀림하게 되면 나타나는 조직으로 옳은 것은?

① 아공석강 → 헤드필드강 + 레데뷰라이트
② 과공석강 → 시멘타이트 + 층상펄라이트
③ 공석강 → 페라이트 + 레데뷰라이트
④ 과공정 주철 → 페라이트 + 스텔라이트

아공석강 → 페라이트 + 층상펄라이트
공석강 → 층상펄라이트(페라이트+시멘타이트)
과공석강 → 시멘타이트 + 층상펄라이트

정답 49 ④ 50 ④ 51 ③ 52 ① 53 ④ 54 ② 55 ②

56 복잡한 형상이나 대형물의 탄화물 피복 처리법(TD처리)에서 소재 변형 및 균열을 방지하기 위해 염욕 침지 전에 반드시 처리해 주어야 하는 공정은?

① 뜨임 ② 예열
③ 침탄 ④ 래핑

57 강을 담금질 할 때 냉각 능력이 가장 좋은 것은?

① 물 ② 염수
③ 기름 ④ 공기

> 냉각능 순서
> 염수 > 물 > 기름 > 공기

58 강의 조직 중 경도가 가장 높은 것은?

① 페라이트(Ferrite)
② 펄라이트(Pearlite)
③ 시멘타이트(Cementite)
④ 오스테나이트(Austenite)

59 금속재료를 진공 중에서 가열하면 합금 원소가 증발한다. 다음 중 증기압이 높아 가장 증발하기 쉬운 금속은?

① Mo ② Zn
③ C   ④ W

> 저융점 금속이 증기압이 높다. Zn 용융점 : 420℃

60 구상흑연주철의 열처리에서 제1단 흑연화 처리를 한 후 제2단 흑연화 처리를 하는 목적으로 옳은 것은?

① 취성을 촉진시키기 위해
② 압축력과 절삭성 등을 저하시키기 위해
③ 내식성과 조대한 입자를 형성하기 위해
④ 충격값이 우수한 고연성(高延性)의 주물을 만들기 위해

> 1단 흑연화처리 : 시멘타이트 분해에 의한 흑연화
> 2단 흑연화처리 : 펄라이트를 분해하여 페라이트화 하여 연성 및 내충격성 향상

제4과목 ▶ 재료시험

61 경도시험에 대한 설명으로 옳은 것은?

① 경도측정 시 시험편의 측정면이 압입자의 압입방향과 수직을 이루도록 한다.
② 로크웰(Rockwell) 경도에서 단단한 경질 금속에 대한 시험은 강구 압입자를 사용한다.
③ 브리넬(Brinell) 경도시험에서 경도값을 표기할 때 HRB로 나타낸다.
④ 쇼어(Shore) 경도시험은 시험편의 압입자 깊이로 경도값을 측정한다.

62 한국산업표준에서 경강선 비틀림 시험에 대한 ( ) 안에 알맞은 수치는?

> "비틀림 시험은 시험편 양 끝을 선 지름의 ( )배의 물림 간격으로 단단히 물리고 휘어지지 않을 정도로 인장시킨다."

① 10 ② 50
③ 100 ④ 200

정답 56 ② 57 ② 58 ③ 59 ② 60 ④ 61 ① 62 ③

63 알루민산염 개재물의 종류에 해당하는 것은?

① 그룹 A형 ② 그룹 B형
③ 그룹 C형 ④ 그룹 D형

> 그룹 A형 : 황화물계
> 그룹 B형 : 알루민산염계
> 그룹 C형 : 규산염계
> 그룹 D형 : 구형 산화물

64 응력 측정시험 방법이 아닌 것은?

① 무아레법
② 조미니 시험
③ 광탄성 시험
④ 전기적인 변형량 측정법

> 조미니 시험 : 경화능 측정법

65 부식액에 시편을 침지하여 부식시켜 조직이 잘 나타나지 않을 때 면봉 등으로 시편 표면을 닦아 내면서 부식시키는 방법은?

① Deep부식   ② 전해부식
③ Wipe부식   ④ 가열부식

66 충격시험에서 해머를 울렸을 때의 각도를 α, 시험편 파단 후의 각도를 β라고 할 때, 충격 흡수에너지를 구하는 식은?

① WR(cosβ − cosα)
② WR(cosα − cosβ)
③ WR(cosα − 1)
④ WR(cosβ − 1)

67 자분탐상시험방법 중 원형 자계를 형성하는 것이 아닌 것은?

① 극간법   ② 프로드법
③ 축 통전법   ④ 전류 관통법

> 선형자계 : 극간법(M), 코일법(C)

68 KS 5호 인장시험편으로 인장시험하였을 때 최대하중이 6,460kg$_f$, 단면적이 125mm^2 라면 인장강도의 값은 얼마인가?

① 21.68kg$_f$/mm^2 ② 31.68kg$_f$/mm^2
③ 41.68kg$_f$/mm^2 ④ 51.68kg$_f$/mm^2

> $\frac{6,460}{125} = 51.68$

69 금속재료 파단면의 파면검사, 주조재의 응고과정 등을 육안으로 관찰하거나 10배 이내의 확대경으로 검사하는 것은?

① 매크로검사   ② 광학현미경검사
③ 전자현미경검사 ④ 원자현미경검사

70 9.8N(1kg$_f$) 이하의 하중을 가하여 고배율의 현미경으로 미소한 경도 분포 등을 측정하는 것은?

① 쇼어 경도시험
② 브리넬 경도시험
③ 로크웰 경도시험
④ 마이크로 비커즈 경도시험

71 불꽃시험에 있어서 불꽃의 파열이 가장 많은 강은?

① 0.10% 탄소강   ② 0.20% 탄소강
③ 0.35% 탄소강   ④ 0.45% 탄소강

정답 63② 64② 65③ 66① 67① 68④ 69① 70④ 71④

72 어떤 기계나 구조물 등을 제작하여 사용할 때 변동 응력이나 반복 응력이 무한히 반복되어도 파괴되지 않는 내구 한도를 찾고자 하는 시험은?

① 피로시험 ② 크리프시험
③ 마모시험 ④ 충격시험

73 금속재료의 압축 시험편을 단주, 중주, 장주로 나눌 때 중주 시험편은 높이(h)가 지름(D)의 약 몇 배의 재료를 사용하는가?

① 0.9배 ② 3배
③ 10배 ④ 15배

> 단주 시험편 높이 : 0.9D
> 중주 시험편 높이 : 3D
> 장주 시험편 높이 : 10D

74 전기가 대기 중에서 스파크(Spark)방전될 때 가장 많이 생성되는 가스는?

① CO_2 ② H_2
③ O_2 ④ O_3

75 초음파탐상검사에서 STB-A1 시험편을 사용하여 측정 및 조정할 수 없는 것은?

① 측정 범위의 조정
② 탐상감도의 조정
③ 경사각 탐촉자의 입사점 측정
④ 경사각 탐촉자의 수직점 측정

> STB 표준시험편은 측정 범위 조정, 탐상각도 조정, 시간축 측정 범위 조정, 경사각 탐촉자 입사점 측정

76 에릭슨시험(Erichsen test)은 재료의 어떤 성질을 측정할 목적으로 시험하는가?

① 연성(ductility) ② 미끄럼(slip)
③ 마모(wear) ④ 응력(stress)

77 상대적으로 경(硬)한 입자나 미세돌기와의 접촉에 의해 표면으로부터 마모입자가 이탈되는 현상을 나타내는 마모는?

① 응착마모 ② 연삭마모
③ 부식마모 ④ 표면피로마모

78 설퍼 프린트(sulfur print)법에 사용되는 재료로 옳은 것은?

① 증감지, 투과도계
② 글리세린, 기계유
③ 형광 침투제, 유화제
④ 황산, 브로마이드 인화지

79 와전류탐상시험에 대한 설명으로 옳은 것은?

① 비접촉으로 시험할 수 있다.
② 표면에서 떨어진 내부 시험은 위치의 흠 검출도 가능하다.
③ 어떤 재료에도 관계없이 모두 적용할 수 있다.
④ 시험결과의 흠 지시로부터 직접 흠의 종류를 판별할 수 있다.

80 전단응력과 전단 변형은 탄성한계 내에서 비례하므로 응력(τ)과 전단변형률(γ)과의 비례 관계식 $\tau = G \cdot \gamma$로 표시할 수 있다. 이때 G가 의미하는 것은?

① 압축계수 ② 강성계수
③ 마찰계수 ④ 전단계수

정답 72 ① 73 ② 74 ④ 75 ④ 76 ① 77 ② 78 ④ 79 ① 80 ②

2018년 2회 금속재료산업기사 필기 기출문제

2018년 4월 28일 시행

제1과목 ▶ 금속재료

01 전연성이 매우 커서 10^{-6}cm 두께의 박판으로 가공할 수 있으며 왕수 이외에는 침식, 산화되지 않으며 비중이 약 19.3인 귀금속은?

① Be
② Pt
③ Pd
④ Au

02 어느 방향으로 소성변형을 가한 재료에 역방향의 하중을 가하면 전과 같은 방향으로 하중을 가한 경우보다 소성변형에 대한 저항이 감소하는 것을 무엇이라 하는가?

① 바우싱거 효과
② 크리프 효과
③ 재결정 효과
④ 푸아송 효과

03 내식성이 좋고 비자성체이며, 오스테나이트 조직을 갖는 스테인리스강은?

① 13%Cr 스테인리스강
② 35%Cr 스테인리스강
③ 18%Cr – 8%Ni 스테인리스강
④ 25%Cr – 5%Ni – 3%Mo – 2%Cu 스테인리스 강

04 고온경도와 내마모성 및 인성이 우수하여 바이트, 드릴 등의 절삭공구로 이용하는 고속도공구강(SKH 2)의 표준 조성은?

① 18%Cr – 8%Ni – 1%V
② 18%Ni – 8%Cr – 1%V
③ 18%W – 4%Cr – 1%V
④ 18%Mo – 4%W – 1%V

05 Ni – Cu계의 합금에 대한 설명으로 틀린 것은?

① 실용합금으로는 백동, 콘스탄탄, 모넬메탈 등이 있다.
② 냉간가공 후 저온도로 풀림하면 강도와 탄성한도가 감소한다.
③ Cu에 Ni이 첨가됨에 따라 강도·경도를 증가시키며, 60~70%Ni에서 최대가 된다.
④ KR 모넬은 K 모넬에 탄소량을 다소 높게 (0.28%)하여 쾌삭성을 준 것이다.

> 냉간가공 후 저온도로 풀림하면 강도와 탄성한도가 증가한다.

06 다음 중 소성가공방법이 아닌 것은?

① 압연
② 단조
③ 인발
④ 주조

> 주조 : 용융가공

정답 01 ④ 02 ① 03 ③ 04 ③ 05 ② 06 ④

07 정련된 용강을 레이들 안에서 Fe-Mn, Fe-Si, Al 등으로 완전 탈산시킨 강은?

① 림드강　　② 캡드강
③ 킬드강　　④ 세미킬드강

08 금속의 어떤 성질을 기준으로 경금속과 중금속을 구분하는가?

① 비열　　② 비중
③ 색깔　　④ 용융점

09 전연성이 좋으며 색깔이 금에 가까워 장식용에 많이 쓰이는 것으로서 Zn이 5~20% 함유된 구리합금은?

① 톰백　　② 문쯔메탈
③ 델타메탈　　④ 듀라나메탈

10 탄소강 중 인(P)에 대한 설명으로 틀린 것은?

① 상온취성의 원인이 된다.
② 결정입자의 조대화를 촉진시킨다.
③ Fe_3P로 존재하며 고스트라인(Ghost Line)을 형성한다.
④ 탄소량이 증가할수록 인(P)의 해(害)는 감소한다.

> 탄소량이 증가할수록 인에 의한 해는 증가한다.

11 구리합금 중 석출경화성이 있으며, 강도와 경도가 가장 높고, 피로한도, 내열성, 내식성이 우수하고, 인장 강도가 높아 스프링, 기어 등으로 사용되는 것은?

① 양백　　② 6 : 4 황동
③ 7 : 3 황동　　④ 베릴륨(Be) 동

12 자기헤드용 자기기록 재료의 요구 조건으로 틀린 것은?

① 투자율이 클 것
② 포화자화가 클 것
③ 와전류 손실이 클 것
④ 고유 전기 저항이 클 것

> 자기기록 재료는 와전류 손실이 작아야 한다.

13 수소저장용 합금에서 금속수소화물의 수소밀도는 수소기체밀도의 약 몇 배인가?

① 0.1　　② 10
③ 100　　④ 1,000

14 다음 중 탄소 함량이 적어 열처리에 의한 경화효과가 가장 적은 것은?

① 경강　　② 전해철
③ 합금강　　④ 탄소공구강

> 전해철은 순철이므로 열처리 효과가 없다.

15 다음 중 Zn 및 Zn합금에 대한 설명으로 틀린 것은?

① Zn의 결정은 조밀육방격자이다.
② Zn은 건조한 공기 중에서 거의 산화되지 않는다.
③ Zn합금에 알루미늄 첨가는 합금의 경도·강도를 저하시키며 유동성을 악화시킨다.
④ Zn 다이캐스팅 합금의 시효에 의한 치수 변화는 90℃에서 약 5시간 정도 처리하면 안정성이 증가한다.

> Zn에 Al이 첨가되면 강도가 증가하고, 유동성을 증가시킨다.

정답 07 ③　08 ②　09 ①　10 ④　11 ④　12 ③　13 ④　14 ②　15 ③

16 자동차부품, 기계부품 등에 사용되는 쾌삭강에서 절삭성을 높이기 위해 첨가하는 원소가 아닌 것은?

① S
② Pb
③ Sn
④ Ca

> 쾌삭강 첨가원소
> S, P, Pb, Ca, Se, Gr 등

17 균일한 조직으로 된 합금 내에서 처음에 응고한 부분과 나중에 응고한 부분에서 농도차가 생기는 현상은?

① 공석
② 포석
③ 편정
④ 편석

18 주철의 일반적 특성에 대한 설명 중 옳은 것은?

① 가단주철은 회주철을 열처리하여 만든다.
② 구상흑연주철은 백주철을 탈탄하여 강에 가깝게 한 주철이다.
③ 회주철은 파면이 회색으로 주조성과 절삭성이 우수하여 주물용으로 사용된다.
④ 백주철은 C, Si 성분이 많고 Mn 성분이 적어 C가 흑연 상태로 유리되어 파면이 흰색이다.

19 $Fe-Fe_3C$계 평형상태도에서 공석 변태선(A_1)은 약 몇 °C인가?

① 723°C
② 768°C
③ 910°C
④ 1,400°C

20 다음 중 반도체용 재료로 가장 많이 사용되는 것은?

① Fe
② Si
③ Cu
④ Mg

제2과목 ▶ 금속조직

21 마텐자이트(Martensite) 조직의 결정 형상에 해당되지 않는 것은?

① 렌즈상(Lens Phase)
② 입상(Granular Phase)
③ 래스상(Lath Phase)
④ 박판상(Thin Plate Phase)

> 마텐자이트 결정 형상
> 렌즈상, 침상(래스상), 박판상

22 금속의 변태점 측정방법이 아닌 것은?

① 열팽창법
② 전기저항법
③ 성분분석법
④ 시차열분석법

> 성분분석법은 합금의 원소 성분을 알 수 있다.

23 공석반응(共析反應)을 나타내는 것으로 옳은 것은?

① $α + L(융체) \leftrightarrows Fe_3C$
② $L(융체) \leftrightarrows γ + Fe_3C$
③ $α + γ \leftrightarrows Fe_3C$
④ $γ \leftrightarrows α + Fe_3C$

정답 16 ③ 17 ④ 18 ③ 19 ① 20 ② 21 ② 22 ③ 23 ④

24 다음 금속 중 재결정온도가 가장 낮은 것은?

① Cu ② Mg
③ Fe ④ Al

> 용융점이 낮을수록 재결정온도도 낮다.

25 석출강화에 대한 기본원칙을 설명한 것 중 틀린 것은?

① 석출물은 부피분율이 작을수록 강도가 커진다.
② 석출물은 입자의 크기가 미세하고 그 수가 많아야 한다.
③ 기지상은 연성이 크고, 석출물은 단단한 성질을 가져야 한다.
④ 석출물은 불연속적으로 존재해야 하는 반면 기지상은 연속적이어야 한다.

> 석출물의 부피분율이 커야 강도가 커진다.

26 면심입방격자의 쌍정면에 해당되는 것은?

① {111} ② {112}
③ {110} ④ {123}

27 일반적으로 금속의 규칙화 진행과정 및 규칙합금에서 나타나는 변화에 대한 설명으로 틀린 것은?

① 규칙화 진행에 따라 강도가 증가한다.
② 규칙화 진행에 따라 경도가 증가한다.
③ 규칙화 진행에 따라 탄성계수가 증가한다.
④ 규칙합금을 소성가공하면 규칙도가 더욱 증가한다.

> 규칙합금을 가공하면 규칙도는 낮아진다.

28 결정 내부에 전위를 계속하여 생성시키는 기구, 즉 전위의 증식과 관계있는 것은?

① Recovery
② Polygonization
③ Cottrel Effect
④ Frank-read Source

> **전위 증식**
> 프랭크 리드 원 기구, 오르완의 기구

29 합금의 일반적인 성질에 대한 설명으로 틀린 것은?

① 합금은 순금속보다 강도가 크다.
② 합금은 순금속보다 경도가 크다.
③ 합금은 순금속보다 전기 전도율이 떨어진다.
④ 합금은 순금속보다 용융점이 올라간다.

> 합금은 순금속보다 용융점이 낮아진다.

30 규칙-불규칙 변태온도(T_c) 직하에서 변태가 점점 급격하게 진행되는 현상은?

① 이력현상 ② 협동현상
③ 복원현상 ④ 역위현상

31 확산의 속도가 빠른 순서로 나열된 것은?

① 표면확산 > 격자확산 > 입계확산
② 표면확산 > 입계확산 > 격자확산
③ 격자확산 > 표면확산 > 입계확산
④ 입계확산 > 격자확산 > 표면확산

정답 24 ② 25 ① 26 ① 27 ④ 28 ④ 29 ④ 30 ② 31 ②

32 수지상 조직의 관한 설명 중 틀린 것은?

① 입방정계의 수지상 결정의 축은 [100]이다.
② 고상의 성장 방향에 평행하게 생긴 가지 결정을 1차 수지상정이라 한다.
③ 성장 방향에 직각 또는 일반각을 이룬 가지결정을 2차 수지상정이라 한다.
④ 고상 – 액상계면에서 생성되는 1차 수시상정의 평균관계는 액상의 과냉도가 클수록 작아진다.

> 액상의 과냉도가 클수록 1차 수지상정은 커진다.

33 다음 중 고용체 강화에 대한 설명으로 틀린 것은?

① 황동에서는 고용체 강화에 의해 강도 및 연성이 증가한다.
② 고용체 강화합금은 고온 크리프 저항성이 순금속보다 우수하다.
③ 고용체 강화합금은 순금속에 비해 전기 전도도가 크다.
④ 고용체 강화합금의 항복강도, 인장강도가 순금속보다 크다.

> 침입형, 치환형 고용체도 결함을 형성하므로 전기 전도도는 떨어진다.

34 브라베이스 결자에서 축장 $a = b = c$이고, 축각 $\alpha = \beta$ 인 결정계는?

① 단사정계
② 정방정계
③ 입방정계
④ 사방정계

35 상온에서 결정구조가 다른 금속원소는?

① Co
② Ni
③ Cu
④ Pd

> Co는 HCP, 나머지는 FCC

36 순금속 중에서 같은 종류의 원자가 확산하는 현상을 어떤 확산이라 하는가?

① 상호확산
② 입계확산
③ 자기확산
④ 표면확산

37 용융금속의 응고과정에서 주형벽으로부터 나타나는 조직의 순서는?

① 등축정 – 칠드영역 – 주상정
② 등축정 – 주상정 – 칠드영역
③ 칠드영역 – 주상정 – 등축정
④ 주상정 – 등축정 – 칠드영역

38 축적에너지의 크기에 영향을 주는 인자들에 대한 설명으로 옳은 것은?

① 축적에너지의 양은 결정입도가 감소함에 따라 증가한다.
② 높은 가공온도에서의 변형은 축적에너지의 양을 증가시킨다.
③ 주어진 변형에서 불순물 원자를 첨가할수록 축적 에너지의 양은 감소한다.
④ 가공도가 클수록 변형이 복잡하고, 내부 변형이 복잡할수록 축적에너지는 더욱 감소한다.

> 결정입도가 작아지면 결정이 미세해지고 결정립계는 증가하는 것이므로 축적 에너지가 증가한다.

정답 32 ④ 33 ③ 34 ③ 35 ① 36 ③ 37 ③ 38 ①

39 다음 중 면결함이 아닌 것은?

① 전위　　② 자유표면
③ 결정입계　④ 적층결함

> 전위 : 선결함

40 온도에 따른 액상 및 고상(동일 물질)의 자유에너지 변화를 바르게 나타낸 그래프는? (단, T_m : 용융온도, F_L : 액상의 자유에너지, F_S : 고상의 자유에너지)

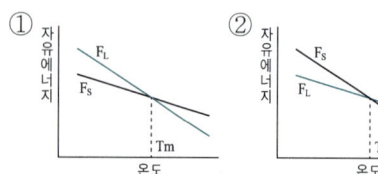

> 일정온도에서 자유에너지가 낮은 상이 존재하게 된다. 따라서 온도가 높으면 액상의 자유에너지가 작아지므로 고상에서 액상으로 바뀌게 된다.

제3과목 ▶ 금속열처리

41 열처리 전·후처리에 사용되는 설비 중 6각 또는 8각형의 용기에 공작물과 함께 연마제, 콤파운드를 넣고 회전시켜 표면을 연마시키는 방법은?

① 버프연마　② 배럴연마
③ 숏피닝　　④ 액체호닝

42 0.86%C 탄소강을 A1점 이상의 오스테나이트 상태에서 580℃의 융용 연욕 중에 담금하면 1초 이내에 어떤 조직으로 변태하기 시작하는가?

① 페라이트
② 마텐자이트
③ 미세펄라이트
④ 레데뷰라이트

> 550~650℃에서 항온변태하면 미세한 펄라이트가 형성된다.

43 전기저항식 온도계에 관한 설명 중 틀린 것은?

① 온도 상승에 따라 금속의 전기저항이 감소하는 현상을 이용한 것이다.
② 측온저항체에는 백금선, 니켈선, 구리선 등이 있다.
③ 금속의 전기저항이 1℃ 상승하면 약 0.3~0.6% 증가한다.
④ 700℃ 이하의 저온 측정용에 적합하다.

> 온도가 상승하면 전기저항은 증가한다.

44 심랭(Sub-Zero)처리 시 조직의 변화로 옳은 것은?

① 마텐자이트(Martensite) → 소르바이트(Sorbite)
② 잔류 오스테나이트(Austenite) → 트루스타이트(Troostite)
③ 잔류 오스테나이트(Austenite) → 마텐자이트(Martensite)
④ 안정 트루스타이트(Troostite) → 마텐자이트(Martensite)

정답 39 ① 40 ① 41 ② 42 ③ 43 ① 44 ③

45 강의 열처리 시에 나타나는 치수 변화에 대한 설명으로 틀린 것은?

① 오스테나이트 조직에서 마텐자이트 조직으로 변태할 때 팽창의 원인이 된다.
② 탄소강에서는 C의 함유량이 적어질수록 담금질 시에 치수변형이 증가한다.
③ 담금질 가열·냉각 시에 형성되는 탄화물이 치수 변화의 원인이 될 수 있다.
④ 담금질 가열 후 냉각 시에 형성되는 잔류 오스테나이트가 치수 변화의 원인이 될 수 있다.

> C 함유량이 적어지면 담금질 효과가 떨어지므로 치수변형이 감소한다.

46 침탄 열처리를 의뢰한 작업요구서에 CD−H−E−4.2로 표기되어 있을 때 이에 대한 설명으로 옳은 것은?

① 경도시험방법에서 시험하중 300g으로 측정하여 전경화층의 깊이가 4.2mm이다.
② 경도시험방법에서 시험하중 1kg으로 측정하여 유효경화층의 깊이가 4.2mm이다.
③ 마이크로조직 시험방법으로 측정하여 유효경화층의 깊이가 4.2μm이다.
④ 마이크로조직 시험방법으로 측정하여 전경화층의 깊이가 4.2μm이다.

> H : 경도시험법, h : 미소경도시험법,
> M : 마크로조직시험법, m : 마이크로조직시험법,
> E : 유효경화층, T : 전경화층

47 마텐자이트(Martensite) 변태를 설명한 것 중 틀린 것은?

① 무확산변태이다.
② 강의 담금질 조직으로 경도가 높다.
③ 마텐자이트의 형성은 변태온도와 무관하게 항상 일정하다.
④ α−철 내에 탄소가 과포화 상태로 고용된 조직이다.

> 마텐자이트 변태온도는 성분 등에 따라서 달라진다.

48 열처리 문제점의 원인을 소재결함과 설계불량으로 나눌 때 설계불량에 해당되는 것은?

① 편석　　② 백점
③ 탈탄층　④ 재료선택

49 금속에 대한 열처리 목적이 아닌 것은?

① 조직을 안정화시키기 위하여
② 재료의 경도를 개선하기 위하여
③ 재료의 인성을 부여하기 위하여
④ 조직을 미세화하며 방향성을 많게 하고 편석이 큰 상태로 하기 위하여

> 열처리하면 방향성을 제거하고, 편석을 제거할 수 있다.

50 마레이징강의 시효(Aging)처리는 어떤 현상을 이용한 금속강화방법인가?

① 석출강화
② 고용강화
③ 분산강화
④ 규칙−불규칙강화

> 시효처리는 용체화처리에 의한 과포화고용체를 미세 석출물을 형성시키는 처리로 석출강화 효과로 강도가 증가한다.

정답　45 ②　46 ②　47 ③　48 ④　49 ④　50 ①

51 고주파 담금질의 특징을 설명한 것 중 옳은 것은?

① 간접 가열로 열효율이 낮다.
② 재료비 및 가공비가 많이 든다.
③ 표면은 초경도로 되고 내마모성이 향상된다.
④ 가열시간이 길어 탈탄이나 산화가 많이 발생한다.

52 침탄재료에 발생하는 박리현상의 원인과 대책을 설명한 것 중 틀린 것은?

① 반복 침탄을 했을 때
② 과잉 침탄으로 C%가 너무 많을 때
③ 소지재료의 강도가 낮은 것으로 한다.
④ 과잉 침탄에 대해서는 침탄완화제를 사용하고 침탄을 한 후 확산처리한다.

> 박리원인 : 반복침탄, 과잉침탄으로 C%가 높을 때, 소지재료가 강도가 낮을 때
> 대책 : 침탄완화제 사용, 침탄 후 확산처리, 소지재료의 강도를 높은 것으로 선택

53 분위기 가스 중 탈탄성 가스가 아닌 것은?

① 산소(O_2)
② 암모니아(NH_3)
③ 수증기(H_2O)
④ 이산화탄소(CO_2)

> 암모니아 : 환원성 가스

54 황동제품의 내부응력을 제거하고 시기균열(Season Crack)을 방지하기 위한 열처리 온도와 방법이 옳은 것은?

① 약 50℃에서 1시간 템퍼링하여 서랭한다.
② 약 150℃에서 1시간 템퍼링하여 급랭한다.
③ 약 300℃에서 1시간 어닐링하여 서랭한다.
④ 약 450℃에서 1시간 어닐링하여 급랭한다.

55 펄라이트 변태에서 A_1변태점을 저하시키는 원소는?

① Mo
② Ni
③ Si
④ Ti

> A_1 선을 낮추는(오스테나이트 영역을 확대) 원소
> Ni, Mn

56 다음 열처리에서 가장 이상적인 담금질 방법으로 옳은 것은?

① Ar′ 및 Ar″ 변태가 일어나는 구역 모두에서 급랭한다.
② Ar′ 및 Ar″ 변태가 일어나는 구역 모두에서 서랭한다.
③ Ar′ 변태가 일어나는 구역은 급랭하고, Ar″ 변태 구역에서는 서랭한다.
④ Ar′ 변태가 일어나는 구역은 서랭하고, Ar″ 변태 구역에서는 급랭한다.

> 임계구역(Ar′ 변태 구역)은 급랭하고, 위험구역(Ar″ 변태 구역)에서는 서랭한다.

57 강의 열처리 시 담금질성을 향상시키는 원소로 가장 적합한 것은?

① S
② Pb
③ B
④ Zn

> 담금질성을 나쁘게 하는 원소
> S, V, Pb, Zn, Co, Ta, W, Te 등

정답 51 ③ 52 ③ 53 ② 54 ① 55 ② 56 ③ 57 ③

58 담금질 시 발생한 잔류 오스테나이트에 대한 설명 중 옳은 것은?

① 잔류 오스테나이트는 상온에서 불안정한 상이다.
② 고합금강은 담금질 시 잔류 오스테나이트가 존재하지 않는다.
③ 퀜칭 시 냉각속도를 지연시키면 잔류 오스테나이트가 감소한다.
④ 0.6%C 이상의 탄소강에서는 M_f 온도가 상온 이하로 내려가지 않기 때문에 잔류 오스테나이트가 없다.

59 열처리 설비 제작 시 노 내부에 사용되는 재료가 아닌 것은?

① 열선　　　② 콘덴서
③ 내화물　　④ 열전대

> 콘덴서는 온도조절장치에 사용된다.

60 재료를 오스테나이트화 한 후 코(Nose) 구역을 통과하도록 급랭하고 시험편의 내외가 동일 온도에 도달한 다음 적당한 방법으로 소성가공을 하여 공랭, 유랭 또는 수랭으로 마텐자이트 변태를 일으키는 것은?

① 수인법
② 파텐팅
③ 제어압연
④ M_s 담금질

제4과목 ▶ 재료시험

61 광물의 경도 측정에 많이 사용되는 긋기 경도(Scratch Hardness)에서 다음 중 가장 강한 것은?

① 활석　　　② 수정
③ 방해석　　④ 금강석

> 활석 : 1, 수정 : 7, 방해석 : 3, 금강석 : 10

62 자분탐상검사의 의사 모양에서 시험체 속의 잔류 자속이 강자성체의 접촉으로 인하여 외부로 누설되어 접촉부에 자극이 생겨 스친 흔적에 따라 자분 모양이 나타나는 것은?

① 자극지시　　② 전극지시
③ 잔류지시　　④ 자기펜자국

63 탄소강의 탄소함유량을 측정하기 위해 가장 간단히 시행할 수 있는 시험방법은?

① 불꽃시험법
② 분석시험법
③ 자기시험법
④ 현미경 조직시험법

64 압축시험(Compression Test)에 적용되는 재료로 가장 적당한 것은?

① 연강　　　② 회주철
③ 극연강　　④ 전해철

> 주철은 인장강도보다 압축강도가 크므로 압축시험을 한다.

정답　58 ①　59 ②　60 ③　61 ④　62 ④　63 ①　64 ②

65 침투탐상시험법 중 용제제거성 염색침투탐상 검사의 기본 절차 순서를 옳게 나열한 것은?

① 전처리 → 제거 → 현상 → 침투 → 관찰 → 후처리
② 전처리 → 침투 → 제거 → 현상 → 관찰 → 후처리
③ 전처리 → 관찰 → 제거 → 현상 → 침투 → 후처리
④ 전처리 → 현상 → 제거 → 침투 → 관찰 → 후처리

66 로크웰 경도시험에서 사용하는 시험하중이 아닌 것은?

① 60kg_f
② 100kg_f
③ 150kg_f
④ 200kg_f

67 위험예지훈련의 4단계 중 대책을 수립하는 단계는 몇 단계인가?

① 1단계
② 2단계
③ 3단계
④ 4단계

> 위험예지훈련의 4단계
> ① 1단계 : 현상파악 – 어떤 위험이 잠재하고 있는가? (사실의 파악)
> ② 2단계 : 본질추구 – 이것이 위험의 포인트이다. (원인을 찾는다)
> ③ 3단계 : 대책수립 – 당신이라면 어떻게 할 것인가? (대책을 세운다)
> ④ 4단계 : 목표설정 – 우리들은 이렇게 하자. (행동계획을 결정한다)

68 크리프 시험에서 크리프 곡선을 보통 3단계로 구분할 때 세 번째 단계의 현상으로 옳은 것은?

① 초기 크리프에서 변형률이 점차 감소되는 단계
② 크리프 속도가 점차 증가되어 파단에 이르는 단계
③ 크리프 속도가 점차 감소되어 파단에 이르는 단계
④ 크리프 속도가 대략 일정하게 진행되는 단계

> 크리프 3단계
> ① 1단계 : 크리프 속도가 감소
> ② 2단계 : 크리프 속도가 일정
> ③ 3단계 : 크리프 속도가 증가

69 충격시험의 특징을 설명한 것 중 틀린 것은?

① 재료의 인성과 취성을 판정하는 시험이다.
② 동일 조건에서 노치의 반지름이 작을수록 응력집중이 크다.
③ 시편의 치수가 같고, 노치의 형상과 반지름 등을 동일하게 하며, 노치의 깊이만을 변경하였을 때 깊이가 클수록 충격치는 증가한다.
④ 충격값은 재료에 단일하중을 주었을 때 흡수되는 흡수에너지를 노치부 단면적으로 나눈 값으로 나타낸다.

> 노치 깊이가 클수록 충격치는 감소한다.

70 반복적으로 작용되는 작은 응력에 의하여 시간과 더불어 점차적으로 파괴되는 것을 무엇이라고 하는가?

① 충격파괴
② 응력파괴
③ 인장파괴
④ 피로파괴

정답 65 ② 66 ④ 67 ③ 68 ② 69 ③ 70 ④

71 현미경으로 금속의 조직을 관찰하기 위한 시료 준비의 순서로 옳은 것은?

① 절단(Cutting) → 성형(Mounting) → 연마(Polishing) → 부식(Etching)
② 절단(Cutting) → 연마(Polishing) → 부식(Etching) → 성형(Mounting)
③ 성형(Mounting) → 연마(Polishing) → 부식(Etching) → 절단(Cutting)
④ 성형(Mounting) → 절단(Cutting) → 연마(Polishing) → 부식(Etching)

72 10배 이하의 확대경을 이용한 파면검사에서 알 수 없는 것은?

① 내부결함 유무
② 결정격자의 종류
③ 편석의 유무
④ 육안에 의한 조직

> 결정격자의 종류는 수백만배의 배율을 가진 투과전자현미경으로 알 수 있다.

73 주사전자현미경으로 시료를 관찰할 경우 특정 이물질을 정성, 정량하고자 할 때 어떤 분석장비를 전자현미경에 부착하여 사용하는가?

① EDS
② EELS
③ EBSD
④ Ion-Coater

74 다음 중 X-선 결정분석법이 아닌 것은?

① 분말법(Debye Scherrer Method)
② 라우에법(Laue's Method)
③ 자기분석법
④ 회절설정법

75 강의 매크로 조직시험에 의해 나타나는 매크로 조직 중 잉곳 패턴이란?

① 강이 응고할 때 수지상으로 발달한 1차 결정
② 부식에 의해 강제 단면 전체에 걸쳐서 점상의 구멍이 생긴 것
③ 강의 응고과정에서 성분의 편차에 따라 중심부에 부식의 농도차가 나타나는 것
④ 강의 응고과정에서 결정 상태의 변화 또는 성분의 편차 때문에 윤곽상으로 부식의 농도차가 나타난 것

76 인장시험에 사용되는 용어의 정의 중 평행부를 의미하는 것은?

① 시험편의 중앙부에서 동일 단면을 갖는 부분
② 시험편의 끝부분으로서 시험기의 물림 장치에 물려지는 부분
③ 시험편을 시험기에 설치했을 때 시험기 물림장치 사이의 시험편의 길이
④ 평행부에 찍어 놓은 2개의 표점 사이의 거리로서, 연신율 측정에 기준이 되는 길이

77 압축시험에서 훅의 법칙이 성립되고 완전 탄성체에 적용할 수 있는 응력-압률 선도의 지수함수값은? (단, m은 재료 및 시험법에 따라 결정되는 상수이다)

① $m = 1$
② $m > 1$
③ $m < 1$
④ $m = 0$

78 피로한도를 알기 위해 반복 횟수와 응력과의 관계를 표시한 선도는?

① TTT 곡선
② S-N 곡선
③ Creep 곡선
④ 항온변태곡선

정답 71① 72② 73① 74③ 75④ 76① 77① 78②

79 초음파탐상시험에서 사용된 탐촉자가 N2Q20N으로 표기되어 있을 때의 공칭 주파수는?

① 2kHz　　② 3~20kHz
③ 2MHz　　④ 3~20MHz

80 마모시험편 제작 시 주의사항에 해당되지 않는 것은?

① 보관할 때에는 데시케이터를 사용한다.
② 시험편은 항상 열처리된 시험편만을 사용한다.
③ 불필요한 표면 산화, 기름이나 물 등의 오염을 억제한다.
④ 가공에 의한 잔류응력이나 표면 변질을 최대한 억제한다.

> 마모시험은 열처리 전후 모두 실시한다.

2018년 3회 금속재료산업기사 필기 기출문제

2018년 9월 15일 시행

제1과목 ▶ 금속재료

01 Al – Cu – Mg – Mn계 합금으로 시효경화에 의해 기계적 성질이 향상되며 항공기 재료로 많이 사용되는 합금은?

① 실루민
② 화이트 메탈
③ 하이드로날륨
④ 두랄루민

02 냉간가공에서 가공도가 증가하면 어떤 현상이 발생하는가?

① 연신율이 증가한다.
② 전위밀도가 증가한다.
③ 강도가 감소한다.
④ 항복점이 감소한다.

> 가공도가 증가하면 전위가 증가하여 강도가 증가한다.

03 다음 원소 중 열전도도가 가장 좋은 것은?

① Au　　② Fe
③ Mg　　④ Ag

> Ag 〉 Au 〉 Fe 〉 Mg

04 합금 첨가원소에 따른 설명으로 옳은 것은?

① Cr : 뜨임취성의 방지
② Mo : 뜨임 시 2차 경화 억제
③ Ni : 인성 증가 및 저온 충격저항의 증가
④ W : 고온에서의 경도와 인장강도 감소

05 각 항목에 제시된 두 금속의 비중 차이가 가장 큰 것은?

① Ni – W　　② Ti – Fe
③ Li – Ir　　④ Al – Mg

> Li : 0.53, Ir : 22.4

06 열간가공(성형)용 공구강으로 금형재료에 사용되는 강종은?

① SPS9　　② SKH51
③ STD61　　④ SNCM435

07 금속재료에 외력을 가하였다가 외력을 제거하여도 원상태로 되돌아오지 않고 영구변형을 일으킨 것은?

① 소성　　② 시효
③ 탄성　　④ 재결정

정답 01 ④　02 ②　03 ④　04 ③　05 ③　06 ③　07 ①

08 46%Ni-Fe합금으로 열팽창계수 및 내식성에 있어서 백금을 대용할 수 있어 전구 봉입선 등으로 사용 가능한 것은?

① 인바(Invar)
② 엘린바(Elinva)
③ 퍼멀로이(Permalloy)
④ 플래티나이트(Platinite)

> 인바 : Fe-36%Ni
> 엘린바 : Fe-Ni-Cr
> 퍼멀로이 : Fe-80%Ni

09 다음 중 비정질 합금의 제조방법이 아닌 것은?

① 화학기상반응법
② 금속가스의 증착법
③ 화염경화가공법
④ 금속 액체의 액체급랭법

> 화염경화법은 표면경화열처리 방법이다.

10 수소저장용 합금에 대한 설명으로 틀린 것은?

① 수소가스와 반응하여 금속수소화물이 된다.
② 금속수소화물은 $1cm^3$당 10^{22}개의 소수 원자를 포함한다.
③ 금속수소화물로 수소를 저장하면 1기압의 고압 수소가스밀도와 같아진다.
④ 저장된 수소는 필요에 따라 금속수소화물에서 방출시켜 사용한다.

> 금속수소화물로 수소를 저장하면 1,000 기압의 수소가스밀도와 같다.

11 탄소강에서 충격값을 저하시키면서 상온 취성의 원인이 되는 원소는?

① Mn   ② P
③ Si   ④ S

12 탄소의 함량이 0.025% 이하인 순철의 종류가 아닌 것은?

① 목탄철   ② 전해철
③ 암코철   ④ 카보닐철

> 목탄철은 탄소가 다량 함유된 선철에 해당한다.

13 용질원자가 침입 혹은 치환형태로 고용되어 격자의 왜곡이 발생할 때 생기는 현상이 아닌 것은?

① 전기저항이 증가한다.
② 합금의 강도, 경도가 커진다.
③ 소성변형에 대한 저항이 크다.
④ 전도전자가 산란되어 이동을 쉽게 한다.

> 고용체는 자유전자의 이동이 어려워져서 전기전도도가 감소한다.

14 주철의 일반적인 특징을 설명한 것으로 틀린 것은?

① 전탄소는 흑연 + 화합탄소이다.
② 용융점은 C와 Si가 많아지면 높아진다.
③ 흑연 형상이 클수록 자기감응도가 나빠진다.
④ 강보다 유동성이 좋으나, 충격저항은 나쁘다.

> 주철에서 C, Si 함유량이 증가하면 용융점이 낮아진다.

정답 08 ④ 09 ③ 10 ③ 11 ② 12 ① 13 ④ 14 ②

15 피복 초경합금의 코팅층(TiC, TiN, Al$_2$O$_3$)을 얻는 방법으로 가장 적합한 것은?

① 1,000℃ 이상에서 초경공구를 반응가스에 의한 화학증착법(CVD)으로 피복층을 얻는다.
② 1,000℃ 이상에서 초경공구를 분말 중에 묻고 밀폐된 상태에서 가열하는 분말야금법으로 피복층을 얻는다.
③ 상온에서 초경공구에 먼저 전기도금이나 용사시킨 후 1,000℃ 이상으로 가열, 확산시켜 피복층을 얻는다.
④ 피복금속의 화합물을 품은 염류의 혼합물을 1,000℃ 이상에서 용해법으로 피복층을 얻는다.

16 경질자성재료(Hard Magnetic Material)가 아닌 것은?

① 퍼멀로이
② 희토류자석
③ 알니코자석
④ 페라이트자석

> 퍼멀로이 : 연질자석재료

17 비중이 약 4.5, 융점이 약 1,668℃이며, 열전도율 및 전기전도율이 낮은 특성을 갖는 금속은?

① Fe
② Ti
③ Cu
④ Al

18 다음 중 탄소량이 가장 많은 강은?

① SM15C
② SM25C
③ SM45C
④ STC105

> STC 105 : C가 1% 이상의 탄소공구강

19 스테인리스강에 대한 설명으로 옳은 것은?

① 18%Cr – 8%Ni 스테인리스강은 페라이트계이다.
② 페라이트계 스테인리스강은 담금질하여 재질을 개선한다.
③ 석출경화계 스테인리스강은 PH계로 Al, Ti, Nb 등을 첨가하여 강도를 낮춘다.
④ 오스테나이트계 스테인리스강은 용접 후 입계부식과 응력부식이 일어나기 쉽다.

20 전기방식용 양극재료, 도금용, 다이캐스팅용으로 많이 사용되며 용융점이 약 420℃인 것은?

① Zn
② Be
③ Mg
④ Al

제2과목 ▶ 금속조직

21 재결정에 대한 설명 중 틀린 것은?

① 새로운 결정립의 핵생성과 성장의 과정이다.
② 재결정이 일어나는 온도를 재결정온도라고 한다.
③ 저온도의 풀림에서는 회복 없이도 재결정이 일어난다.
④ 냉간가공으로 변형을 일으킨 금속을 가열하면 그 내부에 결정립의 핵이 생긴다.

> 풀림하면 회복이 일어나고 그 다음에 재결정이 일어난다.

정답 15① 16① 17② 18④ 19④ 20① 21③

22 베이나이트 변태에 대한 설명으로 틀린 것은?

① 오스테나이트에 대해 모재와의 결정학적 관련성이 없다.
② 변태에 따른 용질원자의 분포는 C원자만 이동하고 합금원소원자는 모재에 남는다.
③ 조직 내에 포함되어 있는 탄화물은 변태온도 구역(고온)에서 Fe_3C, 저온구역에서는 천이 탄화물이 존재한다.
④ 변태에 따른 용질원자의 분포는 소르바이트를 핵으로 하고 무확산에 의해 지배되는 일종의 슬립변태이다.

> 베이나이트는 페라이트와 시멘타이트의 혼합상이므로 페라이트와 시멘타이트간 확산으로 조절된 탄소의 분리에 의하여 좌우된다.

23 용융금속을 냉각시킬 때 냉각속도와 열흐름 방향 등의 조건을 적절히 선택하여 1개의 결정핵만 성장시켜 단 결정(Single Crystal)을 생성하는 방법은?

① 밀러(Miller)법
② 브래그(Bragg)법
③ 베가드(Vegard)법
④ 브리지먼(Bridgeman)법

24 확산에 대한 설명으로 틀린 것은?

① 확산속도가 큰 것일수록 활성화 에너지가 크다.
② 입계는 입내에 비하여 결함이 많아 확산이 일어나기 쉽다.
③ 온도가 낮을 때는 입계확산과 입내확산과의 차이가 크게 된다.
④ 이원(二元) 이상의 합금에서 복합적인 상호확산을 반응확산이라 한다.

> 확산속도가 크면 활성화 에너지가 낮다.

25 금속재료의 확산원리를 이용한 표면경화 방법이 아닌 것은?

① 질화법
② 가스침탄법
③ 아연침투법
④ 고주파 경화법

> 고주파경화법은 물리적 표면경화법이다.

26 다음에 표시한 면지수는 무엇인가?

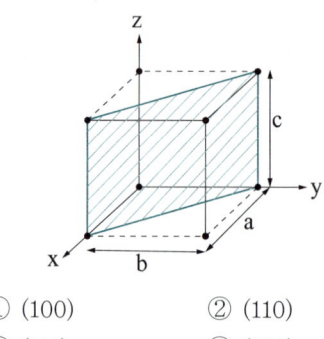

① (100)   ② (110)
③ (111)   ④ (123)

27 금속의 소성변형을 일으키는 방법이 아닌 것은?

① 슬립변형   ② 쌍정변형
③ 킹크변형   ④ 탄성변형

28 다음의 결함 중 선결함에 해당하는 것은?

① 공공   ② 전위
③ 적층결함   ④ 크로디온

> 공공, 크로디온 : 점결함, 적층결함 : 면결함

정답 22 ④ 23 ④ 24 ① 25 ④ 26 ② 27 ④ 28 ②

29 결정립 크기와 항복강도 간의 관계를 표현하는 것은?

① Hume-Rothery 법칙
② Hall-Petch 관계식
③ Peach-Koehler 관계식
④ Zener-Hollomon 관계식

> Hall-Petch 식 : 결정입자와 강도의 관계식
> Hume-Rothery 법칙 : 치환형 고용체에 적용

30 그림에서 P점 조성합금 중 B성분의 양은?

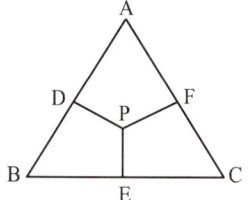

① $\overline{DP}$ ② $\overline{DA}$
③ $\overline{PF}$ ④ $\overline{FC}$

31 상온에서 Ag, Al 금속의 결정구조는?

① 면심입방격자 ② 체심입방격자
③ 조밀육방격자 ④ 단순정방격자

32 브라베이스 격장에서 축장 a = b = c 이고, $\alpha = \beta = \gamma = 90°$를 나타내는 결정계는?

① 단사정계 ② 육방정계
③ 정방정계 ④ 입방정계

33 액체금속이 응고할 때 용융점보다 다소 낮은 온도에서 응고가 시작되는 현상은?

① 엠브리오(Embryo)
② 수지상정(Dendrite)
③ 주상정(Coulmnar Crystal)
④ 과냉각(Super Cooling)

34 다음 중 금속간 화합물에 대한 설명으로 틀린 것은?

① 어느 성분금속보다 경도가 높다.
② 구성 성분금속의 특성은 소실한다.
③ 단일 성분의 온도에 의한 격자변화이다.
④ 일반적으로 성분금속보다 융점이 높다.

> 금속간 화합물은 2개의 원소가 일정비율로 화합물을 이룬 것이다.

35 순금속 중에 동종의 원자 사이에서 일어나는 확산은?

① 상호확산 ② 반응확산
③ 자기확산 ④ 불순물확산

36 다음 미끄럼(Slip)에 대한 설명으로 틀린 것은?

① 슬립계가 많은 금속일수록 소성변형하기 쉽다.
② 면심입방계와 체심입방계에서는 변형대를 관찰할 수 없다.
③ 6방정 금속에서 볼 수 있는 특정적인 변형에는 킹크밴드(Kink Band)가 있다.
④ 단결정의 방향에 따라 슬립면은 달라도 슬립방향이 공통인 경우 크로스 슬립(Cross Slip)이라 한다.

> FCC나 BCC에서 슬립이 일어나면 변형대가 형성된다.

정답 29 ② 30 ③ 31 ① 32 ④ 33 ④ 34 ③ 35 ③ 36 ②

37 규칙 – 불규칙 변태를 하는 합금에 대한 설명 중 틀린 것은?

① 규칙격자가 생성되면 전기전도도가 커진다.
② 규칙격자가 생성되면 강도 및 경도가 증가한다.
③ 규칙상은 상자성체이나, 불규칙상은 강자성체이다.
④ 온도가 상승하면 새로운 원자배열로 인하여 Curie점(Tc) 부근에서 비열이 최대가 된 후 감소하여 정상으로 된다.

> 규칙상은 강자성체이나, 불규칙상은 상자성체이다.

38 2차 재결정(Secondary Recrystallization) 이란?

① 결정립 성장이 중지되는 과정
② 재결정 후 다시 핵 생성이 일어나는 과정
③ 재결정 후 저온으로 소둔(열처리)했을 때 나타나는 과정
④ 소소의 결정립이 합쳐져 크게 성장하는 과정

39 기본적 상태도에서 그림과 같은 형태의 상태도는?

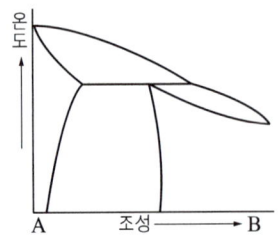

① 공정형   ② 포정형
③ 고상분리형   ④ 전율고용체형

40 고용체 합금의 시효경화를 위한 조건으로서 옳은 것은?

① 석출물이 기지조직과 부정합 상태이어야 한다.
② 고용체의 용해한도는 온도가 감소함에 따라 감소해야 한다.
③ 급랭에 의해 제2상의 석출이 잘 이루어져야 한다.
④ 기지상은 연성이 아닌 강성이며 석출물은 연한 상이어야 한다.

> 고용한도가 온도가 내려감에 급격히 감소해야 급랭하면 과포화 고용체가 많이 형성된다. 이후 시효하면 과포화되었던 고용체가 석출을 한다.

제3과목 ▶ 금속열처리

41 강을 담금질했을 때 체적 변화가 가장 큰 조직은?

① 펄라이트   ② 오스테나이트
③ 트루스타이트   ④ 마텐자이트

42 고주파 경화법에 대한 설명으로 틀린 것은?

① 코일의 가열속도는 내면 가열이 가장 효율이 크다.
② 코일에 사용되는 재료는 주로 구리가 사용된다.
③ 철강에 비해 비철금속은 가열효율이 50~70% 정도이다.
④ 코일과 고주파 발생장치와 연결되는 리드는 인덕턴스를 없애기 위하여 가능한 간격을 좁게 하여야 한다.

> 고주파가 표피효과에 의해 표면에 작용하여 표면의 가열이 효율적이다.

정답 37 ③ 38 ④ 39 ② 40 ② 41 ④ 42 ①

43 열처리한 강재의 내부에 잔류응력이 존재할 때 나타날 수 있는 결함은?

① 가공경화 및 조대화
② 표면의 미려화
③ 강재 표면의 탈탄
④ 강제품의 변형

44 노를 연속로와 배치로로 나눌 때 연속로에 해당되지 않는 것은?

① 푸셔로　　② 피트로
③ 컨베이어로　④ 노상 진동형로

> 피트로는 바닥을 파고 설치하는 배치로 형식이다.

45 냉간단조한 부품의 경도가 높아 절삭이 불가능할 때 연화를 목적으로 실시하는 열처리 작업은?

① 템퍼링　　② 어닐링
③ 노멀라이징　④ 표면경화법

46 다음 그림은 가스침탄공정도이다. 확산이 이루어지는 시간대는 어느 구간인가?

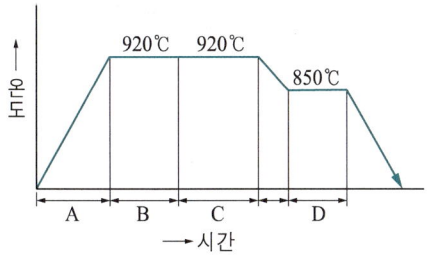

① A　　② B
③ C　　④ D

> A : 승온, B : 침탄, C : 확산,
> D : 담금질 온도 유지

47 인상 담금질(Time Quenching)에서 인상시기에 대한 설명으로 틀린 것은?

① 제품의 직경이나 두께는 보통 3mm에 대해서 1초 동안 물속에 담근 후 즉시 꺼내어 유랭 또는 공랭시킨다.
② 강재를 기름에 냉각시킬 때는 두께 1mm에 대해서 60초 동안 담근 후 꺼내어 즉시 수랭시킨다.
③ 강재를 물에 담가서 적열된 색깔이 없어질 때까지 시간의 2배 정도를 물에 담근 후 꺼내어 유랭 또는 공랭시킨다.
④ 강재를 물에 담글 때 강이 식는 진동소리 또는 강이 식는 물소리가 정지되는 순간에 꺼내어 유랭 또는 공랭시킨다.

> 가열물의 직경 및 두께 1mm에 대하여 1초 동안 기름 속에 담근 후에 공랭한다.

48 Al합금 질별기호 중 용체화 처리 후 자연 시효시킨 것의 기호로 옳은 것은?

① T1(TA)　　② T2(TC)
③ T3(TD)　　④ T4(TB)

49 침탄강의 담금질 변형 방지대책에 대한 설명으로 틀린 것은?

① 심랭처리를 실시한다.
② 마템퍼링을 실시한다.
③ 프레스 담금질을 한다.
④ 고온으로부터의 1차, 2차 담금질을 실시한다.

> 침탄강의 담금질 변형을 방지하려면 1차 담금질을 생략한다.

정답　43 ④　44 ②　45 ②　46 ③　47 ②　48 ④　49 ④

50 강의 담금질성을 판단하는 방법으로, 오스테나이트로 가열된 공석강은 펄라이트를 생성되지 않게 하고 마텐자이트만 생성하는 데 필요한 최소한의 냉각속도는?

① 분열 냉각속도
② 항온 냉각속도
③ 계단 냉각속도
④ 임계 냉각속도

51 열처리 온도제어방법 중 예정된 승온, 유지, 냉각 등을 자동적으로 행하는 제어방법으로 완전 자동화를 이루기 위한 제어장치는?

① 정치제어식 온도제어장치
② 비례제어식 온도제어장치
③ 프로그램 제어식 온도제어장치
④ 온-오프(ON-OFF) 제어식 온도제어장치

52 α 황동을 냉간가공하여 재결정온도 이하의 저온도로 어닐링하면 가공 상태보다도 오히려 경화되는 현상은?

① 저온풀림경화
② 가공경화
③ 시효경화
④ 석출경화

53 특수표면처리 방법 중 강재 표면에 엷은 황화층을 형성시키는 방법으로 주로 마찰저항을 작게 하여 윤활성을 향상시키는 효과가 있는 처리법은?

① 침황처리
② 침붕처리
③ 염욕코팅처리
④ 산화피막처리

54 다음 원소 중 마텐자이트 개시온도(M_s)를 가장 크게 감소시키는 원소는?

① W
② C
③ Cr
④ Mn

> M_s를 감소시키는 원소
> C 〉 Mn 〉 Cr 〉 W

55 침탄담금질 시 박리가 생기는 원인이 아닌 것은?

① 반복 침탄할 때
② 원재료가 너무 연할 때
③ 침탄 후 확산 처리할 때
④ 과잉 침탄으로 C%가 너무 많을 때

> 침탄 후 확산 처리를 하면 박리를 방지할 수 있다.

56 철강 중에 극히 미량으로 첨가하여도 담금질성을 최대로 증가시키는 원소는?

① Mn
② Al
③ Mo
④ B

> B는 0.001%만 첨가해도 강도증가 효과가 우수하다.

57 다음 중 연속냉각변태선도(곡선)를 나타내는 약어로 옳은 것은?

① TTT 선도
② CCT 선도
③ S곡선
④ C곡선

> 항온변태곡선 : TTT선도, S곡선, C곡선
> 연속냉각변태곡선 : CCT선도

정답 50 ④ 51 ③ 52 ① 53 ① 54 ② 55 ③ 56 ④ 57 ②

58 STD61의 여러 범위의 담금질 온도와 결정입도 관계를 나타내었다. 이중 (라)항에서 결정입자가 조대하고 과열 상태가 보이는 경우 이 조직은 무엇인가?

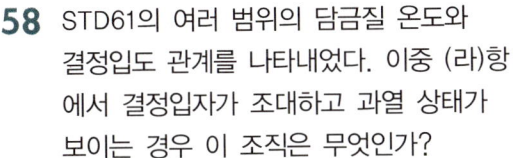

① 망상(Network) 조직
② 스테다이트(Steadite) 조직
③ 불스아이(Bull's Eye) 조직
④ 비드만슈테텐(Widmanstatten) 조직

> 비드만슈테텐 조직
> 과열되서 오스테나이트가 입계가 크게 석출된 조직

59 담금질 후 경도를 크게 감소시키지 않고 내부응력을 제거하기 위해 저온뜨임을 행한다. 다음 중 저온뜨임의 목적이 아닌 것은?

① 경도 증가
② 내마모성 향상
③ 담금질 응력 제거
④ 치수의 경년변화(經年變化) 방지

> 뜨임을 하면 경도는 낮아진다.

60 모든 조건이 동일할 때 강한 교반이 일어나는 상태에서 냉각제의 냉각능이 가장 낮은 것은?

① 공기   ② 기름
③ 물   ④ 염수

> 냉각능 순서 : 염수 > 물 > 기름 > 공기

제4과목 ▶ 재료시험

61 안전보건교육의 단계별 교육과정에서 지식교육, 기능교육, 태도교육 중 지식교육내용에 해당되는 것은?

① 전문적 기술 및 안전기술기능
② 공구·보호구 등의 관리 및 취급 태도의 확립
③ 작업 전후 점검과 검사요령의 정확화 및 습관화
④ 안전의식의 향상 및 안전에 대한 책임감 주입

62 두께 0.1~2.0mm를 표준으로 하여 너비 90mm 이상인 금속 박판의 연성을 측정하는 시험법은?

① 압축시험   ② 마찰시험
③ 에릭센시험   ④ 크리프시험

63 마모시험의 결과에 영향을 미치는 요인이 아닌 것은?

① 윤활제 사용 유무
② 표면 다듬질 정도
③ 상대 금속의 굵기
④ 상대 금속의 성질

> 마모에 영향을 주는 요인
> 표면 경도, 표면 다듬질 상태, 상대 금속의 성질, 윤활제 사용, 시험 온도, 접촉 하중, 화학적 성질 등

정답 58 ④ 59 ① 60 ① 61 ④ 62 ③ 63 ③

64 굽힘시험(Bending Test)에 대한 설명으로 틀린 것은?

① 굽힘에 대한 저항력과 전성, 연성, 균열 유무를 알 수 있다.
② 파단계수는 단면계수와 최대 굽힘 모멘트의 비로 최대 응력을 나타낸다.
③ 굽힘시험 시 외측에서의 응력이 항복점보다 높을 때 소성변형이 일어난다.
④ 힘이 가해지는 방향으로는 인장응력이, 반대쪽에서는 압축응력이 발생한다.

> 굽힘시험에서 힘이 가해지는 쪽은 압축응력, 반대쪽은 인장응력이 작용한다.

65 결정입도시험법 중 현미경에 의한 결정입도 측정법과 관계없는 것은?

① 비교법 ② 절단법
③ 연마법 ④ 평적법

> 결정입도 시험법
> 비교법(FGC), 절단법(FGI), 평적법(FGP)

66 그라인더에서 비산하는 연삭분을 유리판 상에 삽입해서 그 크기와 색상 및 형상 등을 현미경으로 관찰하여 강재의 종류를 판정하는 시험은?

① 매립시험
② 펠릿시험
③ 분말 불꽃시험
④ 그라인더 불꽃시험

67 방사선투과시험에서 필름에 나타는 안개현상과 불 선명도로 나눌 때 안개현상의 원인이 아닌 것은?

① 필름의 입상이 너무 조대할 때
② 암실 내에 스며드는 빛이 있을 때
③ 증감지와 필름이 밀착되어 있지 않을 때
④ 시편 – 필름 간 간격이 너무 떨어져 있을 때

> 시편 필름 간 간격이 멀어지면 선명도만 떨어진다.

68 강의 비금속 개재물 측정에서 그룹 C에 해당하는 개재물의 종류는?

① 황화물 종류
② 알루민산염 종류
③ 규산염 종류
④ 구형 산화물 종류

> 비금속 개재물 종류
> ① 그룹 A형 : 황화물계
> ② 그룹 B형 : 알루민산염계
> ③ 그룹 C형 : 규산계
> ④ 그룹 D형 : 구형 산화물
> ⑤ 그룹 Ds형 : 단일 구경 산화물

69 열처리된 단단한 시험편을 초기하중 10kg$_f$를 가한 후 다이얼로 0점 조정한 다음 시험하중 150kg$_f$를 가하고 15초 정도 유지하고 난 후 하중 제거 후 경도치를 측정하는 시험법은?

① 로크웰 경도시험
② 쇼어 경도시험
③ 마이어 경도시험
④ 누프 경도시험

70 현미경을 통해 조직을 검사하기 위해서 철강부식제로 주로 사용되는 것은?

① 왕수 용액
② 염산 용액
③ 염화 제2철 용액
④ 질산알코올 용액

> 왕수 : 귀금속, 염산 : 아연 합금
> 염화 제2철 : 구리 합금

71 기어나 베어링 등에 많이 발생하며 상대운동을 하는 표면에서 반복 하중이 가해지면 마찰 표면층에서 파괴가 일어나 그 결과 마모입자가 발생하는 것은?

① 응착마모   ② 연삭마모
③ 피로마모   ④ 부식마모

> 마모의 종류(기구)
> ① 응착마모 : 표면의 미세돌기들이 고압을 받아 변형되고 확산, 압접에 의해 응착이 발생하여 표면이 떨어져나가는 마모
> ② 연삭마모 : 상대적으로 경한 입자에 의한 마모로 파인 홈이 나타남
> ③ 피로마모 : 표면의 반복하중에 의한 마모로 마모층에 균열이 발생
> ④ 부식마모 : 부식성 분위기에서 발생하는 마모로 마모층에 산화물이 존재

72 크리프 곡선에서 변형속도가 일정하게 진행되는 단계는?

① 초기 크리프(제0단계)
② 감속 크리프(제1단계)
③ 정상 크리프(제2단계)
④ 가속 크리프(제3단계)

73 자분탐상검사로 검출하기 어려운 결함은?

① 겹침(Laps)
② 이음매(Seams)
③ 표면균열(Crack)
④ 재료 내부 깊숙하게 존재하는 동공(Cavity)

> 자분탐상으로는 표면부 결함이나 표면 직하의 내부 결함은 검출이 가능하지만, 내부의 깊은 결함은 검출이 불가능하다.

74 연강을 인장시험하여 하중-연신곡선으로부터 얻을 수 없는 것은?

① 비례한계
② 탄성한계
③ 최대 하중점
④ 피로한계

> 피로한계는 피로시험을 통해 얻을 수 있다.

75 자분탐상검사방법 중 선형자화법을 이용하는 비파괴시험법은?

① 축통전법
② 극간법
③ 프로드법
④ 전류관통법

> 선형자화는 코일법과 극간법이며, 나머지는 원형자화이다.

76 비커스 경도시험기의 다이아몬드 사각추 누르개의 대면각은?

① 136°   ② 120°
③ 106°   ④ 90°

77 인장시험에 사용하는 용어와 이에 대한 설명으로 틀린 것은?

① 평행부 : 시험편의 중앙부에서 동일 단면을 갖는 부분
② 물림부 : 시험편의 끝부분으로서 시험기의 물림 장치에 물려지는 부분
③ 정형시험편 : 시험편의 평행부 단면적에 관계없이 각 부분의 모양, 치수가 일정하게 정해진 시험편
④ 어깨부의 반지름 : 물림부의 응력을 불균일하게 분산시키기 위하여 물림부와 평행부 사이에 만든 원호 부분의 지름

> 어깨부는 물림부의 응력을 균일하게 분산시키기 위한 것이다.

78 금속재료의 미세조직을 금속현미경을 사용하여 광학적으로 관찰하고 분석하기 위한 시료의 준비 순서로 옳은 것은?

① 마운팅(성형) → 연마 → 부식 → 시험편 채취
② 부식 → 마운팅(성형) → 연마 → 시험편 채취
③ 연마 → 시험편 채취 → 부식 → 마운팅(성형)
④ 시험편 채취 → 마운팅(성형) → 연마 → 부식

79 충격시험에 대한 설명으로 틀린 것은?

① 충격시험은 재료의 인성과 취성의 정도를 판정하는 시험이다.
② 금속재료 충격시험편의 노치는 주로 V자형, U자형이 있다.
③ 열처리한 재료의 평가를 위해 시험편은 열처리 후에 기계가공을 한다.
④ 충격값이란 충격에너지를 시험편의 노치부 단면적으로 나눈 값으로 단위는 $kg_f \cdot m /cm^2$이다.

> 열처리 평가는 시험편을 제작할 때 기계가공을 하고 열처리를 한다.

80 봉재의 압축시험에서 탄성을 측정하기 위한 장주시험편의 높이 및 재료의 지름과의 관계를 옳게 나타낸 것은?(단, h는 높이, d는 재료의 지름이다)

① $h = 0.9d$ ② $h = 3d$
③ $h = 10d$ ④ $h = 20d$

> ① 단주시험편 : $h = 0.9d$
> ② 중주시험편 : $h = 3d$
> ③ 장주시험편 : $h = 10d$

정답 77 ④ 78 ④ 79 ③ 80 ③

2019년 1회 금속재료산업기사 필기 기출문제

2019년 3월 3일 시행

제1과목 ▶ 금속재료

01 다음 철광석 중 Fe의 함유량이 가장 낮은 것은?

① 능철광 ② 적철광
③ 갈철광 ④ 자철광

> 자철광 : 62%, 적철광 : 65%, 갈철광 : 56.4%,
> 능철광 : 28.9%

02 고탄소강에 Cr, Mo, V, Mn 등을 첨가한 냉간금형 합금강으로 담금질성이 좋고 열처리 변형이 적어 인발형, 냉간단조용형, 성형롤 등에 사용되는 합금계는?

① STS3 ② STD11
③ SKH51 ④ STD61

> STD11 : 냉간금형용, STD61 : 열간금형용,
> STS3 : 게이지용, SKH : 고속도강

03 마그네슘 합금을 용해할 때의 유의사항에 대한 설명으로 틀린 것은?

① 수소를 흡수하기 쉬우므로 탈가스 처리를 해야 한다.
② 주조 조직을 미세화하기 위하여 용탕 온도를 적절하게 관리한다.
③ 규사 등이 환원되어 Si의 불순물이 많아지므로 불순물이 적어지도록 관리한다.
④ 고온에서 산화하기 쉽고, 승온하면 연소하므로 탄소 분말을 뿌려 CO_2 가스를 발생시켜 산화를 방지한다.

> Mg이 탄소보다 산소와 반응을 먼저 하므로 탄소 분말은 효과가 없다.

04 방진합금에 관한 설명으로 틀린 것은?

① 형상기억합금은 방진특성이 없다.
② 편상흑연주철, Zn-Al 합금 등이 복합형 방진합금이다.
③ 쌍정형 합금은 고온상에서 저온상으로 변태 시 마텐자이트 변태를 한다.
④ 강자성체의 응력-변형곡선에 나타나는 이력(hysteresis)이 방진효과이다.

> 니티놀(Ni-Ti계 형상기억합금)은 열탄성 마텐자이트형 방진기구에 속한다.

05 활자합금은 Pb에 Sn과 Sb을 첨가하는데 Sb의 첨가 효과는?

① 유동성을 좋게 한다.
② 용융점을 떨어뜨린다.
③ 주조 조직을 미세화한다.
④ 응고 수축률을 저감시킨다.

> 활자합금(Pb-Sn-Sb계)의 합금원소의 영향
> ① Sn : 용융점 저하, 유동성 향상, 주조 조직 미세화
> ② Sb : 경화, 응고수축률 감소
> ③ Cu : 강도를 요구할 때, 주조성 불량

정답 01 ① 02 ② 03 ④ 04 ① 05 ④

06 전연성이 매우 커서 약 10^{-6}cm 두께의 박(箔) 또는 1g을 약 2,000m의 선으로 가공할 수 있는 재료는?

① Au ② Sn
③ Sb ④ Os

07 열팽창이 다른 이종의 판(plate)을 붙여 하나의 판으로 만든 것으로 온도 조절용 변환기 부분에 사용되는 것은?

① 서멧(Cermet)
② 클래드(Clad)
③ 바이메탈(Bimetal)
④ 저먼 실버(German silver)

08 탄소강의 상온 특성에 대한 설명 중 옳은 것은?

① 비중, 열전도도는 탄소량의 증가에 따라 증가한다.
② 탄소량의 증가에 따라 경도, 인장강도는 감소한다.
③ 탄성계수, 항복점은 온도가 상승하면 증가한다.
④ Fe_3C가 석출하면 경도는 증가하나 인장강도는 감소한다.

> **탄소증가**
> 강도나 경도 증가, 비중이나 열전도도 감소
> 탄성계수, 항복점은 온도가 상승하면 감소

09 Fe – C계 상태도에서 강과 주철의 경계를 구분하는 탄소 함유량은 약 몇 %인가?

① 0.8% ② 2.0%
③ 4.3% ④ 6.6%

> 강과 주철의 경계 : 2.0%C

10 코발트(Co)에 대한 설명 중 틀린 것은?

① 강자성체 금속이다.
② 비중이 약 8.85 정도이다.
③ 용융점은 약 1,490℃ 정도이다.
④ 체심입방격자를 갖는 금속이다.

> Co의 결정구조 : HCP

11 다음 중 직접발전 에너지-변환소자가 아닌 것은?

① 태양전지   ② 수소저장합금
③ 열발전소자 ④ 연료전지

> **수소저장합금**
> 금속이 수소화 결합하여 수소화물로 수소를 저장한다.

12 소성 가공된 금속을 풀림할 때 일어나는 변화의 순서로 옳은 것은?

① 회복 → 재결정 → 결정입자의 성장
② 재결정 → 회복 → 결정입자의 성장
③ 재결정 → 결정입자의 성장 → 회복
④ 결정입자의 성장 → 재결정 → 회복

13 베어링용 합금이 아닌 것은?

① 베빗메탈(Babbit metal)
② 켈밋메탈(Kelmet metal)
③ 모넬메탈(Monel metal)
④ 루기메탈(Lurgi metal)

> **모넬메탈**
> Ni-Cu(30~35%) 합금으로 내식성 및 기계적 성질이 우수

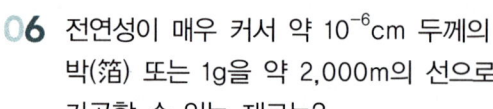

정답 06 ① 07 ③ 08 ④ 09 ② 10 ④ 11 ② 12 ① 13 ③

14 오스테나이트계 스테인리스강에서 입계부식(intergranular corrosion)을 방지하기 위한 대책이 아닌 것은?

① 탄소의 함량을 0.03% 이하로 낮게 한다.
② 1,000~1,150℃로 가열하여 탄화물을 고용시킨 후 급랭하는 고용화열처리를 한다.
③ Cr 탄화물을 가능한한 많이 석출시켜 스테인리스강이 예민화(sensitize) 되도록 한다.
④ 탄소와 친화력이 Cr 보다 큰 Ti, Nb 등을 첨가해서 안정화시킨다.

> 입계부식을 방지하려면 Cr 탄화물 형성을 억제하기 위해 Ti, Nb, V 등을 첨가하여 안정화한다.

15 탈산 및 기타 가스 처리가 불충분한 상태의 용강을 그대로 주입하여 응고된 것으로 내부에 기포가 많이 존재하는 강은?

① 킬드강(killed steel)
② 캡드강(capped steel)
③ 림드강(rimmed steel)
④ 세미킬드강(semi-killed steel)

> 림드강 : 탈산하지 않은 것
> 캡드강 : 림드강을 응고 시 뚜껑을 덮은 것
> 킬드강 : 완전 탈산
> 세미킬드강 : 중간 탈산

16 시효 경화성이 있고, 고강도 Al합금인 것은?

① 켈밋   ② 두랄루민
③ 엘렉트론   ④ 길딩메탈

> 두랄루민 : Al-Cu-Mg계 시효경화성 합금

17 Fe-C 상태도에 대한 설명으로 틀린 것은?

① 공석선은 A_1변태선이다.
② A_3, A_4 변태를 동소변태라 한다.
③ Fe의 자기변태는 A_2라 하며, 약 768℃ 이다.
④ 공정점의 탄소량은 약 0.8%이며, 723℃ 이다.

> 공석점 : 0.8%C, 723℃
> 공정점 : 4.3%C, 약 1,143℃

18 시멘타이트(Fe_3C)에서 Fe의 원자비는?

① 25%   ② 50%
③ 75%   ④ 100%

> Fe_3C는 Fe와 C가 3 : 1로 결합되어 있는 금속간 화합물이다.

19 스프링강은 급격한 진동을 완화하고 에너지를 축적하는 기계요소로 사용된다. 스프링강의 탄성 한도와 피로 강도를 높이기 위하여 어떤 조직이어야 하는가?

① 소르바이트 조직   ② 마텐자이트 조직
③ 페라이트 조직   ④ 시멘타이트 조직

> 스프링강은 기지 조직을 소르바이트로 하기 위해 퍼텐팅 처리를 한다.

20 초경합금 중의 하나인 탄화 텅스텐(WC)에 관한 설명으로 틀린 것은?

① 절삭공구로 사용된다.
② 매우 높고 고온강도를 갖는다.
③ 소결공정을 통하여 제조한다.
④ 열전도도가 고속도강보다 낮으며, 결합제로 사용하는 분말로는 Cr을 주로 사용한다.

> 초경합금의 결합제로는 Co를 사용한다.

정답 14③ 15③ 16② 17④ 18③ 19① 20④

2019년 제1회 3월 3일 시행

제2과목 금속조직

21 금속의 변태점 측정법 중 도가니에 적당량의 금속을 넣어 일정한 속도로 가열하거나 냉각하면서 온도와 시간의 관계로 나타나는 곡선을 얻어 변태점을 측정하는 방법은?

① 열팽창법 ② 열분석법
③ 전기저항법 ④ 자기분석법

22 다음 그림에서 불변반응은 L_1(융액) ⇌ L_2(융액) + S(고상)으로 표현된다. 이때의 반응으로 옳은 것은?

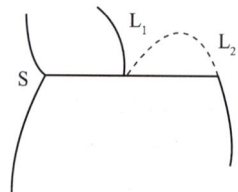

① 공정반응 ② 포정반응
③ 편정반응 ④ 공석반응

① 공정반응 : L ⇌ S_1 + S_2
② 포정반응 : L + S_1 ⇌ S_2
③ 공석반응 : S_1 ⇌ S_2 + S_3

23 0.8%C강의 조직이 오스테나이트에서 펄라이트로 변화할 때의 과정을 설명한 것 중 틀린 것은?

① 오스테나이트 입계에서 시멘타이트의 핵이 발생한다.
② 시멘타이트 주위엔 탄소 부족으로 페라이트가 형성된다.
③ 시멘타이트와 페라이트가 교대로 생성, 성장하여 층상조직을 형성한다.
④ 시멘타이트 양과 페라이트 양은 대략 1:1 비율로 형성된다.

펄라이트는 페라이트가 88%, 시멘타이트가 12%의 비율로 형성된다.

24 다음 결합 중에서 결합력이 가장 약한 것은?

① 공유 결합
② 이온 결합
③ 금속 결합
④ 반데르발스 결합

결합력 순서 : 공유결합 > 이온결합 > 금속결합 > 반데르발스 결합

25 응고 시 체적 팽창이 발생하는 금속은?

① Sn ② Bi
③ Pb ④ Zn

비스무트(Bi)는 응고 시 체적이 팽창한다.

26 금속에 있어서 확산을 나타내는 Fick의 제1법칙의 식으로 옳은 것은? (단, J는 농도구배, D는 확산계수, C는 농도, x는 위치(거리)이고, 농도의 시간적 변화는 고려하지 않는다)

① $J = -D\dfrac{dC}{dx}$

② $J = -D\dfrac{dx}{dC}$

③ $J = D\dfrac{dx}{dC}$

④ $J = D\dfrac{dC}{dx}$

정답 21② 22③ 23④ 24④ 25② 26①

27 금속의 결정격자 결함 중 면 결함에 해당되는 것은?

① 전위 ② 적층 결함
③ 크로디온 ④ 쇼트키 결함

> 전위 : 선결함.
> 크로디온, 쇼트키 결함 : 점결함

28 α-Fe, Cu, Mg의 단위격자 내의 원자수는?

① α-Fe : 2개, Cu : 4개, Mg : 2개
② α-Fe : 4개, Cu : 2개, Mg : 4개
③ α-Fe : 2개, Cu : 2개, Mg : 2개
④ α-Fe : 4개, Cu : 4개, Mg : 4개

> α-Fe(BCC) : 2개, Cu(FCC) : 4개, Mg(HCP) : 2개

29 그림은 3성분 중 2쌍의 용해한도를 갖는 상태도이다. 그림에 대한 설명으로 옳은 것은?

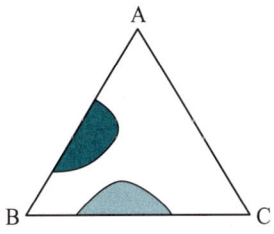

① AC는 모든 비율로 용해하고, AB, BC는 부분적으로 용해하고 있음을 나타낸다.
② AC는 부분적으로 용해하고, AB, BC는 모든 비율로 용해하고 있음을 나타낸다.
③ AB는 부분적으로 용해하고, AC, BC에는 모든 비율로 용해하고 있음을 나타낸다.
④ AB는 모든 비율로 용해하고, AC, BC는 부분적으로 용해하고 있음을 나타낸다.

30 침입형 고용체를 형성하는 원소가 아닌 것은?

① C ② N
③ B ④ Si

> 침입형 고용체는 원자 크기가 작은 비금속이 들어간다.

31 체심입방격자의 슬립방향으로 옳은 것은?

① [111] ② [110]
③ [101] ④ [001]

> BCC : 슬립방향 [111], 슬립면 (110)
> FCC : 슬립방향 [110], 슬립면 (111)

32 재결정에 대한 설명으로 틀린 것은?

① 재결정이 일어나는 온도를 재결정 온도라 한다.
② 재결정은 새로운 결정립의 핵생성과 성장의 과정이다.
③ 약간 가공한 금속을 풀림하면 소수의 결정립이 크게 성장한다.
④ 가공 전의 결정립이 작을수록 재결정 완료 후의 결정립은 조대화된다.

> 가공 전 결정립이 작으면 재결정 후 결정립도 작다.

33 석출경화를 좌우하는 인자와 관련이 가장 적은 것은?

① 용해도 ② 과냉도
③ 시효온도 ④ 용융점

> 용융점은 응고와 관련이 있다.

정답 27 ② 28 ① 29 ① 30 ④ 31 ① 32 ④ 33 ④

34 금속의 강화기구 중 결정립의 크기와 강도와의 관계에 대한 설명으로 틀린 것은?

① 결정립의 크기가 작을수록 강도는 증가한다.
② 결정립계의 면적이 클수록 강도는 저하한다.
③ 재료의 항복강도와 결정립의 크기를 나타내는 식은 Hall-Petch식이다.
④ 결정립이 미세할수록 항복강도뿐만 아니라 피로강도 및 인성이 증가된다.

> 결정립계의 면적이 크면 강도가 증가한다.

35 다음 중 원자배열의 규칙-불규칙 변태 설명으로 틀린 것은?

① 용질원자와 용매원자가 규칙적으로 배열된 상태를 규칙 격자라 한다.
② 규칙 격자의 합금도 고온이 되면 원자가 이동하여 불규칙한 배열이 된다.
③ 규칙도는 불규칙한 상태를 1, 또 완전히 규칙 상태인 때를 0이라 한다.
④ 큐리점에 접근함에 따라 규칙-불규칙 변태가 급격히 일어난 것을 협동현상이라 한다.

> 불규칙한 상태는 0, 완전 규칙 상태는 1이라 한다.

36 냉간 가공된 금속결정 내부의 슬립 면상에 분산된 전위가 슬립면에 수직하게 배열하여 다각 형상을 이루는 것을 무엇이라 하는가?

① recrystallization
② polygonization
③ recovery
④ sub-grain

37 격자상수가 a인 면심입방격자를 하고 있는 순금속 원소의 원자 반지름은?

① $\dfrac{\sqrt{2}}{4}a$ ② $\dfrac{\sqrt{3}}{4}a$
③ $\dfrac{\sqrt{2}}{2}a$ ④ $\dfrac{\sqrt{3}}{2}a$

38 순금속 내에서 동일 원자 사이에 일어나는 확산은?

① 자기확산
② 상호확산
③ 입계확산
④ 불순물확산

39 풀림처리에서 결정립의 모양이나 결정의 방향에 변화를 일으키지 않고 경도, 전기저항 등의 성질만 변하는 과정은?

① 회복
② 재결정
③ 결정립 성장
④ 집합 조직

40 금속이 응고할 때 자유에너지의 변화를 설명한 것으로 틀린 것은?

① 표면에너지는 증가한다.
② 체적에너지는 감소한다.
③ 응고 금속의 자유에너지는 표면에너지 및 체적에너지와 관계한다.
④ 엠브리오의 임계 크기에서 응고 금속의 자유에너지는 최소가 된다.

> 엠브리오가 임계 크기에서는 자유에너지가 최대로 된다.

정답 34 ② 35 ③ 36 ② 37 ① 38 ① 39 ① 40 ④

제3과목 ▶ 금속열처리

41 강의 일반적인 냉각방법과 관련이 가장 적은 것은?

① 연속 냉각　② 2단 냉각
③ 가열판 냉각　④ 항온 냉각

> 열처리 냉각방법
> 연속냉각, 2단(계단)냉각, 항온냉각

42 강재 표면에 얇은 황화층을 형성시키는 방법으로 주로 마찰 저항을 적게 하여 윤활성을 향상시키는 열처리는?

① 침황처리법　② 순질화법
③ 연질화법　④ 침탄법

43 열처리 균열 발생 감소를 위한 설계상의 방법 중 틀린 것은?

① 내면의 우각에 R을 준다.
② 응력 집중부를 만들어 준다.
③ 두꺼운 단면과 얇은 단면은 분리시킨다.
④ 살이 얇은 부분에 구멍이 집중되지 않도록 한다.

> 모서리나 뾰족한 부분 등의 응력집중부는 열처리 시 균열이 발생하므로 억제를 해주어야 한다.

44 연소용 가스 버너를 내열 강관 속에 붙여, 라디언트(radiant) 튜브에 의한 열처리품을 가열하는 방식의 로는?

① 오븐로　② 머플로
③ 원통로　④ 복사관로

45 고속도 공구강의 담금질 온도가 상승함에 따라 나타나는 현상이 아닌 것은?

① 잔류 오스테나이트의 양이 감소한다.
② 충격치, 항절력 등의 인성이 저하한다.
③ 오스테나이트의 결정립이 조대하게 된다.
④ 탄화물의 고용량이 증대하여 기지 중의 합금 원소가 증가한다.

> 담금질 온도가 상승하면 잔류 오스테나이트 양이 증가하므로 적정 온도를 유지해야 한다.

46 담금질에 사용되는 냉각제에 대한 설명 중 틀린 것은?

① 냉각제에는 물, 기름 등이 있다.
② 물은 차가울수록 냉각효과가 크다.
③ 기름은 상온 담금질일 경우 60~80℃ 정도가 적당하다.
④ 증기막을 형성할 수 있도록 교반 또는 $NaCl$, $CaCl_2$ 등을 첨가한다.

> 증기막이 형성되면 이 증기막이 열전달을 방해하여 냉각속도가 낮아진다.

47 강재 부품에 내마모성이 좋은 금속을 용착함으로써 경질 표면층을 얻는 방법은?

① 침탄법　② 용사법
③ 전해경화법　④ 화염경화법

48 열처리 시 발생하는 문제점 중 선천적 설계 불량인 것은?

① 침탄　② 탈탄
③ 재료선택　④ 연마균열

> 침탄, 탈탄, 연마균열 등은 열처리 공정 중 발생하는 후천적인 문제점이다.

정답　41 ③　42 ①　43 ②　44 ④　45 ①　46 ④　47 ②　48 ③

49 다음 ( )안에 알맞은 내용은?

"인상담금질의 작업 방법은 Ar′구역에서는 (㉠), Ar″구역에서는 (㉡)하는 방법이다."

① ㉠ 급랭, ㉡ 급랭
② ㉠ 급랭, ㉡ 서랭
③ ㉠ 서랭, ㉡ 급랭
④ ㉠ 서랭, ㉡ 서랭

> 임계구역(Ar′)구역은 급랭, 위험구역(Ar″)구역은 서랭

50 강의 항온변태 곡선에서 S곡선에 영향을 주는 요소와 S곡선을 구하는 방법으로 나눌 때 S곡선에 영향을 주는 요소가 아닌 것은?

① 첨가 원소
② 응력의 영향
③ 최고 가열온도
④ 조직학적 방법

> S곡선에 의해서 조직학적 변화를 알 수 있지, 조직학적 변화로 S곡선에 영향을 주지 않는다.

51 마텐자이트 변태에 대한 설명으로 옳은 것은?

① 확산형 변태를 한다.
② 마텐자이트 변태는 고용체의 단일상을 만드는 것이다.
③ 오스테나이트상 내의 각 원자의 단독운동에 의한 변태이다.
④ 냉각속도와 관계가 깊으며 변태 시작온도를 M_f 점이라 한다.

> 마텐자이트 변태는 무확산 변태로 원자들이 한꺼번에 움직이며, 변태시작점을 M_s라고 한다.

52 비례제어식 온도 제어장치에 대한 설명으로 옳은 것은?

① 전기로의 전기 회로를 2회로 분할하여 그 한쪽을 단속시켜 전력을 제어하는 방법이다.
② 전기로의 공급 전력은 조절기의 신호가 온(ON)일 때 100%로 공급하고, 오프(OFF)일 때 60~80%로 낮추는 방법이다.
③ 단일제어계(ON – OFF 제어계)로 전자 접촉기, 전자 수은 릴레이 등을 결합시켜서 전기로에 공급되고 있는 전력의 전부를 단속시키는 방법이다.
④ 열처리 작업에 의한 온도-시간 곡선에 상당하는 캠(CAM)을 만들고 캠축에 고정한 캠의 주위를 따라서 프로그램용 지시를 작동시키는 방법이다.

53 기계 구조용 부품에 사용되는 청동의 열처리 방법은?

① 연화 어닐링
② 항온 어닐링
③ 침탄 어닐링
④ 재결정 어닐링

54 강의 연속냉각변태에서 임계냉각속도의 의미로 옳은 것은?

① 펄라이트만을 얻기 위한 최소의 냉각속도
② 페라이트만을 얻기 위한 최소의 냉각속도
③ 마텐자이트만을 얻기 위한 최소의 냉각속도
④ 소르바이트만을 얻기 위한 최소의 냉각속도

> 임계냉각속도는 오스테나이트가 마텐자이트로 변태되는 최소의 냉각속도이다.

55 침탄 처리할 때 경화층의 깊이를 증가시키는 원소로 짝지어진 것은?

① S, P   ② Si, V
③ Ti, Al ④ Cr, Mo

56 과잉 침탄을 방지할 수 있는 방법으로 옳은 것은?

① 침탄 실제 작업 온도보다 많이 높여준다.
② 완화 침탄제를 사용한 침탄을 한다.
③ 고체, 액체 침탄을 번갈아 실시한다.
④ 1차 담금질을 생략해준다.

> 침탄 완화는 침탄제에 석탄이나 알루미나 등을 가한 것을 사용한다.

57 경화능, 담금질성, 질량효과(Mass effect)에 관한 설명으로 틀린 것은?

① 담금질성은 강 중의 탄소 및 함유 원소의 종류에 따라 변화하지 않는다.
② 경화의 깊이와 경도의 분포를 지배하는 성질을 경화능이라 한다.
③ 강재의 크기에 따라 담금질효과가 달라지는 현상을 질량효과라 한다.
④ 경화능이란 담금질경화하기 쉬운 정도 즉, 마텐자이트 조직으로 얻기 쉬운 성질을 나타낸다.

> 담금질성은 합금원소에 따라 크게 달라진다.

58 침탄성 염욕의 구비 조건이 아닌 것은?

① 침탄성이 강해야 한다.
② 가능한한 흡수성이 적어야 한다.
③ 염욕의 점성이 가급적 작아야 한다.
④ 염욕은 가능한한 증발이 잘 되고, 휘발성이 커야 한다.

> 염욕은 환경공해물질이므로 증발이나 휘발이 크면 안 된다.

59 초심랭처리의 효과로 틀린 것은?

① 잔류응력이 증가한다.
② 내마멸성이 현저히 향상된다.
③ 조직의 미세화와 미세 탄화물의 석출이 이루어진다.
④ 잔류 오스테나이트가 대부분 마텐자이트로 변태한다.

> 초심랭처리를 하면 잔류응력을 감소시킬 수 있다.

60 강의 열처리 방법 중 가공으로 인한 조직의 불균열을 제거하고, 결정립을 미세화시켜 강을 표준상태로 만들기 위한 처리 방법은?

① 풀림   ② 뜨임
③ 담금질 ④ 불림

제4과목 ▶ 재료시험

61 X–선 회절을 이용하여 원자 위치의 변위를 측정하는 nλ = 2dsinθ의 공식을 이용하는 법칙은?(단, n = 회절상수, λ = 파장, d = 면간거리, θ = 회절각도이다)

① Replica 법칙
② Bragg 법칙
③ X–선 투과법칙
④ Skin effect 법칙

정답 55 ④ 56 ② 57 ① 58 ④ 59 ① 60 ④ 61 ②

62 시험편의 연마에 대한 설명으로 틀린 것은?

① 초경합금에 사용되는 연마제는 다이아몬드 페스트를 사용한다.
② 전해연마는 경한 재질이나 연마 속도가 빠른 재료에 사용된다.
③ 스크래치란 두 물체를 마찰했을 때보다 무른 쪽에 생기는 굵힌 자국이다.
④ 전해연마는 연마하여야 할 금속을 양극으로 하고, 불용성 금속을 음극으로 하여 전해액 안에서 하는 작업이다.

> 전해연마는 연한 재질이나 연마 속도가 느린 재료에 사용된다.

63 철강 재료의 조직 검사를 위한 부식액으로 가장 적합한 것은?

① 왕수
② 염화 제2철 용액
③ 수산화나트륨
④ 나이탈 용액

> 왕수 : 귀금속, 염화제2철 : Cu합금, 수산화나트륨 : 알루미늄 합금

64 철강 중에 FeS 또는 MnS는 개재물로 존재하는데 S을 검출하기 위해 사용되는 검사법은?

① 열 분석법   ② 형광 검사법
③ 설퍼 프린트법 ④ 음향 방출법

65 비틀림 시험에서 측정할 수 없는 것은?

① 비틀림강도   ② 강성계수
③ 포아송비   ④ 전단탄성계수

> 포아송비는 탄성한도 내에서의 횡변형과 종변형의 비를 의미하므로 인장시험을 통해 알 수 있다.

66 방사선투과검사에서 필름의 감도를 높이기 위해 사용되는 증감지의 종류가 아닌 것은?

① 형광 증감지
② 금속박 증감지
③ 금속 형광 증감지
④ 알루미늄 투과 증감지

> 금속박 증감지에 사용되는 금속박에는 고밀도 금속인 납, 금, 주석 또는 고밀도 금속 화합물인 산화 납 등으로 만든 것이 이용된다.

67 충격시험이란 어떤 성질을 알기 위한 시험인가?

① 변형량   ② 인장강도
③ 압축강도   ④ 취성 및 인성

68 재료에 일정한 하중을 가한 후 일정한 온도에서 긴 시간동안 유지하면, 시간이 경과함에 따라 나타나는 스트레인의 증가 현상으로 각종 재료의 역학적 양을 결정하는 재료 시험은?

① 피로시험
② 비파괴시험
③ 인장강도시험
④ 크리프시험

> 크리프 시험은 일정 하중, 일정 온도, 장시간의 3가지 요소에 의해 발생하는 변형을 관찰하는 것이다.

정답 62 ② 63 ④ 64 ③ 65 ③ 66 ④ 67 ④ 68 ④

69 탄소강을 불꽃시험한 결과 불꽃파열의 숫자가 가장 많은 조성으로 옳은 것은?

① 0.05~0.01%C 강
② 0.15~0.25%C 강
③ 0.30~0.40%C 강
④ 0.45~0.55%C 강

> 탄소 함유량이 많을수록 파열이 많아진다.

70 피로시험에 대한 설명으로 틀린 것은?

① 단일 하중의 응력보다 훨씬 작은 응력에서 큰 변형없이 파괴가 발생한다.
② S-N 곡선에서 일반적으로 응력(S)이 작아질수록 반복 횟수(N)는 감소한다.
③ 피로한도는 내구한도라 하고, 이것에 대한 응력을 피로강도라 한다.
④ 재료 표면에 숏피닝 및 롤러 압축 등의 소성변형을 하면 피로수명이 증가된다.

> 응력이 작아지면 반복횟수는 증가한다.

71 재료의 표면 또는 표층부의 결함을 알기 위한 비파괴 시험법으로 알맞은 것은?

① 자분탐상시험, 와류탐상시험
② 자분탐상시험, 초음파탐상시험
③ 방사선투과시험, 초음파탐상시험
④ 방사선투과시험, 침투탐상시험

> ① 표면 결함 : 침투
> ② 표면 및 표층부 직하 결함 : 자분, 와전류
> ③ 내부 : 방사선, 초음파

72 로크웰 경도 B, F 및 G 스케일에 사용하는 누르개의 형태는?

① 직경이 1.5875mm인 강구
② 직경이 3.175mm인 강구
③ 직경이 1.587mm인 다이아몬드 원추
④ 직경이 3.175mm인 다이아몬드 원추

73 금속재료 인장 시험편(KS B 0801)에서 사용되는 용어의 정의로 틀린 것은?

① 시험편의 중앙부에서 동일 단면을 갖는 부분을 평행부라 한다.
② 시험편을 시험기에 설치했을 때 시험기 물림 장치 사이의 거리를 물림 간격이라 한다.
③ 시험편의 평행부 단면적에 관계없이 각 부분의 모양, 치수가 일정하게 정해진 시험편을 비례 시험편이라 한다.
④ 평행부에 찍어 놓은 2개의 표점 사이의 거리로서, 연신율 측정에 기준이 되는 길이를 표점거리라 한다.

> **물림 간격**
> 시험기 물림 장치 사이의 시험편의 길이

74 초음파 탐상검사에서 결함 에코 높이가 최고인 지점에서 탐촉자를 좌우로 이동할 때 최고 높이의 절반 크기가 되는 양쪽 두 지점을 결함의 끝단으로 간주하는 결함의 지시 길이 측정 방법은?

① DGS선법
② L-cut법
③ 평가레벨법
④ 6dB drop법

정답 69 ④ 70 ② 71 ① 72 ① 73 ③ 74 ④

75 쇼어 경도 시험기에 대한 설명으로 틀린 것은?

① 시험기는 계측통 및 몸체로 구성한다.
② 목측형(C형)의 해머의 낙하 높이는 약 19mm이다.
③ 계측통은 해머기구 및 경도 지시부로 구성된다.
④ 계측통은 지시형(D형)과 목측형(C형)으로 하고, 지시형은 아날로그식과 디지털식으로 한다.

> 해머 높이
> 지시형(D형)은 19mm, 목측형(C형)은 242mm

76 마모시험에서 마모에 관한 설명으로 옳은 것은?

① 부식이 쉬운 것은 내마모성이 작다.
② 마찰열의 방출이 빠를수록 내마모성이 나쁘다.
③ 응착이 어려운 재료의 조합은 내마모성이 작다.
④ 표면이 딱딱하면 접촉점의 변형이 많고 마모에 약하다.

> 부식이 잘 되면 부식마모가 촉진되어 내마모성이 나빠진다.

77 압축시험의 응력 – 변형률 선도에서 $\epsilon = \alpha\sigma^{m}$ 의 지수법칙이 성립된다. m>1 일 때 적용되지 않는 재료는? (단, α는 비례상수, σ는 응력, ϵ는 변형률, m은 재료상수(가공경화지수)이다)

① 강   ② 주철
③ 피혁   ④ 콘크리트

> 고무, 피혁은 m<1이 적용된다.

78 강재에 함유된 비금속 개재물 중 황화물계 개재물의 분류에 해당되는 것은?

① 그룹 A   ② 그룹 B
③ 그룹 C   ④ 그룹 D

79 상해의 종류 중 자상이란?

① 뼈가 부러진 상해
② 스치거나 문질러서 벗겨진 상해
③ 칼날 등 날카로운 물건에 찔린 상해
④ 저온물 접촉으로 동해를 입은 상해

> ① 절상 : 뼈가 부러진 상해
> ② 찰과상 : 스치거나 문질러서 벗겨진 상해
> ③ 동상 : 저온물 접촉으로 동해를 입은 상해

80 강을 인장 후 응력을 제거하였을 때 원상태로 되돌아가는 한계점은?

① 파괴점
② 탄성한계점
③ 상부항복점
④ 하부항복점

2019년 2회 금속재료산업기사 필기 기출문제

2019년 4월 25일 시행

제1과목 ▶ 금속재료

01 다음 원소 중 비중이 가장 큰 것은?

① Sn
② Mg
③ Mo
④ Cu

Sn : 5.8, Mg : 1.74, Mo : 10.23, Cu : 8.92

02 다음 중 치과용(치열 교정용)기구나 안경테 등에 사용되는 합금은?

① 방진 합금
② 오일리스 합금
③ 초탄성 합금
④ 자성유체 합금

치열교정을 하려면 탄성이 아주 좋아야 한다.

03 수소저장합금에 대한 설명으로 틀린 것은?

① 평형 수소압의 차이가 작아야 한다.
② 수소의 흡수·방출속도가 작아야 한다.
③ 생성열은 수소 저장 시에는 작아야 한다.
④ 활성화가 쉽고 수소 저장량이 많아야 한다.

수소저장합금은 수소의 흡수 및 방출속도가 커야 한다.

04 극저탄소강에 마텐자이트 변태를 용이하게 일으킬 수 있도록 Ni을 많이 첨가한 Fe-Ni 합금에 Mo, Co, Ti, Al 등을 첨가하여 금속간화합물의 석출강화를 도모한 것은?

① 냉간금형강
② 스프링용강
③ 마레이징강
④ 고속도공구강

05 금속재료의 일반적인 특성의 설명으로 틀린 것은?

① 전성과 연성이 좋다.
② 열과 전기의 양도체이다.
③ 소성변형이 있어 가공하기 쉽다.
④ 이온화하면 음(−)이온이 된다.

금속은 이온화하면 양(+)이온이 된다.

06 베어링용 합금이 갖추어야 할 조건이 아닌 것은?

① 열전도율이 클 것
② 소착에 대한 저항력이 작을 것
③ 충분한 점성과 인성이 있을 것
④ 하중에 견딜 수 있는 내압력을 가질 것

베어링용 합금은 소착에 대한 저항성이 커야 한다.

정답 01 ③ 02 ③ 03 ② 04 ③ 05 ④ 06 ②

07 Al 기지 복합재료에 휘스커(whisker)와 입자형태로 사용하는 강화소재는?

① Al₂O₃ ② Cr₂O₃
③ MoS₂ ④ SiC

08 다음 중 초내열 합금에 대한 설명으로 틀린 것은?

① 초내열 합금은 고온에서 기계적 성질이 우수한 합금이다.
② W계 초내열 합금은 주조품으로 가장 많이 사용된다.
③ Ni기 초내열 합금은 γ상 석출을 이용한 강석출강화형 합금이다.
④ Co기 내열합금은 Ni, Mo, Nb 등을 첨가하여 탄화물의 석출강화를 이용한 합금이다.

> 초내열합금은 Ni기와 Co기를 모체로 한 합금으로 W기는 해당하지 않는다.

09 탈산동(deoxidized copper)은 용해 시 흡수된 산소를 탈산하여 산소를 0.01% 이하로 만든다. 이때 탈산제로 사용되는 것은?

① Al ② P
③ Mg ④ Si

> 구리의 탈산제로는 인(P)를 주로 사용한다.

10 백주철을 탈탄 열처리하여 순철에 가까운 페라이트 기지로 만들어서 연성을 갖게 한 주철은?

① 회주철 ② 백심가단주철
③ 흑심가단주철 ④ 구상흑연주철

> 흑심가단주철 : 백주철을 열처리하여 시멘타이트의 탄소를 흑연화시킨 것
> 백심가단주철 : 백주철을 열처리하여 시멘타이트의 탄소를 탈탄시킨 것

11 상자성체 금속에 해당되는 것은?

① Fe ② Ni
③ Co ④ Cr

> 강자성체 : Fe, Ni, Co

12 바우싱거(Bauschinger) 효과에 대한 설명으로 옳은 것은?

① 압축했다가 하중을 제거한 후 인장을 가했을 때 파단점이 증가하는 현상이다.
② 압축했다가 하중을 제거한 후 다시 압축하면 가공경화가 증가하는 현상이다.
③ 인장을 했다가 하중을 제거한 후 압축을 했을 때 항복점이 감소하는 현상이다.
④ 인장을 했다가 하중을 제거한 후 다시 인장을 가했을 때 소성변형에 대한 저항이 증가하는 현상이다.

13 전자기 재료에 사용되고 있는 Ni-Fe계 실용합금이 아닌 것은?

① 인바
② 엘린바
③ 두랄루민
④ 플래티나이트

> 두랄루민 : Al계 합금

14 다이스(dies)의 구멍을 통하여 소재를 빼내어 성형하는 소성 가공법은?

① 인발 가공
② 압연 가공
③ 단조 가공
④ 프레스 가공

15 공업적으로 사용되는 순철에 해당되지 않는 것은?

① 연철　　② 공석강
③ 전해철　④ 암코철

> 공석강 : 0.8%C의 탄소강

16 오스테나이트형 스테인리스강에 대한 설명으로 틀린 것은?

① FCC 결정구조를 갖는다.
② 내식성이 우수하고, 고온강도가 양호하다.
③ 자성을 띠고 있으며, 18%Co와 8%Cr을 함유한 합금이다.
④ 입계부식 방지를 위하여 고용화처리를 하거나, Nb 또는 Ti을 첨가한다.

> 기지조직이 우스테나이트이므로 비자성체이고, 18%Cr-8%Ni 합금이다.

17 금속의 환원력이 커서 산화되기 쉬운 순서로 옳게 나열된 것은?

① Ni > Zn > Cr > Fe > Mg
② Ni > Zn > Fe > Cr > Mg
③ Mg > Zn > Cr > Fe > Ni
④ Mg > Fe > Ni > Zn > Cr

18 구리합금에 대한 설명 중 틀린 것은?

① 황동은 Cu – Zn계 합금이다.
② 인청동은 탄성과 내식성 및 내마모성이 크다.
③ 60%Cu + 40%Zn 합금을 muntz metal 이라 한다.
④ 네이벌 황동은 7-3황동에 Sn을 소량 첨가한 합금이다.

> 네이벌 황동 : 6-4황동에 Sn 첨가
> 애드미럴티 황동 : 7-3황동에 Sn첨가

19 고융점 금속의 특성을 설명한 것 중 틀린 것은?

① 증기압이 매우 높다.
② W, Mo는 열팽창계수가 낮다.
③ 융점이 높으므로 고온강도가 크다.
④ 내산화성은 적으나 습식부식에 대한 내식성은 특히 Ta, Nb에서 우수하다.

> 고융점 금속은 증기압이 낮다.

20 철강 재료의 5대 원소에 해당되지 않는 것은?

① P　　② C
③ Si　　④ Mg

> 철강 5대 원소 : C, Si, Mn, P, S

정답　14 ①　15 ②　16 ③　17 ③　18 ④　19 ①　20 ④

제2과목 ▶ 금속조직

21 표면확산, 입계확산, 격자확산 중 확산이 가장 빠른 순서에서 낮은 순서로 나타낸 것은?

① 표면확산＞입계확산＞격자확산
② 입계확산＞격자확산＞표면확산
③ 격자확산＞표면확산＞입계확산
④ 표면확산＞격자확산＞입계확산

22 원자배열이 불규칙격자 상태인 고용체를 높은 온도에서 서서히 냉각시켜 규칙격자 상태로 변화될 때의 온도는?

① 공석온도 ② 변태온도
③ 전이온도 ④ 재결정온도

23 수축공 및 기공과 같은 주조결함은 어떤 형태의 결함인가?

① 점결함 ② 선결함
③ 면결함 ④ 체적결함

24 석출경화의 기본 원칙에 해당되지 않는 것은?

① 석출물의 부피 분율이 커야 한다.
② 석출물 입자의 형상이 구형에 가까워야 한다.
③ 석출물 입자의 크기가 미세하고 그 수가 많아야 한다.
④ 석출물은 연속적으로 존재해야만 하는 반면에 기지상은 불연속적이어야만 한다.

> 석출물은 불연속, 기지는 연속적이어야 한다.

25 서로 다른 금속 A와 B가 접촉하여 상호 확산을 할 경우, A의 B에 대한 확산계수(D_A)와 B의 A에 대한 확산계수(D_B)는 서로 다르다는 사실과 관계된 것은?

① 픽스(Fick's)의 법칙
② 커켄딜(Kirkendall) 효과
③ 바우싱거(Bauschinger) 효과
④ 프랭크리드(Frank-read)원 효과

> **커켄달 효과(Kirkendall effect)**
> 2원 합금에서 서로 다른 금속 A, B가 접촉하여 상호확산을 할 경우 A원자의 B원자에 대한 확산계수(D_A)와 B원자의 A원자에 대한 확산계수(D_B)가 서로 다르다.

26 규칙격자가 생길 때 나타나는 현상이 아닌 것은?

① 전기전도도가 커진다.
② 연성이 높아진다.
③ 강도가 커진다.
④ 경도가 커진다.

> 규칙격자가 형성되면 강도가 증가하므로 연성은 감소한다.

27 면심입방격자 결정구조를 갖는 Ag의 슬립면과 슬립방향은?

① $\{0001\}$, $\langle 2\bar{1}\bar{1}0 \rangle$
② $\{111\}$, $\langle 110 \rangle$
③ $\{110\}$, $\langle 111 \rangle$
④ $\{123\}$, $\langle 111 \rangle$

> Ag은 결정구조가 FCC이므로 $\{111\}$, $\langle 110 \rangle$로 슬립이 일어난다.

정답 21① 22③ 23④ 24④ 25② 26② 27②

28 다결정재료의 결정입계에 의한 강화방법에 대한 설명으로 틀린 것은?

① 결정입계가 많을수록 재료의 강도는 증가한다.
② 결정의 입도가 작아질수록 재료의 강도는 증가한다.
③ 결정입계에 의한 강화는 결정립 내의 슬립이 상호 간섭함으로써 발생된다.
④ Hall-Petch식에 의하면 결정질 재료의 결정립의 크기가 작아질수록 재료의 강도는 감소한다.

> Hall-Petch식은 결정립 크기가 작아질수록 강도가 증가한다는 식이다.

29 결정계와 브라베이스 격자와의 관계에서 정방정계의 축장과 축각의 표시로 옳은 것은?

① $a = b = c$, $\alpha = \beta = \gamma = 90°$
② $a \neq b \neq c$, $\alpha = \beta = \gamma = 90°$
③ $a = b \neq c$, $\alpha = \beta = \gamma = 90°$
④ $a \neq b \neq c$, $\alpha = \beta = 90°$, $\beta \neq 90°$

30 금속의 변태점 측정방법 중 시료와 중성체를 진기로에 넣고 열변화를 확대하여 측정하는 방법은?

① 열팽창법　② 전기저항법
③ 시차열분석법　④ 수랭분석법

31 회복에 의한 결정의 변화로 틀린 것은?

① 전위가 소멸한다.
② 공공이 소멸한다.
③ 적층결함이 발생한다.
④ 격자간 원자가 소멸한다.

> 회복에 의해 적층결함이 소멸된다.

32 강의 물리적 성질을 설명한 것으로 틀린 것은?

① 비중은 탄소량의 증가에 따라 감소한다.
② 열전도도는 탄소량의 증가에 따라 감소한다.
③ 전기저항은 탄소량의 증가에 따라 증가한다.
④ 탄소강은 일반적으로 자성을 띠고 있지 않다.

> 탄소강은 강자성체이다.

33 조밀육방정계 금속에서 볼 수 있는 특징적인 변형으로 슬립면에 수직으로 압축하였을 때 나타나는 것은?

① 쌍정대　② 킹크대
③ 전위대　④ 버거스대

34 금속재료에서 전기저항과 가장 관련이 없는 것은?

① 공공(Vacancy)
② 전위(Dislocation)
③ 결정립계(Grain boundary)
④ 결정격자(Crystal lattice)

> 전기저항은 원자 배열에 결함이 있을 경우 증가하므로 결정격자와는 관련이 없다.

35 금속결정구조에서 체심입장격자의 배위수는?

① 6개　② 8개
③ 12개　④ 24개

정답　28 ④　29 ③　30 ③　31 ③　32 ④　33 ②　34 ④　35 ②

36 금속에서 일정한 조성범위 내 성분금속 A의 결정구조 또는 성분금속 B의 결정구조가 다른 결정구조를 가지며, AmBn(m, n은 정수)의 화학식으로 표시되는 것은?

① 격자체 ② 고용체
③ 탄성체 ④ 금속간 화합물

37 중간상의 구조를 결정하는 3가지 요인에 해당되지 않는 것은?

① 원자가
② 전기음성도
③ 응고의 구동력
④ 상대적 원자 크기

> 중간상은 A금속과 B금속이 일정비율로 금속간 화합물을 형성하는 것이므로 원자가, 전기음성도, 상대 원자 크기에 따라 달라진다.

38 전율 고용체의 상태도를 갖는 합금의 경우 기계적·물리적 성질은 두 성분의 금속 원자비가 얼마일 때 가장 변화가 큰가?

① 10 : 90   ② 20 : 80
③ 40 : 60   ④ 50 : 50

> 전율 고용체는 1:1(50:50)일 때 가장 강도가 크다.

39 실용상 재결정온도를 가장 바르게 설명한 것은?

① 60분 내 100% 재결정이 끝나는 온도
② 60분 내 70% 재결정이 끝나는 온도
③ 30분 내 30% 재결정이 끝나는 온도
④ 30분 내 10% 재결정이 끝나는 온도

40 일반적으로 냉간가공할 때 금속내부에 전위나 공격자점 등의 결함으로 인한 기계적, 물리적 성질이 변하는 상태를 설명한 것 중 틀린 것은?

① 밀도는 크게 증가한다.
② 강도는 증가하나 인성은 저하한다.
③ 전기저항은 일반적으로 증가한다.
④ 전위의 이동이 점점 어렵게 된다.

> 결함이 존재하면 밀도는 저하한다.

제3과목 ▶ 금속열처리

41 담금질에 따른 결함의 종류가 아닌 것은?

① 균열   ② 변형
③ 백점   ④ 연점

> 백점 : 수소에 의해서 발생하는 결함

42 유도경화법 등에 많이 이용되는 냉각 장치로서 롤러나 축 등의 지름이 큰 것 및 아주 큰 피열처리재에 효과적인 냉각 장치는?

① 공랭장치   ② 수랭장치
③ 유랭장치   ④ 분사냉각장치

43 열처리로의 온도제어 방법 중 예정된 온도의 승온, 유지, 냉각 등을 자동적으로 실시하는 온도 제어 방식은?

① ON-OFF식   ② 비례 제어식
③ 정치 제어식   ④ 프로그램 제어식

정답 36 ④ 37 ③ 38 ④ 39 ① 40 ① 41 ③ 42 ④ 43 ④

44 열처리에 사용되는 치공구의 구비 조건을 설명한 것 중 틀린 것은?

① 제작이 쉬울 것
② 내식성이 우수할 것
③ 변형 저항성이 작을 것
④ 열피로에 대한 저항성이 클 것

> 열처리용 치공구는 변형에 대한 저항성이 커야 한다.

45 S곡선에 영향을 주는 첨가 원소의 영향 중 S곡선을 좌측으로 이동시키는 원소는?

① V   ② Ti
③ Cr   ④ Mo

46 담금질 시 재료의 내·외부에 열처리 효과의 차이가 생기는 현상은?

① 균열효과   ② 시효경화
③ 박리현상   ④ 질량효과

47 탄소강의 열처리 목적과 그에 따른 열처리 방법이 틀리게 짝지어진 것은?

① 재료의 경도를 부여하기 위하여 : 템퍼링
② 응력을 제거하기 위하여 : 응력제거어닐링
③ 조직을 안정화시키기 위하여 : 어닐링
④ 조직을 미세화하고 균일한 상태로 만들기 위하여 : 노멀라이징

> 템퍼링하면 경도는 낮아지고 연성을 부여한다.

48 구상 흑연 주철의 담금질성에 미치는 원소의 영향이 틀린 것은?

① Cr은 경화 깊이를 감소시킨다.
② P는 담금질성을 저하시킨다.
③ Mn은 경화 깊이를 증가시킨다.
④ Si는 3%까지 담금질성을 높인다.

> Cr은 경화 깊이를 증가시킨다.

49 열처리 과정에서 나타나는 조직 중 용적 변화가 가장 큰 것은?

① 펄라이트(pearlite)
② 소르바이트(sorbite)
③ 마텐자이트(martensite)
④ 오스테나이트(austenite)

50 소성가공과 열처리를 유기적으로 결합시켜 인성 및 연성을 향상시키는 가공 열처리 방법은?

① 파텐팅   ② 수인법
③ 오스포밍   ④ 오스템퍼링

51 강을 오스테나이트 상태로부터 A1 변태점 이하의 항온 중에 담금질한 그대로 유지했을 때 나타나는 변태를 무엇이라고 하는가?

① 격자변태   ② 항온변태
③ 확산변태   ④ 분열변태

52 수증기를 이용하여 산화피막을 형성하는 방법으로 절삭 내구력이 현저히 향상되고, 장시간 사용되는 공구 드릴, 탭 등에 사용되는 표면처리는?

① 침유처리
② 조질처리
③ 용사처리
④ 호모(homo)처리

정답 44 ③ 45 ② 46 ④ 47 ① 48 ① 49 ③ 50 ③ 51 ② 52 ④

53 다음 그래프는 가스침탄 공정을 나타낸 것으로 변성가스에 중탄(enrich)가스가 투입되는 공정은?

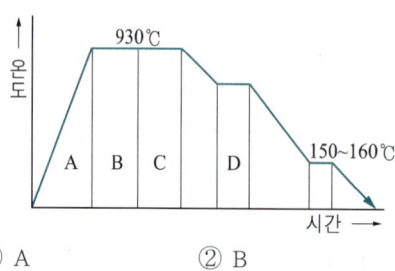

① A   ② B
③ C   ④ D

> 침탄과정에 중탄가스를 투입하므로 B구간에 투입한다.
> 가열(A) → 침탄(B) → 확산(C) → 담금질(D)

54 퀜칭 시 경도의 증가는 어떤 원소의 영향을 가장 크게 받는가?

① Zn의 함유량   ② C의 함유량
③ Sn의 함유량   ④ Mn의 함유량

55 열처리 전·후 처리에 사용되는 설비를 기계적과 화학적으로 나눌 때 화학적 처리법에 해당되는 것은?

① 탈지   ② 연삭
③ 버프연마   ④ 샌드블라스트

> 화학적 처리 : 탈지, 산세척 등

56 0℃ 이하의 온도, 즉 상온 이하의 저온(sub-zero) 온도에서 냉각시키는 심랭처리의 목적으로 옳은 것은?

① 경화된 강의 잔류 오스테나이트를 펄라이트화 한다.
② 경화된 강의 잔류 펄라이트를 시멘타이트화 한다.
③ 경화된 강의 잔류 시멘타이트를 펄라이트화 한다.
④ 경화된 강의 잔류 오스테나이트를 마텐자이트화 한다.

57 마템퍼링(martempering) 처리 후에 최종적으로 나타나는 조직은?

① 펄라이트 조직
② 오스테나이트 조직
③ 위드만스테텐 조직
④ 마텐자이트+베이나이트의 혼합 조직

> 마템퍼링 : 마텐자이트+베이나이트
> 마퀜칭 : 마텐자이트
> 오스템퍼링 : 베이나이트

58 표면 경화 열처리 즉, 침탄에서의 경화 불량 원인으로 틀린 것은?

① 침탄이 부족한 경우
② 침탄 후 담금질 온도가 너무 낮은 경우
③ 침탄 후 담금질 시 냉각속도가 느릴 경우
④ 표면층에 잔류 오스테나이트가 존재하지 않는 경우

> 표면층에 잔류 오스테나이트가 존재할 경우 경화 불량이 발생한다.

59 고체 침탄재의 구비 조건으로 틀린 것은?

① 침탄력이 강해야 한다.
② 침탄성분 중 P, S의 성분이 적어야 한다.
③ 침탄온도에서 가열 중 용적감소가 커야 한다.
④ 장시간의 반복사용과 고온에서 견딜 수 있는 내구력을 가져야 한다.

> 고체 침탄제는 가열 중 용적감소가 적어야 한다.

정답 53② 54② 55① 56④ 57④ 58④ 59③

60 Al 및 그 합금의 질별 기호 중 용체화 처리한 것을 나타내는 기호는?

① O
② W
③ Y
④ T

> O : 풀림, W : 용체화처리한 것,
> T : 용체화처리+시효+가공

제4과목 ▶ 재료시험

61 충격시험에서 충격값을 산출하는 식으로 맞는 것은? (단, W : 해머의 무게, R : 해머의 회전반경, α : 시험 전 해머의 각도, β : 시험 후 해머의 각도, A_0 : 시험 전 시험편 노치부의 단면적이다)

① 충격값 = $WR(\cos\beta - \cos\alpha)$
② 충격값 = $WR(\cos\alpha - \cos\beta) / A_0$
③ 충격값 = $W(\cos\beta - \cos\alpha) / A_0$
④ 충격값 = $WR(\cos\beta - \cos\alpha) / A_0$

62 탐상 감도가 가장 좋은 누설검사 방법은?

① 거품시험(bubble test)
② 압력변화시험(pressure change test)
③ 질량분석시험(mass spectrometer test)
④ 액체침투시험(liquid penetrant test)

63 대면각이 136°인 다이아몬드 사각추 누르개를 사용하는 경도 시험법은?

① 쇼어 경도시험
② 비커즈 경도시험
③ 마이어 경도시험
④ 마르텐스 경도시험

64 피로시험에서 재료를 완전한 탄성체로 생각할 때 노치 부분에 생긴 최대응력을 σ_{max}라 하고 노치가 없을 때의 응력을 σ_n이라 했을 때 형상계수(응력집중계수) α는?

① $\alpha = \dfrac{\sigma_{max}}{\sigma_n}$

② $\alpha = \dfrac{\sigma_n}{\sigma_{max}}$

③ $\alpha = \sigma_{max} \times \sigma_n$

④ $\alpha = \dfrac{\sigma_n}{\sigma_{max}} \times 100$

65 결함부와 이에 적합한 비파괴검사법의 연결이 틀린 것은?

① 용접내부의 기공 – 와전류탐상시험법
② 강재의 표면결함 – 자분탐상시험법
③ 경금속의 표면결함 – 침투탐상시험법
④ 단조품의 내부결함 – 초음파탐상시험법

> 와전류탐상으로는 내부의 기공을 검출하기 어렵다.

66 강의 매크로 조직시험(KS D 0210)에서 중심부 균열을 나타내는 기호는?

① D
② F
③ P
④ T

> D : 수지상정, F : 중심부 균열,
> P : 파이프, T : 피트

정답 60 ② 61 ④ 62 ③ 63 ② 64 ① 65 ① 66 ②

67 자분탐상법에서 사용되는 자화전류의 종류가 아닌 것은?

① 잔류 ② 교류
③ 직류 ④ 맥류

> 잔류는 자화 후 자화전류를 제거해도 자화가 남아 있는 것이다.

68 금속의 결정입도 측정방법이 아닌 것은?

① ASTM 결정립 측정법
② 조미니(Jominy) 시험법
③ 제프리즈(Jefferies)법
④ 헤인(Heyn)법

> 조미니 시험법 : 경화능 측정법

69 스프링시험에서 스프링에 작용하는 힘의 방향에 따라 분류하는 방법이 아닌 것은?

① 압축스프링 ② 인장스프링
③ 충격스프링 ④ 비틀림스프링

> 스프링에 작용하는 응력
> 인장, 압축, 비틀림 응력 등

70 미소 경도시험을 적용하는 경우가 아닌 것은?

① 도금층 등의 측정
② 주철품의 표면 측정
③ 절삭공구의 날부위 경도 측정
④ 시험편이 작고 경도가 높은 부분의 측정

> 주철의 표면경도 측정은 브리넬 경도 시험기를 이용한다.

71 마모시험 및 마모시험 방법에 대한 설명 중 틀린 것은?

① 회전하는 원판에 시험편을 접촉시켜 측정하는 마모시험 방법이 있다.
② 왕복운동하는 평면에 시험편을 접촉시켜 측정하는 방법이 있다.
③ 마모시험 중 응착이 어려운 재료의 조합은 내마모성이 크다.
④ 마모시험 중 마찰열의 방출이 빠를수록 내마모성은 나빠진다.

> 마모가 진행 중 마찰열 방출이 빠르면 마모에 대한 저항성이 높아진다.

72 피로의 증상을 신체적과 정신적으로 나눌 때 정신적 증상에 해당되는 것은?

① 주의력이 감소 또는 경감된다.
② 작업효과나 작업량이 감퇴하거나 저하된다.
③ 작업에 대한 몸 자체가 흐트러지고 지치게 된다.
④ 작업에 대한 무감각, 무표정, 경련 등이 일어난다.

73 광학 현미경을 통하여 금속조직을 관찰하려고 할 때 시험편의 준비 순서로 옳은 것은?

① 시험편 채취→마운팅→연마→폴리싱→부식
② 마운팅→시험편 채취→연마→폴리싱→부식
③ 시험편 채취→마운팅→폴리싱→부식→연마
④ 시험편 채취→마운팅→부식→연마→폴리싱

정답 67① 68② 69③ 70② 71④ 72① 73①

74 원자로의 코어 부품, 증기 파이프 라인과 같이 고온에서 장시간 사용되는 구조물을 평가하기에 가장 적합한 시험은?

① 크리프 시험   ② 충격 시험
③ 굴곡 시험   ④ 커핑 시험

75 금속 재료 인장 시험 방법(KS B 0802)에서 인장시험을 수행할 때 내력을 구하는 방법이 아닌 것은?

① 오프셋법
② 스트레인 게이지법
③ 영구 연신율법
④ 전체 연신율법

> 스트레인 게이지는 연신율을 정확하게 구할 수 있다.

76 강의 현미경조직시험에서 연삭이 완료된 시편은 기계연마기에 광택연마를 하는데 가장 많이 사용되는 연마제는?

① 석회석 분말
② 규조토 분말
③ 알루미나 분말
④ 이산화망간 분말

> 연마제 : 알루미나, 산화크롬, SiC

77 인장시험에서 응력을 완전히 제거하였을 때 재료에 영구변형을 남기지 않는 최대 응력은?

① 파단응력   ② 항복응력
③ 탄성한계   ④ 최대인장응력

78 강철의 불꽃시험 방법(KS D 0218)에서 그림과 같이 여러줄 파열 3단 꽃핌 꽃가루 모양을 할 때의 탄소량은 약 얼마로 추정되는가?

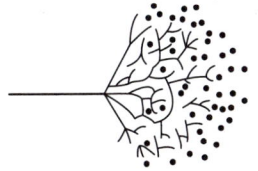

① 0.05%C   ② 0.15%C
③ 0.30%C   ④ 0.50%C

> 탄소량이 많을수록 꽃핌이 많다.

79 다음 중 굽힘시험과 관계가 먼 것은?

① 절삭성   ② 굽힘응력
③ 소성가공성   ④ 전성 및 연성

> 절삭성은 기계가공성에 해당하므로 굽힘시험과는 관련이 없다.

80 인장시험에서 단면수축률을 산출하는 식으로 옳은 것은? (단, A_0 = 시험 전 시편의 평행부 단면적, A_1 = 시험 후 시편의 파단부 단면적이다)

① $\dfrac{A_0 - A_1}{A_0} \times 100\%$

② $\dfrac{A_1 - A_0}{A_0} \times 100\%$

③ $\dfrac{A_0 - A_1}{A_1} \times 100\%$

④ $\dfrac{A_1 - A_0}{A_1} \times 100\%$

정답 74 ① 75 ② 76 ③ 77 ③ 78 ④ 79 ① 80 ①

2020년 1, 2회 금속재료산업기사 필기 기출문제

2020년 6월 22일 시행

제1과목 ▶ 금속재료

01 전성, 연성이 좋아 가공이 가장 잘되는 결정격자는?

① 체심정방격자
② 면심입방격자
③ 체심입방격자
④ 조밀육방격자

02 프레스 가공 또는 판금 가공이 아닌 것은?

① 압연가공　② 굽힘가공
③ 전단가공　④ 압축가공

03 다음 금속의 열전도율이 높은 순으로 옳은 것은?

① Ag > Al > Au > Cu
② Ag > Cu > Au > Al
③ Cu > Ag > Au > Al
④ Cu > Al > Ag > Au

04 강도가 크고, 고온이나 저온의 유체에 잘 견디며, 불순물을 제거하는 데 사용되는 금속필터 즉, 다공성이 뛰어난 재질은 어떤 방법으로 제조된 것이 가장 좋은가?

① 소결　　② 기계가공
③ 주조가공　④ 용접가공

05 소성가공의 효과를 설명한 것 중 옳은 것은?

① 가공경화가 발생한다.
② 결정입자가 조대화된다.
③ 편석과 개재물을 집중시킨다.
④ 가공(void), 다공성(porosity)을 증가시킨다.

> 소성가공에 의해 편석, 기공, 개재물 등은 제거되고 결정립은 미세해진다.

06 다음 중 쾌삭강에 대한 설명으로 틀린 것은?

① 강재에 Se, Pb 등의 원소를 배합하여 피삭성을 좋게 한 강을 쾌삭강이라 한다.
② S 쾌삭강에 Pb를 동시에 첨가하여 피삭성을 더욱 향상시킨 것을 초쾌삭강이라 한다.
③ Pb 쾌삭강은 탄소강 또는 합금강에 0.1~0.3% 정도의 Pb를 첨가하여 피삭성을 좋게 한 강이다.
④ Pb 쾌삭강에서 Pb는 Fe 중에 고용되어 Fe가 chip breaker의 역할과 윤활제 작용을 한다.

> Pb이 결정립계에 석출해서 윤활제 역할을 한다.

정답 01 ② 02 ① 03 ② 04 ① 05 ① 06 ④

07 리드 프레임(lead frame) 재료로 요구되는 성능을 설명한 것 중 틀린 것은?

① 고집적화에 따라 열방산이 좋아야 한다.
② 보다 작고 얇게 하기 위하여 강도가 커야 한다.
③ 본딩(bonding)을 위한 우수한 도금성을 가져야 한다.
④ 재료의 치수정밀도가 높고 잔류응력이 커야 한다.

> 잔류응력이 크면 사용 중 변형 및 균열의 가능성이 커진다.

08 20금(20K)의 순금 함유율은 몇 %인가?

① 65% ② 73%
③ 83% ④ 95%

> 24K가 100%이므로 24:100=22:X에서 X=95%

09 다음 중 초경합금에 사용되는 주요 성분은?

① TiC ② MgO
③ NaC ④ ZnO

> 초경합금
> TiC, WC, TaC 등의 탄화물을 Co로 결합시킨 것이다.

10 마우러 조직도란 주철 중에 어떤 원소의 함량을 나타낸 것인가?

① C와 Si
② C와 Mn
③ P와 Si
④ P와 S

11 고융점 금속의 특성에 대한 설명으로 틀린 것은?

① 증기압이 높다.
② 융점이 높으므로 고온강도가 크다.
③ W, Mo은 열팽창계수가 낮으나 열전도율과 탄성률이 높다.
④ 내산화성은 적으나 습식부식에 대한 내식성은 특히 Ta, Nb에서 우수하다.

> 저융점 금속이 증기압이 높다.

12 실루민의 주조 조직을 미세화하는 개량처리에 사용하는 접종제는?

① 세륨
② 알루미늄
③ 마그네슘
④ 수산화나트륨

> 개량처리 접종제
> 금속 Na, NaOH, 불화물, 알칼리염 등

13 순금속과 합금의 금속적 특성을 설명한 것 중 틀린 것은?

① 전기의 양도체이다.
② 전성 및 연성을 갖는다.
③ 액체 상태에서만 결정구조를 갖는다.
④ 금속적 성질과 비금속적 성질을 동시에 나타내는 것을 준금속이라 한다.

> 금속은 고체 상태에서 결정구조를 갖는다.

정답 07 ④ 08 ③ 09 ① 10 ① 11 ① 12 ④ 13 ③

14 베어링합금에 대한 설명으로 옳은 것은?

① Cu-Pb계 베어링 합금에는 ZAMAK 2가 였다.
② 베빗메탈(babbit metal)은 Pb계 화이트 메탈이다.
③ WM1~WM4는 Sn계, WM6~WM10은 Pb계 화이트 메탈이다.
④ 반메탈(bahn metal)은 Sn계 화이트 메탈이다.

15 용융점은 약 650℃, 비중은 약 1.74이며, 고온에서 발화하기 쉬운 금속은?

① Al ② Mg
③ Ti ④ Zn

16 다음 재료 중 고로(용광로)에서 제조되는 것은?

① 선철 ② 탄소강
③ 공석강 ④ 특수강

17 오스테나이트계 스테인리스강의 응력부식 균열의 방지 대책으로 틀린 것은?

① 음극방식을 한다.
② 숏 피닝(shot peening)한다.
③ 사용 환경 중의 염화물이나 알칼리를 제거한다.
④ Ni의 함량을 줄이고 Sb을 합금원소로 첨가한다.

> Ni 함량을 늘이고 Ti, Nb, Ta 등의 합금원소를 첨가한다.

18 열전대(thermocuple)용 재료로 사용되는 것이 아닌 것은?

① 크로멜(chromel)
② 알루멜(alumel)
③ 콘스탄탄(constantan)
④ 모넬메탈(monel metal)

> 모넬메탈은 Ni + 30~40%Cu계 합금으로 내식용 재료로 사용한다.

19 순철에서 일어나는 변태가 아닌 것은?

① A_1변태 ② A_2변태
③ A_3변태 ④ A_4변태

> A_1변태는 공석강에서 나타난다.

20 다음 중 탄소 함유량이 가장 적은 것은?

① 연강 ② 주철
③ 공석강 ④ 암코철

> 암코철은 0.015%C 이하의 순철이다.

제2과목 ▶ 금속조직

21 격자정수가 a=b≠c이고, 축각이 $\alpha = \beta = 90°$, $\gamma = 120°$인 것은?

① 입방정계 ② 정방정계
③ 사방정계 ④ 육방정계

22 용질원자와 전위의 상호작용에 의해 장범위에 걸쳐서 일어나는 것은?

① 전기적 상호작용
② 적층결함 상호작용
③ 탄성적 상호작용
④ 단범위 규칙도 상호작용

23 규칙도가 0에서 1에 이르는 사이에선 결정전체가 완전히 규칙성을 나타내는 상태를 무엇이라고 하는가?

① 장범위 규칙도
② 단범위 규칙도
③ 이종범위 규칙도
④ 단종범위 규칙도

24 체심입방격자에 해당하는 귀속 원자수는?

① 1개   ② 2개
③ 4개   ④ 8개

25 면심입방격자에서 가장 조밀한 원자면은?

① (100)   ② (110)
③ (120)   ④ (111)

> FCC의 조밀면은 (111), 조밀방향은 [110]이다.

26 Cu 및 Al과 같은 입방정 금속이 응고할 때 결정이 성장하는 우선 방향은?

① [100]   ② [110]
③ [111]   ④ [123]

27 강의 담금질 조직인 마텐자이트 조직에 관한 설명으로 틀린 것은?

① 강자성체이다.
② 취성이 있다.
③ 전연성이 크다.
④ 변화할 때 팽창이 된다.

> 마텐자이트 조직은 전연성이 나쁘다.

28 Fe-C 평형상태도에서 공정점의 자유도는? (단, 압력은 일정하다)

① 0   ② 1
③ 2   ④ 3

> 공정점에서 상(P)은 3(액체, γ철, Fe_3C)이고, 조성(C)은 2(Fe, C)이므로
> F=C-P+1=2-3+1=0

29 확산에 대한 설명으로 틀린 것은?

① 면결함인 표면에서의 단회로 확산을 상호 확산이라 한다.
② 온도가 낮을 때는 입계의 확산과 입내의 확산의 차가 크게 되나 온도가 높아지면 그 차는 작게 된다.
③ 입계는 입내에 비하여 결정의 규칙성이 없는 구조를 가지며, 결함이 많으므로 확산이 일어나기 쉽다.
④ 용매 중 용질의 국부적인 농도차가 있을 때 시간의 경과에 따라 농도의 균일화가 일어나는 현상을 확산이라 한다.

> 표면에서는 한쪽 방향으로 진행하는 확산이 일어난다.

정답 22 ③ 23 ① 24 ② 25 ④ 26 ① 27 ③ 28 ① 29 ①

30 완전풀림 상태에서 금속 결정 내의 전위밀도는 약 $10^6 \sim 10^8/cm^2$이다. 강하게 냉간가공된 상태에서 전위밀도는 얼마까지 증가하는가?

① $10^{11} \sim 10^{12}/cm^2$
② $10^{15} \sim 10^{16}/cm^2$
③ $10^{17} \sim 10^{18}/cm^2$
④ $10^{19} \sim 10^{20}/cm^2$

31 다음 그림 중 포정형(包晶型) 상태도로 옳은 것은? (단, L = 용액, α, β = 고용체이다.)

①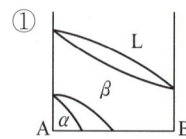
②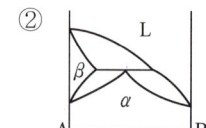
③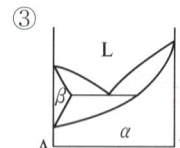
④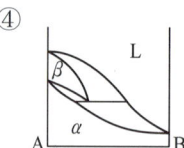

32 금속 가공 시 형성되는 결함은 열역학적으로 불안정하여 재가열 시 금속은 가공 전과 유사한 물리적, 기계적 성질이 변화하는 회복이 일어난다. 이러한 회복과 관련이 없는 것은?

① 전위를 재배열시켜 준다.
② 점결함을 소멸시켜 준다.
③ 변형에너지의 일부가 방출된다.
④ 새로운 결정립이 생성된다.

> 회복 단계에서는 결정립의 변화가 없고, 재결정 단계에서 새로운 결정립이 생성된다.

33 NaCl은 어떤 결합을 하고 있는가?

① 금속 결합
② 공유 결합
③ 이온 결합
④ 반 데르 발스 결합

34 코트렐(Cottrel) 효과란?

① 용매원자가 쌍정변형을 유발하는 효과
② 용매원자가 인상전위를 나사전위로 바꾸는 효과
③ 용질원자에 의해 인상전위가 활성화하여 이동되기 쉽게 되는 효과
④ 용질원자에 의해 인상전위가 안정한 상태가 되어 이동하기 어렵게 되는 효과

35 금속의 응고과정에서 고상의 자유에너지 변화에 대한 설명으로 옳은 것은? (단, r_0는 임계핵의 반지름, r은 고상의 반지름, E_V은 체적 자유에너지, E_S는 계면 자유에너지이다)

① r_0 이상 크기의 고상입자를 엠브리오(embryo)라 한다.
② r_0 이하 크기의 고상을 결정의 핵(nucleus)이라 한다.
③ 고상의 전체 자유에너지의 변화는 $E = E_S - E_V$ 로 표시된다.
④ $r < r_0$ 인 경우에는 반지름이 증가함에 따라 자유에너지는 감소한다.

정답 30 ① 31 ② 32 ④ 33 ③ 34 ④ 35 ③

36 소성가공한 재료의 재결정 온도를 낮게 하는 경우가 아닌 것은?

① 가공도가 큰 경우
② 순도가 높은 경우
③ 장시간 가공한 경우
④ 결정립이 조대한 경우

초기 결정립이 큰 경우 재결정 온도가 높다.

37 상의 계면(interface)에 대한 설명 중 옳은 것은?

① 계면에너지가 작은 면의 성장속도는 빠르다.
② 원자간 결합에너지가 클수록 계면에너지는 작다.
③ 정합 계면을 가진 석출물은 성장하면서 정합성을 상실할 수 있다.
④ 표면에너지를 최소화하기 위해서는 석출물이 침상이어야 한다.

38 금속을 가공하였을 때 축적에너지의 크기에 영향을 미치는 인자에 대한 설명으로 옳은 것은?

① 결정입도가 클수록 축적에너지의 양은 증가한다.
② 낮은 가공온도에서의 변형은 축적에너지의 양을 감소시킨다.
③ 변형량이 같을 때 불순물 원자가 첨가 될수록 축적에너지의 양은 증가한다.
④ 가공도가 클수록 변형이 복잡하고 축적에너지의 양은 더욱 감소한다.

39 제2상을 인위적으로 첨가하여 강화시키는 기구로 온도에서도 강화효과를 효과적으로 유지할 수 있는 강화기구는?

① 석출강화   ② 변태강화
③ 고용강화   ④ 분산강화

40 다음 그림에서 X-Y축을 경계로 좌우측의 원자들은 완전한 규칙배열로 되어 있으나 전체로 보면 X-Y축을 경계로 하여 대칭으로 되어있다. 이러한 원자배열의 구역은?

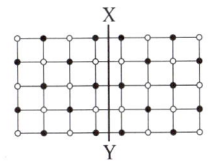

① 완화 구역
② 전이 구역
③ 자성 구역
④ 역위상 구역

제3과목 ▶ 금속열처리

41 냉간금형공구강(STD 11)을 HRC 58이상의 경도를 얻기 위한 퀜칭, 템퍼링 온도 및 냉각 방법으로 옳은 것은?

① 퀜칭 : 600℃ 수랭, 템퍼링 : 180℃ 공랭
② 퀜칭 : 780℃ 수랭, 템퍼링 : 180℃ 공랭
③ 퀜칭 : 830℃ 공랭, 템퍼링 : 560℃ 유랭
④ 퀜칭 : 1,030℃ 공랭, 템퍼링 : 180℃ 공랭

정답 36 ④ 37 ③ 38 ③ 39 ④ 40 ④ 41 ④

42 침탄공정에서 담금질을 한 경우 경도가 낮게 측정 되었을 때의 원인이 아닌 것은?

① 탈탄이 되었을 때
② 침탄량이 부족할 때
③ 담금질의 냉각속도가 느릴 때
④ 잔류 오스테나이트가 없을 때

> 잔류 오스테나이트가 많을 때 경도 저하 현상이 일어난다.

43 담금질용 냉각 장치에서 교반 장치가 부착되어 있는 주된 이유로 옳은 것은?

① 제품의 표면 박리를 방지하기 위해
② 제품의 냉각 속도를 빨리하기 위해
③ 제품의 표면 탈탄을 방지하기 위해
④ 제품의 열처리 변태시간 편차를 크게하기 위해

44 잔류 오스테나이트가 많아 사용할 때 치수의 변화를 감소하기 위한 열처리 방법은?

① 심랭 처리
② 파텐팅 처리
③ 항온 열처리
④ 고주파 담금질 처리

> 잔류 오스테나이트를 제거하기 위해서 담금질 직후 심랭 처리를 한다.

45 전기로에 사용되는 발열체의 종류 중 금속 발열체가 아닌 것은?

① 흑연
② 칸탈
③ 텅스텐
④ 철-크롬

> 흑연은 비금속 발열체이다.

46 분위기 열처리에서 일반적으로 사용되는 불활성 가스는?

① O_2　　② Ar
③ CO　　④ NH_3

> 분위기 열처리에서는 Ar이나 N를 사용한다.

47 탄소강을 열처리로에서 가열하였을 때 강재에 나타나는 온도의 색깔이 가장 낮은 것은?

① 암적색　　② 담청색
③ 붉은색　　④ 밝은 백색

48 강의 연속냉각 변태에서 임계냉각속도란?

① 오스테나이트에서 마텐자이트만을 얻기 위한 최소의 냉각속도
② 마텐자이트에서 오스테나이트로의 변태 개시 속도
③ 오스테나이트 상태에서 파인 펄라이트 조직을 얻기 위한 최소의 냉각속도
④ 오스테나이트 상태에서 베이나이트 조직을 얻기 위한 최소의 냉각속도

49 강의 담금질에 따른 용적의 변화가 가장 큰 조직은?

① 펄라이트
② 베이나이트
③ 마텐자이트
④ 오스테나이트

> 마텐자이트는 오스테나이트에서 급랭에 의해 수축하다가 다시 팽창하여 부피 변화가 심하다.

50 열처리 결함을 선천적과 후천적 결함으로 나눌 때 선천적 소재 결함에 해당되는 것은?

① 탈탄
② 산화
③ 피시(fish) 스케일
④ 비금속 개재물

> 비금속 개재물은 제강과정에서 들어오는 것이므로 열처리 선천적 결함이다.

51 열처리 결함 중 탈탄의 원인과 방지대책을 설명한 것 중 틀린 것은?

① 탈탄 방지제를 도포한다.
② 염욕 및 금속욕에서 가열을 한다.
③ 고온에서 장시간 가열을 실시한다.
④ 분위기 속에서 가열하거나 진공가열을 한다.

> 가급적 고온에서는 열처리를 하지 않고, 적정시간을 지켜야 한다.

52 중탄소강을 오스테나이트 상태로 만든 후, 가열온도 400~520℃의 용융염욕 또는 Pb욕 중에 침적한 후 공랭시켜 소르바이트 조직으로 된 피아노선 등의 신선(wire drawing)작업 등에 이용하는 열처리는?

① 퀜칭(quenching)
② 파텐팅(partenting)
③ 어닐링(annealing)
④ 수인법(water toughening)

53 이온질화법의 특징으로 옳은 것은?

① 표면청정 작용이 있으며 질화속도가 빠르다.
② 미세한 흠의 내면, 긴 부품의 내면 등에 균일한 질화가 가능하다.
③ 처리부품의 정확한 온도 측정이 가능하며, 급속냉각이 가능하다.
④ 오스테나이트계 스테인리스강이나 Ti 등에는 질화가 불가능하다.

54 담금질처리 시 흔히 국부적으로 경화되지 않는 연한 부분을 연점이라고 하는데 연점이 발생하는 원인이 아닌 것은?

① 냉각이 불균일할 때
② 담금질 온도가 불균일 할 때
③ 강 표면에 발난층이 있을 때
④ 담금질성이 좋아 강의 냉각이 임계냉각 속도보다 빠를 때

> 연점은 냉각속도가 느릴 때 발생하며, 특히 수랭 중 기포가 부착되었을 때 냉각속도의 불균일로 발생한다.

55 오스테나이트 상태의 공석강을 A₁변태점 이하의 일정한 온도(500℃)로 급랭하여 그 온도에서 적정시간 유지 후 냉각하였을 때 얻을 수 있는 조직은?

① 베이나이트　② 페라이트
③ 마텐자이트　④ 오스테나이트

> 오스템퍼링에 의해서 베이나이트 조직이 생성된다.

56 강의 표준조직을 만들기 위해 오스테나이트화 처리한 후 공기 중에 냉각시키는 열처리 방법은?

① 퀜칭(quenching)
② 어닐링(annealing)
③ 템퍼링(tempering)
④ 노멀라이징(normalizing)

57 금속 열처리의 목적이 아닌 것은?

① 조직을 안정화시키기 위하여
② 내식성을 개선시키기 위하여
③ 조직을 조대화하여 취성을 증대시키기 위하여
④ 경도 또는 인장응력을 증가시키기 위하여

> 열처리는 취성을 감소시키기 위해서 한다.

58 상온 가공한 황동 제품의 시기균열(season crack)을 방지하기 위한 열처리 방법은?

① 300℃에서 1시간 어닐링하여 급랭한다.
② 700℃에서 3시간 템퍼링하여 급랭한다.
③ 900℃에서 1시간 어닐링하여 급랭한다.
④ 1,010℃에서 2시간 퀜칭하여 유랭한다.

59 트루스타이트(Troostite)에 대한 설명 중 옳은 것은?

① α철과 극히 미세한 시멘타이트와의 기계적 혼합물이다.
② β철과 극히 미세한 마텐자이트와의 기계적 혼합물이다.
③ γ철과 조대한 시멘타이트와의 기계적 혼합물이다.
④ γ철과 조대한 마텐자이트와의 기계적 혼합물이다.

60 대형 제품을 담금질하였을 때 재료의 내·외부의 담금질 효과가 달라져서 경도의 편차가 나타나는 현상은?

① 노치 효과
② 질량 효과
③ 담금질 변형
④ 가공경화 효과

제4과목 ▶ 재료시험

61 강자성체 강관(steel pipe) 표면에 존재하는 결함을 검출하고자 할 때 가장 적합한 시험방법은?

① 초음파비파괴검사
② 방사선비파괴검사
③ 자기비파괴검사
④ 누설비파괴검사

정답　55 ①　56 ④　57 ③　58 ①　59 ①　60 ②　61 ③

62 초음파비파괴검사의 특징을 설명한 것 중 틀린 것은?

① 초음파의 종류는 종파, 횡파, 표면파 및 판파가 있다.
② 초음파의 전달 효율을 높이기 위해 접촉매질이 사용된다.
③ 초음파비파괴검사는 방사선비파괴검사보다 결함의 종류를 구별하기 쉽다.
④ 초음파비파괴검사는 체적시험으로 내부 결함을 찾아내는 목적으로 사용된다.

> 초음파비파괴검사로는 내부결함의 위치, 방향, 모양 등은 측정이 용이하지만, 결함의 종류는 방사선비파괴검사로 판별하기 용이하다.

63 그림은 에릭슨 시험기의 주요부를 나타낸 것이다. D의 명칭은?

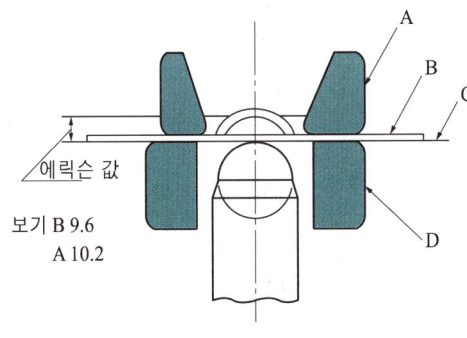

① 펀치
② 다이
③ 시험편
④ 주름누르개

64 한국산업표준(KS B 0801)의 4호 인장시험편 제작에서 지름(D)와 표점거리(L)는 몇 mm로 하는가?

① 지름(D) : 10mm, 표점거리(L) : 60mm
② 지름(D) : 14mm, 표점거리(L) : 50mm
③ 지름(D) : 20mm, 표점거리(L) : 200mm
④ 지름(D) : 40mm, 표점거리(L) : 220mm

65 상대적으로 경(硬)한 입자나 미세돌기와의 접촉에 의해 표면으로부터 마모입자가 이탈되는 현상으로 마모면에 긁힘자국이나 끝이 파인 흠들이 나타나는 마모는?

① 응착마모
② 연삭마모
③ 피로마모
④ 부식마모

66 피로시험에서 시험편의 형상계수를 α, 노치계수를 β라 할 때 노치민감계수(η)를 나타내는 식으로 옳은 것은?

① $\eta = \dfrac{\alpha}{\beta - 1}$
② $\eta = \dfrac{\beta}{\alpha - 1}$
③ $\eta = \dfrac{\alpha - 1}{\beta - 1}$
④ $\eta = \dfrac{\beta - 1}{\alpha - 1}$

67 금속 조직 내의 상(相) 양을 측정하는 방법에 해당하지 않는 것은?

① 면적 측정법
② 직선 측정법
③ 점 측정법
④ 축형 측정법

68 침투비파괴검사에서 FA-D로 검사를 수행할 때의 공정이 아닌 것은?

① 전처리
② 산화처리
③ 현상처리
④ 침투처리

> FA-D는 수세성 형광침투액-건식 현상법이므로 "전처리 → 침투처리 → 세척처리 → 건조처리 → 현상처리 → 관찰 → 후처리"의 순서로 한다.

정답 62 ③ 63 ④ 64 ② 65 ② 66 ④ 67 ④ 68 ②

69 압축시험에 의해 결정할 수 없는 값은?

① 연신율　② 항복점
③ 탄성계수　④ 비례한도

> 연신율은 인장시험으로 결정한다.

70 재료의 응력 측정법이 아닌 것은?

① 광탄성 방법
② X-선 방법
③ 무아레 방법
④ 커핑 방법

> 커핑법은 연성을 측정하는 방법이다.

71 재료시험기가 구비해야 할 조건이 아닌 것은?

① 안전성이 있어야 한다.
② 취급이 편리하여야 한다.
③ 정밀도와 감도가 우수해야 한다.
④ 시험기의 내구성이 작아야 한다.

> 시험기의 내구성이 커야 한다.

72 무재해 운동의 3원칙에 해당되지 않는 것은?

① 무의 원칙
② 선취의 원칙
③ 참가의 원칙
④ 품질향상의 원칙

> 무재해운동 3원칙
> 무, 선취, 참가의 원칙

73 현미경을 이용한 조직 검사 절차로 옳은 것은?

① 마운팅→미세연마→거친연마→부식→검경
② 마운팅→거친연마→미세연마→부식→검경
③ 미세연마→마운팅→거친연마→검경→부식
④ 거친연마→미세연마→마운팅→검경→부식

74 브리넬경도 시험의 특징을 설명한 것 중 틀린 것은?

① 얇은 재료나 침탄강, 질화강 등의 측정에 적합하다.
② 하중은 2~8초 사이에 시험하중까지 증가시키고 10~15초 동안 시험하중을 유지하도록 한다.
③ 시험기는 시험 도중 시험 결과에 영향을 미칠 수 있는 충격이나 진동으로부터 보호되어야 한다.
④ 2개의 이웃하는 누르개 자국의 중심 사이 거리는 적어도 누르개 자국 평균 지름의 3배 이상이 되어야 한다.

> 얇은 재료나 표면경화층의 경도 측정은 비커스 경도시험기로 한다.

75 응력을 반복하여 가했을 때 재료 전체 또는 국부적 슬립 변형이 생기며 시간과 더불어 점차적으로 발전해가는 현상을 응력-반복 횟수로 알아보는 시험법은?

① 경도시험　② 인장시험
③ 압축시험　④ 피로시험

정답 69① 70④ 71④ 72④ 73② 74① 75④

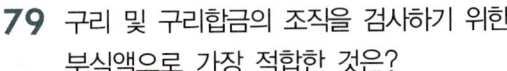

76 강의 비금속개재물 측정방법(KS D 0204)에서 비금속개재물의 종류와 그 표시기호로 옳은 것은?

① 규산염 종류 : 그룹 A형
② 황화물 종류 : 그룹 B형
③ 알루민산염 종류 : 그룹 C형
④ 구형 산화물 종류 : 그룹 D형

> A계 : 황화물, B계 : 알루민산염, C계 : 규산염,
> D계 : 구형 산화물, DS계 : 단일 구형

77 로크웰 경도시험에 대한 설명으로 옳은 것은?

① 기본하중은 1kgf이다.
② 다이아몬드 원뿔의 꼭지각은 136°이다.
③ 시험하중에는 50, 120, 200kgf의 3가지가 있다.
④ C스케일은 단단한 금속재료의 경도 측정용으로 사용한다.

78 조미니 시험 결과 보고서에 J35-15라고 쓰여 있을 때의 의미로 옳은 것은?

① 퀜칭단으로부터 15mm 떨어진 지점의 경도값이 HRC35임을 나타낸다.
② 퀜칭단으로부터 35mm 떨어진 지점의 경도값이 HRC15임을 나타낸다.
③ 퀜칭단으로부터 15mm 떨어진 지점의 경도값이 HS35임을 나타낸다.
④ 퀜칭단으로부터 35mm 떨어진 지점의 경도값이 HS15임을 나타낸다.

79 구리 및 구리합금의 조직을 검사하기 위한 부식액으로 가장 적합한 것은?

① 왕수
② 염화제2철 용액
③ 수산화나트륨 용액
④ 질산알콜 용액(나이탈)

80 금속 재료의 파괴 형태를 설명한 것 중 다른 하나는?

① 미세한 공공형태의 딤플 형상이 있다.
② 인장시험 시 컵 콘(원뿔) 형태로 파괴된다.
③ 균열의 전파 전 또는 전파 중에 상당한 소성변형을 유발한다.
④ 외부 힘에 의해 국부수축 없이 갑자기 발생되는 단계로 취성 파단이 나타난다.

> ①, ②, ③항목은 연성파괴이고, ④항목은 취성파괴이다.

정답 76 ④ 77 ④ 78 ① 79 ② 80 ④

2020년 3회 금속재료산업기사 필기 기출문제

2020년 8월 22일 시행

제1과목 ▶ 금속재료

01 다음 중 철광석 중 철분이 가장 많이 함유한 것은?

① 적철광   ② 자철광
③ 갈철광   ④ 능철광

02 탄소강에 함유된 원소 및 비금속개재물의 영향을 설명한 것 중 틀린 것은?

① 열처리를 할 때에는 개재물로부터 균열이 발생한다.
② Mn은 S와 결합하여 MnS이 되고, S의 해를 없게 한다.
③ Si는 결정입자의 성장을 미세화하고 단접성을 증가시킨다.
④ 개재물은 재료의 내부에 점 상태로 존재하여 인성을 저하시킨다.

> Si는 결정입자의 성장을 크게하여 단접성과 냉간 가공성을 저하시킨다.

03 TiC를 주성분으로 하고 Ni 또는 Mo상을 결합상으로 제조한 초경합금공구강은?

① 서멧(Cermet)
② 켈밋(Kelmet)
③ 하스테로이(Hastelloy)
④ 퍼멀로이(Permalloy)

04 금속의 물리·화학적 성질을 설명한 것 중 틀린 것은?

① 전기 저항의 역수를 비저항 또는 비열이라 한다.
② 금속의 원자가 전자를 잃고 양이온으로 되려는 성질을 이온화경향이라 한다.
③ 금속의 표면이 화학적 반응을 일으켜 비금속 화합물을 생성하면서 점차 소모 되어가는 것을 부식이라 한다.
④ 물질이 상태의 변화를 완료하기 위해서는 열이 필요하게 되며, 이 열량을 숨은열 또는 잠열이라 한다.

> 비열은 물질 1g을 1℃ 올리는 데 필요한 열량을 말한다.

05 제진기능이 우수한 회주철을 공작기계의 베드로 사용하는 이유로 적합한 것은?

① 비감쇠능이 크기 때문
② 인장강도가 크기 때문
③ 열팽창율이 크기 때문
④ 전기전도도가 크기 때문

정답 01 ② 02 ③ 03 ① 04 ① 05 ①

06 다음 중 백동에 관한 설명으로 틀린 것은?

① Cu에 Ni을 10 ~ 30% 첨가한 합금이다.
② 디프드로잉 가공에 적합하고, 열간가공성도 우수하다.
③ 내식성이 좋으므로 줄자, 표준자, 바이메탈 등에 사용되는 합금이다.
④ 가공성이 좋아 두께 25mm에서 1mm까지 중간풀림하지 않고 압연할 수 있다.

> 줄자, 표준자, 바이메탈에는 열팽창계수가 작은 불변강을 사용한다.

07 스테인리스강의 조직상 분류에 해당되지 않는 것은?

① 페라이트계　② 마텐자이트계
③ 시멘타이트계　④ 오스테나이트계

> 페라이트계, 마텐자이트계, 오스테나이트계, 석출경화계

08 36%Ni – Fe 합금으로 바이메탈소자, 리드프레임 등에 사용하는 불변강은?

① 인바　② 알니코
③ 애드미럴티　④ 마르에이징강

09 구상화 흑연주철은 합금원소를 첨가하여 흑연을 구상화처리 함으로써 기계적 성질을 개선하는 것으로 흑연의 구상화에 기여가 가장 큰 원소는?

① Mg　② Sn
③ P　④ Bi

> 흑연 구상화제
> Mg, Ce, Ca

10 다음 중 재결정 온도가 가장 낮은 금속은?

① Fe　② Au
③ Mg　④ Pb

> 재결정 온도는 용융점이 낮을수록 낮다.

11 Zn 및 금형용 Zn합금에 대한 설명으로 틀린 것은?

① Zn은 Mo와 같이 대표적인 고용융점 금속이다.
② Zn은 건조한 공기 중에서는 거의 산화하지 않는다.
③ 금형용, 아연합금의 대표적인 것으로는 KM합금, ZAS, Kirksite 등이 있다.
④ 금형용 아연합금의 표준 성분은 Zn에 4%Al – 3%Cu – 소량의 Mg 등으로 구성되어 있다.

> Zn은 용융점이 419℃로 저융점금속에 속한다.

12 탄소강에서 탄소의 함유량이 1.0%까지 증가함에 따라 증가하는 것이 아닌 것은?

① 경도　② 연신율
③ 항복점　④ 인장강도

> 연신율은 탄소함유량이 증가함에 따라 감소한다.

13 다음 중 비중이 가장 작은 것은?

① Fe　② Na
③ Cu　④ Al

정답　06 ③　07 ③　08 ①　09 ①　10 ④　11 ①　12 ②　13 ②

14 분말야금용 금속을 이용하는 경우가 아닌 것은?

① 합금하기 어려운 재료의 성형
② 제품의 크기에 제한이 없는 부품
③ 절삭하기 곤란한 부품의 성형
④ 항공기의 경량화가 필요한 부품

> 분말야금은 제품의 크기가 크면 가압, 성형이 어려워서 제조가 어려워진다.

15 22금(22K)의 순금 함유율은 약 몇 %인가?

① 75%   ② 88%
③ 92%   ④ 100%

16 Al – Mg 합금에 대한 설명 중 옳은 것은?

① 내식성을 향상시키기 위해 구리와 아연의 첨가량을 10% 이상으로 한다.
② Al – Mg계 평형상태도에서 γ고용체와 δ상의 850℃에서 공석을 만든다.
③ Al에 약 10%까지의 Mg을 품은 합금을 하이드로날륨이라 한다.
④ 고온에서 Mg의 고용도가 낮고, 약 400℃에서 풀림하면 강도와 연신이 저하한다.

17 열간가공과 냉간가공을 구분하는 기준은?

① 변태 온도
② 주조 온도
③ 담금질 온도
④ 재결정 온도

> 재결정 온도 이상에서 가공을 열간가공, 이하에서 가공을 냉간가공이라 한다.

18 탄소강에서 발생할 수 있는 취성에 대한 설명으로 틀린 것은?

① 500 ~ 600℃에서 청열 취성을 나타낸다.
② P를 많이 함유하면 상온 취성이 나타난다.
③ S를 많이 함유하면 적열 취성이 나타난다.
④ 뜨임 취성을 방지하기 위해 Mo을 첨가한다.

> 청열 취성은 200~300℃에서 나타난다.

19 고속도공구강에 대한 설명으로 틀린 것은?

① SKH 2의 대표적 조성은 18%W – 4%Cr – 1%V이다.
② W의 일부는 C와 결합하여 W_6C를 형성한다.
③ 탄화물 등은 내마모성 및 경도를 저하시키고, 결정립을 조대화시킨다.
④ 고온 경도 및 내마모성이 우수하여 바이트 및 드릴의 절삭공구에 사용된다.

> 탄화물은 경도가 높아서 내마모성 및 경도를 증가시키고, 결정립을 미세화시킨다.

20 전기강판(규소강판)에 요구되는 특성을 설명한 것 중 옳은 것은?

① 투자율이 낮아야 한다.
② 철손(鐵損)이 많아야 한다.
③ 포화자속밀도가 낮아야 한다.
④ 박판(薄板)을 적층하여 사용할 때 층간 저항이 높아야 한다.

정답 14② 15③ 16③ 17④ 18① 19③ 20④

제2과목 ▶ 금속조직

21 Al – 4%Cu 석출강화형 합금에서 석출강화에 영향을 주는 상은?

① α 상
② β 상
③ θ 상
④ γ 상

22 금속은 인발가공(소성변형)할 경우에 각 결정립의 슬립방향이 인장방향으로 일정한 방향으로 향하게 되는 우선 방위를 가지게 되고 이러한 경향은 가공도가 클수록 크게 나타난다. 이와 같이 우선방위를 가지는 조직은?

① 집합조직(Texture)
② 주상조직(Columnar structure)
③ 수지상조직(Dendrite structure)
④ 공정조직(Eutectic structure)

23 마텐자이트(Martensite) 변태에 대한 설명으로 틀린 것은?

① 마텐자이트는 고용체의 단일상(單一相)이다.
② 마텐자이트 변태를 하면 표면 기복이 생긴다.
③ 마텐자이트 변태는 확산이 일어나는 변태이다.
④ 저탄소 함량에서는 래스(lath)모양, 고탄소 함량에서는 판(plate)모양의 마텐자이트가 각각 생성된다.

> 마텐자이트 변태는 무확산변태이다.

24 냉간가공으로 변형을 일으킨 금속을 가열하면 그 내부의 새로운 결정립의 핵이 생기고, 이것이 성장하여 전체가 변형이 없는 결정립으로 치환되는 과정은?

① 변형
② 회복
③ 재결정
④ 결정립 성장

25 다음의 식은 어떤 법칙인가? (단, D는 확산계수, t는 시간, x는 장소, C는 농도이다)

$$\frac{\partial C}{\partial t} = D \frac{\partial^2 C}{\partial x^2}$$

① 베가드(Vegard)의 법칙
② Fick의 확산 제1법칙
③ Fick의 확산 제2법칙
④ Hune Rothery 법칙

26 FCC격자의 총 슬립계는 몇 개인가?

① 6
② 12
③ 24
④ 48

> FCC의 슬립면은 (111)이므로 슬립 방향은 [110]으로 3개 있으며, (111)면은 등가면을 4개 가지고 있다. 따라서 3×4=12이다.

27 Fe 단결정을 변압기의 철심재료로 사용할 때 압연 방향이 어떤 방향인 경우 자기손실이 최소가 되는가?

① [111]
② [011]
③ [110]
④ [100]

> 규소 강판은 Fe의 단결정이 [100] 방향에 자장을 가하면 쉽게 자화된다. 또한 압연방향이 [100] 방향인 철판을 변압기의 철심으로 사용하면 자기손실이 최소로 된다.

정답 21 ③ 22 ① 23 ③ 24 ③ 25 ③ 26 ② 27 ④

28 치환형 고용체의 합금에서 용질원자와 용매원자의 규칙-불규칙 변태와 관련하여 결정이 완전히 불규칙상태인 때를 0, 완전히 규칙 상태인 때를 10이라 하여 규칙화의 정도를 나타내는 척도는?

① 상률 ② 규칙도
③ 고용도 ④ 규칙격자

29 결합력에 의한 결정을 분류하고자 할 때 원자의 결합양식이 아닌 것은?

① 이온 결합 ② 톰슨 결합
③ 공유 결합 ④ 반데르발스 결합

> 원자결합
> 이온 결합, 공유 결합, 금속 결합, 반데르발스 결합

30 금속의 재결정이 가장 잘 일어날 수 있는 것은?

① 고 순도의 금속
② 가공도가 적은 금속
③ 석출물이 많은 금속
④ 이종원자들의 불순물이 많은 금속

> 금속의 순도가 높을수록 재결정온도가 감소하므로 재결정이 잘 일어난다.

31 확산(diffusion)과 관련이 가장 적은 것은?

① 침탄(carburizing)
② 질화(nitriding)
③ 담금질(quenching)
④ 금속침투(metallic cementation)

> 담금질은 확산을 동반하지 않는다.

32 칼날전위(Edge dislocation)에 대한 설명 중 옳은 것은?

① 부피 결함의 일종이다.
② 잉여반면을 가지지 않는다.
③ 전위선과 버거스 벡터(Burgers verctor)가 서로 수직이다.
④ 전위선이 움직이는 방향은 버거스 벡터에 수직으로 움직인다.

> 칼날전위의 전위선은 버거스 벡터에 수직이며, 이동은 평행방향으로 움직인다.

33 그림과 같은 상태도에서 각 성분간의 용해도에 관한 내용으로 옳은 것은?

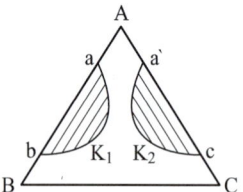

① AB, BC, AC에 용해한이 있다.
② AC에는 용해한이 없고, AB, BC에는 있다.
③ BC에는 용해한이 없고, AB, AC에는 있다.
④ BC에는 용해한이 있고, AB, AC에는 없다.

34 석출 강화에서 기지와 석출물의 특성을 설명한 것으로 틀린 것은?

① 석출물은 침상보다는 구상이어야 한다.
② 석출물은 입자의 크기가 미세하고 수가 많아야 한다.
③ 기지상은 연성이 크고, 석출물은 단단한 성질을 가져야 한다.
④ 석출물은 연속적으로 존재해야만 하는 반면 기지상은 불연속적이어야만 한다.

> 기지상은 연속적이고, 석출물은 불연속적이어야 한다.

정답 28② 29② 30① 31③ 32③ 33③ 34④

35 단결정체에 탄성한계 이상의 외력을 가할 때 일어나는 슬립(slip)에 대한 설명으로 옳은 것은?

① 슬립은 원자밀도가 최대인 면에서 최소인 방향으로 일어난다.
② 슬립은 원자밀도가 최소인 면에서 최대인 방향으로 일어난다.
③ 슬립은 원자밀도가 최소인 면에서 최소인 방향으로 일어난다.
④ 슬립은 원자밀도가 최대인 면에서 최대인 방향으로 일어난다.

36 용융 금속이 주형의 표면에서 내부로 금속 응고할 때 조직의 변화를 순서대로 옳게 나열한 것은?

① Chill층(미세한 등축정) → 주상정 → 등축정
② 주상정 → Chill층(미세한 등축정) → 등축정
③ 등축정 → Chill층(미세한 등축정) → 주상정
④ 등축정 → 주상정 → Chill층(미세한 등축정)

37 금속의 변태점 측정 방법이 아닌 것은?

① 열팽창법
② 전기 저항법
③ 성분 분석법
④ 시차 열분석법

> **변태점 측정법**
> 열분석, 시차열분석, 전기저항, 체적변화, 자성변화, 비열변화, X-선에 의한 격자변화

38 원자배열이 어느 축을 경계로 하여 규칙적으로 되어 있으나 서로 반대의 배열을 갖는 것을 무엇이라고 하는가?

① 완화현상   ② 역위상
③ 협동현상   ④ 초격자

39 Fe-C 평행 상태도에서 조직이 혼합물에 해당되는 것은?

① Pearlite   ② Ferrite(α)
③ Austenite(γ) ④ Ferrite(δ)

40 A + B + C + D의 4원 합금이 200℃에서 존재할 때, $\beta + \gamma$ 상 조직이 관찰된다면 이때 응축계의 자유도는?

① 0   ② 1
③ 2   ④ 3

> 성분 4, 상 2 이므로, 자유도 F=4-2+1=3이다.

제3과목 ▶ 금속열처리

41 진공로 내부를 단열하는 단열재의 구비 조건이 아닌 것은?

① 열용량이 커야 한다.
② 흡습성이 없어야 한다.
③ 열적 충격에 강해야 한다.
④ 방사열을 완전히 반사시키는 재료이어야 한다.

> 단열재는 열용량이 작아야 한다.

정답 35 ④ 36 ① 37 ③ 38 ② 39 ① 40 ④ 41 ①

42 가스 질화 – 첨탄(연질화)에 사용되는 가스의 구성으로 옳은 것은?

① Ar + CO_2 가스
② He + DX 가스
③ NH_3 + RX 가스
④ CO_2 + N_2 가스

43 보통 A_3 또는 A_{cm}선보다 30 ~ 50℃ 정도의 높은 온도에서 가열한 후 공기 중에서 공랭하는 열처리 방법은?

① 퀜칭
② 어닐링
③ 템퍼링
④ 노멀라이징

44 과포화 고용체로부터 다른 상이 석출하는 현상을 이용하여 금속재료의 강도 및 그 밖의 성질을 변화시키는 처리로 두랄루민 합금의 대표적인 처리 방법은?

① 시효경화처리
② 가공경화처리
③ 가공열처리
④ 재결정화처리

45 공석강을 오스테나이트로 가열하여 기름(60 ~ 80℃)에 퀜칭 연속냉각 변태 하였을 때 나타나는 기지 조직은?

① 흑연
② 시멘타이트
③ 미세한 펄라이트
④ 마텐자이트+(미세한)펄라이트

> 유랭을 하면 마텐자이트+미세펄라이트의 혼합상이 형성된다.

46 담금질 균열의 방지대책을 설명한 것으로 틀린 것은?

① 구멍을 뚫어 부품의 각부가 균일하게 냉각되도록 한다.
② 날카로운 모서리는 기능상 큰 문제가 없으면 면취를 한다.
③ 제품이 완전히 냉각되기 전에 냉각액으로부터 꺼내어 30분 이내에 템퍼링 한다.
④ 담금질 가열온도를 가능하면 높게 하고 결정립도 조대화시키는 것이 좋다.

> 담금질 온도는 높게하면 결정립이 조대한 과열조직이 생성되므로 담금질에 의한 변형 및 균열 발생하기 쉽다.

47 대형 베벨기어를 담금질할 때 열처리 변형 방지에 가장 적합한 냉각장치는?

① 분사 냉각장치
② 프레스 냉각장치
③ 염욕 냉각장치
④ 열유(120 ~150℃)냉각장치

> 대형 물체의 담금질 변형을 방지하기 위해 프레스로 누르면서 급랭을 하면 변형을 방지할 수 있다.

48 베어링용 강을 구상화하는 목적이 아닌 것은?

① 마모성을 향상시키기 위해
② 담금질 변형을 적게하기 위해
③ 기계가공성을 향상시키기 위해
④ 담금질 효과를 균일하게 하기 위해

> 구상화처리에 의해 내마모성이 향상된다.

49 합금강에 첨가되었을 때 열처리 경화능 향상 효과가 가장 큰 원소는?

① Si ② B
③ Cu ④ Ni

> B은 극소량만 첨가해도 경화능 향상에 효과적이다.

50 고체 침탄제의 구비조건이 아닌 것은?

① 고온에서 침탄력이 강해야 한다.
② 침탄 성분 중 P, S 성분이 적어야 한다.
③ 장시간 사용하여도 동일 침탄력을 유지하여야 한다.
④ 침탄 시 용적 변화가 크고 침탄 강재 표면에 고착물이 융착되어야 한다.

> 침탄시 용적변화가 없고, 강재 표면에 고착물이 형성되지 않아야 한다.

51 담금질 변형에 대한 설명으로 틀린 것은?

① 치수변화는 담금질 시 변태에 따른 팽창 및 수축을 말한다.
② 담금질 변형은 공랭보다는 유랭, 유랭보다는 수랭에서 변형 발생 가능성이 적다.
③ 열응력, 변태응력 또는 경화 상태가 불균일하기 때문에 생기는 변형이 있다.
④ 변형은 가열 및 냉각 시 처리부품의 휨, 비틀림 및 처짐 등의 현상이 있다.

> 담금질 변형은 수랭, 유랭, 공랭 순으로 발생 가능성이 크다.

52 TTT 곡선의 Nose와 M_s점의 중간 온도로 유지된 염욕 속에서 변태가 완료될 때까지 일정시간 유지한 다음, 공랭시키면 베이나이트 조직이 생기는 열처리 조작은?

① 오스포밍(ausforming)
② 마퀜칭(marquenching)
③ 오스템퍼링(austempering)
④ 타임 퀜칭(time quenching)

53 구상흑연 주철의 절삭성을 양호하게 하고 연성을 향상시키기 위한 열처리는?

① 퀜칭 ② 템퍼링
③ 어닐링 ④ 노멀라이징

54 이온질화(ion nitriding)법의 장점을 설명한 것 중 틀린 것은?

① 질화속도가 비교적 빠르다.
② 수소가스에 의한 표면 청정 효과가 있다.
③ 400℃ 이하의 저온에서도 질화가 가능하다.
④ 글로우 방전을 하므로 특별한 가열장치가 필요하다.

> 이온질화는 진공로에서 글로우 방전에 의한 플라즈마를 이용하므로 특수장치가 필요한 단점이 있다.

55 강의 담금질 제품에서 발생하는 열처리 결함은?

① 담금질균열, 열처리변형, 탈탄, 경화불충분
② 담금질팽창, 기포, 백층, 이상조직
③ 담금질수축, 침탄얼룩, 내부산화, 뜨임취성
④ 담금질취성, 편석, 이상조직, 백층

정답 49 ② 50 ④ 51 ② 52 ③ 53 ③ 54 ④ 55 ①

56 물체가 방사하는 단일 파장의 에너지를 이용하여 온도를 측정하는 온도계는?

① 색온도계
② 광온도계
③ 복사온도계
④ 열전대온도계

57 담금질한 후 뜨임을 하는 가장 큰 목적은?

① 마모화 ② 산화
③ 강인화 ④ 취성화

58 침탄담금질 시 나타나는 박리의 원인이 아닌 것은?

① 반복 침탄을 할 때
② 확산층이 깊을 때
③ 원재료가 너무 연할 때
④ 과잉침탄으로 인하여 C%가 표면에 너무 많을 때

> 침탄 시 박리 원인
> 과잉침탄에 의해 C%이 너무 많을 때, 원재료의 C%가 너무 적어서 연할 때, 박본 침탄을 할 때

59 강의 담금질성을 판단하는 방법이 아닌 것은?

① 강박시험에 의한 방법
② 임계지름에 의한 방법
③ 조미니시험에 의한 방법
④ 임계냉각속도를 사용하는 방법

> 강박시험은 표면경화층을 판정하는 방법이다.

60 열처리 시 발생하는 체적변화에 관한 설명으로 틀린 것은?

① 담금질하여 마텐자이트로 되면 팽창하는데, 강 중에 C%가 증가할수록 그 팽창량은 감소한다.
② 퀜칭 템퍼링하여 2차 경화하는 고합금강에서는 팽창한다.
③ 서브제로(Sub-Zero)처리하면 잔류 오스테나이트가 마텐자이트화 되기 때문에 팽창한다.
④ 잔류 오스테나이트의 양이 많아지면 수축하지만, 많을수록 상온방치 중에 시효변형의 원인이 된다.

> C%가 증가할수록 팽창량이 증가한다.

제4과목 ▶ 재료시험

61 금속 재료 굽힘 시험(KS B 0804)에 사용되는 직사각형 시험편의 모서리 부분은 반지름이 시험편 두께의 얼마를 넘지 않도록 라운딩 하여야 하는가?

① $\frac{1}{2}$ ② $\frac{1}{3}$
③ $\frac{1}{5}$ ④ $\frac{1}{10}$

62 취성재료 압축시험에서 ASTM이 추천한 봉상단주형 시편의 높이(h)와 직경(d)의 비는 어느 정도가 가장 적당한가?

① h = 10d   ② h = 5d
③ h = 3d   ④ h = 0.9d

정답 56 ② 57 ③ 58 ② 59 ① 60 ① 61 ④ 62 ④

63 와전류비파괴검사의 특징을 설명한 것 중 틀린 것은?

① 도체에만 적용이 가능하다.
② 시험체에 비접촉으로 탐상이 가능하다.
③ 시험체의 표층부에 있는 결함 검출을 대상으로 한다.
④ 고온 부위의 시험체에는 탐상이 불가능하고, 후처리가 필요하다.

> 와전류탐상은 고온부 측정도 가능하며, 후처리가 필요 없다.

64 충격시험에 대한 설명으로 틀린 것은?

① 모든 치수는 동일하고 노치의 반지름이 작을수록 응력집중이 크다.
② 모든 치수는 동일하고 노치의 깊이가 깊을수록 충격치는 감소한다.
③ 시험편 제작에 있어 시험편의 기호·번호 등은 시험에 영향을 미치지 않는 부위에 표시한다.
④ 시험편의 길이는 60mm, 높이 및 너비가 15mm인 정사각형의 단면을 가지며 V노치 또는 W노치를 가지고 있다.

> 시험편 길이는 55mm, 높이 및 너비는 10mm이다.

65 강의 비금속 개재물 측정 방법 – 표준도표를 이용한 현미경 시험방법(KS D 0204)에서 구형 산화물의 종류에 해당되는 것은?

① 그룹 A
② 그룹 B
③ 그룹 C
④ 그룹 D

> A계 : 황화물, B계 : 알루민산염, C계 : 규산염, D계 : 구형 산화물, DS계 : 단일 구형

66 크리프(creep)의 속도가 대략 일정하게 진행되는 단계는?

① 1단계
② 2단계
③ 3단계
④ 4단계

> 1단계 : 감속 크리프, 2단계 : 정상(일정한 속도) 크리프, 3단계 : 가속 크리프

67 1∼5% 황산 수용액에 브로마이드 인화지를 5분간 담근 후 수분을 제거한 다음 이것을 피검사체의 시험면에 1∼3분간 밀착시켜 철강 중에 있는 황(S)의 편석 분포 상태를 검사하는 시험은?

① 후드(Hood)법
② 헤인(Heyn)법
③ 제프리즈(Jefferies)법
④ 설퍼프린트(Sulfur Print)법

68 초음파탐상검사에 관한 설명 중 틀린 것은?

① 탐촉자를 사용한다.
② 초음파의 종류에는 종파, 횡파, 표면파, 판파가 있다.
③ 표면검사에 효과적이며, 시험체 두께 제한을 많이 받는다.
④ 금속의 결정립이 조대할 때 결함을 검출하지 못할 수 있다.

> 초음파탐상은 표면결함 검출은 어렵고, 시험편 두께 제약이 거의 없다.

정답 63 ④ 64 ④ 65 ④ 66 ② 67 ④ 68 ③

69 설퍼프린트 시험에서 점상편석을 나타내는 기호로 옳은 것은?

① S_D
② S_N
③ S_C
④ S_L

> S_N : 정편석, S_I : 역편석, S_D : 점상편석,
> S_C : 중심부편석, S_L : 선상편석, S_{CO} : 주상편석

70 자기비파괴검사에서 시험체에 가한 교류나 교류자속이 표면에서 최대이고, 내부로 갈수록 점차 감소하는 현상을 이용하여 표면 결함을 검출할 수 있는 것은 어떤 효과 때문인가?

① 충격효과
② 질량효과
③ 표피효과
④ 방사효과

71 노치 효과에 대한 설명으로 옳은 것은?

① 노치계수(β)는 1보다 작다.
② 형상계수(α)는 노치계수(β)보다 크다.
③ 노치에 둔한 재료에서는 노치민감계수(η)가 0(zero)에 접근한다.
④ 노치민감계수의 값은 노치에 민감하면 0 되고, 둔하면 1이 된다.

72 강성계수(G)와 비틀림 강도를 측정할 수 있는 시험법은?

① 커핑시험(cupping test)
② 피로시험(fatigue test)
③ 경도시험(hardness test)
④ 비틀림시험(torsion test)

73 피로 시험 시 안전 및 유의 사항으로 틀린 것은?

① 시험편은 정확하게 고정한다.
② 시험편은 편심이 생기도록 하여 진동을 준다.
③ 시험편이 회전되지 않는 상태에서는 하중을 가하지 않는다.
④ 시험편은 부식부분에 응력 집중이 생겨 부식 피로 현상이 생기므로 부식되지 않도록 보관한다.

74 탄소강의 불꽃시험에 대한 설명으로 틀린 것은?

① 강중의 탄소량이 증가하면 불꽃의 수가 많아진다.
② 탄소함량이 높을수록 유선의 색깔은 적색에 가깝다.
③ 탄소량이 낮을수록 유선의 길이는 짧으며, 불꽃의 숫자는 많다.
④ 불꽃 관찰 시 유선 한 개 한 개를 관찰하며, 뿌리부분은 주로 C, Ni양을 추정한다.

> 탄소량이 낮을수록 유선 길이는 길어지고, 숫자는 적어진다.

75 일정한 높이에서 시험편에 낙하시킨 해머가 반발한 높이로 경도를 측정하는 것은?

① 긁힘 경도계
② 쇼어 경도계
③ 비커스 경도계
④ 마르텐스 경도계

76 인장시험 한 시험 결과값을 구하는 식으로 틀린 것은?

① 인장강도 = $\dfrac{\text{최대하중}}{\text{원단면적}}$

② 항복강도 = $\dfrac{\text{상부항복하중}}{\text{원단면적}}$

③ 연신율 = $\dfrac{\text{파단된 길이}}{\text{원단면적}} \times 100\%$

④ 단면수축률 = $\dfrac{\text{시험전단면적} - \text{시험후단면적}}{\text{시험전단면적}} \times 100\%$

연신율 = $\dfrac{\text{파단후길이} - \text{파단전길이}}{\text{원길이}} \times 100$

77 현미경 조직 관찰을 위한 구리, 황동, 청동 등의 부식제로 사용되는 것은?

① 염화제2철 용액
② 수산화나트륨 용액
③ 피크린산 알콜 용액
④ 질산 아세트산 용액

78 마모 현상에 대한 설명으로 틀린 것은?

① 접촉 압력이 클수록 마모저항은 적다.
② 마모 변질층은 모체금속의 결정구조와 같다.
③ 진공상태에서는 대기보다 마모저항이 크다.
④ 고주파 담금질 처리된 강은 마모손실이 적다.

마모시험은 상대재와의 접촉에 의해 이루어지므로 변질층에는 모체와 상대재가 혼합되어 있으므로 결정구조가 다를 수 있다.

79 원통형 스프링에 압축하중이 작용할 때 스프링 와이어(wire)에 발생하는 응력은?

① 굽힘응력과 압축응력
② 압축응력과 전단응력
③ 수축응력과 굽힘응력
④ 전단응력과 비틀림응력

80 공칭변형량의 식을 옳게 표현한 것은?
(단, L_0 = 시험 전 시편 초기의 표점 거리
L = 시험 후 변형된 시편의 늘어난 표점 거리
e = 공칭응력이다.)

① $\epsilon = \dfrac{\Delta L}{L_0}$

② $\epsilon = \ln(e+1)$

③ $\epsilon = \dfrac{L_0}{\Delta L}$

④ $\epsilon = \ln(e-1)$

정답 76 ③ 77 ① 78 ② 79 ④ 80 ①

2021년 1회 금속재료산업기사 CBT 복원문제

제1과목 ▶ 금속재료

01 고망간강의 일종인 Hadfield steel의 설명으로 틀린 것은?

① 수인법을 이용한 강이다.
② 주요 조성은 0.9~1.4C%, 10~15Mn% 을 갖는다.
③ 열전도성이 좋고, 열팽창계수가 작아 열변형을 일으키지 않는다.
④ 광석·암석의 파쇄기 등 심한 충격과 마모를 받는 부품에 이용된다.

> 열전도성이 나쁘고, 팽창계수가 커서 열변형을 일으키기 쉽다.

02 융점 420℃, 비중 7.1의 청색을 띤 백색 금속으로 도금 및 다이캐스팅용에 많이 사용되는 금속은?

① Sn   ② Al
③ Zn   ④ Ni

03 금속을 냉간가공하면 결정입자가 미세화되어 재료가 단단해지는 현상은?

① 가공경화   ② 취성경화
③ 시효경화   ④ 표면경화

> **가공경화**
> 소성변형 후 강도가 증가하고 연성이 감소하는 현상

04 동합금의 표준조성과 명칭을 짝지은 것 중 맞는 것은?

① Tombac : 10~30%Zn황동
② Muntz metal : 5-5황동
③ Cartridage brass : 7-3황동
④ Admiralty brass : 6-4황동에 1%Sb황동

> ① 톰백 : Zn을 5~20% 함유
> ② 문쯔메탈 : 6 : 4황동
> ③ 카트리지 브라스 : 7 : 3황동
> ④ 에드미럴티황동 : 7 : 3황동에 1% 내외의 Sn을 첨가

05 구리가 다른 금속재료에 비하여 우수한 점이 아닌 것은?

① 경금속이며 열에 잘 견딘다.
② 전연성이 좋아 가공이 용이하다.
③ 전기 및 열의 전도성이 우수하다.
④ 아름다운 광택과 귀금속적 성질이 우수하다.

> 전기 및 열의 양도체이며 전연성과 가공성이 풍부하다.

정답 01 ③ 02 ③ 03 ① 04 ③ 05 ①

06 수소저장용합금은 수소가스와 반응하여 금속수소화물이 저장되고 저장된 수소는 필요에 따라 금속수소화물에서 수소가 방출되면 금속수소화물은 원래의 수소저장용 합금으로 되돌아간다. 이러한 합금에 해당되지 않는 합금계는?

① Li - Sn계
② Mg - Ni계
③ Fe - Ti계
④ Fe - Ni계

> **수소저장 합금**
> Ti, Zr, Mn, Fe, Co, Ni

07 다음 중 소결초경질 공구강의 금속 탄화물이 아닌 것은?

① WC
② GC
③ TiC
④ TaC

> **소결초경질 공구강**
> WC, TiC, TaC 등의 금속탄화물

08 상온에서 아공석강의 펄라이트 양이 30%이었다면 페라이트와 Fe_3C의 양을 구하면? (단, 공석점에서의 탄소는 0.8%이다)

① 페라이트 : 3.6%, Fe_3C : 26.4%
② 페라이트 : 26.4%, Fe_3C : 3.6%
③ 페라이트 : 16.4%, Fe_3C : 13.6%
④ 페라이트 : 13.6%, Fe_3C : 16.4%

> C%를 먼저 구하면
> C%=0.8×0.3=0.24%
> Fe_3C%=0.24/6.67×100=3.6%
> 페라이트%=30-3.6=26.4%

09 탄소강에서 가장 취약해지는 청열취성이 나타나는 온도(℃) 구간으로 옳은 것은?

① 50~100
② 200~300
③ 300~400
④ 500~600

> 일반적으로 철강은 상온보다 높은 250℃ 부근에서 인장강도와 경도가 커진다.

10 재료의 초기 조직으로 초소성을 얻기 위한 조직 조건에 대한 설명으로 틀린 것은?

① 모상의 입계는 고경각인 것이 좋다.
② 모상입계가 인장분리하기 쉬워야 한다.
③ 결정립의 모양은 등축이어야 한다.
④ 모상의 입자성장을 억제하기 위해서 제2상이 수~50% 존재하여야 한다.

> 모상입계가 인장분리하기 쉬워서는 안 된다.

11 규소강판에 요구되는 특성을 설명한 것 중 옳은 것은?

① 철손이 적어야 한다.
② 자화에 의한 치수 변화가 많아야 한다.
③ 사용 중에 자기적 성질의 변화가 커야 한다.
④ 박판을 적층하여 사용할 때 층간저항이 낮아야 한다.

12 0.8%C의 공석강 변태점은?

① A_0
② A_1
③ A_2
④ A_3

> A_1변태는 순철에는 없고 강에서만 일어나는 특유한 변태이다.

정답 06 ① 07 ② 08 ② 09 ② 10 ② 11 ④ 12 ②

13 다음 실용 황동 중 Zn의 함량이 5~20% 함유되어 있는 동 합금에 해당되지 않는 것은?

① 길딩 메탈(gilding matal)
② 로우 브라스(low brass)
③ 커머셜 브라스(commercial brass)
④ 카트리지 브라스(cartridge brass)

> 카트리지 브라스는 Zn 25~35% 함유한 7-3 황동이다.

14 황동의 상태도에서 Zn의 함유량에 따라 α, β, γ, δ, ε, η의 6상이 존재한다. 이들 조합 중 공업용으로 상용되는 두 가지 상(Phase)은?

① α, α+β
② β, β+δ
③ γ, γ+ε
④ ε, ε+η

> 황동에 함유된 Zn은 최대 45% 이하에서 활용되는 금속으로 α, α+β의 상만이 존재한다.

15 주석계 화이트 메탈에 대한 사항이 틀린 것은?

① Sn-Sb-Cu계 합금으로 Sb%, Cu%가 높을수록 경도, 인장강도, 항압력이 증가한다.
② 이 합금의 불순물로는 Fe, Zn, Al, Bi, As 등이 있다.
③ 마찰 계수가 높아 저하중 저속용으로 사용된다.
④ 이 합금은 가격을 낮추기 위하여 Pb를 30%까지 첨가하여 사용하기도 한다.

> 마찰계수가 적어 고하중 고속용으로 사용한다.

16 7 : 3 황동에 1%의 주석(Sn)이 첨가될 때 겉보기 아연(Zn) 함유량은 몇 %인가? (단, Sn의 Zn당량은 2이다)

① 29.09
② 31.37
③ 44.44
④ 76.19

17 니켈을 주성분으로 하는 니켈계 내열합금으로서 열전대에 사용하는 것은?

① 두랄루민(duralumin)
② 엘렉트론(elektron)
③ 포금(gun metal)
④ 알루멜(alumel)

> 알루멜 크로멜 열전대는 1,000℃ 이하의 측정온도에 적용한다.

18 다음 중 쾌삭강에 대한 설명으로 틀린 것은?

① 강재에 Se, Pb 등의 원소를 배합하여 피삭성을 좋게한 강을 쾌삭강이라 한다.
② S 쾌삭강에 Pb을 동시에 첨가하여 쾌삭성을 더욱 향상 시킨 것을 초쾌삭강이라 한다.
③ Pb 쾌삭강은 탄소강 또는 합금강에 0.1~0.3% 정도의 Pb를 첨가하여 피삭성을 좋게한 강이다.
④ Pb 쾌삭강에서 Pb는 Fe 중에 고용되어 Fe가 chip breaker의 역할과 윤활제 작용을 한다.

> 쾌삭강에서 Pb가 chip breaker의 역할과 윤활제 작용을 한다.

정답 13 ④ 14 ① 15 ③ 16 ② 17 ④ 18 ④

19 다음 중 Ni합금이 아닌 것은?

① 콘스탄탄(Constantan)
② 모넬합금(Monel metal)
③ 알드레이(Aldrey)
④ 엘린바(Elinvar)

> 알드레이
> 내식성 알루미늄 합금

20 다음 중 니켈(Ni)에 대한 설명으로 옳은 것은?

① 니켈의 격자는 조밀육방격자이다.
② 니켈의 비중은 약 12.8이다.
③ 니켈은 열간 및 냉간가공을 할 수 없다.
④ 니켈은 대기 중에 부식되지 않으나 아황산가스 분위기에는 심하게 부식된다.

> 니켈
> 면심입방격자, 비중 8.9, 열간 및 냉간가공 용이, 아황산가스 분위기에서 심하게 부식

제2과목 ▶ 금속조직

21 다음 중 원자의 배열이 선상으로 결함을 이룬 것은?

① 크로디온   ② 전위
③ 쇼트키 결함   ④ 적층결함

> • 점결합 : 크로디온, 쇼트키결함
> • 면결함 : 적층결함

22 냉간가공(cold working)을 받은 금속에 대한 설명 중 틀린 것은?

① 공격자점이 감소한다.
② 밀도가 감소한다.
③ 전기저항이 증가한다.
④ 연신이 감소한다.

> 공격자점이 증가한다.

23 깁스의 상률에서 물의 자유도(F)를 구하는 관계식으로 옳은 것은? (단, C는 성분의 수, P는 상의 수이다)

① $F = C - P + 2$ ② $F = P - C + 2$
③ $F = C + P + 2$ ④ $F = C - P - 2$

> 자유도
> $F = C - P + 2$ (물의 경우)
> $F = C - P + 1$ (금속의 경우)

24 불규칙에서 규칙상이 되면 일반적으로 단위격자가 커지는 현상을 무엇이라 하는가?

① 초격자   ② 규칙격자
③ 감마격자   ④ 불규칙격자

> 초격자
> 불규칙에서 규칙상이 되면 일반적으로 단위격자가 커지는 현상

25 규칙격자를 만드는 일반적인 3가지의 형태가 아닌 것은?

① AB형   ② A_3B형
③ A_3B_2형 ④ AB_3형

26 마텐자이트(matensite)조직의 결정형상에 속하지 않는 것은?

① 렌즈상(lens phase)
② 입상(granular phase)
③ 래스상(lath phase)
④ 박판상(thin plate phase)

> 마텐자이트계 조직의 결정 현상
> 렌즈상, 래스상, 박판상

27 어떠한 합금에서 규칙-불규칙 변태가 일어났는가를 조사할 때 가장 적당한 실험은?

① 투자율검사
② 시차열분석 검사
③ 전자현미경 조직검사
④ X-선 회절검사

> 불규칙합금에 나타나는 회절선 외에 규칙격자선이라고 부르는 다른 회절선이 나타난다. 이것은 규칙격자에는 다수의 특유한 간접선이 있기 때문에 규칙-불규칙변태를 알 수 있음

28 금속에 있어서 확산을 나타내는 Fick의 제 1법칙의 식으로 옳은 것은? (단, J는 농도구배, D는 확산계수, C는 농도, X는 위치(거리)이고, 농도의 시간적 변화는 고려하지 않는다)

① $J = -D\dfrac{dc}{dx}$
② $J = -D\dfrac{dx}{dc}$
③ $J = D\dfrac{dx}{dc}$
④ $J = D\dfrac{dc}{dx}$

> D는 정수이고 확산계수라 부르며, cm²/sec, cm²/day 등의 단위로 나타냄

29 한 용매금속에 다른 용질금속이 용해 혼합되어 물리적, 기계적 방법으로 식별하기가 어렵고, 액체의 상태가 응고 후에도 그대로 나타나는 상태를 무엇이라고 하는가?

① 고용체
② 공석체
③ 공정체
④ 편정체

30 고체상태에서 확산속도가 작아서 균등하게 확산하지 못하고 결정립 내에서 부분적으로 불평형이 생겨 수지상정으로 나타나는 현상은?

① 주상조직
② 입내편석
③ 입계편석
④ 유심조직

31 실제 용융금속을 냉각시키면 열역학적 평형 융점보다 낮은 온도에서 응고되는 현상을 무엇이라 하는가?

① 과냉각 현상
② 과열 현상
③ 핵생성 현상
④ 결정립성장 현상

> 과냉현상
> 액체금속이 응고할 때 녹는점보다 낮은 온도에서 응고가 시작되는 현상

정답 26② 27④ 28① 29① 30② 31①

32 재결정을 좌우하는 인자에 관한 설명으로 옳은 것은?

① 변형량이 증가함에 따라 재결정율은 감소한다.
② 변형량이 작을수록 재결정온도는 낮아진다.
③ 순도가 높은 금속일수록 재결정온도는 낮아진다.
④ 어닐링 온도 및 시간을 같이하면 초기 입자의 지름이 클수록 재결정을 일으키는 데 필요한 변형량은 감소한다.

> 고순도의 금속일수록 재결정하기가 쉽고 저온의 소둔으로 재결정이 일어난다.

33 표면확산, 입계확산, 격자확산 중 확산이 가장 빠른 순서에서 낮은 순서로 나타낸 것은?

① 표면확산 > 입계확산 > 격자확산
② 입계확산 > 격자확산 > 표면확산
③ 격자확산 > 표면확산 > 입계확산
④ 표면확산 > 격자확산 > 입계확산

> **확산의 법칙**
> 고체내에서 원자간 평형위치 결합에 의해 확산이 제한적이고 고체내 열적진동에 의한 원자 이동에 의해 발생

34 FCC금속에서 슬립면과 슬립방향으로 옳은 것은?

① 슬립면 {110}, 슬립방향 ⟨0001⟩
② 슬립면 {111}, 슬립방향 ⟨110⟩
③ 슬립면 {1$\bar{1}$0}, 슬립방향 ⟨0001⟩
④ 슬립면 {101}, 슬립방향 ⟨1120⟩

> FCC금속 : {111}, ⟨110⟩

35 금속결합의 특징이라 할 수 있는 것은?

① Coulomb력에 의한 결합
② 가전자의 공유에 의한 결합
③ 자유전자의 존재에 의한 결합
④ 분극 현상에 의한 결합

36 금속간 화합물의 특성을 옳게 설명한 것은?

① 일반화합물에 비하여 결합력이 강하다.
② 어느 성분 금속보다 경도가 높다.
③ 일반적으로 성분금속보다 융점이 낮다.
④ 구성 성분 금속의 특성이 그대로 나타난다.

37 금속의 응고과정에서 고상의 자유에너지 변화에 대한 설명으로 틀린 것은? (단, r_0는 임계핵의 반지름, r은 고상의 반지름, E_v은 체적 자유에너지, E_s는 계면 자유에너지이다)

① $r < r_0$인 경우에는 반지름이 증가함에 따라 자유에너지는 감소한다.
② 고상의 전체 자유에너지의 변화는 $E = E_s - E_v$로 표시된다.
③ r_0 이상 크기의 고상을 결정의 핵(nucleus)이라한다.
④ r_0 이하 크기의 고상입자를 엠브리오(embryo)라 한다.

38 규칙-불규칙변태에서 장범위규칙도가 0일 때의 상태는?

① 단범위 규칙상태
② 완전 규칙상태
③ 완전 불규칙상태
④ 장범위 규칙상태

> 완전 규칙상태 : 1, 완전 불규칙상태 : 0

정답 32 ③ 33 ① 34 ② 35 ③ 36 ② 37 ① 38 ③

39 금속의 변태점 측정방법이 아닌 것은?

① 시차 열 분석법
② 전기 저항법
③ 자기 분석법
④ 라우에법

> 변태점 측정법
> 열분석법, 비열법, 전기저항법

40 깁스(Gibbs)의 상률을 물의 상태도에 적용하면 액상, 고상, 기상이 공존하는 삼중점에서의 자유도(degree of freedom)는?

① 0 ② 1
③ 2 ④ 3

> $F = C-P+2 = 1-3+2 = 0$

제3과목 ▶ 금속열처리

41 강이 고온에서 열처리되어 탈탄이 되었을 경우 일어나는 현상으로 옳은 것은?

① 내피로강도를 증가시킨다.
② 탈탄층에는 펄라이트 조직이 발달한다.
③ 표면에 인장응력이 발생하여 변형되거나 크랙의 원인이 된다.
④ 결정이 미세화되어 기계적 성질이 향상된다.

> 탈탄
> 산소와 산화작용으로 강재의 탄소함유량이 감소되는 현상

42 다음은 Al-4%Cu합금의 열처리에 관한 설명으로 옳은 것은?

① 500~550℃부근에서 1~2시간 유지한 후 서냉에 의하여 $CuAl_2$를 미세하게 석출 경화시킨다.
② 담금질효과가 없으므로 500℃부근에서 1~2시간 유지한 후 풀림처리하여 내부응력을 제거한다.
③ 510~530℃에서 5~10시간 정도 가열한 후 수냉하고, 150~180℃에서 5~10시간 시효경화시킨다.
④ 500~550℃부근에서 1~2시간 유지한 후 수냉에 의하여 무확산 변태 처리로 마텐자이트가 생성한다.

43 침탄 온도 927℃로 저탄소강에 8시간 침탄할 때 생성되는 침탄층의 깊이는 약 몇 mm인가? (단, 927℃일 때 확산 정수 값은 0.635이며, Harris의 방정식을 이용한다)

① 1.80 ② 2.85
③ 3.80 ④ 4.85

> $D(927℃) = 0.635 \sqrt{t} = 0.635 \sqrt{8} = 1.796$

44 공석강의 연속냉각곡선(CCT)에서 냉각속도가 빠를 때 생성되는 조직의 순서로 옳은 것은?

① 트루스타이트 → 소르바이트 → 펄라이트 → 마텐자이트
② 마텐자이트 → 트루스타이트 → 소르바이트 → 펄라이트
③ 펄라이트 → 소르바이트 → 마텐자이트 → 트루스타이트
④ 마텐자이트 → 펄라이트 → 트루스타이트 → 소르바이트

정답 39 ④ 40 ① 41 ③ 42 ③ 43 ① 44 ②

45 진공로에서 단열재가 갖추어야 할 조건이 아닌 것은?

① 열용량이 적어야 한다.
② 단열효과가 커야 한다.
③ 흡습성이 있어야 한다.
④ 열적 충격에 강해야 한다.

> 흡습성이 적어야 한다.

46 고속도공구강인 SKH 2 강을 경도 HRC 63 이상을 얻고자 할 때의 담금질 온도(℃)로 옳은 것은?

① 780~580
② 850~950
③ 1,000~1,500
④ 1,250~1,290

47 CH_4 가스를 변성로에서 Ni을 촉매로 변성시킨 후 가열로에서 침탄처리를 하였다. 이 경우 100g의 CH_4 가스가 모두 활성탄소 C와 H_2 가스로 분해되었다고 가정하면, 생성되는 활성탄소 C의 양은 몇 g인가? (단, C의 원자량은 12, H의 원자량은 1이다)

① 25
② 50
③ 75
④ 125

48 탄소강을 담금질할 때 재료 외부와 내부의 담금질 효과가 다르게 나타나는 현상을 무엇이라 하는가?

① 질량효과
② 노치효과
③ 천이효과
④ 피니싱효과

> **질량효과**
> 강재의 질량의 대소에 따라서 열처리 효과가 달라지는 비율

49 고속도공구강(SKH51)의 경도를 HRc 63 이상의 경도로 얻고자 할 때 담금질 및 뜨임 온도로 옳은 것은?

① 담금질 : 1,200~1,240℃(유냉), 뜨임 : 540~570(공냉)
② 담금질 : 1,050~1,140℃(유냉), 뜨임 : 500~540(공냉)
③ 담금질 : 850~940℃(유냉), 뜨임 : 450~500(공냉)
④ 담금질 : 650~740℃(유냉), 뜨임 : 400~450(공냉)

50 다음 곡선은 58℃의 정수에 있어서의 냉각 곡선을 나타낸 것으로 증기막 단계에 해당되는 부분은?

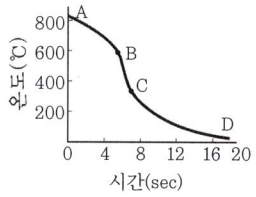

① 곡선 AB
② 곡선 BC
③ 곡선 CD
④ 곡선 AD

> 곡선 BC : 비등단계, 곡선 CD : 대류단계

51 가열로에 사용되는 내화재 중 원자가가 3가인 금속 산화물내화재이며, 알루미나(Al_2O_3)를 주성분으로 하는 내화재는?

① 산성내화재
② 염기성내화재
③ 알카리성내화재
④ 중성내화재

> 알루미나(Al_2O_3) : 중성내화제

정답 45 ③ 46 ④ 47 ③ 48 ① 49 ① 50 ① 51 ④

52 화염경화 열처리 시 열원으로 사용하는 가스가 아닌 것은?

① 프로판 가스
② 부탄 가스
③ 산소-아세틸렌 가스
④ 암모니아 가스

53 다음 중 수용액에서 퀜칭 시 냉각속도가 가장 빠른 단계는?

① 복사단계
② 비등단계
③ 대류단계
④ 증기막 형성단계

54 공석강의 연속냉각변태에서 냉각속도가 빠른 순서에 따라 형성되는 최종 조직의 순서로 옳은 것은?

① 트루스타이트 〉 마텐자이트 〉 소르바이트 〉 조대 펄라이트
② 마텐자이트 〉 트루스타이트 〉 소르바이트 〉 조대 펄라이트
③ 트루스타이트 〉 마텐자이트 〉 조대 펄라이트 〉 소르바이트
④ 마텐자이트 〉 조대 펄라이트 〉 소르바이트 〉 트루스타이트

55 다음 중 화염경화처리의 특징으로 옳은 것은?

① 부품의 크기나 형상에 제한이 없다.
② 국부적인 담금질은 불가능하다.
③ 담금질 온도 조절이 쉽다.
④ 담금질 변형은 없으나, 내마모성이 떨어진다.

> 산소-아세틸렌 불꽃으로 강재의 표층부를 담금질 온도까지 급속하게 가열하고 이어서 강재를 물로 냉각하여 담금질 경화시키는 방법

56 탄소강을 고온에서 열처리할 때 표면산화나 탈탄을 방지하기 위하여 행하는 로 내의 분위기가 아닌 것은?

① 산화성 가스 분위기
② 진공 분위기
③ 불활성 가스 분위기
④ 환원성 가스 분위기

> 노 내의 분위기를 진공, 불활성가스, 환원성가스 분위기에서 열처리하여 산화 및 탈탄을 방지

57 다음의 강을 완전 풀림을 하게 되면 나타나는 조직으로 옳은 것은?

① 아공석강 → 헤드필드강 + 레데뷰라이트
② 과공석강 → 시멘타이트 + 층상펄라이트
③ 공석강 → 페라이트 + 레데뷰라이트
④ 과공정 주철 → 페라이트 + 스텔라이트

> 과공석강을 완전풀림하면 망상조직으로 시멘타이트와 층상 펄라이트 조직으로 나타난다.

58 뜨임 취성을 방지하는 데 가장 효과적인 첨가원소는?

① Mn
② Cr
③ Ni
④ Mo

정답 52 ④ 53 ② 54 ③ 55 ① 56 ① 57 ② 58 ④

59 백심 가단주철을 제조하기 위해서 백주철에 적철광 및 산화철 가루와 함께 풀림 상자에 넣어 900~1,000℃에서 40~100시간 가열하면 표면에 발생되는 현상은?

① 침탄   ② 탈탄
③ 환원   ④ 흑연화

> 탈탄은 백심가단주철을 제조하는 단계에서 백주철과 적철광 및 철가루를 가열할 때 표면에 발생하는 현상

60 염욕이 갖추어야 할 조건에 해당되지 않는 것은?

① 염욕의 순도가 높고 유해 불순물이 포함하지 않는 것이 좋다.
② 가급적 흡수성이 커야 하고, 염욕의 분해를 촉진해야 한다.
③ 열처리 후 제품의 표면에 점착한 염의 세정이 좋아야 한다.
④ 열처리 온도에서 염욕의 점성이 적고, 증발 휘산량이 적어야 한다.

> 가급적 흡습성이 적어야 함

제4과목 ▶ 재료시험

61 다음 중 방사선투과검사에서 사용되는 방사성동위원소의 반감기가 가장 긴 것은?

① Tm-170   ② Ir-192
③ Cs-137   ④ Co-60

> ① 129일 ② 75일 ③ 30년 ④ 5.3년

62 탄소강의 탄소량을 간단하게 가장 빠르게 검사할 수 있는 검사법은?

① 점프용해법   ② 화학분석법
③ 마이크로시험법   ④ 불꽃시험법

> **불꽃시험**
> 불꽃유선의 길이, 유선의 밝기, 유선의 굵기, 유선의 색, 불꽃의 수를 보고 강종을 판별한다.

63 탄성한계 내에서 가로변형이 2, 세로변형이 5일 경우 포아송비는?

① 3.5   ② 2.5
③ 1.5   ④ 0.4

> 포아송비 = 1/m = 가로변형/세로변형

64 철강의 현미경 조직을 검사하는 데 사용되는 나이탈(Nital) 부식액의 조성으로 옳은 것은?

① 염산 + 물   ② 진한질산 + 알콜
③ 질산 + 물   ④ 피크린산 + 알콜

> • 나이탈 : 진한질산+알콜
> • 피크랄 : 피크린산+알콜

65 피로 시험 시 철강의 경우 시험 반복 횟수로 가장 이상적인 것은?

① $10^2 \sim 10^3$ ② $10^6 \sim 10^7$
③ $10^9 \sim 10^{10}$ ④ $10^{11} \sim 10^{12}$

> 강철의 경우 이상적인 시험반복횟수 $10^6 \sim 10^7$

66 충격 시험 전 사전 점검사항으로 최종 단계에 해당하는 것은?

① 해머 이동각도 지시계를 확인하고 0(zero)으로 조정
② 해머의 고정부와 축회전부의 조임 상태를 확인
③ 시험편이 없는 상태에서 공시험으로 흡수에너지가 0(zero)인 것을 확인
④ 해머 속도의 감속 및 정지 기능 확인을 위한 브레이크 부위 점검

67 연성재료의 인장시험을 통해 알 수 없는 것은?

① 연신율　② 항복강도
③ 굽힘강도　④ 인장강도

> 굽힘시험
> 재료의 굽힘에 대한 저항력을 측정하는 시험

68 와전류 탐상시험의 특성을 설명한 것 중 틀린 것은?

① 자장이 발생하는 동일 주파수에서 진동한다.
② 전도체 내에서만 존재하며, 교번 전자기장에서 의해서 발생한다.
③ 코일에 가장 근접한 검사체의 표면에서 최대 와전류가 발생한다.
④ 와전류가 물체에 침투되는 깊이는 시험주파수, 전도성, 투자율과 비례한다.

> 검사 대상 이외의 재료적 인자(투자율, 전도성, 열처리, 온도 등)의 영향에 의한 잡음이 검사의 방해가 되는 경우가 있다.

69 크리프 시험에 관한 설명으로 틀린 것은?

① 용융점이 낮은 금속은 상온에서도 크리프 현상이 발생한다.
② 크리프는 일반적으로 온도, 응력 및 시간의 함수로 표시된다.
③ 어떤 시간 후에 크리프가 정지하는 최대 응력을 크리프 한도라 한다.
④ 재료에 주기적이고 반복적인 하중을 가하여 파괴되는 현상이다.

> 재료에 주기적이고 반복적인 하중을 가하여 파괴되는 현상은 피로 파괴이다.

70 구리, 황동, 청동 등의 조직을 관찰하기 위한 부식액은?

① 피크린산 용액
② 염화제이철 용액
③ 질산초산 용액
④ 수산화나트륨 용액

> ① 철강　② 구리, 황동, 청동
> ③ Ni 및 그 합금　④ Al 합금

71 금속 원소에 대한 격자간 거리와 구조를 결정하기 위한 결정격자 측정법에 이용되는 시험은?

① 커핑 시험
② 에릭슨 시험
③ X선 회절 시험
④ 자력 측정 시험

> X선은 물체의 결정에 의해서 회절하는 전자파로서 파장은 0.01~100Å 정도

72 어떠한 기계나 구조물 등을 제작하여 사용할 때 변동 응력이나 반복 응력이 무한히 반복되어도 파괴되지 않는 내구한도를 찾고자 하는 시험은?

① 피로시험 ② 크리프시험
③ 마모시험 ④ 충격시험

> 피로시험
> 금속재료 시험에서 작은 힘으로 반복적인 하중을 가하여 시험하는 방법

73 비파괴 시험의 종류와 그에 따른 약호가 서로 틀린 것은?

① 초음파탐상시험 : UT
② 방사선투과시험 : RT
③ 자분탐상시험 : MT
④ 침투탐상시험 : LT

> 침투탐상시험 : PT

74 강철의 ASTM 입도 번호가 7일 경우 100배의 배율에서 현미경에 사진 1평방 인치 내에 들어있는 결정 입자 수는?

① 8   ② 16
③ 64   ④ 82

> 결정입자수 $n = 2^{(N-1)} = 2^{7-1} = 64$

75 다음 중 자분탐상시험법을 적용할 수 없는 것은?

① Fe   ② Co
③ Ni   ④ Al

> Al은 비자성 재료이다.

76 매우 작은 금속편의 현미경 조직검사를 위한 시험절차로 적합한 것은?

① 시편채취 → 연마 → 마운팅 → 부식 → 조직 관찰
② 시편채취 → 연마 → 부식 → 마운팅 → 조직 관찰
③ 시편채취 → 마운팅 → 연마 → 부식 → 조직 관찰
④ 시편채취 → 마운팅 → 부식 → 연마 → 조직 관찰

77 크리프 시험에 대한 설명으로 틀린 것은?

① 어떤 재료에 크리프가 생기는 요인은 온도, 하중, 시간이다.
② 1단계 크리프는 감속 크리프라 하며 변형률이 감소되는 단계이다.
③ 크리프 한도란 어떤 시간 후에 그리프기 정지하는 최대응력이다.
④ 철강 및 경합금 등은 250℃ 이하의 온도에서 크리프 현상이 일어난다.

> 철강 및 경합금 등은 250℃ 이상의 온도에서 크리프 현상이 일어난다.

정답 72 ① 73 ④ 74 ③ 75 ④ 76 ③ 77 ④

78 마모시험에서 마모에 관한 설명으로 옳은 것은?

① 부식이 쉬운 것은 내마모성이 적다.
② 마찰열의 방출이 빠를수록 내마모성이 나쁘다.
③ 응착이 어려운 재료의 조합은 내마모성이 작다.
④ 표면이 딱딱하면 접촉점의 변형이 많고 마모에 약하다.

> 마모시험에 영향을 주는 인자
> 마찰속도, 마찰압력, 마찰면 거칠기

79 방사선 투과시험의 X선 장치에서 X선을 발생시키기 위해 갖추어야 할 구비 조건이 아닌 것은?

① 열전자의 충격을 받는 금속 표적(target)이 있어야 한다.
② 열전자를 가속시켜 주어야 한다.
③ 열전자와 발생선원이 있어야 한다.
④ 열전자 흡수장치가 있어야 한다.

80 강재의 재질 판별법 중의 하나인 불꽃시험 시 시험통칙에 대한 설명으로 틀린 것은?

① 유선의 관찰 시 색깔, 밝기, 길이, 굵기 등을 관찰한다.
② 바람의 영향을 피하는 방향으로 불꽃을 방출시킨다.
③ 0.2%탄소강의 불꽃길이가 500mm정도의 압력을 가한다.
④ 시험장소는 개인의 작업안전을 위하여 아주 밝은 실내가 좋다.

> 불꽃시험은 밝은 실내에서는 관찰할 수 없다.

2021년 2회 금속재료산업기사 CBT 복원문제

제1과목 ▶ 금속재료

01 리드 프레임(Lead frame) 재료에 요구되는 성능이 아닌 것은?

① 재료를 보다 작고 얇게 하기 위하여 강도가 낮을 것
② 재료의 치수정밀도가 높고 잔류응력이 작을 것
③ 본딩(bonding)을 위한 우수한 도금성을 가질 것
④ 고집적화에 따라 열방산이 좋을 것

02 인성에 대한 설명으로 틀린 것은?

① 충격에 대한 재료의 저항을 인성이라고 한다.
② 연신율이 큰 재료가 일반적으로 충격저항이 크다.
③ 인성과 충격저항은 상관관계가 없다.
④ 충격을 가하여 시편을 파괴하는 데 필요한 에너지로부터 인성을 산출한다.

03 FRM용 강화섬유 중 인장강도가 가장 큰 것은?

① 알루미나   ② C(PAN)
③ C(피치)   ④ 보론

① 알루미나 : 260kg$_f$/mm^2
② C(PAN) : 290~330kg$_f$/mm^2
③ C(피치) : 210kg$_f$/mm^2
④ 보론 : 350kg$_f$/mm^2

04 황동의 조직에 대한 설명으로 틀린 것은?

① 실용되는 것은 α 및 α + β 의 2개의 상이다.
② α – 고용체는 연하고 연성이 크다.
③ β – 고용체는 체심입방격자 조직의 결정을 갖는다.
④ γ – 고용체는 가공성이 우수하다.

γ– 고용체는 취약하고 가공성이 불량하여 실용성이 낮음

05 특수강에 첨가되는 Ni원소의 특성으로 옳은 것은?

① 인성 증가
② 뜨임 취성 방지
③ 결정입자 조절
④ 전자기 특성 증가

강인성, 내식성 및 내산성을 증가시킴

정답 01 ① 02 ③ 03 ④ 04 ④ 05 ①

06 아연 및 금형용 아연합금에 대한 설명으로 틀린 것은?

① 아연은 건조한 공기 중에서는 거의 산화하지 않는다.
② 아연은 대표적인 고용융점 금속이다.
③ 금형용 아연합금의 대표적인 것으로는 KM합금, ZAS, kirksite 등이 있다.
④ 금형용 아연합금의 표준 성분은 Zn에 4%Al − 3%Cu − 0.03%Mg 등으로 구성되어 있다.

> 고용융점금속
> 철의 녹는점인 1,535℃보다 높은 금속

07 Al−Si계 합금은 주조조직에 나타나는 Si는 육각판상의 거친 결정이므로 접종시켜 조직을 미세화시키고 경도를 개선시키는 처리를 개량처리라 한다. 다음 중 접종제가 아닌 것은?

① 금속나트륨   ② 불화알칼리
③ 가성소다   ④ 알루미늄

> 금속나트륨, 불화알칼리, 가성소다

08 주로 열간 금형용 합금공구강 재료로 사용되는 강종이 아닌 것은?

① STD 4종   ② STD 5종
③ STD 11종   ④ STD 61종

> STD 11 : 냉간가공용 금형강

09 복합재료의 특성을 설명한 것 중 틀린 것은?

① 성분이나 형태가 다른 두 종류 이상의 소재가 거시적으로 조합되어 유효한 기능성 재료이다.
② 두 종류 이상의 재료가 미시적으로 조합되어 거시적으로 균질한 합금이다.
③ 일반적으로 층상 복합재료, 입자강화 복합재료, 섬유강화 복합재료 등으로 구분할 수 있다.
④ 탄소섬유, 케블라섬유 등 고성능 보강섬유를 활용한 복합재료를 고성능 복합재료로 구분하여 사용하기도 한다.

> 거시적으로 불균일한 합금

10 금속변태 중 동소변태에 대한 설명으로 틀린 것은?

① 자성변화가 생긴다.
② 격자배열의 변화가 생긴다.
③ A_3, A_4 변태를 동소변태라 한다.
④ 일정온도에서 불연속적인 성질 변화를 일으킨다.

> 압력이나 온도가 다른 조건에서 결정형태가 변하는 것

11 구상흑연주철이 주조한 상태에서 나타나는 조직이 아닌 것은?

① Cementite형   ② Pearlite형
③ Ferrite형   ④ Austenite형

> 기지조직에 따른 형태
> 시멘타이트형, 페라이트형, 펄라이트형, 페라이트+펄라이트형

12 분말야금(power metallurgy)의 특징으로 틀린 것은?

① 절삭공정을 생략할 수 있다.
② 용해법으로는 만들 수 없는 합금을 만들 수 있다.
③ 다공질의 금속재료를 만들 수 있다.
④ 제조과정에서 융점까지 온도를 올려야 한다.

> 융점 이하의 온도에서 제조

13 비정질 합금의 특성을 설명한 것 중 틀린 것은?

① 구조적으로 장거리의 규칙성이 없다.
② 불균질한 재료이고 결정이방성이 존재한다.
③ 전기저항이 크고 그 온도의 의존성은 작다.
④ 강도가 높고 연성도 크나 가공경화는 일으키지 않는다.

> 비정질 합금은 결정이 형성되지 않은 상태의 재료

14 Cd, Zn과 같은 6방계 금속을 슬립면에 수직으로 압축할 때 생긴 변형부분을 무엇이라 하는가?

① Kink band
② lattice rotation
③ cross slip
④ wavy slip line

15 주철 중의 Fe_3C를 분해하여 흑연화하는 원소로서, 이 성분이 높은 주철은 급냉하지 않는 한 공정 흑연을 정출한다. 또한 4% 이상 첨가하면 안정한 산화막을 만들어 내산화성이 우수해지는 이 원소는?

① Cr
② Ni
③ Si
④ Al

16 전열합금에 요구되는 특성으로 틀린 것은?

① 전기저항이 낮을 것
② 화학적으로 안정할 것
③ 고온의 대기 중에서 산화에 견딜 것
④ 용접성이 좋고 반복가열에 견딜 것

> 전열합금은 전기저항이 높을 것

17 Ni-Cr 합금으로 내열성과 내식성이 함께 요구되는 석유화학장치, 약품 및 식품공업에 사용되는 재료는?

① 인바
② 인코넬
③ 퍼멀로이
④ 플래티나이트

> 인코넬은 Ni-Cr-Fe 합금으로 내산성이 강하고 900℃ 이상의 온도에 있어서도 산화하지 않기 때문에 우유가공기·전열기의 부품, 고온계의 보호판 등에 사용된다.

18 금속의 소성변형 시 경도와 강도가 증가하는 현상을 무엇이라고 하는가?

① 재결정
② 가공경화
③ 석출
④ 고용경화

> **가공경화**
> 재료를 가공하면 경화되는 성질로서 가공도의 증가에 따라 강도, 경도가 증가한다.

정답 12 ④ 13 ② 14 ① 15 ③ 16 ① 17 ② 18 ②

19 어떤 금속의 길이가 10℃에서 10mm인 봉을 15℃로 올렸을 때 10.0013mm로 팽창했다면 이 금속의 선팽창계수는?

① $23×10^{-6}$ ② $23.9×10^{-6}$
③ $26×10^{-5}$ ④ $29.9×10^{-6}$

> 온도 1℃ 상승할 때 팽창한 길이를 원래의 길이로 나눈값

20 18금(18K)의 순금 함유율은 몇 %인가?

① 60 ② 75
③ 85 ④ 95

> 순금함유율 = 100×18K/24K = 75%

제2과목 금속조직

21 금속의 응고과정에서 고상의 자유에너지 변화에 대한 설명으로 틀린 것은? (단, r_0는 임계핵의 반지름, r은 고상의 반지름, Ev은 체적 자유에너지, Es는 계면 자유에너지이다)

① $r < r_0$ 인 경우에는 반지름이 증가함에 따라 자유에너지는 감소한다.
② r_0 이하 크기의 고상입자를 엠브리오(embryo)라 한다.
③ r_0 이상 크기의 고상을 결정의 핵(necleus)이라 한다.
④ 고상의 전체 자유에너지의 변화는 E = Es − Ev로 표시된다.

> $r < r_0$인 경우에는 반지름이 증가함에 따라 자유에너지는 증가함

22 다음 중 킹크 변형(kinking)의 발생이 가장 쉬운 경우는?

① FCC 금속을 slip 면에 수직으로 압축할 때
② BCC 금속을 slip 면에 수직으로 압축할 때
③ HCP 금속을 slip 면에 수직으로 압축할 때
④ BCC 금속을 slip 면에 평행하게 압축할 때

23 고용체를 형성하면 순금속보다 강도가 커지는 이유는?

① 결정격자의 strain 때문에
② 비중이 증가하기 때문에
③ 전기저항이 증가하기 때문에
④ 미끄럼 강도가 저하하기 때문에

> 용질원자와 용매원자의 크기가 같지 않아 스트레인이 발생하여 강도가 커짐

24 용융금속의 응고과정에서 주형벽으로부터 나타나는 조직의 순서는?

① 칠드영역 − 주상정 − 등축정
② 주상정 − 등축정 − 칠드영역
③ 등축정 − 칠드영역 − 주상정
④ 등축정 − 주상정 − 칠드영역

25 확산의 속도가 빠른 순서로 나열된 것은?

① 표면확산 > 입계확산 > 격자확산
② 표면확산 > 격자확산 > 입계확산
③ 격자확산 > 표면확산 > 입계확산
④ 입계확산 > 격자확산 > 표면확산

> **확산**
> 고체 내에서 원자간 평형위치 결함에 의해 확산이 제한적이고 내열적 진동에 의한 원자이동에 의해 발생

정답 19 ③ 20 ② 21 ① 22 ③ 23 ① 24 ① 25 ①

26 일정한 압력하에 있는 Fe-C합금의 포정점이 일정한 온도와 조성에서 생기는 이유는?

① 상률의 자유도가 0이기 때문이다.
② 상률의 자유도가 1이기 때문이다.
③ 상률의 자유도가 2이기 때문이다.
④ 상률의 자유도가 ∞이기 때문이다.

> 2성분계가 존재하기 때문에 상률의 자유도가 0

27 강에서 베이나이트(Bainite)에 관한 설명으로 옳은 것은?

① 베이나이트는 오스테나이트와 시멘타이트의 혼합물이다.
② 고온에서 베이나이트는 침상 또는 래스(lath)형태의 페라이트와 래스 사이에 석출되는 시멘타이트로 된다.
③ 약 350℃의 온도에서 베이나이트의 조직은 판상에서 래스모양으로 변하고 탄화물의 분산은 조대해진다.
④ 상부 베이나이트와 하부 베이나이트는 서로 같은 방법으로 생성한다.

28 다결정재료의 결정립계에 의한 강화방법에 대한 설명으로 틀린 것은?

① 결정립계에 의한 강화는 결정립 내의 슬립이 상호 간섭함으로써 발생된다.
② 결정립계가 많을수록 재료의 강도는 증가한다.
③ 결정의 입도가 작아질수록 재료의 강도는 증가한다.
④ Hall-petch식에 의하면 결정질 재료의 결정립의 크기가 작아질수록 재료의 강도는 감소한다.

> 결정립의 크기가 작아질수록 재료의 강도는 증가한다.

29 응고 시 체적 팽창이 발생하는 금속은?

① Sn ② Sb
③ Pb ④ Zn

> 체적이 팽창하는 금속 : Bi, Sb

30 스테인리스강에서 자주 나타나는 입계부식을 방지하기 위한 가장 효과적인 첨가 원소는?

① Al ② Ti
③ Cu ④ Mg

> 입계부식을 방지하기 위해 Ti, Nb 등이 첨가된 재료를 선택

31 체심입방격자(BCC)에서 원자 밀도가 가장 큰 면은?

① (111) ② (100)
③ (110) ④ (001)

32 압력의 영향이 없는 계(system)에서 성분수가 2며 상의 수가 2일 때 자유도(degree of freedom)는?

① 0 ② 1
③ 2 ④ 3

> $F = C - P + 1 = 2 - 2 + 1 = 1$

정답 26 ① 27 ② 28 ④ 29 ② 30 ② 31 ③ 32 ②

33 금속을 가공하면 변형 에너지가 발생한다. 이 변형에너지가 집적되기 쉬운 곳이 아닌 것은?

① 기공 ② 전위
③ 격자간 원자 ④ 공격자점(공공)

> 기공(blow hole)

34 재결정 거동에 영향을 주는 요인이 아닌 것은?

① 재결정 이전의 가공도
② 재결정 시작 후의 회복의 양
③ 초기 결정 입도 및 조성
④ 풀림 온도 및 풀림 시간

> 재결정 이전의 회복의 양

35 다음 그림에서 X-Y축을 경계로 좌우측의 원자들은 완전한 규칙배열로 되어 있으나 전체로 보면 X-Y축을 경계로 하여 대칭으로 되어있다. 이러한 원자배열의 구역은?

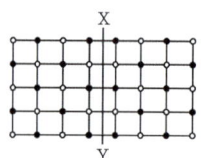

① 완화 구역 ② 자성 구역
③ 역위상 구역 ④ 전이 구역

36 2성분계 평형상태도의 공통된 원칙 중 틀린 것은?

① 상태도에서 수평한 선은 자유도 0의 반응을 나타낸다.
② 하나의 영역에는 3개 이상의 상이 존재할 수 없다.
③ 하나의 수평한 선은 3개 영역의 경계선이 된다.
④ 하나의 수평한 선상에는 5개의 상이 공존한다.

> 하나의 수평한 선은 3개 영역의 경계선이 된다.

37 다른 종류의 원자 A, B가 접촉면에서 서로 반대방향으로 이루어지는 확산은?

① 반응확산 ② 전위확산
③ 자기확산 ④ 상호확산

> ① 반응확산 : 이원 이상의 합금에서의 복합적인 상호확산
> ② 전위확산 : 선결함의 하나인 전위선상에서의 단회로 확산
> ③ 자기확산 : 단일금속 내에서 동일원자 사이에 일어나는 확산

38 금속의 강화기구 중 결정립의 크기와 강도와의 관계에 대한 설명으로 틀린 것은?

① 결정립의 크기가 작을 수록 강도는 증가한다.
② 결정립계의 면적이 클수록 강도는 저하한다.
③ 재료의 항복강도와 결정립의 크기 관계를 Hall-Petch식이라 한다.
④ 결정립이 미세할수록 항복강도 뿐만아니라 피로강도 및 인성이 증가된다.

> 결정립계의 면적이 클수록 강도는 증가함

정답 33① 34② 35③ 36④ 37④ 38②

39 Roozeboom 의 3성분계농도 표시법에서 [그림]과 같은 p 조성 합금중의 A의 조성은 어느 선분의 길이로 표시 되는가?

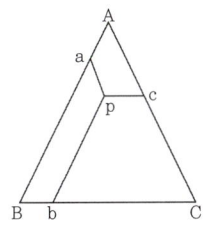

① $\overline{ap}$ ② $\overline{bp}$
③ $\overline{cp}$ ④ $\overline{Bb}$

40 마텐자이트(martensite)변태의 일반적인 특징을 설명한 것 중 틀린 것은?

① 확산변태이다.
② 변태에 따른 표면기복이 생긴다.
③ 협동적 원자운동에 의한 변태이다.
④ 마텐자이트 결정 내에는 격자결함이 존재한다.

> 마텐자이트변태는 무확산변태이다.

제3과목 ▶ 금속열처리

41 구조용 합금강을 열처리할 때 0.3% 정도 첨가함으로서 경화능이 커지고 뜨임메짐에 대한 민감성이 최소로 되는 원소는?

① Ni ② Cr
③ Mn ④ Mo

42 알루미늄합금 중 압연 및 압출 등의 연신재보다 알루미늄 합금 주물의 경우가 용체화처리 시간이 5~10배 긴 이유로 옳은 것은?

① 연신재가 제품이 길고 크기 때문에
② 주물제품의 장입 중량이 크기 때문에
③ 주물제품의 표면이 거칠어 열 흡수가 빠르기 때문에
④ 주물제품의 조직이 조대하고 석출상의 크기가 크며 편석이 심하기 때문에

43 아공석강을 노말라이징(normalizing) 열처리하였을 경우 얻어지는 조직은?

① 소르바이트 + 시멘타이트
② 시멘타이트 + 오스테나이트
③ 시멘타이트 + 베이나이트
④ 페라이트 + 펄라이트

44 오스테나이트 상태로부터 Ms점 바로 위 온도의 염욕 중에 담금질하여 강의 내외가 동일한 온도가 되도록 항온 유지하고, 과냉 오스테나이트가 항온변태를 일으키기 전에 공기 중에서 Ar″ 변태가 천천히 진행되도록 하는 열처리는?

① Ms담금질 ② 마퀜칭
③ 오스템퍼링 ④ 인상담금질

정답 39② 40① 41④ 42④ 43④ 44②

45 탄소강에서 나타나는 고용체의 종류가 아닌 것은?

① 페라이트(ferrite)
② 시멘타이트(cementite)
③ 오스테나이트(austenite)
④ 델타 페라이트(δ-ferrite)

> 탄소강에서 나타나는 고용체
> 페라이트, 오스테나이트, 델타 페라이트

46 강의 담금질 경도는 강 중의 탄소량에 의해 변화된다. 0.4%C의 최고 담금질 경도(HRC)는?

① HRC 60   ② HRC 50
③ HRC 35   ④ HRC 25

47 전기저항식 온도계에 관한 설명 중 틀린 것은?

① 1,200℃이상의 고온 측정용에 적합하다.
② 측온 저항체에는 백금선, 니켈선, 구리선 등이 있다.
③ 금속의 전기 저항은 1℃상승하면 약 0.3~0.6% 증가한다.
④ 온도 상승에 따라 금속의 전기 저항이 증가하는 현상을 이용한 것이다.

> 700℃ 이하의 저온용 측정에 적합하다.

48 다음 중 담금질성을 증가시키는 원소가 아닌 것은?

① C   ② Mn
③ Cr   ④ Co

49 PID에 의한 프로그램식 온도-시간제어방식에 해당되지 않는 것은?

① 2위치 동작   ② 비례 동작
③ 적분 동작   ④ 미분 동작

50 열처리 냉각방법의 3가지 형태가 아닌 것은?

① 연속냉각   ② 2단냉각
③ 항온냉각   ④ 임계냉각

> 냉각방법
> 연속냉각, 항온냉각, 2단냉각

51 광휘 열처리의 분위기에 사용되는 가스로서 철강과 반응하지 않는 가스는?

① 산화성가스   ② 환원성가스
③ 불활성가스   ④ 침탄성가스

52 베릴륨 청동의 인장강도가 150kg$_f$/mm^{2}이고, HV 320~400 정도로 제조하기 위한 열처리 방법으로 옳은 것은?

① 760~780℃로부터 물 담금질하고 310~330℃로 2시간 템퍼링한다.
② 760~780℃로부터 기름 담금질하고 210~250℃로 1시간 템퍼링한다.
③ 950~1,020℃로부터 물 담금질하고 310~330℃로 2시간 템퍼링한다.
④ 950~1,020℃로부터 기름 담금질하고 350~380℃로 1시간 템퍼링한다.

정답 45② 46② 47① 48④ 49① 50④ 51③ 52①

53 펄라이트 가단주철의 열처리 방법이 아닌 것은?

① 가스 탈탄법
② 합금원소의 첨가에 의한 방법
③ 열처리 사이클의 변화에 의한 방법
④ 흑심가단주철의 재열처리에 의한 방법

54 강의 질화처리는 침투원소에 따라 순질화와 연질화로 구분되어진다. 다음 설명 중 옳은 것은?

① 순질화는 질소만을 침투시켜 경화시키는 방법이다.
② 순질화는 질소와 다량의 탄소를 침투시켜 경화시키는 방법이다.
③ 연질화는 수소만을 침투시켜 경화시키는 방법이다.
④ 연질화는 수소와 다량의 탄소를 침투시켜 경화시키는 방법이다.

> 순질화는 질소만을 투입시키고, 연질화는 질소와 약간의 탄소를 침투시켜 경화시키는 열처리방법이다.

55 베이나이트변태에 대한 설명으로 옳은 것은?

① TTT곡선의 nose 아래의 온도에서 항온변태시킨 것이다.
② TTT곡선의 nose 부근 온도보다 높은 온도에서 항온변태 시킨 것이다.
③ TTT곡선의 Ms점보다 낮은 온도로 무확산 변태를 시킨 것이다.
④ TTT곡선의 Mf점보다 낮은 온도로 무확산 변태를 시킨 것이다.

> 베이나이트 변태는 TTT곡선의 nose 아래의 온도에서 항온변태시키며, nose 위의 온도에서 변태시키면 퍼얼라이트가 형성된다.

56 두랄루민의 시효에 대한 설명으로 틀린 것은?

① 일반적으로 상온 시효한 것이 인공 시효한 것보다 내식성이 크다.
② 상온 시효 시간이 길어도 기니어프레스턴(G.P.zone) 형성 이외에 다른 변태는 일어나지 않는다.
③ 시효 온도를 높게 하면 시효 속도는 빨라지나 몇 시간 후에 얻어지는 기계적 성질에는 거의 변화가 없다.
④ 인공 시효에 의해 기계적 강도가 향상되고 단상조직이 되므로 내식성이 향상된다.

57 구상흑연주철의 열처리 및 그 특성에 대한 설명으로 틀린 것은?

① 연화 풀림 중 제2단계 흑연화 처리는 기지 조직을 페라이트로 하여 연성을 높이는 처리이다.
② 구상흑연 주철에서 기지가 페라이트인 것은 Si가 낮을수록 확산이 느리다.
③ 구상흑연 주철의 뜨임취성온도는 약 450~550℃ 정도이다.
④ 구상흑연 주철은 보통 주철에 비하여 탄소의 확산이 빠르다.

> 구상흑연 주철에서 기지기 페라이트인 것은 Si가 낮을수록 확산이 빠름

58 열처리 방법, 재질 및 형상에 따라서 냉각 방법이 달라지는데 작동방법에 따른 냉각 장치에 해당되지 않는 것은?

① 공냉 장치 ② 분무 냉각 장치
③ 강제 환류 장치 ④ 프레스 냉각 장치

> 작동방법에 따른 냉각장치
> ① 프로펠러 교반 냉각장치
> ② 분무냉각장치
> ③ 강제 환류장치
> ④ 프레스 담금질 장치

59 다음 중 가스 질화법의 특징이 아닌 것은

① 경화에 의한 변형이 적다.
② 질화 후의 수정이 불가능하다.
③ 고온으로 가열되어도 경도는 낮아지지 않는다.
④ 처리강의 종류에 제약을 받지 않는다.

> 순철, 탄소강, Ni 강 등을 질화처리를 하여도 제약을 받는다.

60 고속도 공구강(SKH)의 열처리에 대한 설명으로 틀린 것은?

① 고속도 공구강의 담금질 온도는 약 1,200~1,280℃ 정도이다.
② 고속도 공구강의 템퍼링 온도는 약 540~590℃ 정도이다.
③ 일반적으로 담금질 온도가 높으면 고용량의 감소로 2차 경화 정도가 낮아진다.
④ 퀜칭시 탄화물의 고용에 의해 기지에 C, Cr, W, Mo, V 등의 원소가 다량 고용하여 템퍼링시 미세한 탄화물로 석출하여 2차 경화 현상을 일으킨다.

> 담금질 온도가 높으면 고용량이 증가하고, 2차 경화정도가 커진다.

제4과목 ▶ 재료시험

61 강재를 퀜칭 후 경도검사는 일반적으로 로크웰 경도C-스케일을 사용한다. 이때 압입체의 재질과 규격이 옳게 연결된 것은?

① 다이아몬드-120° ② 강철볼-1/10″
③ 다이아몬드-116° ④ 강철볼-1/8″

62 비커즈 경도 시험에 대한 설명으로 틀린 것은? (단, P는 하중, d는 평균 대각선의 길이이다)

① $Hv = 1.8544 \times \dfrac{p}{d^2}$ 이다.
② 스크래치를 이용한 시험법이다.
③ 136°다이아몬드 피라미드형 비커스 압입자를 사용한다.
④ 시험편이 작고 경도가 높은 부분의 측정에 사용한다.

> 침탄층, 박층의 경도측정 또는 얇은 시편의 경도 측정에 많이 사용

63 현미경으로 금속의 조직을 관찰하기 위한 시료 준비의 순서로 옳은 것은?

① 절단(cutting) → 성형(mounting) → 연마(polishing) → 부식(etching)
② 절단(cutting) → 연마(polishing) → 부식(etching) → 성형(mounting)
③ 성형(mounting) → 연마(polishing) → 부식(etching) → 절단(cutting)
④ 성형(mounting) → 절단(cutting) → 연마(polishing) → 부식(etching)

> 시험편 채취 → 시험편 제작(마운팅) → 연마(폴리싱) → 부식 → 검경

정답 58 ① 59 ④ 60 ③ 61 ① 62 ② 63 ①

64 자분탐상법에서 사용되는 자화전류의 종류가 아닌 것은?

① 잔류 ② 교류
③ 직류 ④ 맥류

> 자화전류의 종류
> 직류, 교류, 맥류, 충격류

65 크리프(Creep) 시험에서 1단계→2단계→3단계 과정을 옳게 나열한 것은?

① 변형속도가 점차 감소→정상 변형 속도 유지→변형속도가 빠르게 증가
② 정상 변형속도 유지→변형속도가 점차 감소→변형속도가 빠르게 증가
③ 변형속도가 점차 감소→변형속도가 빠르게 증가→정상 변형속도 유지
④ 변형속도가 빠르게 증가→정상 변형속도 유지→변형속도가 점차 감소

> ① 1단계 : 변형률이 점차 감소되는 단계
> ② 2단계 : 속도가 대략 일정하게 진행되는 단계 (정상크리프)
> ③ 3단계 : 네킹(Necking)이 발생하는 영역

66 충격시험편에서 노치의 영향에 대한 설명으로 옳은 것은?

① 노치의 반지름이 작을수록 응집력이 작다.
② 노치의 반지름이 작을수록 흡수에너지가 크다.
③ 노치의 깊이가 깊을수록 충격치는 증가한다.
④ 노치 폭의 증가에 따라 흡수에너지가 반드시 증가하는 것은 아니다.

67 자분탐상시험법의 자화 방법에 해당되는 것은?

① 투과법 ② 공진법
③ 통전법 ④ 펄스반사법

> 초음파탐상법
> 투과법, 공진법, 펄스반사법

68 재료의 응력 측정법이 아닌 것은?

① 광탄성 방법 ② X-선 방법
③ 무레아 방법 ④ 커핑 방법

69 시험편을 두 개의 지지점에 얹어 놓고 그 중앙부에 하중을 가하여 시험편을 파단시켜 그 때 견딘 최대하중과 힘을 측정하는 시험은?

① 항절시험 ② 경도시험
③ 피로시험 ④ 비틀림시험

70 압축시험에 의해서 결정할 수 없는 재료의 성질은?

① 노치각도 ② 항복점
③ 탄성계수 ④ 비례한도

> 재료에 압축력이 가해졌을 때의 변형저항이나 파괴강도를 구하기 위하여 압축시험을 한다.

정답 64① 65① 66④ 67③ 68④ 69① 70①

71 누설탐상시험(leak test)방법이 아닌 것은?

① 버블법　　② 스니퍼법
③ 후드법　　④ 수침법

72 자분탐상검사방법 중 선형 자화법을 이용하는 비파괴 검사법은?

① 축통전법　　② 극간법
③ 프로드법　　④ 전류 관통법

73 초음파탐상검사에서 표면으로부터 1파장 깊이 정도의 매우 얇은 층에 에너지의 대부분이 집중해 있고, 표면부근의 입자는 종진동과 횡진동의 혼합된 거동을 나타내는 초음파의 종류는?

① 종파　　② 판파
③ 표면파　　④ 크리핑파

> 초음파 탐상 파형의 종류
> 종파, 횡파, 표면파

74 로크웰경도 시험에서 2개의 이웃하는 누르개 자국의 중심 간 거리는 누르개 자국 지름의 몇 배 이상이어야 하는가?

① 2.0　　② 2.5
③ 3.5　　④ 4.0

75 그림은 연강의 응력-변형 선도이다. 상부 항복점에 해당되는 것은?

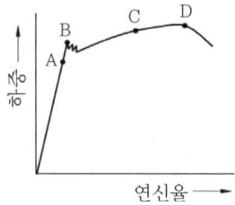

① A　　② B
③ C　　④ D

> A : 비례한도, B : 항복점, C : 최대하중
> D : 파단점

76 노치부의 단면적이 A[cm²]인 시험편을 파괴하는 데 필요한 에너지를 E[N·m]라고 할 때 샤르피 충격값은?

① $E/A\ [N \cdot m/cm^2]$
② $E \cdot A\ [N \cdot m]$
③ $A/E\ [cm^2/N \cdot m]$
④ $A \times E\ [N \cdot m \times cm^2]$

> 충격값 = 충격흡수에너지($kg_f \cdot m$)/단면적(cm^2)

77 회전 굽힘형 피로시험에서 주의해야 할 사항 중 틀린 것은?

① 시험편이 회전하기 전에 굽힘 하중을 가한다.
② 회전수 적산계와 전동 모터의 이상 유·무를 점검한다.
③ 시험편이 부식되거나 표면부에 흠이 생기지 않도록 한다.
④ 시험편을 정확하게 고정시켜 편심에 의한 진동을 방지한다.

> 시험편을 회전한 후 굽힘하중을 가한다.

정답 71 ④ 72 ② 73 ③ 74 ④ 75 ② 76 ① 77 ①

78 다음 재료시험 중 정적시험 방법이 아닌 것은?

① 인장시험 ② 압축시험
③ 비틀림시험 ④ 충격시험

> **동적시험**
> 충격시험, 피로시험, 쇼어경도시험 등

79 시험편의 지름 14mm, 평행부 길이 60mm, 표점거리 50mm, 최대하중이 9,930 kgf일 때 인장강도 약 몇 kgf/mm²인가?

① 43.9 ② 54.3
③ 64.5 ④ 74.8

> **인장강도**
> $\sigma_0 = \dfrac{P}{A_0} = \dfrac{P}{\pi d^2/4} = \dfrac{9{,}930}{\pi(14^2)/4} = 64.5$

80 표면 육안 조직검사로 판정할 수 있는 것은?

① 상분율
② 내부결함
③ 가공방법의 불량
④ 조직 및 성분의 불균일

> **육안조직검사**
> 내부결함 유무, 침탄탈탄정도, 육안에 의한 조직

정답 78 ④ 79 ③ 80 ③

2021년 3회 금속재료산업기사 CBT 복원문제

제1과목 ▶ 금속재료

01 탄소강 중의 Si가 0.1~0.35% 정도 함유되었을 때의 영향으로 옳은 것은?

① 용접성을 향상시킨다.
② 연신율 및 충격값을 증가시킨다.
③ 인장강도 및 탄성한계를 감소시킨다.
④ 결정립을 조대화 시키고 가공성을 해친다.

> 용접성 저하, 연신율 및 충격값 저하, 인장강도 및 탄성한계 증가, 결정립 조대화로 가공성 저해 등

02 주철에 대한 설명 중 틀린 것은?

① 가단주철은 회주철을 열처리하여 제조한다.
② 회주철은 응고 중 유리된 흑연이 편상으로 존재하며 기계 가공성이 우수하다.
③ 백주철은 냉각속도를 빨리하여 Fe_3C와 같은 탄화물을 함유하며 취약하다.
④ 구상흑연주철은 소량의 Mg 등을 접종 처리하여 흑연을 구상화한다.

> 가단주철은 백주철을 열처리함

03 주철의 마우러 조직도에서 가장 큰 영향을 미치는 원소는?

① W, Mo   ② C, Cr
③ C_o, Si   ④ C, Si

> 주철에 가장 많이 함유한 C, Si 성분이 조직에 영향을 주는 원소임

04 Cu, Sn, 흑연분말을 적정 혼합하여 소결에 의해 제조한 분말야금용 합금으로 급유가 곤란한 부분의 베어링으로 사용되는 재료는?

① 켈멧(Kelmet)
② 자마크(Zamak)
③ 오일라이트(Oillite)
④ 배빗 메탈(Babbit metal)

> 오일라이트
> Cu 90%, Sn 10%, 흑연분말 1~4%

05 베어링합금이 구비해야 할 조건이 아닌 것은?

① 주조성이 좋아야 한다.
② 피로강도가 높아야 한다.
③ 내부식성이 높아야 한다.
④ 내소착성이 낮아야 한다.

> 내소착성이 높아야 함

정답 01 ④ 02 ① 03 ④ 04 ③ 05 ④

06 물질 1g을 온도 1℃ 높이는 데 필요한 열량을 무엇이라 하는가?

① 비중 ② 비열
③ 용융잠열 ④ 열전도율

07 형상기억합금에서 형상기억효과의 기구(mechanism)는?

① 액상에서 전단응력이 구동력이 되어 결정 배열이 바뀌는 확산에 의한 상변태
② 액상에서 전단응력이 구동력이 되어 결정 배열이 균열을 일으키는 상변태
③ 고상에서 확산을 수반하여 주로 전단변형에 의하여 결정구조가 변하는 상변태
④ 고상에서 확산을 수반하지 않고 주로 전단변형에 의하여 결정구조가 변하는 상변태

> **형상기억효과**
> 소성변형을 시킨 재료를 그 재료의 고유한 임계점 이상으로 가열하였을 때 재료가 변형 전의 형상으로 되돌아가는 현상

08 다음 중 냉간가공에 대한 설명으로 틀린 것은?

① 표면상태가 미려하다.
② 제품의 정밀도가 우수하다.
③ 냉간가공을 심하게 하면 신율이 낮아져 제품에 균열이 생기면서 깨진다.
④ 금속을 낮은 온도에서 변형하여야 하므로 열간가공에 비하여 큰 힘이 필요하지 않다.

> 냉간가공은 열간가공에 비하여 큰 힘이 필요하다.

09 황동 가공재를 상온에서 방치하거나 또는 저온 풀림으로 얻은 스프링재는 사용 중 시간의 경과에 따라 경도 등 성질이 악화된다. 이러한 현상을 무엇이라 하는가?

① 경년변화 ② 자연균열
③ 탈아연 현상 ④ 시효경화

10 양은(nickel silver)에 대한 설명으로 틀린 것은?

① 저항온도계수가 낮다.
② 내열성이 우수하다.
③ 내식성이 우수하다.
④ 조성범위는 Cu에 10~20% Ni과 15~30% Zn이 많이 사용 된다.

> '양은'은 Ni-Cu-Zn의 3금속으로 된 합금이며 장식기구 또는 전기 저항선에 사용함.

11 마그네슘(Mg)에 대한 설명으로 틀린 것은?

① 비중은 약 1.74이다.
② 융점은 약 850℃이다.
③ 구조재로서 감쇠능이 주철보다 크다.
④ 알칼리에는 잘 견디나, 산이나 염류에는 침식된다.

> Mg의 융점은 650℃

12 전율고용체를 만들며 치과용, 장식용으로 쓰이는 white gold에 해당되는 합금?

① Ag-Pd-Au-Cu-Zn
② Ag-Hg-Sn-Cu-Zn
③ Pt-Cu-Pb-Sn-Co
④ Pt-Pb-Sn-Co-Au

13 금속의 결정입자 크기가 작아짐에 따른 현상으로 옳은 것은?

① 인성이 증가한다.
② 강도가 감소한다.
③ 연성이 감소한다.
④ 결정립계면이 감소한다.

14 상온에서 냉간가공한 금속재료를 가열할 때 발생하는 조직변화의 순서로 옳은 것은?

① 파괴된 결정립 → 재결정 → 회복 → 결정립 성장
② 파괴된 결정립 → 결정립 성장 → 회복 → 재결정
③ 파괴된 결정립 → 재결정 → 결정립 성장 → 회복
④ 파괴된 결정립 → 회복 → 재결정 → 결정립 성장

> 회복 → 재결정 → 결정립 성장

15 주철의 결정립계에 미립자로 분포하며, 유동성을 해치고 정밀주조에 방해되며, 주조 응고 시 수축을 증가시켜 균열발생의 원인이 되며 흑연화 저해 및 고온취성의 원인이 되는 원소는?

① P
② Si
③ S
④ Cu

16 비중이 약 4.5, 융점이 약 1,668℃이며, 열 및 도전율이 낮은 특성을 갖는 금속은?

① Fe
② Ti
③ Cu
④ Al

17 순철의 변태에 대한 설명 중 틀린 것은?

① A_3 변태점과 A_4 변태점은 동소변태이다.
② 탄소함유량이 증가하면 A_3 변태점이 낮아진다.
③ A_2 변태점을 시멘타이트의 변태점이라 한다.
④ A_1 변태선을 공석선이라 하며 약 768℃이다.

> A_2 변태점을 순철의 자기변태점이라 한다.

18 탄소강 중의 인(P)성분에 의해 일어나는 취성은?

① 고온취성
② 상온취성
③ 적열취성
④ 입간취성

> 상온에서 충격치가 현저하게 낮고 취성이 있는 성질

19 스테인리스강에 대한 설명 중 틀린 것은?

① 강의 내식성은 Fe 합금 또는 Fe-Ni 합금에 함유하는 Si의 양에 따라 좌우된다.
② Cr은 Cr_2O_3라는 산화피막을 형성하여 내부를 부식으로부터 보호한다.
③ 스테인리스강은 페라이트계, 마텐자이트계, 오스테나이트계 및 석출경화형으로 나누어진다.
④ 오스테나이트계 스테인리스강은 질산염, 크롬산염 등의 부동태화제를 첨가하여 부식을 방지한다.

> Cr 또는 Ni을 다량첨가하여 내식성을 현저히 향상시킨 강

정답 13③ 14④ 15③ 16② 17③ 18② 19①

20 한번 어느 방향으로 소성변형을 가한 재료에 역방향의 하중을 가하면 전과 같은 방향으로 하중을 가한 경우보다 소성변형에 대한 저항이 감소하는 것을 무엇이라 하는가?

① 바우싱거효과 ② 크리프효과
③ 재결정효과 ④ 포아송효과

> 어느 방향으로 소성변형을 가한 재료에 역방향의 하중을 가하면 전과 같은 방향으로 하중을 가한 경우보다 소성변형에 대한 저항이 감소하는 현상

제2과목 ▶ 금속조직

21 면심입방격자의 Slip면은 {111}, Slip방향은 ⟨110⟩이다. Slip계의 수는?

① 6개 ② 8개
③ 10개 ④ 12개

22 Fick의 제2법칙 식으로 옳은 것은? (단, D는 확산계수이다)

① $\dfrac{dc}{dt} = D\dfrac{d^2c}{dx^2}$ ② $\dfrac{dc}{dt} = -D\dfrac{d^2c}{dx^2}$

③ $\dfrac{dt}{dc} = D\dfrac{d^2c}{d^2x}$ ④ $\dfrac{dt}{dc} = -D\dfrac{d^2c}{d^2x}$

23 마텐자이트가 경도가 큰 이유가 아닌 것은?

① 결정의 미세화
② 시효경화 효과
③ 급냉으로 인한 내부응력
④ 과포화 탄소고용에 의한 격자 강화

> 담금질 효과에 의한 경화

24 주조 시 일어나는 금속의 수축 3단계 과정으로 옳은 것은?

① 액체의 수축 → 고상액상 공존구간의 수축 → 고체의 수축
② 액체의 수축 → 고체의 수축 → 고상액상 공존구간의 수축
③ 고체의 수축 → 고상액상 공존구간의 수축 → 액체의 수축
④ 고상액상 공존구간의 수축 → 액체의 수축 → 고체의 수축

25 열분석 시험에서 열분석을 할 수 있는 3가지 방법에 해당되지 않는 것은?

① 냉각곡선을 측정하는 방법
② 시차곡선을 측정하는 방법
③ 응력곡선을 측정하는 방법
④ 비열곡선을 측정하는 방법

26 규칙-불규칙 변태를 하는 합금에 대한 설명 중 틀린 것은?

① 규칙격자가 생성되면 전기전도도가 커진다.
② 규칙격자가 생성되면 강도 및 경도가 증가한다.
③ 규칙상은 상자성체이나, 불규칙상은 강자성체이다.
④ 온도가 상승하면 새로운 원자배열로 인하여 Curie점 (Tc)부근에서 비열이 최대가 된 후 감소하여 정상으로 된다.

> 불규칙상은 상자성체이다.

정답 20 ① 21 ④ 22 ① 23 ② 24 ① 25 ③ 26 ③

27 다음 입방정계 그림에서 검정 삼각형의 결정면의 표시는?

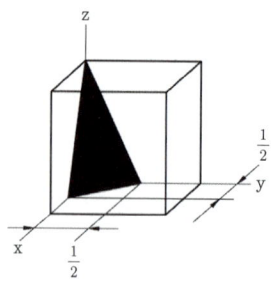

① (100)   ② (102)
③ (110)   ④ (221)

28 마텐자이트 조직에 관한 설명으로 틀린 것은?

① 침상조직이다.
② 경도가 대단히 높다.
③ 인장강도가 대단히 크다.
④ 전연성이 대단히 크다.

> 전연성이 대단히 적음

29 펄라이트변태를 설명한 것 중 틀린 것은?

① Fe_3C를 핵으로 발생 성장한다.
② 결정립의 크기가 크면 펄라이트 변태가 촉진된다.
③ 합금 원소에 따라 펄라이트 변태 온도는 증가 또는 감소한다.
④ 변태초기에는 반드시 Fe_3C가 나타나나 후기에는 조성에 따라 특수 탄화물 등으로 변화한다.

> 결정립의 크기가 크면 펄라이트 변태가 늦어진다.

30 다음 중 쌍정에 관한 설명으로 틀린 것은?

① 기계적 쌍정은 BCC나 HCP 금속에서 급속으로 하중을 가하거나 낮은 온도에서 형성된다.
② 쌍정 변형에서는 쌍정면 양쪽의 결정 방위가 서로 같다.
③ HCP 금속의 저면이 슬립하기 좋지 않은 방향으로 놓여 있을 때 쌍정 변형이 일어나기 쉽다.
④ 인장시험 중에 쌍정이 생기면 응력 – 변형률 곡선에 톱니 모양이 나타난다.

> 쌍정 : 어떤 면 또는 경계를 통해 거울에 비친상과 같은 구조가 존재하는 영역

31 냉간가공하여 결정립이 심하게 변형된 금속을 가열할 때 발생하는 내부변화의 순서로 옳은 것은?

① 결정핵 생성 → 결정립 성장 → 회복 → 재결정
② 결정핵 생성 → 회복 → 재결정 → 결정립 성장
③ 회복 → 결정핵 생성 → 재결정 → 결정립 성장
④ 회복 → 재결정 → 결정핵 생성 → 결정립 성장

32 정삼각형의 각 정점으로부터 대변에 평행으로 10 또는 100등분하고 삼각형 내의 어느 점의 농도를 알려면 그 점으로부터 대변에 내린 수선의 길이를 읽으면 되는 삼각형법은?

① Linz's 삼각법
② Lever relation 삼각법
③ Cottrell 삼각법
④ Gibb's 삼각법

> 정답   27 ④ 28 ④ 29 ② 30 ② 31 ③ 32 ④

33. 마텐자이트 변태에 대한 설명 중 틀린 것은?

① 탄소강에서만 일어난다.
② 표면기복이 생긴다.
③ 전단변형에 의해 발생한다.
④ 모상과 특정한 결정학적인 관계가 존재한다.

> 마텐자이트 변태는 강 이외에 금속 및 합금 또는 화합물에서도 나타난다.

34. 다음 중 고용체 강화에 대한 설명으로 틀린 것은?

① 고용체 강화 합금은 고온 크리프 저항성이 순금속보다 우수하다.
② 황동은 고용체 강화에 의해 강도 및 연성이 감소한다.
③ 고용체 강화 합금은 순금속에 비해 전기전도도가 떨어진다.
④ 고용체 강화 합금의 항복강도, 인장강도가 순금속 보다 크다.

> 황동은 고용체 강화에 의해 강도가 증가함

35. 금속재료에서 전기저항과 가장 관련이 없는 것은?

① 공공(Vacancy)
② 전위(Dislocation)
③ 결정립계(Grain boundary)
④ 결정격자(Crystal lattice)

> 결정격자
> 결정에 있어서의 원자의 배열 상태를 보여주는 입체 모형

36. 금속의 특성에 관한 설명으로 틀린 것은?

① 금속의 결정입자 내부에는 원자들이 규칙적으로 배열되어 있다.
② 금속원자는 자유전자가 있으므로 전기를 잘 통하게 한다.
③ 금속의 결정면에서는 Slip이 일어날 수 있으므로 소성변형이 가능하다.
④ 격자상수는 금속 고유의 값이므로 열을 가하여도 변화하지 않는다.

> 격자상수는 열을 가하면 변화한다.

37. 성분금속 M과 N이 고온의 액체에서 완전히 서로 용해하나 고체에서는 전연 용해하지 않는다고 가정할 때 성분금속 M에 소량의 N을 첨가하면 M의 응고점이 저하함을 볼 수 있다. 이러한 응고점 강하를 가장 옳게 설명한 것은?

① N 원자의 응고점이 낮으므로
② N 원자의 확산 운동 때문에
③ 두 원자에 결정구조가 다르므로
④ 두 원자의 응고점이 다르므로

38. 면심입방격자 금속의 슬립면과 슬립방향은?

① 슬립면 : {111}, 슬립방향 : ⟨110⟩
② 슬립면 : {110}, 슬립방향 : ⟨111⟩
③ 슬립면 : {0001}, 슬립방향 : ⟨1111⟩
④ 슬립면 : {1111}, 슬립방향 : ⟨0001⟩

39. 냉간가공의 금속에서 축적에너지의 크기에 영향을 주는 인자가 아닌 것은?

① 가공도
② 합금원소
③ 가공시간
④ 결정입도

정답 33 ① 34 ② 35 ④ 36 ④ 37 ② 38 ① 39 ③

40 다음 그림에서 사선으로 표시한 면의 지수로 옳은 것은?

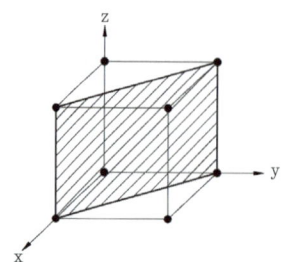

① (111)면　　② (101)면
③ (110)면　　④ (011)면

> 밀러지수
> ① X, Y, Z축의 절편길이 : 1·1·0
> ② 그의 역수 : $\frac{1}{1} \cdot \frac{1}{1} \cdot 0$
> ③ 최소정수비 : 1·1·0
> ④ 밀러지수 : 1·1·0

제3과목 ▶ 금속열처리

41 담금질에 따른 용적의 변화가 가장 큰 조직은?

① 마텐자이트　　② 펄라이트
③ 오스테나이트　　④ 베이나이트

42 알루미늄 및 그 합금의 질별 기호 중 용체화 처리 후 인공 시효경화 처리한 것을 나타내는 기호는?

① T_1　　② T_2
③ T_6　　④ T_7

43 화염 담금질된 강의 경도는 대략 탄소 함유량에 의해 결정된다. SM45C의 담금질 경도(HRC)값은 얼마인가?

① 35　　② 45
③ 50　　④ 60

> 담금질 경도(HRC) = C%×100+15
> = 0.45×100+15
> = 60

44 안정한 질별로 하기 위하여 추가 가공 경화의 유무에 관계없이 열처리 한 것을 의미하는 질별 기호로 옳은 것은?

① F　　② O
③ T　　④ W

> F : 압연, 압출, 주조한 그대로
> O : 어닐링한 재질
> W : 담금질 처리 후 시효경화가 진행 중인 재질

45 다음 중 연속적 작업이 곤란한 열처리로는?

① 푸셔로　　② 콘베이어로
③ 피트로　　④ 로상 진동형

46 질화처리로 최표면에 나타나는 화합물층(compound layer)에 존재하는 γ상의 구성성분은?

① FeN　　② Fe_2N
③ Fe_4N　　④ Fe_8N

> 철과 질소의 화합물은 Fe_2N, Fe_3N, Fe_4N의 3종류가 존재함

47 다음 중 연속로의 형태가 아닌 것은?

① 퓨셔형(pusher type)
② 컨베이어형(conveyor type)
③ 상자형(box type)
④ 로상 진동형로

> box type은 수동식 열처리이다.

48 서냉된 1.2%C의 과공석강을 A_1변태온도 직상에서 생성되는 초석 시멘타이트의 중량 분율(%)은 얼마인가? (단, 공석점은 0.8%C이며, C의 최대 고용량은 6.67% 이다)

① 6.8 ② 88
③ 50   ④ 93.2

> 초석시멘타이트 $= \dfrac{1.2-0.80}{6.67-0.80} \times 100 = 6.81$

49 마텐자이트(Martensite) 조직을 얻는 방법에 대한 설명으로 옳은 것은?

① 오스테나이트를 급냉한 후 심냉처리한다.
② 오스테나이트를 정상적으로 평형냉각을 한다.
③ TTT곡선 Nose 이하 Ms 이상에서 항온 유지시킨다.
④ TTT곡선 Nose 이상에서 오스테나이트를 항온 유지시킨다.

50 상온 가공한 황동제품의 시기균열(season crack)을 방지하기 위한 열처리 방법은?

① 저온 어닐링 처리
② 고온 담금질 처리
③ 파텐팅 처리
④ 수인 처리

> 약 300℃에서 1시간 동안 템퍼링을 한다.

51 다음 (   ) 안에 알맞은 내용은?

> "인상담금질의 작업방법은 Ar'구역에서는 (㉠), Ar"구역에서는 (㉡)하는 방법이다."

① ㉠ 급냉 ㉡ 급냉
② ㉠ 급냉 ㉡ 서냉
③ ㉠ 서냉 ㉡ 급냉
④ ㉠ 서냉 ㉡ 서냉

52 가스 침탄법에서 침탄 시간과 확산은 7시간이고 목표 표면 탄소농도는 0.65%이며, 침탄시 탄소 농도가 1.05%일 때의 침탄 소요시간은? (단, 소재 자체의 탄소 농도는 0.25%이며 Harris의 방정식을 이용하시오)

① 1.5시간 ② 1.75시간
③ 2시간   ④ 2.25시간

> $T_c = T_t \left(\dfrac{C - C_i}{C_O - C_i}\right)^2$
> $= 7 \left(\dfrac{0.65 - 0.25}{1.05 - 0.25}\right)^2$
> $= 1.75$

정답 47 ③ 48 ① 49 ① 50 ① 51 ② 52 ②

53 탄소공구강 중 STC3를 HRC 63 이상으로 얻기 위한 담금질과 템퍼링 온도로 적당한 것은?

① 620~730℃ 수냉, 150~200℃ 공냉
② 760~820℃ 수냉, 150~200℃ 공냉
③ 830~860℃ 수냉, 550~650℃ 공냉
④ 1,000~1,050℃ 수냉, 550~650℃ 공냉

54 열처리에 사용되는 가열장치에서 열원에 따른 분류가 아닌 것은?

① 전기로 ② 가스로
③ 중유로 ④ 염욕로

> 염욕로는 용도에 따른 분류방식

55 강의 분위기 열처리에 사용하는 환원성 가스는?

① CO ② CO_2
③ 수증기(H_2O) ④ 연소가스

> 환원성가스
> 수소, 암모니아, 암모니아분해가스, 침탄성가스

56 탄소강이 열처리에 의해 가열되었을 때 강재에 나타나는 온도의 색깔이 가장 높은 것은?

① 암적색 ② 황홍색
③ 붉은색 ④ 밝은 백색

57 분위기로에 열처리 재료를 장입 또는 꺼낼 때 로 내부로 공기가 들어가 로내 분위기 가스의 교란이나 폭발을 방지하기 위하여 장입구 또는 취출구에 가연성 가스를 연소시켜 불꽃의 막을 만드는 것을 무엇이라 하는가?

① 번아웃 ② 촉매
③ 노점 ④ 화염커튼

58 심냉(sub-zero)처리의 장점과 거리가 먼 것은?

① 시효 변형 방지
② 결정립 성장의 방지
③ 경도 증가 및 내마모성 향상
④ 담금질한 강의 조직 안정화

> 심냉처리
> 담금질 상태의 강을 상온이하 특정온도로 냉각 후 잔류 오스테나이트를 마텐자이트 변태 처리하는 과정

59 알루미늄, 마그네슘 및 그 합금에 질별 기호 중 가공경화한 것의 기호로 옳은 것은?

① F ② H
③ O ④ W

> ① 제조한 그대로의 상태
> ② 냉간가공 경화상태
> ③ 어닐링 상태
> ④ 용체화 처리상태

60 구상흑연주철의 담금질처리에 가장 적합한 온도 범위는?

① 600~730℃ ② 730~830℃
③ 850~930℃ ④ 950~1,050℃

정답 53 ② 54 ④ 55 ① 56 ④ 57 ④ 58 ② 59 ② 60 ③

제4과목 ▶ 재료시험

61 굴곡시험으로 알수 없는 것은?

① 전성
② 굽힘 저항
③ 경도
④ 균열의 유무

> 굴곡시험
> 굽힘저항시험, 전성, 연성, 균열의 유무시험

62 금속을 현미경 조직 검사하는 주목적으로 옳은 것은?

① 입계면의 강도 조사
② 금속 입자의 크기 조사
③ 원소의 배열 상태 조사
④ 조성, 성분 및 중량 조사

> 결정입도의 크기와 형상 및 배열상태를 측정함

63 초음파 탐상시험(Ultrasonic test)은 피검사체의 어떤 결함을 찾아내는 데 가장 우수한가?

① 피검사체 표면의 미세 균열의 검출이 유리하다.
② 피검사체 표면의 수축 결함의 검출이 유리하다.
③ 피검사체 내부의 면상 결함의 검출이 유리하다.
④ 피검사체 표면직하의 결함의 검출이 유리하다.

> 내부결함정보를 얻기 위한 시험이다.

64 현미경 배율이 100배하에서 1평방인치의 면적 내에 있는 결정립의 수가 128개였다면 ASTM결정립도 번호는?

① 2
② 4
③ 6
④ 8

> 결정립개수 $n = 2^{(N-1)}$, $128 = 2^{(N-1)}$, $N = 8$

65 다음 중 작업자의 안전에 문제가 되기 때문에 가장 안전하게 취급해야 할 비파괴 시험법은?

① 초음파탐상시험
② 침투탐상시험
③ 방사선투과시험
④ 자분탐상시험

66 철강재료를 자분탐상 시험하여 결함 유무를 검사하고자 한다. 다음 중 적용할 수 없는 금속재료는?

① STC3
② STD61
③ SKH51
④ STS304

> STS304
> 비자성 오스테나이트계 스테인리스강

67 기계나 기구의 설계 시 재료의 안전성을 나타내는 안전율의 고려사항이 아닌 것은?

① 최대 설계 응력
② 최대 사용 하중
③ 재료의 손실 하중
④ 재료의 파괴 하중

정답 61 ③ 62 ② 63 ③ 64 ④ 65 ③ 66 ④ 67 ③

68 시험편의 지름 14mm, 평행부 길이 60mm, 표점거리 50mm, 최대하중이 9,930kgf일 때 인장강도는 약 몇 kgf/mm²인가?

① 43.9 ② 54.3
③ 64.5 ④ 74.8

> 인장강도
> $\sigma_b = \dfrac{P}{A_0} = \dfrac{P}{\pi d^2/4} = \dfrac{9,930}{\pi (14^2)/4} = 64.5$

69 압축 시험편의 직경이 10mm, 높이가 20mm이고, 압축하중 5,500kgf을 가하였다면 압축강도는 약 몇 kgf/mm²인가?

① 18   ② 70
③ 180 ④ 700

> 압축하중을 시험편의 원단면적(mm²)으로 나눈값 (kgf/mm²)

70 X-선 방사선 투과검사 시 촬영의 조건을 정하기 위하여 노출도표를 사용한다. 노출도표상의 가로축과 세로축은 각각 무엇을 나타내는가?

① 강재 두께와 노출 시간
② 강재 두께와 전압
③ 노출 시간과 전압
④ 전류와 전압

71 상황성 재해 발생자의 유발원인에 해당되지 않는 것은?

① 작업이 어렵기 때문에
② 소심한 성격 때문에
③ 기계설비의 결함이 있기 때문에
④ 환경상 주의력 및 집중이 혼란되기 때문에

72 X선관에서 표적(target)이 갖추어야 할 조건이 아닌 것은?

① 원자번호가 커야 한다.
② 용융점이 높아야 한다.
③ 열전도성이 높아야 한다.
④ 높은 증기압을 갖는 물질이어야 한다.

> 낮은 증기압을 갖는 물질이어야 한다.

73 다음 중 비파괴검사의 목적이 아닌 것은?

① 제품에 대한 신뢰성 향상
② 비파괴 시험기의 결함 발견
③ 제조기술 개선 및 제품의 수명연장
④ 불량률 감소에 따른 생산원가 절감

> 제품을 파괴하지 않고 내부의 결함 또는 표면 결함을 조사하는 시험

74 작업장에서 작업자의 복장에 대한 설명 중 틀린 것은?

① 화기 사용시에는 불연성을 사용한다.
② 기름이 묻은 작업복을 착용하지 않는다.
③ 여름철에는 작업복을 착용하지 않는다.
④ 작업복은 몸에 맞고 동작이 편한 복장을 착용한다.

정답 68 ③ 69 ② 70 ① 71 ② 72 ④ 73 ② 74 ③

75 시편의 시험전의 단면적이 55mm²이었던 것이 인장시험 후에 측정한 결과 단면적이 32mm²로 되었다면, 이때 시편의 단면 수축률(%)은 얼마인가?

① 4.18　② 41.8
③ 6.18　④ 61.8

$$\frac{A_0 - A_1}{A_0} \times 100\% = \frac{55-32}{55} \times 100 = 41.8$$

76 금속 조직 내의 상(相)의 양을 측정하는 방법에 해당하지 않는 것은?

① 면적 측정법　② 직선 측정법
③ 점 측정법　④ 원형 측정법

금속조직 내 측정법
면적 측정법, 직선 측정법, 점 측정법

77 항절시험은 어떤 시험에 해당되는가?

① 인장시험　② 충격시험
③ 전단시험　④ 굽힘시험

2점 자유지지에서는 중앙에 하중을 걸어 시험편이 파괴될 때까지 최대하중과 굽힘을 측정

78 피로시험에서 시험편의 형상계수를 α, 노치계수를 β라 할 때 노치 민감계수(η)를 나타내는 식으로 옳은 것은?

① η = α / (β−1)
② η = β / (α−1)
③ η = (α−1) / (β−1)
④ η = (β−1) / (α−1)

79 상대적으로 경한 입자나 미세돌기와 접촉에 의해 표면으로부터 마모입자가 이탈되는 현상으로 마모면에 긁힘 자국이나 끝이 파인 홈들이 나타나는 마모는?

① 연삭마모　② 응착마모
③ 부식마모　④ 표면피로마모

마모시험
응착마모, 연삭마모, 피로마모, 부식마모

80 비틀림 시험을 통하여 얻을 수 있는 기계적 성질로 틀린 것은?

① 강성계수
② 비틀림 강도
③ 비틀림 파단계수
④ 비틀림 경도

측정 가능한 기계적 성질
강성계수(G), 비틀림 강도, 비틀림 파단계수

정답　75 ②　76 ④　77 ④　78 ④　79 ①　80 ④

2022년 1회 금속재료산업기사 CBT 복원문제

제1과목 ▶ 금속재료

01 다음 중 레데뷰라이트(Ledeburite)조직을 나타낸 것은?

① 마텐자이트(martensite)
② 시멘타이트(cementite)
③ α(ferrite)+Fe_3C
④ γ(austenite)+Fe_3C

02 합금원소의 역할을 설명한 것 중 틀린 것은?

① Ni : 내식성 및 내산화성을 증가시킨다.
② Mn : 함유량이 많아지면 내마멸성을 크게 감소시키고 상온취성 및 청열취성을 방지한다.
③ Mo : 담금질 깊이를 깊게 하고, 크리프 저항과 내식성을 증가시킨다.
④ Co : Cr과 함께 사용되어 고온 강도와 고온 경도를 크게 증가시킨다.

> Mn은 보통 강중에 0.2~0.8% 함유되며 일부는 α-Fe중에 고용되고 나머지는 S와 결합하여 MnS로 된다.

03 0.035% S(황)을 넣어 강도를 희생시키고 쾌삭성을 개선한 모넬메탈(Monel metal)은?

① R Monel ② K Monel
③ H Monel ④ KR Monel

> R 모넬 : 0.035% 황 함유, 쾌삭용
> KR 모넬 : 0.28% 탄소 함유
> H 모넬 : 3% 규소 함유
> S 모넬 : 4% 규소 함유

04 금속의 변태 중 동소변태인 것은?

① A_0 ② A_2
③ A_{cm} ④ A_4

> A_3, A_4

05 탄소강 중 인의 영향이 아닌 것은?

① 적열취성의 원인
② 결정립 조대화
③ 강도와 경도 증가
④ 상온취성의 원인

> 적열취성의 원인은 황이다.

정답 01 ④ 02 ② 03 ① 04 ④ 05 ①

06 합금(Alloy)에 대한 설명으로 틀린 것은?

① 순수한 단체금속만을 합금이라 한다.
② 제조 방법은 금속과 금속, 금속과 비금속을 용융상태에서 융합하거나, 압축, 소결하는 방법 등이 있다.
③ 첨가과정은 제조과정 중에 자연적으로 혼입되는 경우와 어떤 유용한 성질을 부여하기 위해 첨가하는 경우가 있다.
④ 공업용 합금은 어떤 필요한 성질을 얻기 위해 한 금속에 다른 금속 또는 비금속을 첨가시켜서 얻은 금속적 성질을 가지는 물질을 말한다.

> 합금(Alloy)
> 금속에 다른 원소를 첨가하여 얻은 물질

07 Al – Cu(3~8%) – Si(3~8%)계로 주조성이 개선되고 피삭성이 좋은 합금은?

① 실루민   ② 알드레이
③ 라우탈   ④ 하이드로날륨

> ① 실루민 : Al-Si합금
> ② 알드레이 : Al-Mg-Si-Fe합금
> ③ 하이드로날륨 : Al-Mg합금

08 전자기 재료에 사용되고 있는 Ni-Fe계 실용 합금이 아닌 것은?

① 인바   ② 엘린바
③ 플래티나이트 ④ 두랄루민

> 두랄루민
> Cu – Mg – Mn – Si – Al 합금

09 두 금속의 비중 차이가 가장 큰 영향을 미치는 원소는?

① Ni – W   ② Ti – Fe
③ Li – Ir   ④ Al – Mg

> Li : 0.53, Ir : 22.5

10 스테인리스강 부품의 용접부 응력부식균열(SCC)을 방지하기 위한 방법으로 틀린 것은?

① 사용 환경 중의 염화물 또는 알칼리를 제거한다.
② 외적 응력이 없도록 설계하고 용접 후 후열처리를 실시한다.
③ 압축응력은 효과적이므로 쇼트 피닝(Shot Peening)을 한다.
④ 용접부 및 열영향부에 잔류응력이 많이 남아 있게 한다.

> 용접부 응력부식 균열은 잔류응력에 의해 균열이 발생하기 때문에 제거해야 한다.

11 Cu-Pb계 베어링으로 화이트메탈보다 내하중성이 크므로 고속·고하중용 베어링으로 적합한 것은?

① 켈멧(Kelmet)
② 자마크(Zamak)
③ 오일라이트(Oillite)
④ 배빗 메탈(Babbit metal)

> 고속·고하중용 베어링 합금으로 적합하며, 자동차, 항공기 등의 주베어링으로 사용

정답 06 ① 07 ③ 08 ④ 09 ③ 10 ④ 11 ①

12 용강의 탄소량이 정해진 양이 되었을 때 Fe-Mn, Fe-Si 또는 Al 분말과 같은 강탈산제를 충분히 첨가함으로써 완전 탈산시킨 강괴는?

① 캡드 강괴 ② 림드 강괴
③ 킬드 강괴 ④ 세미킬드 강괴

13 다음 중 초내열합금에 대한 설명으로 틀린 것은?

① 초내열합금은 고온에서 기계적 성질이 우수한 합금이다.
② Ni기 초내열합금은 γ상 석출을 이용한 석출강화형 합금이다.
③ Co기 내열합금은 Ni, Mo, Nb 등을 첨가하여 탄화물의 석출강화를 이용한 합금이다.
④ W계 초내열합금은 주조품으로 가장 많이 사용된다.

14 다음 중 수소저장용 합금의 기능이 아닌 것은?

① 촉매작용
② 금속 미분말의 제조
③ 구조용 복합재료로 사용
④ 열에너지의 저장 및 수송

> 수소와 반응해서 금속수소화물의 형태로 수소를 포착하여 가열하면 이것을 방출하는 특성을 가지는 성질의 합금

15 티타늄에 관한 설명 중 틀린 것은?

① 열 및 전도율이 낮다.
② 불순물에 의한 영향이 거의 없다.
③ 300℃ 근방의 온도구역에서 강도의 저하가 명백히 나타난다.
④ 활성이 커서 고온산화와 환원 제조 시에 취급이 곤란한 원인이 된다.

> 티타늄은 불순물에 영향을 많이 받는 금속이다.

16 순금속이 합금에 비하여 떨어지는 성질은?

① 소성 변형성 ② 전기전도도
③ 강도, 경도   ④ 열전도도

> 합금은 강도와 경도가 높다.

17 황동제품의 탈아연 부식 및 탈아연 현상에 대한 설명으로 틀린 것은?

① 탈아연 현상이란 고온에서 증발에 의하여 황동 표면으로부터 Zn이 탈출되는 현상을 말한다.
② 탈아연 부식을 억제하기 위해서는 As, Sb, Sn 등을 첨가한 황동을 사용한다.
③ 탈아연 부식은 고아연황동 즉, α, δ 또는 ε 단상합금에서 관찰할 수 있다.
④ 탈아연 부식은 물질이 용존하는 수용액의 작용에 의하여 황동의 표면 깊은 곳까지 탈아연되는 현상이다.

> 탈아연 부식은 물질이 용존하는 수액의 작용에 의하여 황동의 표면 또는 깊은 곳까지 탈아연되는 현상

정답 12 ③ 13 ④ 14 ③ 15 ② 16 ③ 17 ③

18 주철의 일반적 특성을 설명한 것 중 틀린 것은?

① 가단주철은 고탄소 주철에 해당된다.
② 구상흑연주철은 마그네슘을 회주철 용융 금속에 첨가하여 만든다.
③ 회주철은 파면이 회색으로 주조성과 절삭성이 우수하여 주물용으로 사용된다.
④ 백주철은 C, Si 분이 많고 Mn분이 적어 C가 흑연상태로 유리되어 파면이 흰색이다.

> 백주철은 Si량이 적고 냉각속도가 빠를 때 생기기 쉬우며 내마모성이 좋다.

19 금속의 공통적 성질을 설명한 것 중 틀린 것은?

① 수은을 제외하고 상온에서 고체이다.
② 열적 전기적 부도체이다.
③ 가공성이 풍부하다.
④ 금속적 광택이 있다.

> 열과 전기의 양도체

20 어떠한 물질이 일정한 온도, 자장, 전류밀도 하에서 전기저항이 0(zero)이 되는 현상은?

① 초투자율 ② 초저항
③ 초전도 ④ 초전류

> **초전도 현상**
> 어떤 물질이 일정한 온도, 자장, 전류밀도하에서 전기저항이 0이 되는 현상

제2과목 ▶ 금속조직

21 다음 중 금속간 화합물의 특성이 아닌 것은?

① 구성 성분 금속의 특성이 완전히 소멸된다.
② 복잡한 결정구조를 가지며 소성변형이 어렵다.
③ 규칙·불규칙 변태를 한다.
④ 일반적으로 성분금속보다 융점이 높다.

22 2성분계에 나타나는 3개의 상으로 된 불변반응을 나타낸 그림으로 반응식은 L₁(융액) ⇌ L₂(융액)+S(고상)으로 표현된다. 이때의 반응으로 옳은 것은?

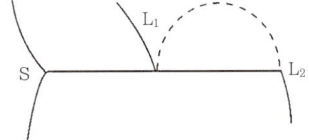

① 공정반응 ② 포정반응
③ 편정반응 ④ 공석반응

> 일종의 용액에서 고상과 다른 종류의 용액을 동시에 생성하는 반응

23 격자간 원자와 원자공공이 한 쌍으로 된 결함은?

① 체적 결함 ② 불순물 원자
③ 쇼트키 결함 ④ 프렌켈 결함

24 탄성계수가 큰 재료의 특징으로 틀린 것은?

① 융점이 높다.
② 강성(剛性)이 크다.
③ 전기저항도가 크다.
④ 원자의 결합에너지가 크다.

> 전기저항도가 작다.

25 냉간 가공에 의한 축적에너지의 크기에 영향을 주는 인자가 아닌 것은?

① 가공도 ② 가공온도
③ 자유도 ④ 합금원소

26 다음 결합 중에서 결합력이 가장 약한 것은?

① 공유 결합 ② 이온 결합
③ 금속결합 ④ 반데르발스 결합

> 극성이 없는 분자간에 일시적으로 극성이 발생하여 생기는 힘으로서 결합력이 약함

27 다음 중 변형 전과 변형 후의 위치가 어떠한 면을 경계로 하여 대칭이 되는 현상은?

① 쌍정(twin) ② 전위(dislocation)
③ 슬립(slip) ④ 회복(recovery)

> 어떤 면 또는 경계를 통해 거울에 비친 상과 같은 구조가 존재하는 영역

28 다음 중 결정립 형성에 대한 설명으로 틀린 것은? (단, G는 결정성장속도, N은 핵발생속도, f는 상수이다)

① 결정립의 대소는 $\dfrac{f \cdot G}{N}$로 표현된다.
② 금속은 순도가 높을수록 결정립의 크기가 작은 경향이 있다.
③ G가 N보다 빨리 증대할 경우 결정립이 큰 것을 얻는다.
④ N이 G보다 빨리 증대할 경우 결정립이 미세한 것을 얻을 수 있다.

> 금속은 순도가 높을수록 결정립의 크기가 커짐

29 금속의 변태점 측정법에 해당되지 않는 것은?

① 열 분석법 ② 전기 저항법
③ 자기 분석법 ④ 대상 용융법

> 대상 용융법은 반도체의 불순물을 정제하는 공정

30 다음 중 치환형 고용체를 형성하는 인자에 대한 설명으로 틀린 것은?

① 용매원자와 용질원자의 원자직경이 비슷할수록 고용체를 형성하기 쉽다.
② 결정격자형이 동일한 금속끼리는 넓은 범위로 고용체를 형성한다.
③ 원자직경의 차이가 15% 이상이면 거의 고용체를 만들지 않는다.
④ 용질원자와 용매원자의 전기저항의 차가 적으면 고용체를 형성하기 어렵다.

> 치환형 고용체의 형성 시 용질과 용매원자의 저항차가 작으면 고용체 형성이 유리함

정답 24 ③ 25 ③ 26 ④ 27 ① 28 ② 29 ④ 30 ④

31 면심입방격자의 쌍정면에 해당되는 것은?

① {111} ② {112}
③ {110} ④ {123}

> 체심입방격자 {112}, 면심입방격자 {111}

32 다음에 표시한 면지수는 무엇인가?

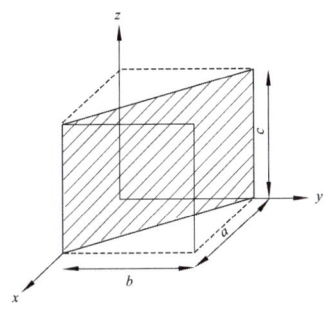

① (100) ② (110)
③ (111) ④ (123)

33 50%의 A-B 합금이 FCC의 규칙격자이고, 7.5개가 A원자, 4.5개가 B원자일 때 단범위 규칙도(σ)는 얼마인가?

① -0.25 ② 0.25
③ -0.45 ④ 0.45

> $\frac{7.5}{12} = 0.625$, $\sigma = 1 - \frac{fA}{xA} = 1 - \frac{0.625}{0.5} = -0.25$

34 용융 금속이 응고 성장할 때 불순물이 가장 많이 모이는 곳은?

① 결정입내(結晶粒內)
② 결정입계(結晶粒界)
③ 결정입내의 중심부(中心部)
④ 결정격자 내의 중심부(中心部)

> 경계면 부근은 최종적으로 응고한 부분이므로 녹는점이 낮은 공정이나 불순물 등이 모이게 된다.

35 격자상수가 a ≠ b ≠ c 이고, α ≠ β ≠ γ ≠ 90°인 것은 어떠한 결정계인가?

① 입방정계 ② 정방정계
③ 단사정계 ④ 삼사정계

> 삼사정계로서 삼사격자이다.

36 순금속 내에서 동일 원자 사이에 일어나는 확산은?

① 자기확산 ② 상호확산
③ 입계확산 ④ 불순물확산

> **자기확산**
> 단일금속 내에서 동일원자 사이에 일어나는 확산

37 상온에서 순철에 대한 설명으로 옳은 것은?

① 비자성체이다.
② 배위수는 12개이다.
③ 귀속 원자수가 4개이다.
④ 원자 충전율은 약 68%이다.

> 화학적으로 불순물을 전혀 함유하지 않는 순수한 철(Fe)

정답 31 ① 32 ② 33 ① 34 ② 35 ④ 36 ① 37 ④

38 다음의 금속강화 방법 중 고온에서 효과가 가장 좋은 방법은?

① 급냉하여 강화시켰다.
② 압연가공하여 강화시켰다.
③ 고용체를 석출시켜 강화시켰다.
④ 고용원소를 고용시켜 강화하였다.

> 가장 높은 강화율을 유도하기 위해서는 고용원소의 강화를 이용한 방법이 효율적이다.

39 물질 중에서 원자가 열적으로 활성화되어 이동하게 되는 현상을 확산이라 하는데 이때 이동하는 원자의 확산경로에 의한 분류에 속하는 것은?

① 격자확산   ② 자기확산
③ 상호확산   ④ 불순물확산

> 확산은 용매중에 용질이 들어있는 상태에서 국부적으로 농도차가 있을 때 시간의 경과에 따라 농도의 균일화가 일어나는 현상

40 냉간가공 등으로 변형된 결정구조가 가열로써 내부변형이 없는 새로운 결정립으로 치환되어지는 현상은 무엇인가?

① 재결정현상   ② 용체화처리
③ 시효현상   ④ 복합강화현상

> 재결정현상은 냉간가공에 의해 변형된 구조의 내부에 변형이 없는 새로운 결정립의 치환을 유도한다.

제3과목 ▶ 금속열처리

41 펄라이트 가단주철의 열처리 방법으로 틀린 것은?

① 합금 첨가에 의한 방법
② 분위기 조절에 의한 풀림 방법
③ 열처리 곡선의 변화에 의한 방법
④ 흑심 가단주철의 재열처리에 의한 방법

> 흑심가단주철의 제1단 흑연화 풀림 후 구상화 풀림을 시행한다.

42 열처리품이 소정의 이동장치에 의해 연속적으로 노내에 장입되어 이송되면서 가열, 유지 및 냉각이 이루어지는 열처리 장치인 연속로의 특성이 아닌 것은?

① 다량생산에 적합하다.
② 열처리 공정의 자동화에 용이하게 적용할 수 있는 방식이다.
③ 연속로에서 소형 스크류나 얇은 판재류 등을 침탄 할 경우 경화층의 높이는 1mm~2mm 정도이다.
④ 일반적으로 볼트, 너트 및 열간단조품 등을 처리하며 처리품의 품질이 대체적으로 균일하다.

43 담금질용 batch로의 상용온도가 870~930℃라면 이 온도에 상응하는 열전대는?

① 아연 – 콘스탄탄   ② 크로멜 – 알루멜
③ 철 – 콘스탄탄   ④ 구리 – 콘스탄탄

> 크로멜·알루멜 : 1,200℃
> 철·콘스탄틴 : 600℃
> 구리·콘스탄틴 : 300℃
> 백금·백금로듐 : 1,600℃

정답 38 ④ 39 ① 40 ① 41 ② 42 ③ 43 ②

44 다음 중 항온변태 곡선과 관계가 없는 곡선은?

① CCT곡선　　② C곡선
③ S곡선　　　④ TTT곡선

> **항온변태곡선**
> TTT곡선, C곡선, S곡선

45 다음 중 잔류 오스테나이트가 증가하는 경우는?

① 담금질 온도가 저온인 경우
② 심냉(sub-zero) 처리를 하는 경우
③ C%의 양을 감소시켰을 경우
④ M_s~M_f 지점에서 서냉한 경우

46 강의 열처리 시 담금질성을 향상시키는 원소로 가장 적합한 것은?

① Mn　　　　② Pb
③ S　　　　　④ Cu

> **담금질**
> 강을 강하게 하고 경도의 향상을 위해 하는 열처리로서 오스테나이트로부터 냉각할 경우 그 냉각 속도에 따라 조직이 변화된다. 냉각도중에 변태를 저지하기 위해 급냉하는 조작

47 직경 25mm의 봉재를 A_3+30℃까지 가열 후 수냉을 실시하였을 때 나타나는 냉각의 3단계를 옳게 나열한 것은?

① 비등단계 → 증기막단계 → 대류단계
② 비등단계 → 대류단계 → 증기막단계
③ 증기막단계 → 비등단계 → 대류단계
④ 대류단계 → 증기막단계 → 비등단계

48 열처리 공정 검사에 필요한 장비가 아닌 것은?

① 비커스 경도계　② 금속 현미경
③ 로크웰 경도계　④ 도금 두께 측정기

49 항온 열처리에 해당되지 않는 것은?

① 시간담금질　　② 오스포밍
③ 마템퍼링　　　④ 오스템퍼링

> **항온 열처리**
> 오스포밍, 마템퍼링, 오스템퍼링

50 냉각 시의 A_3변태(Ar_3)를 설명한 것 중 옳은 것은?

① 탄소 함유량이 증가하면 A_3변태온도는 저하한다.
② 순철에서는 δ상이 Y상으로 변태하는 온도이다.
③ HCP에서 FCC로의 격자 변화가 일어나는 변태이다.
④ 723~1,495℃의 온도 범위에서 일어나는 변태이다.

51 고주파 경화법에서 유도 전류에 의한 발생열의 침투깊이(d)를 구하는 식으로 옳은 것은? (단, ρ는 강재의 비저항(μΩ·cm), μ는 강재의 투자율, f는 주파수(Hz)이다)

① $d = 5.03 \times 10^2 \frac{\rho}{\mu \cdot f}$ (cm)

② $d = 5.03 \times 10^2 \sqrt{\frac{\rho}{\mu \cdot f}}$ (cm)

③ $d = 5.03 \times 10^3 \frac{\rho}{\mu \cdot f}$ (cm)

④ $d = 5.03 \times 10^3 \sqrt{\frac{\rho}{\mu \cdot f}}$ (cm)

52 열처리 시 발생하는 체적변화에 관한 설명으로 틀린 것은?

① 담금질하여 마텐자이트로 되면 팽창하는데, 강 중에 C%가 증가할수록 그 팽창량은 감소한다.
② 뜨임처리하면 일반적으로 수축하지만 2차 경화를 나타내는 합금강에서는 팽창한다.
③ 서브제로(Sub-Zero)처리하면 잔류 오스테나이트가 마텐자이트화 되기 때문에 팽창한다.
④ 잔류 오스테나이트의 양이 많아지면 수축하지만, 많을수록 상온방치 중에 시효변형의 원인이 된다.

> 탄소량이 많을수록 팽창량은 증가한다.

53 구상화 풀림의 효과를 설명한 것 중 틀린 것은?

① 담금질 균열을 방지한다.
② 담금질 후 공구의 수명을 연장한다.
③ 기계 가공성을 증가시킨다.
④ 담금질 변형을 증가시킨다.

> 구상화 풀림
> 강속의 탄화물을 구상화시키기 위해서 하는 풀림

54 다음 중 질화처리의 방법에 해당되지 않는 것은?

① 순질화법   ② 연질화법
③ 터프트라이드법   ④ 용체화처리법

> 용체화처리법
> 고용체 범위까지 가열 후 이것을 급냉시켜 고용체의 상태를 상온까지 유지하는 처리법

55 S곡선에 대한 설명으로 틀린 것은?

① 응력이 존재하면 Ms선의 온도는 상승한다.
② C, Mn 등이 많을수록 S곡선은 좌측으로 이동한다.
③ 응력이 존재하면 S곡선의 변태 개시선이 좌측으로 이동한다.
④ 가열온도가 높을수록 S곡선의 코부분이 우측으로 이동한다.

56 진공로에 사용하는 냉각용 가스 중 냉각효과가 가장 큰 것은? (단, 공기의 열전도율은 1이다)

① 아르곤   ② 헬륨
③ 질소   ④ 일산화탄소

> 헬륨은 융점 및 비점이 277.2℃로 가장 낮기 때문

57 탄소강에서 약 900℃의 경화온도로 고주파 담금질(수냉)했을 때 표면이 HRC50 정도 나타났다면 이 탄소강의 탄소함유량은 몇 %인가?

① 0.3   ② 0.9
③ 1.2   ④ 1.5

> 900℃에서 HRC 50 정도이면 탄소량 0.3% 정도 함유된 탄소강

58 구조에 따른 가열로의 분류가 아닌 것은?

① 원통로   ② 연속로
③ 전기로   ④ 배치로

> 열원에 따라 전기로, 가스로, 중유로 및 경유로로 분류함

정답 52 ① 53 ④ 54 ④ 55 ② 56 ② 57 ① 58 ③

59 다음의 냉각제 중 550~720℃에서 냉각 능력이 가장 큰 냉각제는?

① 10% Nacl액　② 10% NaOH액
③ 10% Na_2CO_3액　④ 비눗물(2%)

> 550~720℃에서 가장 높은 냉각을 유도하는 냉각제는 10% NaOH액이다.

60 고온 가스 침탄법에 대한 설명으로 틀린 것은?

① 침탄 시간이 짧다.
② 탄소 농도 구배가 완만하다.
③ 높은 온도에서 처리되므로 결정립 성장을 일으키지 않는다.
④ 로의 내화물, 라디안트 튜브, 트레이 등의 열화를 촉진한다.

> 높은 온도에서 처리되므로 결정립 성장을 일으키기 쉽다.

제4과목 ▶ 재료시험

61 표점거리가 50mm, 두께가 2mm, 평행부 나비(폭)가 25mm인 강판을 인장시험 하였을 때 최대하중은 2,500kgf이었고 파단 후 늘어난 길이가 60mm였을 때 재료의 인장강도 몇 kg_f/mm^2인가?

① 30　② 40
③ 50　④ 60

$$\sigma_t = \frac{P_m}{A_0} \, kg_f/mm^2 = \frac{2,500}{2 \times 25} = 50$$

62 재료에 어떤 일정한 하중을 가하고 어떤 온도에서 긴시간 동안 유지하면 시간이 경과함에 따라 스트레인이 증가현상으로 각종 재료의 역학적 양을 결정하는 재료시험은?

① 피로시험　② 비파괴시험
③ 인장강도시험　④ 크리프시험

> 일정하중, 일정온도의 유지와 함께 정확한 변형량을 측정하는 것이 중요함

63 충격시험편에서 노치(Notch) 반지름의 영향을 설명한 것 중 옳은 것은?

① 노치 반지름이 클수록 응력집중이 크다.
② 노치 반지름이 클수록 충격치가 낮다.
③ 노치 반지름이 클수록 흡수에너지가 크다.
④ 노치 반지름이 클수록 파괴가 잘 일어난다.

64 동(Cu), 황동, 청동 등의 부식제로 사용되는 것은?

① 염화제2철 용액
② 수산화나트륨 용액
③ 피크린산 알콜 용액
④ 질산 아세트산 용액

> 염화제2철 용액
> 염화제2철 5g, 진한염산 50cc, 물 100cc

65 압축강도시험에서 시험구역이 소성구역의 경우에는 가로변형에서의 만곡이 생기므로 일반적인 경우 길이(L)와 지름(D)의 비는 얼마 정도의 것이 사용되는가?

① L/D = 1~3   ② L/D = 2~6
③ L/D = 4~8   ④ L/D = 5~10

66 다이아몬드를 붙인 해머를 시편에 낙하시켜 반발하는 높이로서 경도를 측정하는 시험기는?

① 로크웰 경도 시험기
② 쇼어 경도 시험기
③ 브리넬 경도 시험기
③ 비커즈 경도 시험기

> 다이아몬드추를 자유낙하하여 반발을 이용해 경도를 측정함

67 압입자를 이용한 경도측정법이 아닌 것은?

① 쇼어경도   ② 브리넬경도
③ 비커스경도 ④ 로크웰경도

> 쇼어경도시험은 반발경도 측정법

68 어떠한 재료가 일정 온도에서 어떤 시간 후에 크리프 속도가 0(zero)가 되는 응력을 무엇이라고 하는가?

① 크리프 조건   ② 크리프율
③ 크리프 한도   ④ 크리프 현상

> 재료에 일정한 정하중을 장시간 작용시켜도 파단하지 않는 최대응력을 크리프한계라 한다.

69 부식액에 시편을 침지하여 부식시켜서 조직이 잘 나타나지 않을 때 면봉 등으로 시편 표면을 닦아 내면서 부식시키는 방법은?

① Deep 부식   ② 전해부식
③ Wipe 부식   ④ 가열부식

70 자분탐상 검사에서 탈자(demagnetization) 처리가 필요 없는 경우에 해당되는 것은?

① 시험체의 잔류자속이 이후 기계가공을 곤란하게 하는 경우
② 시험체가 큐리점(curie point) 이상으로 열처리 되었을 경우
③ 시험체의 잔류자속이 계측기의 작동이나 정밀도에 영향을 주는 경우
④ 시험체가 마찰부분에 사용될 때 자분집적으로 마모에 영향을 주는 경우

71 와전류탐상검사에 대한 설명으로 틀린 것은?

① 시험 결과를 기록하여 보존할 수 있다.
② 얇은 판 및 도금두께를 측정할 수 있다.
③ 표면 아래 깊은 곳에 있는 결함의 검출이 가능하다.
④ 관, 환봉, 선 등에 대하여 고속으로 자동화한 능률이 좋은 검사가 가능하다.

> 표면부 결함검출이 용이하고 고온에서의 검사 및 얇고 가는 소재와 구멍의 내부 등을 검사하는 데 적합

72 인장시험의 응력–변형률 선도를 설명한 것 중 옳은 것은?

① 탄성한계 내에서는 후크의 법칙이 성립한다.
② 항복점 이후 응력을 제거하면 원상태로 되돌아간다.
③ 탄소함유량이 달라도 같은 재질이면 항복강도는 같다.
④ 항복점 측정이 곤란한 재질은 20%의 영구변형이 생기는 응력을 항복점으로 정한다.

73 금속재료의 파괴 원인 중 화학적인 현상에 해당되는 것은 어느 것인가?

① 충격에 의한 파괴
② 마모에 의한 파괴
③ 피로에 의한 파괴
④ 부식에 의한 파괴

74 금속의 탄성계수에 대한 설명 중 옳은 것은?

① 탄성계수는 온도가 증가할수록 증가한다.
② 탄성계수는 미세조직의 변화에 따라 크게 변화한다.
③ 온도증가에 따라 원자간 거리가 증가하고 이에 따라 탄성계수가 증가한다.
④ 일축 변형률에 대한 측변변형률의 비를 포아송비라 한다.

> **응력**
> 변형률 곡선에서 초기 직선 부근의 기울기를 탄성계수로 함

75 결정입도 측정 시 일정한 길이의 직선을 임의의 방향으로 긋고 직선과 결정립이 만나는 점의 수를 측정하여 직선 단위 길이당의 교차점 수로 표시하는 방법은?

① 제퍼리스법
② 헤인법
③ 면적 측정법
④ 표준 비교법

$$P_L = \left(\frac{측정된\ 교차점의\ 수}{사진위에서의\ 직선길이}\right) \div m$$

76 경화된 깊이가 얕은 강재의 경화능을 측정하기 위한 방법으로 강봉 시편을 10%의 교반되는 염수에 담금질한 후 부러뜨려 10종의 표준시편과 비교하고 결정립의 크기를 결정하여 담금질성을 판정하는 시험은?

① P-F 시험
② S-A-C 시험
③ 임계지름을 이용한 시험
④ 조미니(Jominy) 시험

> 경화심도(Penetration)–파면입도(Facture)의 두 가지를 시험하여 담금질성을 비교하는 방법

77 비파괴검사에서 X-선 투과시험에 사용되는 재료 및 기기가 아닌 것은?

① 투과도계
② 증감지
③ 탐촉자
④ 필름홀더

> 탐촉자는 초음파탐상기에 사용

정답 72 ① 73 ④ 74 ④ 75 ② 76 ① 77 ③

78 금속의 조직검사 방법 중 육안 또는 배율 10배 이하의 확대경으로 검사하는 시험법의 명칭은?

① 비금속 개재물 검사
② 응력측정 시험
③ 매크로검사법
④ 비틀림 시험

> 매크로검사법 또는 육안조직검사법이라 한다.

79 초음파의 종류 중 몇 파장 정도의 두께를 갖는 금속 내에 존재하며 박판의 결함 검출에 이용되고, 유도 초음파라고 불리는 초음파는?

① 판파   ② 종파
③ 횡파   ④ 표면파

> **판파**
> 평판에 적용하는 판파의 원리를 배관등에 응용한 것

80 주사현미경(EPMA)에서 EDS의 기능은 무엇인가?

① 특성 X-ray의 파장에 따라 성분을 분석하는 것
② 특성 X-ray의 파장에 따라 이미지를 분석하는 것
③ 특성 X-ray의 에너지의 차이에 따라 상을 분석하는 것
④ 특성 X-ray의 파장과 에너지 차이에 따라 석출물을 분석하는 것

정답 78 ③ 79 ① 80 ①

2022년 2회 금속재료산업기사 CBT 복원문제

제1과목 ▶ 금속재료

01 강도가 크고, 고온이나 저온의 유체중에 잘 견디며 불순물을 제거하는 데 쓰이는 금속필터는 어떤 방법으로 제조된 것이 가장 좋은가?

① 기계가공 ② 주조가공
③ 소결합금 ④ 금속가공

02 40~50% Ni-Cu 합금으로 전기 저항이 크고 온도계수가 낮아 전기 저항 재료로 쓰이며 열전대선으로도 사용되는 것은?

① 문쯔메탈(Muntz metal)
② 모넬메탈(Monel metal)
③ 콘스탄탄(constantan)
④ 플래티나이트(platinite)

> 열전대에는 Ni-Cr, Ni-Cu계 합금이 사용

03 다음 중 재결정 온도가 가장 낮은 금속은?

① Al ② Cu
③ Ni ④ Sn

> ① 150~240 ② 220~240 ③ 530~600
> ④ -7~25

04 섬유강화금속에서 강화섬유로 사용되는 것이 아닌 것은?

① SiC ② C(PAN)
③ Fe   ④ 보론

> **섬유강화금속**
> 휘스커 등의 섬유를 Al, Ti, Mg 등의 연성과 인성이 높은 금속이나 합금중에 균일하게 배열시켜 복합화한 재료

05 스테인리스강(stainless steel)의 조직계에 속하지 않는 것은?

① 마텐자이트(martensite)계
② 펄라이트(pearlite)계
③ 페라이트(ferrite)계
④ 오스테나이트(austenite)계

> **스테인리스강**
> 페라이드계, 오스테니이드계, 미텐지이트계

06 다음의 금속 중 알칼리 및 알칼리토류군에 해당되는 것은?

① U, Th, Pu   ② Ge, Si, In
③ W, V, Zr   ④ Na, Li, Cs

> **알칼리 및 알칼리토류 금속**
> Na, Li, Cs, Rb, K

정답 01 ③ 02 ③ 03 ④ 04 ③ 05 ② 06 ④

07 주철에서 접종(inoculation) 처리의 목적으로 틀린 것은?

① 흑연형상의 개량
② 기계적 성질의 향상
③ Chill화의 방지
④ 격자결함의 증대

> 접종처리의 목적은 흑연형상의 개량, 기계적 성질의 향상, 칠화의 방지임

08 초소성 재료를 얻기 위한 조직의 조건을 설명한 것 중 옳은 것은?

① 모상입계는 저경각인 편이 좋다.
② 결정립의 모양은 비등방성이어야 한다.
③ 모상입계가 인장분리하기 쉬워야 한다.
④ 결정립의 크기는 수㎛ 이하이어야 한다.

> 모상입계가 고경각이어야 하고 인장 분리는 어려워 슬립이 잘 일어나야 하며, 결정립 모양은 등방성이 좋다.

09 섬유강화 금속의 종류가 아닌 것은?

① PSM   ② FRS
③ MMC   ④ FRM

> 섬유강화형 복합재료는 강하고 탄성률이 높은 섬유재로 모재 금속을 강화시킨 재료

10 초경합금의 특성을 설명한 것 중 틀린 것은?

① WC계 초경합금은 WC분말에 2~20% Ni 분말을 혼합하여 수소(H_2) 기류 중에서 성형한다.
② 고온에서 안정하고 경도도 대단히 높아 절삭용 공구나 내열재료로서 사용되고 있다.
③ 소결합금공구강으로 WC, TaC, TiC 등 초경탄화물로 구성되어있다.
④ 내마모성과 압축강도가 대단히 우수하여 합금공구로 사용된다.

> 공구 등에 사용되는 초경질 합금으로 금속의 탄화물 분말을 소성해서 만든 합금(WC-Co계, WC-TiC-TaC-Co계, WC-TiC-Co계)

11 응축계에서 용융과 응고가 되는 현상은 상이 변하므로 반드시 흡열과 발열이 발생하는데 이때 발생하는 열을 무엇이라 하는가?

① 현열   ② 복사열
③ 직사열   ④ 잠열

> 상이 변하는 열은 잠열

12 소결함유베어링 제조의 소결 공정 순서로 옳은 것은?

① 혼합→가압성형→예비소결→원료→본소결
② 본소결→혼합→가압성형→예비소결→원료
③ 원료→혼합→가압성형→예비소결→본소결
④ 가압성형→원료→혼합→본소결→예비소결

정답 07 ④ 08 ④ 09 ① 10 ① 11 ④ 12 ③

13 스테인리스강에 관한 설명 중 옳은 것은?

① 탄소강과 저합금강보다 녹이 잘 슬고 얼룩이 심하다.
② 페라이트계 스테인리스강은 열처리에 의해 재질을 개선한다.
③ Cr의 함량이 12% 이하를 함유한 강을 스테인리스강이라 한다.
④ 스테인리스강은 Cr에 의해 부동태화 하기 때문에 표면을 보호한다.

> 스테인리스강은 녹이 잘 슬지 않고 12% 이상의 Cr을 함유하며 페라이트계 스테인리스강은 담금질 효과 없이 풀림으로 사용함

14 구상흑연 주철의 기지조직에 따른 형태가 아닌 것은?

① 페라이트(ferrite)형
② 펄라이트(pearlite)형
③ 오스테나이트(austenite)형
④ 페라이트(ferrite) + 펄라이트(pearlite)형

> 페라이트형, 펄라이트형, 페라이트+펄라이트형

15 가공성과 동시에 강인성을 요구하는 경우 적당한 탄소량의 구간으로 옳은 것은?

① 0.05~0.3%
② 0.3~0.45%
③ 0.45~0.65%
④ 0.65~1.2%

16 주철이 성장하는 원인과 그 방지법을 설명한 내용 중 틀린 것은?

① 펄라이트 조직 중의 Fe_3C 분해에 따른 흑연화 및 페라이트 조직 중의 Si의 산화로 성장한다.
② A_1 변태의 반복(가열과 냉각)과정 및 흡수된 가스의 팽창에 따른 부피증가 등으로 성장한다.
③ 방지법으로 흑연의 조대화로서 조직을 조대하게 하며, C 및 Si 양을 많게 한다.
④ 방지법으로 탄화물 안정화 원소인 Cr, Mn, Mo, V 등을 첨가하여 펄라이트 중의 Fe_3C 분해를 막는다.

> 주철의 성장을 방지하는 흑연의 미세화와 C, Si의 양을 적게 함

17 다음 중 실루민(silumin) 합금이란?

① Ag – Sn계
② Cu – Fe계
③ Mn – Mg계
④ Al – Si계

> 주조용 Al–Si합금을 실루민 또는 알팩스라 한다.

18 온도 t℃에서 길이 L인 봉을 t'℃로 올릴 때 길이가 L'으로 팽창하였다면, 이 봉의 열팽창계수는?

① $\dfrac{L'-L}{L(t'-t)}$
② $\dfrac{L'-L}{L(t+t')}$
③ $\dfrac{L}{L(t-t')}$
④ $\dfrac{L}{L(t'-t)}$

정답 13 ④ 14 ③ 15 ② 16 ③ 17 ④ 18 ①

19 냉간가공 시 재료에 발생하는 현상에 대한 설명으로 틀린 것은?

① 연성이 증가한다.
② 전위밀도가 증가한다.
③ 전기저항이 증가한다.
④ 경도가 증가한다.

> 전위밀도가 증가하여 경도 및 인장강도가 커진다.

20 주조 초경질 공구강인 스텔라이트(stellite)의 주요 성분이 아닌 것은?

① Co   ② Cr
③ W   ④ Nb

> stellite는 Co – Cr – W – C합금

제2과목 ▶ 금속조직

21 다음 그림 같이 $L_1 \rightleftarrows L_2 + S$ 로 나타나는 반응은 무엇인가? (단, L_1, L_2는 용액이며, S는 고상이다)

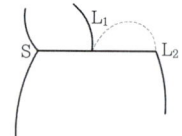

① 공정반응   ② 포정반응
③ 편정반응   ④ 공석반응

22 마텐자이트(Martensite)는 조직변태에서 나타나는 결정구조로 탄소량이 많아지면 고용된 탄소원자 때문에 세로로 늘어난 격자구조를 갖는다. 이를 무엇이라 하는가?

① HCP   ② FCC
③ BCT   ④ SCC

23 Gibb's의 3성분계의 그림에서 P조성 합금 중의 A 성분의 양은?

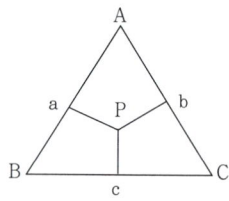

① A – F   ② P – C
③ P – F   ④ P – D

24 용매 중에 용질이 녹아들어 있는 상태에서 국부적으로 농도차이가 있을 경우 시간의 경과에 따라 농도의 균일화가 일어나는 현상은?

① 반사   ② 대류
③ 확산   ④ 복사

> **확산**
> 특정 용매에 용질이 녹아 들어가는 현상

25 면심입방격자에 속하는 Al, Cu, Au 및 Ag 등의 금속의 슬립(slip)면은?

① (101)   ② (111)
③ (110)   ④ (011)

> BCC의 슬립면 : (111), 슬립방향 : [110]

정답 19 ① 20 ④ 21 ③ 22 ③ 23 ② 24 ③ 25 ②

26 입방정계에 속하는 금속이 응고할 때 결정이 성장하는 우선 방향은?

① [100]　② [110]
③ [111]　④ [123]

> 입방정계 금속의 응고 시 결정성장의 우선방향은 [100]

27 다음 중 육방정계에서 기저면에 해당되는 면지수는?

① (1$\bar{1}$00)　② (1210)
③ (0001)　④ (10$\bar{1}$1)

28 규칙도가 0에서 1에 이르는 사이에 전체가 완전히 규칙성을 나타내는 상태를 무엇이라고 하는가?

① 장범위 규칙도
② 단범위 규칙도
③ 이종범위 규칙도
④ 단종범위규칙도

29 2원계 상태도에서 공정점의 자유도는?

① 0　② 1
③ 2　④ 3

> F = C−P+1 = 2−3+1 = 0

30 단위격자 내에 4개의 원자를 가지고 있는 금속원소는?

① Al　② Ti
③ Mo　④ Cr

31 Al−4%Cu 석출강화형 합금에서 석출강화에 영향을 주는 상은?

① α상　② β상
③ θ상　④ γ상

> 석출강화형 합금에서 θ상은 석출강화에 결정적인 역할을 한다.

32 순철의 변태에 의하여 나타나는 조직이 아닌 것은?

① α−Fe　② β−Fe
③ γ−Fe　④ δ−Fe

> 순철의 조직
> α−철, δ−철, γ−철

33 그림은 공정형 상태도이며, 곡선 AE는 M의 액상선이다. M의 고상선은?

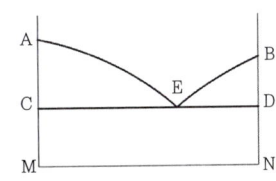

① $\overline{DN}$　② $\overline{AC}$
③ $\overline{CE}$　④ $\overline{AM}$

> 고상선은 액체가 모두 고체로 바뀌는 선이므로 M금속의 고상선은 CE선이 된다.

정답　26 ①　27 ③　28 ①　29 ①　30 ①　31 ③　32 ②　33 ③

34 다음 중 응고 시 체적 팽창을 나타내는 것은?

① Sn   ② Bi
③ Pb   ④ Zn

> 팽창하는 금속 : Bi, Sb

35 탄소강에서 탄소량의 증가에 따라 증가하는 것은?

① 전기저항   ② 비중
③ 팽창계수   ④ 열전도도

> 탄소량의 증가와 전기저항도는 비례

36 전위의 재배열과 소멸에 의해 가공된 결정 내부의 변형에너지와 항복강도가 감소되는 현상을 무엇이라고 하는가?

① 회복   ② 소성
③ 재결정   ④ 가공경화

> **회복**
> 저온풀림을 하여 국부적인 잔류응력을 제거하고 강도와 입도를 변화시키지 않는 상태에서 냉각 가공효과가 남게 하는 것

37 다음 중 금속의 특성이 아닌 것은?

① 모든 금속은 강자성체이다.
② 금속은 소성변형을 한다.
③ 금속은 열 및 전기전도도가 크다.
④ 금속은 고체상태에서 결정구조를 갖는다.

> 전성 및 연성이 우수하고 상자성체이다.

38 다음 중 확산에 대한 설명 중 틀린 것은?

① 온도가 낮을 때는 입계의 확산과 입내의 확산의 차가 크게 되나 온도가 높아지면 그 차는 작게 된다.
② 순금속 중에 동종의 원자가 확산하는 현상을 상호확산이라 한다.
③ 입계는 입내에 비하여 결정의 규칙성이 산란된 구조를 갖고 결함이 많으므로 확산이 일어나기 쉽다.
④ 용매 중에 용질이 용입하고 있는 상태에서 국부적으로 농도차가 있을 때 시간의 경과에 따라 농도의 균일화가 일어나는 현상을 확산이라 한다.

> 순금속 중에 동종의 원자가 확산하는 현상을 자기확산이라 한다.

39 결정체의 결함을 크기에 따라 분류할 때 점결함에 해당되지 않는 것은?

① 전위   ② 격자간원자
③ 원자공공   ④ 불순물원자

> **점결함**
> 원자공공, 격자간원자, 치환형원자

40 입방체 내부에 A 원자 1개, B 원자 1개가 들어 있는 것으로 되어, AB형의 조성이 된 체심입방격자형에 속하는 합금은?

① FeAl   ② FePd
③ CuAl   ④ MgCd

> 체심입방격자형 : FeAl
> 면심입방격자형 : CuAu
> 조밀육방격자 : MgCd

정답 34 ② 35 ① 36 ① 37 ① 38 ② 39 ① 40 ①

제3과목 ▶ 금속열처리

41 담금질한 후 잔류 오스테나이트를 마텐자이트로 변태시키는 처리는?

① 용체화 처리   ② 풀림 처리
③ 편석제거 처리   ④ 서브제로 처리

> 서브제로처리 = 심냉처리

42 다음 중 표면 경화 열처리에 해당되는 것은?

① 청화법   ② 담금질
③ 오스템퍼링   ④ 노멀라이징

> 표면경화법이란 표층은 경화시키고 내부는 강인성을 유지하도록 하는 처리

43 강의 항온변태에 대한 설명 중 틀린 것은?

① 항온변태곡선 코(nose) 위에서 항온변태 시키면 마텐자이트가 형성된다.
② 항온변태곡선을 TTT(Time Temperature Transformation) 곡선이라고도 한다.
③ 항온변태곡선 코(nose) 아래의 온도에서 항온변태 시키면 베이나이트가 형성된다.
④ 오스테나이트화 한 후 A_1변태온도 이하의 온도로 급냉시켜 시간이 지남에 따라 오스테나이트의 변태를 나타내는 곡선을 항온변태곡선이라 한다.

> 항온변태곡선 nose 위에서 항온변태 시키면 펄라이트가 형성된다.

44 열처리 제품의 전·후 처리 방법 중 기계적 처리 방법이 아닌 것은?

① 전해연마법   ② 버프연마법
③ 배럴연마법   ④ 쇼트피닝법

> **전해연마법**
> 피연마면에 평활과 광택을 부여하는 방법

45 침탄온도 871℃로 8시간 침탄할 때 생성되는 침탄층의 깊이를 해리스(Harris)의 계산식에 의하여 계산한 침탄층의 깊이는 약 몇 mm인가? (단, 온도에 따른 확산정수는 0.457이다)

① 0.8   ② 1.3
③ 1.6   ④ 2.1

> $0.457\sqrt{8} = 1.29$

46 담금질 가열 중에 나타나는 불량이 아닌 것은?

① 산화   ② 탈탄
③ 취성   ④ 과열

> 취성은 통상 충격시험에 있어서 충격치의 대소에 의해서 비교된다.

47 흑연의 형상에 따라 주철을 분류할 때 흑연의 형상이 없는 주철은?

① 백주철   ② 회주철
③ 가단주철   ④ 구상흑연주철

> 회주철 : 판상, 가단주철 : 괴상,
> 구상흑연주철 : 구상

정답 41 ④ 42 ① 43 ① 44 ① 45 ② 46 ③ 47 ①

48 임계구역 이상의 온도에서 담금질하고 20℃에서 수중에서 냉각시킨 공석강의 곡선 중 정지점(d)에서의 조직은?

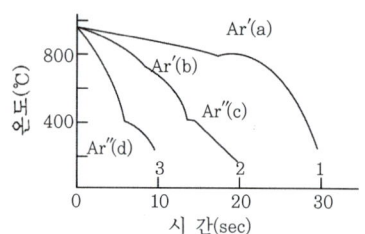

① 페라이트(Ferrite)
② 펄라이트(Pearlite)
③ 오스테나이트(Austenite)
④ 마텐자이트(Martensite)

49 일반적으로 가열온도가 지나치게 높으면 열처리 제품에 어떤 형상이 나타나는가?

① 경도가 높아진다.
② 산화 및 탈탄이 일어난다.
③ 결정립이 미세화 된다.
④ 항온변태가 나타난다.

50 고주파 유도 가열 경화법에 대한 설명으로 틀린 것은?

① 생산공정에 열처리 공정의 편입이 가능하다.
② 피가열물의 스트레인(strain)을 최소한으로 억제할 수 있다.
③ 표면부분에 에너지가 집중하므로 가열시간을 단축시킬 수 있다.
④ 전류가 표면에 집중되어 표피효과(skin effect)가 작다.

> 전류가 표면에 집중되어 표피효과가 크다.

51 펄라이트 변태에서 A_1변태점을 저하시키는 원소는?

① Mo   ② Ni
③ S   ④ Ti

52 침탄담금질 시 나타나는 박리의 원인이 아닌 것은?

① 반복 침탄을 할 때
② 확산층이 깊을 때
③ 원재료가 너무 연할 때
④ 과잉침탄으로 인하여 C%가 표면에 너무 많을 때

> 침탄 시 박리 원인
> 과잉침탄에 의해 C%이 너무 많을 때, 원재료의 C%가 너무 적어서 연할 때, 반복 침탄을 할 때

53 원자가가 2가인 금속산화물을 주성분으로 하는 내화재로서 마그네시아(MgO)와 산화크롬(Cr_2O_3)을 주성분으로 하는 내화재는?

① 산성 내화재   ② 염기성 내화재
③ 중성 내화재   ④ 규석벽돌 내화재

54 초대형의 피열처리재를 표면만 경화시키기 위하여 사용되는 냉각장치는?

① 분사 냉각장치
② 순환 냉각장치
③ 강제 공냉장치
④ 프레스 퀜칭장치

> 퀜칭품의 회전에 따라 열처리 제품 표면의 수증기와 기포가 제거되어 냉각속도를 증가시킨다.

정답 48 ④ 49 ② 50 ④ 51 ② 52 ② 53 ② 54 ①

55 베릴륨 청동의 인장강도가 150kg$_f$/mm^2 이고, HV 320~400 정도로 제조하기 위한 열처리 방법으로 옳은 것은?

① 760~780℃로부터 물 담금질하고 310~330℃로 2시간 템퍼링한다.
② 760~780℃로부터 기름 담금질하고 210~250℃로 1시간 템퍼링한다.
③ 950~1,020℃로부터 물 담금질하고 310~330℃로 2시간 템퍼링한다.
④ 950~1,020℃로부터 기름 담금질하고 350~380℃로 1시간 템퍼링한다.

56 일반적인 열처리의 목적이 아닌 것은?

① 응력제거
② 경도 및 인성증가
③ 가공경화 및 편석증가
④ 조직의 안정화 및 표준화

> **열처리의 목적**
> 냉간가공의 영향을 제거할 목적

57 초심냉처리의 효과로 틀린 것은?

① 잔류응력이 증가한다.
② 내마멸성이 현저히 향상된다.
③ 조직의 미세화와 미세 탄화물의 석출이 이루어진다.
④ 잔류 오스테나이트가 대부분 마텐자이트로 변태한다.

58 열처리 제품의 산화를 억제하고 광휘열처리를 할 수 있는 로는?

① 용광로 ② 진공로
③ 용선로 ④ 열풍로

> **진공열처리**
> 가스와의 반응이 없으므로 불활성상태에서 처리

59 열처리 전·후처리에 사용되는 설비 중 6각 또는 8각형의 용기에 공작물과 함께 연마제, 콤파운드를 넣고 회전시켜 표면을 연마시키는 방법은?

① 버프연마 ② 배럴 연마
③ 쇼트 피닝 ④ 액체 호닝

> **배럴 연마**
> 배럴 속에 가공물, 컴파운드, 연마재, 물 등을 넣고 회전하여 장입물 상호 간의 충돌, 마찰 등에 의해 서로 연마되는 방법

60 TTT 곡선의 Nose와 Ms점의 중간 온도로 유지된 염욕 속에서 변태가 완료될 때까지 일정시간 유지한 다음, 공냉시키면 베이나이트 조직이 생기는 열처리 조작을 무엇이라 하는가?

① 마템퍼링(martempering)
② 마퀜칭(marquenching)
③ 오스템퍼링(austempering)
④ 타임 퀜칭(time quenching)

제4과목 ▶ 재료시험

61 육안조직 검사와 관계없는 것은?

① 매크로(macro)검사라고도 한다.
② 배율 10배 이하의 확대경으로 검사한다.
③ 결정입경이 0.1mm 이하의 것을 검사한다.
④ 육안검사법에는 설퍼프린트법이 있다.

> 결정입경이 0.1mm 이하의 조직은 마이크로 검사로 한다.

정답 55① 56③ 57① 58② 59② 60③ 61③

62 다음 중 비파괴시험이 아닌 것은?

① 방사선투과시험 ② 초음파탐상시험
③ 자분탐상시험 ④ 충격시험

> 충격시험 : 기계적 시험법

63 철강을 열처리한 후 미세조직을 현미경으로 관찰하기 위한 부식액으로 옳은 것은?

① 질산 용액
② 나이탈
③ 염화제이철 용액
④ 질산아세트산 용액

> • 질산용액 : Ni 및 I 합금
> • 염화제이철용액 : 구리, 황동, 청동

64 동판 알루미늄판 및 기타 연성 판재를 가압 형성하여 시험하는 방법은?

① 마찰시험 ② 에릭션시험
③ 압축시험 ④ 크리프시험

65 강의 매크로조직 시험방법과 그 기호에 대한 설명으로 틀린 것은? (단, 스테인리스강과 내열강은 제외한다)

① 피트는 표시기호를 M으로 나타낸다.
② 잉곳 패턴은 표시기호를 I로 나타낸다.
③ 비교적 단면이 작은 탄소강이나 합금강은 염산법으로 시험한다.
④ 비교적 단면이 큰 탄소강이나 합금강은 염화동암모늄법으로 시험한다.

> 피트기호 : T, 중심부 피트기호 : Tc

66 강의 매크로 조직 검사에서 중심부 편석을 나타내는 기호로 옳은 것은?

① S_n ② L_c
③ S_c ④ T_c

> S_n : 정편석, S_c : 중심부 편석, S_D : 점상편석
> S_{co} : 주상편석

67 강의 비금속 개재물 중 B형 개재물과 관련이 깊은 것은?

① 황화물 ② 규산염
③ 알루민산염 ④ 구형산화물

> 비금속 개재물의 분류
> ① A계 개재물
> ② B계 개재물
> ③ C계 개재물

68 안전보건교육의 단계별 교육과정 중 지식교육, 기능교육, 태도교육 중 지식교육 내용에 해당되는 것은?

① 작업 전후 점검 및 검사요령의 정확화 및 습관화
② 공구·보호구 등의 관리 및 취급태도의 확립
③ 전문적 기술 및 안전기술 기능
④ 안전규정 숙지를 위한 교육

69 침투탐상검사에서 용제 제거성 염색 침투액 속건식 현상법(VC-S)에 의한 검사 절차는?

① 전처리 → 침투 → 제거 → 현상 → 관찰 → 후처리
② 전처리 → 현상 → 제거 → 침투 → 관찰 → 후처리
③ 전처리 → 침투 → 관찰 → 현상 → 제거 → 후처리
④ 전처리 → 현상 → 침투 → 관찰 → 제거 → 후처리

> 전처리 → 침투처리 → 세척처리 → 현상처리 → 관찰 → 후처리

70 무재해 운동 중 5S 운동에 해당되지 않는 것은?

① 정리
② 정성
③ 청결
④ 청소

71 구리판, 알루미늄판 등 연성을 알기 위한 시험방법으로 커핑시험(cupping test)이라고도 불리는 시험방법은?

① 경도시험
② 압축시험
③ 비틀림시험
④ 에릭슨시험

> 구리 및 알루미늄 판재와 같은 연성판재를 가압성형하여 변형능력을 알아보기 위한 시험방법

72 마모시험(wear teat) 방법이 아닌 것은?

① 전단 마모
② 회전 마모
③ 슬라이딩 마모
④ 왕복 슬라이딩 마모

> **마모시험방법**
> 회전 마모, 미끄럼 마모, 왕복 미끄럼 마모

73 다음 중 굽힘 시험에 대한 설명으로 틀린 것은?

① 굽힘 균열시험으로 재료의 전성, 연성, 균열의 유무를 알 수 있다.
② 보통 굽힘 시험에서 알 수 있는 비례한계는 명확하지 않다.
③ 주철의 단면강도는 보통 파단계수로서 크기를 정한다.
④ 굽힘 파단계수는 인장강도에 비례하므로 단면 형상과는 관계없다.

> 보통 굽힘시험에서 구해지는 비례한계는 명확하지 않다. 그 이유는 내부재료의 탄성에 의해서 외부의 섬유조직이 지탱되고 있기 때문이다.

74 금속 재료의 부식액 중 부식할 금속과 부식액의 연결이 옳은 것은?

① Al 합금 - 왕수
② Zn 합금 - 염산 용액
③ 구리, 황동 - 질산 알콜 용액
④ 철강 - 수산화나트륨 용액

> ① Al 합금 : 수산화나트륨용액
> ② Zn합금 : 염산용액
> ③ 구리, 황동 : 염화제이철용액
> ④ 철강 : 질산알콜용액

정답 69① 70② 71④ 72① 73④ 74②

75 직경이 14mm인 인장시험편을 인장시험 하였다. 최대하중 12,500kgf에서 파단되었다면 이때 인장강도는 약 얼마(kg_f/mm^2)인가?

① 52.5　　② 78.2
③ 81.2　　④ 92.4

$$인장강도 = \frac{최대\ 하중}{단면적}$$
$$= \frac{12,500}{3.14 \times \frac{14^2}{4}} = 81.2\,kg/mm^2$$

76 다음 중 강의 재질을 판별할 수 있는 방법이 아닌 것은?

① 열 분석법
② 펠릿 시험
③ 불꽃 시험
④ 현미경 조직 검사법

열분석법은 변태점을 분석하는 장치임

77 침투 탐상검사법의 특징을 설명한 것 중 틀린 것은?

① 불연속부에 의한 확대율이 높기 때문에 아주 미세한 결함도 쉽게 검출한다.
② 시험편 내부의 결함을 검출하는데 적용한다.
③ 금속, 비금속에 관계없이 거의 모든 재료에 적용할 수 있다.
④ 결함의 길이 및 내부의 모양 및 크기의 관찰은 할 수 없다.

표면결함, 특히 균열과 같이 표면이 조금이라도 열려 있는 결함을 검출 목적으로 하는 검사방법

78 굽힘 시험은 굽힘 저항시험과 굴곡시험으로 분류되는데 다음 중 굴곡시험과 관계있는 것은?

① 탄성계수　　② 탄성에너지
③ 재료의 저항력　④ 전성 및 연성

재료의 전성, 연성, 굽힘저항, 균열의 유무를 알 수 있음

79 금속재료의 파괴 형태를 설명한 것 중 다른하나는?

① 미세한 공공 형태의 딤플 현상
② 인장시험시 컵-원뿔 형태로 파괴
③ 외부 힘에 의해 갑자기 발생되는 손상 형태
④ 균열의 전파 전 또는 전파 중에 상당한 소성변형 유발

80 기어나 베어링 등에 많이 발생하며 상대운동을 하는 표면에서 반복하중이 가해지면 마찰표면층에서 파괴가 일어나 그 결과 마모입자가 발생하는 것은?

① 응착마모　　② 연삭마모
③ 피로마모　　④ 부식마모

정답 75 ③　76 ①　77 ②　78 ④　79 ③　80 ③

2022년 3회 금속재료산업기사 CBT 복원문제

제1과목 ▶ 금속재료

01 냉간 가공재를 재결정온도 이상으로 가열(풀림)할 때 발생하는 현상을 순서대로 나열한 것은?

① 재결정 → 회복 → 결정입자의 성장
② 회복 → 결정입자의 성장 → 재결정
③ 회복 → 재결정 → 결정입자의 성장
④ 결정입자의 성장 → 회복 → 재결정

> 회복 → 재결정 → 결정입자의 성장

02 다음 중 백동에 관한 설명으로 틀린 것은?

① Cu에 Ni이 10~30% 첨가된 합금이다.
② 가공성이 좋아 두께 25mm에서 1mm까지 중간풀림하지 않고 압연할 수 있다.
③ 깊은 가공에 적합하고, 열간가공성도 좋으며 내식성 등이 우수하여 화폐, 열교환기 등에 사용된다.
④ 내식성도 좋으므로 줄자, 표준자, 시계의 추, 바이메탈 등에 사용된다.

> Cu+Zn-Ni 합금

03 다음 중 비정질 합금에 대한 설명으로 틀린 것은?

① 결정이방성이 없다.
② 구조적으로 장거리의 규칙성이 없다.
③ 가공경화가 심하여 경도를 상승시킨다.
④ 열에 약하며, 고온에서는 결정화하여 전혀 다른 재료가 된다.

> 가공경화를 일으키지 않는 합금

04 오스테나이트계 스테인리스강을 포함한 스테인리스강의 입계부식을 방지하는 방법이 아닌 것은?

① 음극방식을 실시한다.
② 탄화물을 고용시킨 후 급냉하는, 고용화처리를 한다.
③ C와의 친화력이 Cr 보다 큰 Ti, Nb, Ta 등을 첨가 한다.
④ C의 함량을 0.50% 이상으로 높여 크롬 탄화물을 생성시킨다.

> C 함량을 감소시켜 크롬 산화물 생성을 억제시킨다.

정답 01 ③ 02 ④ 03 ③ 04 ④

05 탄성구역에서 변형은 세로방향에 연신이 생기면 가로방향에 수축이 생기는데 각 방향의 치수변화의 비를 무엇이라 하는가?

① 강성률의 비 ② 포아송의 비
③ 탄성률의 비 ④ 전단변형량의 비

> 포아송비 = 1/m = 가로변형/세로변형

06 20℃에서 열전도도가 가장 낮은 것은?

① Pb ② Fe
③ Zn ④ Ni

> Ag > Cu > Au > Al > Mg > Zn > Ni > Fe > Pb > Sb

07 비중이 4.5 정도로 가벼우며, 내식성 및 450℃까지의 고온에서 강도/중량비가 높아 항공기 엔진 주위의 기체재료, 제트엔진의 압축기 부품재료 등으로 사용되는 합금은?

① 아연합금 ② 니켈합금
③ 망간합금 ④ 티타늄합금

08 형상기억합금은 금속의 어떤 성질을 이용한 것인가?

① 확산 ② 탄성변형
③ 질량효과 ④ 마텐자이트 변태

09 상온 또는 가열된 금속을 실린더 모양을 한 컨테이너에 넣고 한 쪽에 있는 램에 압력을 가하여 밀어 내어 봉, 관, 형재 등을 제작한 가공방법은?

① 전조가공 ② 단조가공
③ 프레스 가공 ④ 압출가공

> 가열된 금속을 실린더 모양을 한 컨테이너에 넣고 한쪽에 있는 램에 입력을 가하여 밀어내어 봉, 관, 형재 등을 제작하는 가공법

10 금속분말을 성형·소결하여 절삭공구, 내마모공구, 광산토목공구 등에 광범위하게 사용되는 초경합금은?

① WC-Co계 합금
② Cu계 합금
③ Al계 합금
④ Sn계 합금

> WC-Co계 초경합금은 WC 분말에 Co 분말을 점결제로 사용하여 소결함

11 18-8 스테인리스강의 조직으로 옳은 것은?

① 페라이트(Ferrite)
② 펄라이트(pearlite)
③ 시멘타이트(Cementite)
④ 오스테나이트(austenite)

> 12~18% Cr을 함유한 내식성이 강한 강

정답 05 ② 06 ① 07 ④ 08 ④ 09 ④ 10 ① 11 ④

12 구상흑연주철의 용탕에서 나타나는 페이딩(fading)현상이란?

① 용탕의 방치시간이 길어져 흑연의 구상화 효과가 현저하게 나타나는 현상이다.
② 용탕 속에 탈산제를 투입하여 탈산효과가 높아지는 현상이다.
③ 용탕의 방치시간이 길어져 흑연의 구상화 효과가 없어지는 현상이다.
④ 용탕 속에 탈산제를 투입하여도 탈산효과가 없어지는 현상이다.

> fading현상
> 구상화처리에서 용탕의 방치시간이 길어지면 흑연의 구상화 효과가 없어지는 현상

13 수소 저장용 합금에 대한 설명으로 틀린 것은?

① 수소를 흡장할 때 팽창하고, 방출할 때는 수축한다.
② 수소 저장용 합금은 수소가스와 반응하여 금속 수소화물이 된다.
③ 수소가 방출된 금속 수소 화물은 원래의 수소 저장용 합금으로 되돌아간다.
④ 수소로 인하여 전기 저항이 완전히 0(zero)이 되는 합금을 말한다.

> 전기 저항이 0(zero)가 되는 합금은 초전도 합금임

14 자장강도와 자화의 강도가 서로 반대 방향인 반자성체에 속하는 금속은?

① Au   ② Fe
③ Ni   ④ Co

> 반자성체 : Au, Ag, Cu

15 주철의 특성을 설명한 것 중 틀린 것은?

① 주조성이 우수하다.
② 인성이 매우 우수하다.
③ 진동을 흡수하는 특성이 있다.
④ 파면에 따라 회주철, 백주철, 반주철로 분류한다.

> 주철은 인성이 낮고 취성이 큼

16 금속 중에 $0.01 \sim 0.1\mu m$ 정도의 미립자를 수% 정도 분산시켜 고온에서 탄성율, 강도 및 크리프 특성을 개선시킨 재료는 무엇인가?

① 섬유강화금속(FRM)
② 입자분산강화금속(PSM)
③ 섬유강화초합금(FRS)
④ 카본섬유강화 플라스틱(GFRP)

17 Fe-C 평형상태도에서 냉각 중 공석반응으로 생성되는 조직으로 옳은 것은?

① 펄라이트(pearlite)
② 마텐자이트(martensite)
③ 오스테나이트(austenite)
④ 레데뷰라이트(ledeburite)

18 초경합금 중의 하나인 탄화 텅스텐(WC)에 관한 설명으로 틀린 것은?

① 절삭공구로 사용된다.
② 매우 높은 고온경도를 갖는다.
③ 소결공정을 통하여 제조한다.
④ 열전도도는 고속도강보다 낮으나 절삭속도는 빠르다.

> 다이아몬드에 가까운 경도를 갖고 있기 때문에 절삭공구로 많이 사용함.

정답 12 ③ 13 ④ 14 ① 15 ② 16 ② 17 ① 18 ④

19 실루민에서 조대한 규소 결정을 미세화시키기 위해 금속 나트륨, 알칼리염류 등을 첨가시켜 처리하는 방법은?

① 안정화 처리　② 용체화 처리
③ 개량 처리　　④ 인공시효

20 고망간(Mn)강 등을 1,000~1,100℃ 온도의 수중에서 급냉시켜 완전한 오스테나이트로 만들어 인성과 가공성을 좋게 하는 열처리 방법은?

① 수인법　　　② 파텐팅
③ 2차 경화　　④ 침탄법

제2과목 ▶ 금속조직

21 석출경화의 기본 원칙에 해당되지 않는 것은?

① 석출물의 부피 분율이 커야한다.
② 석출물 입자의 형상이 구형에 가까워야 한다.
③ 석출물 입자의 크기가 미세하고 그 수가 많아야 한다.
④ 석출물은 연속적으로 존재해야만 하는 반면에 기지상은 불연속적이어야 한다.

> 석출물은 불연속적으로 존재해야만 하는 반면에 기지상은 연속적이어야만 한다.

22 다음 금속 중 전기전도도가 가장 좋은 것은?

① Al　　② Ag
③ Au　　④ Mg

> 전기전도도
> Ag 〉Cu 〉Au 〉Al 〉Mg 〉Zn

23 다음 중 고용체강화에 대한 설명으로 틀린 것은?

① 일반적으로 용매원자의 격자에 용질원자가 고용되면 순금속보다 강한 합금이 되는 것이 고용체강화이다.
② 용매원자와 용질원자 사이의 원자 크기의 차이가 적을수록 강화효과는 커진다.
③ 용질원자에 의한 응력장과 가동 전위의 응력장이 상호작용을 하여 재료를 강화하는 방법이다.
④ Cu-Ni 합금에서 구리의 강도는 60%Ni이 첨가될 때까지 증가되는 반면 니켈은 40%Cu가 첨가될 때 고용체강화가 된다.

> 용매원자와 용질원자 사이의 원자크기 차이가 클수록 강화효과는 커진다.

24 전위에서 나타나는 버거스 벡터(Burgers vector : b)에 대한 설명으로 틀린 것은?

① b가 클수록 전위 주위의 변형량도 커진다.
② $b^2 < b_1^2 + b_2^2$일 때 전위는 분해한다.
③ b의 방향은 나사전위(screw dislocation)와 평행하다.
④ 결정격자가 변형할 때 전위의 에너지 크기는 b^2에 비례한다.

> $b^2 > b_1^2 + b_2^2$ 일 때 전위는 분해함

25 2원계 합금상태도에서 일어나는 포정반응식은?

① 액상(L_1) ⇔ α고용체 + 액상(L_2)
② α고용체 + β고용체 ⇔ γ고용체
③ α고용체 + 액상(L) ⇔ β고용체
④ β고용체 ⇔ 액상(L) + α고용체

26 전위의 증식과 가장 관계 깊은 것은?

① 전위의 집적(Pile Up)
② 코트렐 효과(Cottrel Effect)
③ 프랭크 리드 원(Frank-Read Source)
④ 전위의 상승(Dislocation Climbing)

> 전위
> 결정격자 내에서 선을 중심으로 하여 그 격자의 뒤틀림을 일으키는 결함

27 Fe 단결정이 가장 자화하기 쉬운 방향은?

① [111]방향   ② [001]방향
③ [010]방향   ④ [100]방향

> Fe의 자화순서
> [100] 〉 [110] 〉 [111]

28 0.8%C 강이 오스테나이트에서 펄라이트로의 조직변화 과정을 설명한 것 중 틀린 것은?

① 오스테나이트 입계에서 핵이 발생한다.
② 시멘타이트 주위엔 탄소 부족으로 페라이트가 형성한다.
③ 시멘타이트와 페라이트가 교대로 생성, 성장하여 층상 조직을 형성한다.
④ 시멘타이트 양과 페라이트 양은 대략 1 : 1 비율로 형성된다.

29 다음 상태도에서 액상선은?

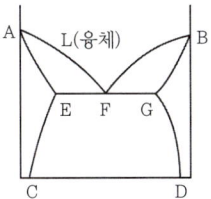

① DG선   ② BF선
③ EC선   ④ GF선

> ① 고용체의 용해한도선
> ③ 고용체의 용해한도선
> ④ 공정반응 온도선

30 2원계 상태도에서 액체상태에서 완전히 녹아 섞여 있으며, 고체상태에서도 완전히 고용하고 있는 전율 고용체 합금계는?

① Cd-Hg계   ② Ni-Cu계
③ Au-Si계   ④ Zn-Pb계

31 고온도에서 불규칙상태의 고용체를 천천히 냉각하면 어느 온도에서 규칙격자가 형성되기 시작한다. 이때의 온도를 무엇이라 하는가?

① 재결정온도   ② 전이온도
③ 냉간가공온도   ④ 열간가공온도

정답 25 ③ 26 ③ 27 ④ 28 ④ 29 ② 30 ② 31 ②

32 면심입방격자에서 단위격자에 속하는 원자수와 충전율은?

① 원자수 2, 충전율 68%
② 원자수 4, 충전율 74%
③ 원자수 6, 충전율 68%
④ 원자수 8, 충전율 68%

- 면심입방격자 : 원자수 4, 충전율 74%
- 체심입방격자 : 원자수 2, 충전율 68%

33 X-ray 회절법에서 X-ray 입사각이 30°일 때 이 금속의 면간 거리는? (단, 회절상수 n은 1, 파장 λ는 10^{-8}cm이다)

① 10^{-8}cm
② $\frac{1}{2} \times 10^{-8}$cm
③ $\frac{\sqrt{3}}{2} \times 10^{-8}$cm
④ 2×10^{-8}cm

$n\lambda = 2d\sin\theta$
10^{-8}cm $= d$

34 격자상수가 a인 체심입방격자에서 최근접 원자 간 거리는?

① a
② $\frac{\sqrt{3}}{2}a$
③ $\frac{1}{\sqrt{2}}a$
④ $\sqrt{\frac{8}{3}}a$

체심입방격자는 입방체의 각 꼭지점에 8개의 원자가 둘러 쌓여 있고 중심에 1개의 원자가 배열된 결정구조

35 구리 결정에서 슬립(slip)이 가장 잘 일어나는 결정면은?

① {100}   ② {110}
③ {111}   ④ {211}

구리는 {111}면이 원자밀도가 높아 슬립이 가장 잘 일어나는 결정면임

36 금속의 응고 과정에 대한 설명으로 틀린 것은?

① 순금속이 응고하면 결정립들은 안쪽에서 바깥쪽으로 성장한다.
② 용융금속이 응고하면 용기의 벽쪽에서부터 내부로 칠층, 주상정, 입상정으로 성장한다.
③ 용융금속 중에서 용기의 벽에 접촉되어 있던 금속이 급속히 냉각되어 응고 이하의 온도로 심하게 과냉된다.
④ 용융금속 속에 있는 열은 용기의 벽을 통하여 외부로 계속 방출되므로 용기의 용융금속의 온도는 용기 벽에서 가장 낮고 내부로 들어갈수록 높아진다.

결정핵생성→결정핵성장→결정립계형성→결정입자생성

37 금속재료에서 전기저항과 가장 관련이 없는 것은?

① 공공(Vacancy)
② 전위(Dislocation)
③ 결정립계(Grain boundary)
④ 결정격자(Crystal lattice)

전기저항은 원자 배열에 결함이 있을 경우 증가하므로 결정격자와는 관련이 없다.

정답 32 ② 33 ① 34 ② 35 ③ 36 ① 37 ④

38 다음 중 확산에 대한 설명으로 틀린 것은?

① 확산속도가 큰 것일수록 활성화에너지가 크다.
② 입계는 입내에 비하여 결함이 많아 확산이 일어나기 쉽다.
③ 온도가 낮을 때는 입계 확산과 입내 확산과의 차이가 크게 된다.
④ 표면확산이 가장 빠르고 입계확산이 그 다음이며 격자확산이 가장 늦다.

확산속도가 큰 것일수록 활성화에너지가 적다.

39 2원계 상태도에서 전율고용체일 때 경도적 측면에서 A, B 두 성분의 양이 어느 정도일 때 가장 높은가?

① A : B = 50% : 50%일 때
② A : B = 30% : 70%일 때
③ A : B = 40% : 60%일 때
④ A : B = 20% : 80%일 때

40 물질 중에서 원자가 열적으로 활성화되어 이동하게 되는 현상을 확산이라 하는데 이때 관여하는 원자의 종류에 의한 분류가 아닌 것은?

① 반응확산
② 자기확산
③ 상호확산
④ 격자확산

제3과목 ▶ 금속열처리

41 열처리 온도 제어 방법 중 가장 정밀한 온도 제어가 가능한 제어 방식은?

① 온-오프(ON-OFF) 제어식
② 비례 제어식(P동작 제어)
③ 비례 적분 제어식(PI동작 제어)
④ 비례 미적분 제어식(PID동작 제어)

비례 미적분 제어식은 온-오프식의 시간비를 편차에 비례하여 제어하는 방식

42 Al 합금 주물의 질별 기호 중 AC1A-F에서 F가 의미하는 것은?

① 가공경화한 것
② 어닐링한 것
③ 용체화 처리한 것
④ 주조한 그대로의 것

43 단조용 알루미늄 합금 중 초 두랄루민의 담금질 온도(℃)는?

① 505~510
② 300~400
③ 235~310
④ 150~200

44 가스침탄법의 특징에 관한 설명으로 옳은 것은?

① 침탄농도의 조절이 쉽다.
② 침탄 후 직접 담금질을 할 수 없다.
③ 침탄층의 탄소량을 조절할 수 있다.
④ 열효율이 좋고 온도조절을 임의로 조정할 수 있다.

정답 38 ① 39 ① 40 ④ 41 ④ 42 ④ 43 ① 44 ②

45 황동에서 자연균열(Season Cracking)을 방지하기 위한 열처리 방법으로 옳은 것은?

① 900℃ 이상에서 담금질처리를 한다.
② 185~260℃에서 응력제거 풀림처리를 한다.
③ 700~730℃에서 고온 풀림처리를 한다.
④ 850~900℃ 이상에서 노멀라이징 처리를 한다.

> 냉간가공 후 발생하는 자연균열의 억제를 위해 내부 응력 제거 과정이 필요하다.

46 다음 중 펄라이트 가단주철의 열처리 방법이 아닌 것은?

① 합금원소의 첨가에 의한 방법
② 열처리 사이클의 변화에 의한 방법
③ 가스 탈탄에 의한 방법
④ 흑심가단 주철의 재열처리에 의한 방법

47 강선, 피아노선재 등에 적용되는 것으로 오스템퍼링 열처리 온도의 상한에서 미세한 소르바이트조직을 얻는 열처리 방법은?

① 블루잉   ② 파텐팅
③ 마템퍼링   ④ 시간담금질

> 파텐팅 처리는 염욕에서 열처리한다.

48 Y합금이나 알팩스-β 합금과 같이 강도, 항복강도 및 경도 등이 최고인 Al 합금으로 고온 가공에서 냉각 후 인공 시효 경화처리한 것이란 뜻의 재질별 기호로 옳은 것은?

① T_3 ② T_4
③ T_5 ④ T_6

> T_5 : 고온가공에서 냉각한 후 인공시효 경화처리

49 스팀 호모 처리(Steam homo treatment) 목적으로 옳은 것은?

① 산화물피막을 형성시킨다.
② 질화물피막을 형성시킨다.
③ 탄화물피막을 형성시킨다.
④ 유화물피막을 형성시킨다.

50 담금질에 따른 조직이 팽창·수축에 대한 설명으로 가장 옳은 것은?

① 오스테나이트가 마텐자이트로 변태하는 것은 수축이다.
② 오스테나이트가 페라이트로 변한 것은 팽창이다.
③ 완전히 펄라이트로 되면 마텐자이트보다 팽창량이 크다.
④ 펄라이트 양이 많을수록 팽창량이 많아진다.

51 다음 중 금속재질에 인성을 부여할 수 있는 열처리는?

① 담금질   ② 뜨임
③ 어닐링   ④ 노멀라이징

> 퀜칭 후 담금질한 강의 내부응력 제거 및 인성을 부여한다.

52 담금질성에 대한 설명으로 틀린 것은?

① Mn, Mo, Cr등을 첨가하면 담금질성은 증가한다.
② 결정입도를 크게 하면 담금질성은 증가한다.
③ 일반적으로 S가 0.04% 이상이면 담금질성을 증가시킨다.
④ B를 0.0025% 첨가하면 담금질성을 높일 수 있다.

S가 포함되면 담금질성이 저하된다.

53 마텐자이트 변태의 일반적인 특징으로 틀린 것은?

① 마텐자이트는 고용체의 단일상이다.
② 마텐자이트 변태는 확산에 의한 변태이다.
③ 마텐자이트 변태를 하면 표면기복이 생긴다.
④ 오스테나이트와 마텐자이트 사이에는 일정한 결정 방위관계가 있다.

마텐자이트 변태는 무확산 변태

54 강재 질량의 대소에 따라서 담금질 효과가 다르게 니디나는 것을 무엇이라 하는가?

① 마템퍼링 ② 질량효과
③ 노치효과 ④ 담금질변형

강재의 질량의 대소에 따라서 열처리 효과가 달라지는 비율

55 가스침탄 처리 시 강재의 표면에 그을음(sooting)이 생성되는 원인을 설명한 것 중 옳은 것은?

① 케리어 가스의 탄소 포텐셜이 낮을 때
② 케리어 가스에 소량의 H_2나 CO_2가 잔존할 때
③ 침탄성 분위기 가스로부터 유리된 탄소가 노내에 부착하였을 때
④ 침탄성 가스에 불순물로 소량의 암모니아 가스가 존재할 때

56 진공로 내부에 단열하는 단열재의 구비조건으로 틀린 것은?

① 열용량이 적어야 한다.
② 흡습성이 커야 한다.
③ 열적 충격에 강하여야 한다.
④ 방사열을 완전히 반사시키는 재료이어야 한다.

흡습성이 없어야 한다.

57 담금질(Quenching)시 균열이나 비틀림의 방지대책이 옳은 것끼리 짝지어진 것은?

㉠ 표면형상의 변화를 다양하게 한다.
㉡ 열처리부품의 둥근 부분은 뾰족하게 한다.
㉢ 필요 이상의 고탄소강은 사용하지 않는다.
㉣ 담금질한 후 가능하면 빨리 뜨임처리를 한다.

① ㉠, ㉡   ② ㉡, ㉢
③ ㉢, ㉣   ④ ㉠, ㉣

정답 52 ③ 53 ② 54 ② 55 ③ 56 ② 57 ③

58 TTT 선도 (diagram)에서 T.T.T가 의미하는 것은?

① 시간, 온도, 변태
② 시간, 변태, 융점
③ 온도, 변태, 조직
④ 온도, 융점, 조직

> 급냉 후 항온변태로 진행중 변태온도 변화와 조직과의 상관관계의 상태도

59 공석강에 존재하는 대부분의 오스테나이트(Austenite)가 실온까지 담금질하는 동안 마텐자이트로 변태하지 않고 남아 있는 것은?

① 잔류 오스테나이트
② 시멘타이트
③ 페라이트
④ 트루스타이트

> 상온까지 존재하는 잔류오스테나이트의 제거를 위해 서브제로 0℃ 이하에서 처리하는 과정이 필요하다.

60 마레이징강(maraging steel)의 열처리 방법에 대한 설명 중 옳은 것은?

① 850℃에서 1시간 유지하여 용체화 처리한 후 공냉 또는 수냉하여 480℃에서 3시간 시효 처리한다.
② 850℃에서 1시간 유지하여 용체화 처리한 후 유냉 또는 로냉하여 마텐자이트화 한다.
③ 1,100℃에서 반드시 수냉 처리하여 오스테나이트를 미세하게 석출, 경화시킨다.
④ 1,100℃에서 1시간 유지하여 용체화 처리한 후 로냉하여 조직을 안정화시킨다.

> 열처리시 적당한 온도는 850℃이며 열처리 후 증냉 또는 수냉하여 3시간 시효처리과정을 거친다.

제4과목 ▶ 재료시험

61 미세 조직을 금속 현미경을 사용하여 광학적으로 관찰하고 분석하기 위한 시료 준비의 순서로 옳은 것은?

① 마운팅(성형) → 연마 → 부식 → 시험편 채취
② 부식 → 마운팅(성형) → 연마 → 시험편 채취
③ 연마 → 시험편 채취 → 부식 → 마운팅(성형)
④ 시험편 채취 → 마운팅(성형) → 연마 → 부식

> 시험편 채취 → 시험편 제작(마운팅) → 연마(폴리싱) → 부식 → 검경

62 9.8N(1kg_f) 이하의 하중을 가하여 고배율의 현미경을 사용하여 미소한 경도 분포 등을 측정하는 것은?

① Rockwell 경도시험
② Brinell 경도시험
③ Micro-Vikers 경도시험
④ Shore 경도시험

63 충격시험편의 제작에 대한 설명으로 틀린 것은?

① 시험편은 가공에 의한 연화나 경화의 영향이 가능한 일어나지 않도록 기계가공한다.
② 열처리한 재료의 평가를 위한 시험편은 열처리 후에 기계 가공한다.
③ 시험편의 단면을 제외한 4면을 평활하지 않아도 된다.
④ 시험편의 기호·번호 등은 시험에 영향을 미치지 않는 부위에 표시한다.

> 시험기를 사용하여 충격치를 측정한다.

정답 58① 59① 60① 61④ 62③ 63③

64 금속재료의 파괴 원인 중 화학적인 현상에 해당되는 것은 어느 것인가?

① 충격에 의한 파괴
② 마모에 의한 파괴
③ 피로에 의한 파괴
④ 부식에 의한 파괴

65 다음 중 안전보건교육의 단계별 종류에 해당하지 않는 것은?

① 기초교육   ② 지식교육
③ 기능교육   ④ 태도교육

> 단계별 교육
> 지식교육, 기능교육, 태도교육

66 다음 중 굽힘시험에 대한 설명으로 틀린 것은?

① 굽힘 균열시험으로 재료의 전성, 연성, 균열의 유무를 알수 있다.
② 보통 굽힘시험에서 알 수 있는 비례한계는 명확하지 않다.
③ 주철의 단면강도는 보통 파단계수로서 크기를 정한다.
④ 굽힘 파단계수는 인장강도에 비례하므로 단면형상과는 관계없다.

> 굽힘균열시험으로 재료의 전성, 연성, 굽힘저항, 균열의 유무를 알 수 있음.

67 로크웰 경도시험을 설명한 것 중 틀린 것은?

① 다이아몬드콘의 원추의 꼭지각은 120°이다.
② 연한 재료에는 다이아몬드콘을 사용한다.
③ B스케일과 C스케일 등으로 표시한다.
④ B스케일과 C스케일의 경우 기준 하중은 10kgf이다.

> 연한 재료에는 강구의 압입자를 사용한다.

68 마모시험에서 측정변수에 해당되는 요인이 아닌 것은?

① 마찰력   ② 접촉조건
③ 마모율   ④ 색깔

> 마모시험에 영향을 주는 인자
> 마찰속도, 마찰압력, 마찰면 거칠기

69 하중을 제거하면 소성변형이 되지 않고 원상태로 복귀하는 범위는?

① 항복점   ② 극한강도
③ 비례한계   ④ 탄성한계

70 금속재료의 연성(ductility)을 알기 위한 시험은?

① 비틀림 시험(torsion test)
② 에릭션 시험(erichsen test)
③ 충격 시험(impact test)
④ 굽힘 시험(bending test)

> 변형능력을 시험하는 것으로 커핑시험(Cupping Test)이라고도 한다.

정답 64 ④ 65 ① 66 ④ 67 ② 68 ④ 69 ④ 70 ②

71 크리프 시험 장치에 해당되지 않는 것은?

① 하중장치
② 시험편 검사장치
③ 변형률 측정 장치
④ 가열로 온도측정 및 조정장치

> 재료에 어떤 하중을 가하고 어떤 온도에서 긴 시간동안 유지하면 시간의 경과에 따른 스트레인이 증가하는 현상

72 시험 전 표점거리 50mm, 직경 14mm인 환봉을 최대하중 6,400kgf에서 인장시험한 결과 표점거리 56.75mm 직경이 10mm로 되었을 때 연신율(ε)은?

① 12.5%
② 13.5%
③ 14.5%
④ 15.5%

> 연신율 $= \dfrac{L_1 - L_0}{L_0} \times 100$, $\dfrac{56.75 - 50}{50} \times 100 = 13.5$

73 마모시험에 영향을 미치는 인자들에 대한 설명으로 틀린 것은?

① 접촉 하중이 증가할수록 마모량은 증가한다.
② 미끄럼 속도는 어느 임계속도까지는 마모량은 증가한다.
③ 접촉면 표면이 거칠수록 마모량은 증가한다.
④ 가공경화량이 작을수록 마모량은 증가한다.

> 가공경화량이 작을수록 마모량은 감소한다.

74 육안조직검사 방법 중 설퍼 프린트(sulfur print)법은 철강에 존재하는 주로 어떤 원소의 분포상태를 검사하기 위한 방법인가?

① C
② Mg
③ H
④ S

75 다음 중 조직량 측정법이 아닌 것은?

① 면적(Area)측정법
② 직선(Line)측정법
③ 점(Point)측정법
④ 직각(Right angled)측정법

> 금속조직 내 측정법
> 점, 직선, 면적측정법

76 인장시험기에 시험편의 물림 상태가 가장 양호한 것은?

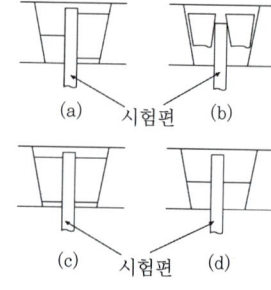

① (a)
② (b)
③ (c)
④ (d)

77 표점거리가 50mm인 인장시험편을 인장시험한 결과 표점거리가 60mm로 늘어났을 때의 연신율(%)은?

① 10　　② 15
③ 20　　④ 30

$$\frac{60-50}{50} \times 100 = 20$$

78 마모시험기의 형식이 아닌 것은?

① 압축 마모
② 회전 마모
③ 슬라이딩 마모
④ 왕복 슬라이딩 마모

79 강의 설퍼 프린트 시험에서 황의 분포 상황의 분류와 기호의 연결이 틀린 것은?

① 정편석 – S_N　　② 역편석 – S_R
③ 선상편석 – S_L　　④ 중심부 편석 – S_C

역편석 : S_I
주상편석 : S_{CO}
점상편석 : S_D

80 재료에 어떤 하중을 가하고 어떤 온도에서 긴 시간 동안 유지하면 시간의 경과에 따른 스트레인이 증가하는 현상은?

① 마모현상　　② 에릭슨현상
③ 피로현상　　④ 크리프현상

정답 77 ③ 78 ① 79 ② 80 ④

2023년 1회 금속재료산업기사 CBT 복원문제

제1과목 ▶ 금속재료

01 다음 중 형상기억합금에 대한 설명으로 틀린 것은?

① Ti-Ni 합금은 형상기억합금으로 이용되고 있다.
② 형상기억효과에는 일방향(one way)성의 효과도 있다.
③ 형상기억합금은 마텐자이트의 역변태를 이용한 것이다.
④ 형상기억합금은 항복영역 도중에 변형응력을 제거하면 소성변형이 남는 것으로 특정한 온도 이상으로 가열하면 원상태로 회복되지 않는 것을 말한다.

> 형상기억합금은 변형응력 제거 후 탄성으로 원래 상태로 회복되는 성질이 있는 금속이다.

02 열간 가공(성형)용 공구강으로 금형 재료에 사용되는 강종은?

① SNCM435 ② SKH51
③ SPS9   ④ STD61

> 탄소함량은 중탄소이며, 바나듐을 첨가하여 열피로성을 개선한 열간가공용 금형강이다.

03 다음 중 복합재료의 구성 요소가 아닌 것은?

① 섬유(fiber)   ② 분자(molecule)
③ 입자(particle) ④ 모재(matrix)

> 복합재료 : 섬유, 입자, 모재

04 다음 중 각종 강에서 발생할 수 있는 취성에 대한 설명으로 틀린 것은?

① 500~600℃에서 청열 취성을 나타낸다.
② P를 많이 함유하면 저온 취성이 나타난다.
③ S를 많이 함유하면 적열 취성이 나타난다.
④ 뜨임 취성을 방지하기 위해 Mo을 첨가한다.

> 철강은 상온보다 높은 250℃ 부근에서 청열 취성을 나타낸다.

05 주입작업 직전 주철용탕에 Mg, Ce, Ca 등의 원소를 첨가하여 제조한 주철은?

① 펄라이트주철
② 가단주철
③ 구상흑연주철
④ 오스테나이트주철

> 구상흑연주철
> Mg, Ce, Ca 등을 첨가한 주철

정답 01 ④ 02 ④ 03 ② 04 ① 05 ③

06 상온에서 체심입방격자로만 된 것은?

① Ag, Al, Au
② Cu, Fe, Ba
③ Mo, Fe, Li
④ Be, Cd, Mg

07 0.3%C를 함유한 강은 상온에서 초석 페라이트를 약 몇 % 함유하고 있는가? (단, 공석점의 탄소 고용량은 0.80%이다)

① 45.5
② 55.5
③ 62.5
④ 75.5

> 초석페라이트 함유량
> $(0.8-0.3) \times \dfrac{100}{0.8} = 62.5$

08 철강의 5대 원소에 해당되지 않는 것은?

① S
② Si
③ Mn
④ Mg

> 5대 원소 : C, Si, Mn, P, S

09 주철의 조직과 성질에 대한 설명으로 옳은 것은?

① 주철 중에 함유되는 탄소량은 보통 0.85%~1.2% 정도이다.
② 유리탄소와 화합탄소의 합을 전탄소라 한다.
③ 흑연이 많을 경우 그 파단면이 회색을 띠면 백주철이다.
④ 회주철과 반주철이 혼합되어 있는 경우 파단면에 반점이 있는 백주철이 된다.

> 주철에 함유된 탄소의 총량으로 유리탄소와 화합 탄소의 합을 전탄소라 한다.

10 다음 중 5~20% Zn을 포함한 황동이 아닌 것은?

① 길딩메탈(gilding metal)
② 문쯔메탈(muntz metal)
③ 커머셜브라스(commercial brass)
④ 레드브라스(red brass)

> muntz metal은 35~45% Zn을 포함한 황동

11 철광석과 그에 따른 화학식이 올바르게 연결된 것은?

① 자철광 : Fe_3O_4
② 능철광 : Fe_2O_3
③ 갈철광 : $FeCO_3$
④ 적철광 : $2Fe_2O_3 \cdot 3H_2O$

> ② 능철광 : $FeCO_3$
> ③ 갈철광 : $2Fe_2O_3-3H_2O$
> ④ 적철광 : Fe_2O_3

12 다음 중 탄소강의 조직이 아닌 것은?

① 펄라이트(pearlite)
② 페라이트(ferrite)
③ 시멘타이트(cementite)
④ 퍼멀로이(permalloy)

> 퍼멀로이는 자석강의 종류임

정답 06 ③ 07 ③ 08 ④ 09 ② 10 ② 11 ① 12 ④

13 하드필드강(hadfield steel)의 특징을 설명한 것 중 틀린 것은?

① 고마그네슘강이라 불리운다.
② 내마멸성 및 내충격성이 우수하다.
③ 상온에서 오스테나이트 조직을 갖는다.
④ 단조나 압연보다는 주조하여 만들어진다.

> 고망간강이며 오스테나이트 계열이다.

14 Cr계 스테인리스강의 취성에 대한 설명으로 틀린 것은?

① 저온취성은 오스테나이트 강에 나타나며 페라이트 강에서는 나타나지 않는다.
② 475℃ 취성은 Cr 15% 이상의 강종을 370~540℃로 장시간 가열하면 취화하는 현상이다.
③ σ취성은 815℃ 이하 Cr 42~82%의 범위에서 σ상의 취약한 금속간 화합물로 존재하여 취성을 일으킨다.
④ 고온취성은 약 950℃ 이상에서 급냉할 때 나타나는 취성이다.

> 저온취성은 페라이트강에서 나타나며, 오스테나이트강에서는 나타나지 않는다.

15 건축, 토목, 교량 등의 일반 구조용강으로 사용되는 듀콜강의 조직은?

① 페라이트   ② 펄라이트
③ 시멘타이트 ④ 오스테나이트

> 저탄소, 저망간강(D-steel)

16 합금강에서 합금원소의 효과에 대한 설명으로 틀린 것은?

① Ni은 내식성과 내산성을 증가시킨다.
② Cr은 내식성 및 내마모성을 감소시킨다.
③ W은 고온강도를 크게 한다.
④ Mo은 뜨임 메짐을 방지한다.

> Cr은 내식성 및 내마모성을 향상시키는 원소

17 소성가공의 효과를 설명한 것 중 옳은 것은?

① 가공경화가 발생 한다.
② 편석과 개재물을 집중시킨다.
③ 결정입자가 조대화된다.
④ 기공(Void), 다공성(porosity)을 증가시킨다.

> 가공으로 생긴 내부응력을 적당히 남게 하여 기계적 성질을 향상시킨다.

18 활자 금속(Type metal)의 주요 성분은 Pb-Sb-Sn이다. 주요 성분 중 Sn의 주된 역할은?

① 융점이 높아진다.
② 유동성이 나빠진다.
③ 인성이 낮아진다.
④ 주조조직이 미세화 된다.

> Sn은 융점을 낮게 하고 유동성을 좋게 하며 인성을 주는 효과가 있다.

정답 13① 14① 15② 16② 17① 18④

19 금속분말과 세라믹(ceramic)이 복합된 내열성 분말소결합금은?

① 서멧(cermet)
② 초경합금(WC-Co)
③ 소결자석(sintered magnet)
④ SAP(sintered Aluminium powder)

> 세멧은 세라믹과 금속을 포함하는 내열재료이다.

20 베어링 합금의 구비조건을 설명한 것 중 틀린 것은?

① 충분한 점성과 인성이 있어야 한다.
② 내소착성이 크고, 내식성이 좋아야 한다.
③ 마찰계수가 크고, 저항력이 적어야 한다.
④ 하중에 견딜 수 있는 경도와 내압력을 가져야 한다.

> 마찰계수가 작고 저항력이 커야 한다.

제2과목 ▶ 금속조직

21 마텐자이트(Martensite)변태에 관한 설명으로 틀린 것은?

① 변태를 하고나면 표면에 기복이 생긴다.
② 마텐자이트 변태에서는 확산이 일어난다.
③ 협동적 원자운동에 의한 변태이다.
④ 마텐자이트가 생성되기 시작하는 온도를 M_s, 끝나는 온도를 M_f라 한다.

> 마텐자이트 변태는 원자이동이 존재하지 않는 무확산 변태이다.

22 다음 상태도와 상태도의 이름이 옳게 연결된 것은?

①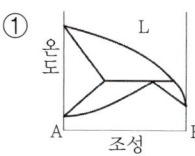
②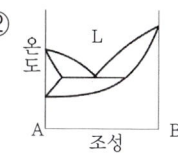
③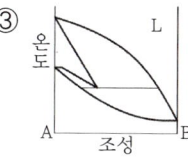
④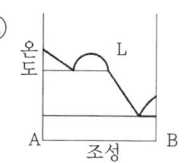

① ① - 공정형 상태도
② ② - 포정형 상태도
③ ③ - 재융형 상태도
④ ④ - 편석형 상태도

23 86% Ni을 함유한 Cu-Ni 합금이 있다. 1,400℃에서 융체의 Ni 함량은 74%이고, 고체의 Ni함량이 87%라면, 1,400℃에서 Cu-86%Ni 합금100g 중 고체상은 약 몇 g이 존재하겠는가?

① 7.7
② 8.7
③ 71.3
④ 92.3

> ① 식 : $L_{(w)}+S_{(w)} \times 0.86 = 100 \times 0.86$
> → $L+S=100$ ∴ $L=100-S$
> ② 식 : $(L \times 0.74)+(S \times 0.87) = 100 \times 0.86$
> → $0.74L+0.87S=86$
> ②식에 ①식을 대입, $0.74(100-S)+0.87S=86$,
> $74-0.74S+0.87S=86$, $0.13S=12$,
> ∴ $S = \dfrac{12}{0.13} = 92.3$

정답 19① 20③ 21② 22③ 23④

24 다음 금속 중 조밀육방구조에 속하는 것은?

① Al ② Mo
③ Mg ④ Ni

> 면심입방 : Al, Ni, 체심입방 : Mo, 조밀육방 : Mg

25 (111)슬립면과 [110]방향의 slip system을 가지는 금속으로만 이루어진 것은?

① Cu, Pd, Pt ② Sr, Al, Hf
③ Cr, Fe, Mo ④ Ni, Ag, Co

26 전율고용체 A,B 합금에서 강도 및 경도가 최대로 되는 경우는?

① 양성분 금속의 원자가 A10% : B90% 비율로 혼합될 때
② 양성분 금속의 원자가 A30% : B70% 비율로 혼합될 때
③ 양성분 금속의 원자가 A50% : B50% 비율로 혼합될 때
④ 양성분 금속의 원자가 A70% : B30% 비율로 혼합될 때

27 냉간가공으로 금속이 받는 성질의 변화는 풀림처리에 의하여 가공 전의 상태로 돌아가려는 경향을 가지나 결정립의 모양이나 결정의 방향에 변화를 일으키지 않고 물리적, 기계적 성질만 변화하는 과정은?

① 연화 ② 회복
③ 재결정 ④ 결정립 성장

> **회복**
> 냉간가공 금속을 재결정 바로 밑의 온도로 가열시켜 금속의 강도는 감소시키고 연성을 증가시키는 것

28 금속재료에서 규칙-불규칙이 재료에 미치는 영향을 설명한 것 중 틀린 것은?

① 규칙도가 큰 합금은 비저항이 작다.
② 규칙합금은 소성가공하면 규칙도가 증가한다.
③ 일반적으로 규칙화 진행과 함께 강도가 증가한다.
④ Ni$_3$Mn은 규칙상에서 강자성체이나 불규칙상은 상자성체이다.

> 가공도가 증가하면 규칙도는 떨어진다.

29 다음의 그림 중 전율고용체 형태의 합금 상태도가 아닌 것은?

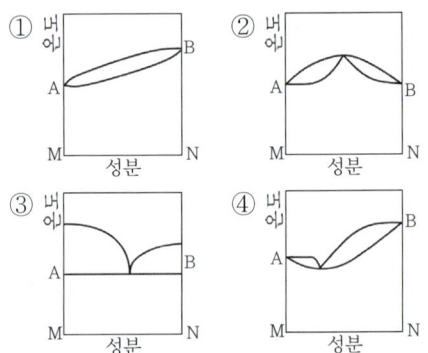

30 재료의 기계적 성질 및 가공과 재결정과의 관계를 설명한 것 중 옳은 것은?

① 재결정은 전위에 영향을 미치지 않는다.
② 가공도가 클수록 축적된 변형에너지는 작아진다.
③ 가공도가 클수록 재결정은 저온에서 일어난다.
④ 일반적으로 재료의 강도, 내부응력 등은 재결정단계에서는 감소되지 않는다.

정답 24 ③ 25 ① 26 ③ 27 ② 28 ② 29 ② 30 ③

31 확산(diffusion)과 관련이 가장 적은 것은?

① 침탄(carburlzing)
② 질화(nitriding)
③ 담금질(quenching)
④ 금속침투(metallic cementation)

> 침탄, 질화, 금속침투

32 다음 중 자기변태에 대한 설명으로 옳은 것은?

① 원자의 배열의 변화를 수반하는 변태이다.
② 자기의 강도가 변한다.
③ A_3 변태점이다.
④ A_4 변태점이다.

> 자성체 ⇌ 상자성체의 변화

33 금속재료를 냉간가공 하였을 때 성질의 변화 중 틀린 것은?

① 경도는 증가한다.
② 인장강도는 증가한다.
③ 연신율은 증가한다.
④ 항복점이 높아진다.

> 금속재료를 냉간가공 시 연신율은 감소한다.

34 상태도에서 X합금이 공정조직 내의 A와 B의 비는 얼마인가?

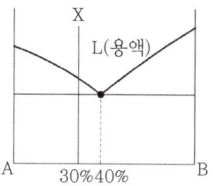

① A : B = 60 : 40 ② A : B = 40 : 60
③ A : B = 30 : 70 ④ A : B = 70 : 30

> 공정조직 내의 A : B는 60 : 40

35 입방격자에서 빗금친면과 등가면이 아닌 것은?

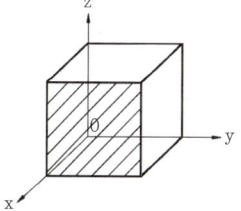

① (010)   ② ($0\bar{1}0$)
③ (001)   ④ (110)

36 다음 중 전위와 관계가 없는 것은?

① 조그(jog)
② 프랭크 리드(Frank-read)원
③ 프렌켈 결함(Frenkel defect)
④ 상승 운동(Climbing motion)

> 프렌켈 결함은 점결함

정답 31 ③ 32 ② 33 ③ 34 ① 35 ④ 36 ③

37 치환형 고용체에서 용질원자가 용매원자의 치환이 난잡하게 일어날 때 격자정수의 값은 용질원자의 농도에 비례하는 법칙을 무엇이라 하는가?

① 베가드의 법칙　② 후크의 법칙
③ 보일의 법칙　　④ 샤를의 법칙

> **베가드의 법칙**
> 치환형고용체에서 격자정수의 값과 용질원자의 농도관계를 설명하는 법칙

38 철의 자기변태에 대한 설명 중 옳은 것은?

① 금속의 결정구조가 변화하는 것을 말한다.
② 철의 자기변태 온도는 약 768℃이다.
③ 자기변태가 일어나는 점을 동소변태점이라 한다.
④ 일정한 온도에서 급격히 비연속적으로 일어난다.

> 철의 자기변태는 원자의 배열 변화가 없고 자성 변태만을 가지며, 급격히 자기적 성질이 변한다.

39 최외각 전자수가 4인 원자가 공유 결합한다고 할 때 공유결합하는 전자의 수는?

① 2개　② 3개
③ 4개　④ 5개

40 금속의 확산에서 확산속도가 빠른 것에서 늦은 순서로 옳은 것은?

① 입계확산 〉 표면확산 〉 격자확산
② 표면확산 〉 격자확산 〉 입계확산
③ 격자확산 〉 입계확산 〉 표면확산
④ 표면확산 〉 입계확산 〉 격자확산

제3과목 ▶ 금속열처리

41 다음 구조용 합금강 중 템퍼링 취성을 일으키기 쉬운 강종은?

① Ni-Cr 강　② Ni 강
③ Cr강　　　④ Cr-Mo강

42 가단주철의 열처리에 대한 설명으로 틀린 것은?

① 백심가단주철의 제조는 탈탄을 목적으로 백선을 열처리한다.
② 흑심가단주철의 제조는 흑연심을 목적으로 백선을 열처리한다.
③ 흑연이 구상화되어 그 주위가 페라이트로 되는 조직을 불즈아이(bull's eye) 조직이라 한다.
④ 펄라이트 가단주철의 열처리는 시기균열을 방지하기 위해 저온 어닐링한다.

> 펄라이트 가단주철은 흑연화를 목적으로 하나, 일부의 탄소를 Fe_3C형으로 잔류시킨 펄라이트 가단주철이다.

43 열처리 과정에서 나타나는 조직 중 용적 변화가 가장 큰 것은?

① 마텐자이트(Martensite)
② 펄라이트(Pearlite)
③ 소르바이트(Sorvite)
④ 오스테나이트(Austenite)

> 급냉에 의해 마텐자이트는 용적변화가 크다.

정답　37 ①　38 ②　39 ③　40 ④　41 ①　42 ④　43 ①

44 다음 열처리 조직 중 경도가 큰 순서로 배열된 것은?

① 마텐자이트＞트루스타이트＞소르바이트＞시멘타이트＞펄라이트
② 시멘타이트＞마텐자이트＞트루스타이트＞소르바이트＞펄라이트
③ 트루스타이트＞마텐자이트＞소르바이트＞시멘타이트＞펄라이트
④ 소르바이트＞마텐자이트＞트루스타이트＞시멘타이트＞펄라이트

> 시멘타이트＞마텐자이트＞트루스타이트＞소르바이트＞펄라이트＞오스테나이트

45 다음의 냉각제 중 550~720℃에서 냉각 능력이 가장 적은 냉각제는?

① 10% NaCl액 ② 10% NaOH액
③ 10% Na_2CO_3액 ④ 비눗물(2%)

46 주철에 함유된 Si의 영향이 틀린 것은?

① 소지상(素地相)의 Si농도가 강철보다 훨씬 높으므로 오스테나이트 온도가 강철보다 높아야 한다.
② Si량의 증가에 따라 공정점, 공석점이 저온, 고탄소 쪽으로 이동한다.
③ 주철 중에 포함된 Si는 강력한 흑연화 작용이 있어 시멘타이트를 쉽게 흑연화한다.
④ Si는 오스테나이트 중에 탄소가 고용하는 것을 방해하는 작용이 강하다.

> Si를 첨가하면 공석과 공정조성은 저탄소쪽으로 이동한다.

47 공석강을 약 850℃에서 오스테나이트화 한후 550℃ 이하의 온도로 항온변태시키면 나타나는 조직은?

① 페라이트 ② 스텔라이트
③ 베이나이트 ④ 데뷔라이트

> 강을 약 550℃와 Ms 온도 사이에서 항온변태처리

48 열처리 균열 발생 감소를 위한 설계상의 방법 중 잘못된 것은?

① 내면의 우각에 R을 준다.
② 응력 집중부를 만들어준다.
③ 두꺼운 단면과 얇은 단면은 분리시킨다.
④ 살이 얇은 부분에 구멍이 집중되지 않도록 한다.

> 응력 집중부(모서리나 단변급변부)를 없애야 한다.

49 침탄용 강의 담금질 변형을 방지하기 위한 대책으로 틀린 것은?

① 프레스 담금질을 한다.
② 반복 침탄을 한다.
③ 마템퍼링을 실시한다.
④ 고온으로부터의 1차 담금질을 생략한다.

> 반복침탄은 시행하지 않는다.

정답 44 ② 45 ④ 46 ② 47 ③ 48 ② 49 ②

50 고주파 경화법에 대한 설명으로 틀린 것은?

① 코일의 가열속도는 내면 가열이 가장 효율이 크다.
② 코일에 사용되는 재료는 주로 구리가 사용된다.
③ 철강에 비해 비철금속은 가열효율이 50~70% 정도이다.
④ 코일과 고주파 발생장치와 연결되는 리드는 인덕턴스를 없애기 위하여 가능한한 간격을 좁게 하여야 한다.

> 고주파가 표피효과에 의해 표면에 작용하여 표면의 가열이 효율적이다.

51 강재 부품에 내마모성이 좋은 금속을 용착함으로써 경질표면층을 얻는 방법은?

① 침탄법　　② 용사법
③ 전해경화법　④ 화염경화법

> 용융금속은 차가운 피금속면상에서 응고하여 피복을 형성한다.

52 고망간강인 Hadfield(1.1%C, 13%Mn)강을 1,000℃에서 30분간 유지시킨 후 수냉을 하였을 때의 조직은?

① 페라이트(Ferrite)
② 펄라이트(Pearlite)
③ 마텐자이트(Matensite)
④ 오스테나이트(Austenite)

53 다음 중 A_1 변태점 이상에서 가열하는 열처리 방법이 아닌 것은?

① 풀림(Annealing)
② 불림(Normalizing)
③ 담금질(Quenching)
④ 뜨임(Tempering)

> 담금질한 강의 인성을 증가하고 또는 경도를 감소시키기 위해서 변태점 이하의 적당한 온도로 가열한 후에 냉각시키는 조작

54 냉각제의 냉각 효과를 지배하는 인자가 아닌 것은?

① 점성　　② 비중
③ 기화열　④ 열전도

> 냉각제의 비점, 저온에서 분리되어 나오는 성분의 다소(多小), 기화열, 점성, 비열, 열전도 등의 성질에 의해 온도의 냉각속도가 달라짐.

55 다음 중 진공열처리에 대한 설명으로 옳은 것은?

① 정확한 온도 관리가 불가능하다.
② 고품질의 열처리가 불가능하다.
③ 로벽에 의한 손실이 적어 에너지 절감 효과가 크다.
④ 공해로 작업환경이 나쁘다.

정답 50 ① 51 ② 52 ④ 53 ④ 54 ② 55 ③

56 다음 중 탈탄의 방지대책으로 틀린 것은?

① 산화성 분위기에서 가열한다.
② 탈탄방지제를 도포한다.
③ 고온에서의 장시간 가열을 피한다.
④ 염욕 및 금속욕에 의한 가열을 한다.

> **탈탄**
> 산소의 산화작용으로 강재의 탄소함유량이 감소되는 현상

57 Mn, Ni, Cr등을 함유한 구조용강을 고온 뜨임 한 후 급냉할 수 없거나 질화 처리로써 600℃ 이하에서 장시간 가열하면 석출물로 인하여 취화되는데, 이 현상을 개선하는 원소는?

① Cu   ② Mo
③ Sb   ④ Sn

> 취화현상을 방지하기 위하여 Mo를 첨가함

58 염욕열처리에 대한 설명으로 틀린 것은?

① 염욕의 열전도도가 낮고, 가열속도는 느리다.
② 냉각속도가 빨라 급냉이 가능하다.
③ 소량 나품중 부품의 열처리에 적합하다.
④ 항온열처리에 적합하다.

> **염욕열처리**
> 염욕을 가열 또는 냉각제로 사용하는 열처리

59 펄라이트 가단주철의 제조방법이 아닌 것은?

① 합금첨가에 의한 방법
② 서브제로 처리에 의한 방법
③ 열처리 곡선의 변화에 의한 방법
④ 흑심가단 주철의 재열처리에 의한 방법

60 경화능을 향상시킬 수 있는 방법으로 가장 적당한 것은?

① 질량 효과를 크게 한다.
② 담금질성을 증가시키는 Co, V 등을 첨가한다.
③ 오스테나이트의 결정입자를 크게 한다.
④ 직경이 작은 제품보다 큰 제품을 열처리한다.

제4과목 ▶ 재료시험

61 안전보건교육의 단계별 교육과정 중 지식교육, 기능교육, 태도교육 중 태도교육 내용에 해당하는 것은?

① 안전규정 숙지를 위한 교육
② 전문적 기술 및 안전기술 기능
③ 작업동작 및 표준작업방법의 습관화
④ 안전의식의 향상 및 안전에 대한 책임감 주입

62 재료의 내마모성에 영향을 주는 인자에 해당되는 않는 것은?

① 크리프 강도
② 표면 거칠기
③ 열전도성
④ 재료의 경도 및 강도

> 마모 작용에 대항하는 표면이 가지는 성질의 대소로서 표시하는 것

정답 56 ① 57 ② 58 ③ 59 ② 60 ③ 61 ③ 62 ①

63 재료의 영구변형이 일어나지 않는 한도 내에서 응력에 대한 변형률의 비를 무엇이라고 하는가?

① 영률 ② 응축비
③ 항복응력 ④ 최대인장응력

> 영률(young' modulus)
> 인장 또는 압축에서의 탄성계수, 영계수, 중탄성계수

64 현미경을 이용한 조직 검사 절차로 옳은 것은?

① 미세연마 → 거친연마 → 부식 → 검경
② 미세연마 → 거친연마 → 검경 → 부식
③ 거친연마 → 미세연마 → 부식 → 검경
④ 거친연마 → 미세연마 → 검경 → 부식

65 와전류탐상검사의 특징을 설명한 것 중 틀린 것은?

① 비전도체만을 검사할 수 있다.
② 고온부위의 시험체에도 탐상이 가능하다.
③ 시험체에 비접촉으로 탐상이 가능하다.
④ 시험체의 표층부에 있는 결함 검출을 대상으로 한다.

> 와전류 탐상검사는 전도체만 가능함

66 압축시험에서 후크의 법칙이 성립되고 완전탄성체에 적용할 수 있는 응력 - 압률 선도의 지수 함수 값은? (단, m은 재료 및 시험법에 따라 결정되는 상수이다)

① m = 1 ② m > 1
③ m < 1 ④ m = 0

> m = 1 : 완전탄성체

67 자분탐상 검사의 특징을 설명한 것 중 옳은 것은?

① 시험체는 모든 재료에 적용이 가능하다.
② 시험체의 크기 등에 제한을 많이 받는다.
③ 사용하는 자분은 시험체 표면의 색과 대비가 잘되는 구별하기 쉬운 색을 선정한다.
④ 시험체 내부 또는 내부 깊숙한 곳에 존재하는 균열과 같은 결함 검출에 우수하다.

> 자분탐상법
> 강자성체를 자파하여 결함부분에서 발생하는 자극으로 자분을 부착하게 됨으로써 표면결함을 검출하는 방법

68 탄소강의 불꽃시험에서 강재에 함유된 탄소량이 증가할 때 나타나는 불꽃의 특성으로 틀린 것은?

① 유선의 숫자가 증가한다.
② 파열의 숫자가 감소한다.
③ 유선의 길이가 감소한다.
④ 파열의 꽃잎모양이 복잡해진다.

> 탄소량이 많을수록 파열의 숫자가 증가한다.

69 피로시험의 S-N 곡선에서 S와 N은 무엇을 나타내는가?

① 응력과 시간 ② 응력과 강도
③ 응력과 변형 ④ 응력과 반복횟수

정답 63 ① 64 ③ 65 ① 66 ① 67 ③ 68 ② 69 ④

70 철강재의 설퍼프린트 시험결과에서 황(S) 편석의 분포가 강재의 중심부로부터 표면부 쪽으로 증가하여 나타나는 편석을 무엇이라고 하는가?

① 정편석(S_N) ② 역편석(S_I)
③ 주상편석(S_{CO}) ④ 중심부편석(S_C)

71 비커스경도 시험에 관한 내용이 아닌 것은? (단, P는 시험하중[kgf], d는 압흔 대각선의 평균길이[mm]이다)

① 비커스경도 값을 구하는 식은 $(1.8544 \times P)/d^2$ 이다.
② 136°다이아몬드 4각 추를 사용한다.
③ 스크래치를 이용한 시험방법이다.
④ 질화강이나 얇은 시료의 경도측정에 사용한다.

> 임의로 하중을 변화시킬 수 있어서 단단한 재료와 연한재료의 측정이 가능하다.

72 충격시험에서 저온취성은 어느 온도 이하에서 일어나는 것으로, 급히 취화되는 것을 말한다. 이때의 온도를 무엇이라 하는가?

① 딤플온도(Dimple temperature)
② 벽개온도(Cleavage temperature)
③ 천이온도(Transition temperature)
④ 재결정온도(Recrystallization temperature)

73 굽힘강도 시험 시 시험편 단면이 장방형일 때 $Z = \dfrac{bt^2}{6}$ 를 사용하여 응력을 구하는 식으로 옳은 것은? (단, P : 굽힘강도, L : 지점간의 거리, Z : 단면계수, b : 시험편의 폭, t : 시험편의 두께)

① $\dfrac{6PL}{bt^2}$ ② $\dfrac{6PL}{4bt^2}$
③ $\dfrac{4bt^2}{6PL}$ ④ $\dfrac{bt^2}{6PL}$

74 방사선 투과 검사에서 투과 사진의 상을 선명하게 촬영하기 위한 조건으로 틀린 것은?

① 방사선원의 크기가 작을수록
② 시험체와 선원 간 거리가 멀수록
③ 시험체와 필름 간 거리가 가까울수록
④ 선원과 시험체, 필름 간 배치가 45°일 때

> 선원과 시험체, 필름 간 배치가 일직선일 때 상이 가장 선명하다.

75 강재의 압축시험에서 시험편의 크기가 직경 d = 10mm, 높이 h = 20mm일 때 압축하중 5,500kgf를 가하여 파단각 θ = 59.6°를 얻었다면 이때 실제 압축강도는 몇 kgf/mm² 인가?

① 3.5 ② 28
③ 70 ④ 87

> 압축강도(kgf/mm)
> = 압축하중(kgf) ÷ 시험편의 원단면적(mm²)

76 마모시험에 내마모성에 대한 설명으로 틀린 것은?

① 거칠기가 크면 접촉이 나쁘며 응착이 커져 긁힘 마모가 쉽다.
② 재료의 표면경도가 높으면 접촉점의 변형이 적고 마모에 강하다.
③ 마찰열의 방출이 늦을수록 내마모성이 좋다.
④ 표면 산화피막은 응착을 막을 정도의 것이 좋으며 취약하고 탈락이 쉬우며 마모가 크다.

> 마모 또는 마멸은 2개 이상의 물체가 서로 접촉하면서 상대운동을 할 때 그 접촉면이 마찰에 의하여 감소되는 현상

77 충격시험에서 지켜야 할 주의사항으로 틀린 것은?

① 해머가 내려와 정지된 상태에서 시험편을 앤빌(anvil)에 장착한다.
② 해머를 낙하시킬 때는 해머와 수평방향으로 50cm 이상 떨어져 있어야 한다.
③ 고온 및 저온상태의 시험편으로 시험할 경우는 시험편을 손으로 만지지 않도록 한다.
④ 시험 후 해머가 멈추지 않은 상태라도 측정값을 읽고 파괴된 시험편을 빠르게 회수해야 한다.

> **충격시험**
> 표준시편에 충격에 대한 동적하중을 가하여 금속의 충격흡수에너지를 구하는 시험

78 재료의 굽힘에 대한 저항력을 측정하는 시험법은?

① 전단 시험   ② 비틀림 시험
③ 피로 시험   ④ 굽힘 시험

> 굽힘시험 또는 굴곡시험이라 한다.

79 육안검사(Macro)는 조직 및 불순물을 육안 또는 몇 배율 이내의 확대경으로 관찰하는가?

① 10배 이내   ② 20배 이내
③ 30배 이내   ④ 40배 이내

> 육안으로 관찰하거나 배율 10배 이하의 확대경으로 검사하는 것(파면검사, 육안조직검사, 설퍼프린트법)

80 초음파 탐상시험에서 용접선에 대하여 초음파 빔의 방향을 변화시키기 위하여 탐촉자의 입사점을 중심으로 탐촉자를 회전시키는 주사 방법은?

① 목돌림주사   ② 지그재그주사
③ 전후주사   ④ 좌우주사

정답 76 ③ 77 ④ 78 ④ 79 ① 80 ①

2023년 2회 금속재료산업기사 CBT 복원문제

제1과목 ▶ 금속재료

01 구리의 성질을 설명한 것 중 틀린 것은?

① 전기 및 열의 전도성이 우수하다.
② Zn, Sn, Ni 등과는 합금이 잘 안 된다.
③ 화학적 저항력이 커서 부식에 강하다.
④ 전연성이 좋아 가공하기 쉽다.

> Cu는 Zn, Sn, Ni 등과는 합금이 잘 됨

02 다이캐스팅용으로 쓰이는 아연합금의 원소에 대한 설명으로 틀린 것은?

① Al은 유동성을 개선한다.
② Cu는 입간부식을 억제한다.
③ Li은 길이변화에 큰 영향을 준다.
④ Mg을 많이 첨가하면 복잡한 형상주조에 좋다.

> Mg의 증가는 Mg 산화물 증가와 유동성을 나쁘게 하고 얇고 복잡한 주조에 곤란하다.

03 주철의 파면 광택에 따라 분류할 때 이에 해당되지 않는 것은?

① 회주철   ② 백주철
③ 반주철   ④ 구상흑연주철

> 구상흑연주철은 접종제를 이용해 주철에 흑연을 구상화하여 연성을 부여한 주철

04 유리에 열을 가하여 가공할 때처럼 금속재료가 늘어나는 특수한 성질을 갖는 재료는?

① 경도재료   ② 탄성재료
③ 초전도재료   ④ 초소성재료

> Ti와 Al계의 초소성합금

05 0.2% 탄소강을 850℃에서 서냉하였을 때 펄라이트가 25%이었다면 펄라이트 중의 Fe_3C 는 몇 %인가? (단, 공석점은 약 0.8%C이며, 탄소의 최대 고용량은 6.67%이다)

① 3   ② 10
③ 22   ④ 75

$$25 - \left(\frac{6.67 - 0.8}{6.67}\right) \times 25 = 3$$

06 섬유강화금속(FRM)의 특성으로 틀린 것은?

① 비강도 및 비강성이 높다.
② 2차성형성 및 접합성이 없다.
③ 섬유축 방향의 강도가 크다.
④ 고온에서의 역학적 특성 및 열적안전성이 우수하다.

> 2차성형성 및 접합성이 있다.

정답 01 ② 02 ④ 03 ④ 04 ④ 05 ① 06 ②

07 알루미늄의 화학적 성질을 설명한 것 중 옳은 것은?

① 염화물 용액 중에서 내식성이 우수하다.
② 암모니아수 중에서는 빨리 부식된다.
③ 80% 이상의 질산에서는 침식되지 않고 잘 견딘다.
④ 산성용액 중에서는 수소이온농도의 증가에 따라 부식이 감소한다.

> 알루미늄은 산에는 녹지만 진한 질산에는 침식되지 않는다.

08 탄소강에서 탄소량 증가에 따라 감소하는 것은?

① 비열   ② 강도
③ 열전도도   ④ 전기저항

> 탄소량의 증가에 따라 비중 및 열전도도는 감소하나 비열 및 전기저항은 증가한다.

09 다음 중 라우탈(Lautal)의 조성으로 옳은 것은?

① Al-Cu-Si   ② Al-Si
③ Al-Mg   ④ Al-Cu-Mn-Ni

10 베어링합금이 구비해야 할 조건이 아닌 것은?

① 주조성이 좋아야 한다.
② 피로강도가 높아야 한다.
③ 내부식성이 높아야 한다.
④ 소착에 대한 저항력이 낮아야 한다.

> 소착에 대한 저항력이 크고, 열전도율이 클 것

11 잔류자속밀도가 작으며 발전기, 전동기 등의 철심재료에 가장 적합한 강은?

① 규소강(silicon steel)
② 자석강(magnetic steel)
③ 불변강(invariable steel)
④ 자경강(self hardening steel)

> 규소강은 전기철심용 재료로 고자속 밀도를 요하는 재료에 사용된다.

12 프레스형, 다이캐스트용 다이스 등에 사용되는 열간금형용 합금공구강이 갖추어야 할 성능이 아닌 것은?

① 고온경도 및 강도가 높은 것
② 열충격, 열피로 및 뜨임연화 저항이 작을 것
③ 피삭성 및 용접성이 좋을 것
④ 내마모성이 크고 용착, 소착을 일으키지 않을 것

> 열충격, 열피로 및 뜨임연화 저항이 클 것

13 Co를 주성분으로 한 Co-Cr-W-C계 합금으로 주조경질 합금이라고도 하며, 단련이 불가능하므로 금형주조에 의해서 소요의 형상을 만들어 사용하는 것은?

① 고속도강
② 세라믹스강
③ 스텔라이트
④ 시효경화합금공구강

> **스텔라이트(주조초경질공구강)**
> Co를 주성분으로 한 Co-Cr-W-C계 합금으로 단결이 불가능하며 금형주조에 의해서 소요의 형상을 그대로 만들어 사용

정답 07 ③ 08 ③ 09 ① 10 ④ 11 ① 12 ② 13 ③

14 다음 중 Mg-Al 합금에 해당되는 것은?

① 엘렉트론(Elektron)
② 엘린바(Elinvar)
③ 퍼말로이(Permalloy)
④ 하스텔로이(Hastelloy)

> 니켈합금
> 엘린바, 퍼말로이, 하스텔로이, 플래티나이트, 알루멜

15 Fe-C계 상태도에서 강(鋼)과 주철(鑄鐵)의 경계를 구분하는 탄소함유량은 약 몇 %인가?

① 0.8   ② 2.0
③ 4.3   ④ 6.6

16 전자강판(규소강판)에 요구되는 특성으로 틀린 것은?

① 투자율 및 포화자속밀도가 낮을 것
② 용접성 등의 가공성이 좋을 것
③ 자화에 의한 치수변화가 적을 것
④ 사용 중 자기적 성질의 변화가 적을 것

> 부력손실, 항자력 등이 적어야 하고, 동시에 와류손실이 적어야 한다.

17 다음 중 Naval brass에 대한 설명으로 옳은 것은?

① 7:3 황동에 주석을 첨가한 합금으로 증발기, 열교환기 등에 사용한다.
② 95%Cu-5%Zn합금으로 coining을 하기 쉬우므로 화폐, 메달 등에 사용한다.
③ 80%Cu-20%Zn 합금으로 전연성이 좋고 색깔이 아름다워 장식용 등으로 사용한다.
④ 6:4황동에 주석을 첨가한 합금으로 판, 봉 등으로 가공되어 용접봉, 복수기판 등에 사용한다.

> Naval brass는 6:4황동에 Sn을 첨가한 합금으로 판, 봉 등으로 가공되어 용접봉, 복수기판 등에 사용

18 다음 중 수소저장합금에 대한 설명으로 틀린 것은?

① 수소가스와 반응하여 금속수소화물이 된다.
② 수소의 흡장·방출을 되풀이하는 재료는 분화하게 된다.
③ 합금이 수소를 흡장할 때는 팽창하고, 방출할 때는 수축한다.
④ 수소가 방출되면 금속수소화물은 원래의 수소저장 합금으로 되돌아가지 않는다.

> 수소가 방출되면 금속수소화합물은 원래의 수소저장합금으로 되돌아간다.

19 변형률이 E이고, 반지름이 r인 어떤 환봉강이 P의 하중을 받았을 때 변형률은?

① $P/(E\pi r^2)$ ② P/E
③ E/P ④ $E\pi r^2/P$

$$\epsilon = \frac{\sigma}{E} = \frac{P/\pi r^2}{E} = \frac{P}{E\pi r^2}$$

정답 14① 15② 16① 17④ 18④ 19①

20 백주철이 되도록 주조한 다음 흑연화 열처리 또는 탈탄 처리를 하여 연성을 크게 한 재질의 주철은?

① 가단주철 ② 회주철
③ 냉경주철 ④ 구상흑연주철

> 가단주철은 주강에 가까운 성질을 가지며, 주조성과 절삭성이 좋다.

제2과목 ▶ 금속조직

21 전위와 용질원자 사이의 상호작용으로 치환형 용질원자가 이동하여 나타난 그림에 대한 설명으로 옳은 것은?

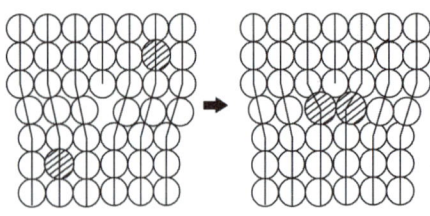

① 칼날전위의 코어에 모인 치환형 용질원자이다.
② 나사전위의 코어에 모인 치환형 용질원자이다.
③ 혼합전위의 코어에 모인 치환형 용질원자이다.
④ 이온전위의 코어에 모인 치환형 용질원자이다.

> 칼날전위의 중심부에 집중되어 용질원자의 치환에 의해 형성된 구조를 나타냄.

22 재결정에 대한 설명으로 옳은 것은?

① 핵생성과 성장과정에 의해 재결정이 이루어진다.
② 고순도의 금속일수록 재결정하기 어렵다.
③ 고순도의 금속은 고온 풀림으로만 재결정이 일어난다.
④ 가공 전의 결정립이 클수록 재결정 완료 후의 크기가 작아진다.

> 재결정에 의한 입자의 크기는 가공정도와 가공온도에 의해서 다름

23 다음 중 자기변태점이 없는 금속은?

① Fe   ② Ni
③ Co   ④ Al

24 규칙 및 불규칙격자에 관한 설명 중 틀린 것은?

① 호이슬러(Heusler)합금은 3원계 규칙격자이다.
② 규칙, 불규칙 상태는 냉각속도의 영향을 받는다.
③ 같은 조성의 합금에서는 규칙합금의 전기저항은 불규칙 합금의 것보다 크다.
④ 규칙변태에 의한 격자변형 때문에 규칙화가 일어나면 경도와 강도가 커진다.

> 규칙합금은 불규칙합금보다 전기저항도가 낮다.

정답 20 ① 21 ① 22 ① 23 ④ 24 ③

25 조밀육방격자에 대한 설명 중 틀린 것은?

① 원자충전율은 74%이다.
② 축비(c/a)는 약 1.63이다.
③ 원자배위수는 12개이다.
④ Ag는 조밀육방격자이다.

> ① 조밀육방격자 : Mg, Zn, Ti, Zr
> ② 면심입방격자 : Ag

26 점결함 중 원자공공에 대한 설명으로 옳은 것은?

① 결정격자의 격자점 중간에 원자가 위치한 상태
② 결정격자의 격자점 중간에 원자가 위치하지 않은 상태
③ 결정격자의 격자점 중간에 여분의 원자가 위치한 상태
④ 서로 다른 종류의 원자가 격자점의 원자가 치환되어 들어간 상태

27 G.P 집합체(Guinier-Preston aggregate)와 관계가 가장 깊은 경화는?

① 전위경화   ② 고용경화
③ 가공경화   ④ 석출경화

> **석출경화**
> 급냉으로 과포화 고용된 탄화물과 복탄화물 또는 화합물이 그 후의 시효에 의해서 미립 석출하여 경화되는 현상

28 전율 고용체의 상태도를 갖는 합금의 경우 기계적·물리적 성질은 두 성분의 금속원자비가 얼마일 때 가장 변화가 큰가?

① 10 : 90   ② 20 : 80
③ 40 : 60   ④ 50 : 50

> 전율고용체의 경우 A,B 두 금속의 비율이 1 : 1일 때 가장 큰 변화가 발생한다.

29 마텐자이트 변태에 대한 설명으로 틀린 것은?

① 고용체의 단일상이며, BCC 또는 BCT 구조를 갖는다.
② 오스테나이트에 고용한 용질원자 농도와 마텐자이트상의 용질원자 농도는 변화가 없다.
③ 마텐자이트 변태를 하면 표면에 기복이 생긴다.
④ 마텐자이트 내에는 격자결함이 존재하지 않는다.

> 마텐자이트 내에는 격자결함이 존재한다.

30 장범위규칙도에서 격자가 완전히 무질서일 때의 규칙도(S)는?

① 0   ② 0.25
③ 0.5   ④ 1

> 완전불규칙일 경우 규칙도는 0으로 나타낸다.

정답 25 ④ 26 ② 27 ④ 28 ④ 29 ④ 30 ①

31 시효경화를 위한 조건을 설명한 것 중 틀린 것은?

① 기지상은 연성을 가져야 한다.
② 석출물이 기지조직과 정합 상태이어야 한다.
③ 고용체의 용해한도가 온도감소에 따라 급감해야 한다.
④ 급냉에 의해 제2상의 석출이 잘 이루어져야 한다.

32 침입형 고용체의 결함으로 공격자점과 격자간원자는 어떤 결함에 해당하는가?

① 면결함   ② 선결함
③ 점결함   ④ 체적결함

33 다음 규칙-불규칙 변태에서 규칙 격자가 생길 때의 성질변화에 대한 설명으로 옳은 것은?

① 연성 감소   ② 경도 감소
③ 강도 감소   ④ 전기전도 감소

34 다음 중 순수한 edge 전위선 근처의 원자에 작용하지 않은 변형은?

① 인장변형   ② 압축변형
③ 뒤틀림변형 ④ 전단변형

35 철-탄소 상태도에서 상변태를 취급할 때 온도의 변화가 없는 3개의 불변점(Invariant point)이 아닌 것은?

① 편정점(Monotectic point)
② 포정점(Peritectic point)
③ 공정점(Eutectic point)
④ 공석점(Eutectoid point)

36 회복과정에서 축적에너지의 양에 대한 설명으로 틀린 것은?

① 불순물 원자를 첨가할수록 축적에너지의 양은 증가한다.
② 가공도가 클수록 축적에너지의 양은 증가한다.
③ 낮은 가공온도에서의 변형은 축적에너지의 양을 감소시킨다.
④ 결정입도가 감소함에 따라 축적에너지의 양은 증가한다.

> 낮은 가공온도에서의 변형은 축적에너지의 양을 증가시킨다.

37 다음 중 2차 재결정에 대한 설명으로 가장 관계가 먼 내용은?

① 2차 재결정은 반드시 핵의 생성을 수반한다.
② 1차 재결정 후 강한 집합조직이 성장하기 쉬운 방위의 결정립이 존재할 때 2차 재결정이 생긴다.
③ 소수의 결정립이 다른 결정립과 합해져서 대단히 크게 성장하는 것을 2차 재결정이라 한다.
④ 불순물 등으로 이동이 방해된 입계가 고온에서 쉽게 이동할 수 있을 때 2차 재결정이 생긴다.

> 핵의 생성은 1차 생성이고, 2차 결정은 결정립의 성장과정

38 다음 중 용질 원자와 인상 전위와의 상호작용은?

① 역격자   ② 초격자
③ 코트렐 효과   ④ 버거스 벡터

정답 31 ④ 32 ③ 33 ① 34 ③ 35 ① 36 ③ 37 ① 38 ③

39 전기 및 열전도도가 우수한, 순서대로 나열된 것은?

① Au 〉 Cu 〉 Ag 〉 Fe 〉 Al
② Cu 〉 Ag 〉 Au 〉 Al 〉 Fe
③ Ag 〉 Cu 〉 Au 〉 Al 〉 Fe
④ Ag 〉 Au 〉 Cu 〉 Fe 〉 Al

> Ag 〉 Cu 〉 Au 〉 Al 〉 Fe

40 주강을 서냉할 때 오스테나이트 안에 판상 페라이트가 생겨서 오스테나이트 격자 방향으로 일정한 길이를 가진 거칠고 큰 조직은?

① 비트만스테텐   ② 레데뷰라이트
③ 시멘타이트   ④ 오스몬다이트

> 비트만스테텐 조직은 강의 서냉 시 오스테나이트 내부에 판상 페라이트가 형성된다.

제3과목 ▶ 금속열처리

41 다음 중 분위기 열처리에 대한 설명으로 틀린 것은?

① 중성가스에는 수소, 암모니아 등이 있다.
② 발열형 가스의 원료 가스는 메탄, 프로판 등이 있다.
③ 암모니아 가스를 고온으로 가열하면 $2NH_3 \rightleftarrows N_2+3H_2$가 된다.
④ 발열형 가스의 변성 반응은 완전 연소(이상연소) 시 이산화탄소, 질소 및 수증기로 된다.

> 분위기 열처리 시 사용되는 수소와 암모니아는 강환원성 가스

42 18-8 스테인리스강의 용접 이음부의 입계부식 방지에 가장 적합한 열처리는?

① 염욕 담금질   ② 용체화처리
③ 소성변형 뜨임 ④ 심냉처리

> 가열온도를 1,050℃로 가열하여 석출탄화물을 충분히 고용 및 확산할 수 있도록 용체화 처리하여 입계부식을 방지

43 재료를 오스테나이트화 한 후 코(nose) 구역을 통과하도록 급냉하고 시험편의 내·외가 동일 온도에 도달한 다음 적당한 방법으로 소성 가공을 하여 공냉, 유냉 또는 수냉으로 마텐자이트 변태를 일으키는 것은?

① 수인법   ② 파텐팅
③ 제어압연   ④ Ms 담금질

44 다음 중 열처리할 때 산화 탈탄의 원인과 관계가 없는 것은?

① O_2 ② CO_2
③ H_2O ④ Ar

> Ar는 불활성가스

45 진공의 단위에 사용되는 토르(Torr)와 파스칼(Pa)의 환산식으로 옳은 것은?

① 1기압(atm) = 1.01×10^4Pa = 10Torr = 10mmHg
② 1기압(atm) = 1.01×10^5Pa = 100Torr = 100mmHg
③ 1기압(atm) = 1.01×10^4Pa = 76Torr = 76mmHg
④ 1기압(atm) = 1.01×10^5Pa = 760Torr = 760mmHg

정답 39 ③ 40 ① 41 ① 42 ② 43 ③ 44 ④ 45 ④

46 고주파 표면 담금질의 특징으로 틀린 것은?

① 무공해 열처리 방법이다.
② 국부적인 가열이 가능하다.
③ 담금질 경화 깊이 조절이 용이하다.
④ 질량효과(mass effect)를 증가시킨다.

> 질량효과를 경감시킨다.

47 다음의 열처리 방법 중 취성이 가장 많이 발생하는 열처리 방법은?

① 불림(Normalizing)
② 풀림(Annealing)
③ 뜨임(Tempering)
④ 담금질(Quenching)

> 취성
> 항력이 크며, 변형능이 적은 성질

48 강의 최고 담금질 경도를 좌우하는 요소는?

① 강재의 형상
② 합금 원소의 무게
③ 강 중의 탄소 함량
④ 오스테나이트의 결정입도

> 강 중의 탄소함량에 따라 경도가 좌우된다.

49 고속도강(High Speed Steel)은 주 합금원소의 함유량에 의해 W계, Mo계로 대별한다. 이때 각 주요원소의 특징을 설명한 것 중 틀린 것은?

① W은 고온경도가 높은 특징이 있다.
② Cr은 내산화성과 경도를 향상시킨다.
③ V은 내마멸성을 향상시킨다.
④ Co는 내열성과 공구 절삭 내구력을 약화시키며, Co가 증가하면 인성을 증가시킨다.

> 고속도강의 표준조성
> W18%, Cr4%, V1%

50 강을 가열하여 냉각제 속에 넣었을 때 냉각되는 단계를 바르게 나열한 것은?

① 증기막단계 → 비등단계 → 대류단계
② 증기막단계 → 대류단계 → 비등단계
③ 대류단계 → 비등단계 → 증기막단계
④ 대류단계 → 증기막단계 → 비등단계

51 A_{c3} 또는 A_{c1}점 이상 약 30~50℃의 온도로 가열한 후, 노 내에서 서냉하는 열처리 조작법은?

① 완전풀림
② 연화풀림
③ 항온풀림
④ 응력제거풀림

> 완전풀림은 강을 연화시키며, 기계가공성과 소성가공을 쉽게 한다.

52 합금하지 않은 구상흑연 주철의 응력 제거 온도의 범위는 몇 ℃ 정도인가?

① 450~500   ② 510~565
③ 570~620   ④ 630~685

> 잔류응력 제거를 위해 510~565℃에서 가열한다.

53 고체 침탄제가 구비해야 할 조건을 설명한 것 중 틀린 것은?

① 침탄력이 강해야 한다.
② 침탄 온도에서 가열 중 용적 감소가 커야 한다.
③ 장시간 반복 사용과 고온에서 견딜 수 있는 내구력을 가져야 한다.
④ 침탄 성분 중 P와 S가 적어야 하고 강 표면에 고착물이 융착되지 않아야 한다.

> 침탄온도에서 가열 시 용적의 감소가 적어야 효율이 높다.

54 노멀라이징의 가열온도가 일반적으로 풀림온도보다 높은 이유로 틀린 것은?

① 냉각에 소요되는 시간이 현저하게 짧다.
② 제품의 최종열처리로 행하는 경우가 많기 때문이다.
③ 성분원소의 확산을 통한 조직의 균일화를 도모하기 위한 것이다.
④ 조직의 균질화로 변태응력 및 내부응력의 감소를 도모하기 위한 것이다.

> **불림(Normalizing)**
> 강을 오스테나이트 영역으로 가열한 후 공냉하여 균일한 구조 및 강도를 증가시키는 열처리

55 탄소 0.2~0.4%의 구조용 합금강에서 저온 뜨임취성을 감소시키는 원소가 아닌 것은?

① B   ② Al
③ H   ④ Ti

56 담금질 균열이 발생하기 쉬운 경우가 아닌 것은?

① 응력 집중부가 있으면 담금질 균열 발생이 쉽다.
② 오버 히트(Over-Heart)되면 담금질 균열 발생이 쉽다.
③ 냉각으로 인한 강 부품의 내·외부 온도차가 없을 때 발생하기 쉽다.
④ 마텐자이트(Martensite)의 팽창속도가 크면 담금질 균열 발생이 쉽다.

> 냉각으로 인한 강 부품의 내·외부온도차가 클 때 발생하기 쉽다.

57 흑심가단주철의 열처리 중 제1단 흑연화에서 일어나는 반응식으로 옳은 것은?

① $CaCO_3 \rightarrow CO_2 + CaO$
② $Fe_3C \rightarrow 3Fc + C$
③ $C + O_2 \rightarrow CO_2$
④ $3Fe + CO_2 \rightarrow Fe_3C + O_2$

> $Fe_3C \rightarrow 3Fe + C$(템퍼링 탄소)

정답 52 ② 53 ② 54 ④ 55 ③ 56 ③ 57 ②

58 공구강을 진공열처리 하고자 할 때 가장 알맞은 진공의 압력범위는?

① $10^{-1} \sim 10^{-3}$ torr
② $10^{-3} \sim 10^{-8}$ torr
③ $10^{-8} \sim 10^{-10}$ torr
④ $10^{-10} \sim 10^{-12}$ torr

59 기계구조용 탄소강 중 SM45C의 퀜칭에 필요한 오스테나이징 온도로 옳은 것은?

① 550~650℃   ② 700~800℃
③ 820~880℃   ④ 950~1,050℃

60 다음 중 강의 표준조직을 만들기 위해 오스테나이징 처리한 후 공기 중에 냉각시키는 열처리 방법은?

① 풀림(annealing)
② 뜨임(tempering)
③ 담금질(quenching)
④ 불림(normalizing)

제4과목 ▶ 재료시험

61 충격시험에서 해머를 올렸을 때의 각도를 α, 시험편 파단 후의 각도를 β 라고 할 때, 충격흡수에너지를 구하는 식은? (단, W는 중량, R는 펜듈럼의 길이이다)

① $WR(\cos\beta - \cos\alpha)$
② $WR(\cos\alpha - \cos\beta)$
③ $WR(\cos\alpha - 1)$
④ $WR(\cos\beta - 1)$

W : 해머중량(kgf), R : 해머의 회전반경(m),
α : 시험 전 각도, β: 시험 후 각도

62 음향방출검사(AE)에 대한 설명으로 틀린 것은?

① 정적인 결함의 검출에 우수하다.
② 한번에 전체를 검사할 수 있다.
③ 시험 결과에 대한 재현성이 없다.
④ 결함의 활동성을 검지하는 시험법이다.

재료 내부의 동적결함을 검사하는 데 적합

63 인장시험곡선에서 얻을 수 있는 데이터 중 탄성한계에 대한 설명으로 옳은 것은?

① 영구 변형을 일으켜 파단되는 점을 말한다.
② 응력과 변형량이 반비례 관계를 유지하는 한계선이다.
③ 하중을 제거하면 시편이 본래 위치로 돌아가는 한계이다.
④ 하중을 제거해도 원형으로 돌아가지 않고 연속적으로 연신되는 점이다.

64 압축 시험에 관한 설명으로 틀린 것은? (단, P는 하중, A_0는 초기 단면적이다)

① 압축 응력은 $\dfrac{A_0}{P}$(N/mm^3)으로 나타낸다.
② 압축 시험은 인장 시험과 반대 방향으로 하중이 작용한다.
③ 압축 시험은 주로 내압(耐壓)에 사용되는 재료에 적용된다.
④ 압축강도는 취성이 있는 재료를 시험할 때 잘 나타난다.

압축응력 = $\dfrac{P}{A_0}$ N/mm^3

65 강의 현미경 조직사진 100배의 배율에서 1in² 내에 64개의 결정립이 존재한다면 ASTM에 의한 입도번호(N)는?

① 5 ② 7
③ 9 ④ 11

> $n = 2^{(N-1)}$, $64 = 2^6 = 2^{N-1} = 7$
> 1in² 내에 64개의 결정립의 입도번호는 7

66 금속재료 현미경 조직시험에 대한 설명으로 틀린 것은?

① 시편채취 및 제작에서 절단 시 발생되는 열에 의해 조직이나 기계적 성질이 변화되므로 조심스럽게 절단하여야 한다.
② 시편을 부식시킬 때 산과 알칼리류 시약의 취급은 환기가 잘되는 배기장치 속에서 실시하며 시험자의 피부나 신체에 묻지 않게 노력한다.
③ 현미경 조직사진 촬영 시 미세한 진동이 없도록 하며, 가능한 카메라 셔터(Camera Shutter)의 진동도 없도록 주의한다.
④ 현미경 조직사진의 현상 및 인화에 사용된 약품들은 사용 후 변질의 우려가 있으므로 시험이 끝난 후 하수구로 흘려버리는 것이 좋다.

> 시험이 끝나면 산업 폐기물 처리한다.

67 쇼어 경도계의 종류가 아닌 것은?

① A형 ② C형
③ D형 ④ SS형

> 쇼어경도 시험가는 C형, SS형, D형이 있는데 C형, D형이 많이 사용된다.

68 설퍼 프린트(sulfur print)법에 사용되는 재료로 옳은 것은?

① 증감지, 투과도계
② 글리세린, 기계유
③ 황산, 브로마이드 인화지
④ 형광 침투제, 유화제

> **사용재료**
> 황산, 인화지, 사진용점착제, 탈지면, 알콜, 벤젠

69 현미경 검사에 비해 육안 또는 10배 이하의 돋보기를 이용하여 광범위 하게 관찰할 수 있는 육안조직 검사로 판정이 가장 어려운 것은?

① 가공방법의 불량
② 결정입도의 크기
③ 주조품의 편석이나 수축공
④ 열처리 시의 과열이나 탈탄

70 조직검사를 위한 작업 순서를 올바르게 나타낸 것은?

① 부식 → 시험편채취 → 연마 → 검경
② 시험편채취 → 검경 → 부식 → 연마
③ 시험편채취 → 연마 → 부식 → 검경
④ 연마 → 시험편채취 → 검경 → 부식

> 시험편 채취 → 시험편 제작(마운팅) → 연마(폴리싱) → 부식 → 검경

정답 65 ② 66 ④ 67 ① 68 ③ 69 ② 70 ③

71 다음 중 비파괴검사법 중 특별한 장치 없이 경제적으로 가장 빠르게 검사할 수 있는 시험법은?

① 침투탐상검사법 ② 자기탐상검사법
③ 육안검사법 ④ 초음파탐상검사법

72 크리프시험에서 응력이완(Relaxation) 현상이란?

① 진변형이 증가되는 조건하에서 부하되고 있는 온도의 증가와 더불어 나타나는 소성변형으로 인하여 응력(탄성변형)이 감소되는 현상을 말한다.
② 진변형이 증가되는 조건하에서 부하되고 있는 온도의 증가와 더불어 나타나는 소성변형으로 인하여 응력(탄성변형)이 증가되는 현상을 말한다.
③ 진변형이 일정의 조건하에서 부하되고 있는 시간의 경과와 더불어 나타나는 소성변형으로 인하여 응력(탄성변형)이 감소되는 현상을 말한다.
④ 진변형이 일정의 조건하에서 부하되고 있는 시간의 경과와 더불어 나타나는 소성변형으로 인하여 응력(탄성변형)이 증가되는 현상을 말한다.

73 다른 비파괴검사법과 비교하여 초음파탐상시험의 가장 큰 장점은?

① 표면 직하의 얕은 결함 검출이 쉽다.
② 재현성이 뛰어나며 기록보존이 용이하다.
③ 침투력이 매우 높아 재료 내부의 깊은 곳의 결함검출이 용이하다.
④ 내부 불연속의 모양, 위치, 크기 및 방향을 정확히 측정할 수 있다.

> 간편한 측정, 높은 측정정밀도, 시험결과 도출의 신속성, 검사 비용의 절감 등 많은 장점을 가지고 있다.

74 산업안전보건법에서 안전 보건표지의 분류 및 색채에 대한 설명 중 옳은 것은?

① 금지표지 : 바탕은 흰색, 기본모형은 빨간색, 관련부호 및 그림은 검은색
② 경고표지 : 바탕은 흰색, 기본모형은 노란색, 관련부호 및 그림은 빨간색
③ 지시표지 : 바탕은 녹색, 기본모형은 파란색, 관련부호 및 그림은 빨간색
④ 안내표지 : 바탕은 녹색, 기본모형은 빨간색, 관련부호 및 그림은 빨간색

> 빨강 : 금지, 파랑 : 지시, 녹색 : 안전, 안내

75 다음 중 조직량 측정법이 아닌 것은?

① 면적(area)측정법
② 직선(line)측정법
③ 점(point)측정법
④ 직각(right angle)측정법

> **조직량 측정법**
> 면적 측정, 직선 측정, 점 측정

76 쇼어 경도 시험할 때의 유의 사항 중 틀린 것은?

① 시험은 안정된 위치에서 실시한다.
② 다이아몬드 선단의 마모여부를 점검한다.
③ 시험편에 기름 등이 묻지 않도록 해야 한다.
④ 고무와 같은 탄성률의 차이가 큰 재료를 선택하여 시험한다.

> 고무와 같은 탄성률의 차이가 큰 재료에는 적합하지 않다.

정답 71 ③ 72 ③ 73 ③ 74 ① 75 ④ 76 ④

77 표면코일을 사용하는 와전류 탐상 검사에서 시험코일과 시험체 표면의 상대거리의 변화에 의해 출력지시가 변화를 나타내는 현상은?

① 모서리 효과(Edge Effect)
② 끝부분 효과(End Effect)
③ 리프트-오프 효과(Lift-Off Effect)
④ 충진율 효과(Fill-Factor Effect)

78 다음 중 기포누설시험의 종류가 아닌 것은?

① 침지법(liquid immersion method)
② 가압 발포액법(liquid film method)
③ 벡터 포인트법(vector point method)
④ 진공 상자법(vacuum box technique)

> 기포누설시험은 압력용기, 석유저장탱크, 파이프 라인 등의 누설탐지에 이용

79 결함부와 이에 적합한 비파괴검사법의 연결이 틀린 것은?

① 용접내부의 기공 - 와전류탐상시험법
② 강재의 표면결함 - 자분탐상시험법
③ 경금속의 표면결함 - 침투탐상시험법
④ 난조품의 내부결함 - 초음파탐상시험법

> 용접내부의 기공 : 방사선투과 시험

80 다음 중 비틀림 시험에 대한 설명으로 옳은 것은?

① 비틀림 시험의 주목적은 재료에 대한 강성 계수와 비틀림 강도 측정에 있다.
② 비교적 가는 선재의 비틀림 시험에서는 응력을 측정하여 시험 결과를 얻는다.
③ 비틀림 시험편은 양단을 고정하기 쉽게 시험부분보다 얇게 만든다.
④ 비틀림 각도 측정법은 펜듈럼식, 탄성식, 레버식이 있다.

정답 77 ③ 78 ③ 79 ① 80 ①

2023년 3회 금속재료산업기사 CBT 복원문제

제1과목 ▶ 금속재료

01 전열합금에 요구되는 특성으로 틀린 것은?

① 재질이나 치수의 균일성이 좋을 것
② 전기저항이 낮고 저항의 온도계수가 클 것
③ 열팽창계수가 작고 고온강도가 클 것
④ 고온대기 중에서 산화에 견디고 사용온도가 높을 것

> 전기저항이 크고 저항의 온도계수가 낮을 것

02 활자 금속(Type metal)의 주요 성분은 Pb-Sb-Sn이다. 주요 성분 중 Sn의 주된 역할은?

① 융점이 높아진다.
② 유동성이 나빠진다.
③ 인성이 낮아진다.
④ 주조조직이 미세화된다.

> Sn은 융점을 낮게 하고 유동성을 좋게 하며 인성을 주는 효과가 있다.

03 금속에서 결정의 최소단위를 무엇이라 하는가?

① 연신율　　② 단결정
③ 단위격자　④ 결정입계

> 결정의 최소단위를 단위격자라 한다.

04 주석계 화이트 메탈에 대한 설명으로 옳은 것은?

① 서멧 메탈(cermet metal)이라 하며, Sn-Sb-Cu계 합금이다.
② 서멧 메탈(cermet metal)이라 하며, Pb-Sb-Sn계 합금이다.
③ 배빗 메탈(babbit metal)이라 하며, Sn-Sb-Cu계 합금이다.
④ 배빗 메탈(babbit metal)이라 하며, Pb-Sb-Sn계 합금이다.

05 헤드필드강(Hadflield steel)이란?

① 페라이트계 고 Mn강
② 펄라이트계 고 Mn강
③ 오스테나이트계 고 Mn강
④ 마텐자이트계 고 Mn강

> C 0.9~1.4%, Mn 10~14% 함유로 헤드필드강 또는 오스테나이트 망간강이라 한다.

06 전자기 재료에 사용되고 있는 Ni – Fe계 실용 합금이 아닌 것은?

① 인바　　② 엘린바
③ 두랄루민　④ 플래티나이트

> **두랄루민**
> Al-Cu-Mg-Si 합금으로 고강도 합금

정답 01 ② 02 ④ 03 ③ 04 ③ 05 ③ 06 ③

07 다음 중 탄소강의 5대 원소가 아닌 것은?

① P   ② S
③ Ni   ④ Mn

> 5원소 : C, P, Mn, Si, S

08 하드필드(Hardfield)강은 기지가 오스테나이트 조직이며, 경도가 높아 기어, 레일 등의 내마모용 재료로 사용된다. 이 강의 탄소와 망간의 함유량으로 옳은 것은?

① 탄소 : 0.35~0.55%C, 망간 : 1~2%Mn
② 탄소 : 0.9~1.3%C, 망간 : 1~2%Mn
③ 탄소 : 0.35~0.55%C, 망간 : 10~15%Mn
④ 탄소 : 0.9~1.3%C, 망간 : 10~15%Mn

> C 1~3%, Mn 11.5~13%를 함유한 고망간강으로 오스테나이트 계열이다.

09 금속을 상온에서 압연이나 딥드로잉(deep drawing)과 같은 소성 변형한 후 비교적 낮은 온도에서 가열하면 강도가 증가하고 연성이 감소하는 이러한 현상을 무엇이라고 하는가?

① 확산현상
② 변형시효 현상
③ 가공경화 현상
④ 질량효과 현상

> 상온 가공을 한 금속이 그 후의 시효에 따라 경화되는 현상

10 다음 중 입자 분산강화금속에 해당되는 것은?

① FRM   ② PSM
③ SMA   ④ HSLA

> PSM(Particle Dispersed Strengthened Metals)

11 신금속을 군(群)으로 분류할 때 원자로용 1차 금속군에 해당되는 것은?

① U, Th   ② W, Re
③ Ge, Si ④ Na, Cs

12 O_2나 탈산제를 품지 않은 것으로 진공 또는 CO의 환원 분위기에서 용해 주조한 것으로 진공관의 구리선 또는 전자기기용으로 사용되는 것은?

① 전로동   ② 제련동
③ 무산소동 ④ 강인동

13 Al합금을 제조하는 A 업체에서 다음과 같은 주문서를 받았다. 표의 T8을 가장 올바르게 설명한 것은?

제품	COVER			재질	AC4B - T8	
성분	Cu	Si	Mg	Fe	Mn	Al
	3.01	8.7	0.33	0.62	0.28	잔부
TS	$25kg_f/mm^2$ 이상			HB	100 이상	

① 용체화처리 후 상온시효 시킬 것
② 용체화처리 후 인공시효 시킬 것
③ 인공시효만 한 후 상온가공 할 것
④ 용체화처리 후 냉간가공하고, 다시 인공시효 시킬 것

정답 07 ③ 08 ④ 09 ② 10 ② 11 ① 12 ③ 13 ④

14 다음 중 강괴의 종류가 아닌 것은?

① 림드강　　② 킬드강
③ 세미림드강　④ 세미킬드강

> 강괴 : 킬드강, 림드강, 세미킬드강

15 Ni46%-Fe의 합금으로 열팽창계수 및 내식성에 있어서 백금의 대용이 되며 전구봉입선 등에 사용되는 것은?

① 문쯔메탈(Muntz metal)
② 모넬메탈(Monel Metal)
③ 콘스탄탄(Constantan)
④ 플래티나이트(Platinite)

> 니켈합금으로서 열팽창계수 및 내식성이 우수하다.

16 연청동(lead bronze)에 대한 설명 중 틀린 것은?

① 주석청동에 납을 첨가한 것이다.
② 연청동은 윤활성이 우수하다.
③ 조직의 미세화를 위하여 Ti, Zr 등을 첨가한다.
④ 취성이 있기 때문에 베어링용 합금으로는 적합하지 않다.

> 윤활성이 우수하여 베어링 합금으로 적합하다.

17 기체, 액체 급냉 방법으로 제작되며, 결정 금속 특유의 결정입계, 전위, 편석 등의 결함이 존재하지 않고 자기적인 특성이 우수한 합금은?

① 초합금　　② 비정질합금
③ 초탄성합금　④ 형상기억합금

> 비정질합금은 인장강도와 경도를 크게 개선시킨 합금

18 금속재료의 성질 중 비중에 관한 일반적인 설명으로 틀린 것은?

① 비중은 4℃의 순수한 물의 무게를 기준으로 무게의 비를 수치로 표시한다.
② 인장강도를 비중으로 나눈 값이 비강도이다.
③ 단조, 압연, 인발 등으로 가공된 금속이 주조상태보다 비중이 크다.
④ 상온 가공한 금속을 가열한 후 서냉시킨 것이 급냉시킨 것보다 비중이 작다.

> 금속의 비중은 가열하고 급냉하면 서냉시킨 것에 비해 비중이 약간 감소되는 경향이 있다.

19 약 250℃ 이하의 융점을 가지는 저용융점 합금에 해당되는 것은?

① Sn의 용융점보다 낮은 합금
② Cu의 용융점보다 낮은 합금
③ Zn의 용융점보다 낮은 합금
④ Co의 용융점보다 낮은 합금

> 땜납(Pb-Sn 합금)보다 녹는점이 낮은 Pb, Bi, Sn, Cd, In 등의 공종형 합금이다.

정답 14 ③　15 ④　16 ④　17 ②　18 ④　19 ①

20 탄소함유량에 따른 철강재료의 분류로 틀린 것은?

① 순철 : 약 0~0.025%C
② 탄소강 : 약 0.021~2.0%C
③ 아공석강 : 약 2.0~4.5%C
④ 주철 : 약 2.0~6.67%C

> 아공석강은 탄소 0.8%C 이하인 강

제2과목 ▶ 금속조직

21 합금과정에서 규칙격자 결정을 가지게 되면 물리적, 기계적 성질은 일반적으로 어떻게 변화하는가?

① 전기전도도는 증가하고 연성은 감소한다.
② 전기전도도 및 경도가 감소한다.
③ 전기전도도는 증가하고 경도와 강도는 감소한다.
④ 연성은 증가하고 경도 및 전기전도도는 감소한다.

> 전기전도도 : 증가 및 강도 증가

22 50%의 A-B 합금은 면심입방 규칙격자로서 7.5개가 A원자이고, 4.5개가 B원자일 때 A의 단범위 규칙도(σ)는?

① -0.125   ② 0.125
③ -0.25   ④ 0.25

> $A = \dfrac{7.5}{12} = 0.625$
> $\sigma = 1 - \dfrac{0.625}{0.5} = -0.25$

23 Al 또는 Cu의 금속이 응고할 때 결정이 성장하는 우선 방향은?

① [100]   ② [111]
③ [101]   ④ [0001]

24 상의 계면(interface)에 대한 설명 중 옳은 것은?

① 계면에너지가 작은 면의 성장속도는 빠르다.
② 원자간 결합에너지가 클수록 계면에너지는 작다.
③ 정합 계면을 가진 석출물은 성장하면서 정합성을 상실하지 않는다.
④ 두 상의 결정구조, 조성 또는 방위가 다른 경우도 계면에서 두 상 사이에 변형을 일으키지 않는 원자대응이 이루어지더라도 정합계면을 이룬다.

25 결정체의 격자 상수가 a = b = c이고, 축각이 α = β = γ = 90°인 것은 어떤 결정계인가?

① 입방정계   ② 정방정계
③ 사방정계   ④ 6방정계

> **입방정계의 브라베격자**
> a = b = c, α = β = γ = 90°

26 한 끝을 뾰족하게 만든 도가니 속에 금속을 용해하여 뾰족한 부분부터 냉각하여 단결정을 만드는 방법은?

① Tammann-Bridgman법
② Czochralski법
③ 용융대법
④ 재결정법

정답 20 ③ 21 ① 22 ③ 23 ① 24 ④ 25 ① 26 ①

27 적층결함은 다음 중 어느 결함에 속하는가?

① 선결함 ② 점결함
③ 면결함 ④ 체적결함

> **면결함**
> 외부표면, 결정입계 쌍정, 소각경계, 비틀림, 적층결함

28 다음 중 상온상태의 결정구조가 면심입방격자(FCC)를 나타내는 원소가 아닌 것은?

① Cu ② Au
③ Al ④ Fe

> 상온상태에서 Fe은 체심입방격자이다.

29 치환형 고용체에 대한 설명으로 틀린 것은?

① 두 금속 사이에 원자 반경이 15% 이상 차이가 나면 거의 고용체를 만들지 않는다.
② 원자 반경의 차이가 작은 금속끼리는 고용도가 증가한다.
③ 결정구조가 다른 금속끼리는 고용도가 크다.
④ 고용도의 차이 때문에 합금의 성질이 크게 변화한다.

> 용매원자의 일부가 용질원자에 의해 치환되어 있는 고용체

30 입방정계에서 x, y, z축의 절편 길이가 3, 2, 1인 경우 이 면의 밀러지수(miller index)는?

① (3 2 1) ② (2 3 6)
③ (1 2 3) ④ (6 3 2)

> 역수(1/3, 1/2, 1/1)를 정수비로 하면 2, 3, 6이 됨

31 FCC 결정구조를 갖는 구리 금속의 단위격자의 격자상수가 0.361nm일 때 면간 거리 d_{210}은 얼마인가?

① 0.16nm ② 0.18nm
③ 1.10nm ④ 1.20nm

> 입방정계 (a,b,c)일 경우,
> $d_{hkl} = \dfrac{1}{\sqrt{h^2 \times k^2 + l^2}} \times a$,
> $d_{210} = \dfrac{1}{\sqrt{2^2 \times 1^2 + 0^2}} \times 0.361 = 0.16$

32 마텐자이트 변태의 특징이 아닌 것은?

① 원자의 협동에 의해 일어난다.
② 확산변태로 조성이 변화한다.
③ 상내에 격자 결함이 존재한다.
④ 변태에 수반하여 표면의 기복이 발생한다.

> 원자이동이 존재하지 않는 변태여서 무확산 변태이다.

33 X선 회절 사진에서 (hkl)면의 면 간격 d를 실측하였다면 입방격자에서의 격자상수 a를 계산할 수 있는 관계식은?

① $d_{hkl} = \dfrac{\sqrt{h^2+k^2+l^2}}{a}$

② $d_{hkl} = \dfrac{a}{\sqrt{h^2+k^2+l^2}}$

③ $d_{hkl} = \dfrac{2\sqrt{h^2+k^2+l^2}}{a}$

④ $d_{hkl} = \dfrac{2a}{\sqrt{h^2+k^2+l^2}}$

정답 27 ③ 28 ④ 29 ③ 30 ② 31 ① 32 ② 33 ②

34 체심입방격자, 면심입방격자, 조밀육방격자의 단위격자 내의 각각의 원자수로 옳은 것은?

① 2, 4, 2
② 2, 2, 4
③ 4, 2, 2
④ 2, 4, 4

35 평형상태도에서 농도에 관한 설명으로 옳은 것은?

① 증기압 곡선을 의미한다.
② 0.2%에 해당하는 응력을 의미한다.
③ 균일하고 비연속적 경계를 의미한다.
④ 1계에서 성분 서로간의 관계 분량을 의미한다.

36 급냉에 의한 변태된 조직으로 다음 중 경도가 가장 높은 것은?

① 마텐자이트(Martensite)
② 베이나이트(Bainite)
③ 오스테나이트(Austenite)
④ 펄라이트(Pearlite)

37 격자결함 중 수축공이나 기공 등은 어느 결함에 해당되는가?

① 체적결함(volume defect)
② 선결함(line defect)
③ 계면결함(interfacial defect)
④ 적층결함(stacking fault)

점결함들이 연결되어 3차원 공극이나 가공을 만들 때 형성함

38 A+B+C+D의 4원 합금이 200℃에서 존재할 때, β+γ상 조직이 관찰된다면 이때 응축계의 자유도는?

① 0
② 1
③ 2
④ 3

F=C−P+1=4−2+1=3

39 전위에 대한 설명으로 옳은 것은?

① 전위의 상승운동은 온도에 무관하다.
② 전위 결함은 원자공공, 크라디온(Crowdion) 등이 있다.
③ 칼날전위선은 버거스 벡터(Burgers vector)와 평행하다.
④ 전위의 존재로 인해 발생되는 에너지를 변형 에너지(Strain energy)라 한다.

전위의 상승은 온도와 밀접한 관계가 있으며 전위의 결함은 선결함이고, 공공크라우디온은 점결함에 속하고, 칼날전위는 버거스 벡터에 항상 수직임

40 2성분계 합금상태도에서 편정반응을 나타내는 식은? (단, 반응식에서 L, L_1, L_2은 액상이며, α, β, γ는 고상을 나타낸다)

① L ⇌ α + β
② L_1 ⇌ α + L_2
③ L + β ⇌ γ
④ β ⇌ α + L

결정이 1 상만 정출되는 편정반응은 L_1 ⇌ α + L_2로 나타난다.

정답 34① 35④ 36① 37① 38④ 39④ 40②

제3과목 ▶ 금속열처리

41 Al의 (100)면에 구리원자가 모여서 극히 미세한 2차원적 결정이 형성되어 경화의 원인이 된다. 이때 경화의 원인이 되는 것을 무엇이라 하는가?

① G. P. Zone(Guinier-Preston aggregate)
② 개량처리(Modification)
③ 재결정(Recrystallization)
④ 회복(Recovery)

42 SM45C의 화염 담금질 경도(HRC)는 얼마인가?

① 45 ② 50
③ 55 ④ 60

> HRC = C%×100+15
>   = 0.45×100+15
>   = 60

43 회주철의 절삭성을 양호하게 하여 백선부분의 제거 및 연성을 향상시키기 위한 열처리 방법은?

① 담금질   ② 연화 풀림
③ 저온 뜨임   ④ 응력제거 담금질

44 마레이징강의 시효(aging)처리는 어떠한 현상을 이용한 금속강화 방법인가?

① 석출강화   ② 고용강화
③ 분산강화   ④ 규칙-불규칙강화

> **석출강화**
> 용체화 처리에 의하여 과포화하게 함유된 금속이 시효에 의하여 석출할 때 일어나는 경화현상

45 잔류오스테나이트에 대한 설명 중 옳은 것은?

① 탄소강에서 탄소함유량과 잔류오스테나이트 함유량은 비례관계에 있다.
② 잔류오스테나이트는 근본적으로 오스테나이트와 결정구조가 다르다.
③ 퀜칭 시 냉각속도를 지연시킬수록 잔류오스테나이트의 생성량은 감소한다.
④ 니켈, 망간 등의 원소를 첨가하면 잔류오스테나이트의 생성량은 감소한다.

46 다음의 조직 중 담금질 열처리로 얻어지는 조직은?

① 페라이트(ferrite)
② 펄라이트(pearite)
③ 시멘타이트(cementite)
④ 마텐자이트(martensite)

> **마텐자이트**
> 열처리 조직중 경도와 부피변화가 가장 큰 조직

47 강의 마텐자이트조직이 경도가 큰 이유가 될 수 없는 것은?

① 결정의 미세화
② 급냉으로 인한 내부응력
③ 탄소원자에 의한 Fe 격자의 강화
④ 확산 변태에 의한 시멘타이트의 분리

> 무확산변태에 의한 조직

정답 41 ① 42 ④ 43 ② 44 ① 45 ① 46 ④ 47 ④

48 금속침투법(Cementation) 중 강재표면에 알루미늄을 침투시키는 표면처리방법의 명칭은?

① 칼로라이징 ② 크로마이징
③ 실리코나이징 ④ 세레다이징

> 철, 구리 또는 황동의 표면을 알루미늄으로 피복시키는 방법

49 다음 중 재료의 국부 가열속도가 가장 빠른 것은?

① 염욕로 ② 피트로
③ 가스로 ④ 고주파로

50 담금질용 열처리 냉각 탱크(Tank)에 냉각 시 냉각속도가 가장 빠른 냉매는?

① 오일 ② 노냉
③ 공기 ④ 액체 질소

51 과공석강을 완전풀림(full annealing) 하여 얻을 수 있는 조직으로 옳은 것은?

① 시멘타이트 + 오스테나이트
② 오스테나이트 + 레데뷰라이트
③ 시멘타이트 + 층상 펄라이트
④ 페라이트 + 층상 펄라이트

52 탄소강의 열처리 방법 중 오스테나이징 온도까지 가열한 후 서서히 냉각함으로써 연화를 목적으로 하는 열처리 방법은?

① 풀림 ② 뜨임
③ 담금질 ④ 노멀라이징

> 풀림은 연화를 목적으로 한다.

53 강의 담금질성을 판단하는 방법이 아닌 것은?

① 강박시험을 통한 방법
② 임계지름에 의한 방법
③ 조미니시험을 통한 방법
④ 임계냉각속도를 사용하는 방법

> 강박시험은 염욕에 함유된 탄소량을 측정하는 방법

54 강의 항온변태 곡선인 S곡선의 형태에 영향을 주는 요소가 아닌 것은?

① 첨가 원소 ② 응력의 영향
③ 최고 가열온도 ④ 조직학적 방법

> 항온변태곡선=TTT곡선=C곡선=S곡선

55 주철의 연화풀림 목적이 아닌 것은?

① 연성 향상 ② 절삭성 향상
③ 경도 향상 ④ 백선부분의 제거

> 연성향상, 절삭성 향상, 백선부분의 제거

56 강의 담금질성을 판단하는 방법이며, 오스테나이트로 가열된 공석강은 펄라이트를 생성되지 않게 하고 마텐자이트만 생성하는 데 필요한 최소한의 냉각속도는?

① 분열냉각속도 ② 항온냉각속도
③ 계단냉각속도 ④ 임계냉각속도

> 임계냉각속도(Critical Cooling Rate)

정답 48 ① 49 ④ 50 ④ 51 ③ 52 ① 53 ① 54 ④ 55 ③ 56 ④

57 담금질 균열의 방지책으로 틀린 것은?

① 변태응력을 줄인다.
② 살두께의 차이 및 급변을 가급적 줄인다.
③ M_s–M_f 범위에서 급냉시킨다.
④ 냉각시 온도를 제품면에 균일하게 한다.

> M_s점 온도에서 등온 유지 후 공냉과정이 효과적이다.

58 침탄 경화 시 침탄 깊이에 영향을 미치지 않는 것은?

① 가열온도   ② 가열시간
③ 침탄제   ④ 가열로

> 침탄경화는 가열온도, 가열시간, 침탄제에 의해 침탄깊이의 영향을 받음

59 석출 경화형 구리 합금인 Cu-Be 합금의 용체화 처리 방법으로 가장 적절한 것은?

① 가능한 한 최저온도 이하에서 처리한다.
② 가능한 한 최고온도를 초과하여 처리한다.
③ 가능한 한 가장 늦은 속도로 담금질 해야 한다.
④ 가능한 한 용질 원자 Be이 충분히 용해되도록 한다.

> 용체화 처리를 하기 위해서는 고용체를 이루는 온도에 도달하도록 고온으로 가열해야 한다.

60 베릴륨 청동의 열처리 방법과 특성에 대한 설명으로 틀린 것은?

① 310~330℃에서 2~2.5시간 재결정 어닐링을 실시하여 고용강화를 한다.
② 인장강도와 항복점이 높아 고온 및 부식 환경에 있는 스프링 접촉자에 사용한다.
③ 소정의 온도에서 담금질하면 이 고용체의 단상 또는 α+β의 2상 혼합체가 된다.
④ 전기 전도도가 좋고, 내식성이 좋으며 열처리에 의해서 탄성한도가 높아진다.

> 760~780℃에서 물담금질 하고, 310~330℃에서 2~2.5시간 템퍼링을 실시하여 시효처리한다.

제4과목 ▶ 재료시험

61 로크웰 경도시험기에서 다이아몬드 원추 누르개의 각도와 끝부위의 곡률 반지름은 몇 mm인가?

① 105, 0.05   ② 116, 0.10
③ 120, 0.20   ④ 136, 0.50

> 120° 다이아몬드 원뿔, r = 0.2mm

62 다음 중 비틀림 시험에서 측정할 수 없는 것은?

① 강성계수   ② 비틀림 강도
③ 비틀림 파단계수 ④ 단면수축률

> 단면수축률은 인장시험에서 측정

63 충격시험 시 시험편의 노치반지름의 영향에 대하여 설명한 것으로 옳은 것은?

① 노치의 반지름은 응력집중과는 상관없다.
② 노치의 반지름이 클수록 응력집중이 크다.
③ 노치의 반지름이 작을수록 응력집중이 크다.
④ 노치의 반지름이 작을수록 흡수에너지가 크다.

64 전단 시험에서 단순한 인장만의 외력을 받고 있는 시험편에서 최대 전단력이 발생하는 각도(θ)는?

① 0°   ② 45°
③ 90°   ④ 180°

> **전단시험**
> 재료에 전단하중을 주어서 전단력을 측정하는 방법

65 브리넬 경도시험 결과 경도값이 HB S(10/3000/30)450로 표시되었을 때 (   ) 내에 표시된 3000의 의미는?

① 강도값   ② 시험하중
③ 하중시간   ④ 압입자의 직경

> ① HB : 브리넬경도표시기호
> ② S : 압입자종류(S : 강구, W : 초경합금)
> ③ 10 : 압입자 직경(mm)
> ④ 3000 : 시험하중(kgf)
> ⑤ 450 : 브리넬경도 측정치

66 무색, 무미, 무취로서 연료의 불완전 연소로 인하여 생성되는 것으로 인체에 해로운 가스는?

① CO   ② SO_2
③ NH_4 ④ Cl_2

> **일산화탄소(CO)**
> 연료의 불완전연소로 인하여 생성되는 것으로 해로운 가스

67 로크웰 경도시험에서 사용하는 시험하중(kg_f)이 아닌 것은?

① 60   ② 100
③ 150   ④ 200

> 시험하중 : 60, 100, 150kg_f

68 침탄층이나 질화층 등 표면 경화층의 경도시험에 가장 적합한 시험은?

① 쇼어 경도   ② 로크웰 경도
③ 비커즈 경도 ④ 모스 경도

69 브리넬(brinell) 경도시험에 대한 설명으로 틀린 것은?

① 시험하중을 누르개 자국의 표면적으로 나눈 값으로 표시한다.
② 철강과 비철금속의 구분 없이 주하중시간은 60초가 가장 적당하다.
③ 시험편의 두께는 누르개 자국 깊이의 8배 이상으로 한다.
④ 시험은 일반적으로 10~35℃ 범위에서 한다.

> 주하중시간 : 철강 : 15초, 비철금속 : 30초 유지

정답 63 ③ 64 ② 65 ② 66 ① 67 ④ 68 ③ 69 ②

70 다음 중 로크웰 경도 B 스케일에 사용하는 압입자는?

① 직경 $\frac{1}{16}$ 인치 강구

② 직경 $\frac{1}{8}$ 인치 강구

③ 직경 $\frac{1}{4}$ 인치 강구

④ 직경 $\frac{1}{2}$ 인치 강구

> ② K, E, K 스케일
> ③ L, M, P 스케일
> ④ R, S, V 스케일

71 단면 치수에 대한 길이의 비에 대하여 파괴현상에 차이가 나타나는 것으로 콘크리트나 주철과 같은 재료의 시험법으로 가장 많이 이용되는 것은?

① 굽힘시험법　② 크리프시험법
③ 압축시험법　④ 비틀림시험법

> 주철을 압축시험했을 때 시험편의 파괴방향은 대각선 방향이다.

72 피로시험으로부터 구한 S-N 곡선에서 S와 N은 각각 무엇을 나타내는가?

① 강도와 경도
② 변형과 반복횟수
③ 응력과 피로한계
④ 응력과 반복횟수

> S : 응력, N : 반복횟수

73 크리프 시험실의 환경조건으로서 가장 먼저 고려해야 하는 것은?

① 항온항습　② 공기통풍
③ 진동내진　④ 분진방지

> 크리프 시험에 있어서는 일정하중, 일정온도의 유지와 함께 정확한 변형량을 측정하는 것이 중요하다.

74 연강을 인장 시험하여 하중-연신 곡선으로부터 얻을 수 없는 것은?

① 비례한계　② 탄성한계
③ 최대하중점　④ 피로한계

> **피로한계**
> 영구히 파괴되지 않는 응력의 한계(내구한계)

75 철강의 미세조직을 현미경으로 검사하기 위한 부식액으로 알맞은 것은?

① 질산초산 용액
② 염화제2철 용액
③ 나이탈용액
④ 수산화나트륨 용액

> **철강부식액**
> 피크린산 알콜용액, 질산알콜용액, 나이탈용액

정답 70 ① 71 ③ 72 ④ 73 ① 74 ④ 75 ③

76 1~5% 황산 수용액에 브로마이드 인화지를 5분간 담근 후 수분을 제거한 다음 이것을 피검사체의 시험면에 1~3분간 밀착시켜 철강 중에 있는 황(S)의 편석 분포상태를 검사하는 시험은?

① 후드(Hood)법
② 헤인(Heyn)법
③ 제프리즈(Jefferies)법
④ 설퍼 프린트(Sulfur Print)법

77 정량 조직 검사에 해당하지 않는 것은?

① 결정립도 측정법
② ASTM 결정립 측정법
③ 마크로법
④ 헤인법

> 마크로법은 육안검사로 관찰하는 검사법

78 금속 재료 인장 시험 방법(KS B 0802)에서 인장시험을 수행할 때 내력을 구하는 방법이 아닌 것은?

① 오프셋법
② 스트레인 게이지법
③ 영구 연신율법
④ 전체 연신율법

> **스트레인 게이지법**
> 미소한 변형을 측정하는 방법

79 방사선을 취급할 때 외부 피폭을 방호하기 위한 3원칙에 해당하지 않는 것은?

① 방사선의 선원이 무거운 질량의 것으로 사용한다.
② 방사선체 노출 시간, 즉 사용시간을 줄인다.
③ 방사선의 선원과 사람과의 거리를 멀리한다.
④ 방사선의 선원과 사람 사이에 차폐물을 설치한다.

> 방사선의 선원이 가벼운 질량의 것으로 사용한다.

80 다음 중 금속조직을 검사하는 방법이 아닌 것은?

① 육안조직검사
② 비파괴검사
③ 비금속개재물검사
④ 현미경조직검사

> 비파괴검사는 내부의 결함 또는 표면결함을 조사하는 시험

정답 76 ④ 77 ③ 78 ② 79 ① 80 ②

2024년 1회 금속재료산업기사 CBT 복원문제

제1과목 ▶ 금속재료

01 다음 중 탄소강의 5대 원소가 아닌 것은?

① P　　② S
③ Ni　　④ Mn

> 5원소
> C, P, Mn, Si, S

02 베어링합금이 구비해야 할 조건이 아닌 것은?

① 주조성이 좋아야 한다.
② 피로강도가 높아야 한다.
③ 내부식성이 높아야 한다.
④ 내소착성이 낮아야 한다.

> 내소착성이 높아야 함

03 다음 중 탄소강의 조직이 아닌 것은?

① 펄라이트(pearlite)
② 페라이트(ferrite)
③ 시멘타이트(cementite)
④ 퍼멀로이(permalloy)

> 퍼멀로이는 자석강의 종류임

04 용강의 탄소량이 정해진 양이 되었을 때 Fe-Mn, Fe-Si 또는 Al 분말과 같은 강탈산제를 충분히 첨가함으로써 완전 탈산시킨 강괴는?

① 캡드 강괴　　② 림드 강괴
③ 킬드 강괴　　④ 세미킬드 강괴

05 리드 프레임(Lead frame) 재료에 요구되는 성능이 아닌 것은?

① 재료를 보다 작고 얇게 하기 위하여 강도가 낮을 것
② 재료의 치수정밀도가 높고 잔류응력이 작을 것
③ 본딩(bonding)을 위한 우수한 도금성을 가질 것
④ 고집적화에 따라 열방산이 좋을 것

> 리드 프레임 재료는 얇으면서도 강도가 커야 함

06 강도가 크고, 고온이나 저온의 유체중에 잘 견디며 불순물을 제거하는데 쓰이는 금속필터는 어떤 방법으로 제조된 것이 가장 좋은가?

① 기계가공　　② 주조가공
③ 소결합금　　④ 금속가공

정답 01 ③　02 ④　03 ④　04 ③　05 ①　06 ③

07 금속의 소성변형시 경도와 강도가 증가하는 현상을 무엇이라고 하는가?

① 재결정 ② 가공경화
③ 석출 ④ 고용경화

08 구리의 성질을 설명한 것 중 틀린 것은?

① 전기 및 열의 전도성이 우수하다.
② Zn, Sn, Ni 등과는 합금이 잘 안 된다.
③ 화학적 저항력이 커서 부식에 강하다.
④ 전연성이 좋아 가공하기 쉽다.

> Cu는 Zn, Sn, Ni 등과 합금이 잘 됨

09 Al-Si계 합금은 주조조직에 나타나는 Si는 육각판상의 거친 결정이므로 접종시켜 조직을 미세화 시키고 경도를 개선시키는 처리를 개량처리라 한다. 다음 중 접종제가 아닌 것은?

① 금속 나트륨 ② 불화알칼리
③ 가성소다 ④ 알루미늄

> Al-Si합금의 접종제
> 금속나트륨, 불화알칼리, 가성소다

10 전열합금에 요구되는 특성으로 틀린 것은?

① 재질이나 치수의 균일성이 좋을 것
② 전기저항이 낮고 저항의 온도계수가 클 것
③ 열팽창계수가 작고 고온강도가 클 것
④ 고온대기 중에서 산화에 견디고 사용온도가 높을 것

> 전기저항이 크고 저항의 온도계수가 낮을 것

11 스테인리스강(stainless steel)의 조직계에 속하지 않는 것은?

① 마텐자이트(martensite)계
② 펄라이트(pearlite)계
③ 페라이트(ferrite)계
④ 오스테나이트(austenite)계

> 스테인리스강의 조직계
> 페라이트계, 오스테나이트계, 마텐자이트계, 석출경화계

12 헤드필드강(Hadflield steel) 이란?

① 페라이트계 고 Mn강
② 펄라이트계 고 Mn강
③ 오스테나이트계 고 Mn강
④ 마텐자이트계 고 Mn강

> C 0.9~1.4%, Mn 10~14% 함유한 강을 헤드필드강 또는 오스테나이트 망간강이라 한다.

13 다음 중 니켈(Ni)에 대한 설명으로 옳은 것은?

① 니켈의 격자는 조밀육방격자이다.
② 니켈의 비중은 약 12.8 이다.
③ 니켈은 열간 및 냉간가공을 할 수 없다.
④ 니켈은 대기 중에 부식되지 않으나 아황산가스 분위기에는 심하게 부식 된다.

> 니켈은 면심입방격자, 비중 8.9, 열간 및 냉간가공 용이하고 아황산가스 분위기에서는 심하게 부식함

정답 07 ② 08 ② 09 ④ 10 ② 11 ② 12 ③ 13 ④

14 니켈을 주성분으로 하는 니켈계 내열합금으로서 열전대에 사용하는 것은?

① 두랄루민(duralumin)
② 엘렉트론(elektron)
③ 포금(gun metal)
④ 알루멜(alumel)

15 유리에 열을 가하여 가공할 때처럼 금속 재료가 늘어나는 특수한 성질을 갖는 재료는?

① 경도재료   ② 탄성재료
③ 초전도재료   ④ 초소성재료

> 초소성이란 어느 응력 하에서 파단에 이르기까지 수백 % 이상의 연신을 나타내는 현상이다.

16 주철에 대한 설명 중 틀린 것은?

① 가단주철은 회주철을 열처리하여 제조한다.
② 회주철은 응고 중 유리된 흑연이 편상으로 존재하며 기계 가공성이 우수하다.
③ 백주철은 냉각속도를 빨리하여 Fe_3C와 같은 탄화물을 함유하며 취약하다.
④ 구상흑연주철은 소량의 Mg 등을 접종처리하여 흑연을 구상화 한다.

> 가단주철은 백주철을 열처리하여 만든다.

17 18금(18K)의 순금 함유율은 몇 %인가?

① 60   ② 75
③ 85   ④ 95

> 순금함유율 = 100×18K/24K = 75%

18 약 250°C 이하의 융점을 가지는 저용융점 합금에 해당되는 것은?

① Sn의 용융점보다 낮은 합금
② Cu의 용융점보다 낮은 합금
③ Zn의 용융점보다 낮은 합금
④ Co의 용융점보다 낮은 합금

19 초경합금의 특성을 설명한 것 중 틀린 것은?

① WC계 초경합금은 WC분말에 2~20% Ni 분말을 혼합하여 수소(H_2) 기류 중에서 성형한다.
② 고온에서 안정하고 경도도 대단히 높아 절삭용 공구나 내열재료로서 사용되고 있다.
③ 소결합금공구강으로 WC, TaC, TiC등 초경탄화물로 구성되어있다.
④ 내마모성과 압축강도가 대단히 우수하여 합금공구로 사용된다.

> **초경합금**
> 공구 등에 사용되는 초경질 합금으로 금속의 탄화물 분말을 소성해서 만든 합금으로 WC-Co계, WC-TiC-TaC-Co계, WC-TiC-Co계가 있다.

20 상온에서 냉간가공한 금속재료를 가열할 때 발생하는 조직변화의 순서로 옳은 것은?

① 파괴된 결정립 → 재결정 → 회복 → 결정립 성장
② 파괴된 결정립 → 결정립 성장 → 회복 → 재결정
③ 파괴된 결정립 → 재결정 → 결정립 성장 → 회복
④ 파괴된 결정립 → 회복 → 재결정 → 결정립 성장

정답 14 ④ 15 ④ 16 ① 17 ② 18 ① 19 ① 20 ④

제2과목 ▶ 금속조직

21 불규칙에서 규칙상이 되면 일반적으로 단위격자가 커지는 현상을 무엇 이라 하는가?

① 초격자 ② 규칙격자
③ 감마격자 ④ 불규칙격자

22 면심입방격자에서 단위격자에 속하는 원자수와 충전율은?

① 원자수 2, 충전율 68%
② 원자수 4, 충전율 74%
③ 원자수 6, 충전율 68%
④ 원자수 8, 충전율 68%

- 면심입방격자 : 원자수 4, 충전율 74%
- 체심입방격자 : 원자수 2, 충전율 68%

23 50%의 A-B 합금이 FCC의 규칙격자이고, 7.5개가 A 원자, 4.5개가 B원자일 때 단범위 규칙도(σ)는 얼마인가?

① -0.25 ② 0.25
③ -0.45 ④ 0.45

$$\sigma = 1 - \frac{A원자\ 확률}{A원자\ 농도} = 1 - \frac{\left(\frac{7.5}{12}\right)}{0.5} = -0.25$$

24 면심입방격자의 Slip면은 {111}, Slip방향은 〈110〉이다. Slip계의 수는?

① 6개 ② 8개
③ 10개 ④ 12개

25 다음 중 확산에 대한 설명으로 틀린 것은?

① 확산속도가 큰 것일수록 활성화에너지가 크다.
② 입계는 입내에 비하여 결함이 많아 확산이 일어나기 쉽다.
③ 온도가 낮을 때는 입계 확산과 입내 확산과의 차이가 크게 된다.
④ 표면확산이 가장 빠르고 입계확산이 그 다음이며 격자확산이 가장 늦다.

확산속도가 큰 것일수록 활성화에너지가 적음

26 결정체의 격자 상수가 a = b = c이고, 축각이 $\alpha = \beta = \gamma = 90°$인 것은 어떤 결정계인가?

① 입방정계 ② 정방정계
③ 사방정계 ④ 6방정계

27 다음 중 치환형 고용체를 형성하는 인자에 대한 설명으로 틀린 것은?

① 용매원자와 용질원자의 원자직경이 비슷할수록 고용체를 형성하기 쉽다.
② 결정격자형이 동일한 금속끼리는 넓은 범위로 고용체를 형성하나.
③ 원자직경의 차이가 15%이상이면 거의 고용체를 만들지 않는다.
④ 용질원자와 용매원자의 전기저항의 차가 적으면 고용체를 형성하기 어렵다.

치환형 고용체의 형성시 용질과 용매원자의 전기 저항차가 작을수록 고용체를 형성하기 쉽다.

정답 21① 22② 23① 24④ 25① 26① 27④

28 금속의 확산에서 확산속도가 빠른 것에서 늦은 순서로 옳은 것은?

① 입계확산 > 표면확산 > 격자확산
② 표면확산 > 격자확산 > 입계확산
③ 격자확산 > 입계확산 > 표면확산
④ 표면확산 > 입계확산 > 격자확산

29 재결정 거동에 영향을 주는 요인이 아닌 것은?

① 재결정 이전의 가공도
② 재결정 시작 후의 회복의 양
③ 초기 결정 입도 및 조성
④ 풀림 온도 및 풀림 시간

> 재결정 이전의 회복의 양에 따라 재결정 거동에 영향을 준다.

30 규칙-불규칙 변태는 하는 합금에 대한 설명 중 틀린 것은?

① 규칙격자가 생성되면 전기전도도가 커진다.
② 규칙격자가 생성되면 강도 및 경도가 증가한다.
③ 규칙상은 상자성체이나, 불규칙상은 강자성체이다.
④ 온도가 상승하면 새로운 원자배열로 인하여 Curie점(Tc)부근에서 비열이 최대가 된 후 감소하여 정상으로 된다.

> 규칙상은 강자성체이고, 불규칙상은 상자성체이다.

31 압력의 영향이 없는 계(system)에서 성분수가 2며 상의 수가 2일 때 자유도(degree of freedom)는?

① 0 ② 1
③ 2 ④ 3

> 자유도(F)=C-P+1=2-2+1=1

32 용융금속의 응고과정에서 주형벽으로부터 내부로 나타나는 조직의 순서는?

① 칠드영역 - 주상정 - 등축정
② 주상정 - 등축정 - 칠드영역
③ 등축정 - 칠드영역 - 주상정
④ 등축정 - 주상정 - 칠드영역

33 급냉에 의한 변태된 조직으로 다음 중 경도가 가장 높은 것은?

① 마텐자이트(Martensite)
② 베이나이트(Bainite)
③ 오스테나이트(Austenite)
④ 펄라이트(Pearlite)

34 회복과정에서 축적에너지의 양에 대한 설명으로 틀린 것은?

① 불순물 원자를 첨가할수록 축적에너지의 양은 증가한다.
② 가공도가 클수록 축적에너지의 양은 증가한다.
③ 낮은 가공온도에서의 변형은 축적에너지의 양을 감소시킨다.
④ 결정입도가 감소함에 따라 축적에너지의 양은 증가한다.

> 낮은 가공온도에서의 변형은 축적에너지의 양을 증가시킴

정답 28 ④ 29 ② 30 ③ 31 ② 32 ① 33 ① 34 ③

35 Al-4%Cu 석출강화형 합금에서 석출강화에 영향을 주는 상은?

① α상 ② β상
③ θ상 ④ γ상

> Al-4%Cu 합금의 θ상은 석출강화에 결정적인 역할을 함

36 다음 그림에서 사선으로 표시한 면의 지수로 옳은 것은?

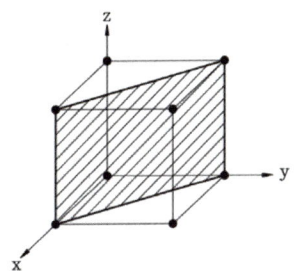

① (111)면 ② (101)면
③ (110)면 ④ (011)면

37 실제 용융금속을 냉각시키면 열역학적 평형용점보다 낮은 온도에서 응고되는 현상을 무엇이라 하는가?

① 과냉각 현상
② 과열 현상
③ 핵생성 현상
④ 결정립성장 현상

> 과냉현상
> 액체금속이 응고할 때 녹는점보다 낮은 온도에서 응고가 시작되는 현상

38 일정한 압력하에 있는 Fe-C합금의 포정점이 일정한 온도와 조성에서 생기는 이유는?

① 상률의 자유도가 0이기 때문이다.
② 상률의 자유도가 1이기 때문이다.
③ 상률의 자유도가 2이기 때문이다.
④ 상률의 자유도가 ∞이기 때문이다.

> Fe-C합금의 포정점에서는 2성분계가 존재하기 때문에 상율의 자유도가 0임

39 금속재료를 냉간가공 하였을 때 성질의 변화 중 틀린 것은?

① 경도는 증가한다.
② 인장강도는 증가한다.
③ 연신율은 증가한다.
④ 항복점이 높아진다.

> 금속재료를 냉간가공시 연신율은 감소함

40 다음 중 전위와 관계가 없는 것은?

① 조그(jog)
② 프랭크 리드(Frank-read)원
③ 프렌켈 결함(Frenkel defect)
④ 상승 운동(Climbing motion)

> 프렌켈 결함은 점결함임

정답 35 ③ 36 ③ 37 ① 38 ① 39 ③ 40 ③

제3과목 ▶ 금속열처리

41 서냉된 1.2%C의 과공석강을 A1변태온도 직상에서 생성되는 초석 시멘타이트의 중량 분율(%)은 얼마 인가? (단, 공석점은 0.8%C 이며, C의 최대 고용량은 6.67%이다.)

① 6.8
② 88
③ 50
④ 93.2

> 초석시멘타이트 = $\dfrac{1.2 - 0.8}{6.67 - 0.8} \times 100 = 6.81$

42 화염 담금질된 강의 경도는 대략 탄소 함유량에 의해 결정되어진다. SM45C의 담금질 경도(HRC)값은 얼마인가?

① 35
② 45
③ 50
④ 60

> 담금질경도(HRC) = C%×100+15
> = 0.45×100+15
> = 60

43 강이 고온에서 열처리되어 탈탄이 되었을 경우 일어나는 현상으로 옳은 것은?

① 내피로강도를 증가시킨다.
② 탈탄층에는 펄라이트 조직이 발달한다.
③ 표면에 인장응력이 발생하여 변형되거나 크랙의 원인이 된다.
④ 결정이 미세화되어 기계적 성질이 향상된다.

> 탈탄은 산소와 산화작용으로 강재의 탄소함유량 이 감소되는 현상이므로 강도 등 기계적 성질이 나빠지고 변형 및 균열의 원인이 된다.

44 다음은 Al-4%Cu합금의 열처리에 관한 설명으로 옳은 것은?

① 500~550℃부근에서 1~2시간 유지한 후 서냉에 의하여 $CuAl_2$를 미세하게 석출 경 화시킨다.
② 담금질효과가 없으므로 500℃부근에서 1~2시간 유지한 후 풀림처리하여 내부응력 을 제거한다.
③ 510~530℃에서 5~10시간 정도 가열한 후 수냉하고, 150~180℃에서 5~10시간 시효경화시킨다.
④ 500~550℃부근에서 1~2시간 유지한 후 수냉에 의하여 무확산 변태 처리로 마텐 자이트가 생성한다.

45 분위기로에 열처리 재료를 장입 또는 꺼낼 때 로내부로 공기가 들어가 로내 분위기 가스의 교란이나 폭발을 방지하기 위하여 장입구 또는 취출구에 가연성 가스를 연소 시켜 불꽃의 막을 만드는 것을 무엇이라 하는가?

① 번아웃
② 촉매
③ 노점
④ 화염커튼

46 진공로에 사용하는 냉각용 가스 중 냉각 효과가 가장 큰 것은? (단, 공기의 열전도율 은 1이다.)

① 아르곤
② 헬륨
③ 질소
④ 일산화탄소

> 헬륨은 융점 및 비점이 277.2℃로 가장 낮기 때문에 냉각효과가 크다.

정답 41 ① 42 ④ 43 ③ 44 ③ 45 ④ 46 ②

47 고주파 유도 가열 경화법에 대한 설명으로 틀린 것은?

① 생산공정에 열처리 공정의 편입이 가능하다.
② 피가열물의 스트레인(strain)을 최소한으로 억제할 수 있다.
③ 표면부분에 에너지가 집중하므로 가열시간을 단축시킬 수 있다.
④ 전류가 표면에 집중되어 표피효과(skin effect)가 작다.

> 고주파전류가 커질수록 표면에 집중되어 표피효과가 커진다.

48 다음 구조용 합금강 중 템퍼링 취성이 잘 발생하지 않는 강종은?

① Ni-Cr 강　　② Ni 강
③ Cr강　　　　④ Cr-Mo강

> Mo은 Cr강, Ni-Cr강의 템퍼취성 방지에 효과적인 원소이다.

49 고체 침탄제가 구비해야 할 조건을 설명한 것 중 틀린 것은?

① 침탄력이 강해야 한다.
② 침탄 온도에서 가열 중 용적 감소가 커야 한다.
③ 장시간 반복 사용과 고온에서 견딜 수 있는 내구력을 가져야 한다.
④ 침탄 성분 중 P와 S가 적어야 하고 강 표면에 고착물이 융착되지 않아야 한다.

> 침탄온도에서 가열시 용적의 감소가 적어야 침탄효율이 높아진다.

50 담금질성에 대한 설명으로 틀린 것은?

① Mn, Mo, Cr등을 첨가하면 담금질성은 증가한다.
② 결정입도를 크게 하면 담금질성은 증가한다.
③ 일반적으로 S가 0.04%이상이면 담금질성을 증가시킨다.
④ B를 0.0025% 첨가하면 담금질성을 높일 수 있다.

> 황(S)는 담금질성을 저해시키는 원소이다.

51 열처리 제품의 산화를 억제하고 광휘열처리를 할 수 있는 로는?

① 용광로　　　② 진공로
③ 용선로　　　④ 열풍로

> 진공열처리로는 가스와의 반응이 없으므로 불활성상태에서 처리되어 표면이 깨끗하다.

52 가단주철의 열처리에 대한 설명으로 틀린 것은?

① 백심가단주철의 제조는 탈탄을 목적으로 백선을 열처리 한다.
② 흑심가단주철의 제조는 흑연심을 녹석으로 백선을 열처리 한다.
③ 흑연이 구상화되어 그 주위가 페라이트로 되는 조직을 불즈아이(bull's eye) 조직이라 한다.
④ 펄라이트 가단주철의 열처리는 시기균열을 방지하기 위해 저온 어닐링 한다.

> 펄라이트 가단주철은 흑연화를 목적으로 하지만 일부의 탄소를 Fe_3C형으로 잔류시킨 펄라이트 가단주철이다.

정답　47 ④　48 ④　49 ②　50 ③　51 ②　52 ④

53 다음의 열처리 방법 중 취성이 가장 많이 발생하는 열처리 방법은?

① 불림(Normalizing)
② 풀림(Annealing)
③ 뜨임(Tempering)
④ 담금질(Quenching)

54 펄라이트 가단주철의 제조방법이 아닌 것은?

① 합금첨가에 의한 방법
② 서브제로 처리에 의한 방법
③ 열처리 곡선의 변화에 의한 방법
④ 흑심가단 주철의 재열처리에 의한 방법

> 서브제로처리는 강의 담금질 시 잔류오스테나이트를 마텐자이트로 변태시키는 방법이다.

55 펄라이트 변태에서 A1변태점을 저하시키는 원소는?

① Mo   ② Ni
③ S   ④ Ti

> Ni은 오스테나이트 영역을 확대하므로 A1 변태점을 낮춘다.

56 오스테나이트 상태로부터 Ms점 바로 위 온도의 염욕 중에 담금질하여 강의 내외가 동일 한 온도가 되도록 항온 유지하고, 과냉 오스테나이트가 항온변태를 일으키기 전에 공기 중에서 Ar″ 변태가 천천히 진행되도록 하는 열처리는?

① Ms담금질   ② 마퀜칭
③ 오스템퍼링   ④ 인상담금질

57 마레이징강(maraging steel)의 열처리 방법에 대한 설명 중 옳은 것은?

① 850℃에서 1시간 유지하여 용체화 처리한 후 공냉 또는 수냉하여 480℃에서 3시간 시효 처리한다.
② 850℃에서 1시간 유지하여 용체화 처리한 후 유냉 또는 로냉하여 마텐자이트화 한다.
③ 1100℃에서 반드시 수냉 처리하여 오스테나이트를 미세하게 석출, 경화시킨다.
④ 1100℃에서 1시간 유지하여 용체화 처리한 후 로냉하여 조직을 안정화시킨다.

58 PID에 의한 프로그램식 온도-시간제어방식에 해당되지 않는 것은?

① 2위치 동작   ② 비례 동작
③ 적분 동작   ④ 미분 동작

> P(비례), I(적분), D(미분)에 의한 프로그램식 제어 방식

59 공석강의 연속냉각변태에서 냉각속도가 빠른 순서에 따라 형성되는 최종 조직의 순서로 옳은 것은?

① 트루스타이트 > 마텐자이트 > 소르바이트 > 조대 펄라이트
② 마텐자이트 > 트루스타이트 > 소르바이트 > 조대 펄라이트
③ 트루스타이트 > 마텐자이트 > 조대 펄라이트 > 소르바이트
④ 마텐자이트 > 조대 펄라이트 > 소르바이트 > 트루스타이트

정답 53 ④ 54 ② 55 ② 56 ② 57 ① 58 ① 59 ②

60 강재 부품에 내마모성이 좋은 금속을 용착함으로써 경질표면층을 얻는 방법은?

① 침탄법 ② 용사법
③ 전해경화법 ④ 화염경화법

제4과목 ▶ 재료시험

61 자분탐상법에서 사용되는 자화전류의 종류가 아닌 것은?

① 잔류 ② 교류
③ 직류 ④ 맥류

> 자화전류의 종류
> ① 직류, ② 교류, ③ 맥류, ④ 충격류

62 다음 중 조직량 측정법이 아닌 것은?

① 면적(Area)측정법
② 직선(Line)측정법
③ 점(Point)측정법
④ 직각(Right angled)측정법

> 금속조직 내 측정법
> 점, 직선, 면적측정법

63 피로시험에서 시험편의 형상계수를 α, 노치계수를 β라 할 때 노치 민감계수(η)를 나타내는 식으로 옳은 것은?

① η = α / (β−1)
② η = β / (α−1)
③ η = (α−1) / (β−1)
④ η = (β−1) / (α−1)

64 강재의 재질 판별법 중의 하나인 불꽃시험 시 시험통칙에 대한 설명으로 틀린 것은?

① 유선의 관찰시 색깔, 밝기, 길이, 굵기 등을 관찰한다.
② 바람의 영향을 피하는 방향으로 불꽃을 방출시킨다.
③ 0.2%탄소강의 불꽃길이가 500mm정도의 압력을 가한다.
④ 시험장소는 개인의 작업안전을 위하여 아주 밝은 실내가 좋다.

> 불꽃시험은 빛이 없는 어두운 곳에서 시험해야 불꽃을 잘 관찰할 수 있다.

65 설퍼 프린트(sulfur print)법에 사용되는 재료로 옳은 것은?

① 증감지, 투과도계
② 글리세린, 기계유
③ 황산, 브로마이드 인화지
④ 형광 침투제, 유화제

66 철강재료를 자분탐상 시험하여 결함 유무를 검사하고자 한다. 다음 중 적용할 수 없는 금속재료는?

① STC3 ② STD61
③ SKH51 ④ STS304

> STS304는 비자성 오스테나이트계 스테인리스강이므로 자분탐상을 할 수 없으며, 와전류탐상은 가능하다.

정답 60② 61① 62④ 63④ 64④ 65③ 66④

67 시험편의 지름 14mm, 평행부 길이 60mm, 표점거리 50mm, 최대하중이 9,930kgf일 때 인장강도 약 몇 kgf/mm²인가?

① 43.9　　② 54.3
③ 64.5　　④ 74.8

$$\sigma_0 = \frac{P}{A_0} = \frac{9,930}{\pi \times \left(\frac{14}{2}\right)^2} = 64.5$$

68 크리프 시험에 대한 설명으로 틀린 것은?

① 어떤 재료에 크리프가 생기는 요인은 온도, 하중, 시간이다.
② 1단계 크리프는 감속 크리프라 하며 변형율이 감소되는 단계이다.
③ 크리프 한도란 어떤 시간 후에 크리프가 정지하는 최대응력이다.
④ 철강 및 경합금 등은 250℃ 이하의 온도에서 크리프 현상이 일어난다.

철강은 250℃ 이상의 온도에서 크리프 현상이 일어남

69 인장시험곡선에서 얻을 수 있는 데이터 중 탄성한계에 대한 설명으로 옳은 것은?

① 영구 변형을 일으켜 파단되는 점을 말한다.
② 응력과 변형량이 반비례 관계를 유지하는 한계선이다.
③ 하중을 제거하면 시편이 본래 위치로 돌아가는 한계이다.
④ 하중을 제거해도 원형으로 돌아가지 않고 연속적으로 연신되는 점이다.

70 X-선 방사선 투과검사시 촬영의 조건을 정하기 위하여 노출도표를 사용한다. 노출도표상의 가로축과 세로축은 각각 무엇을 나타내는가?

① 강재 두께와 노출 시간
② 강재 두께와 전압
③ 노출 시간과 전압
④ 전류와 전압

노출도표는 사진의 상질을 결정하기 위해 강재의 두께에 따른 노출 시간을 정해놓은 도표이다.

71 현미경으로 금속의 조직을 관찰하기 위한 시료 준비의 순서로 옳은 것은?

① 절단(cutting) → 성형(mounting) → 연마(polishing) → 부식(etching)
② 절단(cutting) → 연마(polishing) → 부식(etching) → 성형(mounting)
③ 성형(mounting) → 연마(polishing) → 부식(etching) → 절단(cutting)
④ 성형(mounting) → 절단(cutting) → 연마(polishing) → 부식(etching)

시험편 채취(절단) → 시험편 제작(마운팅) → 연마(폴리싱) → 부식 → 검경

72 마모시험에 영향을 미치는 인자들에 대한 설명으로 틀린 것은?

① 접촉 하중이 증가할수록 마모량은 증가한다.
② 미끄럼 속도는 어느 임계속도까지는 마모량은 증가한다.
③ 접촉면 표면이 거칠수록 마모량은 증가한다.
④ 가공경화량이 작을수록 마모량은 증가한다.

가공경화량이 작을수록 마모량은 감소한다.

정답 67 ③ 68 ④ 69 ③ 70 ① 71 ① 72 ④

73 충격시험편에서 노치(Notch)반지름의 영향을 설명한 것 중 옳은 것은?

① 노치 반지름이 클수록 응력집중이 크다.
② 노치반지름이 클수록 충격치가 낮다.
③ 노치 반지름이 클수록 흡수에너지가 크다.
④ 노치 반지름이 클수록 파괴가 잘 일어난다.

> 노치 반경이 작을수록 응력집중이 커지므로 파괴가 잘 일어나서 충격치는 낮아진다.

74 주사현미경(EPMA)에서 EDS의 기능은 무엇인가?

① 특성 X-ray의 파장에 따라 성분을 분석하는 것.
② 특성 X-ray의 파장에 따라 이미지를 분석하는 것.
③ 특성 X-ray의 에너지의 차이에 따라 상을 분석하는 것.
④ 특성 X-ray의 파장과 에너지 차이에 따라 석출물을 분석하는 것.

75 초음파 탐상시험에서 용접선에 대하여 초음파 빔의 방향을 변화시키기 위하여 탐촉자의 입사점을 중심으로 탐촉자를 회전시키는 주사 방법은?

① 목돌림주사 ② 지그재그주사
③ 전후주사   ④ 좌우주사

76 구리판, 알루미늄판 등 연성을 알기 위한 시험방법으로 커핑시험(cupping test) 이라고도 불리는 시험방법은?

① 경도시험   ② 압축시험
③ 비틀림시험 ④ 에릭슨시험

77 육안조직 검사와 관계없는 것은?

① 매크로(macro)검사라고도 한다.
② 배율 10배 이하의 확대경으로 검사한다.
③ 결정입경이 0.1mm이하의 것을 검사한다.
④ 육안검사법에는 설퍼프린트법이 있다.

> 결정입경이 0.1mm 이하의 것은 현미경으로 검사할 수 있다.

78 비커스경도 시험에 관한 내용이 아닌 것은? (단, P는 시험하중[kg_f], d는 압흔 대각선의 평균길이[mm]이다.)

① 비커스경도 값을 구하는 식은 $(1.8544 \times P)/d^2$이다.
② 136°다이아몬드 4각 추를 사용한다.
③ 스크래치를 이용한 시험방법이다.
④ 질화강이나 얇은 시료의 경도측정에 사용한다.

> 비커스 경도시험은 임의로 하중을 변화시킬 수 있어서 단단한 재료와 연한재료의 측정이 가능함

79 로크웰 경도시험에서 사용하는 시험하중(kg_f)이 아닌 것은?

① 60   ② 100
③ 150   ④ 200

> 초기하중 : 10kg_f
> 시험하중 : 60, 100, 150kg_f

정답 73 ③ 74 ① 75 ① 76 ④ 77 ③ 78 ③ 79 ④

80 안전보건교육의 단계별 교육과정 중 지식교육, 기능교육, 태도교육 중 태도교육 내용에 해당하는 것은?

① 안전규정 숙지를 위한 교육
② 전문적 기술 및 안전기술 기능
③ 작업동작 및 표준작업방법의 습관화
④ 안전의식의 향상 및 안전에 대한 책임감 주입

정답 80 ③

2024년 2회 금속재료산업기사 CBT 복원문제

제1과목 ▶ 금속재료

01 고망간강의 일종인 Hadfield steel의 설명으로 틀린 것은?

① 수인법을 이용한 강이다.
② 주요 조성은 0.9~1.4C%, 10~15Mn%을 갖는다.
③ 열전도성이 좋고, 열팽창계수가 작아 열변형을 일으키지 않는다.
④ 광석·암석의 파쇄기 등 심한 충격과 마모를 받는 부품에 이용된다.

> 해드필드강은 열전도성이 나쁘고, 팽창계수가 커서 열변형을 일으키기 쉬움

02 다음 중 복합재료의 구성 요소가 아닌 것은?

① 섬유(fiber)
② 분자(molecule)
③ 입자(particle)
④ 모재(matrix)

> 복합재료 구성 요소
> 섬유, 입자, 모재

03 주철이 성장하는 원인과 그 방지법을 설명한 내용 중 틀린 것은?

① 펄라이트 조직 중의 Fe_3C 분해에 따른 흑연화 및 페라이트 조직 중의 Si의 산화로 성장한다.
② A1 변태의 반복(가열과 냉각)과정 및 흡수된 가스의 팽창에 따른 부피증가 등으로 성장한다.
③ 방지법으로 흑연의 조대화로서 조직을 조대하게 하며, C 및 Si 양을 많게 한다.
④ 방지법으로 탄화물 안정화 원소인 Cr, Mn, Mo, V 등을 첨가하여 펄라이트 중의 Fe_3C 분해를 막는다.

> 주철의 성장을 방지하려면 흑연의 미세화하고 C, Si의 양을 적게 한다.

04 0.035% S(황)을 넣어 강도를 희생시키고 쾌삭성을 개선한 모넬메탈(Monel metal)은?

① R Monel   ② K Monel
③ H Monel   ④ KR Monel

> ① R 모넬 : S첨가
> ② K 모넬 : Al 첨가
> ③ H 모넬 : Si 첨가
> ④ KR 모넬 : C량을 증가

정답 01 ③ 02 ② 03 ③ 04 ①

05 다음 중 레데뷰라이트(Ledeburite)조직을 나타낸 것은?

① 마텐자이트(martensite)
② 시멘타이트(cementite)
③ α(ferrite)+Fe₃C
④ γ(austenite)+Fe₃C

06 탄성구역에서 변형은 세로방향에 연신이 생기면 가로방향에 수축이 생기는데 각 방향의 치수변화의 비를 무엇이라 하는가?

① 강성률의 비
② 포아송의 비
③ 탄성률의 비
④ 전단변형량의 비

> 포아송의비=가로변형/세로변형

07 백주철이 되도록 주조한 다음 흑연화 열처리 또는 탈탄 처리를 하여 연성을 크게한 재질의 주철은?

① 가단주철
② 회주철
③ 냉경주철
④ 구상흑연주철

> 가단주철은 주강에 가까운 성질을 가지며, 주조성 과 절삭성이 좋음

08 주철에서 접종(inoculation) 처리의 목적으로 틀린 것은?

① 흑연형상의 개량
② 기계적 성질의 향상
③ Chill화의 방지
④ 격자결함의 증대

> 접종처리의 목적은 흑연형상의 개량, 기계적 성질 의 향상, 칠화의 방지임

09 다음 중 쾌삭강에 대한 설명으로 틀린 것은?

① 강재에 Se, Pb 등의 원소를 배합하여 피삭성을 좋게한 강을 쾌삭강이라 한다.
② S 쾌삭강에 Pb을 동시에 첨가하여 쾌삭성을 더욱 향상 시킨 것을 초쾌삭강이라 한다.
③ Pb 쾌삭강은 탄소강 또는 합금강에 0.1 ~0.3% 정도의 Pb를 첨가하여 피삭성을 좋게한 강이다.
④ Pb 쾌삭강에서 Pb는 Fe 중에 고용되어 Fe가 chip breaker의 역할과 윤활제 작용을 한다.

> Pb은 chip breaker의 역할과 고체 윤활제 작용을 하여 피삭성을 향상시킨다.

10 열간 가공(성형)용 공구강으로 금형 재료에 사용되는 강종은?

① SNCM435
② SKH51
③ SPS9
④ STD61

> ① SNCM435 : Ni-Cr-Mo계 저합금강
> ② SKH51 : 고속도공구강
> ③ SPS9 : 스프링강
> ④ STD61 : 열간금형용공구강

11 주석계 화이트 메탈에 대한 설명으로 옳은 것은?

① 서멧 메탈(cermet metal)이라 하며, Sn-Sb-Cu계 합금이다.
② 서멧 메탈(cermet metal)이라 하며, PbSb-Sn계 합금이다.
③ 배빗 메탈(babbit metal)이라 하며, SnSb-Cu계 합금이다.
④ 배빗 메탈(babbit metal)이라 하며, PbSb-Sn계 합금이다.

정답 05 ④ 06 ② 07 ① 08 ④ 09 ④ 10 ④ 11 ③

12
0.3%C를 함유한 강은 상온에서 초석 페라이트를 약 몇 % 함유하고 있는가? (단, 공석점의 탄소 고용량은 0.80%이다.)

① 45.5
② 55.5
③ 62.5
④ 75.5

> 초석 페라이트량=(0.8−0.3)×(100/0.8)=62.5%

13
다음 중 초내열합금에 대한 설명으로 틀린 것은?

① 초내열합금은 고온에서 기계적 성질이 우수한 합금이다.
② Ni기 초내열합금은 γ상 석출을 이용한 석출강화형 합금이다.
③ Co기 내열합금은 Ni, Mo, Nb 등을 첨가하여 탄화물의 석출강화를 이용한 합금이다.
④ W계 초내열합금은 주조품으로 가장 많이 사용된다.

> W은 용융점이 3300℃로 매우 높아서 주조품으로는 만들기 어렵다.

14
주철의 마우러 조직도에서 가장 큰 영향을 미치는 원소는?

① W, Mo
② C, Cr
③ CO, Si
④ C, Si

> 주철에 C, Si 성분이 많을수록 흑연이 많이 생성된다.

15
황동제품의 탈아연 부식 및 탈아연 현상에 대한 설명으로 틀린 것은?

① 탈아연 현상이란 고온에서 증발에 의하여 황동 표면으로부터 Zn이 탈출 되는 현상을 말한다.
② 탈아연 부식을 억제하기 위해서는 As, Sb, Sn 등을 첨가한 황동을 사용 한다.
③ 탈아연 부식은 고아연황동 즉, α, δ 또는 ε단상합금에서 관찰할 수 있다.
④ 탈아연 부식은 물질이 용존하는 수용액의 작용에 의하여 황동의 표면 깊은 곳까지 탈아연되는 현상이다.

> 탈아연 부식은 물질이 용존하는 수액의 작용에 의하여 황동의 표면 또는 깊은 곳까지 탈아연 되는 현상

16
수소 저장용 합금에 대한 설명으로 틀린 것은?

① 수소를 흡장할 때 팽창하고, 방출할 때는 수축한다.
② 수소 저장용 합금은 수소가스와 반응하여 금속 수소화물이 된다.
③ 수소가 방출된 금속 수소 활물은 원래의 수소 저장용 합금으로 되돌아간다.
④ 수소로 인하여 선기 지항이 완전히 0(zero)이 되는 합금을 말한다.

> 전기 저항이 0(zero)가 되는 합금은 초전도 합금이다.

17 연청동(lead bronze)에 대한 설명 중 틀린 것은?

① 주석청동에 납을 첨가한 것이다.
② 연청동은 윤활성이 우수하다.
③ 조직의 미세화를 위하여 Ti, Zr 등을 첨가한다.
④ 취성이 있기 때문에 베어링용 합금으로는 적합하지 않다.

윤활성이 우수하여 베어링 합금으로 적합함

18 다음 중 Ni합금이 아닌 것은?

① 콘스탄탄(Constantan)
② 모넬합금(Monel metal)
③ 알드레이(Aldrey)
④ 엘린바(Elinvar)

알드레이 : Al계 내식용 합금

19 다이캐스팅용으로 쓰이는 아연합금의 원소에 대한 설명으로 틀린 것은?

① Al 은 유동성을 개선한다.
② Cu는 입간부식을 억제한다.
③ Li은 길이변화에 큰 영향을 준다.
④ Mg을 많이 첨가하면 복잡한 형상주조에 좋다.

Mg은 산화물을 증가시키고 유동성을 나쁘게 하는 원소이므로 주조성이 떨어진다.

20 섬유강화금속(FRM)의 특성으로 틀린 것은?

① 비강도 및 비강성이 높다.
② 2차성형성 및 접합성이 없다.
③ 섬유축 방향의 강도가 크다.
④ 고온에서의 역학적 특성 및 열적안전성이 우수하다.

2차성형성 및 접합성이 있음

제2과목 ▶ 금속조직

21 2원계 합금상태도에서 일어나는 포정반응식은?

① 액상(L1) ⇔ α고용체+액상(L2)
② α고용체+β고용체 ⇔ γ고용체
③ α고용체+액상(L) ⇔ β고용체
④ β고용체 ⇔ 액상(L)+α고용체

22 2원계 상태도에서 전율고용체일 때 경도적 측면에서 A, B 두 성분의 양이 어느 정도일 때 가장 높은가?

① A : B = 50% : 50%일 때
② A : B = 30% : 70%일 때
③ A : B = 40% : 60%일 때
④ A : B = 20% : 80%일 때

전율고용체에서는 50:50 일때 강도 및 경도가 가장 크다.

정답 17 ④ 18 ③ 19 ④ 20 ② 21 ③ 22 ①

23 깁스(Gibbs)의 상률을 물의 상태도에 적용하면 액상, 고상, 기상이 공존하는 삼중점에서의 자유도(degree of freedom)는?

① 0 ② 1
③ 2 ④ 3

F = C−P+2 = 1−3+2 = 0

24 주강을 서냉할 때 오스테나이트 안에 판상 페라이트가 생겨서 오스테나이트 격자 방향으로 일정한 길이를 가진 거칠고 큰 조직은?

① 비트만스테텐
② 레데뷰라이트
③ 시멘타이트
④ 오스몬다이트

비트만스테텐 조직은 강의 서냉시 오스테나이트 내부에 판상 페라이트가 형성된 것이다.

25 철의 자기변태에 대한 설명 중 옳은 것은?

① 금속의 결정구조가 변화하는 것을 말한다.
② 철의 자기변태 온도는 약 780℃이다.
③ 자기변태가 일어나는 점을 동소변태점이라 한다.
④ 일정한 온도에서 급격히 비연속적으로 일어난다.

26 FCC금속에서 슬립면과 슬립방향으로 옳은 것은?

① 슬립면 {110}, 슬립방향〈0001〉
② 슬립면 {111}, 슬립방향〈110〉
③ 슬립면 {110}, 슬립방향〈0001〉
④ 슬립면 {101}, 슬립방향〈1120〉

27 전위와 용질원자 사이의 상호작용으로 치환형 용질원자가 이동하여 나타난 그림에 대한 설명으로 옳은 것은?

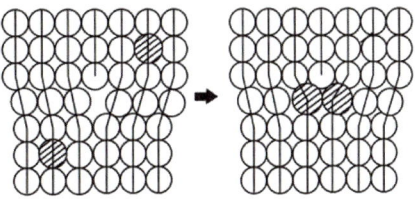

① 칼날전위의 코어에 모인 치환형 용질원자이다.
② 나사전위의 코어에 모인 치환형 용질원자이다.
③ 혼합전위의 코어에 모인 치환형 용질원자이다.
④ 이온전위의 코어에 모인 치환형 용질원자이다.

칼날전위의 중심부에 집중되어 용질원자의 치환에 의해 형성된 구조로 이러한 현상을 코트렐 효과라고 한다.

28 물질 중에서 원자가 열적으로 활성화되어 이동하게 되는 현상을 확산이라 하는데 이때 관여하는 원자의 종류에 의한 분류가 아닌 것은?

① 반응확산 ② 자기확산
③ 상호확산 ④ 격자확산

정답 23 ① 24 ① 25 ② 26 ② 27 ① 28 ④

29 다음 중 쌍정에 관한 설명으로 틀린 것은?

① 기계적 쌍정은 BCC 나 HCP 금속에서 급속으로 하중을 가하거나 낮은 온도에서 형성된다.
② 쌍정 변형에서는 쌍정면 양쪽의 결정 방위가 서로 같다.
③ HCP 금속의 저면이 슬립하기 좋지 않은 방향으로 놓여 있을 때 쌍정 변형이 일어나기 쉽다.
④ 인장시험 중에 쌍정이 생기면 응력 – 변형률 곡선에 톱니 모양이 나타난다.

> 쌍정은 어떤 면 또는 경계를 통해 거울에 비친상과 같은 구조가 존재하는 영역이므로 쌍정면 양쪽의 결정 방위는 대칭 형태이다.

30 다음 상태도와 상태도의 이름이 옳게 연결된 것은?

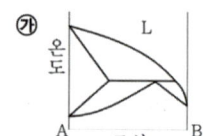
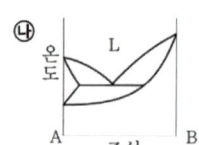
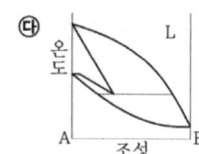
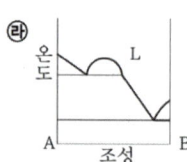

① ㉮ – 공정형 상태도
② ㉯ – 포정형 상태도
③ ㉰ – 재용형 상태도
④ ㉱ – 편석형 상태도

31 석출경화의 기본 원칙에 해당되지 않는 것은?

① 석출물의 부피 분율이 커야한다.
② 석출물 입자의 형상이 구형에 가까워야 한다.
③ 석출물 입자의 크기가 미세하고 그 수가 많아야 한다.
④ 석출물은 연속적으로 존재해야만 하는 반면에 기지상은 불연속적 이어야한다.

> 석출물은 불연속적으로 존재해야 하고 기지상은 기지상은 연속적이어야만 한다.

32 0.8%C 강이 오스테나이트에서 펄라이트로의 조직변화 과정을 설명한 것 중 틀린 것은?

① 오스테나이트 입계에서 핵이 발생한다.
② 시멘타이트 주위엔 탄소 부족으로 페라이트가 형성한다.
③ 시멘타이트와 페라이트가 교대로 생성, 성장하여 층상 조직을 형성한다.
④ 시멘타이트 양과 페라이트 양은 대략 1 : 1 비율로 형성된다.

> 0.8% 공석점에서의 페라이트와 시멘타이트의 비율은 8.8 : 1.2 정도이다.

33 FCC 결정구조를 갖는 구리 금속의 단위격자의 격자상수가 0.361nm 일 때 면간거리 d210 은 얼마인가?

① 0.16nm ② 0.18nm
③ 1.10nm ④ 1.20nm

> $d_{hkl} = \dfrac{a}{\sqrt{h^2+k^2+l^2}} = \dfrac{0.361}{\sqrt{2^2+1^2+0^2}} = 0.16$

정답 29 ② 30 ## 31 ④ 32 ④ 33 ①

34 다음 그림과 같이 L₁ ↔ L₂+S로 나타나는 반응은 무엇인가? (단, L₁, L₂는 용액이며, S는 고상이다.)

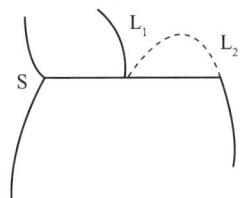

① 공정반응 ② 포정반응
③ 편정반응 ④ 공석반응

35 전위에서 나타나는 버거스 벡터(Burgers vector : b)에 대한 설명으로 틀린 것은?

① b가 클수록 전위 주위의 변형량도 커진다.
② b² < b1² + b2²일 때 전위는 분해한다.
③ b의 방향은 나사전위(screw dislocation)와 평행하다.
④ 결정격자가 변형할 때 전위의 에너지 크기는 b²에 비례한다.

> b² > b1² + b2²일 때 전위가 분해한다.

36 탄소강에서 탄소량의 증가에 따라 증가하는 것은?

① 전기저항 ② 비중
③ 팽창계수 ④ 열전도도

> 탄소량의 증가와 전기저항은 비례

37 다음 결합 중에서 결합력이 가장 약한 것은?

① 공유 결합 ② 이온 결합
③ 금속결합   ④ 반데르발스 결합

> 공유결합 > 이온결합 > 금속결합 > 반데르발스결합

38 상태도에서 X합금이 공정조직 내의 A와 B의 비는 얼마인가?

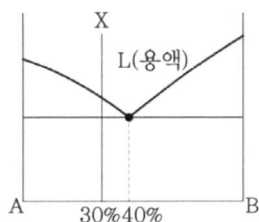

① A : B = 60 : 40
② A : B = 40 : 60
③ A : B = 30 : 70
④ A : B = 70 : 30

39 장범위규칙도에서 격자가 완전히 무질서일 때의 규칙도 (S)는?

① 0   ② 0.25
③ 0.5   ④ 1

> 완전규칙의 규칙도는 1, 완전불규칙은 0이다.

40 고용체를 형성하면 순금속보다 강도가 커지는 이유는?

① 결정격자의 strain 때문에
② 비중이 증가하기 때문에
③ 전기저항이 증가하기 때문에
④ 미끄럼 강도가 저하하기 때문에

> 고용체가 존재하면 결정격자의 변형으로 인해 그 주위에 응력분포가 달라지게 되고 변형저항 및 강도가 커지게 된다.

정답 34 ③ 35 ② 36 ① 37 ④ 38 ① 39 ① 40 ①

제3과목 ▶ 금속열처리

41 가스침탄법의 특징에 관한 설명으로 옳은 것은?

① 침탄농도의 조절이 쉽다.
② 침탄 후 직접 담금질을 할 수 없다.
③ 침탄층의 탄소량을 조절할 수 있다.
④ 열효율이 좋고 온도조절을 임의로 조정할 수 있다.

42 TTT 곡선의 Nose와 Ms점의 중간 온도로 유지된 염욕 속에서 변태가 완료될 때까지 일정시간 유지한 다음, 공냉시키면 베이나이트 조직이 생기는 열처리 조작을 무엇이라 하는가?

① 마템퍼링(martempering)
② 마퀜칭(marquenching)
③ 오스템퍼링(austempering)
④ 타임 퀜칭(time quenching)

43 다음 중 분위기 열처리에 대한 설명으로 틀린 것은?

① 중성가스에는 수소, 암모니아 등이 있다.
② 발열형 가스의 원료 가스는 메탄, 프로판 등이 있다.
③ 암모니아 가스를 고온으로 가열하면 $2NH_3 \leftrightarrow N_2+3H_2$가 된다.
④ 발열형 가스의 변성 반응은 완전 연소(이상연소)시 이산화탄소, 질소및 수증기로 된다.

중성가스 : 질소, 아르곤, 헬륨
환원성가스 : 수소, 암모니아
산화성가스 : 산소, 수증기, 탄산가스, 공기

44 다음 중 재료의 국부 가열속도가 가장 빠른 것은?

① 염욕로   ② 피트로
③ 가스로   ④ 고주파로

45 담금질에 따른 용적의 변화가 가장 큰 조직은?

① 마텐자이트   ② 펄라이트
③ 오스테나이트   ④ 베이나이트

46 마레이징강(maraging steel)의 열처리 방법에 대한 설명 중 옳은 것은?

① 850℃에서 1시간 유지하여 용체화 처리한 후 공냉 또는 수냉하여 480℃에서 3시간 시효 처리한다.
② 850℃에서 1시간 유지하여 용체화 처리한 후 유냉 또는 로냉하여 마텐자이트화 한다.
③ 1100℃에서 반드시 수냉 처리하여 오스테나이트를 미세하게 석출, 경화시킨다.
④ 1100℃에서 1시간 유지하여 용체화 처리한 후 로냉하여 조직을 안정화시킨다.

마레이징강의 열처리는 850℃에서 증냉 또는 수냉하여 3시간 시효처리를 한다.

47 직경 25mm의 봉재를 A3+30℃까지 가열 후 수냉을 실시 하였을 때 나타나는 냉각의 3단계를 옳게 나열 한 것은?

① 비등단계 → 증기막단계 → 대류단계
② 비등단계 → 대류단계 → 증기막단계
③ 증기막단계 → 비등단계 → 대류단계
④ 대류단계 → 증기막단계 → 비등단계

정답 41② 42③ 43① 44④ 45① 46① 47③

48 베릴륨 청동의 열처리 방법과 특성에 대한 설명으로 틀린 것은?

① 310~330℃에서 2~2.5시간 재결정 어닐링을 실시하여 고용강화를 한다.
② 인장강도와 항복점이 높아 고온 및 부식 환경에 있는 스프링 접촉자에 사용한다.
③ 소정의 온도에서 담금질하면 이 고용체의 단상 또는 α+β의 2상 혼합체가 된다.
④ 전기 전도도가 좋고, 내식성이 좋으며 열처리에 의해서 탄성한도가 높아진다.

> 베릴륨 청동 열처리 방법
> 760~780℃에서 담금질 하고, 310~330℃에서 2~2.5시간 템퍼링을 실시하여 시효처리

49 열처리 온도 제어 방법 중 가장 정밀한 온도 제어가 가능한 제어 방식은?

① 온-오프(ON-OFF) 제어식
② 비례 제어식(P동작 제어)
③ 비례 적분 제어식(PI동작 제어)
④ 비례 미적분 제어식(PID동작 제어)

> 비례 미적분 제어식은 온-오프식의 시간비를 편차에 비례하여 제어하는 방식으로 정밀한 온도 제어 효과가 가장 우수하다.

50 18-8 스테인리스강의 용접 이음부의 입계부식 방지에 가장 적합한 열처리는?

① 염욕 담금질   ② 용체화처리
③ 소성변형 뜨임   ④ 심냉처리

> 1050℃로 가열하여 석출탄화물을 입내로 고용 및 확산할 수 있도록 용체화 처리하여 입계부식을 방지한다.

51 황동에서 자연균열(Season Cracking)을 방지하기 위한 열처리 방법으로 옳은 것은?

① 900℃ 이상에서 담금질처리를 한다.
② 185~260℃에서 응력제거 풀림처리를 한다.
③ 700~730℃에서 고온 풀림처리를 한다.
④ 850~900℃ 이상에서 노멀라이징 처리를 한다.

52 다음 중 가스 질화법의 특징이 아닌 것은

① 경화에 의한 변형이 적다.
② 질화 후의 수정이 불가능하다.
③ 고온으로 가열되어도 경도는 낮아지지 않는다.
④ 처리강의 종류에 제약을 받지 않는다.

> 질화용강은 질화층을 생성하는 원소인 Al, Cr, Mo, Ti, V 등을 함유해야 한다.

53 가스침탄 처리시 강재의 표면에 그을음(sooting)이 생성되는 원인을 설명한 것 중 옳은 것은?

① 캐리어 가스의 탄소 포텐셜이 낮을 때
② 캐리어 가스에 소량의 H_2나 CO_2가 잔존할 때
③ 침탄성 분위기 가스로부터 유리된 탄소가 노내에 부착하였을 때
④ 침탄성 가스에 불순물로 소량의 암모니아 가스가 존재할 때

정답 48 ① 49 ④ 50 ② 51 ② 52 ④ 53 ③

54 심냉(sub-zero)처리의 장점과 거리가 먼 것은?

① 시효 변형 방지
② 결정립 성장의 방지
③ 경도 증가 및 내마모성 향상
④ 담금질한 강의 조직 안정화

55 경화능을 향상시킬 수 있는 방법으로 가장 적당한 것은?

① 질량 효과를 크게 한다
② 담금질성을 증가시키는 Co, V 등을 첨가한다
③ 오스테나이트의 결정입자를 크게 한다.
④ 직경이 작은 제품보다 큰 제품을 열처리 한다.

56 공석강을 약 850℃에서 오스테나이트화 한후 550℃이하의 온도로 항온변태시키면 나타나는 조직은?

① 페라이트   ② 스텔라이트
③ 베이나이트 ④ 데뷔라이트

57 항온 열처리에 해당되지 않는 것은?

① 시간담금질 ② 오스포밍
③ 마템퍼링   ④ 오스템퍼링

58 다음 중 열처리할 때 산화 탈탄의 원인과 관계가 없는 것은?

① O_2 ② CO_2
③ H_2O ④ Ar

> Ar : 불활성가스

59 다음은 Al-4%Cu합금의 열처리에 관한 설명으로 옳은 것은?

① 500~550℃부근에서 1~2시간 유지한 후 서냉에 의하여 $CuAl_2$를 미세하게 석출 경화시킨다.
② 담금질효과가 없으므로 500℃부근에서 1~2시간 유지한 후 풀림처리하여 내부 응력을 제거한다.
③ 510~530℃에서 5~10시간 정도 가열한 후 수냉하고, 150~180℃에서 5~10시간 시효경화시킨다.
④ 500~550℃부근에서 1~2시간 유지한 후 수냉에 의하여 무확산 변태 처리로 마텐 자이트가 생성한다.

60 고속도 공구강(SKH)의 열처리에 대한 설명으로 틀린 것은?

① 고속도 공구강의 담금질 온도는 약 1200~1280℃ 정도이다.
② 고속도 공구강의 템퍼링 온도는 약 540~590℃ 정도이다.
③ 일반적으로 담금질 온도가 높으면 고용량의 감소로 2차 경화 정도가 낮아진다.
④ 퀜칭시 탄화물의 고용에 의해 기지에 C, Cr, W, Mo, V 등의 원소가 다량 고용하여 템퍼링시 미세한 탄화물로 석출하여 2차 경화 현상을 일으킨다.

> 담금질 온도가 높으면 고용량이 증가하고, 2차 경화도 커진다.

정답 54 ② 55 ③ 56 ③ 57 ① 58 ④ 59 ③ 60 ③

제4과목 ▶ 재료시험

61 비파괴 시험의 종류와 그에 따른 약호가 서로 틀린 것은?

① 초음파탐상시험 : UT
② 방사선투과시험 : RT
③ 자분탐상시험 : MT
④ 침투탐상시험 : LT

> 침투탐상시험 : PT, 누설탐상시험 LT

62 결정입도 측정시 일정한 길이의 직선을 임의의 방향으로 긋고 직선과 결정립이 만나는 점의 수를 측정하여 직선 단위 길이당의 교차점 수로 표시하는 방법은?

① 제퍼리스법
② 헤인법
③ 면적 측정법
④ 표준 비교법

63 피로시험의 종류 중 시험편의 축 방향에 인장 및 압축이 교대로 작용하는 시험은?

① 반복 굽힘 시험
② 반복 인장 압축 시험
③ 반복 비틀림 시험
④ 반복 응력 피로 시험

64 결정립의 지름이 0.1mm 이상인 결정조직 상태나, 가공 방향 등을 검사하려면 어떤 시험법이 적합한가?

① X선 회절법
② 매크로 검사법
③ 초음파 검사법
④ 조직량 측정법

65 철강재의 설퍼프린트 시험결과에서 황(S) 편석의 분포가 강재의 중심부로부터 표면부 쪽으로 증가하여 나타나는 편석을 무엇이라고 하는가?

① 정편석(SN)
② 역편석(SI)
③ 주상편석(SCO)
④ 중심부편석(SC)

66 와전류 탐상시험의 특성을 설명한 것 중 틀린 것은?

① 자장이 발생하는 동일 주파수에서 진동한다.
② 전도체 내에서만 존재하며, 교번 전자기장에서 의해서 발생한다.
③ 코일에 가장 근접한 검사체의 표면에서 최대 와전류가 발생한다.
④ 와전류가 물체에 침투되는 깊이는 시험 주파수, 전도성, 투자율과 비례한다.

> 검사 대상 이외의 재료적 인자(투자율, 전도성, 열처리, 온도 등)의 영향에 의한 와전류 발생에 영향을 받는다.

67 인장시험편의 표점거리는 50mm이고, 인장시험 후 절단된 시편의 표점거리가 65.6mm일 때 이 시편의 연신율(%)은?

① 21.2
② 31.2
③ 41.2
④ 51.2

> 연신율(%) = $\dfrac{\text{늘어난길이}}{\text{표점거리}} \times 100$
> = $\dfrac{65.6-50}{50} \times 100 = 31.2\%$

정답 61 ④ 62 ② 63 ② 64 ② 65 ② 66 ④ 67 ②

68 크리프(creep)시험은 긴 시간이 필요하다. 이 때 시험실의 환경조건에서 정확한 시험 결과를 얻기 위한 가장 우선적인 조치는?

① 내진(내충격) 설비
② 조명 및 환기 설비
③ 소음 방지장치
④ 분진 방지장치

69 탄성한계 내에서 가로변형이 2, 세로변형이 5일 경우 포아송비는?

① 3.5   ② 2.5
③ 1.5   ④ 0.4

> 포아송의 비 = 가로변형 / 세로변형 = 2/5 = 0.4

70 방사선 투과시험의 X선 장치에서 X선을 발생시키기 위해 갖추어야 할 구비 조건이 아닌 것은?

① 열전자의 충격을 받는 금속 표적(target)이 있어야한다.
② 열전자를 가속시켜 주어야 한다.
③ 열전자와 발생선원이 있어야 한다.
④ 열전자 흡수장치가 있어야 한다.

> 선원에서 방출된 열전자가 표적에 충돌하여 X선을 발생시킨다.

71 재료의 내마모성에 영향을 주는 인자에 해당되는 않는 것은?

① 크리프 강도   ② 표면 거칠기
③ 열전도성   ④ 재료의 경도 및 강도

> 크리프강도는 고온에서의 기계적 성질을 나타내므로 마모와는 관련이 없다.

72 금속 현미경을 사용하여 시험편의 조직을 관찰할 때 주의해야 할 사항 중 틀린 것은?

① 저배율에서 고배율로 관찰한다.
② 배율 확인 후에 대물 및 접안렌즈를 고정시킨다.
③ 시편을 받침대에 올려놓고 크램프로 고정시킨다.
④ 미동 나사로 초점을 대략 맞춘 후 조동 나사로 초점을 정확히 맞추어 관찰한다.

> 조동나사로 대략적인 초점을 맞춘 후 미동나사로 미세한 초점을 맞춘다.

73 샤르피 충격시험에서 시험편의 설치 방법은?

① 수평으로 설치하며, 해머와 노치부가 마주치도록
② 수형으로 설치하며, 해머가 노치부의 반대쪽이 마주치도록
③ 수직으로 설치하며, 해머와 노치부가 마주치도록
④ 수직으로 설치하며, 해머와 노치부의 반대쪽이 마주치도록

74 주사전자현미경의 관찰용도로 적합하지 않은 것은?

① 금속의 피로파단면
② 금속의 표면마모상태
③ 금속재료의 패턴(pattern) 분석
④ 금속기지 중의 석출물

> 재료의 원자 패턴은 투과전자현미경(TEM)으로 관찰할 수 있다.

정답 68 ① 69 ④ 70 ④ 71 ① 72 ④ 73 ② 74 ③

75 침투 탐상검사법의 특징을 설명한 것 중 틀린 것은?

① 시험편 내부의 결함을 검출하는데 적용한다.
② 결함의 깊이 및 내부의 모양, 크기의 관찰은 할 수 없다.
③ 금속, 비금속에 관계없이 거의 모든 재료에 적용할 수 있다.
④ 불연속부에 의한 확대율이 높기 때문에 아주 미세한 결함도 쉽게 검출한다.

> 침투탐상시험은 표면의 열림결함만 검출이 가능하다.

76 다음 중 비틀림 시험에서 측정할 수 없는 것은?

① 강성계수
② 비틀림 강도
③ 단면 수축률
④ 비틀림 파단계수

> 단면수축률은 압축시험을 알 수 있다.

77 브리넬 경도시험 결과 경도값이 HBS(10/3000/30)450로 표시되었을 때 ( )내에 표시된 3000의 의미는?

① 강도값 ② 시험하중
③ 하중시간 ④ 압입자의 직경

> ① HB : 브리넬경도표시기호
> ② S : 압입자종류(S : 강구, W : 초경합금)
> ③ 10 : 압입자 직경(mm)
> ④ 3000 : 시험하중(kg$_f$)
> ⑤ 30 : 하중시간(sec)
> ⑥ 450 : 브리넬경도 측정치

78 다음 중 알루민산염 개재물의 종류에 해당하는 것은?

① 그룹 A형   ② 그룹 B형
③ 그룹 C형   ④ 그룹 D형

> 그룹A : 황화물, 그룹B : 알루민산염
> 그룹C : 규산염, 그룹D : 구형산화물
> 그룹DS : 단일구경종류

79 비커스 경도시험에 관한 설명 중 틀린 것은?

① 기준편은 자기를 띠지 않아야 한다.
② 인증용 금속 기준편의 두께는 4mm이상이어야 한다.
③ 다이아몬드 피라미드의 중심축과 누르개 부착축 사이의 각도는 0.3°보다 작아야 한다.
④ 대면각이 136°인 피라미드 형상의 다이아몬드 추를 압입자로 사용한다.

80 안전에 대한 관심과 이해가 인식되고 유지됨으로써 얻어지는 장점이 아닌 것은?

① 직장의 신뢰도를 높여 준다.
② 생산효율을 원활하게 해준다.
③ 고유 기술의 축적으로 인하여 품질이 향상된다.
④ 상하 동료 간에 인간관계가 개선되나 이직률이 증가한다.

> 이직률을 감소시킬 수 있다.

정답 75① 76③ 77② 78② 79② 80④

2024년 3회 금속재료산업기사 CBT 복원문제

제1과목 ▶ 금속재료

01 양은(nickel silver)에 대한 설명으로 틀린 것은?

① 저항온도계수가 낮다.
② 내열성이 우수하다.
③ 내식성이 우수하다.
④ 조성범위는 Cu에 10~20% Ni과 15~30% Zn이 많이 사용 된다.

> 양은은 Ni-Cu-Zn계로 내열 및 내식성이 우수하고 전기저항온도계수가 높아서 장식용이나 전기저항선 등에 사용한다.

02 순금속이 합금에 비하여 떨어지는 성질은?

① 소성 변형성   ② 전기전도도
③ 강도, 경도   ④ 열전도도

> 합금이 되면 강도와 경도가 순금속보다 높아진다.

03 주조 초경질 공구강인 스텔라이트(stellite)의 주요 성분이 아닌 것은?

① Co   ② Cr
③ W   ④ Nb

> stellite : Co – Cr – W – C계 합금

04 인성에 대한 설명으로 틀린 것은?

① 충격에 대한 재료의 저항을 인성이라고 한다.
② 연신율이 큰 재료가 일반적으로 충격저항이 크다.
③ 인성과 충격저항은 상관관계가 없다.
④ 충격을 가하여 시편을 파괴하는데 필요한 에너지로부터 인성을 산출한다.

> 인성은 충격시험으로 알 수 있으므로 충격저항이 클수록 인성이 크다.

05 동합금의 표준조성과 명칭을 짝지은 것 중 맞는 것은?

① Tombac : 10~30%Zn황동
② Muntz metal : 5-5황동
③ Cartridage brass : 7-3황동
④ Admiralty brass : 6-4황동에 1%Sb황동

> ① 톰백 : Zn을 5~20% 함유
> ② 문쯔메탈 : 6 : 4황동
> ③ 카트리지 브라스 : 7 : 3황동
> ④ 에드미럴티황동 : 7 : 3황동에 1% 내외의 Sn을 첨가

정답 01① 02③ 03④ 04③ 05③

06 마그네슘(Mg)에 대한 설명으로 틀린 것은?

① 비중은 약 1.74이다.
② 융점은 약 850℃ 이다.
③ 구조재로서 감쇠능이 주철보다 크다.
④ 알칼리에는 잘 견디나, 산이나 염류에는 침식된다.

> Mg 융점 : 650℃

07 스테인리스강 부품의 용접부 응력부식균열(SCC)을 방지하기 위한 방법으로 틀린 것은?

① 사용 환경 중의 염화물 또는 알칼리를 제거한다.
② 외적 응력이 없도록 설계하고 용접 후 후열처리를 실시한다.
③ 압축응력은 효과적이므로 쇼트 피이닝(Shot Peening)을 한다.
④ 용접부 및 열영향부에 잔류응력이 많이 남아 있게 한다.

> 용접부 응력부식 균열은 고온에 따른 잔류응력에 의해 발생하는 것이다.

08 티타늄에 관한 설명 중 틀린 것은?

① 열 및 전도율이 낮다.
② 불순물에 의한 영향이 거의 없다.
③ 300℃ 근방의 온도구역에서 강도의 저하가 명백히 나타난다.
④ 활성이 커서 고온산화와 환원 제조시에 취급이 곤란한 원인이 된다.

> 티타늄은 산소, 탄소 등의 불순물에 의해 기계적 성질에 영향을 많이 받는다.

09 다음 중 형상기억합금에 대한 설명으로 틀린 것은?

① Ti-Ni 합금은 형상기억합금으로 이용되고 있다.
② 형상기억효과에는 일방향(one way)성의 효과도 있다.
③ 형상기억합금은 마텐자이트의 역변태를 이용한 것이다.
④ 형상기억합금은 항복영역 도중에 변형 응력을 제거하면 소성변형이 남는 것으로 특정한 온도 이상으로 가열하면 원상태로 회복되지 않는 것을 말한다.

> 형상기억합금은 변형응력 제거 후 탄성으로 원래 상태로 회복되는 성질을 이용한 합금이다.

10 다음 중 비정질 합금에 대한 설명으로 틀린 것은?

① 결정이방성이 없다.
② 구조적으로 장거리의 규칙성이 없다.
③ 가공경화가 심하여 경도를 상승시킨다.
④ 열에 약하며, 고온에서는 결정화 하여 전혀 다른 재료가 된다.

> 비정질합금은 결정상이 아니므로 가공경화를 일으키지 않는다.

11 소결함유베어링 제조의 소결 공정 순서로 옳은 것은?

① 혼합 → 가압성형 → 예비소결 → 원료 → 본소결
② 본소결→혼합→ 가압성형→ 예비소결 → 원료
③ 원료 → 혼합 → 가압성형 → 예비소결 → 본소결
④ 가압성형 → 원료 → 혼합 → 본소결 → 예비소결

12 다음 실용 황동 중 Zn의 함량이 5~20% 함유되어 있는 동 합금에 해당되지 않는 것은?

① 길딩 메탈(gilding matal)
② 로우 브라스(low brass)
③ 커머셜 브라스(commercial brass)
④ 카트리지 브라스(cartridge brass)

> 카트리지 브라스는 Zn 25~35% 함유한 7-3 황동이다.

13 실루민에서 조대한 규소 결정을 미세화시키기 위해 금속 나트륨, 알칼리염류,등을 첨가시켜 처리하는 방법은?

① 안정화 처리   ② 용체화 처리
③ 개량 처리   ④ 인공시효

14 전율고용체를 만들며 치과용, 장식용으로 쓰이는 white gold에 해당되는 합금은?

① Ag-Pd-Au-Cu-Zn
② Ag-Hg-Sn-Cu-Zn
③ Pt-Cu-Pb-Sn-Co
④ Pt-Pb-Sn-Co-Au

15 Cr계 스테인리스강의 취성에 대한 설명으로 틀린 것은?

① 저온취성은 오스테나이트 강에 나타나며 페라이트 강에서는 나타나지 않는다.
② 475℃ 취성은 Cr 15% 이상의 강종을 370~540℃로 장시간 가열하면 취화 하는 현상이다
③ σ취성은 815℃ 이하 Cr 42~82%의 범위에서 σ상의 취약한 금속간 화합물로 존재하여 취성을 일으킨다.
④ 고온취성은 약 950℃이상에서 급냉할 때 나타나는 취성이다.

> 저온취성은 페라이트강에서 나타나며, 오스테나이트강에서는 나타나지 않음.

16 실리콘 (Si), 게르마늄(Ge)과 같은 반도체 재료의 원자 결합은?

① 이온결합   ② 공유결합
③ 금속결합   ④ 원자결합

> 반도체 재료는 공유결합을 한다.

17 구상흑연 주철의 기지조직에 따른 형태가 아닌 것은?

① 페라이트(ferrite)형
② 펄라이트(pearlite)형
③ 오스테나이트(austenite)형
④ 페라이트(ferrite) + 펄라이트(pearlite)형

> 페라이트형, 펄라이트형, 페라이트+펄라이트형

18 탄소강 중 인의 영향이 아닌 것은?

① 적열취성의 원인
② 결정립 조대화
③ 강도와 경도 증가
④ 상온취성의 원인

S : 적열취성, P : 상온취성

19 냉간 가공재를 재결정온도 이상으로 가열(풀림)할 때 발생하는 현상을 순서대로 나열한 것은?

① 재결정 → 회복 → 결정입자의 성장
② 회복 → 결정입자의 성장 → 재결정
③ 회복 → 재결정 → 결정입자의 성장
④ 결정입자의 성장 → 회복 → 재결정

20 복합재료의 특성을 설명한 것 중 틀린 것은?

① 성분이나 형태가 다른 두 종류 이상의 소재가 거시적으로 조합되어 유효한 기능성 재료이다.
② 두 종류 이상의 재료가 미시적으로 조합되어 거시적으로 균질한 합금이다.
③ 일반적으로 층상 복합재료, 입자강화 복합재료, 섬유강화 복합재료 등으로 구분할 수 있다.
④ 탄소섬유, 케블라섬유 등 고성능 보강섬유를 활용한 복합재료를 고성능 복합재료로 구분하여 사용하기도 한다.

복합재료는 거시적으로는 불균일한 재료이다.

제2과목 ▶ 금속조직

21 금속의 변태점 측정법에 해당되지 않는 것은?

① 열 분석법   ② 전기 저항법
③ 자기 분석법 ④ 대상 용융법

대상 용융법은 반도체 재료의 불순물을 정제하는 공정이다.

22 다음 금속 중 전기전도도가 가장 좋은 것은?

① Al   ② Ag
③ Au   ④ Mg

전기전도도
Ag 〉 Cu 〉 Au 〉 Al 〉 Mg 〉 Zn

23 다음 상태도에서 액상선은?

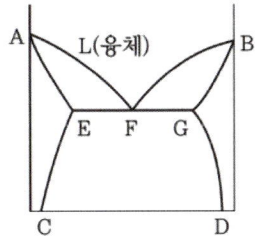

① DG선   ② BF선
③ EC선   ④ GF선

① 고용체의 용해한도선
③ 고용체의 용해한도선
④ 공정반응 온도선

24 깁스의 상률에서 물의 자유도(F)를 구하는 관계식으로 옳은 것은? (단, C는 성분의 수, P는 상의 수이다.)

① F=C-P+2   ② F=P-C+2
③ F=C+P+2   ④ F=C-P-2

> 물의 자유도 = C-P+2
> 금속의 자유도 = C-P+1

25 다음 중 자기변태점이 없는 금속은?

① Fe   ② Ni
③ Co   ④ Al

> 자기변태는 강자성체에서만 나타나는 변태이다.

26 용융 금속이 응고 성장할 때 불순물이 가장 많이 모이는 곳은?

① 결정입내
② 결정입계
③ 결정입내의 중심부
④ 결정격자 내의 중심부

> 결정입계 부근은 최종적으로 응고하는 부분이므로 공정상이나 불순물 등이 모여 편석을 이루게 된다.

27 다른 종류의 원자 A, B가 접촉면에서 서로 반대방향으로 이루어지는 확산은?

① 반응확산   ② 전위확산
③ 자기확산   ④ 상호확산

> ① 반응확산 : 이원 이상의 합금에서의 복합적인 상호확산
> ② 전위확산 : 선결함의 하나인 전위선상에서의 단회로 확산
> ③ 자기확산 : 단일금속 내에서 동일원자 사이에 일어나는 확산

28 입방정계에서 x, y, z 축의 절편 길이가 3, 2, 1 인 경우 이 면의 밀러지수(miller index)는?

① (3 2 1)   ② (2 3 6)
③ (1 2 3)   ④ (6 3 2)

> (3, 2, 1)의 역수(1/3, 1/2, 1/1)를 통분하면 (2/6, 3/6, 6/6)이므로 분모를 제외하고 분자만 정수비로 하면 (2, 3, 6)이 됨

29 금속결합의 특징이라 할 수 있는 것은?

① Coulomb력에 의한 결합
② 가전자의 공유에 의한 결합
③ 자유전자의 존재에 의한 결합
④ 분극 현상에 의한 결합

> 금속은 최외곽의 전자가 자유롭게 다른 원자로 이동을 하여 결합을 하며, 이 결합을 금속결합이라고 한다.

30 석출 강화에서 기지와 석출물의 특성을 설명한 것으로 틀린 것은?

① 석출물은 구상보다는 침상이어야 한다.
② 석출물은 입자의 크기가 미세하고 수가 많아야 한다.
③ 기지상은 연성이 크고, 석출물은 단단한 성질을 가져야 한다.
④ 석출물은 불연속적으로 존재해야만 하는 반면 기지상은 연속적 이어야만 한다.

> 석출물은 침상보다 구상이어야 석출물 쪽으로 응력집중이 적어지게 된다.

정답 24① 25④ 26② 27④ 28② 29③ 30①

31 격자결함 중 수축공이나 기공 등은 어느 결함에 해당되는가?

① 체적결함(volume defect)
② 선 결함(line defect)
③ 계면 결함(interfacial defect)
④ 적층결함(stacking fault)

32 점결함 중 원자공공에 대한 설명으로 옳은 것은?

① 결정격자의 격자점 중간에 원자가 위치한 상태
② 결정격자의 격자점 중간에 원자가 위치하지 않은 상태
③ 결정격자의 격자점 중간에 여분의 원자가 위치한 상태
④ 서로 다른 종류의 원자가 격자점의 원자가 치환되어 들어간 상태

33 전위에 대한 설명으로 옳은 것은?

① 전위의 상승운동은 온도에 무관하다.
② 전위 결함은 원자공공, 크라디온(Crowdion) 등이 있다
③ 칼날전위선은 버거스 벡터(Burgers vector)와 평행하다.
④ 전위의 존재로 인해 발생되는 에너지를 변형 에너지(Strain energy)라 한다.

> 전위에 의해 발생되는 에너지로 인해 변형 에너지가 커지게 되므로 강도가 커지게 된다.

34 마텐자이트(matensite)조직의 결정형상에 속하지 않는 것은?

① 렌즈상(lens phase)
② 입상(granular phase)
③ 래스상(lath phase)
④ 박판상(thin plate phase)

> **마텐자이트계 조직의 종류**
> 렌즈상, 래스상, 박판상

35 냉간가공 등으로 변형된 결정구조가 가열로써 내부변형이 없는 새로운 결정립으로 치환되어지는 현상은 무엇인가?

① 재결정현상 ② 용체화처리
③ 시효현상   ④ 복합강화현상

> **재결정현상**
> 냉간가공에 의해 변형된 구조의 내부에 변형이 없는 새로운 결정립의 치환을 유도하여 이루어지는 현상

36 규칙 및 불규칙격자에 관한 설명 중 틀린 것은?

① 호이슬러(Heusler)합금은 3원계 규칙격자이다.
② 규칙, 불규칙 상태는 냉각속도의 영향을 받는다.
③ 같은 조성의 합금에서는 규칙합금의 전기저항은 불규칙 합금의 것보다 크다.
④ 규칙변태에 의한 격자변형 때문에 규칙화가 일어나면 경도와 강도가 커진다.

> 규칙합금은 불규칙합금보다 전기전도도가 커지므로 전기저항은 작아진다.

정답 31 ① 32 ② 33 ④ 34 ② 35 ① 36 ③

37 Gibb's의 3성분계의 그림에서 P조성 합금 중의 A 성분의 양은?

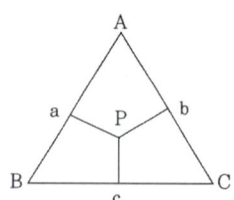

① A - F
② P - C
③ P - F
④ P - D

38 입방정계에 속하는 금속이 응고할 때 결정이 성장하는 우선 방향은?

① [100]
② [110]
③ [111]
④ [123]

39 냉간가공(cold working)을 받은 금속에 대한 설명 중 틀린 것은?

① 공격자점이 감소한다.
② 밀도가 감소한다.
③ 전기저항이 증가한다.
④ 연신이 감소한다.

> 냉간가공에 의해 공격자점이 증가하여 강도가 증가하는데 이 현상을 가공경화라 한다.

40 성분금속 M 과 N 이 고온의 액체에서 완전히 서로 용해하나 고체에서는 전연 용해하지 않는다고 가정할 때 성분금속 M에 소량의 N을 첨가하면 M의 응고점이 저하함을 볼 수 있다. 이러한 응고점 강하를 가장 옳게 설명한 것은?

① N 원자의 응고점이 낮으므로
② N 원자의 확산 운동 때문에
③ 두 원자에 결정구조가 다르므로
④ 두 원자의 응고점이 다르므로

제3과목 ▸ 금속열처리

41 CH_4 가스를 변성로에서 Ni을 촉매로 변성시킨 후 가열로에서 침탄처리를 하였다. 이 경우 100g의 CH_4 가스가 모두 활성탄소 C와 H_2 가스로 분해되었다고 가정하면, 생성되는 활성탄소 C의 양은 몇 g 인가? (단, C의 원자량은 12, H의 원자량은 1 이다.)

① 25
② 50
③ 75
④ 125

> CH_4의 원자량 16, C 원자량 12 이므로 100g의 CH_4가 C로 될때는 100×12/16=75

42 탄소공구강 중 STC3를 HRC 63 이상으로 얻기 위한 담금질과 템퍼링 온도로 적당한 것은?

① 620~730℃ 수냉, 150~200℃ 공냉
② 760~820℃ 수냉, 150~200℃ 공냉
③ 830~860℃ 수냉, 550~650℃ 공냉
④ 1000~1050℃ 수냉, 550~650℃ 공냉

43 담금질(Quenching)시 균열이나 비틀림의 방지대책이 옳은 것끼리 짝지어진 것은?

> ㉠ 표면형상의 변화를 다양하게 한다.
> ㉡ 열처리부품의 둥근 부분은 뾰족하게 한다.
> ㉢ 필요 이상의 고탄소강은 사용하지 않는다.
> ㉣ 담금질한 후 가능하면 빨리 뜨임처리를 한다.

① ㉠, ㉡
② ㉡, ㉢
③ ㉢, ㉣
④ ㉠, ㉣

정답 37 ② 38 ① 39 ① 40 ② 41 ③ 42 ② 43 ③

44 담금질용 batch로의 상용온도가 870~930℃라면 이 온도에 상응하는 열전대는?

① 아연 – 콘스탄탄
② 크로멜 – 알루멜
③ 철 – 콘스탄탄
④ 구리 – 콘스탄탄

크로멜 – 알루멜(CA) : 1200℃
철 – 콘스탄틴(IC) : 600℃
구리 – 콘스탄틴(CC) : 300℃
백금 – 백금로듐(PR) : 1600℃

45 Al의 (100)면에 구리원자가 모여서 극히 미세한 2차원적 결정이 형성되어 경화의 원인이 된다. 이 때 경화의 원인이 되는 것을 무엇이라 하는가?

① G. P. Zone(Guinier-Preston aggregate)
② 개량처리(Modification)
③ 재결정(Recrystallization)
④ 회복(Recovery)

46 침탄용 강의 담금질 변형을 방지하기 위한 대책으로 틀린 것은?

① 프레스 담금질을 한다.
② 반복 침탄을 한다.
③ 마템퍼링을 실시한다.
④ 고온으로부터의 1차 담금질을 생략한다.

반복침탄을 하면 과잉침탄되므로 변형이 발생할 수 있다.

47 침탄온도 871℃로 8시간 침탄할 때 생성되는 침탄층의 깊이를 해리스(Harris)의 계산식에 의하여 계산한 침탄층의 깊이는 약 몇 mm인가? (단, 온도에 따른 확산정수는 0.457이다.)

① 0.8
② 1.3
③ 1.6
④ 2.1

48 탄소강을 담금질할 때 재료 외부와 내부의 담금질 효과가 다르게 나타나는 현상을 무엇이라 하는가?

① 질량효과
② 노치효과
③ 천이효과
④ 피니싱효과

질량효과
강재의 질량(크기 및 두께)의 대소에 따라서 열처리 효과가 달라지는 현상

49 강의 질화처리는 침투원소에 따라 순질화와 연질화로 구분되어진다. 다음 설명 중 옳은 것은?

① 순질화는 질소만을 침투시켜 경화시키는 방법이다.
② 순질화는 질소와 다량의 탄소를 침투시켜 경화시키는 방법이다.
③ 연질화는 수소만을 침투시켜 경화시키는 방법이다.
④ 연질화는 수소와 다량의 탄소를 침투시켜 경화시키는 방법이다.

순질화는 질소만을 투입시키고, 연질화는 질소와 약간의 탄소를 침투시켜 경화시키는 질화법이다.

정답 44② 45① 46② 47② 48① 49①

50 탄소강을 고온에서 열처리할 때 표면산화나 탈탄을 방지하기 위하여 행하는 로 내의 분위기가 아닌 것은?

① 산화성 가스 분위기
② 진공 분위기
③ 불활성 가스 분위기
④ 환원성 가스 분위기

> 노 내의 분위기를 진공, 불활성가스, 환원성가스 분위기에서 열처리하여 산화 및 탈탄을 방지한다.

51 노멀라이징의 가열온도가 일반적으로 풀림온도보다 높은 이유로 틀린 것은?

① 냉각에 소요되는 시간이 현저하게 짧다.
② 제품의 최종열처리로 행하는 경우가 많기 때문이다.
③ 성분원소의 확산을 통한 조직의 균일화를 도모하기 위한 것이다.
④ 조직의 균질화로 변태응력 및 내부응력의 감소를 도모하기 위한 것이다.

> 변태응력 및 내부응력의 감소는 풀림처리로 한다.

52 진공로에서 단열재가 갖추어야 할 조건이 아닌 것은?

① 열용량이 적어야 한다.
② 단열효과가 커야 한다.
③ 흡습성이 있어야 한다.
④ 열적 충격에 강해야 한다.

> 흡습성이 적어야 함

53 다음 중 잔류 오스테나이트가 증가하는 경우는?

① 담금질 온도가 저온인 경우
② 심냉(sub-zero) 처리를 하는 경우
③ C% 의 양을 감소시켰을 경우
④ Ms~Mf 지점에서 서냉한 경우

54 가열로에 사용되는 내화재 중 원자가가 3가인 금속 산화물내화재이며, 알루미나(Al_2O_3)를 주성분으로 하는 내화재는?

① 산성 내화재
② 염기성 내화재
③ 알카리성 내화재
④ 중성 내화재

55 담금질 균열이 발생하기 쉬운 경우가 아닌 것은?

① 응력 집중부가 있으면 담금질 균열 발생이 쉽다.
② 오버 히트(Over-Heart)되면 담금질 균열 발생이 쉽다.
③ 냉각으로 인한 강 부품의 내·외부 온도차가 없을 때 발생하기 쉽다.
④ 마텐자이트(Martensite)의 팽창속도가 크면 담금질 균열 발생이 쉽다.

> 냉각으로 인한 강 부품의 내외부 온도차가 클수록 변형 및 균열이 발생하기 쉽다.

56 TTT 선도 (diagram)에서 T.T.T가 의미하는 것은?

① 시간, 온도, 변태
② 시간, 변태, 융점
③ 온도, 변태, 조직
④ 온도, 융점, 조직

정답 50 ① 51 ④ 52 ③ 53 ④ 54 ④ 55 ③ 56 ①

57 알루미늄합금 중 압연 및 압출 등의 연신재보다 알루미늄 합금 주물의 경우가 용체화 처리 시간이 5~10배 긴 이유로 옳은 것은?

① 연신재가 제품이 길고 크기 때문에
② 주물제품의 장입 중량이 크기 때문에
③ 주물제품의 표면이 거칠어 열 흡수가 빠르기 때문에
④ 주물제품의 조직이 조대하고 석출상의 크기가 크며 편석이 심하기 때문에

58 과공석강을 완전풀림(full annealing) 하여 얻을 수 있는 조직으로 옳은 것은?

① 시멘타이트 + 오스테나이트
② 오스테나이트 + 레데뷰라이트
③ 시멘타이트 + 층상 펄라이트
④ 페라이트 + 층상 펄라이트

> 아공석강 : 페라이트+펄라이트
> 공석강 : 펄라이트
> 과공석강 : 펄라이트+시멘타이트

59 Y합금이나 알팩스-β 합금과 같이 강도, 항복강도 및 경도 등이 최고인 Al 합금으로 고온 가공에서 냉각 후 인공 시효 경화처리 한 것이란 뜻의 재질별 기호로 옳은 것은?

① T3　② T4
③ T5　④ T6

> T3 : 용체화 처리 후 냉간가공하고, 안정한 상태로 자연 시효
> T4 : 용체화 처리하고 안정한 상태로 자연 시효
> T5 : 높은 온도에서 가공하고, 냉각한 다음 인공 시효
> T6 : 용체화 처리하고 인공 시효

60 담금질 균열의 방지책으로 틀린 것은?

① 변태응력을 줄인다.
② 살두께의 차이 및 급변을 가급적 줄인다.
③ Ms~Mf범위에서 급냉시킨다.
④ 냉각시 온도를 제품면에 균일하게 한다.

> Ms~Mf 범위는 위험구역이므로 서냉을 한다.

제4과목 ▶ 재료시험

61 자분탐상 검사에서 탈자(demagnetization) 처리가 필요 없는 경우에 해당되는 것은?

① 시험체의 잔류자속이 이후 기계가공을 곤란하게 하는 경우
② 시험체가 큐리점(curie point) 이상으로 열처리 되었을 경우
③ 시험체의 잔류자속이 계측기의 작동이나 정밀도에 영향을 주는 경우
④ 시험체가 마찰부분에 사용될때 자분집적으로 마모에 영향을 주는 경우

> 큐리점 이상으로 가열하는 열처리를 하면 강자성의 성질이 없어지므로 탈자를 하지 않아도 된다.

62 현미경조직 시험에서 강재와 부식제의 연결이 틀린 것은?

① Zn 합금 – 아세트산 용액
② Ni 및 그 합금 – 질산아세트산 용액
③ 구리, 황동, 청동 – 염화제이철 용액
④ 철강 – 질산알콜 용액, 피크린산알콜 용액

> Zn합금 : 염산 용액

63 피로시험에서 S – N 곡선의 S와 N의 의미는 무엇인가?

① S : 응력, N : 변형
② S : 하중, N : 응력
③ S : 탄성, N : 응력
④ S : 응력, N : 반복횟수

64 철강 재료를 신속, 간편하게 선별하는 불꽃검사법에 대한 설명 중 틀린 것은?

① 검사는 같은 방법 및 같은 조건으로 실시하여야한다.
② 탈탄, 침탄 정도의 개략적 판정을 할 수 있다.
③ 불꽃검사에서 탄소의 양(%)이 증가하면 불꽃의 수가 감소하고 그 형태도 단순해진다.
④ 그라인더 불꽃시험은 불꽃의 형태에 의해 재료의 탄소양(%)을 판정한다.

65 강의 설퍼 프린트 시험에서 황의 분포 상황의 분류와 기호의 연결이 틀린 것은?

① 정편석 – SN
② 역편석 – SR
③ 선상편석 – SL
④ 중심부 편석 – SC

정편석 : SN, 역편석 : SI, 주상편석 : SCO, 점상편석 : SD

66 다른 비파괴검사법과 비교하여 초음파탐상시험의 가장 큰 장점은?

① 표면 직하의 얕은 결함 검출이 쉽다.
② 재현성이 뛰어나며 기록보존이 용이하다.
③ 침투력이 매우 높아 재료 내부의 깊은 곳의 결함검출이 용이하다.
④ 내부 불연속의 모양, 위치, 크기 및 방향을 정확히 측정할 수 있다.

67 순수한 인장 또는 압축으로 생긴 길이 방향의 단위 스트레인으로 옆쪽 스트레인(lateral strain)을 나눈 값을 무엇이라 하는가?

① 횡탄성비
② 포아송비
③ 전탄성비
④ 단면수축비

포아송비=1/m=가로변형/세로변형

68 어떠한 재료가 일정 온도에서 어떤 시간 후에 크리프 속도가 0(zero)가 되는 응력을 무엇이라고 하는가?

① 크리프 조건
② 크리프율
③ 크리프 한도
④ 크리프 현상

69 압축 시험편의 직경이 10mm, 높이가 20mm 이고, 압축하중 5500kgf을 가하였다면 압축강도는 약 몇 kgf/mm² 인가?

① 18
② 70
③ 180
④ 700

$$\sigma_0 = \frac{P}{A_0} = \frac{5500}{\pi \times \left(\frac{10}{2}\right)^2} = 70.0$$

70 수세성 형광침투탐상검사의 검사 순서로 옳은 것은?

① 전처리 → 침투처리 → 현상처리 → 세척처리 → 건조처리 → 후처리 → 관찰
② 전처리 → 침투처리 → 세척처리 → 건조처리 → 현상처리 → 관찰 → 후처리
③ 전처리 → 침투처리 → 건조처리 → 세척처리 → 현상처리 → 관찰 → 후처리
④ 전처리 → 침투처리 → 건조처리 → 세척처리 → 현상처리 → 후처리 → 관찰

71 현미경을 이용한 조직 검사 절차로 옳은 것은?

① 미세연마 → 거친연마 → 부식 → 검경
② 미세연마 → 거친연마 → 검경 → 부식
③ 거친연마 → 미세연마 → 부식 → 검경
④ 거친연마 → 미세연마 → 검경 → 부식

72 상대적으로 경한 입자나 미세돌기와 접촉에 의해 표면으로부터 마모입자가 이탈되는 현상으로 마모면에 긁힘 자국이나 끝이 파인 홈들이 나타나는 마모는?

① 연삭마모 ② 응착마모
③ 부식마모 ④ 표면피로마모

73 전자현미경실에서 기기의 상태를 좋은 상태로 유지하기 위한 조치로 틀린 것은?

① 항온유지 ② 항습유지
③ 분진방지 ④ 소음과 진동유지

> 전자현미경은 미세한 진동이나 소음에 영향을 많이 받으므로 이들의 영향이 없어야 한다.

74 충격 시험 전 사전 점검사항으로 최종 단계에 해당하는 것은?

① 해머 이동각도 지시계를 확인하고 0(zero)으로 조정
② 해머의 고정부와 축회전부의 조임 상태를 확인
③ 시험편이 없는 상태에서 공시험으로 흡수 에너지가 0(zero)인 것을 확인
④ 해머 속도의 감속 및 정지 기능 확인을 위한 브레이크 부위 점검

75 초음파탐상검사에 관한 설명 중 틀린 것은?

① 탐촉자를 사용한다.
② 펄스 반사법이 있다.
③ 표면검사에 효과적이며, 시험체 두께 제한을 많이 받는다.
④ 금속의 결정립이 조대할 때 결함을 검출하지 못할 수 있다.

> 초음파탐상 검사는 내부결함을 관찰이 가능하고, 표면결함의 검출에는 한계가 있다.

76 금속재료의 파괴원인 중 화학적인 현상에 해당되는 것은?

① 충격에 의한 파괴
② 마모에 의한 파괴
③ 피로에 의한 파괴
④ 부식에 의한 파괴

정답 70 ② 71 ③ 72 ① 73 ④ 74 ④ 75 ③ 76 ④

77 펀치 프레스에서 두께 2mm의 연강판에 지름 30mm의 구멍을 뚫고자 할 때 펀치에 작용한 전단하중(kg$_f$)은? (단, 연강판의 전단강도는 40kg$_f$/mm^{2}이다.)

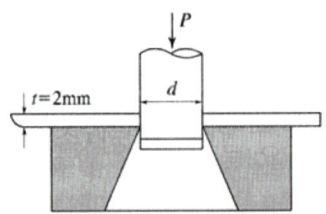

① 약 5,450 ② 약 6,535
③ 약 7,540 ④ 약 9,635

전단응력 = $\dfrac{전단하중}{\pi dt}$ 이므로
전단하중 = 전단응력 × (πdt)
= 40×π×2×30 = 7,540

78 로크웰 경도 시험에 대한 설명으로 틀린 것은?

① 다이아몬드압입자의 원추 선단 각도는 136°이다.
② 다이아몬드 원추 또는 강구를 시편에 압입하고 이때 생기는 압입된 깊이에 의해 경도를 측정한다.
③ 시험편의 시험면과 뒷면은 서로 평행된 평면이어야 하며, 깊이는 압입 두께차 h의 10배 이상이어야 한다.
④ 시험편에 가하는 기준 하중은 10kg$_f$이며, 시험하중은 60kg$_f$, 100kg$_f$, 150kg$_f$이 있다.

다이아몬드 압입자는 120° 원뿔형을 사용한다.

79 브리넬(Brinell)경도를 측정할 때 필요하지 않은 것은?

① 시험편에 가하는 하중의 크기
② 사용된 시험편의 중량
③ 시험편 표면에 나타난 압흔의 직경
④ 압흔을 내는데 사용된 강구(steel bell)의 직경

80 기계나 기구의 설계시 재료의 안전성을 나타내는 안전율의 고려사항이 아닌 것은?

① 최대 설계 응력
② 최대 사용 하중
③ 재료의 손실 하중
④ 재료의 파괴 하중

M·E·M·O

PART 06 필답형 기출 복원문제

- 2015년
  - 제1회 필답형 기출 복원문제
  - 제2회 필답형 기출 복원문제
- 2016년
  - 제1회 필답형 기출 복원문제
  - 제2회 필답형 기출 복원문제
- 2017년
  - 제1회 필답형 기출 복원문제
  - 제2회 필답형 기출 복원문제
- 2018년
  - 제1회 필답형 기출 복원문제
  - 제2회 필답형 기출 복원문제
- 2019년
  - 제1회 필답형 기출 복원문제
  - 제2회 필답형 기출 복원문제
- 2020년
  - 제1회 필답형 기출 복원문제
  - 제2회 필답형 기출 복원문제
- 2021년
  - 제1회 필답형 기출 복원문제
  - 제2회 필답형 기출 복원문제
  - 제3회 필답형 기출 복원문제
- 2022년
  - 제1회 필답형 기출 복원문제
  - 제2회 필답형 기출 복원문제
  - 제4회 필답형 기출 복원문제
- 2023년
  - 제1회 필답형 기출 복원문제
  - 제4회 필답형 기출 복원문제
- 2024년
  - 제1회 필답형 기출 복원문제
  - 제2회 필답형 기출 복원문제

2015년 1회 필답형 기출 복원문제

*이 문제는 수험생의 기억에 의해 복원한 것이므로 실제 문제 및 정답과 다를 수 있습니다.

01 0.55%C 이상의 탄소강이나 저합금강에 주로 적용 되는 항온 열처리 방법으로 일명 베이나이트 담금질이라 하는 열처리 방법은?

정답: 오스템퍼링(Austempering)

02 보통의 비파괴 시험은 이미 발생·형성되어 있는 결함을 검출하는 방법이나 (   )은 재료가 불안정한 상태에서 결함이 발생·형성 될 때에 생기는 소리를 검출하는 방법이다. (   )에 들어갈 재료시험법을 쓰시오.

정답: 타진음향법(타진법)

03 다음 조직은 0.8% 탄소강을 300℃에서 항온 열처리를 한 것이다. 침상모양의 검은색 띠 모양의 조직은?

정답: 하부 베이나이트

04 고주파 담금질의 결함인 경도부족과 얼룩이 생기는 원인 3가지는?

정답:
가. 재료가 부적당(탄소 함유량이 0.3% 이하이어야 한다)
나. 냉각이 부적당
다. 고주파 발진기의 파워 부족에 의한 가열온도 부족

05 Tt : 7시간, C : 0.8%, Co : 1.15%, Ci : 0.25%라 할때 침탄 시간(T_C)을 구하시오.

침탄시간
$$T_C = Tt\left(\frac{C-Ci}{Co-Ci}\right)^2$$
$$= 7\left(\frac{0.8-0.25}{1.15-0.25}\right)^2 = 2.6 \text{시간}$$
확산시간 : 7−2.6 = 4.4시간

06 접종처리란 무엇인가?

주철에서 흑연의 핵을 미세하고, 균일하게 분포하도록 하기 위해 Si, Ca-Si 분말을 첨가하여 흑연의 핵 생성을 촉진하는 방법으로 흑연의 미세화, 기지조직의 치밀화, 기계적성질 향상에 기여한다.

07 주철은 고온으로 가열했다가 냉각하는 과정을 반복 부피 팽창 주철성장 방지책은?

조직을 치밀하게, Cr 등을 첨가하여 Fe_3C의 흑연화를 방지, 편상흑연을 구상흑연으로, 탄소량을 감소시킴

08 방사선 투과시험에서 산란 방사선의 3가지 종류는 무엇인가?

내면 산란, 측면 산란, 후방 산란

09 액체 침탄법 중 철강재료 표면에 C와 N을 동시에 침입 확산시키는 열처리 방법은?

침탄질화법

10 화염 담금질된 SM25C 강의 경도를 탄소(C)%에 의한 계산법으로 구하시오.

화염담금질경도(HRc)
= 15 + 100 × C%
= 15 + 100 × 0.25
= 15 + 25
= 40

11 브라그의 법칙(Bragg's law : nλ = 2d sinθ)에서 λ와 d는 무엇인가?

λ : X-선의 파장
d : 평행면간 거리

12 불꽃시험을 통해 탈탄, 침탄, 질화의 정도를 판정할 수 있는 기준을 쓰시오.

• 탈탄부 (　　) • 침탄부(　　) • 질화부분(　　)

가. 탈탄부 : 불꽃이 적다.
나. 침탄부 : 불꽃이 많다.
다. 질화부 : 불꽃 발생이 적어진다.

13 18(Cr)-8(Ni) 스테인리스강의 열처리로 냉간 가공 또는 용접 등에 의해 생긴 내부응력을 제거함과 동시에 열간 가공이나 용접에 의해 석출된 Cr 탄화물 및 (θ) 상을 공용하여 가공조직을 재결정화해 유연한 상태로 하여 연성의 회복 및 내식성을 증대하는 열처리 방법은?

고용화열처리(용체화처리)

14 탄소를 거의 함유하지 않으므로 통상적인 담금질에 의해서 경화되지 않아서 시효에 의해 경화시키는 초고장력강은?

HSLA강

15 다음은 구상흑연주철의 조직이다. 각각의 조직명을 쓰시오.

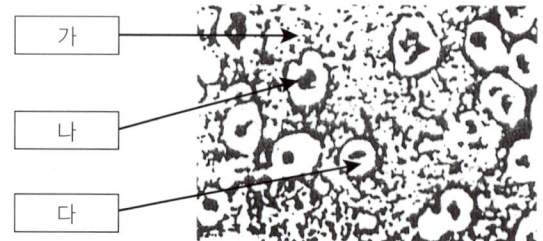

가. 펄라이트
나. 구상흑연
다. 페라이트

16 광학 현미경 관찰 순서를 완성하시오.

절단 → ( ) → 거친연마 → 정밀연마
→ ( ) → ( ) → 세척 → 건조 → 관찰

정답 *Answer*

절단 → 마운팅 → 거친연마
→ 정밀연마 → 광택연마 → 부식
→ 세척 → 건조 → 관찰

17 가연성 분위기 가스를 취급하는 경우 안전에 유의해야 할 사항은?

가. 가연성 가스와 불연성 가스의 차이점
나. 노기를 치환할 경우 일어날 수 있는 여러 현상
다. 노기가 착화온도 760℃ 이상이면 안정하게 노에 송입
라. 노 내 공기가 남아 있고, 노 내 온도가 착화온도 이하이면 가연성 가스 폭발위험
마. 각종 노기를 치환할 경우 안전한 취급

2015년 2회 필답형 기출 복원문제

*이 문제는 수험생의 기억에 의해 복원한 것이므로 실제 문제 및 정답과 다를 수 있습니다.

01 다음의 T.T.T 선도에 마템퍼링의 열처리 과정의 선을 완성하고 이 열처리에 따른 조직명을 쓰시오.

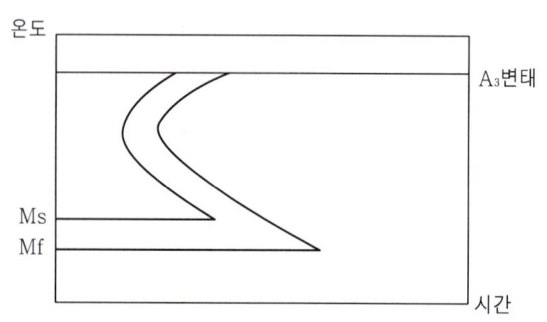

정답

조직명 : 마텐자이트+베이나이트

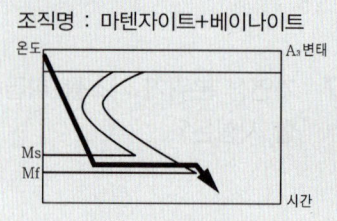

02 0.2%C 탄소강의 오스테나이트 결정입도를 시험하고자 현미경으로 측정한 입도를 표준입도와 비교하였더니 종합 판정법에서 20시야를 측정하였을 때 3시야는 입도번호가 5.5, 7시야는 6.0, 7시야는 6.5, 3시야는 7이었다. 이 강의 평균 결정입도를 구하시오.

시야의 입도번호(a)	시야수(b)	a×b
5.5	3	16.5
6.0	7	42
6.5	7	45.5
7	3	21
합계(Σ)	$\Sigma b=20$	$\Sigma a \times b=125$

∴ 입도번호 $= \dfrac{\Sigma a \times b}{\Sigma b} = \dfrac{125}{20} = 6.25$

03 다음은 탄소강의 열처리 조직을 나타낸 것이다. 경도가 큰 순서대로 나열하시오.

> 펄라이트, 페라이트, 마텐자이트, 솔바이트, 트루스타이트, 시멘타이트, 오스테나이트

시멘타이트 > 마텐자이트 > 트루스타이트 > 솔바이트 > 펄라이트 > 오스테나이트 > 페라이트

04 동일한 탄소공구강(STC3)이 그 재료의 굵기나 두께에 따라 담금질 효과가 달라지는 것은?

질량효과

05 탄소 함량이 0.8%인 탄소강을 723℃ 이하로 서냉하고 그 온도 직하에서 장시간 유지하면 오스테나이트가 2개의 다른 고상인 페라이트와 시멘타이트로 변한다. 이러한 변태는?

확산변태

06 금속의 결정입도를 측정하는 시험 방법은?

FGP(평적법), FGC(비교법), FGI(절단법)

07 강의 용체화 처리를 설명하시오.

강을 고용체 범위까지 가열한 후 급냉하여 고용체인 상태로 상온까지 가져오는 처리

08 저온 뜨임온도인 250~370℃로 가열하는 조작으로 피아노선 등의 탄성계를 높이고 강의 외관 및 내식성을 개신하기 위해 산화성 가스를 이용하여 강의 표면에 산화 피막형성 하는것은?

수증기처리(스팀호모처리)

09 비파괴 검사를 하여 금속의 내·외부 결함을 알고자 한다. 내부결함 및 외부결함을 검출할 수 있는 시험 방법을 각각 2가지 쓰시오.

내부결함 : 초음파탐상시험, 방사선투과시험
외부결함 : 침투탐상시험, 자분탐상시험, 와전류탐상시험

10 저탄소강을 침탄온도 925℃로 4시간 침탄할 때 생성되는 침탄 층의 깊이(mm)는?

> 확산 정수의 값은 925℃일 때 0.635

침탄깊이
$$CD = K_{temp}\sqrt{T(hr)}$$
$$= 0.635\sqrt{4}$$
$$= 1.270 mm$$

11 그라인더에서 비산하는 연삭분을 유리판상에 삽입하여 만든 시험편을 금속 현미경으로 크기, 색, 형상 등을 관찰 시험하는 방법은?

매입시험법

12 브리넬 경도시험에서 10mm 강구를 사용하고 하중을 3,000kg 가하여 시험한 결과 압흔의 지름이 3.35mm이었다. 브리넬 경도값을 구하시오.

경도시험에서 10mm,
$$HB = \frac{2p}{\pi D(D-\sqrt{D^2-d^2})}$$
$$= \frac{2 \times 3,000}{3.14 \times 10 \times (10-\sqrt{10^2-3.35^2})}$$
$$= 330.5$$

13 금속을 열처리 작업할 때 대표적인 냉각 방법 3가지를 쓰시오.

급랭(담금질), 공랭(불림), 노랭(풀림)

14 순철을 변태(A_2, A_3, A_4)에 대하여 변태온도, 결정구조를 설명하시오.

가. A_2 변태 : 자기변태, 768℃,
  α-Fe(강자성) ↔ α-Fe(상자성)
나. A_3 변태 : 동소변태, 910℃,
  α-Fe(BCC) ↔ γ-Fe(FCC)
다. A_4 변태 : 동소변태, 1,400℃,
  γ-Fe(FCC) ↔ δ-Fe(BCC)

15 각 금속재료에 관계있는 부식액을 쓰시오.

> 가. 니켈 및 그 합금
> 나. 구리 및 그 합금
> 다. 철강 및 주철
> 라. Al 및 그 합금

가. Ni 합금 : 질산초산용액
나. Cu 합금 : 염화 제2철용액
다. 철강 : 나이탈, 피크랄
라. Al 합금 : 수산화나트륨, 불화수소산

16 다음은 설퍼 프린트법을 설명한 것이다. ( )에 알맞은 것을 작성하시오.

> 브로마이드 인화지를 1~5%의 (가)에 5~10분 담근 후, 시험편에 1~3분간 밀착시킨 다음 브로마이드 인화지에 붙어 있는 (나)과 반응하여 황화은(AgS)을 생성시켜 건조시키면 황이 있는 부분에 갈색 반점의 명암도를 조사하여 강 중의 황의 편석 및 분포도를 검사하는 방법이다.

정답 Answer

가. 황산수용액(H_2SO_4)
나. 브롬화은(AgBr)

17 강을 담금질한 후 0℃ 이하의 온도에서 냉각시키는 열처리방법과 조직의 변화를 쓰시오.

가. 방법 :
나. 조직변화 :

가. 방법 : 심냉처리
나. 조직변화 : 잔류 오스테나이트가 마텐자이트로 변태

2016년 1회 필답형 기출 복원문제

*이 문제는 수험생의 기억에 의해 복원한 것이므로 실제 문제 및 정답과 다를 수 있습니다.

01 다음은 조직 관찰에 대한 설명이다. 물음에 답하시오.

가. 관찰하려는 물체 표면에 질산알루미늄(셀룰로이드 투명)을 사용하여 빛을 사용하여 관찰하는 방법은 무엇인가?

나. 시험편 두께가 얇거나 시험하기 부적당한 경우 보형물을 사용하여 매립하여 시험하기 편한 크기로 조정하는 방법을 무엇이라 하는가?

정답
가. 피막검사법
나. 마운팅

02 강의 풀림의 온도와 목적을 설명하시오.
가. 풀림온도
나. 풀림의 목적

정답
가. A_1 또는 A_3 변태점 + 30~50℃
나. • 강을 연하게 하여 기계가공성 향상 (완전풀림)
　: A_1 또는 A_3 변태점 + 30~50℃
　• 내부응력제거(응력제거풀림)
　: 500~600℃
　• 기계적성질 개선(구상화풀림)

03 비파괴시험에서 Sin a / Sin b = n 이것은 무슨 법칙인가?

정답 Snell의 법칙(초음파시험에서)

04 스테인리스강을 조직학적으로 분류할 때 4가지로 분류한다. 어떻게 분류하는가?

정답 페라이트계, 마텐자이트계, 오스테나이트계, 석출경화계

05 저온, 고온 염욕제를 1가지씩 쓰시오

정답 Answer

- 저온용
시안화칼륨(KCN), 아질산소다(NaNO$_3$), 아질산가리(KNO$_2$), 질산소다(NaNO), 질산가리(KNO$_3$)
- 중온용
염화바륨(BaCl$_2$), 염화소다(NaCl), 염화칼슘(CaCl$_2$), 염화가리(KCl$_2$), 황산소다(Na$_2$CO$_3$), 붕사(Na$_2$B$_4$O$_7$)
- 고온용
염화바륨(BaCl$_2$), 시안화나트륨(NaCN)

06 자분탐상에서 자화방법 중 재료 표면에 영향을 주는 것을 2가지 쓰고, 강자성체 3가지를 쓰시오.

가. 축통전법, 직각통전법
나. 강자성체 : Fe, Co, Ni

07 CD-H-E 2.5는 무슨 뜻인가?

침탄층의 경도시험결과 유효경화층이 2.5mm

08 주철의 중심부에 편석이 주상으로 나타나는 결함의 명칭과 기호는?

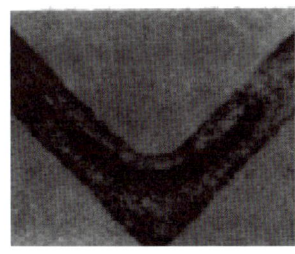

명칭 : 주상편석
기호 : Sco

09 SKH9을 담금질한 후 600℃ 정도에서 템퍼링하면 경도가 증가하는 현상은?

2차경화

10 고주파 담금질에 의해 제품 전체를 가열한 다음 분수(주수) 냉각을 윗면만 하였을 때 변형한 제품의 모양을 그려보시오.

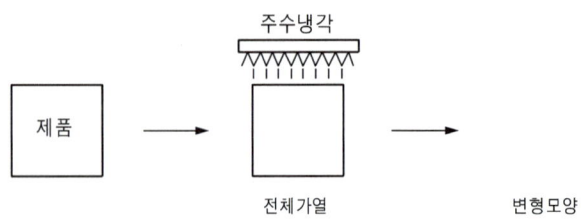

11 종합 판정법에서 20시야를 측정하였을 때 3시야는 입도번호가 5.5, 7시야는 6.0, 7시야는 6.5, 3시야는 7이었다. 입도번호는?

입도번호 (a)	시야수 (b)	a×b
5.5	3	16.5
6	7	42
6.5	7	45.5
7	3	21

$$n = \frac{(\Sigma a \times b)}{(\Sigma b)} = \frac{125}{20} = 6.25$$

12 Fe, Al, Cu, 철강의 부식제를 각각 쓰시오

Fe : 나이탈(질산알콜용액), 피크랄(피크린산알콜용액)
Al : 수산화나트륨(NaOH)
Cu : 염화제2철

13 방사선 시험 시 조사된 방사선과 원자핵 주위 궤도 전자와의 상호작용 3가지를 쓰시오.

광전효과, 콤프턴효과, 쌍전자생성(전자쌍생성)

14 강의 공석점과, 공정점, 강과 주철의 경계되는 곳의 탄소 함유량을 적으시오.

공석점 : 0.8%C
공정점 : 4.3%C
강과 주철의 경계 : 2.0%C

15 인장강도, 연신율, 단면수축률의 식을 쓰시오.

정답 Answer

인장강도 = $\dfrac{\text{최대하중}(P)}{\text{원단면적}(A_0)}$

연신율 = $\dfrac{\text{늘어난 길이}(L_1-L_0)}{\text{원래 길이}(L_0)}$

단면수축률 = $\dfrac{\text{수축된 단면적}(A_0-A_1)}{\text{원단면적}(A_0)}$

16 냉간가공재의 풀림에 의한 결정입자 성장의 순서를 쓰시오.

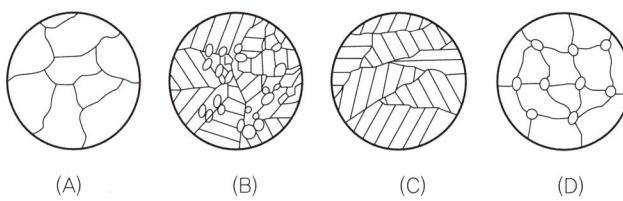

(A)　　(B)　　(C)　　(D)

C - B - D - A

17 백주철을 880℃에서 35시간, 700℃에서 35시간 동안 흑연화시킨 탄소 2.30%, 규소 1.01%, 망간 0.37%인 주철이다. 사진에서 검게 보이는 조직은?

뜨임탄소(흑연)

2016년 2회 필답형 기출 복원문제

*이 문제는 수험생의 기억에 의해 복원한 것이므로 실제 문제 및 정답과 다를 수 있습니다.

01 다음은 설퍼프린트법을 설명한 것이다. ( )에 해당하는 것을 쓰시오.

> 설퍼프린트법은 철강 중에 FeS 또는 MnS 로 존재하는 S를 검출하기 위해 사용하는 방법으로 3% 황산수용액에 사진용 브로마이드 인화지를 2분간 담근 후 수분을 닦고 이것을 철강의 검사면에 눌러 붙인다. 그러면 철강 중의 황화물과 (가)이 반응하여 황화수소가 되고, 이 황화수소가 브로마이드 인화지의 (나)과 반응하여 (다)을 생성한다. 이 결과로 철강의 S이 많은 곳에 접한 인화지는 검은색으로 변한다.

정답
가. 황산(H_2SO_4)
나. 취화은($AgBr_2$)
다. 황화은(AgS)

02 0.25%C강의 펄라이트 분율 및 페라이트 분율을 구하시오.

페라이트 $= \dfrac{(0.8 - C\%)}{0.8} \times 100$
$= \dfrac{(0.8 - 0.25)}{0.8} \times 100$
$= 68.75\%$

펄라이트 $= \dfrac{C\%}{0.8} \times 100$
$= \dfrac{0.25}{0.8} \times 100$
$= 31.25\%$

03 강을 심랭처리하면 낮은 온도에서 열처리를 하므로 균열이 발생하는데 그 원인을 3가지를 적으시오.

가. 탈탄층이 남아 있을 때
나. 심냉온도까지 급냉했을 때
다. 심냉온도에서 상온까지 돌았을 때

04 다음은 매크로시험법의 결함이다. 결함에 따른 기호를 적으시오.

① 수지상 결정 : (   )
② 비금속 개재물 : (   )
③ 중심부 편석 : (   )

정답 Answer
① 수지상 결정 : (D)
② 비금속 개재물 : (N)
③ 중심부 편석 : (S_C)

05 다음 그림은 강의 열처리 선도를 간단히 나타낸 것이다. 공랭, 서랭, 급랭은 각각 어느 것에 해당하는가?

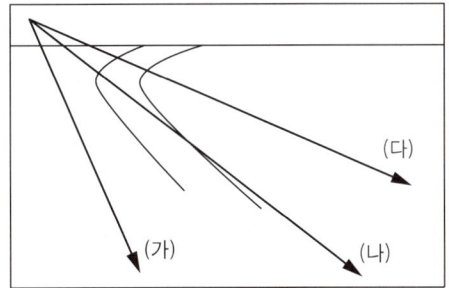

가. 급랭(퀜칭)
나. 공랭(노멀라이징)
다. 서랭(어닐링)

06 다음 그림은 담금질에 의한 재료의 변형을 나타낸 것이다. 이런 현상이 발생하는 원인을 설명하시오.

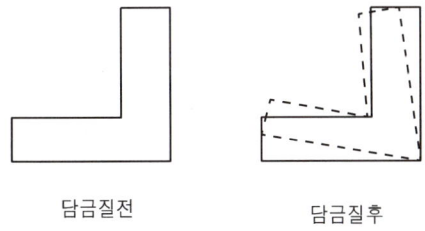

담금질전   담금질후

오스테나이트의 마텐자이트 변태에 따른 체적 팽창과 잔류 오스테나이트와 미고용 탄화물에 의한 수축 변화 발생

07 다음은 경도시험법의 종류를 나타낸 것이다. 각각의 시험법은 무엇인가?

가. 반발력을 이용한 경도시험 :
나. 스크래치를 이용한 경도시험 :
다. 작은 하중을 이용한 경도시험 :

가. 쇼어경도시험
나. 긁힘경도시험
다. 미소경도시험

08 다음은 구상흑연주철의 조직을 나타낸 것이다. 각각에 해당하는 조직명을 쓰시오.

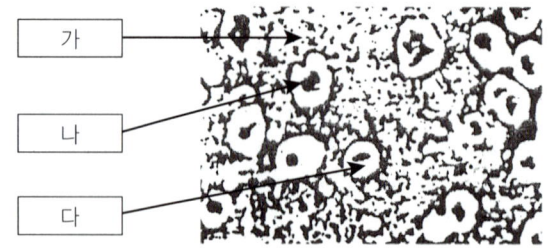

정답 Answer
가. 펄라이트
나. 구상흑연
다. 페라이트

09 재료를 담금질할 때 강재의 크기에 의해 담금질 효과가 변하는 것을 질량효과라 한다. 시편의 두께가 두꺼워질수록 담금질 효과는 어떻게 되며, 이런 현상이 발생하는 이유를 설명하시오.

가. 담금질이 나빠진다.
나. 질량이 큰 재료는 열의 전도에 시간이 소요되어 내외부의 온도차가 생겨 외부는 경화되고 내부는 경화되지 않음

10 저압의 질소 분위기에서 직류 전압을 노체와 피질화 처리 소재 사이에 연결하고 글로우 방전을 발생하여 플라즈마를 생성하며 스퍼터링으로 FeN 등의 백색층을 질화시키는 열처리방법을 무엇이라 하는가?

이온질화

11 다음은 조직관찰을 하기 위한 순서를 나타낸 것이다. 순서대로 정리하시오.

마운팅, 절단, 부식, 거친연마, 정밀연마, 광택연마, 세척

절단 → 마운팅 → 거친연마 → 정밀연마 → 광택연마 → 부식 → 세척

12 주철을 제조할 때 인을 첨가하는 이유를 설명하시오.

융점을 낮춘다. 유동성을 좋게 한다. 주물의 수축률을 낮춘다.

13 탈탄재료, 침탄재료, 질화재료에 따라 불꽃의 양이 달라진다. 어떻게 달라지는가 설명하시오.

탈탄재료	
침탄재료	
질화재료	

정답

탈탄재료	불꽃 폭발이 적다
침탄재료	불꽃 폭발이 많다.
질화재료	불꽃 발생이 적어진다.

14 냉간가공과 열간가공은 어떤 온도를 기준으로 하는가?

재결정 온도

15 방사선 투과시험에 사용되는 방사선의 종류 3가지를 기술하시오.

α선(알파선), γ선(감마선), X-선

16 기계구조용강 중에서 뜨임취성을 일으키는 강종은 무엇인가? 또한 이 강종에 대한 대책으로 첨가하는 원소는 무엇인가?

가. 강종 :
나. 첨가원소 :

강종 : SNC강(니켈-크롬강)
첨가원소 : Mo(몰리브덴)

17 초음피시험에서 초음파의 진동형태에 따라 파동을 나눈다. 물음에 답하시오.

가. 초음파의 진동형태 중 속도가 가장 빠르고 매질 내에서 입자의 운동이 파의 운동방향과 평행일 때 송신되는 파를 무엇이라 하는가?
나. 초음파의 진동형태 중 매질 내에서 입자의 운동이 파의 운동방향과 90°를 이루어 송신되는 파를 무엇이라 하는가?
다. 초음파시험에서 초음파의 진동형태 중 주로 박판의 결함 검출에 사용하는 파로서 Lamb-파라고도 하는 것은 무엇인가?

가. 종파
나. 횡파
다. 표면파

2017년 1회 필답형 기출 복원문제

*이 문제는 수험생의 기억에 의해 복원한 것이므로 실제 문제 및 정답과 다를 수 있습니다.

01 재료의 굵기나 두께가 다르면 냉각속도가 다르게 되어 담금질 깊이도 달라진다. 이것을 무슨 효과라고 하며, 두꺼운 재료를 열처리할 때 담금질경화는 어떻게 되는지 설명하시오.

정답
가. 질량효과
나. 외부는 경화되고 내부는 경화되지 않음

02 압축시험에서 응력과 스트레인 사이에 관계식이 성립, 그림과 같은 응력-압률선도를 얻을 수 있다. 이때 그림에서 m>1, m=1, m<1일 때 적용되는 재료를 각각 1가지씩 쓰시오.

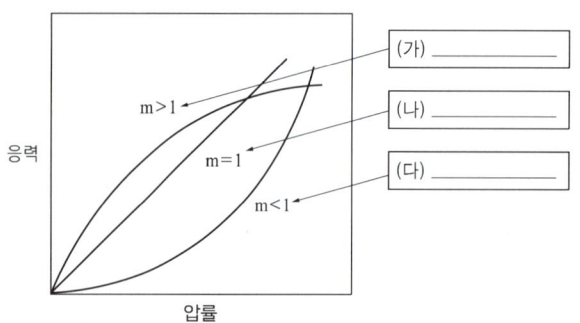

정답
가. m>1일 경우 : 주철, 강, 콘크리트
나. m=1일 경우 : 완전 탄성체
다. m<1일 경우 : 비금속(고무, 피혁 등)

03 다음의 결정입도 실험방법

가. 100배 현미경사진 $1in^2$ 속 결정립개수 270개 ASTM입도번호 n을 구하시오.
(단, Log2=0.3, log270=2.43)

나. ASTM 입도번호 n이 감소하면 결정립 크기는 어떻게 되는가?

정답
가. $N = \dfrac{X \times M^2}{5{,}000} = \dfrac{270 \times 100^2}{5{,}000} = 540$

$n = \dfrac{\log N}{0.301} - 3 = \dfrac{\log 540}{0.301} - 3$

$= \dfrac{\log(2 \times 270)}{0.301} - 3$

$= \dfrac{\log 2 + \log 270}{0.301} - 3$

$= \dfrac{0.3 + 2.43}{0.301} - 3 ≒ 6$

나. 결정입자의 크기가 커진다.

04 침투탐상검사법에서 의사지시 모양이 생기는 원인 3가지를 쓰시오.

정답 *Answer*
전처리 부족, 세척 및 제거처리 부족, 시험체 형상 및 표면상태, 외부 오염

05 고주파 열처리에서 주파수가 낮은 것과 높은 것이 있다. 주파수가 높은 것이 낮은 것에 비하여 경화 깊이가 어떻게 되는가? 그리고 고주파 열처리 이외에 다른 표면열처리 2가지를 적으시오.

가. 주파수가 높은 것이 경화깊이가 낮아진다.
나. 화염경화, 하드페이싱, 쇼트피닝 등

06 초음파 탐상에 있어서 에코 높이에 영향을 미치는 인자 3가지를 쓰시오.

결함의 형상, 크기, 위치

07 강의 오스테나이트 결정입도 시험에서 표의 판정결과로부터 평균입도번호 n을 구하시오.

각 시야에서의 입도번호(a)	시야수(b)
8	1
6.5	2
7	4
7.5	2

각 시야에서의 입도번호(a)	시야수(b)	a×b
8	1	8
6.5	2	13
7	4	28
7.5	2	15

$$n = \frac{\Sigma ab}{\Sigma b} = \frac{64}{9} = 7.1$$

08 다음 [보기]의 조직을 경도가 높은 순서 → 낮은 순서로 쓰시오.

> 트루스타이트, 펄라이트, 마텐자이트, 오스테나이트, 솔바이트

마텐자이트 → 트루스타이트 → 솔바이트 → 펄라이트 → 오스테나이트

09 다음 [보기]는 금속현미경으로 금속을 열처리한 소재의 미세조직을 관찰, 분석하기위해 검사할 때 주로 사용되는 부식액이다. 각 금속재료에 관계있는 부식액을 [보기]에서 골라 ( )안에 번호를 쓰시오.

보기
1. 질산아세트산   2. 피크린산알코올
3. 염화제2철   4. 수산화나트륨

니켈 및 그합금( ) 구리 및 그합금( )
철강 및 주철( ) 알루미늄 및 그합금( )

정답
니켈 및 그합금(질산아세트산)
구리 및 그합금(염화제2철)
철강 및 주철(피크르산알코올)
알루미늄 및 그합금(수산화나트륨)

10 스테인레스강을 용체화 처리했을 때 얻어지는 효과 3가지는?

정답
잔류응력제거, 내식성 증가, Cr 탄화물 고용, 가공조직의 재결정에 의한 연화 및 회복

11 열처리로에 사용되는 내화재의 종류 3가지와 이에 해당하는 주요성분 한 가지씩 쓰시오.

정답
산성내화물(SiO_2)
중성내화물(Al_2O_3)
염기성내화물(MgO)

12 탄소강의 표준조직을 얻기 위한 열처리 방법과 이때의 조직명은?

정답
가. 노멀라이징(불림)
나. 페라이트 + 펄라이트

13 STD61강종을 각각의 온도에서 오스테나이징 처리 후 뜨임을 나타낸 선도이다. 선도에서 500℃ 부근에서 경도의 상승이 나타났다. 이러한 현상을 무엇이라 하는가?

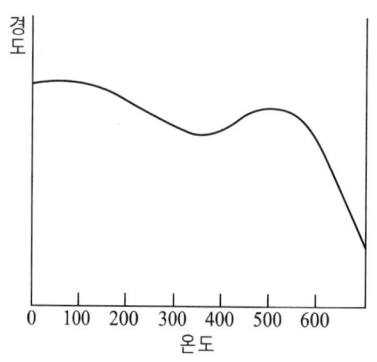

정답
제2차 경화(2차 뜨임 경화)

14 방사선투과시험의 수동필름현상의 단계를 적으시오.

현상 → 정지 → 정착 → 수세 → 수적방지 → 건조

15 탄소강에서 탄소량이 증가하면 경도가 올라간다. 이때 무엇이 증가하는가?

탄소량이 증가하면 펄라이트가 증가하여 경도는 증가

16 크리프 시험과 크리프 한도를 설명하시오.

가. 크리프 시험 : 시편에 일정한 온도 및 하중을 가하고 시간의 경과에 따라 증가하는 변화량을 측정
나. 크리프 한도 : 크리프가 정지되면 크리프율이 0이 되며, 이렇게 크리프율이 0이 되는 응력의 한도

17 현미경 조직검사의 순서를 완성하시오.

( ) → 시험편 마운팅 → ( ) → ( ) → 검경

(절단) → 시험편 마운팅 → (연마) → (부식) → 검경

2017년 2회 필답형 기출 복원문제

*이 문제는 수험생의 기억에 의해 복원한 것이므로 실제 문제 및 정답과 다를 수 있습니다.

01 0.3% 탄소강의 ①초석 페라이트 양과 ②펄라이트 양을 구하시오.

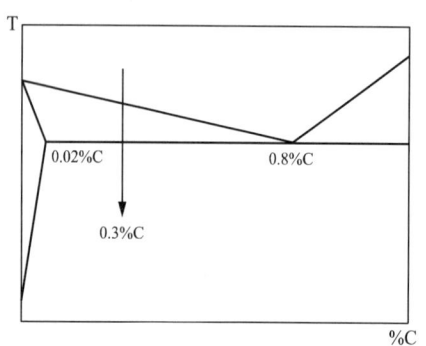

정답
① $\alpha-Fe : \dfrac{0.8-0.3}{0.8-0.02} \times 100 = 64.10\%$
② pearlite : $\dfrac{0.3-0.02}{0.8-0.02} \times 100 = 35.90\%$

02 ① 경화능 평가를 위한 시험방법은?
② 열처리 진공로에 사용되는 압력 단위 2가지는?

① 조미니 시험
② Torr, mmHg

03 적합한 부식액을 쓰시오.
① 구리와 구리합금
② 철강
③ Al과 Al합금

① 염화 제2철
② 나이탈
③ 수산화나트륨

04 방사선 측정기구와 관련된 것이다. 물음에 답하시오.

① 클립으로 옷에 부착할 수 있는 Al 또는 플라스틱 케이스에 방사선 사진 촬영용과 유사한 필름 조각을 삽입하여 피복된 방사선량을 필름의 감광 정도에 따라 판별하는 것으로 방사선 작업 중에 항상 착용해야 하는 기구는?

② 가스를 충전한 전리함으로서 미세한 수정사가 충전용 전극에 연결되어 있으며 방사선이 조사되면 수정사가 이동한 위치의 눈금을 읽어서 방사선량을 측정하는 기구는?

③ 공간 방사선량률을 측정하는 것으로서 방사선 검출용 가스 충전을 위한 원통형 튜브가 있으며 전리함식과 GM관식 등이 있으며, 측정단위로 MR/hr 또는 R/hr을 사용하는 기구는?

정답
① 필름뱃지
② 열형광선량계
③ 서베이메타

05 STD11강을 900°C × 60분 가열 후 580°C에서 공냉하였을 때 조직은?

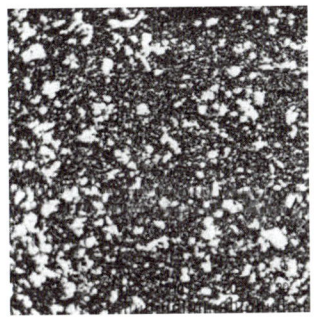

① 백립 :
② 바탕조직 :

정답
① 탄화물
② 마텐자이트

06 자분탐상(MT)에 탈자 후 남은 잔류자속밀도를 제거하는 방법은?

정답
① Hall소자를 이용한 자속계를 이용하는 방법
② 간이형 자장지시계를 이용하는 방법
③ 자기컴퍼스를 이용하는 방법

07 ①가스질화와 ②이온질화의 원리를 간단히 쓰시오.

① 고온에서 알모니아 가스에 접하게 하여 질소가 침투하여 경화시키는 것
② 저압의 질소 분위기 속에서 직류 전압을 노체와 피처리물 사이에 연결하고 글로 방전을 발생시켜 질소를 침투시켜 경화시키는 것

08 불꽃시험의 탄소량은 약 몇 %C인가?

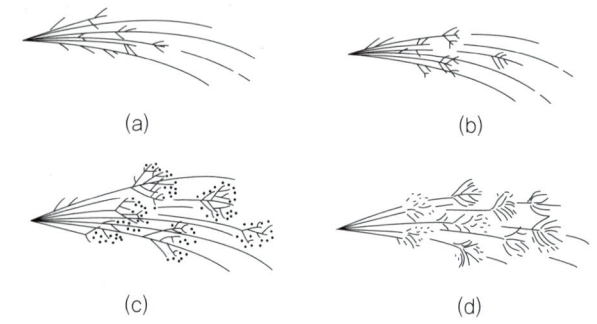

(a) 약 0.1% 탄소강
(b) 약 0.3% 탄소강
(c) 약 0.5% 탄소강
(d) 약 0.6~0.8% 탄소강

09 ① 재료 표면의 조직상태 및 결함을 육안으로 검사하는 시험 방법은?
② 철강 중에 있는 개재물 중 FeS, MnS의 S를 검출하기 위한 방법은?

① 매크로시험법
② 설퍼프린트법

10 ① 침투탐상시험의 검사가 가능한 부분은?
② 침투탐상시험은 어떤 원리를 이용한 것인가?

① 표면부위
② 시험체의 결함에 침투액을 스며들게 하여 이 침투액을 발현하는 것에 의해 결함을 확인

11 가단주철의 특징 3가지를 쓰시오.

① 흑연은 시멘타이트를 흑연화(뜨임 탄소)한 것으로 불규칙한 형태를 가진다.
② 인성 및 내식성이 우수하다.
③ 백주철을 풀림하여 탈탄시켜 제조

12 공구강의 조건 5가지를 쓰시오.

① 상온, 고온에서 경도가 클 것
② 가열에 의한 경도 변화가 적을 것
③ 인성과 내마멸성이 클 것
④ 가공 및 취급이 용이할 것
⑤ 열처리에 의한 변형이 적을 것
⑥ 가격이 저렴할 것

13 ① 크리프 시험이란?
② 크리프 한도란?

① 고온에서 시간의 경과에 따라 외력에 비례하여 변형이 일어나는 현상을 측정하는 시험
② 크리프율이 0이 되는 응력의 한도

14 ① 황(S)에 의해 일어나는 취성은?
② 인(P)에 의해 일어나는 취성은?
③ 청열취성의 온도는?

① 적열취성
② 상온취성
③ 200~300℃

15 저온용, 중온용, 고온용의 염욕제를 각 1개씩만 쓰시오.

① 저온용 : 아질산소다, 아질산가리, 질산소다, 질산가리
② 중온용 : 염화바륨, 염화소다, 염화칼슘, 염화가리, 황산소다, 붕사
③ 고온용 : 염화바륨

16 침탄제 중 침탄기구 화학식을 완성하시오.

C + O → CO → 2CO + 3Fe
→ (   ) + (   )

(Fe_3C) + (CO_2)

17 하중이 628kgf이고 L이 100mm일 때 굽힘 강도는?

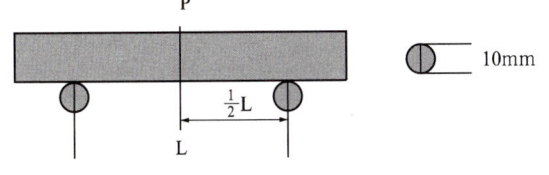

$\sigma = \dfrac{PL}{4Z} = \dfrac{628 \times 100}{4 \times 9.8125} = 1,600$

여기서 P : 하중, L : 거리, Z : 단면계수
단면이 원형일 경우 단면계수

$Z = \dfrac{\pi d^2}{32} = \dfrac{3.14 \times 10^2}{32} = 9.8125$

2018년 1회 필답형 기출 복원문제

*이 문제는 수험생의 기억에 의해 복원한 것이므로 실제 문제 및 정답과 다를 수 있습니다.

01 비금속 개재물 종류를 5가지로 분류하고 설명하시오.

정답 Answer
그룹 A : 황화물 종류
그룹 B : 알루민산염 종류
그룹 C : 규산염 종류
그룹 D : 구형 산화물의 종류
그룹 DS : 단일 구형의 종류

02 심냉처리 균열 결함 방지대책을 2가지 쓰시오.

① 탈탄층 제거
② 계단 냉각 실시
③ 심냉온도에서 충분히 유지

03 담금질 균열 결함 방지대책을 3가지 쓰시오.

① Ar'' 변태점에서 서냉할 것
② 담금질 후 즉시 뜨임할 것
③ 담금질 온도를 높이지 말 것
④ 특수 담금질법을 이용할 것
⑤ 구멍이 있는 부분은 점토나 석면 등으로 메울 것

04 보통주철의 조직이다. 각각에 지시하는 것의 조직명을 쓰시오.

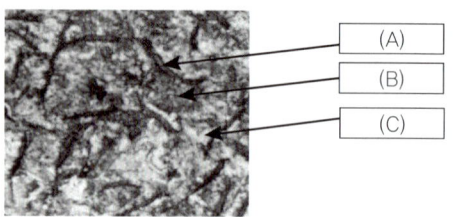

A : 편상흑연
B : 펄라이트
C : 페라이트

05 마텐자이트는 어떠한 형태의 변태이며, 변태 시작점과 변태 종료점의 기호를 각각 쓰시오.

변태 형태 : 무확산변태
변태 시작점 : M_s
변태 종료점 : M_f

06 페라이트 10%, 펄라이트 90%, 페라이트 탄소함량 0.01wt%, 펄라이트 탄소함량 0.8wt% 재료의 탄소함량은?

정답 Answer

초석페라이트가 100%일때 탄소는 0.025%, 펄라이트가 100%일 때 탄소는 0.8%이므로 $\alpha = \dfrac{0.8 - C\%}{0.8 - 0.025} \times 100$ 이다.
이 식에서 초석 α가 10%이므로 이를 식에 대입하면 다음과 같다.
$C\% = 0.8 - \dfrac{10\%\alpha \times (0.8 - 0.025)}{100}$
$\quad\quad = 0.72\%C$

07 다음의 원소들 중 해당하는 것을 골라 쓰시오.

> W, Cr, Si, Mo, Cu

1. 경도를 향상시키는 것은?
2. 질화층의 깊이를 증가시키는 것은?
3. 장시간 처리에 의한 취성을 방지하는 것은?

경도 향상 : W
질화층 깊이 증가 : Cr
장시간 처리에 의한 취성 방지 : Mo

08 피로시험에서 피로한도는 무엇인가? 또한 회전굽힘 피로시험에서 항복점을 A_0라 하고, 인장강도는 A라 하면 피로한도를 구하는 식을 쓰시오.

① 피로한도 : 재료가 영구적으로 파괴되지 않는 응력 중에서 최대의 하중값
② 피로한도
$= 0.25 \times (A_0 + A) + 5 (\text{kg/mm}^2)$

09 분위기 열처리용 변성 가스의 반응식을 완성하시오.

$CH_4 + 2(O_2 + 4N_2)$
$= CO_2 + 2H_2O + 8N_2$

$C_3H_8 + 5(O_2 + 4N_2)$
$= 3CO_2 + 4H_2O + 20N_2$

$C_4H_{10} + 6\dfrac{1}{2}(O_2 + 4N_2)$
$= 4CO_2 + 5H_2O + 26N_2$

10 다음은 자분탐상에 관한 내용이다. 해당하는 것을 쓰시오.

① 시험체에 가한 교번전류나 교번자속이 시험체 표면에 집중되는 현상은?
② 원형자계를 발생하는 자화 방법중에서 시험체의 국부에 2개의 전극을 접촉시켜 전류를 보내는 방법은?
③ 시험체 내의 잔류자속이 강자성체의 접촉으로 인해 외부로 누설되어 자극이 생긴 것은?

정답
① 표피효과
② 프로드법
③ 자기펜 흔적

11 다음은 경도시험에 관한 것이다. 알맞은 것끼리 연결하시오.

HRB(B스케일) 압입자 •   • 5~10mm
HRC(C스케일) 압입자 •   • 136°
브리넬 압입자 •   • 120°
비커스 압입자 •   • 1.588mm

정답
HRB(B스케일) 압입자 — 1.588mm
HRC(C스케일) 압입자 — 120°
브리넬 압입자 — 5~10mm
비커스 압입자 — 136°

12 방사선 투과시험에서 X-선 발생장치의 표적이 갖추어야 할 조건은 무엇인가?

정답
원자번호가 커야 한다.
용융점과 열전도성이 높아야 한다.
낮은 증기압을 갖는 물질이어야 한다.

13 침투탐상 침투 지시의 평가에서 독립하여 존재하는 개개의 침투지시모양 3종류를 쓰시오.

정답
① 갈라짐에 의한 침투지시모양 : 침투지시를 관찰하여 갈라져 있는 것이 확인된 결함지시모양
② 선상 침투지시모양 : 갈라짐 침투지시모양 가운데 그 길이가 나비의 3배 이상인 침투지시모양
③ 원형상 침투지시모양 : 갈라짐에 의하지 않은 침투지시모양 가운데 선상침투지시모양 이외의 것

14 재료의 두께에 따라 담금질 효과가 달라지는데 두께가 큰 것은 효과가 감소하고, 작은 재료는 효과가 증가하는 현상을 무엇이라 하는가?

정답 *Answer*

질량효과

15 산화되었을 때 산화가 미치는 영향은?

표면 거침, 경도 불균일, 균열 발생

16 불꽃 시험에서 파열을 조장하는 원소와 저지하는 원소를 2가지씩 쓰시오.

조장하는 원소 : Mn, Cr, V
저지하는 원소 : W, Si, Mo

17 0.8%의 탄소강을 880℃에서 유지 후 290℃의 염욕 속에 15분 유지 후 수냉하였다. 얻어지는 조직명을 2가지 쓰시오.

하부 베이나이트, 잔류 오스테나이트

2018년 2회 필답형 기출 복원문제

* 이 문제는 수험생의 기억에 의해 복원한 것이므로 실제 문제 및 정답과 다를 수 있습니다.

01 흑심가단주철 조직사진에서 사진 내 검은 덩어리 모양의 명칭은?

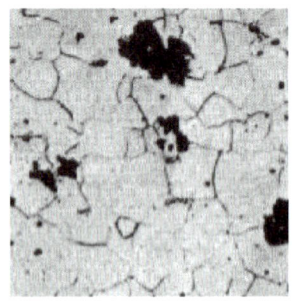

02 서냉된 공석강 미세조직사진이다. 물음에 답하시오.

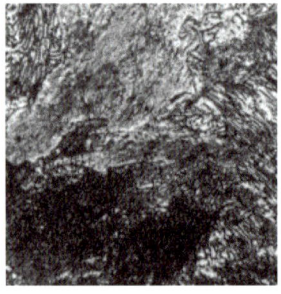

① 어둡게 부식된 상의 조직명은?
② 하얀 상의 조직명은?
③ 전체적인 미세조직의 상의 명칭은?

03 냉간 가공한 탄소강을 어닐링하면 일어나는 회복에 대하여 설명하시오.

정답 Answer

열처리 시 시멘타이트에서 유리된 Tempering Carbon(템퍼링 탄소)

① 시멘타이트
② 페라이트
③ 펄라이트

결정립의 모양이나 결정방향에 변화를 일으키지 않고 기계적 물리적 성질이 변화하는 과정

04 각 경도 측정 원리에 해당되는 경도계를 1가지 쓰시오.

① 압입에 의한 방법
② 긁기(스크래치)에 의한 방법
③ 반발력을 이용한 방법

정답
① 로크웰경도, 브리넬경도, 비커즈경도 등
② 긁힘경도
③ 쇼어경도

05 강의 설퍼프린트 기호를 쓰시오.

① 정편석
② 역편석
③ 선상편석
④ 주상편석

정답
① 정편석 : S_N
② 역편석 : S_I
③ 선상편석 : S_L
④ 주상편석 : S_{CO}

06 오스테나이트계 스테인리스강의 부식을 방지하기 위한 대책 3가지는?

정답
① C함유량을 억제하여 Cr_4C 탄화물 생성 억제
② Ti, Nb, V 등의 원소 첨가하여 Cr_4C 탄화물 생성 억제
③ 안정화열처리 실시

07 방사선투과시험에서 방사선이 물질을 투과할 때 물질의 원자핵 주위의 궤도 전자와 충돌로 발생할 수 있는 상호 작용 3가지는?

정답
광전효과, 콤프턴효과, 쌍전자생성(전자쌍생성)

08 담금질 작업에서 Ar' 온도범위에서 급냉하고 Ar" 온도범위에서는 서냉하는 중간온도에서 냉각시간을 조절하는 담금질 방법은?

정답
인상 담금질

09 고주파 경화법 장점 3가지는?

정답
① 급속가열이 가능하여 가열시간이 짧으므로 산화, 탈탄 및 변형이 적음
② 열효율이 높음
③ 균일가열 및 온도제어가 용이
④ 내마모성, 내피로강도 향상
⑤ 입자가 미세해짐

10 고속도공구강의 열처리에서 담금질 온도가 상승함에 따른 노 내의 제품의 변화 3가지는?

① 탄화물의 고용량 증가
② 오스테나이트 결정립이 조대화
③ 2차 경화성이 향상으로 고온 경도 증가
④ 용융상 생성으로 취약해져 충격치, 인성이 감소

11 강이 고온에서 산화되면 강 표면의 탄소가 제거되기 때문에 강 표면의 탄소 농도는 저하되며, 강 표면의 산화 속도는 빠르게 되어 연한 (가) 조직이 되며, 이러한 현상을 (나)현상이라 한다.

가. 페라이트
나. 탈탄

12 펄라이트 가단주철 제조방법 3가지는?

① 열처리 싸이클의 변화에 의한 방법
② 합금원소 첨가에 의한 방법
③ 흑심가단주철의 재열처리에 의한 방법

13 공석강(0.77%C)을 항온 열처리한 조직이다.

① 오스테나이트 상태로부터 Ar' 부근의 변태 온도에서 이루어진 조직은?

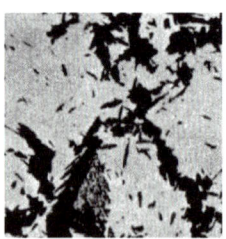

① 상부 베이나이트
② 하부 베이나이트

② 오스테나이트 상태로부터 Ar'' 부근의 변태 온도에서 이루어진 조직은?

14 다음 그림은 압축에 따른 응력-압률 선도이다. 그림에서 (가), (나), (다)에 해당하는 재료의 예를 드시오.

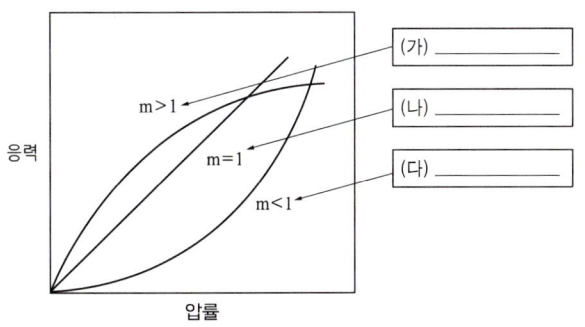

정답
(가) m>1일 경우 : 주철, 강, 콘크리트
(나) m=1일 경우 : 완전 탄성체
(다) m<1일 경우 : 비금속(고무, 피혁 등)

15 와전류탐상시험 (ECT) 코일의 종류를 3가지 쓰시오.

관통형, 내삽형, 표면형

16 100배 현미경사진 $1in^2$ 속 결정립개수 250개 ASTM 입도번호 n을 구하시오.

$1in^2 = 6.45mm^2$이므로
$1mm^2$ 당 결정립개수 $= \dfrac{250}{6.45} = 38.8$
$n = X \cdot \dfrac{M^2}{5,000} = 38.8 \cdot \dfrac{100^2}{5,000} = 77.6$
$N = \dfrac{\log n}{0.301} - 3 = \dfrac{\log 77.6}{0.301} - 3 = 11.4$

∴ 입도번호 : 11

17 침탄 온도 925℃로 저탄소강에 4시간 침탄할 때 생성되는 침탄층의 깊이(mm)는? (단, 925℃일 때 확산정수 값은 0.635이다)

$CD = 0.635\sqrt{t} = 0.635\sqrt{4} = 1.27$

2019년 1회 필답형 기출 복원문제

*이 문제는 수험생의 기억에 의해 복원한 것이므로 실제 문제 및 정답과 다를 수 있습니다.

01
가. 고망간강을 1,100℃에서 수냉하면 무슨 조직이 되는가?
나. 고속도강의 주요 성분 3개를 쓰시오(Fe은 제외).

정답
가. 오스테나이트
나. W(18%)–Cr(4%)–V(1%)

02 마모압력과 마모량의 관계의 그림을 보고 가.와 나.의 답을 쓰시오.

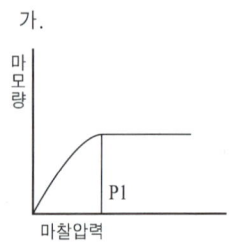
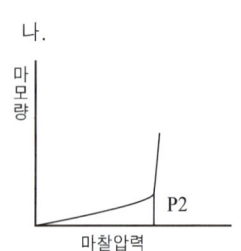

가. 포화압력
나. 임계압력

03
가. 공석점에서 $(\alpha-Fe)+(Fe_3C)$의 조직은 무엇인가?
나. 공정점에서 $(\gamma-Fe)+(Fe_3C)$의 조직은 무엇인가?

가. 펄라이트
나. 레데뷰라이트

04 그림을 보고 무슨 자화방법인지 쓰시오.

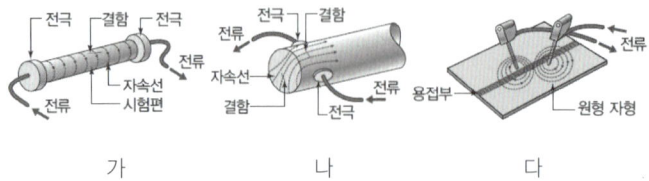

가 나 다

가. 축통전법
나. 직각통전법
다. 프로드법

05 가. P은 무슨 취성을 일으키는가?

나. Mo은 무슨 취성방지를 위하여 사용하는가?

다. 탄소강이 200~300℃에서 충격값이 급격히 감소하는 것을 무엇이라고 하는가?

정답 Answer
가. 상온취성
나. 뜨임취성 방지
다. 청열취성

06 가. 로크웰경도기의 다이아몬드 압입자의 각도는 몇 도인가?

나. 비커즈경도기의 다이아몬드 압입자의 각도는 몇 도인가?

다. 브리넬경도의 시험결과에서 HB S (10/3000) 347 이라는 결과가 나왔다. 여기서 10은 무엇을 말하는가?

가. 120°
나. 136°
다. 압입자의 지름

07 잔류 오스테나이트가 생기는 원인 3가지를 쓰시오.

냉각불량일 경우, 냉각속도가 느릴 경우 (유냉 시), 열처리 온도가 높을 경우, 합금원소가 많을 경우, 탄소함량이 높을 경우 등

08 대기 중에서 가열하면 산화하여 탈탄현상이 일어난다. 이를 방지하는 방법 3가지를 쓰시오.

분위기 가열, 염욕 가열, 산화탈탄 방지제를 도포하여 가열, 진공 가열 등

09 가. 초음파탐상시험의 방법 3가지를 쓰시오.

나. 방사선투과시험에서 방사선의 유무를 측정하는 장비명칭 2가지를 쓰시오.

가. 펄스반사법, 투과법, 공진법
나. 서베이미터, TLD

10
가. Al의 부식액을 쓰시오.
나. Au, Pt의 부식액을 쓰시오.
다. 철강제품의 부식액을 쓰시오.

정답
가. 수산화나트륨(NaOH)
나. 왕수
다. 나이탈(질산알콜용액), 피크랄(피크린산알콜용액)

11
가. 강의 표면경화법이란 무엇인가?
나. 강의 표면경화법 2종류를 쓰시오.

가. 물리적 화학적 성질을 이용하여 강의 내부는 인성을 부여하고 표면만 경화시키는 것
나. 침탄법, 질화법, 숏피닝법, 하드페이싱 등

12 재료의 압축시험에서 봉재의 압축시험편에 대한 규격을 각각 적으시오(단, h : 높이, d : 직경이다).
가. 단주 시험편 :
나. 중주 시험편 :
다. 장주 시험편 :

가. 단주 시험편 : h = 0.9d
나. 중주 시험편 : h = 3d
다. 장주 시험편 : h = 10d

13 스프링강 등은 강인성, 탄성 등이 우수해야 하므로 (가) 조직을 얻을 수 있도록 (나) 처리를 실시한다.

가. 소르바이트
나. 페이턴팅(patenting)

14 침탄 후 담금질 시 1차, 2차 담금질을 실시하는 이유를 쓰시오.
가. 1차 담금질
나. 2차 담금질

가. 1차 : 내부조직 미세화
나. 2차 : 침탄 경화

15 결정입도 시험방법 3가지를 쓰시오.

평적법(FGP), 절단법(FGI), 비교법(FGC)

16 조직의 경도가 큰 것부터 낮은 것 순으로 보기에서 골라 쓰시오.

> 1. 마텐자이트 2. 트루스타이트 3. 솔바이트
> 4. 시멘타이트 5. 페라이트 6. 펄라이트

정답 Answer

4 - 1 - 2 - 3 - 6 - 5

17 가. 인장시험 시 파단면의 웅덩이 모양으로 생긴 것으로 연성 파면에서 나타나는 형태는?

나. 피검재의 세분을 전기로 또는 가스로 중에 넣고 그 때 생기는 불꽃의 색, 형태, 파열음을 관찰 청취해서 강질을 판정하는 불꽃 시험법은?

가. 딤플(dimple)
나. 분말불꽃검사법

2019년 2회 필답형 기출 복원문제

*이 문제는 수험생의 기억에 의해 복원한 것이므로 실제 문제 및 정답과 다를 수 있습니다.

01 고속도강(18-4-1)의 담금질을 위한 3단계 가열의 온도를 쓰시오.

가. 제1단계 :
나. 제2단계 :
다. 제3단계 :

정답
가. 제1단계 : 500~600℃ 서서히
나. 제2단계 : 900~950℃ 균질가열
다. 제3단계 : 1,170~1,300℃ 급속가열

02 침탄재료를 경화시키는 올바른 과정을 순서대로 작성하시오.

> 공정 : 뜨임처리, 침탄처리, 2차담금질, 1차담금질, 저온풀림

정답
침탄처리 → 저온풀림 → 1차담금질 → 2차담금질 → 뜨임처리

03 강의 항온 열처리를 도시한 것이다. 열처리방법을 쓰시오. 또한 생성되는 조직명을 쓰시오.

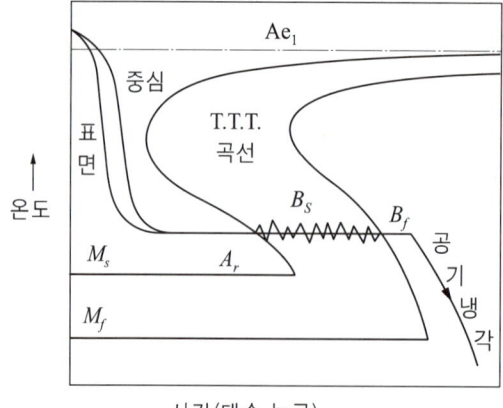

정답
가. 열처리 방법 : 오스템퍼링
나. 조직명 : 베이나이트

04 철강재료를 담금질할 때 잔류 오스테나이트가 많이 생기는 이유는?

① 고탄소강일 때
② 담금질 온도가 높을 때
③ 유냉 처리 시
④ 합금원소의 양이 많을 때

05 재료 중 과포화된 고용탄화물의 시간의 경과에 따라 탄화물이 석출되는 재료가 경하게 되는 현상을 무엇이라고 하는가?

시효경화

06 담금질 균열이 생겼을 때 취하여야 할 방법 3가지를 쓰시오.

균열여부 확인, 원인규명, 방지대책 수립

07 다음 그림은 강재를 노말라이징하였을 때 표층부의 탈탄의 형태를 모식도로 나타낸 것이다. 각각 어떠한 탈탄의 형태인가?

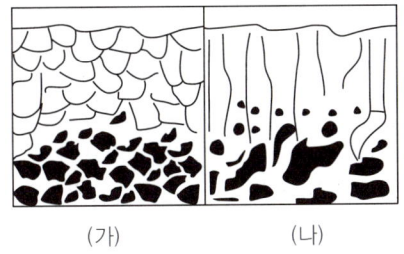

가. 입상 탈탄
나. 주상 탈탄

08 다음 그림은 강재의 열처리 균열을 나타낸 것이다. 어떠한 열처리 균열인가?

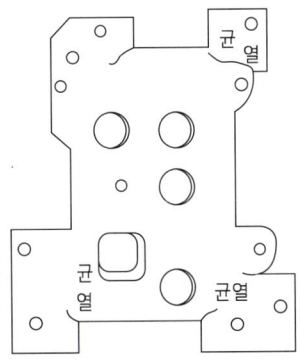

담금질 균열

09 SM40C강을 화염경화법을 사용하여 표면경화 열처리를 하였다. 이 강의 담금질 경도(HRc)는 얼마인가?

정답 *Answer*

경도(HRc) = 15 + 100 × C%
 = 15 + 100 × 0.4 = 50

10 다음과 같은 재료의 조직관찰에서 광택연마제로 쓰이는 것은?

① 철강재 :
② Al, Cu 등 경합금 :
③ 초경합금 :

① 철강재 : 산화철(Fe_2O_3)
 산화알루미늄(Al_2O_3)
 산화크롬(Cr_2O_3)
② Al, Cu계 : 산화마그네슘(MgO), Al_2O_3
③ 초경합금 : 다이아몬드 페이스트

11 점산법으로 비금속 개재물을 시험할 때 시야수를 40으로 하고 시야 안의 유리판 총 격자점의 수는 가로 20, 세로 20 개재물에 의해 차지된 격자검 중심의 수는 48개였다. 면적분율(청정도)을 구하시오.

$d = \dfrac{n \times 100}{p \times f} = \dfrac{48 \times 100}{(20 \times 20) \times 40} = 0.3\%$

12 경화층 표시방법 중 경도시험(하중 300Kg)에서 CD-H-T 3.4이란 무엇을 말하는가?

경도시험 방법에서 시험하중 300g으로 측정하여 전체 경화층의 깊이가 4.3mm임

13 136° 피라미드 다이아몬드 콘 700g의 하중으로 비커즈 경도시험한 결과 압흔의 지름이 64.5μ이었다. 경도를 구하시오.

$Hv = 1.8544 \dfrac{P}{d^2} = 1.8544 \dfrac{0.7}{0.0645^2} = 311.9$

14 다음 그림은 재료를 인장시험했을 때의 파단의 특징을 나타낸 것이다. 인성이 가장 좋은 것부터 나열하시오.

라 → 나 → 가 → 다

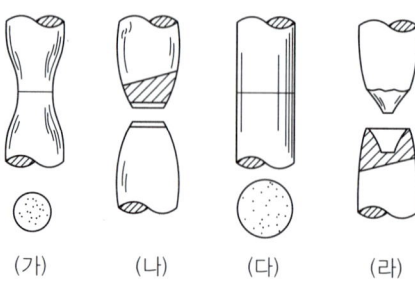

(가)   (나)   (다)   (라)

15 홈의 깊이가 2mm인 U노치 충격 시험편을 충격시험한 결과 β의 각도가 132°이었다. 충격에너지, 충격값을 구하시오(α의 각도=147°, W=20kg, R=770mm).

정답
가. 충격에너지(E)
  = WR(cosβ−cosα)
  = 20×0.77(cos132−cos147)
  = 2.6kg·m
나. 충격치(U)
  = $\dfrac{E}{\text{노치단면적}}$
  = $\dfrac{2.6}{0.8}$
  = 3.3kg·m/cm

16 피로시험에 영향을 주는 요인 4가지는?

정답 시편형상, 가공방법, 표면다듬질 정도, 열처리 상태

17 자화력이 제거된 후에도 자성체에 남아 있는 자화의 세기를 무엇이라 하는가?

정답 잔류자기

2020년 1회 필답형 기출 복원문제

*이 문제는 수험생의 기억에 의해 복원한 것이므로 실제 문제 및 정답과 다를 수 있습니다.

01 진공 열처리의 장점을 3가지 쓰시오.

정답
① 산화, 탈탄을 방지
② 유지류 등의 탈지
③ 함유 가스의 제거
④ 광휘성 보장

02 다음 그림과 같은 샤르피 충격시험에서 충격방향이 어디인지 쓰고, 이 시험은 무엇을 알기 위한 것인지를 쓰시오.

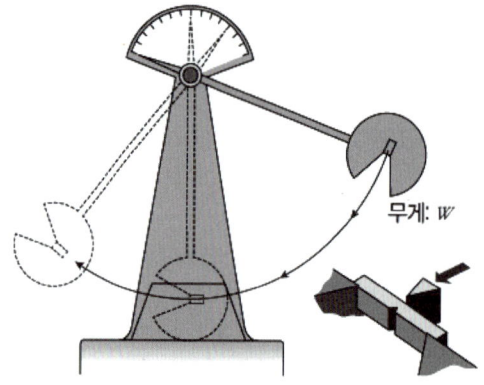

정답
① 충격방향 : 노치 뒷면을 해머로 충격
② 충격인성을 알기 위함

03 공석강의 변태곡선에서 Ac1과 Ar1이 의미하는 것을 쓰고, α-Fe의 퀴리점에 대하여 쓰시오.

정답
① Ac_1 : 가열할 때의 A_1 변태온도
② Ar_1 : 냉각할 때의 A_1 변태온도
③ α-Fe 퀴리점 : α-Fe가 강자성체에서 상자성체로 자기변태하는 온도로 A_2 변태점에 해당한다.

04 다음에 설명하는 항온열처리 방법을 쓰시오.

① 준안정 오스테나이트 영역에서 소성 가공하는 가공 열처리
② 오스테나이트 상태로부터 M_s 이상인 어느 온도의 염욕으로 담금질하여 과랭 오스테나이트가 변태 완료하기까지 항온유지하고 공기 중에서 냉각하는 열처리
③ 오스테나이트 상태로부터 M_s 바로 위 온도의 염욕 중에 담금질하여 강의 내외가 동일한 온도가 되도록 항온 유지하여 과랭 오스테나이트가 항온 변태를 일으키기 전에 공기 중에서 Ar″변태가 천천히 진행되도록 하는 열처리
④ 강을 오스테나이트 영역에서 M_s와 M_f 사이에서 항온변태 처리하는 열처리

정답 *Answer*

① 오스포밍(Ausforming)
② 오스템퍼링(Austempering)
③ 마퀜칭(Marquenching)
④ 마템퍼링(Martempering)

05 강의 불꽃의 모양을 보고 각각의 특징에 맞는 성분을 연결하시오.

가.    ① Cr

나.    ② Ni

다.    ③ Si

라.    ④ W

가-④, 나-①, 다-②, 라-③

06 다음 그림의 응력선도 곡선에서 비례한도와 상부항복점을 골라 쓰고, 연신율을 구하는 식을 쓰시오.

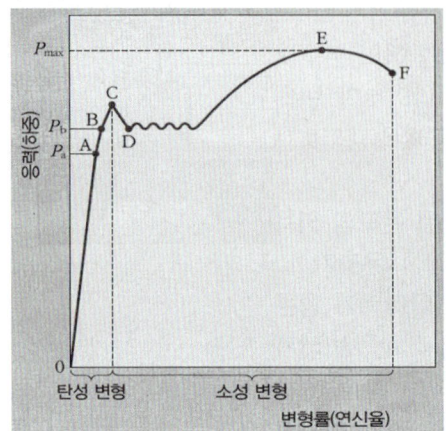

① 비례한도 : A
② 상항복점 : C
③ 연신율
$$= \frac{\text{변형후길이} - \text{변형전길이}}{\text{변형전길이}} \times 100$$

07 항온변태 곡선인 S곡선의 다른 명칭을 3가지 쓰시오.

IT선도, TTT선도, C곡선

08 미세한 구상의 내부결함을 검출할 때 초음파탐상시험과 방사선투과시험 방법 중 어느 것이 효과적인지를 쓰고, 그 이유를 쓰시오.

① 효과적인 것 : 방사선투과시험
② 이유 : 초음파탐상시험의 경우 구상의 결함은 초음파의 산란이 많아서 감쇠가 심하므로 검출이 어렵다.

09 다음 그림은 SM25C의 표준조직을 나타낸 것이다. 백색 및 검은색의 조직명을 쓰시오.

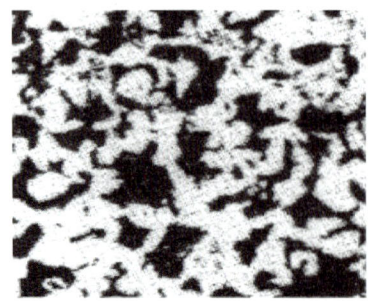

백색 : 페라이트
검은색 : 펄라이트

10 현미경 배율 100배에서 강의 페라이트 결정립의 수를 측정한 결과 1in² 중에 256개였을 때 페라이트 결정립도 번호를 구하시오.

$N = \dfrac{\log n}{0.301} + 1 = \dfrac{\log 256}{0.301} + 1 = 9$

11 경도시험에서 다음 물음에 답하시오.

① 비커스 경도시험기의 압입자의 대면각의 각도는?
② 로크웰 경도시험기의 압입자의 각도는?
③ 로크웰 경도시험에서 C스케일을 사용할 때 초기 하중은?
④ 로크웰 경도시험에서 C스케일을 사용할 때 시험 하중은?

① 136°
② 120°
③ 10kgf
④ 150kgf

12 화학적 표면경화법 3가지를 쓰시오.

침탄법, 질화법, 침황법, 침붕법

13 강의 청열취성에 대하여 쓰시오.

강을 가열할 때 200~300℃ 부근에서 표면이 청색으로 착색되면서 취화하는 것으로 질소(N)나 인(P)에 의해 발생한다.

14 강의 열처리에서 불림온도가 풀림온도보다 높은 이유를 쓰시오.

불림 온도가 낮으면 펄라이트 변태 개시와 종료 곡선을 지나지 않고 트루스타이트가 생성될 수 있지만, 풀림 온도는 낮아도 서랭이므로 펄라이트 변태 개시와 종료 곡선을 지나가기 때문이다.

15 경도가 낮은 쪽에서 높은 쪽으로 순서대로 조직을 나열하시오.

소르바이트 오스테나이트 시멘타이트 펄라이트
페라이트 마텐자이트 트루스타이트

페라이트 → 오스테나이트 → 펄라이트 → 소르바이트 → 트루스타이트 → 마텐자이트 → 시멘타이트

16 자분탐상에 관한 다음 물음에 답하시오.

① 시험체에 가한 교번전류나 교번자속이 시험체 표면에 집중되는 현상은?
② 시험체의 축 방향으로 직접 전류를 흘리는 자화 방법은?
③ 자속이 자극에서 누설할 때 모서리 부분의 자속밀도가 매우 높아지기 때문에 생기는 의사지시 모양은?

정답 *Answer*

① 표피효과
② 축통전법(EA)
③ 자극지시

17 다음 그림은 직경 16mm의 강봉에 대한 가열속도를 나타낸 것이다. ( )에 해당하는 것을 보기에서 골라 쓰시오.

연(Pb), 유동상로, 분위기로(공기), 염욕

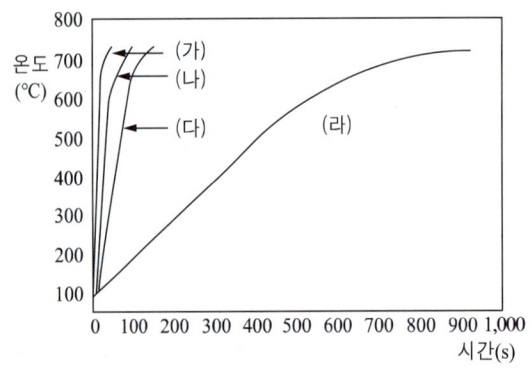

가 : 연(Pb)
나 : 염욕
다 : 유동상로
라 : 분위기로(공기)

2020년 2회 필답형 기출 복원문제

*이 문제는 수험생의 기억에 의해 복원한 것이므로 실제 문제 및 정답과 다를 수 있습니다.

정답 *Answer*

01 특수강에서 탄소파열을 조장하는 원소와 저지하는 원소를 각각 3가지씩 쓰시오.

조장하는 원소 : Mn, Cr, V
저지하는 원소 : W, Si, Mo

02 스테인리스강을 다이캐스팅할 경우 열처리를 하면 안 되는 이유를 쓰시오.

심한 가공에 의해 가공유기 마텐자이트 조직이 출현하기 때문에

03 다음 그림과 같은 열처리 방법을 쓰고, 생성되는 조직을 쓰시오.

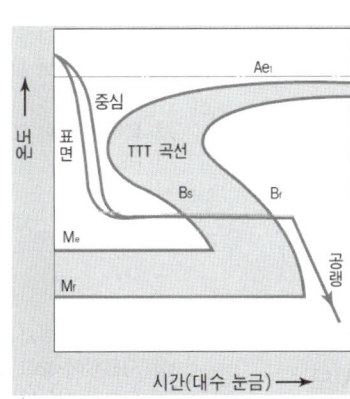

방법 : 오스템퍼링
조직 : 베이나이트

04 현미경 배율 100배에서 강의 페라이트 결정립의 수를 측정한 결과 1in² 중에 64개였을 때 페라이트 결정립도 번호를 구하시오.

$N = \dfrac{\log n}{0.301} + 1 = \dfrac{\log 64}{0.301} + 1 = 7$

	정답 Answer

05 구리판, 알루미늄판, 기타 연성이 큰 판재의 가압 성형에 의한 변형능력을 시험하여 재료의 연성을 구하는 시험법을 쓰시오.

> 에릭센 시험(커핑 시험)

06 다음의 재료에 맞는 부식액을 연결하시오.

가. 철강   ① 왕수
나. Al 합금   ② 질산아세트산
다. Au, 귀금속   ③ 질산알콜
라. Ni 합금   ④ 수산화나트륨

> 가-③, 나-④, 다-①, 라-②

07 열처리로를 분류할 때 장입 방법에 따른 방식을 2가지 쓰고, 발열온도가 3,000℃ 정도인 비금속 발열체를 한 가지 쓰시오.

> ① 열처리로 장입 방식 : 대차로, 푸셔로
> ② 비금속발열체 : 흑연

08 쇼어 경도시험에 대한 다음 물음에 답하시오.

① 쇼어 경도시험의 원리를 쓰시오.
② 쇼어 경도시험기의 종류 2가지를 쓰시오.
③ 쇼어경도가 75일 때 표기법을 쓰시오.

> ① 추의 반발력에 의한 반발 높이를 따라 재료의 단단한 정도를 알 수 있다.
> ② 목측형(C형, SS형), 지시형(D형)
> ③ HS75

09 방사선투과시험에서 투과도계의 용도 및 사용법을 쓰고, 방사선을 측정하는 장비를 2가지 쓰시오.

① 투과도계 용도
② 투과도계 사용법
③ 방사선 측정 장비

> ① 방사선 투과사진의 상질을 결정
> ② 시편위에 놓고 방사선을 투과하여 필름에 나타나도록 배치
> ③ 필름뱃지, 포켓 도시메타, 열형광선량계(TLD), 알람 모니터, 서베이메타

10 0.5%C 탄소강을 담금질하였을 때 최대경도는 얼마인지 구하시오.

> $30 + 50 \times C\% = 30 + 50 \times 0.5 = 55$

11 다음 그림은 SKH51 고속도공구강의 QT 열처리 선도이다. ( )에 알맞은 온도를 쓰고, 고속도강에서 뜨임을 하면 경화가 되는데 이 현상이 무엇인가 쓰시오.

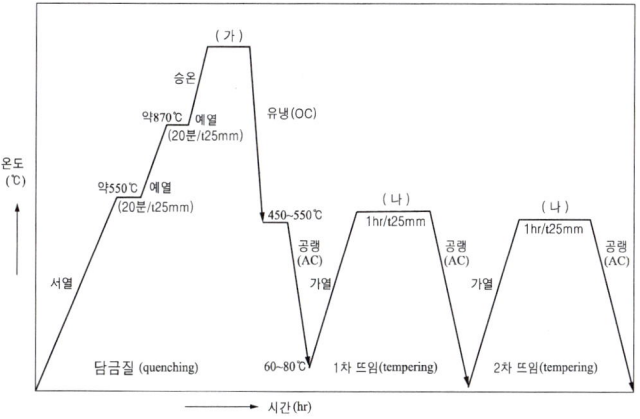

정답 Answer

가 : 1,200~1,250℃,
나 : 540~580℃
경화현상 : 제2차 경화(Secondary Hardening)

12 다음 그림은 자분탐상 방법을 나타낸 것이다. 해당하는 시험명을 쓰시오.

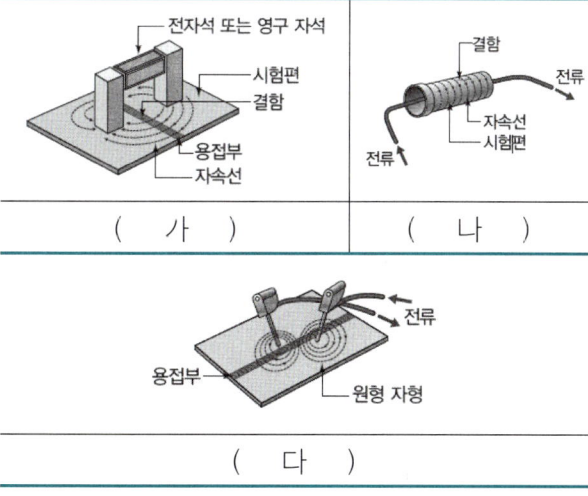

가 : 극간법
나 : 전류관통법
다 : 프로드법

13 탄소강을 연속냉각시킬 때 냉각속도에 따라 생성되는 조직이 달라지는데 이 상태곡선을 무엇이라 하는지 쓰시오.

CCT선도(연속냉각변태선도)

14 합금강의 담금질 열처리에서 잔류 오스테나이트가 많이 발생하는 이유를 3가지 쓰시오.

정답 *Answer*
① 탄소함유량이 많을 때
② M_s 온도가 낮아질 때
③ 담금질 온도가 높을 때
④ 유랭할 때

15 금속재료를 고주파 자계 중에 놓았을 때, 재료 중에 유기하는 와전류가 재료의 조성, 조직, 잔류 비틀림, 형상 치수 등에 민감하게 반응하는 점을 이용한 시험법의 명칭을 쓰고, 이 시험법의 장점을 2가지 쓰시오.
가. 명칭
나. 장점

가. 와전류탐상(ECT)
나.
① 시험 결과가 직접적으로 구해지므로 시험의 자동화가 가능하다.
② 비접촉 방법이므로 시험 속도가 빠르다.
③ 표면 결함의 검출에 적합하다.
④ 결함, 재질 변화, 치수 변화 등 시험 적용 범위가 매우 넓다.
⑤ 고온 탐상도 가능하여 압연제품의 자동탐상이 가능하다.

16 인장강도를 구하는 식과 연신율 구하는 식을 쓰고, 항복점이 나타나지 않는 재질은 몇 %의 영구변형에 해당하는 것을 항복점으로 하는지 답하시오.

① 인장강도 = $\dfrac{최대하중}{원단면적}$
② 연신율 = $\dfrac{변형후길이 - 변형전길이}{변형전길이} \times 100$
③ 0.2% 영구변형

17 페라이트 결정립도 시험법 시 다음과 같을 때 교차점의 수를 세는 방법을 보기를 보고 골라 쓰시오.

| 1개, 2개, 1/2개, 1/3개, 1.5개, 2.5개 |

① 측정선의 끝이 정확하게 하나의 결정입계에 닿을 때는 교차점 수는 (　)개로 계산한다.
② 측정선이 결정입계에 접할 때는 (　)개의 교차점으로 계산한다.
③ 교차점이 우연히 삼중점(3개의 결정립이 만나는 곳)에 일치할 때는 (　)개의 교차점으로 계산한다.

① 1/2개
② 1개
③ 1.5개

2021년 1회 필답형 기출 복원문제

*이 문제는 수험생의 기억에 의해 복원한 것이므로 실제 문제 및 정답과 다를 수 있습니다.

정답 Answer

01 현미경 배율 100배에서 강의 페라이트 결정립의 수를 측정한 결과 1평방인치 중에 32개 이었을 때 페라이트 결정립도 번호를 구하시오.

$$N = \frac{\log n}{0.301} + 1 = \frac{\log 32}{0.301} + 1 = 6$$

02 방사선투과시험에서 노출인자(E)를 구하는 식을 쓰고, 선원과 필름 사이의 거리가 2배 늘어났을 때 선원의 강도는 어떻게 되는지 답하시오. (단, I : 관전류(A) 또는 감마선원의 강도(Bq), t : 노출시간(s), d : 선원-필름 사이의 거리(m)이다)

① 노출인자 $E = \dfrac{I \times t}{d^2}$
② 강도 : 거리가 2배 늘어나면 강도는 1/4배 늘어난다.

03 강을 담금질할 때 임계구역과 위험구역의 온도 구간 및 냉각방법을 그리시오.

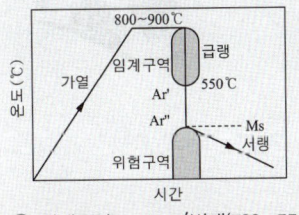

① 임계구역 : A_1~Ar'변태(723~550℃)까지에서는 급랭한다.
② 위험구역 : Ar''변태(M_s점 : 250℃) 이하에서는 서랭한다.

04 심랭처리의 정의를 쓰고, 조직학적으로 분석하시오.

① 정의 : 강을 담금질한 후 다시 0℃ 이하의 온도 즉 심랭(Sub-zero) 온도로 냉각하는 열처리
② 조직학적 변화 : 잔류 오스테나이트가 마텐자이트로 변태

05 금속 현미경에 대한 다음 물음에 답하시오.

① 접안렌즈 배율이 10X이고, 대물렌즈 배율이 20X 일 때 현미경의 배율은 얼마인가?
② 다음 그림과 같이 시료의 검사면이 위로 향하게 세워 놓고 관찰하는 현미경의 종류는?

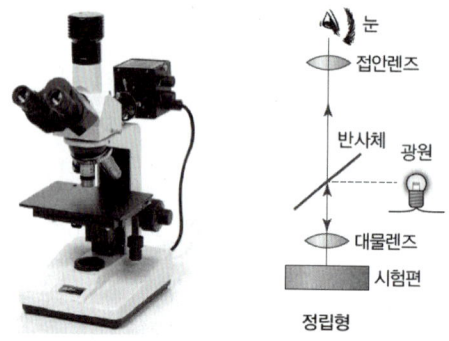

③ 다음 그림과 같이 시료의 검사면이 아래로 향하게 뒤집어 놓고 관찰하는 현미경의 종류는?

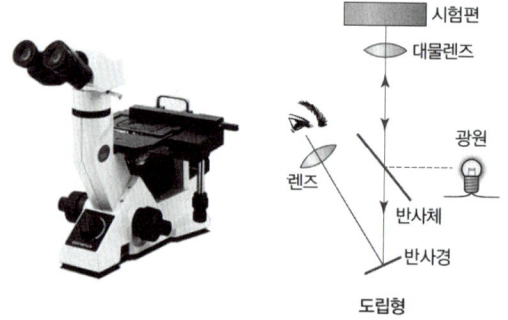

정답

① 접안×대물= 10×20 = 200배
② 직립형(정립형)
③ 도립형

06 다음 그림은 백주철을 열처리하여 얻은 주철의 조직이다. 각각의 명칭을 쓰시오.

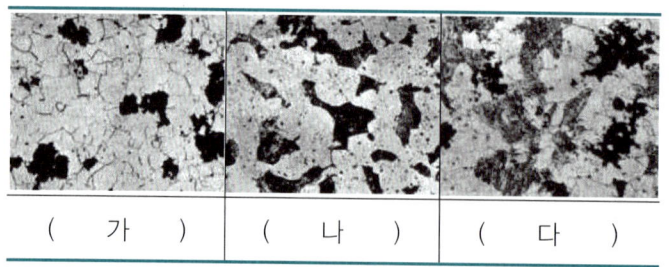

| (가) | (나) | (다) |

가 : 흑심가단주철
나 : 백심가단주철
다 : 펄라이트가단주철

07 피로시험에서 탄성론적으로 구해진 최대응력을 σ_{max}, 응력집중을 무시하고 구한 공칭응력을 σ_0이라고 할 때 응력집중계수(α)를 구하는 식을 쓰시오.

정답 Answer

$$\alpha = \frac{\sigma_{max}}{\sigma_0}$$

08 자분탐상시험에 사용되는 A형 표준시험편의 사용 목적을 3가지 쓰시오.

① 장치, 자분, 검사액의 성능 검증
② 시험체 표면의 유효자계강도 검증
③ 탐상유효범위 검증
④ 시험조작의 적합여부 검증

09 가스 연질화법의 특징 3가지를 쓰시오.

① 가스 질화는 질화 반응만 일어나지만 가스 연질화는 질화와 침탄이 동시 진행된다.
② 경화층 깊이, 표면 경도 가스 질화보다 낮다.
③ 크롬 합금강에서는 1,000Hv 이상의 경도 가능하다.
④ 가스 질화보다 처리시간이 짧고, 처리비용이 저렴하다.
⑤ 질화강뿐만 아니라 일반 탄소강도 질화처리가 가능하다.

10 0.2%C 연강의 하중-연신율 선도를 그리고 간단히 설명하시오.

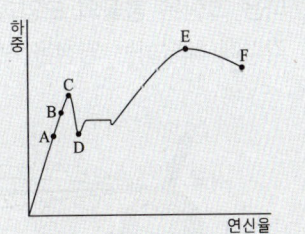

A 비례한도, B 탄성한도, C 상부항복점, D 하부항복점, E 최대인장강도, F 파괴점

11 로크웰 경도시험에서 HRC로 시험하고자 할 때 압입자, 초기하중, 시험하중을 쓰시오.

① 압입자 : 120°원뿔 다이아몬드
② 초기하중 : 10kgf
③ 시험하중 : 150kgf

12 설퍼프린트 법에서 다음의 화학반응식을 완성하시오.

MnS + H₂SO₄ → (가) + (나)
2AgBr + (나) → (다) + 2HBr

정답
가 : MnSO₄
나 : H₂S
다 : Ag₂S

13 다음 보기를 보고 열전도도가 높은 순서대로 나열하시오.

SCM435, SKH51(SKH9), SM45C, STS304

정답
SM45C → SCM435 → SKH51 → STS304

14 탄소강의 연화풀림(중간풀림)의 목적과 방법을 쓰시오.
① 목적
② 방법

정답
① 압연 또는 신선작업에서 냉간가공 도중 가공 경화된 제품을 연화시키기 위한 열처리
② A₁ 변태점 이하의 650~700℃로 가열한 후 서랭

15 다음 그림은 불꽃의 모양과 특징을 나타낸 것이다. 각각에 해당하는 명칭을 쓰시오.

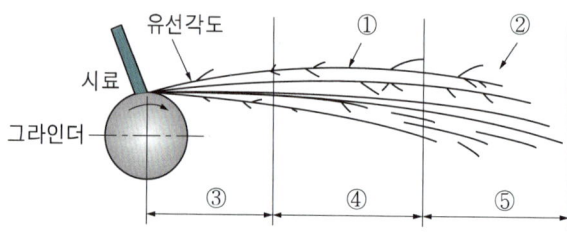

정답
① 유선
② 파열
③ 뿌리
④ 중앙
⑤ 선단(앞끝)

16 수분을 함유하고 있는 분위기 가스를 냉각시키면 어떤 온도에서 수분이 응축되는 온도를 쓰고, 측정하는 장치를 쓰시오.

① 수분 응축 온도
② 측정하는 장치

정답 Answer
① 노점(dew point)
② 노점컵(dew cup)

17 다음의 변성가스에 대한 설명이다. ( )에 해당하는 용어를 쓰시오.

> 흡열형 가스는 외부에서 가열되는 변성로(retort)로 혼합된 원료 가스와 (가)를 보내면 (나) 촉매에 의해서 분해되어 가스를 변성시킨 것으로 변성 시 열을 (다)한다.

가 : 공기
나 : 니켈
다 : 흡수

2021년 2회 필답형 기출 복원문제

*이 문제는 수험생의 기억에 의해 복원한 것이므로 실제 문제 및 정답과 다를 수 있습니다.

01 가스 침탄의 장점을 3가지 쓰시오.

정답
㉠ 열효율 우수
㉡ 대량 생산 적합
㉢ 균일한 침탄 가능
㉣ 침탄 농도의 조절 용이
㉤ 침탄층의 확산 조절 용이
㉥ 침탄 후 바로 담금질이 가능
㉦ 조작이 쉽고 작업 환경 청결

02 열처리 냉각 방법에서 급랭, 공랭, 서랭 열처리 방법을 쓰시오.

정답
급랭 : 담금질(Quenching)
공랭 : 불림(Normalizing)
서랭 : 풀림(Annealing)

03 방사선투과시험에서 노출인자(E)를 구하는 식을 쓰시오.
(단, I : 관전류(A) 또는 감마선원의 강도(Bq), t : 노출시간(s), d : 선원-필름 사이의 거리(m)이다)

정답
$$E = \frac{I \times t}{d^2}$$

04 고망간강에 대한 다음 물음에 답하시오.
① 고망간강의 강도 및 인성 증가를 위하여 1,000~1,100℃에서 급랭하는 열처리 방법을 쓰시오.
② 고망간강은 열전도성이 나쁘고, (   )가 커서 열변형을 잘 일으키는 단점이 있다.
③ 고망간을 고온에서 서랭 시 M_3C 탄화물 석출과 오스테나이트가 (   )로 변태한다.

정답
① 수인법
② 열팽창계수
③ 마텐자이트

05 다음 그림은 마모 시험기를 나타낸 것이다. 각각의 시험 형식을 쓰시오.

가.

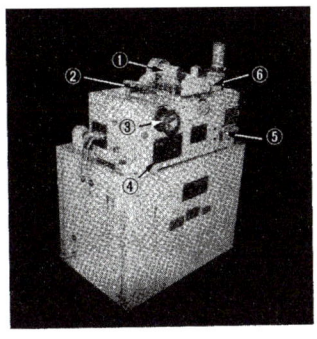

① 연삭 장치
② 하중 변환 기어
③ 조정 핸들
④ 조작 패널
⑤ 클러치 레버
⑥ 시험편 홀더

나.

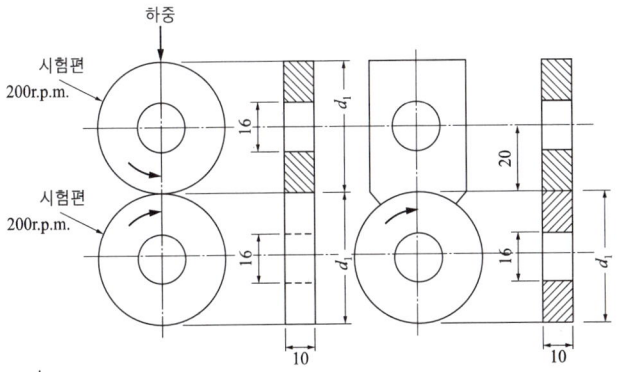

다.

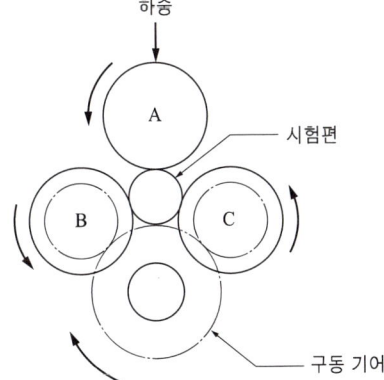

정답 Answer

가. 미끄럼 마모시험기
나. 암슬러식 마모시험기
다. 노리스식 마모시험기

06 SM25C를 담금질했을 때 예상되는 담금질 경도를 계산하시오.

정답: $30 + 50 \times C\% = 30 + 50 \times 0.25 = 42.5$

07 쇼어경도 시험기의 원리와 시험기 형식 2가지를 쓰시오.
① 원리
② 형식

① 추의 반발력에 의한 반발 높이를 따라 재료의 단단한 정도를 알 수 있다.
② 목측형(C형, SS형), 지시형(D형)

08 조직량 측정법 3가지를 쓰시오.

① 면적측정법(중량법)
② 직선측정법
③ 점측정법

09 다음 그림은 오스테나이트 결정립계에 펄라이트가 형성되는 과정을 나타낸 것이다. ( )에 해당하는 조직을 쓰시오.

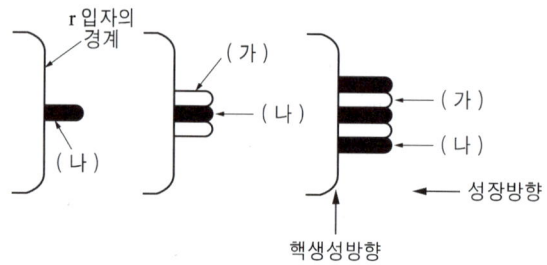

가 : 페라이트
나 : Fe_3C

10 강의 불꽃의 모양을 보고 각각의 특징에 맞는 성분을 쓰시오.

① 국화상   ② 화살끝의 형상   ③ 부푼 섬광

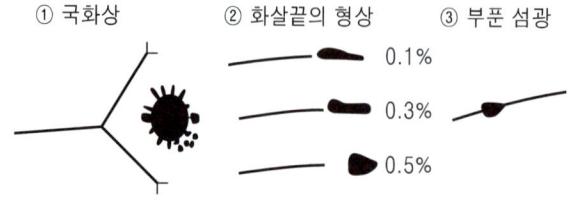

① 국화상 : Cr
② 화살끝 형상 : Mo
③ 부푼 섬광 : Ni

11 침투탐상 시험 순서를 보기에서 골라 순서대로 쓰시오.

> 현상처리, 전처리, 제거처리, 침투처리, 관찰, 유화처리

정답 *Answer*

전처리 → 침투처리 → 유화처리 → 제거처리 → 현상처리 → 관찰

12 특수 표면처리 방법 중 가열하여 소재에 확산시키는 원소 두 가지를 쓰고, 확산 처리 방법 3가지를 쓰시오.

원소 : S, B
방법 : 액체법, 기체법, 고체법

13 다음 그림과 같은 열처리 방법을 쓰고, 생성되는 조직을 쓰시오.

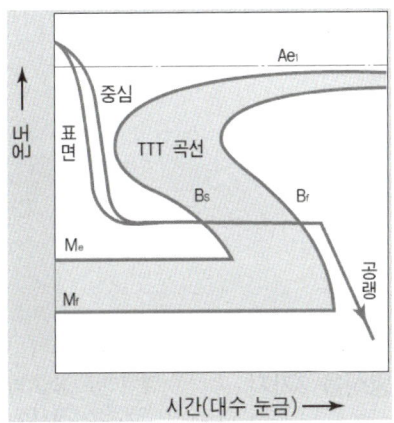

방법 : 오스템퍼링
조직 : 베이나이트

14 다음 그림은 크리프 곡선을 나타낸 것이다. 각 단계에 해당하는 명칭을 쓰시오.

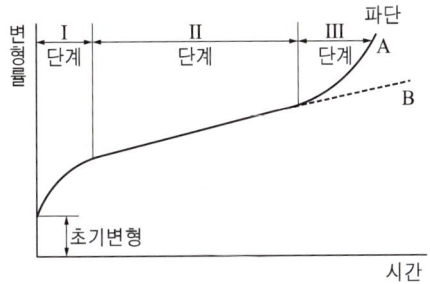

1단계 : 천이 크리프(크리프 속도가 감소하는 단계)
2단계 : 정상 크리프(크리프 속도가 일정한 단계)
3단계 : 가속 크리프(크리프 속도가 급격히 증가하는 단계)

15 심랭처리의 정의를 쓰고, 조직학적으로 분석하시오.

① 정의
② 조직학적 변화

정답
① 강을 담금질한 후 다시 0℃ 이하의 온도 즉 심랭(Sub-zero) 온도로 냉각하는 열처리
② 잔류 오스테나이트가 마텐자이트로 변태

16 페라이트 결정립도 시험법 시 다음과 같을 때 교차점의 수를 세는 방법을 보기를 보고 골라 쓰시오.

1개, 2개, 1/2개, 1/3개, 1.5개, 2.5개

① 측정선의 끝이 정확하게 하나의 결정입계에 닿을 때는 교차점 수는 (　)개로 계산한다.
② 측정선이 결정입계에 접할 때는 (　)개의 교차점으로 계산한다.
③ 교차점이 우연히 삼중점(3개의 결정립이 만나는 곳)에 일치할 때는 (　)개의 교차점으로 계산한다.

정답
① 1/2개
② 1개
③ 1.5개

17 열처리로를 분류할 때 장입 방법에 따른 방식을 2가지 쓰고, 비금속 발열체를 한 가지 쓰시오.

정답
① 열처리로 장입 방식 : 대차로, 푸셔로
② 비금속발열체 : 흑연

2021년 3회 필답형 기출 복원문제

*이 문제는 수험생의 기억에 의해 복원한 것이므로 실제 문제 및 정답과 다를 수 있습니다.

01 강의 열처리에 관한 다음 사항을 쓰시오.

① 아공석강 및 과공석강의 퀜칭 온도범위를 각각 쓰시오.
② 강의 열처리 냉각과정에서 색이 없어지는 온도인 550℃까지의 구역 및 M_s점 이하의 250℃ 이하의 구역을 무엇이라 하는가?

정답 *Answer*

① 아공석강 : Ac_3선 이상 30~50℃, 과공석강 : Ac_1선 이상 30~50℃
② 색이 없어지는 온도까지 : 임계구역, M_s점 이하의 구간 : 위험구역

02 다음 그림은 1.13%C 강으로 930℃에서 유랭한 조직이다. ①, ②의 조직명을 쓰시오.

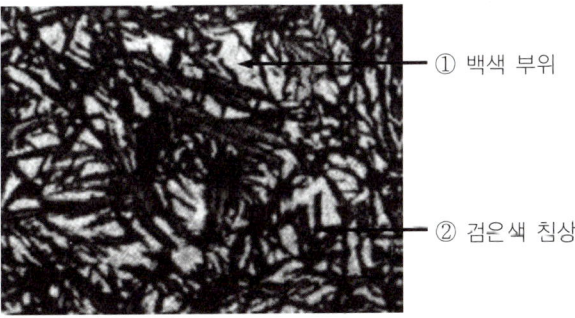

① 백색 부위
② 검은색 침상

① 잔류 오스테나이트
② 마텐자이트

03 강의 불꽃의 모양을 보고 각각의 특징에 맞는 성분을 쓰시오.

① 국화상 ② 화살끝의 형상 ③ 부푼 섬광

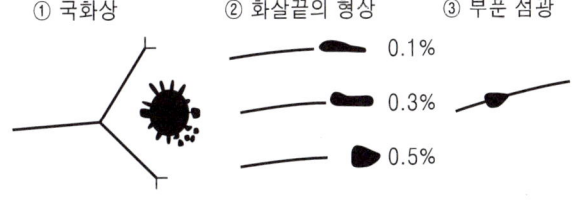

① 국화상 : Cr
② 화살끝 형상 : Mo
③ 부푼 섬광 : Ni

04 압축시험에 대한 다음 사항을 쓰시오.

① 단주, 중주, 장주 시험편의 크기를 쓰시오.
(단 h : 높이, d : 재료의 지름)
② 원래 높이 10mm, 시험 후 압축률 15%일 때 압축된 길이를 구하시오.

정답 *Answer*

① 단주 : h=0.9d
중주 : h=3d
장주 : h=10d
② 압축률
$= \dfrac{\text{초기높이}-\text{변형후높이}}{\text{초기높이}} \times 100$
이므로
변형후높이
$= \text{초기높이} - \dfrac{\text{압축률} \times \text{초기높이}}{100}$
$= 10 - \dfrac{15 \times 10}{100} = 8.5$
∴ 압축된 길이 $= 10 - 8.5 = 1.5\text{mm}$

05 펄라이트 가단주철의 제조에 관한 내용이다. ( )에 해당하는 용어를 쓰시오.

> 흑심가단주철 공정에서 (①)의 흑연화 처리만 한 다음 (②)℃ 정도까지 가열하여 유리 탄소를 구상화 하고, 시멘타이트가 오스테나이트 안에 용해되도록 7시간 정도 유지하고 2시간 안에 900℃로 (③)시킨 다음 (④)한다.

① 제1단계
② 955
③ 노랭(서랭)
④ 공랭

06 강의 담금질 시 냉각과정 3단계를 그리고, 각 단계별로 설명 하시오.

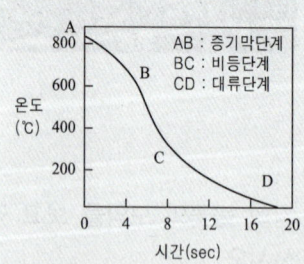

① 증기막 단계(1단계) : 냉각액의 증기막에 포함되어 서랭하는 단계
② 비등 단계(2단계) : 냉각액이 비등하면서 급랭되는 단계
③ 대류 단계(3단계) : 냉각액이 대류에 의해 서랭하는 단계

07 다음은 온도측정장치에 대한 설명이다. 해당하는 용어를 쓰시오.

① 서로 다른 금속선 양 끝을 접속시켜서 두 접점 (T_2, T_3) 사이에 온도차를 주면 기전력이 발생한다. 이때의 발생하는 기전력을 무슨 효과라 하는가?
② 이러한 기전력을 이용한 온도측정장치를 쓰시오.

정답

① 제백효과
② 열전대온도계(열전쌍온도계)

08 다음 그림을 보고 피로한도를 구하시오.

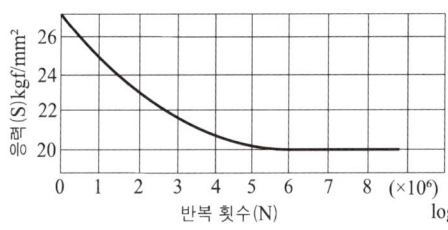

정답

$20 kg_f/mm^2$

09 다음 그림은 구상흑연주철의 조직사진이다. (　)에 해당하는 조직명을 쓰시오.

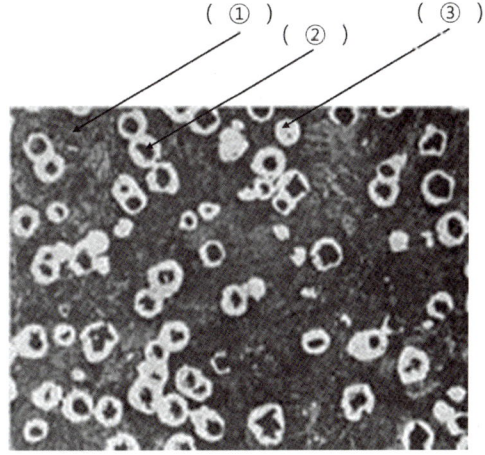

정답

① 펄라이트
② 구상흑연
③ 페라이트

10 설퍼 프린트 시험법에서 다음의 편석에 대한 분류 기호를 쓰시오.

① 정편석
② 역편석
③ 선상편석
④ 주상편석

① 정편석 : S_N
② 역편석 : S_I
③ 선상편석 : S_L
④ 주상편석 : S_{CO}

11 경도시험에 시험에 대한 다음 사항을 쓰시오.

① 로크웰 경도시험에서 기준 하중을 쓰시오.
② 쇼어 경도시험기의 종류 2가지를 쓰시오.
③ 비커스 경도시험에서 압입자의 각도를 쓰시오.

① 10kg$_f$
② 목측형(C형, SS형), 지시형(D형)
③ 대면각 136°

12 자분 탐상에서 탈자 방법 3가지를 쓰시오.

교류 탈자, 직류 탈자, 요크 탈자

13 침투탐상시험에서 유화제의 종류 2가지를 쓰시오.

수성 유화제(물 베이스 유화제)
유성 유화제(기름 베이스 유화제)

14 분위기 열처리에서 노점 분석법 3가지를 쓰시오.

노점컵, 안개상자, 염화리튬법, 냉경면법

15 분위기 열처리에 대한 물음에 답하시오.

① 프로판 가스를 외부에서 가열되는 변성로로 혼합된 원료 가스와 공기를 가열하여 얻어지는 변성가스의 명칭과 이때 사용하는 촉매를 각각 쓰시오.
② 변성로나 침탄로 등의 침탄성 분위기 가스로부터 유리된 탄소가 열처리품, 촉매, 노의 벽돌 등에 부착하는 현상을 쓰시오.

① 변성가스 명칭 : 흡열형 가스, 촉매 : Ni
② 그을음(Sooting)

16 다음은 열처리 전후 설비로 각각에 설명하는 연마 방법의 명칭을 쓰시오.

① 천 따위로 만든 유연성이 큰 버프륜의 둘레에 연마제를 부착시켜 고속으로 회전시키면서 연마하는 가공법
② 압축 공기를 사용하여 연마제와 물을 혼합해서 노즐로부터 고속으로 분사하여 연마하는 가공법
③ 강철의 작은 입자를 고속으로 공작물 표면에 쏘아 때리는 가공법

정답 *Answer*

① 버프연마
② 호닝
③ 숏피닝

17 현미경 조직 사진의 1cm 스케일이 20㎛로 표시되었을 때 배율을 구하시오.

배율 $= \dfrac{mm}{\mu m} \times 1{,}000 = \dfrac{cm}{\mu m} \times 10{,}000$
$= \dfrac{1}{20} \times 10{,}000 = 500$

2022년 1회 필답형 기출 복원문제

*이 문제는 수험생의 기억에 의해 복원한 것이므로 실제 문제 및 정답과 다를 수 있습니다.

01 다음 그림은 0.8%C 공석강을 담금질, 뜨임할 때 조직의 변화를 나타낸 것이다. ( )에 해당하는 조직명을 쓰시오.

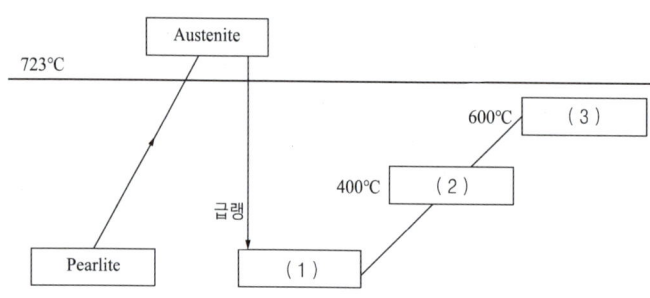

정답
(1) 마텐자이트
(2) 트루스타이트
(3) 소르바이트

02 초음파 탐상기 본체에 요구되는 성능 3가지를 쓰시오.

시간축직선성, 증폭직선성, 분해능

03 다음 그림은 불꽃시험의 불꽃 관찰에 관한 것이다. 각 부위별 관찰 사항을 각각 쓰시오.

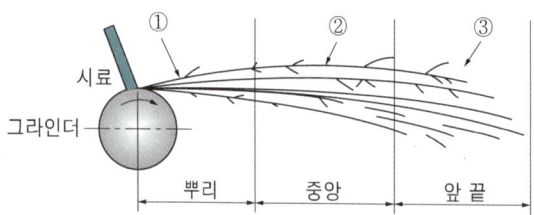

① 뿌리부 : 유선각도
② 중앙부 : 유선 흐름
③ 앞끝부 : 불꽃의 파열

04 담금질 방법 중 물에 담금질 했을 때와 기름에 담금질 했을 때 냉각속도를 비교하고 어떤 쪽이 경도가 높은 가를 쓰시오.

물의 냉각속도가 빠르므로 경도가 높다.

05 Tt : 7시간. C : 0.8%, Co : 1.15%, Ci : 0.25%라 할때 침탄 시간(T_C)을 구하시오.

정답

$$T_C = T_i \left(\frac{C - C_i}{C_0 - C_i} \right)^2$$
$$= 7 \times \left(\frac{0.8 - 0.25}{1.15 - 0.25} \right)^2$$
$$= 2.61 \text{시간}$$

06 고탄소강의 망상 조직을 연화시키기 위해 Ac_3 또는 A_{cm} 온도 이상으로 가열하여 탄화물을 (가)에 고용한 후 급랭하고 (나)을 한다.

가 : 오스테나이트
나 : 구상화 풀림

07 다음 그림은 아공석강의 조직사진이다. 각각에 해당하는 조직명을 쓰시오.

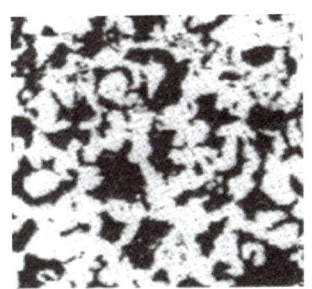

흑색 : 펄라이트
백색 : 페라이트

08 다음 그림은 SKH2 고속도강의 담금질 조직이다. 바탕의 조직과 백색입상의 조직명을 쓰시오.

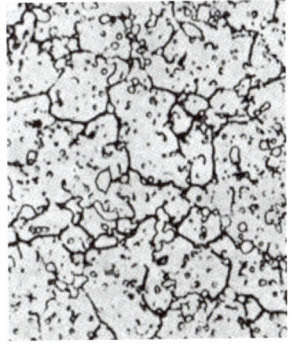

기지 : 마텐자이트
백색입상 : 탄화물

09 다음 그림은 고망간강(12%Mn)의 조직 사진으로 그림과 같은 조직을 얻기 위한 열처리 방법과 조직명을 쓰시오.

열처리 방법 : 수인법
조직명 : 오스테나이트

10 방사선투과시험에서 방사선이 물질을 투과할 때 물질의 원자핵 주위의 궤도 전자와 충돌로 발생할 수 있는 상호 작용 3가지는?

광전효과, 콤프턴효과, 쌍전자생성(전자쌍생성)

11 굽힘시험으로 얻을 수 있는 데이터를 3가지 쓰시오.

굽힘강도, 저항력, 탄성계수, 탄성 에너지

12 다음 그림은 KS 4호 인장시험편에 대한 것이다. L, P 부위의 명칭과 치수를 쓰시오.

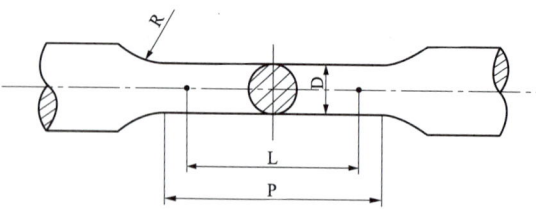

L : 표점거리, 50mm
P : 평행부길이, 60mm

13 담금질 변형 방지법을 3가지를 쓰시오.

① 1차 담금질 생략
② 프레스 담금질
③ Marquenching
④ 심랭처리

14 다음은 강의 취성에 관한 내용이다. 물음에 답하시오.

가. P은 무슨 취성을 일으키는가?
나. Mo은 무슨 취성 방지를 위하여 사용하는가?
다. 탄소강이 200~300℃에서 충격값이 급격히 감소하는 것을 무엇이라고 하는가?

정답 Answer
가 : 상온취성
나 : 뜨임취성 방지
다 : 청열취성

15 다음의 재료시험에 관한 물음에 답하시오.

가. 재료에 일정한 하중을 가하고, 일정온도에서 장시간 유지하면 재료가 변형되는 현상을 무엇이라 하는가?
나. 어떤 재료가 어떤 온도에서 어떤 시간 후에 크리프 속도가 0이 되는 응력을 무엇이라 하는가?

가 : 크리프
나 : 크리프 한도

16 다음 그림은 로크웰 경도시험 스케일을 나타낸 것이다. 각각에 해당하는 스케일의 명칭과 시험하중을 쓰시오.

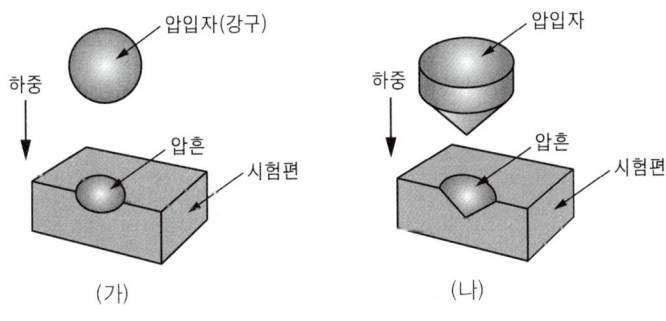

가 : B 스케일, 시험하중 100kgf
나 : C 스케일, 시험하중 150kgf

17 다음 물음에 답하시오.

가. 재료의 두께에 따라 담금질 효과가 달라지는데 두께가 큰 것은 효과가 감소하고, 작은 재료는 효과가 증가하는 현상을 무엇이라 하는가?
나. 담금질성 시험법으로 강재를 일정한 온도로 가공하여 오스테나이트화한 후 적정 물, 기름 또는 특정 냉각제 중에 담금질하여 경화시키는 방법으로 담금질성을 시험하는 방법은?

가 : 질량효과
나 : 조미니시험

2022년 2회 필답형 기출 복원문제

*이 문제는 수험생의 기억에 의해 복원한 것이므로 실제 문제 및 정답과 다를 수 있습니다.

01 다음은 현미경 조직관찰에 관한 것이다. 물음에 답하시오.

가. 그림에서 ( )에 해당하는 명칭을 쓰시오

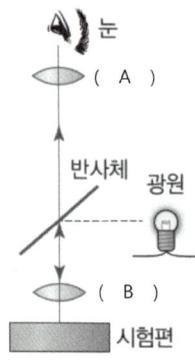

나. 현미경의 배율 구하는 식을 쓰시오.

정답 *Answer*
가. A : 접안렌즈, B : 대물렌즈
나. 배율 = 접안렌즈 × 대물렌즈

02 브리넬 경도 경도시험 결과 다음과 같을 때 브리넬 경도값을 구하시오. (경도값이 2자리일 경우 소수 2째 자리까지 구하고, 경도값이 3자리일 경우 정수로 구하시오)

강구 지름 10mm, 압입 하중 3,000kgf
시험후 압흔 지름 3.5mm

$$HB = \frac{2P}{\pi D(D-\sqrt{D^2-d^2})}$$
$$= \frac{2 \times 3,000}{\pi \times 10(10-\sqrt{10^2-3.5^2})}$$
$$= 302$$

03 다음의 금속을 표면에 침투시키는 방법의 명칭을 쓰시오.

가. Zn :
나. Al :
다. Si :

가. 세라다이징
나. 칼로라이징
다. 실리코나이징

04 다음의 매크로 시험 결과 기호에 대하여 결함의 명칭을 쓰시오.

가. Lc :
나. H :
다. K :

정답
가. 중심부 다공질
나. 모세균열
다. 주변흠

05 다음 그림은 연속냉각 시 얻는 조직에 관한 선도이다. 이 선도의 명칭을 쓰고 곡선 ①, ⑤에서 얻어지는 조직의 명칭을 쓰시오.

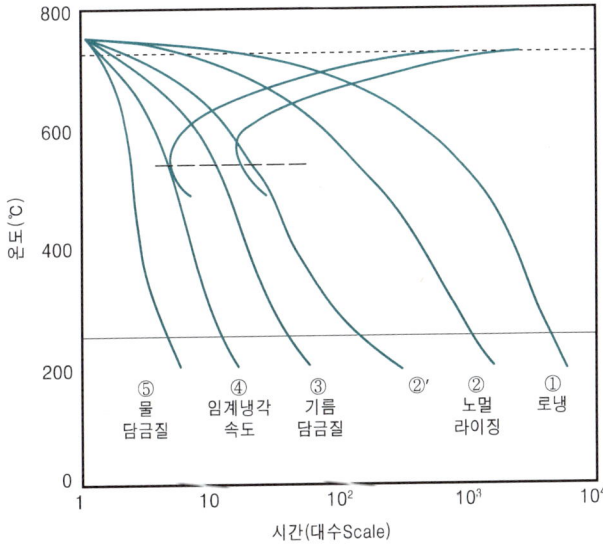

가. 선도 명칭 :
나. ① :
　　⑤ :

정답
가. CCT 선도
나. ① : 조대한 펄라이트
　　⑤ : 마텐자이트

06 침탄법에 대한 물음에 답하시오.

가. 가스 침탄법에서 다음에 화학식에 (　)를 채우시오.

$$C_3H_8 \rightarrow C + (\quad) + C_2H_6$$

나. 캐리어 가스에 대해 설명하시오.

정답
가. H_2
나. 가스 발생로에서 생성된 가스를 가스 침탄로에 도입시켜 침탄작업을 실시할 때 노에 도입된 가스이다.

07 다음은 굽힘시험의 분류에 대한 내용이다. ( ) 안에 알맞은 시험방법을 쓰시오.

> 굽힘시험은 재료의 굽힘에 대한 저항력을 조사하는 (가)과 전성, 연성, 균열의 유무를 시험하는 (나)으로 분류된다.

정답
가. 굽힘저항시험
나. 굽힘균열시험

08 다음의 탄소강 파열그림을 보고 탄소량(C%)을 쓰시오.

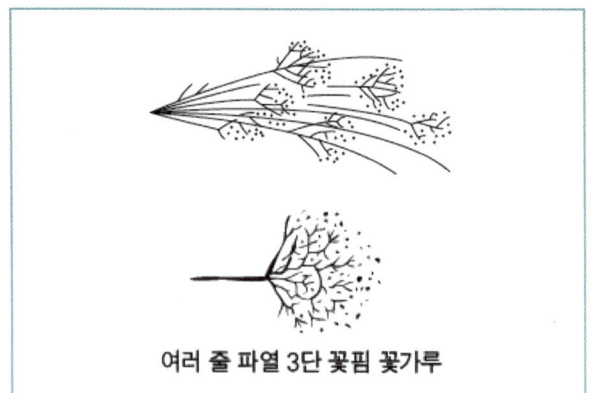

여러 줄 파열 3단 꽃핌 꽃가루

정답 0.5%C

09 와전류탐상시험에서 코일 적용 방법에 의한 분류방법 3가지를 쓰시오.

정답 관통형 코일, 내삽형 코일, 표면형 코일

10 시료와 대전극 사이에서 스파크방전을 시켜 여기서 발생하는 각 성분원소의 스펙트럼선 강도를 광전류로 측정하여 함유원소의 정량을 실시하는 방법의 분석기는 무엇인가?

정답 발광 분광 분석기 (Emission Spectrometer)

11 다음 그림은 고속도강을 담금질 후 템퍼링을 하였을 때 경도 분포에 관한 내용이다. 500℃ 구간에서 경도가 상승하는 현상을 무엇이라 하는가?

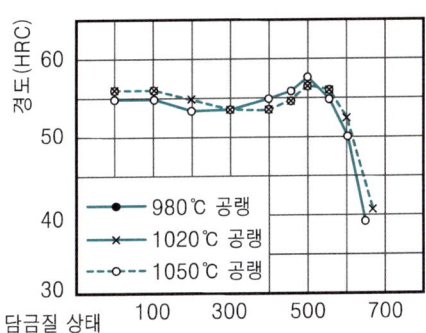

정답: 제2차 경화 현상

12 다음 그림은 초음파 탐상법의 원리는 나타낸 것이다. ( ) 안에 해당하는 시험 방법을 쓰시오

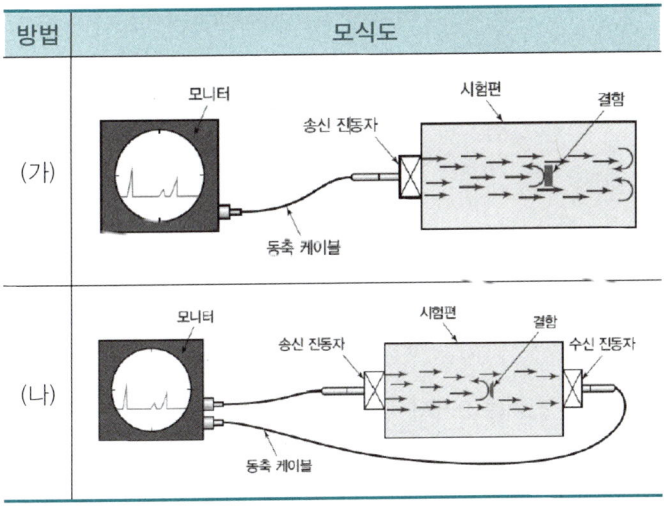

정답:
가. 펄스반사법
나. 투과법

13 탄소 0.8%에서 오스테나이트를 냉각 시 나타나는 반응명을 쓰고, 생성되는 2가지 조직명을 쓰시오.

가. 반응명 :
나. 조직명 :

정답:
가. 공석반응
나. 페라이트 + 시멘타이트

14 다음 그림은 주철의 조직을 나타낸 것이다. ( ) 안에 해당하는 주철의 명칭을 적으시오

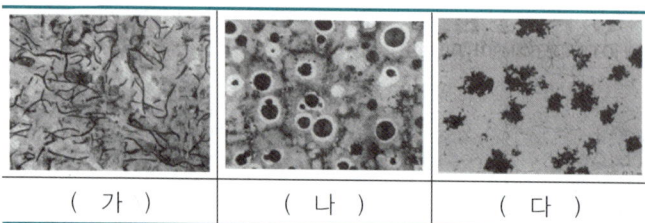

(가)　　　　(나)　　　　(다)

정답

가. 회주철(편상흑연주철)
나. 구상흑연주철
다. 흑심가단주철

15 열처리용 치공구가 가져야할 구비조건을 3가지 쓰시오. (단, 가격이 저렴할 것 등과 같이 일반적인 내용은 제외)

① 내식성이 우수할 것
② 변형 저항성, 열피로 저항성 등이 우수할 것
③ 열팽창 계수가 작을 것
④ 고온 강도가 우수할 것
⑤ 작업성이 좋을 것

16 마텐자이트 변태의 특징을 3가지 쓰시오.

① 원자 확산을 수반하지 않는 무확산 변태이다.
② 고용체의 단일상이다.
③ 표면에 기복이 생긴다.
④ 결정 내에 격자결함이 존재한다.
⑤ 협동적 원자운동에 의한 변태이다.

17 열처리 전·후 처리 장치 중 기계적 처리 장치를 3가지 쓰시오.

① 버프 연마
② 액체 호닝
③ 쇼트 피닝
④ 샌드 블라스트
⑤ 베럴 다듬질
⑥ 연삭

2022년 4회 필답형 기출 복원문제

*이 문제는 수험생의 기억에 의해 복원한 것이므로 실제 문제 및 정답과 다를 수 있습니다.

01 강을 심랭처리하면 낮은온도에서 열처리하므로 균열이 발생하는데, 균열이 발생하는 원인을 3가지 쓰시오.

정답
- 심랭처리 온도 불균일, 부정확
- 산화와 탈탄이 발생
- 내부응력 분포 불균일
- 표면 다듬질 거칠 때
- 담금질 온도가 너무 높았을 때

02 종합판정에 의한 평균입도시험 결과가 다음과 같았다. 평균입도번호를 구하시오.

입도번호(a)	시야수(b)
4	13
5	14
6	13

$a \times b$ 및 합계를 구하면 다음과 같다.

입도번호(a)	시야수(b)	$a \times b$
4	13	52
5	14	70
6	13	78
합계($\sum$)	40	200

$$n = \frac{\sum (a \times b)}{\sum b} = \frac{200}{40} = 5$$

03 다음 보기를 보고 침투탐상검사의 순서를 나열하시오.

> 관찰, 세정, 현상처리, 전처리, 후처리, 침투처리

전처리 → 침투처리 → 세정 → 현상처리 → 관찰 → 후처리

04 다음에 설명하는 열처리 방법의 명칭을 쓰시오.

> 시안화나트륨, 시안화칼륨 등의 침탄제와 침탄 촉진제를 동(Cu)제 상자에 넣고 용해하여 강재를 염욕 중에 침지시켜 발생기 탄소와 질소를 침입시켜 행하는 열처리 방법이다.

액체침탄법(청화법)

05 비파괴 검사는 결함 발생 후 진단하는 방법이다. 결함 초기 생성 시 소리에 의해 결함을 검출하는 방법의 명칭을 쓰시오.

정답 Answer
음향방출시험(AET, AE)

06 풀림 열처리에 대하여 다음 물음에 답하시오.

가. 절삭가공 도중에 가공이 잘 되게 하기 위해 하는 처리는 무엇이라고 하는가?

나. 주괴 편석이나 섬유상 편석을 없애고 강을 균질화 시키기 위해 고온에서 장시간 가열하고 연성을 주기 위한 확산 열처리 방법은 무엇인가?

가. 연화 풀림
나. 확산 풀림

07 다음 그림을 보고 물음에 답하시오

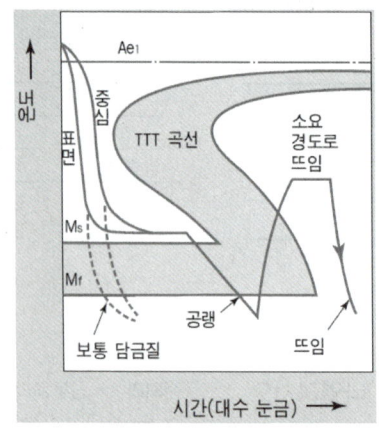

가. 그림의 열처리 방법을 쓰시오.
나. 열처리 후 얻어지는 조직을 쓰시오.

가. 마퀜칭
나. 마텐자이트

08 다음에 설명하는 금속재료의 명칭을 쓰시오.

가. 탄화텅스텐(WC), 탄화티타늄(TiC), 탄화탄탈럼(TaC) 등의 미세한 분말 형태의 금속을 코발트(Co)로 소결한 공구용 합금은?

나. 코발트(Co)를 주성분으로 하는 Co-Cr-W-C계 합금은?

다. 대표적인 저융점 금속을 2가지 쓰시오.

가. 서멧
나. 스텔라이트
다. 납(Pb), 주석(Sn), 아연(Zn)

09 다음 그림은 담금질 처리 시 냉각방법을 나타낸 것이다. ( )에 알맞은 명칭을 쓰시오.

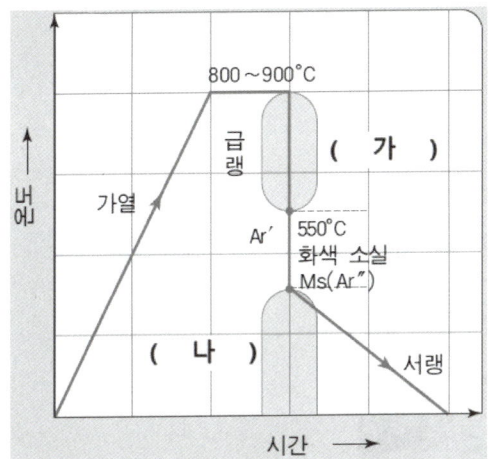

정답
가. 임계구역
나. 위험구역

10 다음 지문에 제시하는 재질에 알맞은 부식액을 쓰시오

재질	부식액
구리(Cu) 및 구리합금	(가)
금(Au), 은(Ag), 백금(Pt) 등의 귀금속	(나)
알루미늄(Al) 및 Al합금	(다)

가. 염화제이철용액
나. 왕수
다. 수산화나트륨

11 다음의 열전쌍 온도계 종류와 성분을 알맞은 것끼리 연결하시오

가. IC   • 1. 크로멜, 알루멜

나. CA   • 2. Fe, 콘스탄탄

다. CC   • 3. Pt, Pt-Rh

라. PR   • 4. Cu, 콘스탄탄

가 - 2
나 - 1
다 - 4
라 - 3

12 SKH51 고속도공구강의 열처리에 대해서 다음 물음에 답하시오.

가. 담금질 온도를 쓰시오.
나. 담금질 시 냉각 방법을 쓰시오.
다. 뜨임 온도를 쓰시오.

정답 Answer
가. 1,200~1,240℃
나. 유냉
다. 540~570℃

13 다음은 0.8%C강을 820℃로 가열한 후 300℃에서 항온열처리 하였을 때의 조직사진이다. 검은색과 흰색 부분의 조직을 쓰시오.

가. 검은색 부분의 조직 명칭을 쓰시오.
나. 흰색 부분의 조직 명칭을 쓰시오.

가. 베이나이트
나. 오스테나이트

14 경도시험에 대한 다음 물음에 답하시오.

가. 브리넬 경도시험에서 압입자의 기호 S와 W가 의미하는 것을 쓰시오.
나. 로크웰 경도시험에서 다이아몬드 압입자의 각도를 쓰시오.
다. 비커스 경도시험에서 압입자의 대면각을 쓰시오.

가. S : 강구, W : 초경합금구
나. 120°
다. 136°

15 충격시험에 관한 다음 물음에 답하시오.

가. 충격치란 무엇인가?
나. 시편의 노치 깊이가 깊을수록 충격치는 (증가, 감소)한다.
다. 시편의 노치 반지름이 작을수록 충격치는 (증가, 감소)한다.

가. 단위면적당 충격흡수에너지
나. 감소
다. 감소

16 다음은 인장시험에 관한 내용으로 물음에 답하시오

　가. 항복점이 뚜렷하지 않은 재료는 0.2%의 영구변형이 생기는 응력을 무엇이라 하는가?

　나. 연신율 구하는 식을 쓰시오. (단, l_0 : 변형 전 표점거리, l_1 : 변형 후 표점거리)

　다. 재질은 같고 기하학적으로 유사한 인장시험편이 인장시험 시 같은 연신율을 갖는 법칙은?

정답 *Answer*

가. 내력

나. 연신율 = $\dfrac{l_1 - l_0}{l_0} \times 100$

다. 상사의 법칙(Balba's law)

17 강의 고용화 열처리란 무엇인지 쓰시오.

강을 가열하여 균질한 오스테나이트 상태로 만든 뒤 급랭하여 탄화물을 고용시키는 방법

2023년 1회 필답형 기출 복원문제

*이 문제는 수험생의 기억에 의해 복원한 것이므로 실제 문제 및 정답과 다를 수 있습니다.

01 시멘타이트(Fe_3C)에 포함된 탄소(C)의 무게비(wt%)는 얼마인가? (단 Fe 원자량 55.8, C 원자량 12)

정답

$$\frac{탄소원자량}{Fe_3C원자량} \times 100$$
$$= \frac{12}{3 \times 56 + 12} \times 100$$
$$= 6.67\%$$

02 그라인더에서 비산하는 연삭분을 유리판에 삽입하여 만든 시험편을 현미경으로 관찰하여 재질을 판별하는 방법을 쓰시오.

정답 매립시험법

03 초음파 탐상시험에 대하여 다음 물음에 답하시오.

가. 불감대란?
나. 탐촉자의 역할은?
다. 접촉 매질 2가지를 쓰시오.

정답
가. 제어계에서 입력이 변하여도 출력이 발생되지 않는 입력의 범위
나. 초음파를 시험체에 송신하거나, 시험체에서 되돌아오는 초음파를 수신
다. 물유리, 글리세린, 그리스

04 방사선 투과시험에 사용되는 X-선관의 표적이 갖추어야 할 조건을 3가지 쓰시오.

정답
① 원자번호가 커야 한다.
② 용융점과 열전도성이 높아야 한다.
③ 낮은 증기압을 갖는 물질이어야 한다.

05 공구강의 구비조건을 5가지 쓰시오.

정답
① 상온과 고온에서 경도가 높아야 한다.
② 내마멸성이 커야 한다.
③ 강인성이 커야 한다.
④ 열처리와 공작이 용이해야 한다.
⑤ 가격이 저렴해야 한다.

06 다음의 금속침투법을 연결하시오.

가. 세라다이징   •   • 1. Si
나. 칼로라이징   •   • 2. Zn
다. 보로나이징   •   • 3. Al
라. 크로마이징   •   • 4. B
마. 실리코나이징 •   • 5. Cr

정답
가 - 2
나 - 3
다 - 4
라 - 5
마 - 1

07 청렬메짐에 대하여 설명하시오.

300℃ 근처에서 뜨임 시 충격 에너지가 급격히 감소하는 현상

08 SKH51 고속도강은 담금질 후 반복뜨임을 하는데 그 이유를 3가지 쓰시오.

• 잔류 오스테나이트의 분해
• 탄화물 석출에 의한 2차경화
• 결정립의 미세화
• 재료의 절삭성과 내마모성 향상

09 재료시험을 정적시험과 동적시험의 종류를 각각 2가지 쓰시오.

가. 정적 시험 :
나. 동적 시험 :

가. 인장시험, 압축시험, 전단시험, 굽힘시험, 비틀림시험, 크리프시험
나. 충격시험, 피로시험

10 다음의 재료시험에 대하여 물음에 답하시오.

가. 재료의 연성을 알기 위한 시험 방법을 쓰시오.
나. 재료에 반복적으로 응력을 가하는 시험 방법을 쓰시오.
다. 충격시험을 통해 알 수 있는 재료 특성을 쓰시오.

가. 에릭센 시험(커핑시험)
나. 피로시험
다. 인성

11 다음 보기를 보고 경도가 높은 것에서 낮은 순으로 쓰시오.

> 소르바이트, 트루스타이트, 마텐자이트, 페라이트, 시멘타이트, 펄라이트

12 다음 그림은 냉간가공 후 풀림처리 했을 때의 기계적 성질의 변화를 나타낸 것이다. ( )안에 해당하는 성질을 보기에서 골라 쓰시오.

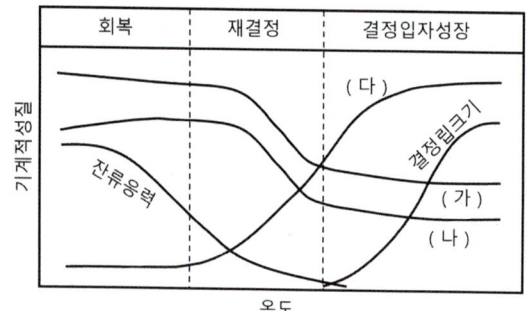

> 인성, 인장강도, 경도

(가) :
(나) :
(다) :

13 금속현미경 관찰에 대하여 물음에 답하시오.

가. 현미경을 관찰하기 위한 순서를 보기에서 골라 쓰시오.

> 연마, 부식, 관찰, 마운팅, 절단

나. 철강의 부식액을 쓰시오.
다. 귀금속의 부식액을 쓰시오.

정답 Answer

시멘타이트 → 마텐자이트 → 트루스타이트 → 소르바이트 → 펄라이트 → 페라이트

(가) 경도
(나) 인장강도
(다) 인성

가. 절단 → 마운팅 → 연마 → 부식 → 관찰
나. 나이탈(질산 알콜용액) 피크랄(피크르산 알콜용액)
다. 왕수(질산+염산)

14 시효 열처리에서 과시효가 되었을 때 현상을 쓰고, 그 원인을 2가지 쓰시오.

가. 현상 :
나. 원인 :

정답
가. 시효가 계속되면서 부정합 석출물 Θ상이 형성되어 강도가 감소하는 현상
나. 시효시간이 너무 길 때, 시효온도가 너무 높을 때

15 분위기 열처리 시 변성가스(캐리어가스) 속에 CO_2, H_2O, CH_4 등의 유해성분을 정제시키기 위한 촉매법의 가스 종류를 2가지씩 쓰시오.

가. 목탄촉매법 :
나. 니켈촉매법 :

정답
가. AC가스, AX가스
나. DX가스, NX가스, RX가스

16 3개의 시험편을 비교법으로 결정입도를 측정한 결과, ㉠ 시험편은 입도번호가 4, ㉡ 시험편은 입도번호가 5, ㉢ 시험편은 입도번호가 6이었다.

가. 결정립이 가장 미세한 시험편은?
나. 결정립이 가장 큰 것과 가장 작은 것의 결정립의 개수의 차이는? (결정립 수 차이 = 결정립이 가장 작은 시편의 결정립 수/결정립이 가장 큰 시편의 결정립 수)

정답
가. ㉢
나. 결정립 수 $= 2^{(N-1)}$ (N:입도번호)이므로
$$\frac{2^{6-1}}{2^{4-1}} = \frac{2^5}{2^3} = \frac{32}{8} = 4$$

17 다음 그림은 3원계 상태도이다. PX : PY : PZ = 4 : 4 : 2일 때 P점의 농도를 구하시오.

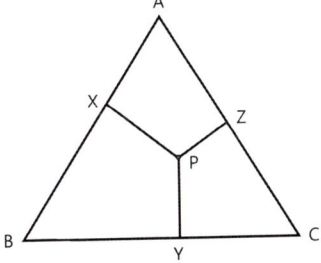

가. A% :
나. B% :
다. C% :

정답
가. 40%
나. 20%
다. 40%

2023년 4회 필답형 기출 복원문제

*이 문제는 수험생의 기억에 의해 복원한 것이므로 실제 문제 및 정답과 다를 수 있습니다.

01 다음은 철강의 불꽃시험법에서 탄소강의 탄소 함량이 증가함에 따라 유선과 파열의 특성에 대한 설명이다. 맞는 내용을 고르시오.

> ① 탄소 함량이 증가함에 따라 유선의 길이는 (길어 / 짧아)진다.
> ② 탄소 함량이 증가함에 따라 유선의 색깔은 (빨간색 / 오렌지색)에 가깝다.
> ③ 탄소 함량이 증가함에 따라 유선의 숫자는 (많아 / 적어)진다.
> ④ 탄소 함량이 증가함에 따라 파열의 모양은 (단순 / 복잡)해진다.
> ⑤ 탄소 함량이 증가함에 따라 파열의 숫자는 (많아 / 적어)진다.

정답
① 짧아
② 빨간색
③ 많아
④ 복잡
⑤ 많아

02 금속의 조직 검사에 대한 다음 물음에 답하시오.

가. 철강 중 FeS 또는 MnS로 존재하는 황(S)의 분포를 검출하기 위한 방법을 쓰시오.
나. 육안 또는 10배 이내의 확대경으로 조직을 검사하는 방법을 쓰시오.

가. 설퍼프린트법
나. 매크로부식법(매크로조직시험법)

03 현미경 조직 관찰을 위한 공정 순서를 순서대로 배열하시오.

> 에칭, 절단, 연마, 관찰, 마운팅

절단 → 마운팅 → 연마 → 에칭 → 관찰

04 다음은 철강의 매크로 시험법에서 매크로 조직에 대한 설명이다. 각각의 명칭과 기호를 쓰시오.

가. 강의 응고 과정에서 성분의 편차 때문에 중심부에 부식의 농도차가 나타난 것
나. 부식에 의하여 강재 단면 전체에 걸쳐 또는 중심부에서 육안으로 보이는 크기로 점모양의 구멍이 생긴 것
다. 강재 단면 전체에 걸쳐서 또는 중심부에서 부식이 단시간에 진행하여 해면상으로 나타난 것
라. 부식에 의하여 단면에 가늘게 털 모양으로 나타난 흠

정답 *Answer*

가. 중심부 편석(Sc)
나. 피트(T)
다. 다공질(L)
라. 모세균열(H)

05 초음파 탐상시험에서 사용하는 초음파가 파동으로 갖는 특성을 3가지 쓰시오.

흡수(absorption), 반사(reflection), 산란(scatter), 투과(transmission)

06 방사선 투과시험에서 노출인자를 구하는 식을 쓰시오.
(단, I : 관선류(mA), t : 노출시간(s), d : 선원과 필름 사이의 거리(m)이다)

$$노출인자 = \frac{관전류 \times 시간}{거리^2} = \frac{I \times t}{d^2}$$

07 다음 2원 합금 상태도의 불변 반응 명칭을 쓰시오.

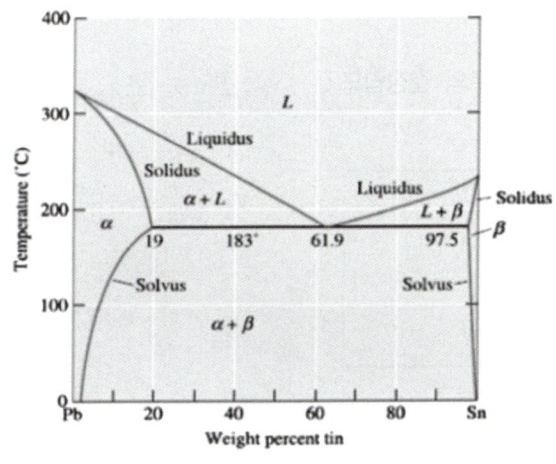

공정반응

08 다음은 Fe-C 상태도의 일부분을 나타낸 것이다. 그림의 성분을 보고 SM45C 탄소강에서의 페라이트와 펄라이트의 양을 각각 구하시오.

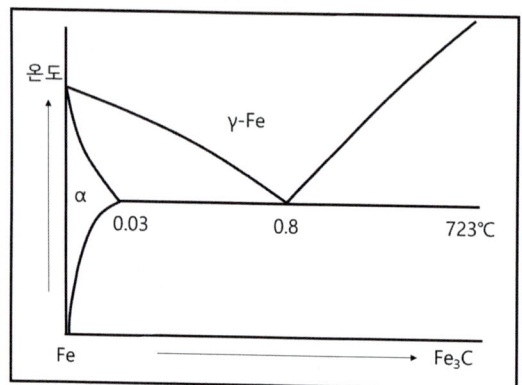

정답

페라이트 $= \dfrac{0.8-0.45}{0.8-0.03} \times 100 = 45.45\%$

펄라이트 $= 100 - 45.45 = 54.55\%$

09 다음 그림은 마찰압력과 마모량의 관계를 나타낸 것이다. P1, P2는 각각 어떤 압력인지 쓰시오.

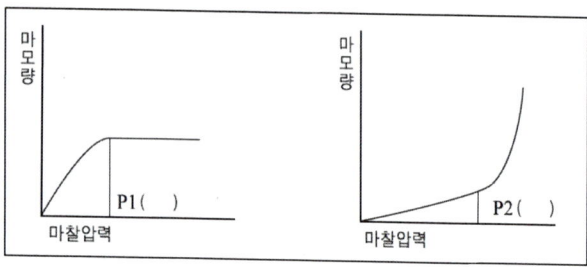

P1 : 포화 압력
P2 : 임계 압력

10 다음 보기를 보고 평적법에 의해 페라이트의 결정립도 번호를 구하시오.

- 현미경 배율 : 100배
- 관찰 현미경내 원의 면적 : 5,000mm²
- 경계선에 있는 결정립 수 : 24
- 완전히 경계선 안에 있는 결정립 수 : 22

$X = \dfrac{W}{2} + Z = \dfrac{24}{2} + 22 = 34$

$n = X \times \dfrac{M^2}{5,000} = 34 \times \dfrac{100^2}{5,000} = 68$

$\therefore N = \dfrac{\log n}{0.301} - 3 = \dfrac{\log 68}{0.301} - 3 ≒ 3$

11 크리프 한도에 대하여 설명하시오.

정답: 일정 온도에서 어떤 시간 후에 크리프 속도가 제로(0)가 되는 최대 응력

12 다음의 열처리 설비에 대한 물음에 답하시오.

가. ( )에 알맞은 설비의 명칭을 쓰시오.

> 열처리로를 장입 방식에 따라 크게 ( ), ( )의 두 가지로 나눌 수 있다.

나. 전기로에 사용하는 비금속발열체를 2가지 쓰시오.

정답:
가. 상형로, 대차로
나. 흑연, SiC

13 공구강의 시멘타이트를 구상화풀림 처리할 때 구상화 방법 중 A1 변태점을 경계로 가열, 냉각을 반복하는 열처리 방법을 그리시오.

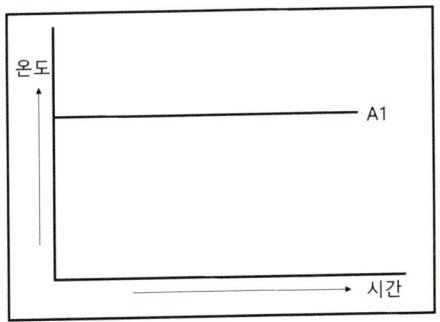

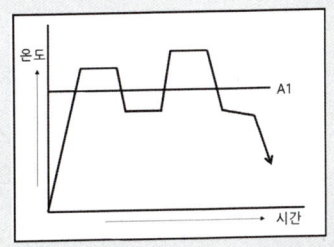

14 다음 그림은 분위기 열처리에 사용하는 노점컵의 구조이다. ( )에 해당하는 용어를 쓰시오.

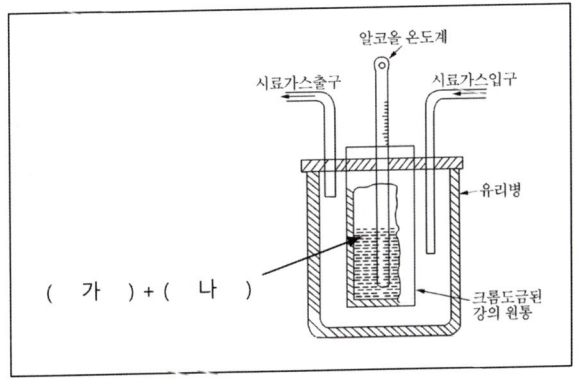

정답:
가. 드라이아이스
나. 알콜

15 고주파 경화 열처리의 장점을 3가지 쓰시오. (단 "가격이 저렴하다", "기계적 성질이 우수하다" 등의 일반적인 내용은 제외)

정답
① 조작이 간단하며 열처리 시간이 단축될 수 있다.
② 열처리 후의 연삭 과정을 생략 또는 단축할 수가 있다.
③ 가열 시간이 매우 짧아서 경화면의 탈탄이나 산화가 극히 적다.
④ 열처리 불량이 적고 변형 보정을 필요로 하지 않는다.
⑤ 직접 가열에 의하므로 열효율이 높다.
⑥ 직접 부분 담금질이 가능하므로 필요한 깊이만큼 균일하게 경화한다.
⑦ 표면은 초경도로 되고 내마모성이 향상된다.

16 다음의 분위기 열처리에 열처리에 관한 물음에 답하시오.

가. 불활성 가스 종류를 2가지 쓰시오.
나. 가스의 압력 단위를 2가지 쓰시오.

정답
가. 질소, 아르곤
나. 토르(Torr, mmHg), 파스칼(Pa)

17 열처리 설비 및 장입법에 대한 물음에 답하시오.

가. 열처리용 내화재에 요구되는 성질을 2가지만 쓰시오. (단, "불순물이 적을 것", "경제적일 것" 등의 일반적인 내용은 제외)
나. 소재를 장입할 때 가열상태가 가장 양호한 장입 방법을 다음 그림에서 골라 쓰시오. (단, 그림에서 각 소재의 크기는 동일하고 장입형태만 다르다)

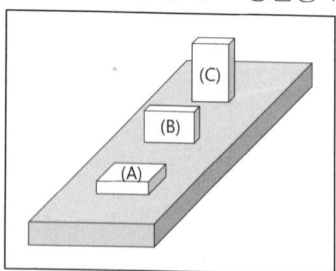

정답
가. ① 융점 및 연화점이 높을 것
② 마모에 대한 저항이 클 것
③ 화학적 침식 저항이 클 것
④ 급격한 온도 변화에 견딜 것
⑤ 열전도도가 작을 것
나. B

2024년 1회 필답형 기출 복원문제

*이 문제는 수험생의 기억에 의해 복원한 것이므로 실제 문제 및 정답과 다를 수 있습니다.

01 스테인리스강을 조직별로 구분할 때 종류를 4가지 쓰시오.

정답: 페라이트계, 마텐자이트계, 오스테나이트계, 석출경화계

02 비금속개재물 시험 판정 결과 다음과 같았다. 결과를 해석하시오.

$$d60 \times 400 = 0.34\%$$

정답: 측정시야수(d)가 60, 배율이 400배로, 청정도가 0.34%이다.

03 구상흑연주철을 제조하기 위한 구상화제를 3가지 쓰시오.

정답: Mg, Ca, Ce

04 다음 그림은 크리프 곡선을 나타낸 것이다. 각 단계에 해당하는 명칭을 쓰시오.

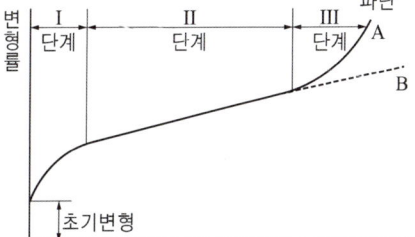

정답:
- 1단계: 천이 크리프(크리프 속도가 감소하는 단계)
- 2단계: 정상 크리프(크리프 속도가 일정한 단계)
- 3단계: 가속 크리프(크리프 속도가 급격히 증가하는 단계)

05 다음에 설명하는 설퍼프린트 시험결과에 의한 편석에 대하여 그 명칭 및 기호를 쓰시오.

   가. 황이 강의 외주부로부터 중심부로 향하여 증가하여 분포되고, 외주부보다 중심부방향으로 짙은 농도로 착색되어 나타나는 것
   나. 황이 강의 외주부로부터 중심부로 향하여 감소하여 분포되고, 외주부보다 중심부방향으로 옅은 농도로 착색되어 나타나는 것
   다. 황의 편석부가 전체적으로 짙은 농도로 착색되어 점상으로 나타난 것

정답
가. 정편석(SL)
나. 역편석(SI)
다. 점상편석(SD)

06 다음에 설명하는 매크로 결함의 명칭 및 기호를 쓰시오.

   가. 강재 단면의 중심부에 부식이 단기간에 진행하여 해면상으로 나타난 것
   나. 부식에 의하여 단면에 가늘게 머리카락 모양으로 나타난 흠
   다. 강재 주변의 기포에 의한 흠 또는 압연 및 단조에 의한 흠 또는 그 밖에 강재의 오주부에 생긴 흠

가. 중심부 다공질(Lc)
나. 모세균열(H)
다. 주변흠(K)

07 금속재료를 고주파 자계 중에 놓고 전류를 통하여 재료의 이물질 선별, 열처리상태, 치수변화, 흠존재 여부, 도금두께 측정 등을 할 수 있는 시험법의 명칭을 쓰고, 이 시험법의 장점을 2가지 쓰시오.

   가. 명칭 :
   나. 장점 :

가. 와전류탐상(ECT)
나. 비접촉이므로 시험속도가 빠르다. 고온탐상 및 자동화가 가능하다. 표면 및 표면 직하 결함 검출에 적합하다.

08 고주파 표면경화에서 주파수를 설정할 때 다음과 같은 경우 어떻게 설정해야하는가를 '높게' 또는 '낮게'로 표현하시오.

가. 부피가 큰 재료를 표면경화할 때 :
나. 부피가 작은 재료를 표면경화할 때 :
다. 경화깊이를 얕게 할 때 :
라. 경화깊이를 깊게 할 때 :

정답 Answer
가. 낮게
나. 높게
다. 높게
라. 낮게

09 다음에 설명하는 방사선의 양에 대한 명칭을 쓰시오.

가. 방사선이 공기 중의 분자를 이온화시킨 정도를 양으로 표현한 것
나. 물질의 단위 질량당 흡수된 방사선의 에너지
다. 인체 내 조직산 선량분포에 따른 위험 정도를 하나의 양으로 나타내기 위해 등가선량에 조직의 가중치를 곱한 것
라. 흡수선량에 대해 방사선의 가중치를 곱한 것

정답 Answer
가. 조사선량
나. 흡수선량
다. 유효선량
라. 등가선량

10 다음 그림과 같은 열처리 방법과 생성되는 조직을 쓰시오.

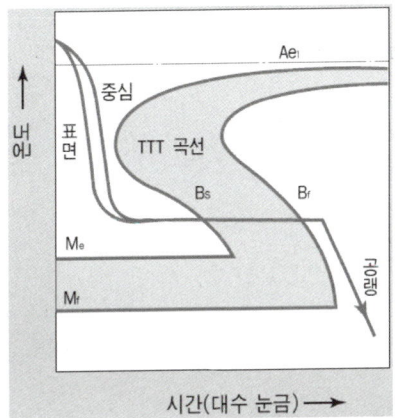

가. 열처리 방법 :
나. 생성조직 :

정답 Answer
가. 오스템퍼링
나. 베이나이트

11 고탄소강의 열처리 중 구상화 방법으로 가장 많이 사용되는 방법을 쓰시오.

A1 변태점 바로 위에서 장시간 유지 후 서냉(구상화풀림)

12 탄소가 0.25% 함유된 아공석강의 페라이트와 펄라이트의 비율을 구하시오. (단 공석점은 0.8%C, 알파철의 고용한도는 0.015%C 이다)

페라이트 $= \dfrac{0.8 - 0.25}{0.8 - 0.015} \times 100 = 70.06\%$

펄라이트 $= 100 - 70.06 = 29.94\%$

13 다음 그림은 불꽃시험 결과이다. 해당하는 합금원소명을 쓰시오.

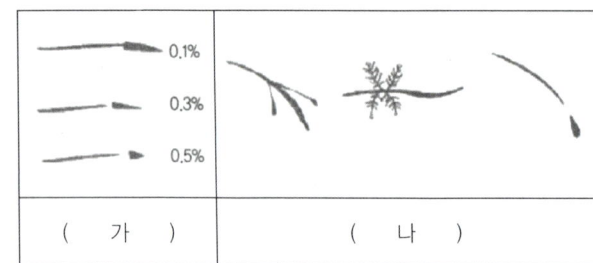

가. Mo
나. W

14 다음은 KS규격에 의한 강종 분류이다. 해당하는 것끼리 연결하시오.

① SM
② SCM
③ SKH
④ STS

㉠ 고속도공구강
㉡ 기계구조용강
㉢ Cr-Mo 합금강
㉣ 열간금형용 공구강

①-㉡, ②-㉢, ③-㉠, ④-㉣

15 다음의 변성가스에 대한 설명이다. ( )에 해당하는 용어를 쓰시오.

> 흡열형 가스는 외부에서 가열되는 변성로(retort)로 혼합된 원료 가스와 (가)를 보내면 (나) 촉매에 의해서 분해되어 가스를 변성시킨 것으로 변성 시 열을 (다)한다.

정답 *Answer*
가 : 공기
나 : 니켈
다 : 흡수

16 고망간강에 대한 다음 물음에 답하시오.

① 고망간강의 강도 및 인성 증가를 위하여 1,000~1,100℃에서 급랭하는 열처리 방법을 쓰시오.
② 고망간강은 열전도성이 나쁘고, ( )가 커서 열변형을 잘 일으키는 단점이 있다.
③ 고망간을 고온에서 서랭 시 M_3C 탄화물 석출과 오스테나이트가 ( )로 변태한다.

① 수인법
② 열팽창계수
③ 마텐자이트

17 다음은 현미경 조직관찰에 관한 것이다. 물음에 답하시오.

가. 그림에서 ( )에 해당하는 명칭을 쓰시오

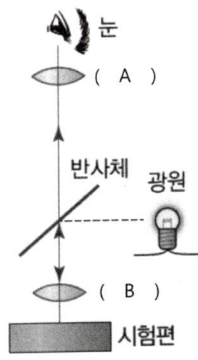

나. 현미경의 배율 구하는 식을 쓰시오.

가. A : 접안렌즈, B : 대물렌즈
나. 배율 = 접안렌즈 × 대물렌즈

2024년 2회 필답형 기출 복원문제

* 이 문제는 수험생의 기억에 의해 복원한 것이므로 실제 문제 및 정답과 다를 수 있습니다.

01 침입형 고용체를 형성하는 원소를 3가지만 쓰시오.

정답
H, C, B, N, O

02 강의 불꽃의 모양을 보고 각각의 특징에 맞는 성분을 연결하시오.

가.    ① Cr

나.   ② Ni

다.   ③ Si

라.   ④ W

정답
가-④, 나-①, 다-②, 라-③

03 스프링강은 급격한 진동을 완화하고 에너지를 축적하는 기계요소로 사용된다. 스프링강의 탄성 한도와 피로 강도를 높이기 위하여 어떤 열처리를 해야하며, 이때 생성되는 조직은 무엇인가?

가. 열처리 방법 :
나. 생성 조직 :

정답
가. 파텐팅(Partenting)
나. 소르바이트(Sorbite)

04 다음 그림을 보고 열처리 방법의 명칭과 생성조직을 쓰시오.

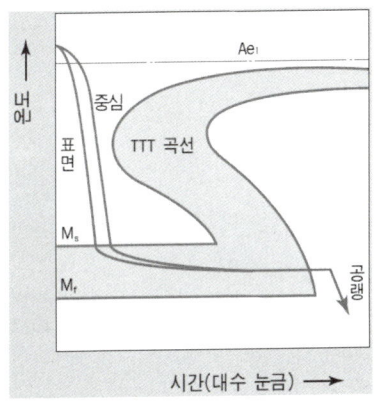

가. 열처리 방법 :
나. 생성조직 :

정답 *Answer*

가. 마템퍼링
나. 마텐자이트 + 베이나이트

05 로크웰 경도시험에서 사용하는 압입자, 초기하중, 시험하중, 사용눈금의 색은?

스케일 종류	압입자	초기 하중	시험 하중	눈금자 색
C 스케일	꼭지각 120°인 다이아몬드 cone	10kg	150kg	흑색 scale
B 스케일	1/16″steel ball	10kg	100kg	적색 scale

06 다음은 고속도강(SKH2 : 18-4-1형)을 1,100℃의 염욕에서 3분 가열 후 유냉한 조직이다. 기지조직, 입상의 조직명은?

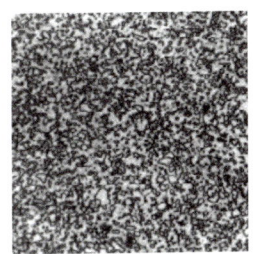

① 기지 :
② 입상 :

① 마텐자이트
② 탄화물

07 다음에 설명하는 것에 대한 탄소 함유량을 쓰시오.

가. 강과 주철을 구분하는 점은?
나. 공정점은?
다. 공석점은?

정답 *Answer*
가. 2.01%
나. 4.3%
다. 0.8%

08 다음 그림은 항온변태 곡선이다. ①, ②에 해당하는 변태를 쓰고, ③, ④에 생성되는 조직을 쓰시오.

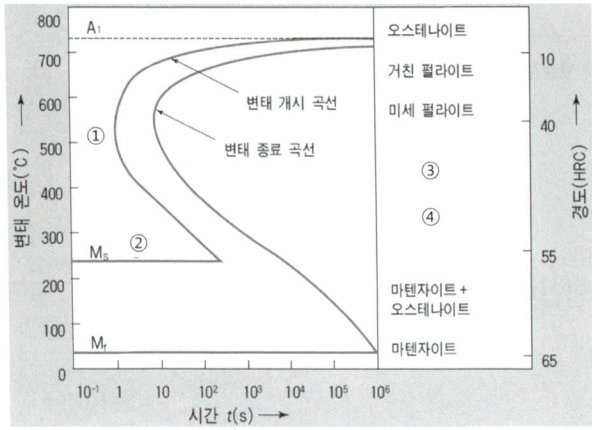

① Ar' 변태
② Ar'' 변태
③ 상부 베이나이트
④ 하부 베이나이트

09 다음 그림과 같은 샤르피 충격시험에서 충격방향이 어디인지 쓰고, 이 시험은 무엇을 알기 위한 것인지를 쓰시오.

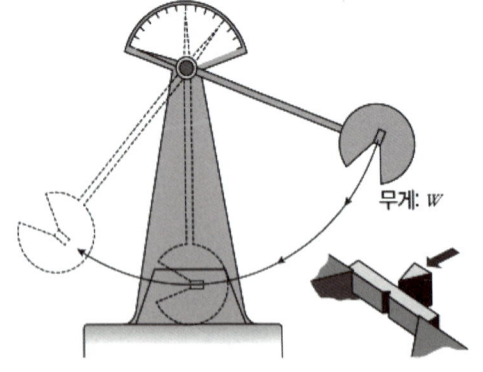

① 충격방향 : 노치 뒷면을 해머로 충격
② 충격인성을 알기 위함

10 방사선투과시험에서 노출인자(E)를 구하는 식을 쓰고, 선원과 필름 사이의 거리가 2배 늘어났을 때 선원의 강도는 어떻게 되는지 답하시오. (단, I : 관전류(A) 또는 감마선원의 강도(Bq), t : 노출시간(s), d : 선원-필름 사이의 거리(m)이다)

정답 *Answer*

① 노출인자 $E = \dfrac{I \times t}{d^2}$

② 강도 : 거리가 2배 늘어나면 강도는 1/4배 늘어난다.

11 다음은 Al-Cu 합금의 열처리 과정이다. 해당하는 부분의 열처리 방법을 쓰시오.

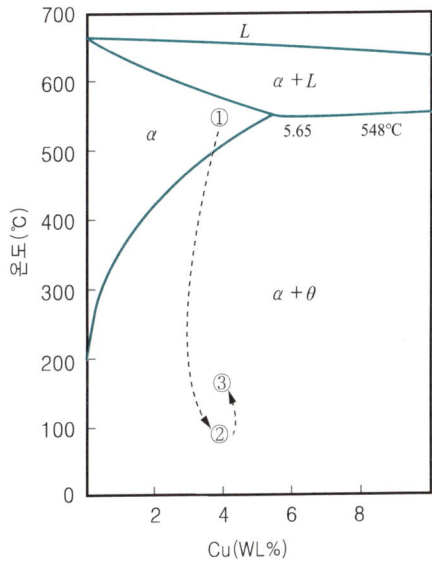

① 용체화 처리
② 급냉
③ 시효처리

12 심냉처리의 장점을 3가지 쓰시오.

① 시효변형에 의한 치수변화방지
② 경도증가 및 내마모성 향상
③ 담금질한 강의 조직 미세화 및 안정화
④ 잔류오스테나이트의 마텐자이트화

13 인장시험에서 하중 $P(kg_f)$, 시험편의 반지름 $d(mm)$, 변형전 길이 $L_0(mm)$, 변형 후 길이 $L_1(mm)$일 때 연신율과 인장강도를 구하는 식을 완성하시오.

연신율 $= \dfrac{L_1 - L_0}{L_0} \times 100$

인장강도 $= \dfrac{P}{\pi r^2}$

14 SM45C강의 퀜칭 및 템퍼링 온도 및 방법을 보기에서 골라 쓰시오.

600, 750, 800, 850, 900, 수냉, 유냉, 공냉, 노냉

	온도	냉각방법
퀜칭		
템퍼링		

정답

	온도	냉각방법
퀜칭	850	수냉
템퍼링	600	수냉

15 다음 그림은 고속도강을 담금질 후 템퍼링을 하였을 때 경도 분포에 관한 내용이다. 500℃ 구간에서 경도가 상승하는 현상을 무엇이라 하는가?

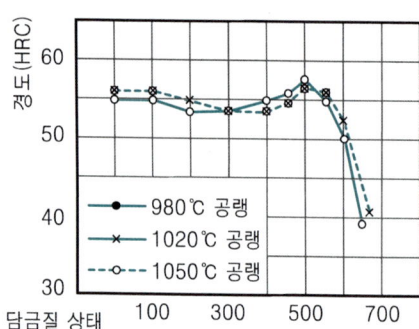

정답 제2차 경화 현상

16 침투탐상시험에 대한 다음 물음에 답하시오.

가. 침투제가 결함에 침투하는 기본원리는?
나. 침투탐상시험의 순서를 ( )에 채우시오.
전처리 → (①)처리 → (②)처리 → (③)처리 → 관찰

정답
가. 모세관 현상
나. ① 침투, ② 세척 또는 제거, ③ 현상

17 강의 표면에 특수 원소를 침투시키는 방법의 명칭을 쓰시오.

가. Cr :
나. B :
다. Al :
라. Si :
마. Zn :

정답
가. 크로마이징
나. 보로나이징
다. 칼로라이징
라. 실리코나이징
마. 세라다이징

M·E·M·O

PART 07 실기 작업형

1. 불꽃시험
2. 브리넬 경도 측정
3. 각종 강의 표준조직 사진 및 해설
4. 연성, 취성 판별

PART 07 실기 작업형

1 ▶ 불꽃시험

SM25C
길이 : SM45C처럼 길다.
유선의 수 : 적다.
파열 : 거의 없다.
※ SM45보다 유선의 수가 적으면서 길게 나오는 것이 특징이다.

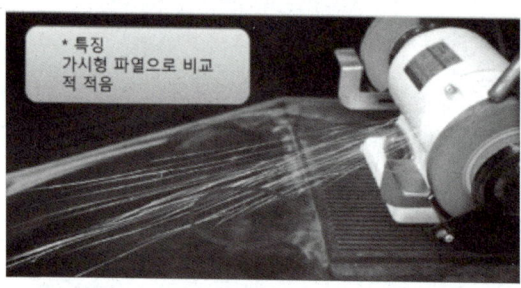
* 특징
가시형 파열으로 비교적 적음

SM45C
길이 : 가장 길다.
유선의 수 : 많다.
파열 : 많지만 STC3보다 적다.
※ 길이는 길지만 파열이 적다.
   파열이 적으므로 유선이 매끄럽게 보인다.

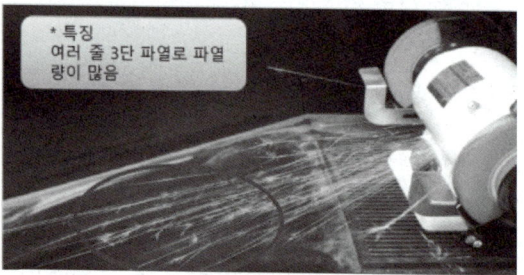
* 특징
여러 줄 3단 파열로 파열량이 많음

STC3 (STC105)
길이 : 중간 이상
유선의 수 : 많다.
파열 : 제일 많다.
※ SM45C보다 파열이 많다.
   파열이 많아서 유선이 매끄럽지 못하고, 유선에 잔가지가 많이 보인다.

* 특징
많은 유선, 전체적인 꽃 +꽃가루 파열

STS3
길이 : 중간
유선의 수 : 중간
파열 : 적다.
※ 유선이 S자로 휘면서 불꽃 끝 부분은 내려간다.

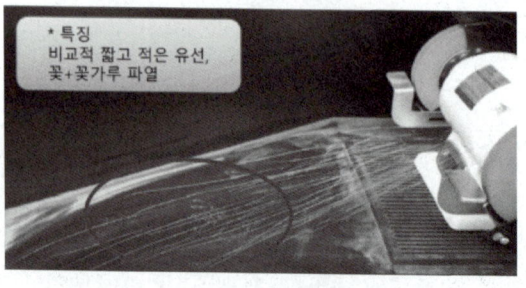
* 특징
비교적 짧고 적은 유선, 꽃+꽃가루 파열

SKH51
길이 : 중간~길다.
유선의 수 : 적다.
파열 : 없다.
※ STD61보다 유선의 수가 적다.
　불꽃이 거의 보이지 않고 유선이 끝에서 휘어지는 것이 희미하게 보인다.

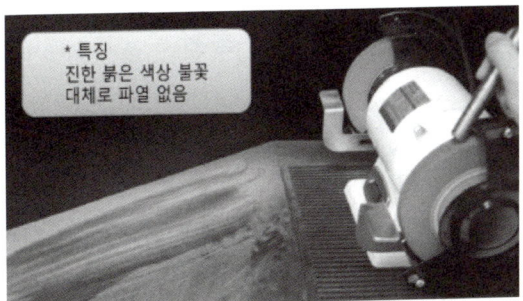

STD11
길이 : 가장 짧다.
유선의 수 : 중간
파열 : 많다.
※ 제일 짧고 파열이 많은 것

▶ 불꽃시험 작성요령

○ 〈표 1〉

구분	재질명	금속 재질별 화학성분 분류								
		C	Si	Mn	P	S	Cr	Mo	W	V
가	SM45C	0.42~0.48	0.15~0.35	0.60~0.90	0.030이하	0.035이하				
나	SM25C	0.22~0.28	0.15~0.35	0.6~0.9	0.030이하	0.030이하				
다	STC3 (STC105)	1.00~1.10	0.35이하	0.500이하	0.30이하	0.30이하				
라	STS3	0.90~1.00	0.35이하	0.90~1.20	0.30이하	0.30이하	0.5~1.0	-	0.5~1.0	
마	STD11	1.40~1.60	0.400이하	0.600이하	0.30이하	0.30이하	11.0~13.0	0.8~1.2	-	0.2~0.5
바	SKH51	0.8~0.9	0.400이하	0.400이하	0.30이하	0.30이하	3.8~4.5	4.5~5.5	5.5~6.7	1.6~2.2

▶ 답안지 쓰는 요령

A	B	C	D	E	F

불꽃 시편 6EA를 가지고 시험한 후 〈표1〉을 보고 강 종에 맞는 화학성분의 기호 가, 나, 다, 라, 마, 바를 답안지에 기록한다. 재질명을 직접 쓰면 안 된다.

ex) A 시편이 SM45C로 판정되면 〈표 1〉의 가를 답안지 A 밑에 쓴다.

2 브리넬 경도 측정

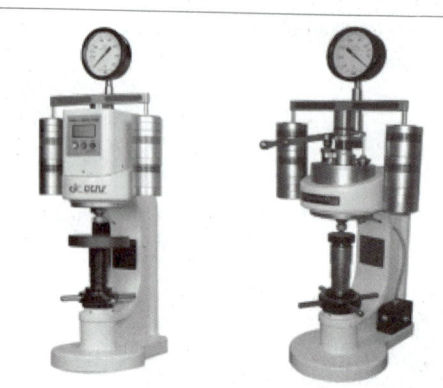

자동 브리넬 시험기   수동 브리넬 시험기

브리넬 경도기
(좌, 우측 추 1,500kg씩 – 몰라도 됨)

3,000kgf 하중으로 압입

X20 확대경으로 압흔 지름 측정

$$HB = \frac{2P}{\pi D(D - \sqrt{D^2 - d^2})} (\text{kg}_f/\text{mm}^2)$$

D : 강구의 지름
d : 압흔의 지름
P : 하중

W : 하중은 3,000 kgf (고정값)
D : 강구의 지름 10mm (고정값)
d : 압흔의 지름 (측정값)

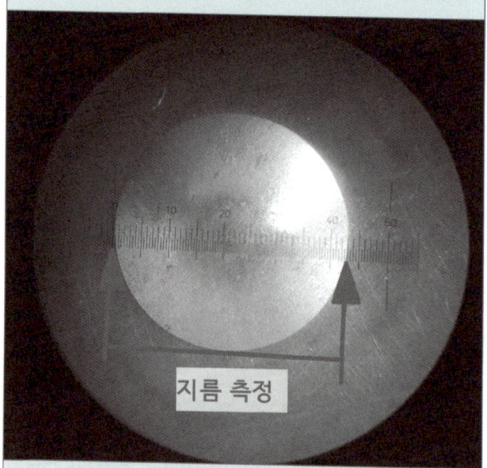

지름 측정

0~50까지 있음 10 = 1mm
(작은 눈금 1칸 = 0.1mm)
위 사진에서는 d = 4.3mm

$$HB = \frac{2 \times 3,000}{\pi \times 10(10 - \sqrt{10^2 - 4 \cdot 3^2})}$$
$$= 196.5 \fallingdotseq 196$$
$$\therefore HB = 196$$

※ 압흔의 지름을 3번 측정하여 평균 d값으로 계산하여 경도 산출
 (경도 3번 측정함)
※ 'HB = xxx'로 경도 표기 시
 (kgf/mm²) 단위 기입하지 않아도 됨

3 각종 강의 표준조직 사진 및 해설

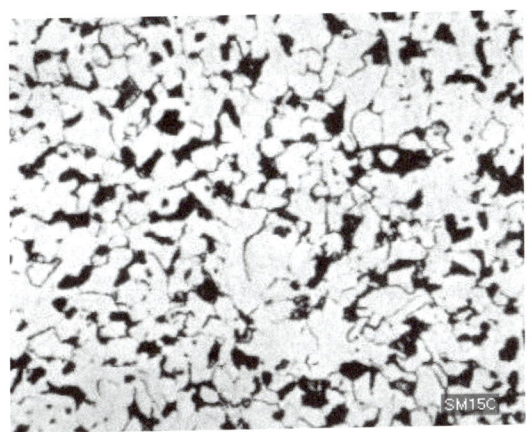

강종 : SM15C
조직 설명 : 백색부분은 페라이트, 검은색 부분은 펄라이트이다. 페라이트가 펄라이트 보다 많다.

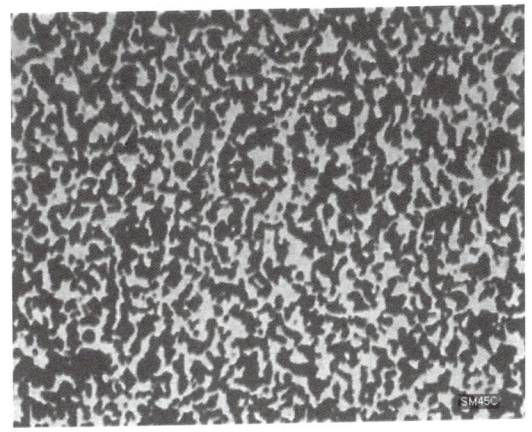

강종 : SM45C
조직 설명 : 백색부분은 페라이트, 검은색 부분은 펄라이트이다. 페라이트와 펄라이트가 거의 50:50으로 차지하고 있다.

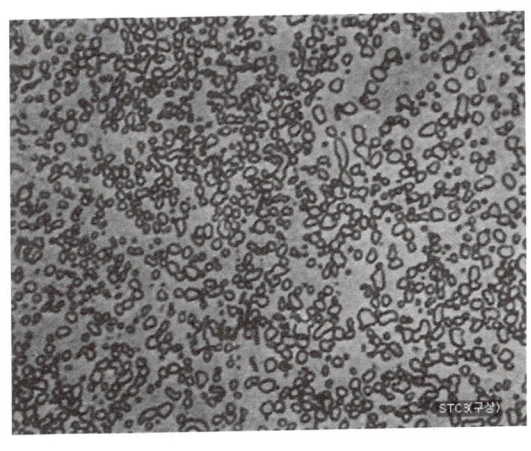

강종 : STC3
조직 설명 : 바탕은 페라이트, 작은 입상은 구상 시멘타이트이다. 미세한 구상 시멘타이트가 일정한 크기로 고르게 분포되어 있는 것이 특징이다.

강종 : STS3
조직 설명 : 바탕의 기지조직은 페라이트이며, 복탄화물이 아주 작은 입상으로 분포되어 있다.

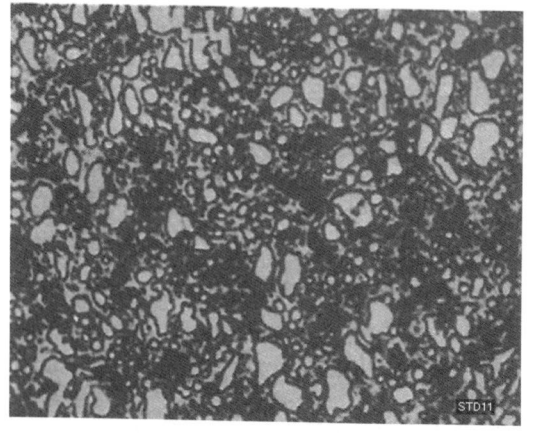

강종 : STD11
조직 설명 : 바탕은 마텐자이트, 다각형 모양의 탄화물이 큰 것과 작은 것이 섞여있다.

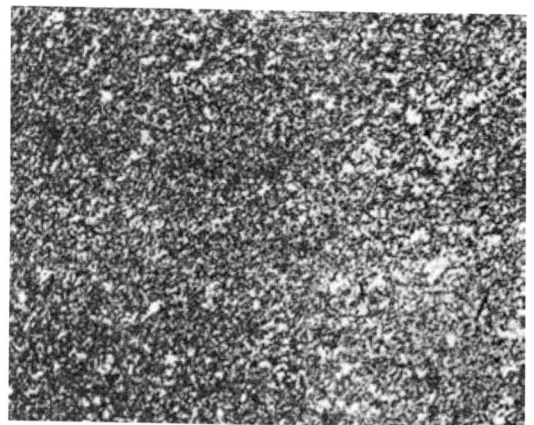

강종 : SKH9
조직 설명 : 바탕은 마텐자이트, 괴상의 탄화물이 복탄화물로 존재한다. 탄화물의 모양과 크기가 자유롭고, 일부 탄화물은 큰 탄화물 내에 작은 탄화물로 존재한다.

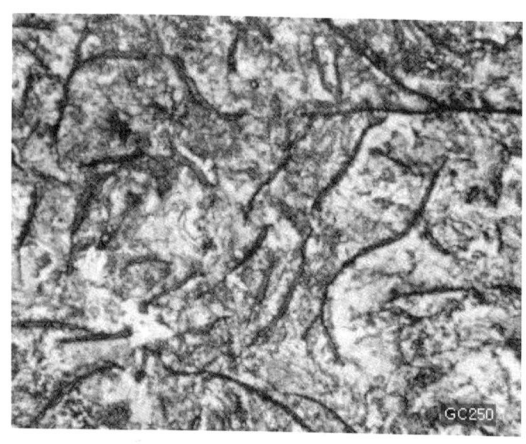

강종 : GC250
조직 설명 : 바탕은 펄라이트와 일부 페라이트가 있으며, 검은색 벌레모양은 흑연이다. 이 강종은 부식을 안해도 흑연이 현미경으로 잘 보인다. 육안으로도 표면이 회색빛이 난다.

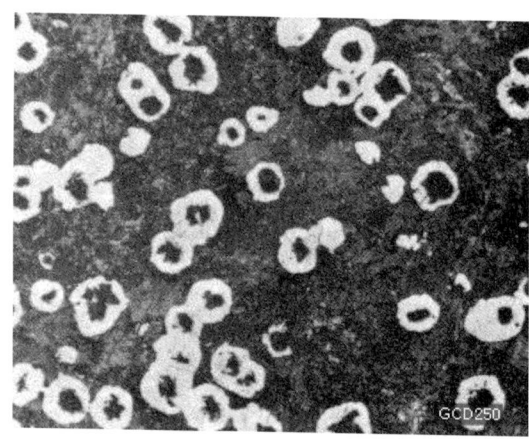

강종 : GCD250
조직 설명 : 바탕은 펄라이트, 백색은 페라이트, 검은색 구상은 흑연이다. 흑연이 구상으로 존재하는 구상흑연주철이다. 이 강종도 부식을 안해도 흑연이 현미경으로 잘 보인다. 육안으로도 표면이 회색빛이 난다.

4. 연성, 취성 판별

판정 방법
1. 파면을 맞대서 각도가 꺾어진 것을 확인하여 많이 꺾어진 것이 연성, 일자에 가까울수록 취성으로 판정한다.
2. 비슷할 경우 파면을 직접 보고 밝은 색이 돌고 매끈한 면이 보이면 취성, 회색이 많이 보이고 파면이 지저분하게 깨졌으면 연성으로 판정한다.
3. 단, 회주철이 나올 경우 위의 판독 요령과 관계없이 취성이 가장 큰 것으로 판정한다. 회주철은 시편 색이 회색빛이 돌고, 파면은 검은색이 보이고, 지저분하게 깨져있는데 이것에 현혹되면 안 된다.
4. 취성일 경우 파면의 단면 모양이 변화가 거의 없고, 인성이 클수록 단면 모양의 변화가 큰데, 노치 반대쪽이 노치쪽보다 더 넓게 변형이 된다.

M·E·M·O

M·E·M·O

금속재료산업기사 필기+실기 무료특강

무료특강 신청방법

▲ 카페 바로가기

1 나합격 카페 가입
cafe.naver.com/napass1

2 사진 촬영
하단 공란에 닉네임 기입

3 카페 게시물 작성
등업 후 영상 시청 가능

카페 닉네임

- 가입한 카페 닉네임과 동일하게 기입
- 지워지지 않는 펜으로 크게 기입
- 화이트 및 수정테이프 사용 금지
- 중복기입 및 중고도서는 등업 불가능

처음이신가요?

자세한 등업방법은 QR 코드 참조

  **모바일** 등업방법

  **PC** 등업방법

나합격 금속재료산업기사 필기 + 실기 + 무료특강

2018년 4월 5일 초판 발행 | 2020년 1월 5일 제2판 발행 | 2021년 2월 5일 제3판 발행 | 2023년 1월 5일 제4판 발행 | 2024년 3월 5일 제5판 발행
2025년 2월 5일 제6판 발행

지은이 나합격 콘텐츠 연구소 | 발행인 오정자 | 발행처 삼원북스 | 팩스 02-6280-2650
등록 제2017-000048호 | 홈페이지 www.samwonbooks.com | ISBN 979-11-93858-49-3 13500 | 정가 42,000원
Copyright©samwonbooks.Co.,Ltd.

- 낙장 및 파손된 책은 구입한 서점에서 바꿔드립니다.
- 이 책에 실린 모든 내용, 디자인, 이미지, 편집 형태에 대한 저작권은 삼원북스와 저자에게 있습니다. 허락없이 복제 및 게재는 법에 저촉을 받습니다.